7급 민간경력자 PSAT

전과목 단기완성

+ 필수기출 300제

시대에듀

2025 최신판 시대에듀 7급/민간경력자 PSAT 전과목
단기완성 + 필수기출 300제(언어논리 · 자료해석 · 상황판단)

Always **with you**

사람의 인연은 길에서 우연하게 만나거나 함께 살아가는 것만을 의미하지는 않습니다.
책을 펴내는 출판사와 그 책을 읽는 독자의 만남도 소중한 인연입니다.
시대에듀는 항상 독자의 마음을 헤아리기 위해 노력하고 있습니다. 늘 독자와 함께하겠습니다.

7급/민간경력자 PSAT 준비의 시작!
가장 효율적인 학습법은 기출문제를 분석하는 것입니다.

2004년 외무고등고시에 처음 도입된 공직적격성평가(이하 PSAT)는 이후 2005년 행정고등고시와 입법고등고시, 그리고 2011년 민간경력자 시험에 도입되면서 그 중요성이 점차 강조되어 왔습니다. 이제 PSAT는 적용 범위를 더 확대하여 7급 공무원 채용시험에도 도입되는 등 그야말로 공무원 시험의 핵심 요소로 자리 잡았습니다.

PSAT를 준비하는 수험생을 대상으로 한 설문조사에서 대부분의 수험생이 PSAT를 대비하기 위한 방법으로 '기출문제'를 선택하고 있다는 결과가 있었습니다. 이는 PSAT 시험이 해를 거듭하면서 어느 정도 고정된 문제 형태를 가지게 된 결과라고 할 수 있습니다.

PSAT의 효율적인 학습을 위해서는 기출문제를 무작정 풀어보는 것이 아니라, 과목별 기출유형을 꼼꼼히 파악하고 정리하는 습관이 필요합니다. 또한 유형에 맞는 접근법을 생각하고, 신속한 문제해결을 위해 자신만의 풀이 방법을 찾는 과정이 필요합니다.

본서는 언어논리 · 자료해석 · 상황판단 영역별 필수이론과 필수기출, 기출심화 모의고사 등 가장 효과적인 기출문제 활용 방법을 수록하였습니다. 또한 처음 PSAT를 준비하는 수험생들의 눈높이에 맞도록 정확하고 상세한 해설로 구성하였습니다.

도서의 특징

❶ 2024년 7급/민간경력자 PSAT 기출문제 및 해설을 수록하였습니다.

❷ 7급/민간경력자 PSAT 영역별 필수이론과 그에 맞는 필수기출을 100제씩 수록하여 문제 유형 및 출제경향을 파악할 수 있도록 하였습니다.

❸ 기출심화 모의고사와 OCR 답안카드를 제공하여 실전처럼 연습할 수 있도록 하였습니다.

❹ 2024년 7급/민간경력자 PSAT 영역별 총평을 수록하여 문제 유형 및 난이도를 파악할 수 있도록 하였습니다.

시대에듀는 수험생 여러분의 지치지 않는 노력을 응원하며 합격에 도달하는 가장 빠르고 정확한 길을 제시하고자 힘쓰고 있습니다. 수험생 여러분이 합격의 결승선에 도달하는 그날까지 함께하겠습니다.

시대PSAT연구소 씀

공직적격성평가 PSAT INFORMATION

◇ 도입 배경

21세기 지식기반사회가 필요로 하는 공직자는 정치 · 경제 · 사회 · 문화 등 각 분야에서 일어나는 급속한 변화에 신속히 적응하고 새롭게 발생하는 문제들에 대처할 수 있어야 합니다. 이러한 시대적 요구에 부응하기 위해 단순히 암기된 지식이 아닌 잠재적 학습능력과 문제해결능력을 측정하기 위한 PSAT를 도입하여 공직자로서 갖추어야 할 소양과 자질을 평가하고 있습니다.

◇ 평가 영역

공직적격성평가(PSAT; Public Service Aptitude Test)는 공직자에게 필요한 소양과 자질을 측정하는 시험으로, 논리적 · 비판적 사고능력, 자료의 분석 및 추론능력, 판단 및 의사 결정능력 등 종합적 사고력을 평가합니다.

❶ PSAT의 평가 영역은 언어논리 · 자료해석 · 상황판단 세 영역으로 구성됩니다.

언어논리	글의 이해, 표현, 추론, 비판과 논리적 사고 등의 능력을 평가
자료해석	수치 자료의 정리와 이해, 처리와 응용계산, 분석과 정보 추출 등의 능력을 평가
상황판단	상황의 이해, 추론 및 분석, 문제해결, 판단과 의사 결정 등의 능력을 평가

❷ PSAT는 특정한 지식의 정도를 측정하는 것이 아니라 능력을 측정하는 시험이기 때문에 대학입시수학능력시험과 유사한 측면이 있습니다. 그러나 수학능력시험은 학습능력을 측정하고 있는 데 반해, PSAT는 새로운 상황에서 적응하는 능력과 문제해결, 판단능력을 주로 측정하고 있기 때문에 학습능력보다는 공직자로서 당면하게 될 업무와 문제들에 대한 해결능력과 종합적이고 심도 있는 사고력을 요하는 문제가 중점적으로 출제됩니다.

◇ PSAT 실시 시험 개관

<table>
<tr><th rowspan="2">구분</th><th colspan="3">시행 형태</th></tr>
<tr><th>제1차시험</th><th>제2차시험</th><th>제3차시험</th></tr>
<tr><td>5급 공개경쟁채용시험</td><td rowspan="4">PSAT · 헌법</td><td rowspan="2">직렬별 필수/선택과목(논문형)</td><td rowspan="6">면접</td></tr>
<tr><td>입법고시</td></tr>
<tr><td>외교관후보자 선발시험</td><td>전공평가/통합논술(논문형)</td></tr>
<tr><td>지역인재 7급 수습직원 선발시험</td><td>서류전형</td></tr>
<tr><td>7급 공개경쟁채용시험</td><td rowspan="2">PSAT</td><td>전문과목(선택형)</td></tr>
<tr><td>5 · 7급 민간경력자 선발시험</td><td>서류전형</td></tr>
</table>

2024년 7급 / 민간경력자 PSAT 언어논리 총평

언어논리 과목은 전년도보다 다소 쉽게 출제되었고, 난이도가 평이했습니다. 제시문의 주제들도 이해하기 간단했고, 논지를 심층 분석해야 하는 문제가 없었으며, 일치 · 불일치를 확인하는 수준의 문제가 다수였기 때문입니다.

일치 부합형 문제는 제시문을 정확하게 읽기만 하면 선택지에서 정답을 찾는 데 오래 걸리지 않았습니다. 그러나 이런 문제는 대개 정답률이 높으므로, 방심해서 실점하지 않도록 주의해야 합니다.

핵심 논지 찾기와 추론형 문제는 제시문에서 다루고 있는 소재가 비교적 생소하지 않고 이해의 난이도 또한 높지 않았습니다. 문장들은 매우 분명했고, 복잡한 도출 과정도 불필요했기에 다른 유형의 문제에 비해 더 빠른 풀이가 가능했을 것입니다.

대화체 유형의 문제는 출제 비중이 높은 편이며, 논리형 문제와도 결합될 수 있습니다. 따라서 평소에 이러한 제시문들을 주의 깊게 살펴볼 필요가 있습니다.

이 외에 빈칸 채우기 유형, 논리퀴즈 유형, 과학실험형 유형, 강화 – 약화 유형 등의 문제는 과년도 출제 방식에서 크게 벗어나지 않았습니다. 다만, 출제 비중이 높은 만큼 다수의 기출문제 풀이를 통해 실점을 최소화하는 연습이 필요합니다. 시간 압박과 긴장감 때문에 문제를 놓치는 실수를 줄이고, 못 맞힐 것 같은 문제에 들일 시간도 과감히 줄여야 합니다.

언어논리 과목은 시험을 꾸준히 준비한 응시생들에게 익숙한 유형과 난이도에서 벗어나지 않은 것으로 보입니다. 익숙한 유형으로 출제되는 만큼 쉬운 문제에서 시간을 절약해 어려운 문제에 시간을 좀 더 안배하는 연습은 1문제당 배점이 동일한 객관식 시험을 공략하는 효율적인 전략임을 명심해야 합니다.

2024년 7급 / 민간경력자 PSAT 자료해석 총평

자료해석 과목은 특별히 난이도가 높은 문제는 출제되지 않아 전년도에 비해 평이하게 출제되었으며, 대체적으로 숫자가 깔끔하고 복잡한 계산을 필요로 하는 문제는 많지 않았습니다.

단순자료형과 추가로 필요한 자료 유형 문제는 매우 쉽게 출제되었고, 빈칸 채우기 유형 문제 중에는 모든 빈칸을 채우지 않더라도 답을 구할 수 있는 경우가 있어 풀이 시간을 절약할 수 있었습니다.

전환형 문제는 보기 자료의 수치를 모두 계산하여 답을 찾아야 해서 시간 소모를 유도하였으나 후반부 문제 중에 정답이 ①이나 ②인 경우가 있어 전체적인 시간 관리에 도움이 되었을 것입니다.

상황판단형 문제는 문제 자체는 어렵지 않았지만, 모든 항목들을 주어진 조건에 맞게 대입하여 계산하는 데 상당히 많은 시간이 소요될 수밖에 없습니다. 이 유형은 단순하게 모두 계산하기보다는 선택지를 통해 후보군을 최대한 압축시켜 나가는 능력이 필수적입니다.

올해는 어림계산으로 풀이하기에는 비교 대상의 격차가 좁았던 문제들도 상당수라 분수비교가 많이 요구되지는 않았습니다. 그러나 당락을 가르는 것은 결국 분수비교, 곱셈비교와 같이 계산을 줄이면서 정오를 판별할 수 있는 능력인 만큼 평소 충분한 연습과 분석을 통해 자신의 약점을 메워나가는 전략이 필요합니다.

자료해석은 선택과 집중이 중요한 과목입니다. ㄱ을 풀고 ㄴ을 봤더니 너무 복잡해 보인다 싶으면 바로 ㄷ을 풀이해야 합니다. 결과적으로 ㄴ을 풀지 않아도 답을 찾을 수 있는 경우가 대부분이기 때문입니다. 자료해석에서는 이런 순간적인 판단력이 중요합니다.

2024년 7급 / 민간경력자 PSAT 상황판단 총평

상황판단 과목은 전년도와 비슷한 난이도로 출제되었습니다. 충분한 시간을 들여 문제를 읽었다면 문제를 푸는 데 큰 어려움이 없었을 것입니다.

법조문형 문제는 내용이 어렵지 않고, 출제 포인트인 단서 조항도 명확하게 드러나 있어 정오를 판별하는 데에 큰 무리가 없었습니다. 하지만 선택지의 사례들을 하나하나 맞춰보아야 하는 문제의 특성상 어느 정도의 시간 소모가 있을 수밖에 없는데, 여기서 얼마나 시간을 절약했는지가 관건이었습니다.

설명문형 문제도 어렵지 않게 출제되었습니다. 추상적인 퀴즈가 결합된 제시문이 아니라 매우 구체적인 내용들이 제시되어 사실상 정보확인형 문제에 가까웠고, 암호 기술 문제 같은 경우는 계산 문제가 함께 세트형으로 구성되어 어려워 보일 수 있었으나 단순계산 문제로 출제되어 쉽게 접근할 수 있었을 것입니다.

퀴즈형 문제는 조건을 놓치기 쉬운 문제들이 다수 포함되어 있었습니다. 문제를 빠르게 풀다보면 놓치기 쉬운 포인트들을 절묘하게 건드린 함정들이 상당수 출제되어 수험생들의 실제 점수가 예상보다 낮게 나올 가능성이 있습니다. 특히 후반부 다람쥐 문제의 경우 문제 이해 자체가 어려웠을 것으로 분석되며, 물탱크 문제에서는 실수할 확률이 높았을 것으로 생각됩니다.

상황판단 과목은 이제 어느 정도 유형화가 이뤄진 것으로 보입니다. 물론, 새로운 아이디어들이 결합된 실험적인 문제들이 여전히 출제되고는 있지만 대부분의 문제들은 과거의 기출문제들을 통해 어느 정도 유사성을 찾을 수 있습니다. 따라서 기출문제들을 '외형적 유사성'이 아닌 '아이디어의 유사성'으로 유형화시켜 반복한다면 '상황판단 울렁증'도 극복 가능할 것입니다.

구성과 특징 STRUCTURES

제1과목 언어논리

01	02	03	04	05	06	07	08	09	10
③	④	④	③	④	②	⑤	①	⑤	②
11	12	13	14	15	16	17	18	19	20
②	③	②	④	①	②	⑤	⑤	③	③
21	22	23	24	25					
①	④	③	②	③					

01 정답 ③

정답해설

한성전기회사는 전차 노선 공사비가 부족했고, 미국인 콜브란에게 부족한 공사비를 빌려 공사를 마무리했다.

오답해설

① 개항 직후 우리나라에 들어와 경인철도회사를 운영하던 콜브란은 서대문에서 청량리까지 전차 노선을 부설해야 한다고 주장했으며, 이러한 콜브란의 주장을 고종이 받아들여 한성전기회사가 설립되었다. 따라서 한성전기회사가 경인철도회사보다 나중에 설립되었음을 알 수 있다.

② 당초에 한성전기회사가 계획했던 전차 노선 구간은 남대문에서 청량리까지였으나, 경인철도의 종착역이 서대문역으로 정해졌기 때문에 전차 노선을 서대문역과 연결하기 위해 서대문에서 청량리까지 부설하기로 변경했다.

④ 서울 시내에 처음으로 전차 노선을 부설한 회사는 한성전기회사이며, 이는 민간인인 김두승과 이근배가 주도해 설립한 회사이다. 반면, 농상공부는 한성전기회사의 설립을 허가한 관청이다.

⑤ 한성전기회사는 고종이 단독 출자한 자본금을 토대로 설립 · 운영되었으며, 고종과 콜브란이 이를 한미전기회사로 재편하였다.

합격 가이드

제시문의 내용과 선택지의 부합 여부를 묻는 기본적인 형태의 문제이다. 따라서 선후 관계, 주체, 주요 사항을 파악하면서 읽어야 한다. 다만 정독하면서 지엽적인 내용까지 파악할 필요는 없으며, 신속한 풀이를 위해 선택지를 먼저 읽은 후에 제시문에서 선택지의 진위를 확인하는 것이 효율적이다.

02 정답 ④

정답해설

사고 도서의 포쇄는 3년마다 정기적으로 실시되었으며, 포쇄 때는 반드시 포쇄 상황을 기록한 포쇄형지안을 작성하였다. 따라서 사고 도서의 포쇄 상황을 기록한 포쇄형지안이 3년마다 정기적으로 작성되었음을 알 수 있다.

오답해설

① 중종은 지방 사고의 경우 지방 거주 겸직사관에게 포쇄를 맡기는 것이 효율적이라고 주장했다. 그러나 겸직사관 선발 기준에 대한 언급이 없기 때문에 겸직사관이 포쇄의 전문가 중에서 선발되었는지는 알 수 없다.

38 최신기출문제

Public Service Aptitude Test

CHAPTER 01 2024년 7급 / 민간경력자 PSAT 기출문제

제1과목 언어논리

문 1. 다음 글의 내용과 부합하는 것은?

현재 서울의 청량리 근처에는 홍릉이라는 곳이 있다. 을미사변으로 일본인들에게 시해된 명성황후의 능이 조성된 곳이다. 고종은 홍릉을 자주 찾아 참배했는데, 그때마다 대규모로 가마꾼을 동원하는 등 불편이 작지 않았다. 개항 직후 우리나라에 들어와 경인철도회사를 운영하던 미국인 콜브란은 이 점을 거론하며 서대문에서 청량리까지 전차 노선을 부설해야 한다고 주장했다.

이전부터 전기와 전차 사업에 관심이 많았던 고종은 콜브란의 주장을 받아들여 전차 사업을 목적으로 하는 회사를 설립하기로 결심했다. 고종은 황실이 직접 회사를 설립하는 대신 민간인인 김두승과 이근배로 하여금 농상공부에 회사를 만들겠다는 청원서를 내도록 권유했다. 이에 따라 김두승 등은 전기회사 설립 청원서를 농상공부에 제출한 뒤 허가를 받아 한성전기회사를 설립했다. 한성전기회사는 서울 시내 각지에 전기등을 설치하는 한편 전차 노선 부설 사업을 추진했다. 한성전기회사는 당초 남대문에서 청량리까지 전차 노선을 부설하기로 했으나 당시 부설 중이던 경인철도의 종착역이 서대문역으로 정해졌기 때문에 이와 연결하기 위해 계획을 수정해 서대문에서 청량리까지 부설하기로 변경했다. 이후, 변경된 계획대로 전차 노선이 부설되었으며, 1899년 5월에 정식 개통식이 거행되었다.

한성전기회사는 고종이 단독 출자한 자본금을 바탕으로 설립되고 운영되었지만, 전차 노선 부설에 필요한 공사비가 부족해지자 회사 재산을 담보로 콜브란으로부터 부족분을 빌려 공사를 마무리할 수 있었다. 콜브란은 1902년에 그 상환 기일이 돌아오자 회사 운영을 지원하기 위해 상환 기일을 2년 연장해주었다. 이후 1904년 상환 기일이 다가오자, 고종은 콜브란과 협의하여 채무액의 절반인 75만 원만 상환하고 나머지 금액만큼의 회사 자산을 콜브란에게 넘겨주었다. 이로써 콜브란은 고종과 함께 회사의 대주주가 되어 경영에 참여할 수 있게 되었다. 이때 고종과 콜브란은 한성전기회사를 한미전기회사로 재편하였고, 한미전기회사가 전차 및 전기등 사업을 이어받았다.

① 한성전기회사가 경인철도회사보다 먼저 설립되었다.
② 전차 노선의 시작점은 원래 서대문이었으나 나중에 남대문으로 바뀌었다.
③ 한성전기회사가 전차 노선을 부설하는 데 부족한 자금은 미국인 콜브란이 빌려주었다.
④ 서울 시내에 처음으로 전차 노선을 부설한 회사는 황실이 주도해 농상공부가 설립하였다.
⑤ 서울 시내에서 전기등 설치 사업을 벌인 한미전기회사는 김두승과 이근배의 출자로 설립되었다.

2 최신기출문제

7급 / 민간경력자 PSAT 최신기출문제

2024년 7월 27일에 시행된 7급/민간경력자 PSAT 최신기출문제 및 해설을 수록하여, 최신기출문제의 체계적인 학습을 통해 7급/민간경력자 PSAT를 대비할 수 있도록 하였습니다.

예제 2022년 7급(가책형) 2번

다음 글에서 알 수 있는 것은?

세종이 즉위한 이듬해 5월에 대마도의 왜구가 충청도 해안에 와서 노략질하는 일이 벌어졌다. 이 왜구는 황해도 해주 앞바다에도 나타나 조선군과 교전을 벌인 후 명의 땅인 요동반도 방향으로 북상했다. 세종에게 왕위를 물려주고 상왕으로 있던 태종은 이종무에게 "북상한 왜구가 본거지로 되돌아가기 전에 대마도를 정벌하라!"라고 명했다. 이에 따라 이종무는 군사를 모아 대마도 정벌에 나섰다.

남북으로 긴 대마도에는 섬을 남과 북의 두 부분으로 나누는 중간에 아소만이라는 곳이 있는데, 이 만의 초입에 두지포라는 요충지가 있었다. 이종무는 이곳을 공격한 후 귀순을 요구하면 대마도주가 응할 것이라 보았다. 그는 6월 20일 두지포에 상륙해 왜인 마을을 불사른 후 계획대로 대마도주에게 서신을 보내 귀순을 요구했다. 하지만 대마도주는 이에 반응을 보이지 않았다. 분노한 이종무는 대마도주를 사로잡아 항복을 받아내기로 하고, 니로라는 곳에 병력을 상륙시켰다. 하지만 그곳에서 조선군은 매복한 적의 공격으로 크게 패했다. 이에 이종무는 군사를 거두어 거제도 견내량으로 돌아왔다.

이종무가 견내량으로 돌아온 다음 날, 태종은 요동반도로 북상했던 대마도의 왜구가 그곳으로부터 남하하던 도중 충청도에서 조운선을 공격했다는 보고
난 지 며칠 지나지 않았음을 알게 된 태종은 왜구가 대마도에 당
해야 한다고 생각하고, 이종무에게 그들을 공격하라고 명했다.
새로운 보고가 들어왔다. 대마도의 왜구가 요동반도에 상륙했다
아남은 자가 겨우 300여 명에 불과하다는 것이었다. 이 보고를
느린 병사가 많이 죽어 그 세력이 꺾였으니 그에게 다시금 귀순
단했다. 이에 그는 이종무에게 내린 출진 명령을 취소하고, 측근
주에게 귀순을 요구하는 사신으로 보냈다. 이 사신을 만난 대마
순하기로 했다.

① 해주 앞바다에 나타나 조선군과 싸운 대마도의 왜구가 요
종무의 군대가 대마도로 건너갔다.
② 조선이 왜구의 본거지인 대마도를 공격하기로 하자 명의
벌에 참여하였다.
③ 이종무는 세종이 대마도에 보내는 사절단에 포함되어 대마
④ 태종은 대마도 정벌을 준비하였지만, 세종의 반대로 뜻을
⑤ 조선군이 대마도주를 사로잡기 위해 상륙하였다가 패배한

해주 앞바다에 나타난 왜구가 조선군과 교전을 벌인 후 요동반도 방향으로
가 대마도 정벌에 나섰다고 하였다.

발문 접근법

크게 '① 부합하는 것은?, ② 알 수 있는 것은?, ③ 추론할 수 있는 것은?'의 세 가지 유형으로 나누어 볼 수 있는데 이들 간의 차이점을 기계적으로 딱 잘라서 나누기는 어렵다. 일단 ①과 ②는 문제의 접근 방법에 큰 차이는 없다. 다만 미묘한 차이가 있다면 ②는 거의 대부분의 선택지가 제시문의 문장을 거의 그대로 활용하는 경향이 강한 반면, ①은 추론을 통해 유추해야 하는 선택지가 좀 더 많이 등장한다는 점이다. 반면 ③은 거의 대부분의 선택지가 추론과정을 통한 것들로 이루어져 있으며, 오히려 제시문에서 사용된 표현과 유사한 내용이 등장하면 오답인 경우가 많다.

Public Service Aptitude Test

CHAPTER 01 언어논리 필수이론

유형 1 세부내용 파악 및 내용 확장

1 유형의 이해

언어논리에서 가장 많이 등장하는 유형이지만 제재가 무엇인지에 따라 또 제시문의 난이도에 따라 천차만별의 문제가 만들어질 수 있는 유형이다. 흔히들 이 유형은 단순히 꼼꼼하게 읽으면 누구나 맞힐 수 있다고 생각하지만 의외로 정답률이 높지 않다는 점에 유념할 필요가 있다. 또한, 단순히 내용을 이해하는 것을 넘어 제시문의 내용을 통해 제3의 내용을 이끌어내는 이른바 추론형 문제의 경우 형식논리와 결부되어 출제되기도 한다.

2 발문유형

- 다음 글에서 알 수 있는 것은?
- 다음 글에서 추론할 수 있는 것은?
- 다음 글의 내용과 부합하지 않는 것은?

3 접근법

1. 첫머리에 주목

흔히들 제시문의 첫 부분에 나오는 구체적인 내용들은 중요하지 않은 정보라고 판단하여 넘기곤 한다. 하지만 의외로 첫 부분에 등장하는 내용이 문장으로 구성되는 경우가 상당히 많은 편이다. 물론 그 선택지가 답이 되는 경우는 드물지만 첫 문단은 글 전체의 흐름을 알게 해주는 길잡이와 같은 역할도 하므로 지엽적인 정보라도 꼼꼼하게 챙기도록 하자.

2. 여러 항목이 나열되어 있는 제시문

매년 2문제 정도 출제되는 유형으로, 많은 수험생들이 이러한 유형의 제시문은 어떻게 밑줄 내지는 표시를 해야 하는지에 대해 고민을 하곤 한다. 예를 들어, 제시문에 'A, B, C로 세분된다'라는 문장이 나올 때 문단 아래를 스캔해보면서 이 단어들을 각각 설명하고 있는지를 찾아보자. 만약 그렇다면 저 문장에서는 'A, B, C'에 표시를 하지 않고 아래에 등장하는 해당 단어에 표시를 해두자. 이름표를 확실히 붙여주는 것이다. 그렇게 하면 선택지에서 다시 찾아 올라갈 때 상당히 편리하고 또한 시험지에 이중으로 표시되는 것도 막을 수 있다.

3. 기존의 지식

선택지를 읽다 보면 제시문에서는 언급되어 있지 않지만 우리가 흔히 알고 있는 지식을 이용한 것들을 종종 만나게 된다. 이는 대부분 함정이며 제시문을 벗어난 기존의 지식을 응용한 선택지는 오답이라고 봐도 무방하다. 물론, 극소수의 문제에서 기존의 지식을 활용하는 것이 도움이 되는 경우도 있다. 하지만 지식을 묻는 과목이 아닌 언어논리에서의 지식은 오히려 해가 될 가능성이 더 높다는 점에 유의하자.

4 생각해 볼 부분

하나의 문제를 분석할 때 단순히 그 문제를 맞고 틀리고만 체크할 것이 아니라 파생 가능한 선택지까지 예측해보는 습관을 길러야 한다. 어차피 똑같은 제시문이 두 번 출제되지는 않지만 그 기본 아이디어는 반복해서 출제될 수 있기 때문이다.

2 PART 1 7급 / 민간경력자 PSAT 필수이론

7급 / 민간경력자 PSAT 필수이론

7급/민간경력자 PSAT 전과목(언어논리 · 자료해석 · 상황판단)을 영역별로 상세하게 분석한 필수이론을 수록하였으며, 유형에 따른 예제를 함께 수록하여 학습의 효율성을 높였습니다.

구성과 특징 STRUCTURES

Public Service Aptitude Test

CHAPTER 01 언어논리 필수기출 100제 정답 및 해설

01	02	03	04	05	06	07	08	09	10
③	①	③	③	④	③	②	③	①	②
11	12	13	14	15	16	17	18	19	20
①	③	②	④	③	⑤	③	④	①	⑤
21	22	23	24	25	26	27	28	29	30
④	②	③	⑤	①	⑤	③	⑤	②	②
31	32	33	34	35	36	37	38	39	40
⑤	①	②	⑤	③	④	③	④	⑤	④
41	42	43	44	45	46	47	48	49	50
⑤	⑤	②	②	⑤	①	④	①	①	②
51	52	53	54	55	56	57	58	59	60
④	⑤	①	④	②	②	⑤	①	⑤	②
61	62	63	64	65	66	67	68	69	70
②	⑤	④	④	⑤	③	③	①	①	⑤
71	72	73	74	75	76	77	78	79	80
④	②	④	③	④	④	①	③	④	⑤
81	82	83	84	85	86	87	88	89	90
③	③	④	③	②	④	④	④	④	③
91	92	93	94	95	96	97	98	99	100
⑤	②	⑤	②	⑤	⑤	⑤	③	④	①

01 세부내용 파악 및 내용 확장

01 정답 ③

정답해설

복합요인 기초학력 부진학생이 주의력결핍 과잉행동장애 또는 난독증 등의 문제로 학습에 어려움을 겪는 경우에 해당한다면 의료지원단의 도움을 받을 수 있다.

오답해설

① 권역학습센터가 권역별 1곳씩 총 5곳에 설치되어 있으나, 학습종합클리닉센터는 몇 곳이 설치되어 있는지 알 수 없다.
② 기초학력 부진 판정을 받은 학생 중 복합요인 기초학력 부진학생으로 판정된 경우 학습멘토 프로그램에 참여할 수 있다.
④ 학습멘토 프로그램에 참여하는 지원 인력은 OO시의 인증을 받은 학습상담사여야 한다.
⑤ 학습종합클리닉센터에서 운영하는 프로그램 참여대상자는 복합요인 기초학력 부진학생 중 주의력결핍 과잉행동장애 등의 문제가 있는 학생이다. 그런데 복합요인 기초학력 부진학생은 기초학력 부진 판정을 받은 학생 중에서 선별되므로 기초학력 부진 판정을 받아야 프로그램에 참여할 수 있다.

02 정답 ①

정답해설

해주 앞바다에 나타난 왜구가 조선군과 교전을 벌인 후 요동반도 방향으로 북상하자 태종의 명령으로 이종무가 대마도 정벌에 나섰다고 하였다.

오답해설

② 명의 군대가 대마도 정벌에 나섰다는 내용은 찾을 수 없다.
③ 세종은 이종무에게 내린 출진 명령을 취소하고, 측근 중 적임자를 골라 대마도주에게 귀순을 요구하는 사신으로 보냈다.
④ 태종은 이종무를 통해 실제 대마도 정벌을 실행하였으며, 더 나아가 세종이 이를 반대하였다는 내용은 제시문에서 찾을 수 없다.

Public Service Aptitude Test

CHAPTER 01 언어논리 필수기출 100제

01 세부내용 파악 및 추론

문 1. 다음 글에서 알 수 있는 것은? 23년 7급(인) 06번

○○시 교육청은 초·중학교 기초학력 부진학생의 기초학력 향상을 위해 3단계의 체계적인 지원체계를 구축하였다. 이는 학습 사각지대에 놓여있는 학생들을 조기에 발견하고, 학생 여건과 특성에 맞는 서비스를 제공하여 기초학력 부진을 해결하기 위한 조치이다.

1단계 지원은 기초학력 부진 판정을 받은 모든 학생을 대상으로 하며, 해당 학생에 대한 지도는 학교 내에서 담임교사가 담당한다. 학교 내에서 교사가 특별학습 프로그램을 진행하는 것이다.

2단계 지원은 기초학력 부진 판정을 받은 학생 중 복합적인 요인으로 어려움을 겪는 것으로 판정된 학생인 복합요인 기초학력 부진학생을 대상으로 권역학습센터에서 이루어진다. 권역학습센터는 권역별 1곳씩 총 5곳에 설치되어 있으며, 이곳에서 학습멘토 프로그램을 운영한다. 이 프로그램에 참여하는 지원 인력은 ○○시의 인증을 받은 학습상담사이며, 기초학력 부진학생의 학습멘토 역할을 담당하게 된다.

3단계 지원은 복합요인 기초학력 부진학생 중 주의력결핍 과잉행동장애 또는 난독증 등의 문제로 학습에 어려움을 겪는 학생을 대상으로 ○○시 학습종합클리닉센터에서 이루어진다. ○○시 학습종합클리닉센터는 교육청 차원에서 지역사회 교육 전문가를 초빙하여 해당 학생들을 위한 전문학습클리닉 프로그램을 운영한다. 이에 더해 소아정신과 전문의 등으로 이루어진 의료지원단을 구성하여 의료적 도움을 줄 수 있도록 한다.

① ○○시 학습종합클리닉센터는 ○○시에 총 5곳이 설치되어 있다.
② 기초학력 부진학생으로 판정된 학생은 학습멘토 프로그램에 참여할 수 없다.
③ 복합요인 기초학력 부진학생으로 판정된 학생 중 의료지원단의 의료적 도움을 받는 학생이 있을 수 있다.
④ 학습멘토 프로그램 및 전문학습클리닉 프로그램에 참여하는 지원 인력은 ○○시의 인증을 받지 않아도 된다.
⑤ 난독증이 있는 학생은 기초학력 부진 판정을 받지 않았더라도 ○○시 학습종합클리닉센터에서 운영하는 프로그램에 참여할 수 있다.

문 2. 다음 글에서 알 수 있는 것은? 22 7급(가) 02번

세종이 즉위한 이듬해 5월에 대마도의 왜구가 충청도 해안에 와서 노략질하는 일이 벌어졌다. 이 왜구는 황해도 해주 앞바다에도 나타나 조선군과 교전을 벌인 후 명의 땅인 요동반도 방향으로 북상했다. 세종에게 왕위를 물려주고 상왕으로 있던 태종은 이종무에게 "북상한 왜구가 본거지로 되돌아가기 전에 대마도를 정벌하라!"라고 명했다. 이에 따라 이종무는 군사를 모아 대마도 정벌에 나섰다.

남북으로 긴 대마도에는 섬을 남과 북의 두 부분으로 나누는 중간에 아소만이라는 곳이 있는데, 이 만의 초입에 두지포라는 요충지가 있었다. 이종무는 이곳을 공격한 후 귀순을 요구하면 대마도주가 응할 것이라 보았다. 그는 6월 20일 두지포에 상륙해 왜인 마을을 불사른 후 계획대로 대마도주에게 서신을 보내 귀순을 요구했다. 하지만 대마도주는 이에 반응을 보이지 않았다. 분노한 이종무는 대마도주를 사로잡아 항복을 받아내기로 하고, 니로라는 곳에 병력을 상륙시켰다. 하지만 그곳에서 조선군은 매복한 적의 공격으로 크게 패했다. 이에 이종무는 군사를 거두어 거제도 견내량으로 돌아왔다.

이종무가 견내량으로 돌아온 다음 날, 태종은 요동반도로 북상했던 대마도의 왜구가 그곳으로부터 남하하던 도중 충청도에서 조운선을 공격했다는 보고를 받았다. 이 사건이 일어난 지 며칠 지나지 않았음을 알게 된 태종은 왜구가 대마도에 당도하기 전에 바다에서 격파해야 한다고 생각하고, 이종무에게 그들을 공격하라고 명했다. 그런데 이 명이 내려진 후에 새로운 보고가 들어왔다. 대마도의 왜구가 요동반도에 상륙했다가 크게 패배하는 바람에 살아남은 자가 겨우 300여 명에 불과하다는 것이었다. 이 보고를 접한 태종은 대마도주가 거느린 병사가 많이 죽어 그 세력이 꺾였으니 그에게 다시금 귀순을 요구하면 응할 것으로 판단했다. 이에 그는 이종무에게 내린 출진 명령을 취소하고, 측근 중 적임자를 골라 대마도주에게 귀순을 요구하는 사신으로 보냈다. 이 사신을 만난 대마도주는 고심 끝에 조선에 귀순하기로 했다.

① 해주 앞바다에 나타나 조선군과 싸운 대마도의 왜구가 요동반도를 향해 북상한 뒤 이종무의 군대가 대마도로 건너갔다.
② 조선이 왜구의 본거지인 대마도를 공격하기로 하자 명의 군대도 대마도까지 가서 정벌에 참여하였다.
③ 이종무는 세종이 대마도에 보내는 사절단에 포함되어 대마도를 여러 차례 방문하였다.
④ 태종은 대마도 정벌을 준비하였지만, 세종의 반대로 뜻을 이루지 못하였다.
⑤ 조선군이 대마도주를 사로잡기 위해 상륙하였다가 패배한 곳은 견내량이다.

7급 / 민간경력자 PSAT 필수기출 300제

영역별로 출제될 가능성이 높은 유형의 기출문제를 100제씩 선별하여 필수기출 300제를 수록하였습니다. 다양한 유형의 문제를 통해 문제 유형 및 출제경향을 파악할 수 있도록 하였습니다.

Public Service Aptitude Test

기출심화 모의고사

제1과목 언어논리

문 1. 다음 글의 내용과 부합하지 않는 것은?

> 정부는 공공사업 수립·추진 과정에서 사회적 갈등이 예상되는 경우 갈등영향분석을 통해 해결책을 마련하여야 한다. 갈등은 다양한 요인 및 양태 그리고 복잡한 이해관계를 갖고 있다. 따라서 갈등영향분석의 실시 여부는 공공사업의 규모, 유형, 사업 관련 이해집단의 분포 등 다양한 지표들을 고려하여 판단하여야 한다.
>
> 갈등영향분석 실시 여부의 대표적인 판단 지표 중 하나는 실시 대상 사업의 경제적 규모이다. 해당 사업을 수행하는 기관장은 예비타당성 조사 실시 기준인 총사업비를 판단 지표로 활용하여 갈등영향분석의 실시 여부를 판단하되, 그 경제적 규모가 실시 기준 이상이라도 갈등 발생 여지가 없거나 미미한 경우에는 갈등관리심의위원회 심의를 거쳐 갈등영향분석을 실시하지 않을 수 있다.
>
> 실시 대상 사업의 유형도 갈등영향분석 실시 여부의 판단 지표가 된다. 쓰레기 매립지, 핵폐기물처리장 등 기피 시설의 입지 선정은 지역사회 갈등을 유발하는 대표적 유형이다. 이러한 사업 유형은 경제적 규모와 관계없이 반드시 갈등영향분석이 이루어져야 한다. 해당 사업을 수행하는 기관장은 대상 시설이 기피 시설인지 여부를 판단할 때, 단독으로 판단하지 말고 지역 주민 관점에서 검토할 수 있도록 민간 갈등관리전문가 등의 자문을 거쳐야 한다.
>
> 갈등영향분석을 시행하기로 결정했다면, 해당 사업을 수행하는 기관장 주관으로, 갈등관리심의위원회의 자문을 거쳐 해당 사업과 관련된 주요 이해당사자들이 중립적이라고 인정하는 전문가가 갈등영향분석서를 작성하여야 한다. 이렇게 작성된 갈등영향분석서는 반드시 모든 이해당사자들의 회람 후에 해당 기관장에게 보고되고 갈등관리심의위원회에서 심의되어야 한다.

① 정부가 갈등영향분석 실시 여부를 판단할 때 예비타
실시 기준인 총사업비를 판단 지표로 활용한다.

② 기피 시설 여부를 판단할 때 해당 사업을 수행하는
별도 절차 없이 단독으로 판단해서는 안 된다.

③ 갈등영향분석서는 정부가 주관하여 중립적 전문가의
해당 기관장이 작성하여야 한다.

④ 갈등영향분석서를 작성한 후에는 이해당사자가 회람
가 있어야 한다.

⑤ 갈등관리심의위원회는 갈등영향분석 실시 여부의 판
할 수 있다.

문 2. 다음 글에서 알 수 있는 것은?

> '인간'이란 말의 의미는 '호모 속(屬)에 속하는 동물'이고, 호모 속에는 사피엔스 외에도 여러 종(種)이 존재했다. [illegible] 사피엔스는 선조들에 비해 치아와 턱이 작았고 뇌의 크기는 우리와 비슷한 수준이었다. 사피엔스는 7만 년 전 아라비아 반도로 퍼져나갔고, 이후 다른 지역으로 급속히 퍼져나가 번성했다. 기술과 사회성이 뛰어난 사피엔스는 이미 그 지역에 정착해 있었던 다른 종의 인간들을 멸종시키기 시작하였다.
>
> 사피엔스의 확산은 인지혁명 덕분이었다. 이 혁명은 약 7만 년 전부터 3만 년 전 사이에 출현한 사고방식의 변화와 의사소통 방식의 변화를 가리킨다. 이와 같은 변화의 중심에는 그들의 언어가 있었다. 그렇다면, 사피엔스의 언어에 어떤 특별한 점이 있었기에 그들이 세계를 정복할 수 있었을까?
>
> 사피엔스는 제한된 개수의 소리와 기호를 연결해 각기 다른 의미를 지닌 무한한 개수의 문장을 만들 수 있었다. 곧 그들의 언어는 유연성을 지녔다. 이로써 그들은 자기 주변 환경에 대한 막대한 양의 정보를 공유할 수 있었다. 사피엔스가 다른 종의 인간들을 내몰 수 있었던 까닭이 공유된 정보의 양 때문이었다는 이론이 널리 알려져 있기는 하다. 그러나 공유된 정보의 양이 성공의 직접적 원인은 아니라는 이론 또한 존재한다. 이에 따르면 사피엔스가 세계를 정복할 수 있었던 원인은 오히려 그들의 언어가 사회적 협력을 다른 언어보다 더 원활하게 해주었다는 데 있다. 사피엔스는 주변 환경에 대한 담화를 할 수 있었을 뿐 아니라 다른 사회 구성원에 대한 담화도 할 수 있었다. 그런 담화는 상호간의 관계를 더욱 긴밀하게 했고 협력을 증진시켰다. 작은 무리의 사피엔스는 이렇게 더욱 긴밀한 협력 관계를 유지할 수 있었다.
>
> 위의 두 이론, 곧 유연성 이론과 담화 이론은 사피엔스의 정복

220 PART 3 기출심화 모의고사

국가공무원 7급 / 민간경력자 제1차시험 답안지

컴퓨터용 흑색사인펜만 사용

책형 ㉮ ㉯ ㉰ ㉱

[필적감정용 기재] * 아래 예시문을 옮겨 적으시오
본인은 ○○○(응시자성명)임을 확인함
기 재 란

성 명 / 자필성명 본인 성명 기재 / 시험장소

응시번호 / 생년월일

※ 시험감독관 서명 (성명을 정자로 기재할 것) / 적색 볼펜만 사용

○○영역(1~10번) / ○○영역(11~20번) / ○○영역(21~25번)

기출심화 모의고사

기출심화 모의고사 1회분을 수록하여 실전 연습을 할 수 있도록 하였습니다. 또한, OCR 답안카드를 함께 제공하여 수험생들이 실제 시험을 보는 것처럼 연습할 수 있도록 하였습니다.

이 책의 차례 CONTENTS

Add + 최신기출문제

PART 1 7급/민간경력자 PSAT 필수이론

PART 2 7급/민간경력자 PSAT 필수기출 300제

PART 3 기출심화 모의고사 220

별 책 정답 및 해설

최신기출문제

CHAPTER 01 2024년 7급 / 민간경력자 PSAT 기출문제

제1과목 언어논리

문 1. 다음 글의 내용과 부합하는 것은?

현재 서울의 청량리 근처에는 홍릉이라는 곳이 있다. 을미사변으로 일본인들에게 시해된 명성황후의 능이 조성된 곳이다. 고종은 홍릉을 자주 찾아 참배했는데, 그때마다 대규모로 가마꾼을 동원하는 등 불편이 작지 않았다. 개항 직후 우리나라에 들어와 경인철도회사를 운영하던 미국인 콜브란은 이 점을 거론하며 서대문에서 청량리까지 전차 노선을 부설해야 한다고 주장했다.

이전부터 전기와 전차 사업에 관심이 많았던 고종은 콜브란의 주장을 받아들여 전차 사업을 목적으로 하는 회사를 설립하기로 결심했다. 고종은 황실이 직접 회사를 설립하는 대신 민간인인 김두승과 이근배로 하여금 농상공부에 회사를 만들겠다는 청원서를 내도록 권유했다. 이에 따라 김두승 등은 전기회사 설립 청원서를 농상공부에 제출한 뒤 허가를 받아 한성전기회사를 설립했다. 한성전기회사는 서울 시내 각지에 전기등을 설치하는 한편 전차 노선 부설 사업을 추진했다. 한성전기회사는 당초 남대문에서 청량리까지 전차 노선을 부설하기로 했으나 당시 부설 중이던 경인철도의 종착역이 서대문역으로 정해졌기 때문에 이와 연결하기 위해 계획을 수정해 서대문에서 청량리까지 부설하기로 변경했다. 이후, 변경된 계획대로 전차 노선이 부설되었으며, 1899년 5월에 정식 개통식이 거행되었다.

한성전기회사는 고종이 단독 출자한 자본금을 바탕으로 설립되고 운영되었지만, 전차 노선 부설에 필요한 공사비가 부족해지자 회사 재산을 담보로 콜브란으로부터 부족분을 빌려 공사를 마무리할 수 있었다. 콜브란은 1902년에 그 상환 기일이 돌아오자 회사 운영을 지원하기 위해 상환 기일을 2년 연장해주었다. 이후 1904년 상환 기일이 다가오자, 고종은 콜브란과 협의하여 채무액의 절반인 75만 원만 상환하고 나머지 금액만큼의 회사 자산을 콜브란에게 넘겨주었다. 이로써 콜브란은 고종과 함께 회사의 대주주가 되어 경영에 참여할 수 있게 되었다. 이때 고종과 콜브란은 한성전기회사를 한미전기회사로 재편하였고, 한미전기회사가 전차 및 전기등 사업을 이어받았다.

① 한성전기회사가 경인철도회사보다 먼저 설립되었다.

② 전차 노선의 시작점은 원래 서대문이었으나 나중에 남대문으로 바뀌었다.

③ 한성전기회사가 전차 노선을 부설하는 데 부족한 자금은 미국인 콜브란이 빌려주었다.

④ 서울 시내에 처음으로 전차 노선을 부설한 회사는 황실이 주도해 농상공부가 설립하였다.

⑤ 서울 시내에서 전기등 설치 사업을 벌인 한미전기회사는 김두승과 이근배의 출자로 설립되었다.

문 2. 다음 글에서 알 수 있는 것은?

사고(史庫)는 실록을 비롯한 국가의 귀중한 문헌을 보관하는 곳이었으므로 아무나 열 수 없었고, 반드시 중앙 정부에서 파견된 사관이 여는 것이 원칙이었다. 하지만 사관은 그 수가 얼마 되지 않아 사관만으로는 실록 편찬이나 사고의 도서 관리에 관한 모든 일을 담당하기에 벅찼다. 이에 중종 때에 사관을 보좌하기 위해 중앙과 지방에 겸직사관을 여러 명 두었다.

사고에 보관된 도서는 해충이나 곰팡이 피해를 입을 수 있었으므로 관리가 필요했다. 당시 도서를 보존, 관리하는 가장 효과적인 방법은 포쇄였다. 포쇄란 책을 서가에서 꺼내 바람과 햇볕에 일정 시간 노출시켜 책에 생길 수 있는 해충이나 곰팡이 등을 방지하거나 제거하는 것을 말한다. 사고 도서의 포쇄는 3년마다 정기적으로 실시되었다.

사고 도서의 포쇄를 위해서는 사고를 열어 책을 꺼내야 했고, 이 과정에서 귀중한 도서가 분실되거나 훼손될 수 있었다. 따라서 책임 있는 관리가 이 일을 맡아야 했고, 그래서 중앙 정부에서 사관을 파견토록 되어 있었다. 그런데 중종 14년 중종은 사관을 보내는 것은 비용이 많이 드는 등의 폐단이 있다고 하며, 지방 사고의 경우 지방 거주 겸직사관에게 포쇄를 맡기는 것이 효율적이라고 주장했다. 이에 대해 사고 관리의 책임 관청이었던 춘추관이 반대했다. 춘추관은 정식 사관이 아닌 겸직사관에게 포쇄를 맡기는 것은 문헌 보관의 일을 가벼이 볼 수 있는 계기가 될 거라고 주장했다. 그러나 중종은 이 의견을 따르지 않고 사고 도서의 포쇄를 겸직사관에게 맡겼다. 하지만 중종 23년에는 춘추관의 주장에 따라 사관을 파견하는 것으로 결정되었다.

포쇄 때는 반드시 포쇄 상황을 기록한 포쇄형지안이 작성되었다. 포쇄형지안에는 사고를 여닫을 때 이를 책임진 사람의 이름, 사고에서 꺼낸 도서의 목록, 포쇄에 사용한 약품 등을 자세하게 기록했다. 포쇄 때마다 포쇄형지안을 철저하게 작성하여, 사고에 보관된 문헌의 분실이나 훼손을 방지하고 책임 소재를 명확하게 함으로써 귀중한 문헌이 후세에 제대로 전달되도록 했다.

① 겸직사관은 포쇄의 전문가 중에서 선발되어 포쇄의 효율성이 높았다.
② 중종은 포쇄를 위해 사관을 파견하면 문헌이 훼손되는 폐단이 생긴다고 주장했다.
③ 춘추관은 겸직사관이 사고의 관리 책임을 맡으면 문헌 보관의 일을 경시할 수 있게 된다고 하며 겸직사관의 폐지를 주장했다.
④ 사고 도서의 포쇄 상황을 기록한 포쇄형지안은 3년마다 정기적으로 작성되었다.
⑤ 도서에 피해를 입히는 해충을 막기 위해 사고 안에 약품을 살포했다.

문 3. 다음 글에서 알 수 있는 것은?

미국 헌법의 전문은 "우리 미합중국의 사람들은"이라는 구절로 시작한다. 여기서 '사람들'에 해당하는 대한민국 헌법상의 용어는 헌법 제정 주체로서의 '국민'이다. 대한민국 헌법의 전문은 "유구한 역사와 전통에 빛나는 우리 대한국민은"으로 시작한다. 이 구절들에서 '사람들'과 '국민'은 맥락상 동일한 의미를 지닌다. 그러나 이 단어들의 사전적 의미 사이에는 간극이 크다. '사람'은 보편적 인간을, '국민'은 국가의 구성원을 의미하기 때문이다. 그래서 '인민'이 '국민'보다 더 적절한 표현이라는 주장이 종종 제기되는데, 사실 대한민국의 제헌헌법 초안에서는 이 단어가 사용되었다.

대한민국 역사에서 '인민'은 개화기부터 통용된 자연스러운 말이며 정부 수립 전까지의 헌법 관련 문헌들 대부분에 빈번히 등장한다. 법학자 유진오가 기초한 제헌헌법의 초안도 "유구한 역사와 전통에 빛나는 우리들 조선 인민은"으로 시작한다. 그러나 '인민'은 공산당의 용어인데 어째서 그러한 말을 쓰려고 하느냐는 공박을 당했고, '인민'은 결국 제정된 제헌헌법에서 '국민'으로 대체되었다.

이에 유진오는 '인민'이 예부터 흔히 사용되어 온 말로 '국민'으로 환원될 수 없는 의미를 지니며, 미국 헌법에서도 국적을 가진 자들로 한정될 수 없는 경우에 '사람들'이 사용되었다고 지적했다. 또한 '국민'은 국가의 구성원이라는 점이 강조된 국가 우월적 표현이기 때문에, 국가조차도 함부로 침범할 수 없는 자유와 권리의 주체로서의 보편적 인간까지 함의하기에는 적절하지 못하다고 비판했다.

'인민'이 모두 '국민'으로 대체되면서 대한민국 헌법에서 혼란의 여지가 생긴 것은 사실이다. '국민'이 국적을 가진 자뿐만 아니라 천부인권을 지니는 보편적 인간까지 지칭하게 되었기 때문이다. 예를 들어 대한민국으로 여행을 온 외국인은 전자에 해당하지 않지만 후자에 속하는 것이 명백하다. 따라서 선거권, 사회권 등 국적을 기반으로 하는 권리까지 주어지는 것은 아니지만, 헌법상의 평등권, 자유권 등 기본적 인권은 보장되는 것이다. 이에 향후 헌법 개정이 있다면 그 기회에 보편적 인간을 의미하는 경우의 '국민'을 '사람들'로 바꾸자는 제안도 있다.

① 대한민국 역사에서 '인민'은 분단 후 공산주의 사상이 금기시되면서 사용되기 시작한 말이다.
② 대한민국으로 여행을 온 외국인은 대한민국 헌법상의 자유권을 보장받지 못한다.
③ 미국 헌법에서 '사람들'은 보편적 인간이 아니라 미국 국적을 가진 자를 의미한다.
④ 법학자 유진오는 '국민'이 보편적 인간을 의미하기에는 적절하지 않다고 비판했다.
⑤ 대한민국 제헌헌법에서는 '인민'이 사용되었으나 비판을 받아 이후의 개정을 통해 헌법에서 삭제되었다.

문 4. 다음 글에서 알 수 있는 것은?

필사문화와 초기 인쇄문화에서 독서는 대개 한 사람이 자신이 속한 집단 내에서 다른 사람들에게 책을 읽어서 들려주는 사회적 활동을 의미했다. 개인이 책을 소유하고 혼자 눈으로 읽는 묵독과 같은 오늘날의 독서 방식은 당시 대다수 사람에게 익숙한 일이 아니었다. 근대 초기만 해도 문맹률이 높았기 때문에 공동체적 독서와 음독이 지속되었다.

'공동체적 독서'는 하나의 읽을거리를 가족이나 지역 · 직업공동체가 공유하는 것을 의미한다. 이는 같은 책을 여러 사람이 돌려 읽는 윤독이 이루어졌을 뿐 아니라, 구연을 통하여 특정 공간에 모인 사람들이 책의 내용을 공유했음을 알려준다. 여기에는 도시와 농촌의 여염집 사랑방이나 안방에서 소규모로 이루어진 가족 구성원들의 독서, 도시와 촌락의 장시에서 주로 이루어진 구연을 통한 독서가 포함된다. 공동체적 독서의 목적은 독서에 참여한 사람들로 하여금 책의 사상과 정서에 공감하게 하는 데 있다.

음독은 '소리 내어 읽음'이라는 의미로서 낭송, 낭독, 구연을 포함한다. 낭송은 혼자서 책을 읽으며 암기와 감상을 위하여 읊조리는 행위를, 낭독은 다른 사람들에게 들려주기 위하여 보다 큰 소리로 책을 읽는 행위를 의미한다. 이에 비해 구연은 좀 더 큰 규모의 청중을 상대로 하며 책을 읽는 행위가 연기의 차원으로 높아진 것을 일컫는다. 이런 점에서 볼 때 음독은 공동체적 독서와 긴밀한 연관을 가질 수밖에 없지만, 음독이 꼭 공동체적 독서라고는 할 수 없다.

전근대 사회에서는 개인적 독서의 경우에도 묵독보다는 낭송이 더 일반적인 독서 형태였다. 그렇다고 해서 도식적으로 공동체적 독서와 음독을 전근대 사회의 독서 형태라 간주하고, 개인적 독서를 근대 이후의 독서 형태라 보는 것은 곤란하다. 현대 사회에서도 필요에 따라 공동체적 독서와 음독이 많이 행해지며, 반대로 전근대 사회에서도 지배계급이나 식자층의 독서는 자주 묵독으로 이루어졌을 것이기 때문이다. 다만 '공동체적 독서'에서 '개인적 독서'로의 이행은 전근대 사회에서 근대 사회로 이행하는 과정에서 확인되는 독서 문화의 추이라고 볼 수 있다.

① 필사문화를 통해 묵독이 유행하기 시작했다.
② 전근대 사회에서 낭송은 공동체적 독서를 의미한다.
③ 공동체적 독서와 개인적 독서 모두 현대 사회에서 행해지는 독서 형태이다.
④ 근대 초기 식자층의 독서 방식이었던 음독은 높은 문맹률로 인해 생겨났다.
⑤ 근대 사회에서 윤독은 주로 도시와 촌락의 장시에서 이루어진 독서 형태였다.

문 5. 다음 글에서 알 수 없는 것은?

의학적 원리만을 놓고 볼 때 '인두법'과 '우두법'은 전혀 차이가 없다. 둘 다 두창을 이미 앓은 개체에서 미량의 딱지나 고름을 취해서 앓지 않은 개체에게 접종하는 방식이다. 그렇지만 인두법 저작인 정약용의 『종두요지』와 우두법 저작인 지석영의 『우두신설』을 비교하면 접종대상자의 선정, 사후 관리, 접종 방식 등 세부적인 측면에서 적지 않은 차이가 발견된다.

먼저, 접종대상자의 선정 과정을 보면 인두법이 훨씬 까다롭다. 접종대상자는 반드시 생후 12개월이 지난 건강한 아이여야 했다. 중병을 앓고 얼마 되지 않은 아이, 몸이 허약한 아이, 위급한 증세가 있는 아이는 제외되었다. 이렇게 접종대상자의 몸 상태에 세심하게 신경을 쓰는 까닭은 비록 소량이라고 하더라도 사람에게서 취한 두(痘)의 독이 강력했기 때문이다. 한편, 『우두신설』에서는 생후 70~100일 정도의 아이를 접종대상자로 하며, 아이의 몸 상태에 특별히 신경을 쓰지 않는다. 이는 우두의 독력이 인두보다 약한 데서 기인한다. 우두법은 접종 시기를 크게 앞당김으로써 두창 감염에 따른 위험을 줄였고, 아이의 몸 상태에 크게 좌우되지 않는다는 장점이 있었다.

인두와 우두의 독력 차이로 사후 관리 또한 달랐음을 위 저작들에서 발견할 수 있다. 정약용은 접종 후에 나타나는 각종 후유증을 치료하기 위한 처방을 상세히 기재하고 있는 데 반해, 지석영은 그런 처방을 매우 간략하게 제시하거나 전혀 언급하지 않는다.

접종 방식의 차이도 두드러진다. 『종두요지』의 대표적인 접종 방식으로 두의 딱지를 말려 코 안으로 불어넣는 한묘법, 두의 딱지를 적셔 코 안에 접종하는 수묘법이 있다. 한묘법은 위험성이 높아서 급하게 효과를 보려고 할 때만 쓴 반면, 수묘법은 일반적으로 통용되었고 안전성 면에서도 보다 좋은 방법이었다. 이에 반해 우두 접종은 의료용 칼을 사용해서 팔뚝 부위에 일부러 흠집을 내어 접종했다. 종래의 인두법에서 코의 점막에 불어넣거나 묻혀서 접종하는 방식은 기도를 통한 발병 위험이 매우 높았기 때문이다.

① 우두법은 접종을 시작할 수 있는 나이가 인두법보다 더 어리다.
② 인두 접종 방식 가운데 수묘법이 한묘법보다 일반적으로 통용되는 접종 방식이었다.
③ 『종두요지』에는 접종 후에 나타나는 후유증을 치료하기 위한 처방이 제시되어 있었다.
④ 인두법은 의료용 칼을 사용하여 팔뚝 부위에 흠집을 낸 후 접종하는 방식이었다.
⑤ 『우두신설』에 따르면 몸이 허약한 아이에게도 접종할 수 있었다.

문 6. 다음 글에서 알 수 있는 것은?

과학자가 고안한 새로운 이론이 과학적 진보에 기여하는지를 평가할 때, 다음의 세 가지 조건이 고려된다.

첫째는 통합적 설명 조건이다. 새로운 이론은 여러 현상들을 통합하여 설명할 수 있는 단순한 개념 틀을 제공해야 한다. 예컨대 뉴턴의 새로운 이론은 오랫동안 서로 다르다고 여겨졌던 지상계의 운동과 천상계의 운동을 단지 몇 가지 개념을 통해 설명할 방법을 제시하였다. 하지만 통합적 설명 조건만을 만족한다고 해서 과학적 진보에 기여한다고 보기는 어렵다.

둘째는 새로운 현상의 예측 조건이다. 새로운 이론은 기존의 이론이 예측할 수 없는 새로운 현상을 예측해야 한다. 새로운 현상을 예측하면, 과학자들은 그 예측이 맞는지 확인하기 위해 다양한 반증 시도를 하게 된다. 그 과정에서 과학자들은 기존에 관심을 두지 않았던 영역을 탐구하게 되고 새로운 관측 방법을 개발한다. 통합적 설명 조건을 만족하면서 동시에 새로운 현상을 예측하여 반증 시도를 허용하는 이론이 과학적 진보에 기여하게 되는 것이다.

셋째는 통과 조건이다. 이 조건은 위 두 조건을 모두 만족하는 이론이 제시한 새로운 예측이 실제 관측이나 실험 결과에 들어맞아야 한다는 것을 뜻한다. 혹자는 통과 조건을 만족하지 못하고 반증된 이론은 실패한 이론이고 과학적 진보에 기여하지 못한다고 생각하지만, 그렇지 않다. 그런 이론도 새로운 이론을 고안하도록 과학자를 추동하는 역할을 하기 때문이다. 따라서 통과 조건을 만족하지 못하더라도 통합적 설명 조건과 새로운 현상의 예측 조건을 모두 만족하는 이론은 과학적 진보에 기여하는 것으로 평가할 수 있다.

① 단순하면서 통합적인 개념 틀을 제공하는 이론은 통과 조건을 만족한다.
② 통과 조건을 만족하지 못하더라도 과학적 진보에 기여하는 이론이 있을 수 있다.
③ 반증된 이론은 과학자들이 새로운 이론을 고안하도록 추동하는 역할을 하지 못한다.
④ 새로운 현상의 예측 조건을 만족하지 못하는 이론은 통합적 설명 조건을 만족하지 못한다.
⑤ 통합적 설명 조건과 새로운 현상의 예측 조건 중 하나만 만족하는 이론도 과학적 진보에 기여한다.

문 7. 다음 글의 ㉠~㉤을 문맥에 맞게 수정한 것으로 가장 적절한 것은?

『논어』「자한」편 첫 문장은 일반적으로 "공자께서는 이익, 천명, 인(仁)에 대해서 드물게 말씀하셨다."라고 해석된다. 그런데 『논어』 전체에서 인이 총 106회 언급되었다는 사실과 이 문장 안에 포함된 '드물게(罕)'라는 말은 상충하는 것처럼 보인다. 이러한 충돌을 해결하기 위한 시도는 크게 두 가지 방향에서 이루어졌다. 먼저 해당 한자의 의미를 ㉠ 기존과 다르게 해석하여 이 문장에 대한 일반적 해석을 변경하는 방식으로 이를 해결하려는 시도가 있다. 하지만 이와 다른 방식으로 충돌을 해결할 수 있다고 믿었던 이들도 있다. 그들은 이 문장의 일반적 해석을 바꾸지 않고 다음과 같은 방법들로 문제를 풀려고 시도했다.

첫째, 어떤 이들은 정도를 나타내는 표현이 상대성을 가질 수 있다는 점에 주목했다. 사실, '드물게'라는 것이 과연 어느 정도의 횟수를 의미하는지는 분명하지 않다. '드물다'는 표현은 동일 선상에 있는 다른 것과의 비교를 염두에 둔 것이다. 따라서 ㉡ 인이 106회 언급되었다고 해도 다른 것에 비해서는 드물다고 평가할 수 있다.

둘째, 다른 이들은 텍스트의 형성 과정에 주목했다. 『논어』는 발화자와 기록자가 서로 다른데, 공자 사후 공자의 제자들은 각자가 기억하는 스승의 말이나 스승에 대한 그간의 기록을 모아서 『논어』를 편찬하였다. 이를 염두에 둔다면 다음과 같은 상황을 상상할 수 있다. 공자는 인에 대해 실제로 드물게 말했다. 공자가 인을 중시하면서도 그에 대해 드물게 언급하다 보니 제자들이 자주 물을 수밖에 없었다. 그 대화의 결과들을 끌어모은 것이 『논어』인 까닭에, 『논어』에는 ㉢ 인에 대한 기록이 많아질 수밖에 없었다.

셋째, ㉣ 이 문장을 기록한 제자의 개별적 특성에 주목했던 이들도 있다. 즉, 다른 제자들은 인에 대해 여러 차례 들었지만, 이 문장의 기록자만 드물게 들었을 수 있다. 공자는 질문하는 제자가 어떤 사람인지에 따라 각 제자에게 주는 가르침을 달리했다. 그렇다면 '드물게'는 이 문장을 기록한 제자의 어떤 특성 때문에 나타난 결과일 수 있다.

넷째, 어떤 이들은 시간의 변수를 도입했다. 기록자가 공자의 가르침을 돌아보면서 ㉤ 이 문장을 기록한 시점 이후에 공자는 정말로 인에 대해 드물게 말했는지도 모른다. 그리고 그 뒤 어느 시점부터 공자가 빈번하게 인에 대해 설파하기 시작했으며, 『논어』에 보이는 인에 대한 106회의 언급은 그 결과일 수 있다.

① ㉠을 "기존과 동일하게 해석하여 이 문장에 대한 일반적 해석을 준수하는 방식"으로 고친다.
② ㉡을 "인이 106회 언급되었다면 다른 어떤 것에 비해서도 드물다고 평가할 수 없다"로 고친다.
③ ㉢을 "인에 대한 기록이 적어질 수밖에 없었다"로 고친다.
④ ㉣을 "『논어』를 편찬한 공자 제자들의 공통적 특성"으로 고친다.
⑤ ㉤을 "이 문장을 기록했던 시점까지"로 고친다.

문 8. 다음 글의 (가)와 (나)에 들어갈 말을 짝지은 것으로 가장 적절한 것은?

> 오늘날 우리는 끊임없이 무엇인가를 전시하고 이에 대한 주변인의 반응을 기다린다. 특히 전시의 공간이 온라인 플랫폼으로 확장되면서 우리의 삶 자체가 전시물이 되는 시대에 살고 있다. 전시된 삶에 공감하는 익명의 사람들은 '좋아요' 버튼을 누른다. '좋아요'의 수가 많을수록 전시된 콘텐츠의 가치가 높아진다. 이제 얼마나 많은 수의 '좋아요'를 확보하느냐가 관건이 된다.
>
> 그러다 보니 우리는 손에 잡히지 않지만 눈으로 확인할 수 있는 누군가의 '좋아요'를 좇게 된다. '좋아요'는 전시된 콘텐츠에 대한 공감의 표현 방식이었지만, 어느 순간 관계가 역전되어 '좋아요'를 얻기 위해 콘텐츠를 가상 공간에 전시하기 시작한다. 이제 우리는 '좋아요'를 많이 얻을 수 있는 콘텐츠를 만들어내는 데 최선의 노력을 기울이게 된다.
>
> 이 관계의 역전은 문제를 일으킨다. '좋아요'의 선택을 받기 위해 노력하다 보면 어느 순간 현실에 존재하는 '나'가 사라지고 만다. 타인이 좋아할 만한 일상과 콘텐츠를 선별하거나 심지어 만들어서라도 전시하기 때문이다. (가) . 타인의 '좋아요'를 얻기 위해 현실에 존재하는 내가 사라지고 마는 아이러니를 직면하는 순간이다.
>
> '좋아요'의 공동체 안에서는 타자도 존재하지 않는다. 이 공동체는 '좋아요'를 매개로 모인 서로 '같음'을 공유하는 사람들로 구성된다. 그래서 같은 것을 좋아하고 긍정하는 '좋아요'의 공동체 안에서 각자의 '다름'은 점차 사라진다. (나) . 이제 공동체에서 그러한 타자를 환대하거나 그의 말을 경청하려는 사람은 점점 줄어들고, '다름'은 '좋아요'가 용납하지 않는 별개의 언어가 된다.
>
> '좋아요'는 그 특유의 긍정성 덕분에 뿌리치기 힘든 유혹으로 다가온다. 하지만 '좋아요'에 함몰되는 순간 나와 타자를 동시에 잃어버릴 수 있다. 우리는 '좋아요'를 거부하는 타자들을 인정하고 그들의 말에 귀를 기울여야 한다. 이렇게 '좋아요'가 축출한 '다름'의 언어를 되찾아오기 시작할 때 '좋아요'의 아이러니에서 벗어날 수 있을 것이다.

① (가) : '좋아요'를 얻기 위해 현실의 나와 다른 전시용 나를 제작하는 셈이다
(나) : '좋아요'를 거부하고 다른 의견을 내는 사람은 불편한 대상이자 배제의 대상이 된다

② (가) : '좋아요'를 얻기 위해 현실의 나와 다른 전시용 나를 제작하는 셈이다
(나) : '좋아요'의 공동체에서는 어떠한 갈등이나 의견 대립도 발생하지 않는다

③ (가) : '좋아요'를 얻기 위해 나의 내면과 사생활까지도 타인에게 적극적으로 개방한다
(나) : '좋아요'를 거부하고 다른 의견을 내는 사람은 불편한 대상이자 배제의 대상이 된다

④ (가) : '좋아요'를 얻기 위해 나의 내면과 사생활까지도 타인에게 적극적으로 개방한다
(나) : '좋아요'의 공동체에서는 어떠한 갈등이나 의견 대립도 발생하지 않는다

⑤ (가) : '좋아요'를 얻기 위해 현실의 내가 가진 매력적 콘텐츠를 더욱 많이 발굴하는 것이다
(나) : '좋아요'의 공동체에서는 어떠한 갈등이나 의견 대립도 발생하지 않는다

문 9. 다음 글의 빈칸에 들어갈 내용으로 가장 적절한 것은?

> 여행가들은 종종 여행으로 세계에 대한 새로운 지식을 얻었을 뿐만 아니라 차별과 편견을 제거할 수 있었다고 말한다. 이 깨달음은 신경과학자들 덕분에 사실로 입증되었다. 신경과학자들은 여행이 뇌의 전측대상피질(ACC)을 자극한다는 것을 알아냈다. ACC는 자신이 가진 세계 모델을 기초로 앞으로 들어올 지각 정보의 기대치를 결정하고 새로 들어오는 지각 정보들을 추적한다. 새로 들어온 정보가 기대치에 맞지 않으면 ACC는 경보를 발령하고, 이 정보에 대한 판단을 지연시켜 새로운 정보를 분석할 시간을 제공한다. 정보에 대한 판단이 지연되면, 그에 대한 말과 행동 또한 미뤄진다. ACC의 경보가 발령되면 우리는 어색함을 느끼고 멈칫한다. 결국 ACC는 주변 환경을 더 면밀히 관찰하라고 촉구한다.
>
> 우리의 뇌는 의식적으로든 반사적으로든 끊임없이 판단을 내린다. 이와 관련하여 인지과학자들은 판단을 늦출수록 판단의 정확성이 높아진다는 사실을 발견했다. 오랜 시간을 들여 더 많은 관련 정보를 파악하는 것이 정확한 판단의 핵심이기 때문이다. 최후의 순간까지 정보에 대한 판단을 유보할수록 정확한 판단을 내릴 가능성이 커진다.
>
> 낯선 장소를 방문할 때 우리는 늘 어색함을 느낀다. 음식, 지리, 날씨 등 모든 게 기존의 세계 모델과 일치하지 않기 때문이다. 여행은 ACC를 자극하고, ACC의 경보 발령으로 우리는 신속한 판단이나 반사적 행동을 자제하게 된다. 따라서 더 이질적인 문화를 경험하면, 우리의 뇌는 ________________.

① ACC를 덜 활성화시킨다
② 더 적은 정보를 처리한다
③ 주변 환경에 더 친숙해진다
④ 기존의 세계 모델을 더 확신한다
⑤ 정보에 대한 판단을 더 지연시킨다

문 10. 다음 글의 빈칸에 들어갈 내용으로 가장 적절한 것은?

갑은 이번에 들어온 신입 사원 민철에 대해서 '그는 결혼하지 않았다.'라는 정보와 '그는 비혼이다.'라는 정보를 획득했다. 한편 을은 민철에 대해서 '그는 결혼하지 않았다.'라는 정보와 '그에게는 아이가 있다.'라는 정보를 획득했다. 갑이 획득한 정보 집합과 을이 획득한 정보 집합 중에서 무엇이 더 정합적인가? 다르게 말해 어떤 집합 내 정보들이 서로 더 잘 들어맞는가? 갑의 정보 집합이 더 정합적이라고 여기는 것이 상식적이다.

그렇다면 이런 정보 집합의 정합성은 어떻게 측정할 수 있을까? 그 방법 중 하나인 C는 확률을 이용해 그 정합성의 정도, 즉 정합도를 측정한다. 여러 정보로 이루어진 정보 집합 S가 있다고 해보자. 방법 C에 따르면, S의 정합도는 (   )으로 정의된다.

그 정의에 따라 정합도를 측정하면, 위 갑과 을이 획득한 정보 집합의 정합성을 우리의 상식에 맞춰 비교할 수 있다. 갑이 획득한 정보에서 '그가 결혼하지 않았으며 비혼일 확률'과 '그가 결혼하지 않았거나 비혼일 확률'은 모두 '그가 비혼일 확률'과 같다. 왜냐하면 결혼하지 않았다는 것과 비혼이라는 것은 서로 같은 말이기 때문이다. 따라서 방법 C에 따르면 갑이 획득한 정보 집합의 정합도는 1이다.

한편, '그가 결혼하지 않았으며 아이가 있을 확률'은 '그가 결혼하지 않았거나 아이가 있을 확률'보다 낮다. 왜냐하면 그가 결혼하지 않았거나 아이가 있는 경우에 비해, 그가 결혼하지 않고 아이가 있는 경우는 드물기 때문이다. 따라서 방법 C에 따르면 을의 정보 집합의 정합도는 1보다 작다. 이런 식으로 방법 C는 갑의 정보 집합의 정합도가 을의 정보 집합의 정합도보다 크다고 말해 준다. 그리고 그 점에서 갑의 정보 집합이 을의 정보 집합보다 더 정합적이라고 판단한다. 이는 우리 상식에 부합하는 결과이다.

① S의 정보 중 적어도 하나가 참일 확률을 S의 모든 정보가 참일 확률로 나눈 값
② S의 모든 정보가 참일 확률을 S의 정보 중 적어도 하나가 참일 확률로 나눈 값
③ S의 정보 중 기껏해야 하나가 참일 확률을 S의 모든 정보가 참일 확률로 나눈 값
④ S의 모든 정보가 참일 확률을 S의 정보 중 기껏해야 하나가 참일 확률로 나눈 값
⑤ S의 정보 중 기껏해야 하나가 참일 확률을 S의 정보 중 적어도 하나가 참일 확률로 나눈 값

문 11. 다음 글의 ㉠을 이끌어내기 위해 추가해야 할 전제로 가장 적절한 것은?

우리는 보고, 듣고, 냄새를 맡는 등 지각적 경험을 한다. 우리가 지각적 경험이 가능한 이유는 이러한 지각을 야기하는 원인이 존재하기 때문이다. 나는 ㉠ 신의 마음이 바로 나의 지각을 야기하는 원인임을 논증을 통해 보이고자 한다.

이 세상에 존재하는 모든 것은 지각되는 것이고, 그러한 지각을 야기하는 원인이 존재한다. 그러한 원인이 존재한다면 그 원인은 내 마음속 관념이거나 나의 마음이거나 나 이외의 다른 마음 중 하나일 것이다. 하지만 나의 지각을 야기하는 원인은 내 마음속 관념이 아니다. 왜냐하면 지각이 관념의 원인이 될 수는 있지만 관념이 지각을 야기할 수는 없기 때문이다.

나의 지각을 야기하는 원인은 내 마음도 아니다. 왜냐하면 내 마음이 내 지각의 원인이라면 나는 내가 지각하는 바를 조종할 수 있어야 한다. 예를 들어, 내가 내 앞의 빨간 사과를 보고 있다고 해보자. 나는 이 사과를 빨간색으로 지각할 수밖에 없다. 아무리 내가 이 사과 색깔을 빨간색 대신 노란색으로 지각하려고 안간힘을 쓰더라도 이를 내 마음대로 바꿀 수는 없다. 그러므로 나의 지각을 야기하는 원인은 나 이외의 다른 마음이다.

나 이외의 다른 마음은 나 이외의 다른 사람의 마음이거나 사람이 아닌 다른 존재의 마음이다. 다른 사람의 마음이 내 지각을 야기하는 원인이 될 수 없다. 그들이 내가 지각하는 바를 조종할 수는 없기 때문이다. 그러므로 나의 지각을 야기하는 원인은 사람이 아닌 다른 존재의 마음이다.

① 내 마음속 관념이 곧 신이다.
② 사람과 신 이외에 마음을 지닌 존재는 없다.
③ 신의 마음은 나의 마음을 야기하는 원인이다.
④ 감각기관을 통한 지각적 경험은 신뢰할 수 있다.
⑤ 나 이외의 다른 마음만이 내가 지각하는 바를 조종할 수 있다.

문 12. 다음 글의 내용이 참일 때 반드시 참인 것은?

> A부서에서는 새로 시작된 프로젝트에 다섯 명의 주무관 가은, 나은, 다은, 라은, 마은의 참여 여부를 점검하고 있다. 주무관들의 업무 전문성을 고려할 때, 다음과 같은 예측을 할 수 있었고 그 예측들은 모두 옳은 것으로 밝혀졌다.
> - 가은이 프로젝트에 참여하면 나은과 다은도 프로젝트에 참여한다.
> - 나은이 프로젝트에 참여하지 않으면 라은이 프로젝트에 참여한다.
> - 가은이 프로젝트에 참여하거나 마은이 프로젝트에 참여한다.

① 가은이 프로젝트에 참여하지 않으면 나은이 프로젝트에 참여한다.
② 다은이 프로젝트에 참여하면 마은이 프로젝트에 참여한다.
③ 다은이 프로젝트에 참여하거나 마은이 프로젝트에 참여한다.
④ 라은이 프로젝트에 참여하면 마은이 프로젝트에 참여한다.
⑤ 라은이 프로젝트에 참여하거나 마은이 프로젝트에 참여한다.

문 13. 다음 글의 내용이 참일 때 반드시 참인 것은?

> 가훈은 모든 게임에서 2인 1조로 다른 조를 상대해야 한다. 게임은 구슬치기, 징검다리 건너기, 줄다리기, 설탕 뽑기 순으로 진행되며 다른 게임은 없다. 이에 가훈은 남은 참가자 갑, 을, 병, 정, 무 중 각각의 게임에 적합한 서로 다른 인물을 한 명씩 선택하여 조를 구성할 계획을 세웠다. 게임의 총괄 진행자는 가훈의 선택에 대해 다음과 같이 예측하였다.
> - 갑은 설탕 뽑기에 선택되고 무는 징검다리 건너기에 선택된다.
> - 을이 구슬치기에 선택되거나 정이 줄다리기에 선택된다.
> - 을은 구슬치기에 선택되지 않고 무는 징검다리 건너기에 선택되지 않는다.
> - 병은 어떤 게임에도 선택되지 않고 정은 줄다리기에 선택된다.
> - 무가 징검다리 건너기에 선택되거나 정이 줄다리기에 선택되지 않는다.
>
> 가훈의 조 구성 결과 이 중 네 예측은 옳고 나머지 한 예측은 그른 것으로 밝혀졌다.

① 갑이 어느 게임에도 선택되지 않았다.
② 을이 구슬치기에 선택되었다.
③ 병이 줄다리기에 선택되었다.
④ 정이 징검다리 건너기에 선택되었다.
⑤ 무가 설탕 뽑기에 선택되었다.

문 14. 다음 글의 빈칸에 들어갈 말로 적절한 것은?

> 문 주무관과 공 주무관은 하나의 팀을 이루어 문공 팀 제안서를 제출하였다. 이와 관련하여 공 주무관은 자신이 수집, 정리한 인사 관련 정보를 문 주무관과 다음과 같이 공유하였다. "강 주무관이 업무 평가에서 S등급을 받았다고 가정하면, 남 주무관이 업무 평가에서 S등급을 받은 경우 문공 팀 제안서가 폐기될 것입니다. 그런데 문공 팀 제안서가 폐기되는 일과 도 주무관이 전보 발령 대상이 되는 일, 둘 중 적어도 하나는 일어날 것입니다. 강 주무관과 남 주무관 둘 중 적어도 한 사람은 S등급을 받은 것이 분명합니다. 그런데 강 주무관만 S등급을 받고 남 주무관은 못 받는 그런 일은 없습니다. 다행히도, 문공 팀 제안서가 폐기되지 않고 심층 검토될 예정이라는 소식입니다."
>
> 그러나 공 주무관이 공유한 정보를 살펴보던 문 주무관은 자신이 입수한 정보를 공유하면서 공 주무관에게 말하였다. "공 주무관님, 그런데 조금 전 확인된 바로, __________. 그렇다고 보면, 공 주무관님이 말씀하신 정보는 내적 일관성이 없고 따라서 전부 참일 수는 없습니다. 어딘가 최소한 한 군데는 잘못된 정보라는 말이지요. 지금으로선 어느 부분이 문제인지 알 수 없으니, 수고스럽더라도 어느 부분에 문제가 있는지 다시 확인해주셔야 하겠습니다."

① 남 주무관은 업무 평가에서 S등급을 받았습니다
② 강 주무관은 업무 평가에서 S등급을 받지 못했습니다
③ 도 주무관이 전보 발령 대상이 아닌 경우, 문공 팀 제안서가 폐기됩니다
④ 남 주무관이 업무 평가에서 S등급을 받은 경우, 도 주무관은 전보 발령 대상이 아닙니다
⑤ 강 주무관이 업무 평가에서 S등급을 받은 경우, 남 주무관도 업무 평가에서 S등급을 받습니다

문 15. 다음 글에서 추론할 수 있는 것만을 〈보기〉에서 모두 고르면?

종이와 같이 전류가 흐르지 않는 성질을 가진 물질을 절연체라 한다. 절연체는 전기적으로 중성이며 전하를 띠지 않는다. 그러나 어떤 상황에서는 전하 사이에 작용하는 힘인 전기력에 의한 운동이 가능하다. 어떻게 이러한 절연체의 운동이 가능한가를 알아보자.

절연체는 전기적으로 중성이지만 그 안에는 무수히 많은 전하가 존재한다. 다만, 음전하와 양전하가 똑같은 숫자로 존재하며 물체에 균일하게 분포되어 있다. 이들에게 외부의 전하가 작용할 때 발생하는 전기력인 척력과 인력이 서로 상쇄되어 아무런 힘이 작용하지 않을 것처럼 보인다.

그런데 외부에서 전기력이 작용하면 절연체 내부의 전하들은 개별적으로 그 힘에 반응한다. 가령, 양으로 대전된 물체에 의해서 절연체에 전기력이 작용하는 경우, 절연체 내부의 음전하는 대전된 물체 방향으로 끌려가는 힘인 인력을 받고, 양전하는 밀려나는 힘인 척력을 받는다.

절연체 내부의 전하들은 이러한 전기력에 의해 미세하게 이동할 수 있는데, 음전하는 양으로 대전된 물체와 가까워지는 방향으로, 양전하는 멀어지는 방향으로 이동하게 된다. 그 결과 대전된 물체의 양전하와 절연체의 음전하 간의 인력이 대전된 물체의 양전하와 절연체의 양전하 간의 척력보다 커져 절연체는 대전된 물체 방향으로 끌려가게 된다. 전기력은 전하 간 거리가 멀수록 작아지는 특성이 있기 때문이다. 다만 절연체의 무게가 충분히 작아야만 이러한 전기력이 절연체의 무게를 극복하고 절연체를 끌어당길 수 있다.

〈보 기〉

ㄱ. 절연체 내부 전하의 위치는 절연체 외부의 영향에 의해서 변할 수 있다.
ㄴ. 대전된 물체는 절연체 내 음전하와 양전하의 구성 비율을 변화시킬 수 있다.
ㄷ. 음으로 대전된 물체를 특정 무게 이하의 절연체에 가까이함으로써 절연체를 밀어내는 것이 가능하다.

① ㄱ
② ㄴ
③ ㄱ, ㄷ
④ ㄴ, ㄷ
⑤ ㄱ, ㄴ, ㄷ

문 16. 다음 글에서 추론할 수 있는 것은?

사람의 근육 운동은 근육 세포의 수축과 이완이 반복되면서 일어나며, 근육 세포의 수축과 이완이 정상적으로 일어나지 않으면 근육 마비가 일어난다. 근육 세포의 수축과 이완은 근육 세포와 인접해 있는 운동 신경 세포에서 아세틸콜린의 방출을 조절함으로써 일어날 수 있다.

운동 신경 세포에 작용하는 신호에 의해 운동 신경 세포에서 아세틸콜린이 방출된다. 방출된 아세틸콜린은 근육 세포의 막에 있는 아세틸콜린 결합 단백질에 결합하고 이 근육 세포가 수축되게 한다. 뇌의 운동피질에서 유래한 신호가 운동 신경 세포에 작용하여 이와 같은 현상을 일으킬 수 있다.

운동 신경 세포에서 아세틸콜린의 방출은 운동 신경 세포와 접하고 있는 억제성 신경 세포에 의해서도 조절될 수 있다. 억제성 신경 세포는 글리신을 방출하는데, 이 글리신은 운동 신경 세포에 작용하여 아세틸콜린의 방출을 막음으로써 근육 세포가 이완되게 한다.

사람의 근육 운동에 영향을 미치는 물질 중에는 보툴리눔 독소와 파상풍 독소가 있다. 두 독소는 각각 병원균인 보툴리눔균과 파상풍균이 분비하는 독성 단백질이다. 보툴리눔 독소는 운동 신경 세포에 작용하여 아세틸콜린이 방출되는 것을 막아 근육 세포가 이완된 상태로 있게 하여 근육 마비를 일으킨다. 파상풍 독소는 억제성 신경 세포에 작용하여 글리신이 방출되는 것을 막아 근육 세포가 수축된 상태로 있게 하여 근육 마비를 일으킨다.

① 근육 세포의 막에는 글리신 결합 단백질이 있다.
② 보툴리눔 독소는 근육 세포의 수축이 일어나지 않게 하여 근육 마비를 일으킨다.
③ 운동 신경 세포에서 방출된 아세틸콜린은 억제성 신경 세포에서 글리신의 방출을 막는다.
④ 뇌의 운동피질에서 유래된 신호는 운동 신경 세포에서 아세틸콜린의 방출을 막아서 근육의 수축을 일으킨다.
⑤ 파상풍 독소는 운동 신경 세포에서 방출된 아세틸콜린이 근육 세포의 막에 있는 결합 단백질에 결합할 수 없게 한다.

문 17. 다음 글의 (가)와 (나)에 들어갈 말을 짝지은 것으로 가장 적절한 것은?

진공 상태에서 금속이나 반도체 물질에 높은 전압을 가하면 그 표면에서 전자가 방출된다. 방출된 전자가 형광체에 충돌하면 빛이 발생하는데, 이 빛을 이용하여 디스플레이를 만들 수 있다. 이런 디스플레이를 만들기 위해, 금속이나 반도체 물질로 만들어진 원기둥 형태의 나노 구조체가 기판에 고밀도로 존재하도록 제작하는 기술이 개발되고 있다.

고밀도의 나노 구조체가 있는 기판을 제작하려는 것은 나노 구조체의 밀도가 높을수록 단위 면적당 더 많은 양의 전자가 방출될 것이라는 가설 H1에 근거하고 있다. 그러나 기판의 단위 면적당 방출되는 전자의 양은 나노 구조체의 밀도가 일정 수준 이상으로 높아지면 오히려 줄어들게 될 것이라는 가설 H2를 주장하는 과학자들의 수가 많아지고 있다. 이는 나노 구조체가 너무 조밀하게 모여 있으면 나노 구조체 각각에 가해지는 실제 전압이 오히려 감소한다는 사실에 기반을 두고 있다.

과학자 L은 가설 H1과 가설 H2를 확인하기 위한 원기둥 형태의 금속 재질의 나노 구조체 X가 있는 기판을 제작하였다. 이 기판에 동일 거리에서 동일 전압을 가하여 다음의 실험을 수행하였다.

〈실 험〉

실험 1 : X가 있는 기판 A와 A보다 면적이 두 배이고 X의 개수가 네 배인 기판 B를 제작하였다. 이때 단위 면적당 방출된 전자의 양은 기판 A와 기판 B가 같았다.

실험 2 : 단위 면적당 방출된 전자의 양은, 기판 C에 10,000개의 X가 있을 때보다 20,000개의 X가 있을 때 더 많았고, 기판 C에 20,000개의 X가 있을 때보다 30,000개의 X가 있을 때 더 적었다.

두 실험 중 실험 1은 가설 H1을 (가), 실험 2는 가설 H2를 (나).

	(가)	(나)
①	강화하고	강화한다
②	강화하고	약화한다
③	약화하지 않고	약화한다
④	약화하고	약화한다
⑤	약화하고	강화한다

문 18. 다음 글의 실험 결과를 가장 잘 설명하는 것은?

광검출기는 빛을 흡수하고 이를 전기 신호인 광전류로 변환하여 빛의 세기를 측정하는 장치로, 얼마나 넓은 범위의 세기를 측정할 수 있는지가 광검출기의 성능을 결정하는 주요 지표이다.

광검출기에서는 빛이 조사되지 않아도 열에너지의 유입 등 외부 요인에 의해 미세한 전류가 발생할 수 있는데, 이러한 전류를 암전류라 한다. 그런데 어떤 광검출기에 세기가 매우 작은 빛이 입력되어 암전류보다 작은 광전류가 발생한다면, 발생한 전류가 암전류에 의한 것인지 빛의 조사에 의한 것인지 구분할 수 없다. 따라서 이 빛의 세기는 이 광검출기에서 측정할 수 없다.

한편, 광검출기에는 광포화 현상이 발생하는데, 이는 광전류의 크기가 빛의 세기에 따라 증가하다가 특정 세기 이상의 빛이 입력되어도 광전류의 크기가 더 이상 증가하지 않고 일정하게 유지되는 것을 뜻한다. 광포화가 일어나기 위한 빛의 최소 세기를 광포화점이라 하고, 광검출기는 광포화점 이상의 세기를 갖는 서로 다른 빛에 대해서는 각각의 세기를 측정할 수 없다. 결국, 어떤 광검출기가 측정할 수 있는 빛의 최소 세기를 결정하는 암전류의 크기와 빛의 최대 세기를 결정하는 광포화점의 크기는 광검출기의 성능을 결정하는 주요 지표이다.

한 과학자는 세기가 서로 다른 빛 A~D를 이용하여 광검출기 I과 II의 성능 비교 실험을 하였다. 이때 빛의 세기는 A > B > C이며 D > C이다. 광검출기 I과 II로 A~D 각각의 빛의 세기를 측정할 수 있는 경우를 ○, 측정할 수 없는 경우를 ×로 정리하여 실험 결과를 아래 표에 나타내었다.

광검출기 \ 빛	A	B	C	D
I	○	○	×	×
II	×	○	×	○

① 두 광검출기가 각각 검출할 수 있는 빛의 최소 세기는 I과 II가 같고, 광포화점은 I이 II보다 작다.

② 두 광검출기가 각각 검출할 수 있는 빛의 최소 세기는 I이 II보다 크고, 광포화점은 I이 II보다 작다.

③ 두 광검출기가 각각 검출할 수 있는 빛의 최소 세기는 I이 II보다 작고, 광포화점은 I이 II보다 작다.

④ 두 광검출기가 각각 검출할 수 있는 빛의 최소 세기는 I이 II보다 작고, 광포화점은 I이 II보다 크다.

⑤ 두 광검출기가 각각 검출할 수 있는 빛의 최소 세기는 I이 II보다 크고, 광포화점은 I이 II보다 크다.

※ 다음 글을 읽고 물음에 답하시오. [19~20]

우리가 임의의 명제 p를 지지하는 증거를 지니면 p에 대한 우리의 믿음은 인식적으로 정당화되고, p를 지지하는 증거를 지니지 않으면 p에 대한 우리의 믿음은 인식적으로 정당화되지 않는다. p에 대한 믿음이 인식적으로 정당화된 상황에서 p를 믿는 것은 우리의 인식적 의무일까? p를 믿는 것이 우리의 인식적 의무라면 이와 관련해 발생하는 문제는 없을까? 이 질문들과 관련해 의무론 논제, 비의지성 논제, 자유주의 논제를 고려해보자.

- 의무론 논제: ㉠ 만약 우리가 p를 믿는다는 것이 인식적으로 정당화된다면 그것을 믿어야 하고, 만약 우리가 p를 믿는다는 것이 인식적으로 정당화되지 않는다면 그것을 믿어야 하는 것은 아니다. 즉, 우리가 p를 믿어야 한다는 것은 우리가 p를 믿는다는 것이 인식적으로 정당화되기 위한 필요충분조건이다. 이것이 의무론 논제라 불리는 이유는 '우리가 p를 믿어야 한다.'는 것을 인식적 의무로 간주하기 때문이다.
- 비의지성 논제: ㉡ 우리가 p를 믿는다는 것은 자유롭게 선택할 수 있는 것이 아니다. 즉, 믿음은 선택의 대상이 아니다. 예를 들어, 갑이 창밖에 있는 나무를 바라보며 창밖에 나무가 있다는 것을 믿는다고 해보자. 이때 갑이 이를 믿지 않으려고 해도 그는 그럴 수 없다.
- 자유주의 논제: ㉢ 만약 우리가 p를 믿는다는 것이 자유롭게 선택할 수 있는 것이 아니라면, 우리에게 p를 믿어야 할 인식적 의무는 없다. 예를 들어, 창밖에 나무가 있다는 갑의 믿음이 비의지적이라면, 갑에게는 창밖에 나무가 있다는 것을 믿어야 할 인식적 의무가 없다.

그런데 의무론 논제, 비의지성 논제, 자유주의 논제를 모두 받아들이면 ㉣ 우리가 p를 믿는다는 것은 인식적으로 정당화되지 않는다는 받아들이기 힘든 결론을 얻는다. 왜 그러한가? 이 논증은 다음과 같이 구성된다. 우선 우리가 p를 믿는다는 것이 자유롭게 선택할 수 있는 것이 아니라고, 즉 우리의 p에 대한 믿음이 비의지적이라고 하자. 그렇다면 자유주의 논제에 따라, 우리에게 p를 믿어야 할 인식적 의무는 없다. 그리고 의무론 논제에 따라, 우리가 p를 믿는다는 것은 인식적으로 정당화되지 않는다. 이러한 결론을 거부하려면 위 세 논제 중 적어도 하나를 거부해야 한다.

철학자 A는 자유주의 논제와 비의지성 논제는 받아들이면서 의무론 논제를 거부하여 위 논증의 결론을 거부한다. A에 따르면 위 논증에서 우리에게 p를 믿어야 할 인식적 의무가 없다는 것은 성립하지만, 우리에게 인식적 의무가 없더라도 그 믿음이 인식적으로 정당화될 수 있는 그런 경우가 있다. 위 예처럼 창밖에 나무가 있다는 것을 믿어야 할 인식적 의무가 없더라도, 창밖의 나무를 실제로 보고 있다는 것으로부터 그 믿음은 충분히 인식적으로 정당화될 수 있다. 따라서 위 논증의 결론은 거부된다.

철학자 B는 의무론 논제와 비의지성 논제는 받아들이면서 자유주의 논제를 거부하여 위 논증의 결론을 거부한다. B에 따르면 위 논증에서 우리의 p에 대한 믿음이 비의지적이더라도 그 믿음에 대한 인식적 의무는 있을 수 있다. 비유적으로 생각해 보자. 돈이 없어서 빚을 갚을지 말지에 대해 선택의 여지가 없다고 하더라도 빚을 갚아야 한다는 의무는 있다. B에 따르면 이러한 방식으로 비의지적인 믿음에 대한 인식적 의무에 대해 말할 수 있다.

문 19. 윗글의 ㉠~㉣에 대한 분석으로 적절한 것만을 〈보기〉에서 모두 고르면?

〈보 기〉

ㄱ. ㉠과 ㉢만으로는 ㉣이 도출되지 않는다.
ㄴ. ㉡의 부정으로부터 ㉢의 부정이 도출된다.
ㄷ. ㉢과 "'지금 비가 오고 있다.'를 믿는다는 것이 비의지적이다."라는 전제로부터 "우리에게 '지금 비가 오고 있다.'를 믿어야 할 인식적 의무가 없다."는 것이 도출된다.

① ㄱ
② ㄴ
③ ㄱ, ㄷ
④ ㄴ, ㄷ
⑤ ㄱ, ㄴ, ㄷ

문 20. 윗글에 대한 평가로 적절한 것만을 〈보기〉에서 모두 고르면?

〈보 기〉

ㄱ. "우리가 p를 믿는다는 것은 자유롭게 선택할 수 있는 것이다."는 것이 사실이면, 철학자 A의 입장은 약화된다.
ㄴ. "우리에게 p를 믿어야 할 인식적 의무가 있다면 우리의 p에 대한 믿음이 인식적으로 정당화된다."는 것이 사실이면, 철학자 B의 입장은 강화된다.
ㄷ. "우리가 p를 믿는다는 것이 자유롭게 선택할 수 있는 것이 아니더라도 우리에게 p를 믿어야 할 인식적 의무가 있다."는 것이 사실이면, 철학자 A와 B의 입장은 약화된다.

① ㄱ
② ㄷ
③ ㄱ, ㄴ
④ ㄴ, ㄷ
⑤ ㄱ, ㄴ, ㄷ

문 21. 다음 대화의 ㉠으로 적절한 것만을 〈보기〉에서 모두 고르면?

갑 : 현재 지방자치단체들에서는 아동학대 피해자들을 위해 아동보호 전문기관과 연계하여 적극적인 보호조치를 취하는 대응체계를 구축하고 있는데요. 그럼에도 불구하고 아동학대로부터 제대로 보호받지 못하는 피해자들이 여전히 많은 이유는 무엇일까요?

을 : 제 생각에는 신속한 보호조치가 미흡한 것 같습니다. 현행 대응체계에서는 신고가 접수된 이후부터 실제 아동학대로 판단되어 보호조치가 취해지기까지 긴 시간이 소요됩니다. 신고를 해 놓고 보호조치를 기다리는 동안 또다시 학대를 받는 아동이 많은 것은 아닐까요?

병 : 글쎄요. 저는 다른 이유가 있다고 생각합니다. 현행 대응체계에서는 일단 아동학대 신고가 접수되면 실제 아동학대로 판단될 수 있는 사례인지를 조사합니다. 그 결과 아동학대로 판단되지 않은 사례에 대해서는 보호조치가 취해지지 않는데요. 당장은 직접적인 학대 정황이 포착되지 않아 아동학대로 판단되지 않았으나, 실제로는 아동학대였던 경우가 많았을 것이라고 생각합니다.

정 : 옳은 지적이긴 합니다. 하지만 저는 더 근본적인 문제가 있다고 생각합니다. 아동학대가 가까운 친인척에 의해 발생한다는 점, 그리고 피해자가 아동이라는 점 등으로 인해 신고 자체가 어려운 경우가 많습니다. 애당초 신고를 하기 어려우니 보호조치가 취해질 가능성 또한 낮은 것이지요.

갑 : 모두들 좋은 의견 감사합니다. 오늘 회의에서 제시하신 의견을 뒷받침할 수 있는 ㉠ 자료 조사를 수행해 주세요.

〈보 기〉

ㄱ. 을의 주장을 뒷받침하기 위해, 신고가 접수된 시점과 아동학대 판단 후 보호조치가 시행된 시점 사이에 아동학대가 재발한 사례의 수를 조사한다.

ㄴ. 병의 주장을 뒷받침하기 위해, 아동학대로 판단되지 않은 신고 사례 가운데 보호조치가 취해지지 않은 사례가 차지하는 비중을 조사한다.

ㄷ. 정의 주장을 뒷받침하기 위해, 아동학대 피해자 가운데 친인척과 동거하지 않으며 보호조치를 받지 못한 사례의 수를 조사한다.

① ㄱ

② ㄴ

③ ㄱ, ㄷ

④ ㄴ, ㄷ

⑤ ㄱ, ㄴ, ㄷ

문 22. 다음 글에서 추론할 수 있는 것은?

현재 갑국의 소매업자가 상품을 판매할 수 있는 방식을 정리하면 〈표〉와 같다.

〈표〉 판매 유형 및 방법에 따른 구분

유형 \ 방법	주문 방법	결제 방법	수령 방법
대면	영업장 방문	영업장 방문	영업장 방문
예약 주문	온라인	영업장 방문	영업장 방문
스마트 오더	온라인	온라인	영업장 방문
완전 비대면	온라인	온라인	배송

갑국은 주류에 대하여 국민 건강 증진 및 청소년 보호를 이유로 스마트 오더 및 완전 비대면 방식으로 판매하는 것을 금지해 왔다. 단, 전통주 제조자가 관할 세무서장의 사전 승인을 받은 경우, 그리고 음식점을 운영하는 음식업자가 주문받은 배달 음식과 함께 소량의 주류를 배달하는 경우에 예외적으로 주류의 완전 비대면 판매가 가능했다.

그러나 IT 기술 발전으로 인터넷 상점이나 휴대전화 앱 등을 이용한 재화 및 서비스의 구매 비중이 커져 주류 판매 관련 규제도 변해야 한다는 각계의 요청이 있었다. 이에 갑국 국세청은 관련 고시를 최근 개정하여 주류 소매업자가 이전과 다른 방식으로 주류를 판매하는 것도 허용했다.

이전에는 슈퍼마켓, 편의점 등을 운영하는 주류 소매업자는 대면 및 예약 주문 방식으로만 주류를 판매할 수 있었다. 그러나 개정안에 따르면 주류 소매업자가 스마트 오더 방식으로도 소비자에게 주류를 판매할 수 있게 되었다. 다만 완전 비대면 판매는 이전처럼 예외적인 경우에만 허용된다.

① 고시 개정과 무관하게 음식업자는 주류만 완전 비대면으로 판매할 수 있다.

② 고시 개정 이전에는 슈퍼마켓을 운영하는 주류 소매업자는 온라인으로 주류 주문을 받을 수 없었다.

③ 고시 개정 이전에는 주류를 구매하는 소비자는 반드시 영업장을 방문하여 상품을 대면으로 수령해야 했다.

④ 고시 개정 이전에는 편의점을 운영하는 주류 소매업자는 주류 판매 대금을 온라인으로 결제받을 수 없었다.

⑤ 고시 개정 이후에는 전통주를 구매하는 소비자는 전통주 제조자의 영업장에 방문하여 주류를 구입할 수 없다.

문 23. 다음 글의 〈표〉에 대한 판단으로 적절한 것만을 〈보기〉에서 모두 고르면?

갑 부처는 민감정보 및 대규모 개인정보를 처리하는 공공기관에 대해 매년 「공공기관 개인정보 보호수준 평가」(이하 '보호수준 평가')를 실시한다. 갑 부처는 공공기관의 개인정보 보호 업무에 대한 관심도와 관리 수준을 평가하여 우수기관은 표창하고 취약기관에는 과태료를 부과할 수 있다.

보호수준 평가는 접근권한 관리, 암호화 조치, 접속기록 점검의 총 세 항목에 대해서 이루어진다. 각 항목에 대해 '상', '중', '하' 중 하나의 등급을 부여하며, 평가 대상 기관이 세 항목 모두 하 등급을 받으면 취약기관으로 지정된다. 평가 대상 기관이 두 항목에서 하 등급을 받는다면, 그것만으로는 취약기관으로 지정되지 않는다. 그러나 하 등급을 받은 항목의 수가 2년 연속 둘이라면, 그 기관은 취약기관으로 지정된다.

우수기관으로 지정되기 위해서는 당해 연도와 전년도에 각각 둘 이상의 항목에서 상 등급을 받고 당해 연도에는 하 등급을 받은 항목이 없어야 한다.

A기관과 B기관은 2023년과 2024년에 보호수준 평가를 받았으며, 각 항목에 대한 평가 결과는 〈표〉와 같다.

〈표〉 2023년과 2024년 보호수준 평가 결과

기관	항목 연도	접근권한 관리	암호화 조치	접속기록 점검
A	2023	㉠	중	㉡
	2024	㉢	하	상
B	2023	㉣	상	하
	2024	중	㉤	㉥

〈보 기〉

ㄱ. ㉠과 ㉢이 다르면 A기관은 2024년에 우수기관으로도 취약기관으로도 지정되지 않는다.

ㄴ. ㉤과 ㉥이 모두 '하'라면 B기관은 2024년에 취약기관으로 지정된다.

ㄷ. 2024년에 A기관은 취약기관으로 지정되었고 B기관은 우수기관으로 지정되었다면, ㉡과 ㉣은 같지 않다.

① ㄱ

② ㄴ

③ ㄱ, ㄷ

④ ㄴ, ㄷ

⑤ ㄱ, ㄴ, ㄷ

문 24. 다음 갑~무의 대화에 대한 분석으로 적절하지 않은 것은?

갑 : 2017년부터 우리 A시에 주민등록을 하여 거주해 오는 주민이 출산 직후인 2024년 4월 22일에 출산장려금과 산후관리비의 지원을 신청했습니다. 그런데 그 주민은 2023년 8월 30일부터 2023년 9월 8일까지 다른 지역으로 주민등록을 옮겨서 거주한 일이 있어서, 지원 대상이 될 수 없다고 통보하자 민원을 제기했습니다.

을 : 안타까운 일이군요. 민원인은 요건상의 기간 중에 배우자의 직장 문제로 열흘 정도 다른 지역에 계셨을 뿐, 줄곧 우리 A시에 살고 계십니다.

갑 : 「A시 산후관리비 및 출산장려금 지원에 관한 조례」(이하 'A시 조례') ㉠ 제3조의 산후관리비 지원 자격 요건은 "출산일 기준으로 12개월 전부터 신청일 현재까지 계속하여 A시에 주민등록을 둔 산모"라고 규정합니다. 어쩔 수 없습니다.

을 : ㉡ 제7조의 출산장려금 지원 자격 요건은 제3조에서와 동일하게 규정되어 있는데 "계속하여"라는 문구는 없습니다. 그러니 출산장려금은 지급했어야 하는 것 아닙니까?

병 : 그것도 또한 계속성을 요구한다고 해석해야 합니다. 우리와 인접한 B시의 「B시 출산장려금 지원 조례」(이하 'B시 조례') ㉢ 제2조의 출산장려금 지원 자격 요건은 A시 조례 제7조와 같은 취지와 형식의 문구로 되어 있으면서 계속성을 명시합니다. 다른 지방자치단체들의 조례도 마찬가지입니다.

정 : 그러나 B시 조례를 잘 보면 출산 전 주민등록의 기간은 우리의 절반밖에 되지 않습니다. 이 점을 고려하면, 둘을 동일선상에 놓고 보아서는 안 됩니다.

무 : 판례를 고려하여 해석하는 것이 적절해 보입니다. 갱신되거나 반복된 근로계약에서는 그 사이 일부 공백 기간이 있더라도 근로관계의 계속성을 인정해야 한다는 판결이 있습니다. 근로자를 보호하는 취지인데요. 자녀를 두는 가정을 보호하려는 A시 조례의 두 지원 사업은 그와 일맥상통합니다. 계속성은 유연하게 해석합시다.

① 갑은 민원인이 ㉠을 갖추었는지 여부에 대한 판단에서 병과는 같고 무와는 다르다.

② 을은 ㉠에 관한 조항에 나오는 "계속하여"라는 문구의 의미를 갑, 병과 달리 이해한다.

③ 병은 ㉢에서처럼 주민등록의 계속성을 명시하는 것이 ㉡과 같은 경우보다 일반적이라고 이해한다.

④ 정은 조문의 해석에서 ㉢에서의 주민등록 기간이 ㉡에서와 다르다는 점을 고려할 수 있다고 본다.

⑤ 무는 ㉠과 관련하여 일시적인 단절이 있어도 계속성의 요건이 충족될 수 있다고 본다.

문 25. 다음 글의 〈논쟁〉에 대한 분석으로 적절한 것만을 〈보기〉에서 모두 고르면?

K국의 「형법」 제7조(이하 '현행 조항')는 다음과 같다.

제7조 죄를 지어 외국에서 형의 전부 또는 일부가 집행된 사람에 대해서는 선고하는 형을 감경 또는 면제할 수 있다.

최근 K국 의회에서는 현행 조항에서 "할 수 있다"의 문구를 "해야 한다"(이하 '개정 문구')로 개정하려 한다. 이에 대하여 갑과 을이 논쟁한다.

〈논 쟁〉

쟁점 1 : 갑은, 이중처벌 금지의 원칙에 따르면 외국에서 받은 형 집행은 K국에서 반드시 반영되어야 하는 것인데도 현행 조항은 법관이 그것을 아예 반영하지 않을 수 있는 재량까지 부여하기 때문에 어떻게든 개정은 해야 한다고 주장한다. 그러나 을은, 현행 조항은 이중처벌 금지의 원칙과 무관하기 때문에 개정 문구가 타당한지를 따질 것도 없이 그 원칙을 개정의 논거로 삼을 수 없다고 주장한다.

쟁점 2 : 갑은, 현행 조항은 신체의 자유를 과도하게 제한하는 위헌적 조문이라서 향후 국민 기본권의 침해를 피할 수 없으므로 개정이 필요하다고 주장한다. 그러나 을은, 현재 K국 법원은 법률상의 재량을 합리적으로 행사하여 위헌의 사례 없이 사실상 개정 문구대로 운영하므로 현행 조항을 유지해도 된다고 맞선다.

〈보 기〉

ㄱ. 쟁점 1과 관련하여, 을은 이중처벌 금지가 하나의 범죄행위에 대해 동일한 국가가 형벌권을 거듭 행사해서는 안 된다는 의미라고 해석하는 것이라면, 갑과 을 사이의 주장 불일치를 설명할 수 있다.

ㄴ. 쟁점 2와 관련하여, 갑은 현행 조항으로 말미암아 헌법상 신체의 자유가 침해될 것이라고 전망하지만, 을은 그러한 전망에 동의하지 않는다.

ㄷ. '외국에서 형의 집행을 받은 피고인에게 K국 법원이 형을 선고할 때에는 이미 집행된 형량을 공제해야 한다.'는 내용으로 K국 의회가 현행 조항을 개정한다면, 갑과 을은 개정에 반대할 것이다.

① ㄱ
② ㄷ
③ ㄱ, ㄴ
④ ㄴ, ㄷ
⑤ ㄱ, ㄴ, ㄷ

문 1. 다음 〈표〉는 2023년 도시 A~E의 '갑' 감염병 현황에 관한 자료이다. 이를 근거로 치명률이 가장 높은 도시와 가장 낮은 도시를 바르게 연결한 것은?

〈표〉 2023년 도시 A~E의 '갑' 감염병 현황

(단위 : 명)

구분 도시	환자 수	사망자 수
A	300	16
B	20	1
C	50	2
D	100	6
E	200	9

※ 치명률(%) $= \frac{\text{사망자 수}}{\text{환자 수}} \times 100$

	가장 높은 도시	가장 낮은 도시
①	A	C
②	A	E
③	D	B
④	D	C
⑤	D	E

문 2. 다음 〈그림〉은 2023년 A~C구 공사 건수 및 평균 공사비를 나타낸 자료이다. 이를 근거로 계산한 2023년 A~C구 전체 공사의 평균 공사비는?

〈그림〉 2023년 A~C구 공사 건수 및 평균 공사비

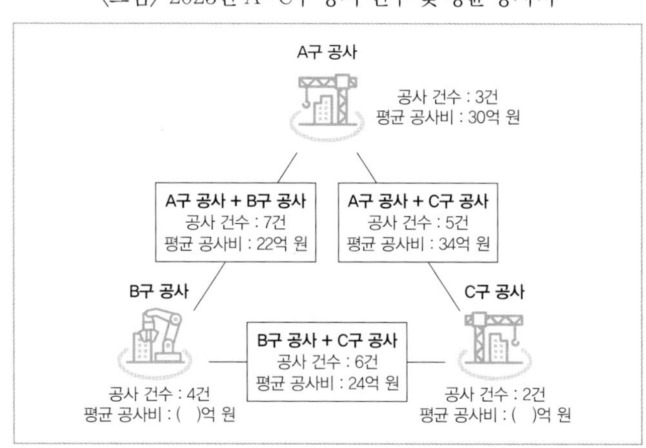

① 26억 원
② 27억 원
③ 28억 원
④ 29억 원
⑤ 30억 원

문 3. 다음 〈보고서〉는 '갑'시 시민의 2023년 문화예술교육 수강 현황에 관한 자료이다. 〈보고서〉를 작성하는 데 사용되지 않은 자료는?

〈보고서〉

'갑'시 시민 1,000명을 대상으로 2023년 한 해 동안의 문화예술교육 수강 현황을 조사한 결과, 316명이 수강 경험이 있다고 응답하였다. 문화예술교육 수강 경험이 있는 응답자가 가장 많이 수강한 상위 5개 분야는 기타를 제외하고 영화, 사진, 음악, 공예, 미술 순이었다. 문화예술교육 수강자의 평균 지출 비용은 38만 8천 원이었는데, 연령대별로는 40대가 48만 4천 원으로 가장 많았다. 또한 문화예술교육 수강자의 동반자 유형 구성을 살펴보면, '혼자(동반자 없음)' 수강한 비율은 50% 이상이었고, '친구 및 연인'과 함께 수강한 비율은 18.4%였다. 문화예술교육 인지 경로는 '인터넷 검색'이 33.2%로 가장 높았고, 다음으로 '주변 지인'이 19.0%였다. 수강한 문화예술교육의 교육방식은 '예술적 기량 향상을 위한 강습'이 27.5%로 가장 높았다. 문화예술교육 수강 장소별 만족도는 미술관이 가장 높았고, 그 다음으로 박물관, 공연장, 지역문화재단의 순이었다.

① 문화예술교육 수강 경험 유무 및 수강 분야 구성비

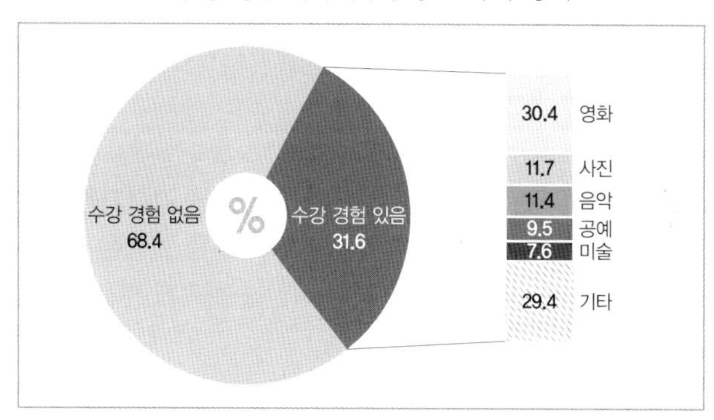

② 문화예술교육 수강자의 연령대별 평균 지출 비용

(단위 : 만 원)

연령대	20대 이하	30대	40대	50대	60대 이상	전체
평균 지출 비용	36.8	46.9	48.4	39.5	19.9	38.8

③ 문화예술교육 수강자의 동반자 유형 구성비

(단위 : %)

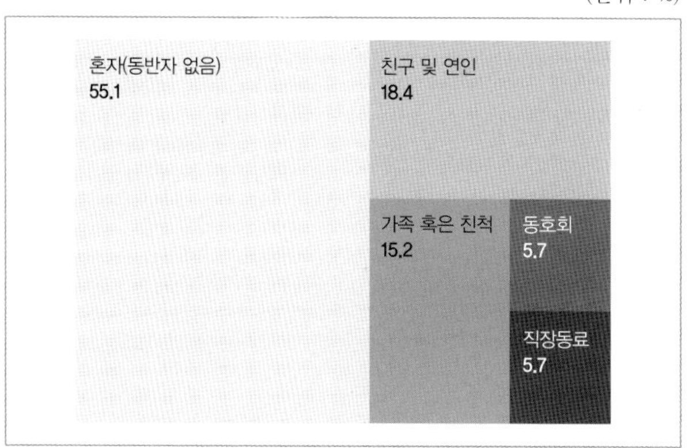

④ 문화예술교육 인지 경로 상위 5개 비율

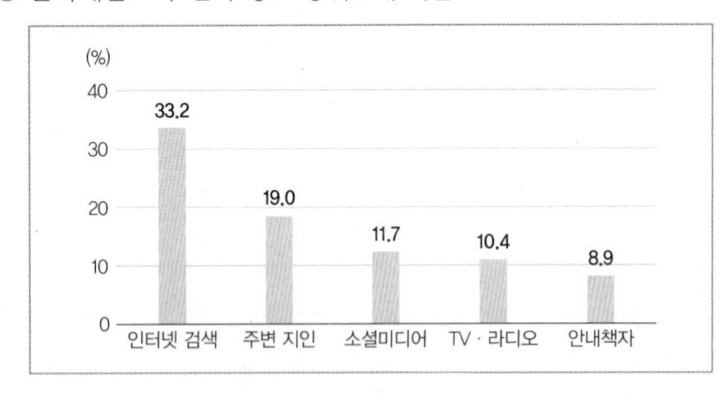

⑤ 문화예술교육 수강 이유 상위 5개 비율

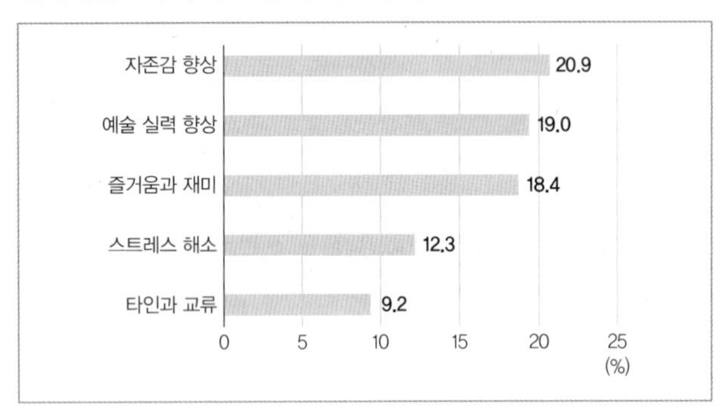

문 4. 다음은 2023년 '갑'국의 연근해 어선 감척지원금 산정에 관한 자료이다. 이를 근거로 어선 A~D 중 산정된 감척지원금이 가장 많은 어선과 가장 적은 어선을 바르게 연결한 것은?

〈정 보〉

- 감척지원금=어선 잔존가치+(평년수익액×3)+(선원 수×선원당 월 통상임금 고시액×6)
- 선원당 월 통상임금 고시액 : 5백만 원/명

〈표〉 감척지원금 신청 어선 현황

(단위 : 백만 원, 명)

어선	어선 잔존가치	평년수익액	선원 수
A	170	60	6
B	350	80	8
C	200	150	10
D	50	40	3

	가장 많은 어선	가장 적은 어선
①	A	B
②	A	C
③	B	A
④	B	D
⑤	C	D

문 5. 다음은 2022년과 2023년 '갑'국 주택소유통계에 관한 자료이다. 제시된 〈표〉와 〈정보〉 이외에 〈보고서〉를 작성하기 위해 추가로 필요한 자료만을 〈보기〉에서 모두 고르면?

〈표〉 2022년과 2023년 주택소유 가구 수

(단위 : 만 가구)

연도	2022	2023
주택소유 가구 수	1,146	1,173

〈정 보〉

$$가구\ 주택소유율(\%)=\frac{주택소유\ 가구\ 수}{가구\ 수}\times 100$$

〈보고서〉

'갑'국의 주택 수는 2022년 1,813만 호에서 2023년 1,853만 호로 2.2% 증가하였다. 개인소유 주택 수는 2022년 1,569만 호에서 2023년 1,597만 호로 1.8% 증가하였다. 주택소유 가구 수는 2022년 1,146만 가구에서 2023년 1,173만 가구로 2.4% 증가하였지만, 가구 주택소유율은 2022년 56.3%에서 2023년 56.0%로 감소하였다. 2023년 지역별 가구 주택소유율을 살펴보면, 상위 3개 지역은 A(64.4%), B(63.0%), C(61.0%)로 나타났다.

〈보 기〉

ㄱ. 2019~2023년 '갑'국 주택 수 및 개인소유 주택 수

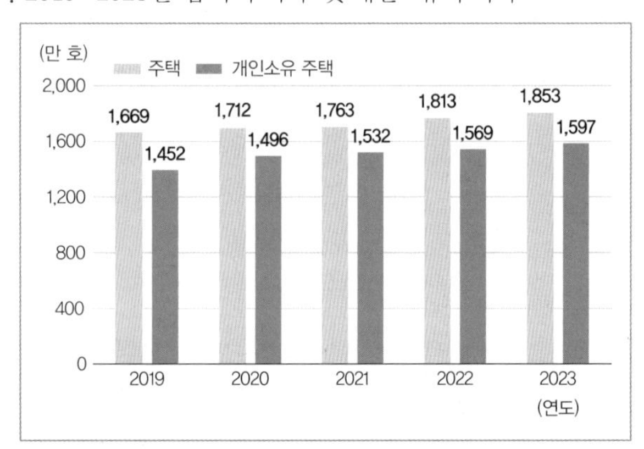

ㄴ. 2022년과 2023년 '갑'국 가구 수

(단위 : 만 가구)

연도	2022	2023
가구 수	2,034	2,093

ㄷ. 2023년 '갑'국 지역별 가구 주택소유율 상위 3개 지역

(단위 : %)

지역	A	B	C
가구 주택소유율	64.4	63.0	61.0

ㄹ. 2023년 '갑'국 가구주 연령대별 가구 주택소유율

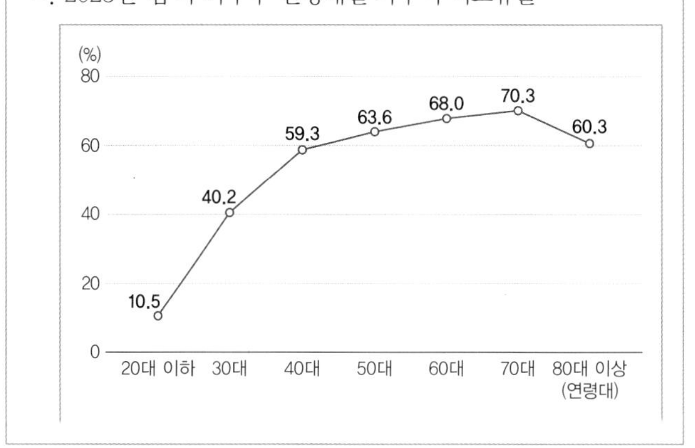

① ㄱ, ㄴ
② ㄱ, ㄹ
③ ㄴ, ㄷ
④ ㄴ, ㄹ
⑤ ㄱ, ㄴ, ㄷ

문 6. 다음은 '갑'국이 구매를 고려 중인 A~E 전투기의 제원과 평가방법에 관한 자료이다. 이를 근거로 A~E 중 '갑'국이 구매할 전투기를 고르면?

〈표〉 A~E 전투기의 평가항목별 제원

(단위 : 마하, 개, km, 억 달러)

평가항목 \ 전투기	A	B	C	D	E
최고속력	3.0	1.5	2.5	2.0	2.7
미사일 탑재 수	12	14	9	10	8
항속거리	1,400	800	1,200	1,250	1,500
가격	1.4	0.8	0.9	0.7	1.0
공중급유	가능	가능	불가능	가능	불가능
자체수리	불가능	가능	불가능	가능	가능

〈평가방법〉

- 평가항목 중 최고속력, 미사일 탑재 수, 항속거리, 가격은 평가항목별로 전투기 간 상대평가를 하여 가장 우수한 전투기부터 5점, 4점, 3점, 2점, 1점 순으로 부여한다.
- 최고속력은 높을수록, 미사일 탑재 수는 많을수록, 항속거리는 길수록, 가격은 낮을수록 전투기가 우수하다고 평가한다.
- 평가항목 중 공중급유와 자체수리는 평가항목별로 '가능'이면 1점, '불가능'이면 0점을 부여한다.
- '갑'국은 평가항목 점수의 합이 가장 큰 전투기를 구매한다. 단, 동점일 경우 그중에서 가격이 가장 낮은 전투기를 구매한다.

① A
② B
③ C
④ D
⑤ E

문 7. 다음 〈표〉는 2023년 '갑'국에서 배달대행과 퀵서비스 업종에 종사하는 운전자 실태에 관한 자료이다. 제시된 〈표〉 이외에 〈보고서〉를 작성하기 위해 추가로 필요한 자료만을 〈보기〉에서 모두 고르면?

〈표 1〉 운전자 연령대 구성비 및 평균 연령

(단위 : %, 세)

업종 \ 구분	연령대					평균 연령
	20대 이하	30대	40대	50대	60대 이상	
배달대행	40.0	36.1	17.8	5.4	0.7	33.2
퀵서비스	0.0	9.1	14.1	30.4	46.4	57.8

〈표 2〉 이륜자동차 운전 경력 및 서비스 제공 경력의 평균

(단위 : 년)

구분 \ 업종	배달대행	퀵서비스
이륜자동차 운전 경력	7.4	19.8
서비스 제공 경력	2.8	13.7

〈표 3〉 일평균 근로시간 및 배달건수

(단위 : 시간, 건)

구분 \ 업종	배달대행	퀵서비스
근로시간	10.8	9.8
운행시간	8.5	6.1
운행 외 시간	2.3	3.7
배달건수	41.5	15.1

〈보고서〉

'갑'국에서 배달대행과 퀵서비스 업종에 종사하는 운전자 실태를 조사한 결과는 다음과 같다. 두 업종 모두 이륜자동차를 이용하여 유사한 형태의 서비스를 제공하지만, 운전자 특성에는 큰 차이가 있었다. 우선, 운전자 평균 연령은 퀵서비스가 57.8세로 배달대행 33.2세보다 높았다. 이는 배달대행은 30대 이하 운전자 비중이 전체의 70% 이상이지만 퀵서비스는 50대 이상 운전자가 전체의 80% 이상을 차지하기 때문이다. 운전자의 이륜자동차 운전 경력의 평균과 서비스 제공 경력의 평균도 각각 퀵서비스가 배달대행에 비해 10년 이상 길었다. 한편, 운전자가 배달대행이나 퀵서비스 시장에 진입하기 위해서는 이륜자동차 구입 비용이 소요되는데, 신차와 중고차 구입 각각에서 배달대행이 퀵서비스보다 평균 구입 비용이 높았다. 또한, 운행시간과 운행 외 시간을 합한 일평균 근로시간은 배달대행이 퀵서비스보다 1.0시간 길었고, 월평균 근로일수도 배달대행이 퀵서비스보다 3일 이상 많은 것으로 나타났다.

〈보 기〉

ㄱ. 이륜자동차 운전 경력 구성비

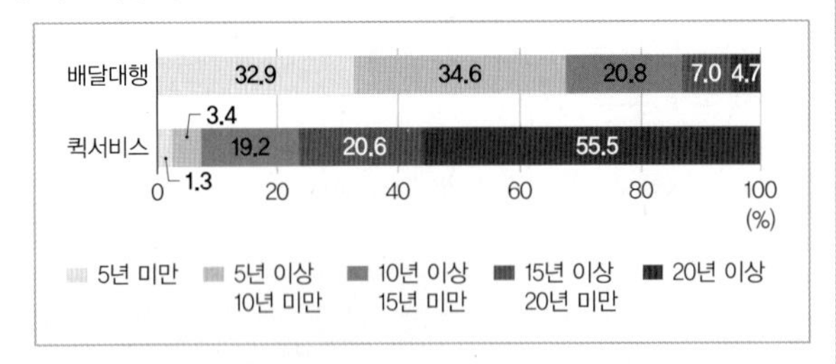

ㄴ. 서비스 제공 경력 구성비

(단위 : %)

업종 \ 경력	5년 미만	5년 이상 10년 미만	10년 이상 15년 미만	15년 이상 20년 미만	20년 이상	전체
배달대행	81.9	15.8	2.3	0.0	0.0	100
퀵서비스	14.8	11.3	26.8	14.1	33.0	100

ㄷ. 배달대행 및 퀵서비스 시장 진입을 위한 이륜자동차 평균 구입 비용

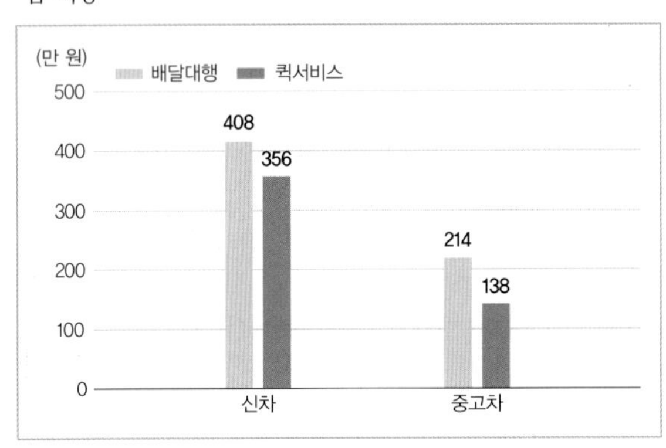

ㄹ. 월평균 근로일수

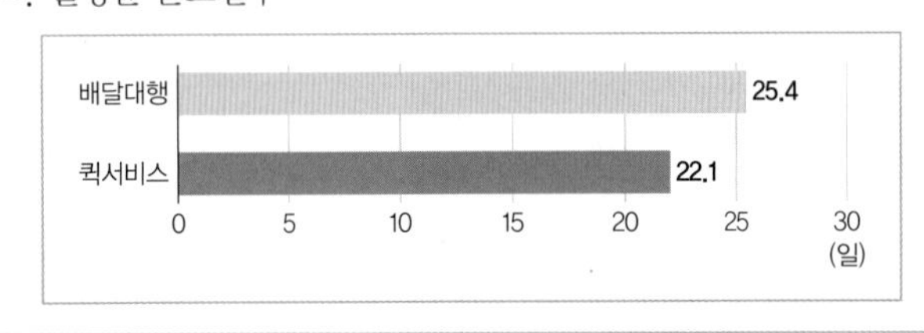

① ㄱ, ㄴ

② ㄴ, ㄷ

③ ㄷ, ㄹ

④ ㄱ, ㄴ, ㄹ

⑤ ㄱ, ㄷ, ㄹ

문 8. 다음은 2023년 '갑'국 주요 10개 업종의 특허출원 현황에 관한 자료이다. 이를 근거로 A~C에 해당하는 업종을 바르게 연결한 것은?

〈표〉 주요 10개 업종의 기업규모별 특허출원건수 및 특허출원기업 수

(단위 : 건, 개)

업종 \ 구분	기업규모별 특허출원건수			특허출원 기업 수
	대기업	중견기업	중소기업	
A	25,234	1,575	4,730	1,725
전기장비	6,611	501	3,265	1,282
기계	1,314	1,870	5,833	2,360
출판	204	345	8,041	2,550
자동차	5,460	1,606	1,116	617
화학제품	2,978	917	2,026	995
의료	52	533	2,855	1,019
B	18	115	3,223	1,154
건축	113	167	2,129	910
C	29	7	596	370

※ 기업규모는 '대기업', '중견기업', '중소기업'으로만 구분됨

〈정 보〉

- '중소기업' 특허출원건수가 해당 업종 전체 기업 특허출원건수의 90% 이상인 업종은 '연구개발', '전문서비스', '출판'이다.
- '대기업' 특허출원건수가 '중견기업'과 '중소기업' 특허출원건수 합의 2배 이상인 업종은 '전자부품', '자동차'이다.
- 특허출원기업당 특허출원건수는 '연구개발'이 '전문서비스'보다 많다.

	A	B	C
①	연구개발	전자부품	전문서비스
②	전자부품	연구개발	전문서비스
③	전자부품	전문서비스	연구개발
④	전문서비스	연구개발	전자부품
⑤	전문서비스	전자부품	연구개발

문 9. 다음 〈표〉는 2018~2023년 짜장면 가격 및 가격지수와 짜장면 주재료 품목의 판매단위당 가격에 관한 자료이다. 이에 대한 설명으로 옳은 것은?

〈표 1〉 2018~2023년 짜장면 가격 및 가격지수

(단위 : 원)

구분 \ 연도	2018	2019	2020	2021	2022	2023
가격	5,011	5,201	5,276	5,438	6,025	( )
가격지수	95.0	98.6	100	103.1	114.2	120.6

※ 가격지수는 2020년 짜장면 가격을 100으로 할 때, 해당 연도 짜장면 가격의 상대적인 값임

〈표 2〉 2018~2023년 짜장면 주재료 품목의 판매단위당 가격

(단위 : 원)

품목	판매단위 \ 연도	2018	2019	2020	2021	2022	2023
춘장	14kg	26,000	27,500	27,500	33,000	34,500	34,500
식용유	900mL	3,890	3,580	3,980	3,900	4,600	5,180
밀가루	1kg	1,280	1,280	1,280	1,190	1,590	1,880
설탕	1kg	1,630	1,680	1,350	1,790	1,790	1,980
양파	2kg	2,250	3,500	5,000	8,000	5,000	6,000
청오이	2kg	4,000	8,000	8,000	10,000	10,000	15,000
돼지고기	600g	10,000	10,000	10,000	13,000	15,000	13,000

※ 짜장면 주재료 품목은 제시된 7개뿐임

① 짜장면 가격지수가 80.0이면 짜장면 가격은 4,000원 이하이다.

② 2023년 짜장면 가격은 2018년에 비해 20% 이상 상승하였다.

③ 2018년에 비해 2023년 판매단위당 가격이 2배 이상인 짜장면 주재료 품목은 1개이다.

④ 2020년에 식용유 1,800mL, 밀가루 2kg, 설탕 2kg의 가격 합계는 15,000원 이상이다.

⑤ 매년 판매단위당 가격이 상승한 짜장면 주재료 품목은 2개 이상이다.

문 10. 다음 〈표〉는 2017~2023년 '갑'국의 '어린이 안전 체험 교실' 사업 운영 현황에 관한 자료이다. 이를 바탕으로 작성한 〈보고서〉의 A~C에 해당하는 내용을 바르게 연결한 것은?

〈표〉 2017~2023년 '어린이 안전 체험 교실' 사업 운영 현황

(단위 : 개, 회, 명)

연도 \ 구분	참여 자치 단체 수	운영 횟수	교육 참여		자원 봉사자 수
			어린이 수	학부모 수	
2017	9	11	10,265	6,700	2,083
2018	15	30	73,060	19,465	1,600
2019	14	38	55,780	15,785	2,989
2020	18	35	58,680	13,006	2,144
2021	19	39	61,380	11,660	2,568
2022	17	38	59,559	9,071	2,406
2023	18	40	72,261	8,619	2,071

〈보고서〉

안전 체험 시설이 없는 지역으로 찾아가는 '어린이 안전 체험 교실' 사업이 2017년부터 2023년까지 운영되었다. 해당 기간 동안 참여 자치 단체 수, 운영 횟수 등이 변화하였는데 그중 참여 자치 단체 수와 교육 참여 [A] 수의 전년 대비 증감 방향은 매년 같았다.

2021년은 사업 기간 중 참여 자치 단체 수가 가장 많았던 해로 2020년보다 운영 횟수와 교육 참여 어린이 수가 늘었다. 운영 횟수당 교육 참여 어린이 수는 2021년이 2020년보다 [B].

본 사업에 자원봉사자도 꾸준히 참여하였다. 2019년에는 사업 기간 중 가장 많은 자원봉사자가 참여하였다. 자원봉사자당 교육 참여 어린이 수는 2019년이 2017년보다 [C].

	A	B	C
①	어린이	많았다	많았다
②	어린이	적었다	많았다
③	어린이	적었다	적었다
④	학부모	많았다	적었다
⑤	학부모	적었다	적었다

문 11. 다음 〈표〉는 2019~2023년 '갑'국의 항공편 지연 및 결항에 관한 자료이다. 이에 대한 〈보기〉의 설명 중 옳은 것만을 모두 고르면?

〈표 1〉 2019~2023년 항공편 지연 현황

(단위 : 편)

분기	월	국내선 2019	국내선 2020	국내선 2021	국내선 2022	국내선 2023	국제선 2019	국제선 2020	국제선 2021	국제선 2022	국제선 2023
1	1	0	0	0	0	0	1	0	0	1	0
	2	0	0	0	0	0	0	0	0	0	2
	3	0	0	0	0	0	6	0	0	0	0
2	4	0	0	0	0	0	0	0	2	0	1
	5	1	0	0	0	0	5	0	0	1	0
	6	0	0	0	0	0	0	0	10	11	1
3	7	40	0	0	3	68	53	23	11	83	55
	8	3	0	0	3	1	27	58	61	111	50
	9	0	0	0	0	161	7	48	46	19	368
4	10	0	93	0	23	32	21	45	44	98	72
	11	0	0	0	1	0	0	0	0	5	11
	12	0	0	0	0	0	2	1	6	0	17
전체		44	93	0	30	262	122	175	180	329	577

〈표 2〉 2019~2023년 항공편 결항 현황

(단위 : 편)

분기	월	국내선 2019	국내선 2020	국내선 2021	국내선 2022	국내선 2023	국제선 2019	국제선 2020	국제선 2021	국제선 2022	국제선 2023
1	1	0	0	0	0	0	0	0	0	0	0
	2	0	0	0	0	0	0	0	0	0	14
	3	0	0	0	0	0	0	0	0	0	0
2	4	1	0	0	0	0	0	0	0	0	0
	5	6	0	0	0	0	10	0	0	0	0
	6	0	0	0	0	0	0	0	0	1	0
3	7	311	0	0	187	507	93	11	5	162	143
	8	62	0	0	1,008	115	39	11	71	127	232
	9	0	0	4	0	1,351	16	30	42	203	437
4	10	0	85	0	589	536	4	48	49	112	176
	11	0	0	0	0	0	0	0	0	0	4
	12	0	0	0	0	0	0	4	4	0	22
전체		380	85	4	1,784	2,509	162	104	171	605	1,028

〈보 기〉

ㄱ. 2022년 3분기 국제선 지연편수는 전년 동기 대비 100편 이상 증가하였다.

ㄴ. 2023년 9월의 결항편수는 국내선이 국제선의 3배 이상이다.

ㄷ. 매년 1월과 3월에는 항공편 결항이 없었다.

① ㄱ　② ㄷ

③ ㄱ, ㄴ　④ ㄴ, ㄷ

⑤ ㄱ, ㄴ, ㄷ

문 12. 다음 〈표〉는 2022학년도 '갑'대학교 졸업생의 취업 및 진학 현황에 관한 자료이다. 이에 대한 설명으로 옳지 않은 것은?

〈표〉 2022학년도 '갑'대학교 졸업생의 취업 및 진학 현황

(단위 : 명, %)

계열	졸업생 수	취업자 수	취업률	진학자 수	진학률
A	800	500	( )	60	7.5
B	700	400	57.1	50	7.1
C	500	200	40.0	40	( )
전체	2,000	1,100	55.0	150	7.5

※ 1) 취업률(%) $= \frac{\text{취업자 수}}{\text{졸업생 수}} \times 100$

2) 진학률(%) $= \frac{\text{진학자 수}}{\text{졸업생 수}} \times 100$

3) 진로 미결정 비율(%) = 100 − (취업률 + 진학률)

① 취업률은 A계열이 B계열보다 높다.

② 진로 미결정 비율은 B계열이 C계열보다 낮다.

③ 진학자 수만 계열별로 20%씩 증가한다면, 전체의 진학률은 10% 이상이 된다.

④ 취업자 수만 계열별로 10%씩 증가한다면, 전체의 취업률은 60% 이상이 된다.

⑤ 진학률은 A~C계열 중 C계열이 가장 높다.

문 13. 다음 〈그림〉은 오이와 고추의 재배방식별 파종, 정식, 수확 가능 시기에 관한 자료이다. 이에 대한 설명으로 옳지 않은 것은?

〈그림〉 오이와 고추의 재배방식별 파종, 정식, 수확 가능 시기

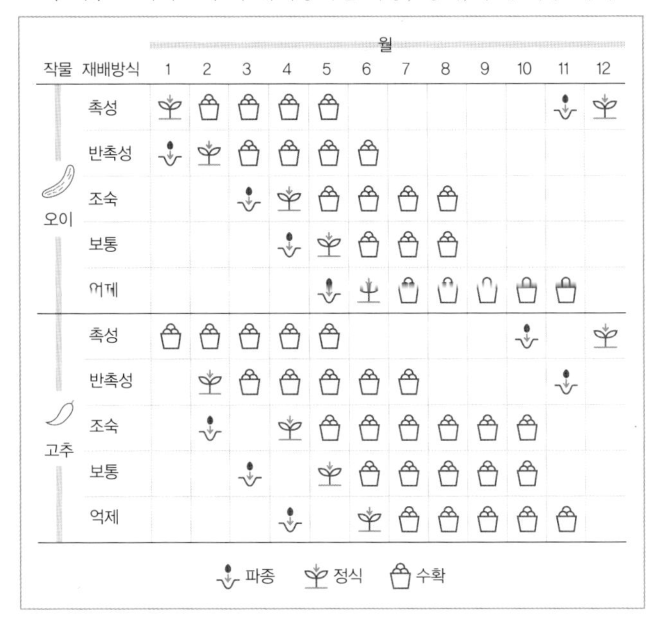

① '촉성' 재배방식에서 정식이 가능한 달의 수는 오이가 고추보다 많다.

② 고추의 각 재배방식에서 파종 가능 시기와 정식 가능 시기의 차이는 1개월 이상이다.

③ 오이는 고추보다 정식과 수확이 모두 가능한 달의 수가 더 많다.

④ 고추의 경우, 수확이 가능한 재배방식의 수는 7월이 가장 많다.

⑤ 오이의 재배방식 중 수확이 가능한 달의 수가 가장 적은 것은 '보통'이다.

문 14. 다음 〈표〉는 2019~2023년 '갑'국의 양식 품목별 면허어업 건수에 관한 자료이다. 이에 대한 설명으로 옳은 것은?

〈표〉 2019~2023년 양식 품목별 면허어업 건수

(단위 : 건)

양식 품목 \ 연도	2019	2020	2021	2022	2023
김	781	837	853	880	812
굴	1,292	1,314	1,317	1,293	1,277
새고막	1,076	1,093	1,096	1,115	1,121
바지락	570	587	576	582	565
미역	802	920	898	882	678
전체	4,521	4,751	4,740	4,752	4,453

※ 양식 품목은 '김', '굴', '새고막', '바지락', '미역'뿐임

① '김' 면허어업 건수는 매년 증가한다.

② '굴'과 '새고막'의 면허어업 건수 합은 매년 전체의 50% 이상이다.

③ '바지락' 면허어업 건수의 전년 대비 증가율은 2020년이 2022년보다 낮다.

④ '미역' 면허어업 건수는 2023년이 2020년보다 많다.

⑤ 2023년에 면허어업 건수가 전년 대비 증가한 양식 품목은 2개이다.

문 15. 다음은 2019~2022년 우리나라의 원산지별 목재펠릿 수입량에 관한 자료이다. 이를 근거로 A~E국 중 우리나라에 해당하는 국가를 고르면?

〈보고서〉

목재펠릿은 작은 원통형으로 성형한 목재 연료로, 재생 가능한 청정에너지원이며 바이오매스 발전에 사용되고 있다. 2022년 기준 국내 목재펠릿 이용량의 84%가 수입산으로, 전체 수입량은 전년 대비 10% 이상 증가하였다. 매년 전체 목재펠릿 수입량의 절반 이상이 베트남산으로, 베트남에 대한 과도한 의존이 지속되고 있다. 2021년부터 충청남도 서산과 당진에 있는 바이오매스 발전소에 캐나다산 목재펠릿을 공급하면서 캐나다산 목재펠릿 수입이 증가하여 2022년 캐나다산 목재펠릿 수입량은 2019년 대비 30배 이상이 되었다. 또한, 2022년에는 유럽 시장에 수출길이 막힌 러시아산 목재펠릿의 수입량이 크게 증가하여 2022년 기준 러시아산이 우리나라 목재펠릿 수입량 2위를 차지하였다. 인도네시아산 목재펠릿 수입량은 2019년 이후 꾸준히 증가해 2022년에는 말레이시아산 목재펠릿 수입량을 추월하였다.

〈표 1〉 2019~2021년 우리나라의 원산지별 목재펠릿 수입량

(단위 : 천 톤)

원산지 / 연도	베트남	말레이시아	캐나다	인도네시아	러시아	기타	전체
2019	1,941	520	11	239	99	191	3,001
2020	1,912	508	52	303	165	64	3,004
2021	2,102	406	329	315	167	39	3,358

〈표 2〉 2022년 A~E국의 원산지별 목재펠릿 수입량

(단위 : 천 톤)

원산지 / 국가	베트남	말레이시아	캐나다	인도네시아	러시아	기타	전체
A	2,201	400	348	416	453	102	3,920
B	2,245	453	346	400	416	120	3,980
C	2,264	416	400	346	453	106	3,985
D	2,022	322	346	416	400	40	3,546
E	2,010	346	322	400	416	142	3,636

① A
② B
③ C
④ D
⑤ E

문 16. 다음 〈표〉는 2017~2022년 '갑'시 공공한옥시설의 유형별 현황에 관한 자료이다. 이에 대한 〈보기〉의 설명 중 옳은 것만을 모두 고르면?

〈표〉 2017~2022년 '갑'시 공공한옥시설의 유형별 현황

(단위 : 개소)

연도 / 유형	2017	2018	2019	2020	2021	2022
문화전시시설	8	8	10	11	12	12
전통공예시설	14	14	11	10	( )	9
주민이용시설	3	3	5	6	8	8
주거체험시설	0	0	1	3	4	( )
한옥숙박시설	2	2	( )	0	0	0
전체	27	27	28	30	34	34

※ 공공한옥시설의 유형은 '문화전시시설', '전통공예시설', '주민이용시설', '주거체험시설', '한옥숙박시설'로만 구분됨

〈보 기〉

ㄱ. '전통공예시설'과 '한옥숙박시설'의 전년 대비 증감 방향은 매년 같다.
ㄴ. 전체 공공한옥시설 중 '문화전시시설'의 비율은 매년 20% 이상이다.
ㄷ. 2020년 대비 2022년 공공한옥시설의 유형별 증가율은 '주거체험시설'이 '주민이용시설'의 2배이다.
ㄹ. '한옥숙박시설'이 '주거체험시설'보다 많은 해는 2017년과 2018년뿐이다.

① ㄱ, ㄴ
② ㄴ, ㄷ
③ ㄴ, ㄹ
④ ㄱ, ㄷ, ㄹ
⑤ ㄴ, ㄷ, ㄹ

문 17. 다음 〈그림〉은 2015~2023년 '갑'국의 해외직접투자 규모와 최저개발국 직접투자 비중에 관한 자료이다. 이에 대한 설명으로 옳은 것은?

〈그림〉 해외직접투자 규모와 최저개발국 직접투자 비중

※ 최저개발국 직접투자 비중(%) = $\frac{\text{최저개발국 직접투자 규모}}{\text{해외직접투자 규모}} \times 100$

① 최저개발국 직접투자 규모는 2023년이 2015년보다 크다.
② 2021년 최저개발국 직접투자 비중은 전년보다 감소하였다.
③ 2018년 최저개발국 직접투자 규모는 10억 달러 이상이다.
④ 2023년 해외직접투자 규모는 전년 대비 40% 이상 증가하였다.
⑤ 2017년에 해외직접투자 규모와 최저개발국 직접투자 비중 모두 전년 대비 증가하였다.

문 18. 다음 〈표〉는 '갑'국의 가맹점 수 기준 상위 5개 편의점 브랜드 현황에 관한 자료이다. 이에 대한 〈보기〉의 설명 중 옳은 것만을 모두 고르면?

〈표〉 가맹점 수 기준 상위 5개 편의점 브랜드 현황

(단위 : 개, 천 원/개, 천 원/m^2)

순위	브랜드	가맹점 수	가맹점당 매출액	가맹점 면적당 매출액
1	A	14,737	583,999	26,089
2	B	14,593	603,529	32,543
3	C	10,294	465,042	25,483
4	D	4,082	414,841	12,557
5	E	787	559,684	15,448

※ 가맹점 면적당 매출액(천 원/m^2) = $\frac{\text{해당 브랜드 전체 가맹점 매출액의 합}}{\text{해당 브랜드 전체 가맹점 면적의 합}}$

〈보 기〉

ㄱ. '갑'국의 전체 편의점 가맹점 수가 5만 개라면 편의점 브랜드 수는 최소 14개이다.
ㄴ. A~E 중 가맹점당 매출액이 가장 큰 브랜드가 전체 가맹점 매출액의 합도 가장 크다.
ㄷ. A~E 중 해당 브랜드 전체 가맹점 면적의 합이 가장 작은 편의점 브랜드는 E이다.

① ㄱ
② ㄴ
③ ㄷ
④ ㄴ, ㄷ
⑤ ㄱ, ㄴ, ㄷ

문 19. 다음 〈표〉는 2023년 '갑'시 소각시설 현황에 관한 자료이다. 이에 대한 설명으로 옳은 것은?

〈표〉 2023년 '갑'시 소각시설 현황

(단위 : 톤/일, 톤, 명)

소각시설	시설용량	연간소각실적	관리인원
전체	2,898	689,052	314
A	800	163,785	66
B	48	12,540	34
C	750	169,781	75
D	400	104,176	65
E	900	238,770	74

※ 시설용량은 1일 가동 시 소각할 수 있는 최대량임

① '연간소각실적'이 많은 소각시설일수록 '관리인원'이 많다.
② '시설용량' 대비 '연간소각실적' 비율이 가장 높은 소각시설은 E이다.
③ '연간소각실적'은 A가 D의 1.5배 이하이다.
④ C의 '시설용량'은 전체 '시설용량'의 30% 이상이다.
⑤ B의 2023년 가동 일수는 250일 미만이다.

※ 다음 〈표〉는 2019~2023년 '갑'국 및 A지역의 식량작물 생산 현황에 관한 자료이다. 다음 물음에 답하시오. [20~21]

〈표 1〉 2019~2023년 식량작물 생산량

(단위 : 톤)

구분 \ 연도		2019	2020	2021	2022	2023
'갑'국 전체		4,397,532	4,374,899	4,046,574	4,456,952	4,331,597
A지역 전체		223,472	228,111	203,893	237,439	221,271
	미곡	153,944	150,901	127,387	155,501	143,938
	맥류	270	369	398	392	201
	잡곡	29,942	23,823	30,972	33,535	30,740
	두류	9,048	10,952	9,560	10,899	10,054
	서류	30,268	42,066	35,576	37,112	36,338

〈표 2〉 2019~2023년 식량작물 생산 면적

(단위 : ha)

구분 \ 연도		2019	2020	2021	2022	2023
'갑'국 전체		924,470	924,291	906,106	905,034	903,885
A지역 전체		46,724	47,446	46,615	47,487	46,542
	미곡	29,006	28,640	28,405	28,903	28,708
	맥류	128	166	177	180	98
	잡곡	6,804	6,239	6,289	6,883	6,317
	두류	5,172	5,925	5,940	5,275	5,741
	서류	5,614	6,476	5,804	6,246	5,678

※ A지역 식량작물은 미곡, 맥류, 잡곡, 두류, 서류뿐임

문 20. 위 〈표〉에 대한 설명으로 옳지 않은 것은?

① 2023년 식량작물 생산량의 전년 대비 감소율은 A지역 전체가 '갑'국 전체보다 낮다.

② 2019년 대비 2023년 생산량 증감률이 가장 큰 A지역 식량작물은 맥류이다.

③ 미곡은 매년 A지역 전체 식량작물 생산 면적의 절반 이상을 차지한다.

④ 2023년 생산 면적당 생산량이 가장 많은 A지역 식량작물은 서류이다.

⑤ A지역 전체 식량작물 생산량과 A지역 전체 식량작물 생산 면적의 전년 대비 증감 방향은 매년 같다.

문 21. 위 〈표〉를 이용하여 작성한 〈보기〉의 자료 중 옳은 것만을 모두 고르면?

〈보 기〉

ㄱ. 2020~2023년 '갑'국 전체 식량작물 생산 면적의 전년 대비 감소량

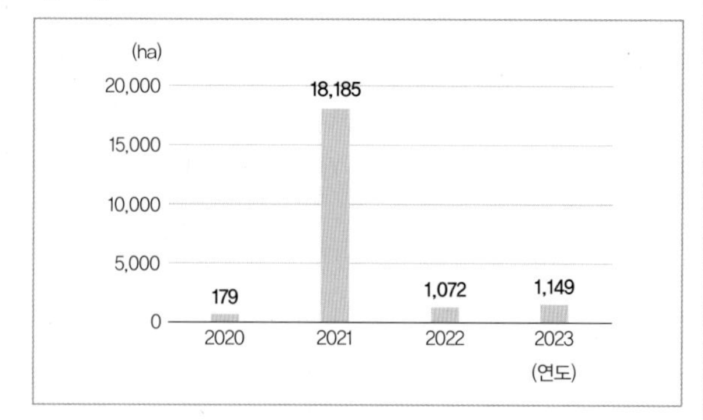

ㄴ. 연도별 A지역 잡곡, 두류, 서류 생산량

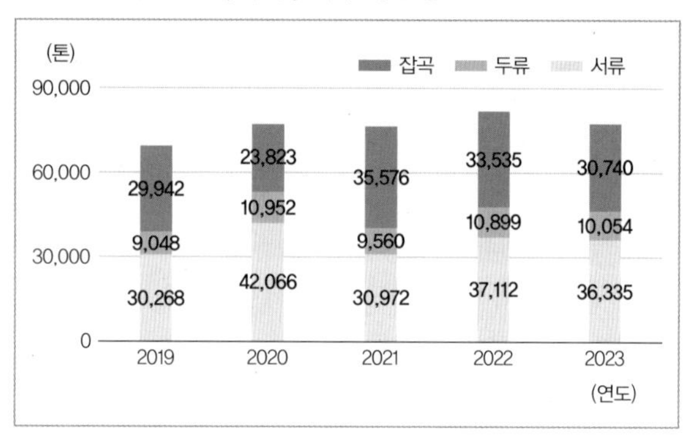

ㄷ. 2019년 대비 연도별 A지역 맥류 생산 면적 증가율

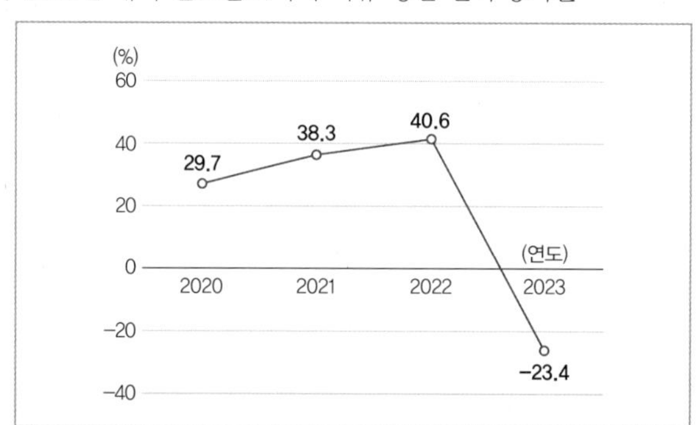

ㄹ. 2023년 A지역 식량작물 생산량 구성비

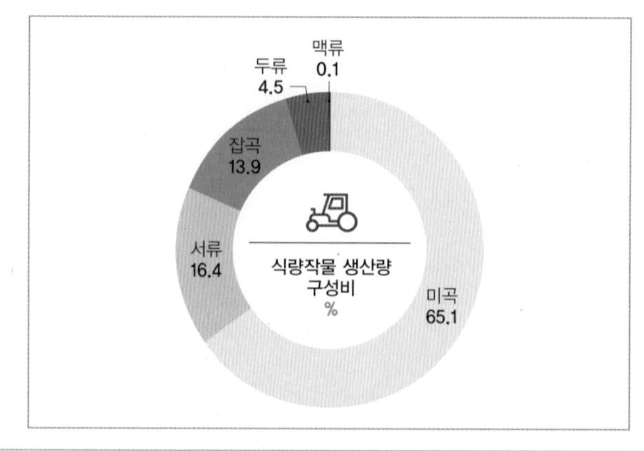

① ㄱ, ㄴ
② ㄱ, ㄷ
③ ㄴ, ㄹ
④ ㄱ, ㄷ, ㄹ
⑤ ㄴ, ㄷ, ㄹ

문 22. 다음 〈표〉는 2022년 3월 기준 '갑'시 A~L동의 지방소멸위험지수 및 지방소멸위험 수준에 관한 자료이다. 이에 대한 설명으로 옳지 않은 것은?

〈표 1〉 2022년 3월 기준 '갑'시 A~L동의 지방소멸위험지수

(단위 : 명)

동	총인구	65세 이상 인구	20~39세 여성 인구	지방소멸 위험지수
A	14,056	2,790	1,501	0.54
B	23,556	3,365	(　　)	0.88
C	29,204	3,495	3,615	1.03
D	21,779	3,889	2,614	0.67
E	11,224	2,300	1,272	(　　)
F	16,792	2,043	2,754	1.35
G	19,163	2,469	3,421	1.39
H	27,146	4,045	4,533	1.12
I	23,813	2,656	4,123	(　　)
J	29,649	5,733	3,046	0.53
K	36,326	7,596	3,625	(　　)
L	15,226	2,798	1,725	0.62

※ 지방소멸위험지수 = $\frac{\text{20~39세 여성 인구}}{\text{65세 이상 인구}}$

〈표 2〉 지방소멸위험 수준

지방소멸위험지수	지방소멸위험 수준
1.5 이상	저위험
1.0 이상 1.5 미만	보통
0.5 이상 1.0 미만	주의
0.5 미만	위험

① 지방소멸위험 수준이 '주의'인 동은 5곳이다.

② '20~39세 여성 인구'는 B동이 G동보다 적다.

③ 지방소멸위험지수가 가장 높은 동의 '65세 이상 인구'는 해당 동 '총인구'의 10% 이상이다.

④ '총인구'가 가장 많은 동은 지방소멸위험지수가 가장 낮다.

⑤ 지방소멸위험 수준이 '보통'인 동의 '총인구' 합은 90,000명 이상이다.

문 23. 다음 〈표〉는 2023년 '갑'국의 생활계 폐기물 처리실적에 관한 자료이다. 이에 대한 설명으로 옳은 것은?

〈표〉 2023년 처리방법별, 처리주체별 생활계 폐기물 처리실적

(단위 : 만 톤)

처리방법 / 처리주체	재활용	소각	매립	기타	합
공공	403	447	286	7	1,143
자가	14	5	1	1	21
위탁	870	113	4	119	1,106
계	1,287	565	291	127	2,270

① 전체 처리실적 중 '매립'의 비율은 15% 이상이다.

② 기타를 제외하고, 각 처리방법에서 처리실적은 '공공'이 '위탁'보다 많다.

③ 각 처리주체에서 '매립'의 비율은 '공공'이 '자가'보다 높다.

④ 처리주체가 '위탁'인 생활계 폐기물 중 '재활용'의 비율은 75% 이하이다.

⑤ '소각' 처리 생활계 폐기물 중 '공공'의 비율은 90% 이상이다.

문 24. 다음 자료는 2020~2023년 우리나라 시도 행정심판위원회 사건 처리 현황이다. 이에 대한 〈보고서〉의 설명 중 옳은 것만을 모두 고르면?

〈표〉 2020~2022년 시도 행정심판위원회 인용률

(단위 : %)

시도 \ 연도	2020	2021	2022
서울	18.4	15.9	16.3
부산	22.6	15.9	12.8
대구	35.9	39.9	38.4
인천	33.3	36.0	38.1
광주	22.2	30.6	36.0
대전	28.1	47.7	35.8
울산	33.0	38.1	50.9
세종	7.7	16.7	0.0
경기	23.3	19.6	22.3
강원	21.4	14.1	18.2
충북	23.6	28.5	24.3
충남	26.7	19.9	23.1
전북	31.7	34.0	22.1
전남	36.2	34.5	23.8
경북	10.6	23.3	22.9
경남	18.5	25.7	12.4
제주	31.6	25.3	26.2

※ 인용률(%) = $\frac{\text{인용 건수}}{\text{처리 건수}} \times 100$

〈그림〉 2022년과 2023년 시도 행정심판위원회 처리 건수 상위 5개 시도 현황

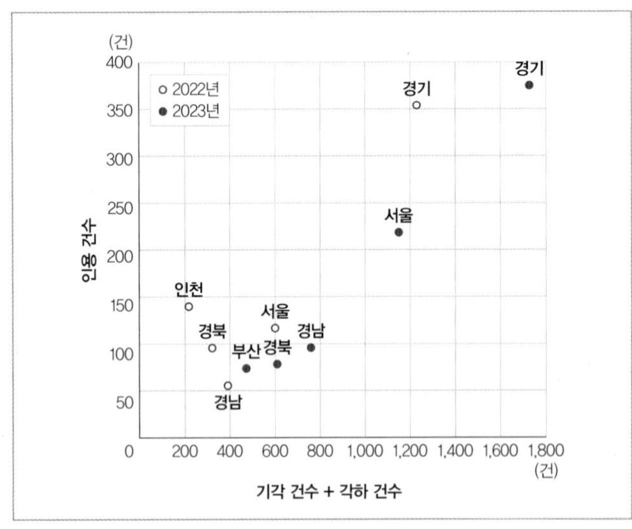

※ 처리 건수 = 인용 건수 + 기각 건수 + 각하 건수

〈보고서〉

2023년 우리나라 시도 행정심판위원회 처리 건수 상위 5개 시도는 경기, 서울, 경남, 경북, 부산이었다. 2022년에는 인천이 처리 건수 362건으로 상위 5개 시도에 속했으나, 2023년 부산에 자리를 넘겨주었다. 또한, ㉠ 2023년 처리 건수 상위 5개 시도의 처리 건수는 각각 전년 대비 증가하였다. 인용 건수를 살펴보면, ㉡ 2023년 처리 건수가 가장 많은 시도의 2023년 인용 건수는 2022년 인용률이 가장 높은 시도의 2022년 인용 건수의 1.5배 이상이다. 인용률을 살펴보면, ㉢ 2020년부터 2023년까지 인용률이 매년 감소한 시도는 3개이다.

① ㄱ

② ㄴ

③ ㄷ

④ ㄱ, ㄴ

⑤ ㄱ, ㄴ, ㄷ

문 25. 다음 〈표〉는 A 회사 전체 임직원 100명의 직급별 인원과 시간당 임금에 관한 자료이다. 이에 대한 〈보기〉의 설명 중 옳은 것만을 모두 고르면?

〈표〉 A 회사의 직급별 임직원 수와 시간당 임금

(단위 : 명, 원)

직급 \ 구분	임직원 수	시간당 임금 평균	최저	Q1	중간값	Q3	최고
공장 관리직	4	25,000	15,000	15,000	25,000	30,000	( )
공장 생산직	52	21,500	12,000	20,500	23,500	26,500	31,000
본사 임원	8	( )	24,000	25,600	48,000	48,000	55,000
본사 직원	36	22,000	11,500	16,800	23,500	27,700	29,000

※ 1) 해당 직급 임직원의 시간당 임금을 낮은 값부터 순서대로 나열하여 4등분한 각 집단을 나열 순서에 따라 1분위, 2분위, 3분위, 4분위로 정함

2) Q1과 Q3은 각각 1분위와 3분위에 속한 값 중 가장 높은 값임

3) 해당 직급 임직원 수가 짝수인 경우, 중간값은 2분위에 속한 값 중 가장 높은 값과 3분위에 속한 값 중 가장 낮은 값의 평균임

〈보 기〉

ㄱ. 공장 관리직의 '시간당 임금' 최고액은 35,000원이다.

ㄴ. '시간당 임금'이 같은 본사 임원은 3명 이상이다.

ㄷ. 본사 임원의 '시간당 임금' 평균은 40,000원 이상이다.

ㄹ. '시간당 임금'이 23,000원 이상인 임직원은 50명 미만이다.

① ㄱ, ㄴ

② ㄱ, ㄹ

③ ㄴ, ㄷ

④ ㄷ, ㄹ

⑤ ㄱ, ㄴ, ㄷ

문 1. 다음 글을 근거로 판단할 때 옳은 것은?

제00조 ① A부장관은 클라우드컴퓨팅(cloud computing)에 관한 정책의 효과적인 수립·시행에 필요한 산업 현황과 통계를 확보하기 위한 실태조사(이하 '실태조사'라 한다)를 할 수 있다.
② A부장관은 실태조사를 위하여 필요한 경우에는 클라우드컴퓨팅서비스 제공자나 그 밖의 관련 기관 또는 단체에 자료의 제출이나 의견의 진술 등을 요청할 수 있다.
③ A부장관은 클라우드컴퓨팅의 발전과 이용 촉진 및 이용자 보호와 관련된 중앙행정기관(이하 '관계 중앙행정기관'이라 한다)의 장이 요구하는 경우 실태조사 결과를 통보하여야 한다.
④ A부장관은 실태조사를 할 때에는 다음 각 호의 사항을 내용에 포함하여야 한다.
1. 클라우드컴퓨팅 관련 기업 현황 및 시장 규모
2. 클라우드컴퓨팅기술 및 클라우드컴퓨팅서비스의 이용·보급 현황
3. 클라우드컴퓨팅 산업의 인력 현황 및 인력 수요 전망
4. 클라우드컴퓨팅 관련 연구개발 및 투자 규모
⑤ 실태조사는 현장조사, 서면조사, 통계조사 및 문헌조사 등의 방법으로 실시하되, 효율적인 실태조사를 위하여 필요한 경우에는 정보통신망 및 전자우편 등의 전자적 방식으로 실시할 수 있다.
제00조 ① 관계 중앙행정기관의 장은 클라우드컴퓨팅기술 및 클라우드컴퓨팅서비스에 관한 연구개발사업을 추진할 수 있다.
② 관계 중앙행정기관의 장은 기업·연구기관 등에 제1항에 따른 연구개발사업을 수행하게 하고 그 사업 수행에 드는 비용의 전부 또는 일부를 지원할 수 있다.
제00조 국가와 지방자치단체는 클라우드컴퓨팅기술 및 클라우드컴퓨팅서비스의 발전과 이용 촉진을 위하여 조세감면을 할 수 있다.

① 실태조사는 전자적 방식으로 실시하는 것을 원칙으로 하되, 필요한 경우 현장조사, 서면조사 등의 방법으로 실시할 수 있다.
② 클라우드컴퓨팅기술 및 클라우드컴퓨팅서비스의 발전과 이용 촉진을 위하여 지방자치단체가 조세감면을 할 수는 없다.
③ A부장관은 실태조사의 내용에 클라우드컴퓨팅 산업의 인력 현황을 포함해야 하지만, 인력 수요에 대한 전망을 포함시킬 필요는 없다.
④ A부장관은 관계 중앙행정기관의 장에게 실태조사 결과를 요구할 수 있고, 이 경우 관계 중앙행정기관의 장은 그 결과를 A부장관에게 통보하여야 한다.
⑤ 관계 중앙행정기관의 장이 연구기관에 클라우드컴퓨팅기술 및 클라우드컴퓨팅서비스에 관한 연구개발사업을 수행하게 한 경우, 그 사업 수행에 드는 비용을 지원할 수 있다.

문 2. 다음 글을 근거로 판단할 때 옳은 것은?

제00조 이 법에서 사용하는 용어의 뜻은 다음과 같다.
1. "산림병해충"이란 산림에 있는 식물과 산림이 아닌 지역에 있는 수목에 해를 끼치는 병과 해충을 말한다.
2. "예찰"이란 산림병해충이 발생할 우려가 있거나 발생한 지역에 대하여 발생 여부, 발생 정도, 피해 상황 등을 조사하거나 진단하는 것을 말한다.
3. "방제"란 산림병해충이 발생하지 아니하도록 예방하거나, 이미 발생한 산림병해충을 약화시키거나 제거하는 모든 활동을 말한다.
제00조 ① 산림소유자는 산림병해충이 발생할 우려가 있거나 발생하였을 때에는 예찰·방제에 필요한 조치를 하여야 한다.
② 산림청장, 시·도지사, 시장·군수·구청장 또는 지방산림청장은 산림병해충이 발생할 우려가 있거나 발생하였을 때에는 예찰·방제에 필요한 조치를 할 수 있다.
③ 시·도지사, 시장·군수·구청장 또는 지방산림청장(이하 '시·도지사 등'이라 한다)은 산림병해충이 발생할 우려가 있거나 발생하였을 때에는 산림소유자, 산림관리자, 산림사업 종사자, 수목의 소유자 또는 판매자 등에게 다음 각 호의 조치를 하도록 명할 수 있다. 이 경우 명령을 받은 자는 특별한 사유가 없으면 명령에 따라야 한다.
1. 산림병해충이 있는 수목이나 가지 또는 뿌리 등의 제거
2. 산림병해충이 발생할 우려가 있거나 발생한 산림용 종묘, 베어낸 나무, 조경용 수목 등의 이동 제한이나 사용 금지
3. 산림병해충이 발생할 우려가 있거나 발생한 종묘·토양의 소독
④ 시·도지사 등은 제3항 제2호에 따라 산림용 종묘, 베어낸 나무, 조경용 수목 등의 이동 제한이나 사용 금지를 명한 경우에는 그 내용을 해당 기관의 게시판 및 인터넷 홈페이지 등에 10일 이상 공고하여야 한다.
⑤ 시·도지사 등은 제3항 각 호의 조치이행에 따라 발생한 농약대금, 인건비 등의 방제비용을 예산의 범위에서 지원할 수 있다.

① 산림병해충이 발생하지 않도록 예방하는 활동은 방제에 해당하지 않는다.
② 산림병해충이 발생할 우려가 있는 경우, 수목의 판매자는 예찰에 필요한 조치를 하여야 한다.
③ 산림병해충 발생으로 인한 조치 명령을 이행함에 따라 발생한 인건비는 시·도지사 등의 지원 대상이 아니다.
④ 산림병해충이 발생한 종묘에 대해 관할 구청장이 소독을 명한 경우, 그 내용을 구청 게시판 및 인터넷 홈페이지에 10일 이상 공고하여야 한다.
⑤ 산림병해충이 발생하여 관할 지방산림청장이 해당 수목의 소유자에게 수목 제거를 명령하였더라도, 특별한 사유가 있으면 그 명령에 따르지 않을 수 있다.

문 3. 다음 글을 근거로 판단할 때 옳은 것은?

> 제00조 ① 게임물의 윤리성 및 공공성을 확보하고 사행심 유발 또는 조장을 방지하며 청소년을 보호하고 불법 게임물의 유통을 방지하기 위하여 ○○관리위원회(이하 '위원회'라 한다)를 둔다.
> ② 위원회는 위원장 1명을 포함한 9명 이내의 위원으로 구성하되, 위원장은 상임으로 한다.
> ③ 위원회의 위원은 문화예술 · 문화산업 · 청소년 · 법률 · 교육 · 정보통신 · 역사 분야에 종사하는 사람으로서 게임산업 · 아동 또는 청소년에 대한 전문성과 경험이 있는 사람 중에서 관련 단체의 장이 추천하는 사람을 A부장관이 위촉하며, 위원장은 위원 중에서 호선한다.
> ④ 위원장 및 위원의 임기는 3년으로 한다.
> 제00조 ① 위원회는 법인으로 한다.
> ② 위원회는 A부장관의 인가를 받아 주된 사무소의 소재지에서 설립등기를 함으로써 성립한다.
> 제00조 ① 위원회의 업무 및 회계에 관한 사항을 감사하기 위하여 위원회에 감사 1인을 둔다.
> ② 감사는 A부장관이 임명하며, 상임으로 한다.
> ③ 감사의 임기는 3년으로 한다.

① 감사와 위원의 임기는 다르다.
② 위원장과 감사는 상임으로 한다.
③ 위원장은 A부장관이 위원 중에서 지명한다.
④ 위원회는 감사를 포함하여 9명으로 구성하여야 한다.
⑤ 위원회는 A부장관의 인가 여부와 관계없이 주된 사무소의 소재지에서 설립등기를 함으로써 성립할 수 있다.

문 4. 다음 글과 〈상황〉을 근거로 판단할 때, 제사주재자를 옳게 짝지은 것은?

> 사망한 사람의 제사를 주재하는 사람(이하 '제사주재자'라 한다)은 사망한 사람의 공동상속인들 간 협의에 의해 정하는 것이 원칙이다. 다만 공동상속인들 사이에 협의가 이루어지지 않을 때, 누구를 제사주재자로 결정할 것인지 문제가 된다.
> 종전 대법원 판례는, 제사주재자의 지위를 유지할 수 없는 특별한 사정이 없는 한 사망한 사람의 직계비속으로서 장남(장남이 이미 사망한 경우에는 장손자)이 제사주재자가 되고, 공동상속인들 중 아들이 없는 경우에는 장녀가 제사주재자가 된다고 하였다. 이 판례에 대해, 사망한 사람에게 아들, 손자가 있다는 이유만으로 여성 상속인이 자신의 의사와 무관하게 제사주재자가 되지 못한다는 점에서 양성평등의 원칙에 어긋난다는 비판이 있었다.
> 이를 반영해서 최근 대법원은 연령을 기준으로 하여 제사주재자가 결정되는 것으로 판례를 변경하였다. 즉, 공동상속인들 사이에 협의가 이루어지지 않으면, 제사주재자의 지위를 유지할 수 없는 특별한 사정이 없는 한 사망한 사람의 직계비속 가운데 남녀를 불문하고 최근친(最近親) 중 연장자가 제사주재자가 된다고 하였다.

〈상 황〉

> 甲과 乙은 혼인하여 자녀 A(딸), B(아들), C(아들)를 두었다. B는 혼인하여 자녀 D(아들)가 있고, A와 C는 자녀가 없다. B는 2023. 5. 1. 43세로 사망하였고, 甲은 2024. 5. 1. 사망하였다. 2024. 6. 1. 현재 甲의 공동상속인인 乙(73세), A(50세), C(40세), D(20세)는 각자 자신이 甲의 제사주재자가 되겠다고 다투고 있다. 이들에게는 제사주재자의 지위를 유지할 수 없는 특별한 사정이 없다.

	종전 대법원 판례	최근 대법원 판례
①	A	C
②	C	A
③	C	乙
④	D	A
⑤	D	乙

문 5. 다음 글을 근거로 판단할 때 옳은 것은?

자기조절력은 스스로 목표를 설정하고 그 목표를 달성하기 위해 집념과 끈기를 발휘하는 능력을 말한다. 또한 자기조절력은 자기 자신의 감정을 잘 조절하는 능력이기도 하며, 내가 나를 존중하는 능력이기도 하다. 자기조절을 하기 위해서는 도달하고 싶으나 아직 구현되지 않은 나의 미래 상태를 현재 나의 상태와 구별해 낼 수 있어야 한다. 자기조절력의 하위 요소로는 자기절제와 목표달성 등이 있다. 이러한 하위 요소들은 신경망과도 관련이 있는 것으로 알려져 있다.

우선 자기절제는 충동을 통제하고, 일상적이고도 전형적인 혹은 자동적인 행동을 분명한 의도를 바탕으로 억제하는 것이다. 이처럼 특정한 의도를 갖고 자신의 행동이나 생각을 의식적으로 억제하거나 마음먹은 대로 조절하는 능력은 복외측전전두피질과 내측전전두피질을 중심으로 한 신경망과 관련이 깊다.

한편 목표달성을 위해서는 두 가지 능력이 필요하다. 첫 번째는 자기 자신에 집중할 수 있는 능력이다. 나 자신에 집중하기 위해서는 끊임없이 자신을 되돌아보며 현재 나의 상태를 알아차리는 자기참조과정이 필요하다. 자기참조과정에 주로 관여하는 것은 내측전전두피질을 중심으로 후방대상피질과 설전부를 연결하는 신경망이다. 두 번째는 자신이 도달하고자 하는 대상에 집중할 수 있는 능력이다. 특정 대상에 주의를 집중하는 데 필요한 뇌 부위는 배외측전전두피질로 알려져 있다. 배외측전전두피질은 주로 내측전전두피질과 연결되어 작동한다. 내측전전두피질과 배외측전전두피질 간의 기능적 연결성이 강할수록 목표를 위해 에너지를 집중하고 지속적인 노력을 쏟아 부을 수 있는 능력이 높아진다.

① 자기조절을 위해서는 현재 나의 상태와 아직 구현되지 않은 나의 미래 상태를 구분할 수 있어야 한다.
② 내측전전두피질과 배외측전전두피질 간의 기능적 연결성이 약할수록 목표를 위한 집중력이 높아진다.
③ 목표달성을 위해서는 일상적이고 전형적인 행동을 강화하는 능력이 필요하다.
④ 자신이 도달하고자 하는 대상에 집중하는 과정을 자기참조과정이라 한다.
⑤ 자기조절력은 자기절제의 하위 요소이다.

문 6. 다음 글을 근거로 판단할 때, 보이지 않는 숫자를 모두 합한 값은?

甲~丁은 매일 최대한 많이 걷기로 하고 특정 시간에 만나서 각자의 걸음 수와 그 합을 기록하였다. 그 기록한 걸음 수의 합은 199,998걸음이었다. 그런데 수명이 다 된 펜으로 각자의 걸음 수를 쓴 탓이었는지 다음날에 보니 아래와 같이 다섯 개의 숫자(□)가 보이지 않았다.

甲 :	□	5	7	0	1
乙 :	8	4	□	9	8
丙 :	8	3	□	□	4
丁 :	□	6	7	1	5

① 13
② 14
③ 15
④ 16
⑤ 17

문 7. 다음 글을 근거로 판단할 때, 〈보기〉에서 옳은 것만을 모두 고르면?

甲은 아래 3가지 색의 공을 〈조건〉에 따라 3개의 상자에 나누어 모두 담으려고 한다.

색	무게(g)	개수
빨강	30	3
노랑	40	2
파랑	50	2

〈조 건〉

- 각 상자에는 100g을 초과해 담을 수 없다.
- 각 상자에는 적어도 2가지 색의 공을 담아야 한다.

〈보 기〉

ㄱ. 빨간색 공은 모두 서로 다른 상자에 담기게 된다.
ㄴ. 각 상자에 담긴 공 무게의 합은 서로 다르다.
ㄷ. 빨간색 공이 담긴 상자에는 파란색 공이 담기지 않는다.
ㄹ. 3개의 상자 중에서 공 무게의 합이 가장 작은 상자에는 파란색 공이 담기게 된다.

① ㄱ, ㄴ
② ㄱ, ㄷ
③ ㄴ, ㄷ
④ ㄴ, ㄹ
⑤ ㄷ, ㄹ

문 8. 다음 글을 근거로 판단할 때, A사가 투자할 작품만을 모두 고르면?

• A사는 투자할 작품을 결정하려고 한다. 작품별 기본점수 등 현황은 다음과 같다.

현황 / 작품	기본 점수 (점)	스태프 인원 (명)	장르	감독의 최근 2개 작품 흥행 여부 (개봉연도)	
성묘	70	55	판타지	성공 (2009)	실패 (2015)
서울의 겨울	85	45	액션	실패 (2018)	실패 (2020)
만날 결심	75	50	추리	실패 (2020)	성공 (2022)
빅 포레스트	65	65	멜로	성공 (2011)	성공 (2018)

• 최종점수는 작품별 기본점수에 아래 기준에 따른 점수를 가감해 산출한다.

기준	가감 점수
스태프 인원이 50명 미만	감점 10점
장르가 판타지	가점 10점
감독의 최근 2개 작품이 모두 흥행 성공	가점 10점
감독의 직전 작품이 흥행 실패	감점 10점

• 최종점수가 75점 이상인 작품에 투자한다.

① 성묘, 만날 결심
② 성묘, 빅 포레스트
③ 서울의 겨울, 만날 결심
④ 만날 결심, 빅 포레스트
⑤ 서울의 겨울, 빅 포레스트

※ 다음 글을 읽고 물음에 답하시오. [9~10]

암호 기술은 일반적인 문장(평문)을 해독 불가능한 암호문으로 변환하거나, 암호문을 해독 가능한 평문으로 변환하기 위한 원리, 수단, 방법 등을 취급하는 기술을 말한다. 이 암호 기술은 암호화와 복호화로 구성된다. 암호화는 평문을 암호문으로 변환하는 것이며, 반대로 암호문에서 평문으로 변환하는 것은 복호화라 한다.

암호 기술에서 사용되는 알고리즘, 즉 암호 알고리즘은 대상 메시지를 재구성하는 방법이다. 암호 알고리즘에는 메시지의 각 원소를 다른 원소에 대응시키는 '대체'와 메시지의 원소들을 재배열하는 '치환'이 있다. 예를 들어 대체는 각 문자를 다른 문자나 기호로 일대일로 대응시키는 것이고, 치환은 단어, 어절 등의 순서를 바꾸는 것이다.

암호 알고리즘에서는 보안을 강화하기 위해 키(key)를 사용하기도 한다. 키는 암호가 작동하는 데 필요한 값이다. 송신자와 수신자가 같은 키를 사용하면 대칭키 방식이라 하고, 다른 키를 사용하면 비대칭키 방식이라 한다. 대칭키 방식은 동일한 키로 상자를 열고 닫는 것이고, 비대칭키 방식은 서로 다른 키로 상자를 열고 닫는 것이다. 비대칭키 방식의 경우에는 수신자가 송신자의 키를 몰라도 자신의 키만 알면 복호화가 가능하다. 그리고 비대칭키 방식은 서로 다른 키를 사용하기 때문에, 키의 유출 염려가 덜해 조금 더 보안성이 높다고 알려져 있다.

한편 암호 알고리즘에 사용하기 위해 만들 수 있는 키의 수는 키를 구성하는 비트(bit)의 수에 따른다. 비트는 0과 1을 표현할 수 있는 가장 작은 단위인데, 예를 들어 8비트로 만들 수 있는 키의 수는 2^8, 즉 256개이다. 키를 구성하는 비트의 수가 많으면 많을수록 모든 키를 체크하는 데 시간이 오래 걸려 보안성이 높아진다. 256개 정도의 키는 컴퓨터로 짧은 시간에 모두 체크할 수 있으나, 100비트로 구성된 키가 사용되었다면 체크해야 할 키의 수가 2^{100}개에 달해 초당 100만 개의 키를 체크할 수 있는 컴퓨터를 사용하더라도 상당히 많은 시간이 걸릴 것이다.

56비트로 구성된 키를 사용하여 만든 암호 알고리즘에는 DES(Data Encryption Standard)가 있다. 그런데 오늘날 컴퓨팅 기술의 발전으로 인해 DES는 더 이상 안전하지 않아, DES보다는 DES를 세 번 적용한 삼중 DES(triple DES)나 그 뒤를 이은 AES(Advanced Encryption Standard)를 사용하고 있다.

문 9. 윗글을 근거로 판단할 때, 〈보기〉에서 옳은 것만을 모두 고르면?

〈보 기〉

ㄱ. 복호화를 통하여 암호문을 평문으로 변환할 수 있다.
ㄴ. 비대칭키 방식의 경우, 수신자는 송신자의 키를 알아야 암호를 해독할 수 있다.
ㄷ. 대체는 단어, 어절 등의 순서를 바꾸는 것이다.
ㄹ. 삼중 DES 알고리즘은 DES 알고리즘보다 안전성이 높다.

① ㄱ, ㄴ
② ㄱ, ㄹ
③ ㄴ, ㄷ
④ ㄴ, ㄹ
⑤ ㄷ, ㄹ

문 10. 윗글과 〈상황〉을 근거로 판단할 때, (가)에 해당하는 수는?

〈상 황〉

2^{56}개의 키를 1초에 모두 체크할 수 있는 컴퓨터의 가격이 1,000,000원이다. 컴퓨터의 체크 속도가 2배가 될 때마다 컴퓨터는 10만 원씩 비싸진다. 60비트로 만들 수 있는 키를 1초에 모두 체크할 수 있는 컴퓨터의 최소 가격은 (가) 원이다.

① 1,100,000
② 1,200,000
③ 1,400,000
④ 1,600,000
⑤ 2,000,000

문 11. 다음 글을 근거로 판단할 때 옳은 것은?

제00조 ① A부장관은 김치산업의 활성화를 위한 제조기술 및 김치와 어울리는 식문화 보급을 위하여 필요한 전문인력을 양성할 수 있다.
② A부장관은 제1항에 따른 전문인력 양성을 위하여 대학 · 연구소 등 적절한 시설과 인력을 갖춘 기관 · 단체를 전문인력 양성기관으로 지정 · 관리할 수 있다.
③ A부장관은 제2항에 따라 지정된 전문인력 양성기관에 대하여 예산의 범위에서 그 양성에 필요한 경비를 지원할 수 있다.
④ A부장관은 김치산업 전문인력 양성기관이 다음 각 호의 어느 하나에 해당하는 경우에는 지정을 취소하거나 6개월 이내의 범위에서 기간을 정하여 업무의 전부 또는 일부를 정지할 수 있다. 다만, 제1호에 해당하는 경우에는 지정을 취소하여야 한다.
1. 거짓이나 그 밖의 부정한 방법으로 지정을 받은 경우
2. 지정받은 사항을 위반하여 업무를 행한 경우
3. 지정기준에 적합하지 아니하게 된 경우

제00조 ① 국가는 김치종주국의 위상제고, 김치의 연구 · 전시 · 체험 등을 위하여 세계 김치연구소를 설립하여야 한다.
② 국가와 지방자치단체는 세계 김치연구소의 효율적인 운영 · 관리를 위하여 필요한 경비를 예산의 범위에서 지원할 수 있다.

제00조 ① 국가와 지방자치단체는 김치산업의 육성, 김치의 수출 경쟁력 제고 및 해외시장 진출 활성화를 위하여 김치의 대표상품을 홍보하거나 해외시장을 개척하는 개인 또는 단체에 대하여 필요한 지원을 할 수 있다.
② A부장관은 김치의 품질향상과 국가 간 교역을 촉진하기 위하여 김치의 국제규격화를 추진하여야 한다.

① 김치산업 전문인력 양성기관으로 지정된 기관이 부정한 방법으로 지정을 받은 경우, A부장관은 그 지정을 취소하여야 한다.
② A부장관은 김치의 품질향상과 국가 간 교역을 촉진하기 위하여 김치의 국제규격화는 지양하여야 한다.
③ A부장관은 적절한 시설을 갖추지 못한 대학이라도 전문인력 양성을 위하여 해당 대학을 김치산업 전문인력 양성기관으로 지정할 수 있다.
④ 국가와 지방자치단체는 김치종주국의 위상제고를 위해 세계 김치연구소를 설립하여야 한다.
⑤ 지방자치단체가 김치의 해외시장 개척을 지원함에 있어서 개인은 그 지원대상이 아니다.

문 12. 다음 글을 근거로 판단할 때, 인쇄에 필요한 A4용지의 장수는?

甲주무관은 〈인쇄 규칙〉에 따라 문서 A~D를 각 1부씩 인쇄하였다.

〈인쇄 규칙〉

- 문서는 A4용지에 인쇄한다.
- A4용지 한 면에 2쪽씩 인쇄한다. 단, 중요도가 상에 해당하는 보도자료는 A4용지 한 면에 1쪽씩 인쇄한다.
- 단면 인쇄를 기본으로 한다. 단, 중요도가 하에 해당하는 문서는 양면 인쇄한다.
- 한 장의 A4용지에는 한 종류의 문서만 인쇄한다.

종류	유형	쪽수	중요도
A	보도자료	2	상
B	보도자료	34	중
C	보도자료	5	하
D	설명자료	3	상

① 11장
② 12장
③ 22장
④ 23장
⑤ 24장

문 13. 다음 글을 근거로 판단할 때 옳은 것은?

이름 뒤에 성이 오는 보통의 서양식 작명법과 달리, A국에서는 별도의 성을 사용하지 않고 이름 뒤에 '부칭(父稱)'이 오도록 작명을 한다. 부칭은 이름을 붙이는 대상자의 아버지 이름에 접미사를 붙여서 만든다. 아들의 경우 그 아버지의 이름 뒤에 s와 손(son)을 붙이고, 딸의 경우 s와 도티르(dottir)를 붙여 '~의 아들' 또는 '~의 딸'이라는 의미를 가지는 부칭을 만든다. 예를 들어, 욘 스테파운손(Jon Stefansson)의 아들 피얄라르(Fjalar)는 '피얄라르 욘손(Fjalar Jonsson)', 딸인 카트린(Katrin)은 '카트린 욘스도티르(Katrin Jonsdottir)'가 되는 식이다.

같은 사회적 집단에 속해 있는 사람끼리 이름과 부칭이 같으면 할아버지의 이름까지 써서 작명하기도 한다. 예를 들어, 욘 토르손이라는 사람이 한 집단에 두 명 있는 경우에는 욘 토르손 아이나르소나르(Jon Thorsson Einarssonar)와 욘 토르손 스테파운소나르(Jon Thorsson Stefanssonar)와 같이 구분한다. 전자의 경우 '아이나르의 아들인 토르의 아들인 욘'을, 후자의 경우 '스테파운의 아들인 토르의 아들인 욘'을 의미한다.

한편 공식적인 자리에서 A국 사람들은 이름을 부르거나 이름과 부칭을 함께 부르며, 부칭만으로 서로를 부르지는 않는다. 또한 A국에서는 부칭이 아닌 이름의 영어 알파벳 순서로 정렬하여 전화번호부를 발행한다.

① 피얄라르 토르손 아이나르소나르(Fjalar Thorsson Einarssonar)로 불리는 사람의 할아버지의 부칭을 알 수 있다.
② 피얄라르 욘손(Fjalar Jonsson)은 공식적인 자리에서 욘손으로 불린다.
③ A국의 전화번호부에는 피얄라르 욘손(Fjalar Jonsson)의 아버지의 이름이 토르 아이나르손(Thor Einarsson)보다 먼저 나올 것이다.
④ 스테파운(Stefan)의 아들 욘(Jon)의 부칭과 손자 피얄라르(Fjalar)의 부칭은 같을 것이다.
⑤ 욘 스테파운손(Jon Stefansson)의 아들과 욘 토르손(Jon Thorsson)의 딸은 동일한 부칭을 사용할 것이다.

문 14. 다음 글과 〈상황〉을 근거로 판단할 때, 〈보기〉에서 옳은 것만을 모두 고르면?

> 甲국은 국내 순위 1~10위 선수 10명 중 4명을 국가대표로 선발하고자 한다. 국가대표는 국내 순위가 높은 선수가 우선 선발되나, A, B, C팀 소속 선수가 최소한 1명씩은 포함되어야 한다.

〈상 황〉

- 국내 순위 1~10위 중 공동 순위는 없다.
- 선수 10명 중 4명은 A팀, 3명은 B팀, 3명은 C팀 소속이다.
- C팀 선수 중 국내 순위가 가장 낮은 선수가 A팀 선수 중 국내 순위가 가장 높은 선수보다 국내 순위가 높다.
- B팀 소속 선수 3명의 국내 순위는 각각 2위, 5위, 8위이다.

〈보 기〉

ㄱ. 국내 순위 1위 선수의 소속팀은 C팀이다.
ㄴ. A팀 소속 선수 중 국내 순위가 가장 낮은 선수는 9위이다.
ㄷ. 국가대표 중 국내 순위가 가장 낮은 선수는 7위이다.
ㄹ. 국내 순위 3위 선수와 4위 선수는 같은 팀이다.

① ㄱ, ㄴ
② ㄱ, ㄷ
③ ㄱ, ㄹ
④ ㄴ, ㄷ
⑤ ㄴ, ㄹ

문 15. 다음 글을 근거로 판단할 때, Q를 100리터 생산하는 데 드는 최소 비용은?

- 화학약품 Q를 생산하려면 A와 B를 2 : 1의 비율로 혼합해야 한다. 이 혼합물을 가공하면 B와 같은 부피의 Q가 생산된다. 예를 들어, A 2리터와 B 1리터를 혼합하여 가공하면 Q 1리터가 생산된다.
- A는 원료 X와 Y를 1 : 2의 비율로 혼합하여 만든다. 이 혼합물을 가공하면 X와 같은 부피의 A가 생산된다. 예를 들어, X 1리터와 Y 2리터를 혼합하여 가공하면 A 1리터가 생산된다.
- B는 원료 Z와 W를 혼합하여 만들거나, Z나 W만 사용하여 만든다. Z와 W를 혼합하여 가공하면 혼합비율에 관계없이 원료 절반 부피의 B가 생산된다. 예를 들어, Z와 W를 1리터씩 혼합하여 가공하면 B 1리터가 생산된다. 두 재료를 혼합하지 않고 Z나 W만 사용하여 가공하는 경우에도 마찬가지로 원료 절반 부피의 B가 생산된다.
- 각 원료의 리터당 가격은 다음과 같다. 원료비 이외의 비용은 발생하지 않는다.

원료	X	Y	Z	W
가격(만 원/리터)	1	2	4	3

① 1,200만 원
② 1,300만 원
③ 1,400만 원
④ 1,500만 원
⑤ 1,600만 원

문 16. 다음 글과 〈상황〉을 근거로 판단할 때, 〈보기〉에서 옳은 것만을 모두 고르면?

두 선수가 맞붙어 승부를 내는 스포츠 경기가 있다. 이 경기는 개별 게임으로 이루어져 있으며, 한 게임의 승부가 결정되면 그 게임의 승자는 1점을 얻고 패자는 점수를 얻지 못한다. 무승부는 없다. 개별 게임을 반복적으로 진행하여 한 선수의 점수가 다른 선수보다 2점 많아지면 그 선수가 경기의 승자가 되고 경기가 종료된다.

〈상 황〉

두 선수 甲과 乙이 맞붙어 이 경기를 치른 결과, n번째 게임을 끝으로 甲이 경기의 승자가 되고 경기가 종료되었다. 단, n > 3이다.

〈보 기〉

ㄱ. n이 홀수인 경우가 있다.
ㄴ. (n－1)번째 게임에서 乙이 이겼을 수도 있다.
ㄷ. (n－2)번째 게임 종료 후 두 선수의 점수는 같았다.
ㄹ. (n－3)번째 게임에서 乙이 이겼을 수도 있다.

① ㄱ
② ㄷ
③ ㄱ, ㄴ
④ ㄴ, ㄹ
⑤ ㄷ, ㄹ

문 17. 다음 글과 〈상황〉을 근거로 판단할 때, 甲이 치른 3경기의 순위를 모두 합한 수는?

10명의 선수가 참여하는 경기가 있다. 현재까지 3경기가 치러졌다. 참여한 선수에게는 매 경기의 순위에 따라 다음과 같이 점수를 부여한다.

순위	점수	순위	점수
1	100	6	8
2	50	7	6
3	30	8	4
4	20	9	2
5	10	10	1

만약 어떤 순위에 공동 순위가 나온다면, 그 순위를 포함하여 공동 순위자의 수만큼 이어진 순위 각각에 따른 점수의 합을 공동 순위자에게 동일하게 나누어 부여한다. 예를 들어 공동 3위가 3명이면, 공동 3위 각각에게 부여되는 점수는 (30+20+10)÷3으로 20이다. 이 경우 그다음 순위는 6위가 된다.

〈상 황〉

- 甲은 3경기에서 총 157점을 획득하였으며, 공동 순위는 한 번 기록하였다.
- 치러진 3경기에서 공동 순위가 4명 이상인 경우는 없었다.

① 8
② 9
③ 10
④ 11
⑤ 12

문 18. 다음 글을 근거로 판단할 때 옳지 않은 것은?

인터넷 장애로 인해 甲~丁은 '메일', '공지', '결재', '문의' 중 접속할 수 없는 메뉴가 각자 1개 이상 있다. 다음은 이에 관한 甲~丁의 대화이다.

甲 : 나는 결재를 포함한 2개 메뉴에만 접속할 수 없고, 乙, 丙, 丁은 모두 이 2개 메뉴에 접속할 수 있어.
乙 : 丙이나 丁이 접속하지 못하는 메뉴는 나도 전부 접속할 수 없어.
丙 : 나는 문의에 접속해서 이번 오류에 대해 질문했어.
丁 : 나는 공지에 접속할 수 없고, 丙은 공지에 접속할 수 있어.

① 甲은 공지에 접속할 수 없다.
② 乙은 메일에 접속할 수 없다.
③ 乙은 2개의 메뉴에 접속할 수 있다.
④ 丁은 문의에 접속할 수 있다.
⑤ 甲과 丙이 공통으로 접속할 수 있는 메뉴가 있다.

문 19. 다음 글을 근거로 판단할 때, 1층 바닥면에서 2층 바닥면까지의 높이는?

1층 바닥면과 2층 바닥면이 계단으로 연결된 건물이 있다. A가 1층 바닥면에 서 있고, B가 2층 바닥면에 서 있을 때, A의 머리 끝과 B의 머리 끝의 높이 차이는 240cm이다. A와 B가 위치를 서로 바꾸는 경우, A와 B의 머리 끝의 높이 차이는 220cm이다. A와 B의 키는 1층 바닥면에서 2층 바닥면까지의 높이보다 크지 않다.

① 210cm
② 220cm
③ 230cm
④ 240cm
⑤ 250cm

문 20. 다음 글을 근거로 판단할 때, 가장 많은 액수를 지급받을 예술단체의 배정액은?

ㅁㅁ부는 2024년도 예술단체 지원사업 예산 4억 원을 배정하려 한다. 지원 대상이 되는 예술단체의 선정 및 배정액 산정 · 지급 방법은 다음과 같다.

- 2023년도 기준 인원이 30명 미만이거나 운영비가 1억 원 미만인 예술단체를 선정한다.
- 사업분야가 공연인 단체의 배정액은 '(운영비×0.2)+(사업비×0.5)'로 산정한다.
- 사업분야가 교육인 단체의 배정액은 '(운영비×0.5)+(사업비×0.2)'로 산정한다.
- 인원이 많은 단체부터 순차적으로 지급한다. 다만 예산 부족으로 산정된 금액 전부를 지급할 수 없는 단체에는 예산 잔액을 배정액으로 한다.
- 2023년도 기준 예술단체(A~D) 현황은 다음과 같다.

단체	인원(명)	사업분야	운영비(억 원)	사업비(억 원)
A	30	공연	1.8	5.5
B	28	교육	2.0	4.0
C	27	공연	3.0	3.0
D	33	교육	0.8	5.0

① 8,000만 원
② 1억 1,000만 원
③ 1억 4,000만 원
④ 1억 8,000만 원
⑤ 2억 1,000만 원

문 21. 다음 글과 〈대화〉를 근거로 판단할 때, 직무교육을 이수하지 못한 사람만을 모두 고르면?

甲~丁은 월요일부터 금요일까지 5일 동안 실시되는 직무교육을 받게 되었다. 교육장소에는 2×2로 배열된 책상이 있었으며, 앞줄에 2명, 뒷줄에 2명을 각각 나란히 앉게 하였다. 교육기간 동안 자리 이동은 없었다. 교육 첫째 날과 마지막 날은 4명 모두 교육을 받았다. 직무교육을 이수하기 위해서는 4일 이상 교육을 받아야 한다.

〈대 화〉

甲 : 교육 둘째 날에 내 바로 앞사람만 결석했어.
乙 : 교육 둘째 날에 나는 출석했어.
丙 : 교육 셋째 날에 내 바로 뒷사람만 결석했어.
丁 : 교육 넷째 날에 내 바로 앞사람과 나만 교육을 받았어.

① 乙
② 丙
③ 甲, 丙
④ 甲, 丁
⑤ 乙, 丁

문 22. 다음 글을 근거로 판단할 때, (가)에 해당하는 수는?

A공원의 다람쥐 열 마리는 각자 서로 다른 개수의 도토리를 모았는데, 한 다람쥐가 모은 도토리는 최소 1개부터 최대 10개까지였다. 열 마리 다람쥐는 두 마리씩 쌍을 이루어 그날 모은 도토리 일부를 함께 먹었다. 도토리를 모으고 먹는 이런 모습은 매일 동일하게 반복됐다. 이때 도토리를 먹는 방법은 정해져 있었다. 한 쌍의 다람쥐는 각자가 그날 모은 도토리 개수를 비교해서 그 차이 값에 해당하는 개수의 도토리를 함께 먹는다. 예를 들면, 1개의 도토리를 모은 다람쥐와 9개의 도토리를 모은 다람쥐가 쌍을 이루면 이 두 마리는 8개의 도토리를 함께 먹는다.

열 마리의 다람쥐를 이틀 동안 관찰한 결과, '첫째 날 각 쌍이 먹은 도토리 개수'는 모두 동일했고, '둘째 날 각 쌍이 먹은 도토리 개수'도 모두 동일했다. 하지만 '첫째 날 각 쌍이 먹은 도토리 개수'와 '둘째 날 각 쌍이 먹은 도토리 개수'는 서로 달랐고, 그 차이는 (가) 개였다.

① 1
② 2
③ 3
④ 4
⑤ 5

문 23. 다음 글을 근거로 판단할 때, 처음으로 물탱크가 가득 차는 날은?

> 신축 A아파트에는 용량이 10,000리터인 빈 물탱크가 있다. 관리사무소는 입주민의 입주 시작일인 3월 1일 00 : 00부터 이 물탱크에 물을 채우려고 한다. 관리사무소는 매일 00 : 00부터 00 : 10까지 물탱크에 물을 900리터씩 채운다. 전체 입주민의 1일 물 사용량은 3월 1일부터 3월 5일까지 300리터, 3월 6일부터 3월 10일까지 500리터, 3월 11일부터는 계속 700리터이다. 3월 15일에는 아파트 외벽 청소를 위해 청소업체가 물탱크의 물 1,000리터를 추가로 사용한다. 물을 채우는 시간이라도 물탱크가 가득 차면 물 채우기를 중지하고, 물을 채우는 시간에는 물을 사용할 수 없다.

① 4월 4일
② 4월 6일
③ 4월 7일
④ 4월 9일
⑤ 4월 10일

문 24. 다음 글을 근거로 판단할 때, 〈보기〉에서 옳은 것만을 모두 고르면?

> 甲~丁은 6문제로 구성된 직무능력시험 문제를 풀었다.
> - 정답을 맞힌 경우, 문제마다 기본점수 1점과 난이도에 따른 추가점수를 부여한다.
> - 추가점수는 다음 식에 따라 결정한다.
>
> $$\text{추가점수} = \frac{\text{해당 문제를 틀린 사람의 수}}{\text{해당 문제를 맞힌 사람의 수}}$$
>
> - 6문제의 기본점수와 추가점수를 모두 합한 총합 점수가 5점 이상인 사람이 합격한다.
>
> 甲~丁이 6문제를 푼 결과는 다음과 같고, 5번과 6번 문제의 결과는 찢어져 알 수가 없다.
>
> (○: 정답, ×: 오답)

구분	1번	2번	3번	4번	5번	6번
甲	○	×	○	○		
乙	○	×	○	×		
丙	○	○	×	×		
丁	×	○	○	×		
정답률(%)	75	50	75	25	50	50

〈보 기〉

ㄱ. 甲이 최종적으로 받을 수 있는 최대 점수는 $\frac{32}{3}$점이다.
ㄴ. 1~4번 문제에서 받은 점수의 합은 乙이 가장 낮다.
ㄷ. 4명 모두가 합격할 수는 없다.
ㄹ. 4명이 받은 점수의 총합은 24점이다.

① ㄱ, ㄷ
② ㄴ, ㄷ
③ ㄴ, ㄹ
④ ㄱ, ㄴ, ㄷ
⑤ ㄱ, ㄴ, ㄹ

문 25. 다음 〈상황〉을 근거로 판단할 때, 〈보기〉에서 옳은 것만 을 모두 고르면?

〈상 황〉

• 테니스 선수 랭킹은 매달 1일 발표되며, 발표 전날로부터 지난 1년간 선수들이 각종 대회에 참가하여 획득한 점수의 합(이하 '총점수'라 한다)이 높은 순으로 순위가 매겨진다.
• 매년 12월에는 챔피언십 대회(매년 12월 21일~25일)만 개최된다. 이 대회에는 당해 12월 1일 기준으로 랭킹 1~4위의 선수만 참가한다.
• 매년 챔피언십 대회의 순위에 따른 획득 점수 및 2023년 챔피언십 대회 전후 랭킹은 아래와 같다. 단, 챔피언십 대회에서 공동 순위는 없다.

챔피언십 대회 성적	점수
우승	2,000
준우승	1,000
3위	500
4위	250

〈2023년 12월 1일〉

랭킹	선수	총점수
1위	A	7,500
2위	B	7,000
3위	C	6,500
4위	D	5,000
⋮	⋮	⋮

⇨

〈2024년 1월 1일〉

랭킹	선수	총점수
1위	C	7,500
2위	B	7,250
3위	D	7,000
4위	A	6,000
⋮	⋮	⋮

• 총점수에는 지난 1년간 획득한 점수만 산입되므로, 〈2024년 1월 1일〉의 총점수에는 2022년 챔피언십 대회에서 획득한 점수는 빠지고, 2023년 챔피언십 대회에서 획득한 점수가 산입되었다.

〈보 기〉

ㄱ. 2022년 챔피언십 대회 우승자는 A였다.
ㄴ. 2023년 챔피언십 대회 4위는 B였다.
ㄷ. 2023년 챔피언십 대회 우승자는 C였다.
ㄹ. 2022년 챔피언십 대회 3위는 D였다.

① ㄱ, ㄴ
② ㄱ, ㄷ
③ ㄴ, ㄷ
④ ㄴ, ㄹ
⑤ ㄱ, ㄴ, ㄹ

Public Service Aptitude Test

CHAPTER 02

2024년 7급 / 민간경력자 PSAT 기출문제

정답 및 해설

제1과목 언어논리

01	02	03	04	05	06	07	08	09	10
③	④	④	③	④	②	⑤	①	⑤	②
11	12	13	14	15	16	17	18	19	20
②	③	②	④	①	②	⑤	⑤	③	③
21	22	23	24	25					
①	④	③	②	③					

01 정답 ③

정답해설

한성전기회사는 전차 노선 공사비가 부족했고, 미국인 콜브란에게 부족한 공사비를 빌려 공사를 마무리했다.

오답해설

① 개항 직후 우리나라에 들어와 경인철도회사를 운영하던 콜브란은 서대문에서 청량리까지 전차 노선을 부설해야 한다고 주장했으며, 이러한 콜브란의 주장을 고종이 받아들여 한성전기회사가 설립되었다. 따라서 한성전기회사가 경인철도회사보다 나중에 설립되었음을 알 수 있다.

② 당초에 한성전기회사가 계획했던 전차 노선 구간은 남대문에서 청량리까지였으나, 경인철도의 종착역이 서대문역으로 정해졌기 때문에 전차 노선을 서대문역과 연결하기 위해 서대문에서 청량리까지 부설하기로 변경했다.

④ 서울 시내에 처음으로 전차 노선을 부설한 회사는 한성전기회사이며, 이는 민간인인 김두승과 이근배가 주도해 설립한 회사이다. 반면, 농상공부는 한성전기회사의 설립을 허가한 관청이다.

⑤ 한성전기회사는 고종이 단독 출자한 자본금을 토대로 설립 · 운영되었으며, 고종과 콜브란이 이를 한미전기회사로 재편하였다.

합격 가이드

제시문의 내용과 선택지의 부합 여부를 묻는 기본적인 형태의 문제이다. 따라서 선후 관계, 주체, 주요 사항을 파악하면서 읽어야 한다. 다만 정독하면서 지엽적인 내용까지 파악할 필요는 없으며, 신속한 풀이를 위해 선택지를 먼저 읽은 후에 제시문에서 선택지의 진위를 확인하는 것이 효율적이다.

02 정답 ④

정답해설

사고 도서의 포쇄는 3년마다 정기적으로 실시되었으며, 포쇄 때는 반드시 포쇄 상황을 기록한 포쇄형지안을 작성하였다. 따라서 사고 도서의 포쇄 상황을 기록한 포쇄형지안이 3년마다 정기적으로 작성되었음을 알 수 있다.

오답해설

① 중종은 지방 사고의 경우 지방 거주 겸직사관에게 포쇄를 맡기는 것이 효율적이라고 주장했다. 그러나 겸직사관 선발 기준에 대한 언급이 없기 때문에 겸직사관이 포쇄의 전문가 중에서 선발되었는지는 알 수 없다.

② 사고에 보관된 도서를 포쇄하려고 책을 꺼내는 과정에서 도서가 분실 · 훼손될 수 있었기 때문에 중앙 정부에서 파견한 사관이 이 일을 맡도록 했다. 그러나 중종은 사관을 보내는 것은 비용이 많이 드는 등의 폐단이 있다고 주장했다.

③ 춘추관은 정식 사관이 아닌 겸직사관에게 포쇄를 맡기는 것은 문헌 보관의 일을 가벼이 볼 수 있는 계기가 될 것이라고 주장했다. 이는 겸직사관에게 포쇄를 맡길 수 없다고 주장한 것으로, 겸직사관을 폐지하자고 주장한 것은 아니다.

⑤ 포쇄 상황을 기록한 포쇄형지안에는 포쇄에 사용한 약품을 기록하였다. 즉, 포쇄 작업 중에 약품을 사용했음을 알 수 있으나, 사고 안에 약품을 살포했는지는 알 수 없다.

03 정답 ④

정답해설

법학자 유진오는 '인민'은 예부터 흔히 사용되어 온 말로, '국민'으로 환원될 수 없는 의미가 있다고 보았으며, '국민'은 국가조차도 함부로 침범할 수 없는 자유와 권리의 주체로서의 보편적 인간까지 함의하기에는 적절하지 못하다고 비판했다.

오답해설

① 대한민국 역사에서 '인민'은 개화기부터 통용된 자연스러운 말로, 정부 수립 전까지의 헌법 관련 문헌들 대부분에 빈번히 등장하였다.

② 대한민국으로 여행을 온 외국인은 대한민국 '국민'이 아니기 때문에 선거권 · 사회권 등 국적을 기반으로 하는 권리는 주어지지 않지만, 천부인권을 지니는 보편적 인간이기 때문에 헌법상의 평등권 · 자유권 등 기본적 인권이 보장된다.

③ 미국 헌법의 '사람들'에 해당하는 대한민국 헌법상의 용어는 '국민'이다. 이때 '사람'은 보편적 인간을, '국민'은 국가의 구성원을 가리킨다는 점에서 사전적 의미에 차이가 있다.

⑤ 제헌헌법의 초안을 작성할 당시에는 '인민'이라는 단어가 사용되었으나, '인민'은 공산당의 용어로 인식되었고, 제정된 제헌헌법에서 '국민'으로 대체되었다.

04

정답 ③

정답해설

현대 사회에서도 필요에 따라 공동체적 독서와 음독이 많이 행해지고 있다. 또한, '공동체적 독서'에서 '개인적 독서'로의 이행은 전근대 사회에서 근대 사회로 이행하는 과정에서 확인되는 독서 문화의 추이라고 볼 수 있다. 따라서 현대 사회에서는 공동체적 독서와 개인적 독서 모두 행해지고 있음을 알 수 있다.

오답해설

① 필사문화를 통해 묵독이 유행하기 시작했는지는 제시문을 통해 확인할 수 없다.

② 소리 내어 읽는 음독에는 낭송, 낭독, 구연이 포함된다. 이때 음독은 공동체적 독서와 긴밀한 연관을 가지지만, 음독이 꼭 공동체적 독서라고는 할 수 없다. 또한, 공동체적 독서와 음독을 전근대 사회의 독서 형태라 간주하고, 개인적 독서를 근대 이후의 독서 형태라 하는 것은 어렵다.

④ 근대 초기에 독서와 음독이 지속된 이유는 당시에 문맹률이 높았기 때문이다. 즉, 높은 문맹률 때문에 음독이 지속된 것이며, 음독이 높은 문맹률로 인해 발생한 것은 아니다.

⑤ 도시와 촌락의 장시에서 주로 이루어진 독서 형태는 윤독이 아니라 구연이다.

05

정답 ④

정답해설

우두법은 의료용 칼을 사용해서 팔뚝 부위에 일부러 흠집을 내어 접종하는 방식이었다. 반면, 인두법은 코의 점막에 두의 딱지를 불어넣거나 묻혀서 접종하는 방식이다.

오답해설

① 인두법의 접종대상자는 반드시 생후 12개월이 지난 건강한 아이여야 했다. 반면, 우두법은 생후 70~100일 정도의 아이를 접종대상자로 한다. 따라서 우두법에서의 접종 가능 나이는 인두법보다 더 어리다.

② 인두법의 대표적 접종 방식에는 한묘법과 수묘법이 있으며, 수묘법은 일반적으로 통용되었고 안전성 면에서도 한묘법보다 좋은 방법이었다.

③ 정약용의 『종두요지』는 인두법 저작으로, 접종 후에 나타나는 각종 후유증을 치료하기 위한 처방을 상세히 기재했다.

⑤ 지석영의 『우두신설』은 우두법 저작으로, 생후 70~100일 정도의 아이를 접종대상자로 하였다. 또한, 아이의 몸 상태에 크게 좌우되지 않는다는 장점이 있었다.

06

정답 ②

정답해설

통과 조건을 만족하지 못한 이론도 다른 새로운 이론을 고안하도록 과학자를 추동하는 역할을 할 수 있기 때문에 통합적 설명 조건과 새로운 현상의 예측 조건을 모두 만족한다면 과학적 진보에 기여한다고 평가할 수 있다.

오답해설

① 통합적 설명 조건은 새로운 이론이 여러 현상들을 통합해 설명할 수 있는 단순한 개념 틀을 제공해야 한다. 반면 통과 조건은 통합적 설명 조건과 새로운 현상의 예측 조건을 모두 충족하는 이론이 제시한 새로운 예측이 실제 관측이나 실험 결과에 들어맞아야 한다. 따라서 단순하면서 통합적인 개념 틀을 제공하는 이론, 즉 통합적 설명 조건을 만족한 이론이 반드시 통과 조건을 만족하는 것은 아니다.

③ 통과 조건을 만족하지 못하고 반증된 이론도 새로운 이론을 고안하도록 과학자를 추동하는 역할을 할 수 있다.

④ 통합적 설명 조건과 새로운 현상의 예측 조건의 충족 여부는 서로 별개의 문제이므로 새로운 현상의 예측 조건을 만족하지 못한다고 해서 통합적 설명 조건 또한 만족하지 못하는 것은 아니다.

⑤ 통합적 설명 조건만을 만족하는 이론은 과학적 진보에 기여한다고 평가하기 어렵고, 통합적 설명 조건과 새로운 현상의 예측 조건을 모두 만족해야 과학적 진보에 기여한다고 평가할 수 있다. 따라서 통합적 설명 조건과 새로운 현상의 예측 조건 중 하나만 만족하는 이론은 과학적 진보에 기여한다고 보기 어렵다.

07

정답 ⑤

정답해설

㉤에서 '이 문장을 기록한 시점 이후'와 '그 뒤 어느 시점부터'의 시간적 의미는 같다. 그러나 인(仁)에 대한 공자의 언급 빈도는 다르다(드물게 / 빈번하게). 따라서 이러한 모순을 해소하려면 ㉤을 '이 문장을 기록했던 시점까지'로 고치는 것이 가장 적절하다.

오답해설

① "공자께서는 이익, 천명, 인에 대해서 드물게 말씀하셨다."라는 문장에서의 '드물게(罕)'라는 말은 『논어』 전체에서 인(仁)이 총 106회 언급되었다는 사실과 상충하는 것처럼 보인다. 이러한 충돌을 해결하기 위한 두 가지 방향 중 첫 번째는 일반적 해석을 변경하는 방식(㉠)이며, 두 번째는 일반적 해석을 변경하지 않는 것이다. 따라서 ㉠을 '일반적 해석을 준수하는 방식'으로 고쳐야 한다는 것은 적절하지 않다.

② 정도를 나타내는 표현은 상대성을 가질 수 있다. 즉, 106회나 언급되었다고 해도 더 많이 언급된 다른 것과 비교할 때는 드물다고 볼 수 있다. 따라서 ㉡을 '드물다고 평가할 수 없다'로 고쳐야 한다는 것은 적절하지 않다.

③ 공자가 인(仁)을 중시하면서도 인에 대해 드물게 말했다면, 제자들이 인에 대해 자주 물을 수밖에 없었을 것이고, 『논어』는 공자와 제자들 사이의 대화를 기록한 책이기 때문에 인에 대한 기록이 많아질 수밖에 없었을 것이다. 따라서 ㉢을 '인에 대한 기록이 적어질 수밖에 없었다'로 고쳐야 한다는 것은 적절하지 않다.

④ 공자는 질문하는 제자가 어떤 사람인지에 따라 제자에게 주는 가르침을 달리하였으므로, "공자께서는 이익, 천명, 인(仁)에 대해서 드물게 말씀하셨다."라는 문장은 이를 기록한 제자의 개별적 특성을 반영한 것일 수 있다. 따라서 ㉣을 '제자들의 공통적 특성'으로 고쳐야 한다는 것은 적절하지 않다.

08

정답 ①

정답해설

• (가) : 세 번째 문단을 요약하면 '좋아요'의 선택을 받기 위해 노력하다 보면 타인이 좋아할 만한 일상과 콘텐츠를 선별하거나 만들어서 전시하기 때문에 어느 순간 현실에 존재하는 '나'는 사라진다는 것이다. 따라서 (가)에는 "'좋아요'를 얻기 위해 현실의 나와 다른 전시용 나를 제작하는 셈이다"라는 문장이 가장 적절하다.

• (나) : 네 번째 문단을 요약하면 '좋아요'의 공동체 안에서 각자의 '다름'은 점차 사라지며, 타자의 말을 경청하려는 사람은 줄어들고 '다름'은 '좋아요'가 용납하지 않는 별개의 언어가 된다는 것이다. 따라서 (나)에는 "'좋아요'를 거부하고 다른 의견을 내는 사람은 불편한 대상이자 배제의 대상이 된다"라는 문장이 가장 적절하다.

합격 가이드

선택지 중에서 제시문의 빈칸에 들어갈 문장을 고르는 유형의 문제를 풀 때는 논리의 전개를 토대로 선택지가 문맥을 자연스럽게 이어지게 하는지 확인해야 한다. 이러한 유형의 문제는 선택지를 빈칸에 직접 대입하는 방식이 가장 효율적이다.

09

정답 ⑤

정답해설

ACC는 기대치에 맞지 않는 새로운 정보에 대한 판단을 지연시켜 이러한 정보를 분석할 시간을 제공하는 역할을 한다. ACC의 경보 발령으로 인간은 신속한 판단이나 반사적 행동을 자제하게 된다. 즉, 기존과 다른 문화가 ACC를 자극하면 ACC의 경보를 통해 판단이 지연될 것이다. 따라서 빈칸에는 "정보에 대한 판단을 더 지연시킨다"라는 내용이 들어가야 한다.

10

정답 ②

정답해설

갑과 을이 민철에 대해 획득한 정보 '민철은 결혼하지 않았다.'를 X, '민철은 비혼이다.'를 Y, '민철에게는 아이가 있다.'를 Z라 하자.

• 갑이 획득한 정보 집합(X · Y)의 정합도 : 갑이 획득한 정보에서 'X이며 Y일 확률'과 'X이거나 Y일 확률'은 모두 'Y일 확률'과 같다(결혼하지 않았음=비혼). 이때 방법 C에 따른 정보 집합 S의 정합도의 정의를 "정보 집합 S의 모든 정보가 참일 확률을 정보 중 적어도 하나가 참일 확률로 나눈 값"이라고 한다면 갑의 정보 집합의 정합도는 분자와 분모가 같으므로 1이 된다. 따라서 방법 C에 따르면 갑이 획득한 정보 집합 X와 Y의 정합도는 1이다.

• 을이 획득한 정보 집합(X · Z)의 정합도 : 'X이며 Z일 확률'은 'X이거나 Z일 확률'보다 낮다. 왜냐하면 'X이거나 Z인 경우'에 비해 'X이고 Z인 경우'가 드물기 때문이다. 이때 주어진 S의 정합도의 정의에 따르면 을의 정보 집합의 정합도는 분자가 분모보다 작으므로 1보다 작게 된다. 따라서 방법 C에 따르면 을이 획득한 정보 집합 X와 Z의 정합도는 1보다 작다.

따라서 ②가 빈칸에 들어갈 내용으로 가장 적절하다.

오답해설

① 을이 획득한 정보 집합(X · Z)의 정합도의 경우 'S의 정보 중 적어도 하나가 참일 확률(분자)'이 'S의 모든 정보가 참일 확률(분모)'보다 크기 때문에 1을 초과한다. 이는 제시문의 내용과 다르다.

③ • 갑이 획득한 정보 집합(X · Y)의 정합도 : 'S의 정보 중 기껏해야 하나가 참일 확률'은 S의 정보 중 많아봤자 1개만 참인 경우를 말하는데, 이는 X이며 Y(결혼 ×이며 비혼 ○)일 확률을 제외한 나머지를 가리키기 때문이다. 이때 갑의 입장에서 X와 Y는 같은 뜻이기 때문에 'X이며 Y일 확률'은 1이 되고, 'X 또는 Y 중 1개만 참일 확률'은 0이 된다. 따라서 분자가 0이므로 갑의 정보 집합의 정합도 또한 0이 된다. 이는 제시문의 내용과 다르다.

• 을이 획득한 정보 집합(X · Z)의 정합도 : 을의 입장에서 'X(결혼 ×)와 Z(아이 ○) 중에서 1개만 참일 확률'을 알 수 없기 때문에 'X이며 Z일 확률'보다 큰지 작은지도 알 수 없다. 따라서 을의 정보 집합의 정합도는 구할 수 없다.

④ 갑이 획득한 정보 집합(X · Y)의 정합도의 경우 'S의 모든 정보가 참일 확률(분자)'은 1이고, 'S의 정보 중 기껏해야 하나가 참일 확률(분모)'은 0이다. 이는 제시문의 내용과 다르다.

⑤ 갑이 획득한 정보 집합(X · Y)의 정합도의 경우 'S의 정보 중 기껏해야 하나가 참일 확률(분자)'은 0이다. 즉, 분자가 0이므로 갑의 정보 집합의 정합도 또한 0이다. 이는 제시문의 내용과 다르다.

합격 가이드

제시문의 길이는 짧지만 문제 해결을 위해 논리적 · 수학적 분석 능력이 필요한 유형이다. 갑과 을이 획득한 정보를 X, Y, Z 등의 문자로 치환한 후에 선택지를 분수식 형태로 도식화해 제시문의 내용과 대조하며 진위를 확인하는 방식을 통해 오답을 피할 수 있다.

11

정답 ②

정답해설

지각을 야기하는 원인은 '내 마음속 관념, 나의 마음, 나 이외의 다른 마음' 중 하나이다. 이때 관념은 지각을 야기할 수 없기 때문에 '내 마음속 관념'은 나의 지각을 야기하는 원인이 될 수 없다. 내가 지각하는 바를 스스로 조종하지 못하기 때문에 '나의 마음'도 나의 지각을 야기하는 원인이 아니다. 또한, '나 이외의 다른 마음'은 나 이외의 다른 사람 또는 사람이 아닌 다른 존재의 마음으로, 다른 사람이 내가 지각하는 바를 조종할 수 없기 때문에 나 이외의 다른 사람의 마음은 나의 지각을 야기하는 원인이 될 수 없다. 따라서 나의 지각을 야기하는 원인은 사람이 아닌 다른 존재의 마음이다. 이때 '사람이 아닌 다른 존재의 마음'이 ㉠에서 제시한 '신의 마음'이라고 말할 수 있는 전제를 제시해야 한다. ②와 같이 사람과 신만이 마음을 지녔다면, 나 이외의 다른 사람의 마음은 나의 지각을 야기하는 원인이 될 수 없으므로 결국 다른 존재인 신의 마음만이 나의 지각을 야기하는 원인이 된다.

12

정답 ③

정답해설

먼저 제시문에 주어진 명제를 기호화하여 ⓐ~ⓒ로 정리하면 다음과 같다.

ⓐ 가은 → 나은∧다은

ⓑ ~나은 → 라은

ⓒ 가은∨마은

ⓒ에 따르면 가은 또는 마은이 프로젝트에 참여한다. 먼저, 가은이 프로젝트에 참여할 경우 ⓐ에 따라 다은도 프로젝트에 참여한다. 반면, 가은이 프로젝트에 참여하지 않고 마은이 프로젝트에 참여할 수도 있다. 따라서 다은 또는 마은이 프로젝트에 참여한다. 그러므로 반드시 참인 것은 ③이다.

오답해설

① · ② · ④ · ⑤ 제시문의 내용만으로는 판단할 수 없다.

합격 가이드

제시문에 나타난 명제를 '∨, ∧, ~, →' 등의 논리 기호로 정리해 도식화하면 보다 빠르게 정답을 찾을 수 있다. 만약 제시문이나 선택지에 확정 명제가 없는 경우에는 선택지의 전건을 제시문의 명제에 대입해 답을 구할 수 있다.

13 정답 ②

정답해설

먼저 제시문에 주어진 진행자의 예측을 기호화하여 정리하면 다음과 같다.

ⓐ 설탕 뽑기는 갑∧징검다리 건너기는 무
 → ~ⓐ는 갑이 설탕 뽑기에 선택되지 않거나 무가 징검다리 건너기에 선택되지 않는다(설탕 뽑기는 ~갑∨징검다리 건너기는 ~무).

ⓑ 구슬치기는 을∨줄다리기는 정

ⓒ 구슬치기는 ~을∧징검다리 건너기는 ~무
 → ~ⓒ는 을이 구슬치기에 선택되거나 무가 징검다리 건너기에 선택된다(구슬치기는 을∨징검다리 건너기는 무).

ⓓ 모든 게임은 ~병∧줄다리기는 정

ⓔ 징검다리 건너기는 무∨줄다리기는 ~정

징검다리 건너기에 무가 선택된다는 ⓐ와 징검다리 건너기에 무가 선택되지 않는다는 ⓒ는 양립할 수 없으므로 ⓐ와 ⓒ 중 하나는 참이고, 다른 하나는 거짓이다. 따라서 예측 중 하나만 틀렸다고 했으므로 ⓑ · ⓓ · ⓔ는 참임을 확정할 수 있다.

ⓐ가 참이고 ⓒ가 거짓이라면 다음과 같은 게임별 인원 편성이 예측된다.

구분	갑	을	병	정	무
구슬치기		○	×		
징검다리 건너기			×		○
줄다리기			×	○	
설탕 뽑기	○		×		

반대로 ⓐ가 거짓이고 ⓒ가 참이라면 다음과 같은 게임별 인원 편성이 예측된다.

구분	갑	을	병	정	무
구슬치기		×	×		
징검다리 건너기			×		×
줄다리기			×	○/×	
설탕 뽑기			×		

ⓔ에 따라 무가 징검다리 건너기에 선택되지 않는다면 정이 줄다리기에 선택되지 않아야 한다. 그러나 ⓓ에 의하면 정이 줄다리기에 선택되는 것이 참이므로 모순이 발생한다. 그러므로 ⓒ는 참이 될 수 없다. 즉, ⓐ가 거짓이고 ⓒ가 참인 경우는 불가능하며, ⓐ가 참이고 ⓒ가 거짓임을 알 수 있다.

따라서 ②는 참이 된다.

오답해설

① 갑은 설탕 뽑기 게임에 선택되었으며, 어느 게임에도 선택되지 않은 사람은 병이다.

③ 병은 어느 게임에도 선택되지 않았으며, 줄다리기에 선택된 사람은 병이 아니라 정이다.

④ 정은 줄다리기 게임에 선택되었으며, 징검다리 건너기 게임에 선택된 사람은 정이 아니라 무이다.

⑤ 무는 징검다리 건너기 게임에 선택되었으며, 설탕 뽑기 게임에 선택된 사람은 무가 아니라 갑이다.

14 정답 ④

정답해설

공 주무관이 제시한 정보를 ⓐ~ⓔ로 정리하면 다음과 같다.

ⓐ 강 주무관이 S등급이고 남 주무관도 S등급이면 문공 팀 제안서가 폐기될 것이다.

ⓑ 문공 팀 제안서가 폐기되는 일과 도 주무관이 전보 발령 대상이 되는 일 중 적어도 하나는 일어난다.

ⓒ 강 주무관과 남 주무관 중 적어도 한 사람은 S등급을 받았다.

ⓓ 강 주무관만 S등급을 받고 남 주무관은 S등급을 못 받는 일은 없다.

ⓔ 문공 팀 제안서가 폐기되지 않았다.

ⓐ와 ⓔ를 고려하면 강 주무관과 남 주무관이 둘 다 S등급을 받지는 않았음을 알 수 있다. 이때 ⓒ와 ⓓ를 통해 남 주무관은 S등급을 받았고 강 주무관은 S등급을 받지 못했음을 추론할 수 있다.

또한 문 주무관은 공 주무관이 말한 정보가 모두 참일 수는 없으며, 최소한 하나는 틀렸다고 하였으므로 빈칸의 내용이 공 주무관이 말한 정보 중에서 적어도 하나와는 양립 불가능해야 한다.

이때 ④와 같이 도 주무관이 전보 발령 대상이 아니라고 가정하면 ⓑ에 따라 문공 팀 제안서가 폐기되는 일은 반드시 일어나야 한다. 그러나 ⓔ에 따르면 문공 팀 제안서는 폐기되지 않았다. 따라서 공 주무관이 공유한 정보에서 모순이 발생하므로 빈칸에 들어갈 말로 가장 적절한 것은 ④이다.

오답해설

① ⓒ · ⓓ를 통해 강 주무관이 S등급을 받았는지 여부와 상관없이 남 주무관은 업무 평가에서 S등급을 받았음을 알 수 있다.

② ⓒ · ⓓ에 따르면 강 주무관은 업무 평가에서 S등급을 받지 못했을 수도 있다.

③ ⓑ에 따르면 도 주무관이 전보 발령 대상이 아닌 경우에는 문공 팀 제안서가 반드시 폐기되어야 한다. 또한 문공 팀 제안서가 폐기되었다면 ⓐ에 따라 강 주무관과 남 주무관은 모두 업무 평가에서 S등급을 받았을 것이다.

⑤ ⓒ · ⓓ에 따르면 강 주무관이 S등급을 받고 남 주무관도 S등급을 받는 경우가 가능하다.

15 정답 ①

정답해설

절연체 내부의 전하들은 외부에서 작용하는 전기력에 의해 미세하게 이동할 수 있다. 따라서 절연체 외부의 영향에 의해서 절연체 내부 전하의 위치가 변할 수 있음을 추론할 수 있다.

오답해설

ㄴ. 절연체 내부에 무수히 많이 존재하는 음전하와 양전하의 숫자는 똑같다. 그러나 대전된 물체가 절연체 내부의 구성 비율에 영향을 끼치는지는 제시문에서 언급하지 않았다.

ㄷ. 음으로 대전된 물체를 특정 무게 이하의 절연체에 가까이 두면 대전체의 음전하와 절연체의 양전하 사이에 작용하는 인력이 대전체의 음전하와 절연체의 음전하 사이에 작용하는 척력보다 커져 절연체는 대전된 물체 방향으로 이동하게 될 것이다.

합격 가이드

제시문의 핵심을 정리하면 "대전체와 절연체를 가까이할 때는 인력과 척력 등의 전기력이 발생하며, 전기력은 전하 사이 거리가 멀수록 작아지므로 인력이 척력보다 커져 절연체는 대전체 방향으로 이동하게 된다."는 것이다. 이를 토대로 ㄱ이 옳고 ㄷ은 옳지 않음을 알 수 있다. 따라서 ㄱ이 없는 ②·④와 ㄷ이 있는 ③·④·⑤를 제외하면 ㄴ을 고려하지 않아도 정답은 ①뿐임을 알 수 있다.

16 정답 ②

정답해설

운동 신경 세포에서 방출된 아세틸콜린이 근육 세포의 막에 있는 아세틸콜린 결합 단백질과 결합함으로써 근육 세포의 수축이 일어난다. 또한 보툴리눔 독소는 운동 신경 세포가 아세틸콜린을 방출하는 것을 막아 근육 세포가 이완된 상태를 유지하게 한다. 즉, 보툴리눔 독소는 근육이 수축되는 것을 막음으로써 근육 마비를 일으킨다.

오답해설

① 근육 세포의 막에 아세틸콜린 결합 단백질 외에 글리신 결합 단백질도 있는지는 제시문의 내용만으로는 알 수 없다.
③ 억제성 신경 세포가 방출한 글리신은 운동 신경 세포가 아세틸콜린을 방출하는 것을 막아 근육 세포의 이완을 일으킨다. 따라서 '억제성 신경 세포의 글리신 방출 → 운동 신경 세포의 아세틸콜린 방출 억제'의 방향으로 작용한다.
④ 뇌의 운동피질로부터 신호를 받은 운동 신경 세포가 아세틸콜린을 방출하면, 이 아세틸콜린은 근육 세포의 막에 있는 아세틸콜린 결합 단백질에 결합해 근육 세포가 수축되게 한다. 따라서 뇌의 운동피질에서 보낸 신호가 아세틸콜린의 방출을 막아 근육을 수축시킨다는 것은 옳지 않다.
⑤ 파상풍 독소는 억제성 신경 세포에 작용해 글리신의 방출을 막아 근육 세포가 수축된 상태로 있게 해 근육을 마비시킨다. 따라서 파상풍 독소는 아세틸콜린이 아니라 글리신에 관여하므로 옳지 않다.

17 정답 ⑤

정답해설

- (가) : 가설 H1에 따르면 나노 구조체의 밀도가 높을수록 단위 면적당 더 많은 양의 전자가 방출될 것이다. 즉, H1은 '밀도 증가 → 단위 면적당 전자 방출량 증가'로, 정비례 관계에 있다고 보는 것이다. 이때 실험 1에서 기판 B는 기판 A보다 면적은 2배이고, 나노 구조체 X의 개수는 4배이므로, 단위 면적당 X의 밀도는 기판 B가 기판 A보다 높다. 그런데 실험 결과에서 단위 면적당 전자 방출량은 기판 A와 기판 B가 같았다. 즉, 밀도가 증가했으나 단위 면적당 전자 방출량은 변화가 없는 것이다. 따라서 실험 1의 결과는 가설 H1을 약화시킨다.
- (나) : 가설 H2에 따르면 나노 구조체의 밀도가 일정 수준 이상으로 높아지면 단위 면적당 전자 방출량은 오히려 감소할 것이다. 즉, H2는 '나노 구조체 밀도 증가 → 단위 면적당 전자 방출량 증가 → 나노 구조체 밀도가 일정 수준 초과 → 단위 면적당 전자 방출량 감소'로, 어느 정도까지는 증가하지만 과밀하면 오히려 감소한다고 보는 것이다. 이때 실험 2에서 기판 C에 나노 구조체 X가 10,000개, 20,000개, 30,000개 있을 때 단위 면적당 전자 방출량을 비교하면 '10,000개 < 20,000개, 20,000개 > 30,000개'로 20,000개인 경우가 가장 많았다. 즉, X가 10,000개에서 20,000개로 증가할 때는 전자 방출량도 증가하지만, X가 20,000개에서 30,000개로 증가할 때는 전자 방출량이 감소한 것이다. 따라서 실험 2의 결과는 가설 H2를 강화한다.

18 정답 ⑤

정답해설

제시문의 실험에서 세기가 서로 다른 빛 A~D의 세기는 A > B > C이며 D > C라고 했으므로, 세기가 가장 작은 빛은 C이다. 이에 따라 빛의 세기 순서가 D > A > B > C, A > D > B > C, A > B > D > C인 경우를 각각 분석하면 다음과 같다.

- 빛의 세기 순서가 D > A > B > C인 경우
  실험 결과표에 따르면 광검출기 I과 II는 모두 빛 B의 세기를 측정할 수 있으므로 빛 B의 세기는 광검출기 I과 II의 암전류 초과~광포화점 미만 사이에 있음을 알 수 있다. 또한 광검출기 II는 빛 A는 측정 불가능하고, 빛 D는 측정 가능하다. 즉, 빛 A가 광검출기 II에서 광포화점의 크기를 넘어섰다는 의미이다. 이때 빛 D의 세기가 빛 A보다 높다면 광검출기 II는 빛 A보다 더 밝은 빛 D 또한 측정할 수 없어야 한다. 따라서 모순이 발생하므로 빛 D의 세기보다 빛 A의 세기가 더 높음을 추론할 수 있다.
- 빛의 세기 순서가 A > D > B > C인 경우
  실험 결과표에 따르면 광검출기 I은 빛 D는 측정 불가능하고, 빛 A와 빛 B는 측정 가능하다. 즉, 빛 D의 세기가 빛 B보다 높다고 할 때 광검출기 I은 빛 B보다 밝고 빛 A보다 어두운 빛 D 또한 측정 가능해야 한다. 따라서 모순이 발생하므로 빛 D의 세기보다 빛 B의 세기가 더 높음을 추론할 수 있다.
- 빛의 세기 순서가 A > B > D > C인 경우
  실험 결과표에 따르면 광검출기 I이 측정 가능한 빛의 최소 세기는 빛 A부터 빛 B까지이고, 빛 C와 빛 D는 측정 불가능하다. 그리고 광검출기 II가 측정 가능한 빛의 세기 범위는 빛 B(최대)~빛 D(최소) 사이이고, 빛 B를 초과하는 빛 A와 빛 D 미만의 빛 C는 측정 불가능하다. 이에 따라 빛의 세기 순서는 'A > B > D > C'임을 알 수 있으며, 각 광검출기의 측정 가능한 광전류의 범위를 정리하면 다음과 같다.

구분	측정 가능(○) 범위	측정 불가능(×) 범위
광검출기 I	빛 A~빛 B	빛 B 미만 (빛 D~빛 C)
광검출기 II	빛 B~빛 D	빛 B 초과 또는 빛 D 미만 (빛 A 또는 빛 C)

광검출기 I이 검출할 수 있는 빛의 최소 세기는 빛 B 이상이고, 광검출기 II에서는 빛 D 이상이다. 이때 빛 B가 빛 D보다 세기가 높으므로, 검출 가능한 빛의 최소 세기는 광검출기 I이 광검출기 II보다 크다. 또한 광검출기 I의 광포화점은 빛 A를 초과하고, 광검출기 II에서는 빛 B를 초과한다. 이때 빛 A가 빛 B보다 세기가 높으므로, 광포화점은 광검출기 I이 광검출기 II보다 크다.

19 　정답 ③

정답해설

ㄱ. ㉡에 따르면 p를 믿는다는 것은 자유로운 선택의 대상이 아니다. 또한 ㉢에 따르면 ㉡이 참이라면, p를 믿어야 한다는 인식적 의무는 없다. 그리고 ㉠에 따르면 p를 믿는다는 것이 인식적으로 정당화된다면 p를 믿어야 하고, 인식적으로 정당화되지 않는다면 p를 믿어야 하는 것은 아니다. 이때 ㉠의 대우 'p를 믿어야 한다는 인식적 의무가 없다면, p를 믿는다는 것은 인식적으로 정당화되지 않는다.'가 성립한다. 따라서 ㉠과 ㉢만으로는 ㉣의 결론을 도출할 수 없고, '믿음은 자유로운 선택의 대상이 아니다.'라는 ㉡을 전제로 추가해야 한다. 즉, ㉡ → ㉢ → ㉠을 통해 ㉣의 결론에 도달할 수 있다.

ㄷ. ㉢에 따르면 p를 믿는 것이 자유로운 선택의 대상이 아니라면, p를 믿어야 할 인식적 의무는 없다. 예컨대, 창밖에 있는 나무를 바라보며 창밖에 있는 나무가 있는 것을 믿는 경우에는 그 나무가 있다고 믿지 않는 것은 불가능하므로, 즉 비의지적이므로 창밖에 나무가 있다는 것을 믿어야 할 인식적 의무가 없다. 따라서 ㉢과 "'지금 비가 오고 있다.'를 믿는다는 것이 비의지적이다."라는 전제로부터 '지금 비가 오고 있다.'를 믿어야 할 인식적 의무가 없다."는 결론이 도출된다.

오답해설

ㄴ. ㉡에 따르면 p를 믿는다는 것은 자유롭게 선택할 수 있는 것이 아니다. 즉, p를 믿는 것은 선택의 대상이 아니라는 뜻이다. 이러한 ㉡을 부정하면 'p를 믿는 것은 자유로운 선택의 대상이다.'이다. 반면 ㉢에 따르면 p를 믿는다는 것이 자유롭게 선택할 수 있는 것이 아니라면, p를 믿어야 하는 인식적 의무는 없다. 이러한 ㉢의 부정은 'p를 믿는다는 것이 자유롭게 선택할 수 있는 것이라면, p를 믿어야 하는 인식적 의무가 있다.'이다. ㉢의 부정을 통해 다음과 같은 분석을 할 수 있다['~'는 '부정', '≡'는 '동치', '∨'는 '또는(or)', '∧'는 '그리고(and)'를 나타냄].

~(p를 믿는 것은 자유로운 선택의 대상이 아님 → p를 믿어야 할 인식적 의무 없음)

≡~(p를 믿는 것은 자유로운 선택의 대상임∨p를 믿어야 할 인식적 의무 없음)

≡(p를 믿는 것은 자유로운 선택의 대상이 아님∧p를 믿어야 할 인식적 의무 있음)

이때 ㉢의 부정에서 ㉡을 도출할 수 있다. 따라서 ㉡의 부정으로부터 ㉢의 부정이 도출된다는 것은 옳지 않다.

20 　정답 ③

정답해설

ㄱ. 철학자 A는 자유주의 논제(㉢)와 비의지성 논제(㉡)는 수용하는 반면, 의무론 논제(㉠)는 거부하여 '우리가 p를 믿는다는 것은 인식적으로 정당화되지 않는다.'는 ㉣의 결론을 거부한다. 또한, 'p를 믿어야 할 인식적 의무가 없다고 해도 p를 믿는다는 것이 인식적으로 정당화될 수 있는 경우가 있다.'는 결론을 도출한다. 이해의 편의를 위해 ㉠~㉣을 요약해 보자.

㉠ 의무론 논제 : p에 대한 믿음이 인식적으로 정당화됨 → p를 믿음 ≡p에 대한 믿음이 인식적으로 정당화되지 않음 → p를 믿지 않을 수 있음

㉡ 비의지성 논제 : p에 대한 믿음은 비의지적(=p에 대한 믿음은 선택의 대상 아님)

㉢ 자유주의 논제 : p에 대한 믿음은 선택의 대상 아님 → p를 믿어야 할 인식적 의무 없음

㉣ ㉠~㉢으로부터 도출된 결론 : p를 믿는다는 것은 인식적으로 정당화되지 않음

이때 'p를 믿는다는 것은 자유롭게 선택할 수 있는 것이다.'가 사실이면, 이는 p에 대한 믿음이 의지적이라는 의미이다. 그러나 철학자 A가 받아들인 비의지성 논제에 따르면 p에 대한 믿음은 비의지적이다. 따라서 ㄱ의 진술이 참이라면 철학자 A의 입장은 약화된다.

ㄴ. 철학자 B는 의무론 논제(㉠)와 비의지성 논제(㉡)는 수용하는 반면, 자유주의 논제(㉢)를 거부하여 ㉣의 결론을 거부한다. 또한, 'p에 대한 믿음이 비의지적이더라도 p를 믿는다는 것에 대한 인식적 의무는 있을 수 있다.'는 결론을 도출한다. 이때 'p를 믿어야 할 인식적 의무가 있다면 p에 대한 믿음은 인식적으로 정당화된다.'는 ㄴ의 진술은 철학자 B가 받아들인 의무론 논제와 상통한다. 따라서 ㄴ의 진술이 참이라면 철학자 B의 입장은 강화된다.

오답해설

ㄷ. 철학자 A는 자유주의 논제와 비의지성 논제를 수용하는 반면, 의무론 논제를 거부한다. 따라서 p에 대한 믿음이 선택의 대상이 아니더라도 p를 믿어야 할 인식적 의무가 있다는 ㄷ의 진술은 '인식적 의무가 없다.'는 철학자 A의 입장과 상충한다. 따라서 ㄷ의 진술이 참이라면 철학자 A의 입장은 약화된다. 반면 철학자 B는 의무론 논제와 비의지성 논제를 수용하는 반면, 자유주의 논제를 거부한다. 즉, 'p를 믿는다는 것은 자유롭게 선택할 수 있는 것이 아니라고 해도, p를 믿어야 할 인식적 의무가 있다.'는 것이 철학자 B의 입장이다. 따라서 ㄷ의 진술이 참이라면 철학자 B의 입장은 강화된다.

21 　정답 ①

정답해설

제시된 회의의 주제는 '아동학대로부터 제대로 보호받지 못하는 피해자들이 여전히 많은 이유는 무엇인가?'이다. 이에 대해 을은 신속한 보호조치가 미흡하기 때문이라며, 신고 접수 후 보호조치를 기다리는 동안 재차 학대를 받는 아동이 많을 것이라고 주장하였다. 따라서 을의 의견을 뒷받침하기 위해서는 신고가 접수되어 아동학대 판단 후 보호조치가 시행되기까지 아동학대가 재발한 사례의 수를 조사하는 것이 적절하다.

오답해설

ㄴ. 병은 실제로는 아동학대였으나 직접적인 학대 정황을 포착하지 못해 아동학대로 판단하지 않아 보호조치를 취하지 않은 경우가 많았기 때문일 것이라는 의견을 제시했다. 아동학대로 판단하지 않으면 보호조치 또한 취하지 않을 것이므로 병의 의견을 뒷받침하기 위해서는 아동학대로 판단하지 않은 신고 사례 중에 실제로는 아동학대였던 사례의 수를 조사하는 것이 더 적절하다.

ㄷ. 정은 가해자가 친인척인 점, 피해자가 아동인 점 때문에 신고 자체가 어려운 경우가 많고, 보호조치가 취해질 가능성 또한 낮기 때문일 것이라는 의견을 제시했다. 따라서 정의 의견을 뒷받침하기 위해서는 신고되지 않은 아동학대 피해 사례 중에서 가해자가 피해 아동의 친인척인 사례의 수를 조사하는 것이 더 적절하다.

22

정답 ④

정답해설

갑국에서 고시 개정 이전에는 편의점을 운영하는 주류 소매업자는 '대면'과 '예약 주문' 방식으로만 주류를 판매할 수 있었다. 제시된 〈표〉에서 '대면'과 '예약 주문'의 결제 방법은 '영업장 방문'이다. 따라서 고시 개정 이전에는 편의점을 운영하는 주류 소매업자는 온라인으로는 주류 판매 대금을 결제 받을 수 없었음을 알 수 있다.

오답해설

① 고시 개정 이전에는 음식업자가 스마트 오더 및 완전 비대면 방식으로 주류를 판매하는 것을 금지했다. 다만, 음식업자가 주문을 받은 배달 음식과 함께 소량의 주류를 배달하는 경우에는 예외적으로 주류의 완전 비대면 판매가 가능했다. 즉, 음식과 함께 소량의 주류에 대해서 완전 비대면 판매가 가능하였으므로 음식과 같은 주류 이외의 상품에서도 완전 비대면 판매가 가능하였음을 추론할 수 있다.

② 고시 개정 이전에는 슈퍼마켓을 운영하는 주류 소매업자가 주류를 판매할 수 있었던 유형은 '대면'과 '예약 주문'이다. 〈표〉에 따르면 '대면'은 '영업장 방문'으로, '예약 주문'은 '온라인'으로 주문을 받았다.

③ 고시 개정 이전에는 소비자는 예외적으로 음식과 함께 소량의 주류를 음식점에 주문하는 경우에는 주류를 배송받을 수 있었다. 따라서 영업장 방문뿐만 아니라 배송으로도 주류 수령이 가능했다.

⑤ 개정안에 따르면 소비자는 '대면'과 '예약 주문', '스마트 오더' 방식을 통해 주류를 구매할 수 있다. 이때 '대면' 방식의 경우 주문부터 결제 및 수령까지 모두 영업장 방문을 통해 할 수 있다. 따라서 전통주를 구매하고자 하는 소비자는 전통주 제조자의 영업장에 방문하여 주류를 구매할 수 있다.

23

정답 ③

정답해설

ㄱ. 평가 항목은 접근권한 관리, 암호화 조치, 접속기록 점검이고, 보호수준 평가에서 우수기관으로 지정되려면 다음의 ⓐ, ⓑ를 모두 충족해야 한다.

ⓐ 당해 연도와 전년도에 각각 2개 이상의 항목에서 상 등급을 받음

ⓑ 당해 연도에 하 등급을 받은 항목 없음

2024년에 A기관은 암호화 조치에서 하 등급을 받았으므로 ㉢과 관계없이 ⓑ에 따라 우수기관으로 지정되지 않는다.

또한 다음의 ⓒ, ⓓ 중 어느 하나라도 해당될 때는 취약기관으로 지정된다.

ⓒ 3개 항목에서 모두 하 등급을 받음

ⓓ 2년 연속으로 2개 항목에서 하 등급을 받음

2024년에 A기관은 3개 항목에서 모두 하 등급을 받은 것이 아니므로 ⓒ에 의해서는 취약기관으로 지정되지 않는다. 이때 ㉠과 ㉢이 다른 경우에 ㉡과 ㉢에서 하 등급을 받았더라도 ㉠은 하 등급이 아니기 때문에 ⓓ에 의해서도 취약기관으로 지정되지 않는다. 따라서 2024년에 A기관은 우수기관으로도 취약기관으로도 지정되지 않는다.

ㄷ. 2년 연속으로 2개 항목에서 하 등급을 받은 경우에 취약기관으로 지정된다고 했으므로, 'A기관이 2024년에 취약기관으로 지정된 경우'에는 ㉠ · ㉡ · ㉢이 모두 하 등급이다. 또한 당해 연도와 전년도에 각각 2개 이상의 항목에서 상 등급을 받고 당해 연도에 하 등급을 받은 항목이 없어야 우수기관으로 지정된다고 했으므로, 'B기관이 2024년에 우수기관으로 지정된 경우'에는 ㉣ · ㉤ · ㉥이 모두 상 등급이다. 이에 따라 A기관이 취약기관이고 B기관이 우수기관인 경우를 정리하면 다음과 같다.

기관	연도 \ 항목	접근권한 관리	암호화 조치	접속기록 점검
A	2023	하	중	하
	2024	하	하	상
B	2023	상	상	하
	2024	중	상	상

따라서 ㉡은 하 등급이고, ㉣은 상 등급이므로 ㉡과 ㉣은 같지 않다.

오답해설

ㄴ. 당해 연도에 3개 항목에서 모두 하 등급을 받거나 2년 연속으로 2개 항목에서 하 등급을 받으면 취약기관으로 지정된다고 하였다. ㉤과 ㉥이 모두 하 등급인 경우 접근권한 관리에서 중 등급을 받았으므로 2024년의 평가 결과만 놓고 보면 취약기관으로 지정되지 않는다. 또한 ㉣에서 하 등급이 아니라 상 · 중 등급을 받는다면 2년 연속으로 2개 항목에서 하 등급을 받은 것이 아니므로 취약기관으로 지정되지 않는다. 따라서 ㉣ · ㉤ · ㉥이 모두 하 등급일 경우에만 취약기관으로 지정된다.

합격 가이드

우수기관으로 지정되려면 제시된 기준을 모두 충족해야 하고, 제시된 기준 중 어느 하나라도 해당하면 취약기관으로 지정된다는 것에 유의하며 문제를 풀어야 한다.

24

정답 ②

정답해설

갑은 ㉠에서 명시한 "계속하여"라는 문구를 근거로 산후관리비를 지원하지 않은 것은 문제가 없다는 입장이다. 병은 "계속하여"라는 문구가 없는 ㉡도 계속성을 요구한다고 해석해야 한다고 주장한다. 즉, 갑과 병은 "계속하여"를 문자 그대로 유연하지 않게 해석해야 한다고 보고 있다. 반면 을은 ㉡에는 "계속하여"라는 문구는 없기 때문에 출산장려금을 지급했어야 한다고 본다. 그러나 을이 ㉠에 관한 조항에 나오는 "계속하여"라는 문구를 어떻게 해석하는지에 대해서는 따로 언급하지 않았다.

오답해설

① 갑과 병은 "계속하여"를 문자 그대로 유연하지 않게 해석해야 한다고 보고 있다. 즉, 산후관리비 · 출산장려금 지원 자격을 갖추려면 중간에 공백 없이 계속해서 거주해야 한다고 보고 있다. 그러므로 갑은 민원인이 ㉠을 갖추었는지 여부에 대해서 병과 같은 판단을 할 것이다. 이와 달리 무는 갱신되거나 반복된 근로계약에서는 그 사이 일부 공백 기간이 있더라도 근로관계의 계속성을 인정해야 한다는 판결은 근로자를 보호하려는 것이며, A시 조례의 산후관리비 · 출산장려금 지원 사업도 자녀를 둔 가정을 보호하려는 취지이므로 근로계약의 경우와 마찬가지로 계속성을 유연하게 해석해야 한다고 본다. 그러므로 갑과 무는 ㉠을 갖추었는지 여부에 대해서 다른 판단을 할 것이다.

③ 을의 두 번째 발언에 따르면 ㉡에는 "계속하여"라는 문구가 없다(계속성을 명시하지 않음). 반면 병의 발언에 따르면 ㉢은 계속성을 명시하고 있으며, 다른 지방자치단체들의 조례도 계속성을 명시하고 있다. 따라서 병은 ㉢에서처럼 계속성을 명시하는 경우가 명시하지 않는 경우보다 일반적이라고 보고 있다.

④ A시 조례의 ㉠은 계속성을 명시하고 있으며 산후관리비 지원 자격 기간은 "출산일 기준으로 12개월"이다. 또한 A시 조례의 ㉡은 계속성을 명시하지 않았으며 출산장려금 지원 자격 기간은 ㉠과 동일하게 "출산일 기준으로 12개월"이다. 이에 대해 정은 B시 조례는 출산 전 주민등록의 기간이 A시의 절반밖에 되지 않으므로, A시 조례와 B시 조례를 동일 선상에서 해석할 수 없다고 본다. 따라서 정은 조문을 해석할 때 ㉢에서 요구하는 주민등록 기간은 6개월로, ㉡에서 요구하는 12개월과 다르다는 점을 고려하고 있다.

⑤ 무의 주장에 따르면 갱신 또는 반복된 근로계약에 있어서 일부 공백 기간이 있더라도 근로관계의 계속성을 인정해야 한다고 판결하는 것은 근로자를 보호하는 취지이다. 이와 같이 A시 조례에서의 출산장려금 · 산후관리비 지원 사업의 취지도 자녀를 둔 가정을 보호하려는 것이므로, ㉠에서 명시한 "계속하여"라는 문구에 나타난 계속성은 유연하게 해석해야 한다.

합격 가이드

갑~무는 조례의 "계속하여"라는 문구를 유연하게 해석해 계속성을 인정해야 한다는 의견과 이와 반대로 문자 그대로 해석해 단절된 것으로 보아 계속성을 인정하지 않아야 한다는 의견으로 나뉜다. 따라서 이를 토대로 찬반 의견을 뒷받침하는 근거를 이해해야 한다.

25

정답 ③

정답해설

ㄱ. 쟁점 1은 '현행 조항(형법 제7조)이 이중처벌 금지의 원칙을 위배하는가?'이다. 이에 대해 갑은 현행 조항이 이 원칙을 위배하므로 반드시 개정해야 한다고 주장한다. 즉, 갑은 동일한 범죄에 대해 거듭해 처벌할 수 없다고 보는 것이다. 반면에 을은 현행 조항이 이중처벌 금지의 원칙과 무관하므로 개정 문구의 타당성을 따질 필요조차 없기 때문에 이 원칙은 현행 조항의 개정을 주장하는 근거가 될 수 없다고 본다. 즉, 을이 이중처벌 금지의 원칙을 동일한 국가가 하나의 범죄에 대해 거듭해 처벌할 수 없다는 의미로 이해하고 있다면, 범죄자가 외국에서 처벌을 받은 것은 K국에서 동일한 범죄로 처벌을 받는 것과 무관하므로 이중처벌 금지의 원칙과도 무관하다고 주장할 수 있다. 이중처벌 금지의 원칙에 대해 갑은 처벌 주체인 국가의 수를 불문하고 동일한 범죄에 대한 이중처벌을 금지하는 것으로 해석하고, 을은 동일한 국가에 의한 이중처벌을 금지하는 것으로 해석하는 것이다. 따라서 이중처벌 금지의 원칙에 대한 해석이 다르므로 현행 조항의 개정 여부에 대한 찬반 의견 또한 다르다.

ㄴ. 쟁점 2는 '현행 조항(형법 제7조)이 헌법을 위배하는가?'이다. 이에 대해 갑은 현행 조항이 신체의 자유를 과도하게 제한하는 위헌적 조문이기 때문에 향후 국민 기본권을 침해하게 될 수밖에 없으므로 현행 조항을 개정해야 한다고 주장한다. 반면에 을은 K국 법원이 법률에서 인정하고 있는 법관의 재량권을 합리적으로 행사해 위헌의 사례 없이 "해야 한다"는 개정 문구대로 실제로는 형을 감경 또는 면제하고 있기 때문에 현행 조항을 유지해도 된다고 주장한다. 따라서 현행 조항이 헌법에서 보장하고 있는 신체의 자유를 침해할 것이라는 갑의 전망에 을은 동의하지 않을 것이다.

오답해설

ㄷ. 외국에서 형의 집행을 받은 피고인에게 K국 법원이 형을 선고할 때에는 이미 집행된 형량을 공제해야 한다는 것은 '외국에서 형의 전부 또는 일부가 집행된 사람에 대해서는 선고하는 형을 감경 또는 면제해야 한다.'는 개정 문구와 동일한 의미이다. 이때 법률 개정에 대해 갑은 찬성의 입장을, 을은 반대의 입장을 나타내고 있다. 따라서 갑이 현행 조항의 개정에 반대할 것이라는 분석은 적절하지 않다.

제2과목 자료해석

01	02	03	04	05	06	07	08	09	10
④	①	⑤	⑤	⑤	④	③	②	②	②
11	12	13	14	15	16	17	18	19	20
④	③	③	②	①	⑤	①	④	②	①
21	22	23	24	25					
④	①	③	④	⑤					

01

정답 ④

정답해설

도시별 '갑' 감염병 치명률을 구하면 다음과 같다.

- A : $\frac{16}{300}\times100 \fallingdotseq 5.3\%$
- B : $\frac{1}{20}\times100=5\%$
- C : $\frac{2}{50}\times100=4\%$
- D : $\frac{6}{100}\times100=6\%$
- E : $\frac{9}{200}\times100=4.5\%$

따라서 치명률이 가장 높은 도시는 D이고, 가장 낮은 도시는 C이다.

02

정답 ①

정답해설

- A구 공사 전체 공사비 : $30\times3=90$억 원
- B구 공사+C구 공사 전체 공사비 : $24\times6=144$억 원
- A구 공사+B구 공사+C구 공사 전체 공사비 : $90+144=234$억 원

따라서 A~C구 전체 공사의 평균 공사비는 $\frac{234}{9}=26$억 원이다.

합격 가이드

자료에 있는 모든 빈칸의 값을 구할 필요는 없다. 답을 구하는 데 필요한 빈칸의 수치만 구해 답을 도출하면 풀이시간을 단축시킬 수 있다.

03

정답 ⑤

정답해설

①의 자료는 보고서의 3~5번째 줄에서, ②의 자료는 5~7번째 줄에서, ③의 자료는 7~9번째 줄에서, ④의 자료는 9~11번째 줄에서 사용되었다. 따라서 보고서를 작성하는 데 사용되지 않은 자료는 ⑤이다.

04

정답 ⑤

정답해설

어선별 감척지원금을 구하면 다음과 같다.

- A : $170+(60\times3)+(6\times5\times6)=530$백만 원
- B : $350+(80\times3)+(8\times5\times6)=830$백만 원
- C : $200+(150\times3)+(10\times5\times6)=950$백만 원
- D : $50+(40\times3)+(3\times5\times6)=260$백만 원

따라서 감척지원금이 가장 많은 어선은 C이고, 가장 적은 어선은 D이다.

05

정답 ⑤

정답해설

보고서에는 '갑'국 주택 수 및 개인소유 주택 수, 주택소유 가구 수, 가구 주택소유율, 지역별 가구 주택소유율 상위 3개 지역 수치에 대한 내용이 언급되어 있다.

그러나 제시된 표와 정보에는 주택소유 가구 수와 가구 주택소유율 공식에 대한 내용만 있으므로 '갑'국 주택 수 및 개인소유 주택 수, 가구 수, 지역별 가구 주택소유율 상위 3개 지역 수치에 대한 자료가 추가로 필요하다.

오답해설

ㄹ. '갑'국 가구주 연령대별 가구 주택소유율은 보고서에 언급된 내용이 아니므로 추가로 필요한 자료가 아니다.

합격 가이드

추가로 필요한 자료 유형의 문제를 풀기 위해서는 이미 주어진 자료로 보고서의 내용을 작성할 수 있는 경우 추가로 자료가 필요하지 않다는 것을 주의하여야 한다. 그리고 보고서에서 언급되지 않은 내용의 자료를 추가하는 것은 적절하지 않다.

06

정답 ④

정답해설

전투기별 제원과 평가방법에 따른 평가항목 점수의 합을 구하면 다음과 같다.

(단위 : 점)

평가항목 \ 전투기	A	B	C	D	E
최고속력	5	1	3	2	4
미사일 탑재 수	4	5	2	3	1
항속거리	4	1	2	3	5
가격	1	4	3	5	2
공중급유	1	1	0	1	0
자체수리	0	1	0	1	1
합계	15	13	10	15	13

'갑'국은 평가항목 점수의 합이 가장 큰 전투기를 구매하며, 동점일 경우 그 중에서 가격이 가장 낮은 전투기를 구매하므로 '갑'국이 구매할 전투기는 D이다.

07 　　정답 ③

정답해설

보고서에는 '갑'국 배달대행과 퀵서비스 운전자의 연령대 구성비 및 평균 연령, 이륜자동차 운전 경력 및 서비스 제공 경력의 평균, 배달대행 및 퀵서비스 시장 진입을 위한 이륜자동차 평균 구입 비용, 일평균 근로시간, 월평균 근로일수에 대한 내용이 언급되어 있다.

그러나 제시된 표에는 '갑'국 배달대행과 퀵서비스 운전자의 연령대 구성비 및 평균 연령, 이륜자동차 운전 경력 및 서비스 제공 경력의 평균, 일평균 근로시간에 대한 내용만 있으므로 배달대행 및 퀵서비스 시장 진입을 위한 이륜자동차 평균 구입 비용과 월평균 근로일수에 대한 자료가 추가로 필요하다.

오답해설

ㄱ · ㄴ. 이륜자동차 운전 경력 구성비와 서비스 제공 경력 구성비는 보고서에 언급된 내용이 아니므로 추가로 필요한 자료가 아니다.

08 　　정답 ②

정답해설

첫 번째 정보에 따라 중소기업 특허출원건수가 해당 업종 전체 기업 특허출원건수의 90% 이상인 업종은 출판, B, C이다.

- 출판 : $\frac{8,041}{204+345+8,041}\times100=\frac{8,041}{8,590}\times100≒93.6\%$
- B : $\frac{3,223}{18+115+3,223}\times100=\frac{3,223}{3,356}\times100≒96.0\%$
- C : $\frac{596}{29+7+596}\times100=\frac{596}{632}\times100≒94.3\%$

그러므로 B와 C는 각각 연구개발과 전문서비스 중 하나이다. 이에 따라 ①, ④, ⑤는 답에서 제외된다.

B와 C는 각각 연구개발과 전문서비스 중 하나이므로 세 번째 정보에 따라 B와 C의 특허출원기업당 특허출원건수를 구하면 다음과 같다.

- B : $\frac{18+115+3,223}{1,154}=\frac{3,356}{1,154}≒2.9$건/개
- C : $\frac{29+7+596}{370}=\frac{632}{370}≒1.7$건/개

그러므로 B는 연구개발, C는 전문서비스이다.

두 번째 정보에 따라 대기업 특허출원건수가 중견기업과 중소기업 특허출원건수 합의 2배 이상인 업종은 A와 자동차이다.

- A : 25,234 > (1,575+4,730)×2 → 25,234 > 12,610
- 자동차 : 5,460 > (1,606+1,116)×2 → 5,460 > 5,444

그러므로 A는 전자부품이다.

따라서 A는 전자부품, B는 연구개발, C는 전문서비스이다.

합격 가이드

답을 찾기 위해서 주어진 모든 정보를 고려하지 않아도 된다. 이 문제의 경우에는 첫 번째 정보를 통해 B와 C가 각각 연구개발과 전문서비스 중 하나라는 것을 알 수 있으므로 선택지 중 B와 C에 연구개발과 전문서비스가 모두 들어간 것을 찾으면 된다. ②와 ③의 A는 전자부품으로 같으므로 세 번째 정보에 따라 B와 C에 해당하는 업종을 알 수 있다. 따라서 두 번째 정보를 고려하지 않아도 답을 찾을 수 있다.

09 　　정답 ②

정답해설

2018년 짜장면 가격지수는 95이고, 2023년 짜장면 가격지수는 120.6이므로 2023년 짜장면 가격은 2018년에 비해 $\frac{120.6-95}{95}\times100≒\frac{120-95}{95}\times100≒26.3\%$ 상승하였다. 따라서 2023년 짜장면 가격은 2018년에 비해 20% 이상 상승하였다.

오답해설

① 2020년 짜장면 가격지수가 100일 때, 짜장면 가격은 5,276원이므로 짜장면 가격지수가 80이면 짜장면 가격은 5,276×0.8=4,220.8원이다. 따라서 짜장면 가격은 4,000원을 초과한다.

③ 2018년에 비해 2023년 판매단위당 가격이 2배 이상인 짜장면 주재료 품목은 양파와 청오이 2개이다.
- 양파 : 6,000 > 2,250×2 → 6,000 > 4,500
- 청오이 : 15,000 > 4,000×2 → 15,000 > 8,000

④ 2020년에 식용유 1,800mL, 밀가루 2kg, 설탕 2kg의 가격 합계는 (3,980+1,280+1,350)×2=6,610×2=13,220원으로 15,000원 미만이다.

⑤ 매년 판매단위당 가격이 상승한 짜장면 주재료 품목은 없다.

10 　　정답 ②

정답해설

참여 자치 단체 수의 전년 대비 증감 방향은 '증가 – 감소 – 증가 – 증가 – 감소 – 증가'로, 교육 참여 어린이(A) 수의 전년 대비 증감 방향과 매년 같다. 이에 따라 ④, ⑤는 답에서 제외된다.

운영 횟수당 교육 참여 어린이 수는 2020년에 $\frac{58,680}{35}≒1,677$명/회, 2021년에 $\frac{61,380}{39}≒1,574$명/회로 2021년이 2020년보다 적었다(B). 이에 따라 ①은 답에서 제외된다.

자원봉사자당 교육 참여 어린이 수는 2017년에 $\frac{10,265}{2,083}≒4.9$명, 2019년에 $\frac{55,780}{2,989}≒18.7$명으로 2019년이 2017년보다 많았다(C). 따라서 ②가 답이 된다.

11 　　정답 ④

정답해설

ㄴ. 2023년 9월의 결항편수는 국내선이 국제선의 $\frac{1,351}{437}≒3.1$배로, 3배 이상이다.

ㄷ. 2019~2023년 동안 매년 1월과 3월에는 항공편 결항편수가 0편으로, 항공편 결항이 없었다.

오답해설

ㄱ. 2021년 3분기 국제선 지연편수는 11+61+46=118편이다. 2022년 3분기 국제선 지연편수는 83+111+19=213편으로 전년 동기인 2021년 3분기 대비 213−118=95편 증가하였다. 따라서 옳지 않은 설명이다.

12

정답 ③

정답해설

진학자 수가 계열별로 20%씩 증가하는 것은 전체 진학자 수가 20% 증가하는 것과 같으므로 전체의 진학률 역시 20% 증가한다. 따라서 전체의 진학률은 $7.5\times1.2=9$%가 된다.

오답해설

① 취업률은 A계열이 $\frac{500}{800}\times100=62.5$%, B계열이 57.1%로 A계열이 B계열보다 높다.

② B계열의 진로 미결정 비율은 $100-(57.1+7.1)=35.8$%이고, C계열의 진학률은 $\frac{40}{500}\times100=8$%이므로 C계열의 진로 미결정 비율은 $100-(40+8)=52$%이다. 따라서 진로 미결정 비율은 B계열이 C계열보다 낮다.

④ 취업자 수가 계열별로 10%씩 증가하는 것은 전체 취업자 수가 10% 증가하는 것과 같으므로 전체의 취업률 역시 10% 증가한다. 따라서 전체의 취업률은 $55\times1.1=60.5$%가 된다.

⑤ 진학률은 C계열이 8%로 A~C계열 중 가장 높다.

13

정답 ③

정답해설

정식과 수확이 모두 가능한 달의 수는 오이가 4개(2월, 4월, 5월, 6월), 고추가 4개(2월, 4월, 5월, 6월)로 같으므로 옳지 않은 설명이다.

오답해설

① 촉성 재배방식에서 정식이 가능한 달의 수는 오이가 2개(1월, 12월), 고추가 1개(12월)로 오이가 고추보다 많다.

② 고추의 각 재배방식에서 파종 가능 시기와 정식 가능 시기의 차이는 촉성이 2개월, 반촉성이 3개월, 조숙이 2개월, 보통이 2개월, 억제가 2개월로 모두 1개월 이상이다.

④ 고추의 경우, 수확이 가능한 재배방식의 수는 7월이 4개(반촉성, 조숙, 보통, 억제)로 가장 많다.

⑤ 오이의 재배방식 중 수확이 가능한 달의 수는 보통이 3개(6월, 7월, 8월)로 가장 적다.

14

정답 ②

정답해설

굴과 새고막의 면허어업 건수 합은 매년 전체의 50% 이상이다.

- 2019년 : $(1{,}292+1{,}076)\times2 > 4{,}521 \rightarrow 4{,}736 > 4{,}521$
- 2020년 : $(1{,}314+1{,}093)\times2 > 4{,}751 \rightarrow 4{,}814 > 4{,}751$
- 2021년 : $(1{,}317+1{,}096)\times2 > 4{,}740 \rightarrow 4{,}826 > 4{,}740$
- 2022년 : $(1{,}293+1{,}115)\times2 > 4{,}752 \rightarrow 4{,}816 > 4{,}752$
- 2023년 : $(1{,}277+1{,}121)\times2 > 4{,}453 \rightarrow 4{,}796 > 4{,}453$

오답해설

① 김 면허어업 건수는 2022년에 880건에서 2023년에 812건으로 전년 대비 감소하였다.

③ 2020년과 2022년의 바지락 면허어업 건수의 전년 대비 증가율은 다음과 같다.

- 2020년 : $\frac{587-570}{570}\times100=\frac{17}{570}\times100$
- 2022년 : $\frac{582-576}{576}\times100=\frac{6}{576}\times100$

2020년 증가율이 2022년의 증가율보다 분자가 크고 분모는 작으므로 바지락 면허어업 건수의 전년 대비 증가율은 2020년이 2022년보다 높다.

④ 미역 면허어업 건수는 2020년에 920건, 2023년에 678건으로 2023년이 2020년보다 적다.

⑤ 2023년에 면허어업 건수가 전년 대비 증가한 양식 품목은 새고막으로, 1개이다.

15

정답 ①

정답해설

보고서의 8~9번째 줄에 언급된 '2022년 캐나다산 목재펠릿 수입량은 2019년 대비 30배 이상이 되었다.'라는 내용에 따라 2022년 캐나다산 목재펠릿 수입량이 2019년 수입량(11천 톤)의 30배(330천 톤) 미만인 E국은 답에서 제외된다.

다음으로 보고서의 11~12번째 줄에 언급된 '2022년 기준 러시아산이 우리나라 목재펠릿 수입량 2위를 차지하였다.'라는 내용에 따라 B국과 D국은 답에서 제외된다.

마지막으로 보고서의 12~13번째 줄에 언급된 '인도네시아산 목재펠릿 수입량은 2019년 이후 꾸준히 증가해 2022년에는 말레이시아산 목재펠릿 수입량을 추월하였다.'라는 내용에 따라 C국은 답에서 제외된다.

따라서 우리나라에 해당하는 국가는 A이다.

16

정답 ⑤

정답해설

ㄴ. 전체 공공한옥시설 중 문화전시시설의 비율은 매년 20% 이상이다. 계산의 편의를 위해 식을 간략화하면 다음과 같다.

- 2017년 : $8\times5 > 27$
- 2018년 : $8\times5 > 27$
- 2019년 : $10\times5 > 28$
- 2020년 : $11\times5 > 30$
- 2021년 : $12\times5 > 34$
- 2022년 : $12\times5 > 34$

ㄷ. 2022년 주거체험시설의 수는 $34-(12+9+8)=5$개소로, 주민이용시설과 주거체험시설의 2020년 대비 2022년 증가율은 다음과 같다.

- 주민이용시설 : $\frac{8-6}{6}\times100=\frac{1}{3}\times100$
- 주거체험시설 : $\frac{5-3}{3}\times100=\frac{2}{3}\times100$

따라서 주거체험시설의 증가율은 주민이용시설 증가율의 2배이다.

ㄹ. 한옥숙박시설이 주거체험시설보다 많은 해는 2017년과 2018년뿐이다.

오답해설

ㄱ. 2021년 전통공예시설 수는 $34-(12+8+4)=10$개소로, 2022년 전통공예시설의 전년 대비 증감 방향은 '감소'이나, 2022년 한옥숙박시설의 전년 대비 증감 방향은 '동일'로 매년 같지는 않다.

17

정답 ①

정답해설

(최저개발국 직접투자 규모)=(해외직접투자 규모)×$\frac{[최저개발국\ 직접투자\ 비중(\%)]}{100}$

이므로 최저개발국 직접투자 규모는 2015년에 31,205×0.028백만 달러, 2023년에 76,446×0.017백만 달러이다. 해외직접투자 규모는 2023년이 2015년의 2배 이상이지만, 최저개발국 직접투자 비중은 2023년이 2015년의 $\frac{1}{2}$ 미만이다. 따라서 최저개발국 직접투자 규모는 2023년이 2015년보다 크다.

오답해설

② 2021년 최저개발국 직접투자 비중은 1.9%로, 2020년(1.6%)보다 증가하였다.

③ 2018년 최저개발국 직접투자 규모는 40,657×0.018=731.826백만 달러=7.31286억 달러로, 10억 달러 미만이다.

④ 2023년 해외직접투자 규모의 전년 대비 증가율은 $\frac{76,446-57,299}{57,299}\times 100=\frac{19,147}{57,299}\times 100$이다. 이때 분모가 분자의 약 3배이므로 증가율은 40% 미만이다.

⑤ 2017년에 해외직접투자 규모는 30,375백만 달러로 2016년(28,724백만 달러)보다 증가하였지만, 최저개발국 직접투자 비중은 1.4%로 2016년(2.0%)보다 감소하였다.

18

정답 ④

정답해설

ㄴ. A~E 중 가맹점당 매출액이 가장 큰 브랜드는 B이다. '(해당 브랜드 전체 가맹점 매출액의 합)=(가맹점 수)×(가맹점당 매출액)'이므로 가맹점당 매출액이 B보다는 적으나 가맹점 수가 더 많은 A와 전체 가맹점 매출액의 합을 비교하면 다음과 같다.

- A : 14,737×583,999≒14,700×584,000=858,480천만 원
- B : 14,593×603,529≒14,600×604,000=881,840천만 원

따라서 해당 브랜드 전체 가맹점 매출액의 합도 B가 가장 크다.

ㄷ. '(가맹점 면적당 매출액)=$\frac{(해당\ 브랜드\ 전체\ 가맹점\ 매출액의\ 합)}{(해당\ 브랜드\ 전체\ 가맹점\ 면적의\ 합)}$'이므로 해당 브랜드 전체 가맹점 면적의 합은 다음과 같이 구할 수 있다.

(해당 브랜드 전체 가맹점 면적의 합)

$=\frac{(해당\ 브랜드\ 전체\ 가맹점\ 매출액의\ 합)}{(가맹점\ 면적당\ 매출액)}$

$=\frac{(가맹점\ 수)\times(가맹점당\ 매출액)}{(가맹점\ 면적당\ 매출액)}$

이때 E의 가맹점 수가 가장 적으므로 해당 브랜드 전체 가맹점 면적의 합도 E가 가장 작다.

오답해설

ㄱ. '갑'국의 전체 편의점 가맹점 수가 5만 개라면, 1위부터 5위까지 편의점 가맹점 수가 총 14,737+14,593+10,294+4,082+787=44,493개이므로 6위 이하의 편의점 가맹점 수는 총 50,000−44,493=5,507개이다. 6위 이하 각 브랜드의 가맹점 수가 5위보다 1개 적은 786개라고 가정하면, $\frac{5,507}{786}$≒7.01개이므로 6위 이하 브랜드 수는 8개이다. 따라서 '갑'국의 전체 편의점 가맹점 수가 5만 개라면, 편의점 브랜드 수는 최소 5+8=13개이다.

19

정답 ②

정답해설

소각시설별 시설용량 대비 연간소각실적 비율을 구하면 다음과 같다.

- A : $\frac{163,785}{800}$≒204.73일
- B : $\frac{12,540}{48}$=261.25일
- C : $\frac{169,781}{750}$≒226.37일
- D : $\frac{104,176}{400}$=260.44일
- E : $\frac{238,770}{900}$=265.3일

따라서 시설용량 대비 연간소각실적 비율이 가장 높은 소각시설은 E이다.

오답해설

① 연간소각실적은 E가 가장 많으나 관리인원은 C가 가장 많다.

③ D의 연간소각실적의 1.5배는 104,176×1.5=156,264톤이므로 A의 연간소각실적(163,785톤)은 D의 1.5배를 초과한다.

④ 전체 시설용량의 30%는 2,898×0.3=869.4톤/일이므로 C의 시설용량(750톤/일)은 전체 시설용량의 30% 미만이다.

⑤ 시설용량은 1일 가동 시 소각할 수 있는 최대량이므로 '(가동 일수)=$\frac{(연간소각실적)}{(시설용량)}$'이다. 따라서 B의 2023년 가동 일수는 $\frac{12,540}{48}$=261.25일로, 250일 이상이다.

20

정답 ①

정답해설

A지역 전체와 '갑'국 전체의 2023년 식량작물 생산량의 전년 대비 감소율을 구하면 다음과 같다.

- A지역 전체

$\frac{237,439-221,271}{237,439}\times 100≒\frac{237-221}{237}\times 100≒6.8\%$

- '갑'국 전체

$\frac{4,456,952-4,331,597}{4,456,952}\times 100≒\frac{4,457-4,332}{4,457}\times 100≒2.8\%$

따라서 2023년 식량작물 생산량의 전년 대비 감소율은 A지역 전체가 '갑'국 전체보다 높다.

오답해설

② A지역의 식량작물별 2019년 대비 2023년 생산량 증감률을 구하면 다음과 같다.

- 미곡 : $\frac{143,938-153,944}{153,944}\times 100≒-6.5\%$
- 맥류 : $\frac{201-270}{270}\times 100≒-25.6\%$
- 잡곡 : $\frac{30,740-29,942}{29,942}\times 100≒2.7\%$
- 두류 : $\frac{10,054-9,048}{9,048}\times 100≒11.1\%$
- 서류 : $\frac{36,338-30,268}{30,268}\times 100≒20.1\%$

따라서 2019년 대비 2023년 생산량 증감률이 가장 큰 A지역 식량작물은 맥류이다.

③ 미곡의 생산 면적은 매년 A지역 전체 식량작물 생산 면적의 절반 이상을 차지한다.

- 2019년 : 29,006×2 > 46,724 → 58,012 > 46,724
- 2020년 : 28,640×2 > 47,446 → 57,280 > 47,446
- 2021년 : 28,405×2 > 46,615 → 56,810 > 46,615
- 2022년 : 28,903×2 > 47,487 → 57,806 > 47,487
- 2023년 : 28,708×2 > 46,542 → 57,416 > 46,542

④ A지역의 식량작물별 2023년 생산 면적당 생산량을 구하면 다음과 같다.

- 미곡 : $\frac{143,938}{28,708} \fallingdotseq 5.0$톤/ha
- 맥류 : $\frac{201}{98} \fallingdotseq 2.1$톤/ha
- 잡곡 : $\frac{30,740}{6,317} \fallingdotseq 4.9$톤/ha
- 두류 : $\frac{10,054}{5,741} \fallingdotseq 1.8$톤/ha
- 서류 : $\frac{36,338}{5,678} \fallingdotseq 6.4$톤/ha

따라서 2023년 생산 면적당 생산량이 가장 많은 A지역 식량작물은 서류이다.

⑤ A지역 전체 식량작물 생산량과 A지역 전체 식량작물 생산 면적의 전년 대비 증감 방향은 '증가 – 감소 – 증가 – 감소'로 매년 같다.

21

정답 ④

정답해설

ㄱ. 2020~2023년 '갑'국 전체 식량작물 생산 면적의 전년 대비 감소량을 구하면 다음과 같다.

- 2020년 : 924,470 – 924,291 = 179ha
- 2021년 : 924,291 – 906,106 = 18,185ha
- 2022년 : 906,106 – 905,034 = 1,072ha
- 2023년 : 905,034 – 903,885 = 1,149ha

따라서 옳은 자료이다.

ㄷ. 2019년 대비 연도별 A지역 맥류 생산 면적 증가율을 구하면 다음과 같다.

- 2020년 : $\frac{166-128}{128} \times 100 \fallingdotseq 29.7\%$
- 2021년 : $\frac{177-128}{128} \times 100 \fallingdotseq 38.3\%$
- 2022년 : $\frac{180-128}{128} \times 100 \fallingdotseq 40.6\%$
- 2023년 : $\frac{98-128}{128} \times 100 \fallingdotseq -23.4\%$

따라서 옳은 자료이다.

ㄹ. 2023년 A지역 식량작물 생산량 구성비를 구하면 다음과 같다.

- 미곡 : $\frac{143,938}{221,271} \times 100 \fallingdotseq 65.1\%$
- 맥류 : $\frac{201}{221,271} \times 100 \fallingdotseq 0.1\%$
- 잡곡 : $\frac{30,740}{221,271} \times 100 \fallingdotseq 13.9\%$
- 두류 : $\frac{10,054}{221,271} \times 100 \fallingdotseq 4.5\%$
- 서류 : $\frac{36,338}{221,271} \times 100 \fallingdotseq 16.4\%$

따라서 옳은 자료이다.

오답해설

ㄴ. 2021년 잡곡과 서류의 위치가 바뀌었다.

22

정답 ①

정답해설

E동, I동, K동의 지방소멸위험지수는 다음과 같다.

- E동 : $\frac{1,272}{2,300} \fallingdotseq 0.55$
- I동 : $\frac{4,123}{2,656} \fallingdotseq 1.55$
- K동 : $\frac{3,625}{7,596} \fallingdotseq 0.48$

따라서 지방소멸위험 수준이 '주의'인 동은 A, B, D, E, J, L동으로 6곳이다.

오답해설

② B동의 20~39세 여성 인구는 3,365×0.88≒2,961명으로, G동(3,421명)보다 적다.

③ 지방소멸위험지수가 가장 높은 동은 I동이다. I동의 65세 이상 인구는 2,656명으로, 총인구의 10%인 23,813×0.1≒2,381명보다 많다. 따라서 I동의 65세 이상 인구는 해당 동 총인구의 10% 이상이다.

④ 총인구가 가장 많은 동은 K동으로, 지방소멸위험지수가 0.48로 가장 낮다.

⑤ 지방소멸위험 수준이 보통인 동은 C, F, G, H동이다. 4개 동의 총인구의 합은 29,204+16,792+19,163+27,146=92,305명으로, 90,000명 이상이다.

23

정답 ③

정답해설

공공과 자가에서 매립의 비율을 구하면 다음과 같다.

- 공공 : $\frac{286}{1,143} \times 100 \fallingdotseq 25.0\%$
- 자가 : $\frac{1}{21} \times 100 \fallingdotseq 4.8\%$

따라서 매립의 비율은 공공이 자가보다 높다.

오답해설

① 전체 처리실적의 15%는 2,270×0.15=340.5만 톤이므로 전체 처리실적 중 매립(291만 톤)의 비율은 15% 미만이다.

② 재활용에서 처리실적은 공공이 위탁보다 적다.

④ 처리주체가 위탁인 생활계 폐기물 중 재활용의 비율은 $\frac{870}{1,106} \times 100 \fallingdotseq$ 78.7%로, 75%를 초과한다.

⑤ 소각 처리 생활계 폐기물 중 공공의 비율은 $\frac{447}{565} \times 100 \fallingdotseq 79.1\%$로, 90% 미만이다.

24

정답 ④

정답해설

ㄱ. 제시된 그림을 통해 서울, 경기, 경북, 경남은 2023년 처리 건수가 각각 전년 대비 증가한 것을 알 수 있다. 부산의 경우에는 2022년에 처리 건수가 5위인 인천보다도 적어 상위 5개 시도에 포함되지 않았으므로 2023년 처리 건수는 전년 대비 증가했음을 알 수 있다.

ㄴ. 2023년 처리 건수가 가장 많은 시도는 경기이고, 경기의 2023년 인용 건수는 약 370건이다. 2022년 인용률이 가장 높은 시도는 울산이고, 울산의 2022년 인용 건수를 처리 건수가 5위인 인천의 처리 건수 약 350건의 50.9%인 178건으로 가정하면, 경기의 2023년 인용 건수는 울산의 2022년 인용 건수의 $\frac{370}{178}$≒2.1배로, 1.5배 이상이다.

오답해설

ㄷ. 2020년부터 2023년까지 인용률이 매년 감소한 시도는 부산과 전남으로 2개이다.

25

정답 ⑤

정답해설

ㄱ. 공장 관리직의 전체 시간당 임금의 합은 25,000×4=100,000원이다. 이때 공장 관리직 임직원은 4명이므로 1분위, 2분위, 3분위, 4분위에 해당하는 임직원은 1명씩이다. 공장 관리직 시간당 임금의 중간값 25,000원은 $\frac{(\text{2분위 시간당 임금})+30,000}{2}$이므로 2분위 시간당 임금은 20,000원이다. 따라서 4분위 시간당 임금은 100,000−(15,000+20,000+30,000)=35,000원이므로 공장 관리직의 시간당 임금 최고액은 35,000원이다.

ㄴ. 본사 임원의 시간당 임금의 중간값은 48,000원이고, 3분위에 속한 값 중 가장 높은 값이 48,000원이므로 2분위에 속한 값 중 가장 높은 값과 3분위에 속한 값 중 가장 낮은 값 역시 48,000원이어야 한다. 본사 임원 임직원은 8명이므로 1분위, 2분위, 3분위, 4분위에 해당하는 임직원은 2명씩이다. 따라서 시간당 임금이 같은 본사 임원은 3명 이상이다.

ㄷ. 본사 임원의 시간당 임금 평균이 40,000원이라고 하면, 전체 시간당 임금의 합은 40,000×8=320,000원이다. 시간당 임금을 알 수 없는 임원들의 시간당 임금을 최솟값으로 가정하면, 각 분위에 해당하는 임원들의 시간당 임금은 1분위가 24,000원, 25,600원, 2분위가 25,600원, 48,000원, 3분위가 48,000원, 48,000원, 4분위가 48,000원, 55,000원이다. 본사 임원 전체 시간당 임금의 합 320,000원에서 모든 임직원의 시간당 임금을 빼면 −2,200원이므로 본사 임원의 시간당 임금 평균은 40,000원 이상이다.

오답해설

ㄹ. 공장 관리직과 본사 임원 중 시간당 임금이 23,000원 이상인 임직원은 각각 2명, 8명으로 총 10명이다. 공장 생산직의 경우는 시간당 임금 중간값이 23,500원이므로 시간당 임금이 23,000원 이상인 임직원은 최소 52명의 절반인 26명이며, 본사 직원의 경우 역시 시간당 임금 중간값이 23,500원이므로 시간당 임금이 23,000원 이상인 임직원은 최소 36명의 절반인 18명이다. 따라서 시간당 임금이 23,000원 이상인 임직원은 최소 2+26+8+18=54명으로, 50명 이상이다.

제3과목 상황판단

01	02	03	04	05	06	07	08	09	10
⑤	⑤	②	④	①	②	④	④	②	③
11	12	13	14	15	16	17	18	19	20
①	④	③	③	⑤	⑤	②	①	③	④
21	22	23	24	25					
③	④	②	⑤	①					

01 정답 ⑤

정답해설

두 번째 조 제2항에 따르면 관계 중앙행정기관의 장은 연구기관에 클라우딩컴퓨팅기술 및 클라우드컴퓨팅서비스에 관한 연구개발사업을 수행하게 하고, 그 사업 수행에 드는 비용의 전부 또는 일부를 지원할 수 있다.

오답해설

① 첫 번째 조 제5항에 따르면 실태조사는 현장조사, 서면조사, 통계조사 및 문헌조사 등의 방법으로 실시하되, 효율적인 실태조사를 위하여 필요한 경우에는 정보통신망 및 전자우편 등의 전자적 방식으로 실시할 수 있다.

② 세 번째 조에 따르면 지방자치단체는 클라우드컴퓨팅기술 및 클라우드컴퓨팅서비스의 발전과 이용 촉진을 위하여 조세감면을 할 수 있다.

③ 첫 번째 조 제4항 제3호에 따르면 A부장관은 실태조사를 할 때에는 클라우드컴퓨팅 산업의 인력 현황과 함께 인력 수요 전망을 내용에 포함하여야 한다.

④ 첫 번째 조 제3항에 따르면 A부장관은 클라우드컴퓨팅의 발전과 이용 촉진 및 이용자 보호와 관련된 관계 중앙행정기관의 장이 요구하는 경우 실태조사 결과를 통보하여야 한다.

02 정답 ⑤

정답해설

두 번째 조 제3항 제1호에 따르면 산림병해충이 발생하여 관할 지방산림청장이 해당 수목의 소유자에게 수목 제거를 명할 경우 명령을 받은 자는 특별한 사유가 없으면 명령에 따라야 하므로, 특별한 사유가 있으면 그 명령에 따르지 않을 수 있음을 알 수 있다.

오답해설

① 첫 번째 조 제3호에 따르면 산림병해충이 발생하지 아니하도록 예방하거나, 이미 발생한 산림병해충을 약화시키거나 제거하는 모든 활동은 방제에 해당한다.

② 두 번째 조 제1항 · 제2항에 따르면 산림소유자는 산림병해충이 발생할 우려가 있거나 발생한 경우 예찰 · 방제에 필요한 조치를 하여야 하고, 산림청장, 시 · 도지사, 시장 · 군수 · 구청장 또는 지방산림청장은 산림병해충이 발생할 우려가 있거나 발생한 경우 예찰 · 방제에 필요한 조치를 할 수 있다. 이때 수목의 판매자는 해당되지 않는다.

③ 두 번째 조 제5항에 따르면 시 · 도지사 등은 산림병해충 발생으로 인한 조치 명령을 이행함에 따라 발생한 농약대금, 인건비 등의 방제비용을 예산의 범위에서 지원할 수 있다.

④ 두 번째 조 제4항에 따르면 시 · 도지사 등은 산림용 종묘, 베어낸 나무, 조경용 수목 등의 이동 제한이나 사용 금지를 명한 경우, 그 내용을 해당 기관의 게시판 및 인터넷 홈페이지 등에 10일 이상 공고하여야 한다.

합격 가이드

법조문 문제에서는 각 조항의 주어(주체)를 표시하면서 읽어야 한다. ②와 같은 선지는 법조문 유형에서 반드시 출제되는 매력적인 오답이기 때문에 주의해야 한다.

03 정답 ②

정답해설

첫 번째 조 제2항과 세 번째 조 제2항에 따르면 위원장과 감사는 상임으로 한다.

오답해설

① 첫 번째 조 제4항과 세 번째 조 제3항에 따르면 감사와 위원의 임기는 3년으로 같다.

③ 첫 번째 조 제3항에 따르면 위원회의 위원은 관련 단체의 장이 추천하는 사람을 A부장관이 위촉하며, 위원장은 위원 중에서 호선한다.

④ 첫 번째 조 제2항과 세 번째 조 제1항에 따르면 위원회는 위원장 1명을 포함한 9명 이내의 위원으로 구성하고, 위원회의 업무 및 회계에 관한 사항을 감사하기 위하여 위원회에 감사 1인을 둔다.

⑤ 두 번째 조 제2항에 따르면 위원회는 A부장관의 인가를 받아 주된 사무소의 소재지에서 설립등기를 함으로써 성립한다.

04 정답 ④

정답해설

종전 대법원 판례에서는 제사주재자의 지위를 유지할 수 없는 특별한 사정이 없는 한 사망한 사람의 직계비속으로서 장남(장남이 이미 사망한 경우에는 장손자)이 제사주재자가 된다고 하였다. 이에 따라 사망한 장남 B의 아들이자 甲의 장손자인 D가 제사주재자가 된다.
반면, 최근 대법원 판례에서는 제사주재자의 지위를 유지할 수 없는 특별한 사정이 없는 한 사망한 사람의 직계비속 가운데 남녀를 불문하고 최근친 중 연장자가 제사주재자가 된다고 하였다. 이에 따라 甲의 직계비속 가운데 최근친 중 연장자는 딸 A이므로, A가 제사주재자가 된다.

05 정답 ①

정답해설

자기조절을 하기 위해서는 도달하고 싶으나 아직 구현되지 않은 나의 미래 상태를 현재 나의 상태와 구별해 낼 수 있어야 한다.

오답해설

② 내측전전두피질과 배외측전전두피질 간의 기능적 연결성이 강할수록 목표를 위한 집중력이 높아진다.

③ 목표달성을 위해서는 자기 자신에 집중할 수 있는 능력과 자신이 도달하고자 하는 대상에 집중할 수 있는 능력이 필요하다.

④ 자기참조과정은 끊임없이 자신을 되돌아보며 현재 나의 상태를 알아차리는 과정을 말한다.
⑤ 자기절제와 목표달성이 자기조절력의 하위 요소이다.

합격 가이드

줄글 지문의 단순한 정보확인 문제는 답을 찾기 수월하여 풀이시간이 짧기 때문에 시간을 최대한 절약하여 후반부의 난도가 높은 문제를 푸는 데 활용할 수 있도록 시간 배분을 적절히 하는 것이 중요하다.

06 정답 ②

정답해설

- 甲 : d 5 7 0 1
- 乙 : 8 4 b 9 8
- 丙 : 8 3 c a 4
- 丁 : e 6 7 1 5

甲, 乙, 丙, 丁 걸음 수의 일의 자릿수끼리의 합에서 10을 십의 자리로 받아올림한 후 십의 자릿수를 모두 더하여 9가 되어야 하므로 1+0+9+a+1=19 → a=8이다.
십의 자릿수끼리의 합에서 10을 백의 자리로 받아올림한 후 백의 자릿수를 모두 더하여 9가 되어야 하므로 1+7+b+c+7=19 → b+c=4이다.
백의 자릿수끼리의 합에서 10을 천의 자리로 받아올림한 후 천의 자릿수를 모두 더하면 1+5+4+3+6=19이다. 그러므로 10을 만의 자리로 받아올림한 후 만의 자릿수를 모두 더하면 1+d+8+8+e=19 → d+e=2이다.
따라서 a+b+c+d+e=14이다.

07 정답 ④

정답해설

조건에 따라 공을 3개의 상자에 나누어 담으면 30g, 50g / 40g, 50g / 30g, 30g, 40g으로 나누어 담게 된다.
ㄴ. 각 상자에 담긴 공 무게의 합은 80g, 90g, 100g으로 서로 다르다.
ㄹ. 3개의 상자 중에서 공 무게의 합이 가장 작은 상자(80g)에는 빨간색 공과 파란색 공이 담기게 된다.

오답해설

ㄱ. 3개의 빨간색 공은 2개의 상자에 나누어 담기게 된다.
ㄷ. 빨간색 공이 담긴 상자에는 파란색 공이 담긴다.

08 정답 ④

정답해설

- 성묘 : 기본점수는 70점이며, 장르가 판타지이므로 10점이 가산되고 감독의 직전 작품이 흥행에 실패했으므로 10점이 감산되어 최종점수는 70+10−10=70점이다.
- 서울의 겨울 : 기본점수는 85점이며, 스태프 인원이 50명 미만이므로 10점이 감산되고 감독의 직전 작품이 흥행에 실패했으므로 10점이 추가로 감산되어 최종점수는 85−10−10=65점이다.
- 만날 결심 : 기본점수는 75점이며, 가감 점수 기준에 해당하는 항목이 없으므로 최종점수도 75점이다.
- 빅 포레스트 : 기본점수는 65점이며, 감독의 최근 2개 작품이 모두 흥행에 성공하였으므로 10점이 가산되어 최종점수는 65+10=75점이다.

따라서 A사가 투자할 작품은 최종점수가 75점 이상인 만날 결심과 빅 포레스트이다.

09 정답 ②

정답해설

ㄱ. 암호화는 평문을 암호문으로 변화하는 것이며, 반대로 암호문에서 평문으로 변환하는 것은 복호화라 한다.
ㄹ. 오늘날에는 컴퓨팅 기술의 발전으로 인해 DES 알고리즘은 더 이상 안전하지 않아 DES 알고리즘보다는 삼중 DES 알고리즘을 사용하고 있다.

오답해설

ㄴ. 비대칭키 방식의 경우에는 수신자가 송신자의 키를 몰라도 자신의 키만 알면 암호를 해독할 수 있다.
ㄷ. 단어, 어절 등의 순서를 바꾸는 것은 치환이고, 대체는 각 문자를 다른 문자나 기호로 일대일로 대응시키는 것이다.

10 정답 ③

정답해설

- 56비트로 만들 수 있는 키의 수 : 2^{56}개
- 60비트로 만들 수 있는 키의 수 : $2^{60}=2^{56}\times2\times2\times2\times2=2^{56+1+1+1+1}$개

컴퓨터의 체크 속도가 2배가 될 때마다 컴퓨터는 10만 원씩 비싸지므로 60비트로 만들 수 있는 키를 1초에 모두 체크할 수 있는 컴퓨터의 최소 가격은 1,000,000+(100,000×4)=1,400,000원이다. 따라서 (가)에 해당하는 수는 1,400,000이다.

11 정답 ①

정답해설

첫 번째 조 제4항 제1호에 따르면 A부장관은 김치산업 전문인력 양성기관으로 지정된 기관이 거짓이나 그 밖의 부정한 방법으로 지정을 받은 경우에는 지정을 취소하여야 한다. 지정받은 사항을 위반하여 업무를 행한 경우나 지정기준에 적합하지 아니하게 된 경우에는 지정을 취소하거나 6개월 이내의 범위에서 기간을 정하여 업무의 전부 또는 일부를 정지할 수 있다.

오답해설

② 세 번째 조 제2항에 따르면 A부장관은 김치의 품질향상과 국가 간 교역을 촉진하기 위하여 김치의 국제규격화를 추진하여야 한다.
③ 첫 번째 조 제2항에 따르면 A부장관은 전문인력 양성을 위하여 적절한 시설과 인력을 갖춘 대학을 전문인력 양성기관으로 지정할 수 있다.
④ 두 번째 조 제1항에 따르면 국가는 김치종주국의 위상제고를 위하여 세계 김치연구소를 설립하여야 한다. 이때 지방자치단체는 해당하지 않는다.
⑤ 세 번째 조 제1항에 따르면 지방자치단체는 김치의 해외시장을 개척하는 개인 또는 단체에 대하여 필요한 지원을 할 수 있다.

12 정답 ④

정답해설

A는 중요도 상에 해당하는 보도자료이므로 한 면에 1쪽씩 단면 인쇄한다. 그러므로 A4용지 2장이 필요하다.

B는 중요도 중에 해당하는 보도자료이고, D는 중요도 상에 해당하는 설명자료이므로 각각 한 면에 2쪽씩 단면 인쇄한다. 그러므로 B는 A4용지 17장, D는 A4용지 2장이 필요하다.

C는 중요도 하에 해당하는 보도자료이므로 한 면에 2쪽씩 양면 인쇄한다. 그러므로 A4용지 2장이 필요하다.

따라서 인쇄에 필요한 A4용지는 총 2+17+2+2=23장이다.

13 정답 ③

정답해설

A국에서는 부칭이 아닌 이름의 영어 알파벳 순서로 정렬하여 전화번호부를 발행한다. 따라서 피알라르 욘손(Fjalar Jonsson)의 아버지의 이름은 욘(Jon)이고, 토르 아이나르손(Thor Einarsson)의 이름은 토르(Thor)이므로 피알라르 욘손(Fjalar Jonsson)의 아버지의 이름이 토르 아이나르손(Thor Einarsson)보다 먼저 나올 것이다.

오답해설

① 피얄라르 토르손 아이나르소나르(Fjalar Thorsson Einarssonar)의 할아버지 이름은 아이나르(Einar)이다. 그러나 할아버지(아이나르)의 부칭은 알 수 없다.

② 공식적인 자리에서 이름을 부르거나 이름과 부칭을 함께 부르며, 부칭만으로 서로를 부르지는 않는다. 따라서 부칭인 욘손으로 불리지 않는다.

④ 스테파운(Stefan)의 아들 욘(Jon)의 부칭은 스테파운손(Stefansson)이고, 스테파운(Stefan)의 손자 피얄라르(Fjalar)의 부칭은 욘손(Jonsson)으로 같지 않다.

⑤ 욘 스테파운손(Jon Stefansson)의 아들의 부칭은 욘손(Jonsson)이고, 욘 토르손(Jon Thorsson)의 딸의 부칭은 욘스도티르(Jonsdottir)로 같지 않다.

14 정답 ③

정답해설

제시된 상황에 따라 B팀 소속 선수 3명의 국내 순위는 각각 2위, 5위, 8위이다. 또한 C팀 선수 중 국내 순위가 가장 낮은 선수가 A팀 선수 중 국내 순위가 가장 높은 선수보다 국내 순위가 높다고 했으므로 C팀 선수 3명은 모두 A팀 선수 4명보다 국내 순위가 높다.

따라서 국내 순위 1~10위 선수의 소속팀은 다음과 같다.

1위	2위	3위	4위	5위	6위	7위	8위	9위	10위
C	B	C	C	B	A	A	B	A	A

ㄱ. 국내 순위 1위 선수의 소속팀은 C팀이다.

ㄹ. 국내 순위 3위 선수와 4위 선수는 모두 C팀 선수이다.

오답해설

ㄴ. A팀 소속 선수 중 국내 순위가 가장 낮은 선수는 10위이다.

ㄷ. 국가대표는 국내 순위가 높은 선수가 우선으로 선발되나, A, B, C팀 소속 선수가 최소한 1명씩은 포함되어야 하므로 1위(C팀), 2위(B팀), 3위(C팀), 6위(A팀)가 선발된다. 따라서 국가대표 중 국내 순위가 가장 낮은 선수는 6위이다.

15 정답 ⑤

정답해설

제시문의 내용을 식으로 정리하면 다음과 같다.

- 2A+B=Q
- X+2Y=A
- Z+W=B
- Z=0.5B → 2Z=B
- W=0.5B → 2W=B

Q 100리터를 생산하는 데 최소 비용이 들기 위해서는 Z와 W 중 리터당 가격이 더 낮은 원료 W를 사용해야 한다.

Q=2A+B=2(X+2Y)+2W=2X+4Y+2W=2×1+4×2+2×3=16만 원/리터

따라서 Q를 100리터 생산하는 데 드는 최소 비용은 16×100=1,600만 원이다.

16 정답 ⑤

정답해설

ㄷ. n > 3이므로 n을 4라고 가정하면 제시된 상황에 따라 4번째 게임에서 경기가 종료되어야 한다. 이때 2번째 게임까지 甲과 乙 중 1명이 모두 이겼다면, 경기는 2번째 게임에서 종료되었을 것이다. 따라서 4번째 게임에서 경기가 종료되기 위해서는 (n−2)=4−2=2번째 게임 종료 후 두 선수의 점수가 각각 1점으로 같아야 한다.

ㄹ. n > 3이므로 n을 4라고 가정하면 (n−3)=4−3=1번째 게임에서 乙이 이길 수 있는 경우도 가능하다.

오답해설

ㄱ. 甲이 승자가 되기 위해서는 乙보다 2점이 많아야 하므로 마지막 게임과 그 바로 전 게임을 甲이 모두 이겨야 하며, 그 이전까지 甲과 乙의 점수가 같아야 한다. n > 3이므로 n을 5라고 가정하면, 甲이 승자가 되기 위해서는 4번째, 5번째 게임을 甲이 모두 이기고, 그 이전 3번의 게임 결과 甲과 乙의 점수가 같아야 한다. 그러나 3번의 게임은 홀수이기 때문에 甲과 乙의 점수가 동점이 될 수 없으므로 n이 홀수인 경우는 없다.

ㄴ. 甲이 경기의 승자가 되기 위해서는 게임이 종료되는 시점에 甲이 乙보다 2점이 많아야 한다. 즉, n번째 게임과 (n−1)번째 게임에서는 甲이 이겨야 한다. 따라서 (n−1)번째 게임에서는 乙이 이길 수 없다.

17 정답 ②

정답해설

甲이 3경기에서 총 157점을 획득하려면 2경기에서 1순위(100점)와 2순위(50점)를 한 번씩 기록하여야 하고, 공동 순위를 기록할 때는 157−(100+50)=7점을 얻어야 한다.

만약 공동 순위가 3명이라면 해당 순위를 포함하여 공동 순위자의 수만큼 이어진 순위 각각에 따른 점수의 합이 21점이어야 7점을 얻을 수 있다. 그러나 점수의 합이 21점인 경우는 없으므로 6순위로 공동 순위가 2명일 때 (8+6)÷2=7점을 얻을 수 있다.

따라서 甲이 치른 3경기의 순위를 모두 합한 수는 1+2+6=9이다.

18

정답 ①

정답해설

甲의 대화 내용에 따르면 甲은 결재에 접속할 수 없고 乙, 丙, 丁은 모두 결재에 접속할 수 있다. 이어서 丙의 대화 내용에 따르면 丙은 문의에 접속할 수 있으며, 丁의 대화 내용에 따르면 丁은 공지에 접속할 수 없고 丙은 공지에 접속할 수 있다. 甲~丁은 메일, 공지, 결재, 문의 중 접속할 수 없는 메뉴가 각자 1개 이상 있으므로 공지, 결재, 문의에 모두 접속할 수 있는 丙은 메일에 접속할 수 없다. 이에 따라 甲은 결재 외에 乙, 丙, 丁이 모두 접속할 수 있는 문의에 접속할 수 없으므로 메일과 공지에 접속할 수 있다. 마지막으로 乙의 대화 내용에 따르면, 乙은 메일과 공지에 접속할 수 없다.
甲~丁의 메일, 공지, 결재, 문의 메뉴 접속 가능 여부를 정리하면 다음과 같다.

(가능 : ○, 불가능 : ×)

구분	메일	공지	결재	문의
甲	○	○	×	×
乙	×	×	○	○
丙	×	○	○	○
丁		×	○	○

따라서 甲은 공지에 접속할 수 있다.

오답해설

②·③ 乙은 메일에 접속할 수 없고, 결재와 문의 2개의 메뉴에 접속할 수 있다.
④ 丁은 문의에 접속할 수 있다.
⑤ 공지는 甲과 丙이 공통으로 접속할 수 있는 메뉴이다.

19

정답 ③

정답해설

A의 키를 acm, B의 키를 bcm, 1층 바닥면에서 2층 바닥면까지의 높이를 hcm라고 하면, 다음과 같은 식이 성립한다.
$h-a+b=240$ … ㉠
$h-b+a=220$ … ㉡
㉠과 ㉡을 연립하여 ㉠+㉡을 하면, $2h=460 \rightarrow h=230$
따라서 1층 바닥면에서 2층 바닥면까지의 높이는 230cm이다.

20

정답 ④

정답해설

2023년도 기준 인원이 30명 미만이거나 운영비가 1억 원 미만인 예술단체를 선정하므로 A단체는 대상에서 제외된다.
배정액 산정식에 따라 B~D단체에 지급될 배정액을 구하면 다음과 같다.
- B : $(2\times0.5)+(4\times0.2)=1.8$억 원
- C : $(3\times0.2)+(3\times0.5)=2.1$억 원
- D : $(0.8\times0.5)+(5\times0.2)=1.4$억 원

인원이 많은 단체부터 순차적으로 지급하고, 예산 부족으로 산정된 금액 전부를 지급할 수 없는 단체에는 예산 잔액이 배정되므로 순차적으로 D단체에 1.4억 원, B단체에 1.8억 원이 지급되고, C단체에는 $4-(1.4+1.8)=0.8$억 원이 지급된다.
따라서 가장 많은 액수를 지급받을 예술단체의 배정액은 1억 8,000만 원이다.

합격 가이드

제시된 조건에 따라 계산 전 제외할 수 있는 부분을 제외하고 문제를 풀면 풀이시간을 단축시킬 수 있다. 2023년도 기준 인원이 30명 이상이거나 운영비가 1억 원 이상인 예술단체는 지원대상에서 제외되므로 A단체를 제외한 후 나머지 단체들의 배정액만 계산하면 된다.

21

정답 ③

정답해설

甲, 丙, 丁의 대화 내용에 따르면 2×2로 배열된 책상의 앞줄에는 乙과 丙이 앉고, 뒷줄에는 甲과 丁이 앉는다. 乙의 대화 내용에 따라 乙은 교육 둘째 날 출석했으므로 교육 둘째 날에 결석한 甲 바로 앞사람은 丙이다. 이에 따라 乙은 丁 바로 앞에 앉는다.
교육 셋째 날에는 丙 바로 뒷사람인 甲만 결석했고, 교육 넷째 날에는 丁 바로 앞사람인 乙과 丁만 교육을 받았으므로 甲과 丙은 결석했다.
교육 첫째 날과 마지막 날은 4명 모두 교육을 받았으므로 甲~丁의 출석 여부를 정리하면 다음과 같다.

(출석 : ○, 결석 : ×)

구분	월	화	수	목	금
甲	○	○	×	×	○
乙	○	○	○	○	○
丙	○	×	○	×	○
丁	○	○	○	○	○

따라서 직무교육을 이수하기 위해서는 4일 이상 교육을 받아야 하므로 직무교육을 이수하지 못한 사람은 甲과 丙이다.

22

정답 ④

정답해설

열 마리의 다람쥐가 각자 최소 1개부터 최대 10개까지 각자 서로 다른 개수의 도토리를 모았고, 도토리를 모은 모습이 매일 동일하게 반복됐다고 했으므로 첫째 날과 둘째 날 모두 열 마리가 모은 도토리의 개수는 각각 1~10개이다.
열 마리의 다람쥐는 두 마리씩 쌍을 이루어 그날 모은 도토리 개수를 비교해서 그 차이 값에 해당하는 개수의 도토리를 먹었다. 첫째 날 각 쌍이 먹은 도토리 개수는 모두 동일했고 둘째 날 각 쌍이 먹은 도토리 개수도 모두 동일했으나 첫째 날 각 쌍이 먹은 도토리 개수와 둘째 날 각 쌍이 먹은 도토리 개수는 서로 달랐으므로 다음과 같이 쌍을 이루어 먹게 된다.
- 각 쌍이 5개를 먹은 경우 : 10, 5 / 9, 4 / 8, 3 / 7, 2 / 6, 1
- 각 쌍이 1개를 먹은 경우 : 10, 9 / 8, 7 / 6, 5 / 4, 3 / 2, 1

따라서 (가)에 해당하는 수는 $5-1=4$이다.

23

정답 ②

정답해설

물탱크에 물은 3월 1일부터 매일 900리터씩 채운다. 3월 1일부터 5일까지는 매일 300리터씩 사용하므로 물탱크의 물 잔여량은 매일 600리터씩 늘고, 3월 6일부터 10일까지는 매일 500리터씩 사용하므로 물 잔여량은 매일 400리터씩 는다. 또한, 3월 11일부터는 15일까지는 매일 700리터씩 사용하므로 물 잔여량은 매일 200리터씩 늘고 15일에는 아파트 외벽 청소로 1,000리터를 추가로 사용하므로 15일에 물 잔여량은 (900−300)×5+(900−500)×5+(900−700)×5−1,000=5,000리터가 된다.

3월 16일부터 31일까지는 물탱크의 물 잔여량이 매일 200리터씩 늘어 31일 물 잔여량은 5,000+(900−700)×16=8,200리터가 된다. 이후 4월 1일부터 5일까지도 물 잔여량이 매일 200리터씩 늘어 8,200+(900−700)×5=9,200리터가 된다.

물탱크가 가득 차기까지 남은 800리터는 4월 6일에 채울 수 있으므로 처음으로 물탱크가 가득 차는 날은 4월 6일이다.

24

정답 ⑤

정답해설

정답을 맞힌 경우, 난이도에 따라 부여되는 추가점수는 1번 문제가 $\frac{1}{3}$점, 2번 문제가 1점, 3번 문제가 $\frac{1}{3}$점, 4번 문제가 3점이다. 5번과 6번 문제는 정답률이 50%이므로 해당 문제를 틀린 사람의 수와 맞힌 사람의 수가 같아 추가점수는 각각 1점이다.

ㄱ. 甲이 최대 점수를 받을 수 있는 경우는 5번과 6번 문제 모두 정답을 맞혔을 때이다. 이때 甲이 최종적으로 받을 수 있는 최대 점수는 5문제를 맞혔으므로 기본점수 5점에 추가점수 $\frac{1}{3}+\frac{1}{3}+3+1+1=\frac{1+1+9+3+3}{3}=\frac{17}{3}$점이 부여되어 $5+\frac{17}{3}=\frac{15+17}{3}=\frac{32}{3}$점이다.

ㄴ. 甲~丁 중 甲은 1~4번 문제 중 3문제를 맞혔으므로 받은 점수가 가장 높다. 乙, 丙, 丁은 모두 2문제씩 맞혔으나 乙의 추가점수는 $\frac{1}{3}+\frac{1}{3}=\frac{2}{3}$점, 丙과 丁의 추가점수는 각각 $\frac{1}{3}+1=\frac{4}{3}$점이므로 1~4번 문제에서 받은 점수의 합은 乙이 가장 낮다.

ㄹ. 5번과 6번 문제는 정답률이 50%이므로 각각 甲~丁 중 2명이 맞혔다. 따라서 甲~丁 4명은 총 13문제를 맞혔으므로 4명이 받은 기본점수는 13점이고, 추가점수는 $\frac{1}{3}\times6+1\times6+3=11$점이므로 4명이 받은 점수의 총합은 24점이다.

오답해설

ㄷ. 6문제의 기본점수와 추가점수를 모두 합한 총합 점수가 5점 이상인 사람이 합격한다. 이때 甲은 5번과 6번 문제를 모두 틀렸어도 총합 점수 $3+\frac{1}{3}+\frac{1}{3}+3=\frac{9+1+1+9}{3}=\frac{20}{3}$점으로 합격하고, 乙은 5번과 6번 문제 모두 맞힌다면 총합 점수 $4+\frac{1}{3}+\frac{1}{3}+1+1=\frac{12+1+1+3+3}{3}=\frac{20}{3}$점으로 합격할 수 있다. 또한 丙과 丁은 각각 5번과 6번 문제 중 한 문제만 맞힌다면 총합 점수 $3+\frac{1}{3}+1+1=\frac{9+1+3+3}{3}=\frac{16}{3}$점으로 합격할 수 있다. 따라서 4명 모두가 합격할 수 있다.

25

정답 ①

정답해설

ㄱ. A의 경우 2023년 12월 1일 대비 2024년 1월 1일 총점수 증감폭은 6,000−7,500=−1,500점으로, A는 2022년 챔피언십 대회에서 우승을 하여 2,000점을 획득했지만, 2023년에는 3위를 하여 500점을 획득함으로써 증감폭이 −1,500점이 된 것이다. 따라서 2022년 챔피언십 대회 우승자는 A였음을 알 수 있다.

ㄴ. B의 경우는 2023년 12월 1일 대비 2024년 1월 1일 총점수 증감폭이 7,250−7,000=250점으로, B는 2022년 챔피언십 대회에서 4위를 하여 250점을 획득하고 2023년 챔피언십 대회에서 3위를 하여 500점을 획득해야 하지만, A가 2023년 챔피언십 대회에서 3위를 하여 500점을 획득했기 때문에 B는 3위를 할 수 없다. 그러므로 B는 2022년 챔피언십 대회에 참가를 하지 못하고, 2023년 챔피언십 대회에서 4위를 하여 250점을 획득하였음을 알 수 있다.

오답해설

ㄷ · ㄹ. 2023년 12월 1일 대비 2024년 1월 1일 총점수 증감폭은 C의 경우는 7,500−6,500=1,000점으로, C는 2022년 챔피언십 대회에 참가하지 못하고 2023년 챔피언십 대회에서 준우승을 하여 1,000점을 획득하였다. 반면, D의 경우는 7,000−5,000=2,000점으로, D는 2022년 챔피언십 대회에 참가하지 못하고 2023년 챔피언십 대회에서 우승을 하여 2,000점을 획득한 것이다. 따라서 D는 2023년 챔피언십 대회 우승자이고, 2022년 챔피언십 대회 3위가 아니다.

PART 1

7급 / 민간경력자 PSAT 필수이론

CHAPTER 01 언어논리 필수이론

유형 1 세부내용 파악 및 내용 확장

1 유형의 이해

언어논리에서 가장 많이 등장하는 유형이지만 제재가 무엇인지에 따라 또 제시문의 난이도에 따라 천차만별의 문제가 만들어질 수 있는 유형이다. 흔히들 이 유형은 단순히 꼼꼼하게 읽으면 누구나 맞힐 수 있다고 생각하지만 의외로 정답률이 높지 않다는 점에 유념할 필요가 있다. 또한, 간단히 내용을 이해하는 것을 넘어 제시문의 내용을 통해 제3의 내용을 이끌어내는 이른바 추론형 문제의 경우 형식논리와 결부되어 출제되기도 한다.

2 발문유형

- 다음 글에서 알 수 있는 것은?
- 다음 글에서 추론할 수 있는 것은?
- 다음 글의 내용과 부합하지 않는 것은?

3 접근법

1. 첫머리에 주목

흔히들 제시문의 첫 부분에 나오는 구체적인 내용들은 중요하지 않은 정보라고 판단하여 넘기곤 한다. 하지만 의외로 첫 부분에 등장하는 내용이 문장으로 구성되는 경우가 상당히 많은 편이다. 물론 그 선택지가 답이 되는 경우는 드물지만 첫 문단은 글 전체의 흐름을 알게 해주는 길잡이와 같은 역할도 하므로 지엽적인 정보라도 꼼꼼하게 챙기도록 하자.

2. 여러 항목이 나열되어 있는 제시문

매년 2문제 정도 출제되는 유형으로, 많은 수험생들이 이러한 유형의 제시문은 어떻게 밑줄 내지는 표시를 해야 하는지에 대해 고민을 하곤 한다. 예를 들어, 제시문에 'A, B, C로 세분된다'라는 문장이 나올 때 문단 아래를 스캔해보면서 이 단어들을 각각 설명하고 있는지를 찾아보자. 만약 그렇다면 저 문장에서는 'A, B, C'에 표시를 하지 않고 아래에 등장하는 해당 단어에 표시를 해두자. 이름표를 확실히 붙여주는 것이다. 그렇게 하면 선택지에서 다시 찾아 올라갈 때 상당히 편리하고 또한 시험지에 이중으로 표시되는 것도 막을 수 있다.

3. 기존의 지식

선택지를 읽다 보면 제시문에서는 언급되어 있지 않지만 우리가 흔히 알고 있는 지식을 이용한 것들을 종종 만나게 된다. 이는 대부분 함정이며 제시문을 벗어난 기존의 지식을 응용한 선택지는 오답이라고 봐도 무방하다. 물론, 극소수의 문제에서 기존의 지식을 활용하는 것이 도움이 되는 경우도 있다. 하지만 지식을 묻는 과목이 아닌 언어논리에서의 지식은 오히려 해가 될 가능성이 더 높다는 점에 유의하자.

4 생각해 볼 부분

하나의 문제를 분석할 때 단순히 그 문제를 맞고 틀리고만 체크할 것이 아니라 파생 가능한 선택지까지 예측해보는 습관을 길러야 한다. 어차피 똑같은 제시문이 두 번 출제되지는 않지만 그 기본 아이디어는 반복해서 출제될 수 있기 때문이다.

예제　2022년 7급(가책형) 2번

다음 글에서 알 수 있는 것은?

> 세종이 즉위한 이듬해 5월에 대마도의 왜구가 충청도 해안에 와서 노략질하는 일이 벌어졌다. 이 왜구는 황해도 해주 앞바다에도 나타나 조선군과 교전을 벌인 후 명의 땅인 요동반도 방향으로 북상했다. 세종에게 왕위를 물려주고 상왕으로 있던 태종은 이종무에게 "북상한 왜구가 본거지로 되돌아가기 전에 대마도를 정벌하라!"라고 명했다. 이에 따라 이종무는 군사를 모아 대마도 정벌에 나섰다.
>
> 남북으로 긴 대마도에는 섬을 남과 북의 두 부분으로 나누는 중간에 아소만이라는 곳이 있는데, 이 만의 초입에 두지포라는 요충지가 있었다. 이종무는 이곳을 공격한 후 귀순을 요구하면 대마도주가 응할 것이라 보았다. 그는 6월 20일 두지포에 상륙해 왜인 마을을 불사른 후 계획대로 대마도주에게 서신을 보내 귀순을 요구했다. 하지만 대마도주는 이에 반응을 보이지 않았다. 분노한 이종무는 대마도주를 사로잡아 항복을 받아내기로 하고, 니로라는 곳에 병력을 상륙시켰다. 하지만 그곳에서 조선군은 매복한 적의 공격으로 크게 패했다. 이에 이종무는 군사를 거두어 거제도 견내량으로 돌아왔다.
>
> 이종무가 견내량으로 돌아온 다음 날, 태종은 요동반도로 북상했던 대마도의 왜구가 그곳으로부터 남하하던 도중 충청도에서 조운선을 공격했다는 보고를 받았다. 이 사건이 일어난 지 며칠 지나지 않았음을 알게 된 태종은 왜구가 대마도에 당도하기 전에 바다에서 격파해야 한다고 생각하고, 이종무에게 그들을 공격하라고 명했다. 그런데 이 명이 내려진 후에 새로운 보고가 들어왔다. 대마도의 왜구가 요동반도에 상륙했다가 크게 패배하는 바람에 살아남은 자가 겨우 300여 명에 불과하다는 것이었다. 이 보고를 접한 태종은 대마도주가 거느린 병사가 많이 죽어 그 세력이 꺾였으니 그에게 다시금 귀순을 요구하면 응할 것으로 판단했다. 이에 그는 이종무에게 내린 출진 명령을 취소하고, 측근 중 적임자를 골라 대마도주에게 귀순을 요구하는 사신으로 보냈다. 이 사신을 만난 대마도주는 고심 끝에 조선에 귀순하기로 했다.

① 해주 앞바다에 나타나 조선군과 싸운 대마도의 왜구가 요동반도를 향해 북상한 뒤 이종무의 군대가 대마도로 건너갔다.
② 조선이 왜구의 본거지인 대마도를 공격하기로 하자 명의 군대도 대마도까지 가서 정벌에 참여하였다.
③ 이종무는 세종이 대마도에 보내는 사절단에 포함되어 대마도를 여러 차례 방문하였다.
④ 태종은 대마도 정벌을 준비하였지만, 세종의 반대로 뜻을 이루지 못하였다.
⑤ 조선군이 대마도주를 사로잡기 위해 상륙하였다가 패배한 곳은 견내량이다.

해주 앞바다에 나타난 왜구가 조선군과 교전을 벌인 후 요동반도 방향으로 북상하자 태종의 명령으로 이종무가 대마도 정벌에 나섰다고 하였다.

답 ①

발문 접근법

크게 '① 부합하는 것은?, ② 알 수 있는 것은?, ③ 추론할 수 있는 것은?'의 세 가지 유형으로 나누어 볼 수 있는데 이들 간의 차이점을 기계적으로 딱 잘라서 나누기는 어렵다. 일단 ①과 ②는 문제의 접근 방법에 큰 차이는 없다. 다만 미묘한 차이가 있다면 ②는 거의 대부분의 선택지가 제시문의 문장을 거의 그대로 활용하는 경향이 강한 반면, ①은 추론을 통해 유추해야 하는 선택지가 좀 더 많이 등장한다는 점이다. 반면 ③은 거의 대부분의 선택지가 추론과정을 통한 것들로 이루어져 있으며, 오히려 제시문에서 사용된 표현과 유사한 내용이 등장하면 오답인 경우가 많다.

제시문 접근법

이 유형의 제시문은 대부분 설명문의 형태로 주어진다. 따라서 독해 시 가장 중요한 것은 주요 핵심 키워드를 빠르게 찾는 것인데, 단순히 키워드를 찾는 것에 그치기 보다는 이들 사이에 어떤 관계가 있는지를 파악해야 한다. 즉, 시간의 순서가 강조되는 것인지 아니면 어느 하나가 다른 것들을 포괄하는 관계인지 등을 파악해야 한다는 것이다. 만약 시간의 순서를 다루는 제시문이라면 정답은 중간 단계를 서술한 선택지에 있을 가능성이 높다. 반면 포괄 관계에 있는 키워드들을 다루고 있다면 그 연결을 다르게 한 선택지가 정답일 확률이 높다. 즉, A와 B, C와 D가 연관된 키워드라면 A와 D, B와 C를 연결하여 선택지를 구성하는 것이 일반적이다.

선택지 접근법

이른바 선택지 스캐닝이 반드시 필요한 유형이다. 선택지의 내용을 자세히 읽어보지 않더라도 선택지에서 반복되는 문구를 통해 제시문의 제재를 파악할 수 있기 때문이다. 통상 이 유형의 제시문은 등장하는 정보의 양이 상당히 많은 편이어서 자칫 잘못하면 지엽적인 내용에 빠져들 가능성이 있다. 따라서 선택지 스캐닝을 통해 파악한 제재를 일종의 나침반으로 삼아 읽어나가야 한다.

유형 2 복수 견해 간의 관계 분석

1 유형의 이해

어느 특정한 주제에 대해 복수의 입장이 제시되며 선택지를 통해 이들 간의 관계를 판단하는 유형이다. 7급 / 민간경력자 수준에서는 최대 4개의 견해들이 제시되는 편이며 2개의 견해가 서로 대립하는 경우도 종종 출제되고 있다. 3개의 견해가 제시되는 경우 가장 기본적인 형태는 (A, C) ↔ (B)의 형태이지만 이런 기본형이 출제되는 경우는 드물다. 대부분은 결론은 대립하는 모양새를 보일지라도 그 세부 내용에서는 서로 같은 입장을 취하는 부분이 존재하는 편이며, 이 교차점을 이용해 선택지가 구성된다.

2 발문 유형

- 다음 글의 (가)~(다)에 대한 분석으로 옳은 것만을 〈보기〉에서 모두 고르면?
- 다음 논쟁에 대한 분석으로 적절한 것만을 〈보기〉에서 모두 고르면?

3 접근법

1. A, B형 제시문

가장 전형적인 유형이다. 난이도가 낮다면 A, B라는 단어가 제시문 전체에 걸쳐 등장하므로 이른바 '찾아가며 풀기' 전략이 통할 수 있으나 다른 단어로 치환하여 등장할 경우는 그것이 사실상 불가능하다. 따라서 A, B형이 존재한다는 것에 그치지 말고 각각의 주요 키워드를 하나씩 잡고 제시문을 읽는 것이 올바른 독해법이다.

2. (가), (나), (다)형 제시문

3~4개의 견해가 등장하는 경우이며 명시적으로 (가)~(다)가 주어지는 경우도 있지만 그렇지 않고 문단으로만 구분되는 경우도 있다. 이 경우는 시각적으로 각각의 견해가 구분되는 만큼 상대적으로 풀이가 용이한 편이다. 다만, 이 경우는 각각의 문단에 해당되는 견해만 서술하는 것이 아니라 다른 견해와의 차이점(예를 들어, B견해를 논하면서 'B는 A와는 달리 ~하다'라고 언급하는 부분)이 같이 녹아있는 경우가 많다. 바로 이 부분을 잘 구분하는 것이 관건이며 실제 정답도 이 포인트에 있는 경우가 많다.

3. 통합형 제시문

위 2와 달리 전체 제시문 안에서 각각의 견해가 구분되지 않고 문단 속에 녹아들어 있는 경우이다. 수험생의 입장에서는 가장 까다로운 형태인데, 사실 이 유형은 제시문의 내용 자체는 어렵지 않은 반면 각각의 견해에 대한 내용이 제시문 여기저기에 흩어져 있다는 것이 문제가 된다. 따라서 제목과 대립되는 단어에 자신만의 표시를 해두는 것이 중요하다. 통상 선택지에서는 대립되는 견해(예 ~주의)가 여럿 등장하지만 제시문에서는 한눈에 이것이 구분되지 않는 경우가 해당한다.

4 생각해 볼 부분

대화형 제시문 유형도 종종 만나게 된다. 甲, 乙, 丙 등의 대화가 주어지는 경우가 이에 해당하는데, 구체적인 접근법은 위 1, 2와 유사하지만 대화의 내용이 피상적인 경우가 많은데다가 상대방의 의견을 자신이 대신 말해주는 구조(예를 들어, '당신은 ~라고 생각하고 있는 것 같군요'와 같은 표현)가 많은 것이 특징이다. 서술형 제시문과 달리 눈에 띄는 단어나 어구가 없으므로 자칫 긴장을 풀고 읽을 경우 정말 아무것도 건지지 못하는 상황이 생길 수 있다. 따라서 사소한 말일지라도 이것이 함축하는 의미가 무엇인지를 잘 따져보기 바란다.

예제 2022년 7급(가책형) 11번

다음 글의 A~C에 대한 평가로 적절한 것만을 〈보기〉에서 모두 고르면?

인간 존엄성은 모든 인간이 단지 인간이기 때문에 갖는 것으로서, 인간의 숭고한 도덕적 지위나 인간에 대한 윤리적 대우의 근거로 여겨진다. 다음은 인간 존엄성 개념에 대한 A~C의 비판이다.

A : 인간 존엄성은 그 의미가 무엇인지에 대해 사람마다 생각이 달라서 불명료할 뿐 아니라 무용한 개념이다. 가령 존엄성은 존엄사를 옹호하거나 반대하는 논증 모두에서 각각의 주장을 정당화하는 데 사용된다. 어떤 이는 존엄성이란 말을 '자율성의 존중'이라는 뜻으로, 어떤 이는 '생명의 신성함'이라는 뜻으로 사용한다. 결국 쟁점은 존엄성이 아니라 자율성의 존중이나 생명의 가치에 관한 문제이며, 존엄성이란 개념 자체는 그 논의에서 실질적으로 중요한 기여를 하지 않는다.

B : 인간의 권리에 대한 문서에서 존엄성이 광범위하게 사용되는 것은 기독교 신학과 같이 인간 존엄성을 언급하는 많은 종교적 문헌의 영향으로 보인다. 이러한 종교적 뿌리는 어떤 이에게는 가치 있는 것이지만, 다른 이에겐 그런 존엄성 개념을 의심할 근거가 되기도 한다. 특히 존엄성을 신이 인간에게 부여한 독특한 지위로 생각함으로써 인간이 스스로를 지나치게 높게 보도록 했다는 점은 비판을 받아 마땅하다. 이는 인간으로 하여금 인간이 아닌 종과 환경에 대해 인간 자신들이 원하는 것을 마음대로 해도 된다는 오만을 낳았다.

C : 인간 존엄성은 인간이 이성적 존재임을 들어 동물이나 세계에 대해 인간 중심적인 견해를 옹호해 온 근대 휴머니즘의 유산이다. 존엄성은 인간종이 그 자체로 다른 종이나 심지어 환경 자체보다 더 큰 가치가 있다고 생각하는 종족주의의 한 표현에 불과하다. 인간 존엄성은 우리가 서로를 가치 있게 여기도록 만들기도 하지만, 인간 외의 다른 존재에 대해서는 그 대상이 인간이라면 결코 용납하지 않았을 폭력적 처사를 정당화하는 근거로 활용된다.

보 기

ㄱ. 많은 논란에도 불구하고 존엄사를 인정한 연명의료결정법의 시행은 A의 주장을 약화시키는 사례이다.
ㄴ. C의 주장은 화장품의 안전성 검사를 위한 동물실험의 금지를 촉구하는 캠페인의 근거로 활용될 수 있다.
ㄷ. B와 C는 인간에게 특권적 지위를 부여하는 인간 중심적인 생각을 비판한다는 점에서 공통적이다.

① ㄱ
② ㄷ
③ ㄱ, ㄴ
④ ㄴ, ㄷ
⑤ ㄱ, ㄴ, ㄷ

ㄴ. C는 인간 존엄성이 인간 중심적인 견해이며, 인간 외의 다른 존재에 대해서 폭력적 처사를 정당화하는 근거로 활용된다고 하였다. 따라서 C의 주장은 동물실험의 금지를 촉구하는 캠페인의 근거로 활용가능하다.
ㄷ. B는 인간 존엄성을 신이 인간에게 부여한 독특한 지위로 보면서 이를 비판하고 있으며 C는 위에서 설명한 바와 같다.

답 ④

발문 접근법

이 유형은 대부분의 경우 발문 자체에서 '논쟁'이라는 단어를 사용하는 경우도 있지만, 대개는 이를 생략하고 제시문에 여러 의견이 등장함을 알려주는 것에 그친다. 따라서 발문을 확인한 후에는 제시문이 어떤 식으로 구성되어 있는지(앞 페이지에서 언급한 형태 참조) 판단하고 선택지에 대한 스캐닝에 들어가야 한다. 이 유형의 발문에서는 ① 복수 견해 간의 관계를 묻는 선택지(대립, 양립 가능 등), ② 특정한 사례가 주어지고 이것이 각각의 견해를 강화 혹은 약화하는지를 묻는 선택지가 주로 출제된다.

제시문 접근법

앞 페이지의 A, B형 제시문, (가), (나), (다)형 제시문, 통합형 제시문, 대화형 제시문의 내용을 참조하기 바란다.

선택지 접근법

이 유형의 문제에서는 주로 ㄱ~ㄷ형의 선택지가 제시되는 편이며 하나의 선택지에서 두 개의 견해를 같이 다루는 경우가 많다. 즉, 제시문에서 직접적으로 언급되지 않은 제3의 사례가 주어지고 그에 대해 복수의 당사자가 찬성하는지 반대하는지의 여부를 묻는 경우가 그것이다. 과거에는 '甲은 찬성하고 乙은 반대할 것이다'와 같이 두 견해의 차이점을 묻는 경우가 많았던 반면, 최근에는 '甲과 乙 모두 찬성할 것이다'와 같이 두 견해의 공통점을 묻는 경우가 많다. 실제 문제를 풀어보면 공통점을 묻는 후자의 경우가 훨씬 난도가 높다.

한 가지 추가할 것은 양립 가능하다는 것의 의미는 두 논증의 내용이 서로 동일하다는 것을 의미하진 않는다는 것이다. 이는 두 논증의 교집합이 존재할 수 있는지를 묻는 것이다. 따라서 외견상으로는 서로 대립되는 내용처럼 보일지라도 절충점이 존재한다면 그것은 양립 가능하다. 또한 어느 하나가 다른 하나의 논증에 포함되는 경우에도 양립 가능하다고 판단한다.

유형 3 논증의 분석 / 추가 전제

1 유형의 이해

일반적인 논설문의 형태를 띠고 있으나 그 세부적인 문장들이 논리적인 관계를 가지는 유형으로, 언어논리 전체를 통틀어 가장 어려운 난도의 유형이다. 가장 기본적인 형태로는 제시문의 여러 문장들에 밑줄이 그어져 있고 이 문장들 간의 관계를 묻는 것이며, 이것이 진화한 형태가 이른바 '추가로 필요한 전제'를 찾는 유형이다. 후자의 경우 전체적인 논증의 흐름을 꿰뚫고 있어야 풀이가 가능하며 수험생들이 어려워하는 철학지문, 과학지문을 이용해 출제되기도 한다.

2 발문 유형

- 다음 글에 대한 분석으로 적절하지 않은 것은?
- 다음 글의 결론을 이끌어내기 위해 추가해야 할 전제만을 〈보기〉에서 모두 고르면?

3 접근법

1. 꼬리에 꼬리를 무는 논증

가장 기본적인 형태로, 키워드만 잘 잡고 이를 연결하면 아무리 복잡한 논증구조를 가지고 있더라도 쉽게 정답을 찾아낼 수 있다. 이 유형에서 가장 중요한 것은 키워드를 잡는 것이다. 난이도가 낮은 제시문이라면 키워드들이 모두 동일한 단어로 주어지겠지만, 이는 얼마든지 같은 의미를 지니는 단어 내지는 어구로 변환하여 출제될 수 있다. 이럴 때에는 주어진 단어들을 그대로 사용하지 말고 이를 포괄하는 간단한 단어 하나로 통일한 후 과감하게 단순화시키는 것이 중요하다. 비슷한 의미이긴 한데 조금은 다르다고 생각하여 각각을 별개의 논증으로 놓으면 그 어느 명제도 연결되지 않는 상황이 생기고 만다.

2. Ⓐ와 Ⓔ가 모두 참이면 Ⓒ는 반드시 참 or 동시에 참

가장 빈출되는 유형이 이와 같이 제시문의 부분만을 활용하여 논증의 타당성을 묻는 것이다. 이 유형은 난도가 매우 높은 관계로 실전에서는 선택지에서 언급된 밑줄 친 문장들을 따라가기 급급한 것이 현실이다. 그런데 실상을 따져보면 의외로 간단한 로직을 가지고 있다. 즉, 선택지에서 Ⓒ로 언급된 것들은 그냥 아무 의미 없이 선정된 것이 아니라 '소주제'급의 문장들이라는 것이다. 즉, 이 유형은 전체 주제와 어긋나는 문장을 찾고 이것이 개입된 선택지를 배제하라는 것과 같다고 봐도 무방하다.

3. 논리전개가 점프한 지점, 그리고 선택지의 활용

추가 전제 찾기 유형의 문제는 아무리 복잡하게 주어지더라도 주어진 논증을 정리해보면 어느 단계에서 아무런 근거 없이 논리전개가 '점프'하는 부분이 나오게 된다. 바로 그 부분을 공략한 선택지를 찾으면 되는 것이다. 그런데 이 과정에서 주의할 점은 선택지를 활용해야 한다는 것이다. 일부 수험생의 경우 이러한 문제를 풀 때 백지상태, 즉 선택지를 참고하지 않고 생략된 전제를 찾으려고 하는 경향이 있는데 매우 바람직하지 못하다. 어찌되었든 제시문에서 언급된 결론을 끌어내야 하는 것이 종착역이니만큼 선택지를 통해 이 전제를 끌어낼 수 있게 만들면 그만이다. 숨겨진 전제 찾기는 시작도 끝도 선택지이다.

4 생각해 볼 부분

제시문에서 조건문의 형식을 가진 문장이 나오면 일단 '조건식을 이용한 문제가 아닐까'하는 의문을 가져야 함은 당연하다. 하지만 그것이 지나쳐서 그러한 문제들을 모조리 조건식으로만 풀이하려는 수험생들이 있는데 이는 매우 바람직하지 못하다. 제시된 물음과 답변을 조건식으로 변환하여 선택지를 분석했을 때 딱딱 맞아떨어지는 것이 몇 개나 있었는가? 형식논리학이 모든 논리구조를 포섭하려는 시도를 하고는 있지만 수험생의 입장에서 그 시도들에 반드시 합류할 필요는 없다. 형식논리학은 논증분석의 한 부분일 뿐이다.

예제 2022년 7급(가책형) 12번

다음 글의 〈논증〉에 대한 분석으로 적절한 것만을 〈보기〉에서 모두 고르면?

우리는 죽음이 나쁜 것이라고 믿는다. 죽고 나면 우리가 존재하지 않기 때문이다. 루크레티우스는 우리가 존재하지 않기 때문에 죽음이 나쁜 것이라면 우리가 태어나기 이전의 비존재도 나쁘다고 말해야 한다고 생각했다. 그러나 우리는 태어나기 이전에 우리가 존재하지 않았다는 사실에 대해서 애석해 하지 않는다. 따라서 루크레티우스는 죽음 이후의 비존재에 대해서도 애석해 할 필요가 없다고 주장했다. 다음은 이러한 루크레티우스의 주장을 반박하는 논증이다.

〈논 증〉

우리는 죽음의 시기가 뒤로 미루어짐으로써 더 오래 사는 상황을 상상해 볼 수 있다. 예를 들어, 50살에 교통사고로 세상을 떠난 누군가를 생각해 보자. 그 사고가 아니었다면 그는 70살이나 80살까지 더 살 수도 있었을 것이다. 그렇다면 50살에 그가 죽은 것은 그의 인생에 일어날 수 있는 여러 가능성 중에 하나였다. 그런데 ㉠ 내가 더 일찍 태어나는 것은 상상할 수 없다. 물론, 조산이나 제왕절개로 내가 조금 더 일찍 세상에 태어날 수도 있었을 것이다. 하지만 여기서 고려해야 할 것은 나의 존재의 시작이다. 나를 있게 하는 것은 특정한 정자와 난자의 결합이다. 누군가는 내 부모님이 10년 앞서 임신할 수 있었다고 주장할 수도 있다. 그러나 그랬다면 내가 아니라 나의 형제가 태어났을 것이다. 그렇기 때문에 '더 일찍 태어났더라면'이라고 말해도 그것이 실제로 내가 더 일찍 태어났을 가능성을 상상한 것은 아니다. 나의 존재는 내가 수정된 바로 그 특정 정자와 난자의 결합에 기초한다. 그러므로 ㉡ 내가 더 일찍 태어나는 일은 불가능하다. 나의 사망 시점은 달라질 수 있지만, 나의 출생 시점은 그렇지 않다. 그런 의미에서 출생은 내 인생 전체를 놓고 볼 때 하나의 필연적인 사건이다. 결국 죽음의 시기를 뒤로 미뤄 더 오래 사는 것은 가능하지만, 출생의 시기를 앞당겨 더 오래 사는 것은 불가능하다. 따라서 내가 더 일찍 태어나지 않은 것은 나쁜 일이 될 수 없다. 즉 죽음 이후와는 달리 ㉢ 태어나기 이전의 비존재는 나쁘다고 말할 수 없다.

보 기

ㄱ. 냉동 보관된 정자와 난자가 수정되어 태어난 사람의 경우를 고려하면, ㉠은 거짓이다.
ㄴ. ㉠에 "어떤 사건이 가능하면, 그것의 발생을 상상할 수 있다."라는 전제를 추가하면, ㉡을 이끌어 낼 수 있다.
ㄷ. ㉢에 "태어나기 이전의 비존재가 나쁘다면, 내가 더 일찍 태어나는 것이 가능하다."라는 전제를 추가하면, ㉡의 부정을 이끌어 낼 수 있다.

① ㄱ
② ㄷ
③ ㄱ, ㄴ
④ ㄴ, ㄷ
⑤ ㄱ, ㄴ, ㄷ

ㄱ. 나를 있게 하는 것의 핵심은 '특정한 정자와 난자의 결합'이다. ㉠과 같이 주장하는 이유는 그 결합 시점을 인위적으로 조절할 수 없기 때문인데, 그 특정한 정자와 난자가 냉동되어 수정 시험이 조절 가능하다면 내가 더 일찍 태어나는 것도 가능하게 된다.
ㄴ. ㉠ : A는 상상할 수 없다.
선택지의 대우명제 : A를 상상할 수 없다면 A가 불가능하다.
결론 : 따라서 A는 불가능하다.
A에 '내가 더 일찍 태어나는 것'을 대입하면 ㉡을 이끌어 낼 수 있다.
ㄷ. ㉢ : 태어나기 이전의 비존재는 나쁘다.
선택지의 명제 : 태어나기 이전의 비존재가 나쁘다면, 내가 더 일찍 태어나는 것이 가능하다.
결론 : 내가 더 일찍 태어나는 것이 가능하다.
결론의 명제는 ㉡의 부정과 같다.

답 ⑤

발문 접근법

이 유형의 문제에서는 반드시 '논증'과 '분석'이라는 단어가 같이 나오기 마련이다. 따라서 문제에서 이와 같은 단어가 주어져있다면 제시문을 구성하는 문장들이 논리적인 연결점을 갖는 형태로 구성되어 있다는 것을 알 수 있다. 즉, 이 유형의 문제를 만나게 되면 제시문을 읽을 때 단순히 내용만을 파악하며 읽을 것이 아니라 논리적으로 어떻게 내용이 전개되는 지를 같이 확인하며 읽어야 한다.

제시문 접근법

가장 일반적인 형태인 ⓐ~ⓔ 밑줄형 제시문이 등장했다면 밑줄들을 스캐닝하면서 주제와 같은 뉘앙스를 보이는 것을 찾아보자(설사 그것이 실제 주제가 아니어도 괜찮다). 반드시 주제는 이 밑줄 중 하나에 있기 마련이기 때문인데, 가급적 문단별로 이러한 문장들을 하나씩 찾는 것이 좋다(이렇게 할 경우 대략 2~3개 정도를 선정할 수 있게 된다). 그러고 나서 밑줄이 없다고 생각하고 빠르게 제시문을 읽어보자. 여기서 읽는다는 것의 의미는 세부적인 내용을 모두 파악하라는 것이 아니라 큰 뼈대를 잡기 위한 독해를 의미한다. 만약 자신이 선별한 주제가 옳았다면 그대로 선택지를 판단하면 될 것이다. 즉, '주제 스캐닝 → 개괄 독해 → 선택지 판단과 함께 세부 독해'의 과정을 거치는 것이다. 만약 자신이 선별한 주제가 아니었다고 해도 문제가 되지 않는다. 밑줄의 개수는 많아야 5개이므로 자신이 선정하지 않았던 밑줄들이 주제가 될 수밖에 없다. 어차피 이런 유형의 문제라면 최소 3분 이상은 투입해야 한다. 따라서 이와 같은 풀이가 가능한 것이다.

선택지 접근법

이 유형의 문제에서는 밑줄의 문장에 더해 제시문에서 언급되지 않은 제3의 문장이 추가되어 이의 참 거짓을 가리게끔 선택지가 구성된다. 이는 어떤 단서도 없이 갑자기 선택지에서 등장하는 것이 아니라, 제시문의 논리 전개상 어딘가 명확하지 않게 점프하는 곳이 있었다는 것을 의미한다. 제시문을 읽을 때 이와 같은 부분을 미리 파악했다면 보다 쉽게 선택지를 판단할 수 있을 것이다.

유형 4 강화·약화/사례의 연결

1 유형의 이해

강화 · 약화 문제는 매년 1~2문제씩 꼭 출제되는 단골 유형인데 이와 같은 문제를 만나게 되면 논리식을 복잡하게 세울 것이 아니라 결론을 끌어내기 위해 어떤 방향으로 논증이 흘러가는지 정리하는 것을 최우선으로 해야 한다. 그리고 선택지를 이 흐름에 대입시켜 전개 방향이 옳게 가는 것인지 반대로 가는 것인지를 판단한 후 정오를 판단하면 된다. PSAT의 강화 · 약화 문제는 어떤 의미에서는 그다지 엄밀해 보이지 않는 일종의 '감'으로 풀어나가는 것이 효율적일 수 있으며 대부분의 문제는 그 수준에서 풀이가 가능하다.

2 발문 유형

- 다음 글에 대한 평가로 적절하지 않은 것은?
- 다음 글의 논증을 약화하는 것만을 〈보기〉에서 모두 고르면?
- 다음 글의 ㉠을 지지하는 것만을 〈보기〉에서 모두 고르면?

3 접근법

1. 추론형 + 일치·부합형 = 강화·약화

사실 강화 · 약화 문제는 논리적으로 엄밀하게 분석한다면 끝도 없이 어려워지는 유형이다. 하지만 PSAT에서는 그러한 풀이를 요구하는 것이 아니라 전체 논증과 방향성이 일치하는지 여부를 판정하는 수준으로 출제된다. 크게 보아 강화 · 약화 유형은 추론형과 일치 · 부합형 문제를 섞어 놓은 것이다. 딱 그만큼의 수준으로 풀이하면 된다.

2. 오답 선택지의 분석은 불필요하다.

많은 수험생들이 '강화 · 약화' 유형의 문제를 매우 어려워한다. 이는 정답이 아닌 선택지를 놓고 이것이 약화인지, 무관한 것인지를 따지기 때문이다. 문제의 특성상 강화 · 약화 문제의 경우 정답 선택지를 제외한 나머지는 어느 하나로 딱 떨어지지 않는 경우가 대부분이며 보는 시각에 따라 다른 평가를 내릴 가능성이 매우 높다. 따라서 강화 · 약화 문제의 경우는 만약 '강화'를 찾는 것이라면 '강화인 것'과 '강화가 아닌 것'의 범주로 나누는 것으로 충분하다. 즉, 명확하게 확인이 되는 것이면 모르겠지만 그렇지 않은 '강화가 아닌 것'을 굳이 '약화'와 '무관'으로 나누려고 하지 말라는 것이다. 실제 출제도 그렇게 이루어진다.

3. 핵심 논지 이외의 것들

입장의 강화 · 약화 문제는 반드시 핵심 논지와 연결되어야 하는 것은 아니며 논지를 전개해 나가는데 언급되었던 세부적인 논증들 모두가 대상이 될 수 있다. 따라서 논지와 직접 연결되지 않는다고 하여 무조건 영향을 미치지 않는다고 판단하는 실수를 범하지 말기 바란다.

4 생각해 볼 부분

강화 · 약화 유형이 한 단계 업그레이드된 것이 바로 '사례 연결형 문제'이다. 이는 주로 과학 실험형 제시문과 결합되어 출제되는 편이며 추상적인 진술이 아닌 구체적인 실험 내지는 관찰 결과가 제시된 논증에 어떠한 영향을 미치는지를 판단하게끔 하고 있다. 이 유형에서 가장 중요한 것은 실험 내지는 관찰 결과의 '독립변수'가 무엇인지를 찾는 것이다. 즉, 이 독립변수의 조작 여부를 다루는 선택지를 최우선으로 판단하도록 하자. 독립변수가 아닌 제3의 변수가 조작된 선택지는 곧바로 배제해도 무방하다.

예제 2022년 7급(가책형) 21번

다음 글의 ㉠과 ㉡에 대한 평가로 적절한 것만을 〈보기〉에서 모두 고르면?

진화론에 따르면 개체는 배우자 선택에 있어서 생존과 번식에 유리한 개체를 선호할 것으로 예측된다. 그런데 생존과 번식에 유리한 능력은 한 가지가 아니므로 합리적 선택은 단순하지 않다. 예를 들어 배우자 후보 α와 β가 있는데, 사냥 능력은 α가 우수한 반면, 위험 회피 능력은 β가 우수하다고 하자. 이 경우 개체는 더 중요하다고 판단하는 능력에 기초하여 배우자를 선택하는 것이 합리적이다. 이를테면 사냥 능력에 가중치를 둔다면 α를 선택하는 것이 합리적이라는 것이다. 그런데 α와 β보다 사냥 능력은 떨어지나 위험 회피 능력은 α와 β의 중간쯤 되는 새로운 배우자 후보 γ가 나타난 경우를 생각해 보자. 이때 개체는 애초의 판단 기준을 유지할 수도 있고 변경할 수도 있다. 즉 애초의 판단 기준에 따르면 선택이 바뀔 이유가 없음에도 불구하고, 새로운 후보의 출현에 의해 판단 기준이 바뀌어 위험 회피 능력이 우수한 β를 선택할 수 있다.

한 과학자는 동물의 배우자 선택에 있어 새로운 배우자 후보가 출현하는 경우, ㉠ 애초의 판단 기준을 유지한다는 가설과 ㉡ 판단 기준에 변화가 발생한다는 가설을 검증하기 위해 다음과 같은 실험을 수행하였다.

〈실 험〉

X 개구리의 경우, 암컷은 두 가지 기준으로 수컷을 고르는데, 수컷의 울음소리 톤이 일정할수록 선호하고 울음소리 빈도가 높을수록 선호한다. 세 마리의 수컷 A~C는 각각 다른 소리를 내는데, 울음소리 톤은 C가 가장 일정하고 B가 가장 일정하지 않다. 울음소리 빈도는 A가 가장 높고 C가 가장 낮다. 과학자는 A~C의 울음소리를 발정기의 암컷으로부터 동일한 거리에 있는 서로 다른 위치에서 들려주었다. 상황 1에서는 수컷 두 마리의 울음소리만을 들려주었으며, 상황 2에서는 수컷 세 마리의 울음소리를 모두 들려주고 각 상황에서 암컷이 어느 쪽으로 이동하는지 비교하였다. 암컷은 들려준 울음소리 중 가장 선호하는 쪽으로 이동한다.

보 기

ㄱ. 상황 1에서 암컷에게 들려준 소리가 A, B인 경우 암컷이 A로, 상황 2에서는 C로 이동했다면, ㉠은 강화되지 않지만 ㉡은 강화된다.
ㄴ. 상황 1에서 암컷에게 들려준 소리가 B, C인 경우 암컷이 B로, 상황 2에서는 A로 이동했다면, ㉠은 강화되지만 ㉡은 강화되지 않는다.
ㄷ. 상황 1에서 암컷에게 들려준 소리가 A, C인 경우 암컷이 C로, 상황 2에서는 A로 이동했다면, ㉠은 강화되지 않지만 ㉡은 강화된다.

① ㄱ
② ㄷ
③ ㄱ, ㄴ
④ ㄴ, ㄷ
⑤ ㄱ, ㄴ, ㄷ

실험의 조건에 따라 선호도를 정리하면 다음과 같다.
톤 : C>A>B
빈도 : A>B>C
ㄴ. B, C 중 B를 선택했다면 암컷이 빈도를 기준으로 삼고 있는 것이며, A, B, C 중 A를 선택했다는 것 역시 빈도를 기준으로 삼고 있다는 것이다. 따라서 이 실험결과는 ㉠을 강화하고, ㉡은 강화하지 않는다.
ㄷ. A, C 중 C를 선택했다면 암컷이 톤을 기준으로 삼고 있는 것이며, A, B, C 중 A를 선택했다는 것은 기준을 빈도로 변경했다는 것이다. 따라서 이 실험결과는 ㉠을 강화하지 않고, ㉡을 강화한다.

답 ④

발문 접근법

'강화 · 약화'라는 단어가 직접적으로 제시되는 경우도 있지만 그에 못지않게 '평가'라는 표현도 자주 등장한다. 최근에는 발문만으로는 판단하기 어렵고 선택지를 통해서 강화 · 약화형 문제임을 알 수 있게끔 구성된 문제들도 종종 출제되고 있다.

제시문 접근법

대부분의 문제가 논지를 강화 혹은 약화하는 것을 찾는 것이니만큼 가장 먼저 해야 할 일은 논지를 찾는 것임은 당연하다. 문제는 그것만으로는 부족하다는 것이다. 이 유형의 제시문들을 몇 개 모아두고 꼼꼼히 분석해보자. 문장들 하나하나가 치밀한 구조로 연결되어 있음을 알 수 있으며 그 구조를 파악하는 것이 이 문제의 핵심이라는 것을 알 수 있을 것이다. 즉, 논지를 끌어내기 위해 제시문이 어떠한 코스를 선택했는지를 판단해야 한다는 것이다. 강화 · 약화는 이 코스들의 중간 정거장 하나를 선택해 흔들어 보는 것이다. 대부분의 제시문들이 정반합의 관계 내지는 시간의 흐름에 따른 순차적 구조로 구성되어 있으므로 이 정거장들을 자신만의 방법을 이용해 표기해두자.

선택지 접근법

'강화하지 않는다' 혹은 '약화하지 않는다'라는 표현을 자주 접하게 되는데 이 표현은 액면 그대로 해석해야 한다. 즉, '강화하지 않는다'라는 것은 약화되거나 혹은 아무런 영향이 없다는 의미 그 이상도 이하도 아니다. 따라서 앞서 언급한 것처럼 약화인지 아니면 아무런 영향이 없는 것인지는 굳이 구별하여 판단할 필요가 없다. 또한 기출문제들을 분석해보면, 아무런 영향이 없다고 서술한 선택지가 정답이 되는 경우는 거의 없었다는 점도 첨언한다.

유형 5 빈칸 채우기

1 유형의 이해

언어논리의 문항을 분류할 때 흔히 '표현능력'으로 나타내는 빈칸 채우기 유형은 가장 전략적인 풀이가 필요한 형태 중 하나이다. 초창기에는 앞뒤의 문장만으로도 빈칸을 채울 수 있었으나 최근에는 제시문 전체의 흐름을 이해하고 있어야 정답을 찾을 수 있게끔 출제되고 있으며 난도 역시 그만큼 높아져 있는 상태이다.

2 발문 유형

- 다음 글의 문맥상 (가)~(마)에 들어갈 내용으로 적절하지 않은 것은?
- 다음 글의 (가)와 (나)에 들어갈 말을 〈보기〉에서 골라 가장 적절하게 짝지은 것은?
- 다음 글의 빈칸에 들어갈 내용으로 가장 적절한 것은?

3 접근법

1. 부연설명과 예시에 주목하자

빈칸을 채우는 유형에서 가장 기본이 되는 것은 빈칸 앞뒤에 위치하고 있는 부연설명과 예시이다. 물론 일반론적인 설명이 그 전에 제시되기는 하지만 많은 경우에 그 문장만을 읽어서는 이해가 잘 안 되는 편이다. 때문에 대부분의 지문에서는 그 이후에 이를 이해하기 쉬운 단어를 사용하여 다시 설명하거나 아니면 직접적인 사례를 들어 설명한다. 앞서 언급된 일반론적인 설명보다 오히려 이런 부분을 이용하면 보다 간결하게 빈칸을 채울 수 있다.

2. 선택지 소거법의 활용

물론 정석대로 풀이하자면 문단별로 핵심 내용을 파악하여 의미가 통하는 선택지를 골라야 한다. 하지만 선택지 중 최소 1~2개는 눈에 띄는 키워드만으로도 연결이 가능하게끔 출제된다. 반드시 이를 통해 선택지를 소거한 후 좁혀진 경우의 수를 가지고 대입해야 한다. 특히 이러한 문단은 중간에 위치하는 경우가 많다. 단순히 (가)부터 (라)까지 순차적으로 풀이하는 수험생과 이렇게 전략적으로 풀이하는 수험생의 소요시간은 많게는 2분 이상 차이가 나게 되는데 2분이면 한 문제를 풀 수 있는 시간임을 명심하자.

3. 중간 문단의 빈칸을 먼저 확인하자

빈칸 채우기 유형은 해당 문단 하나만 봐서는 애매한 것들이 많다. 따라서 다른 빈칸들과 계속 연결지어가면서 가장 합리적인 선택지를 골라야 한다. 특히 첫 번째 빈칸은 쉬우면서도 여러 개의 선택지가 모두 가능한 것처럼 느껴지는 경우가 많은 만큼 두 번째 빈칸부터 판단해보는 것도 하나의 방법이다.

4 생각해 볼 부분

빈칸 채우기 유형은 그 쓰임새에 따라 다양한 형태의 문제에 활용될 수 있다. 특히 빈칸 채우기 유형의 문제는 단순히 내용이해의 측면에서 출제되기보다는 삼단논법과 같이 명확하게 답이 떨어질 수 있는 논리적인 추론과정을 묻는 문제로 출제되는 경우가 종종 있는 편이다. 하지만 문제를 처음 맞닥뜨렸을 때 어떠한 유형인지를 판별하는 것은 불가능하므로 제시문을 읽어나갈 때 논리적인 연결고리가 보이면 일단 체크하고 넘어가기 바란다. 다행인 것은 빈칸 채우기 유형에서는 난이도가 매우 낮은 논리적 판단이 요구된다는 사실이다.

예제 2022년 7급(가책형) 7번

다음 글의 (가)와 (나)에 들어갈 말을 적절하게 나열한 것은?

> 서양 사람들은 옛날부터 신이 자연 속에 진리를 감추어 놓았다고 믿고 그 진리를 찾기 위해 노력했다. 그들은 숨겨진 진리가 바로 수학이며 자연물 속에 비례의 형태로 숨어 있다고 생각했다. 또한 신이 자연물에 숨겨 놓은 수많은 진리 중에서도 인체 비례야말로 가장 아름다운 진리의 정수로 여겼다. 그래서 서양 사람들은 예로부터 이러한 신의 진리를 드러내기 위해서 완벽한 인체를 구현하는 데 몰두했다. 레오나르도 다빈치의 「인체 비례도」를 보면, 원과 정사각형을 배치하여 사람의 몸을 표현하고 있다. 가장 기본적인 기하 도형이 인체 비례와 관련 있다는 점에 착안하였던 것이다. 르네상스 시대 건축가들은 이러한 기본 기하 도형으로 건축물을 디자인하면 [(가)] 위대한 건물을 지을 수 있다고 생각했다.
>
> 건축에서 미적 표준으로 인체 비례를 활용하는 조형적 안목은 서양뿐 아니라 동양에서도 찾을 수 있다. 고대부터 중국이나 우리나라에서도 인체 비례를 건축물 축조에 활용하였다. 불국사의 청운교와 백운교는 3 : 4 : 5 비례의 직각삼각형으로 이루어져 있다. 이와 같은 비례로 건축하는 것을 '구고현(勾股弦)법'이라 한다. 뒤꿈치를 바닥에 대고 무릎을 직각으로 구부린 채 누우면 바닥과 다리 사이에 삼각형이 이루어지는데, 이것이 구고현법의 삼각형이다. 짧은 변인 구(勾)는 넓적다리에, 긴 변인 고(股)는 장딴지에 대응하고, 빗변인 현(弦)은 바닥의 선에 대응한다. 이 삼각형은 고대 서양에서 신성불가침의 삼각형이라 불렀던 것과 동일한 비례를 가지고 있다. 동일한 비례를 아름다움의 기준으로 삼았다는 점에서 [(나)]는 것을 알 수 있다.

① (가) : 인체 비례에 숨겨진 신의 진리를 구현한
(나) : 조형미에 대한 동서양의 안목이 유사하였다

② (가) : 신의 진리를 넘어서는 인간의 진리를 구현한
(나) : 인체 실측에 대한 동서양의 계산법이 동일하였다

③ (가) : 인체 비례에 숨겨진 신의 진리를 구현한
(나) : 건축물에 대한 동서양의 공간 활용법이 유사하였다

④ (가) : 신의 진리를 넘어서는 인간의 진리를 구현한
(나) : 조형미에 대한 동서양의 안목이 유사하였다

⑤ (가) : 인체 비례에 숨겨진 신의 진리를 구현한
(나) : 인체 실측에 대한 동서양의 계산법이 동일하였다

(가) 첫 번째 문단에서는 신이 자연 속에 진리를 감추어 놓았고 이것이 자연물 속에 비례의 형태로 숨어 있다고 하였다. 그리고 그 진리 중에서도 인체 비례가 가장 아름다운 진리라고 하였으므로 빈칸에 들어갈 내용으로는 '인체 비례에 숨겨진 신의 진리를 구현한'이 가장 적절하다.

(나) 두 번째 문단에서는 인체 비례를 통한 동양 건축의 사례를 들면서 이것이 고대 서양에서의 비례와 동일하다고 하였으므로 빈칸에 들어갈 내용으로는 '조형미에 대한 동서양의 안목이 유사하였다'가 가장 적절하다.

답 ①

발문 접근법

① 적절한 것, ② 적절하지 않은 것, ③ 올바르게 연결한 것 등으로 주로 출제되는데 접근법에 있어서 이들 간에 특별한 차이는 없다고 봐도 무방하다. 다만 ③ 올바르게 연결한 것을 찾는 유형은 단순히 내용 이해를 통해 판단하는 문제보다는 논리적인 추론 과정을 요하는 경우가 많으며 선택지의 수는 대개 3개 내외에서 결정되는 편이다.

제시문 접근법

가장 먼저 할 일은 제시문을 전체적으로 스캔하면서 글이 설명문인지 논설문인지를 파악하는 것이다. 만약 설명문이라면 전통적인 풀이법인 앞뒤의 문장을 통해 빈칸을 채워나가는 방법이 여전히 유용하다. 하지만 논설문이라면 앞뒤 문장을 통해서만 판단할 경우 오답을 선택할 확률이 높으며, 제시문 전체를 관통하는 주제를 이해해야 하는 경우가 많다. 최근에는 단순히 내용이해에 그치지 않고 제시문 전반에 걸친 논증분석을 통해 빈칸을 채우게 하는 문제도 출제되고 있다. 이 경우 난도는 상승할 수밖에 없다.

선택지 접근법

원칙적으로는 빈칸이 등장하면 제시문을 통한 추론 과정이 필요하다. 즉, 머릿속으로 '이 빈칸에는 이러이러한 내용이 들어가야 맞겠다'는 판단을 한 후에 선택지에서 그와 같은 내용을 찾는 것이다. 하지만 많은 경우 자신이 생각한 내용과 맞아떨어지는 선택지는 좀처럼 찾기 어렵다. 따라서 굳이 그러한 과정을 거치기보다는 선택지의 문장을 곧바로 빈칸에 대입하여 전체 흐름에 맞는지를 판단하는 것이 효율적이다. 즉, '추론 후 선택지'가 아닌, '선택지 후 추론'의 과정을 거쳐야 하는 것이다.
또한 빈칸 채우기 유형의 문제는 난이도가 매우 낮은 문제가 아닌 한 모든 선택지를 분석하게끔 출제된다. 대개 명확하게 정오가 판별되는 것이 2개, 애매하게 중간에 걸쳐있는 것이 3개 정도로 구성되며 이 부분이 일반적인 세부내용 파악 유형의 문제와 차이를 보이는 부분이다. 따라서 선택지를 읽어나가면서 100% 확실한 느낌이 들지 않는다면 일단 제시된 선택지를 모두 판단한다는 생각을 하는 것이 좋다.

유형 6 **논지 찾기**

1 유형의 이해

흔히 말하는 '주제 찾기' 유형이며 PSAT에서 논지만을 묻는 문제는 매우 드물게 출제되는 편이다. 만약 이 유형의 문제가 출제되었다면 확실하게 시간을 아낄 수 있는 문제이므로 최대한 빨리 풀고 다음 문제로 넘어가야 한다. 찾은 논지를 토대로 강화 · 약화 유형과 결부하여 푸는 문제가 자주 출제되고 있다. 이 유형에 대해서는 앞에서 별도로 서술하였다.

2 발문유형

- 다음 글의 중심 내용으로 가장 적절한 것은?

3 접근법

결론 내지는 중심 내용을 찾는 제시문의 경우는 세부적인 내용을 꼼꼼히 살피는 독해보다는 뼈대를 중심으로 크게 읽어나가는 독해가 바람직하다. 만약 제시문에 '첫째, 둘째' 그리고 '첫째(둘째) 근거에 대해 이런 반론을 제기할 수 있다'와 같은 표현들이 등장한다면 이것들이 가장 큰 뼈대가 되는 것들이다. 어찌 보면 전체적인 내용을 파악하는 것보다 이 표현들을 찾는 것이 더 중요할 수 있다.

4 생각해 볼 부분

일반적인 통념에 대해 반대하는 제시문에는 이를 구분하는 장치가 들어있기 마련이다. 예를 들어 '얼핏 ~듯 보이지만'과 같은 문구가 그것인데, 이런 유형의 제시문에서는 통념을 그대로 넣어주고 마치 이것이 제시문에서 주장하고 있는 것처럼 위장하는 경우가 많다. 제시문의 난도가 높아질 경우에는 글을 이해하는 데 힘을 쏟다보니 가장 기본적인 이 프레임을 놓치는 경우가 많다. 하지만 통념과 제시문의 주제를 명확하게 구분할 수만 있더라도 선택지의 절반 이상은 해결할 수 있다는 점은 꼭 기억해두어야 한다.

예제 2022년 7급(가책형) 6번

다음 글의 핵심 논지로 가장 적절한 것은?

> 독일 통일을 지칭하는 '흡수 통일'이라는 용어는 동독이 일방적으로 서독에 흡수되었다는 인상을 준다. 그러나 통일 과정에서 동독 주민들이 보여준 행동을 고려하면 흡수 통일은 오해의 여지를 주는 용어일 수 있다.
>
> 1989년에 동독에서는 지방선거 부정 의혹을 둘러싼 내부 혼란이 발생했다. 그 과정에서 체제에 환멸을 느낀 많은 동독 주민들이 서독으로 탈출했고, 동독 곳곳에서 개혁과 개방을 주장하는 시위의 물결이 일어나기 시작했다. 초기 시위에서 동독 주민들은 여행 · 신앙 · 언론의 자유를 중심에 둔 내부 개혁을 주장했지만 이후 "우리는 하나의 민족이다!"라는 구호와 함께 동독과 서독의 통일을 요구하기 시작했다. 그렇게 변화하는 사회적 분위기 속에서 1990년 3월 18일에 동독 최초이자 최후의 자유총선거가 실시되었다.
>
> 동독 자유총선거를 위한 선거운동 과정에서 서독과 협력하는 동독 정당들이 생겨났고, 이들 정당의 선거운동에 서독 정당과 정치인들이 적극적으로 유세 지원을 하기도 했다. 초반에는 서독 사민당의 지원을 받으며 점진적 통일을 주장하던 동독 사민당이 우세했지만, 실제 선거에서는 서독 기민당의 지원을 받으며 급속한 통일을 주장하던 독일동맹이 승리하게 되었다. 동독 주민들이 자유총선거에서 독일동맹을 선택한 것은 그들 스스로 급속한 통일을 지지한 것이라고 할 수 있다. 이후 동독은 서독과 1990년 5월 18일에 「통화 · 경제 · 사회보장동맹의 창설에 관한 조약」을, 1990년 8월 31일에 「통일조약」을 체결했고, 마침내 1990년 10월 3일에 동서독 통일을 이루게 되었다.
>
> 이처럼 독일 통일의 과정에서 동독 주민들의 주체적인 참여를 확인할 수 있다. 독일 통일을 단순히 흡수 통일이라고 부른다면, 통일 과정에서 중요한 역할을 담당했던 동독 주민들을 배제한다는 오해를 불러일으킬 수 있다. 독일 통일의 과정을 온전히 이해하기 위해서는 동독 주민들의 활동에도 주목할 필요가 있다.

① 자유총선거에서 동독 주민들은 점진적 통일보다 급속한 통일을 지지하는 모습을 보여주었다.
② 독일 통일은 동독이 일방적으로 서독에 흡수되었다는 점에서 흔히 흡수 통일이라고 부른다.
③ 독일 통일은 분단국가가 합의된 절차를 거쳐 통일을 이루었다는 점에서 의의가 있다.
④ 독일 통일 전부터 서독의 정당은 물론 개인도 동독의 선거에 개입할 수 있었다.
⑤ 독일 통일의 과정에서 동독 주민들의 주체적 참여가 큰 역할을 하였다.

제시문은 독일의 통일이 단순히 서독에 의한 흡수 통일이 아닌 동독 주민들의 주체적인 참여를 통해 이뤄진 것임을 설명하고 있다. 나머지 선택지는 이 논지를 이끌어내기 위한 근거들이다.

답 ⑤

발문 접근법

이 유형의 경우 발문에서 특별히 눈여겨보아야 할 부분은 없다. 다만, 앞서 언급한 것처럼 '논지를 강화(약화)하는 것은?'과 같이 다른 유형과 결합하여 발문이 제시되는 경우가 있으므로 주의해야 한다.

제시문 접근법

오로지 논지만을 찾는 제시문이라면 크게 눈여겨봐야 할 부분은 두 개로 압축할 수 있다. 하나는 독자에게 물음을 던지는 문장이며, 나머지 하나는 마지막 문단이다. 전자의 경우는 거의 이 문장의 답변이 주제가 되는 경우가 많지만 간혹 반론을 이와 같은 형식으로 제기하는 경우도 있어 주의가 필요하다. 또한 후자의 경우는 우리가 학창시절부터 학습해 온 내용이지만 여전히 유효하다. 다만, PSAT의 경우 단순히 마지막 문단만으로 논지를 찾을 수 있는 경우는 거의 없다고 봐야하며 이전 문단들의 내용들과 결합하여 주제가 만들어지는 경우가 대부분이라는 것을 유의해야 한다. 단, 마지막 문단에 힘을 주어서 읽어야 한다는 원칙은 변하지 않는다.

선택지 접근법

이 유형의 선택지는 크게 ① 정답이 되는 내용, ② 전체를 포괄하지 못하는 국지적인 내용, ③ 과도한 비약이 담긴 내용, ④ 전혀 무관한 내용 등으로 구성된다. 이 중 수험생들이 가장 어려워하는 부분이 바로 ②이다. 가장 일반적인 방법은 제시문과 동일한 표현이 등장한 선택지를 소거하는 것인데 이는 중학교 내신 수준에서나 가능한 방법이며 실제로도 외형상 이를 구분하는 것은 불가능에 가깝다. 차선으로 선택할 수 있는 방법은 선택지를 따로 분석하지 말고 후보군을 모으는 것이다. 이 중 어느 하나를 다른 하나가 포괄하는 내용일 경우 후자가 답이 될 가능성이 높다. 물론 여기에서도 주의해야 할 것은 이 선택지가 ③ 과도한 비약이 담긴 내용에 해당할 수도 있다는 점이다.

유형 7 과학지문

1 유형의 이해

많은 수험생들이 과학지문이 제시된 문제를 버거워하는 경향이 있어 본서에서도 이를 별도의 유형으로 분리하여 서술하였다. 아무래도 과학지문이 어려운 이유는 제시문에서 언급된 단어들과 내용들이 생소하기 때문일 것인데, 의외로 과학지문의 경우 논리적 함축을 담고 있는 경우가 거의 없어서 제시문 자체를 이해하면 문제는 쉽게 풀리는 경우가 많다. 최근에는 과학지문이 3~4개 정도는 기본적으로 출제되고 있어 이를 피하고서는 안정적인 점수를 획득할 수 없다는 사실을 유념하자.

2 발문 유형

과학지문이라고 하여 특별한 발문이 제시되는 것은 아니며, 앞서 언급한 모든 유형의 문제들이 과학지문과 결부되어 출제될 수 있다.

3 접근법

1. 한 번만 읽고 이해하는 것은 불가능하다

수험생들은 특히나 과학실험에 대한 제시문을 어려워한다. 아무래도 용어가 익숙하지 않고 실험과정에서 과다한 정보가 제시되기 때문일 텐데, 이것은 제시문을 한 번 읽고 실험의 내용을 완벽하게 이해하려는 것에 기인한다. 과학실험 지문은 두 번 읽는다는 생각을 해야 한다. 물론 연속해서 두 번 보는 것이 아니라, 첫 번째에는 큰 얼개를 잡는 느낌으로 읽고 두 번째에는 선택지를 보면서 해당 부분을 찾아가며 자세히 읽는 것이다. 대부분의 실험문제는 제시문만 읽었을 때에는 의미가 명확하게 나타나지 않다가 선택지를 통해 구체화되는 경우가 많다. 한 번에 모든 것을 다 이루려고 하지 말자.

2. 표시는 적게

과학지문을 어려워하는 수험생들의 시험지를 보면, 거의 모든 단어에 동그라미 내지는 네모표시가 되어있고 대부분의 문장에 밑줄이 그어져 있음을 알 수 있다. 이는 중요도의 경중을 가리지 않고 모든 정보에 표시를 했기 때문이다. 다른 주제의 제시문은 처음 보는 주제라고 할지라도 대략적인 중요도가 판단이 되지만 과학지문은 그렇지 않은 경우가 대부분이다. 따라서 '명사들에만 표시를 하고 이들의 관계는 이후에 다시 체크한다'와 같이 자신만의 규칙을 정하고 표시를 최소화하는 것이 좋다. 어차피 한 번은 다시 돌아와 읽어야 한다.

4 생각해 볼 부분

실험 유형의 지문에서 가장 중요한 것은 가설을 정확하게 정리하는 것, 즉 인과관계를 명확하게 하는 것과 선택지의 내용들이 이 가설의 어느 부분을 흔들고 있는지를 확실히 하는 것이다. 다른 유형의 문제는 선택지를 먼저 읽고 제시문으로 올라가는 전략이 가능하지만 실험 유형은 그럴 경우 전혀 엉뚱한 방향으로 답을 선택할 가능성이 높다. 따라서 제시문을 확실하게 정리하지 않은 상태에서는 선택지로 내려가는 것을 삼가는 것이 좋다.

예제 2022년 7급(가책형) 20번

다음 글에서 추론할 수 있는 것만을 〈보기〉에서 모두 고르면?

> 식물의 잎에 있는 기공은 대기로부터 광합성에 필요한 이산화탄소를 흡수하는 통로이다. 기공은 잎에 있는 세포 중 하나인 공변세포의 부피가 커지면 열리고 부피가 작아지면 닫힌다.
>
> 그렇다면 무엇이 공변세포의 부피에 변화를 일으킬까? 햇빛이 있는 낮에, 햇빛 속에 있는 청색광이 공변세포에 있는 양성자 펌프를 작동시킨다. 양성자 펌프의 작동은 공변세포 밖에 있는 칼륨이온과 염소이온이 공변세포 안으로 들어오게 한다. 공변세포 안에 이 이온들의 양이 많아짐에 따라 물이 공변세포 안으로 들어오고, 그 결과로 공변세포의 부피가 커져서 기공이 열린다. 햇빛이 없는 밤이 되면, 공변세포에 있는 양성자 펌프가 작동하지 않고 공변세포 안에 있던 칼륨이온과 염소이온은 밖으로 빠져나간다. 이에 따라 공변세포 안에 있던 물이 밖으로 나가면서 세포의 부피가 작아져서 기공이 닫힌다.
>
> 공변세포의 부피는 식물이 겪는 수분스트레스 반응에 의해 조절될 수도 있다. 식물 안의 수분량이 줄어듦으로써 식물이 수분스트레스를 받는다. 수분스트레스를 받은 식물은 호르몬 A를 분비한다. 호르몬 A는 공변세포에 있는 수용체에 결합하여 공변세포 안에 있던 칼륨이온과 염소이온이 밖으로 빠져나가게 한다. 이에 따라 공변세포 안에 있던 물이 밖으로 나가면서 세포의 부피가 작아진다. 결국 식물이 수분스트레스를 받으면 햇빛이 있더라도 기공이 열리지 않는다.
>
> 또한 기공의 여닫힘은 미생물에 의해 조절되기도 한다. 예를 들면, 식물을 감염시킨 병원균 α는 공변세포의 양성자 펌프를 작동시키는 독소 B를 만든다. 이 독소 B는 공변세포의 부피를 늘려 기공이 닫혀 있어야 하는 때에도 열리게 하고, 결국 식물은 물을 잃어 시들게 된다.

보 기

ㄱ. 한 식물의 동일한 공변세포 안에 있는 칼륨이온의 양은, 햇빛이 있는 낮에 햇빛의 청색광만 차단하는 필름으로 식물을 덮은 경우가 덮지 않은 경우보다 적다.
ㄴ. 수분스트레스를 받은 식물에 양성자 펌프의 작동을 못하게 하면 햇빛이 있는 낮에 기공이 열린다.
ㄷ. 호르몬 A를 분비하는 식물이 햇빛이 있는 낮에 보이는 기공 개폐 상태와 병원균 α에 감염된 식물이 햇빛이 없는 밤에 보이는 기공 개폐 상태는 다르다.

① ㄱ
② ㄴ
③ ㄱ, ㄷ
④ ㄴ, ㄷ
⑤ ㄱ, ㄴ, ㄷ

ㄱ. 일반적인 햇빛이 있는 낮이라면 청색광이 양성자 펌프를 작동시켜 밖에 있는 칼륨이온이 공변세포 안으로 들어오게 되지만 청색광을 차단할 경우에는 그렇지 않아 밖에 있는 칼륨이온이 들어오지 않는다.
ㄷ. 호르몬 A를 분비할 경우 햇빛 여부와 무관하게 기공이 열리지 않으며, 병원균 α는 독소 B를 통해 기공을 열리게 한다.

답 ③

발문 접근법

앞서 언급한 것처럼 과학지문이라고 하여 발문에 따라 다른 접근법이 있는 것은 아니지만 일반적인 내용이해 유형보다는 빈칸을 채우는 유형, 실험결과를 토대로 한 강화 · 약화 유형이 더 자주 등장하는 편이다. 특히 빈칸을 채우는 유형은 전혀 엉뚱한 곳에서 출제되는 것이 아니라 제시문의 주제와 밀접하게 관련된 내용에서 출제되고 있다.

제시문 접근법

과학지문이 가지는 특징 중 하나는 생소한 용어들이 등장한다는 것이다. 이 제시문의 경우 제시문을 스캐닝하면서 가장 먼저 해야 할 것은 각 문단의 첫 문장에 등장하는 공변세포, 양성자 펌프, 수분스트레스 반응, 미생물이라는 단어에 표시하는 것이다. 이 제시문은 바로 이 단어들이 어떤 관계를 가지고 있는지를 찾는 방향으로 독해해야 한다. 단순히 '실험의 결과를 이해하겠다'는 생각으로 독해하는 것과 이와 같이 구체적인 방향을 잡고 읽는 것에는 큰 차이가 있다. 물론, 제시문에 따라서는 처음에 선정한 단어들이 실제로는 중요한 위치를 차지하지 않는 경우가 있을 수 있다. 그때는 그 순간까지 읽었던 부분을 통해 선별된 단어를 중심으로 새로 방향을 잡아 독해하면 될 것이다.

선택지 접근법

과학지문의 경우 선택지를 먼저 보는 과정, 즉 선택지 스캐닝을 추천하지 않는다. 왜냐하면 과학지문의 특성상 제시문에 대한 이해가 없는 상황에서 선택지를 읽는 것은 그야말로 흰 바탕의 검은 글씨를 읽는 것 그 이상도 이하도 아니기 때문이다. 따라서 선택지를 통해서는 반복되는 키워드가 무엇인지 정도만 잡는 것으로 족하다. 만약 그 키워드가 앞서 제시문 접근법에서 언급한 단어와 중복된다면 거의 그 단어가 핵심 어휘라고 봐도 무방하다.

유형 8 논리퀴즈

1 유형의 이해

논리퀴즈는 언어논리와 상황판단 모두에 출제되는 유형인데, 문제의 복잡성이나 난이도 측면에서 언어논리의 것이 조금은 수월한 편이다. 주로 언어논리에서 출제되는 유형은 조건식으로, 보다 구체적으로는 대우명제와의 결합을 통해 반드시 참이 되는 것을 찾는 것에 집중되어 있다.

2 발문 유형

- 다음 글의 내용이 참일 때, 반드시 참인 것만을 〈보기〉에서 모두 고르면?
- 다음 글의 내용이 참일 때, 가해자인 것이 확실한 사람(들)과 가해자가 아닌 것이 확실한 사람(들)의 쌍으로 적절한 것은?

3 접근법

1. 대우명제의 활용

거의 대부분의 논리문제는 대우명제를 결합하여 숨겨진 논리식을 찾는 수준을 벗어나지 않는다. 따라서 '~라면'이 포함된 조건식이 등장한다면 일단 대우명제로 바꾼 것을 같이 적어주는 것이 좋다. 조금 더 과감하게 정리한다면 제시된 조건식은 그 자체로는 사용되지 않고 대우명제로만 사용되는 경우가 대부분이다.

2. 경우의 수

초기 PSAT에서는 진술과 제시문을 토대로 처음부터 참, 거짓이 확정되는 유형이 출제되었으나 최근에는 모든 경우의 수를 열어두는 유형으로 출제 스타일이 진화한 상태이다. 하지만 진술 중 모순이 되는 경우가 '반드시' 한 쌍은 주어지므로 그것을 기반으로 풀어나가기 바란다.

3. 벤다이어그램 vs 논리식

항목이 3개 이하라면 따질 것도 없이 벤다이어그램으로 해결하는 것이 모든 면에서 효과적이다. 간혹 이를 논리식으로 구성하여 풀이하려는 수험생들이 있는데 그것은 항목이 많아져 시각적으로 표현이 어려울 때 사용하는 방법이다. 만약 항목이 3개인 문제를 논리식으로 풀이한다면 선택지 5개를 모두 분석해야 하며, 만약 논리식으로 구현하기 어려운 조건이 들어있다면 풀이의 난도는 상승할 수밖에 없다.

4 생각해 볼 부분

1. A만이 B이다

논리문제를 풀다보면 'A만이 B이다'는 조건을 자주 접하게 된다. 이는 논리식 'B → A'로 전환가능하며 이의 부정은 'B and ~A'라는 것을 함께 기억해두도록 하자. 여러모로 쓰임새가 많은 논리식이다.

2. 정리가 되지 않는 조건

실전에서는 분명 한 가지 정도의 조건이 애매하여 정리가 되지 않는 경우가 존재한다. 이때 무리하게 시간을 들여가며 더 고민하기보다는 일단 정리된 조건만 가지고 선택지를 판단해보자. 5개 중에서 2~3개는 정오판별이 가능할 것이다. 미뤄두었던 조건은 그때 판단해도 늦지 않다.

예제 2022년 7급(가책형) 18번

다음 글의 내용이 참일 때, 반드시 참인 것만을 〈보기〉에서 모두 고르면?

△△처에서는 채용 후보자들을 대상으로 A, B, C, D 네 종류의 자격증 소지 여부를 조사하였다. 그 결과 다음과 같은 사실이 밝혀졌다.
○ A와 D를 둘 다 가진 후보자가 있다.
○ B와 D를 둘 다 가진 후보자는 없다.
○ A나 B를 가진 후보자는 모두 C는 가지고 있지 않다.
○ A를 가진 후보자는 모두 B는 가지고 있지 않다는 것은 사실이 아니다.

보 기

ㄱ. 네 종류 중 세 종류의 자격증을 가지고 있는 후보자는 없다.
ㄴ. 어떤 후보자는 B를 가지고 있지 않고, 또 다른 후보자는 D를 가지고 있지 않다.
ㄷ. D를 가지고 있지 않은 후보자는 누구나 C를 가지고 있지 않다면, 네 종류 중 한 종류의 자격증만 가지고 있는 후보자가 있다.

① ㄱ
② ㄷ
③ ㄱ, ㄴ
④ ㄴ, ㄷ
⑤ ㄱ, ㄴ, ㄷ

ㄱ. 만약 세 종류의 자격증을 가진 후보자가 존재한다면 그 후보자는 A와 D를 모두 가지고 있어야 한다. 그런데 두 번째 조건에 의해 이 후보자는 B를 가지고 있지 않으므로 만약 이 후보자가 세 종류의 자격증을 가지기 위해서는 C도 가지고 있어야 한다. 그런데 세 번째 조건에 의해 이는 참이 될 수 없으므로 세 종류의 자격증을 가진 후보자는 존재할 수 없다.
ㄴ. 확정된 조건이 없으므로 가능한 경우를 따져보면 다음과 같다(갑은 ㄱ을 통해 확정할 수 있음).

구분	A	B	C	D
갑	○	×	×	○
을	○	○	×	×

네 번째 조건을 통해서 A와 B를 모두 가지고 있는 후보자가 존재한다는 것을 확인할 수 있으며, 두 번째 조건을 통해서 이 후보자가 D를 가지고 있지 않음을, 세 번째 조건을 통해서 C를 가지고 있지 않음을 확정할 수 있다.
이에 따르면 갑은 B를 가지고 있지 않으며, 을은 D를 가지고 있지 않다.

답 ③

발문 접근법

대부분의 문제는 '반드시 참'을 찾는 경우를 묻는 경우이므로 논리식의 재구성을 통해 해당 선택지의 내용이 필연적으로 도출되어야 한다. 간혹 난이도가 상승하여 'A의 발언 중 하나는 참이고 하나는 거짓이다.'와 같은 문제가 출제되기도 한다. 이 문제는 주로 수를 따져 모순을 가려내는 문제인데 주로 상황판단 과목에서 출제되고 있다.

제시문 접근법

이 문제와 같이 명제들이 명확하게 구분되어 제시되는 경우 조건식을 정확하게 기호화하기만 한다면 크게 문제될 것은 없다. 반면 문제가 되는 것은 외형적으로는 일반적인 제시문과 큰 차이가 없는 문장들로 제시되는 경우이다(2018년 가책형 10번). 당연히 이 경우는 제시문을 조건 명제들로 재가공하는 과정이 필요하므로 시간소모가 더 많을 수밖에 없는데, 다행히 명제들 자체는 난이도가 낮은 편이다.

선택지 접근법

만약 선택지에서 '존재한다'는 문구가 언급되었다면 거의 대부분 벤다이어그램으로 풀이가 가능한 문제이다. 즉, 이는 제시문의 명제들을 벤다이어그램으로 표시했을때 해당 대상이 확실히 공집합이라고 볼 수는 없다는 것을 의미한다.

유형 9 문단의 배열과 문단의 구조도

1 유형의 이해

문단의 배열 유형은 5급 공채 및 입법고시와 같은 타 PSAT 시험에서는 최소 2년에 한 문제 꼴로 출제되는 유형인데 반해 7급 / 민간경력자 시험에서는 자주 보이지 않는 유형이다. 아마도 25문제라는 물리적인 한계로 인해 출제되지 못하고 있는 것으로 판단되지만 언제든지 다시 출제될 가능성이 있는 유형이기에 대비가 필요하다.

2 발문 유형

- 다음 글의 내용 흐름상 가장 적절한 문단 배열의 순서는?

3 접근법

1. 첫 단어가 중요하다

각 문단을 시작하는 단어는 문단을 연결하는 고리가 되는데 특히, 접속사가 문두에 등장하는 경우라면 이를 통해 앞 문단을 유추할 수 있는 만큼 다른 문단에 비해 더 주의를 집중해야 한다. 때문에 이 유형의 문제에서는 각 문단의 첫 단어에 표시를 해두는 것이 유용하다.

2. 첫 문단의 선택

이 유형의 문제에서는 첫 문단처럼 보이지만 실제로는 그렇지 않은 문단이 거의 예외 없이 등장한다. 흔히들 일반론적인 내용을 다룬 문단이 등장하면 그것이 첫 문단이라고 판단하는 경향이 있는데 실제 시험에서는 이를 역이용하여 함정을 파두는 편이다. 오히려 너무 뚜렷하게 일반론을 다룬 문단이 등장한다면 그것이 첫 문단이 아닐 수도 있음에 주의해야 한다.

4 생각해 볼 부분

문단의 구조도 유형은 배열 문제보다 한 단계 업그레이드 된 유형인데 아직 7급 / 민간경력자 시험에서는 출제된 바 없는 유형이다. 과거 타 PSAT 시험에서는 매년 출제되다시피 했지만 최근에는 그 빈도가 현저하게 낮아진 상황이다. 구조도 역시 순서배열과 그 접근법은 같다. 다만, 단순히 순서를 묻는 것이 아니라 어떠한 관계를 가지면서 그러한 순서를 가지는지를 묻는 것이다. 이 유형에서 가장 중요한 것은 의외로 '주제를 찾는 것'이다. 많은 수험생들이 이것을 가볍게 여기고 순서만을 찾는 데에 몰두하는 경향이 있는데 이는 함정에 걸려들기 딱 좋은 풀이법이다. 또한, 다른 유형의 문제에서는 중요하게 다뤄지지 않는 '부연설명'이 이 유형에서는 매우 중요하게 다뤄진다는 점도 주목해야 할 부분이다.

예제 2019년 민간경력자(나책형) 1번

다음 글의 내용 흐름상 가장 적절한 문단 배열의 순서는?

(가) 회전문의 축은 중심에 있다. 축을 중심으로 통상 네 짝의 문이 계속 돌게 되어 있다. 마치 계속 열려 있는 듯한 착각을 일으키지만, 사실은 네 짝의 문이 계속 안 또는 밖을 차단하도록 만든 것이다. 실질적으로는 열려 있는 순간 없이 계속 닫혀 있는 셈이다.

(나) 문은 열림과 닫힘을 위해 존재한다. 이 본연의 기능을 하지 못한다는 점에서 계속 닫혀 있는 문이 무의미하듯이, 계속 열려 있는 문 또한 그 존재 가치와 의미가 없다. 그런데 현대 사회의 문은 대부분의 경우 닫힌 구조로 사람들을 맞고 있다. 따라서 사람들을 환대하는 것이 아니라 박대하고 있다고 할 수 있다. 그 대표적인 예가 회전문이다. 가만히 회전문의 구조와 그 기능을 머릿속에 그려보라. 그것이 어떤 식으로 열리고 닫히는지 알고는 놀랄 것이다.

(다) 회전문은 인간이 만들고 실용화한 문 가운데 가장 문명적이고 가장 발전된 형태로 보일지 모르지만, 사실상 열림을 가장한 닫힘의 연속이기 때문에 오히려 가장 야만적이며 가장 미개한 형태의 문이다.

(라) 또한 회전문을 이용하는 사람들은 회전문의 구조와 운동 메커니즘에 맞추어야 실수 없이 문을 통과해 안으로 들어가거나 밖으로 나올 수 있다. 어린아이, 허약한 사람, 또는 민첩하지 못한 노인은 쉽게 그것에 맞출 수 없다. 더구나 휠체어를 탄 사람이라면 더 말할 나위도 없다. 이들에게 회전문은 문이 아니다. 실질적으로 닫혀 있는 기능만 하는 문은 문이 아니기 때문이다.

① (가) – (나) – (라) – (다)
② (가) – (라) – (나) – (다)
③ (나) – (가) – (라) – (다)
④ (나) – (다) – (라) – (가)
⑤ (다) – (가) – (라) – (나)

발문 접근법

이 유형의 문제에는 발문에서 크게 주목해야 할 부분은 없는 편이다. 다만, 이를 빈칸 채우기와 결합시켜 '문맥상 다음 글에 이어질 내용으로 가장 적절한 것은?'의 형태로 출제된 적이 있었다.

제시문 접근법

앞서 언급한 것처럼 각 문단의 첫 단어가 가장 중요하지만 그에 못지않게 각 문단의 마지막 문장 역시 중요하다. 특히 그 문장에서 언급된 사례가 다음 단락으로 이어져 구체화되는 경우가 많다. 해당 문제의 (나)는 이의 가장 전형적인 예이다. (나)의 마지막 문장(엄밀히는 그전 문장)에서 '그 대표적인 예가 회전문이다.'라고 하였고 뒤이어 다른 문단이 위치하게 됨을 알 수 있다. 이것만으로도 (나)가 첫 번째 단락이 되어야 함을 알 수 있다.

선택지 접근법

이 유형의 문제는 철저하게 선택지 소거법을 사용해야 한다. 거의 대부분 순서가 혼동이 되는 포인트는 1개 정도에 불과하다. 이를 무시하고 백지상태에서 순서를 찾는 것은 매우 비효율적이다. 물론 앞에서 언급한 것과 같이 첫 문단은 성급하게 결정짓지 말아야 한다. 이 문제의 경우 앞의 제시문 접근법에 따라 (나)가 첫 번째 문단임을 알 수 있었고 그로 인해 선택지 ①, ②, ⑤를 배제할 수 있었다. 하지만 이와 같은 경우는 매우 예외적인 경우이다.

제시문의 소재는 '회전문'이며 (나)에서는 그보다 더 포괄적인 개념인 '문'에 대한 일반적인 내용을 서술하고 있으므로 가장 앞에 위치해야 함을 알 수 있다. 특히 '그 대표적인 예가 회전문이다'라고 언급하고 있는 부분을 통해서도 이를 유추해 볼 수 있다. 또한 (나)의 후반부에는 '회전문의 구조와 기능'이라는 부분이 언급되어 있다. 따라서 이 문구를 통해 (나) 다음에 위치할 문단은 '구조와 기능'을 구체화시킨 (가)가 됨을 알 수 있으며, 그 뒤에는 이를 구체적인 사례를 들며 비판한 (라)가 위치하는 것이 가장 적절하다. 마지막으로는 이를 종합하여 회전문을 가장 미개한 형태의 문으로 규정한 (다)가 들어가야 매끄러울 것이다.

답 ③

유형 10 표현의 수정

1 유형의 이해

빈칸 채우기와 함께 표현능력을 평가하는 또 하나의 유형이다. 최근 들어 빠짐없이 출제되고 있는 유형으로, 공직자로서 올바른 문장을 작성할 수 있는 능력은 필수적이므로 앞으로도 이러한 흐름이 계속될 것으로 예상되는 유형이다.

2 발문 유형

- 다음 글의 ㉠~㉤에서 전체 흐름과 맞지 않는 한 곳을 찾아 수정할 때, 가장 적절한 것은?

3 접근법

1. 주제 찾기

이 유형의 문제를 정확하게 풀기 위해서 가장 중요한 것은 제시문의 '주제'를 찾는 것이다. 7급 / 민간경력자 시험에 출제된 문제들뿐만 아니라 여타 시험에서 출제된 문제를 살펴보면 거의 대부분 정답이 되는 부분은 전체 주제에서 어긋나게 표현된 부분을 찾는 것이었다. 이는 반드시 들어맞는 규칙은 아니지만 통상적인 제시문에서 반론을 다루는 부분은 극히 일부에 지나지 않는다는 점에서 소위 문제를 낼 수 있는 부분이 주제와 연관된 문장들에 많을 수밖에 없기 때문이다. 이는 시간이 촉박하여 선택지 전체를 모두 판단할 수 없을 때 유용하게 활용되는 방법이다.

2. 백지상태에서의 풀이는 금물이다

이 유형 역시 선택지를 최대한 이용해야 한다. 즉, 제시문에서 밑줄이 그어진 문장을 아예 처음부터 선택지의 문장으로 바꿔서 읽는 것이다. 이렇게 풀이하지 않고 일단 밑줄을 읽고 나서 그것이 어색하다고 생각되어 선택지를 읽는 과정을 거친다고 생각해보자. 아마 대부분 이렇게 푸는 것이 더 자연스러울 것이지만 이 방법은 불필요한 시간이 소모될 수밖에 없다. 물론 실제로 선택지의 문장으로 바로 바꿔서 읽는 풀이 과정은 매우 부자연스러울 것이다. 하지만 지속적인 반복을 통해 이 시간을 단축시켜야 한다. 적어도 7급 / 민간경력자 PSAT 시험은 시간만 충분하다면 모든 수험생들이 100점을 받을 수 있는 시험이다. 따라서 시간을 줄이는 것이 관건이다.

4 생각해 볼 부분

PSAT에는 출제된 바 없지만 유사한 다른 시험들에는 4~5개 정도의 문단이 주어지고 그중 전체 내용과 어울리지 않는 문단을 고르라는 문제가 출제된 적이 있다. 문제 풀이의 난이도는 이런 유형이 더 낮을 수 있지만 전체 제시문을 문단별로 분석하며 모두 읽어야 한다는 점에서 오히려 시간소모는 더 많을 수 있는 유형이니 알아두기 바란다.

예제　2022년 7급(가책형) 8번

다음 글의 ㉠~㉤에서 문맥에 맞지 않는 곳을 찾아 적절하게 수정한 것은?

> 반세기 동안 지속되던 냉전 체제가 1991년을 기점으로 붕괴되면서 동유럽 체제가 재편되었다. 동유럽에서는 연방에서 벗어나 많은 국가들이 독립하였다. 이 국가들은 자연스럽게 자본주의 시장경제를 받아들였는데, 이후 몇 년 동안 공통적으로 극심한 경제 위기를 경험하게 되었다. 급기야 IMF(국제통화기금)의 자금 지원을 받게 되는데, 이는 ㉠ 갑작스럽게 외부로부터 도입한 자본주의 시스템에 적응하는 일이 결코 쉽지 않다는 점을 보여준다.
>
> 이 과정에서 해당 국가 국민의 평균 수명이 급격하게 줄어들었는데, 이는 같은 시기 미국, 서유럽 국가들의 평균 수명이 꾸준히 늘었다는 것과 대조적이다. 이러한 현상에 대해 ㉡ 자본주의 시스템 도입을 적극적으로 지지했던 일부 경제학자들은 오래전부터 이어진 ㉢ 동유럽 지역 남성들의 과도한 음주와 흡연, 폭력과 살인 같은 비경제적 요소를 주된 원인으로 꼽았다. 즉 경제 체제의 변화와는 관련이 없다는 것이다.
>
> 이러한 주장에 의문을 품은 영국의 한 연구자는 해당 국가들의 건강 지표가 IMF의 자금 지원 전후로 어떻게 달라졌는지를 살펴보았다. 여러 사회적 상황을 고려하여 통계 모형을 만들고, ㉣ IMF의 자금 지원을 받은 국가와 다른 기관에서 자금 지원을 받은 국가를 비교하였다. 같은 시기 독립한 동유럽 국가 중 슬로베니아만 유일하게 IMF가 아닌 다른 기관에서 돈을 빌렸다. 이때 두 곳의 차이는, IMF는 자금을 지원받은 국가에게 경제와 관련된 구조조정 프로그램을 실시하게 한 반면, 슬로베니아를 지원한 곳은 그렇게 하지 않았다는 점이다. IMF 구조조정 프로그램을 실시한 국가들은 ㉤ 실시 이전부터 결핵 발생률이 크게 증가했던 것으로 나타났다. 그러나 슬로베니아는 같은 기간에 오히려 결핵 사망률이 감소했다. IMF 구조조정 프로그램의 실시 여부는 국가별 결핵 사망률과 일정한 상관관계가 있었던 것이다.

① ㉠을 "자본주의 시스템을 갖추지 않고 지원을 받는 일"로 수정한다.
② ㉡을 "자본주의 시스템 도입을 적극적으로 반대했던"으로 수정한다.
③ ㉢을 "수출입과 같은 국제 경제적 요소"로 수정한다.
④ ㉣을 "IMF의 자금 지원 직후 경제 성장률이 상승한 국가와 하락한 국가"로 수정한다.
⑤ ㉤을 "실시 이후부터 결핵 사망률이 크게 증가했던 것"으로 수정한다.

IMF의 자금 지원 전후로 결핵 발생률이 다르게 나타난다는 결과가 나와야 하므로 '실시 이전'부터를 '실시 이후'로 수정해야 한다.

답 ⑤

발문 접근법

이 유형의 문제에는 발문 자체만으로 주목할 만한 내용은 없는 편이다. 다만, 현재까지 이 유형의 문제가 밑줄 5개의 5지선다형으로만 출제되었으나 밑줄이 그보다 적어지면서 ㄱ, ㄴ, ㄷ, ㄹ형으로 출제될 가능성도 있다. 물론 그 경우 난이도는 상승할 것으로 예상된다.

제시문 접근법

통상 이 유형의 제시문은 문제의 특성상 설명문 유형이 될 가능성이 매우 높은데, 문제의 포인트가 세부 내용을 묻는 것이 아닌 만큼 제시문의 구성 자체는 매우 단순한 편이다. 즉, 서두에서 전체적인 배경 설명과 함께 주제를 어느 정도 암시하게 해주며, 중반부에서는 이를 구체적으로 서술한 후 마지막 문단에서 이를 정리하여 결론에 이르는 구조를 벗어나지 않는다.

선택지 접근법

이 유형의 문제는 해당 문제가 출제되기 전까지는 밑줄 친 부분 중 단 한 곳만이 잘못된 상태로 출제되었다. 이는 뒤집어 생각하면 선택지의 내용 중 4개는 옳지 않은 내용이었다는 것을 의미한다. 즉, 선택지만 읽어보면 최소한 제시문의 주제와 반대되는 내용이 무엇인지는 대략적으로 가늠할 수 있게되어, 결국은 제시문의 주제를 추론해 낼 수 있다는 것을 의미한다. 이른바 선택지 4:1의 법칙을 이 유형에 적용한 것인데 이는 시간이 매우 촉박하여 제시문을 모두 읽을 시간이 없는 상황에서 활용할 수 있는 방법이다.

CHAPTER 02

자료해석 필수이론

유형 1 선택지 판단의 강약조절

1 유형의 이해

흔히들 자료해석에서 가장 중요한 것이 선택지의 경중을 판별하는 능력이라고 한다. 즉, 어떤 선택지를 '스킵'할 것인지를 통해 제한된 시간을 효율적으로 활용할 수 있게 하는 능력이 중요하다는 것이다. 그런데 어떻게 그것을 판별할 것인가? 기본적인 몇 가지의 경우는 실제로 선택지를 풀어보지 않더라도 경중을 따질 수 있다. 여기서는 가장 대표적인 몇 가지를 소개한다.

2 접근법

1. 선택지 스캐닝과 순서 바꾸기

모든 과목에서 선택지 스캐닝의 중요성을 강조하지만 자료해석은 거의 절대적이라고 해도 과언이 아니다. 일단 선택지를 눈으로 읽으면서 그들 사이의 서열을 어느 정도 가늠할 수 있어야 한다. 이 과정은 단순히 읽는 과정이 아니라, 해당 선택지를 판단하기 위해서는 어떤 계산이 필요한지를 판단하는 과정임에 주의하자. 아래의 내용은 이를 위한 가장 대표적인 기준들이며 이 기준들을 통해서 판별된 선택지들은 선택지 ①부터 ⑤까지를 순서대로 판단할 것이 아니라 그 경중에 따라 판단해야 한다.

시험지의 선택지 순서	스캐닝	실제 풀이 순서
① .... ② .... ③ .... ④ .... ⑤	⇨	③ .... ⑤ .... ① .... ② .... ④ ....

2. 계산이 필요 없는 선택지

선택지 5개 중에서 계산 없이 단순히 자료에서 해당 항목을 찾기만 해도 정오판별이 가능한 것이 반드시 1~2개는 존재한다. 이러한 선택지는 찾아야 할 항목이 너무 많지 않다면(개인차는 있을 수 있으나 대략 5개 정도를 한계선으로 본다) 0순위로 판단해야 한다. 주로 대소관계를 따지거나 증감방향의 일치 여부가 이에 해당한다.

연도 \ 지역	수도권	비수도권
2012	0.37	1.47
2013	1.20	1.30
2014	2.68	2.06
2015	1.90	2.77
2016	2.99	2.97
2017	4.31	3.97
2018	6.11	3.64

ㄱ. 비수도권의 지가변동률은 매년 상승하였다(계산 필요 없음).
ㄴ. 비수도권의 지가변동률이 수도권의 지가변동률보다 높은 연도는 3개이다(계산 필요 없음).
ㄷ. 전년 대비 지가변동률 차이가 가장 큰 연도는 수도권과 비수도권이 동일하다(계산 필요).

3. 순위 찾기

흔히 두 개 항목의 특정 연도 순위 혹은 하나의 항목의 두 개 연도가 동일한지의 여부를 묻는 형태로 출제된다. 지금까지의 기출을 살펴보면 이 순위는 거의 5위권 이내에서 결정되었다. 따라서 아무리 전체 항목의 수가 많다고 하더라도 스킵하지 말고 판단하는 것을 추천한다.

- 2017년 대비 2018년 '전체 제조업계 내 순위'와 '자동차 업계 내 순위'가 모두 상승한 브랜드는 2개뿐이다.
- PC 보유율이 네 번째로 높은 지역은 인터넷 이용률도 네 번째로 높다.

4. ㄱ, ㄴ, ㄷ, ㄹ형 선택지

ㄱ, ㄴ, ㄷ, ㄹ형 문제는 ㄱ부터 순차적으로 판단하는 것이 아니라 철저하게 전략적으로 판단해야 한다. 일단 본격적인 풀이에 들어가기에 앞서 각 선택지들을 훑으며 계산 없이 곧바로 판단이 가능한 것들이 있는지 살피고, 그러한 항목이 있다면 정오를 판별한 후 바로 선택지로 넘어가 소거법을 적용해야 한다. 경우에 따라서 2개만 확인하고도 정답을 찾을 수 있으니 반드시 선택지를 활용하길 바란다.

ㄱ. 학년별 전체 상담건수 중 '상담직원'의 상담건수가 차지하는 비중이 큰 학년부터 순서대로 나열하면 1학년, 2학년, 3학년, 4학년 순이다(나눗셈이 필요한 선택지).
ㄴ. '진로컨설턴트'가 상담한 유형이 모두 진로상담이고, '상담직원'이 상담한 유형이 모두 생활상담 또는 학업상담이라면, '교수'가 상담한 유형 중 진로상담이 차지하는 비중은 30% 이상이다(나눗셈이 필요한 선택지).
ㄷ. 상담건수가 많은 학년부터 순서대로 나열하면 4학년, 1학년, 2학년, 3학년 순이다(단순 확인).
ㄹ. 최소 한 번이라도 상담을 받은 학생 수는 4,600명 이하이다(덧셈과 뺄셈을 이용한 단순 계산).

5. 곱셈비교, 분수비교가 필요한 선택지

자료해석에서 가장 많이 접하게 되는 선택지이며 대부분은 정오판별을 해야 한다. 하지만 이 선택지들은 첫 번째 풀이에서는 건너뛰어야 한다. 개인차가 있을 수 있으나 대개 덧셈과 뺄셈으로 판단 가능한 선택지에 비해 2배 이상의 시간이 소요되기 때문이다.

6. 구체적인 수치가 제시된 선택지

예를 들어 'A국의 수출액은 100만 달러 이상이다'와 같은 선택지가 제시되었다면 거의 예외 없이 곱셈 내지는 나눗셈을 통해 구해야 하는 것들이며 대부분 주어진 자료를 한 번 가공한 후 그 수치를 이용해 다시 계산해야 하는 것들이다. 따라서 이러한 선택지는 첫 번째 풀이 단계에서는 넘기는 것이 좋다.

- 2011년 러시아의 도시폐기물량은 8,000만 톤 이상이다(도시폐기물량 지수를 통해 역산해야 하는 선택지).
- 2008년 '갑'국 GDP는 1,000조 원 이상이다(산업별 GDP 비중을 통해 역산해야 하는 선택지).

3 생각해 볼 부분

위에서 나열한 기준들은 절대적인 것은 아니지만 수험가에서 대체로 통용되는 것들이다. 물론, 개인의 특성에 따라 이와 같이 지그재그로 풀이하는 것이 오히려 혼란을 가져오는 경우도 있을 것이고 위의 기준 중에서도 자신과는 맞지 않는 것이 있을 수 있다. 하지만 주위에서 고득점을 올리는 수험생들에게 물어보면 거의 대부분 자신만의 기준을 가지고 선택지 풀이의 강약을 조절한다는 대답을 들을 수 있을 것이다. 따라서 평소 문제를 풀이할 때는 막연히 풀어본 다음 정답을 확인하기 보다는 푸는 과정에서 이런 부분은 좀 힘들었다든지, 이 유형의 선택지는 유독 시간이 오래 걸린다든지 하는 부분이 있다면 그때마다 옆에 메모해두기 바란다. 이것은 풀이하는 순간에만 느낄 수 있는 것이어서 후에 복습을 할 때에는 그 느낌을 되살리기 어렵다.

유형 2 필수 암기 자료

여기서 제시하는 자료는 자료해석의 문제를 풀이할 때 유용하게 사용될 수 있는 것들 내지는 혼동하기 쉬운 것들을 모아 놓은 내용이다. 물론, 이 내용을 완전히 암기하고 있지 않더라도 대부분은 실전에서 끌어낼 수 있는 것들이다. 하지만 자료해석은 시간 싸움이라는 점을 명심하자.

1 큰 수 읽기

- 1,000(= 10^3) : 천
- 1,000,000(= 10^6) : 백만
- 1,000,000,000(= 10^9) : 십억
- 1,000,000,000,000(= 10^{12}) : 조

2 증가율, 감소율, 변화율

- 증가율 : 증가한 것, 감소한 것을 모두 포함하여 수치 그대로 해석한다. 즉, 부호가 유의미하다.
- 감소율 : 감소한 것만 고려하여 절댓값을 비교하여 판단한다.
- 변화율 : 증가한 것, 감소한 것을 모두 포함하되 절댓값을 비교하여 판단한다. 즉, 부호가 무의미하다.

3 지속적 증가, 대체로 증가

- 지속적 증가 : 예외 없이 매 기간 해당되어야 한다.
- 대체로 증가 : 예외가 허용되며 추세만 판단한다.

4 ~년 이후

- ×1년 이후 매년 증가하고 있다 : ×1년과 ×2년의 증가 여부부터 판단한다.
- ×1년 이후 전년 대비 매년 증가하고 있다 : ×0년과 ×1년의 증가 여부부터 판단한다.

5 비율

A당 B=A 대비 B=A에 대한 B의 비= $\frac{B}{A}$

6 분수값

$\frac{1}{2}$	$\frac{1}{3}$	$\frac{1}{4}$	$\frac{1}{5}$	$\frac{1}{6}$	$\frac{1}{7}$	$\frac{1}{8}$	$\frac{1}{9}$
50%	33.3%	25%	20%	16.7%	14.3%	12.5%	11.1%

7 비중판단

$\frac{A}{A+B}$와 $\frac{A}{B}$는 대소비교 시 순서가 동일하다. 총계가 주어져 있지 않고 세부항목의 값만 주어져 있을 때 활용된다. 예를 들면, 아래의 표를 보자.

구분	남자(A)	여자(B)
A회사	80	60
B회사	90	70

만약 선택지에서 두 회사의 직원 중 남자가 차지하는 비중이 큰 회사를 찾는 경우 굳이 각 회사의 전체 사원수인 140명, 160명을 구할 필요 없이 A회사는 $\frac{80}{60}$, B회사는 $\frac{90}{70}$을 비교하면 되는 것이다. 여기서는 간단한 수치를 제시했지만 복잡한 수치들이 제시되었을 때 매우 유용하게 사용되는 공식이다.

8 변화율의 계산

- $A=B\times C$
  정확한 계산 : A의 배율=B의 배율×C의 배율
  간단한 계산 : A의 변화율=B의 변화율+C의 변화율
- $A=B\div C$
  정확한 계산 : A의 배율=B의 배율÷C의 배율
  간단한 계산 : A의 변화율=B의 변화율−C의 변화율
- 1기의 변화율이 b%이고, 2기의 변화율이 c%일 때 전체 1~2기의 변화율
  정확한 계산 : $b+c+\frac{bc}{100}$
  간단한 계산 : $b+c$
- 단, 위의 '간단한 계산'은 B와 C의 변화율이 5% 이하일 때에는 적용 가능하나 그보다 클 때에는 오차가 발생하므로 '정확한 계산'의 산식을 이용해 풀이해야 한다. 다만, 실전에서는 5%가 넘는 변화율을 가공해 새로운 변화율을 도출하는 경우는 거의 출제되지 않았다.

9 제곱수

$11^2=121$
$12^2=144$
$13^2=169$
$14^2=196$
$15^2=225$
$16^2=256$
$17^2=289$
$18^2=324$
$19^2=361$

유형 3 곱셈비교

1 유형의 이해

자료해석의 문제를 풀다보면 가장 많이 접하게 되는 것이 두 숫자의 곱을 비교하여 어느 것이 더 큰지를 판단하는 것이다. 만약 시험장에서 계산기를 사용할 수 있다면 이는 너무나 쉬운 선택지가 되겠지만 현실은 그렇지 못하다. 그렇다고 단순히 그 숫자들을 직접 곱하기에는 시험지의 여백과 시간이 너무나 아깝다. 따라서 보다 간단하게 이를 비교할 수 있는 방법을 찾아보도록 하자.

2 접근법

곱해지는 모든 숫자가 크다면 당연히 그 결괏값도 클 것이다. 문제는 대소관계가 서로 엇갈리는 경우이며 자료해석에서 필요한 능력은 이들을 판단할 수 있는 능력이다.
아래의 곱셈을 살펴보자.

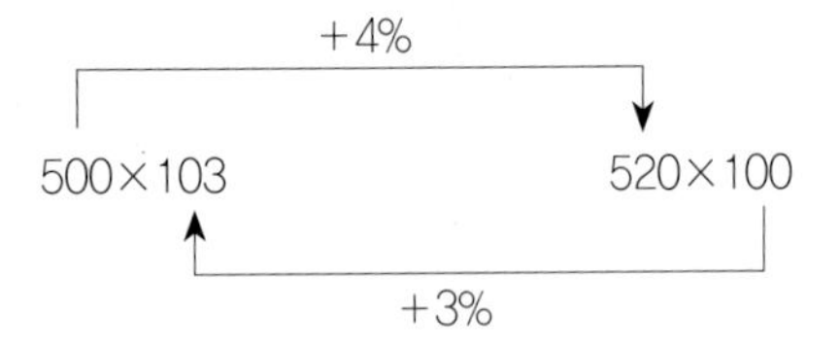

곱셈기호의 앞쪽 숫자는 오른쪽이 더 큰 반면, 뒤쪽 숫자는 왼쪽이 더 큰 형태이다. 만약 수치들의 변화율이 위와 같이 크지 않은 경우라면 변화율을 이용해 판단하는 것이 바람직하며, 변화율이 크다면 변화율보다는 배수(2배, 3배 등)를 이용해 판단하는 것이 좋다. 위의 사례에서는 오른쪽으로 커지는 힘이 왼쪽으로 커지는 힘보다 크므로 전체 값 역시 오른쪽 수치가 더 크다고 판단할 수 있다.

3 생각해 볼 부분

곱셈비교와 다음 장에서 다룰 분수비교는 어디까지나 편의를 위한 어림산의 일종에 불과하다. 따라서 이를 금과옥조로 여겨 시중에 나와 있는 여러 비교법을 학습하는 것은 그다지 추천하고 싶지 않다. 사람에 따라서는 이런 어림산보다 직접 계산하는 것이 더 빠른 경우도 있을 수 있고 실제 그렇게 해서 고득점을 한 경우도 종종 보았다.

예제 2022년 7급(가책형) 6번

다음 〈표〉는 '갑'국의 원료곡종별 및 등급별 가공단가와 A~C지역의 가공량에 관한 자료이다. 이에 대한 〈보기〉의 설명 중 옳은 것만을 모두 고르면?

〈표 1〉 원료곡종별 및 등급별 가공단가

(단위 : 천 원/톤)

원료곡종 \ 등급	1등급	2등급	3등급
쌀	118	109	100
현미	105	97	89
보리	65	60	55

〈표 2〉 A~C지역의 원료곡종별 및 등급별 가공량

(단위 : 톤)

지역	원료곡종 \ 등급	1등급	2등급	3등급	합계
A	쌀	27	35	25	87
	현미	43	20	10	73
	보리	5	3	7	15
B	쌀	23	25	55	103
	현미	33	25	21	79
	보리	9	9	5	23
C	쌀	30	35	20	85
	현미	30	37	25	92
	보리	8	30	2	40
전체	쌀	80	95	100	275
	현미	106	82	56	244
	보리	22	42	14	78

※ 가공비용=가공단가×가공량

보 기

ㄱ. A지역의 3등급 쌀 가공비용은 B지역의 2등급 현미 가공비용보다 크다.
ㄴ. 1등급 현미 전체의 가공비용은 2등급 현미 전체 가공비용의 2배 이상이다.
ㄷ. 3등급 쌀과 3등급 보리의 가공단가가 각각 90천 원/톤, 50천 원/톤으로 변경될 경우, 지역별 가공비용 총액 감소폭이 가장 작은 지역은 A이다.

① ㄱ
② ㄷ
③ ㄱ, ㄴ
④ ㄱ, ㄷ
⑤ ㄴ, ㄷ

A지역의 3등급 쌀 가공비용은 25×100천 원인데 B지역의 2등급 현미 가공비용은 25×97천 원이므로 계산해 볼 필요 없이 전자가 더 크다.

답 ①

발문 접근법

'가공단가'와 '가공량'이 언급되고 있으며, 이를 통해 이 둘을 곱한 '가공비용'과 관련한 선택지가 제시될 것임을 미리 알 수 있다.

자료 접근법

표 1의 경우 단가의 단위가 천 원이라는 점에 주의해야 한다. 이 문제에는 해당하지 않았지만 계산된 실제 금액을 요구하는 경우 단위를 정확하게 판단해야 하기 때문이다. 또한 표 2에서는 '합계'와 '전체' 항목이 별도로 제시되어 있다는 점을 놓쳐서는 안된다. 이런 구조의 표에서 혼동하기 쉬운 것이 이른바 '매년 감소하고 있다' 유형이다. 이 경우에는 합계항목을 제외한 나머지 항목만을 가지고 판단해야 한다. 너무 당연한 것이지만 실전에서는 의외로 이런 기본적인 실수를 자주한다.

선택지 접근법

선택지가 3개인 ㄱ, ㄴ, ㄷ형의 경우는 셋을 모두 판단해보지 않고서는 답을 찾을 수 없다. 따라서 이런 경우는 ㄱ부터 무턱대고 계산하지 말고 ㄱ부터 ㄷ까지 곱셈비교에 필요한 수식만 일단 적어보자. 예를 들어 ㄱ의 경우는 25×100과 25×97을 적기만 해 놓는 것인데 이렇게 할 경우 표의 여기저기에 흩어져 있는 숫자들에 혼동되지 않고 적혀진 숫자에만 집중할 수 있는 장점이 있다. 이 문제의 경우는 ㄱ, ㄴ과 달리 ㄷ은 복잡한 수식이 필요한 상황이므로 일단 ㄱ과 ㄴ의 산식을 적은 후 한꺼번에 판단하고 그 이후에 ㄷ을 판단하면 될 것이다.

유형 4 분수비교

1 유형의 이해

앞장에서 설명한 곱셈비교와 분수비교를 다른 방식으로 접근하는 경우를 볼 수 있다. 물론 그러한 방식이 잘못된 것은 아니지만 기본 구조가 동일한 상황에서 굳이 다른 방법으로 풀이하는 것은 오히려 혼란만 가져올 뿐이다. 이 둘은 단지 비교해야 할 대상이 곱셈의 형식으로 되어 있는지 아니면 분수의 형식으로 되어 있는지의 차이가 있을 뿐이다.

2 접근법

곱셈비교는 곱해지는 두 숫자의 대소관계가 서로 엇갈릴 때 사용하는 방법인 반면, 분수비교는 분자와 분모가 모두 어느 한쪽이 클 때 사용하는 방법이다.

즉, 아래의 분수관계가 이에 해당한다.

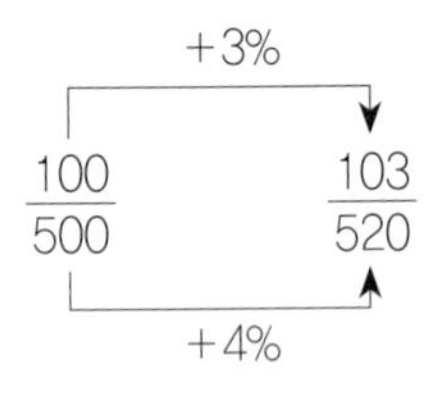

이해의 편의를 위해 앞서 살펴본 곱셈비교에서 사용한 것과 동일한 수치를 사용하였다. 이를 살펴보면 오른쪽의 분자와 분모의 숫자 모두가 큰 상황이다. 이럴 때에는 분모와 분자 각각의 증가율을 확인하여 비교하면 되는데, 이 사례에서는 분모의 증가율이 더 크므로 전체 분수값은 오른쪽의 수치가 더 작게 된다. 분모가 클수록 분수의 값은 작아지기 때문이다. 만약 증가율이 클 경우에는 곱셈비교와 같이 배수값을 활용하는 것이 더 좋다.

3 생각해 볼 부분

사실 실제 시험에 출제되는 분수들은 위의 예와 같이 분모와 분자의 자릿수가 비슷한 것보다는 어느 하나가 큰 경우가 대부분이다. 이럴 때에는 굳이 주어진 숫자들을 그대로 활용하기 보다는 위의 예와 같이 비슷한 자릿수로 변환하는 것이 편리하다. 예를 들어 $\frac{100}{500,000}$과 $\frac{103}{520,000}$을 비교해야 하는 것이라면 이를 위의 예처럼 $\frac{100}{500}$과 $\frac{103}{520}$으로 변환하여 판단하는 것이다. 흔히 이를 유효숫자를 줄인다고 표현하며 대소관계를 판단할 때에는 결과에 큰 영향을 주지 않는다.

예제 2022년 7급(가책형) 11번

다음 〈표〉는 2016~2020년 '갑'국의 해양사고 심판현황이다. 이에 대한 〈보기〉의 설명 중 옳은 것만을 모두 고르면?

〈표〉 2016~2020년 해양사고 심판현황

(단위 : 건)

구분 \ 연도		2016	2017	2018	2019	2020
	전년 이월	96	100	( )	71	89
	해당 연도 접수	226	223	168	204	252
심판대상		322	( )	258	275	341
재결		222	233	187	186	210

※ '심판대상' 중 '재결'되지 않은 건은 다음 연도로 이월함

보 기

ㄱ. '심판대상' 중 '전년 이월'의 비중은 2018년이 2016년보다 높다.
ㄴ. 다음 연도로 이월되는 건수가 가장 많은 연도는 2016년이다.
ㄷ. 2017년 이후 '해당 연도 접수' 건수의 전년 대비 증가율이 가장 높은 연도는 2020년이다.
ㄹ. '재결' 건수가 가장 적은 연도에는 '해당 연도 접수' 건수도 가장 적다.

① ㄱ, ㄴ
② ㄱ, ㄷ
③ ㄴ, ㄷ
④ ㄴ, ㄹ
⑤ ㄷ, ㄹ

ㄱ. 2016년의 비중은 $\frac{96}{322}$, 2018년은 $\frac{90}{258}$인데 분자의 경우 2016년이 2018년에 비해 10%에 미치지 못하게 크지만, 분모는 10%를 훨씬 넘게 크다. 따라서 2018년의 비중이 더 높다.

ㄷ. 2017년과 2018년은 전년에 비해 접수 건수가 감소하였으니 제외하고 2019년과 2020년을 비교해보자. 2019년의 전년 대비 증가율은 $\frac{36}{168}$이고, 2020년은 $\frac{48}{204}$인데, 2020년의 분자는 $\frac{1}{3}$만큼 2019년에 비해 크지만 2020년의 분모는 $\frac{1}{3}$보다 작게 크다. 따라서 증가율은 2020년이 더 크다.

답 ②

발문 접근법

'2016~2020년'이라는 부분을 통해 연도별 비교 내지는 증감추이를 판단하게끔 할 것이라는 것을 미리 유추해 볼 수 있다.

자료 접근법

빈칸이 두 곳 뿐이고, 표의 구조상 단순한 덧셈, 뺄셈만으로 채울 수 있으므로 가장 먼저 이 빈칸을 채워놓고 시작한다는 생각을 가져야 한다. 또한, '전년'과 연관된 내용들이 표의 항목과 각주를 통해 등장하고 있으므로 표에 제시되지 않은 2015년과 2021년에 관한 내용을 판단해야 할 수도 있다는 것을 염두에 두어야 한다.

선택지 접근법

ㄱ은 분수비교, ㄴ은 덧셈뺄셈, ㄷ은 분수비교, 마지막 ㄹ은 단순 자료 읽기로 구성되어 있으므로 풀이가 간단한 ㄹ부터 ㄴ-ㄱ-ㄷ의 순서로 판단하며 선택지를 소거해 나가야 한다. 이렇게 할 경우 ㄱ과 ㄷ 중 하나의 정오만 판단해도 정답을 찾을 수 있게 된다.

유형 5 여사건

1 유형의 이해

사전적인 의미에서 여사건이란 어떤 사건이 아닌 사건을 의미하는데, 자료해석에서는 주로 90%나 80%와 같이 높은 비율의 수치를 이용해야 할 때 사용되는 개념이다. 예를 들어 '합법체류외국인 범죄 건수가 전체 체류외국인 범죄 건수의 90% 이상'이라면 이를 직접 계산할 것이 아니라 '불법체류외국인 범죄 건수가 전체 체류외국인 범죄 건수의 10% 이하'인지의 여부를 판단하는 것이다.

2 접근법

모든 것을 다 뒤집는다고 생각하면 혼동하지 않는다. 일단 비율부터 전환하자. 즉, 90%는 10%로, '이상'은 '이하'로 바꾸는 것이다. 여기서 중요한 것은 대상을 어떻게 바꾸느냐이다. 여기서 제시하는 여사건 개념을 적용하기 위해서는 대상이 2개뿐이어야 한다. 따라서 제시문에서 A라는 대상이 주어졌다면 여사건을 적용한 후의 대상은 not A로 바꿔야 한다. 설사 대상이 3개 이상이라고 하더라도 A와 not A의 관계로 구분되기만 하면 무관하다.

3 생각해 볼 부분

여사건 개념에서 가장 많이 활용되는 수치는 1%, 5%, 10% 등 낮은 비율 값이다. 그런데 이 수치들을 막연히 계산하는 것보다 약간의 테크닉을 접목시키면 몇 초라도 시간을 단축시킬 수 있다. 즉, 10%는 원래 수치에서 단위가 한 자리 줄어든 것이고, 1%는 두 자리 줄어든 것이며, 5%는 절반에서 단위가 한 자리 줄어든 것이라고 이해하고 있으면 좋다. 이를 이용하여 2%, 20% 등으로도 응용할 수 있으니 참고하기 바란다.

예제 2021년 민간경력자(나책형) 24번

다음 〈그림〉은 2020년 기준 A공제회 현황에 관한 자료이다. 이에 대한 설명으로 옳지 않은 것은?

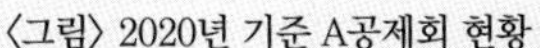
〈그림〉 2020년 기준 A공제회 현황

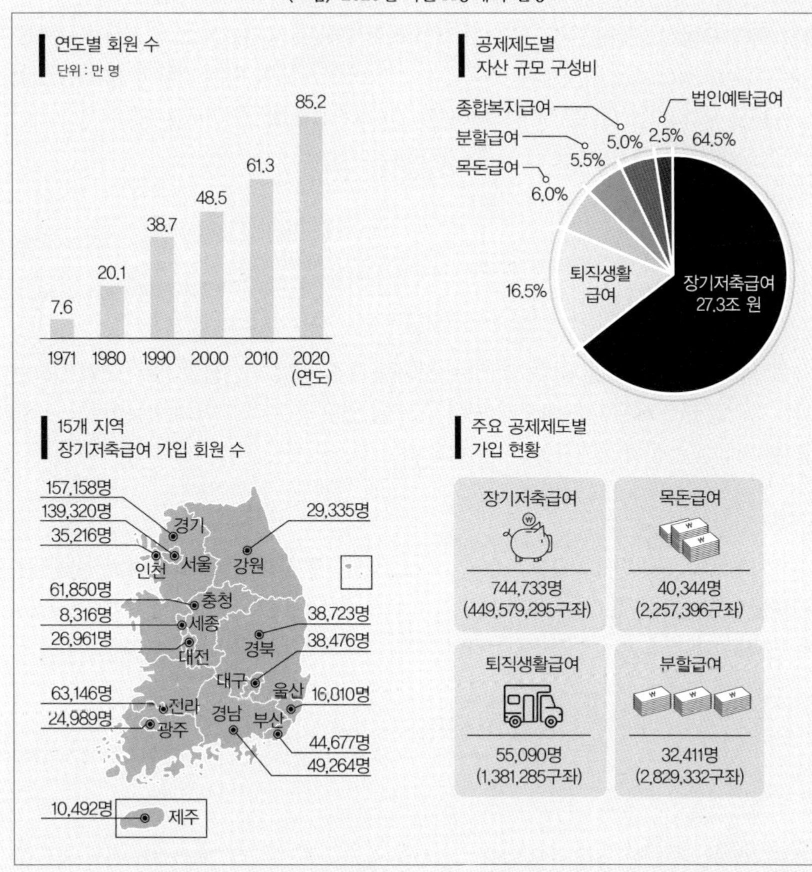

※ 1) 공제제도는 장기저축급여, 퇴직생활급여, 목돈급여, 분할급여, 종합복지급여, 법인예탁급여로만 구성됨
2) 모든 회원은 1개 또는 2개의 공제제도에 가입함

① 장기저축급여 가입 회원 수는 전체 회원의 85% 이하이다.
② 공제제도의 총자산 규모는 40조 원 이상이다.
③ 자산 규모 상위 4개 공제제도 중 2개의 공제제도에 가입한 회원은 2만 명 이상이다.
④ 충청의 장기저축급여 가입 회원 수는 15개 지역 평균 장기저축급여 가입 회원 수보다 많다.
⑤ 공제제도별 1인당 구좌 수는 장기저축급여가 분할급여의 5배 이상이다.

여사건을 이용하면 간단하게 풀이가 가능하다. 2020년 전체 회원 수가 85.2만 명인데 이의 85%는 85.2만에서 8.52만(10%)과 4.26만(5%)을 차감한 72.42만 명이다. 그런데 장기저축급여 가입자 수는 이보다 큰 약 75만 명이다.

답 ①

발문 접근법

이 문제의 경우는 발문에서 특기할 것이 없으므로 '옳지 않은 것'이라는 부분에 X표시만 해두고 넘어가는 것으로 족하다.

자료 접근법

다양한 형태의 자료들이 복수로 등장하는 경우 자료의 스캐닝을 꼼꼼하게 할 필요가 있다. 먼저 '연도별 회원 수' 그래프에서는 단위가 만 명이라는 것과 인원수가 증가하고 있다는 부분, 그리고 기간이 10년 주기로 되어 있다는 것을 체크해야 하며, '공제제도별 자산 규모 구성비' 그래프에서는 장기저축급여를 통해 전체 공제자산의 규모를 파악할 수 있다는 것을 체크해야 한다. 다음으로 '15개 지역 장기저축급여 가입 회원 수' 그림에서는 합계가 제시되어 있지 않다는 점, 마지막으로 '주요 공제제도별 가입 현황'에서는 앞에서 알 수 없었던 장기저축급여 가입 회원 수가 제시되었다는 것을 체크해야 한다. 항목이 많아 보이지만 이 과정은 10초 이내에 마무리 되어야 한다.

선택지 접근법

①의 85%는 여사건을 이용하여 풀이할 수 있다는 것을 체크해야 하고, ②는 자료 스캐닝 과정에서 이미 예상했던 것임을 알 수 있다. 나머지 선택지는 스캐닝 과정에서는 눈에 띄게 떠오르는 것이 없는 것들이므로 실제 문제를 풀면서 판단하면 될 것이다.

유형 6 선택지의 변형

1 유형의 이해

자료해석의 선택지에서 가장 많이 등장하는 것이 나눗셈을 통한 수치를 계산하는 것이다. 이는 '1인당 GDP'와 같이 그 자체만으로 의미를 가지는 수치도 있을 것이고, 때로는 문제를 위해 구성된 분수일 수도 있다. 하지만 어떤 형태로 제시되든 그 본질은 무언가를 다른 수치로 나눈 값이다. 여기서 문제는 제시되는 자료의 형태가 선택지에서 요구하는 것과 반대로 되어 있는 경우가 많다는 것이다. 즉, 분모가 되어야 할 것이 실제 자료에서는 위쪽에 배치되어 있고 분자가 되어야 할 것이 아래에 배치되어 있는 경우가 그것이다. 그 어색함은 덜하겠지만 오른쪽과 왼쪽이 부자연스럽게 바뀌어 있는 경우도 마찬가지이다.

2 접근법

1. 분모와 분자의 위치 교환

이를 해결할 수 있는 방법은 아주 간단하다. 즉, 선택지의 분자와 분모를 바꾸어버리는 것이다. 물론 이렇게 변형할 경우 구해야 하는 값이 부자연스러워질 수는 있다. 예를 들어 '1인당 GDP'의 분모와 분자를 바꾸게 되면 'GDP당 인구'라는 다소 어색한 용어로 바뀌게 된다. 하지만 선택지의 정오를 판단하는 데에 이러한 어색함은 전혀 장애가 되지 않는다.

2. 순위를 따지는 경우

여기서 가장 중요한 것은 그 다음의 문구들이다. 즉, 애초의 선택지가 '1인당 GDP가 더 크다'였다면 이제 판단해야 하는 선택지는 'GDP당 인구가 더 작다'로 바뀌어야 한다. 모든 것을 다 뒤집어야 한다는 것이다. 만약 순위를 따지는 것이라면 어떻게 해야 할까? 이때는 주의해야 한다. 즉, '전체 5개국 중에서 두 번째로 크다'가 원래의 선택지였다면 이제는 '전체 5개국 중에서 두 번째로 작다'가 되어야 한다. 순위는 변하지 않는다는 것이다.

3 생각해 볼 부분

일부 문제는 애초에 출제 자체를 이 같은 풀이법을 염두에 두고 한 것들도 있었다. 즉, 주어진 자료를 그대로 계산하면 매우 복잡한 수치가 산출되지만, 분모와 분자를 바꿀 경우 매우 간단한 정수로 계산되는 경우가 종종 있는 편이다.

따라서 가능하면 위에서 제시한 방법과 같이 최대한 제시된 자료를 그대로 이용할 수 있게끔 선택지를 변형하는 것에 익숙해지는 것을 추천한다. 물론, 이렇게 접근할 경우 선택지를 반대로 해석해야 하기에 실수할 가능성이 있는 것은 사실이다. 그러나 분수식을 거꾸로 해석하는 과정에서 생길 수 있는 계산 실수 및 시간소모를 생각한다면 이 방법이 더 효율적이다. 본서는 일부 문제에 대해 이와 같은 풀이법으로 해설하였음을 밝혀둔다.

예제 2020년 민간경력자(가책형) 3번

다음 〈표〉는 2017~2019년 '갑'대학의 장학금 유형(A~E)별 지급 현황에 관한 자료이다. 이에 대한 〈보기〉의 설명 중 옳은 것만을 고르면?

〈표〉 2017~2019년 '갑'대학의 장학금 유형별 지급 현황

(단위 : 명, 백만 원)

학기		구분 \ 장학금 유형	A	B	C	D	E
2017년	1학기	장학생 수	112	22	66	543	2,004
		장학금 총액	404	78	230	963	2,181
	2학기	장학생 수	106	26	70	542	1,963
		장학금 총액	379	91	230	969	2,118
2018년	1학기	장학생 수	108	21	79	555	1,888
		장학금 총액	391	74	273	989	2,025
	2학기	장학생 수	112	20	103	687	2,060
		장학금 총액	404	70	355	1,216	2,243
2019년	1학기	장학생 수	110	20	137	749	2,188
		장학금 총액	398	70	481	1,330	2,379
	2학기	장학생 수	104	20	122	584	1,767
		장학금 총액	372	70	419	1,039	1,904

※ '갑'대학의 학기는 매년 1학기와 2학기만 존재함

보 기

ㄱ. 2017~2019년 동안 매학기 장학생 수가 증가하는 장학금 유형은 1개이다.
ㄴ. 2018년 1학기에 비해 2018년 2학기에 장학생 수와 장학금 총액이 모두 증가한 장학금 유형은 4개이다.
ㄷ. 2019년 2학기 장학생 1인당 장학금이 가장 많은 장학금 유형은 B이다.
ㄹ. E 장학금 유형에서 장학생 수와 장학금 총액이 가장 많은 학기는 2019년 1학기이다.

① ㄱ, ㄴ
② ㄱ, ㄷ
③ ㄴ, ㄷ
④ ㄴ, ㄹ
⑤ ㄷ, ㄹ

ㄴ. A, C, D, E 유형의 경우 2018년 1학기에 비해 2018년 2학기에 장학생 수와 장학금 총액이 모두 증가하였다.
ㄹ. E장학금의 경우 장학생 수가 2,188명, 장학금 총액이 2,379백만 원으로 가장 많다.

참고로 선택지를 변형하여 풀이 가능한 ㄷ을 설명하면 다음과 같다.
ㄷ. 계산의 편의를 위해 '장학생 1인당 장학금'을 '장학금 1백만 원당 장학생'으로 변환하여 이 수치가 가장 작은 장학금 유형을 찾아보자. B장학금의 경우는 이 수치가 $\frac{20}{70}\left(=\frac{1}{3.5}\right)$이나 A장학금의 경우는 약 $\frac{1}{3.7}$로 B장학금보다 더 작다. 따라서 ㄷ은 옳지 않다.

답 ④

발문 접근법

'2017~2019년'이라는 부분을 통해 연도별 비교 내지는 증감추이를 판단하게끔 할 것이라는 것을 미리 유추해 볼 수 있다.

자료 접근법

단순한 형태의 자료이나 학기별로 장학생 수와 장학금 총액이 제시되어 있지 않다는 점을 체크해 두어야 한다. 물론 이 문제에서 총액을 계산할 필요는 없었지만 많은 문제의 경우 총합을 비교하게끔 출제되고 있다.

선택지 접근법

ㄱ은 추세판단, ㄴ도 추세판단, ㄷ은 분수비교, ㄹ은 단순 자료 읽기로 구성되어 있으므로 가장 간단한 ㄹ부터 ㄱ-ㄴ-ㄷ의 순으로 판단하며 선택지를 소거해 나가야 한다. 선택지 스캐닝을 통해 풀이의 순서를 조정할 경우 상당히 많은 시간을 절약할 수 있다. 이 문제의 경우 계산이 필요한 선택지인 ㄷ을 아예 판단하지 않고도 풀이가 가능했다.

유형 7 매칭형

1 유형의 이해

매칭형 문제를 해결하기 위해서 가장 먼저 할 일은 주어진 조건을 적절히 조합하여 최대한 빨리 확정되는 변수를 찾아야 한다는 것이다. 일반적인 난이도 수준이라면 조건 한 개 혹은 두 개를 결합하면 확정되는 변수가 나오기 마련이지만, 난이도가 올라간다면 조건들로는 변수가 확정되지 않고 경우의 수를 나누어야 하는 식으로 출제된다. 후자의 경우라면 시간 내에 풀이하기에 버거운 수준이 될 것이므로 일단 패스하는 것이 옳다.

2 접근법

1. 조건 적용의 순서

매칭형 문제는 제시된 순서에 구애받지 않고 접근하는 순서를 자유자재로 변경할 수 있어야 한다. 특히 하나의 조건만을 언급하고 있다거나 특정 수치가 주어지는 조건은 대개 후반부에 주어지는 편인데, 이 조건들을 최우선으로 판단해야 한다. 하나의 변수를 확정지을 수 있는 것이라면 계산이 번거로워지더라도 먼저 해결하도록 하고 항목 간의 합을 비교하는 조건은 최대한 뒤에 검토하는 것이 효율적이다. 다른 유형의 문제에서는 계산이 복잡한 선택지는 뒤에 판단하는 것이 효율적이겠지만 매칭형의 경우 하나의 변수를 확정할 수 있다면 그 조건을 먼저 판단하자.

2. 선택지의 활용

매칭형 문제는 선택지를 이용한 소거법으로 푸는 것이 적절하다. 매칭형 문제가 난해한 이유는 주어진 조건에 따라 경우의 수가 다양해지기 때문인데, 소거법을 이용할 경우 단순히 백지상태에서 풀이하는 것에 비해 경우의 수가 줄어들 수밖에 없다. 굳이 이를 외면하는 우는 범하지 말자.

3 생각해 볼 부분

가장 많이 듣는 질문이 바로 위에서 설명한 '조건 적용의 순서'를 어떻게 잡아야 하는지에 대한 것이다. 물론 위에서 몇 가지의 기준을 제시하기는 했지만 실전에서 문제를 풀다보면 이 기준만으로는 턱없이 부족하다는 것을 겪게 된다. 아쉽게도 이 부분은 개인차가 매우 심한 부분이다. A라는 수험생은 크기를 비교하는 형태의 조건이 더 수월한 반면, B라는 수험생은 계산이 개입되는 조건이 더 수월할 수도 있다. 결론적으로 본인만의 기준을 잡는 것이 중요한데 이는 많은 기출문제를 접해보면서 체화시켜야 하는 부분이다.

예제 2021년 민간경력자(나책형) 16번

다음 〈그림〉은 12개 국가의 수자원 현황에 관한 자료이며, A~H는 각각 특정 국가를 나타낸다. 〈그림〉과 〈조건〉을 근거로 판단할 때, 국가명을 알 수 없는 것은?

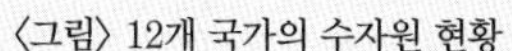

〈그림〉 12개 국가의 수자원 현황

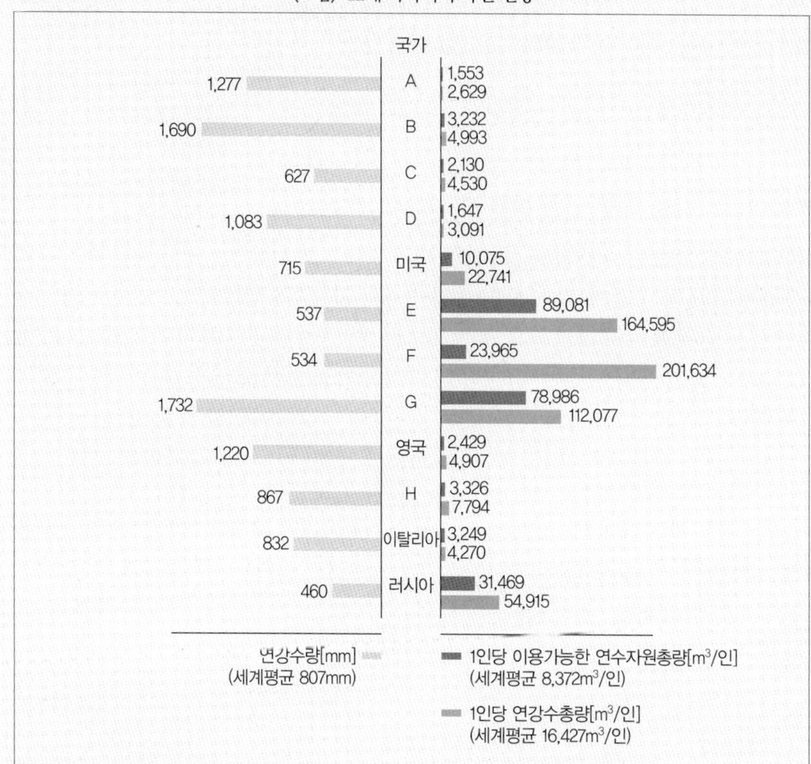

조건

- '연강수량'이 세계평균의 2배 이상인 국가는 일본과 뉴질랜드이다.
- '연강수량'이 세계평균보다 많은 국가 중 '1인당 이용가능한 연수자원총량'이 가장 적은 국가는 대한민국이다.
- '1인당 연강수총량'이 세계평균의 5배 이상인 국가를 '연강수량'이 많은 국가부터 나열하면 뉴질랜드, 캐나다, 호주이다.
- '1인당 이용가능한 연수자원총량'이 영국보다 적은 국가 중 '1인당 연강수총량'이 세계평균의 25 % 이상인 국가는 중국이다.
- '1인당 이용가능한 연수자원총량'이 6번째로 많은 국가는 프랑스이다.

① B ② C
③ D ④ E
⑤ F

i) 첫 번째 조건에 따라 연강수량이 세계평균의 2배 이상인 국가는 B와 G이므로 일본과 뉴질랜드가 B 또는 G이다.
ii) 두 번째 조건에 따라 연강수량이 세계평균보다 많은 국가 중 1인당 이용가능한 연수자원총량이 가장 적은 국가는 대한민국이므로 A가 대한민국이다.
iii) 세 번째 조건에 따라 1인당 연강수총량이 세계평균의 5배 이상인 국가를 연강수량이 많은 국가부터 나열하면 G, E, F이다. 따라서 뉴질랜드가 G, 캐나다가 E, 호주가 F가 되고 B가 일본이 된다.
iv) 네 번째 조건에 따라 1인당 이용가능한 연수자원총량이 영국보다 적은 국가 중 1인당 연강수총량이 세계평균의 25% 이상인 국가는 중국이므로 C가 중국이다.
v) 마지막 조건에 따라 1인당 이용가능한 연수자원총량이 6번째로 많은 국가는 프랑스이므로 H가 프랑스이다.
따라서 국가명을 알 수 없는 것은 D이다.

답 ③

발문 접근법

그동안 출제되었던 문제들과 달리 이 문제는 그림에 제시된 항목들을 사실상 모두 판단해야 함을 알 수 있다. 하지만 이런 문제일수록 문제의 난이도가 낮은 경우가 대부분이므로 반드시 맞춘다는 생각을 가져야 한다.

자료 접근법

자료의 항목들 중 미국, 영국, 이탈리아, 러시아는 이미 확정되어 있는 상태이다. 이 문제에는 해당하지 않지만 확정된 항목들이 조건에 주어지는 경우가 상당히 많은 편이다. 만약 그럴 경우에는 판단해야 하는 항목 수가 그만큼 줄어들게 되므로 가급적 해당 조건을 먼저 판단하는 것이 좋다.

유형 8 빈칸이 있는 자료들

1 유형의 이해

괄호가 주어지는 자료는 모든 수험생들을 시험에 들게 한다. 괄호를 모두 채울 것인지 아니면 일단 선택지를 통해 판단할 것인지를 미리 결정하기가 어렵기 때문이다. 한 가지 확실한 것은 단순한 덧셈이나 뺄셈으로 빠르게 채울 수 있는 것이라면 일단 채워놓고 시작하는 것이 편하다는 것이다. 이러한 빈칸은 결국 선택지를 판단하는 과정에서 채워야 하기 때문이기도 하다.

2 접근법

1. 빈칸 미리 채우기

빈칸이 4개 이하이면서 덧셈, 뺄셈과 같이 간단한 사칙연산으로만 이루어진 경우에는 미리 채워놓고 시작하는 것이 현명하다. 표의 크기가 작고, 빈칸의 개수가 적을수록 그것이 선택지에 활용될 가능성은 높아지며 빈칸이 4개 이하라면 확실하다고 봐도 무방하다. 하지만 반대로 빈칸의 수가 적더라도 항목의 수가 많은 경우(예 주요 20개국의 특정항목에 대한 자료)라면 기계적으로 먼저 채워놓기보다 일단 선택지를 보고 판단하는 것이 좋다. 자료의 크기가 커진다면 꼭 그 빈칸이 아니더라도 선택지로 활용될 수 있는 것들이 많아지기 때문이다.

2. 순위를 묻는 경우

선택지에서 순위를 묻는 경우라면 빈칸을 먼저 채우는 것이 적절하다. 왜냐하면 이런 종류의 선택지라면 결국은 그 빈칸이 어떤 수치인지가 정오를 판별하는 데에 결정적인 역할을 할 수밖에 없기 때문이다. 만약 간단한 계산만으로도 정확한 수치를 구할 수 있다면 좋겠지만 설사 그렇지 않더라도 대략적인 수치 정도는 미리 채워놓는 것이 좋다.

3 생각해 볼 부분

괄호의 개수가 5개 이상인 경우는 선택지를 통해 채워야 하는 경우가 많은 만큼 미리 채우지 않는 것이 효율적이다. 대개 이런 자료들의 경우 제시된 자료만으로는 빈칸을 채우기 어렵고 선택지에서 별도의 조건을 주는 경우가 많다. 또한 일반적으로 전체 합계는 숫자가 큰 경우가 대부분이므로 처음에는 계산하지 말고 선택지를 보면서 필요한 경우에만 채우자.

예제 2022년 7급(가책형) 20번

다음 〈표〉는 2021년 A시에서 개최된 철인3종경기 기록이다. 이에 대한 〈보기〉의 설명 중 옳은 것만을 모두 고르면?

〈표〉 A시 개최 철인3종경기 기록

(단위 : 시간)

종합기록순위	국적	종합	수영	T1	자전거	T2	달리기
1	러시아	9:22:28	0:48:18	0:02:43	5:04:50	0:02:47	3:23:50
2	브라질	9:34:36	0:57:44	0:02:27	5:02:30	0:01:48	3:30:07
3	대한민국	9:37:41	1:04:14	0:04:08	5:04:21	0:03:05	3:21:53
4	대한민국	9:42:03	1:06:34	0:03:33	5:11:01	0:03:33	3:17:22
5	대한민국	9:43:50	( )	0:03:20	5:00:33	0:02:14	3:17:24
6	일본	9:44:34	0:52:01	0:03:28	5:25:59	0:02:56	3:20:10
7	러시아	9:45:06	1:08:32	0:03:55	5:07:46	0:03:02	3:21:51
8	독일	9:46:48	1:03:49	0:03:53	4:59:20	0:03:00	( )
9	영국	( )	1:07:01	0:03:37	5:07:07	0:03:55	3:26:27
10	중국	9:48:18	1:02:28	0:03:29	5:16:09	0:03:47	3:22:25

※ 1) 기록 '1:01:01'은 1시간 1분 1초를 의미함
2) 'T1', 'T2'는 각각 '수영'에서 '자전거', '자전거'에서 '달리기'로 전환하는 데 걸리는 시간임
3) 경기 참가 선수는 10명뿐이고, 기록이 짧을수록 순위가 높음

보 기

ㄱ. '수영'기록이 한 시간 이하인 선수는 'T2'기록이 모두 3분 미만이다.
ㄴ. 종합기록 순위 2~10위인 선수 중, 종합기록 순위가 한 단계 더 높은 선수와의 '종합'기록 차이가 1분 미만인 선수는 3명뿐이다.
ㄷ. '달리기'기록 상위 3명의 국적은 모두 대한민국이다.
ㄹ. 종합기록 순위 10위인 선수의 '수영'기록 순위는 '수영'기록과 'T1'기록의 합산 기록 순위와 다르다.

① ㄱ, ㄴ
② ㄱ, ㄷ
③ ㄷ, ㄹ
④ ㄱ, ㄴ, ㄹ
⑤ ㄴ, ㄷ, ㄹ

해설의 편의를 위해 선수명은 종합기록 순위로 나타낸다.
ㄱ. 5위의 '수영'기록을 계산해보면 약 1시간 20분 정도로 계산되므로 '수영'기록이 한 시간 이하인 선수는 1위, 2위, 6위이며, 이들의 'T2'기록은 모두 3분 미만이다.
ㄴ. 먼저 9위의 종합기록을 계산해보면 9:48:07이며, 이 선수까지 포함해서 판단해보면 6위, 7위, 10위 선수가 이에 해당한다.

답 ①

발문 접근법

이 문제의 경우는 발문에서 특기할 것이 없으므로 '옳은 것'이라는 부분에 ㅇ표시만 해두고 넘어가는 것으로 족하다.

자료 접근법

빈칸이 3개인 자료이다. 자료가 일반적인 수치가 아닌 시간으로 제시되어 있어서 다소 까다로울 수는 있으나 3개 정도의 빈칸은 미리 채워놓는 것이 좋다. 단, 이 문제와 같은 경우는 최소한 분 단위 정도까지만 판단해두는 것도 괜찮으며 초 단위의 판단이 필요할 경우에는 그때 초 단위만 따로 떼어내 판단해도 좋다.

선택지 접근법

선택지를 스캐닝 하는 과정에서 확연하게 떠오르는 것은 없으나 몇 개의 항목만 슬쩍 읽어보더라도 결국 빈칸을 채워넣지 않고는 판단할 수 없다는 것을 알 수 있다. ㄹ선택지의 경우는 다른 항목과 달리 제시된 자료들 중 둘을 더해 그 수치를 판단해야 하는 것이니만큼 가장 마지막에 판단하도록 하자.

유형 9 표와 그래프 그리고 보고서

1 유형의 이해

가장 대표적인 유형은 자료가 주어지고 이를 그래프로 정확히 변환했는지를 묻는 것이다. 통상 5개의 선택지 중에서 단순히 자료를 찾기만 해도 정오판별이 가능한 것이 2개, 덧셈 혹은 뺄셈과 같이 간단한 사칙연산으로 판별이 가능한 것이 2개, 복잡한 계산이 필요한 것이 1개 정도 제시되는 편이다. 표-그래프 변환 문제의 경우 복잡한 계산이 필요한 것에서 정답이 결정되는 경우가 상당히 많지만 일관된 경향이라고 볼 수는 없다.

2 접근법

1. 선택지 분석의 순서

그래프 변환 문제의 경우 모든 선택지를 순서대로 체크하는 것보다 계산 없이 단순히 자료 확인만으로 정오판별이 가능한 것, 덧셈뺄셈으로 판별이 가능한 것, 그리고 비율 등 나눗셈을 통해 계산해야 하는 것의 순서로 체크하여야 한다. 다만, 최근 5급 공채에서 선택지 ①에 복잡한 비율계산을 요구하는 그래프가 제시되었고 정답 또한 ①이었던 적이 있었다.

2. 복잡한 계산이 필요한 선택지

가장 기본적인 원칙은 이러한 유형은 해당 선택지를 제외한 나머지를 모두 판단하여 정오가 판별이 되면 굳이 계산을 하지 않는 것이며, 나머지가 모두 옳으면 이 선택지를 곧바로 답으로 체크하는 것이다. 하지만 어느 경우에도 해당하지 않는다면 직접 계산하기보다는 특정 수치를 넘는지 여부를 확인하는 정도면 충분하다.

3. 직접적인 근거로 활용되지 않은 자료

여기서 자료란 그래프와 표 어느 형태로든지 제시될 수 있다. 이 유형은 반드시 선택지를 보고 그 선택지가 필요한 자료가 있는지를 역으로 찾아봐야 한다. 간혹 보고서에는 존재하지만 선택지에는 없는 자료들이 등장하기 때문이다. 이런 경우는 문제를 보고 선택지를 찾아갈 경우 불필요한 시간소모가 있을 수밖에 없다.

3 생각해 볼 부분

종종 등장하는 '자료-보고서'형 문제는 외형적으로는 보고서형 문제이지만 실상은 일반적인 선택지형 문제와 동일한 유형이다. 단지 차이가 있다면 선택지의 정오판별에 거의 영향을 주지 못하는 잉여문장들이 많다는 것이다. 따라서 보고서의 내용 중 밑줄이 그어져 있지 않은 부분은 처음부터 아예 읽지도 말고 그냥 넘기기 바란다. 아주 간혹 그 부분이 있어야 의미파악이 가능한 경우도 있기는 하지만 극소수에 불과하다.

또한, 조심성이 지나친 수험생들의 경우 '보고서 작성에 사용되지 않은 자료' 유형의 선택지를 판단할 때 그 자료가 실제와 일치하는지까지 따져보기도 한다. 하지만 이는 불필요한 과정이다. 그런 경우에는 문제에서 '그래프로 올바르게 표현한 것은?'과 같이 명시적으로 풀이방향을 제시한다.

예제 2022년 7급(가책형) 14번

다음 〈보고서〉는 2021년 '갑'국 사교육비 조사결과에 대한 자료이다. 〈보고서〉의 내용과 부합하지 않는 자료는?

보고서

2021년 전체 학생 수는 532만 명으로 전년보다 감소하였지만, 사교육비 총액은 23조 4천억 원으로 전년 대비 20% 이상 증가하였다. 또한, 사교육의 참여율과 주당 참여시간도 전년 대비 증가한 것으로 나타났다.

2021년 전체 학생의 1인당 월평균 사교육비는 전년 대비 20% 이상 증가하였고, 사교육 참여학생의 1인당 월평균 사교육비 또한 전년 대비 6% 이상 증가하였다. 2021년 전체 학생 중 월평균 사교육비를 20만 원 미만 지출한 학생의 비중은 전년 대비 감소하였으나, 60만 원 이상 지출한 학생의 비중은 전년 대비 증가한 것으로 나타났다.

한편, 2021년 방과후학교 지출 총액은 4,434억 원으로 2019년 대비 50% 이상 감소하였으며, 방과후학교 참여율 또한 28.9%로 2019년 대비 15.0%p 이상 감소하였다.

① 전체 학생 수와 사교육비 총액

(단위 : 만 명, 조 원)

구분 \ 연도	2020	2021
전체 학생 수	535	532
사교육비 총액	19.4	23.4

② 사교육의 참여율과 주당 참여시간

(단위 : %, 시간)

구분 \ 연도	2020	2021
참여율	67.1	75.5
주당 참여시간	5.3	6.7

③ 학생 1인당 월평균 사교육비

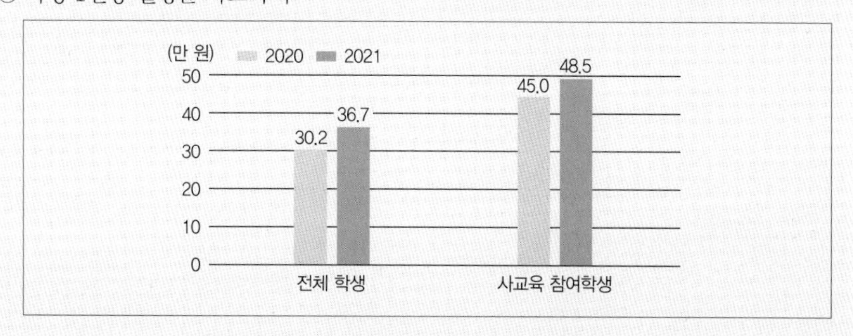

예제 2022년 7급(가책형) 14번

④ 전체 학생의 월평균 사교육비 지출 수준에 따른 분포

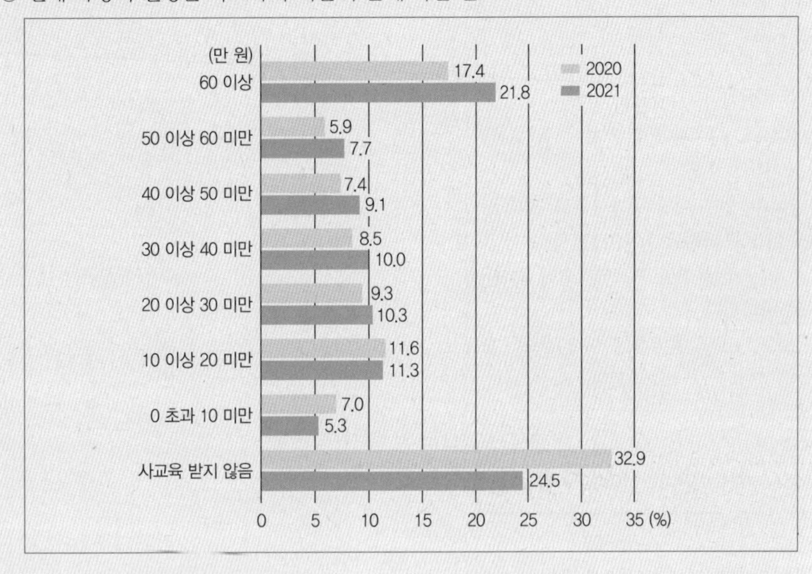

⑤ 방과후학교의 지출 총액과 참여율

(단위 : 억 원, %)

구분 \ 연도	2019	2021
지출 총액	8,250	4,434
참여율	48.4	28.9

자료에 제시된 2019년의 지출 총액은 8,250억 원인데 이의 50%는 4,125억 원으로 2021년의 지출 총액인 4,434억 원보다 작다. 따라서 감소율은 50%에 미치지 못한다.

답 ⑤

발문 접근법

'부합하지 않는' 자료를 찾는 유형이다. '추가로 필요한 유형'과 다르게 보고서를 읽어가면서 자료의 정오만을 판단하면 된다.

자료 접근법

크게 눈에 띄는 것은 없으나 전체적으로 '증가', '감소'와 같이 추세를 언급한 문장이 많이 보임을 알 수 있다. 또한, 마지막 문단의 경우 %와 %p가 혼재되어 있다는 점도 주목할 필요가 있다.

선택지 접근법

③의 경우 사교육에 참여하지 않은 학생 1인당 월평균 사교육비를 구하게끔 할 수 있다는 점을 체크해 두고 ④는 제시된 항목이 많으므로 주의가 필요할 것이라는 것만 체크해두면 될 것이다.

유형 10 적어도(최소 교집합)

1 유형의 이해

예를 들어 전체 직원이 100명인 회사에 다니는 직원이 경기도 거주자일 확률은 70%이고 남자일 확률은 60%라고 해보자. 그렇다면 어떠한 직원이 경기도 거주자이면서 남자일 확률은 얼마일까? 최소 교집합, 수험가의 용어로는 '적어도' 유형이 이에 해당한다. 즉, 서로 독립적인 관계를 가지는 복수의 속성을 모두 가지는 대상이 얼마나 되는지를 추산해보는 것이다. 이는 두 개 이상의 속성이 독립적이지 않고 서로 상하 관계를 가지는 경우와 비교하면 확연히 구분할 수 있다. 즉, 경기도 거주자일 확률이 70%이고, 경기도 거주자 중 분당 거주자일 확률이 10%일 때 어떠한 직원이 분당 거주자일 확률은 얼마일까?

2 접근법

1. 두 개의 속성이 서로 독립적이지 않은 경우

먼저, 후자의 경우를 생각해보자. 어떤 직원이 경기도 거주자일 확률과 그중 분당 거주자일 확률은 서로 상하관계에 있다. 따라서 전체 직원 중에서 어떤 직원이 분당 거주자일 확률은 경기도 거주자일 확률과 그중 분당 거주자일 확률을 곱한 값인 7%임을 알 수 있다.

2. 두 개의 속성이 서로 독립적인 경우

하지만 전자의 경우는 다르다. 어떤 직원이 경기도 거주자일 확률과 남자일 확률은 둘 사이에 어떠한 관계도 없는 독립적인 속성이다. 따라서 두 개의 속성을 모두 가지는 즉, 경기도 거주자이면서 남자일 확률은 위의 1과 같이 둘을 곱해서 구할 수 없다. 이해를 편하게 하기 위해 질문을 '전체 직원이 100명인 회사에 경기도 거주자는 70명이고, 남자는 60명이다. 그렇다면 경기도 거주자인 남자 직원은 몇 명일까?'로 바꿔보자. 만약 이 둘을 동시에 충족하는 직원이 없다면 이 회사의 직원은 최소 130명이 되어야 한다. 그런데 이 회사의 직원 수는 100명이라고 하였으므로 최소 30명은 둘을 모두 충족시킬 수밖에 없다. 물론 이 30명은 어디까지나 최소치일 뿐이며 남자 60명이 모두 경기도 거주자일 수도 있다. 따라서 경기도 거주자인 남자직원은 최소 30명, 최대 60명이 됨을 알 수 있다.

3 생각해 볼 부분

위에서 서술한 내용은 'A+B−N'이라는 공식으로 표현할 수 있다. 따라서 위의 내용을 정확히 이해했다면 앞으로는 A(경기도 거주자)+B(남자)−N(전체 직원 수)=30으로 간단하게 계산하기 바란다. 그래도 여전히 자신이 없는 수험생이라면 벤다이어그램을 직접 그려본 후 일식이 일어나는 것처럼 두 원을 서서히 겹쳐보자.

예제 2022년 7급(가책형) 22번

다음 〈표〉는 2018~2020년 '갑'국 방위산업의 매출액 및 종사자 수에 관한 자료이다. 이에 근거한 〈보기〉의 설명 중 옳은 것만을 모두 고르면?

〈표 1〉 2018~2020년 '갑'국 방위산업의 국내외 매출액

(단위 : 억 원)

구분 \ 연도	2018	2019	2020
총매출액	136,493	144,521	153,867
국내 매출액	116,502	( )	( )
국외 매출액	19,991	21,048	17,624

〈표 2〉 2020년 '갑'국 방위산업의 기업유형별 매출액 및 종사자 수

(단위 : 억 원, 명)

기업유형 \ 구분	총매출액			종사자 수
		국내 매출액	국외 매출액	
대기업	136,198	119,586	16,612	27,249
중소기업	17,669	16,657	1,012	5,855
전체	153,867	( )	17,624	33,104

〈표 3〉 2018~2020년 '갑'국 방위산업의 분야별 매출액

(단위 : 억 원)

분야 \ 연도	2018	2019	2020
항공유도	41,984	45,412	49,024
탄약	24,742	21,243	25,351
화력	20,140	20,191	21,031
함정	18,862	25,679	20,619
기동	14,027	14,877	18,270
통신전자	14,898	15,055	16,892
화생방	726	517	749
기타	1,114	1,547	1,931
전체	136,493	144,521	153,867

보 기

ㄱ. 방위산업의 국내 매출액이 가장 큰 연도에 방위산업 총매출액 중 국외 매출액 비중이 가장 작다.

ㄴ. '기타'를 제외하고, 2018년 대비 2020년 매출액 증가율이 가장 낮은 방위산업 분야는 '탄약'이다.

ㄷ. 2020년 방위산업의 기업유형별 종사자당 국외 매출액은 대기업이 중소기업의 4배 이상이다.

ㄹ. 2020년 '항공유도' 분야 대기업 국내 매출액은 14,500억 원 이상이다.

① ㄱ, ㄴ ② ㄱ, ㄷ ③ ㄴ, ㄹ ④ ㄷ, ㄹ ⑤ ㄱ, ㄴ, ㄹ

ㄱ. 2019년의 국내 매출액은 약 123억 원이고, 2020년은 약 136억 원이므로 국내 매출액이 가장 큰 연도는 2020년이다. 그런데 분모가 되는 2020년의 총매출액은 3개 연도 중 가장 크고, 분자가 되는 국외 매출액은 가장 작으므로 총매출액 중 국외 매출액 비중은 2020년이 가장 작다.

ㄴ. '탄약'의 매출액 증가액은 약 600억 원이므로 매출액 증가율은 2~3%인데 나머지 분야는 모두 이를 초과한다.

ㄹ. '적어도' 유형의 문제이다. 2020년 대기업의 국내 매출액은 119,586억 원이고 '항공유도' 분야의 매출액은 49,024억 원이다. 이 둘을 더하면 168,610억 원이 되는데 전체 총매출액은 153,867억 원이므로 이 둘의 차이인 14,743억 원은 '항공유도'분야이면서 대기업 모두에 해당함을 알 수 있다.

답 ⑤

발문 접근법

'2018~2020년'이라는 부분을 통해 연도별 비교 내지는 증감추이를 판단하게끔 할 것이라는 것을 미리 유추해 볼 수 있다.

자료 접근법

제시된 자료가 많으므로 이들의 제목을 통해 자료가 어떻게 구성되어 있는 지를 먼저 정리해둘 필요가 있다. 먼저 표 1은 3년치 매출액 자료이며, 표 2는 이 중 2020년만 뽑아낸 자료에 종사자 수가 더해진 자료이다. 표 3은 분야별 매출액을 나타내고 있다. 표 1의 2020년 총매출액과 표 2의 전체 총매출액, 표 3의 2020년 전체 매출액이 같다는 점까지 체크했다면 금상첨화. 특히 마지막에 전체 합계가 제시되어 있다는 것을 체크해두자.

선택지 접근법

ㄱ은 자료에서 언급되지 않았던 '비중'을 다루고 있으므로 분수비교가 필요하다는 것을 알 수 있으며, ㄴ은 증가율을 판단해야 함을 체크해야 한다. ㄷ은 'A당 B'가 언급되어 있으므로 역시 분수비교가 필요하며, ㄹ은 '적어도' 유형일 수 있다는 의심을 해볼 수 있다. 여기서 ㄹ이 '적어도' 유형인 것을 쉽게 알아차리는 방법은 '항공유도' 항목은 표 3에 제시된 반면 '대기업'은 표 2에 나타나 있다. 이와 같이 선택지에 등장하는 항목이 여러 표에 나뉘어서 등장할 경우 '적어도' 유형에 해당하는 경우가 많다는 점을 알아두면 유용할 것이다.

CHAPTER 03 상황판단 필수이론

유형 1 법조문 제시

1 유형의 이해

상황판단에서는 법령이나 조약을 구체적으로 제시하고 이를 해석할 수 있는지, 혹은 사례에 적용할 수 있는지를 묻는 문제가 다수 출제된다. 법조문에 익숙하지 않은 수험생에게는 이 유형의 문제를 처음 접했을 때 어렵게 느껴질 수도 있지만, 자세히 들여다보면 법조문 문제 역시 형태를 달리한 '내용일치 문제'에 해당한다. 오히려 일반적인 텍스트와 달리 법조문은 구조가 짜임새 있기 때문에 익숙해지면 더 쉽게 답을 찾을 수 있는 유형이기도 하다.

2 접근법

1. 세부적인 내용의 처리방법

법조문 제시형 문제는 시간이 무한정 주어진다면 모든 수험생이 다 풀 수 있는 문제이다. 하지만 현실은 그렇지 않기에 어느 정도의 요령이 필요하다. 가장 대표적으로 세부적인 항목이 제시되는 법조문은 세부적인 내용을 꼼꼼하게 읽지 말고 선택지를 판단할 때 찾아가는 식으로 풀이해야 한다. 단, 그 세부항목들이 어떤 것에 대한 것인지, 즉 상위범주에 대해서는 확실하게 정리를 하고 선택지를 읽어야 한나. 세부적인 내용은 꼼꼼하게 읽는다고 해서 모두 외워지는 것도 아니고 실제 선택지에서는 그중 한 개만 다뤄지기 때문이다. 선택지를 보고 역으로 올라오라는 의미는 바로 이런 세부사항을 처리하는 방법을 의미하는 것이지 조문 자체를 아예 읽지도 않고 선택지부터 보라는 의미가 아니다.

2. 법률과 시행령이 주어지는 경우

법률과 시행령이 같이 제시되는 경우는 법률의 특정 용어를 시행령에서 세부적으로 규정하는 것이 일반적이다. 그런데 주의할 점은 시행령의 내용에는 선택지에서 다뤄지지 않는 부분까지 규정하고 있는 경우가 많다는 점이다. 따라서 시행령을 체크할 때에는 전체 내용을 정리하려고 하지 말고 법률의 어느 용어가 시행령에서 구체화되었는지만 체크하고 넘어가는 것이 효과적이다.

3. 각각의 조문에 제목이 붙어있는 경우

이 경우는 대개 조문의 길이가 길게 출제되는 것이 보통이므로 이 조문들을 찬찬히 읽으면서 이해하는 것은 거의 도움이 되지 않는다. 제목을 체크해두고 그 제목을 통해서 법이 어떻게 구성되어 있는지 자기 나름대로의 스토리를 머릿속에 넣은 후에 선택지를 보기 바란다. 간혹 제목에 체크하는 것까지만 하고 그 제목을 통해서 법이 어떻게 구성되어 있는지를 머릿속에 넣지 않고 풀이하는 경우가 많은데 그것은 별 효과가 없다.

3 생각해 볼 부분

만약 제시된 법조문에 별다른 특성이 없다면 수험생의 입장에서는 참 곤혹스럽기 마련이다. 차근차근 읽어가기도 그렇고 선택지부터 보기에도 그런 애매한 유형인데, 이런 유형을 만나면 각 조문의 '주어'가 무엇인가와 익숙한 법률용어들에만 체크해두고 선택지로 넘어가는 것이 좋다. 특성이 없는 조문이라는 것은 결국 출제의 포인트가 한정적이라는 얘기인데, 결국 그것은 주어와 법률용어를 섞어 놓는 것 이외에는 별다른 포인트가 없다는 의미가 된다. 이런 유형을 풀 때 가장 위험한 것은 처음부터 차근차근 숙지하며 읽는 것이다. 하나하나의 조문이 별개의 내용으로 구성되어 있는 경우가 대부분이어서 흐름을 잡기가 쉽지 않아 괜한 시간낭비가 될 가능성이 높기 때문이다.

예제 2022년 7급(가책형) 4번

다음 글을 근거로 판단할 때 옳은 것은?

> 제00조 ① 선박이란 수상 또는 수중에서 항행용으로 사용하거나 사용할 수 있는 배 종류를 말하며 그 구분은 다음 각 호와 같다.
> 1. 기선 : 기관(機關)을 사용하여 추진하는 선박과 수면비행선박(표면효과 작용을 이용하여 수면에 근접하여 비행하는 선박)
> 2. 범선 : 돛을 사용하여 추진하는 선박
> 3. 부선 : 자력(自力) 항행능력이 없어 다른 선박에 의하여 끌리거나 밀려서 항행되는 선박
>
> ② 소형선박이란 다음 각 호의 어느 하나에 해당하는 선박을 말한다.
> 1. 총톤수 20톤 미만인 기선 및 범선
> 2. 총톤수 100톤 미만인 부선
>
> 제00조 ① 매매계약에 의한 선박 소유권의 이전은 계약당사자 사이의 양도합의만으로 효력이 생긴다. 다만 소형선박 소유권의 이전은 계약당사자 사이의 양도합의와 선박의 등록으로 효력이 생긴다.
> ② 선박의 소유자(제1항 단서의 경우에는 선박의 매수인)는 선박을 취득(제1항 단서의 경우에는 매수)한 날부터 60일 이내에 선적항을 관할하는 지방해양수산청장에게 선박의 등록을 신청하여야 한다. 이 경우 총톤수 20톤 이상인 기선과 범선 및 총톤수 100톤 이상인 부선은 선박의 등기를 한 후에 선박의 등록을 신청하여야 한다.
> ③ 지방해양수산청장은 제2항의 등록신청을 받으면 이를 선박원부(船舶原簿)에 등록하고 신청인에게 선박국적증서를 발급하여야 한다.
>
> 제00조 선박의 등기는 등기할 선박의 선적항을 관할하는 지방법원, 그 지원 또는 등기소를 관할 등기소로 한다.

① 총톤수 80톤인 부선의 매수인 甲이 선박의 소유권을 취득하기 위해서는 매도인과 양도합의를 하고 선박을 등록해야 한다.
② 총톤수 100톤인 기선의 소유자 乙이 선박의 등기를 하기 위해서는 먼저 관할 지방해양수산청장에게 선박의 등록을 신청해야 한다.
③ 총톤수 60톤인 기선의 소유자 丙은 선박을 매수한 날부터 60일 이내에 해양수산부장관에게 선박의 등록을 신청해야 한다.
④ 총톤수 200톤인 부선의 소유자 丁이 선적항을 관할하는 등기소에 선박의 등기를 신청하면, 등기소는 丁에게 선박국적증서를 발급해야 한다.
⑤ 총톤수 20톤 미만인 범선의 매수인 戊가 선박의 등록을 신청하면, 관할 법원은 이를 선박원부에 등록하고 戊에게 선박국적증서를 발급해야 한다.

총톤수 100톤 미만인 부선은 소형선박에 해당하며, 소형선박 소유권의 이전은 계약당사자 사이의 양도합의와 선박의 등록으로 효력이 생긴다.

답 ①

발문, 제시문 접근법

제시된 법조문이 크게 3개의 조로 구성되어 있으므로 각각의 조가 끝나는 부분에 이들을 구분할 수 있게 긴 줄을 그어놓는 것이 편하다. 첫 번째 조에서는 1항의 선박, 2항의 소형선박이라는 단어에 동그라미 표시를 해두고, 두 번째 조에서는 '다만'으로 시작하는 1항의 단서조항에 밑줄을 쳐놓기 바란다. 반드시 이 단서조항은 문제에서 활용되기 때문이다. 여기에 덧붙여 3항의 '지방해양수산청장'도 뭔가 중요해보이므로 체크해두면 좋다. 마지막 조는 매우 중요하다. 특히 이와 같이 아주 짧으면서 마지막에 제시되는 조항은 조문 스캐닝 과정에서는 안보이는 경우가 많은데 실상 이 조문은 거의 대부분 선택지를 판단하는데 결정적인 역할을 하므로 놓쳐서는 안 된다.

선택지 접근법

각각의 선택지는 맨 앞의 톤수가 다르고 그 뒤에 부선, 기선, 범선이 엇갈리게 배치되어 있다. 하지만 그 뒷부분은 선택지 스캐닝 과정에서 특별히 떠오르는 부분이 없으므로 실제로 문제를 풀이하는 과정에서 판단하는 것으로 하자.

유형 2 법률서술형 지문

1 유형의 이해

법조문을 교과서 내지는 설명문으로 변형한 유형이며 매년 2~3문제는 꼭 출제되는 유형이다. 이 유형은 제시문의 형태를 띠고 있으나 실상은 법조문 제시형 문제와 동일하다. 따라서 법조문 제시형 문제에서 주로 출제되는 스킬, 특히 예외규정에 대한 포인트는 이 유형에서도 여전히 유효하다.

2 접근법

1. 법조문 형태로 재구성

설명문의 형식으로 구성된 법률서술형 문제는 단순히 내용을 이해하고 끝날 것이 아니라 글 자체를 법조문의 형태로 재구성하며 문제를 풀이할 수 있어야 한다. 예를 들어 첫 문단을 1조, 두 번째 문단을 2조와 같이 내용을 분리해서 읽어야 한다는 것이다. 그렇게 되면 불필요하게 덧붙여있는 수식어구들이 사라지면서 핵심적인 내용만 남게 되는데 이렇게 풀이하려면 상당히 많은 연습이 있어야 가능하다.

2. 법률지식

심화된 법률지식을 가지고 있을 필요는 없지만 일부 용어들은 출제의 포인트로 자주 등장하므로 미리 익혀두면 좋다. 난이도가 낮은 문제일수록 이런 경향이 강하다.

3 생각해 볼 부분

법률서술형 문제는 외형은 일치 · 부합형과 유사하지만 실제 출제되는 것은 사례와 연결 짓는 유형이 대부분이다. 따라서 선택지 스캔 시 반복되는 키워드 내지는 중요해 보이는 단어에 체크를 해두는 것이 좋다. 그리고 그 단어들을 중심으로 제시문을 읽어나가는 것이 효율적이다. 즉, 그 어느 유형보다 입체적인 풀이가 필요한 것이 바로 이 유형인 것이다.

예제	2022년 7급(가책형) 9번

다음 글을 근거로 판단할 때 옳은 것은?

'국민참여예산제도'는 국가 예산사업의 제안, 심사, 우선순위 결정과정에 국민을 참여케 함으로써 예산에 대한 국민의 관심도를 높이고 정부 재정운영의 투명성을 제고하기 위한 제도이다. 이 제도는 정부의 예산편성권과 국회의 예산심의·의결권 틀 내에서 운영된다.

국민참여예산제도는 기존 제도인 국민제안제도나 주민참여예산제도와 차이점을 지닌다. 먼저 '국민제안제도'가 국민들이 제안한 사항에 대해 관계부처가 채택 여부를 결정하는 방식이라면, 국민참여예산제도는 국민의 제안 이후 사업심사와 우선순위 결정과정에도 국민의 참여를 가능하게 함으로써 국민의 역할을 확대하는 방식이다. 또한 '주민참여예산제도'가 지방자치단체의 사무를 대상으로 하는 반면, 국민참여예산제도는 중앙정부가 재정을 지원하는 예산사업을 대상으로 한다.

국민참여예산제도에서는 3~4월에 국민사업제안과 제안사업 적격성 검사를 실시하고, 이후 5월까지 각 부처에 예산안을 요구한다. 6월에는 예산국민참여단을 발족하여 참여예산 후보사업을 압축한다. 7월에는 일반국민 설문조사와 더불어 예산국민참여단 투표를 통해 사업선호도 조사를 한다. 이러한 과정을 통해 선호순위가 높은 후보사업은 국민참여예산사업으로 결정되며, 8월에 재정정책자문회의의 논의를 거쳐 국무회의에서 정부예산안에 반영된다. 정부예산안은 국회에 제출되며, 국회는 심의·의결을 거쳐 12월까지 예산안을 확정한다.

예산국민참여단은 일반국민을 대상으로 전화를 통해 참여의사를 타진하여 구성한다. 무작위로 표본을 추출하되 성·연령·지역별 대표성을 확보하는 통계적 구성방법이 사용된다. 예산국민참여단원은 예산학교를 통해 국가재정에 대한 교육을 이수한 후, 참여예산 후보사업을 압축하는 역할을 맡는다. 예산국민참여단이 압축한 후보사업에 대한 일반국민의 선호도는 통계적 대표성이 확보된 표본을 대상으로 한 설문을 통해, 예산국민참여단의 사업선호도는 오프라인 투표를 통해 조사한다.

정부는 2017년에 2018년도 예산을 편성하면서 국민참여예산제도를 시범 도입하였는데, 그 결과 6개의 국민참여예산사업이 선정되었다. 2019년도 예산에는 총 39개 국민참여예산사업에 대해 800억 원이 반영되었다.

① 국민제안제도에서는 중앙정부가 재정을 지원하는 예산사업의 우선순위를 국민이 정할 수 있다.
② 국민참여예산사업은 국회 심의·의결 전에 국무회의에서 정부예산안에 반영된다.
③ 국민참여예산제도는 정부의 예산편성권 범위 밖에서 운영된다.
④ 참여예산 후보사업은 재정정책자문회의의 논의를 거쳐 제안된다.
⑤ 예산국민참여단의 사업선호도 조사는 전화설문을 통해 이루어진다.

국민참여예산사업은 국무회의에서 정부예산안에 반영된 후 국회에 제출된다.

답 ②

발문, 제시문 접근법

총 5개의 문단으로 구성된 지문이며 '국민참여예산제도'에 대한 내용을 다루고 있다. 스캐닝 과정에서는 따옴표 속에 들어있는 두 번째 문단의 '국민제안제도'에 표시를 해두는 것이 좋으며, 세 번째 문단에서는 3~4월, 5월 등 달 수에 표시를 해두자. 마지막으로 네 번째 문단에서는 800억이라는 예산액이 언급되고 있다는 것도 체크해두자.

선택지 접근법

앞서 체크해둔 '국민제안제도'라는 단어가 ①에 등장하고 있는 것을 알 수 있다. 하지만 나머지 선택지들에는 제시문을 읽기 전에는 크게 부각되는 부분이 없다.

유형 3 일치 · 부합

1 유형의 이해

통상 설명문이 제시되고 그 내용에 부합하는 것을 찾게 하는 유형으로, 외형상으로는 언어논리의 일치 · 부합형과 유사하다. 하지만 언어논리의 경우 전체적인 주제를 얼마나 제대로 이해하고 있는지가 출제의 포인트인데 반해 상황판단에서 출제되는 문제들은 주제와는 직접 연결이 되지 않는, 그야말로 전방위적으로 출제되는 편이다. 또한, 제시문에서 던져주는 정보의 양도 매우 많은 편이므로 상당히 많은 시간이 소요되는 유형이기도 하다. 여기서는 일반적인 유형보다는 특별히 유념해야 할 부분을 중심으로 소개하고자 한다.

2 접근법

1. 연도·숫자가 제시되는 경우

흔히 연도가 제시된 글은 연도를 중심으로 읽어야 한다는 일종의 원칙 같은 것이 있다. 물론 그것이 어느 정도는 맞는 말이지만 제시문 전체가 연도로 도배가 되어있다시피 한 경우에는 예외이다. 즉, 연도가 머릿속에서 정리가 가능한 양을 넘어선다면 이는 연도 중심의 독해가 아니라 내용 중심의 독해를 해야 한다. 굳이 이런 당연한 이야기를 하는 이유는 수험생들 사이에는 이런 풀이법을 너무 기계적으로 받아들이는 경우가 많기 때문이다. 풀이법이라는 것은 어디까지나 표준화된 유형으로 출제되었을 경우에 적용 가능한 것이지 그것이 변형되었을 때에는 풀이법도 바뀌어야 한다.

2. 소거법 활용 시 주의사항

내용일치 문제가 ㄱ, ㄴ, ㄷ, ㄹ 선택형 문제로 출제되는 경우, 소거법을 이용해서 빠르게 해결할 수 있지만 이때에는 실수의 가능성을 염두에 두어야 한다. 특히 숫자가 핵심적인 요소인 경우 이를 빠르게 풀다 보면 실수하기 쉽다. 이 경우 대부분 순서를 뒤집거나 다른 항목과 연결지어 선택지를 구성하는 경우가 많으므로 주의하기 바란다.

3. 각주

특히 이 유형에서는 각주가 주어지는 경우가 많다. 각주는 크게 3종류로 나눌 수 있는데 첫 번째는 평소 사용하지 않는 어려운 용어들을 풀어서 설명해주는 것이고 두 번째는 이 문제와 같이 특정한 정보를 제공하는 것이다. 통상 전자의 경우는 선택지를 판단하는 데 결정적인 영향을 미치지는 않지만 후자는 핵심이 되는 정보인 경우가 많다. 마지막 유형은 그야말로 이의제기를 방지하기 위해 단서를 제공하는 것인데 이것은 정답을 선택하는 데에 거의 영향을 주지 않는다.

3 생각해 볼 부분

일치 · 부합형 문제는 시간만 충분하다면 누구나 맞출 수 있는 유형이다. 따라서 단순히 맞고 틀리고가 중요한 것이 아니며, 문제화되지 않은 출제포인트를 찾아 자기 나름대로의 선택지를 만들어보는 연습이 필요하다. 언어논리에서는 굳이 이 과정까지는 하지 않아도 되지만 상황판단은 제시문의 모든 부분이 출제 가능한 만큼 꼭 자신만의 선택지를 만들어보도록 하자.

예제　2022년 7급(가책형) 5번

다음 글을 근거로 판단할 때 옳은 것은?

> 조선 시대 쌀의 종류에는 가을철 논에서 수확한 벼를 가공한 흰색 쌀 외에 밭에서 자란 곡식을 가공함으로써 얻게 되는 회색 쌀과 노란색 쌀이 있었다. 회색 쌀은 보리의 껍질을 벗긴 보리쌀이었고, 노란색 쌀은 조의 껍질을 벗긴 좁쌀이었다.
>
> 남부 지역에서는 보리가 특히 중요시되었다. 가을 곡식이 바닥을 보이기 시작하는 봄철, 농민들의 희망은 들판에 넘실거리는 보리뿐이었다. 보리가 익을 때까지는 주린 배를 움켜쥐고 생활할 수밖에 없었고, 이를 보릿고개라 하였다. 그것은 보리를 수확하는 하지, 즉 낮이 가장 길고 밤이 가장 짧은 시기까지 지속되다가 사라지는 고개였다. 보리 수확기는 여름이었지만 파종 시기는 보리 종류에 따라 달랐다. 가을철에 파종하여 이듬해 수확하는 보리는 가을보리, 봄에 파종하여 그해 수확하는 보리는 봄보리라고 불렀다.
>
> 적지 않은 농부들은 보리를 수확하고 그 자리에 다시 콩을 심기도 했다. 이처럼 같은 밭에서 1년 동안 보리와 콩을 교대로 경작하는 방식을 그루갈이라고 한다. 그렇지만 모든 콩이 그루갈이로 재배된 것은 아니었다. 콩 수확기는 가을이었으나, 어떤 콩은 봄철에 파종해야만 제대로 자랄 수 있었고 어떤 콩은 여름에 심을 수도 있었다. 한편 조는 보리, 콩과 달리 모두 봄에 심었다. 그래서 봄철 밭에서는 보리, 콩, 조가 함께 자라는 것을 볼 수 있었다.

① 흰색 쌀과 여름에 심는 콩은 서로 다른 계절에 수확했다.
② 봄보리의 재배 기간은 가을보리의 재배 기간보다 짧았다.
③ 흰색 쌀과 회색 쌀은 논에서 수확된 곡식을 가공한 것이었다.
④ 남부 지역의 보릿고개는 가을 곡식이 바닥을 보이는 하지가 지나면서 더 심해졌다.
⑤ 보리와 콩이 함께 자라는 것은 볼 수 있었지만, 조가 이들과 함께 자라는 것은 볼 수 없었다.

봄보리는 봄에 파종하여 그해 여름에 수확하며, 가을보리는 가을에 파종하여 이듬해 여름에 수확하므로 봄보리의 재배기간이 더 짧다.

답 ②

발문, 제시문 접근법

일치 · 부합형 제시문에서는 체크해야 할 단어가 많은 것이 특징이다. 이때 이를 모두 체크하면 다 읽은 후에 어떤 것이 중요한 것인지를 구분하기 어렵다. 따라서 나름대로의 전략이 필요한데, 통상 첫 번째 문단에서 단어가 많이 제시되는 경우에는 그 다음 문단부터 이 단어들을 구체적으로 설명하는 경향이 강하다. 이 문제의 경우는 첫 번째 문단에서 흰색 쌀, 회색 쌀, 노란색 쌀에 대한 언급이 있었다. 두 번째 문단이 '남부 지역'이라는 단어로 시작하는 것은 체크해둘 만 하다. 제시문의 다른 부분에서 중부 지역, 북부 지역 등 다른 지역에 관한 내용이 나올 가능성이 있기 때문이다. 나머지 부분은 스캐닝 과정에서 크게 떠오르는 부분이 없으므로 바로 선택지 스캐닝으로 들어가면 될 것이다.

선택지 접근법

위에서 언급한 것과 같이 흰색 쌀, 회색 쌀 등의 단어가 눈에 띄는 편이며, 남부 지역이라는 단어도 등장하고 있다. 따라서 제시문을 읽을 때 이 단어들에 힘을 주어 읽는 전략이 필요하다.

유형 4 규칙의 적용

1 유형의 이해

생소한 규칙을 제시하고 그것을 실제 사례에 적용하는 유형은 규칙 자체를 처음부터 이해하려고 하면 곤란하다. 규칙 자체가 쉬운 경우라면 모를까 그렇지 않은 경우에는 규칙을 이해하는 데 너무 많은 시간을 소모하기 마련이다. 따라서 처음 읽을 때에는 흐름만 파악하고 선택지를 직접 대입하면서 풀이하는 것이 좋다. 또한 규칙이 난해한 경우에는 예를 제시하는 경우도 있는데 그런 경우에는 제시된 예를 먼저 보면서 규칙을 역으로 파악하는 전략도 필요하다.

2 접근법

1. 규칙의 마지막 부분에 주목하자

규칙의 난이도를 떠나서 규칙 자체가 생소한 경우에는 마지막에 실제 적용례를 들어주는 것이 일반적이다. 사례가 주어진 문제라면 굳이 고집스럽게 원칙만 들여다보지 말고 사례를 통해 직관적으로 규칙을 이해하는 것이 더 효율적이다. 의외로 사례를 안 들여다보고 주어진 조건만으로 풀이하려는 수험생들이 많은데 효율적이지 못하다고 할 수 있다.

2. 풀이법의 전환

규칙을 적용하는 문제에는 크게 2가지의 접근법이 있다. 하나는 단순하게 직접 대입하여 수치를 구하는 것이고, 또 하나는 계산 없이 규칙의 구조를 이용하여 정오를 판별하는 것이다. 여기에 정석은 없다. 문제를 풀어가면서 '이것은 복잡하게 논리를 따질 것이 아니라 그냥 계산하는 것이 빠르겠다'라는 생각이 든다면 전자를, '주어진 규칙 등을 적절히 변형하면 계산이 필요 없을 것 같다'는 생각이 든다면 후자를 선택하면 된다.

3 생각해 볼 부분

'출장비, 여행경비' 등을 계산하는 문제는 상황판단영역에서 매년 적어도 한 문제 이상 출제되는데, 비슷한 유형으로 '놀이공원이나 박물관 입장료 계산, 식당이나 카페의 메뉴 가격 계산' 등이 출제되고 있다. 이러한 유형은 계산하는 데 시간이 오래 걸릴 뿐만 아니라 장소, 시간, 추가비용, 예외 조건 등이 항목별로 모두 다르고 복잡해서 조금만 방심해도 실수하기 쉽다. 따라서 효율적인 시간 관리를 위해 이러한 유형의 문제는 일단 패스하고 시간이 남는다면 마지막에 풀이하는 것이 효율적이다.

예제 2022년 7급(가책형) 11번

다음 글을 근거로 판단할 때, 네 번째로 보고되는 개정안은?

△△처에서 소관 법규 개정안 보고회를 개최하고자 한다. 보고회는 아래와 같은 기준에 따라 진행한다.

○ 법규 체계 순위에 따라 법 – 시행령 – 시행규칙의 순서로 보고한다. 법규 체계 순위가 같은 개정안이 여러 개 있는 경우 소관 부서명의 가나다순으로 보고한다.
○ 한 부서에서 보고해야 하는 개정안이 여럿인 경우, 해당 부서의 첫 번째 보고 이후 위 기준에도 불구하고 그 부서의 나머지 소관 개정안을 법규 체계 순위에 따라 연달아 보고한다.
○ 이상의 모든 기준과 무관하게 보고자가 국장인 경우 가장 먼저 보고한다.

보고 예정인 개정안은 다음과 같다.

개정안명	소관 부서	보고자
A법 개정안	예산담당관	甲사무관
B법 개정안	기획담당관	乙과장
C법 시행령 개정안	기획담당관	乙과장
D법 시행령 개정안	국제화담당관	丙국장
E법 시행규칙 개정안	예산담당관	甲사무관

① A법 개정안
② B법 개정안
③ C법 시행령 개정안
④ D법 시행령 개정안
⑤ E법 시행규칙 개정안

발문, 제시문 접근법

규칙이 제시되는 경우는 대개 가장 일반적인 규칙이 맨 처음 제시되고 그 다음에는 이의 예외사항이 주어지는 경우가 대부분이다. 그리고 거의 예외 없이 확정적으로 적용되는 조건도 이와 함께 주어지므로 반드시 체크해두자. 마지막의 '보고자가 국장인 경우'가 이에 해당한다.

선택지 접근법

이 문제에서는 선택지만으로 특별히 알 수 있는 내용이 없다. 다만, 선택지에 제시된 항목들 중 제시문의 조건을 통해 곧바로 제거가 가능한 것이 있다면 우선적으로 체크해두자. 이 문제에서는 보고자가 국장인 D법 시행령 개정안이 이에 해당한다. 이는 ㄱ, ㄴ, ㄷ, ㄹ형 선택지로 출제된 문제에서 상당히 많은 시간을 절약할 수 있게 해준다.

보고자가 국장인 경우에는 가장 먼저 보고하므로 D법 시행령 개정안이 가장 먼저 보고되며, 법규 체계 순위에 따라 법이 다음으로 보고되어야 한다. 그런데 법에는 A법과 B법 두 개가 존재하므로 소관 부서명의 가나다 순에 따라 B법 개정안이 두 번째로 보고된다. 세 번째로는 소관 부서가 기획담당관으로 같은 C법 시행령 개정안이 보고되어야 하며, 네 번째로는 다시 법규 체계 순위에 따라 A법 개정안이 보고되어야 한다.

답 ①

유형 5 규칙의 변경

1 유형의 이해

앞장에서 설명한 '규칙의 적용'을 변형한 형태로, 단순히 제도 자체를 이해하는 것을 넘어 개정 전의 내용과 개정 후의 내용을 비교해야 하는 유형이다. 아직까지 7급 / 민간경력자 시험에서는 출제빈도가 낮은 편이지만 5급 PSAT 내지는 입법고시에서 많은 문제들이 출제된 바 있다.

2 접근법

제도의 변경을 다루는 유형의 문제는 어떤 식으로 선택지가 구성되든지 간에 정답은 변경 후를 다룬 것이 될 수밖에 없다. 물론 제시된 문제와 같이 변경 후의 내용만을 묻는 경우보다는 변경 전과 후를 비교하는 경우가 더 많이 출제되고 있으나 그 경우에도 포인트는 변경 후의 내용이다. 만약 시간이 부족하여 선택지를 모두 판단할 수 없는 상황이라면 이 점을 잘 활용하기 바란다.

3 생각해 볼 부분

통상 제도의 변경을 다룬 문제의 경우 정답은 중반부 이하에서 결정되는 경우가 대부분이었다. 그럴 수밖에 없는 것이 첫 부분에서는 변경사항 중 총괄적인 것을 다루는 경우가 일반적인데, 그 부분의 내용은 필연적으로 간단한 것일 수밖에 없다. 자신이 출제자라고 생각해보자. 과연 그 부분에서 정답을 만들 것인지 아니면 그 이후에 등장하는 세부적인 내용을 뒤섞어 출제할 것인지를 판단해보자.

예제 2018년 민간경력자(가책형) 11번

다음 글을 근거로 판단할 때 옳지 않은 것은?

정부는 저출산 문제 해소를 위해 공무원이 안심하고 일과 출산 · 육아를 병행할 수 있도록 관련 제도를 정비하여 시행 중이다.

먼저 임신 12주 이내 또는 임신 36주 이상인 여성 공무원을 대상으로 하던 '모성보호시간'을 임신 기간 전체로 확대하여 임신부터 출산시까지 근무시간을 1일에 2시간씩 단축할 수 있게 하였다.

다음으로 생후 1년 미만의 영아를 자녀로 둔 공무원을 대상으로 1주일에 2일에 한해 1일에 1시간씩 단축근무를 허용하던 '육아시간'을, 만 5세 이하 자녀를 둔 공무원을 대상으로 1주일에 2일에 한해 1일에 2시간 범위 내에서 사용할 수 있도록 하였다. 또한 부부 공동육아 실현을 위해 '배우자 출산휴가'를 10일(기존 5일)로 확대하였다.

마지막으로 어린이집, 유치원, 초 · 중 · 고등학교에서 공식적으로 주최하는 행사와 공식적인 상담에만 허용되었던 '자녀돌봄휴가'(공무원 1인당 연간 최대 2일)를 자녀의 병원진료 · 검진 · 예방접종 등에도 쓸 수 있도록 하고, 자녀가 3명 이상일 경우 1일을 가산할 수 있도록 하였다.

① 변경된 현행 제도에서는 변경 전에 비해 '육아시간'의 적용 대상 및 시간이 확대되었다.
② 변경된 현행 제도에 따르면, 초등학생 자녀 3명을 둔 공무원은 연간 3일의 '자녀돌봄휴가'를 사용할 수 있다.
③ 변경된 현행 제도에 따르면, 임신 5개월인 여성 공무원은 산부인과 진료를 받기 위해 '모성보호시간'을 사용할 수 있다.
④ 변경 전 제도에서 공무원은 초등학교 1학년인 자녀의 병원진료를 위해 '자녀돌봄휴가'를 사용할 수 있었다.
⑤ 변경된 현행 제도에 따르면, 만 2세 자녀를 둔 공무원은 '육아시간'을 사용하여 근무시간을 1주일에 총 4시간 단축할 수 있다.

변경 전에는 '자녀돌봄휴가'를 사용할 수 있는 사유가 초 · 중 · 고등학교에서 공식적으로 주최하는 행사와 공식적인 상담에 국한되었던 반면, 변경 후에는 자녀의 병원진료 등에도 쓸 수 있도록 하였으므로 옳지 않다.

답 ④

발문, 제시문 접근법

발문 자체로는 특별한 것이 없으므로 '않은'이라는 부분에 ×표시를 해둔다. 다음으로 제시문은 크게 4문단으로 구성되어 있음을 알 수 있는데, 각 문단의 첫 머리에 '먼저', '다음으로', '마지막으로'라는 문구가 삽입되어 있다. 따라서 개정사항은 크게 3가지임을 판단할 수 있다.

선택지 접근법

특색 있는 선택지는 보이지 않으나 ' ' 안에 들어있는 용어들이 '육아시간', '자녀돌봄휴가', '모성보호시간'의 3가지라는 점을 알 수 있다. 제시문을 읽을 때 이 용어들에 특히 유념해야 할 것이다.

체크할 부분

결과적으로 이 문제는 변경 전의 제도를 묻는 선택지가 정답이 되었다. 하지만 그 내용을 찾는 과정을 살펴보면 결국 변경 후의 내용을 통해 역으로 변경 전의 내용을 찾아내는 방식이었다. 따라서 변경 후의 내용이 정답포인트가 된다는 원칙은 여전히 유효하다.

유형 6 **논리퍼즐**

1 유형의 이해

언어논리에서도 논리퍼즐 유형의 문제가 출제되고 있다. 하지만 언어논리의 문제들은 대개 형식논리학의 내용을 이용해 참, 거짓이 명확히 가려지는 경우가 많은 반면, 상황판단의 문제들은 그보다는 경우의 수를 이용한 대상들의 배치를 묻는 경우가 많다. 즉, 언어논리에서는 주어진 조건들을 정확하게 기호화할 수 있는지가 관건이라면, 상황판단에서는 경우의 수를 최소화할 수 있는 조건을 찾는 것이 관건이라고 할 수 있다.

2 접근법

1. 발문의 중요성

대부분 상황판단의 발문은 옳은/틀린 것을 알려주는 데 그치지만 퍼즐형 문제의 경우는 발문에서 이른바 킬러조건을 제시하는 경우가 상당히 많다. 또한 퍼즐의 결론이 필연적으로 하나만 생기는 것인지 아니면 여러 가능한 상황이 생기는 것인지를 암시하는 경우도 있으니 발문의 문구 하나하나를 허투루 넘겨서는 안 될 것이다.

2. 길이가 긴 조건

제시된 조건의 길이와 유용성은 비례한다. 즉, 길이가 긴 조건일수록 제약되는 내용이 많아 경우의 수를 줄이는 데 큰 도움을 주는 반면, 길이가 짧은 조건일수록 경우의 수를 크게 줄이지 못한다는 것이다. 이는 조건의 판단순서를 정하는 데 기준이 된다. 다시 말해, 외형상 길이가 긴 조건과 짧은 조건이 혼재되어 있는 경우라면 일단 길이가 긴 조건을 먼저 적용해보라는 것이다.

3. 선택지의 활용

만약 논리퍼즐 문제가 주관식이라고 가정하면 문제에 따라 십수 분이 걸리는 경우도 존재할 수 있을 것이다. 그만큼 논리퍼즐은 문제를 어떻게 구성하느냐에 따라 경우의 수가 기하급수적으로 늘어날 수 있다. PSAT가 초창기와 달라진 부분이 바로 이 측면인데, 과거에는 경우의 수가 3개 내외로 결정되는 문제들이 많아 굳이 선택지를 이용할 필요가 없었던 반면, 최근에는 경우의 수가 10개 이상으로 확장된 문제도 종종 출제되고 있다. 이 문제들은 현실적으로 선택지를 이용해 판단하지 않으면 풀이가 불가능하므로 반드시 선택지를 이용한 소거법을 활용해야 할 것이다.

3 생각해 볼 부분

논리퍼즐형 문제의 경우 무시할 수 없을 정도의 중요성을 차지하는 것이 바로 도식화 능력이다. 어쩌면, 주어진 조건을 얼마나 간결하고 정확하게 도식화할 수 있느냐가 전체 문제의 성패를 좌우한다고 해도 과언이 아닐 것이다. 대부분의 논리퍼즐형 문제는 문제의 하단 부분에 충분히 많은 여백을 주고 있다. 그런데 간혹 수험생 중에는 여백이 많다고 해서 가운데 부분에 큼지막하게 그림을 그려 풀이하는 경우가 있다. 하지만, 그림을 그려 풀이하다가 이런저런 이유로 그림을 다시 그려야 하는 경우가 매우 빈번하게 발생한다. 따라서 가급적 도식화는 문제의 바로 아랫부분에 적당한 크기로 그리는 것이 좋다.

예제 2022년 7급(가책형) 23번

다음 글을 근거로 판단할 때 옳지 않은 것은?

> △△팀원 7명(A~G)은 새로 부임한 팀장 甲과 함께 하는 환영식사를 계획하고 있다. 모든 팀원은 아래 조건을 전부 만족시키며 甲과 한 번씩만 식사하려 한다.
> ○ 함께 식사하는 총 인원은 4명 이하여야 한다.
> ○ 단둘이 식사하지 않는다.
> ○ 부팀장은 A, B뿐이며, 이 둘은 함께 식사하지 않는다.
> ○ 같은 학교 출신인 C, D는 함께 식사하지 않는다.
> ○ 입사 동기인 E, F는 함께 식사한다.
> ○ 신입사원 G는 부팀장과 함께 식사한다.

① A는 E와 함께 환영식사에 참석할 수 있다.
② B는 C와 함께 환영식사에 참석할 수 있다.
③ C는 G와 함께 환영식사에 참석할 수 있다.
④ D가 E와 함께 환영식사에 참석하는 경우, C는 부팀장과 함께 환영식사에 참석하게 된다.
⑤ G를 포함하여 총 4명이 함께 환영식사에 참석하는 경우, F가 참석하는 환영식사의 인원은 총 3명이다.

A가 E와 함께 참석한다면, F도 같이 참석해야 한다. 그런데 식사인원은 최대 4명이므로 (갑, A, E, F)를 한 조로 묶을 수 있다. 다음으로 C와 D는 함께 식사하지 않는다고 하였으므로 C가 들어간 조와 D가 들어간 조로 나누어 생각해보자. 남은 사람은 B와 G인데 G는 부팀장과 함께 식사한다고 하였으므로 B와 G는 하나의 세트로 묶을 수 있다. 그렇다면, 갑, B, G가 고정된 상태에서 C 혹은 D를 추가로 묶어 한 조가 됨을 알 수 있다. 그런데 이렇게 될 경우 C 혹은 D 중 한 명은 갑과 단 둘이 식사를 해야 하는 상황이 되고 만다. 이를 표시하면 아래와 같다.

갑	A	B	C	D	E	F	G
○	○	×	×	×	○	○	×
○	×	○	○/×	×/○	×	×	○
○	×	×	×/○	○/×	×	×	×

따라서 A와 E는 함께 환영식사에 참여할 수 없다.

답 ①

발문, 제시문 접근법

'팀원이 7명', '한 번씩만 식사' 이 두 부분을 통해 7명을 그룹으로 나누어 조를 나눈다는 것을 간파할 수 있다. 이하에서 제시된 조건들은 어떻게 조를 나눌 것인지에 대한 것이다. 특히 중요한 것은 '않는다'로 끝나는 부정조건이다. 이는 '할 수 있다'와 같은 긍정조건과 달리 대상들을 명확하게 제거해주기 때문이다. 반면, '할 수 있다'형식의 조건은 경우의 수를 나누어야 하므로 가장 마지막에 판단하는 것이 좋다. 따라서 이런 부정조건들을 먼저 체크해두자. 다음으로는 마지막 두 개의 조건, 이른바 세트형 조건을 체크해야 한다. 이들은 위의 부정조건과 거의 같은 위력을 가지는 조건인데, 이 조건만으로 정오 판별이 가능한 선택지가 출제되는 경우도 상당히 자주 있는 편이다.

선택지 접근법

①~③은 가능성을 나타내고 있으므로 엄밀한 판단보다는 선택지의 내용이 가능한지만 따져보면 된다. 예를 들어, ①의 경우 모든 경우의 수를 따질 것 없이 A와 E가 함께 참석하는 경우를 한 개만 찾아내면 그만인 것이다. 반면 ④와 ⑤는 이와 달리 확정적인 조건이므로 보다 엄밀한 풀이가 필요하다.

유형 7 수리퍼즐

1 유형의 이해

크게 보아 계산형 문제에 속하고 결국은 이 유형도 논리퍼즐의 일종이지만 세부적인 풀이과정에서 수리적인 추론과정이 개입되는 유형을 의미한다. 실상 이 유형의 계산이라는 것은 산수의 수준을 벗어나지 않지만 그 산식을 이끌어내기까지의 과정이 만만치 않은 편이다. 주로 대소관계 및 숫자의 중복사용 금지와 같은 조건이 사용된다. 가장 대표적인 것이 학창시절 많이 해보았을 숫자야구이다.

2 접근법

1. 대소관계

주어진 조건을 활용하여 대상들의 크기를 비교하는 유형이며 가장 대표적인 유형이다. 다만 일부 대상은 대소관계가 명확하지 않아 경우의 수를 따져야 하는 상황이 발생한다. 이를 풀이할 때에는 올바른 도식화가 필수적이며 각각의 경우의 수 중 모순이 발생하는 상황을 빠르게 제거하는 것이 관건이다.

2. 연립방정식

두 식을 서로 차감하여 변수의 값을 찾아내는 유형이다. 최근에는 연립방정식 자체를 풀이하게끔 하는 경우보다 이와 같이 식과 식의 관계를 통해 문제를 풀어야 하는 경우가 종종 출제된다. 가장 중요한 것은 변수의 수를 최소화하는 것이다.

3. 응용

미지수가 포함된 두 수치의 대소비교가 필요한 경우 두 산식을 차감하여 이의 부호를 확인하는 것이 가장 정확한 방법이다. 물론, 임의의 수를 대입하여 계산하는 방법도 있을 수 있으나 분기점을 기준으로 대소관계가 바뀌는 경우도 존재할 수 있으므로 가급적 위와 같이 판단하는 것을 추천한다.

3 생각해 볼 부분

위에서 수리퍼즐의 풀이를 위해 올바른 도식화가 필수적이라고 하였다. 그런데 도식화를 하다보면 어느 것을 기준으로 삼아 나머지 항목들을 배치할 것인지가 애매한 경우가 종종 있다. 이 경우에는 일단 조건에서 가장 많이 등장하는 것을 중심에 놓고 대소관계를 판단해보는 것을 추천한다

예제 2022년 7급(가책형) 22번

다음 글을 근거로 판단할 때, 〈보기〉에서 옳은 것만을 모두 고르면?

○ 甲, 乙, 丙 세 사람은 25개 문제(1~25번)로 구성된 문제집을 푼다.
○ 1회차에는 세 사람 모두 1번 문제를 풀고, 2회차부터는 직전 회차 풀이 결과에 따라 풀 문제가 다음과 같이 정해진다.
  – 직전 회차가 정답인 경우 : 직전 회차의 문제 번호에 2를 곱한 후 1을 더한 번호의 문제
  – 직전 회차가 오답인 경우 : 직전 회차의 문제 번호를 2로 나누어 소수점 이하를 버린 후 1을 더한 번호의 문제
○ 풀 문제의 번호가 25번을 넘어갈 경우, 25번 문제를 풀고 더 이상 문제를 풀지 않는다.
○ 7회차까지 문제를 푼 결과, 세 사람이 맞힌 정답의 개수는 같았고 한 사람이 같은 번호의 문제를 두 번 이상 푼 경우는 없었다.
○ 4, 5회차를 제외한 회차별 풀이 결과는 아래와 같다.

(정답 : ○, 오답 : ×)

구분	1	2	3	4	5	6	7
甲	○	○	×			○	×
乙	○	○	○			×	○
丙	○	×	○			○	×

〈보 기〉

ㄱ. 甲과 丙이 4회차에 푼 문제 번호는 같다.
ㄴ. 4회차에 정답을 맞힌 사람은 2명이다.
ㄷ. 5회차에 정답을 맞힌 사람은 없다.
ㄹ. 乙은 7회차에 9번 문제를 풀었다.

① ㄱ, ㄴ
② ㄱ, ㄷ
③ ㄴ, ㄷ
④ ㄴ, ㄹ
⑤ ㄷ, ㄹ

예제	2022년 7급(가책형) 22번

주어진 조건을 토대로 4, 5회차를 제외한 세 사람의 문제 풀이 결과를 정리하면 다음과 같다.

구분	1	2	3	4	5	6	7
甲	1 ○	3 ○	7 ×	4		○	×
乙	1 ○	3 ○	7 ○	15		×	○
丙	1 ○	3 ×	2 ○	5		○	×

甲이 4회차에 4번 문제를 틀렸다면 5회차에 3번을 풀어야 하는데, 이는 같은 문제를 두 번 풀지 않는다는 조건에 위배된다. 따라서 甲은 4번을 맞추었다.
乙이 4회차에 15번 문제를 맞추었다면 5회차에 25번을 풀고 그 이후로는 문제를 풀지 않아야 한다는 조건에 위배된다. 따라서 乙은 15번을 틀렸다.
丙이 4회차에 5번 문제를 틀렸다면 5회차에 3번을 풀어야 하는데, 이는 같은 문제를 두 번 풀지 않는다는 조건에 위배된다. 따라서 丙은 5번을 맞추었다.
여기까지의 결과를 정리하면 다음과 같다.

구분	1	2	3	4	5	6	7
甲	1 ○	3 ○	7 ×	4 ○	9	○	×
乙	1 ○	3 ○	7 ○	15 ×	8	×	○
丙	1 ○	3 ×	2 ○	5 ○	11	○	×

乙이 5회차에 8번 문제를 틀렸다면 6회차에 5번, 7회차에 3번을 풀어야 하는데, 이는 같은 문제를 두 번 풀지 않는다는 조건에 위배된다. 따라서 乙은 8번을 맞추었다. 그런데 7회차까지 세 사람이 맞힌 정답의 개수가 같다고 하였으므로 甲과 丙 역시 해당되는 문제를 맞추었음을 알 수 있다.
이제 위의 결과를 최종적으로 정리하면 다음과 같다.

구분	1	2	3	4	5	6	7
甲	1 ○	3 ○	7 ×	4 ○	9 ○	○	×
乙	1 ○	3 ○	7 ○	15 ×	8 ○	×	○
丙	1 ○	3 ×	2 ○	5 ○	11 ○	○	×

ㄴ. 4회차에는 甲과 丙 두 명이 정답을 맞췄다.
ㄹ. 위 표를 토대로 판단해보면 乙은 6회차에 17번, 7회차에 9번을 풀었다.

답 ④

발문, 제시문 접근법

퍼즐유형의 문제는 기본적인 조건을 제시한 다음 조건의 후반부에 제한사항, 그리고 미완성인 상태의 실제 적용례가 주어지는 형태를 가진다. 이 문제가 바로 전형적인 예인데, 여기서 가장 중요한 것은 세 번째와 네 번째의 제한조건이다. 제한조건은 그 수가 몇 개가 되었든 문제를 풀이할 때에 전부 사용되므로 확실하게 이해하고 넘어가야 한다. 간혹 복잡한 형태를 가지는 제한조건이 제시되는 경우, 일단 이 조건을 패스하고 나머지만으로 문제를 풀이하려는 수험생이 있는데 이는 매우 바람직하지 않다.

선택지 접근법

선택지 자체만으로는 크게 특색있는 부분이 없으나, 4회차, 5회차, 7회차의 결과를 묻고 있으므로 결국 조건의 회색영역을 모두 채워야 풀이가 가능함을 알아차릴 수 있다.

유형 8 스포츠 경기

1 유형의 이해

상황판단 문제를 풀다보면 운동경기 내지는 게임의 결과를 통해 순위를 결정하거나 우승팀을 찾아내는 유형을 종종 만나게 된다. 이러한 문제들은 크게는 앞서 설명한 '규칙의 적용' 유형에 해당하지만 경우의 수를 따져야 한다는 점에서 '논리퍼즐' 유형으로 볼 수도 있다. 물론, 이러한 문제들은 승점은 어떻게 계산되는지, 또 동점자의 경우는 어떻게 처리해야 하는지에 대한 규칙이 주어진다. 하지만 이 유형은 그러한 규칙이 정형화되어 있는 편이다. 따라서 여기서는 그중 미리 알아두면 좋을 정보를 제시하고자 한다.

2 접근법

1. 승점계산

대부분의 경우에 승리팀이 얻는 승점은 3점이며, 무승부인 경우 1점, 패할 경우는 0점을 얻게 된다. 하지만 간혹 승리할 경우 2점이 주어지는 경우도 존재한다. 이 유형은 승점제도가 변경되었을 때 우승팀이 바뀌는지의 여부를 묻는 문제로 종종 출제되곤 한다.

2. 승-패-무승부

이는 자료해석에서도 종종 발생하는 상황인데, 모든 참가팀의 경기 수가 동일하다면 모든 팀의 승수의 합은 패수의 합과 동일하며 무승부의 합은 반드시 짝수가 되어야 한다. 이를 좀 더 생각해보면 득점의 합은 실점의 합과 동일하다는 것도 알 수 있을 것이다.

3. 승점이 같은 경우

크게 득실차가 많은 팀, 득점이 많은 팀 중 하나로 제시된다.

4. 리그전

만약 n개의 팀이 다른 모든 팀들과 1번씩 경기하는 경우 전체 경기의 수는 $(n-1)+(n-2)+\cdots+1$이다.

5. 토너먼트

만약 n개의 팀이 참가하는 토너먼트가 있다고 하면, 이 토너먼트 대회의 총 경기 수는 $n-1$이다.

3 생각해 볼 부분

물론 위의 산식들은 예외가 없는 일반적인 경우에만 가능하다. 대부분의 문제에서는 일반적인 경우를 토대로 문제를 구성하지만 간혹 부전승과 같이 예외적인 경우가 등장하기도 한다. 이런 경우는 아쉽게도 직접 경우를 따져보는 방법 이외에는 지름길이 없다.

예제 2015년 민간경력자(인책형) 8번

다음 〈규칙〉을 근거로 판단할 때, 〈보기〉에서 옳은 것만을 모두 고르면?

규 칙

- △△배 씨름대회는 아래와 같은 대진표에 따라 진행되며, 11명의 참가자는 추첨을 통해 동일한 확률로 A부터 K까지의 자리 중에서 하나를 배정받아 대회에 참가한다.

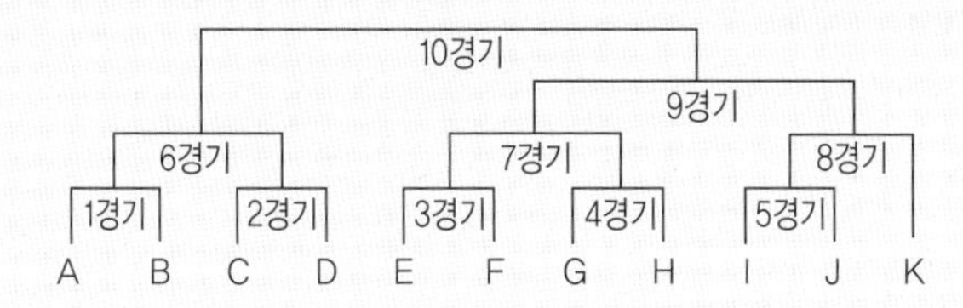

- 대회는 첫째 날에 1경기부터 시작되어 10경기까지 순서대로 매일 하루에 한 경기씩 쉬는 날 없이 진행되며, 매 경기에서는 무승부 없이 승자와 패자가 가려진다.
- 각 경기를 거듭할 때마다 패자는 제외시키면서 승자끼리 겨루어 최후에 남은 두 참가자 간에 우승을 가리는 승자 진출전 방식으로 대회를 진행한다.

보 기

ㄱ. 이틀 연속 경기를 하지 않으면서 최소한의 경기로 우승할 수 있는 자리는 총 5개이다.
ㄴ. 첫 번째 경기에 승리한 경우 두 번째 경기 전까지 3일 이상을 경기 없이 쉴 수 있는 자리에 배정될 확률은 50% 미만이다.
ㄷ. 총 4번의 경기를 치러야 우승할 수 있는 자리에 배정될 확률이 총 3번의 경기를 치르고 우승할 수 있는 자리에 배정될 확률보다 높다.

① ㄱ
② ㄴ
③ ㄷ
④ ㄱ, ㄷ
⑤ ㄴ, ㄷ

총 4번의 경기를 치러야 우승할 수 있는 자리는 E~J까지의 6개이고, 총 3번의 경기를 치르고 우승할 수 있는 자리는 A~D, K의 5개이므로 전자에 배정될 확률이 더 높다.

답 ③

발문, 제시문 접근법

발문 자체로는 특별한 것이 없으므로 넘어가도록 하고 제시문을 살펴보자. 제시문의 대진표는 마지막의 K가 1라운드를 건너뛰고 2라운드에 진출하는 것을 확인할 수 있다. 이것이 결국은 문제 풀이에 중요한 단서가 될 것으로 예상할 수 있다.

선택지 접근법

선택지를 외형으로만 파악하면 특징적인 것이 없다. 단, 여기서 주목할 것은 선택지가 ㄱ, ㄴ, ㄷ 3개만 주어져 있다는 것이다. 이러한 유형은 세 개의 선택지 모두를 판단해야 한다. 만약 선택지가 ㄱ, ㄴ, ㄷ, ㄹ의 4개로 주어졌다면 풀이 순서의 변화를 통해 선택지 1~2개 정도는 생략할 수 있지만 3개가 주어지는 경우는 그런 일이 절대로 발생하지 않는다.

체크할 부분

규칙을 분석해보면 전체 내용 중 문제 풀이에 의미가 있는 것은 대진표와 두 번째 조건뿐이라는 것을 알 수 있다. 첫 번째와 세 번째 조건은 그야말로 당연한 내용으로 전형적인 허수정보에 해당한다. 또한 대진표를 살펴보면, 나머지 경기의 진행방향과 9경기의 방향이 반대라는 점을 확인할 수 있다. 이런 부분은 반드시 출제포인트가 되므로 놓치지 말자.

유형 9 계산형

1 유형의 이해

상황판단에서 무엇인가를 계산해야 하는 문제는 절반을 훨씬 넘는 비중을 차지하는데 이 문제들은 사칙연산에 약한 수험생에게는 시간을 잡아먹는 문제가 될 수 있고, 평소에 조건이나 단서를 놓치는 등의 실수가 잦은 수험생에게는 오답을 체크할 확률이 높은 문제이다. 따라서 평소 기출문제를 최대한 많이 풀어 자신의 강점과 약점을 파악한 후, 풀 수 없는 문제는 패스하고 풀 수 있는 문제에 집중하여 정답률을 높이는 것이 핵심 전략이라고 할 수 있다. 한 가지 확실한 것은 아무리 계산 문제에 자신이 없다고 하여도 이 문제들을 모두 스킵해서는 절대로 합격할 수 없다는 사실이다.

2 접근법

1. 복잡한 수식

상황판단의 문제들 중에는 복잡한 수식이 제시된 것들이 종종 등장하는 편이다. 여기서 확실히 알아두어야 할 것은 출제자는 무조건 그 수식을 직접 계산하여 구체적인 수치를 도출하게끔 문제 구성을 하지 않는다는 것이다. 여러분들이 준비하는 시험은 공학수학이 아니라 PSAT임을 명심하자.

2. 단위의 통일

공간적인 개념을 통해 계산을 해야 하는 문제는 풀이의 편의를 위해 그림으로 그려 직관적으로 판단하는 것이 좋다. 단, 그림을 그릴 때 기준에 일관성이 있어야 한다. 통상 이러한 문제는 주어지는 자료가 많은 편인데 어느 부분은 시간 단위로, 다른 부분은 분 단위로 제시된 경우에 이것을 하나로(가급적 분 단위) 통일하는 것이 좋다는 의미이다. 풀이하면서 바꾸면 된다고 생각할 수 있으나 실전에서는 그것이 말처럼 쉽지 않다. 그림으로 정리가 끝난 후에는 기계적인 풀이만 할 수 있게끔 정리하는 것이 좋다.

3. 연립방정식

상황판단의 문제를 풀다보면 연립방정식의 원리를 이용한 문제들이 상당히 많이 출제된다는 사실을 알 수 있다. 하지만 PSAT의 상황판단에서 단순히 연립방정식을 이용해 특정 변수의 값을 구하라는 문제가 출제되지는 않을 것이라는 것을 생각해본다면 반드시 다른 방법이 있을 것이라는 의문을 가져야 한다. 물론 실전에서 이러한 접근법이 떠오르는 것은 하루아침에 이루어지지 않는다. 평소 문제를 풀 때 단순히 산수만으로 풀이해야 하는 것은 없다는 생각을 가지고 의식적으로 접근하는 습관이 필요하다. 그런데 만약 실전에서 연립방정식으로 푸는 것 이외의 방법이 떠오르지 않는다면 바로 연립방정식으로 풀어야 한다. 앞에서 서술한 내용은 어디까지나 평소에 공부할 때의 접근법이지 시험장에서도 연구를 하라는 의미는 아니다.

3 생각해 볼 부분

상황판단의 계산 문제는 자료해석과는 접근 방식이 조금 달라서 대부분 대소비교만을 요구하는 편이다. 따라서 주어진 자료를 모두 계산하려고 하기보다는 공통적으로 포함되는 항목이 있다면 이 부분은 과감히 제거하고 계산하는 것이 바람직하다. 해당 부분은 관련된 기출문제들의 해설에서 설명하고 있으니 참고하기 바란다.

예제 2022년 7급(가책형) 15번

다음 글을 근거로 판단할 때, 〈보기〉에서 甲이 지원금을 받는 경우만을 모두 고르면?

○ 정부는 자영업자를 지원하기 위하여 2020년 대비 2021년의 이익이 감소한 경우 이익 감소액의 10%를 자영업자에게 지원금으로 지급하기로 하였다.
○ 이익은 매출액에서 변동원가와 고정원가를 뺀 금액으로, 자영업자 甲의 2020년 이익은 아래와 같이 계산된다.

구분	금액	비고
매출액	8억 원	판매량(400,000단위)×판매가격(2,000원)
변동원가	6.4억 원	판매량(400,000단위)×단위당 변동원가(1,600원)
고정원가	1억 원	판매량과 관계없이 일정함
이익	0.6억 원	8억 원 − 6.4억 원 − 1억 원

보 기

ㄱ. 2021년의 판매량, 판매가격, 단위당 변동원가, 고정원가는 모두 2020년과 같았다.
ㄴ. 2020년에 비해 2021년에 판매가격을 5% 인하하였고, 판매량, 단위당 변동원가, 고정원가는 2020년과 같았다.
ㄷ. 2020년에 비해 2021년에 판매량은 10% 증가하고 고정원가는 5% 감소하였으나, 판매가격과 단위당 변동원가는 2020년과 같았다.
ㄹ. 2020년에 비해 2021년에 판매가격을 5% 인상했음에도 불구하고 판매량이 25% 증가하였고, 단위당 변동원가와 고정원가는 2020년과 같았다.

① ㄴ
② ㄹ
③ ㄱ, ㄴ
④ ㄴ, ㄷ
⑤ ㄷ, ㄹ

판매가격을 5% 인하했다면 매출액이 0.4억 원만큼 감소하며, 나머지 항목이 같으므로 이익 역시 0.4억 원 감소한다.

답 ①

발문, 제시문 접근법

발문을 통해 보기의 사례들을 모두 계산해보아야 함을 알 수 있으므로 시간이 부족한 상황이라면 일단 패스하는 것도 하나의 방법이다. 제시문에서 특기할 부분은 하단의 '이익'에 관한 부분이다. 이 문제와 같이 산식이 주어지는 경우는 대개 실제 적용사례를 들어 직관적으로 해당 산식을 이해할 수 있게 해준다. 만약, 이 문제와 같이 실제 사례가 주어진다면 이를 적극적으로 활용하자. 여기서 주의할 점은 이 문제는 '甲'이 지원금을 받는 경우를 찾는 경우라는 것이다. 이것을 놓치고 무턱대고 계산만 하는 실수는 하지 말자.

선택지 접근법

표에서 언급된 구성요소들이 변동하면서 이익에 어떤 영향을 주는지를 판단하게끔 구성되어 있다. 선택지 스캐닝 과정에서 이와 같은 형태를 만나게 된다면 반드시 자료에서 언급된 계산방식을 확실하게 이해한 상태에서 선택지를 판단해야 한다. 그렇지 않을 경우 선택지를 풀면서 계산방식을 다시 한번 읽으며 이해해야 하는 불필요한 시간이 허비된다.

유형 10 기타유형

1 유형의 이해

상황판단이 언어논리나 자료해석과 큰 차이를 보이는 부분은 바로 '유형화'가 힘들다는 데에 있다. 사실 앞에서 살펴본 9개의 유형 역시 전체 상황판단의 유형들을 모두 커버하지는 못한다. 단지 그나마 자주 등장하는 유형들을 수험가에서 통용되는 분류를 이용해 정리한 것일 뿐이다. 여기서는 별도의 유형으로 분리하기는 곤란하지만 알아두면 좋을 접근법들을 일부 소개한다.

2 접근법

1. 분산된 정보들

문제를 집중해서 풀다보면 시야가 좁아지기 마련인데 핵심적인 정보인 본문 내용에 집중하다보면 정작 발문에서 제시하는 정보를 놓치는 경우가 종종 있다. 상황판단에서는 이렇게 정보가 분산되어 제시되는 경우가 상당히 많다. 자료가 여러 개 주어졌다면 의식적으로 초반에 중요한 정보가 하나쯤은 심어져 있다는 것을 생각하자.

2. 꼬아놓은 선택지

언어논리와 다르게 상황판단은 선택지 자체가 짧은 편이다. 때문에 출제자는 선택지의 문장을 한 번 내지는 두 번 꼬아서 출제하는 경우가 많다. 이는 생각해보면 아무것도 아닌 것이지만 이렇게 한 번 꼬아놓은 문장은 시험장에서 실수하기 좋다. 따라서 선택지를 읽었을 때 해석과정에서 약간이라도 혼동이 있었다면 곧바로 정오를 판단하지 말고 다시 한번 그 의미를 정확하게 확정지은 후에 판단하기 바란다.

3. 설계도 그리기

제시문에서 구성요소를 세부적으로 설명하는 경우 간략하게 도식화를 시켜보는 것이 좋다. 도식화에 걸리는 시간이 아까울 수도 있으나 도식화만 제대로 되어있다면 선택지의 정오를 판단하는 데 걸리는 시간은 수초로 단축되므로 크게 보면 이게 더 이득이다.

4. 초일불산입

각주에서 당일은 일수에 산입하지 않는다는 조건이 주어지는 경우가 종종 있다. 이를 '초일불산입'이라고 하는데, 이런 조건이 주어질 경우에는 복잡하게 생각하지 말고 그냥 기간을 더해주면 된다.

5. 등장인물이 많은 문제

많은 수험생들이 실수하기 쉬운 유형이다. 시간제한 없이 차근히 풀 때는 당연히 틀리지 않겠지만 극도의 긴장감 속에서 치러지는 실전에서는 터무니없는 실수로 인해 당락이 뒤바뀌곤 한다. 여력이 된다면 색이 다른 펜을 준비하는 것도 도움이 된다. 간혹 색깔이 다른 형광펜을 이용해 풀이하는 경우도 있는데 이는 주위 사람에게 과도한 소음을 유발할 수 있으므로 가급적 피하는 것이 좋다.

6. 창의적인 복습

문제를 풀다보면 '만약 이 조건이 이렇게 주어졌다면 어떻게 될까?'와 같은 의문을 가질 수 있다. 이는 아주 좋은 현상이다. 물론, 기존의 문제들은 해당 선택지를 위해 가공된 것이기에 가상의 조건을 대입하기 위해서는 추가적인 자료가 필요할 수 있다. 그럼 자신이 한번 그 자료를 만들어보자. 복잡하지 않아도 되며 깔끔하게 그릴 필요도 없다. 이와 같이 문제의 조건이 달라짐에 따라 문제가 어떻게 변모하는지를 살펴본다면 문제를 보는 시각이 한층 넓어지게 될 것이다.

7. 허수정보

상황판단에서는 문제의 논점을 흐리는 허수정보들이 포함된 선택지가 많이 등장한다. 특히 법률조문형 문제에서 이 현상이 심한 편인데 이러한 문제를 만나게 되면 최대한 빨리 문제를 단순화시켜야 한다. 예를 들어 주인공 甲, 매수인 乙, 계약일 1월 1일과 같은 정보만 추출해 내는 것이다. '乙이 운영 중인 회사의 사정으로 인해 계약금을 늦게 지불했다'는 문장이라면 '乙이 계약금을 늦게 지불했다'는 내용만 파악하면 그만이지 그 앞의 수식어구는 전혀 의미가 없는 것이다. 선택지의 스토리에 매몰되면 정작 필요한 자료가 무엇인지를 놓칠 수밖에 없다.

PART 2

7급 / 민간경력자 PSAT 필수기출 300제

CHAPTER 01 언어논리 필수기출 100제

01 세부내용 파악 및 추론

문 1. 다음 글에서 알 수 있는 것은? 23 7급(인) 06번

> ○○시 교육청은 초·중학교 기초학력 부진학생의 기초학력 향상을 위해 3단계의 체계적인 지원체계를 구축하였다. 이는 학습 사각지대에 놓여있는 학생들을 조기에 발견하고, 학생 여건과 특성에 맞는 서비스를 제공하여 기초학력 부진을 해결하기 위한 조치이다.
>
> 1단계 지원은 기초학력 부진 판정을 받은 모든 학생을 대상으로 하며, 해당 학생에 대한 지도는 학교 내에서 담임교사가 담당한다. 학교 내에서 교사가 특별학습 프로그램을 진행하는 것이다.
>
> 2단계 지원은 기초학력 부진 판정을 받은 학생 중 복합적인 요인으로 어려움을 겪는 것으로 판정된 학생인 복합요인 기초학력 부진학생을 대상으로 권역학습센터에서 이루어진다. 권역학습센터는 권역별 1곳씩 총 5곳에 설치되어 있으며, 이곳에서 학습멘토 프로그램을 운영한다. 이 프로그램에 참여하는 지원 인력은 ○○시의 인증을 받은 학습상담사이며, 기초학력 부진학생의 학습멘토 역할을 담당하게 된다.
>
> 3단계 지원은 복합요인 기초학력 부진학생 중 주의력결핍 과잉행동장애 또는 난독증 등의 문제로 학습에 어려움을 겪는 학생을 대상으로 ○○시 학습종합클리닉센터에서 이루어진다. ○○시 학습종합클리닉센터는 교육청 차원에서 지역사회 교육 전문가를 초빙하여 해당 학생들을 위한 전문학습클리닉 프로그램을 운영한다. 이에 더해 소아정신과 전문의 등으로 이루어진 의료지원단을 구성하여 의료적 도움을 줄 수 있도록 한다.

① ○○시 학습종합클리닉센터는 ○○시에 총 5곳이 설치되어 있다.
② 기초학력 부진학생으로 판정된 학생은 학습멘토 프로그램에 참여할 수 없다.
③ 복합요인 기초학력 부진학생으로 판정된 학생 중 의료지원단의 의료적 도움을 받는 학생이 있을 수 있다.
④ 학습멘토 프로그램 및 전문학습클리닉 프로그램에 참여하는 지원 인력은 ○○시의 인증을 받지 않아도 된다.
⑤ 난독증이 있는 학생은 기초학력 부진 판정을 받지 않았더라도 ○○시 학습종합클리닉센터에서 운영하는 프로그램에 참여할 수 있다.

문 2. 다음 글에서 알 수 있는 것은? 22 7급(가) 02번

> 세종이 즉위한 이듬해 5월에 대마도의 왜구가 충청도 해안에 와서 노략질하는 일이 벌어졌다. 이 왜구는 황해도 해주 앞바다에도 나타나 조선군과 교전을 벌인 후 명의 땅인 요동반도 방향으로 북상했다. 세종에게 왕위를 물려주고 상왕으로 있던 태종은 이종무에게 "북상한 왜구가 본거지로 되돌아가기 전에 대마도를 정벌하라!"라고 명했다. 이에 따라 이종무는 군사를 모아 대마도 정벌에 나섰다.
>
> 남북으로 긴 대마도에는 섬을 남과 북의 두 부분으로 나누는 중간에 아소만이라는 곳이 있는데, 이 만의 초입에 두지포라는 요충지가 있었다. 이종무는 이곳을 공격한 후 귀순을 요구하면 대마도주가 응할 것이라 보았다. 그는 6월 20일 두지포에 상륙해 왜인 마을을 불사른 후 계획대로 대마도주에게 서신을 보내 귀순을 요구했다. 하지만 대마도주는 이에 반응을 보이지 않았다. 분노한 이종무는 대마도주를 사로잡아 항복을 받아내기로 하고, 니로라는 곳에 병력을 상륙시켰다. 하지만 그곳에서 조선군은 매복한 적의 공격으로 크게 패했다. 이에 이종무는 군사를 거두어 거제도 견내량으로 돌아왔다.
>
> 이종무가 견내량으로 돌아온 다음 날, 태종은 요동반도로 북상했던 대마도의 왜구가 그곳으로부터 남하하던 도중 충청도에서 조운선을 공격했다는 보고를 받았다. 이 사건이 일어난 지 며칠 지나지 않았음을 알게 된 태종은 왜구가 대마도에 당도하기 전에 바다에서 격파해야 한다고 생각하고, 이종무에게 그들을 공격하라고 명했다. 그런데 이 명이 내려진 후에 새로운 보고가 들어왔다. 대마도의 왜구가 요동반도에 상륙했다가 크게 패배하는 바람에 살아남은 자가 겨우 300여 명에 불과하다는 것이었다. 이 보고를 접한 태종은 대마도주가 거느린 병사가 많이 죽어 그 세력이 꺾였으니 그에게 다시금 귀순을 요구하면 응할 것으로 판단했다. 이에 그는 이종무에게 내린 출진 명령을 취소하고, 측근 중 적임자를 골라 대마도주에게 귀순을 요구하는 사신으로 보냈다. 이 사신을 만난 대마도주는 고심 끝에 조선에 귀순하기로 했다.

① 해주 앞바다에 나타나 조선군과 싸운 대마도의 왜구가 요동반도를 향해 북상한 뒤 이종무의 군대가 대마도로 건너갔다.
② 조선이 왜구의 본거지인 대마도를 공격하기로 하자 명의 군대도 대마도까지 가서 정벌에 참여하였다.
③ 이종무는 세종이 대마도에 보내는 사절단에 포함되어 대마도를 여러 차례 방문하였다.
④ 태종은 대마도 정벌을 준비하였지만, 세종의 반대로 뜻을 이루지 못하였다.
⑤ 조선군이 대마도주를 사로잡기 위해 상륙하였다가 패배한 곳은 견내량이다.

문 3. 다음 글에서 추론할 수 있는 것만을 〈보기〉에서 모두 고르면? 22 7급(가) 20번

식물의 잎에 있는 기공은 대기로부터 광합성에 필요한 이산화탄소를 흡수하는 통로이다. 기공은 잎에 있는 세포 중 하나인 공변세포의 부피가 커지면 열리고 부피가 작아지면 닫힌다.

그렇다면 무엇이 공변세포의 부피에 변화를 일으킬까? 햇빛이 있는 낮에, 햇빛 속에 있는 청색광이 공변세포에 있는 양성자 펌프를 작동시킨다. 양성자 펌프의 작동은 공변세포 밖에 있는 칼륨이온과 염소이온이 공변세포 안으로 들어오게 한다. 공변세포 안에 이 이온들의 양이 많아짐에 따라 물이 공변세포 안으로 들어오고, 그 결과로 공변세포의 부피가 커져서 기공이 열린다. 햇빛이 없는 밤이 되면, 공변세포에 있는 양성자 펌프가 작동하지 않고 공변세포 안에 있던 칼륨이온과 염소이온은 밖으로 빠져나간다. 이에 따라 공변세포 안에 있던 물이 밖으로 나가면서 세포의 부피가 작아져서 기공이 닫힌다.

공변세포의 부피는 식물이 겪는 수분스트레스 반응에 의해 조절될 수도 있다. 식물 안의 수분량이 줄어듦으로써 식물이 수분스트레스를 받는다. 수분스트레스를 받은 식물은 호르몬 A를 분비한다. 호르몬 A는 공변세포에 있는 수용체에 결합하여 공변세포 안에 있던 칼륨이온과 염소이온이 밖으로 빠져나가게 한다. 이에 따라 공변세포 안에 있던 물이 밖으로 나가면서 세포의 부피가 작아진다. 결국 식물이 수분스트레스를 받으면 햇빛이 있더라도 기공이 열리지 않는다.

또한 기공의 여닫힘은 미생물에 의해 조절되기도 한다. 예를 들면, 식물을 감염시킨 병원균 α는 공변세포의 양성자 펌프를 작동시키는 독소 B를 만든다. 이 독소 B는 공변세포의 부피를 늘려 기공이 닫혀 있어야 하는 때에도 열리게 하고, 결국 식물은 물을 잃어 시들게 된다.

〈보 기〉

ㄱ. 한 식물의 동일한 공변세포 안에 있는 칼륨이온의 양은, 햇빛이 있는 낮에 햇빛의 청색광만 차단하는 필름으로 식물을 덮은 경우가 덮지 않은 경우보다 적다.
ㄴ. 수분스트레스를 받은 식물에 양성자 펌프의 작동을 못하게 하면 햇빛이 있는 낮에 기공이 열린다.
ㄷ. 호르몬 A를 분비하는 식물이 햇빛이 있는 낮에 보이는 기공 개폐 상태와 병원균 α에 감염된 식물이 햇빛이 없는 밤에 보이는 기공 개폐 상태는 다르다.

① ㄱ
② ㄴ
③ ㄱ, ㄷ
④ ㄴ, ㄷ
⑤ ㄱ, ㄴ, ㄷ

문 4. 다음 글에서 알 수 있는 것은? 21 민간(나) 02번

1883년에 조선과 일본이 맺은 조일통상장정 제41관에는 “일본인이 조선의 전라도, 경상도, 강원도, 함경도 연해에서 어업 활동을 할 수 있도록 허용한다.”라는 내용이 있다. 당시 양측은 이 조항에 적시되지 않은 지방 연해에서 일본인이 어업 활동을 하는 것은 금하기로 했다. 이 장정 체결 직후에 일본은 자국의 각 부 · 현에 조선해통어조합을 만들어 조선 어장에 대한 정보를 제공하기 시작했다. 이러한 지원으로 조선 연해에서 조업하는 일본인이 늘었는데, 특히 제주도에는 일본인들이 많이 들어와 전복을 마구 잡는 바람에 주민들의 전복 채취량이 급감했다. 이에 제주목사는 1886년 6월에 일본인의 제주도 연해 조업을 금했다. 일본은 이 조치가 조일통상장정 제41관을 위반한 것이라며 항의했고, 조선도 이를 받아들여 조업 금지 조치를 철회하게 했다. 이후 조선은 일본인이 아무런 제약 없이 어업 활동을 하게 해서는 안 된다고 여기게 되었으며, 일본과 여러 차례 협상을 벌여 1889년에 조일통어장정을 맺었다.

조일통어장정에는 일본인이 조일통상장정 제41관에 적시된 지방의 해안선으로부터 3해리 이내 해역에서 어업 활동을 하고자 할 때는 조업하려는 지방의 관리로부터 어업준단을 발급받아야 한다는 내용이 있다. 어업준단의 유효기간은 발급일로부터 1년이었으며, 이를 받고자 하는 자는 수정이 어업세를 먼저 내야 했다. 이 장정 체결 직후에 일본은 조선해통어조합연합회를 만들어 자국민의 어업준단 발급 신청을 지원하게 했다. 이후 일본은 1908년에 ‘어업에 관한 협정’을 강요해 맺었다. 여기에는 앞으로 한반도 연해에서 어업 활동을 하려는 일본인은 대한제국 어업 법령의 적용을 받도록 한다는 조항이 있다. 대한제국은 이듬해에 한반도 해역에서 어업을 영위하고자 하는 자는 먼저 어업 면허를 취득해야 한다는 내용의 어업법을 공포했고, 일본은 자국민도 이 법의 적용을 받게 해야 한다는 입장을 관철했다. 일본은 1902년에 조선해통어조합연합회를 없애고 조선해수산조합을 만들었는데, 이 조합은 어업법 공포 후 일본인의 어업 면허 신청을 대행하는 등의 일을 했다.

① 조선해통어조합은 ‘어업에 관한 협정’에 따라 일본인의 어업 면허 신청을 대행하는 업무를 보았다.
② 조일통어장정에는 제주도 해안선으로부터 3해리 밖에서 조선인이 어업 활동을 하는 것을 모두 금한다는 조항이 있다.
③ 조선해통어조합연합회가 만들어져 활동하던 당시에 어업준단을 발급받고자 하는 일본인은 어업세를 내도록 되어 있었다.
④ 조일통상장정에는 조선해통어조합연합회를 조직해 일본인이 한반도 연해에서 조업할 수 있도록 지원한다는 내용이 있다.
⑤ 한반도 해역에서 조업하는 일본인은 조일통상장정 제41관에 따라 조선해통어조합으로부터 어업 면허를 발급받아야 하였다.

문 5. 다음 글에서 알 수 있는 것은? 21 민간(나) 11번

우리나라 국기인 태극기에는 태극 문양과 4괘가 그려져 있는데, 중앙에 있는 태극 문양은 만물이 음양 조화로 생장한다는 것을 상징한다. 또 태극 문양의 좌측 하단에 있는 이괘는 불, 우측 상단에 있는 감괘는 물, 좌측 상단에 있는 건괘는 하늘, 우측 하단에 있는 곤괘는 땅을 각각 상징한다. 4괘가 상징하는 바는 그것이 처음 만들어질 때부터 오늘날까지 변함이 없다.

태극 문양을 그린 기는 개항 이전에도 조선 수군이 사용한 깃발 등 여러 개가 있는데, 태극 문양과 4괘만 사용한 기는 개항 후에 처음 나타났다. 1882년 5월 조미수호조규 체결을 위한 전권대신으로 임명된 이응준은 회담 장소에 내걸 국기가 없어 곤란해 하다가 회담 직전 태극 문양을 활용해 기를 만들고 그것을 회담장에 걸어두었다. 그 기에 어떤 문양이 담겼는지는 오랫동안 알려지지 않았다. 그런데 2004년 1월 미국 어느 고서점에서 미국 해군부가 조미수호조규 체결 한 달 후에 만든 『해상 국가들의 깃발들』이라는 책이 발견되었다. 이 책에는 이응준이 그린 것으로 짐작되는 '조선의 기'라는 이름의 기가 실려 있다. 그 기의 중앙에는 태극 문양이 있으며 네 모서리에 괘가 하나씩 있는데, 좌측 상단에 감괘, 우측 상단에 건괘, 좌측 하단에 곤괘, 우측 하단에 이괘가 있다.

조선이 국기를 공식적으로 처음 정한 것은 1883년의 일이다. 1882년 9월에 고종은 박영효를 수신사로 삼아 일본에 보내면서, 그에게 조선을 상징하는 기를 만들어 사용해본 다음 귀국하는 즉시 제출하게 했다. 이에 박영효는 태극 문양이 가운데 있고 4개의 모서리에 각각 하나씩 괘가 있는 기를 만들어 사용한 후 그것을 고종에게 바쳤다. 고종은 이를 조선 국기로 채택하고 통리교섭사무아문으로 하여금 각국 공사관에 배포하게 했다. 이 기는 일본에 의해 강제 병합되기까지 국기로 사용되었는데, 언뜻 보기에 『해상 국가들의 깃발들』에 실린 '조선의 기'와 비슷하다. 하지만 자세히 보면 두 기는 서로 다르다. 조선 국기 좌측 상단에 있는 괘가 '조선의 기'에는 우측 상단에 있고, '조선의 기'의 좌측 상단에 있는 괘는 조선 국기의 우측 상단에 있다. 또 조선 국기의 좌측 하단에 있는 괘는 '조선의 기'의 우측 하단에 있고, '조선의 기'의 좌측 하단에 있는 괘는 조선 국기의 우측 하단에 있다.

① 미국 해군부는 통리교섭사무아문이 각국 공사관에 배포한 국기를 『해상 국가들의 깃발들』에 수록하였다.
② 조미수호조규 체결을 위한 회담 장소에서 사용하고자 이응준이 만든 기는 태극 문양이 담긴 최초의 기다.
③ 통리교섭사무아문이 배포한 기의 우측 상단에 있는 괘와 '조선의 기'의 좌측 하단에 있는 괘가 상징하는 것은 같다.
④ 오늘날 태극기의 우측 하단에 있는 괘와 고종이 조선 국기로 채택한 기의 우측 하단에 있는 괘는 모두 땅을 상징한다.
⑤ 박영효가 그린 기의 좌측 상단에 있는 괘는 물을 상징하고 이응준이 그린 기의 좌측 상단에 있는 괘는 불을 상징한다.

문 6. 다음 글에서 알 수 있는 것은? 20 민간(가) 14번

불교가 이 땅에 전래된 후 불교신앙을 전파하고자 신앙결사를 만든 승려가 여러 명 나타났다. 통일신라 초기에 왕실은 화엄종을 후원했는데, 화엄종 계통의 승려들은 수도에 대규모 신앙결사를 만들어 놓고 불교신앙에 관심을 가진 귀족들을 대상으로 불교 수행법을 전파했다. 통일신라가 쇠퇴기에 접어든 신라 하대에는 지방에도 신앙결사가 만들어졌다. 신라 하대에 나타난 신앙결사는 대부분 미륵신앙을 지향하는 정토종 승려들이 만든 것이었다.

신앙결사 운동이 더욱 확장된 것은 고려 때의 일이다. 고려 시대 가장 유명한 신앙결사는 지눌의 정혜사다. 지눌은 명종 때 거조사라는 절에서 정혜사라는 이름의 신앙결사를 만들었다. 그는 돈오점수 사상을 내세우고, 조계선이라는 수행 방법을 강조했다. 지눌이 만든 신앙결사에 참여해 함께 수행하는 승려가 날로 늘었다. 그 가운데 가장 유명한 사람이 요세라는 승려다. 요세는 무신집권자 최충헌이 명종을 쫓아내고 신종을 국왕으로 옹립한 해에 지눌과 함께 순천으로 근거지를 옮기는 도중에 따로 독립했다. 순천으로 옮겨 간 지눌은 그곳에서 정혜사라는 명칭을 수선사로 바꾸어 활동했고, 요세는 강진에서 백련사라는 결사를 새로 만들어 활동했다.

지눌의 수선사는 불교에 대한 이해가 높은 사람들을 대상으로 다소 난해한 돈오점수 사상을 전파하는 데 주력했다. 그 때문에 대중적이지 않다는 평을 받았다. 요세는 지눌과 달리 불교 지식을 갖추지 못한 평민도 쉽게 수행할 수 있도록 간명하게 수행법을 제시한 천태종을 중시했다. 또 그는 평민들이 백련사에 참여하는 것을 당연하다고 여겼다. 백련사가 세워진 후 많은 사람들이 참여하자 권력층도 관심을 갖고 후원하기 시작했다. 명종 때부터 권력을 줄곧 독차지하고 있던 최충헌을 비롯해 여러 명의 고위 관료들이 백련사에 토지와 재물을 헌납해 그 활동을 도왔다.

① 화엄종은 돈오점수 사상을 전파하고자 신앙결사를 만들어 활동하였다.
② 백련사는 수선사와는 달리 조계선이라는 수행 방법을 고수해 주목받았다.
③ 요세는 무신이 권력을 잡고 있던 시기에 불교 신앙결사를 만들어 활동하였다.
④ 정혜사는 강진에서 조직되었던 반면 백련사는 순천에 근거지를 두고 활동하였다.
⑤ 지눌은 정토종 출신의 승려인 요세가 정혜사에 참여하자 그를 설득해 천태종으로 끌어들였다.

문 7. 다음 글로부터 옳게 추론한 것을 〈보기〉에서 모두 고르면?

12 민간(인) 09번

정상적인 애기장대의 꽃은 바깥쪽에서부터 안쪽으로 꽃받침, 꽃잎, 수술 그리고 암술을 가지는 구조로 되어 있다. 이 꽃의 발생에 미치는 유전자의 영향에 대한 연구를 통해 유전자 A는 단독으로 꽃받침의 발생에 영향을 주고, 유전자 A와 B는 함께 작용하여 꽃잎의 발생에 영향을 준다는 것을 알아냈다. 그리고 유전자 B와 C는 함께 작용하여 수술의 발생에 영향을 미치며, 유전자 C는 단독으로 암술의 발생에 영향을 미치는 것을 알아냈다. 또한, 돌연변이로 유전자 A가 결여된다면 유전자 A가 정상적으로 발현하게 될 꽃의 위치에 유전자 C가 발현하고, 유전자 C가 결여된다면 유전자 C가 정상적으로 발현하게 될 꽃의 위치에 유전자 A가 발현한다는 것을 알아냈다.

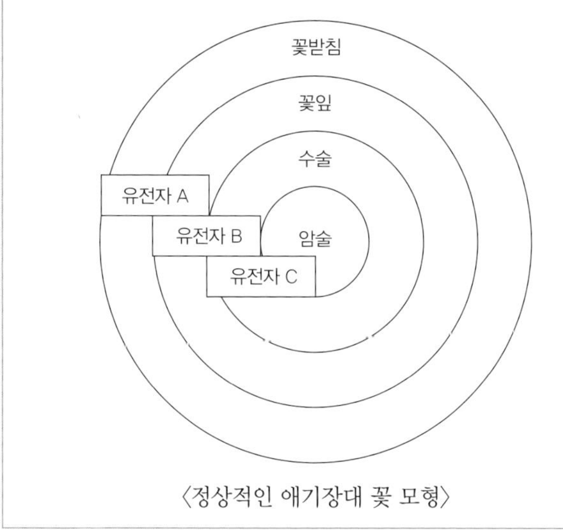

〈정상적인 애기장대 꽃 모형〉

〈보 기〉

ㄱ. 유전자 A가 결여된 돌연변이 애기장대는 가장 바깥쪽으로부터 암술, 수술, 수술 그리고 암술의 구조를 가질 것이다.
ㄴ. 유전자 B가 결여된 돌연변이 애기장대는 가장 바깥쪽으로부터 꽃받침, 암술, 암술 그리고 꽃받침의 구조를 가질 것이다.
ㄷ. 유전자 C가 결여된 돌연변이 애기장대는 가장 바깥쪽으로부터 꽃받침, 꽃잎, 꽃잎 그리고 꽃받침의 구조를 가질 것이다.
ㄹ. 유전자 A와 B가 결여된 돌연변이 애기장대는 수술과 암술만 존재하는 구조를 가질 것이다.

① ㄱ, ㄴ
② ㄱ, ㄷ
③ ㄴ, ㄷ
④ ㄴ, ㄹ
⑤ ㄷ, ㄹ

문 8. 다음 글의 내용과 부합하는 것은?

13 외교원(인) 04번

조선 시대 농사는 크게 논농사와 밭농사로 나누어졌다. 논농사의 경우 기존의 방식 대신 이앙법으로 농사를 짓게 되면, 제초를 할 때 드는 노동력이 크게 절약되었으며 곡식의 종자를 절감할 수 있었다. 뿐만 아니라 벼의 수확을 끝낸 논에 보리를 심어 한 차례 더 수확할 수 있는 이모작이 가능하였다. 이에 따라 조선 후기에는 농업이 발전된 전라 · 경상 · 충청도만이 아니라 다른 도에서도 모두 이를 본받아 시행하게 되었다. 하지만 이 농사법은 이앙을 해야 할 시기에 가뭄이 들면 이앙을 할 수 없어 농사를 완전히 망치게 되는 위험이 있었다. 따라서 국가에서는 수원(水源)이 근처에 있어 물을 댈 수 있는 곳은 이앙을 하게 했으나, 높고 건조한 곳은 물을 충분히 댈 수 있는 곳인지 아닌지를 구별하여 이앙하도록 지도했다. 만약 물을 댈 수 없는 곳인데 비가 올 것이라는 요행을 바라고 이앙하려고 하다가 농사를 망칠 경우에는 흉년 시 농민들에게 주던 혜택인 세금 면제의 적용 대상에서 제외하게 하였다.

밭농사에서의 전통적인 농사법은 농종법(壟種法)이었다. 이는 밭두둑 위에 종자를 심는 것이었는데, 햇빛에 노출되어 습기가 쉽게 말라 가뭄이 들면 종자가 발아하지 못한다는 단점이 있었다. 이에 조선 후기에 들어와 농민들은 새로운 농사법을 다투어 채용하였다. 견종법(畎種法)이라 불린 이 농법은 밭두둑에 일정하게 고랑을 내고 여기에 종자를 심는 것이었다. 고랑에 종자를 심었으므로 흙이 우묵하게 그늘이 져서 습기를 유지할 수 있었으며, 따라서 종자가 싹틀 확률이 높은 것이 첫 번째 장점이었다. 또한 고랑을 따라 곡식이 자랐기 때문에, 곡식과 잡초가 구획되어 잡초를 쉽게 제거할 수 있었다. 자연히 잡초 제거에 드는 노동력을 줄일 수 있었다. 세 번째 장점은 고랑에만 씨를 심었으므로 농종법에 비해 종자를 절약할 수 있다는 점이었다. 네 번째로, 종자를 심는 고랑에만 거름을 주면 되므로 거름을 절약할 수 있고 모든 뿌리가 거름을 섭취할 수 있다는 장점도 있었다. 자연히 기존 방식에 비해 수확량이 증대되었다. 마지막으로 곡물의 뿌리가 깊이 내려 바람과 가뭄에 잘 견디는 것도 이 농법의 장점이었다.

① 정부는 가뭄의 위험을 이유로 이앙법의 보급을 최대한 저지하였다.
② 견종법은 농종법에 비해 수확량은 많았지만 보다 많은 거름을 필요로 하였다.
③ 이앙법과 견종법 모두 기존의 방식에 비해 제초에 드는 노동력을 절약할 수 있었다.
④ 농종법으로 농사를 지을 때에는 밭두둑이 필요하였지만, 견종법은 밭두둑을 필요로 하지 않았다.
⑤ 이앙법은 종자를 절약할 수 있었지만, 견종법은 기존의 방식에 비해 종자의 소모량에는 큰 차이가 없었다.

문 9. **다음 글에서 추론할 수 있는 것만을 〈보기〉에서 모두 고르면?** 13 민간(인) 07번

> 아기를 키우다보면 정확히 확인해야 할 것이 정말 많다. 육아 훈수를 두는 주변 사람들이 많은데 어디까지 믿어야 할지 헷갈리는 때가 대부분이다. 특히 아기가 먹는 음식에 관한 것이라면 난감하기 그지없다. 이럴 때는 전문가의 답을 들어 보는 것이 우리가 선택할 수 있는 최상책이다.
>
> A박사는 아기 음식에 대한 권위자다. 미국 유명 어린이 병원의 진료 부장인 그의 저서에는 아기의 건강과 성장 등에 관한 200여 개 속설이 담겨 있고, 그것들이 왜 잘못된 것인지가 설명되어 있다. 다음은 A박사의 설명 중 대표적인 두 가지이다.
>
> 속설에 따르면 어떤 아기는 모유에 대해 알레르기 반응을 보인다. 하지만 이것은 사실이 아니다. 엄마의 모유에 대해서 알레르기 반응을 일으키는 아기는 없다. 이는 생물학적으로 불가능한 이야기이다. 어떤 아기가 모유를 뱉어낸다고 해서 알레르기가 있는 것은 아니다. A박사에 따르면 이러한 생각은 착각일 뿐이다.
>
> 또 다른 속설은 당분을 섭취하면 아기가 흥분한다는 것이다. 하지만 이것도 사실이 아니다. 아기는 생일 케이크의 당분 때문이 아니라 생일이 좋아서 흥분하는 것인데 부모가 이를 혼동하는 것이다. 이는 대부분의 부모가 믿고 있어서 정말로 부수기 어려운 속설이다. 당분을 섭취하면 흥분한다는 어떤 연구 결과도 보고된 바가 없다.

〈보 기〉

ㄱ. 엄마가 갖지 않은 알레르기는 아기도 갖지 않는다.
ㄴ. 아기의 흥분된 행동과 당분 섭취 간의 인과적 관계는 확인된 바 없다.
ㄷ. 육아에 관한 주변 사람들의 훈수는 모두 비과학적인 속설에 근거하고 있다.

① ㄴ
② ㄷ
③ ㄱ, ㄴ
④ ㄱ, ㄷ
⑤ ㄱ, ㄴ, ㄷ

문 10. **다음 글에서 추론할 수 있는 것만을 〈보기〉에서 모두 고르면?** 13 민간(인) 17번

> 20세기 초만 해도 전체 사망자 중 폐암으로 인한 사망자의 비율은 극히 낮았다. 그러나 20세기 중반에 들어서면서, 이 병으로 인한 사망률은 크게 높아졌다. 이러한 변화를 우리는 어떻게 설명할 수 있을까? 여러 가지 가설이 가능한 것으로 보인다. 예를 들어 자동차를 이용하면서 운동 부족으로 사람들의 폐가 약해졌을지도 모른다. 또는 산업화 과정에서 증가한 대기 중의 독성 물질이 도시 거주자들의 폐에 영향을 주었을지도 모른다.
>
> 하지만 담배가 그 자체로 독인 니코틴을 함유하고 있다는 것이 사실로 판명되면서, 흡연이 폐암으로 인한 사망의 주요 요인이라는 가설은 다른 가설들보다 더 그럴듯해 보이기 시작한다. 담배 두 갑에 들어 있는 니코틴이 화학적으로 정제되어 혈류 속으로 주입된다면, 그것은 치사량이 된다. 이러한 가설을 지지하는 또 다른 근거는 담배 연기로부터 추출된 타르를 쥐의 피부에 바르면 쥐가 피부암에 걸린다는 사실에 기초해 있다. 이미 18세기 이후 영국에서는 타르를 함유한 그을음 속에서 일하는 굴뚝 청소부들이 다른 사람들보다 피부암에 더 잘 걸린다는 것이 정설이었다.
>
> 이러한 증거들은 흡연이 폐암의 주요 원인이라는 가설을 뒷받침해 주지만, 그것들만으로 이 가설을 증명하기에는 충분하지 않다. 의학자들은 흡연과 폐암을 인과적으로 연관시키기 위해서는 훨씬 더 많은 증거가 필요하다는 점을 깨닫고, 수십 가지 연구를 수행하고 있다.

〈보 기〉

ㄱ. 화학적으로 정제된 니코틴은 폐암을 유발한다.
ㄴ. 19세기에 타르와 암의 관련성이 이미 보고되어 있었다.
ㄷ. 니코틴이 타르와 동시에 신체에 흡입될 경우 폐암 발생률은 급격히 증가한다.

① ㄱ
② ㄴ
③ ㄱ, ㄴ
④ ㄴ, ㄷ
⑤ ㄱ, ㄴ, ㄷ

문 11. **다음 글의 내용과 부합하지 않는 것은?** 14 민간(A) 04번

오늘날 대부분의 경제 정책은 경제의 규모를 확대하거나 좀 더 공평하게 배분하는 것을 도모한다. 하지만 뉴딜 시기 이전의 상당 기간 동안 미국의 경제 정책은 성장과 분배의 문제보다는 '자치(self-rule)에 가장 적절한 경제 정책은 무엇인가?'의 문제를 중시했다.

그 시기에 정치인 A와 B는 거대화된 자본 세력에 대해 서로 다르게 대응하였다. A는 거대 기업에 대항하기 위해 거대 정부로 맞서기보다 기업 담합과 독점을 무너뜨려 경제권력을 분산시키는 것을 대안으로 내세웠다. 그는 산업 민주주의를 옹호했는데 그 까닭은 그것이 노동자들의 소득을 증진시키기 때문이 아니라 자치에 적합한 시민의 역량을 증진시키기 때문이었다. 반면 B는 경제 분산화를 꾀하기보다 연방 정부의 역량을 증가시켜 독점자본을 통제하는 노선을 택했다. 그에 따르면, 민주주의가 성공하기 위해서는 거대 기업에 대응할 만한 전국 단위의 정치권력과 시민 정신이 필요하기 때문이었다. 이렇게 A와 B의 경제 정책에는 차이점이 있지만, 둘 다 경제 정책이 자치에 적합한 시민 도덕을 장려하는 경향을 지녀야 한다고 보았다는 점에서는 일치한다.

하지만 뉴딜 후반기에 시작된 성장과 분배 중심의 정치경제학은 시민 정신 중심의 정치경제학을 밀어내게 된다. 실제로 1930년대 대공황 이후 미국의 경제 회복은 시민의 자치 역량과 시민 도덕을 육성하는 경제 구조 개혁보다는 케인스 경제학에 입각한 중앙정부의 지출 증가에서 시작되었다. 그에 따라 미국은 자치에 적합한 시민 도덕을 강조할 필요가 없는 경제 정책을 펼쳐나갔다. 또한 모든 가치에 대한 판단은 시민 도덕에 의지하는 것이 아니라 개인이 알아서 해야 하는 것이며 국가는 그 가치관에 중립적이어야만 공정한 것이라는 자유주의 철학이 우세하게 되었다. 모든 이들은 자신이 추구하는 가치와 상관없이 일정 정도의 복지 혜택을 받을 권리를 가지게 되었다. 하지만 공정하게 분배될 복지 자원을 만들기 위해 경제 규모는 확장되어야 했으며, 정부는 거대화된 경제권력들이 망하지 않도록 국민의 세금을 투입하여 관리하기 시작했다. 그리고 시민들은 자치하는 자, 즉 스스로 통치하는 자가 되기보다 공정한 분배를 받는 수혜자로 전락하게 되었다.

① A는 시민의 소득 증진을 위하여 경제권력을 분산시키는 방식을 택하였다.
② B는 거대 기업을 규제할 수 있는 전국 단위의 정치권력이 필요하다는 입장이다.
③ A와 B는 시민 자치 증진에 적합한 경제 정책이 필요하다는 입장이다.
④ A와 B의 정치경제학은 모두 1930년대 미국의 경제 위기 해결에 주도적 역할을 하지 못하였다.
⑤ 케인스 경제학에 기초한 정책은 시민의 자치 역량을 육성하기 위한 경제 구조 개혁 정책이 아니었다.

문 12. **다음 글의 ㉠을 〈보기〉에 올바르게 적용한 것은?** 14 민간(A) 07번

뇌의 특정 부위에 활동이 증가하면 산소를 수송하는 헤모글로빈의 비율이 그 부위에 증가한다. 헤모글로빈이 많이 공급된 부위는 주변에 비해 높은 자기 신호 강도를 갖는다. 우리는 피실험자가 지각, 운동, 언어, 기억, 정서 등 다양한 수행 과제에 관여하는 때와 그렇지 않을 때의 두뇌 각 부위의 자기 신호 강도를 비교 측정함으로써, 각 수행 과제를 관장하는 두뇌 영역을 추정할 수 있다. 이 방법을 '기능자기공명영상법' 즉, 'fMRI'라 한다. 이 영상법을 이해하는 데 중요한 논리 중에 하나는 ㉠ 차감법이다. 피실험자가 과제 P를 수행할 때 두뇌의 자기 신호 강도 양상을 X라고 하자. 그 피실험자가 다른 사정이 같고 과제 P를 수행하지 않을 때 두뇌의 자기 신호 강도 양상을 Y라고 하자. 여기서 과제 P를 수행하지 않는다는 말, 예컨대 오른손으로 도구를 사용하는 과제를 수행하지 않는다는 말은 도구를 사용하지 않을 뿐만 아니라 오른손도 움직이지 않는다는 뜻이다. 이제 수행 과제 P를 관장하는 두뇌 영역을 알고 싶다면 우리는 양상 X에서 양상 Y를 차감하면 될 것이다.

〈보 기〉

피실험자가 누워서 아무 동작도 하지 않는 상태를 '알파'라고 하자. 그가 알파 상태에 있을 때 두뇌의 자기 신호 강도 양상은 A이다. 그가 알파 상태에서 벗어나 단순히 왼손만을 움직일 때 두뇌의 자기 신호 강도 양상은 B이다. 그가 알파 상태에서 벗어나 단순히 오른손만 움직일 때 두뇌의 자기 신호 강도 양상은 C이다. 그가 알파 상태에서 벗어나 왼손으로 도구를 사용하는 것만 할 때 두뇌의 자기 신호 강도 양상은 D이다.

① 피실험자가 손으로 도구를 사용하지도 않고 단순한 손동작도 하지 않을 때 두뇌의 자기 신호 강도는 0이다.
② 왼손의 단순한 움직임을 관장하는 두뇌 영역을 알고 싶다면 양상 C에서 양상 B를 차감하면 된다.
③ 오른손의 단순한 움직임을 관장하는 두뇌 영역을 알고 싶다면 양상 C에서 양상 A를 차감하면 된다.
④ 왼손으로 도구를 사용하는 과제를 관장하는 두뇌 영역을 알고 싶다면 양상 D에서 양상 B를 차감하면 된다.
⑤ 도구를 사용하는 과제를 관장하는 두뇌 영역을 알고 싶다면 양상 C에서 양상 D를 차감하면 된다.

문 13. 다음 글의 ㉠으로 가장 적절한 것은? 14 민간(A) 19번

골란드는 자신의 가설을 검증하기 위해서 20가구가 소유한 488곳의 밭에서 나온 연간 작물 수확량을 수십 년 동안 조사했다. 그는 수십 년간 각 밭들의 1m²당 연간 수확량 자료를 축적했다. 이 방대한 자료를 토대로 그는 한 가구가 경작할 전체 면적은 매년 동일하지만, 경작할 밭들을 한 곳에 모아 놓았을 경우와 여러 곳으로 분산시켰을 경우에, 그 가구의 총 수확량이 어떻게 달라질지 계산해 보았다. 그 가구가 경작할 밭들이 여러 곳으로 따로 떨어져 있을수록 경작 및 추수 노동이 많이 들기 때문에, 단위 면적당 연간 수확량의 수십 년간 평균은 낮아졌다.

골란드가 Q라고 명명한 3인 가구를 예로 들어 보자. Q가 경작할 밭의 총면적을 감안하여, Q가 당해에 기아를 피하려면 1m²당 연간 334g 이상의 감자를 수확해야 했다. 그들이 한 구역에 몰려 있는 밭들에 감자를 심었다고 가정할 경우, 1m²당 연간 수확량의 수십 년간 평균은 상당히 높게 나왔다. 하지만 이와 같은 방식으로 경작할 경우, 1m²당 연간 수확량이 334g 미만으로 떨어진 해들이 자료가 수집된 전체 기간 중 1/3이 넘는 것으로 계산되었다. 어떤 해는 풍작으로 많이 수확하지만 어떤 해는 흉작으로 1m²당 연간 수확량이 334g 미만으로 떨어진다는 말이다. 총면적은 동일하게 유지하면서 6군데로 분산된 밭들에서 경작했을 때도 기아의 위험에서 완전히 자유롭지 않았다. 하지만 7군데 이상으로 분산했을 때 수확량은 매년 1m²당 연간 371g 이상이었다. 골란드는 구성원이 Q와 다른 가구들의 경우에도 같은 방식으로 추산해 보았다. 경작할 밭들을 몇 군데로 분산시켜야 기아를 피할 최소 수확량이 보장되는지에 대해서는 가구마다 다른 값들이 나왔지만, 연간 수확량들의 패턴은 Q의 경우와 크게 다르지 않았다. 이로써 골란드는 ㉠ 자신의 가설이 통계 자료들에 의해 뒷받침된다는 것을 보일 수 있었다.

① 넓은 면적을 경작하는 것은 기아의 위험에서 벗어나는 데 도움이 되지 못한다.
② 경작하는 밭들을 일정 군데 이상으로 분산시킨다면 기아의 위험을 피할 수 있다.
③ 경작할 밭들을 몇 군데로 분산시켜야 단위 면적당 연간 수확량이 최대가 되는지는 가구마다 다르다.
④ 경작하는 밭들을 여러 군데로 분산시킬수록 단위 면적당 연간 수확량의 평균이 증가하여 기아의 위험이 감소한다.
⑤ 경작하는 밭들을 여러 군데로 분산시킬수록 단위 면적당 연간 수확량의 최댓값은 증가하여 기아의 위험이 감소한다.

문 14. 다음 글의 내용과 부합하지 않는 것은? 15 민간(인) 12번

고대 철학자인 피타고라스는 현이 하나 달린 음향 측정 기구인 일현금을 사용하여 음정 간격과 수치 비율이 대응하는 원리를 발견하였다. 이를 바탕으로 피타고라스는 모든 것이 숫자 또는 비율에 의해 표현될 수 있다고 주장하였다.

그를 신봉한 피타고라스주의자들은 수와 기하학의 규칙이 무질서하게 보이는 자연과 불가해한 가변성의 세계에 질서를 부여한다고 믿었다. 즉, 피타고라스주의자들은 자연의 온갖 변화는 조화로운 규칙으로 환원될 수 있다고 믿었다. 이는 피타고라스주의자들이 물리적 세계가 수학적 용어로 분석될 수 있다는 현대 수학자들의 사고에 단초를 제공한 것이라고 할 수 있다.

그러나 피타고라스주의자들은 현대 수학자들과는 달리 수에 상징적이고 심지어 신비적인 의미를 부여했다. 피타고라스주의자들은 '기회', '정의', '결혼'과 같은 추상적인 개념을 특정한 수의 가상적 특징, 즉 특정한 수에 깃들어 있으리라고 추정되는 특징과 연계시켰다. 또한 이들은 여러 물질적 대상에 수를 대응시켰다. 예를 들면 고양이를 그릴 때 다른 동물과 구별되는 고양이의 뚜렷한 특징을 드러내려면 특정한 개수의 점이 필요했다. 이때 점의 개수는 곧 고양이를 가리키는 수가 된다. 이것은 세계에 대한 일종의 원자적 관점과도 관련된다. 이 관점에서는 단위(unity), 즉 숫자 1은 공간상의 한 물리적 점으로 간주되기 때문에 물리적 대상들은 수 형태인 단위 점들로 나타낼 수 있다. 이처럼 피타고라스주의자들은 수를 실재라고 여겼는데 여기서 수는 실재와 무관한 수가 아니라 실재를 구성하는 수를 가리킨다.

피타고라스의 사상이 수의 실재성이라는 신비주의적이고 형이상학적인 관념에 기반하고 있다는 점은 틀림없다. 그럼에도 불구하고 피타고라스주의자들은 자연을 이해하는 데 있어 수학이 중요하다는 점을 알아차린 최초의 사상가들임이 분명하다.

① 피타고라스는 음정 간격을 수치 비율로 나타낼 수 있다는 것을 발견하였다.
② 피타고라스주의자들은 자연을 이해하는 데 있어 수학의 중요성을 인식하였다.
③ 피타고라스주의자들은 물질적 대상뿐만 아니라 추상적 개념 또한 수와 연관시켰다.
④ 피타고라스주의자들은 물리적 대상을 원자적 관점에서 실재와 무관한 단위 점으로 나타낼 수 있다고 믿었다.
⑤ 피타고라스주의자들은 수와 기하학적 규칙을 통해 자연의 변화를 조화로운 규칙으로 환원할 수 있다고 믿었다.

문 15. 다음 글에서 알 수 있는 것은? 16 민간(5) 12번

우리가 조선의 왕을 부를 때 흔히 이야기하는 태종, 세조 등의 호칭은 묘호(廟號)라고 한다. 왕은 묘호뿐 아니라 시호(諡號), 존호(尊號) 등도 받았으므로 정식 칭호는 매우 길었다. 예를 들어 선조의 정식 칭호는 '선조소경정륜입극성덕홍렬지성대의격천희운현문의무성예달효대왕(宣祖昭敬正倫立極盛德洪烈至誠大義格天熙運顯文毅武聖睿達孝大王)'이다. 이 중 '선조'는 묘호, '소경'은 명에서 내려준 시호, '정륜입극성덕홍렬'은 1590년에 올린 존호, '지성대의격천희운'은 1604년에 올린 존호, '현문의무성예달효대왕'은 신하들이 올린 시호다.

묘호는 왕이 사망하여 삼년상을 마친 뒤 그 신주를 종묘에 모실 때 사용하는 칭호이다. 묘호에는 왕의 재위 당시의 행적에 대한 평가가 담겨 있다. 시호는 왕의 사후 생전의 업적을 평가하여 붙여졌는데, 중국 천자가 내린 시호와 조선의 신하들이 올리는 시호 두 가지가 있었다. 존호는 왕의 공덕을 찬양하기 위해 올리는 칭호이다. 기본적으로 왕의 생전에 올렸지만 경우에 따라 서는 '추상존호(追上尊號)'라 하여 왕의 승하 후 생전의 공덕을 새롭게 평가하여 존호를 올리는 경우도 있었다.

왕실의 일원들을 부르는 호칭도 경우에 따라 달랐다. 왕비의 아들은 '대군'이라 부르고, 후궁의 아들은 '군'이라 불렀다. 또한 왕비의 딸은 '공주'라 하고, 후궁의 딸은 '옹주'라 했으며, 세자의 딸도 적실 소생은 '군주', 부실 소생은 '현주'라 불렀다. 왕실에 관련된 다른 호칭으로 '대원군'과 '부원군'도 있었다. 비슷한 듯 보이지만 크게 차이가 있었다. 대원군은 왕을 낳아준 아버지, 즉 생부를 가리키고, 부원군은 왕비의 아버지를 가리키는 말이었다. 조선 시대에 선조, 인조, 철종, 고종은 모두 방계에서 왕위를 계승했기 때문에 그들의 생부가 모두 대원군의 칭호를 얻게 되었다. 그런데 이들 중 살아 있을 때 대원군의 칭호를 받은 이는 고종의 아버지 흥선대원군 한 사람뿐이었다. 왕비의 아버지를 부르는 호칭인 부원군은 경우에 따라 책봉된 공신(功臣)에게도 붙여졌다.

① 세자가 왕이 되면 적실의 딸은 옹주로 호칭이 바뀔 것이다.
② 조선 시대 왕의 묘호에는 명나라 천자로부터 부여받은 것이 있다.
③ 왕비의 아버지가 아님에도 부원군이라는 칭호를 받은 신하가 있다.
④ 우리가 조선 시대 왕을 지칭할 때 사용하는 일반적인 칭호는 존호이다.
⑤ 흥선대원군은 왕의 생부이지만 고종이 왕이 되었을 때 생존하지 않았더라면 대원군이라는 칭호를 부여받지 못했을 것이다.

문 16. 다음 글의 ㉠의 의미로 가장 적절한 것은? 17 민간(나) 19번

이스라엘 공군 소속 장교들은 훈련생들이 유난히 비행을 잘했을 때에는 칭찬을 해봤자 비행 능력 향상에 도움이 안 된다고 믿는다. 실제로 훈련생들은 칭찬을 받고 나면 다음 번 비행이 이전 비행보다 못했다. 그렇지만 장교들은 비행을 아주 못한 훈련생을 꾸짖으면 비판에 자극받은 훈련생이 거의 항상 다음 비행에서 향상된 모습을 보여준다고 생각한다. 그래서 장교들은 상급 장교에게 저조한 비행 성과는 비판하되 뛰어난 성과에 대해서는 칭찬하지 않는 게 바람직하다고 건의했다. 하지만 이런 추론의 이면에는 ㉠ 오류가 있다.

유난히 비행을 잘하거나 유난히 비행을 못하는 경우는 둘 다 흔치 않다. 따라서 칭찬과 비판 여부에 상관없이 어느 조종사가 유난히 비행을 잘하거나 못했다면 그 다음 번 비행에서는 평균적인 수준으로 돌아갈 확률이 높다. 평균적인 수준의 비행은 극도로 뛰어나거나 떨어지는 비행보다는 훨씬 빈번하게 나타난다. 그러므로 어쩌다 뛰어난 비행을 한 조종사는 아마 다음 번 비행에서는 그보다 못할 것이다. 어쩌다 실력을 발휘하지 못한 조종사는 아마 다음 번 비행에서 훨씬 나은 모습을 보여줄 것이다.

어떤 사건이 극단적일 때에 같은 종류의 다음 번 사건은 그만큼 극단적이지 않기 마련이다. 예를 들어, 지능지수가 아주 높은 부모가 있다고 하자. 그 부모는 예외적으로 유전자들이 잘 조합되어 그렇게 태어났을 수도 있고 특별히 지능을 계발하기에 유리한 환경에서 자랐을 수도 있다. 이 부모는 극단적인 사례이기 때문에 이들은 자기보다 지능이 낮은 자녀를 둘 확률이 높다.

① 비행 이후보다는 비행 이전에 칭찬을 해야 한다는 점을 깨닫지 못하는 오류
② 비행을 잘한 훈련생에게는 칭찬보다는 비판이 유효하다는 점을 깨닫지 못하는 오류
③ 훈련에 충분한 시간을 투입하면 훈련생의 비행 실력은 향상된다는 점을 깨닫지 못하는 오류
④ 훈련생의 비행에 대한 과도한 칭찬과 비판이 역효과를 낼 수 있다는 점을 깨닫지 못하는 오류
⑤ 뛰어난 비행은 평균에서 크게 벗어난 사례라서 연속해서 발생하기 어렵다는 점을 깨닫지 못하는 오류

문 17. 다음 글에 대한 분석으로 적절한 것만을 〈보기〉에서 모두 고르면? 18 민간(가) 08번

> 우리는 흔히 행위를 윤리적 관점에서 '해야 하는 행위'와 '하지 말아야 하는 행위'로 구분한다. 그리고 전자에는 '윤리적으로 옳음'이라는 가치 속성을, 후자에는 '윤리적으로 그름'이라는 가치 속성을 부여한다. 그런데 윤리적 담론의 대상이 되는 행위 중에는 윤리적으로 권장되는 행위나 윤리적으로 허용되는 행위도 존재한다.
>
> 윤리적으로 권장되는 행위는 자선을 베푸는 것과 같이 윤리적인 의무는 아니지만 윤리적으로 바람직하다고 판단되는 행위를 의미한다. 이와 달리 윤리적으로 허용되는 행위는 윤리적으로 그르지 않으면서 정당화 가능한 행위를 의미한다. 예를 들어, 응급환자를 태우고 병원 응급실로 달려가던 중 신호를 위반하고 질주하는 행위는 맥락에 따라 윤리적으로 정당화 가능한 행위라고 판단될 것이다. 우리가 윤리적으로 권장되는 행위나 윤리적으로 허용되는 행위에 대해 옳음이나 그름이라는 윤리적 가치 속성을 부여한다면, 이 행위들에는 윤리적으로 옳음이라는 속성이 부여될 것이다.
>
> 이런 점에서 '윤리적으로 옳음'이란 윤리적으로 해야 하는 행위, 권장되는 행위, 허용되는 행위 모두에 적용되는 매우 포괄적인 용어임에 유의할 필요가 있다. '윤리적으로 옳은 행위가 무엇인가?'라는 질문에 답할 때, 이러한 포괄성을 염두에 두지 않고, 윤리적으로 해야 하는 행위, 즉 적극적인 윤리적 의무에 대해서만 주목하는 경향이 있다. 하지만 구체적인 행위에 대해 '윤리적으로 옳은가?'라는 질문을 할 때에는 위와 같은 분류를 바탕으로 해당 행위가 해야 하는 행위인지, 권장되는 행위인지, 혹은 허용되는 행위인지 따져볼 필요가 있다.

〈보 기〉

ㄱ. 어떤 행위는 그 행위가 이루어진 맥락에 따라 윤리적으로 허용되는지의 여부가 결정된다.
ㄴ. '윤리적으로 옳은 행위가 무엇인가?'라는 질문에 답하기 위해서는 적극적인 윤리적 의무에만 주목해야 한다.
ㄷ. 윤리적으로 권장되는 행위와 윤리적으로 허용되는 행위에 대해서는 윤리적으로 옳음이라는 가치 속성이 부여될 수 있다.

① ㄱ
② ㄴ
③ ㄱ, ㄷ
④ ㄴ, ㄷ
⑤ ㄱ, ㄴ, ㄷ

문 18. 다음 글에서 추론할 수 있는 것만을 〈보기〉에서 모두 고르면? 18 민간(가) 22번

> 우리가 가진 믿음들은 때때로 여러 방식으로 표현된다. 예를 들어, 영희가 일으킨 교통사고 현장을 목격한 철수를 생각해보자. 영희는 철수가 아는 사람이므로, 현장을 목격한 철수는 영희가 사고를 일으켰다는 믿음을 가지게 되었다. 철수의 이런 믿음을 표현하는 한 가지 방법은 "철수는 영희가 교통사고를 일으켰다고 믿는다."라고 표현하는 것이다. 이것을 진술 A라고 하자. 진술 A의 의미를 분명히 생각해보기 위해서, "영희는 민호의 아내다."라고 가정해보자. 그럼 진술 A로부터 "철수는 민호의 아내가 교통사고를 일으켰다고 믿는다."가 참이라는 것이 반드시 도출되는가? 그렇지 않다. 왜냐하면 철수는 영희가 민호의 아내라는 것을 모를 수도 있고, 다른 사람의 아내로 잘못 알 수도 있기 때문이다.
>
> 한편 철수의 믿음은 "교통사고를 일으켰다고 철수가 믿고 있는 사람은 영희다."라고도 표현될 수 있다. 이것을 진술 B라고 하자. 다시 "영희는 민호의 아내다."라고 가정해보자. 그리고 진술 B로부터 "교통사고를 일으켰다고 철수가 믿고 있는 사람은 민호의 아내다."가 도출되는지 생각해보자. 진술 B는 '교통사고를 일으켰다고 철수가 믿고 있는 사람'이 가리키는 것과 '영희'가 가리키는 것이 동일하다는 것을 의미한다. 그리고 '영희'가 가리키는 것은 '민호의 아내'가 가리키는 것과 동일하다. 그러므로 '교통사고를 일으켰다고 철수가 믿고 있는 사람'이 가리키는 것은 '민호의 아내'가 가리키는 것과 동일하다. 따라서 진술 B로부터 "교통사고를 일으켰다고 철수가 믿고 있는 사람은 민호의 아내다."가 도출된다. 이처럼 철수의 믿음을 표현하는 두 방식 사이에는 차이가 있다.

〈보 기〉

ㄱ. "영희는 민호의 아내가 아니다."라고 가정한다면, 진술 A로부터 "철수는 민호의 아내가 교통사고를 일으켰다고 믿지 않는다."가 도출된다.
ㄴ. "영희가 초보운전자이고 철수가 이 사실을 알고 있다."라고 가정한다면, 진술 A로부터 "철수는 어떤 초보운전자가 교통사고를 일으켰다고 믿는다."가 도출된다.
ㄷ. "영희가 동철의 엄마이지만 철수는 이 사실을 모르고 있다."라고 가정한다면, 진술 B로부터 "교통사고를 일으켰다고 철수가 믿고 있는 사람은 동철의 엄마다."가 도출된다.

① ㄱ
② ㄴ
③ ㄱ, ㄷ
④ ㄴ, ㄷ
⑤ ㄱ, ㄴ, ㄷ

문 19. 다음 글에서 알 수 없는 것은? 19 민간(나) 03번

A효과란 기업이 시장에 최초로 진입하여 무형 및 유형의 이익을 얻는 것을 의미한다. 반면 뒤늦게 뛰어든 기업이 앞서 진출한 기업의 투자를 징검다리로 이용하여 성공적으로 시장에 안착하는 것을 B효과라고 한다. 물론 B효과는 후발진입기업이 최초진입기업과 동등한 수준의 기술 및 제품을 보다 낮은 비용으로 개발할 수 있을 때만 가능하다.

생산량이 증가할수록 평균생산비용이 감소하는 규모의 경제 효과 측면에서, 후발진입기업에 비해 최초진입기업이 유리하다. 즉, 대량 생산, 인프라 구축 등에서 우위를 조기에 확보하여 효율성 증대와 생산성 향상을 꾀할 수 있다. 반면 후발진입기업 역시 연구개발 투자 측면에서 최초진입기업에 비해 상대적으로 유리한 면이 있다. 후발진입기업의 모방 비용은 최초진입기업이 신제품 개발에 투자한 비용 대비 65% 수준이기 때문이다. 최초진입기업의 경우, 규모의 경제 효과를 얼마나 단기간에 이룰 수 있는가가 성공의 필수 요건이 된다. 후발진입기업의 경우, 절감된 비용을 마케팅 등에 효과적으로 투자하여 최초진입기업의 시장 점유율을 단기간에 빼앗아 오는 것이 성공의 핵심 조건이다.

규모의 경제 달성으로 인한 비용상의 이점 이외에도 최초진입기업이 누릴 수 있는 강점은 강력한 진입 장벽을 구축할 수 있다는 것이다. 시장에 최초로 진입했기에 소비자에게 우선적으로 인식된다. 그로 인해 후발진입기업에 비해 적어도 인지도 측면에서는 월등한 우위를 확보한다. 또한 기술적 우위를 확보하여 라이센스, 특허 전략 등을 통해 후발진입기업의 시장 진입을 방해하기도 한다. 뿐만 아니라 소비자들이 후발진입기업의 브랜드로 전환하려고 할 때 발생하는 노력, 비용, 심리적 위험 등을 마케팅에 활용하여 후발진입기업이 시장에 진입하기 어렵게 할 수도 있다. 결국 A효과를 극대화할 수 있는지는 규모의 경제 달성 이외에도 얼마나 오랫동안 후발주자가 진입하지 못하도록 할 수 있는가에 달려 있다.

① 최초진입기업은 후발진입기업에 비해 매년 더 많은 마케팅 비용을 사용한다.
② 후발진입기업의 모방 비용은 최초진입기업이 신제품 개발에 투자한 비용보다 적다.
③ 최초진입기업이 후발진입기업에 비해 인지도 측면에서 우위에 있다는 것은 A효과에 해당한다.
④ 후발진입기업이 성공하려면 절감된 비용을 효과적으로 투자하여 최초진입기업의 시장점유율을 단기간에 빼앗아 와야 한다.
⑤ 후발진입기업이 최초진입기업과 동등한 수준의 기술 및 제품을 보다 낮은 비용으로 개발할 수 없다면 B효과를 얻을 수 없다.

문 20. 다음 글에서 알 수 있는 것은? 19 민간(나) 13번

대부분의 미국 경찰관은 총격 사건을 경험하지 않고 은퇴하지만, 그럼에도 매년 약 600명이 총에 맞아 사망하고, 약 200명은 부상당한다. 미국에서 총격 사건 중 총기 발사 경험이 있는 경찰관 대부분이 심리적 문제를 보인다.

총격 사건을 겪은 경찰관을 조사한 결과, 총격 사건이 일어나는 동안 발생하는 중요한 심리현상 중의 하나가 시간 · 시각 · 청각왜곡을 포함하는 지각왜곡이었다. 83%의 경찰관이 총격이 오가는 동안 시간왜곡을 경험했는데, 그들 대부분은 한 시점에서 시간이 감속하여 모든 것이 느려진다고 느꼈다. 또한 56%가 시각왜곡을, 63%가 청각왜곡을 겪었다. 시각왜곡 중에서 가장 빈번한 증상은 한 가지 물체에만 주의가 집중되고 그 밖의 장면은 무시되는 것이다. 청각왜곡은 권총 소리, 고함 소리, 지시 사항 등의 소리를 제대로 듣지 못하는 것이다.

총격 사건에서 총기를 발사한 경찰관은 사건 후 수많은 심리증상을 경험한다. 가장 일반적인 심리증상은 높은 위험 지각, 분노, 불면, 고립감 등인데, 이러한 반응은 특히 총격 피해자 사망시에 잘 나타난다. 총격 사건을 겪은 경찰관은 이전에 생각했던 것보다 자신의 직업이 더욱 위험하다고 지각하게 된다. 그들은 총격 피해자, 부서, 동료, 또는 사회에 분노를 느끼기도 하는데, 이는 자신을 누군가에게 총을 쏴야만 하는 상황으로 몰아넣었다는 생각 때문에 발생한다. 이러한 심리증상은 그 정도에서 큰 차이를 보였다. 37%의 경찰관은 심리증상이 경미했고, 35%는 중간 정도이며, 28%는 심각했다. 이러한 심리증상의 정도는 총격 사건이 발생한 상황에서 경찰관 자신의 총기 사용이 얼마나 정당했는가와 반비례하는 것으로 보인다. 수적으로 열세인 것, 권총으로 강력한 자동화기를 상대해야 하는 것 등의 요소가 총기 사용의 정당성을 높여준다.

① 총격 사건 중에 경험하는 지각왜곡 중에서 청각왜곡이 가장 빈번하게 나타난다.
② 전체 미국 경찰관 중 총격 사건을 경험하는 사람이 경험하지 않는 사람보다 많다.
③ 총격 피해자가 사망했을 경우 경찰관이 경험하는 청각왜곡은 그렇지 않은 경우보다 심각할 것이다.
④ 총격 사건 후 경찰관이 느끼는 높은 위험 지각, 분노 등의 심리증상은 지각왜곡의 정도에 의해 영향을 받는다.
⑤ 범죄자가 경찰관보다 강력한 무기로 무장했을 경우 경찰관이 총격 사건 후 경험하는 심리증상은 반대의 경우보다 약할 것이다.

02 복수 견해 간의 관계 분석

문 21. 다음 갑~정의 논쟁에 대한 분석으로 적절한 것만을 〈보기〉에서 모두 고르면? 23 7급(인) 12번

갑 : 우리는 보통 인간이나 동물이 어떤 특성을 지니고 있어서 그에 부합하는 도덕적 지위를 갖는다고 생각한다. 의식이 바로 그런 특성이다. 나는 인공지능 로봇도 같은 방식으로 그 도덕적 지위를 결정해야 한다고 생각한다. 그래서 우리는 그런 로봇에게 의식이 있는지를 따져 봐야 할 것이다. 나는 인공지능 로봇이 의식을 갖는다고 생각한다.

을 : 도덕적 지위를 결정하는 기준에 대해서는 나도 갑과 생각이 같다. 하지만 나는 바로 그런 이유에서 인공지능 로봇에게 도덕적 지위를 부여할 수 없다고 생각한다. 로봇은 기계이므로 의식을 갖는 것이 가능하지 않기 때문이다.

병 : 나는 인공지능 로봇에게 의식이 있는지 없는지가 그것에게 도덕적 지위를 부여하느냐 마느냐를 결정하는 근거가 될 수 없다고 생각한다. 인공지능 로봇에게 의식이 있을 수도 있겠지만, 인간의 필요에 의해서 만든 도구적 존재에게 도덕적 지위를 부여하는 것은 말이 안 된다.

정 : 어떤 존재의 도덕적 지위는 우리가 그 존재와 어떤 관계를 맺고 있는지에 따라 결정된다. 우리가 로봇과 가족이나 친구와 같은 유의미한 관계를 맺고 있다면, 인공지능 로봇이 의식을 갖지 않는 경우라 해도, 로봇에게 도덕적 지위를 부여해야 한다.

〈보 기〉

ㄱ. 을과 정은 인공지능 로봇에게는 의식이 없다고 생각한다.
ㄴ. 인공지능 로봇에게 의식이 있어도 도덕적 지위를 부여할 수 없다고 생각하는 사람이 있다.
ㄷ. 인공지능 로봇에게 실제로 의식이 있다고 밝혀진다면, 네 명 중 한 명은 인공지능 로봇에게 도덕적 지위를 부여해야 하는가에 대한 입장을 바꿔야 한다.

① ㄱ
② ㄴ
③ ㄱ, ㄷ
④ ㄴ, ㄷ
⑤ ㄱ, ㄴ, ㄷ

문 22. 다음 논쟁에 대한 분석으로 적절한 것만을 〈보기〉에서 모두 고르면? 22 7급(가) 15번

갑 : 입증은 증거와 가설 사이의 관계에 대한 것이다. 내가 받아들이는 입증에 대한 입장은 다음과 같다. 증거 발견 후 가설의 확률 증가분이 있다면, 증거가 가설을 입증한다. 즉 증거 발견 후 가설이 참일 확률에서 증거 발견 전 가설이 참일 확률을 뺀 값이 0보다 크다면, 증거가 가설을 입증한다. 예를 들어보자. 사건 현장에서 용의자 X의 것과 유사한 발자국이 발견되었다. 그럼 발자국이 발견되기 전보다 X가 해당 사건의 범인일 확률은 높아질 것이다. 그렇다면 발자국 증거는 X가 범인이라는 가설을 입증한다. 그리고 증거 발견 후 가설의 확률 증가분이 클수록, 증거가 가설을 입증하는 정도가 더 커진다.

을 : 증거가 가설이 참일 확률을 높인다고 하더라도, 그 증거가 해당 가설을 입증하지 못할 수 있다. 가령, X에게 강력한 알리바이가 있다고 해보자. 사건이 일어난 시간에 사건 현장과 멀리 떨어져 있는 X의 모습이 CCTV에 포착된 것이다. 그러면 발자국 증거가 X가 범인일 확률을 높인다고 하더라도, 그가 범인일 확률은 여전히 높지 않을 것이다. 그럼에도 불구하고 갑의 입장은 이러한 상황에서 발자국 증거가 X가 범인이라는 가설을 입증한다고 보게 만드는 문제가 있다. 이 문제는 내가 받아들이는 입증에 대한 다음 입장을 통해 해결될 수 있다. 증거 발견 후 가설의 확률 증가분이 있고 증거 발견 후 가설이 참일 확률이 1/2보다 크다면, 그리고 그런 경우에만 증거가 가설을 입증한다. 가령, 발자국 증거가 X가 범인일 확률을 높이더라도 증거 획득 후 확률이 1/2보다 작다면 발자국 증거는 X가 범인이라는 가설을 입증하지 못한다.

〈보 기〉

ㄱ. 갑의 입장에서, 증거 발견 후 가설의 확률 증가분이 없다면 그 증거가 해당 가설을 입증하지 못한다.
ㄴ. 을의 입장에서, 어떤 증거가 주어진 가설을 입증할 경우 그 증거 획득 이전 해당 가설이 참일 확률은 1/2보다 크다.
ㄷ. 갑의 입장에서 어떤 증거가 주어진 가설을 입증하는 정도가 작더라도, 을의 입장에서 그 증거가 해당 가설을 입증할 수 있다.

① ㄴ
② ㄷ
③ ㄱ, ㄴ
④ ㄱ, ㄷ
⑤ ㄱ, ㄴ, ㄷ

문 23. **다음 글의 (가)와 (나)에 대한 판단으로 적절한 것만을 〈보기〉에서 모두 고르면?** 21 민간(나) 09번

확률적으로 가능성이 희박한 사건이 우리 주변에서 생각보다 자주 일어나는 것처럼 보인다. 왜 이러한 현상이 발생하는지를 설명하는 다음과 같은 두 입장이 있다.

(가) 만일 당신이 가능한 모든 결과들의 목록을 완전하게 작성한다면, 그 결과들 중 하나는 반드시 나타난다. 표준적인 정육면체 주사위를 던지면 1에서 6까지의 수 중 하나가 나오거나 어떤 다른 결과, 이를테면 주사위가 탁자 아래로 떨어져 찾을 수 없게 되는 일 등이 벌어질 수 있다. 동전을 던지면 앞면 또는 뒷면이 나오거나, 동전이 똑바로 서는 등의 일이 일어날 수 있다. 아무튼 가능한 결과 중 하나가 일어나리라는 것만큼은 확실하다.

(나) 한 사람에게 특정한 사건이 발생할 확률이 매우 낮더라도, 충분히 많은 사람에게는 그 사건이 일어날 확률이 매우 높을 수 있다. 예컨대 어떤 불행한 사건이 당신에게 일어날 확률은 낮을지 몰라도, 지구에 현재 약 70억 명이 살고 있으므로, 이들 중 한두 사람이 그 불행한 일을 겪고 있다는 것은 이상한 일이 아니다.

〈보 기〉

ㄱ. 로또 복권 1장을 살 경우 1등에 당첨될 확률은 낮지만, 모든 가능한 숫자의 조합을 모조리 샀을 때 추첨이 이루어진다면 무조건 당첨된다는 사례는 (가)로 설명할 수 있다.

ㄴ. 어떤 사람이 교통사고를 당할 확률은 매우 낮지만, 대한민국에서 교통사고는 거의 매일 발생한다는 사례는 (나)로 설명할 수 있다.

ㄷ. 주사위를 수십 번 던졌을 때 1이 연속으로 여섯 번 나올 확률은 매우 낮지만, 수십만 번 던졌을 때는 이런 사건을 종종 볼 수 있다는 사례는 (가)로 설명할 수 있으나 (나)로는 설명할 수 없다.

① ㄱ

② ㄷ

③ ㄱ, ㄴ

④ ㄴ, ㄷ

⑤ ㄱ, ㄴ, ㄷ

문 24. **다음 글에 대한 분석으로 적절한 것만을 〈보기〉에서 모두 고르면?** 20 민간(가) 25번

갑 : 우리는 예전에 몰랐던 많은 과학 지식을 가지고 있다. 예를 들어, 과거에는 물이 산소와 수소로 구성된다는 것을 몰랐지만 현재는 그 사실을 알고 있다. 과거에는 어떤 기준 좌표에서 관찰하더라도 빛의 속도가 일정하다는 것을 몰랐지만 현재의 우리는 그 사실을 알고 있다. 이처럼 우리가 알게 된 과학 지식의 수는 누적적으로 증가하고 있으며, 이 점에서 과학은 성장한다고 말할 수 있다.

을 : 과학의 역사에서 과거에 과학 지식이었던 것이 더 이상 과학 지식이 아닌 것으로 판정된 사례는 많다. 예를 들어, 과거에 우리는 플로지스톤 이론이 옳다고 생각했지만 현재 그 이론이 옳다고 생각하는 사람은 아무도 없다. 이런 점에서 과학 지식의 수는 누적적으로 증가하고 있지 않다.

병 : 그렇다고 해서 과학이 성장한다고 말할 수 없는 것은 아니다. 과학에서 해결해야 할 문제들은 정해져 있으며, 그 중 해결된 문제의 수는 증가하고 있다. 예를 들어 과거의 뉴턴 역학은 수성의 근일점 이동을 정확하게 예측할 수 없었지만 현재의 상대성 이론은 정확하게 예측할 수 있다. 따라서 해결된 문제의 수가 증가하고 있다는 이유에서 과학은 성장한다고 말할 수 있다.

정 : 그렇게 말할 수 없다. 우리가 어떤 과학 이론을 받아들이냐에 따라서 해결해야 할 문제가 달라지고, 해결된 문제의 수가 증가했는지 판단할 수도 없기 때문이다. 서로 다른 이론을 받아들이는 사람들이 해결한 문제의 수는 서로 비교할 수 없다.

〈보 기〉

ㄱ. 갑과 병은 모두 과학의 성장 여부를 평가할 수 있는 어떤 기준이 있다는 것을 인정한다.

ㄴ. 을은 과학 지식의 수가 실제로 누적적으로 증가하지 않는다는 이유로 갑을 비판한다.

ㄷ. 정은 과학의 성장 여부를 말할 수 있는 근거의 진위를 판단할 수 없다는 점을 들어 병을 비판한다.

① ㄱ

② ㄷ

③ ㄱ, ㄴ

④ ㄴ, ㄷ

⑤ ㄱ, ㄴ, ㄷ

문 25. 다음 (가)~(라)의 주장 간의 관계를 바르게 파악한 사람을 〈보기〉에서 모두 고르면? 12 민간(인) 22번

(가) 도덕성의 기초는 이성이지 동정심이 아니다. 동정심은 타인의 고통을 공유하려는 선한 마음이지만, 그것은 일관적이지 않으며 때로는 변덕스럽고 편협하다.

(나) 인간의 동정심은 신뢰할 만하지 않다. 예컨대, 같은 종류의 불행을 당했다고 해도 내 가족에 대해서는 동정심이 일어나지만 모르는 사람에 대해서는 동정심이 생기지 않기도 한다.

(다) 도덕성의 기초는 이성이 아니라 오히려 동정심이다. 즉, 동정심은 타인의 곤경을 자신의 곤경처럼 느끼며 타인의 고난을 위로해 주고 싶은 욕구이다. 타인의 고통을 나의 고통처럼 느끼고, 그로부터 타인의 고통을 막으려는 행동이 나오게 된다. 이렇게 동정심은 도덕성의 원천이 된다.

(라) 동정심과 도덕성의 관계에서 중요한 문제는 어떻게 동정심을 함양할 것인가의 문제이지, 그 자체로 도덕성의 기초가 될 수 있는지 없는지의 문제가 아니다. 동정심은 전적으로 신뢰할 만한 것은 아니며 때로는 왜곡될 수도 있다. 그렇다고 그 때문에 도덕성의 기반에서 동정심을 완전히 제거하는 것은 도덕의 풍부한 원천을 모두 내다버리는 것과 같다. 오히려 동정심이나 공감의 능력은 성숙하게 함양해야 하는 도덕적 소질에 가까운 것이다.

〈보 기〉

갑 : (가)와 (다)는 양립할 수 없는 주장이다.
을 : (나)는 (가)를 지지하는 관계이다.
병 : (가)와 (라)는 동정심의 도덕적 역할을 전적으로 부정하고 있다.
정 : (나)와 (라)는 모순관계이다.

① 갑, 을
② 을, 정
③ 갑, 을, 병
④ 갑, 병, 정
⑤ 을, 병, 정

문 26. 다음 갑~정의 주장에 대한 분석으로 적절한 것을 〈보기〉에서 모두 고르면? 14 민간(A) 21번

북미 지역의 많은 불임 여성들이 체외수정을 시도하고 있다. 그런데 젊은 여성들의 난자를 사용한 체외수정의 성공률이 높기 때문에 젊은 여성의 난자에 대한 선호도가 높다. 처음에는 젊은 여성들이 자발적으로 난자를 기증하였지만, 이러한 자발적인 기증만으로는 수요를 감당할 수가 없게 되었다. 이 시점에 난자 제공에 대한 금전적 대가 지불에 대해 논란이 제기되었다.

갑 : 난자 기증은 상업적이 아닌 이타주의적인 이유에서만 이루어져야 한다. 난자만이 아니라 정자를 매매하거나 거래하는 것도 불법화해야 한다는 데 동의한다. 물론 상업적인 대리모도 금지해야 한다.

을 : 인간은 각자 본연의 가치가 있으므로 시장에서 값을 매길 수 없다. 또한 인간관계를 상업화하거나 난자 등과 같은 신체의 일부를 금전적인 대가 지불의 대상으로 만들어선 안 된다.

병 : 불임 부부가 아기를 가질 기회를 박탈해선 안 된다. 그런데 젊은 여성들이 자발적으로 난자를 기증하는 것을 기대하기가 어렵다. 난자 기증은 여러 가지 부담을 감수해야 하기에 보상 없이 이루어지기에는 한계가 있다. 결과적으로 난자 제공에 대한 금전적 대가 지불을 허용하지 않을 경우에 난자를 얻을 수 없을 것이고, 불임 여성들은 원하는 아기를 가질 수 없게 될 것이다.

정 : 난자 기증은 정자 기증과 근본적으로 다르다. 난자를 채취하는 것은 정자를 얻는 것보다 훨씬 복잡하고 어려운 일이며 위험을 감수해야 할 경우도 있다. 예컨대, 과배란을 유도하기 위해 여성들은 한 달 이상 매일 약을 먹어야 한다. 그 다음에는 가늘고 긴 바늘을 난소에 찔러 난자를 뽑아 내는 과정을 거쳐야 한다. 한 여성 경험자는 난소에서 난자를 뽑아 낼 때마다 '누가 그 부위를 발로 차는 것 같은' 느낌을 받았다고 보고하였다. 이처럼 난자 제공은 고통과 위험을 감수해야 하는 일이다.

〈보 기〉

ㄱ. 을은 갑의 주장을 지지한다.
ㄴ. 정의 주장은 병의 주장을 지지하는 근거로 사용될 수 있다.
ㄷ. 난자 제공에 대한 금전적 대가 지불에 대해서 을의 입장과 병의 입장은 양립 불가능하다.

① ㄱ
② ㄷ
③ ㄱ, ㄴ
④ ㄴ, ㄷ
⑤ ㄱ, ㄴ, ㄷ

문 27. 다음 글의 가설 A, B에 대한 평가로 가장 적절한 것은?

14 민간(A) 23번

> 진화론에서는 인류 진화 계통의 초기인 약 700만 년 전에 인간에게 털이 거의 없어졌다고 보고 있다. 털이 없어진 이유에 대해서 학자들은 해부학적, 생리학적, 행태학적 정보들을 이용하는 한편 다양한 상상력까지 동원해서 이와 관련된 진화론적 시나리오들을 제안해 왔다.
>
> 가설 A는 단순하게 고안되어 1970년대 당시 많은 사람들이 고개를 끄덕였던 설명으로, 현대적 인간의 출현을 무자비한 폭력과 투쟁의 산물로 설명하던 당시의 모든 가설을 대체할 수 있을 정도로 매력적으로 보였다. 이 가설에 따르면 인간은 진화 초기에 수상생활을 시작하였다. 인간 선조들은 수영을 하고 물속에서 아기를 키우는 등 즐거운 활동을 하기 위해서 수상생활을 하였다. 오랜 물속 생활로 인해 고대 초기 인류들은 몸의 털이 거의 없어졌다. 그 대신 피부 아래에 지방층이 생겨났다.
>
> 그 이후에 나타난 가설 B는 인간의 피부에 털이 없으면 털에 사는 기생충들이 감염시키는 질병이 줄어들기 때문에 생존과 생식에 유리하다고 주장하였다. 털은 따뜻하여 이나 벼룩처럼 질병을 일으키는 체외 기생충들이 살기에 적당하기 때문에 신체에 털이 없으면 그러한 병원체들이 자리 잡기 어렵다는 것이다. 이 가설에 따르면 인간이 자신을 더 효과적으로 보호할 수 있는 의복이나 다른 수단들을 활용할 수 있었을 때 비로소 털이 없어지는 진화가 가능하다. 옷이 기생충에 감염되면 벗어서 씻어 내면 간단한데, 굳이 영구적인 털로 몸을 덮을 필요가 있겠는가?

① 인간 선조들의 화석이 고대 호수 근처에서 가장 많이 발견되었다는 사실은 가설 A를 약화한다.
② 털 없는 신체나 피하 지방 같은 현대 인류의 해부학적 특징들을 고래나 돌고래 같은 수생 포유류들도 가지고 있다는 사실은 가설 A를 약화한다.
③ 호수나 강에는 인간의 생존을 위협하는 수인성 바이러스가 광범위하게 퍼져 있었으며 인간의 피부에 그에 대한 방어력이 없다는 사실은 가설 A를 약화한다.
④ 열대 아프리카 지역에서 고대로부터 내려온 전통 생활을 유지하고 있는 주민들이 옷을 거의 입지 않는다는 사실은 가설 B를 강화한다.
⑤ 피부를 보호할 수 있는 옷이나 다른 수단을 만들 수 있는 인공물들이 사용된 시기는 인류 진화의 마지막 단계에 한정된다는 사실은 가설 B를 강화한다.

문 28. 다음 A~C의 주장에 대한 평가로 적절한 것만을 〈보기〉에서 모두 고르면?

14 민간(A) 23번

> A : 정당에 대한 충성도와 공헌도를 공직자 임용 기준으로 삼아야 한다. 이는 전쟁에서 전리품은 승자에게 속한다는 국제법의 규정에 비유할 수 있다. 즉, 주기적으로 실시되는 대통령 선거에서 승리한 정당이 공직자 임용의 권한을 가져야 한다. 이러한 임용 방식은 공무원에 대한 정치 지도자의 지배력을 강화시켜 지도자가 구상한 정책 실현을 용이하게 할 수 있다.
>
> B : 공직자 임용 기준은 개인의 능력 · 자격 · 적성에 두어야 하며 공개경쟁 시험을 통해 공무원을 선발하는 것이 좋다. 그러면 신규 채용 과정에서 공개와 경쟁의 원칙이 준수되기 때문에 정실 개입의 여지가 줄어든다. 공개경쟁 시험은 무엇보다 공직자 임용에서 기회균등을 보장하여 우수한 인재를 임용함으로써 행정의 능률을 높일 수 있고 공무원의 정치적 중립을 통하여 행정의 공정성이 확보될 수 있다는 장점을 가지고 있다. 또한 공무원의 신분보장으로 행정의 연속성과 직업적 안정성도 강화될 수 있다.
>
> C : 사회를 구성하는 모든 지역 및 계층으로부터 인구 비례에 따라 공무원을 선발하고, 그들을 정부 조직 내의 각 직급에 비례적으로 배치함으로써 정부 조직이 사회의 모든 지역과 계층에 가능한 한 공평하게 대응하도록 구성되어야 한다. 공무원들은 가치중립적인 존재가 아니다. 그들은 자신의 출신 집단의 영향을 받은 가치관과 신념을 가지고 정책 결정과 정책 집행에 깊숙이 개입하고 있으며, 이 과정에서 자신의 견해나 가치를 반영하고자 노력한다.

〈보 기〉

ㄱ. 공직자 임용의 정치적 중립성을 보장할 필요성이 대두된다면, A의 주장은 설득력을 얻는다.
ㄴ. 공직자 임용과정의 공정성을 높일 필요성이 부각된다면, B의 주장은 설득력을 얻는다.
ㄷ. 인구의 절반을 차지하는 비수도권 출신 공무원의 비율이 1/4에 그쳐 지역 편향성을 완화할 필요성이 제기된다면, C의 주장은 설득력을 얻는다.

① ㄱ
② ㄴ
③ ㄷ
④ ㄱ, ㄷ
⑤ ㄴ, ㄷ

문 29. (가)~(라)에 대한 설명으로 적절한 것만을 〈보기〉에서 모두 고르면? 16 민간(5) 21번

최근 우리 사회에는 인문학 열풍이 불고 있는데, 이 열풍을 바라보는 여러 다른 시각이 존재한다. 다음은 그러한 사례들의 일부이다.

(가) 한 방송국 PD는 인문학 관련 대중 강좌가 인기를 끌고 있는 현상에 대해 교양 있는 삶에 대한 열망을 원인으로 꼽는다. 그는 "직장 내 교육 프로그램은 어학이나 컴퓨터 활용처럼 직능 향상을 위한 것으로, 노동시간의 연장이다. 삶이 온통 노동으로 채워지는 상황에서 정신적 가치에 대한 성찰의 기회를 박탈당한 직장인들의 갈증을 인문학 관련 대중 강좌가 채워주고 있다."고 한다.

(나) 한 문학평론가는 인문학 열풍이 인문학을 시장 논리와 결부시켜 상품화하고 있다고 본다. 그는 "삶의 가치에 대해 근본적인 문제제기를 함으로써 정치적 시민의 복권을 이루는 것이 인문학의 본질적인 과제 중 하나인데, 인문학이 시장의 영역에 포섭됨으로써 오히려 말랑말랑한 수준으로 전락하고 있다."고 주장한다.

(다) A구청 공무원은 최근 불고 있는 인문학 열풍에 따라 '동네 인문학'이라는 개념을 주민자치와 연결시키고 있다. 그는 "동네 인문학은 동네라는 공간에서 지역 주민들이 담당 강사의 지속적인 지도 아래 자기 성찰의 기회를 얻고, 삶에 대한 지혜를 얻어 동네를 살기 좋은 공동체로 만드는 과정이다."라고 말한다.

(라) B대학에서는 세계적인 기업인, 정치인들 중에 인문학 마니아가 많이 탄생해야 한다는 취지로 CEO 인문학 최고위 과정을 개설했다. 한 교수는 이를 인문학 열풍의 하나로 보고, "진정한 인문학적 성찰을 바탕으로 다양한 학문 분야에 몰두해야 할 대학이 오히려 인문학의 대중화를 내세워 인문학을 상품화한다."고 평가한다.

〈보 기〉

ㄱ. (가)의 PD와 (나)의 평론가는 인문학 열풍이 교양 있는 삶에 대한 동경을 지닌 시민들 중심으로 일어난 자발적 현상이라 보고 있다.

ㄴ. (가)의 PD와 (다)의 공무원은 인문학 열풍이 개인의 성찰을 넘어 공동체의 개선에까지 긍정적인 영향을 미친다고 보고 있다.

ㄷ. (나)의 평론가와 (라)의 교수는 인문학 열풍이 인문학을 상품화한다는 시각에서 이 열풍을 부정적으로 바라보고 있다.

① ㄱ
② ㄷ
③ ㄱ, ㄴ
④ ㄴ, ㄷ
⑤ ㄱ, ㄴ, ㄷ

문 30. 다음 글에서 알 수 없는 것은? 17 민간(나) 23번

갈릴레오는『두 가지 주된 세계 체계에 관한 대화』에서 등장인물인 살비아티에게 자신을 대변하는 역할을 맡겼다. 심플리치오는 아리스토텔레스의 자연철학을 대변하는 인물로서 살비아티의 대화 상대역을 맡고 있다. 또 다른 등장인물인 사그레도는 건전한 판단력을 지닌 자로서 살비아티와 심플리치오 사이에서 중재자 역할을 맡고 있다.

이 책의 마지막 부분에서 사그레도는 나흘간의 대화를 마무리하며 코페르니쿠스의 지동설을 옳은 견해로 인정한다. 그리고 그는 그 견해를 지지하는 세 가지 근거를 제시한다. 첫째는 행성의 겉보기 운동과 역행 운동에서, 둘째는 태양이 자전한다는 것과 그 흑점들의 운동에서, 셋째는 조수 현상에서 찾아낸다.

이에 반해 살비아티는 지동설의 근거로서 사그레도가 언급하지 않은 항성의 시차(視差)를 중요하게 다룬다. 살비아티는 지구의 공전을 입증하기 위한 첫 번째 단계로 지구의 공전을 전제로 한 코페르니쿠스의 이론이 행성의 겉보기 운동을 얼마나 간단하고 조화롭게 설명할 수 있는지를 보여준다. 그런 다음 그는 지구의 공전을 전제로 할 때, 공전 궤도의 두 맞은편 지점에서 관측자에게 보이는 항성의 위치가 달라지는 현상, 곧 항성의 시차를 기하학적으로 설명한다.

그렇다면 사그레도는 왜 이 중요한 사실을 거론하지 않았을까? 그것은 세 번째 날의 대화에서 심플리치오가 아리스토텔레스의 이론을 옹호하면서 지동설에 대한 반박 근거로 공전에 의한 항성의 시차가 관측되지 않음을 지적한 것과 관련이 있다. 당시 갈릴레오는 자신의 망원경을 통해 별의 시차를 관측하지 못했다. 그는 그 이유가 항성이 당시 알려진 것보다 훨씬 멀리 있기 때문이라고 주장하였지만, 반대자들에게 그것은 임기응변적인 가설로 치부될 뿐이었다. 결국 그 작은 각도가 나중에 더 좋은 망원경에 의해 관측되기까지 항성의 시차는 지동설의 옹호자들에게 '불편한 진실'로 남아 있었다.

① 아리스토텔레스의 철학을 따르는 심플리치오는 지구가 공전하지 않음을 주장한다.
② 사그레도는 항성의 시차에 관한 기하학적 예측에 근거하여 코페르니쿠스의 지동설을 받아들인다.
③ 사그레도와 살비아티는 둘 다 행성의 겉보기 운동을 근거로 하여 코페르니쿠스의 지동설을 옹호한다.
④ 심플리치오는 관측자에게 항성의 시차가 관측되지 않았다는 사실에 근거하여 코페르니쿠스의 지동설을 반박한다.
⑤ 살비아티는 지구가 공전한다면 공전 궤도상의 지구의 위치에 따라 항성의 시차가 존재할 수밖에 없다고 예측한다.

03 논증의 분석 및 추가 전제 찾기

문 31. 다음 글의 〈논증〉에 대한 분석으로 적절한 것만을 〈보기〉에서 모두 고르면? 22 7급(가) 12번

우리는 죽음이 나쁜 것이라고 믿는다. 죽고 나면 우리가 존재하지 않기 때문이다. 루크레티우스는 우리가 존재하지 않기 때문에 죽음이 나쁜 것이라면 우리가 태어나기 이전의 비존재도 나쁘다고 말해야 한다고 생각했다. 그러나 우리는 태어나기 이전에 우리가 존재하지 않았다는 사실에 대해서 애석해 하지 않는다. 따라서 루크레티우스는 죽음 이후의 비존재에 대해서도 애석해 할 필요가 없다고 주장했다. 다음은 이러한 루크레티우스의 주장을 반박하는 논증이다.

〈논 증〉

우리는 죽음의 시기가 뒤로 미루어짐으로써 더 오래 사는 상황을 상상해 볼 수 있다. 예를 들어, 50살에 교통사고로 세상을 떠난 누군가를 생각해 보자. 그 사고가 아니었다면 그는 70살이나 80살까지 더 살 수도 있었을 것이다. 그렇다면 50살에 그가 죽은 것은 그의 인생에 일어날 수 있는 여러 가능성 중에 하나였다. 그런데 ㉠ 내가 더 일찍 태어나는 것은 상상할 수 없다. 물론, 조산이나 제왕절개로 내가 조금 더 일찍 세상에 태어날 수도 있었을 것이다. 하지만 여기서 고려해야 할 것은 나의 존재의 시작이다. 나를 있게 하는 것은 특정한 정자와 난자의 결합이다. 누군가는 내 부모님이 10년 앞서 임신할 수 있었다고 주장할 수도 있다. 그러나 그랬다면 내가 아니라 나의 형제가 태어났을 것이다. 그렇기 때문에 '더 일찍 태어났더라면'이라고 말해도 그것이 실제로 내가 더 일찍 태어났을 가능성을 상상한 것은 아니다. 나의 존재는 내가 수정된 바로 그 특정 정자와 난자의 결합에 기초한다. 그러므로 ㉡ 내가 더 일찍 태어나는 일은 불가능하다. 나의 사망 시점은 달라질 수 있지만, 나의 출생 시점은 그렇지 않다. 그런 의미에서 출생은 내 인생 전체를 놓고 볼 때 하나의 필연적인 사건이다. 결국 죽음의 시기를 뒤로 미뤄 더 오래 사는 것은 가능하지만, 출생의 시기를 앞당겨 더 오래 사는 것은 불가능하다. 따라서 내가 더 일찍 태어나지 않은 것은 나쁜 일이 될 수 없다. 즉 죽음 이후와는 달리 ㉢ 태어나기 이전의 비존재는 나쁘다고 말할 수 없다.

〈보 기〉

ㄱ. 냉동 보관된 정자와 난자가 수정되어 태어난 사람의 경우를 고려하면, ㉠은 거짓이다.
ㄴ. ㉠에 "어떤 사건이 가능하면, 그것의 발생을 상상할 수 있다."라는 전제를 추가하면, ㉡을 이끌어 낼 수 있다.
ㄷ. ㉢에 "태어나기 이전의 비존재가 나쁘다면, 내가 더 일찍 태어나는 것이 가능하다."라는 전제를 추가하면, ㉡의 부정을 이끌어 낼 수 있다.

① ㄱ ② ㄷ
③ ㄱ, ㄴ ④ ㄴ, ㄷ
⑤ ㄱ, ㄴ, ㄷ

문 32. 다음 글의 빈칸에 들어갈 내용으로 가장 적절한 것은? 21 민간(나) 16번

민간 문화 교류 증진을 목적으로 열리는 국제 예술 공연의 개최가 확정되었다. 이번 공연이 민간 문화 교류 증진을 목적으로 열린다면, 공연 예술단의 수석대표는 정부 관료가 맡아서는 안 된다. 만일 공연이 민간 문화 교류 증진을 목적으로 열리고 공연 예술단의 수석대표는 정부 관료가 맡아서는 안 된다면, 공연 예술단의 수석대표는 고전음악 지휘자나 대중음악 제작자가 맡아야 한다. 현재 정부 관료 가운데 고전음악 지휘자나 대중음악 제작자는 없다. 예술단에 수석대표는 반드시 있어야 하며 두 사람 이상이 공동으로 맡을 수도 있다. 전체 세대를 아우를 수 있는 사람이 아니라면 수석대표를 맡아서는 안 된다. 전체 세대를 아우를 수 있는 사람이 극히 드물기에, 위에 나열된 조건을 다 갖춘 사람은 모두 수석대표를 맡는다.

누가 공연 예술단의 수석대표를 맡을 것인가와 더불어, 참가하는 예술인이 누구인가도 많은 관심의 대상이다. 그런데 아이돌 그룹 A가 공연 예술단에 참가하는 것은 분명하다. 왜냐하면 만일 갑이나 을이 수석대표를 맡는다면 A가 공연 예술단에 참가하는데, ________ 때문이다.

① 갑은 고전음악 지휘자이며 전체 세대를 아우를 수 있기
② 갑이나 을은 대중음악 제작자 또는 고전음악 지휘자이기
③ 갑과 을은 둘 다 정부 관료가 아니며 전체 세대를 아우를 수 있기
④ 을이 대중음악 제작자가 아니라면 전체 세대를 아우를 수 없을 것이기
⑤ 대중음악 제작자나 고전음악 지휘자라면 누구나 전체 세대를 아우를 수 있기

문 33. 다음 글의 ㉠으로 적절한 것은? 20 민간(가) 21번

> 규범윤리학의 핵심 물음은 "무엇이 도덕적으로 올바른 행위인가?"이다. 이에 답하기 위해서는 '도덕 규범'이라고 불리는 도덕적 판단 기준에 대한 논의가 필요하다. 도덕적 판단 기준이 개개인의 주관적 판단에 의존한다고 여기는 사람들이 다수 있지만 이는 옳지 않은 생각이다. 도덕 규범은 그것이 무엇이든 우리의 주관적 판단에 의존하지 않는다. 이러한 주장이 반드시 참임은 다음 논증을 통해 보일 수 있다.
>
> 도덕 규범이면서 우리의 주관적 판단에 의존하는 규범이 있다고 가정하면, 문제가 생긴다. 우리는 다음 명제들을 의심의 여지없이 참이라고 받아들이기 때문이다. 첫째, 주관적 판단에 의존하는 규범은 모두 우연적 요소에 좌우된다. 둘째, 우연적 요소에 좌우되는 규범은 어느 것도 보편적으로 적용되지 않는다. 셋째, 보편적으로 적용되지 않는 규범은 그것이 무엇이든 객관성이 보장되지 않는다. 이 세 명제에 ㉠ 하나의 명제를 추가하기만 하면 주관적 판단에 의존하는 규범은 어느 것도 도덕 규범이 아니라는 것을 이끌어낼 수 있다. 이는 앞의 가정과 모순된다. 따라서 도덕 규범은 어느 것도 우리의 주관적 판단에 의존하지 않는다.

① 우연적 요소에 좌우되는 도덕 규범이 있다.
② 객관성이 보장되지 않는 규범은 어느 것도 도덕 규범이 아니다.
③ 객관성이 보장되는 규범은 그것이 무엇이든 보편적으로 적용된다.
④ 보편적으로 적용되는 규범은 어느 것도 우연적 요소에 좌우되지 않는다.
⑤ 주관적 판단에 의존하면서 보편적으로 적용되지 않는 도덕 규범이 있다.

문 34. 다음 글의 ㉠~㉤ 사이의 관계를 바르게 기술한 것은? 14 민간(A) 10번

> ㉠ 지구에서 유전자가 자연발생할 확률은 $1/10^{100}$보다 작지만, 지구 외부 우주에서 유전자가 자연발생할 확률은 $1/10^{50}$보다 크다. 유전자가 자연발생하지 않았다면 생명체도 자연발생할 수 없다. 그런데 생명체가 자연발생하였다는 것이 밝혀졌다. 따라서 ㉡ 유전자는 자연발생했다. ㉢ 지구에서 유전자가 자연발생할 확률이 지구 외부 우주에서 유전자가 자연발생할 확률보다 작으며 유전자가 자연발생하였다면, 유전자가 우주에서 지구로 유입되었을 가능성이 크다. 이를 볼 때, ㉣ 유전자는 우주에서 지구로 유입되었을 가능성이 크다고 판단할 수 있다. 왜냐하면 ㉤ 지구에서 유전자가 자연발생할 확률은 지구 외부 우주에서 유전자가 자연발생할 확률보다 훨씬 작다는 것이 참이기 때문이다.

① ㉡이 참이면, ㉤은 반드시 참이다.
② ㉤이 참이면, ㉠은 반드시 참이다.
③ ㉠, ㉡이 모두 참이면, ㉢은 반드시 참이다.
④ ㉡, ㉣이 모두 참이며, ㉤은 반드시 참이다.
⑤ ㉠, ㉡, ㉢이 모두 참이면, ㉣은 반드시 참이다.

문 35. 복지사 A의 결론을 이끌어내기 위해 추가해야 할 두 전제를 〈보기〉에서 고르면? 14 민간(A) 18번

> 복지사 A는 담당 지역에서 경제적 곤란을 겪고 있는 아동을 찾아 급식 지원을 하는 역할을 담당하고 있다. 갑순, 을순, 병순, 정순이 급식 지원을 받을 후보이다. 복지사 A는 이들 중 적어도 병순은 급식 지원을 받게 된다고 결론 내렸다. 왜냐하면 갑순과 정순 중 적어도 한 명은 급식 지원을 받는데, 갑순이 받지 않으면 병순이 받기 때문이었다.

〈보 기〉

ㄱ. 갑순이 급식 지원을 받는다.
ㄴ. 을순이 급식 지원을 받는다.
ㄷ. 을순이 급식 지원을 받으면, 갑순은 급식 지원을 받지 않는다.
ㄹ. 을순과 정순 둘 다 급식 지원을 받지 않으면, 병순이 급식 지원을 받는다.

① ㄱ, ㄴ
② ㄱ, ㄹ
③ ㄴ, ㄷ
④ ㄴ, ㄹ
⑤ ㄷ, ㄹ

문 36. **다음 논증에 대한 평가로 적절한 것만을 〈보기〉에서 모두 고르면?**

16 민간(5) 10번

> 합리적 판단과 윤리적 판단의 관계는 무엇일까? 나는 합리적 판단만이 윤리적 판단이라고 생각한다. 즉, 어떤 판단이 합리적인 것이 아닐 경우 그 판단은 윤리적인 것도 아니라는 것이다. 그 이유는 다음과 같다. 일단 ㉠ 보편적으로 수용될 수 있는 판단만이 윤리적 판단이다. 즉 개인이나 사회의 특성에 따라 수용 여부에서 차이가 나는 판단은 윤리적 판단이 아니라는 것이다. 그리고 ㉡ 모든 이성적 판단은 보편적으로 수용될 수 있는 판단이다. 예를 들어, "모든 사람은 죽는다."와 "소크라테스는 사람이다."라는 전제들로부터 "소크라테스는 죽는다."라는 결론으로 나아가는 이성적인 판단은 보편적으로 수용될 수 있는 것이다. 이러한 판단이 나에게는 타당하면서, 너에게 타당하지 않을 수는 없다. 이것은 이성적 판단이 갖는 일반적 특징이다. 따라서 ㉢ 보편적으로 수용될 수 있는 판단만이 합리적 판단이다. ㉣ 모든 합리적 판단은 이성적 판단이다라는 것은 부정할 수 없기 때문이다. 결국 우리는 ㉤ 합리적 판단만이 윤리적 판단이다라는 결론에 도달할 수 있다.

〈보 기〉

ㄱ. ㉠은 받아들일 수 없는 것이다. '1+1=2'와 같은 수학적 판단은 보편적으로 수용될 수 있는 것이지만, 수학적 판단이 윤리적 판단은 아니기 때문이다.
ㄴ. ㉡과 ㉣이 참일 경우 ㉢은 반드시 참이 된다.
ㄷ. ㉠과 ㉢이 참이라고 할지라도 ㉤이 반드시 참이 되는 것은 아니다.

① ㄱ
② ㄴ
③ ㄱ, ㄷ
④ ㄴ, ㄷ
⑤ ㄱ, ㄴ, ㄷ

문 37. **다음 글에 대한 분석으로 적절하지 않은 것은?**

19 민간(나) 08번

> 공포영화에 자주 등장하는 좀비는 철학에서도 자주 논의된다. 철학적 논의에서 좀비는 '의식을 갖지는 않지만 겉으로 드러나는 행동에서는 인간과 구별되지 않는 존재'로 정의된다. 이를 '철학적 좀비'라고 하자. ㉠ 인간은 고통을 느끼지만, 철학적 좀비는 고통을 느끼지 못한다. 즉 고통에 대한 의식을 가질 수 없는 존재라는 것이다. 그러나 ㉡ 철학적 좀비도 압정을 밟으면 인간과 마찬가지로 비명을 지르며 상처 부위를 부여잡을 것이다. 즉 행동 성향에서는 인간과 차이가 없다. 그렇기 때문에 겉으로 드러나는 모습만으로는 철학적 좀비와 인간을 구별할 수 없다. 그러나 ㉢ 인간과 철학적 좀비는 동일한 존재가 아니다. ㉣ 인간이 철학적 좀비와 동일한 존재라면, 인간도 고통을 느끼지 못하는 존재여야 한다.
>
> 물론 철학적 좀비는 상상의 산물이다. 그러나 우리가 철학적 좀비를 모순 없이 상상할 수 있다는 사실은 마음에 관한 이론인 행동주의에 문제가 있다는 점을 보여준다. 행동주의는 마음을 행동 성향과 동일시하는 입장이다. 이에 따르면, ㉤ 마음은 특정 자극에 따라 이러저러한 행동을 하려는 성향이다. ㉥ 행동주의가 옳다면, 인간이 철학적 좀비와 동일한 존재라는 점을 인정할 수밖에 없다. 그러나 인간과 달리 철학적 좀비는 마음이 없어서 어떤 의식도 가질 수 없는 존재다. 따라서 ㉦ 행동주의는 옳지 않다.

① ㉠과 ㉡은 동시에 참일 수 있다.
② ㉠과 ㉣이 모두 참이면, ㉢도 반드시 참이다.
③ ㉡과 ㉥이 모두 참이면, ㉤도 반드시 참이다.
④ ㉢과 ㉥이 모두 참이면, ㉦도 반드시 참이다.
⑤ ㉤과 ㉦은 동시에 거짓일 수 없다.

문 38. **다음 대화에 대한 분석으로 옳지 않은 것은?**

15 행시(인) 04번

> A : 과학자는 사실의 기술에 충실해야지, 과학이 초래하는 사회적 영향과 같은 윤리적 문제에 대해서는 고민할 필요가 없습니다. 윤리적 문제는 윤리학자, 정치인, 시민의 몫입니다.
> B : 과학과 사회 사이의 관계에 대해 생각할 때 우리는 다음 두 가지를 고려해야 합니다. 첫째, 우리가 사는 사회는 전문가 사회라는 점입니다. 과학과 관련된 윤리적 문제를 전문적으로 연구하는 윤리학자들이 있습니다. 과학이 초래하는 사회적 문제는 이들에게 맡겨두어야지 전문가도 아닌 과학자가 개입할 필요가 없습니다. 둘째, 과학이 불러올 미래의 윤리적 문제는 과학이론의 미래와 마찬가지로 확실하게 예측하기 어렵다는 점입니다. 이런 상황에서 과학자가 윤리적 문제에 집중하다 보면 신약 개발처럼 과학이 가져다 줄 수 있는 엄청난 혜택을 놓치게 될 위험이 있습니다.
> C : 과학윤리에 대해 과학자가 전문성이 없는 것은 사실입니다. 하지만 중요한 것은 과학자들과 윤리학자들이 자주 접촉을 하고 상호이해를 높이면서, 과학의 사회적 영향에 대해 과학자, 윤리학자, 시민이 함께 고민하고 해결책을 모색해 보는 것입니다. 또한 미래에 어떤 새로운 과학이론이 등장할지 그리고 그 이론이 어떤 사회적 영향을 가져올지 미리 알기는 어렵다는 점도 중요합니다. 게다가 연구가 일단 진행된 다음에는 그 방향을 돌리기도 힘듭니다. 그렇기에 연구 초기단계에서 가능한 미래의 위험이나 부작용에 대해 자세히 고찰해 보아야 합니다.
> D : 과학의 사회적 영향에 대한 논의 과정에 과학자들의 참여가 필요합니다. 현재의 과학연구가 계속 진행되었을 때, 그것이 인간사회나 생태계에 미칠 영향을 예측하는 것은 결코 만만한 작업이 아닙니다. 그래서 인문학, 사회과학, 자연과학 등 다양한 분야의 전문가들이 함께 소통해야 합니다. 그렇기에 과학자들이 과학과 관련된 윤리적 문제를 도외시해서는 안 된다고 봅니다.

① A와 B는 과학자가 윤리적 문제에 개입하는 것에 부정적이다.
② B와 C는 과학윤리가 과학자의 전문 분야가 아니라고 본다.
③ B와 C는 과학이론이 앞으로 어떻게 전개될지 정확히 예측하기 어렵다고 본다.
④ B와 D는 과학자의 전문성이 과학이 초래하는 사회적 문제 해결에 긍정적 기여를 할 것이라고 본다.
⑤ C와 D는 과학자와 다른 분야 전문가 사이의 협력이 중요하다고 본다.

문 39. **다음 대화에 대한 분석으로 적절하지 않은 것은?**

16 행시(4) 32번

> 가영 : 확보된 증거에 비추어볼 때 갑과 을 두 사람 중 적어도 한 사람에게 사고의 책임이 있을 개연성이 무척 높기는 하지만, 갑에게 책임이 없다고 밝혀진 것만으로는 을의 책임 관계를 확정할 수 없습니다.
> 나정 : 책임 소재에 관한 어떤 증거도 없는 경우라면 모르지만, 둘 중 한 사람에게 사고의 책임이 있다는 것을 꽤 지지하는 증거가 확보된 경우에는 그렇게 말할 수 없습니다. '갑 아니면 을이다. 그런데 갑이 아니다. 그렇다면 을이다.'라고 추론해야지요.
> 가영 : 그 논리적 추론이야 물론 당연합니다. 하지만 문제는 우리가 지금 토론하고 있는 상황이 그 추론의 결론을 반드시 수용해야 하는 경우가 아니라는 것입니다. '갑 아니면 을이다.'가 확실히 참이라고 말할 수 없기 때문이지요.
> 나정 : 앞에서 증거에 의해 '갑, 을 두 사람 중 적어도 한 사람에게 사고의 책임이 있을 개연성이 무척 높다.'라고 전제하지 않았습니까? 그런 경우에 '갑 아니면 을이다.'를 참이라고 수용해야 하는 것 아닌가요?
> 가영 : 그렇지 않습니다. 아무리 개연성이 높은 판단이라고 할지라도 결국에는 거짓으로 밝혀지는 경우가 드물지 않습니다. 가령, 나중에 을에게 책임이 없음을 확실히 입증하는 증거가 나타나는 상황을 배제할 수 없습니다. 그런 증거가 나타나는 경우, 둘 중 적어도 한 사람에게 책임이 있다고 보았던 최초의 전제의 개연성이 흔들리고 그 전제를 참이라고 수용할 수 없게 됩니다.
> 나정 : 여러 가지 상황 때문에 우리가 취할 수 있는 증거는 제한적일 수밖에 없으며, 이에 제한된 증거만으로 책임 관계의 판단을 확정하는 것은 쉽지 않습니다. 하지만 그렇다고 언제까지 판단을 미룰 수는 없습니다. 우리는 확보된 증거를 이용해 전제들의 개연성을 파악해야 하고 그 전제들로부터 논리적으로 추론하여 결론을 이끌어 내야 합니다. 나타나지도 않은 증거를 기다릴 일이 아니라, 확보된 증거를 충분히 고려해 을에게 사고의 책임을 물어야 한다는 것입니다.

① 가영과 나정은 모두 책임 소재의 규명에서 증거의 역할을 부정하지 않는다.
② 가영은 책임 소재를 규명하는 과정에서 사용되는 전제의 개연성은 달라질 수 있다고 주장한다.
③ 가영과 달리 나정은 어떤 판단의 개연성이 충분히 높다면 그 판단을 수용할 수 있다고 주장한다.
④ 나정은 가영의 견해에 따를 경우 책임 소재에 관한 판단이 계속 미결 상태로 표류할 수도 있다고 주장한다.
⑤ 나정과 달리 가영은 참인 전제들로부터 논리적 추론을 이용해서 도출된 결론이 거짓일 수 있다고 주장한다.

문 40. **다음 글의 '나'의 암묵적 전제로 볼 수 있는 것만을 〈보기〉에서 모두 고르면?** 19 행시(가) 30번

나는 최근에 수집한 암석을 분석하였다. 암석의 겉껍질은 광물이 녹아서 엉겨 붙어 있는 상태인데, 이것은 운석이 대기를 통과할 때 가열되면서 나타나는 대표적인 현상이다. 암석은 유리를 포함하고 있었고 이 유리에는 약간의 기체가 들어있었다. 이 기체는 현재의 지구나 원시 지구의 대기와 비슷하지 않지만 바이킹 화성탐사선이 측정한 화성의 대기와는 흡사하였다. 특히 암석에서 발견된 산소는 지구의 암석에 있는 것과 동위원소 조성이 달랐다. 그러나 화성에서 기원한 다른 운석에서 나타나는 동위원소 조성과는 일치하였다.

놀랍게도 이 암석에서는 박테리아처럼 보이는 작은 세포 구조가 발견되었다. 그 크기는 100나노미터였고 모양은 둥글거나 막대기 형태였다. 이 구조는 매우 정교하여 살아 있는 세포처럼 보였다. 추가 분석으로 이 암석에서 탄산염 광물을 발견하였고 이 탄산염 광물은 박테리아가 활동하는 곳에서 형성된 지구의 퇴적물과 닮았다는 것을 알게 되었다. 이 탄산염 광물에서는 특이한 자철석 결정이 발견되었다. 지구에서 발견되는 A종류의 박테리아는 자체적으로 합성한, 특이한 형태와 높은 순도를 지닌 자철석 결정의 긴 사슬을 이용해 방향을 감지한다. 이 자철석은 지층에 퇴적될 수 있다. 자성을 띤 화석은 지구상에 박테리아가 나타나기 시작한 20억 년 전의 암석에서도 발견된다. 내가 수집한 암석에서 발견된 자철석은 A종류의 박테리아에 의해 생성되는 것과 같은 결정형과 높은 순도를 지니고 있었다.

따라서 나는 최근에 수집한 암석이 생명체가 화성에서 실재하였음을 나타내는 증거라고 확신한다.

〈보 기〉

ㄱ. 크기가 100나노미터 이하의 구조는 생명체로 볼 수 없다.
ㄴ. 산소의 동위원소 조성은 행성마다 모두 다르게 나타난다.
ㄷ. A종류의 박테리아가 없었다면 특이한 결정형의 자철석이 나타나지 않는다.

① ㄱ
② ㄴ
③ ㄱ, ㄷ
④ ㄴ, ㄷ
⑤ ㄱ, ㄴ, ㄷ

04 강화·약화/사례의 연결

문 41. **다음 글의 논증에 대한 평가로 적절한 것만을 〈보기〉에서 모두 고르면?** 23 7급(인) 20번

사람의 특징 중 하나는 옷을 입는다는 것이다. 그렇다면 사람은 언제부터 옷을 입기 시작했을까? 사람이 옷을 입기 시작한 시점을 추정하기 위해 몇몇 생물학자들은 사람에 기생하는 이에 주목하였다. 사람을 숙주로 삼아 기생하는 이에는 두 종이 있는데, 하나는 옷에서 살아가며 사람 몸에서 피를 빨아 먹는 '사람 몸니'이고 다른 하나는 사람 두피에서 피를 빨아 먹으며 사는 '사람 머릿니'이다.

사람 몸니가 의복류에 적응한 것을 볼 때, 그것들은 아마 사람이 옷을 입기 시작했던 무렵에 사람 머릿니에서 진화적으로 분기되었을 것이다. 생물의 DNA 염기서열은 시간이 지나면서 조금씩 무작위적으로 변하는데 특정한 서식 환경에서 특정한 염기서열이 선택되면서 해당 서식 환경에 적응한 새로운 종이 생겨난다. 그러므로 현재 사람 몸니와 사람 머릿니의 염기서열의 차이를 이용하여 두 종의 이가 공통 조상에서 분기된 시점을 추정할 수 있다. 이를 위해 우선 두 종의 염기서열을 분석하여 두 종 간의 염기서열에 차이가 나는 비율을 산출한다. 그러나 이것만으로 두 종이 언제 분기되었는지 결정할 수는 없다.

사람 몸니와 사람 머릿니의 분기 시점을 추정하기 위해 침팬지의 털에서 사는 침팬지 이와 사람 머릿니를 이용할 수 있다. 우선 침팬지 이와 사람 머릿니의 염기서열을 비교하여 두 종 간의 염기서열에 차이가 나는 비율을 산출한다. 침팬지와 사람이 공통 조상에서 분기되면서 침팬지 이와 사람 머릿니도 공통 조상에서 분기되었다고 볼 수 있고, 화석학적 증거에 따르면 침팬지와 사람의 분기 시점이 약 550만 년 전이므로, 침팬지 이와 사람 머릿니 사이의 염기서열 차이는 550만 년 동안 누적된 변화로 볼 수 있다. 이로부터 1만 년당 이의 염기서열이 얼마나 변화하는지 계산할 수 있다. 이렇게 계산된 이의 염기서열의 변화율을 사람 머릿니와 사람 몸니의 염기서열의 차이에 적용하면, 사람이 옷을 입기 시작한 시점을 설득력 있게 추정할 수 있다. 연구 결과, 사람이 옷을 입기 시작한 시점은 약 12만 년 전 이후인 것으로 추정된다.

〈보 기〉

ㄱ. 염기서열의 변화가 일정한 속도로 축적되는 것이 사실이라면 이 논증은 강화된다.
ㄴ. 침팬지 이와 사람 머릿니의 염기서열의 차이가 사람 몸니와 사람 머릿니의 염기서열의 차이보다 작다면 이 논증은 약화된다.
ㄷ. 염기서열 비교를 통해 침팬지와 사람의 분기 시점이 침팬지 이와 사람 머릿니의 분기 시점보다 50만 년 뒤였음이 밝혀진다면, 이 논증은 약화된다.

① ㄴ
② ㄷ
③ ㄱ, ㄴ
④ ㄱ, ㄷ
⑤ ㄱ, ㄴ, ㄷ

문 42. 다음 글의 ㉠과 ㉡에 대한 평가로 적절한 것만을 〈보기〉에서 모두 고르면? 22 7급(가) 22번

18세기에는 빛의 본성에 관한 두 이론이 경쟁하고 있었다. ㉠ 입자이론은 빛이 빠르게 운동하고 있는 아주 작은 입자들의 흐름으로 구성되어 있다고 설명한다. 이에 따르면, 물속에서 빛이 굴절하는 것은 물이 빛을 끌어당기기 때문이며, 공기 중에서는 이런 현상이 발생하지 않기 때문에 결과적으로 물속에서의 빛의 속도가 공기 중에서보다 더 빠르다. 한편 ㉡ 파동이론은 빛이 매질을 통하여 파동처럼 퍼져 나간다는 가설에 기초한다. 이에 따르면, 물속에서 빛이 굴절하는 것은 파동이 전파되는 매질의 밀도가 달라지기 때문이며, 밀도가 높아질수록 파동의 속도는 느려지므로 결과적으로 물속에서의 빛의 속도가 공기 중에서보다 더 느리다.

또한 파동이론에 따르면 빛의 색깔은 파장에 따라 달라진다. 공기 중에서는 파장에 따라 파동의 속도가 달라지지 않지만, 물속에서는 파장에 따라 파동의 속도가 달라진다. 반면 입자이론에 따르면 공기 중에서건 물속에서건 빛의 속도는 색깔에 따라 달라지지 않는다.

두 이론을 검증하기 위해 다음과 같은 실험이 고안되었다. 두 빛이 같은 시점에 발진하여 경로 1 또는 경로 2를 통과한 뒤 빠른 속도로 회전하는 평면거울에 도달한다. 두 개의 경로에서 빛이 진행하는 거리는 같으나, 경로 1에서는 물속을 통과하고, 경로 2에서는 공기만을 통과한다. 평면거울에서 반사된 빛은 반사된 빛이 향하는 방향에 설치된 스크린에 맺힌다. 평면거울에 도달한 빛 중 속도가 빠른 빛은 먼저 도달하고 속도가 느린 빛은 나중에 도달하게 되는데, 평면거울이 빠르게 회전하고 있으므로 먼저 도달한 빛과 늦게 도달한 빛은 반사 각도에 차이가 생기게 된다. 따라서 두 빛이 서로 다른 속도를 가진다면 반사된 두 빛이 도착하는 지점이 서로 달라지며, 더 빨리 평면거울에 도달한 빛일수록 스크린의 오른쪽에, 더 늦게 도달한 빛일수록 스크린의 왼쪽에 맺히게 된다.

〈보 기〉

ㄱ. 색깔이 같은 두 빛이 각각 경로 1과 2를 통과했을 때, 경로 1을 통과한 빛이 경로 2를 통과한 빛보다 스크린의 오른쪽에 맺힌다면 ㉠은 강화되고 ㉡은 약화된다.
ㄴ. 색깔이 다른 두 빛 중 하나는 경로 1을, 다른 하나는 경로 2를 통과했을 때, 경로 1을 통과한 빛이 경로 2를 통과한 빛보다 스크린의 왼쪽에 맺힌다면 ㉠은 약화되고 ㉡은 강화된다.
ㄷ. 색깔이 다른 두 빛이 모두 경로 1을 통과했을 때, 두 빛이 스크린에 맺힌 위치가 다르다면 ㉠은 약화되고 ㉡은 강화된다.

① ㄱ
② ㄴ
③ ㄱ, ㄷ
④ ㄴ, ㄷ
⑤ ㄱ, ㄴ, ㄷ

문 43. 다음 논쟁에 대한 평가로 적절한 것만을 〈보기〉에서 모두 고르면? 21 민간(나) 10번

A : 현실적으로 과학 연구를 위해서는 상당한 규모의 연구비가 필요하기 때문에, 연구자들에게 공공 자원을 배분하는 역할을 하는 사람들은 자신들의 결정이 해당 분야의 발전에 큰 영향을 미친다는 사실을 유념해야 한다. 그들의 의사결정에서 가장 중요한 문제는 공공 자원을 어떤 원칙에 따라 배분할 것인가이다. 각 분야의 주류 견해를 형성하고 있는 연구자들에게만 자원이 편중되어 비주류 연구들이 고사된다면, 그 결과 해당 분야 전체의 발전은 저해될 것이다.

B : 과학 연구에 공공 자원을 배분하는 기준으로는 무엇보다 연구 성과가 우선되어야 한다. 객관적으로 드러난 연구 성과가 가장 우수한 연구자에게 자원을 우선 배분하는 것이 공정성에도 부합할 뿐 아니라, 투자의 사회적 효율성도 높일 수 있다.

A : 그와 같은 원칙으로는 한 분야의 주류 연구자들이 자원을 독점하게 될 가능성이 높다. 비주류 연구에서 우수한 연구 성과가 나오는 일은 상대적으로 드물거나 오랜 시간이 걸리기 때문이다. 특정 분야 내에 상충되는 내용을 가진 연구들이 많을수록 그 분야의 발전 가능성도 커진다. 이는 한 연구의 문제점을 파악하는 것이 자체 시각만으로는 쉽지 않으며, 문제가 감지되더라도 다른 연구자의 관점이 개입되어야 그 문제의 성격이 명확히 파악될 수 있다는 것을 뜻한다.

B : 우수한 연구에 자원을 집중하는 것이 효율성 측면에서 바람직하다. 최근의 과학 연구에서는 연구비 규모가 큰 과제일수록 더 우수한 성과를 얻는 경향이 강해지고 있기 때문이다. 과학의 발전을 위해 성과가 저조한 연구자들이 난립하는 것보다 우수한 연구자에게 자원을 집중적으로 투입하는 것이 낫다.

〈보 기〉

ㄱ. 공공 자원을 연구 성과에 따라 배분하지 않으면 도덕적 해이가 발생할 가능성이 커진다는 사실은 A의 주장을 강화한다.
ㄴ. 연구 성과에 대한 평가가 시간이 지나 뒤집히는 경우가 자주 있다는 사실은 B의 주장을 강화한다.
ㄷ. 성과만을 기준으로 연구자들을 차등 대우하면 연구자들의 사기가 저하되어 해당 분야 전체의 발전이 저해된다는 사실은 A의 주장을 강화하지만 B의 주장은 강화하지 않는다.

① ㄴ
② ㄷ
③ ㄱ, ㄴ
④ ㄱ, ㄷ
⑤ ㄱ, ㄴ, ㄷ

문 44. 다음 갑~병의 주장에 대한 평가로 적절한 것만을 〈보기〉에서 모두 고르면? 20 민간(가) 22번

갑 : 어떤 나라의 법이 불공정하거나 악법이라고 해도 그 나라의 시민은 그것을 준수해야 한다. 그 나라의 시민으로 살아간다는 것이 법을 준수하겠다는 암묵적인 합의를 한 것이나 마찬가지이기 때문이다. 우리에게는 약속을 지켜야 할 의무가 있다. 만일 우리의 법이 마음에 들지 않았다면 처음부터 이 나라를 떠나 이웃 나라로 이주할 수 있는 자유가 언제나 있었던 것이다. 이 나라에서 시민으로 일정 기간 이상 살았다면 법을 그것의 공정 여부와 무관하게 마땅히 지켜야만 하는 것이 우리 시민의 의무이다.

을 : 법을 지키겠다는 암묵적 합의는 그 법이 공정한 것인 한에서만 유효한 것이다. 만일 어떤 법이 공정하지 않다면 그런 법을 지키는 것은 오히려 타인의 인권을 침해할 소지가 있고, 따라서 그런 법의 준수를 암묵적 합의의 일부로 간주해서는 안 될 것이다. 그러므로 공정한 법에 대해서만 선별적으로 준수의 의무를 부과하는 것이 타당하다.

병 : 법은 정합적인 체계로 구성되어 있어서 어떤 개별 법 조항도 다른 법과 무관하게 독자적으로 주어질 수 없다. 모든 법은 상호 의존적이어서 어느 한 법의 준수를 거부하면 반드시 다른 법의 준수 여부에도 영향을 미칠 수밖에 없다. 예를 들어, 조세법이 부자에게 유리하고 빈자에게 불리한 불공정한 법이라고 해서 그것 하나만 따로 떼어내어 선별적으로 거부한다는 것은 불가능하다. 그렇게 했다가는 결국 아무 문제가 없는 공정한 법의 준수 여부에까지 영향을 미치게 될 것이다. 따라서 법의 선별적 준수는 전체 법체계의 유지에 큰 혼란을 불러올 우려가 있으므로 받아들여서는 안 된다.

〈보 기〉

ㄱ. 예외적인 경우에 약속을 지키지 않아도 된다면 갑의 주장은 강화된다.
ㄴ. 법의 공정성을 판단하는 별도의 기준이 없다면 을의 주장은 약화된다.
ㄷ. 이민자를 차별하는 법이 존재한다면 병의 주장은 약화된다.

① ㄱ
② ㄴ
③ ㄱ, ㄷ
④ ㄴ, ㄷ
⑤ ㄱ, ㄴ, ㄷ

문 45. 다음 글의 밑줄 친 주장을 강화하는 사례만을 〈보기〉에서 모두 고르면? 13 민간(인) 24번

최근에 트랜스 지방은 그 건강상의 위해 효과 때문에 주목받고 있다. 우리가 즐겨 먹는 많은 식품에는 트랜스 지방이 숨어 있다. 그렇다면 트랜스 지방이란 무엇일까?

지방에는 불포화 지방과 포화 지방이 있다. 식물성 기름의 주성분인 불포화 지방은 포화 지방에 비하여 수소의 함유 비율이 낮고 녹는점도 낮아 상온에서 액체인 경우가 많다.

불포화 지방은 그 안에 존재하는 이중 결합에서 수소 원자들의 결합 형태에 따라 시스(*cis*)형과 트랜스(*trans*)형으로 나뉘는데 자연계에 존재하는 대부분의 불포화 지방은 시스형이다. 그런데 조리와 보존의 편의를 위해 액체 상태인 식물성 기름에 수소를 첨가하여 고체 혹은 반고체 상태로 만드는 과정에서 트랜스 지방이 만들어진다. 그래서 대두, 땅콩, 면실유를 경화시켜 얻은 마가린이나 쇼트닝은 트랜스 지방의 함량이 높다. 또한 트랜스 지방은 식물성 기름을 고온으로 가열하여 음식을 튀길 때도 발생한다. 따라서 튀긴 음식이나 패스트푸드에는 트랜스 지방이 많이 들어 있다.

<u>트랜스 지방은 포화 지방인 동물성 지방처럼 심혈관계에 해롭다.</u> 트랜스 지방은 혈관에 나쁜 저밀도지방단백질(LDL)의 혈중 농도를 증가시키는 한편 혈관에 좋은 고밀도지방단백질(HDL)의 혈중 농도는 감소시켜 혈관벽을 딱딱하게 만들어 심장병이나 동맥경화를 유발하고 악화시킨다.

〈보 기〉

ㄱ. 쥐의 먹이에 함유된 트랜스 지방 함량을 2% 증가시키자 쥐의 심장병 발병률이 25% 증가하였다.
ㄴ. 사람들이 마가린을 많이 먹는 지역에서 마가린의 트랜스 지방 함량을 낮추자 동맥경화의 발병률이 1년 사이에 10% 감소하였다.
ㄷ. 성인 1,000명에게 패스트푸드를 일정 기간 지속적으로 섭취하게 한 후 검사해 보니, HDL의 혈중 농도가 섭취 전에 비해 20% 감소하였다.

① ㄱ
② ㄴ
③ ㄱ, ㄷ
④ ㄴ, ㄷ
⑤ ㄱ, ㄴ, ㄷ

문 46. 다음 글의 ㉠~㉢을 〈정보〉로 평가한 내용으로 적절한 것은? 17 민간(나) 10번

> '사람 한 명당 쥐 한 마리', 즉 지구상에 사람 수만큼의 쥐가 있다는 통계에 대한 믿음은 1백 년쯤 된 것이지만 잘못된 믿음이다. 이 가설은 1909년 뵐터가 쓴 『문제』라는 책에서 비롯되었다. 영국의 지방을 순회하던 뵐터에게 문득 이런 생각이 떠올랐다. "1에이커(약 4천 제곱미터)에 쥐 한 마리쯤 있다고 봐도 별 무리가 없지 않을까?" 이것은 근거가 박약한 단순한 추측에 불과했지만, 그는 무심코 떠오른 이런 추측에서 추론을 시작했다. 뵐터는 이 추측을 ㉠ 첫 번째 전제로 삼고 영국의 국토 면적이 4천만 에이커 정도라는 사실을 추가 전제로 고려하여 영국에 쥐가 4천만 마리쯤 있으리라는 ㉡ 중간 결론에 도달했다. 그런데 마침 당시 영국의 인구가 약 4천만 명이었고, 이런 우연한 사실을 발판 삼아 그는 세상 어디에나 인구 한 명당 쥐도 한 마리쯤 있을 것이라는 ㉢ 최종 결론을 내렸다. 이것은 논리적 관점에서 타당성이 의심스러운 추론이었지만, 사람들은 이 결론을 이상하리만큼 좋아했다. 쥐의 개체수를 실제로 조사하는 노고도 없이 '한 사람당 쥐 한 마리'라는 어림값은 어느새 사람들의 믿음으로 굳어졌다. 이 믿음은 국경마저 뛰어넘어, 미국의 방역업체나 보건을 담당하는 정부 기관이 이를 참고하기도 했다. 지금도 인구 약 900만인 뉴욕시에 가면 뉴욕시에 900만 마리쯤의 쥐가 있다고 믿는 사람을 어렵잖게 만날 수 있다.

〈정 보〉

(가) 최근 조사에 의하면 뉴욕시에는 약 30만 마리의 쥐가 있는 것으로 추정된다.
(나) 20세기 초의 한 통계조사에 의하면 런던의 주거 밀집 지역에는 가구당 평균 세 마리의 쥐가 있었다.
(다) 사람들이 자기 집에 있다고 생각하는 쥐의 수는 실제 조사를 통해 추정된 쥐의 수보다 20% 정도 더 많다.
(라) 쥐의 개체수 조사에는 특정 건물을 표본으로 취해 쥐구멍을 세고 쥐 배설물 같은 통행 흔적을 살피는 방법과 일정 면적마다 설치한 쥐덫을 활용하는 방법 등이 있는데, 다양한 방법으로 조사한 결과가 서로 높은 수준의 일치를 보인다.

① (가)는 ㉢을 약화한다.
② (나)는 ㉠을 강화한다.
③ (다)는 ㉢을 강화한다.
④ (라)는 ㉡을 약화한다.
⑤ (나)와 (다)가 참인 경우, ㉡은 참일 수 없다.

문 47. 다음 글의 논지를 지지하는 진술로 적절한 것만을 〈보기〉에서 모두 고르면? 17 민간(나) 17번

> 과학과 예술이 무관하다는 주장의 첫 번째 근거는 과학과 예술이 인간의 지적 능력의 상이한 측면을 반영한다는 것이다. 즉 과학은 주로 분석·추론·합리적 판단과 같은 지적 능력에 기인하는 반면에, 예술은 종합·상상력·직관과 같은 지적 능력에 기인한다고 생각한다. 두 번째 근거는 과학과 예술이 상이한 대상을 다룬다는 것이다. 과학은 인간 외부에 실재하는 자연의 사실과 법칙을 다루기에 과학자는 사실과 법칙을 발견하지만, 예술은 인간의 내면에 존재하는 심성을 탐구하며, 미적 가치를 창작하고 구성하는 활동이라고 본다. 그러나 이렇게 과학과 예술을 대립시키는 태도는 과학과 예술의 특성을 지나치게 단순화하는 것이다. 과학이 단순한 발견의 과정이 아니듯이 예술도 순수한 창조와 구성의 과정이 아니기 때문이다. 과학에는 상상력을 이용하는 주체의 창의적 과정이 개입하며, 예술 활동은 전적으로 임의적인 창작이 아니라 논리적 요소를 포함하는 창작이다. 과학 이론이 만들어지기 위해 필요한 것은 냉철한 이성과 객관적 관찰만이 아니다. 새로운 과학 이론의 발견을 위해서는 상상력과 예술적 감수성이 필요하다. 반대로 최근의 예술적 성과 중에는 과학기술의 발달에 의해 뒷받침된 것이 많다.

〈보 기〉

ㄱ. 과학자 왓슨과 크릭이 없었더라도 누군가 DNA 이중나선 구조를 발견하였겠지만, 셰익스피어가 없었다면 『오셀로』는 결코 창작되지 못 하였을 것이다.
ㄴ. 물리학자 파인만이 주장했듯이 과학에서 이론을 정립하는 과정은 가장 아름다운 그림을 그려나가는 예술가의 창작 작업과 흡사하다.
ㄷ. 입체파 화가들은 수학자 푸앵카레의 기하학 연구를 자신들의 그림에 적용하고자 하였으며, 이런 의미에서 피카소는 "내 그림은 모두 연구와 실험의 산물이다."라고 말하였다.

① ㄱ
② ㄷ
③ ㄱ, ㄴ
④ ㄴ, ㄷ
⑤ ㄱ, ㄴ, ㄷ

문 48. **다음 글의 A의 가설을 약화하는 것만을 〈보기〉에서 모두 고르면?** 17 민간(나) 25번

얼룩말의 얼룩무늬가 어떻게 생겨났는지는 과학계의 오랜 논쟁거리다. 월러스는 "얼룩말이 물을 마시러 가는 해질녘에 보면 얼룩무늬가 위장 효과를 낸다."라고 주장했지만, 다윈은 "눈에 잘 띌 뿐"이라며 그 주장을 일축했다. 검은 무늬는 쉽게 더워져 공기를 상승시키고 상승한 공기가 흰 무늬 부위로 이동하면서 작은 소용돌이가 일어나 체온조절을 돕는다는 가설도 있다. 위험한 체체파리나 사자의 눈에 얼룩무늬가 잘 보이지 않는다거나, 고유의 무늬 덕에 얼룩말들이 자기 무리를 쉽게 찾는다는 견해도 있다.

최근 A는 실험을 토대로 새로운 가설을 제시했다. 그는 얼룩말과 같은 속(屬)에 속하는 검은 말, 갈색 말, 흰 말을 대상으로 몸통에서 반사되는 빛의 특성을 살펴보았다. 검정이나 갈색처럼 짙은 색 몸통에서 반사되는 빛은 수평 편광으로 나타났다. 수평 편광은 물 표면에서 반사되는 빛의 특성이기도 한데, 물에서 짝짓기를 하고 알을 낳는 말파리가 아주 좋아하는 빛이다. 편광이 없는 빛을 반사하는 흰색 몸통에는 말파리가 훨씬 덜 꼬였다. A는 몸통 색과 말파리의 행태 간에 상관관계가 있다고 생각하고, 말처럼 생긴 일정 크기의 모형에 검은색, 흰색, 갈색, 얼룩무늬를 입힌 뒤 끈끈이를 발라 각각에 말파리가 얼마나 꼬이는지를 조사했다. 이틀간의 실험 결과 검은색 말 모형에는 562마리, 갈색에는 334마리, 흰색에 22마리의 말파리가 붙은 데 비해 얼룩무늬를 가진 모형에는 8마리가 붙었을 뿐이었다. 이것은 실제 얼룩말의 무늬와 유사한 얼룩무늬가 말파리를 가장 덜 유인한다는 결과였다. A는 이를 바탕으로 얼룩말의 얼룩무늬가 말의 피를 빠는 말파리를 피하는 방향으로 진행된 진화의 결과라는 가설을 제시했다.

〈보 기〉

ㄱ. 실제 말에 대한 말파리의 행동반응이 말 모형에 대한 말파리의 행동반응과 다르다는 연구결과
ㄴ. 말파리가 실제로 흡혈한 피의 99% 이상이 검은색이나 진한 갈색 몸통을 가진 말의 것이라는 연구결과
ㄷ. 얼룩말 고유의 무늬 때문에 초원 위의 얼룩말이 사자 같은 포식자 눈에 잘 띈다는 연구결과

① ㄱ
② ㄷ
③ ㄱ, ㄴ
④ ㄴ, ㄷ
⑤ ㄱ, ㄴ, ㄷ

문 49. **다음 글의 주장을 강화하는 것만을 〈보기〉에서 모두 고르면?** 18 민간(가) 17번

우리는 물체까지의 거리 자체를 직접 볼 수는 없다. 거리는 눈과 그 물체를 이은 직선의 길이인데, 우리의 망막에는 직선의 한쪽 끝 점이 투영될 뿐이기 때문이다. 그러므로 물체까지의 거리 판단은 경험을 통한 추론에 의해서 이루어진다고 보아야 한다. 예컨대 우리는 건물, 나무 같은 친숙한 대상들의 크기가 얼마나 되는지, 이들이 주변 배경에서 얼마나 공간을 차지하는지 등을 경험을 통해 이미 알고 있다. 우리는 물체와 우리 사이에 혹은 물체 주위에 이런 친숙한 대상들이 어느 정도 거리에 위치해 있는지를 우선 지각한다. 이로부터 우리는 그 물체가 얼마나 멀리 떨어져 있는지를 추론하게 된다. 또한 그 정도 떨어진 다른 사물들이 보이는 방식에 대한 경험을 토대로, 그보다 작고 희미하게 보이는 대상들은 더 멀리 떨어져 있다고 판단한다. 거리에 대한 이런 추론은 과거의 경험에 기초하는 것이다.

반면에 물체가 손이 닿을 정도로 아주 가까이에 있는 경우, 물체까지의 거리를 지각하는 방식은 이와 다르다. 우리의 두 눈은 약간의 간격을 두고 서로 떨어져 있다. 이에 우리는 두 눈과 대상이 위치한 한 점을 연결하는 두 직선이 이루는 각의 크기를 감지함으로써 물체까지의 거리를 알게 된다. 물체를 바라보는 두 눈의 시선에 해당하는 두 직선이 이루는 각은 물체까지의 거리가 멀어질수록 필연적으로 더 작아진다. 대상까지의 거리가 몇 미터만 넘어도 그 각의 차이는 너무 미세해서 우리가 감지할 수 없다. 하지만 팔 뻗는 거리 안의 가까운 물체에 대해서는 그 각도를 감지하는 것이 가능하다.

〈보 기〉

ㄱ. 100미터 떨어진 지점에 민수가 한 번도 본 적이 없는 대상만 보이도록 두고 다른 사물들은 보이지 않도록 민수의 시야 나머지 부분을 가리는 경우, 민수는 그 대상을 보고도 얼마나 떨어져 있는지 판단하지 못한다.
ㄴ. 아무것도 보이지 않는 캄캄한 밤에 안개 속의 숲길을 걷다가 앞쪽 멀리서 반짝이는 불빛을 발견한 태훈이가 불빛이 있는 곳까지의 거리를 어렵잖게 짐작한다.
ㄷ. 태어날 때부터 한쪽 눈이 실명인 영호가 30센티미터 거리에 있는 낯선 물체 외엔 어떤 것도 보이지 않는 상황에서 그 물체까지의 거리를 옳게 판단한다.

① ㄱ
② ㄷ
③ ㄱ, ㄴ
④ ㄴ, ㄷ
⑤ ㄱ, ㄴ, ㄷ

문 50. **다음 글의 ㉠과 ㉡에 대한 평가로 적절하지 않은 것은?**

19 민간(나) 22번

미국 수정헌법 제1조는 국가가 시민들에게 진리에 대한 권위주의적 시각을 강제하는 일을 금지함으로써 정부가 다양한 견해들에 중립적이어야 한다는 중립성 원칙을 명시하였다. 특히 표현에 관한 중립성 원칙은 지난 수십 년에 걸쳐 발전해 왔다. 이 발전 과정의 초기에 미국 연방대법원은 표현의 자유를 부르짖는 급진주의자들의 요구에 선동적 표현의 위험성을 근거로 내세우며 맞섰다. 1940~50년대에 연방대법원은 수정헌법 제1조가 보호하는 표현과 그렇지 않은 표현을 구분하는 ㉠ 이중기준론을 표방하면서, 수정헌법 제1조의 보호 대상이 아닌 표현들이 있다고 판결했다. 추잡하고 음란한 말, 신성 모독적인 말, 인신공격이나 타인을 모욕하는 말, 즉 발언만으로도 누군가에게 해를 입히거나 사회의 양속을 해칠 말이 이에 포함되었다.

이중기준론의 비판자들은 연방대법원이 표현의 범주를 구분하는 과정에서 표현의 내용에 관한 가치 판단을 내림으로써 실제로 표현의 자유를 침해했다고 공격하였다. 1960~70년대를 거치며 연방대법원은 점차 비판자들의 견해를 수용했다. 1976년 연방대법원이 상업적 표현도 수정헌법 제1조의 보호범위에 포함된다고 판결한 데 이어, 인신 비방 발언과 음란성 표현 등도 표현의 자유에 포함되기에 이르렀다.

정부가 모든 표현에 대해 중립적이어야 한다는 원칙은 1970~80년대에 ㉡ 내용중립성 원칙을 통해 한층 더 또렷이 표명되었다. 내용중립성 원칙이란, 정부가 어떤 경우에도 표현되는 내용에 대한 평가에 근거하여 표현을 제한해서는 안 된다는 것이다. 다시 말해 정부는 표현되는 사상이나 주제나 내용을 이유로 표현을 제한할 수 없다. 이렇게 해석된 수정헌법 제1조에 따르면, 미국 정부는 특정 견해를 편들 수 없을 뿐만 아니라 어떤 문제가 공공의 영역에서 토론하거나 논쟁할 가치가 있는지 없는지 미리 판단하여 선택해서도 안 된다.

① 시민을 보호하기 위해 제한해야 할 만큼 저속한 표현의 기준을 정부가 정하는 것은 ㉠과 상충하지 않는다.
② 음란물이 저속하고 부도덕하다는 이유에서 음란물 유포를 금하는 법령은 ㉠과 상충한다.
③ 어떤 영화의 주제가 나치즘 찬미라는 이유에서 상영을 금하는 법령은 ㉡에 저촉된다.
④ 경쟁 기업을 비방하는 내용의 광고라는 이유로 광고의 방영을 금지하는 법령은 ㉡에 저촉된다.
⑤ 인신공격하는 표현으로 특정 정치인을 힐난하는 내용의 기획물이라는 이유로 TV 방송을 제재할 것인지에 관해 ㉠과 ㉡은 상반되게 답할 것이다.

05 빈칸 채우기

문 51. **다음 글의 (가)와 (나)에 들어갈 말을 적절하게 짝지은 것은?**

23 7급(인) 09번

갑은 국민 개인의 삶의 질을 1부터 10까지의 수치로 평가하고 이 수치를 모두 더해 한 국가의 행복 정도를 정량화한다. 예를 들어, 삶의 질이 모두 5인 100명의 국민으로 구성된 국가의 행복 정도는 500이다.

갑은 이제 국가의 행복 정도가 클수록 더 행복한 국가라고 하면서 어느 국가가 더 행복한 국가인지까지도 서로 비교하고 평가할 수 있다고 주장한다. 하지만 갑의 주장은 받아들이기 어렵다. 행복한 국가라면 그 국가의 대다수 국민이 높은 삶의 질을 누리고 있다고 보는 것이 일반적인 직관인데, 이 직관과 충돌하는 결론이 나오기 때문이다. 예를 들어, A국과 B국의 행복 정도를 비교하는 다음의 경우를 생각해 보자. (가), B국에서 가장 높은 삶의 질을 지닌 국민이 A국에서 가장 낮은 삶의 질을 지닌 국민보다 삶의 질 수치가 낮다. 그러면 갑은 (나). 그러나 이러한 결론에 동의할 사람은 거의 없을 것이다.

① (가) : A국의 행복 정도가 B국의 행복 정도보다 더 크지만
(나) : B국이 A국보다 더 행복한 국가라고 말해야 할 것이다
② (가) : A국의 행복 정도가 B국의 행복 정도보다 더 크지만
(나) : A국이 B국보다 더 행복한 국가라고 말해야 할 것이다
③ (가) : A국의 행복 정도와 B국의 행복 정도가 같지만
(나) : B국이 A국보다 더 행복한 국가라고 말해야 할 것이다
④ (가) : B국의 행복 정도가 A국의 행복 정도보다 더 크지만
(나) : B국이 A국보다 더 행복한 국가라고 말해야 할 것이다
⑤ (가) : B국의 행복 정도가 A국의 행복 정도보다 더 크지만
(나) : A국이 B국보다 더 행복한 국가라고 말해야 할 것이다

문 52. **다음 대화의 빈칸에 들어갈 내용으로 가장 적절한 것은?** 22 7급(가) 24번

> 갑 : 안녕하십니까? 저는 공립학교인 A 고등학교 교감입니다. 우리 학교의 교육 방침을 명확히 밝히는 조항을 학교 규칙(이하 '학칙')에 새로 추가하려고 합니다. 이때 준수해야 할 것이 무엇입니까?
>
> 을 : 네. 학교에서 학칙을 제정하고자 할 때에는 「초 · 중등교육법」(이하 '교육법')에 어긋나지 않는 범위에서 제정이 이루어져야 합니다.
>
> 갑 : 그렇군요. 그래서 교육법 제8조 제1항의 학교의 장은 '법령'의 범위에서 학칙을 제정할 수 있다는 규정에 근거해서 학칙을 만들고 있습니다. 그런데 최근 우리 도(道) 의회에서 제정한 「학생인권조례」의 내용을 보니, 우리 학교에서 만들고 있는 학칙과 어긋나는 것이 있습니다. 이러한 경우에 법적 판단은 어떻게 됩니까?
>
> 을 : [　　　　　　　　　　].
>
> 갑 : 교육법 제8조 제1항에서는 '법령'이라는 용어를 사용하고, 제10조 제2항에서는 '조례'라는 용어를 사용하고 있으니 교육법에서는 법령과 조례를 구분하는 것으로 보입니다.
>
> 을 : 그것은 다른 문제입니다. 교육법 제10조 제2항의 조례는 법령의 위임을 받아 제정되는 위임 입법입니다. 제8조 제1항에서의 법령에는 조례가 포함된다고 해석하고 있으며, 이 경우에 제10조 제2항의 조례와는 그 성격이 다르다고 할 수 있습니다.
>
> 갑 : 교육법 제8조 제1항은 초 · 중등학교 운영의 자율과 책임을 위한 것인데 이러한 조례로 인해서 오히려 학교 교육과 운영이 침해당하는 것 아닙니까?
>
> 을 : 교육법 제8조 제1항의 목적은 학교의 자율과 책임을 당연히 존중하는 것입니다. 다만 학칙을 제정할 때에도 국가나 지자체에서 반드시 지킬 것을 요구하는 최소한의 한계를 법령의 범위라는 말로 표현한 것입니다. 더욱이 학생들의 학습권, 개성을 실현할 권리 등은 헌법에서 보장된 기본권에서 나오고 교육법 제18조의4에서도 학생의 인권을 보장하도록 규정하고 있습니다. 최근 「학생인권조례」도 이러한 취지에서 제정되었습니다.

① 학칙의 제정을 통하여 학교 운영의 자율과 책임뿐 아니라 학생들의 학습권과 개성을 실현할 권리가 제한될 수 있습니다

② 법령에 조례가 포함된다고 해석할 여지는 없지만 교육법의 체계상 「학생인권조례」를 따라야 합니다

③ 교육법 제10조 제2항에 따라 조례는 입법 목적이나 취지와 관계없이 법령에 포함됩니다

④ 「학생인권조례」에는 교육법에 어긋나는 규정이 있지만 학칙은 이 조례를 따라야 합니다

⑤ 법령의 범위에 있는 「학생인권조례」의 내용에 반하는 학칙은 교육법에 저촉됩니다

문 53. **다음 대화의 빈칸에 들어갈 내용으로 가장 적절한 것은?** 21 민간(나) 12번

> 갑 : 국회에서 법률들을 제정하거나 개정할 때, 법률에서 조례를 제정하여 시행하도록 위임하는 경우가 있습니다. 그리고 이런 위임에 따라 지방자치단체에서는 조례를 새로 제정하게 됩니다. 각 지방자치단체가 법률의 위임에 따라 몇 개의 조례를 제정했는지 집계하여 '조례 제정 비율'을 계산하는데, 이 지표는 작년에 이어 올해도 지방자치단체의 업무 평가 기준에 포함되었습니다.
>
> 을 : 그렇군요. 그 평가 방식이 구체적으로 어떻게 되고, A시의 작년 평가 결과는 어땠는지 말씀해 주세요.
>
> 갑 : 먼저 그 해 1월 1일부터 12월 31일까지 법률에서 조례를 제정하도록 위임한 사항이 몇 건인지 확인한 뒤, 그 중 12월 31일까지 몇 건이나 조례로 제정되었는지로 평가합니다. 작년에는 법률에서 조례를 제정하도록 위임한 사항이 15건이었는데, 그 중 A시에서 제정한 조례는 9건으로 그 비율은 60%였습니다.
>
> 을 : 그러면 올해는 조례 제정 상황이 어떻습니까?
>
> 갑 : 1월 1일부터 7월 10일 현재까지 법률에서 조례를 제정하도록 위임한 사항은 10건인데, A시는 이 중 7건을 조례로 제정하였으며 조례로 제정하기 위하여 입법 예고 중인 것은 2건입니다. 현재 시의회에서 조례로 제정되기를 기다리며 계류 중인 것은 없습니다.
>
> 을 : 모든 조례는 입법 예고를 거친 뒤 시의회에서 제정되므로, 현재 입법 예고 중인 2건은 입법 예고 기간이 끝나야만 제정될 수 있겠네요. 이 2건의 제정 가능성은 예상할 수 있나요?
>
> 갑 : 어떤 조례는 신속히 제정되기도 합니다. 그러나 때로는 시의회가 계속 파행하기도 하고 의원들의 입장에 차이가 커 공전될 수도 있기 때문에 현재 시점에서 조례 제정 가능성을 단정하기는 어렵습니다.
>
> 을 : 그러면 A시의 조례 제정 비율과 관련하여 알 수 있는 것은 무엇이 있을까요?
>
> 갑 : A시는 [　　　　　　　　　　]

① 현재 조례로 제정하기 위하여 입법 예고가 필요한 것이 1건입니다.

② 올 한 해의 조례 제정 비율이 작년보다 높아집니다.

③ 올 한 해 총 9건의 조례를 제정하게 됩니다.

④ 현재 시점을 기준으로 평가를 받으면 조례 제정 비율이 90%입니다.

⑤ 올 한 해 법률에서 조례를 제정하도록 위임 받은 사항이 작년보다 줄어듭니다.

문 54. **다음 글의 빈칸에 들어갈 내용으로 가장 적절한 것은?**

20 민간(가) 15번

> 대안적 분쟁해결절차(ADR)는 재판보다 분쟁을 신속하게 해결한다고 알려져 있다. 그러나 재판이 서면 심리를 중심으로 진행되는 반면, ADR은 당사자 의견도 충분히 청취하기 때문에 재판보다 더 많은 시간이 소요된다. 그럼에도 불구하고 ADR이 재판보다 신속하다고 알려진 이유는 법원에 지나치게 많은 사건이 밀려 있어 재판이 더디게 이루어지기 때문이다.
>
> 법원행정처는 재판이 너무 더디다는 비난에 대응하기 위해 일선 법원에서도 사법형 ADR인 조정제도를 적극적으로 활용할 것을 독려하고 있다. 그러나 이는 법관이 신속한 조정안 도출을 위해 사건 당사자에게 화해를 압박하는 부작용을 낳을 수 있다. 사법형 ADR 활성화 정책은 법관의 증원 없이 과도한 사건 부담 문제를 해결하려는 미봉책일 뿐이다. 결국, 사법형 ADR 활성화 정책은 사법 불신으로 이어져 재판 정당성에 대한 국민의 인식을 더욱 떨어뜨리게 한다.
>
> 또한 사법형 ADR 활성화 정책은 민간형 ADR이 활성화되는 것을 저해한다. 분쟁 당사자들이 민간형 ADR의 조정안을 따르도록 하려면, 재판에서도 거의 같은 결과가 나온다는 확신이 들게 해야 한다. 그러기 위해서는 법원이 확고한 판례를 제시하여야 한다. 그런데 사법형 ADR 활성화 정책은 새롭고 복잡한 사건을 재판보다는 ADR로 유도하게 된다. 이렇게 되면 새롭고 복잡한 사건에 대한 판례가 만들어지지 않고, 민간형 ADR에서 분쟁을 해결할 기준도 마련되지 않게 된다. 결국 판례가 없는 수많은 사건들이 끊임없이 법원으로 밀려들게 된다.
>
> 따라서 [   ] 먼저 법원은 본연의 임무인 재판을 통해 당사자의 응어리를 풀어주겠다는 의식으로 접근해야 할 것이다. 그것이 현재 법원의 실정으로 어렵다고 판단되면, 국민의 동의를 구해 예산과 인력을 확충하는 방향으로 나아가는 것이 옳은 방법이다. 법원의 인프라를 확충하고 판례를 충실히 쌓아가면, 민간형 ADR도 활성화될 것이다.

① 분쟁 해결에 대한 사회적 관심을 높이도록 유도해야 한다.
② 재판이 추구하는 목표와 ADR이 추구하는 목표는 서로 다르지 않다.
③ 법원으로 폭주하는 사건 수를 줄이기 위해 시민들의 준법의식을 강화하여야 한다.
④ 법원은 재판에 주력하여야 하며 그것이 결과적으로 민간형 ADR의 활성화에도 도움이 된다.
⑤ 민간형 ADR 기관의 전문성을 제고하여 분쟁 당사자들이 굳이 법원에 가지 않더라도 신속하게 분쟁을 해결할 수 있게 만들어야 한다.

문 55. **다음 글의 ㉠과 ㉡에 들어갈 말을 가장 적절하게 나열한 것은?**

16 민간(5) 14번

> 애덤 스미스의 '보이지 않는 손'이라는 가정은 시장에서 개인의 이익추구 활동을 제한하지 않는 것이 전체 이윤을 극대화하는 최선의 방책임을 보여주는 것으로 간주되었다. 그렇다면 다음의 경우는 어떠한가?
>
> 공동 소유의 목초지에 양을 치기에 알맞은 풀이 자라고 있다고 생각해 보자. 일정 넓이의 목초지에 방목할 수 있는 가축 두수에는 일정한 한계가 있기 마련이다. 즉, '수용 한계'가 존재하는 것이다. 그 목초지에 한 마리를 더 방목시킨다고 해서 다른 가축들이 갑자기 죽거나 병에 걸리는 것은 아니다. 하지만 목초지의 수용 한계를 넘어 양을 키울 경우, 목초가 줄어들어 그 목초지에서 양을 키워 얻을 수 있는 전체 생산량이 줄어든다. 나아가 수용 한계를 과도하게 초과할 정도로 사육 두수가 늘어날 경우 목초지 자체가 거의 황폐화된다.
>
> 예를 들어 수용 한계가 양 20마리인 공동 목초지에서 4명의 농부가 각각 5마리의 양을 키우고 있다고 해 보자. 그 목초지의 수용 한계에 이미 도달한 상태이지만, 그중 한 농부가 자신의 이익을 늘리고자 방목하는 양의 두수를 늘리려 한다. 그러면 5마리를 키우고 있는 농부들은 목초지의 수용 한계로 인하여 기존보다 이익이 줄어들지만, 두수를 늘린 농부의 경우 그의 이익이 기존보다 조금 늘어난다. 손실을 만회하기 위해 다른 농부들도 사육 두수를 늘리고자 할 것이다. 이러한 상황이 장기화될 경우, [㉠]
>
> 이와 같이 애덤 스미스의 '보이지 않는 손'에 시장을 맡겨 둘 경우 [㉡] 결과가 나타날 것이다.

① ㉠ : 농부들의 총이익은 기존보다 증가할 것이다.
 ㉡ : 한 사회의 공공 영역이 확장되는
② ㉠ : 농부들의 총이익은 기존보다 감소할 것이다.
 ㉡ : 한 사회의 전체 이윤이 감소하는
③ ㉠ : 농부들의 총이익은 기존보다 감소할 것이다.
 ㉡ : 한 사회의 전체 이윤이 유지되는
④ ㉠ : 농부들의 총이익은 기존과 동일하게 될 것이다.
 ㉡ : 한 사회의 전체 이윤이 유지되는
⑤ ㉠ : 농부들의 총이익은 기존과 동일하게 될 것이다.
 ㉡ : 한 사회의 공공 영역이 보호되는

문 56. **다음 글의 ⓐ와 ⓑ에 들어갈 말을 〈보기〉에서 골라 적절하게 나열한 것은?** 18 민간(가) 07번

> 갈릴레오는 망원경으로 목성을 항상 따라다니는 네 개의 위성을 관찰하였다. 이 관찰 결과는 지동설을 지지해 줄 수 있는 것이었다. 당시 지동설에 대한 반대 논증 중 하나는 다음과 같은 타당한 논증이었다.
>
> (가) ______ⓐ______.
> (나) 달은 지구를 항상 따라다닌다.
> 따라서 (다) 지구는 공전하지 않는다.
>
> 갈릴레오의 관찰 결과는 이 논증의 (가)를 반박할 수 있는 것이었다. 왜냐하면 목성이 공전한다는 것은 당시 천동설 학자들도 받아들이고 있었고 그의 관찰로 인해 위성들이 공전하는 목성을 따라다닌다는 것이 밝혀지는 셈이기 때문이다. 그런데 문제는 당시의 학자들이 망원경을 통한 관찰을 신뢰하지 않는다는 데 있었다. 당시 학자들 대부분은 육안을 통한 관찰로만 실제 존재를 파악할 수 있다고 믿었다. 따라서 갈릴레오는 망원경을 통한 관찰이 육안을 통한 관찰만큼 신뢰할 만하다는 것을 입증해야 했다. 이를 보이기 위해 그는 '빛 번짐 현상'을 활용하였다.
>
> 빛 번짐 현상이란, 멀리 떨어져 있는 작고 밝은 광원을 어두운 배경에서 볼 때 실제 크기보다 광원이 크게 보이는 현상이다. 육안으로 금성을 관찰할 경우, 금성이 주변 환경에 비해 더 밝게 보이는 밤에 관찰하는 것보다 낮에 관찰하는 것이 더 정확하다. 그런데 낮에 관찰한 결과는 연중 금성의 외견상 크기가 변한다는 것을 보여준다.
>
> 그렇다면 망원경을 통한 관찰이 신뢰할 만하다는 것은 어떻게 보일 수 있었을까? 갈릴레오는 밤에 금성을 관찰할 때 망원경을 사용하면 빛 번짐 현상을 없앨 수 있다는 것을 강조하면서 다음과 같은 논증을 펼쳤다.
>
> (라) ___ⓑ___ 면, 망원경에 의한 관찰 자료를 신뢰할 수 있다.
> (마) ___ⓑ___.
> 따라서 (바) 망원경에 의한 관찰 자료를 신뢰할 수 있다.
>
> 결국 갈릴레오는 (마)를 입증함으로써, (바)를 보일 수 있었다.

〈보 기〉

ㄱ. 지구가 공전한다면, 달은 지구를 따라다니지 못한다
ㄴ. 달이 지구를 따라다니지 못한다면, 지구는 공전한다
ㄷ. 낮에 망원경을 통해 본 금성의 크기 변화와 낮에 육안으로 관찰한 금성의 크기 변화가 유사하다
ㄹ. 낮에 망원경을 통해 본 금성의 크기 변화와 밤에 망원경을 통해 본 금성의 크기 변화가 유사하다
ㅁ. 낮에 육안으로 관찰한 금성의 크기 변화와 밤에 망원경을 통해 본 금성의 크기 변화가 유사하다

	ⓐ	ⓑ
①	ㄱ	ㄷ
②	ㄱ	ㅁ
③	ㄴ	ㄷ
④	ㄴ	ㄹ
⑤	ㄴ	ㅁ

문 57. **다음 글의 문맥상 (가)~(마)에 들어갈 내용으로 적절하지 않은 것은?** 19 민간(나) 01번

> '방언(方言)'이라는 용어는 표준어와 대립되는 개념으로 사용될 수 있다. 이때 방언이란 '교양 있는 사람들이 두루 쓰는 현대 서울말'로서의 표준어가 아닌 말, 즉 비표준어라는 뜻을 갖는다. 가령 [(가)]는 생각에는 방언을 비표준어로서 낮잡아 보는 인식이 담겨 있다. 이러한 개념으로서의 방언은 '사투리'라는 용어로 바뀌어 쓰이는 수가 많다. '충청도 사투리', '평안도 사투리'라고 할 때의 사투리는 대개 이러한 개념으로 쓰이는 경우이다. 이때의 방언이나 사투리는, 말하자면 표준어인 서울말이 아닌 어느 지역의 말을 가리키거나, 더 나아가 [(나)]을 일컫는다. 이러한 용법에는 방언이 표준어보다 열등하다는 오해와 편견이 포함되어 있다. 여기에는 표준어보다 못하다거나 세련되지 못하고 규칙에 엄격하지 않다와 같은 부정적 평가가 담겨 있는 것이다. 그런가 하면 사투리는 한 지역의 언어 체계 전반을 뜻하기보다 그 지역의 말 가운데 표준어에는 없는, 그 지역 특유의 언어 요소만을 일컫기도 한다. [(다)]고 할 때의 사투리가 그러한 경우에 해당된다.
>
> 언어학에서의 방언은 한 언어를 형성하고 있는 하위 단위로서의 언어 체계 전부를 일컫는 말로 사용된다. 가령 한국어를 예로 들면 한국어를 이루고 있는 각 지역의 말 하나하나, 즉 그 지역의 언어 체계 전부를 방언이라 한다. 서울말은 이 경우 표준어이면서 한국어의 한 방언이다. 그리고 나머지 지역의 방언들은 [(라)]. 이러한 의미에서의 '충청도 방언'은, 충청도에서만 쓰이는, 표준어에도 없고 다른 도의 말에도 없는 충청도 특유의 언어 요소만을 가리키는 것이 아니다. '충청도 방언'은 충청도의 토박이들이 전래적으로 써 온 한국어 전부를 가리킨다. 이 점에서 한국어는 [(마)].

① (가) : 바른말을 써야 하는 아나운서가 방언을 써서는 안 된다
② (나) : 표준어가 아닌, 세련되지 못하고 격을 갖추지 못한 말
③ (다) : 사투리를 많이 쓰는 사람과는 의사소통이 어렵다
④ (라) : 한국어라는 한 언어의 하위 단위이기 때문에 방언이다
⑤ (마) : 표준어와 지역 방언의 공통부분을 지칭하는 개념이다

문 58. 다음 글의 빈칸에 들어갈 내용으로 가장 적절한 것은?

19 민간(나) 06번

> 알레르기는 도시화와 산업화가 진행되는 지역에서 매우 빠르게 증가하고 있는데, 알레르기의 발병 원인에 대한 20세기의 지배적 이론은 알레르기는 병원균의 침입에 의해 발생하는 감염성 질병이라는 것이다. 하지만 1989년 영국 의사 S는 이 전통적인 이론에 맞서 다음 가설을 제시했다.
>
> [   ]
>
> S는 1958년 3월 둘째 주에 태어난 17,000명 이상의 영국 어린이를 대상으로 그들이 23세가 될 때까지 수집한 개인 정보 데이터베이스를 분석하여, 이 가설을 뒷받침하는 증거를 찾았다. 이들의 가족 관계, 사회적 지위, 경제력, 거주 지역, 건강 등의 정보를 비교 분석한 결과, 두 개 항목이 꽃가루 알레르기와 상관관계를 가졌다. 첫째, 함께 자란 형제자매의 수이다. 외동으로 자란 아이의 경우 형제가 서넛인 아이에 비해 꽃가루 알레르기에 취약했다. 둘째, 가족 관계에서 차지하는 서열이다. 동생이 많은 아이보다 손위 형제가 많은 아이가 알레르기에 걸릴 확률이 낮았다.
>
> S의 주장에 따르면 가족 구성원이 많은 집에 사는 아이들은 가족 구성원, 특히 손위 형제들이 집안으로 끌고 들어오는 온갖 병균에 의한 잦은 감염 덕분에 장기적으로는 알레르기 예방에 오히려 유리하다. S는 유년기에 겪은 이런 감염이 꽃가루 알레르기를 비롯한 알레르기성 질환으로부터 아이들을 보호해 왔다고 생각했다.

① 알레르기는 유년기에 병원균 노출의 기회가 적을수록 발생 확률이 높아진다.
② 알레르기는 가족 관계에서 서열이 높은 가족 구성원에게 더 많이 발생한다.
③ 알레르기는 성인보다 유년기의 아이들에게 더 많이 발생한다.
④ 알레르기는 도시화에 따른 전염병의 증가로 인해 유발된다.
⑤ 알레르기는 형제가 많을수록 발생 확률이 낮아진다.

문 59. 다음 글의 빈칸에 들어갈 내용으로 가장 적절한 것은?

19 민간(나) 25번

> 노랑초파리에 있는 Ir75a 유전자는 시큼한 냄새가 나는 아세트산을 감지하는 후각수용체 단백질을 만들 수 있다. 하지만 세이셸 군도의 토착종인 세셸리아초파리는 Ir75a 유전자를 가지고 있지만 아세트산 냄새를 못 맡는다. 따라서 이 세셸리아초파리의 Ir75a 유전자는 해당 단백질을 만들지 못하는 '위유전자(pseudogene)'라고 여겨졌다. 세셸리아초파리는 노니의 열매만 먹고 살기 때문에 아세트산의 시큼한 냄새를 못 맡아도 별 문제가 없다. 그런데 스위스 로잔대 연구진은 세셸리아초파리가 땀 냄새가 연상되는 프로피온산 냄새를 맡을 수 있다는 사실을 발견했다.
>
> 이 발견이 중요한 이유는 [   ] 그렇다면 세셸리아초파리의 Ir75a 유전자도 후각수용체 단백질을 만든다는 것인데, 왜 세셸리아초파리는 아세트산 냄새를 못 맡을까? 세셸리아초파리와 노랑초파리의 Ir75a 유전자가 만드는 후각수용체 단백질의 아미노산 서열을 비교한 결과, 냄새 분자가 달라붙는 걸로 추정되는 부위에서 세 군데가 달랐다. 단백질의 구조가 바뀌어 감지할 수 있는 냄새 분자의 목록이 달라진 것이다. 즉 노랑초파리의 Ir75a 유전자가 만드는 후각수용체는 아세트산과 프로피온산에 반응하고, 세셸리아초파리의 이것은 프로피온산과 들쩍지근한 다소 불쾌한 냄새가 나는 부티르산에 반응한다.
>
> 흥미롭게도 세셸리아초파리의 주식인 노니의 열매는 익으면서 부티르산이 연상되는 냄새가 강해진다. 연구자들은 세셸리아초파리의 Ir75a 유전자는 위유전자가 아니라 노랑초파리와는 다른 기능을 하는 후각수용체 단백질을 만드는 유전자로 진화한 것이라 주장하며, 세셸리아초파리의 Ir75a 유전자를 '위-위유전자(pseudo-pseudogene)'라고 불렀다.

① 세셸리아초파리가 주로 먹는 노니의 열매는 프로피온산 냄새가 나지 않기 때문이다.
② 프로피온산 냄새를 담당하는 후각수용체 단백질은 Ir75a 유전자와 상관이 없기 때문이다.
③ 노랑초파리에서 프로피온산 냄새를 담당하는 후각수용체 유전자는 위유전자가 되었기 때문이다.
④ 세셸리아초파리와 노랑초파리에서 Ir75a 유전자가 만드는 후각수용체 단백질이 똑같기 때문이다.
⑤ 노랑초파리에서 프로피온산 냄새를 담당하는 후각수용체 단백질을 만드는 것이 Ir75a 유전자이기 때문이다.

문 60. **다음 ㉠과 ㉡에 들어갈 말을 가장 적절하게 나열한 것은?**

18 행시(나) 07번

> 우주론자들에 따르면 우주는 빅뱅으로부터 시작되었다고 한다. 빅뱅이란 엄청난 에너지를 가진 아주 작은 우주가 폭발하듯 갑자기 생겨난 사건을 말한다. 그게 사실이라면 빅뱅 이전에는 무엇이 있었느냐는 질문이 나오는 게 당연하다. 아마 아무것도 없었을 것이다. 하지만 빅뱅 이전에 아무것도 없었다는 말은 무슨 뜻일까? 영겁의 시간 동안 단지 진공이었다는 뜻이다. 움직이는 것도, 변화하는 것도 없었다는 것이다.
>
> 그런데 이런 식으로 사고하려면, 아무 일도 일어나지 않고 시간만 존재하는 것을 상상할 수 있어야 한다. 그것은 곧 시간을 일종의 그릇처럼 상상하고 그 그릇 안에 담긴 것과 무관하게 여긴다는 뜻이다. 시간을 이렇게 본다면 변화는 일어날 수 없다. 여기서 변화는 시간의 경과가 아니라 사물의 변화를 가리킨다. 이런 전제하에서 우리가 마주하는 문제는 이것이다. 어떤 변화가 생겨나기도 전에 영겁의 시간이 있었다면, [㉠] 설명할 수 없다. 단지 지금 설명할 수 없다는 뜻이 아니라 설명 자체가 있을 수 없다는 뜻이다. 어떻게 설명이 가능하겠는가? 수도관이 터진 이유는 그 전에 닥쳐온 추위로 설명할 수 있다. 공룡이 멸종한 이유는 그 전에 지구와 운석이 충돌했을 가능성으로 설명하면 된다. 바꿔 말해서, 우리는 한 사건을 설명하기 위해 그 사건 이전에 일어났던 사건에서 원인을 찾는다. 그러나 빅뱅의 경우에는 그 이전에 아무것도 없었으므로 어떠한 설명도 찾을 수 없는 것이다.
>
> '빅뱅 이전에 아무 일도 없었다'는 말을 달리 해석하는 방법도 있다. 그것은 바로 [㉡]고 해석하는 것이다. 그 경우 '빅뱅 이전'이라는 개념 자체가 성립하지 않으므로 그 이전에 아무 일도 없었던 것은 당연하다. 그렇게 해석한다면 빅뱅이 일어난 이유도 설명할 수 있게 된다. 즉, 빅뱅은 '0년'을 나타내는 것이다. 시간의 시작은 빅뱅의 시작으로 정의되기 때문에 우주가 그 이전이든 이후이든 왜 탄생했느냐고 묻는 것은 이치에 닿지 않는다.

① ㉠ : 왜 우주가 탄생하게 되었는지를
　㉡ : 시간은 변화와 무관하다

② ㉠ : 왜 우주가 탄생하게 되었는지를
　㉡ : 빅뱅 이전에는 시간도 없었다

③ ㉠ : 사물의 변화가 어떻게 시간의 경과를 가져왔는지를
　㉡ : 시간은 변화와 무관하다

④ ㉠ : 사물의 변화가 어떻게 시간의 경과를 가져왔는지를
　㉡ : 빅뱅 이전에는 시간도 없었다

⑤ ㉠ : 왜 그토록 긴 시간이 지난 후에야 빅뱅이 생겨났는지를
　㉡ : 시간은 변화와 무관하다

06 논지 찾기

문 61. **다음 글의 핵심 논지로 가장 적절한 것은?**

23 7급(인) 03번

> 우리는 보통 먹거리의 생산에 대해서는 책임을 묻는 것이 자연스럽다고 생각하면서도 먹거리의 소비는 책임져야 하는 행위로 생각하지 않는다. 우리는 무엇을 먹을 때 좋아하고 익숙한 것 그리고 싸고, 빠르고, 편리한 것을 찾아서 먹을 뿐이다. 그런데 먹는 일에도 윤리적 책임이 동반된다고 생각해 볼 수 있지 않을까?
>
> 먹는 행위를 두고 '잘 먹었다' 혹은 '잘 먹는다'고 말할 때 '잘'을 평가하는 기준은 무엇일까? 신체가 요구하는 영양분을 골고루 섭취하는 것은 생물학적 차원에서 잘 먹는 것이고, 섭취하는 음식을 통해 다양한 감각들을 만족시키며 개인의 취향을 계발하는 것은 문화적인 차원에서 잘 먹는 것이다. 그런데 이 경우들의 '잘'은 윤리적 의미를 띠고 있는 것 같지 않다. 이 두 경우는 먹는 행위를 개인적 경험의 차원으로 축소하기 때문이다.
>
> '잘 먹는다'는 것의 윤리적 차원은 우리의 먹는 행위가 그저 개인적 차원에서 일어나는 일이 아니라, 다른 사람들, 동물들, 식물들, 서식지, 토양 등과 관계를 맺는 행위임을 인식하기 시작할 때 비로소 드러난다. 오늘날 먹거리의 전 지구적인 생산 · 유통 · 소비 체계 속에서, 우리는 이들을 경제적 자원으로만 간주하는 특정한 방식으로 이들과 관계를 맺고 있다. 그러한 관계의 방식은 공장식 사육, 심각한 동물 학대, 농약과 화학비료 사용에 따른 토양과 물의 오염, 동식물의 생존에 필수적인 서식지 파괴, 전통적인 농민 공동체의 파괴, 불공정한 노동 착취 등을 동반한다.
>
> 우리가 무엇을 어떻게 먹는가 하는 것은 결국 우리가 그런 관계망에 속한 인간이나 비인간 존재를 어떻게 대우하고 있는가를 드러내며, 불가피하게 이러한 관계망의 형성이나 유지 혹은 변화에 기여하게 된다. 우리의 먹는 행위에 따라 이런 관계망의 모습은 바뀔 수도 있다. 그렇기에 이러한 관계들은 먹는 행위를 윤리적 반성의 대상으로 끌어 올린다.

① 윤리적으로 잘 먹기 위해서는 육식을 지양해야 한다.
② 먹는 행위에 대해서도 윤리적 차원을 고려하여야 한다.
③ 건강 증진이나 취향 만족을 위한 먹는 행위는 개인적 차원의 평가 대상일 뿐이다.
④ 먹는 행위는 동물, 식물, 토양 등의 비인간 존재와 인간 사이의 관계를 만들어낸다.
⑤ 먹는 행위를 평가할 때에는 먹거리의 소비자보다 생산자의 윤리적 책임을 더 고려하여야 한다.

문 62. 다음 글의 핵심 논지로 가장 적절한 것은?

22 7급(가) 06번

> 독일 통일을 지칭하는 '흡수 통일'이라는 용어는 동독이 일방적으로 서독에 흡수되었다는 인상을 준다. 그러나 통일 과정에서 동독 주민들이 보여준 행동을 고려하면 흡수 통일은 오해의 여지를 주는 용어일 수 있다.
>
> 1989년에 동독에서는 지방선거 부정 의혹을 둘러싼 내부 혼란이 발생했다. 그 과정에서 체제에 환멸을 느낀 많은 동독 주민들이 서독으로 탈출했고, 동독 곳곳에서 개혁과 개방을 주장하는 시위의 물결이 일어나기 시작했다. 초기 시위에서 동독 주민들은 여행 · 신앙 · 언론의 자유를 중심에 둔 내부 개혁을 주장했지만 이후 "우리는 하나의 민족이다!"라는 구호와 함께 동독과 서독의 통일을 요구하기 시작했다. 그렇게 변화하는 사회적 분위기 속에서 1990년 3월 18일에 동독 최초이자 최후의 자유총선거가 실시되었다.
>
> 동독 자유총선거를 위한 선거운동 과정에서 서독과 협력하는 동독 정당들이 생겨났고, 이들 정당의 선거운동에 서독 정당과 정치인들이 적극적으로 유세 지원을 하기도 했다. 초반에는 서독 사민당의 지원을 받으며 점진적 통일을 주장하던 동독 사민당이 우세했지만, 실제 선거에서는 서독 기민당의 지원을 받으며 급속한 통일을 주장하던 독일동맹이 승리하게 되었다. 동독 주민들이 자유총선거에서 독일동맹을 선택한 것은 그들 스스로 급속한 통일을 지지한 것이라고 할 수 있다. 이후 동독은 서독과 1990년 5월 18일에 「통화 · 경제 · 사회보장동맹의 창설에 관한 조약」을, 1990년 8월 31일에 「통일조약」을 체결했고, 마침내 1990년 10월 3일에 동서독 통일을 이루게 되었다.
>
> 이처럼 독일 통일의 과정에서 동독 주민들의 주체적인 참여를 확인할 수 있다. 독일 통일을 단순히 흡수 통일이라고 부른다면, 통일 과정에서 중요한 역할을 담당했던 동독 주민들을 배제한다는 오해를 불러일으킬 수 있다. 독일 통일의 과정을 온전히 이해하기 위해서는 동독 주민들의 활동에도 주목할 필요가 있다.

① 자유총선거에서 동독 주민들은 점진적 통일보다 급속한 통일을 지지하는 모습을 보여주었다.

② 독일 통일은 동독이 일방적으로 서독에 흡수되었다는 점에서 흔히 흡수 통일이라고 부른다.

③ 독일 통일은 분단국가가 합의된 절차를 거쳐 통일을 이루었다는 점에서 의의가 있다.

④ 독일 통일 전부터 서독의 정당은 물론 개인도 동독의 선거에 개입할 수 있었다.

⑤ 독일 통일의 과정에서 동독 주민들의 주체적 참여가 큰 역할을 하였다.

문 63. 다음 글의 빈칸에 들어갈 말로 가장 적절한 것은?

21 민간(나) 05번

> 서구사회의 기독교적 전통하에서 이 전통에 속하는 이들은 자신들을 정상적인 존재로, 이러한 전통에 속하지 않는 이들을 비정상적인 존재로 구별하려 했다. 후자에 해당하는 대표적인 것이 적그리스도, 이교도들, 그리고 나병과 흑사병에 걸린 환자들이었는데, 그들에게 부과한 비정상성을 구체적인 형상을 통해 재현함으로써 그들이 전통 바깥의 존재라는 사실을 명확히 했다.
>
> 당연하게도 기독교에서 가장 큰 적으로 꼽는 것은 사탄의 대리자인 적그리스도였다. 기독교 초기, 몽티에랑데르나 힐데가르트 등이 쓴 유명한 저서들뿐만 아니라 적그리스도의 얼굴이 묘사된 모든 종류의 텍스트들에서 그의 모습은 충격적일 정도로 외설스러울 뿐만 아니라 받아들이기 힘들 정도로 추악하게 나타난다.
>
> 두 번째는 이교도들이었는데, 서유럽과 동유럽의 기독교인들이 이교도들에 대해 사용했던 무기 중 하나가 그들을 추악한 얼굴의 악마로 묘사하는 것이었다. 또한 이교도들이 즐겨 입는 의복이나 진미로 여기는 음식을 끔찍하게 묘사하여 이교도들을 자신들과는 분명히 구분되는 존재로 만들었다.
>
> 마지막으로, 나병과 흑사병에 걸린 환자들을 꼽을 수 있다. 당시의 의학 수준으로 그런 병들은 치료가 불가능했으며, 전염성이 있다고 믿어졌다. 때문에 자신을 정상적 존재라고 생각하는 사람들은 해당 병에 걸린 불행한 사람들을 신에게서 버림받은 죄인이자 공동체에서 추방해야 할 공공의 적으로 여겼다. 그들의 외모나 신체 또한 실제 여부와 무관하게 항상 뒤틀어지고 지극히 흉측한 모습으로 형상화되었다.
>
> 정리하자면, [ ]

① 서구의 종교인과 예술가들은 이방인을 추악한 이미지로 각인시키는 데 있어 중심적인 역할을 하였다.

② 서구의 기독교인들은 자신들보다 강한 존재를 추악한 존재로 묘사함으로써 심리적인 우월감을 확보하였다.

③ 정상적 존재와 비정상적 존재의 명확한 구별을 위해 추악한 형상을 활용하는 것은 동서고금을 막론하고 지속되어 왔다.

④ 서구의 기독교적 전통하에서 추악한 형상은 그 전통에 속하지 않는 이들을 전통에 속한 이들과 구분짓기 위해 활용되었다.

⑤ 서구의 기독교인들이 자신들과는 다른 타자들을 추악하게 묘사했던 것은 다른 종교에 의해 자신들의 종교가 침해되는 것을 두려워했기 때문이다.

문 64. **다음 글의 빈칸에 들어갈 내용으로 가장 적절한 것은?**

20 민간(가) 07번

텔레비전이라는 단어는 '멀리'라는 뜻의 그리스어 '텔레'와 '시야'를 뜻하는 라틴어 '비지오'에서 왔다. 원래 텔레비전은 우리가 멀리서도 볼 수 있도록 해주는 기기로 인식됐다. 하지만 조만간 텔레비전은 멀리에서 우리를 보이게 해 줄 것이다. 오웰의 『1984』에서 상상한 것처럼, 우리가 텔레비전을 보는 동안 텔레비전이 우리를 감시할 것이다. 우리는 텔레비전에서 본 내용을 대부분 잊어버리겠지만, 텔레비전에 영상을 공급하는 기업은 우리가 만들어낸 데이터를 기반으로 하여 알고리즘을 통해 우리 입맛에 맞는 영화를 골라 줄 것이다. 나아가 인생에서 중요한 것들, 이를테면 어디서 일해야 하는지, 누구와 결혼해야 하는지도 대신 결정해 줄 것이다.

그들의 답이 늘 옳지는 않을 것이다. 그것은 불가능하다. 데이터 부족, 프로그램 오류, 삶의 근본적인 무질서 때문에 알고리즘은 실수를 범할 수밖에 없다. 하지만 완벽해야 할 필요는 없다. 평균적으로 우리 인간보다 낫기만 하면 된다. 그 정도는 그리 어려운 일이 아니다. 왜냐하면 대부분의 사람은 자신을 잘 모르기 때문이다. 사람들은 인생의 중요한 결정을 내리면서도 끔찍한 실수를 저지를 때가 많다. 데이터 부족, 프로그램 오류, 삶의 근본적인 무질서로 인한 고충도 인간이 알고리즘보다 훨씬 더 크게 겪는다.

우리는 알고리즘을 둘러싼 많은 문제들을 열거하고 나서, 그렇기 때문에 사람들은 결코 알고리즘을 신뢰하지 않을 거라고 결론 내릴 수도 있다. 하지만 그것은 민주주의의 모든 결점들을 나열한 후에 '제정신인 사람이라면 그런 체제는 지지하려 들지 않을 것'이라고 결론짓는 것과 비슷하다. 처칠의 유명한 말이 있지 않은가? "민주주의는 세상에서 가장 나쁜 정치 체제다. 다른 모든 체제를 제외하면." 알고리즘에 대해서도 마찬가지로 다음과 같은 결론을 내릴 수 있다. [　　　　　　　　]

① 알고리즘의 모든 결점을 제거하면 최선의 선택이 가능할 것이다.
② 우리는 자신이 무엇을 원하는지를 알기 위해서 점점 더 알고리즘에 의존한다.
③ 데이터를 가진 기업이 다수의 사람을 은밀히 감시하는 사례는 더 늘어날 것이다.
④ 실수를 범하기는 하지만 현실적으로 알고리즘보다 더 신뢰할 만한 대안을 찾기 어렵다.
⑤ 알고리즘이 갖는 결점이 지금은 보이지 않지만, 어느 순간 이 결점 때문에 우리의 질서가 무너질 것이다.

문 65. **다음 글을 토대로 할 때, 흄이 반대하는 주장은?**

12 민간(인) 20번

의무와 합의의 관계에 대한 데이빗 흄의 생각이 시험대에 오르는 일이 발생했다. 흄은 집을 한 채 갖고 있었는데, 이 집을 자신의 친구에게 임대해 주었고, 그 친구는 이 집을 다시 다른 사람에게 임대했다. 이렇게 임대받은 사람은 집을 수리해야겠다고 생각했고, 흄과 상의도 없이 사람을 불러 일을 시켰다. 집을 수리한 사람은 일을 끝낸 뒤 흄에게 청구서를 보냈다. 흄은 집수리에 합의한 적이 없다는 이유로 지불을 거절했다. 그는 집을 수리할 사람을 부른 적이 없었다. 사건은 법정 공방으로 이어졌다. 집을 수리한 사람은 흄이 합의한 적이 없다는 사실을 인정했다. 그러나 집은 수리해야 하는 상태였기에 수리를 마쳤다고 그는 말했다. 집을 수리한 사람은 단순히 '그 일은 꼭 필요했다'고 주장했다. 흄은 "그런 논리라면, 에든버러에 있는 집을 전부 돌아다니면서 수리할 곳이 있으면 집주인과 합의도 하지 않은 채 수리를 해놓고 지금처럼 자기는 꼭 필요한 일을 했으니 집수리 비용을 달라고 하지 않겠는가."라고 주장했다.

① 공정한 절차를 거쳐 집수리에 대한 합의에 이르지 못했다면 집수리 비용을 지불할 의무는 없다.
② 집수리에 대한 합의가 없었다면 필요한 집수리를 했더라도 집수리 비용을 지불할 의무는 없다.
③ 집수리에 대한 합의가 있었더라도 필요한 집수리를 하지 않았다면, 집수리 비용을 지불할 의무는 없다.
④ 집수리에 대한 합의가 있었고 필요한 집수리를 했다면, 집수리 비용을 지불할 의무가 생겨난다.
⑤ 집수리에 대한 합의가 없었더라도 필요한 집수리를 했다면, 집수리 비용을 지불할 의무가 생겨난다.

문 66. 다음 글의 논지로 가장 적절한 것은? 14 민간(A) 11번

> 최근 다도해 지역을 해양사의 관점에서 새롭게 주목하는 논의가 많아졌다. 그들은 주로 다도해 지역의 해로를 통한 국제 교역과 사신의 왕래 등을 거론하면서 해로와 포구의 기능과 해양 문화의 개방성을 강조하고 있다. 한편 다도해는 오래전부터 유배지로 이용되었다는 사실이 자주 언급됨으로써 그동안 우리에게 고립과 단절의 이미지로 강하게 남아 있다. 이처럼 다도해는 개방성의 측면과 고립성의 측면에서 모두 조명될 수 있다. 이는 섬이 바다에 의해 격리되는 한편 그 바다를 통해 외부 세계와 연결되기 때문이다.
>
> 다도해의 문화적 특징을 말할 때 흔히 육지에 비해 옛 모습의 문화가 많이 남아 있다는 점이 거론된다. 섬이 단절된 곳이므로 육지에서는 이미 사라진 문화가 섬에는 아직 많이 남아 있다고 여기는 것이다. 또한 섬이라는 특수성 때문에 무속이 성하고 마을굿도 풍성하다고 생각하는 이들도 있다. 이런 견해는 다도해를 고립되고 정체된 곳이라고 생각하는 관점과 통한다. 실제로는 육지에도 무당과 굿당이 많은데도 관념적으로 섬을 특별하게 여기는 것이다.
>
> 이런 관점에서 '진도 다시래기'와 같은 축제식 장례 풍속을 다도해 토속 문화의 대표적인 사례로 드는 경우도 있다. 지금도 진도나 신안 등지에 가면 상가(喪家)에서 노래하고 춤을 추며 굿을 하는 것을 볼 수 있는데, 이런 모습은 고대 역사서의 기록과 흡사하므로 그 풍속이 고풍스러운 것은 분명하다. 하지만 기존 연구에서 밝혀졌듯이 진도 다시래기가 지금의 모습을 갖추게 된 데에는 육지의 남사당패와 같은 유희 유랑 집단에서 유입된 요소들의 영향도 적지 않다. 이런 연구 결과도 다도해의 문화적 특징을 일방적인 관점에서 접근해서는 안 된다는 점을 시사해 준다.

① 유배지로서의 다도해 역사를 제대로 이해해야 한다.

② 옛 모습이 많이 남아 있는 다도해의 문화를 잘 보존해야 한다.

③ 다도해의 문화적 특징을 논의할 때 개방성의 측면을 간과해서는 안 된다.

④ 다도해의 관념적 측면을 소홀히 해서는 그 풍속을 제대로 이해하기 어렵다.

⑤ 다도해의 토속 문화를 제대로 이해하기 위해서는 고전의 기록을 잘 살펴봐야 한다.

문 67. 다음 '철학의 여인'의 논지를 따를 때, ㉠으로 적절한 것만을 〈보기〉에서 모두 고르면? 15 민간(인) 04번

> 다음은 철학의 여인이 비탄에 잠긴 보에티우스에게 건네는 말이다.
>
> "나는 이제 네 병의 원인을 알겠구나. 이제 네 병의 원인을 알게 되었으니 ㉠ <u>너의 건강을 회복할 수 있는 방법</u>을 찾을 수 있게 되었다. 그 방법은 병의 원인이 되는 잘못된 생각을 바로잡아 주는 것이다.
>
> 너는 너의 모든 소유물을 박탈당했다고, 사악한 자들이 행복을 누리게 되었다고, 네 운명의 결과가 불의하게도 제멋대로 바뀌었다는 생각으로 비탄에 빠져 있다. 그런데 그런 생각은 잘못된 전제에서 비롯된 것이다. 네가 눈물을 흘리며 너 자신이 추방당하고 너의 모든 소유물들을 박탈당했다고 생각하는 것은 행운이 네게서 떠났다고 슬퍼하는 것과 다름없는데, 그것은 네가 운명의 본모습을 모르기 때문이다. 그리고 사악한 자들이 행복을 가졌다고 생각하는 것이나 사악한 자가 선한 자보다 더 행복을 누린다고 한탄하는 것은 네가 실로 만물의 목적이 무엇인지 모르고 있기 때문이다. 다시 말해 만물의 궁극적인 목적이 선을 지향하는 데 있다는 것을 모르고 있기 때문이다. 또한 너는 세상이 어떤 통치 원리에 의해 다스려지는지 잊어버렸기 때문에 제멋대로 흘러가는 것이라고 믿고 있다. 그러나 만물의 목적에 따르면 악은 결코 선을 이길 수 없으며 사악한 자들이 행복할 수는 없다. 따라서 세상은 결국에는 불의가 아닌 정의에 의해 다스려지게 된다. 그럼에도 불구하고 너는 세상의 통치 원리가 정의와는 거리가 멀다고 믿고 있다. 이는 그저 병의 원인일 뿐 아니라 죽음에 이르는 원인이 되기도 한다. 그러나 다행스럽게도 자연은 너를 완전히 버리지는 않았다. 이제 너의 건강을 회복할 수 있는 작은 불씨가 생명의 불길로 타올랐으니 너는 조금도 두려워할 필요가 없다."

〈보 기〉

ㄱ. 만물의 궁극적인 목적이 선을 지향하는 데 있다는 것을 아는 것
ㄴ. 세상이 제멋대로 흘러가는 것이 아니라 정의에 의해 다스려진다는 것을 깨닫는 것
ㄷ. 자신이 박탈당했다고 여기는 모든 것들, 즉 재산, 품위, 권좌, 명성 등을 되찾을 방도를 아는 것

① ㄱ

② ㄴ

③ ㄱ, ㄴ

④ ㄴ, ㄷ

⑤ ㄱ, ㄴ, ㄷ

문 68. 다음 글의 논지를 비판하는 진술로 가장 적절한 것은?

16 민간(5) 09번

> 자신의 스마트폰 없이는 도무지 일과를 진행하지 못하는 K의 경우를 생각해 보자. 그의 일과표는 전부 그의 스마트폰에 저장되어 있어서 그의 스마트폰은 적절한 때가 되면 그가 해야 할 일을 알려줄 뿐만 아니라 약속 장소로 가기 위해 무엇을 타고 어떻게 움직여야 할지까지 알려준다. K는 어릴 때 보통 사람보다 기억력이 매우 나쁘다는 진단을 받았지만 스마트폰 덕분에 어느 동료에게도 뒤지지 않는 업무 능력을 발휘하고 있다. 이와 같은 경우, K는 스마트폰 덕분에 인지 능력이 보강된 것으로 볼 수 있는데, 그 보강된 인지 능력을 K 자신의 것으로 볼 수 있는가? 이 물음에 대한 답은 긍정이다. 즉, 우리는 K의 스마트폰이 그 자체로 K의 인지 능력 일부를 실현하고 있다고 보아야 한다. 그런 판단의 기준은 명료하다. 스마트폰의 메커니즘이 K의 손바닥 위나 책상 위가 아니라 그의 두뇌 속에서 작동하고 있다고 가정해 보면 된다. 물론 사실과 다른 가정이지만 만일 그렇게 가정한다면 우리는 필경 K 자신이 모든 일과를 정확하게 기억하고 있고 또 약속 장소를 잘 찾아 간다고 평가할 것이다. 이처럼 '만일 K의 두뇌 속에서 일어난다면'이라는 상황을 가정했을 때 그것을 K 자신의 기억이나 판단이라고 인정할 수 있다면, 그런 과정은 K 자신의 인지 능력이라고 평가해야 한다.

① K가 자신이 미리 적어 놓은 메모를 참조해서 기억력 시험 문제에 답한다면 누구도 K가 그 문제의 답을 기억한다고 인정하지 않는다.

② K가 종이 위에 연필로 써가며 253×87 같은 곱셈을 할 경우 종이와 연필의 도움을 받은 연산 능력 역시 K 자신의 인지 능력으로 인정해야 한다.

③ K가 집에 두고 나온 스마트폰에 원격으로 접속하여 거기 담긴 모든 정보를 알아낼 수 있다면 그는 그 스마트폰을 손에 가지고 있는 것과 다름없다.

④ 스마트폰의 모든 기능을 두뇌 속에서 작동하게 하는 것이 두뇌 밖에서 작동하게 하는 경우보다 우리의 기억력과 인지 능력을 향상시키지 않는다.

⑤ 전화번호를 찾으려는 사람의 이름조차 기억이 나지 않을 때에도 스마트폰에 저장된 전화번호 목록을 보면서 그 사람의 이름을 상기하고 전화번호를 알아낼 수 있다.

문 69. 다음 글의 '나'의 견해와 부합하는 것만을 〈보기〉에서 모두 고르면?

18 민간(가) 18번

> 이제 '나'는 사람들이 동물실험의 모순적 상황을 직시하기를 바랍니다. 생리에 대한 실험이건, 심리에 대한 실험이건, 동물을 대상으로 하는 실험은 동물이 어떤 자극에 대해 반응하고 행동하는 양상이 인간과 유사하다는 것을 전제합니다. 동물실험을 옹호하는 측에서는 인간과 동물이 유사하기 때문에 실험결과에 실효성이 있다고 주장합니다. 그런데 설령 동물실험을 통해 아무리 큰 성과를 얻을지라도 동물실험 옹호론자들은 중대한 모순을 피할 수 없습니다. 그들은 인간과 동물이 다르다는 것을 실험에서 동물을 이용해도 된다는 이유로 제시하고 있기 때문입니다. 이것은 명백히 모순적인 상황이 아닐 수 없습니다.
>
> 이러한 모순적 상황은 영장류의 심리를 연구할 때 확연히 드러납니다. 최근 어느 실험에서 심리 연구를 위해 아기 원숭이를 장기간 어미 원숭이와 떼어놓아 정서적으로 고립시켰습니다. 사람들은 이 실험이 우울증과 같은 인간의 심리적 질환을 이해하기 위한 연구라는 구실을 앞세워 이 잔인한 행위를 합리화하고자 했습니다. 즉, 이 실험은 원숭이가 인간과 유사하게 고통과 우울을 느끼는 존재라는 사실을 가정하고 있습니다. 인간과 동물이 심리적으로 유사하다는 사실을 인정하면서도 사람에게는 차마 하지 못할 잔인한 행동을 동물에게 하고 있는 것입니다.
>
> 또 동물의 피부나 혈액을 이용해서 제품을 실험할 때, 동물실험 옹호론자들은 이 실험이 오로지 인간과 동물 사이의 '생리적 유사성'에만 바탕을 두고 있을 뿐이라고 변명합니다. 이처럼 인간과 동물이 오로지 '생리적'으로만 유사할 뿐이라고 생각한다면, 이는 동물실험의 모순적 상황을 외면하는 것입니다.

〈보 기〉

ㄱ. 동물실험은 동물이 인간과 유사하면서도 유사하지 않다고 가정하는 모순적 상황에 놓여 있다.

ㄴ. 인간과 동물 간 생리적 유사성에도 불구하고 심리적 유사성이 불확실하기 때문에 동물실험은 모순적 상황에 있다.

ㄷ. 인간과 원숭이 간에 심리적 유사성이 존재하기 때문에 인간의 우울증 연구를 위해 아기 원숭이를 정서적으로 고립시키는 실험은 윤리적으로 정당화된다.

① ㄱ

② ㄴ

③ ㄱ, ㄷ

④ ㄴ, ㄷ

⑤ ㄱ, ㄴ, ㄷ

문 70. 다음 글을 토대로 〈편지〉에 포함된 주장들을 논박하는 진술로 적절한 것은? 13 행시(인) 36번

윤리학에서 말하는 '의무 이상의 행동'이란 도덕이 요구하는 범위를 넘어 특별히 선한 행위를 하는 것을 말한다. 예를 들어 누군가를 구하기 위해 자신의 목숨을 걸고 폭풍우 치는 바다에 뛰어드는 것은 도덕이 요구하는 것 이상의 행동이다. 의무 이상의 행동은, 행하면 당연히 칭찬을 받지만 하지 않아도 도덕적으로 비난을 받지는 않는다. 그에 비해 의무적으로 해야 하는 일은 도덕이 요구하는 범위 내에 있는 행동으로서, 이를 행하는 경우에는 칭찬을 받을 수도 있고 그렇지 않을 수도 있지만, 만약 하지 않는다면 도덕적으로 비난을 받는다. 가령 연못에 빠진 아이를 어렵지 않게 구할 수 있을 때는 누구라도 마땅히 구해야 하며 만약 그 아이를 보고도 구하지 않는다면 도덕적으로 비난받을 일이 된다. 의무적으로 해야 하는 일과 의무 이상의 행동 사이에 차이가 있다는 것은 분명하다.

〈편 지〉

김희생 일병의 유가족께

우리 군 당국은 십여 명의 동료들을 구하기 위해 수류탄을 덮쳐 자신의 목숨을 잃은 김희생 일병에게 훈장을 추서하지 않기로 결정했습니다. 과거에는 그런 행위에 훈장을 내리기도 했으나, 본 위원회는 그런 행위를 군인의 임무에 대한 예외적 헌신을 요구하는 행위로 간주하는 것이 잘못된 판단이라는 결론을 내렸습니다. 모든 군인은 언제나 부대 전체의 이익을 위해 행동할 의무가 있습니다. 따라서 군 당국이 김희생 일병에게 훈장을 수여하는 것은 김희생 일병의 행동을 의무를 넘어선 행동으로 판정하는 것에 해당하며, 결과적으로는 병사들에게 경우에 따라선 부대 전체의 이익을 위해 행동하지 않아도 된다고 암시하는 것과 같게 됩니다. 이것은 명백히 잘못된 암시입니다.

군 포상심의위원회 위원장 김원칙 대령

① 의무적으로 해야 하는 행동에 대한 칭찬은 반드시 필요하다.
② 희생 병사와 그 가족에게 보상을 해 주는 것은 의무 이상의 행동이다.
③ 군의 일관적인 작전 수행을 위해서 병사는 의무의 도덕적 범위에 대한 관행에서 벗어나선 안 된다.
④ 부대 전체의 이익을 위해 자신의 모든 것을 헌신하지 않는 병사는 누구라도 도덕적으로 비난받아야 한다.
⑤ 김 일병의 행동과 동일한 행동을 할 수 있었지만 하지 않았던 동료들 중 그 누구도 도덕적으로 비난받지 않았다.

07 과학지문

문 71. 다음 글의 〈실험〉의 결과를 가장 잘 설명하는 것은? 23 7급(인) 19번

소자 X는 전류가 흐르게 되면 빛을 발생시키는 반도체 소자로, p형 반도체와 n형 반도체가 접합된 구조를 가지고 있다. X에 전류가 흐르게 되면, p형 반도체 부분에 정공이 주입되고 n형 반도체 부분에 전자가 주입된다. 이때 p형 반도체와 n형 반도체의 접합 부분에서는 정공과 전자가 서로 만나 광자, 즉 빛이 발생한다. 그런데 X에 주입되는 모든 정공과 전자가 빛을 발생시키지는 않는다. 어떤 정공과 전자는 서로 만나지 못하기도 하고, 어떤 정공과 전자는 서로 만나더라도 빛을 발생시키지 못한다. 내부 양자효율은 주입된 정공-전자 쌍 중 광자로 변환된 것의 비율을 의미한다. 예를 들어, X에 정공-전자 100쌍이 주입되었을 때 이 소자 내부에서 60개의 광자가 발생하였다면, 내부 양자효율은 0.6으로 계산된다. 이는 X의 성능을 나타내는 중요한 지표 중 하나로, X의 불순물 함유율에 의해서만 결정되고, 불순물 함유율이 낮을수록 내부 양자효율은 높아진다.

X의 성능을 나타내는 또 하나의 지표로 외부 양자효율이 있다. 외부 양자효율은 X 내에서 발생한 광자가 X 외부로 방출되는 정도와 관련된 지표이다. X 내에서 발생한 광자가 X를 벗어나는 과정에서 일부는 반사되어 외부로 나가지 못한다. X 내에서 발생한 광자 중 X 외부로 벗어난 광자의 비율이 외부 양자효율로, 예를 들어 X 내에서 발생한 광자가 100개인데 40개의 광자만이 X 외부로 방출되었다면, 외부 양자효율은 0.4인 것이다. 외부 양자효율은 X의 굴절률에 의해서만 결정되며, 굴절률이 클수록 외부 양자효율은 낮아진다. 같은 개수의 정공-전자 쌍이 주입될 경우, X에서 방출되는 광자의 개수는 외부 양자효율과 내부 양자효율을 곱한 값이 클수록 많아진다.

한 연구자는 X의 세 종류 A, B, C에 대해 다음과 같은 실험을 수행하였다. A와 B의 굴절률은 서로 같았지만, 모두 C의 굴절률보다는 작았다.

〈실 험〉

같은 개수의 정공-전자 쌍이 주입되는 회로에 A, B, C를 각각 연결하고 방출되는 광자의 개수를 측정하였다. 실험 결과, 방출되는 광자의 개수는 A가 가장 많았고 B와 C는 같았다.

① 불순물 함유율은 B가 가장 높고, A가 가장 낮다.
② 불순물 함유율은 C가 가장 높고, A가 가장 낮다.
③ 내부 양자효율은 C가 가장 높고, A가 가장 낮다.
④ 내부 양자효율은 A가 B보다 높고, C가 B보다 높다.
⑤ 내부 양자효율은 C가 A보다 높고, C가 B보다 높다.

문 72. 다음 글의 실험 결과를 가장 잘 설명하는 가설은?

20 민간(가) 9번

> 한 무리의 개미들에게 둥지에서 먹이통 사이를 오가는 왕복 훈련을 시킨 후 120마리를 포획하여 20마리씩 6그룹으로 나눴다.
>
> 먼저 1~3그룹의 개미들을 10m 거리에 있는 먹이통으로 가게 한 후, 다음처럼 일부 그룹의 다리 길이를 조절하는 처치를 했다. 1그룹은 모든 다리의 끝 분절을 제거하여 다리 길이를 줄이고, 2그룹은 모든 다리에 돼지의 거친 털을 붙여 다리 길이를 늘이고, 3그룹은 다리 길이를 그대로 둔 것이다. 이렇게 처치를 끝낸 1~3그룹의 개미들을 둥지로 돌아가게 한 결과, 1그룹 개미들은 둥지에 훨씬 못 미쳐 멈췄고, 2그룹 개미들은 둥지를 훨씬 지나 멈췄으며, 3그룹 개미들만 둥지에서 멈췄다.
>
> 이제 4~6그룹의 개미들은 먹이통으로 출발하기 전에 미리 앞서와 같은 방식으로 일부 그룹의 다리 길이를 조절하는 처치를 했다. 즉, 4그룹은 다리 길이를 줄이고, 5그룹은 다리 길이를 늘이고, 6그룹은 다리 길이를 그대로 두었다. 이 개미들을 10m 거리에 있는 먹이통까지 갔다 오게 했더니, 4~6그룹의 개미 모두가 먹이통까지 갔다가 되돌아와 둥지에서 멈췄다. 4~6그룹의 개미들은 그룹별로 이동 거리의 차이가 없었다.

① 개미의 이동 거리는 다리 길이에 비례한다.
② 개미는 걸음 수에 따라서 이동 거리를 판단한다.
③ 개미의 다리 끝 분절은 개미의 이동에 필수적인 부위이다.
④ 개미는 다리 길이가 조절되고 나면 이동 거리를 측정하지 못한다.
⑤ 개미는 먹이를 찾으러 갈 때와 둥지로 되돌아올 때, 이동 거리를 측정하는 방법이 다르다.

문 73. 다음 글의 ㉠과 ㉡에 대한 평가로 적절한 것만을 〈보기〉에서 모두 고르면?

22 7급(가) 21번

> 진화론에 따르면 개체는 배우자 선택에 있어서 생존과 번식에 유리한 개체를 선호할 것으로 예측된다. 그런데 생존과 번식에 유리한 능력은 한 가지가 아니므로 합리적 선택은 단순하지 않다. 예를 들어 배우자 후보 α와 β가 있는데, 사냥 능력은 α가 우수한 반면, 위험 회피 능력은 β가 우수하다고 하자. 이 경우 개체는 더 중요하다고 판단하는 능력에 기초하여 배우자를 선택하는 것이 합리적이다. 이를테면 사냥 능력에 가중치를 둔다면 α를 선택하는 것이 합리적이라는 것이다. 그런데 α와 β보다 사냥 능력은 떨어지나 위험 회피 능력은 β와 α의 중간쯤 되는 새로운 배우자 후보 γ가 나타난 경우를 생각해 보자. 이때 개체는 애초의 판단 기준을 유지할 수도 있고 변경할 수도 있다. 즉 애초의 판단 기준에 따르면 선택이 바뀔 이유가 없음에도 불구하고, 새로운 후보의 출현에 의해 판단 기준이 바뀌어 위험 회피 능력이 우수한 β를 선택할 수 있다.
>
> 한 과학자는 동물의 배우자 선택에 있어 새로운 배우자 후보가 출현하는 경우, ㉠ 애초의 판단 기준을 유지한다는 가설과 ㉡ 판단 기준에 변화가 발생한다는 가설을 검증하기 위해 다음과 같은 실험을 수행하였다.
>
> 〈실 험〉
>
> X 개구리의 경우, 암컷은 두 가지 기준으로 수컷을 고르는데, 수컷의 울음소리 톤이 일정할수록 선호하고 울음소리 빈도가 높을수록 선호한다. 세 마리의 수컷 A~C는 각각 다른 소리를 내는데, 울음소리 톤은 C가 가장 일정하고 B가 가장 일정하지 않다. 울음소리 빈도는 A가 가장 높고 C가 가장 낮다. 과학자는 A~C의 울음소리를 발정기의 암컷으로부터 동일한 거리에 있는 서로 다른 위치에서 들려주었다. 상황 1에서는 수컷 두 마리의 울음소리만을 들려주었으며, 상황 2에서는 수컷 세 마리의 울음소리를 모두 들려주고 각 상황에서 암컷이 어느 쪽으로 이동하는지 비교하였다. 암컷은 들려준 울음소리 중 가장 선호하는 쪽으로 이동한다.

〈보 기〉

ㄱ. 상황 1에서 암컷에게 들려준 소리가 A, B인 경우 암컷이 A로, 상황 2에서는 C로 이동했다면, ㉠은 강화되지 않지만 ㉡은 강화된다.
ㄴ. 상황 1에서 암컷에게 들려준 소리가 B, C인 경우 암컷이 B로, 상황 2에서는 A로 이동했다면, ㉠은 강화되지만 ㉡은 강화되지 않는다.
ㄷ. 상황 1에서 암컷에게 들려준 소리가 A, C인 경우 암컷이 C로, 상황 2에서는 A로 이동했다면, ㉠은 강화되지 않지만 ㉡은 강화된다.

① ㄱ ② ㄷ
③ ㄱ, ㄴ ④ ㄴ, ㄷ
⑤ ㄱ, ㄴ, ㄷ

문 74. 다음 글의 〈실험 결과〉에 대한 판단으로 적절한 것만을 〈보기〉에서 모두 고르면?
21 민간(나) 21번

박쥐 X가 잡아먹을 수컷 개구리의 위치를 찾기 위해 사용하는 방법에는 두 가지가 있다. 하나는 수컷 개구리의 울음소리를 듣고 위치를 찾아내는 '음탐지' 방법이다. 다른 하나는 X가 초음파를 사용하여, 울음소리를 낼 때 커졌다 작아졌다 하는 울음주머니의 움직임을 포착하여 위치를 찾아내는 '초음파탐지' 방법이다. 울음주머니의 움직임이 없으면 이 방법으로 수컷 개구리의 위치를 찾을 수 없다.

〈실 험〉

한 과학자가 수컷 개구리를 모방한 두 종류의 로봇개구리를 제작했다. 로봇개구리 A는 수컷 개구리의 울음소리를 내고, 커졌다 작아졌다 하는 울음주머니도 가지고 있다. 로봇개구리 B는 수컷 개구리의 울음소리만 내고, 커졌다 작아졌다 하는 울음주머니는 없다. 같은 수의 A 또는 B를 크기는 같지만 서로 다른 환경의 세 방 안에 같은 위치에 두었다. 세 방의 환경은 다음과 같다.

- 방 1 : 로봇개구리 소리만 들리는 환경
- 방 2 : 로봇개구리 소리뿐만 아니라, 로봇개구리가 있는 곳과 다른 위치에서 로봇개구리 소리와 같은 소리가 추가로 들리는 환경
- 방 3 : 로봇개구리 소리뿐만 아니라, 로봇개구리가 있는 곳과 다른 위치에서 로봇개구리 소리와 전혀 다른 소리가 추가로 들리는 환경

각 방에 같은 수의 X를 넣고 실제로 로봇개구리를 잡아먹기 위해 공격하는 데 걸리는 평균 시간을 측정했다. X가 로봇개구리의 위치를 빨리 알아낼수록 공격하는 데 걸리는 시간은 짧다.

〈실험 결과〉

- 방 1 : A를 넣은 경우는 3.4초였고 B를 넣은 경우는 3.3초로 둘 사이에 유의미한 차이는 없었다.
- 방 2 : A를 넣은 경우는 8.2초였고 B를 넣은 경우는 공격하지 않았다.
- 방 3 : A를 넣은 경우는 3.4초였고 B를 넣은 경우는 3.3초로 둘 사이에 유의미한 차이는 없었다.

〈보 기〉

ㄱ. 방 1과 2의 〈실험 결과〉는, X가 음탐지 방법이 방해를 받는 환경에서는 초음파탐지 방법을 사용한다는 가설을 강화한다.
ㄴ. 방 2와 3의 〈실험 결과〉는, X가 소리의 종류를 구별할 수 있다는 가설을 강화한다.
ㄷ. 방 1과 3의 〈실험 결과〉는, 수컷 개구리의 울음소리와 전혀 다른 소리가 들리는 환경에서는 X가 초음파탐지 방법을 사용한다는 가설을 강화한다.

① ㄱ
② ㄷ
③ ㄱ, ㄴ
④ ㄴ, ㄷ
⑤ ㄱ, ㄴ, ㄷ

문 75. 다음 글의 핵심 주장을 강화하는 진술로 가장 적절한 것은?
13 민간(인) 21번

뉴턴의 역학 이론은 아인슈타인의 상대성 이론으로부터 도출되는가? 상대성 이론의 핵심 법칙들을 나타내고 있는 진술들 E_1, E_2, $\cdots E_i$, $\cdots E_n$의 집합을 생각해보자. 이 진술들은 공간적 위치, 시간, 질량 등을 나타내는 변수들을 포함하고 있다. 그리고 이 집합으로부터 관찰에 의해서 확인할 수 있는 것들을 포함하여 상대성 이론의 다양한 진술들을 도출할 수 있다. 그리고 변수들의 범위를 제약하는 진술들을 이용하면 상대성 이론이 어떤 특수한 경우에 적용될 때 성립하는 법칙들도 도출할 수 있다. 가령, 물체의 속도가 광속에 비하여 현저하게 느린 경우에는 계산을 통하여 뉴턴의 운동 법칙, 만유인력 법칙 등과 형태가 같은 진술들 N_1, N_2, $\cdots N_i$, $\cdots N_m$을 도출할 수 있다.

이런 점에서 몇몇 제약 조건을 붙임으로써 뉴턴의 역학은 아인슈타인의 상대성 이론으로부터 도출되는 것으로 보인다. 그렇지만 N_i는 상대성 이론의 특수 경우에 해당하는 법칙일 뿐이지 뉴턴 역학의 법칙들이 아니다. E_i에서 공간적 위치, 시간, 질량 등을 나타냈던 변수들이 N_i에서도 나타난다. 여기서 우리는 N_i에 있는 변수들이 가리키는 것은 뉴턴 이론의 공간적 위치, 시간, 질량 등이 아니라 아인슈타인 이론의 공간적 위치, 시간, 질량 등이라는 것을 주의해야 한다. 같은 이름을 가지고 있지만, 아인슈타인의 이론 속에서 변수들이 가리키는 물리적 대상이 뉴턴 이론 속에서 변수들이 가리키는 물리적 대상과 같은 것은 아니다. 따라서 N_i에 등장하는 변수들에 대한 정의를 바꾸지 않는다면, N_i는 뉴턴의 법칙에 속할 수 없다. 그것은 단지 아인슈타인 상대성 이론의 특수 사례일 뿐이다.

① 뉴턴 역학보다 상대성 이론에 의해 태양계 행성들의 공전 궤도를 더 정확히 계산할 수 있다.
② 어떤 물체의 속도가 광속보다 훨씬 느릴 때 그 물체의 운동의 기술에서 뉴턴 역학과 상대성 이론은 서로 양립 가능하다.
③ 일상적으로 만나는 물체들의 운동을 상대성 이론을 써서 기술하면 뉴턴 역학이 내놓는 것과 동일한 결론에 도달한다.
④ 뉴턴 역학에 등장하는 질량은 속도와 무관하지만 상대성 이론에 등장하는 질량은 에너지의 일종이므로 속도에 의존하여 변할 수 있다.
⑤ 매우 빠르게 운동하는 우주선(cosmic ray)의 구성 입자의 반감기가 길어지는 현상은 상대성 이론으로는 설명되지만 뉴턴 역학으로는 설명되지 않는다.

문 76. 다음 글에서 알 수 없는 것은? 17 민간(나) 04번

현대 심신의학의 기초를 수립한 연구는 1974년 심리학자 애더에 의해 이루어졌다. 애더는 쥐의 면역계에서 학습이 가능하다는 주장을 발표하였는데, 그것은 면역계에서는 학습이 이루어지지 않는다고 믿었던 당시의 과학적 견해를 뒤엎는 발표였다. 당시까지는 학습이란 뇌와 같은 중추신경계에서만 일어날 수 있을 뿐 면역계에서는 일어날 수 없다고 생각했다.

애더는 시클로포스파미드가 면역세포인 T세포의 수를 감소시켜 쥐의 면역계 기능을 억제한다는 사실을 알고 있었다. 어느 날 그는 구토를 야기하는 시클로포스파미드를 투여하기 전 사카린 용액을 먼저 쥐에게 투여했다. 그러자 그 쥐는 이후 사카린 용액을 회피하는 반응을 일으켰다. 그 원인을 찾던 애더는 쥐에게 시클로포스파미드는 투여하지 않고 단지 사카린 용액만 먹여도 쥐의 혈류 속에서 T세포의 수가 감소된다는 것을 알아내었다. 이것은 사카린 용액이라는 조건자극이 T세포 수의 감소라는 반응을 일으킨 것을 의미한다.

심리학자들은 자극-반응 관계 중 우리가 태어날 때부터 가지고 있는 것을 '무조건자극-반응'이라고 부른다. '음식물-침 분비'를 예로 들 수 있고, 애더의 실험에서는 '시클로포스파미드-T세포 수의 감소'가 그 예이다. 반면에 무조건자극이 새로운 조건자극과 연결되어 반응이 일어나는 과정을 '파블로프의 조건형성'이라고 부른다. 애더의 실험에서 쥐는 조건형성 때문에 사카린 용액만 먹여도 시클로포스파미드를 투여받았을 때처럼 T세포수의 감소 반응을 일으킨 것이다. 이런 조건형성 과정은 경험을 통한 행동의 변화라는 의미에서 학습과정이라 할 수 있다.

이 연구 결과는 몇 가지 점에서 중요하다고 할 수 있다. 심리적 학습은 중추신경계의 작용으로 이루어진다. 그런데 면역계에서도 학습이 이루어진다는 것은 중추신경계와 면역계가 독립적이지 않으며 어떤 방식으로든 상호작용한다는 것을 말해준다. 이 발견으로 연구자들은 마음의 작용이나 정서 상태에 의해 중추신경계의 뇌세포에서 분비된 신경전달물질이나 호르몬이 우리의 신체 상태에 어떠한 영향을 끼치게 되는지를 더 면밀히 탐구하게 되었다.

① 쥐에게 시클로포스파미드를 투여하면 T세포 수가 감소한다.
② 애더의 실험에서 사카린 용액은 새로운 조건자극의 역할을 한다.
③ 애더의 실험은 면역계가 중추신경계와 상호작용할 수 있음을 보여준다.
④ 애더의 실험 이전에는 중추신경계에서 학습이 가능하다는 것이 알려지지 않았다.
⑤ 애더의 실험에서 사카린 용액을 먹은 쥐의 T세포 수가 감소하는 것은 면역계의 반응이다.

문 77. 다음 글에서 알 수 없는 것은? 13 행시(인) 06번

연금술은 일련의 기계적인 속임수나 교감적 마술에 대한 막연한 믿음 이상의 인간 행위다. 출발에서부터 그것은 세계와 인간 생활을 관계 짓는 이론이었다. 물질과 과정, 원소와 작용 간의 구분이 명백하지 않았던 시대에 연금술이 다루는 원소들은 인간성의 측면들이기도 했다.

당시 연금술사의 관점에서 본다면 인체라는 소우주와 자연이라는 대우주 사이에는 일종의 교감이 있었다. 대규모의 화산은 일종의 부스럼과 같고 폭풍우는 왈칵 울어대는 동작과 같았다. 연금술사들은 두 가지 원소가 중요하다고 보았다. 그중 하나가 수은인데, 수은은 밀도가 높고 영구적인 모든 것을 대표한다. 또 다른 하나는 황으로, 가연성이 있고 비영속적인 모든 것을 표상한다. 이 우주 안의 모든 물체들은 수은과 황으로 만들어졌다. 이를테면 연금술사들은 알 속의 배아에서 뼈가 자라듯, 모든 금속들은 수은과 황이 합성되어 자라난다고 믿었다. 그들은 그와 같은 유추를 진지한 것으로 여겼는데, 이는 현대 의학의 상징적 용례에 그대로 남아 있다. 우리는 지금도 여성의 기호로 연금술사들의 구리 표시, 즉 '부드럽다'는 뜻으로 '비너스'를 사용하고 있다. 그리고 남성에 대해서는 연금술사들의 철 기호, 즉 '단단하다'는 뜻으로 '마르스'를 사용한다.

모든 이론이 그렇듯이 연금술은 당시 그 시대의 문제를 해결하기 위한 노력의 산물이었다. 1,500년경까지는 모든 치료법이 식물 아니면 동물에서 나와야 한다는 신념이 지배적이었기에 의학 문제들은 해결을 보지 못하고 좌초해 있었다. 그때까지 의약품은 대체로 약초에 의존하였다. 그런데 연금술사들은 거리낌 없이 의학에 금속을 도입했다. 예를 들어 유럽에 창궐한 매독을 치료하기 위해 대단히 독창적인 치료법을 개발했는데, 그 치료법은 연금술에서 가장 강력한 금속으로 간주된 수은을 바탕으로 하였다.

① 연금술사는 모든 치료행위에 수은을 사용하였다.
② 연금술사는 인간을 치료하는 데 금속을 사용하였다.
③ 연금술사는 구리가 황과 수은의 합성의 산물이라고 보았다.
④ 연금술사는 연금술을 자연만이 아니라 인간에게도 적용했다.
⑤ 연금술사는 모든 물체가 두 가지 원소로 이루어진다고 보았다.

문 78. **다음 글의 ㉠으로 가장 적절한 것은?** 19 행시(가) 29번

> 갑 : 우리는 타인의 언어나 행동을 관찰함으로써 타인의 마음을 추론한다. 예를 들어, 우리는 철수의 고통을 직접적으로 관찰할 수 없다. 그러면 철수가 고통스러워한다는 것을 어떻게 아는가? 우리는 철수에게 신체적인 위해라는 특정 자극이 주어졌다는 것과 그가 신음 소리라는 특정 행동을 했다는 것을 관찰함으로써 철수가 고통이라는 심리 상태에 있다고 추론하는 것이다.
>
> 을 : 그러한 추론이 정당화되기 위해서는 내가 보기에 ㉠ A원리가 성립한다고 가정해야 한다. 그렇지 않다면, 특정 자극에 따른 철수의 행동으로부터 철수의 고통을 추론하는 것은 잘못이다. 그런데 A원리가 성립하는지는 아주 의심스럽다. 예를 들어, 로봇이 우리 인간과 유사하게 행동할 수 있다고 하더라도 로봇이 고통을 느낀다고 생각하는 것은 잘못일 것이다.
>
> 병 : 나도 A원리는 성립하지 않는다고 생각한다. 아무런 고통을 느끼지 못하는 사람이 있다고 해 보자. 그런데 그는 고통을 느끼는 척하는 방법을 배운다. 많은 연습 끝에 그는 신체적인 위해가 가해졌을 때 비명을 지르고 찡그리는 등 고통과 관련된 행동을 완벽하게 해낸다. 그렇지만 그가 고통을 느낀다고 생각하는 것은 잘못일 것이다.
>
> 정 : 나도 A원리는 성립하지 않는다고 생각한다. 위해가 가해져 고통을 느끼지만 비명을 지르는 등 고통과 관련된 행동은 전혀 하지 않는 사람도 있기 때문이다. 가령 고통을 느끼지만 그것을 표현하지 않고 잘 참는 사람도 많지 않은가? 그런 사람들을 예외적인 사람으로 치부할 수는 없다. 고통을 참는 것이 비정상적인 것은 아니다.
>
> 을 : 고통을 참는 사람들이 있고 그런 사람들이 비정상적인 것은 아니라는 데는 나도 동의한다. 하지만 그러한 사람의 존재가 내가 얘기한 A원리에 대한 반박 사례인 것은 아니다.

① 어떤 존재의 특정 심리 상태 X가 관찰 가능할 경우, X는 항상 특정 자극에 따른 행동 Y와 동시에 발생한다.

② 어떤 존재의 특정 심리 상태 X가 항상 특정 자극에 따른 행동 Y와 동시에 발생할 경우, X는 관찰 가능한 것이다.

③ 어떤 존재에게 특정 자극에 따른 행동 Y가 발생할 경우, 그 존재에게는 항상 특정 심리 상태 X가 발생한다.

④ 어떤 존재에게 특정 심리 상태 X가 발생할 경우, 그 존재에게는 항상 특정 자극에 따른 행동 Y가 발생한다.

⑤ 어떤 존재에게 특정 심리 상태 X가 발생할 경우, 그 존재에게는 항상 특정 자극에 따른 행동 Y가 발생하고, 그 역도 성립한다.

문 79. **다음 빈칸에 들어갈 말로 가장 적절한 것은?** 14 행시(A) 06번

> 테러리스트가 시내 번화가에 설치한 시한폭탄이 발견되었다. 48시간 뒤에 폭발하도록 되어 있는 이 폭탄은 저울 위에 고정되어 있는데, 저울이 나타내는 무게가 30% 이상 증가하거나 감소하면 폭발하게 되어 있다. 해체가 불가능해 보이는 이 폭탄을 무인 로켓에 실어 우주 공간으로 옮겨 거기서 폭발하도록 하자는 제안이 나왔고, 이 방안에 대해 다음과 같은 토론이 진행되었다.
>
> A : 그 계획에는 문제가 있습니다. 우주선이 지구에서 멀어짐에 따라 중력이 감소할 것이고, 그렇다면 폭탄의 무게가 감소하게 될 것입니다. 결국, 안전한 곳까지 도달하기 전에 폭발할 것입니다.
>
> B : 더 심각한 문제가 있습니다. 로켓이 지구를 탈출하려면 엄청난 속도까지 가속되어야 하는데, 이 가속도 때문에 저울에 얹혀 있는 폭탄의 무게는 증가합니다. 이 무게가 30%만 변하면 끝장이지요.
>
> C : 그런 문제들은 해결할 수 있을 것입니다. 아인슈타인의 등가원리에 따르면, 외부와 차단된 상태에서는 중력에 의한 효과와 가속운동에 의한 효과를 서로 구별할 수 없지요. 그러니 일단 로켓의 속도를 적당히 조절하기만 하면 그 안에서는 로켓이 지구 위에 멈춰 있는지 가속되고 있는지조차 알 수 없습니다. 그러므로 폭탄을 안전하게 우주로 보내기 위해 사용할 수 있는 방법은 [   ]입니다.

① 지구의 중력이 0이 되는 높이까지 로켓을 가속하는 것

② 로켓에 미치는 중력과 가속도를 일정하게 증가시키는 것

③ 로켓에 미치는 중력과 가속도를 일정하게 감소시키는 것

④ 지구로부터 멀어짐에 따라 중력이 감소하는 만큼 로켓을 가속하는 것

⑤ 로켓의 속도가 감소하는 만큼 로켓에 미치는 중력의 크기를 증가시키는 것

문 80. **다음 글의 내용과 부합하지 않는 것은?** 12 행시(인) 25번

과학자들과 철학자들은 오랜 기간 동안 단어의 의미가 뇌의 물리적 재료 속에 들어있는 것이 아니라고 믿었다. 그러나 최근에는 의미가 뇌에서 일어나는 물리적 현상과 관련이 있다는 가설을 받아들이게 되었다. 사전적으로 어떤 단어의 의미는 해당 단어를 어떤 상황이나 문맥에서 사용하는 것이 적절한지에 대해 사람들이 가지고 있는 지식으로 정의된다. 그러나 이러한 정의는 의미가 뇌의 어딘가에 있는 특정한 뉴런들이 자극을 받아 활성화될 때 발생하는 것이라는 실제 현실과는 거리가 있다.

가령 어떤 사람 A의 뇌에서 발생하는 뉴런들의 활성화 유형을 그림으로 나타낼 수 있으며, 그 그림이 'linguist'라는 단어와 상응하는 것이라고 상상해 보자. 실제로 뉴런들의 활성화 유형을 그림이나 수식으로 나타낸다는 것은 현실적으로 불가능하지만 말이다. 그런데 이들 뉴런의 활성화가 'fish'라는 단어 혹은 팔에서 발생한 가려움이 아니라, 'linguist'라는 단어와 상응한다는 것을 뇌에서 어떻게 확인할 수 있을까? 이 질문에 대한 대답이 무엇인지 알기 위해서는 어떤 사람 A와 다른 사람인 B의 뇌에서 발생한 'linguist'에 상응하는 뉴런의 활성화 유형이 항상 일치한다고 상상해야 한다. 그러나 B의 뉴런들은 A의 뇌에서 활성화되었던 뉴런들과 물리적으로 정확히 일치하지 않을 가능성이 있다. 주변의 뉴런들과 연결되어 있는 양상이 약간 상이할 수도 있고, 범위가 더 넓거나 좁을 수도 있으며, 수가 더 많거나, 뇌 부위가 서로 다를 수도 있다.

하지만 서로 다른 뇌에 속하는 뉴런들이 물리적으로 상이함에도 불구하고, 이 뉴런들의 활성화가 어떻게 동일한 대상, 즉 'linguist'의 의미에 해당될 수 있을까? 어떤 단어에 상응하여 활성화되는 뉴런은 사람마다 물리적으로 다를 수 있다. 그러나 그 단어를 들을 때마다 각각의 뇌에서 어떤 특정한 유형으로 활성화된다면, 뉴런의 물리적 차이는 문제가 되지 않는다. 이렇게 보면 단어에 상응하는 뉴런들이 특정한 유형으로 활성화된 것이 바로 그 단어의 의미이다. 각 단어마다 상응하는 뉴런들의 활성화 유형이 서로 다르므로, 이 단어의 의미와 저 단어의 의미가 뇌에서 구별된다.

① 뉴런들의 활성화 유형을 수식으로 나타내는 것은 현실적으로 불가능하다.
② 각 단어에 상응하는 뉴런들의 활성화 유형이 서로 다르므로 단어들의 의미가 구별된다.
③ 대화의 참여자마다 동일한 단어를 들었을 때 활성화되는 뉴런들은 물리적으로 다를 수 있다.
④ 단어의 의미가 뇌에서 일어나는 물리적 현상과 관련된다는 가설을 받아들인 것은 최근의 일이다.
⑤ 사람마다 단어별로 서로 다른 뉴런들을 활성화시킨다고 해도 뇌의 동일한 부위를 사용하기에 상호 간의 의사소통이 가능하다.

08 논리퀴즈

문 81. **다음 글의 내용이 참일 때, 반드시 참인 것만을 〈보기〉에서 모두 고르면?** 23 7급(인) 14번

갑은 〈공직 자세 교육과정〉, 〈리더십 교육과정〉, 〈글로벌 교육과정〉, 〈직무 교육과정〉, 〈전문성 교육과정〉의 다섯 개 과정으로 이루어진 공직자 교육 프로그램에 참여할 것을 고려하고 있다. 갑이 〈공직 자세 교육과정〉을 이수한다면 〈리더십 교육과정〉도 이수한다. 또한 갑이 〈글로벌 교육과정〉을 이수한다면 〈직무 교육과정〉과 〈전문성 교육과정〉도 모두 이수한다. 그런데 갑은 〈리더십 교육과정〉을 이수하지 않거나 〈전문성 교육과정〉을 이수하지 않는다.

〈보 기〉

ㄱ. 갑은 〈공직 자세 교육과정〉을 이수하지 않거나 〈글로벌 교육과정〉을 이수하지 않는다.
ㄴ. 갑이 〈직무 교육과정〉을 이수하지 않는다면 〈글로벌 교육과정〉도 이수하지 않는다.
ㄷ. 갑은 〈공직 자세 교육과정〉을 이수하지 않는다.

① ㄱ
② ㄷ
③ ㄱ, ㄴ
④ ㄴ, ㄷ
⑤ ㄱ, ㄴ, ㄷ

문 82. 다음 글의 내용이 참일 때, 반드시 참인 것만을 〈보기〉에서 모두 고르면? 22 7급(가) 18번

△△처에서는 채용 후보자들을 대상으로 A, B, C, D 네 종류의 자격증 소지 여부를 조사하였다. 그 결과 다음과 같은 사실이 밝혀졌다.

- A와 D를 둘 다 가진 후보자가 있다.
- B와 D를 둘 다 가진 후보자는 없다.
- A나 B를 가진 후보자는 모두 C는 가지고 있지 않다.
- A를 가진 후보자는 모두 B는 가지고 있지 않다는 것은 사실이 아니다.

〈보 기〉

ㄱ. 네 종류 중 세 종류의 자격증을 가지고 있는 후보자는 없다.
ㄴ. 어떤 후보자는 B를 가지고 있지 않고, 또 다른 후보자는 D를 가지고 있지 않다.
ㄷ. D를 가지고 있지 않은 후보자는 누구나 C를 가지고 있지 않다면, 네 종류 중 한 종류의 자격증만 가지고 있는 후보자가 있다.

① ㄱ ② ㄷ
③ ㄱ, ㄴ ④ ㄴ, ㄷ
⑤ ㄱ, ㄴ, ㄷ

문 83. 다음 글의 내용이 참일 때, 반드시 참인 것만을 〈보기〉에서 모두 고르면? 22 7급(가) 19번

신입사원을 대상으로 민원, 홍보, 인사, 기획 업무에 대한 선호를 조사하였다. 조사 결과 민원 업무를 선호하는 신입사원은 모두 홍보 업무를 선호하였지만, 그 역은 성립하지 않았다. 모든 업무 중 인사 업무만을 선호하는 신입사원은 있었지만, 민원 업무와 인사 업무를 모두 선호하는 신입사원은 없었다. 그리고 넷 중 세 개 이상의 업무를 선호하는 신입사원도 없었다. 신입사원 갑이 선호하는 업무에는 기획 업무가 포함되어 있었으며, 신입사원 을이 선호하는 업무에는 민원 업무가 포함되어 있었다.

〈보 기〉

ㄱ. 어떤 업무는 갑도 을도 선호하지 않는다.
ㄴ. 적어도 두 명 이상의 신입사원이 홍보 업무를 선호한다.
ㄷ. 조사 대상이 된 업무 중에, 어떤 신입사원도 선호하지 않는 업무는 없다.

① ㄱ ② ㄷ
③ ㄱ, ㄴ ④ ㄴ, ㄷ
⑤ ㄱ, ㄴ, ㄷ

문 84. 다음 글의 내용이 참일 때, 반드시 참인 것은? 21 민간(나) 19번

A, B, C, D를 포함해 총 8명이 학회에 참석했다. 이들에 관해서 알려진 정보는 다음과 같다.

- 아인슈타인 해석, 많은 세계 해석, 코펜하겐 해석, 보른 해석 말고도 다른 해석들이 있고, 학회에 참석한 이들은 각각 하나의 해석만을 받아들인다.
- 상태 오그라듦 가설을 받아들이는 이들은 모두 5명이고, 나머지는 이 가설을 받아들이지 않는다.
- 상태 오그라듦 가설을 받아들이는 이들은 코펜하겐 해석이나 보른 해석을 받아들인다.
- 코펜하겐 해석이나 보른 해석을 받아들이는 이들은 상태 오그라듦 가설을 받아들인다.
- B는 코펜하겐 해석을 받아들이고, C는 보른 해석을 받아들인다.
- A와 D는 상태 오그라듦 가설을 받아들인다.
- 아인슈타인 해석을 받아들이는 이가 있다.

① 적어도 한 명은 많은 세계 해석을 받아들인다.
② 만일 보른 해석을 받아들이는 이가 두 명이면, A와 D가 받아들이는 해석은 다르다.
③ 만일 A와 D가 받아들이는 해석이 다르다면, 적어도 두 명은 코펜하겐 해석을 받아들인다.
④ 만일 오직 한 명만이 많은 세계 해석을 받아들인다면, 아인슈타인 해석을 받아들이는 이는 두 명이다.
⑤ 만일 코펜하겐 해석을 받아들이는 이가 세 명이면, A와 D 가운데 적어도 한 명은 보른 해석을 받아들인다.

문 85. 다음 글의 내용이 참일 때, 대책회의에 참석하는 전문가의 최대 인원 수는? 20 민간(가) 12번

> 8명의 전문가 A~H를 대상으로 코로나19 대책회의 참석 여부에 관해 조사한 결과 다음과 같은 정보를 얻었다.
> - A, B, C 세 사람이 모두 참석하면, D나 E 가운데 적어도 한 사람은 참석한다.
> - C와 D 두 사람이 모두 참석하면, F도 참석한다.
> - E는 참석하지 않는다.
> - F나 G 가운데 적어도 한 사람이 참석하면, C와 E 두 사람도 참석한다.
> - H가 참석하면, F나 G 가운데 적어도 한 사람은 참석하지 않는다.

① 3명 ② 4명
③ 5명 ④ 6명
⑤ 7명

문 86. 다음 글의 내용이 참일 때, 반드시 참인 것은? 15 민간(인) 15번

> A교육청은 관할지역 내 중학생의 학력 저하가 심각한 수준에 달했다고 우려하고 있다. A교육청은 이러한 학력 저하의 원인이 스마트폰의 사용에 있다고 보고 학력 저하를 방지하기 위한 방안을 마련하기로 하였다. 자료 수집을 위해 A교육청은 B중학교를 조사하였다. 조사 결과에 따르면, B중학교에서 스마트폰을 가지고 등교하는 학생들 중에서 국어 성적이 60점 미만인 학생이 20명, 영어 성적이 60점 미만인 학생이 20명이었다.
>
> B중학교에 스마트폰을 가지고 등교하지만 학교에 있는 동안은 사용하지 않는 학생들 중에 영어 성적이 60점 미만인 학생은 없다. 그리고 B중학교에서 방과 후 보충수업을 받아야 하는 학생 가운데 영어 성적이 60점 이상인 학생은 없다.

① 이 조사의 대상이 된 B중학교 학생은 적어도 40명 이상이다.
② B중학교 학생인 성열이의 영어 성적이 60점 미만이라면, 성열이는 방과 후 보충 수업을 받아야 할 것이다.
③ B중학교 학생인 대석이의 국어 성적이 60점 미만이라면, 대석이는 학교에 있는 동안에 스마트폰을 사용할 것이다.
④ 스마트폰을 가지고 등교하더라도 학교에 있는 동안은 사용하지 않는 B중학교 학생 가운데 방과 후 보충 수업을 받아야 하는 학생은 없다.
⑤ B중학교에서 스마트폰을 가지고 등교하는 학생들 가운데 학교에 있는 동안은 스마트폰을 사용하지 않는 학생은 적어도 20명 이상이다.

문 87. 다음 대화의 ㉠과 ㉡에 들어갈 말을 가장 적절하게 나열한 것은? 16 민간(5) 16번

> 갑 : A와 B 모두 회의에 참석한다면, C도 참석해.
> 을 : C는 회의 기간 중 해외 출장이라 참석하지 못해.
> 갑 : 그럼 A와 B 중 적어도 한 사람은 참석하지 못하겠네.
> 을 : 그래도 A와 D 중 적어도 한 사람은 참석해.
> 갑 : 그럼 A는 회의에 반드시 참석하겠군.
> 을 : 너는 ___㉠___ 고 생각하고 있구나?
> 갑 : 맞아. 그리고 우리 생각이 모두 참이면, E와 F 모두 참석해.
> 을 : 그래. 그 까닭은 ___㉡___ 때문이지.

① ㉠ : B와 D가 모두 불참한다
　㉡ : E와 F 모두 회의에 참석하면 B는 불참하기
② ㉠ : B와 D가 모두 불참한다
　㉡ : E와 F 모두 회의에 참석하면 B도 참석하기
③ ㉠ : B가 회의에 불참한다
　㉡ : B가 회의에 참석하면 E와 F 모두 참석하기
④ ㉠ : D가 회의에 불참한다
　㉡ : B가 회의에 불참하면 E와 F 모두 참석하기
⑤ ㉠ : D가 회의에 불참한다
　㉡ : E와 F 모두 회의에 참석하면 B도 참석하기

문 88. 그린 포럼의 일정을 조정하고 있는 A 행정관이 고려해야 할 사항들이 다음과 같을 때, 반드시 참이라고는 할 수 없는 것은?

16 민간(5) 23번

- 포럼은 개회사, 발표, 토론, 휴식으로 구성하며, 휴식은 생략할 수 있다.
- 포럼은 오전 9시에 시작하여 늦어도 당일 정오까지는 마쳐야 한다.
- 개회사는 포럼 맨 처음에 10분 또는 20분으로 한다.
- 발표는 3회까지 계획할 수 있으며, 각 발표시간은 동일하게 40분으로 하거나 동일하게 50분으로 한다.
- 각 발표마다 토론은 10분으로 한다.
- 휴식은 최대 2회까지 가질 수 있으며, 1회 휴식은 20분으로 한다.

① 발표를 2회 계획한다면, 휴식을 2회 가질 수 있는 방법이 있다.
② 발표를 2회 계획한다면, 오전 11시 이전에 포럼을 마칠 방법이 있다.
③ 발표를 3회 계획하더라도, 휴식을 1회 가질 수 있는 방법이 있다.
④ 각 발표를 50분으로 하더라도, 발표를 3회 가질 수 있는 방법이 있다.
⑤ 각 발표를 40분으로 하고 개회사를 20분으로 하더라도, 휴식을 2회 가질 수 있는 방법이 있다.

문 89. 다음 글의 내용이 참일 때, 반드시 거짓인 것은?

18 민간(가) 20번

사무관 갑, 을, 병, 정, 무는 정책조정부서에 근무하고 있다. 이 부서에서는 지방자치단체와의 업무 협조를 위해 지방의 네 지역으로 사무관들을 출장 보낼 계획을 수립하였다. 원활한 업무 수행을 위해서, 모든 출장은 위 사무관들 중 두 명 또는 세 명으로 구성된 팀 단위로 이루어진다. 네 팀이 구성되어 네 지역에 각각 한 팀씩 출장이 배정된다. 네 지역 출장 날짜는 모두 다르며, 모든 사무관은 최소한 한 번 출장에 참가한다. 이번 출장 업무를 총괄하는 사무관은 단 한 명밖에 없으며, 그는 네 지역 모두의 출장에 참가한다. 더불어 업무 경력을 고려하여, 단 한 지역의 출장에만 참가하는 것은 신임 사무관으로 제한한다. 정책조정부서에 근무하는 신임 사무관은 한 명밖에 없다. 이런 기준 아래에서 출장 계획을 수립한 결과, 을은 갑과 단둘이 가는 한 번의 출장 이외에 다른 어떤 출장도 가지 않으며, 병과 정이 함께 출장을 가는 경우는 단 한 번밖에 없다. 그리고 네 지역 가운데 광역시가 두 곳인데, 단 두 명의 사무관만이 두 광역시 모두에 출장을 간다.

① 갑은 이번 출장 업무를 총괄하는 사무관이다.
② 을은 광역시에 출장을 가지 않는다.
③ 병이 갑, 무와 함께 출장을 가는 지역이 있다.
④ 정은 총 세 곳에 출장을 간다.
⑤ 무가 출장을 가는 지역은 두 곳이고 그중 한 곳은 정과 함께 간다.

문 90. 다음 글의 내용이 참일 때, 반드시 참인 것만을 <보기>에서 모두 고르면? 19 민간(나) 10번

> 전통문화 활성화 정책의 일환으로 일부 도시를 선정하여 문화관광특구로 지정할 예정이다. 특구 지정 신청을 받아본 결과, A, B, C, D, 네 개의 도시가 신청하였다. 선정과 관련하여 다음 사실이 밝혀졌다.
> - A가 선정되면 B도 선정된다.
> - B와 C가 모두 선정되는 것은 아니다.
> - B와 D 중 적어도 한 도시는 선정된다.
> - C가 선정되지 않으면 B도 선정되지 않는다.

〈보 기〉

ㄱ. A와 B 가운데 적어도 한 도시는 선정되지 않는다.
ㄴ. B도 선정되지 않고 C도 선정되지 않는다.
ㄷ. D는 선정된다.

① ㄱ
② ㄴ
③ ㄱ, ㄷ
④ ㄴ, ㄷ
⑤ ㄱ, ㄴ, ㄷ

문 91. 공금횡령사건과 관련해 갑, 을, 병, 정이 참고인으로 소환되었다. 이들 중 갑, 을, 병은 소환에 응하였으나 정은 응하지 않았다. 다음 정보가 모두 참일 때, 귀가 조치된 사람을 모두 고르면? 13 행시(인) 11번

> - 참고인 네 명 가운데 한 명이 단독으로 공금을 횡령했다.
> - 소환된 갑, 을, 병 가운데 한 명만 진실을 말했다.
> - 갑은 '을이 공금을 횡령했다.', 을은 '내가 공금을 횡령했다.', 병은 '정이 공금을 횡령했다.'라고 진술했다.
> - 위의 세 정보로부터 공금을 횡령하지 않았음이 명백히 파악된 사람은 모두 귀가 조치되었다.

① 병
② 갑, 을
③ 갑, 병
④ 을, 병
⑤ 갑, 을, 병

문 92. A, B, C, D 네 사람만 참여한 달리기 시합에서 동순위 없이 순위가 완전히 결정되었다. A, B, C는 각자 아래와 같이 진술하였다. 이들의 진술이 자신보다 낮은 순위의 사람에 대한 진술이라면 참이고, 높은 순위의 사람에 대한 진술이라면 거짓이라고 하자. 반드시 참인 것은? 11 행시(수) 12번

> A : C는 1위이거나 2위이다.
> B : D는 3위이거나 4위이다.
> C : D는 2위이다.

① A는 1위이다.
② B는 2위이다.
③ D는 4위이다.
④ A가 B보다 순위가 높다.
⑤ C가 D보다 순위가 높다.

문 93. 다음 글의 내용을 토대로 5명의 기업윤리 심의위원을 선정하려고 할 때, 반드시 참인 것은? 13 행시(인) 32번

> 후보자는 총 8명으로, 신진 윤리학자 1명과 중견 윤리학자 1명, 신진 경영학자 4명과 중견 경영학자 2명이다. 위원의 선정은 다음 조건을 만족해야 한다.
> - 윤리학자는 적어도 1명 선정되어야 한다.
> - 신진 학자는 4명 이상 선정될 수 없다.
> - 중견 학자 3명이 함께 선정될 수는 없다.
> - 신진 윤리학자가 선정되면 중견 경영학자는 2명 선정되어야 한다.

① 윤리학자는 2명이 선정된다.
② 신진 경영학자는 3명이 선정된다.
③ 중견 경영학자가 2명 선정되면 윤리학자 2명도 선정된다.
④ 신진 경영학자가 2명 선정되면 중견 윤리학자 1명도 선정된다.
⑤ 중견 윤리학자가 선정되지 않으면 신진 경영학자 2명이 선정된다.

문 94. **다음 정보가 모두 참일 때, 대한민국이 반드시 선택해야 하는 정책은?** 14 행시(A) 12번

- 대한민국은 국무회의에서 주변국들과 합동 군사훈련을 실시하기로 확정 의결하였다.
- 대한민국은 A국 또는 B국과 상호방위조약을 갱신하여야 하지만, 그 두 국가 모두와 갱신할 수는 없다.
- 대한민국이 A국과 상호방위조약을 갱신하지 않는 한, 주변국과 합동 군사훈련을 실시할 수 없거나 또는 유엔에 동북아 안보 관련 안건을 상정할 수 없다.
- 대한민국은 어떠한 경우에도 B국과 상호방위조약을 갱신해야 한다.
- 대한민국이 유엔에 동북아 안보 관련 안건을 상정할 수 없다면, 6자 회담을 올해 내로 성사시켜야 한다.

① A국과 상호방위조약을 갱신한다.
② 6자 회담을 올해 내로 성사시킨다.
③ 유엔에 동북아 안보 관련 안건을 상정한다.
④ 유엔에 동북아 안보 관련 안건을 상정하지 않는다면, 6자 회담을 내년 이후로 연기한다.
⑤ A국과 상호방위조약을 갱신하지 않는다면, 유엔에 동북아 안보 관련 안건을 상정한다.

문 95. **다음 글의 내용이 참일 때, 외부 인사의 성명이 될 수 있는 것은?** 15 행시(인) 33번

사무관들은 지난 회의에서 만났던 외부 인사 세 사람에 대해 얘기하고 있다. 사무관들은 외부 인사들의 이름은 모두 정확하게 기억하고 있다. 하지만 그들의 성(姓)에 대해서는 그렇지 않다.

혜민 : 김지후와 최준수와는 많은 대화를 나눴는데, 이진서와는 거의 함께 할 시간이 없었어.
민준 : 나도 이진서와 최준수와는 시간을 함께 보낼 수 없었어. 그런데 지후는 최씨였어.
서현 : 진서가 최씨였고, 다른 두 사람은 김준수와 이지후였지.

세 명의 사무관들은 외부 인사에 대하여 각각 단 한 명씩의 성명만을 올바르게 기억하고 있으며, 외부 인사들의 가능한 성씨는 김씨, 이씨, 최씨 외에는 없다.

① 김진서, 이준수, 최지후
② 최진서, 김준수, 이지후
③ 이진서, 김준수, 최지후
④ 최진서, 이준수, 김지후
⑤ 김진서, 최준수, 이지후

09 문단의 배열 / 표현의 수정

문 96. **다음 글의 ㉠~㉤에서 문맥에 맞지 않는 곳을 찾아 적절하게 수정한 것은?** 22 7급(가) 08번

반세기 동안 지속되던 냉전 체제가 1991년을 기점으로 붕괴되면서 동유럽 체제가 재편되었다. 동유럽에서는 연방에서 벗어나 많은 국가들이 독립하였다. 이 국가들은 자연스럽게 자본주의 시장경제를 받아들였는데, 이후 몇 년 동안 공통적으로 극심한 경제 위기를 경험하게 되었다. 급기야 IMF(국제통화기금)의 자금 지원을 받게 되는데, 이는 ㉠ 갑작스럽게 외부로부터 도입한 자본주의 시스템에 적응하는 일이 결코 쉽지 않다는 점을 보여준다.

이 과정에서 해당 국가 국민의 평균 수명이 급격하게 줄어들었는데, 이는 같은 시기 미국, 서유럽 국가들의 평균 수명이 꾸준히 늘었다는 것과 대조적이다. 이러한 현상에 대해 ㉡ 자본주의 시스템 도입을 적극적으로 지지했던 일부 경제학자들은 오래전부터 이어진 ㉢ 동유럽 지역 남성들의 과도한 음주와 흡연, 폭력과 살인 같은 비경제적 요소를 주된 원인으로 꼽았다. 즉 경제 체제의 변화와는 관련이 없다는 것이다.

이러한 주장에 의문을 품은 영국의 한 연구자는 해당 국가들의 건강 지표가 IMF의 자금 지원 전후로 어떻게 달라졌는지를 살펴보았다. 여러 사회적 상황을 고려하여 통계 모형을 만들고, ㉣ IMF의 자금 지원을 받은 국가와 다른 기관에서 자금 지원을 받은 국가를 비교하였다. 같은 시기 독립한 동유럽 국가 중 슬로베니아만 유일하게 IMF가 아닌 다른 기관에서 돈을 빌렸다. 이때 두 곳의 차이는, IMF는 자금을 지원받은 국가에게 경제와 관련된 구조조정 프로그램을 실시하게 한 반면, 슬로베니아를 지원한 곳은 그렇게 하지 않았다는 점이다. IMF 구조조정 프로그램을 실시한 국가들은 ㉤ 실시 이전부터 결핵 발생률이 크게 증가했던 것으로 나타났다. 그러나 슬로베니아는 같은 기간에 오히려 결핵 사망률이 감소했다. IMF 구조조정 프로그램의 실시 여부는 국가별 결핵 사망률과 일정한 상관관계가 있었던 것이다.

① ㉠을 "자본주의 시스템을 갖추지 않고 지원을 받는 일"로 수정한다.
② ㉡을 "자본주의 시스템 도입을 적극적으로 반대했던"으로 수정한다.
③ ㉢을 "수출입과 같은 국제 경제적 요소"로 수정한다.
④ ㉣을 "IMF의 자금 지원 직후 경제 성장률이 상승한 국가와 하락한 국가"로 수정한다.
⑤ ㉤을 "실시 이후부터 결핵 사망률이 크게 증가했던 것"으로 수정한다.

문 97. **다음 글의 흐름에 맞지 않는 곳을 ㉠~㉤에서 찾아 수정할 때 가장 적절한 것은?** 21 민간(나) 06번

에르고딕 이론에 따르면 그룹의 평균을 활용해 개인에 대한 예측치를 이끌어낼 수 있는데, 이를 위해서는 다음의 두 가지 조건을 먼저 충족해야 한다. 첫째는 그룹의 모든 구성원이 ㉠ 질적으로 동일해야 하며, 둘째는 그 그룹의 모든 구성원이 미래에도 여전히 동일해야 한다는 것이다. 특정 그룹이 이 두 가지 조건을 충족하면 해당 그룹은 '에르고딕'으로 인정되면서, ㉡ 그룹의 평균적 행동을 통해 해당 그룹에 속해 있는 개인에 대한 예측을 이끌어낼 수 있다.

그런데 이 이론에 대해 심리학자 몰레나는 다음과 같은 설명을 덧붙였다. "그룹 평균을 활용해 개인을 평가하는 것은 인간이 모두 동일하고 변하지 않는 냉동 클론이어야만 가능하겠지요? 그런데 인간은 냉동 클론이 아닙니다." 그런데도 등급화와 유형화 같은 평균주의의 결과물들은 정책 결정의 과정에서 중요한 근거로 쓰였다. 몰레나는 이와 같은 위험한 가정을 '에르고딕 스위치'라고 명명했다. 이는 평균주의의 유혹에 속아 집단의 평균에 의해 개인을 파악함으로써 ㉢ 실재하는 개인적 특성을 모조리 무시하게 되는 것을 의미한다.

지금 타이핑 실력이 뛰어나지 않은 당신이 타이핑 속도의 변화를 통해 오타를 줄이고 싶어 한다고 가정해 보자. 평균주의식으로 접근할 경우 여러 사람의 타이핑 실력을 측정한 뒤에 평균 타이핑 속도와 평균 오타 수를 비교하게 된다. 그 결과 평균적으로 타이핑 속도가 더 빠를수록 오타 수가 더 적은 것으로 나타났다고 하자. 이때 평균주의자는 당신이 타이핑의 오타 수를 줄이고 싶다면 ㉣ 타이핑을 더 빠른 속도로 해야 한다고 말할 것이다. 바로 여기가 '에르고딕 스위치'에 해당하는 지점인데, 사실 타이핑 속도가 빠른 사람들은 대체로 타이핑 실력이 뛰어난 편이며 그만큼 오타 수는 적을 수밖에 없다. 더구나 ㉤ 타이핑 실력이라는 요인이 통제된 상태에서 도출된 평균치를 근거로 당신에게 내린 처방은 적절하지 않을 가능성이 높다.

① ㉠을 "질적으로 다양해야 하며"로 고친다.
② ㉡을 "개인의 특성을 종합하여 집단의 특성에 대한 예측"으로 고친다.
③ ㉢을 "실재하는 그룹 간 편차를 모조리 무시"로 고친다.
④ ㉣을 "타이핑을 더 느린 속도로 해야 한다"로 고친다.
⑤ ㉤을 "타이핑 실력이라는 요인이 통제되지 않은 상태에서"로 고친다.

문 98. **다음 글의 흐름에 맞지 않는 곳을 ㉠~㉤에서 찾아 수정할 때 가장 적절한 것은?** 20 민간(가) 16번

경제적 차원에서 가장 불리한 계층, 예컨대 노예와 날품팔이는 ㉠ 특정한 종교 세력에 편입되거나 포교의 대상이 된 적이 없었다. 기독교 등 고대 종교의 포교활동은 이들보다는 소시민층, 즉 야심을 가지고 열심히 노동하며 경제적으로 합리적인 생활을 하는 계층을 겨냥하였다. 고대사회의 대농장에서 일하던 노예들에게 관심을 갖는 종교는 없었다.

모든 시대의 하층 수공업자 대부분은 ㉡ 독특한 소시민적 종교 경향을 지니고 있었다. 이들은 특히 공인되지 않은 종파적 종교성에 기우는 경우가 매우 흔하였다. 곤궁한 일상과 불안정한 생계 활동에 시달리며 동료의 도움에 의존해야 하는 하층 수공업자층은 공인되지 않은 신흥 종교집단이나 비주류 종교집단의 주된 포교 대상이었다.

근대에 형성된 프롤레타리아트는 ㉢ 종교에 우호적이며 관심이 많았다. 이들은 자신의 처지가 자신의 능력과 업적에 의존한다는 의식이 약하고 그 대신 사회적 상황이나 경기 변동, 법적으로 보장된 권력관계에 종속되어 있다는 의식이 강하였다. 이에 반해 자신의 처지가 주술적 힘, 신이나 우주의 섭리와 같은 것에 종속되어 있다는 견해에는 부정적이었다.

프롤레타리아트가 스스로의 힘으로 ㉣ 특정 종교 이념을 창출하는 것은 쉽지 않았다. 이들에게는 비종교적인 이념들이 삶을 지배하는 경향이 훨씬 우세했기 때문이다. 물론 프롤레타리아트 가운데 경제적으로 불안정한 최하위 계층과 지속적인 곤궁으로 인해 프롤레타리아트화의 위험에 처한 몰락하는 소시민계층은 ㉤ 종교적 포교의 대상이 되기 쉬웠다. 특히 이들을 포섭한 많은 종교는 원초적 주술을 사용하거나, 아니면 주술적·광란적 은총 수여에 대한 대용물을 제공했다. 이 계층에서 종교 윤리의 합리적 요소보다 감정적 요소가 훨씬 더 쉽게 성장할 수 있었다.

① ㉠을 "고대 종교에서는 주요한 세력이자 포섭 대상이었다"로 수정한다.
② ㉡을 "종교나 정치와는 괴리된 삶을 살았다"로 수정한다.
③ ㉢을 "종교에 우호적이지도 관심이 많지도 않았다"로 수정한다.
④ ㉣을 "특정 종교 이념을 창출한 경우가 많았다"로 수정한다.
⑤ ㉤을 "종교보다는 정치집단의 포섭 대상이 되었다"로 수정한다.

문 99. 다음 글의 ㉠~㉤에서 전체 흐름과 맞지 않는 한 곳을 찾아 수정할 때, 가장 적절한 것은? 18 민간(가) 02번

상업적 농업이란 전통적인 자급자족 형태의 농업과 달리 ㉠ 판매를 위해 경작하는 농업을 일컫는다. 농업이 상업화된다는 것은 산출할 수 있는 최대의 수익을 얻기 위해 경작이 이루어짐을 뜻한다. 이를 위해 쟁기질, 제초작업 등과 같은 생산 과정의 일부를 인간보다 효율이 높은 기계로 작업하게 되고, 농장에서 일하는 노동자도 다른 산업 분야처럼 경영상의 이유에 따라 쉽게 고용되고 해고된다. 이처럼 상업적 농업의 도입은 근대 사회의 상업화를 촉진한 측면이 있다.

홉스봄은 18세기 유럽에 상업적 농업이 도입되면서 일어난 몇 가지 변화에 주목했다. 중세 말기 장원의 해체로 인해 지주와 소작인 간의 인간적이었던 관계가 사라진 것처럼, ㉡ 농장주와 농장 노동자의 친밀하고 가까웠던 관계가 상업적 농업의 도입으로 인해 사라졌다. 토지는 삶의 터전이라기보다는 수익의 원천으로 여겨지게 되었고, 농장 노동자는 시세대로 고용되어 임금을 받는 존재로 변화하였다. 결국 대량 판매 시장을 위한 ㉢ 대규모 생산이 점점 더 강조되면서 기계가 인간을 대체하기 시작했다.

또한 상업적 농업의 도입은 중요한 사회적 결과를 가져왔다. 점차적으로 ㉣ 중간 계급으로의 수렴현상이 나타난 것이다. 저임금 구조의 고착화로 농장주와 농장 노동자 간의 소득 격차는 갈수록 벌어졌고, 농장 노동자의 처지는 위생과 복지의 양 측면에서 이전보다 더욱 열악해졌다.

나아가 상업화로 인해 그동안 호혜성의 원리가 적용되어왔던 대상들의 성격이 변화하였는데, 특히 돈과 관련된 것, 즉 재산권이 그러했다. 수익을 얻기 위한 토지 매매가 본격화되면서 ㉤ 재산권은 공유되기보다는 개별화되었다. 이에 따라 이전에 평등주의의 가치관이 우세했던 일부 유럽 국가에서조차 자원의 불평등한 분배와 사회적 양극화가 심화되었다.

① ㉠을 "개인적인 소비를 위해 경작하는 농업"으로 고친다.
② ㉡을 "농장주와 농장 노동자의 이질적이고 사용 관계에 가까웠던 관계"로 고친다.
③ ㉢을 "기술적 전문성이 점점 더 강조되면서 인간이 기계를 대체"로 고친다.
④ ㉣을 "계급의 양극화가 나타난 것이다"로 고친다.
⑤ ㉤을 "재산권은 개별화되기보다는 사회 구성원 내에서 공유되었다"로 고친다.

문 100. 다음 논증의 구조를 분석한 내용으로 가장 적절한 것은? (단, ↓는 '위의 문장이 아래 문장을 지지함'을, ⓐ+ⓑ는 'ⓐ와 ⓑ가 결합됨'을 의미한다) 17 행시(가) 15번

ⓐ 만약 어떤 사람에게 다가온 신비적 경험이 그가 살아갈 수 있는 힘으로 밝혀진다면, 그가 다른 방식으로 살아야 한다고 다수인 우리가 주장할 근거는 어디에도 없다. 사실상 신비적 경험은 우리의 모든 노력을 조롱할 뿐 아니라, 논리라는 관점에서 볼 때 우리의 관할 구역을 절대적으로 벗어나 있다. ⓑ 우리 자신의 더 '합리적인' 신념은 신비주의자가 자신의 신념을 위해서 제시하는 증거와 그 본성에 있어서 유사한 증거에 기초해 있다. ⓒ 우리의 감각이 우리의 신념에 강력한 증거가 되는 것과 마찬가지로, 신비적 경험도 그것을 겪은 사람의 신념에 강력한 증거가 된다. ⓓ 우리가 지닌 합리적 신념의 증거와 유사한 증거에 해당하는 경험은, 그러한 경험을 한 사람에게 살아갈 힘을 제공해줄 것이 분명하다. ⓔ 신비적 경험은 신비주의자들에게는 살아갈 힘이 되는 것이다. ⓕ 신비주의자들의 삶의 방식이 수정되어야 할 '불합리한' 것이라고 주장할 수는 없다.

①
ⓒ
↓
ⓑ + ⓓ
↓
ⓔ + ⓐ
↓
ⓕ

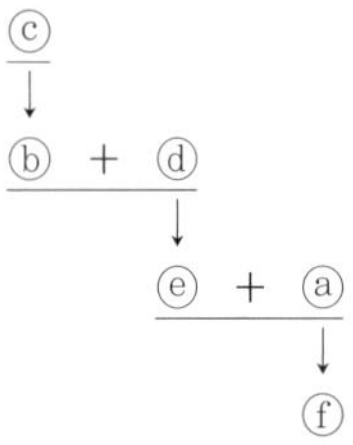

②
ⓕ
↓
ⓑ + ⓓ
↓
ⓒ + ⓔ
↓
ⓐ

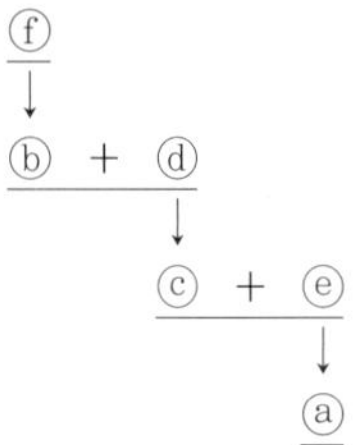

③
ⓒ
↓
ⓓ
↓
ⓑ + ⓔ + ⓕ
↓
ⓐ

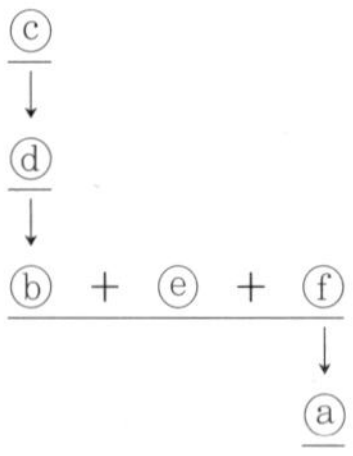

④
ⓒ + ⓔ
↓
ⓓ
↓
ⓐ + ⓑ
↓
ⓕ

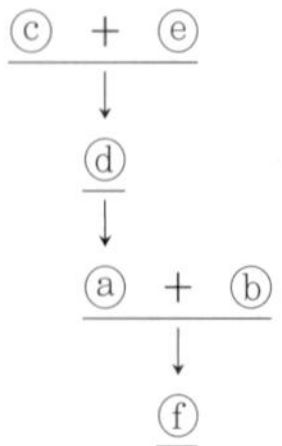

⑤
ⓒ ⓓ
↓ ↓
ⓑ + ⓔ + ⓐ
↓
ⓕ

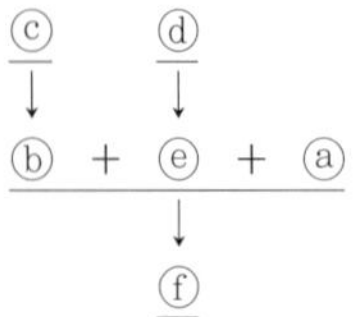

자료해석 필수기출 100제

01 자료의 읽기

문 1. 다음 〈표〉는 2022년 A~E국의 국방비와 GDP, 군병력, 인구에 관한 자료이다. 이에 대한 〈보기〉의 설명 중 옳은 것만을 모두 고르면? 23 7급(인) 19번

〈표〉 2022년 A~E국의 국방비와 GDP, 군병력, 인구

(단위 : 억 달러, 만 명)

구분 국가	국방비	GDP	군병력	인구
A	8,010	254,645	133	33,499
B	195	13,899	12	4,722
C	502	16,652	60	5,197
D	320	20,120	17	6,102
E	684	30,706	20	6,814

〈보 기〉

ㄱ. 국방비가 가장 많은 국가의 국방비는 A~E국 국방비 합의 80% 이상이다.
ㄴ. 인구 1인당 GDP는 B국이 C국보다 크다.
ㄷ. 국방비가 많은 국가일수록 GDP 대비 국방비 비율이 높다.
ㄹ. 군병력 1인당 국방비는 A국이 D국의 3배 이상이다.

① ㄱ, ㄴ
② ㄱ, ㄹ
③ ㄴ, ㄷ
④ ㄱ, ㄷ, ㄹ
⑤ ㄴ, ㄷ, ㄹ

문 2. 다음 〈표〉는 '갑'국 A위원회의 24~26차 회의 심의결과에 관한 자료이다. 이에 대한 〈보기〉의 설명 중 옳은 것만을 모두 고르면? 22 7급(가) 04번

〈표〉 A위원회의 24~26차 회의 심의결과

회차	24		25		26	
위원 \ 동의 여부	동의	부동의	동의	부동의	동의	부동의
기획재정부장관	○		○		○	
교육부장관	○			○	○	
과학기술정보통신부장관	○		○			○
행정안전부장관	○			○	○	
문화체육관광부장관	○			○	○	
농림축산식품부장관		○	○		○	
산업통상자원부장관		○		○		○
보건복지부장관	○		○		○	
환경부장관		○	○			○
고용노동부장관		○		○	○	
여성가족부장관	○		○		○	
국토교통부장관	○		○		○	
해양수산부장관	○		○		○	
중소벤처기업부장관		○	○			○
문화재청장	○		○		○	
산림청장	○				○	

※ 1) A위원회는 〈표〉에 제시된 16명의 위원으로만 구성됨
2) A위원회는 매 회차 개최 시 1건의 안건만을 심의함

〈보 기〉

ㄱ. 24~26차 회의의 심의안건에 모두 동의한 위원은 6명이다.
ㄴ. 심의안건에 부동의한 위원 수는 매 회차 증가하였다.
ㄷ. 전체 위원의 $\frac{2}{3}$ 이상이 동의해야 심의안건이 의결된다면, 24~26차 회의의 심의안건은 모두 의결되었다.

① ㄱ
② ㄴ
③ ㄱ, ㄷ
④ ㄴ, ㄷ
⑤ ㄱ, ㄴ, ㄷ

문 3. 다음 〈표〉와 〈그림〉은 '갑'국 8개 어종의 2020년 어획량에 관한 자료이다. 이에 대한 〈보기〉의 설명 중 옳은 것만을 모두 고르면? 22 7급(가) 19번

〈표〉 8개 어종의 2020년 어획량

(단위 : 톤)

어종	갈치	고등어	광어	멸치	오징어	전갱이	조기	참다랑어
어획량	20,666	64,609	5,453	26,473	23,703	19,769	23,696	482

〈그림〉 8개 어종 2020년 어획량의 전년비 및 평년비

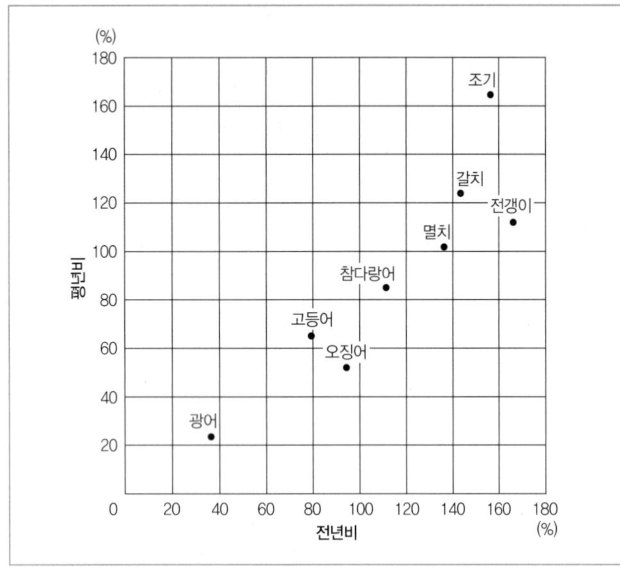

※ 1) 전년비(%) = $\frac{\text{2020년 어획량}}{\text{2019년 어획량}} \times 100$

2) 평년비(%) = $\frac{\text{2020년 어획량}}{\text{2011\sim2020년 연도별 어획량의 평균}} \times 100$

〈보 기〉

ㄱ. 8개 어종 중 2019년 어획량이 가장 많은 어종은 고등어이다.

ㄴ. 8개 어종 각각의 2019년 어획량은 해당 어종의 2011~2020년 연도별 어획량의 평균보다 적다.

ㄷ. 2021년 갈치 어획량이 2020년과 동일하다면, 갈치의 2011~2021년 연도별 어획량의 평균은 2011~2020년 연도별 어획량의 평균보다 크다.

① ㄱ

② ㄴ

③ ㄱ, ㄷ

④ ㄴ, ㄷ

⑤ ㄱ, ㄴ, ㄷ

문 4. 다음 〈표〉는 2021년 우리나라 17개 지역의 도시재생사업비이다. 이에 대한 〈보기〉의 설명 중 옳은 것만을 모두 고르면? 21 민간(나) 01번

〈표〉 지역별 도시재생사업비

(단위 : 억 원)

지역	사업비
서울	160
부산	240
대구	200
인천	80
광주	160
대전	160
울산	120
세종	0
경기	360
강원	420
충북	300
충남	320
전북	280
전남	320
경북	320
경남	440
제주	120
전체	( )

〈보 기〉

ㄱ. 부산보다 사업비가 많은 지역은 8개이다.

ㄴ. 사업비 상위 2개 지역의 사업비 합은 사업비 하위 4개 지역의 사업비 합의 2배 이상이다.

ㄷ. 사업비가 전체 사업비의 10% 이상인 지역은 2개이다.

① ㄱ

② ㄷ

③ ㄱ, ㄴ

④ ㄴ, ㄷ

⑤ ㄱ, ㄴ, ㄷ

문 5. 다음 〈그림〉은 12개 국가의 수자원 현황에 관한 자료이며, A~H는 각각 특정 국가를 나타낸다. 〈그림〉과 〈조건〉을 근거로 판단할 때, 국가명을 알 수 없는 것은? 21 민간(나) 16번

〈그림〉 12개 국가의 수자원 현황

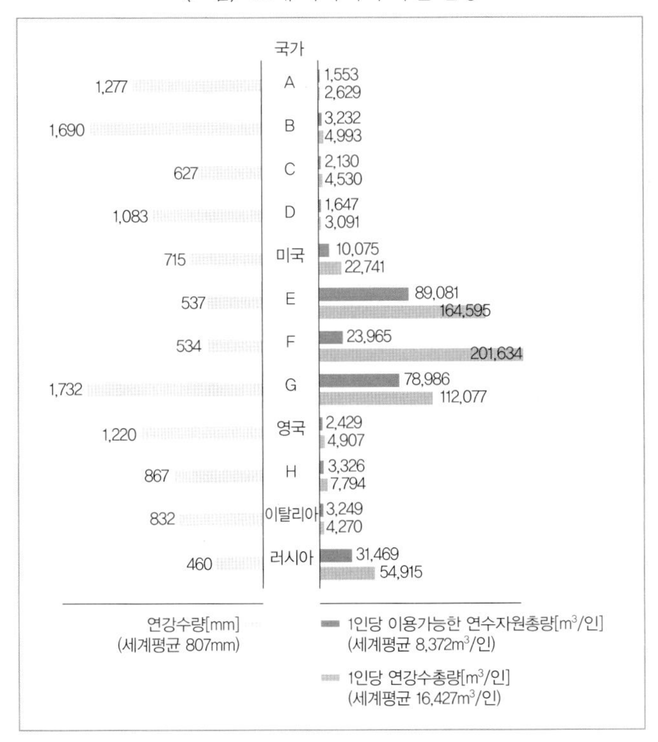

〈조 건〉

- '연강수량'이 세계평균의 2배 이상인 국가는 일본과 뉴질랜드이다.
- '연강수량'이 세계평균보다 많은 국가 중 '1인당 이용가능한 연수자원총량'이 가장 적은 국가는 대한민국이다.
- '1인당 연강수총량'이 세계평균의 5배 이상인 국가를 '연강수량'이 많은 국가부터 나열하면 뉴질랜드, 캐나다, 호주이다.
- '1인당 이용가능한 연수자원총량'이 영국보다 적은 국가 중 '1인당 연강수총량'이 세계평균의 25% 이상인 국가는 중국이다.
- '1인당 이용가능한 연수자원총량'이 6번째로 많은 국가는 프랑스이다.

① B

② C

③ D

④ E

⑤ F

문 6. 다음 〈그림〉은 2015년 16개 지역의 초미세먼지 농도, 연령표준화사망률 및 초미세먼지로 인한 조기사망자수를 조사한 자료이다. 이에 대한 〈보기〉의 설명 중 옳은 것만을 고르면? 20 민간(가) 06번

〈그림〉 지역별 초미세먼지 농도, 연령표준화사망률 및 초미세먼지로 인한 조기사망자수

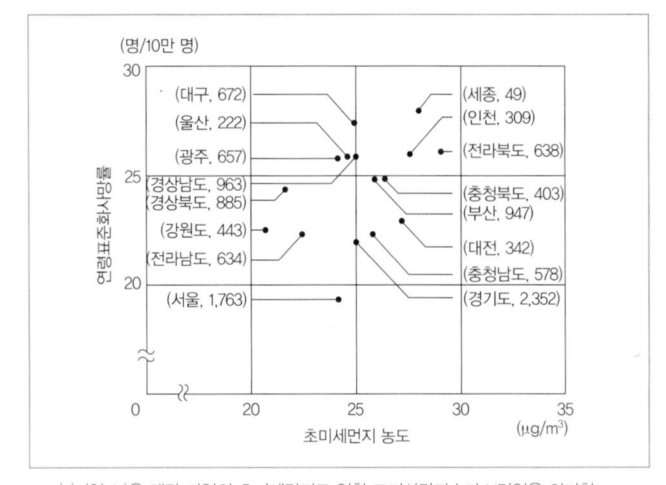

※ 1) (지역, N)은 해당 지역의 초미세먼지로 인한 조기사망자수가 N명임을 의미함
2) 연령표준화사망률은 인구구조가 다른 집단 간의 사망 수준을 비교하기 위하여 연령구조가 사망률에 미치는 영향을 제거한 사망률을 의미함

〈보 기〉

ㄱ. 초미세먼지로 인한 조기사망자수가 가장 많은 지역은 서울이다.

ㄴ. 연령표준화사망률이 높은 지역일수록 초미세먼지로 인한 조기사망자수는 적다.

ㄷ. 초미세먼지 농도가 가장 낮은 지역의 초미세먼지로 인한 조기사망자수는 충청북도보다 많다.

ㄹ. 대구는 부산보다 연령표준화사망률은 높지만 초미세먼지로 인한 조기사망자수는 적다.

① ㄱ, ㄴ

② ㄱ, ㄷ

③ ㄴ, ㄷ

④ ㄴ, ㄹ

⑤ ㄷ, ㄹ

문 7. 다음 <표>는 2018년과 2019년 14개 지역에 등록된 5톤 미만 어선 수에 관한 자료이다. 이에 대한 설명으로 옳은 것은?

20 민간(가) 07번

<표> 2018년과 2019년 14개 지역에 등록된 5톤 미만 어선 수

(단위 : 척)

연도	지역 \ 톤급	1톤 미만	1톤 이상 2톤 미만	2톤 이상 3톤 미만	3톤 이상 4톤 미만	4톤 이상 5톤 미만
2019	부산	746	1,401	374	134	117
	대구	6	0	0	0	0
	인천	98	244	170	174	168
	울산	134	378	83	51	32
	세종	8	0	0	0	0
	경기	910	283	158	114	118
	강원	467	735	541	296	179
	충북	427	5	1	0	0
	충남	901	1,316	743	758	438
	전북	348	1,055	544	168	184
	전남	6,861	10,318	2,413	1,106	2,278
	경북	608	640	370	303	366
	경남	2,612	4,548	2,253	1,327	1,631
	제주	123	145	156	349	246
2018	부산	793	1,412	351	136	117
	대구	6	0	0	0	0
	인천	147	355	184	191	177
	울산	138	389	83	52	33
	세종	7	0	0	0	0
	경기	946	330	175	135	117
	강원	473	724	536	292	181
	충북	434	5	1	0	0
	충남	1,036	1,429	777	743	468
	전북	434	1,203	550	151	188
	전남	7,023	10,246	2,332	1,102	2,297
	경북	634	652	372	300	368
	경남	2,789	4,637	2,326	1,313	1,601
	제주	142	163	153	335	250

① 2019년 경기의 5톤 미만 어선 수의 전년 대비 증감률은 10% 미만이다.

② 2019년 대구를 제외한 각 지역에서 '1톤 미만' 어선 수는 전년보다 감소한다.

③ 2018년 대구, 세종, 충북을 제외한 각 지역에서 '1톤 이상 2톤 미만'부터 '4톤 이상 5톤 미만'까지 톤급이 증가할수록 어선 수는 감소한다.

④ 2018년과 2019년 모두 '1톤 이상 2톤 미만' 어선 수는 충남이 세 번째로 크다.

⑤ 2018년과 2019년 모두 '1톤 미만' 어선 수 대비 '3톤 이상 4톤 미만' 어선 수의 비가 가장 높은 지역은 인천이다.

문 8. 다음 <그림>은 A사와 B사가 조사한 주요 TV 프로그램의 2011년 7월 넷째 주 주간 시청률을 나타낸 자료이다. 이에 대한 <보기>의 설명 중 옳은 것을 모두 고르면?

11 민간(경) 01번

<그림> 주요 TV 프로그램의 주간 시청률(2011년 7월 넷째 주)

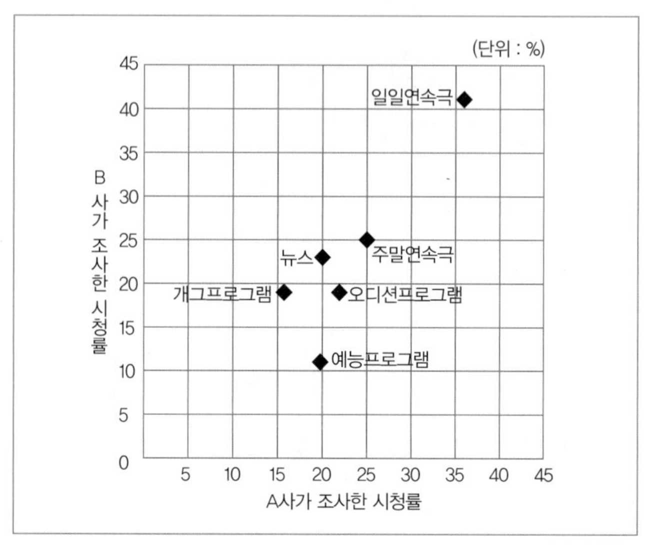

<보 기>

ㄱ. B사가 조사한 일일연속극 시청률은 40% 미만이다.

ㄴ. A사가 조사한 시청률과 B사가 조사한 시청률 간의 차이가 가장 큰 것은 예능프로그램이다.

ㄷ. 오디션프로그램의 시청률은 B사의 조사결과가 A사의 조사결과보다 높다.

ㄹ. 주말연속극의 시청률은 A사의 조사결과가 B사의 조사결과보다 높다.

ㅁ. A사의 조사에서는 오디션프로그램이 뉴스보다 시청률이 높으나 B사의 조사에서는 뉴스가 오디션프로그램보다 시청률이 높다.

① ㄱ, ㄷ

② ㄱ, ㅁ

③ ㄴ, ㄹ

④ ㄴ, ㅁ

⑤ ㄷ, ㄹ

문 9. 다음 〈표〉는 개방형직위 충원 현황에 대한 자료이다. 이에 대한 설명으로 옳은 것은? 11 민간실험(재) 17번

〈표 1〉 2006년도 개방형직위 충원 현황

(단위 : 명, %)

개방형 총 직위 수	미충원 직위 수	충원 직위 수	내부 임용	외부 임용		
				민간인	타부처	소계
165	22	143 (100.0)	81 (56.6)	54 (37.8)	8 (5.6)	62 (43.4)

〈표 2〉 연도별 개방형직위 충원 현황

(단위 : 명, %)

연도	개방형 총 직위 수	충원 직위 수				
		내부 임용	외부 임용			합계
			민간인	타 부처	소계	
2000	130	54 (83.1)	11 (16.9)	0 (0.0)	11 (16.9)	65
2001	131	96 (83.5)	14 (12.2)	5 (4.3)	19 (16.5)	115
2002	139	95 (80.5)	18 (15.3)	5 (4.2)	23 (19.5)	118
2003	142	87 (70.2)	33 (26.6)	4 (3.2)	37 (29.8)	124
2004	154	75 (55.1)	53 (39.0)	8 (5.9)	61 (44.9)	136
2005	156	79 (54.1)	60 (41.1)	7 (4.8)	67 (45.9)	146

〈표 3〉 A부처와 B부처의 개방형직위 충원 현황

(단위 : 명, %)

구분	충원 직위 수	내부 임용	외부 임용		
			민간인	타부처	소계
A부처	201 (100.0)	117 (58.2)	72 (35.8)	12 (6.0)	84 (41.8)
B부처	182 (100.0)	153 (84.1)	22 (12.1)	7 (3.8)	29 (15.9)

① 미충원 직위 수는 매년 감소했다.
② 2001년도 이후 타 부처로부터의 충원 수는 매년 증가했다.
③ 2006년도 내부 임용은 개방형 총 직위 수의 50% 이상이었다.
④ A부처가 B부처에 비해 충원 직위 수는 많은 반면, 충원 직위 수 대비 내부 임용 비율은 낮았다.
⑤ 전년도에 비해 개방형 총 직위 수가 증가한 해에는 민간인 외부 임용 및 충원 직위 수 대비 민간인 외부 임용 비율도 증가했다.

문 10. 다음 〈그림〉은 외식업체 구매담당자들의 공급업체 유형별 신선 편이 농산물 속성에 대한 선호도 평가 결과이다. 이를 바탕으로 작성된 〈보고서〉의 내용 중 옳은 것을 모두 고르면? 11 민간(경) 18번

〈그림 1〉 공급업체 유형별 신선 편이 농산물의 가격적정성 · 품질 선호도 평가

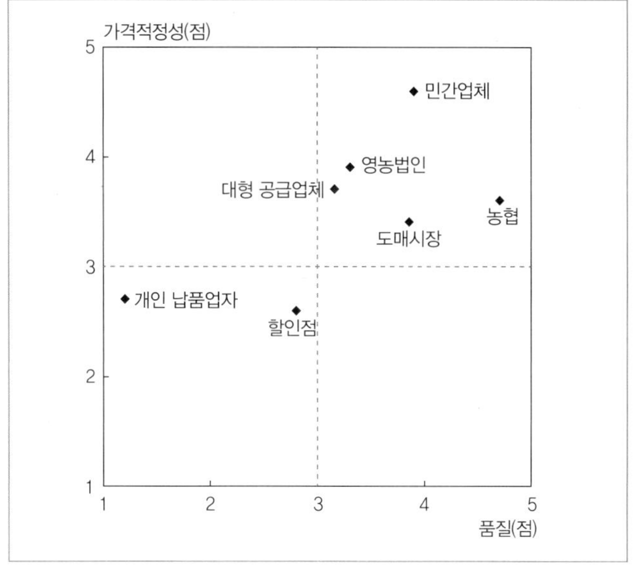

※ 1) 점선은 각 척도(1~5점)의 중간값을 표시함
2) 속성별로 축의 숫자가 클수록 선호도가 높음을 의미함

〈그림 2〉 공급업체 유형별 신선 편이 농산물의 위생안전성 · 공급력 선호도 평가

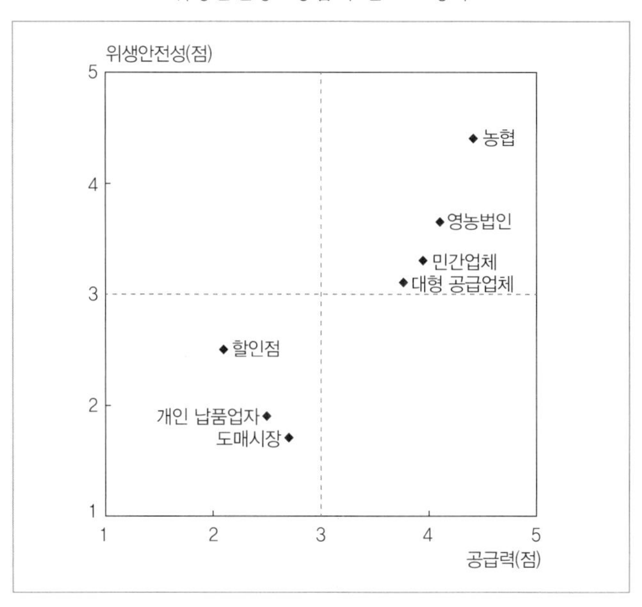

〈보고서〉

소비자의 제품 구입 의도는 제품에 대한 선호도에 의해 결정되므로 개별 속성에 대한 소비자의 인식을 파악하는 것이 중요하다. 신선 편이 농산물의 주된 소비자인 외식업체 구매담당자들을 대상으로 신선 편이 농산물의 네 가지 속성(가격적정성, 품질, 위생안전성, 공급력)에 의거하여 공급업체 유형별 선호도를 측정하였다. 그 결과를 바탕으로 두 가지 속성씩(가격적정성 · 품질, 위생안전성 · 공급력) 짝지어 공급업체들에 대한 선호도 분포를 2차원 좌표평면에 표시하였다.

이를 보면, ㉠ 외식업체 구매담당자들은 가격적정성과 품질 속성에서 각각 민간업체를 농협보다 선호하였다. ㉡ 네 가지 모든 속성에서 척도 중간값(3점) 이상의 평가를 받은 공급업체 유형은 총 네 개였고, ㉢ 특히 농협은 가격적정성, 품질, 공급력 속성에서 가장 선호도가 높았다. ㉣ 할인점은 공급력 속성에서 가장 낮은 선호도를 보인 공급업체 유형으로 나타났다. ㉤ 개인 납품업자는 네 가지 속성 각각에서 가장 낮은 선호도를 보였다.

① ㉠, ㉢
② ㉡, ㉣
③ ㉠, ㉢, ㉤
④ ㉡, ㉢, ㉣
⑤ ㉡, ㉣, ㉤

문 11. 다음 〈그림〉과 〈표〉는 OECD국가와 한국인의 성별 기대수명에 관한 자료이다. 이에 대한 설명 중 옳은 것은?

12 민간(인) 06번

〈그림〉 2009년 OECD국가의 성별 기대수명(상위 10개국)

(단위 : 세)

※ ( ) 안의 숫자는 OECD국가 중 해당 국가의 순위임

〈표〉 한국인의 성별 기대수명(2003~2009년)

연도 \ 성별 / 구분	여성 순위	여성 기대수명(세)	남성 순위	남성 기대수명(세)
2003	19	80.8	26	73.9
2006	13	82.4	23	75.7
2009	6	83.8	20	76.8

※ 순위는 OECD국가 중 한국의 순위임

① 2003년 대비 2009년 한국 남성의 기대수명은 5% 이상 증가하였다.
② 2009년의 경우, 일본 남성의 기대수명은 일본 여성의 기대수명의 90% 이하이다.
③ 2009년 여성과 남성의 기대수명이 모두 상위 5위 이내인 OECD국가의 수는 2개이다.
④ 2006년과 2009년 한국 남성의 기대수명 차이는 2006년과 2009년 한국 여성의 기대수명 차이보다 크다.
⑤ 2009년 스위스 여성과 스웨덴 여성의 기대수명 차이는 두 나라 남성의 기대수명 차이보다 작다.

문 12. 다음 〈그림〉은 A~D음료의 8개 항목에 대한 소비자평가 결과를 나타낸 것이다. 이에 대한 설명 중 옳은 것은?

12 민간(인) 17번

〈그림〉 A~D음료의 항목별 소비자평가 결과

(단위 : 점)

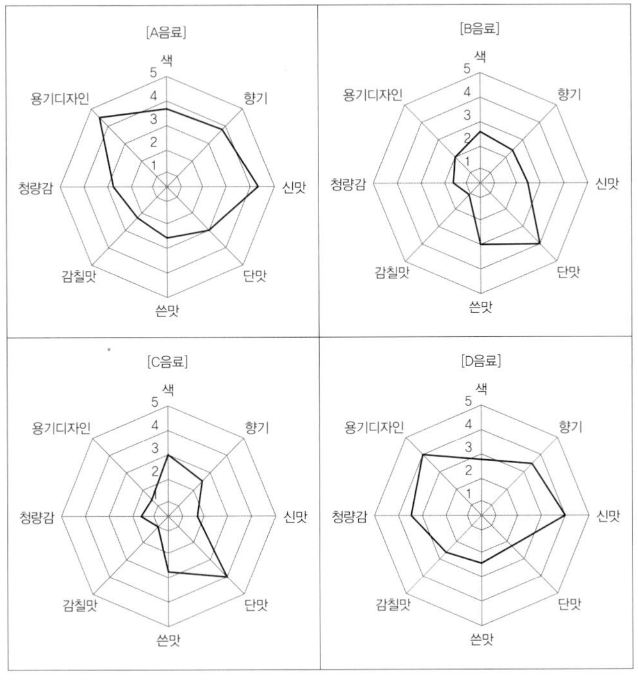

※ 1점이 가장 낮은 점수이고 5점이 가장 높은 점수임

① C음료는 8개 항목 중 '쓴맛'의 점수가 가장 높다.
② '용기디자인'의 점수는 A음료가 가장 높고, C음료가 가장 낮다.
③ A음료는 B음료보다 7개 항목에서 각각 높은 점수를 받았다.
④ 소비자평가 결과의 항목별 점수의 합은 B음료가 D음료보다 크다.
⑤ A~D음료 간 '색'의 점수를 비교할 때 점수가 가장 높은 음료는 '단맛'의 점수를 비교할 때에도 점수가 가장 높다.

문 13. 다음 〈표〉는 '갑' 지역 A 교정시설 소년 수감자의 성격유형과 범죄의 관계에 대한 자료이다. 이에 대한 〈보기〉의 설명 중 옳은 것을 모두 고르면?

13 외교원(인) 21번

〈표 1〉 소년 수감자, 갑 지역 인구, 전국 인구의 성격유형 분포

(단위 : 명, %)

구분 / 성격유형	소년 수감자 수	소년 수감자의 성격유형 구성비	갑 지역 인구의 성격유형 구성비	전국 인구의 성격유형 구성비
가	170	34.0	29.8	30.7
나	177	35.4	37.2	37.8
다	103	20.6	22.7	21.9
라	50	10.0	10.3	9.6

〈표 2〉 소년 수감자의 범죄유형별 성격유형 구성비

(단위 : %, 명)

범죄유형 / 성격유형	강력범죄	도박	장물취득	기타범죄
가	44.4	53.6	31.4	29.9
나	27.8	25.0	39.0	35.6
다	19.4	17.9	19.7	22.6
라	8.4	3.5	9.9	11.9
소년 수감자 수	72	28	223	177

※ 1) 성격유형은 가, 나, 다, 라로만 구분함
2) 각 소년 수감자는 한 가지 범죄유형으로만 분류됨

〈보 기〉

ㄱ. 소년 수감자의 성격유형 구성비 순위는 전국 인구의 성격유형 구성비 순위와 동일하다.
ㄴ. 성격유형별로 각 범죄유형의 소년 수감자 수를 비교해보면, '가'형에서는 도박이 가장 많고 '다'형에서는 기타범죄가 가장 많다.
ㄷ. 전국 인구와 갑 지역 인구의 성격유형 구성비 차이가 가장 큰 성격유형이 기타범죄의 성격유형 구성비도 가장 크다.
ㄹ. '라'형 소년 수감자 중 강력범죄로 수감된 수감자 수는 기타범죄로 수감된 수감자 수보다 많다.

① ㄱ
② ㄱ, ㄷ
③ ㄴ, ㄷ
④ ㄱ, ㄴ, ㄹ
⑤ ㄴ, ㄷ, ㄹ

문 14. 다음 〈표〉는 '가'국의 PC와 스마트폰 기반 웹 브라우저 이용에 대한 설문조사를 바탕으로, 2013년 10월~2014년 1월 동안 매월 이용률 상위 5종 웹 브라우저의 이용률 현황을 정리한 자료이다. 이에 대한 설명으로 옳은 것은? 15 민간(인) 24번

〈표 1〉 PC 기반 웹 브라우저

(단위 : %)

조사시기 / 웹 브라우저 종류	2013년			2014년
	10월	11월	12월	1월
인터넷 익스플로러	58.22	58.36	57.91	58.21
파이어폭스	17.70	17.54	17.22	17.35
크롬	16.42	16.44	17.35	17.02
사파리	5.84	5.90	5.82	5.78
오페라	1.42	1.39	1.33	1.28
상위 5종 전체	99.60	99.63	99.63	99.64

※ 무응답자는 없으며, 응답자는 1종의 웹 브라우저만을 이용한 것으로 응답함

〈표 2〉 스마트폰 기반 웹 브라우저

(단위 : %)

조사시기 / 웹 브라우저 종류	2013년			2014년
	10월	11월	12월	1월
사파리	55.88	55.61	54.82	54.97
안드로이드 기본 브라우저	23.45	25.22	25.43	23.49
크롬	6.85	8.33	9.70	10.87
오페라	6.91	4.81	4.15	4.51
인터넷 익스플로러	1.30	1.56	1.58	1.63
상위 5종 전체	94.39	95.53	95.68	95.47

※ 무응답자는 없으며, 응답자는 1종의 웹 브라우저만을 이용한 것으로 응답함

① 2013년 10월 전체 설문조사 대상 스마트폰 기반 웹 브라우저는 10종 이상이다.
② 2014년 1월 이용률 상위 5종 웹 브라우저 중 PC 기반 이용률 순위와 스마트폰 기반 이용률 순위가 일치하는 웹브라우저는 없다.
③ PC 기반 이용률 상위 5종 웹 브라우저의 이용률 순위는 매월 동일하다.
④ 스마트폰 기반 이용률 상위 5종 웹 브라우저 중 2013년 10월과 2014년 1월 이용률의 차이가 2%p 이상인 것은 크롬뿐이다.
⑤ 스마트폰 기반 이용률 상위 3종 웹 브라우저 이용률의 합은 매월 90% 이상이다.

문 15. 다음 〈표〉와 〈그림〉은 2002년과 2012년 '갑'국의 국적별 외국인 방문객에 관한 자료이다. 이에 대한 설명으로 옳은 것은? 16 민간(5) 07번

〈표〉 외국인 방문객 현황

(단위 : 명)

연도	2002	2012
외국인 방문객 수	5,347,468	9,794,796

〈그림 1〉 2002년 국적별 외국인 방문객 수(상위 10개국)

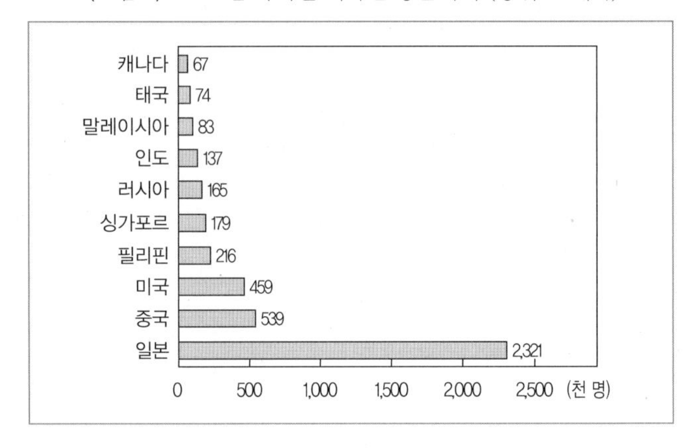

〈그림 2〉 2012년 국적별 외국인 방문객 수(상위 10개국)

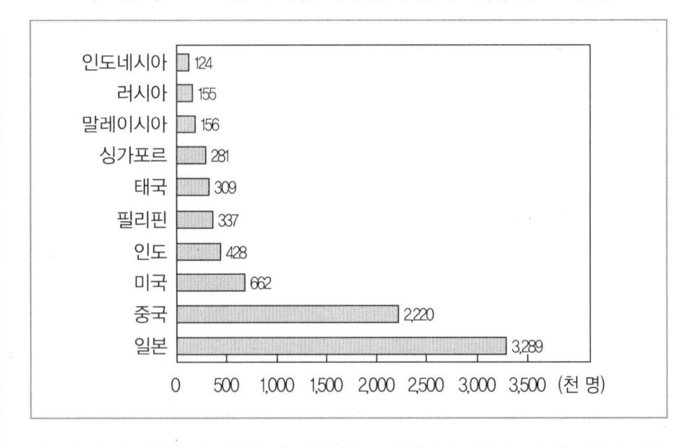

① 미국인, 중국인, 일본인 방문객 수의 합은 2012년이 2002년의 2배 이상이다.
② 2002년 대비 2012년 미국인 방문객 수의 증가율은 말레이시아인 방문객 수의 증가율보다 높다.
③ 전체 외국인 방문객 중 중국인 방문객 비중은 2012년이 2002년의 3배 이상이다.
④ 2002년 외국인 방문객 수 상위 10개국 중 2012년 외국인 방문객 수 상위 10개국에 포함되지 않는 국가는 2개이다.
⑤ 인도네시아인 방문객 수는 2002년에 비해 2012년에 55,000명 이상 증가하였다.

문 16. 다음 〈표〉는 7월 1~10일 동안 도시 A~E에 대한 인공지능 시스템의 예측 날씨와 실제 날씨이다. 이에 대한 〈보기〉의 설명 중 옳은 것만을 모두 고르면? 18 민간(가) 13번

〈표〉 도시 A~E에 대한 예측 날씨와 실제 날씨

도시	구분 \ 날짜	7.1.	7.2.	7.3.	7.4.	7.5.	7.6.	7.7.	7.8.	7.9.	7.10.
A	예측	☂	☁	☼	☂	☼	☼	☂	☂	☼	☁
	실제	☂	☼	☂	☂	☼	☼	☂	☼	☼	☂
B	예측	☼	☂	☼	☂	☁	☼	☂	☼	☼	☼
	실제	☂	☼	☼	☂	☁	☼	☂	☂	☼	☼
C	예측	☂	☼	☂	☂	☼	☂	☼	☂	☂	☂
	실제	☂	☂	☼	☁	☂	☂	☁	☂	☂	☂
D	예측	☂	☂	☼	☼	☼	☂	☂	☼	☼	☂
	실제	☂	☁	☂	☂	☂	☂	☂	☂	☼	☼
E	예측	☂	☼	☼	☂	☂	☂	☼	☁	☼	☂
	실제	☂	☂	☁	☂	☂	☼	☂	☼	☂	☼

※ ☼ : 맑음, ☁ : 흐림, ☂ : 비

〈보 기〉

ㄱ. 도시 A에서는 예측 날씨가 '비'인 날 실제 날씨도 모두 '비'였다.

ㄴ. 도시 A~E 중 예측 날씨와 실제 날씨가 일치한 일수가 가장 많은 도시는 B이다.

ㄷ. 7월 1~10일 중 예측 날씨와 실제 날씨가 일치한 도시 수가 가장 적은 날짜는 7월 2일이다.

① ㄱ

② ㄴ

③ ㄷ

④ ㄴ, ㄷ

⑤ ㄱ, ㄴ, ㄷ

문 17. 다음 〈그림〉은 OECD 주요 국가의 어린이 사고 사망률을 나타낸 것이다. 이에 대한 〈보기〉의 설명 중 옳은 것을 모두 고르면? 11 행시(인) 24번

〈그림〉 OECD 주요 국가 어린이 사고 사망률

(단위 : 명)

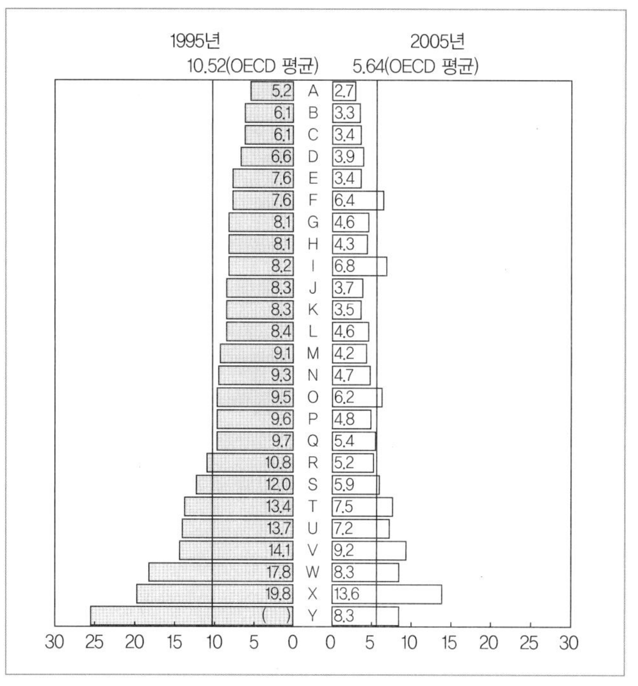

※ 1) 어린이 사고 사망률 : 인구 10만 명당 1~14세 어린이의 사고 사망자 수
2) 사고 사망 : 질병 이외의 모든 외부 요인에 의한 사망
3) A~Y는 국가명을 의미함

〈보 기〉

ㄱ. 국가별로 2005년 어린이 사고 사망률은 1995년에 비해 각각 감소하였다.

ㄴ. Y국의 2005년 어린이 사고 사망률은 1995년 어린이 사고 사망률의 3분의 1 이하이다.

ㄷ. 1995년 대비 2005년 어린이 사고 사망률의 감소율이 P국보다 더 큰 국가는 9개국이다.

ㄹ. 어린이 사고 사망률이 당해 연도 OECD 평균보다 높은 국가의 수는 1995년보다 2005년에 더 많다.

① ㄱ, ㄷ

② ㄴ, ㄹ

③ ㄷ, ㄹ

④ ㄱ, ㄴ, ㄷ

⑤ ㄱ, ㄴ, ㄹ

문 18. 다음 〈표〉는 '갑'팀 구성원(가~라)의 보유 역량 및 수행할 작업(A~G)과 작업별 필요 역량에 대한 자료이다. 이에 대한 설명으로 옳지 않은 것은? 12 행시(인) 10번

〈표 1〉 '갑'팀 구성원의 보유 역량

(○ : 보유)

역량＼구성원	가	나	다	라
자기개발	○	○		
의사소통	○		○	○
수리활용		○		○
정보활용	○		○	
문제해결		○	○	
자원관리	○			
기술활용	○	○		
대인관계			○	○
문화이해	○		○	
변화관리	○	○	○	○

〈표 2〉 수행할 작업과 작업별 필요 역량

(○ : 필요)

작업＼역량	자기개발	의사소통	수리활용	정보활용	문제해결	자원관리	기술활용	대인관계	문화이해	변화관리
A			○					○		○
B					○			○	○	
C					○	○				
D		○		○		○				○
E	○				○					○
F		○	○					○		
G		○					○			○

※ 작업별 필요 역량을 모두 보유하고 있는 구성원만이 해당 작업을 수행할 수 있음

① '갑'팀 구성원 중 D작업을 수행할 수 있는 사람은 G작업도 수행할 수 있다.

② '갑'팀 구성원 중 A작업을 수행할 수 있는 사람이 F작업을 수행하기 위해서는 기존 보유 역량 외에 '의사소통' 역량이 추가로 필요하다.

③ '갑'팀 구성원 중 E작업을 수행할 수 있는 사람은 다른 작업을 수행할 수 없다.

④ '갑'팀 구성원 중 B작업을 수행할 수 있는 사람이 '기술활용' 역량을 추가로 보유하면 G작업을 수행할 수 있다.

⑤ '갑'팀 구성원 중 C작업을 수행할 수 있는 사람은 없다.

문 19. 다음 〈표〉는 '가' 대학 2013학년도 2학기 경영정보학과의 강좌별 성적분포를 나타낸 것이다. 이에 대한 〈보기〉의 설명 중 옳은 것만을 모두 고르면? 15 행시(인) 06번

〈표〉 2013학년도 2학기 경영정보학과의 강좌별 성적분포

(단위 : 명)

분야	강좌	담당교수	교과목명	A+	A0	B+	B0	C+	C0	D+	D0	F	수강인원
전공기초	DBA-01	이성재	경영정보론	3	6	7	6	3	2	0	0	0	27
	DBA-02	이민부	경영정보론	16	2	29	0	15	0	0	0	0	62
	DBA-03	정상훈	경영정보론	9	9	17	13	8	10	0	0	0	66
	DEA-01	황욱태	회계학원론	8	6	16	4	9	6	0	0	0	49
전공심화	MIC-01	이향옥	JAVA 프로그래밍	4	2	6	5	2	0	2	0	4	25
	MIG-01	김신재	e-비즈니스 경영	13	0	21	1	7	3	0	0	1	46
	MIH-01	황욱태	IT 거버넌스	4	4	7	7	6	0	1	0	0	29
	MIO-01	김호재	CRM	14	0	23	8	2	0	2	0	0	49
	MIP-01	이민부	유비쿼터스 컴퓨팅	14	5	15	2	6	0	0	0	0	42
	MIZ-01	정상훈	정보보안관리	8	8	15	9	2	0	0	0	0	42
	MSB-01	이성재	의사결정시스템	2	1	4	1	3	2	0	0	1	14
	MSD-01	김신재	프로젝트관리	3	3	6	4	1	1	0	1	0	19
	MSX-01	우희준	소셜네트워크서비스	9	7	32	7	0	0	0	0	0	55

〈보 기〉

ㄱ. A(A+, A0)를 받은 학생 수가 가장 많은 강좌는 전공심화 분야에 속한다.

ㄴ. 전공기초 분야의 강좌당 수강인원은 전공심화 분야의 강좌당 수강인원보다 많다.

ㄷ. 강좌별 수강인원 중 A+를 받은 학생의 비율이 가장 낮은 강좌는 황욱태 교수의 강좌이다.

ㄹ. 전공기초 분야에 속하는 각 강좌에서는 A(A+, A0)를 받은 학생 수가 C(C+, C0)를 받은 학생 수보다 많다.

① ㄱ, ㄴ　② ㄱ, ㄷ

③ ㄱ, ㄹ　④ ㄴ, ㄹ

⑤ ㄷ, ㄹ

문 20. 다음 〈표〉는 2006~2012년 '갑'국의 문화재 국외반출 허가 및 전시 현황에 관한 자료이다. 이에 대한 설명으로 옳은 것은?

17 행시(가) 14번

〈표〉 문화재 국외반출 허가 및 전시 현황

(단위 : 건, 개)

연도	전시 건수		국외반출 허가 문화재 수량		
	국가별 전시 건수 (국가 : 건수)	계	지정문화재 (문화재 종류 : 개수)	비지정 문화재	계
2006	일본 : 6, 중국 : 1, 영국 : 1, 프랑스 : 1, 호주 : 1	10	국보 : 3, 보물 : 4, 시도지정 문화재 : 1	796	804
2007	일본 : 10, 미국 : 5, 그리스 : 1, 체코 : 1, 중국 : 1	18	국보 : 18, 보물 : 3, 시도지정 문화재 : 1	902	924
2008	일본 : 5, 미국 : 3, 벨기에 :1, 영국 : 1	10	국보 : 5 보물 : 10	315	330
2009	일본 : 9, 미국 : 8, 중국 : 3, 이탈리아 : 3, 프랑스 : 2, 영국 : 2, 독일 : 2, 포르투갈 : 1, 네덜란드 : 1, 체코 : 1, 러시아 : 1	33	국보 : 2, 보물 : 13	1,399	1,414
2010	일본 : 9, 미국 : 5, 영국 : 2, 러시아 : 2, 중국 : 1, 벨기에 : 1, 이탈리아 : 1, 프랑스 : 1, 스페인 : 1, 브라질 : 1	24	국보 : 3, 보물 : 11	1,311	1,325
2011	미국 : 3, 일본 : 2, 호주 : 2, 중국 : 1, 타이완 : 1	9	국보 : 4, 보물 : 12	733	749
2012	미국 : 6, 중국 : 5, 일본 : 5, 영국 : 2, 브라질 : 1, 독일 : 1 러시아 : 1	21	국보 : 4, 보물 : 9	1,430	1,443

※ 1) 지정문화재는 국보, 보물, 시도지정 문화재만으로 구성됨
2) 동일 연도에 두 번 이상 전시된 국외반출 허가 문화재는 없음

① 연도별 국외반출 허가 문화재 수량 중 지정문화재 수량의 비중이 가장 큰 해는 2011년이다.

② 2007년 이후, 연도별 전시 건수 중 미국 전시 건수 비중이 가장 작은 해에는 프랑스에서도 전시가 있었다.

③ 국가별 전시 건수의 합이 10건 이상인 국가는 일본, 미국, 영국이다.

④ 보물인 국외반출 허가 지정문화재의 수량이 가장 많은 해는 전시 건당 국외반출 허가 문화재 수량이 가장 많은 해와 동일하다.

⑤ 2009년 이후, 연도별 전시 건수가 많을수록 국외반출 허가 문화재 수량도 많다.

02 다른 유형으로의 변환

문 21. 다음은 '갑'군의 농촌관광 사업에 관한 〈방송뉴스〉이다. 〈방송뉴스〉의 내용과 부합하는 자료는?

23 7급(인) 08번

〈방송뉴스〉

앵커 : 농촌경제 활성화를 위하여 ○○부가 추진해오고 있는 농촌관광 사업이 있습니다. 최근 감염병으로 인해 농촌관광 사업도 큰 어려움을 겪고 있다고 합니다. □□□ 기자가 어려움을 겪고 있는 농촌관광 사업에 대해 보도합니다.

기자 : … (중략) … '갑'군은 농촌의 소득 다변화를 위하여 다양한 농촌관광 사업을 추진했습니다. 하지만 감염병 확산으로 2020년 '갑'군의 농촌관광 방문객 수와 매출액이 크게 줄었습니다. 농촌체험마을은 2020년 방문객 수와 매출액이 2019년에 비해 75% 이상 감소하였습니다. 농촌민박도 2020년 방문객 수와 매출액이 전년과 비교하여 30% 이상 줄어들었습니다. 다만, 농촌융복합사업장은 2020년 방문객 수와 매출액이 전년과 비교해 줄어든 비율이 농촌체험마을보다는 작았습니다.

①

(단위 : 명, 천 원)

구분 연도	농촌체험마을		농촌민박		농촌융복합사업장	
	방문객 수	매출액	방문객 수	매출액	방문객 수	매출액
2019	1,118	12,280	2,968	98,932	395	6,109
2020	266	3,030	2,035	67,832	199	1,827

②

(단위 : 명, 천 원)

구분 연도	농촌체험마을		농촌민박		농촌융복합사업장	
	방문객 수	매출액	방문객 수	매출액	방문객 수	매출액
2019	1,118	12,320	2,968	98,932	395	6,109
2020	266	3,180	2,035	67,832	199	1,827

③

(단위 : 명, 천 원)

구분 연도	농촌체험마을		농촌민박		농촌융복합사업장	
	방문객 수	매출액	방문객 수	매출액	방문객 수	매출액
2019	1,118	12,280	2,968	98,932	395	6,309
2020	266	3,030	2,035	67,832	199	1,290

④

(단위 : 명, 천 원)

구분 \ 연도	농촌체험마을		농촌민박		농촌융복합사업장	
	방문객 수	매출액	방문객 수	매출액	방문객 수	매출액
2019	1,118	12,320	2,968	96,932	395	6,309
2020	266	3,180	2,035	70,069	199	1,290

⑤

(단위 : 명, 천 원)

구분 \ 연도	농촌체험마을		농촌민박		농촌융복합사업장	
	방문객 수	매출액	방문객 수	매출액	방문객 수	매출액
2019	1,118	12,280	2,968	96,932	395	6,109
2020	266	3,030	2,035	70,069	199	1,827

문 22. 다음 〈보고서〉는 2018~2021년 '갑'국의 생활밀접업종 현황에 대한 자료이다. 〈보고서〉의 내용과 부합하지 않는 자료는?

22 7급(가) 03번

〈보고서〉

생활밀접업종은 소매, 음식, 숙박, 서비스 등과 같이 일상생활과 밀접하게 관련된 재화 또는 용역을 공급하는 업종이다. 생활밀접업종 사업자 수는 2021년 현재 2,215천 명으로 2018년 대비 10% 이상 증가하였다. 2018년 대비 2021년 생활밀접업종 중 73개 업종에서 사업자 수가 증가하였는데, 이 중 스포츠시설운영업이 가장 높은 증가율을 기록하였고 펜션 · 게스트하우스, 애완용품점이 그 뒤를 이었다.

그러나 혼인건수와 출생아 수가 줄어드는 사회적 현상은 관련 업종에도 직접 영향을 미친 것으로 나타났다. 산부인과 병 · 의원 사업자 수는 2018년 이후 매년 감소하였다. 또한, 2018년 이후 예식장과 결혼상담소의 사업자 수도 각각 매년 감소하는 것으로 나타났다.

한편 복잡한 현대사회에서 전문직에 대한 수요는 꾸준히 증가하고 있다. 생활밀접업종을 소매, 음식, 숙박, 병 · 의원, 전문직, 교육, 서비스의 7개 그룹으로 분류했을 때 전문직 그룹의 2018년 대비 2021년 사업자 수 증가율이 17.6%로 가장 높았다.

① 생활밀접업종 사업자 수

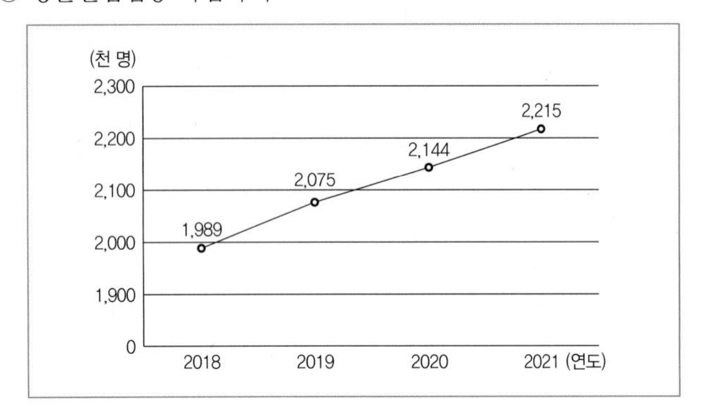

② 2018년 대비 2021년 생활밀접업종 사업자 수 증가율 상위 10개 업종

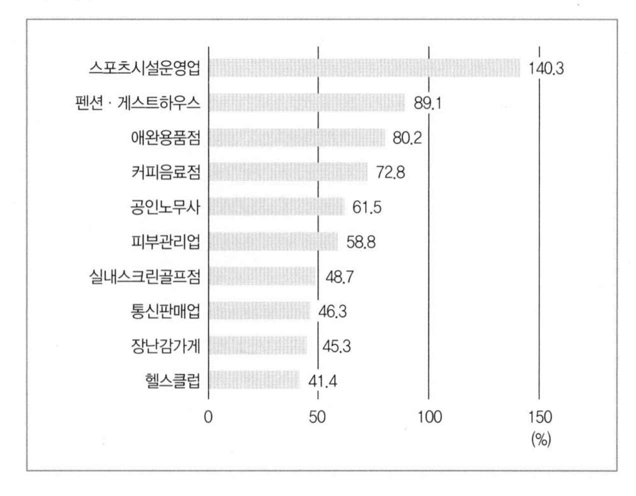

③ 주요 진료과목별 병 · 의원 사업자 수

(단위 : 명)

진료과목 \ 연도	2018	2019	2020	2021
신경정신과	1,270	1,317	1,392	1,488
가정의학과	2,699	2,812	2,952	3,057
피부과 · 비뇨의학과	3,267	3,393	3,521	3,639
이비인후과	2,259	2,305	2,380	2,461
안과	1,485	1,519	1,573	1,603
치과	16,424	16,879	17,217	17,621
일반외과	4,282	4,369	4,474	4,566
성형외과	1,332	1,349	1,372	1,414
내과 · 소아과	10,677	10,861	10,975	11,130
산부인과	1,726	1,713	1,686	1,663

④ 예식장 및 결혼상담소 사업자 수

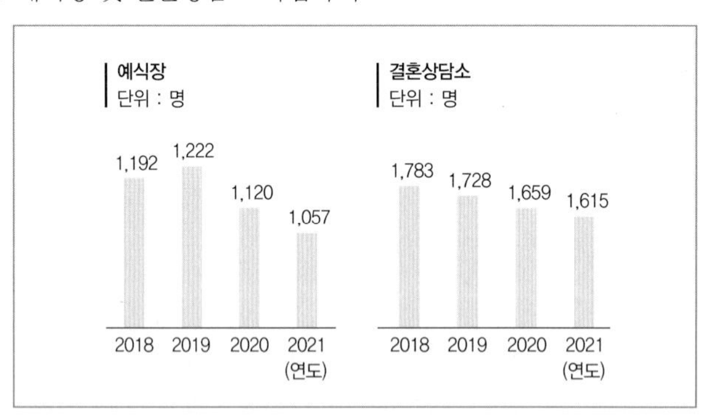

⑤ 2018년 대비 2021년 생활밀접업종의 7개 그룹별 사업자 수 증가율

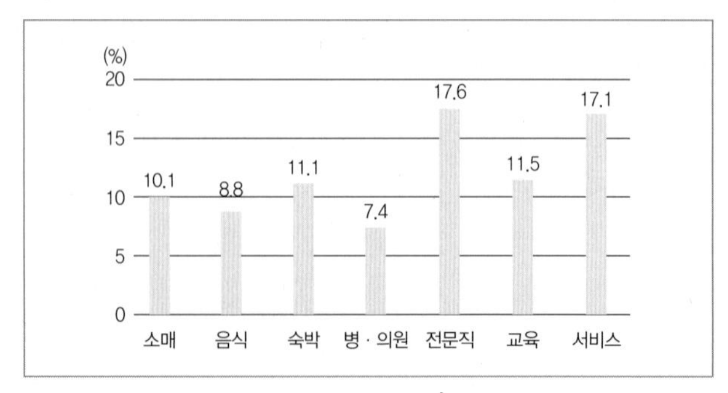

문 23. 다음은 국내 광고산업에 관한 문화체육관광부의 보도자료이다. 이에 부합하지 않는 자료는? 21 민간(나) 25번

문화체육관광부 **보 도 자 료** 사람이 있는 문화

보도일시	배포 즉시 보도해 주시기 바랍니다.		
배포일시	2020. 2. XX.	담당부서	□□□□국
담당과장	○○○ (044-203-○○○○)	담 당 자	사무관 △△△ (044-203-○○○○)

2018년 국내 광고산업 성장세 지속

- 문화체육관광부는 국내 광고사업체의 현황과 동향을 조사한 '2019년 광고산업조사(2018년 기준)' 결과를 발표했다.
- 이번 조사 결과에 따르면 2018년 기준 광고산업 규모는 17조 2,119억 원(광고사업체 취급액* 기준)으로, 전년 대비 4.5% 이상 증가했고, 광고사업체당 취급액 역시 증가했다.
  * 광고사업체 취급액은 광고주가 매체(방송국, 신문사 등)와 매체 외 서비스에 지불하는 비용 전체(수수료 포함)임
  - 업종별로 살펴보면 광고대행업이 6조 6,239억 원으로 전체 취급액의 38% 이상을 차지했으나, 취급액의 전년 대비 증가율은 온라인광고대행업이 16% 이상으로 가장 높다.
- 2018년 기준 광고사업체의 매체 광고비* 규모는 11조 362억 원(64.1%), 매체 외 서비스 취급액은 6조 1,757억 원(35.9%)으로 조사됐다.
  * 매체 광고비는 방송매체, 인터넷매체, 옥외광고매체, 인쇄매체 취급액의 합임
  - 매체 광고비 중 방송매체 취급액은 4조 266억 원으로 가장 큰 비중을 차지하고 있으며, 그 다음으로 인터넷매체, 옥외광고매체, 인쇄매체 순으로 나타났다.
  - 인터넷매체 취급액은 3조 8,804억 원으로 전년 대비 6% 이상 증가했다. 특히, 모바일 취급액은 전년 대비 20% 이상 증가하여 인터넷 광고시장의 성장세를 이끌었다.
  - 한편, 간접광고(PPL) 취급액은 전년 대비 14% 이상 증가하여 1,270억 원으로 나타났으며, 그 중 지상파TV와 케이블TV 간 비중의 격차는 5%p 이하로 조사됐다.

① 광고사업체 취급액 현황(2018년 기준)

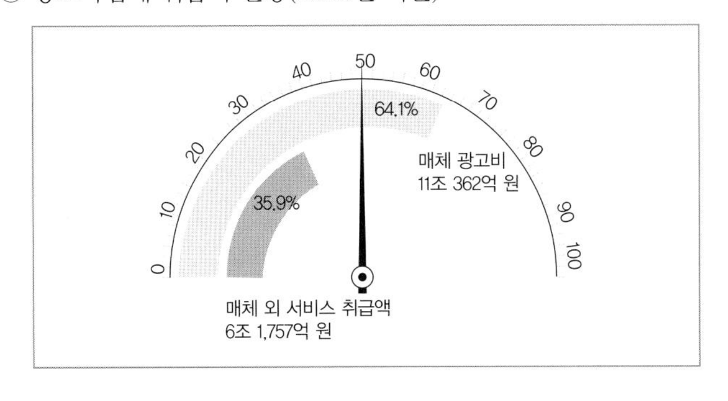

② 인터넷매체(PC, 모바일) 취급액 현황

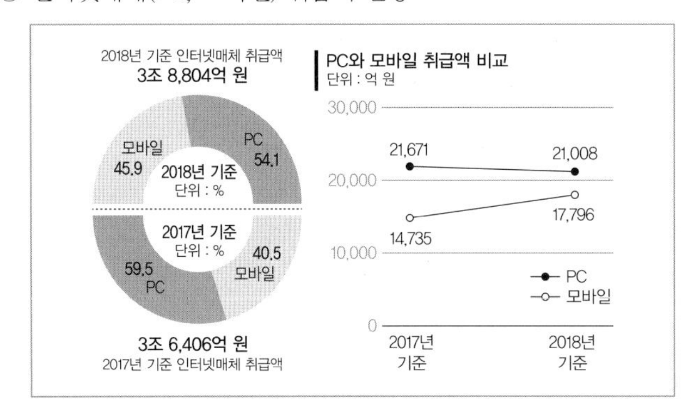

③ 간접광고(PPL) 취급액 현황

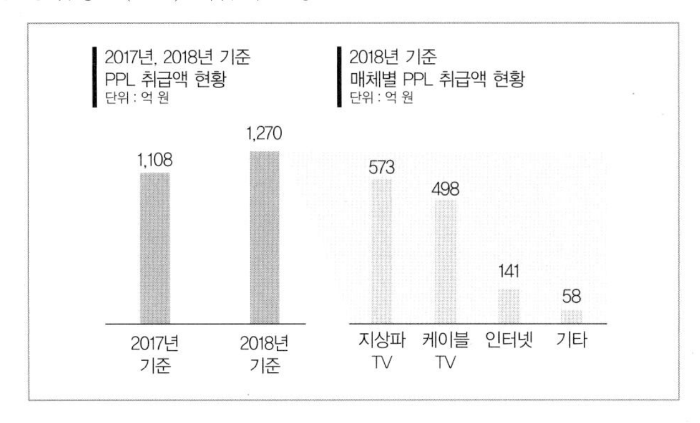

④ 업종별 광고사업체 취급액 현황

(단위 : 개소, 억 원)

구분 \ 업종	2018년 조사(2017년 기준)		2019년 조사(2018년 기준)	
	사업체 수	취급액	사업체 수	취급액
전체	7,234	164,133	7,256	172,119
광고대행업	1,910	64,050	1,887	66,239
광고제작업	1,374	20,102	1,388	20,434
광고전문서비스업	1,558	31,535	1,553	33,267
인쇄업	921	7,374	921	8,057
온라인광고대행업	780	27,335	900	31,953
옥외광고업	691	13,737	607	12,169

⑤ 매체별 광고사업체 취급액 현황(2018년 기준)

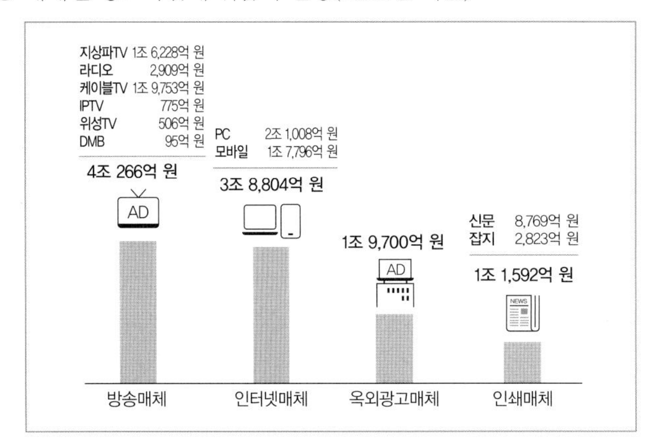

문 24. 다음 〈표〉는 2008~2018년 '갑'국의 황산화물 배출권 거래 현황에 대한 자료이다. 〈표〉를 이용하여 작성한 그래프로 옳지 않은 것은? 20 민간(가) 08번

〈표〉 2008~2018년 '갑'국의 황산화물 배출권 거래 현황

(단위 : 건, kg, 원/kg)

연도	전체		무상거래		유상거래				
	거래건수	거래량	거래건수	거래량	거래건수	거래량	거래가격		
							최고	최저	평균
2008	10	115,894	3	42,500	7	73,394	1,000	30	319
2009	8	241,004	4	121,624	4	119,380	500	60	96
2010	32	1,712,694	9	192,639	23	1,520,055	500	50	58
2011	25	1,568,065	6	28,300	19	1,539,765	400	10	53
2012	32	1,401,374	7	30,910	25	1,370,464	400	30	92
2013	59	2,901,457	5	31,500	54	2,869,957	600	60	180
2014	22	547,500	1	2,000	21	545,500	500	65	269
2015	12	66,200	5	22,000	7	44,200	450	100	140
2016	10	89,500	3	12,000	7	77,500	500	150	197
2017	20	150,966	5	38,100	15	112,866	160	100	124
2018	28	143,324	3	5,524	25	137,800	250	74	140

① 2010~2013년 연도별 전체 거래의 건당 거래량

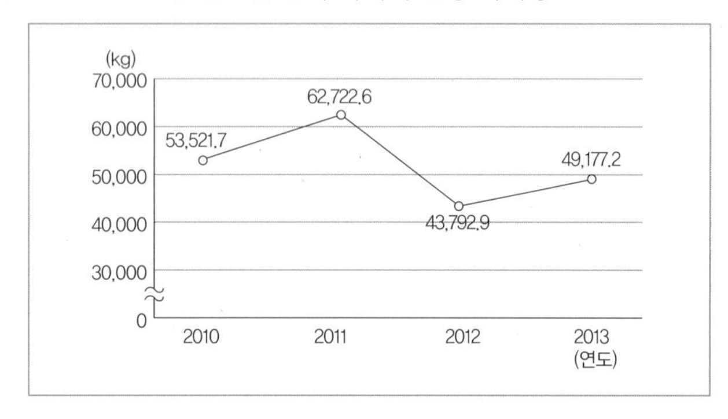

② 2009~2013년 유상거래 최고 가격과 최저 가격

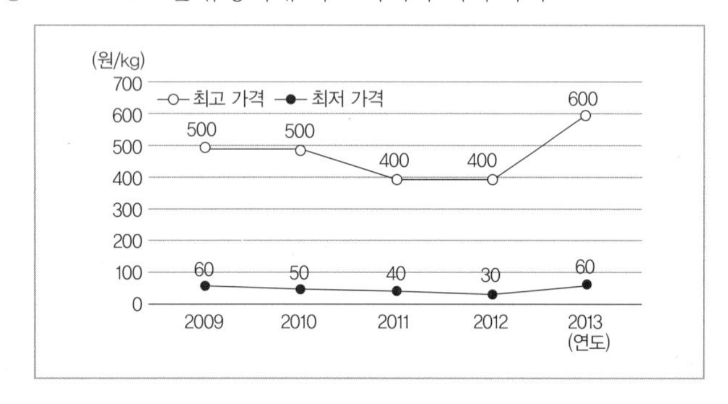

③ 2013~2017년 유상거래 평균 가격

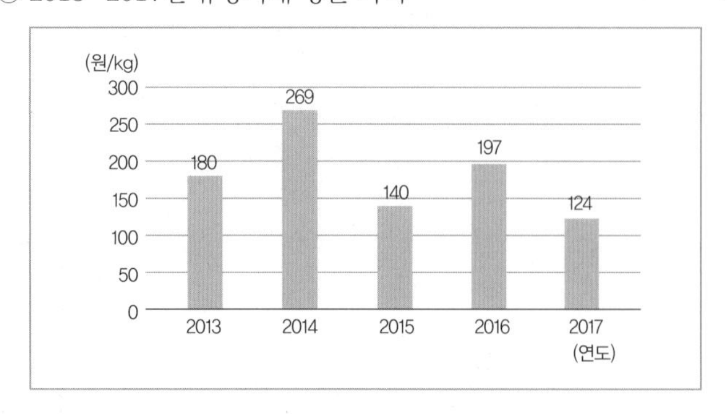

④ 2008년 전체 거래량 구성비

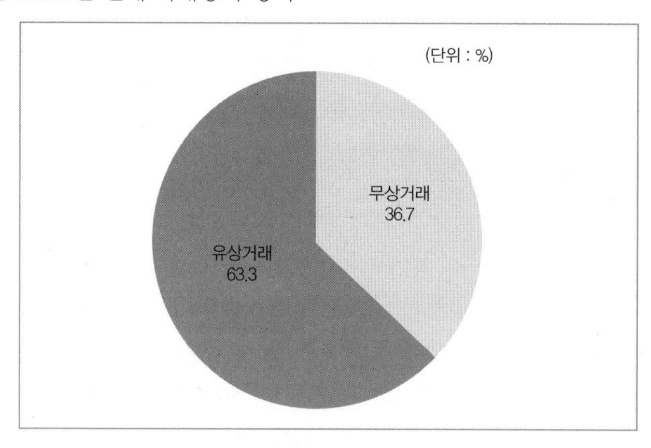

⑤ 2010~2013년 무상거래 건수와 유상거래 건수

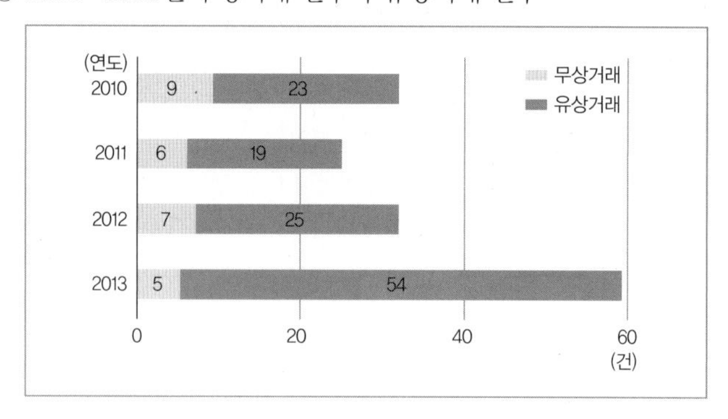

문 25. 다음 〈표〉와 〈그림〉은 2010년 대전광역시 행정구역별 교통 관련 현황 및 행정구역도이다. 이를 이용하여 작성한 그래프로 옳지 않은 것은? 13 민간(인) 03번

〈표〉 2010년 대전광역시 행정구역별 교통 관련 현황

구분 \ 행정구역	전체	동구	중구	서구	유성구	대덕구
인구(천 명)	1,506	249	265	500	285	207
가구 수(천 가구)	557	99	101	180	102	75
주차장 확보율(%)	81.5	78.6	68.0	87.2	90.5	75.3
승용차 보유 대수(천 대)	569	84	97	187	116	85
가구당 승용차 보유 대수(대)	1.02	0.85	0.96	1.04	1.14	1.13
승용차 통행 발생량(만 통행)	179	28	32	61	33	25
화물차 수송 도착량에 대한 화물차 수송 발생량 비율(%)	51.5	46.8	36.0	30.1	45.7	91.8

※ 승용차 1대당 통행 발생량(통행) = $\frac{\text{승용차 통행 발생량}}{\text{승용차 보유 대수}}$

〈그림〉 대전광역시 행정구역도

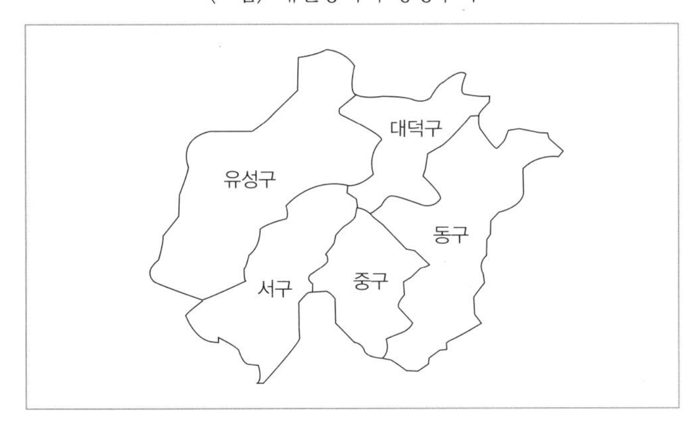

① 행정구역별 인구

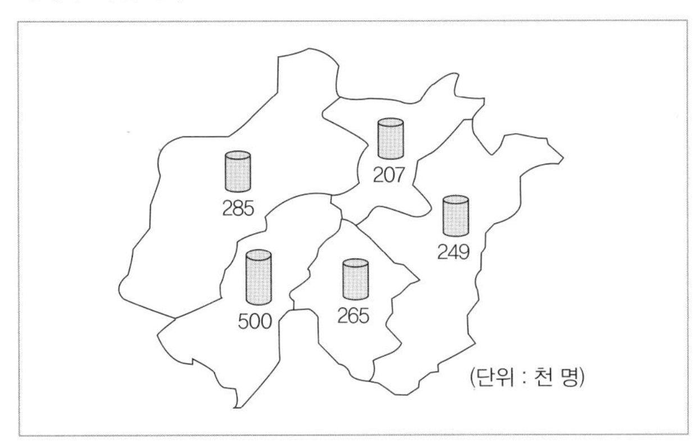

② 행정구역별 주차장 확보율

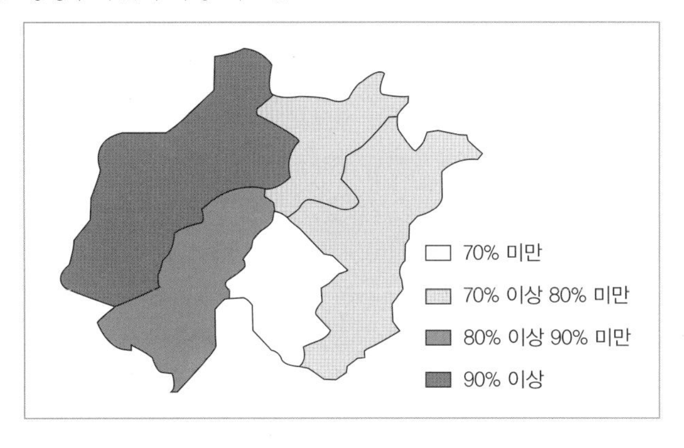

③ 행정구역별 가구당 승용차 보유 대수

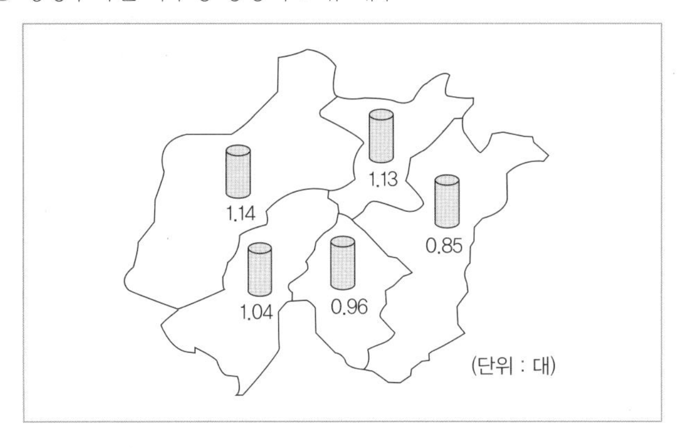

④ 행정구역별 화물차 수송 도착량에 대한 화물차 수송 발생량 비율

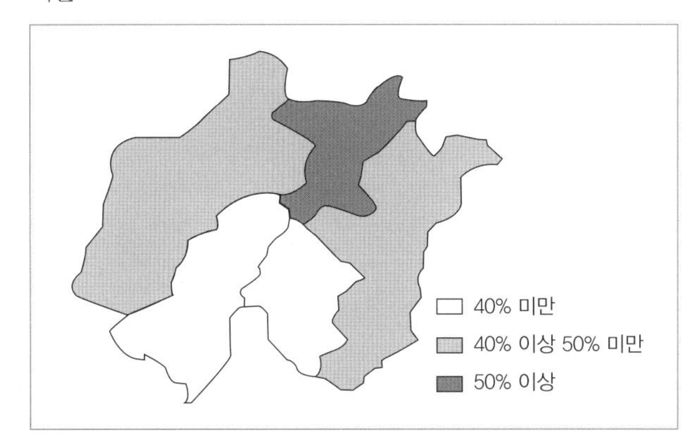

⑤ 행정구역별 승용차 1대당 통행 발생량

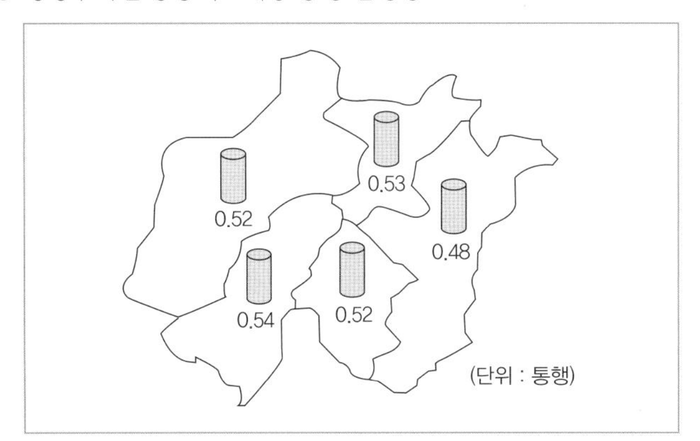

문 26. **다음은 1995년과 2007년 도시근로자가구당 월평균 소비지출액 및 교통비지출액 현황에 대한 〈보고서〉이다. 〈보고서〉의 내용과 부합하지 않는 자료는?** 13 민간(인) 21번

〈보고서〉

- 도시근로자가구당 월평균 소비지출액은 1995년 1,231천 원에서 2007년 2,349천 원으로 증가하였다.
- 도시근로자가구당 월평균 교통비지출액은 1995년 120.3천 원에서 2007년 282.4천 원으로 증가하였다.
- 도시근로자가구당 월평균 교통비지출액 비중이 큰 세부 항목부터 순서대로 나열하면, 1995년에는 자동차구입(29.9%), 연료비(21.9%), 버스(18.3%), 보험료(7.9%), 택시(7.1%)의 순이었으나, 2007년에는 연료비(39.0%), 자동차구입(23.3%), 버스(12.0%), 보험료(6.2%), 정비 및 수리비(3.7%)의 순으로 변동되었다.
- 사무직 도시근로자가구당 월평균 교통비지출액은 1995년 151.8천 원에서 2007년 341.4천 원으로 증가하였으며, 생산직 도시근로자가구당 월평균 교통비지출액은 1995년 96.3천 원에서 2007년 233.1천 원으로 증가하였다.
- 1995년과 2007년 도시근로자가구당 월평균 교통비지출액 비중의 차이는 소득 10분위가 소득 1분위보다 작았다.

① 소득분위별 도시근로자가구당 월평균 교통비지출액 현황

(단위 : 천 원, %)

소득분위	소비지출액 (A)		교통비지출액 (B)		교통비지출액 비중$\left(\frac{B}{A}\times 100\right)$	
	1995년	2007년	1995년	2007년	1995년	2007년
1분위	655.5	1,124.8	46.1	97.6	7.0	8.7
2분위	827.3	1,450.6	64.8	149.2	7.8	10.3
3분위	931.1	1,703.2	81.4	195.8	8.7	11.5
4분위	1,028.0	1,878.7	91.8	210.0	8.9	11.2
5분위	1,107.7	2,203.2	108.4	285.0	9.8	12.9
6분위	1,191.8	2,357.9	114.3	279.3	9.6	11.8
7분위	1,275.0	2,567.6	121.6	289.1	9.5	11.3
8분위	1,441.4	2,768.8	166.1	328.8	11.5	11.9
9분위	1,640.0	3,167.2	181.4	366.4	11.1	11.6
10분위	2,207.0	4,263.7	226.7	622.5	10.3	14.6

② 도시근로자가구당 월평균 교통비지출액 현황

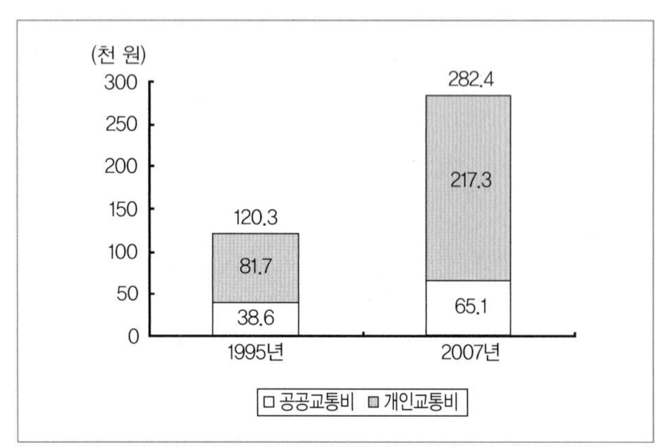

③ 세부항목별 도시근로자가구당 월평균 교통비지출액 현황

(단위 : 원, %)

세부항목	1995년		2007년	
	지출액	비중	지출액	비중
버스	22,031	18.3	33,945	12.0
지하철 및 전철	3,101	2.6	9,859	3.5
택시	8,562	7.1	9,419	3.3
기차	2,195	1.8	2,989	1.1
자동차임차료	212	0.2	346	0.1
화물운송료	1,013	0.8	3,951	1.4
항공	1,410	1.2	4,212	1.5
기타공공교통	97	0.1	419	0.1
자동차구입	35,923	29.9	65,895	23.3
오토바이구입	581	0.5	569	0.2
자전거구입	431	0.4	697	0.3
부품 및 관련용품구입	1,033	0.9	4,417	1.6
연료비	26,338	21.9	110,150	39.0
정비 및 수리비	5,745	4.8	10,478	3.7
보험료	9,560	7.9	17,357	6.2
주차료	863	0.7	1,764	0.6
통행료	868	0.7	4,025	1.4
기타개인교통	310	0.2	1,902	0.7

④ 직업형태별 도시근로자가구당 월평균 교통비지출액 현황

(단위 : 천 원)

직업형태	교통비	1995년	2000년	2005년	2006년	2007년
사무직	공공	39.8	54.1	62.5	64.4	67.0
	개인	112.0	190.5	240.9	254.1	274.4
	소계	151.8	244.6	303.4	318.5	341.4
생산직	공공	37.7	52.3	61.5	61.7	63.6
	개인	58.6	98.6	124.1	147.2	169.5
	소계	96.3	150.9	185.6	208.9	233.1

⑤ 연도별 도시근로자가구당 월평균 소비지출액 현황

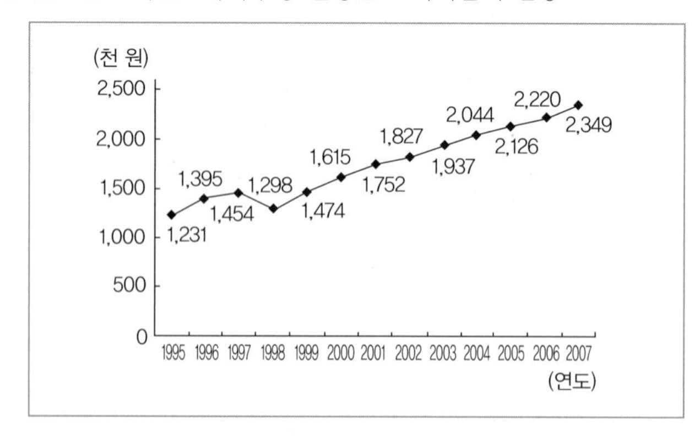

문 27. **다음은 우리나라 기업결합에 관한 〈보고서〉이다. 〈보고서〉에 제시된 내용과 부합하지 않는 것은?** 13 외교원(인) 04번

〈보고서〉

- 2011년 '전체 기업결합' 심사 건수는 전년 대비 8% 이상 증가하였으나, '전체 기업결합' 금액은 전년 대비 34% 이상 감소하였다.
- 2009~2011년 '전체 기업결합' 및 '국내기업관련 기업결합' 심사 건수는 2009년 1사분기 이후 매분기 증가하였으나, 2011년 2사분기 이후 매분기 감소하였다.
- 2011년 '국내기업에 의한 기업결합' 건수의 경우, 제조업 분야는 전년 대비 28% 이상 증가한 반면, 서비스업 분야는 전년 대비 12% 이상 감소하였다.
- 2011년 '국내기업에 의한 기업결합' 총 431건의 유형별 건수는 혼합결합 244건, 수평결합 129건, 수직결합 58건이다.
- 2011년 '국내기업에 의한 기업결합'의 수단별 건수는 주식취득(142건)이 가장 많았고, 영업양수(41건)가 가장 적었다.

① '전체 기업결합' 금액 및 심사 건수 추이

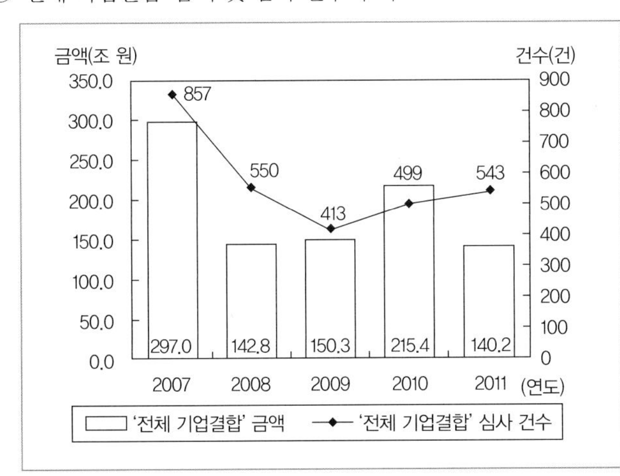

② 분기별 기업결합 심사 건수 추이

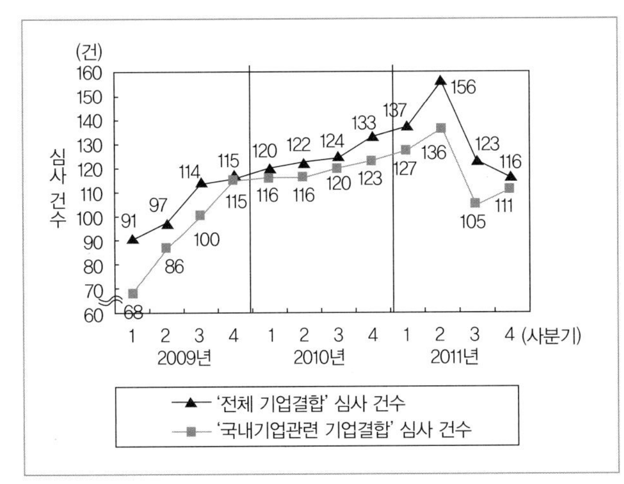

③ '국내기업에 의한 기업결합' 업종별 분포

(단위 : 건)

연도	제조업							서비스업								계
	기계금속	전기전자	석유화학의약	비금속광물	식음료	기타	소계	금융	건설	도소매·유통	정보통신방송	음식숙박	운수	기타	소계	
2010	49	46	33	10	8	11	157	71	53	37	41	3	11	48	264	421
2011	48	67	42	6	21	18	202	77	29	20	36	4	17	46	229	431

④ 2011년 '국내기업에 의한 기업결합' 유형별 구성비

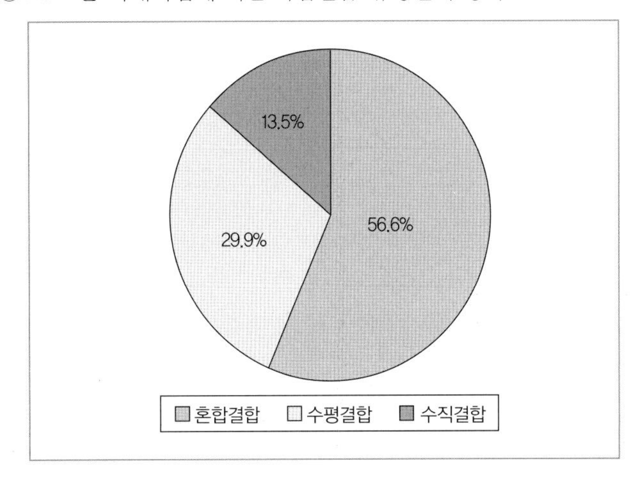

⑤ '국내기업에 의한 기업결합' 수단별 건수 및 비율

(단위 : 건, %)

연도 \ 수단	주식취득	합병	영업양수	임원겸임	회사설립	합계
2010	140 (33.3)	107 (25.4)	41 (9.7)	59 (14.0)	74 (17.6)	421 (100.0)
2011	142 (32.9)	97 (22.5)	41 (9.5)	65 (15.1)	86 (20.0)	431 (100.0)

문 28. 다음 〈표〉는 농산물 도매시장의 품목별 조사단위당 가격에 대한 자료이다. 이를 이용하여 작성한 그래프로 옳지 않은 것은?

14 민간(A) 04번

〈표〉 품목별 조사단위당 가격

(단위 : kg, 원)

구분	품목	조사단위	조사단위당 가격		
			금일	전일	전년 평균
곡물	쌀	20	52,500	52,500	47,500
	찹쌀	60	180,000	180,000	250,000
	검정쌀	30	120,000	120,000	106,500
	콩	60	624,000	624,000	660,000
	참깨	30	129,000	129,000	127,500
채소	오이	10	23,600	24,400	20,800
	부추	10	68,100	65,500	41,900
	토마토	10	34,100	33,100	20,800
	배추	10	9,500	9,200	6,200
	무	15	8,500	8,500	6,500
	고추	10	43,300	44,800	31,300

① 쌀, 찹쌀, 검정쌀의 조사단위당 가격

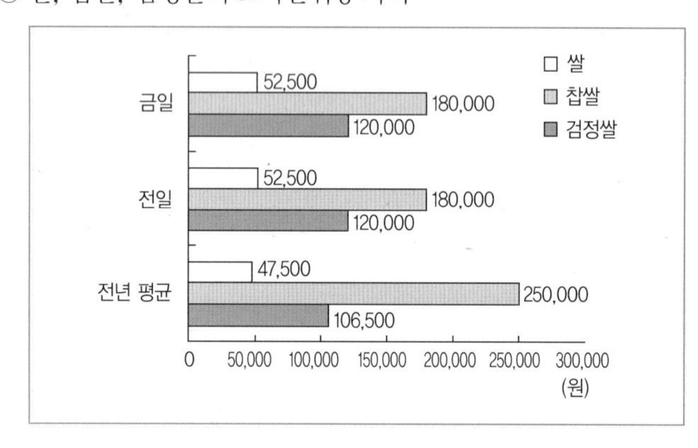

② 채소의 조사단위당 전일가격 대비 금일가격 등락액

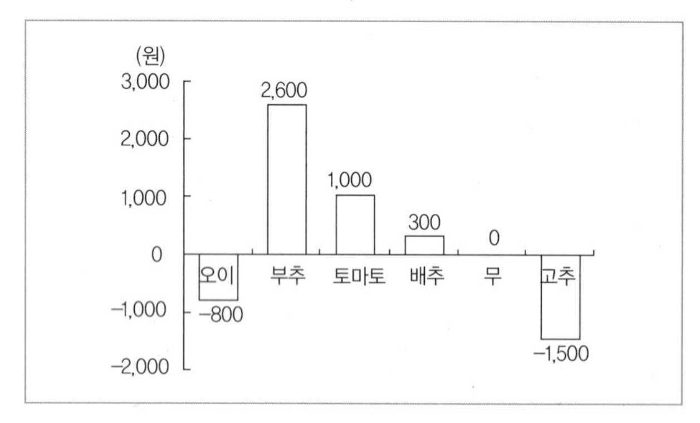

③ 채소 1kg당 금일가격

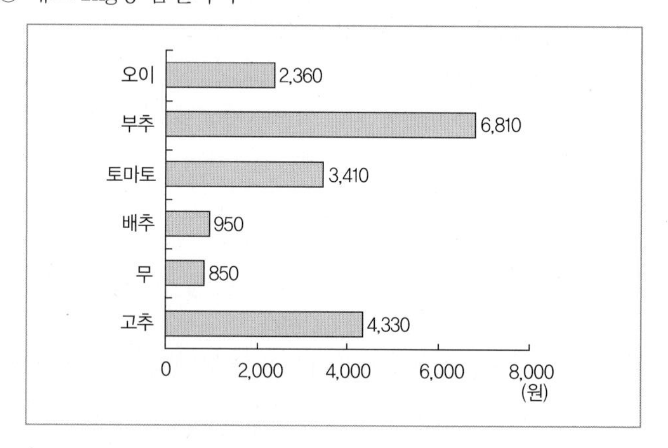

④ 곡물 1kg당 금일가격

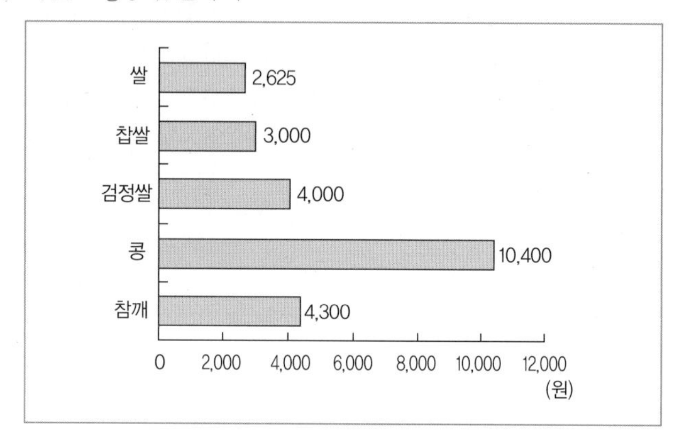

⑤ 채소의 조사단위당 전년 평균가격 대비 금일가격 비율

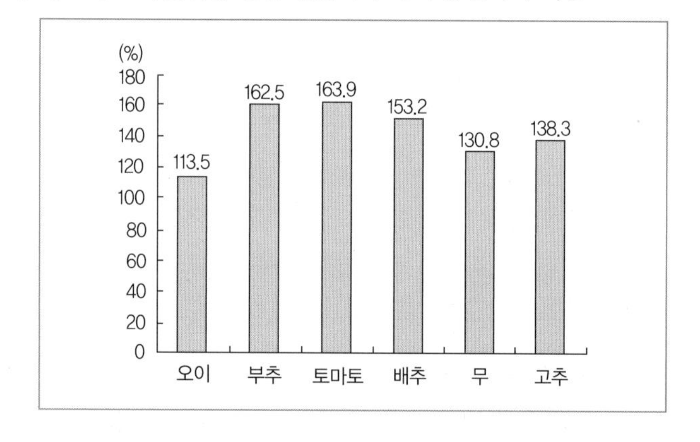

문 29. **다음 〈표〉는 2009~2014년 건설공사 공종별 수주액 현황을 나타낸 것이다. 이를 이용하여 작성한 그래프로 옳지 않은 것은?**

15 민간(인) 17번

〈표〉 건설공사 공종별 수주액 현황

(단위 : 조 원, %)

구분 \ 연도	전체	전년 대비 증감률	토목	전년 대비 증감률	건축	전년 대비 증감률	주거용	비주거용
2009	118.7	−1.1	54.1	31.2	64.6	−18.1	39.1	25.5
2010	103.2	−13.1	41.4	−23.5	61.8	−4.3	31.6	30.2
2011	110.7	7.3	38.8	−6.3	71.9	16.3	38.7	33.2
2012	99.8	−9.8	34.0	−12.4	65.8	−8.5	34.3	31.5
2013	90.4	−9.4	29.9	−12.1	60.5	−8.1	29.3	31.2
2014	107.4	18.8	32.7	9.4	74.7	23.5	41.1	33.6

① 건축 공종의 수주액

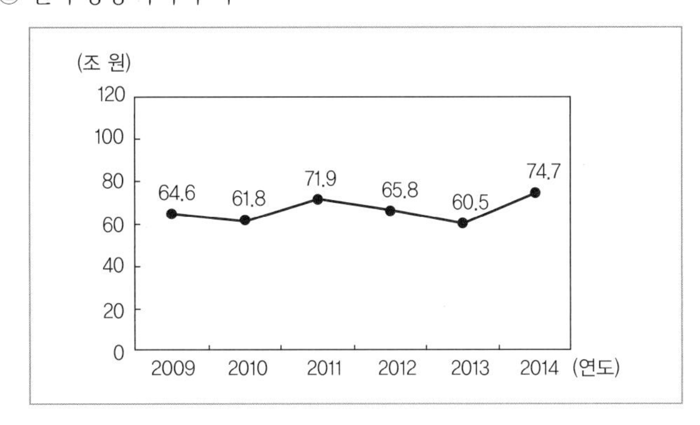

② 토목 공종의 수주액 및 전년 대비 증감률

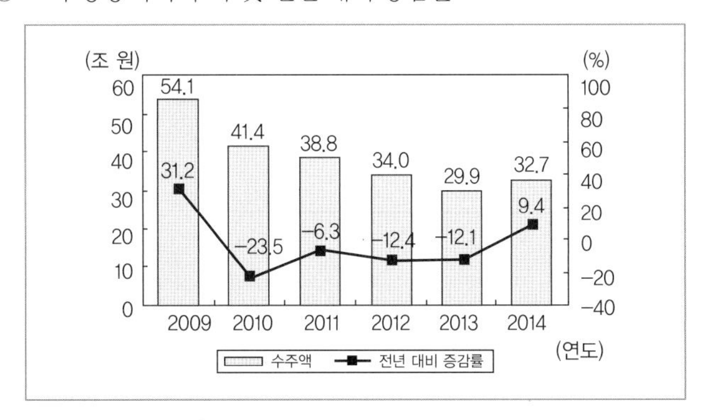

③ 건설공사 전체 수주액의 공종별 구성비

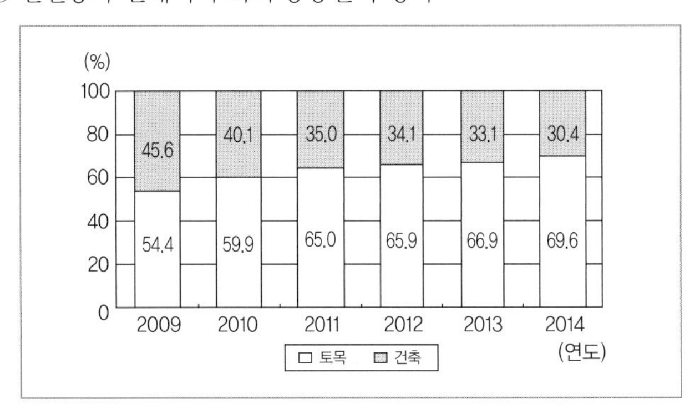

④ 건축 공종 중 주거용 및 비주거용 수주액

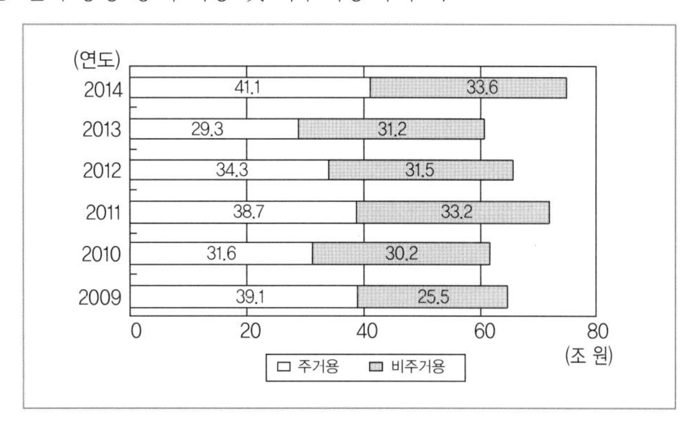

⑤ 건설공사 전체 및 건축 공종 수주액의 전년 대비 증감률

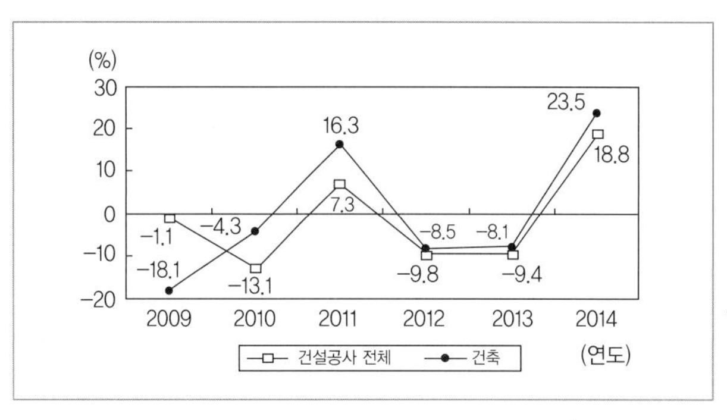

문 30. 다음 〈표〉는 2013~2016년 기관별 R&D 과제 건수와 비율에 관한 자료이다. 〈표〉를 이용하여 작성한 그래프로 옳지 않은 것은? 17 민간(나) 15번

〈표〉 2013~2016년 기관별 R&D 과제 건수와 비율

(단위 : 건, %)

연도 / 구분 / 기관	2013 과제 건수	2013 비율	2014 과제 건수	2014 비율	2015 과제 건수	2015 비율	2016 과제 건수	2016 비율
기업	31	13.5	80	9.4	93	7.6	91	8.5
대학	47	20.4	423	49.7	626	51.4	526	49.3
정부	141	61.3	330	38.8	486	39.9	419	39.2
기타	11	4.8	18	2.1	13	1.1	32	3.0
전체	230	100.0	851	100.0	1,218	100.0	1,068	100.0

① 연도별 기업 및 대학 R&D 과제 건수

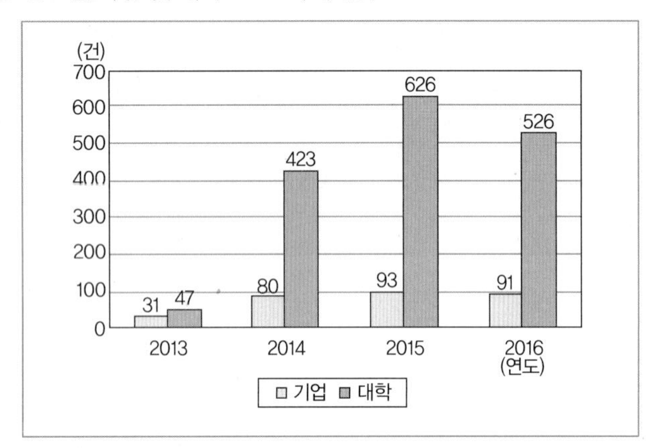

② 연도별 정부 및 전체 R&D 과제 건수

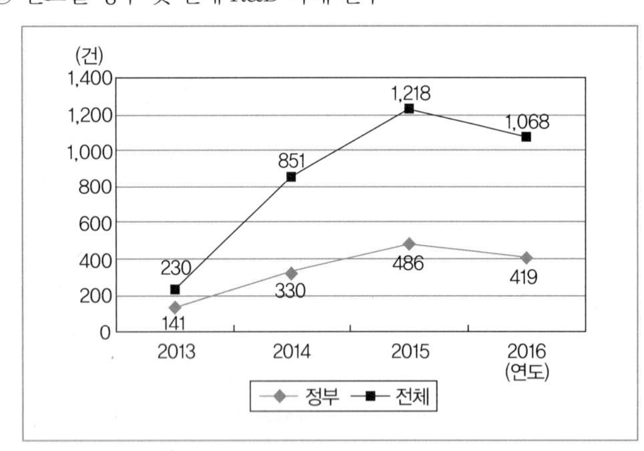

③ 2016년 기관별 R&D 과제 건수 구성비

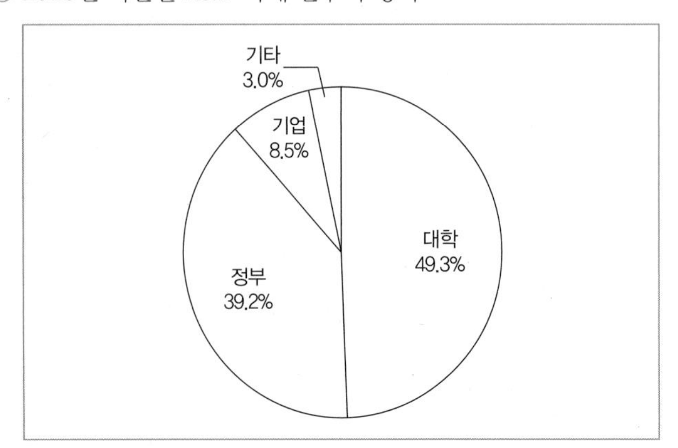

④ 전체 R&D 과제 건수의 전년 대비 증가율(2014~2016년)

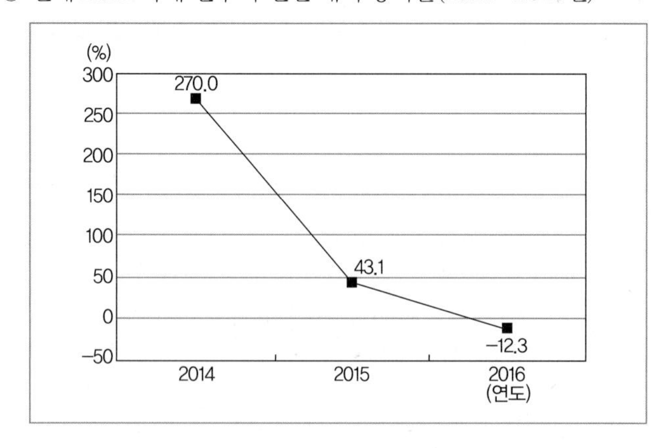

⑤ 연도별 기업 및 정부 R&D 과제 건수의 전년 대비 증가율(2014~2016년)

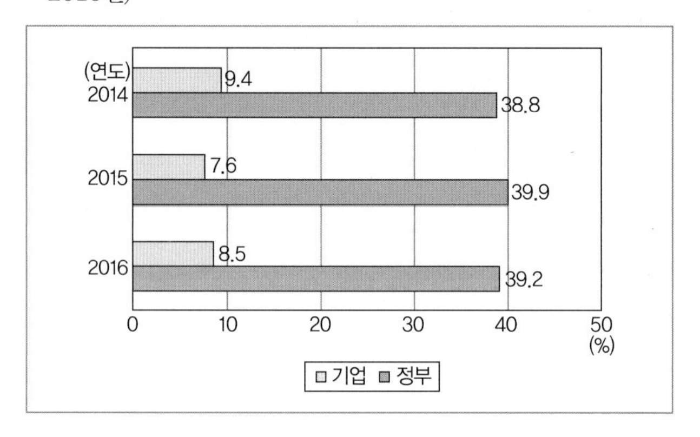

03 추가로 필요한 자료

문 31. 다음은 2013~2022년 '갑'국 국방연구소가 출원한 지식재산권에 관한 자료이다. 제시된 〈표〉 이외에 〈보고서〉를 작성하기 위해 추가로 필요한 자료만을 〈보기〉에서 모두 고르면? 23 7급(인) 05번

〈표〉 2013~2022년 '갑'국 국방연구소의 특허 출원 건수

(단위 : 건)

구분 \ 연도	2013	2014	2015	2016	2017	2018	2019	2020	2021	2022
국내 출원	287	368	385	458	514	481	555	441	189	77
국외 출원	34	17	9	26	21	13	21	16	2	3

〈보고서〉

'갑'국 국방연구소는 국방에 필요한 무기와 국방과학기술을 연구·개발하면서 특허, 상표권, 실용신안 등 관련 지식재산권을 출원하고 있다.

2013~2022년 '갑'국 국방연구소가 출원한 연도별 특허 건수는 2017년까지 매년 증가하였고, 2019년 이후에는 매년 감소하였다. 2013~2022년 국외 출원 특허 건수를 대상 국가별로 살펴보면, 미국에 출원한 특허가 매년 가장 많았다.

2013~2022년 '갑'국 국방연구소는 2015년에만 상표권을 출원하였으며, 그중 국외 출원은 없었다. 또한, 2016년부터 2년마다 1건씩 총 4건의 실용신안을 국내 출원하였다.

〈보 기〉

ㄱ. '갑'국 국방연구소의 연도별 전체 특허 출원 건수

(단위 : 건)

연도	2013	2014	2015	2016	2017	2018	2019	2020	2021	2022
전체	321	385	394	484	535	494	576	457	191	80

ㄴ. '갑'국 국방연구소의 국외 출원 대상 국가별 특허 출원 건수

(단위 : 건)

대상 국가 \ 연도	2013	2014	2015	2016	2017	2018	2019	2020	2021	2022
독일	1	1	1	0	0	0	0	0	0	0
미국	26	15	8	18	20	11	16	15	2	3
일본	0	1	0	2	0	0	1	1	0	0
영국	0	0	0	5	1	1	0	0	0	0
프랑스	7	0	0	0	0	0	0	0	0	0
호주	0	0	0	0	0	0	3	0	0	0
기타	0	0	0	1	0	1	1	0	0	0
계	34	17	9	26	21	13	21	16	2	3

ㄷ. '갑'국 국방연구소의 연도별 상표권 출원 건수

(단위 : 건)

구분 \ 연도	2013	2014	2015	2016	2017	2018	2019	2020	2021	2022
국내 출원	0	0	2	0	0	0	0	0	0	0
국외 출원	0	0	0	0	0	0	0	0	0	0

ㄹ. '갑'국 국방연구소의 연도별 실용신안 출원 건수

(단위 : 건)

구분 \ 연도	2013	2014	2015	2016	2017	2018	2019	2020	2021	2022
국내 출원	0	0	0	1	0	1	0	1	0	1
국외 출원	0	0	0	0	0	0	0	0	0	0

① ㄱ, ㄴ
② ㄱ, ㄷ
③ ㄴ, ㄷ
④ ㄷ, ㄹ
⑤ ㄴ, ㄷ, ㄹ

문 32. 다음 〈표〉와 〈보고서〉는 2021년 '갑'국의 초등돌봄교실에 관한 자료이다. 제시된 〈표〉 이외에 〈보고서〉를 작성하기 위해 추가로 필요한 자료만을 〈보기〉에서 모두 고르면? 22 7급(가) 10번

〈표 1〉 2021년 초등돌봄교실 이용학생 현황

(단위 : 명, %)

구분 \ 학년		1	2	3	4	5	6	합
오후돌봄교실	학생 수	124,000	91,166	16,421	7,708	3,399	2,609	245,303
	비율	50.5	37.2	6.7	3.1	1.4	1.1	100.0
저녁돌봄교실	학생 수	5,215	3,355	772	471	223	202	10,238
	비율	50.9	32.8	7.5	4.6	2.2	2.0	100.0

〈표 2〉 2021년 지원대상 유형별 오후돌봄교실 이용학생 현황

(단위 : 명, %)

구분 \ 지원대상 유형		우선지원대상					일반지원대상	합
		저소득층	한부모	맞벌이	기타	소계		
오후돌봄교실	학생 수	23,066	6,855	174,297	17,298	221,516	23,787	245,303
	비율	9.4	2.8	71.1	7.1	90.3	9.7	100.0

〈보고서〉

2021년 '갑'국의 초등돌봄교실 이용학생은 오후돌봄교실 245,303명, 저녁돌봄교실 10,238명이다. 오후돌봄교실의 경우 2021년 기준 전체 초등학교의 98.9%가 참여하고 있다.

오후돌봄교실의 우선지원대상은 저소득층 가정, 한부모 가정, 맞벌이 가정, 기타로 구분되며, 맞벌이 가정이 전체 오후돌봄교실 이용학생의 71.1%로 가장 많고 다음으로 저소득층 가정이 9.4%로 많다.

저녁돌봄교실의 경우 17시부터 22시까지 운영하고 있으나, 19시를 넘는 늦은 시간까지 이용하는 학생 비중은 11.2%에 불과하다. 2021년 현재 저녁돌봄교실 이용학생은 1~2학년이 8,570명으로 전체 저녁돌봄교실 이용학생의 83.7%를 차지한다.

초등돌봄교실 담당인력은 돌봄전담사, 현직교사, 민간위탁업체로 다양하다. 담당인력 구성은 돌봄전담사가 10,237명으로 가장 많고, 다음으로 현직교사 1,480명, 민간위탁업체 565명 순이다. 그중 돌봄전담사는 무기계약직이 6,830명이고 기간제가 3,407명이다.

〈보 기〉

ㄱ. 연도별 오후돌봄교실 참여 초등학교 수 및 참여율

(단위 : 개, %)

구분 \ 연도	2016	2017	2018	2019	2020	2021
학교 수	5,652	5,784	5,938	5,972	5,998	6,054
참여율	96.0	97.3	97.3	96.9	97.0	98.9

ㄴ. 2021년 저녁돌봄교실 이용학생의 이용시간별 분포

(단위 : 명, %)

구분 \ 이용시간	17~18시	17~19시	17~20시	17~21시	17~22시	합
이용학생 수	6,446	2,644	1,005	143	0	10,238
비율	63.0	25.8	9.8	1.4	0.0	100.0

ㄷ. 2021년 저녁돌봄교실 이용학생의 학년별 분포

(단위 : 명, %)

구분 \ 학년	1~2	3~4	5~6	합
이용학생 수	8,570	1,243	425	10,238
비율	83.7	12.1	4.2	100.0

ㄹ. 2021년 초등돌봄교실 담당인력 현황

(단위 : 명, %)

구분	돌봄전담사			현직 교사	민간 위탁 업체	합
	무기 계약직	기간제	소계			
인력	6,830	3,407	10,237	1,480	565	12,282
비율	55.6	27.7	83.3	12.1	4.6	100.0

① ㄱ, ㄴ
② ㄱ, ㄷ
③ ㄷ, ㄹ
④ ㄱ, ㄴ, ㄹ
⑤ ㄴ, ㄷ, ㄹ

문 33. 다음 〈표〉와 〈보고서〉는 A시 청년의 희망직업 취업 여부에 관한 조사 결과이다. 제시된 〈표〉 이외에 〈보고서〉를 작성하기 위해 추가로 이용한 자료만을 〈보기〉에서 모두 고르면?

21 민간(나) 06번

〈표〉 전공계열별 희망직업 취업 현황

(단위 : 명, %)

구분 \ 전공계열	전체	인문사회계열	이공계열	의약/교육/예체능계열
취업자 수	2,988	1,090	1,054	844
희망직업 취업률	52.3	52.4	43.0	63.7
희망직업 외 취업률	47.7	47.6	57.0	36.3

〈보고서〉

A시의 취업한 청년 2,988명을 대상으로 조사한 결과 52.3%가 희망직업에 취업했다고 응답하였다. 전공계열별로 살펴보면 의약/교육/예체능계열, 인문사회계열, 이공계열 순으로 희망직업 취업률이 높게 나타났다.

전공계열별로 희망직업을 선택한 동기를 살펴보면 이공계열과 의약/교육/예체능계열의 경우 '전공분야'라고 응답한 비율이 각각 50.3%와 49.9%였고, 인문사회계열은 그 비율이 33.3%였다. 전공계열별 희망직업의 선호도 분포를 분석한 결과, 인문사회계열은 '경영', 이공계열은 '연구직', 그리고 의약/교육/예체능계열은 '보건 · 의료 · 교육'에 대한 선호도가 가장 높았다.

한편, 전공계열별로 희망직업에 취업한 청년과 희망직업 외에 취업한 청년의 직장만족도를 살펴보면 차이가 가장 큰 계열은 이공계열로 0.41점이었다.

〈보 기〉

ㄱ. 구인 · 구직 추이

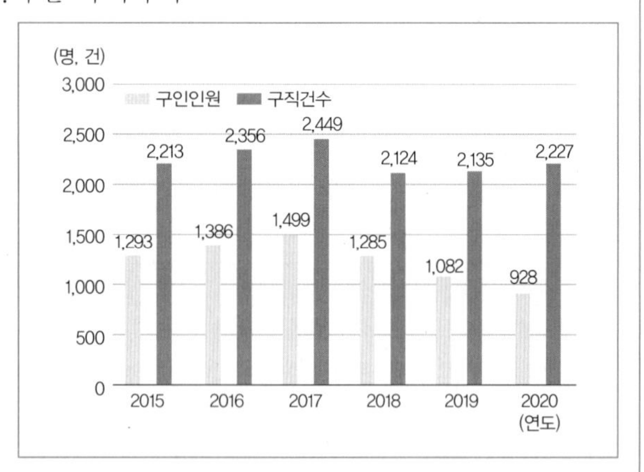

ㄴ. 전공계열별 희망직업 선호도 분포

(단위 : %)

희망직업 \ 전공계열	전체	인문사회계열	이공계열	의약/교육/예체능계열
경영	24.2	47.7	15.4	5.1
연구직	19.8	1.9	52.8	1.8
보건 · 의료 · 교육	33.2	28.6	14.6	62.2
예술 · 스포츠	10.7	8.9	4.2	21.2
여행 · 요식	8.7	12.2	5.5	8.0
생산 · 농림어업	3.4	0.7	7.5	1.7

ㄷ. 전공계열별 희망직업 선택 동기 구성비

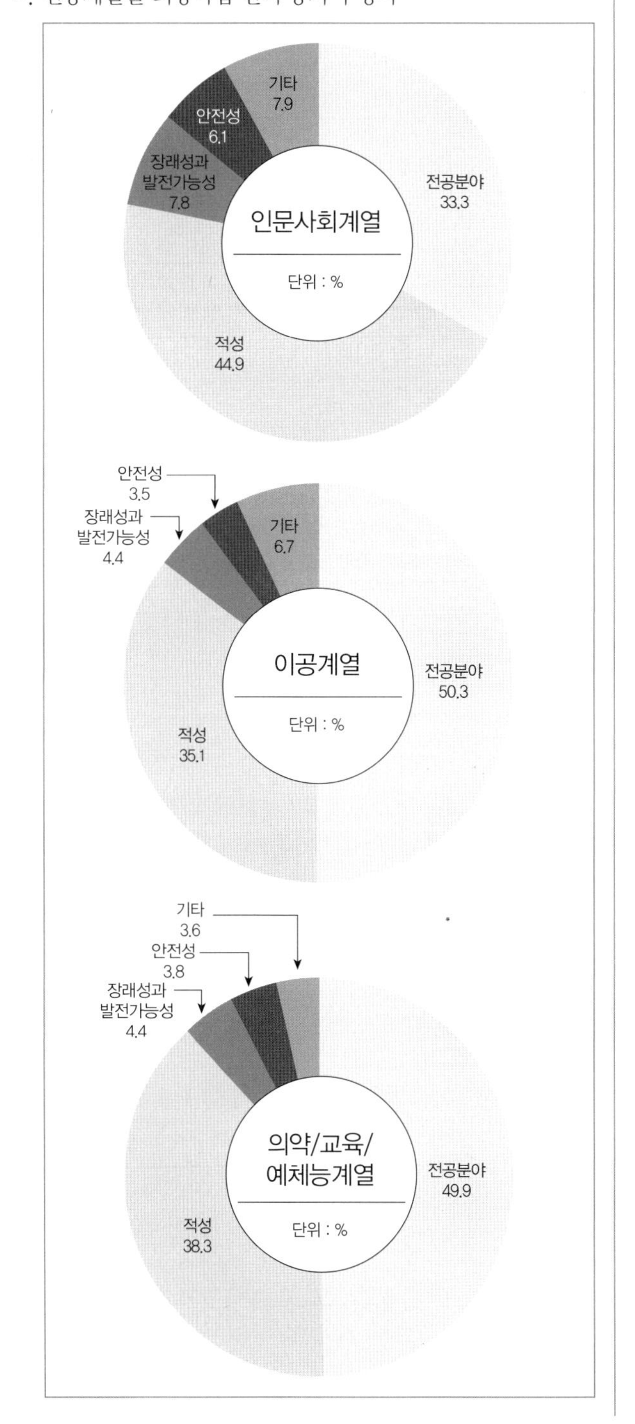

ㄹ. 희망직업 취업여부에 따른 항목별 직장 만족도(5점 만점)

(단위 : 점)

희망직업 취업여부 \ 항목	업무내용	소득	고용안정
전체	3.72	3.57	3.28
희망직업 취업	3.83	3.70	3.35
희망직업 외 취업	3.59	3.42	3.21

① ㄱ, ㄷ
② ㄱ, ㄹ
③ ㄴ, ㄷ
④ ㄱ, ㄴ, ㄹ
⑤ ㄴ, ㄷ, ㄹ

문 34. 다음 〈표〉는 조사연도별 국세 및 국세청세수와 국세청세수 징세비 및 국세청 직원수 현황에 대한 자료이다. 〈보고서〉를 작성하기 위해 〈표〉 이외에 추가로 필요한 자료만을 〈보기〉에서 모두 고르면? 20 민간(가) 16번

〈표 1〉 국세 및 국세청세수 현황

(단위 : 억 원)

조사연도 \ 구분	국세	국세청세수	일반회계	특별회계
2002	1,039,678	966,166	876,844	89,322
2007	1,614,591	1,530,628	1,479,753	50,875
2012	2,030,149	1,920,926	1,863,469	57,457
2017	2,653,849	2,555,932	2,499,810	56,122

〈표 2〉 국세청세수 징세비 및 국세청 직원수 현황

(단위 : 백만 원, 명)

조사연도 \ 구분	징세비	국세청 직원수
2002	817,385	15,158
2007	1,081,983	18,362
2012	1,339,749	18,797
2017	1,592,674	19,131

〈보고서〉

2017년 국세청세수는 255.6조 원으로, 전년도보다 22.3조 원 증가하였다. 세목별로는 소득세(76.8조 원), 부가가치세(67.1조 원), 법인세(59.2조 원) 순으로 높다. 세무서별로 살펴보면 세수 1위는 남대문세무서(11.6조 원), 2위는 수영세무서(10.9조 원)이다. 2017년 기준 국세청세수에서 특별회계가 차지하는 비중은 2.2%로서, 2002년 기준 9.2%와 비교해 감소하였다. 국세는 국세청세수에 관세청 소관분과 지방자치단체 소관분을 합한 금액으로, 2002년부터 2017년까지 국세 대비 국세청세수의 비율은 매년 증가 추세를 보인다. 2002년 기준 92.9%였던 국세 대비 국세청세수의 비율은 2017년에는 96.3%로 3.0%p 이상 증가하였다.

구체적으로 살펴보면, 국세청 직원 1인당 국세청세수는 2007년 8,336백만 원, 2017년 13,360백만 원으로 큰 폭의 상승세를 보인다. 국세청세수 100원당 징세비는 2017년 기준 0.62원으로 2002년 0.85원에 비해 20% 이상 감소하였다. 2017년 현재 19,131명의 국세청 직원들이 세수확보를 위해 노력 중이며, 국세청 직원수는 2002년 대비 25% 이상 증가하였다.

〈보 기〉

ㄱ. 2003~2016년의 국세 및 국세청세수
ㄴ. 2003~2016년의 관세청 소관분
ㄷ. 2017년의 세무서별 · 세목별 세수 실적
ㄹ. 2002~2017년의 국세청 직원 1인당 국세청세수

① ㄱ, ㄴ
② ㄱ, ㄷ
③ ㄴ, ㄹ
④ ㄱ, ㄷ, ㄹ
⑤ ㄴ, ㄷ, ㄹ

문 35. 다음 〈표〉와 〈그림〉을 이용하여 환경 R&D 예산 현황에 관한 〈보고서〉를 작성하였다. 제시된 〈표〉와 〈그림〉 이외에 〈보고서〉 작성을 위하여 추가로 필요한 자료만을 〈보기〉에서 모두 고르면? 17 민간(나) 21번

〈표〉 대한민국 정부 부처 전체 및 주요 부처별 환경 R&D 예산 현황

(단위 : 억 원)

연도 \ 구분	정부 부처 전체	A부처	B부처	C부처	D부처	E부처
2002	61,417	14,338	18,431	1,734	1,189	1,049
2003	65,154	16,170	17,510	1,963	1,318	1,074
2004	70,827	19,851	25,730	1,949	1,544	1,301
2005	77,996	24,484	28,550	2,856	1,663	1,365
2006	89,096	27,245	31,584	3,934	1,877	1,469
2007	97,629	30,838	32,350	4,277	1,805	1,663
2008	108,423	34,970	35,927	4,730	2,265	1,840
2009	123,437	39,117	41,053	5,603	2,773	1,969
2010	137,014	43,871	44,385	5,750	3,085	2,142
2011	148,902	47,497	45,269	6,161	3,371	2,355

〈그림〉 2009년 OECD 주요 국가별 전체 예산 중 환경 R&D 예산의 비중

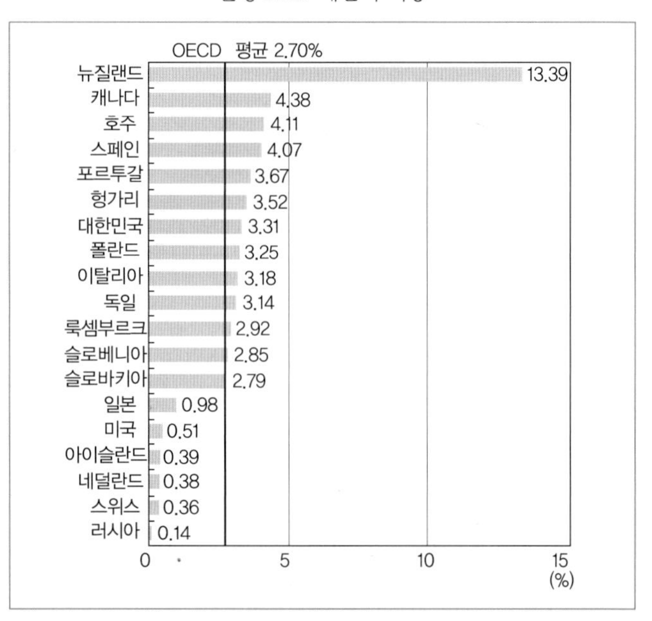

〈보고서〉

- 환경에 대한 중요성이 강조됨에 따라 미국의 환경 R&D 예산은 2002년부터 2011년까지 증가 추세에 있음.
- 대한민국의 2009년 전체 예산 중 환경 R&D 예산의 비중은 3.31%로 OECD 평균 2.70%에 비해 0.61%p 큼.
- 미국의 2009년 전체 예산 중 환경 R&D 예산의 비중은 OECD 평균보다 작았지만, 2010년에는 환경 R&D 예산이 2009년 대비 30% 이상 증가하여 전체 예산 중 환경 R&D 예산의 비중이 커짐.
- 2011년 대한민국 정부 부처 전체의 환경 R&D 예산은 약 14.9조 원 규모로 2002년 이후 연평균 10% 이상의 증가율을 보이고 있음.
- 2011년 대한민국 E부처의 환경 R&D 예산은 정부 부처 전체 환경 R&D 예산의 1.6% 수준으로 정부 부처 중 8위에 해당함.

〈보 기〉

ㄱ. 2002년부터 2011년까지 미국의 전체 예산 및 환경 R&D 예산
ㄴ. 2002년부터 2011년까지 뉴질랜드의 부처별, 분야별 R&D 예산
ㄷ. 2011년 대한민국 모든 정부 부처의 부처별 환경 R&D 예산
ㄹ. 2010년 대한민국 모든 정부 부처 산하기관의 전체 R&D 예산

① ㄱ, ㄴ
② ㄱ, ㄷ
③ ㄴ, ㄹ
④ ㄱ, ㄷ, ㄹ
⑤ ㄴ, ㄷ, ㄹ

04 매칭형

문 36. 다음 〈표〉는 2017~2021년 '갑'국의 해양사고 유형별 발생 건수와 인명피해 인원 현황이다. 〈표〉와 〈조건〉을 근거로 A~E에 해당하는 유형을 바르게 연결한 것은? 23 7급(인) 22번

〈표 1〉 2017~2021년 해양사고 유형별 발생 건수

(단위 : 건)

연도 \ 유형	A	B	C	D	E
2017	258	65	29	96	160
2018	250	46	38	119	162
2019	244	110	61	132	228
2020	277	108	69	128	203
2021	246	96	54	149	174

〈표 2〉 2017~2021년 해양사고 유형별 인명피해 인원

(단위 : 명)

연도 \ 유형	A	B	C	D	E
2017	35	20	25	3	60
2018	19	25	1	0	52
2019	10	19	0	16	52
2020	8	25	2	8	79
2021	9	27	3	3	76

※ 해양사고 유형은 '안전사고', '전복', '충돌', '침몰', '화재폭발' 중 하나로만 구분됨

〈조 건〉

- 2017~2019년 동안 '안전사고' 발생 건수는 매년 증가한다.
- 2020년 해양사고 발생 건수 대비 인명피해 인원의 비율이 두 번째로 높은 유형은 '전복'이다.
- 해양사고 발생 건수는 매년 '충돌'이 '전복'의 2배 이상이다.
- 2017~2021년 동안의 해양사고 인명피해 인원 합은 '침몰'이 '안전사고'의 50% 이하이다.
- 2020년과 2021년의 해양사고 인명피해 인원 차이가 가장 큰 유형은 '화재폭발'이다.

	A	B	C	D	E
①	충돌	전복	침몰	화재폭발	안전사고
②	충돌	전복	화재폭발	안전사고	침몰
③	충돌	침몰	전복	화재폭발	안전사고
④	침몰	전복	안전사고	화재폭발	충돌
⑤	침몰	충돌	전복	안전사고	화재폭발

문 37. 다음 〈표〉는 '갑'주무관이 해양포유류 416종을 4가지 부류(A~D)로 나눈 후 2022년 기준 국제자연보전연맹(IUCN) 적색 목록 지표에 따라 분류한 자료이다. 이를 근거로 작성한 〈보고서〉의 A, B에 해당하는 해양포유류 부류를 바르게 연결한 것은? 22 7급(가) 12번

〈표〉 해양포유류의 IUCN 적색 목록 지표별 분류 현황

(단위 : 종)

지표 \ 해양포유류 부류	A	B	C	D	합
절멸종(EX)	3	–	2	8	13
야생절멸종(EW)	–	–	–	2	2
심각한위기종(CR)	–	–	–	15	15
멸종위기종(EN)	11	1	–	48	60
취약종(VU)	7	2	8	57	74
위기근접종(NT)	2	–	–	38	40
관심필요종(LC)	42	2	1	141	186
자료부족종(DD)	2	–	–	24	26
미평가종(NE)	–	–	–	–	0
계	67	5	11	333	416

〈보고서〉

국제자연보전연맹(IUCN)의 적색 목록(Red List)은 지구 동식물종의 보전 상태를 나타내며, 각 동식물종의 보전 상태는 9개의 지표 중 1개로만 분류된다. 이 중 심각한위기종(CR), 멸종위기종(EN), 취약종(VU) 3개 지표 중 하나로 분류되는 동식물종을 멸종우려종(threatened species)이라 한다.

조사대상 416종의 해양포유류를 '고래류', '기각류', '해달류 및 북극곰', '해우류' 4가지 부류로 나눈 후, IUCN의 적색 목록 지표에 따라 분류해 보면 전체 조사대상의 약 36%가 멸종우려종에 속하고 있다. 특히, 멸종우려종 중 '고래류'가 차지하는 비중은 80% 이상이다. 또한 '해달류 및 북극곰'은 9개의 지표 중 멸종우려종 또는 관심필요종(LC)으로만 분류된 것으로 나타났다.

한편 해양포유류에 대한 과학적인 이해가 부족하여 26종은 자료부족종(DD)으로 분류되고 있다. 다만 '해달류 및 북극곰'과 '해우류'는 자료부족종(DD)으로 분류된 종이 없다.

	A	B
①	고래류	기각류
②	고래류	해우류
③	기각류	해달류 및 북극곰
④	기각류	해우류
⑤	해우류	해달류 및 북극곰

문 38. 다음 〈표〉와 〈대화〉는 4월 4일 기준 지자체별 자가격리자 및 모니터링 요원에 관한 자료이다. 〈표〉와 〈대화〉를 근거로 C와 D에 해당하는 지자체를 바르게 나열한 것은? 21 민간(나) 20번

〈표〉 지자체별 자가격리자 및 모니터링 요원 현황(4월 4일 기준)

(단위 : 명)

구분		A	B	C	D
내국인	자가격리자	9,778	1,287	1,147	9,263
	신규 인원	900	70	20	839
	해제 인원	560	195	7	704
외국인	자가격리자	7,796	508	141	7,626
	신규 인원	646	52	15	741
	해제 인원	600	33	5	666
모니터링 요원		10,142	710	196	8,898

※ 해당일 기준 자가격리자 = 전일 기준 자가격리자 + 신규 인원 − 해제 인원

〈대 화〉

갑 : 감염병 확산에 대응하기 위한 회의를 시작합시다. 오늘은 대전, 세종, 충북, 충남의 4월 4일 기준 자가격리자 및 모니터링 요원 현황을 보기로 했는데, 각 지자체의 상황이 어떤가요?

을 : 4개 지자체 중 세종을 제외한 3개 지자체에서 4월 4일 기준 자가격리자가 전일 기준 자가격리자보다 늘어났습니다.

갑 : 모니터링 요원의 업무 부담과 관련된 통계 자료도 있나요?

을 : 4월 4일 기준으로 대전, 세종, 충북은 모니터링 요원 대비 자가격리자의 비율이 1.8 이상입니다.

갑 : 지자체에 모니터링 요원을 추가로 배치해야 할 것 같습니다. 자가격리자 중 외국인이 차지하는 비중이 4개 지자체 가운데 대전이 가장 높으니, 외국어 구사가 가능한 모니터링 요원을 대전에 우선 배치하는 방향으로 검토해 봅시다.

	C	D
①	충북	충남
②	충북	대전
③	충남	충북
④	세종	대전
⑤	대전	충북

문 39. 다음 〈그림〉은 '갑'국 6개 지방청 전체의 부동산과 자동차 압류건수의 지방청별 구성비에 관한 자료이다. 〈그림〉과 〈조건〉을 근거로 B와 D에 해당하는 지방청을 바르게 나열한 것은?

20 민간(가) 15번

〈그림 1〉 부동산 압류건수의 지방청별 구성비

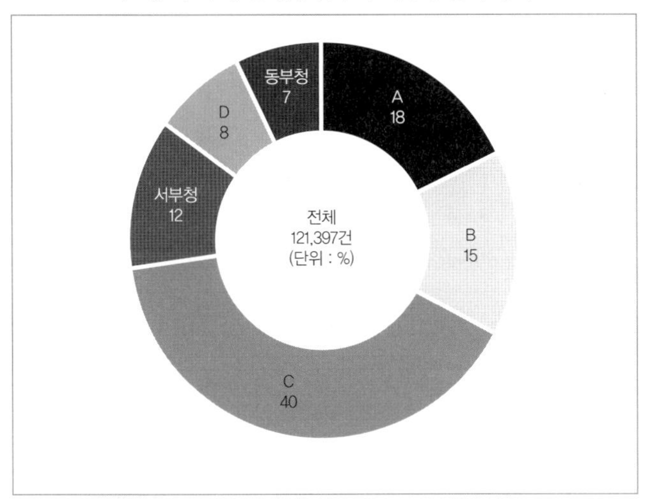

※ 지방청은 동부청, 서부청, 남부청, 북부청, 남동청, 중부청으로만 구성됨

〈그림 2〉 자동차 압류건수의 지방청별 구성비

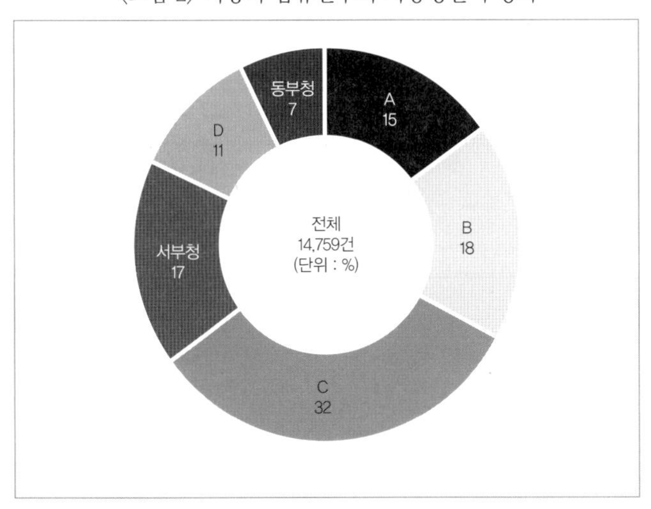

〈조 건〉

- 자동차 압류건수는 중부청이 남동청의 2배 이상이다.
- 남부청과 북부청의 부동산 압류건수는 각각 2만 건 이하이다.
- 지방청을 부동산 압류건수와 자동차 압류건수가 큰 값부터 순서대로 각각 나열할 때, 순서가 동일한 지방청은 동부청, 남부청, 중부청이다.

	B	D
①	남동청	남부청
②	남동청	북부청
③	남부청	북부청
④	북부청	남부청
⑤	중부청	남부청

문 40. 다음 〈표〉는 1916~1932년 우리나라 농가 호 수의 지주, 자작농, 자·소작 겸작농, 소작농 구성비에 관한 자료이다. 〈보고서〉의 내용을 참고하여 A, B, C, D에 알맞은 농가유형을 고르면?

08 행시(열) 12번

〈표〉 농가유형별 농가 호 수 구성비

(단위 : %)

연도 \ 농가유형	A	B	C	D
1916	20.1	2.5	40.6	36.8
1918	19.6	3.4	39.3	37.7
1920	19.5	3.3	37.4	39.8
1922	19.7	3.7	35.8	40.8
1924	19.5	3.8	34.5	42.2
1926	19.1	3.8	32.5	44.6
1928	18.3	3.7	32.0	46.0
1930	17.6	3.6	31.0	47.8
1932	16.3	3.5	25.4	54.8

※ 조사기간 동안 전체 농가 호 수는 변화가 없었음

〈보고서〉

일제는 1918년에 완료된 토지조사 과정에서 신고주의 원칙에 따라 개인명의의 신고만 인정하고 공유지는 신고를 받아주지 않았다. 그리고 많은 농가는 복잡한 신고절차와 유언비어 등으로 신고를 하지 못하여 토지소유권을 상실하게 되었다.

토지분배의 불균형은 계속되어 대부분의 토지를 소수집단인 지주가 차지하였으며, 과다한 소작료와 관습적인 규제로 인하여 농민계층은 해가 갈수록 어려운 처지에 처하게 되었다.

농민 소유의 토지는 갈수록 줄어들었으며, 농민들은 자작 농업만으로는 생계유지가 곤란하여 자·소작을 겸하는 경우가 더 많았다. 심지어, 지주의 토지에 대한 배타적 권리로 인하여 소작권을 임의로 교체당하기도 하였다. 농민들은 토지소유권뿐만 아니라 관습상의 영구경작권마저 박탈당하여 기한부계약의 소작농으로 전락하는 사례가 증가하였다.

	A	B	C	D
①	소작농	지주	자작농	자·소작 겸작농
②	자작농	지주	소작농	자·소작 겸작농
③	자·소작 겸작농	지주	자작농	소작농
④	자작농	지주	자·소작 겸작농	소작농
⑤	지주	자·소작 겸작농	자작농	소작농

문 41. 다음 〈그림〉은 남미, 인도, 중국, 중동 지역의 2010년 대비 2030년 부문별 석유수요의 증감규모를 예측한 자료이다. 〈보기〉의 설명을 참고하여 A~D에 해당하는 지역을 바르게 나열한 것은?

11 민간(경) 20번

〈그림〉 2010년 대비 2030년 지역별, 부문별 석유수요의 증감규모

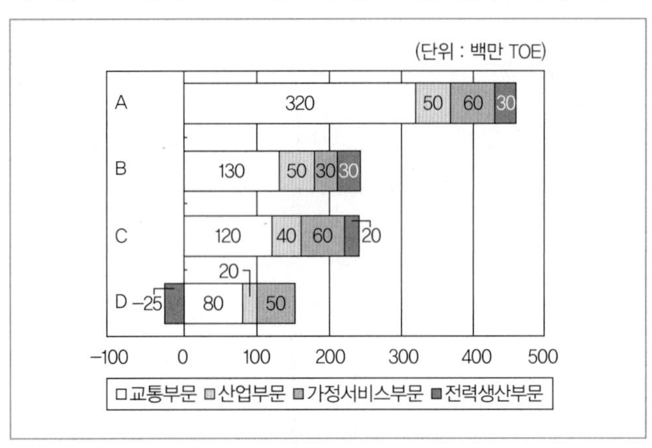

※ 주어진 네 부문 이외 석유수요의 증감은 없음

〈보 기〉

- 인도와 중동의 2010년 대비 2030년 전체 석유수요 증가규모는 동일하다.
- 2010년 대비 2030년에 전체 석유수요 증가규모가 가장 큰 지역은 중국이다.
- 2010년 대비 2030년에 전력생산부문의 석유수요 규모가 감소하는 지역은 남미이다.
- 2010년 대비 2030년에 교통부문의 석유수요 증가규모가 해당 지역 전체 석유수요 증가규모의 50%인 지역은 중동이다.

	A	B	C	D
①	중국	인도	중동	남미
②	중국	중동	인도	남미
③	중국	인도	남미	중동
④	인도	중국	중동	남미
⑤	인도	중국	남미	중동

문 42. 다음 〈그림〉은 2006~2010년 A~D국의 특허 및 상표출원 건수에 대한 자료이다. 이에 대한 〈보기〉의 설명을 이용하여 A~D에 해당하는 국가를 바르게 나열한 것은?

13 민간(인) 02번

〈그림 1〉 연도별 · 국가별 특허출원 건수

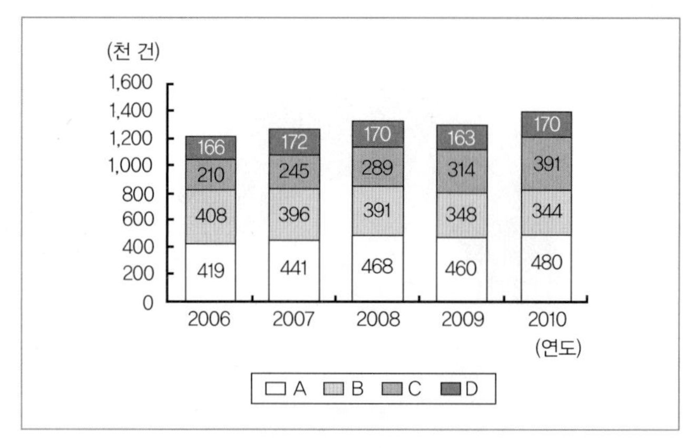

〈그림 2〉 연도별 · 국가별 상표출원 건수

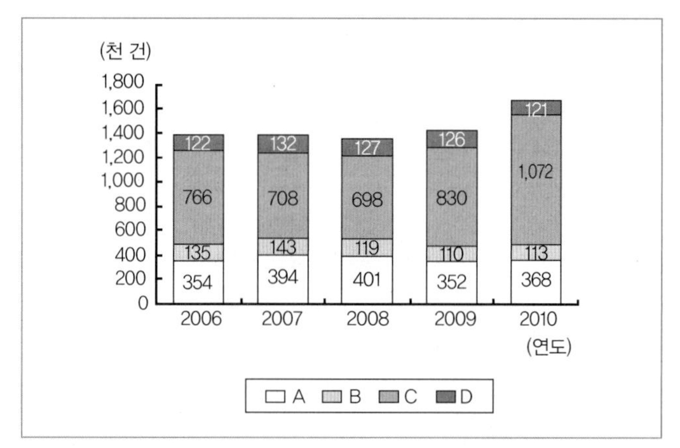

〈보 기〉

- 2006년 대비 2010년 특허출원 건수 증가율이 가장 높은 국가는 중국이다.
- 2007년 대비 2010년 특허출원 건수가 가장 큰 폭으로 감소한 국가는 일본이다.
- 2007년 이후 한국의 상표출원 건수는 매년 감소하였다.
- 2010년 상표출원 건수는 미국이 일본보다 10만 건 이상 많다.

	A	B	C	D
①	한국	일본	중국	미국
②	미국	일본	중국	한국
③	중국	한국	미국	일본
④	중국	미국	한국	일본
⑤	미국	중국	일본	한국

문 43. 다음 〈표〉는 '갑'국의 8개국 대상 해외직구 반입동향을 나타낸 자료이다. 다음 〈조건〉의 설명에 근거하여 〈표〉의 A~D에 해당하는 국가를 바르게 나열한 것은? 15 민간(인) 08번

〈표〉 '갑'국의 8개국 대상 해외직구 반입동향

(단위 : 건, 천 달러)

연도	국가 \ 반입방법	목록통관		EDI 수입		전체	
		건수	금액	건수	금액	건수	금액
2013	미국	3,254,813	305,070	5,149,901	474,807	8,404,714	779,877
	중국	119,930	6,162	1,179,373	102,315	1,299,303	108,477
	독일	71,687	3,104	418,403	37,780	490,090	40,884
	영국	82,584	4,893	123,001	24,806	205,585	29,699
	프랑스	172,448	6,385	118,721	20,646	291,169	27,031
	일본	53,055	2,755	138,034	21,028	191,089	23,783
	뉴질랜드	161	4	90,330	4,082	90,491	4,086
	호주	215	14	28,176	2,521	28,391	2,535
2014	미국	5,659,107	526,546	5,753,634	595,206	11,412,741	1,121,752
	A	170,683	7,798	1,526,315	156,352	1,696,998	164,150
	독일	170,475	7,662	668,993	72,509	839,468	80,171
	프랑스	231,857	8,483	336,371	47,456	568,228	55,939
	B	149,473	7,874	215,602	35,326	365,075	43,200
	C	87,396	5,429	131,993	36,963	219,389	42,392
	뉴질랜드	504	16	108,282	5,283	108,786	5,299
	D	2,089	92	46,330	3,772	48,419	3,864

〈조 건〉

- 2014년 중국 대상 해외직구 반입 전체 금액은 같은 해 독일 대상 해외직구 반입 전체 금액의 2배 이상이다.
- 2014년 영국과 호주 대상 EDI 수입 건수 합은 같은 해 뉴질랜드 대상 EDI 수입 건수의 2배보다 작다.
- 2014년 호주 대상 해외직구 반입 전체 금액은 2013년 호주 대상 해외직구 반입 전체 금액의 10배 미만이다.
- 2014년 일본 대상 목록통관 금액은 2013년 일본 대상 목록통관 금액의 2배 이상이다.

	A	B	C	D
①	중국	일본	영국	호주
②	중국	일본	호주	영국
③	중국	영국	일본	호주
④	일본	영국	중국	호주
⑤	일본	중국	호주	영국

문 44. 다음 〈그림〉은 국가 A~D의 정부신뢰에 관한 자료이다. 〈그림〉과 〈조건〉에 근거하여 A~D에 해당하는 국가를 바르게 나열한 것은? 16 민간(5) 09번

〈그림 1〉 국가별 전체국민 정부신뢰율

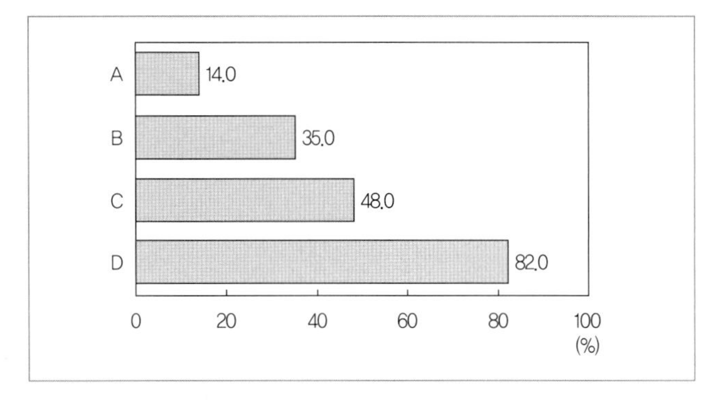

〈그림 2〉 국가별 청년층의 상대적 정부신뢰지수

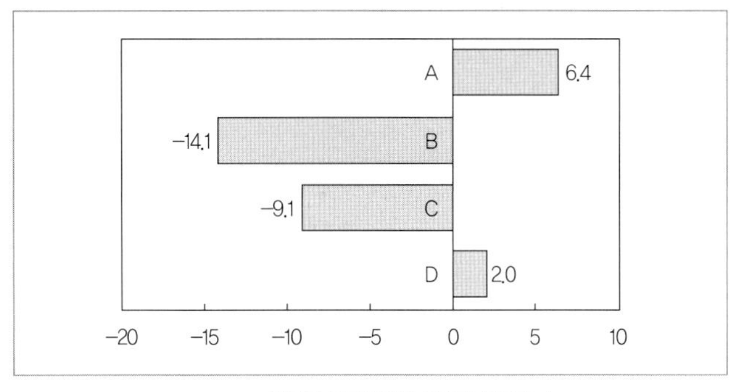

※ 1) 전체국민 정부신뢰율(%) = $\frac{\text{정부를 신뢰한다고 응답한 응답자 수}}{\text{전체 응답자 수}} \times 100$

2) 청년층 정부신뢰율(%) = $\frac{\text{정부를 신뢰한다고 응답한 청년층 응답자 수}}{\text{청년층 응답자 수}} \times 100$

3) 청년층의 상대적 정부신뢰지수 = 전체국민 정부신뢰율(%) − 청년층 정부신뢰율(%)

〈조 건〉

- 청년층 정부신뢰율은 스위스가 그리스의 10배 이상이다.
- 영국과 미국에서는 청년층 정부신뢰율이 전체국민정부 신뢰율보다 높다.
- 청년층 정부신뢰율은 미국이 스위스보다 30%p 이상 낮다.

	A	B	C	D
①	그리스	영국	미국	스위스
②	스위스	영국	미국	그리스
③	스위스	미국	영국	그리스
④	그리스	미국	영국	스위스
⑤	영국	그리스	미국	스위스

문 45. 다음 〈표〉는 2015년 9개 국가의 실질세부담률에 관한 자료이다. 〈표〉와 〈조건〉에 근거하여 A~D에 해당하는 국가를 바르게 나열한 것은? 17 민간(나) 05번

〈표〉 2015년 국가별 실질세부담률

구분 \ 국가	독신 가구 실질세부담률(%)			다자녀 가구 실질세부담률(%)	독신 가구와 다자녀 가구의 실질세부담률 차이(%p)
		2005년 대비 증감(%p)	전년 대비 증감(%p)		
A	55.3	−0.20	−0.28	40.5	14.8
일본	32.2	4.49	0.26	26.8	5.4
B	39.0	−2.00	−1.27	38.1	0.9
C	42.1	5.26	0.86	30.7	11.4
한국	21.9	4.59	0.19	19.6	2.3
D	31.6	−0.23	0.05	18.8	12.8
멕시코	19.7	4.98	0.20	19.7	0.0
E	39.6	0.59	−1.16	33.8	5.8
덴마크	36.4	−2.36	0.21	26.0	10.4

〈조 건〉

- 2015년 독신 가구와 다자녀 가구의 실질세부담률 차이가 덴마크보다 큰 국가는 캐나다, 벨기에, 포르투갈이다.
- 2015년 독신 가구 실질세부담률이 전년 대비 감소한 국가는 벨기에, 그리스, 스페인이다.
- 스페인의 2015년 독신 가구 실질세부담률은 그리스의 2015년 독신 가구 실질세부담률보다 높다.
- 2005년 대비 2015년 독신 가구 실질세부담률이 가장 큰 폭으로 증가한 국가는 포르투갈이다.

	A	B	C	D
①	벨기에	그리스	포르투갈	캐나다
②	벨기에	스페인	캐나다	포르투갈
③	벨기에	스페인	포르투갈	캐나다
④	캐나다	그리스	스페인	포르투갈
⑤	캐나다	스페인	포르투갈	벨기에

05 자료의 계산

문 46. 다음 〈표〉는 2017~2022년 '갑'시의 택시 위법행위 유형별 단속건수에 관한 자료이다. 이에 대한 설명으로 옳은 것은? 23 7급(인) 23번

〈표〉 2017~2022년 '갑'시의 택시 위법행위 유형별 단속건수

(단위 : 건)

유형 \ 연도	승차거부	정류소 정차 질서문란	부당요금	방범등 소등위반	사업구역 외 영업	기타	전체
2017	( )	1,110	125	1,001	123	241	4,166
2018	1,694	701	301	( )	174	382	4,131
2019	1,991	1,194	441	825	554	349	5,354
2020	717	1,128	51	769	2,845	475	( )
2021	130	355	40	1,214	1,064	484	( )
2022	43	193	268	( )	114	187	2,067

① 위법행위 단속건수 상위 2개 유형은 2017년과 2018년이 같다.
② '부당요금' 단속건수 대비 '승차거부' 단속건수 비율이 가장 높은 연도는 2017년이다.
③ 전체 단속건수가 가장 많은 연도는 2020년이다.
④ 전체 단속건수 중 '방범등 소등위반' 단속건수가 차지하는 비중은 매년 감소한다.
⑤ 2017년 '승차거부' 단속건수는 2022년 '방범등 소등위반' 단속건수보다 적다.

문 47. 다음 〈표〉는 2016~2020년 '갑'국의 해양사고 심판현황이다. 이에 대한 〈보기〉의 설명 중 옳은 것만을 모두 고르면?

22 7급(가) 11번

〈표〉 2016~2020년 해양사고 심판현황

(단위 : 건)

구분 \ 연도	2016	2017	2018	2019	2020
전년 이월	96	100	( )	71	89
해당 연도 접수	226	223	168	204	252
심판대상	322	( )	258	275	341
재결	222	233	187	186	210

※ '심판대상' 중 '재결'되지 않은 건은 다음 연도로 이월함

〈보 기〉

ㄱ. '심판대상' 중 '전년 이월'의 비중은 2018년이 2016년보다 높다.

ㄴ. 다음 연도로 이월되는 건수가 가장 많은 연도는 2016년이다.

ㄷ. 2017년 이후 '해당 연도 접수' 건수의 전년 대비 증가율이 가장 높은 연도는 2020년이다.

ㄹ. '재결' 건수가 가장 적은 연도에는 '해당 연도 접수' 건수도 가장 적다.

① ㄱ, ㄴ

② ㄱ, ㄷ

③ ㄴ, ㄷ

④ ㄴ, ㄹ

⑤ ㄷ, ㄹ

문 48. 다음 〈표〉는 '갑'국의 학교급별 여성 교장 수와 비율을 1980년부터 5년마다 조사한 자료이다. 이에 대한 설명으로 옳은 것은?

22 7급(가) 15번

〈표〉 학교급별 여성 교장 수와 비율

(단위 : 명, %)

학교급 / 구분 / 조사연도	초등학교		중학교		고등학교	
	여성 교장 수	비율	여성 교장 수	비율	여성 교장 수	비율
1980	117	1.8	66	3.6	47	3.4
1985	122	1.9	98	4.9	60	4.0
1990	159	2.5	136	6.3	64	4.0
1995	222	3.8	181	7.6	66	3.8
2000	490	8.7	255	9.9	132	6.5
2005	832	14.3	330	12.0	139	6.4
2010	1,701	28.7	680	23.2	218	9.5
2015	2,058	34.5	713	24.3	229	9.9
2020	2,418	40.3	747	25.4	242	10.4

※ 1) 학교급별 여성 교장 비율(%) $= \frac{\text{학교급별 여성 교장 수}}{\text{학교급별 전체 교장 수}} \times 100$

2) 교장이 없는 학교는 없으며, 각 학교의 교장은 1명임

① 2000년 이후 중학교 여성 교장 비율은 매년 증가한다.

② 초등학교 수는 2020년이 1980년보다 많다.

③ 고등학교 남성 교장 수는 1985년이 1990년보다 많다.

④ 1995년 초등학교 수는 같은 해 중학교 수와 고등학교 수의 합보다 많다.

⑤ 초등학교 여성 교장 수는 2020년이 2000년의 5배 이상이다.

문 49. 다음 〈그림〉은 '갑'공업단지 내 8개 업종 업체 수와 업종별 스마트시스템 도입률 및 고도화율에 관한 자료이다. 이에 대한 〈보기〉의 설명 중 옳은 것만을 모두 고르면? 22 7급(가) 17번

〈그림 1〉 업종별 업체 수

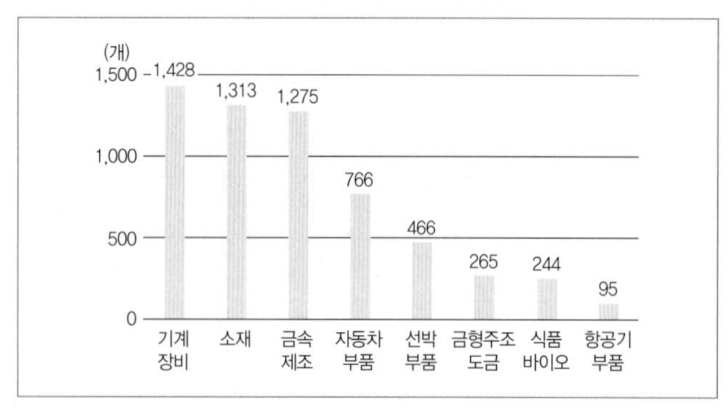

〈그림 2〉 업종별 스마트시스템 도입률 및 고도화율

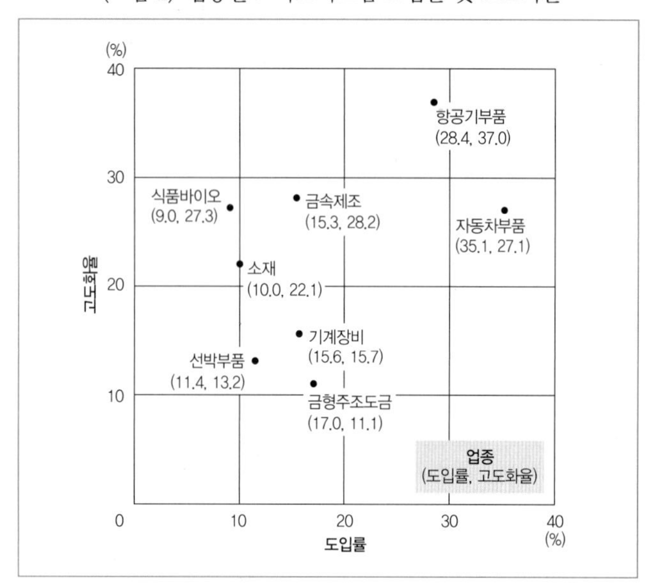

※ 1) 도입률(%) $=\frac{\text{업종별 스마트시스템 도입 업체 수}}{\text{업종별 업체 수}}\times 100$

2) 고도화율(%) $=\frac{\text{업종별 스마트시스템 고도화 업체 수}}{\text{업종별 스마트시스템 도입 업체 수}}\times 100$

〈보 기〉

ㄱ. 스마트시스템 도입 업체 수가 가장 많은 업종은 '자동차부품'이다.

ㄴ. 고도화율이 가장 높은 업종은 스마트시스템 고도화 업체 수도 가장 많다.

ㄷ. 업체 수 대비 스마트시스템 고도화 업체 수가 가장 높은 업종은 '항공기부품'이다.

ㄹ. 도입률이 가장 낮은 업종은 고도화율도 가장 낮다.

① ㄱ, ㄴ

② ㄱ, ㄷ

③ ㄱ, ㄹ

④ ㄴ, ㄷ

⑤ ㄴ, ㄹ

문 50. 다음 〈표〉는 2014~2018년 독립유공자 포상 인원에 관한 자료이다. 이에 대한 〈보기〉의 설명 중 옳은 것만을 모두 고르면? 21 민간(나) 03번

〈표〉 연도별 독립유공자 포상 인원

(단위 : 명)

훈격 / 연도	전체	건국훈장	독립장	애국장	애족장	건국포장	대통령표창
2014	341(10)	266(2)	4(0)	111(1)	151(1)	30(2)	45(6)
2015	510(21)	326(3)	2(0)	130(0)	194(3)	74(5)	110(13)
2016	312(14)	204(4)	0(0)	87(0)	117(4)	36(2)	72(8)
2017	269(11)	152(8)	1(0)	43(0)	108(8)	43(1)	74(2)
2018	355(60)	150(11)	0(0)	51(2)	99(9)	51(9)	154(40)

※ ( ) 안은 포상 인원 중 여성 포상 인원임

〈보 기〉

ㄱ. 여성 건국훈장 포상 인원은 매년 증가한다.

ㄴ. 매년 건국훈장 포상 인원은 전체 포상 인원의 절반 이상이다.

ㄷ. 남성 애국장 포상 인원과 남성 애족장 포상 인원의 차이가 가장 큰 해는 2015년이다.

ㄹ. 건국포장 포상 인원 중 여성 비율이 가장 낮은 해에는 대통령표창 포상 인원 중 여성 비율도 가장 낮다.

① ㄱ, ㄴ

② ㄱ, ㄹ

③ ㄴ, ㄷ

④ ㄱ, ㄷ, ㄹ

⑤ ㄴ, ㄷ, ㄹ

문 51. **다음 〈표〉는 5개국의 발전원별 발전량 및 비중에 관한 자료이다. 이에 대한 설명으로 옳지 않은 것은?** 21 민간(나) 10번

〈표〉 5개국의 발전원별 발전량 및 비중

(단위 : TWh, %)

국가	연도 \ 발전원	원자력	화력			수력	신재생 에너지	전체
			석탄	LNG	유류			
독일	2010	140.6	273.5	90.4	8.7	27.4	92.5	633.1
		(22.2)	(43.2)	(14.3)	(1.4)	(4.3)	(14.6)	(100.0)
	2015	91.8	283.7	63.0	6.2	24.9	177.3	646.9
		(14.2)	(43.9)	(9.7)	(1.0)	(3.8)	(27.4)	(100.0)
미국	2010	838.9	1,994.2	1,017.9	48.1	286.3	193.0	4,378.4
		(19.2)	(45.5)	(23.2)	(1.1)	(6.5)	(4.4)	(100.0)
	2015	830.3	1,471.0	1,372.6	38.8	271.1	333.3	4,317.1
		(19.2)	(34.1)	(31.8)	(0.9)	(6.3)	( )	(100.0)
프랑스	2010	428.5	26.3	23.8	5.5	67.5	17.5	569.1
		(75.3)	(4.6)	(4.2)	(1.0)	(11.9)	(3.1)	(100.0)
	2015	437.4	12.2	19.8	2.2	59.4	37.5	568.5
		( )	(2.1)	(3.5)	(0.4)	(10.4)	(6.6)	(100.0)
영국	2010	62.1	108.8	175.3	5.0	6.7	23.7	381.6
		(16.3)	(28.5)	(45.9)	(1.3)	(1.8)	(6.2)	(100.0)
	2015	70.4	76.7	100.0	2.1	9.0	80.9	339.1
		(20.8)	(22.6)	(29.5)	(0.6)	(2.7)	( )	(100.0)
일본	2010	288.2	309.5	318.6	100.2	90.7	41.3	1,148.5
		(25.1)	(26.9)	(27.7)	(8.7)	(7.9)	(3.6)	(100.0)
	2015	9.4	343.2	409.8	102.5	91.3	85.1	1,041.3
		(0.9)	(33.0)	(39.4)	(9.8)	(8.8)	(8.2)	(100.0)

※ 발전원은 원자력, 화력, 수력, 신재생 에너지로만 구성됨

① 2015년 프랑스의 전체 발전량 중 원자력 발전량의 비중은 75% 이하이다.
② 영국의 전체 발전량 중 신재생 에너지 발전량의 비중은 2010년 대비 2015년에 15%p 이상 증가하였다.
③ 2010년 석탄 발전량은 미국이 일본의 6배 이상이다.
④ 2010년 대비 2015년 전체 발전량이 증가한 국가는 독일뿐이다.
⑤ 2010년 대비 2015년 각 국가에서 신재생 에너지의 발전량과 비중은 모두 증가하였다.

문 52. **다음 〈표〉는 '갑'국의 2020년 농업 생산액 현황 및 2021~2023년의 전년 대비 생산액 변화율 전망치에 관한 자료이다. 이에 대한 〈보기〉의 설명 중 옳은 것만을 모두 고르면?** 21 민간(나) 23번

〈표〉 농업 생산액 현황 및 변화율 전망치

(단위 : 십억 원, %)

구분	2020년 생산액	전년 대비 생산액 변화율 전망치		
		2021년	2022년	2023년
농업	50,052	0.77	0.02	1.38
재배업	30,270	1.50	−0.42	0.60
축산업	19,782	−0.34	0.70	2.57
소	5,668	3.11	0.53	3.51
돼지	7,119	−3.91	0.20	1.79
닭	2,259	1.20	−2.10	2.82
달걀	1,278	5.48	3.78	3.93
우유	2,131	0.52	1.12	0.88
오리	1,327	−5.58	5.27	3.34

※ 축산업은 소, 돼지, 닭, 달걀, 우유, 오리의 6개 세부항목으로만 구성됨

〈보 기〉

ㄱ. 2021년 '오리' 생산액 전망치는 1.2조 원 이상이다.
ㄴ. 2021년 '돼지' 생산액 전망치는 같은 해 '농업' 생산액 전망치의 15% 이상이다.
ㄷ. '축산업' 중 전년 대비 생산액 변화율 전망치가 2022년보다 2023년이 낮은 세부항목은 2개이다.
ㄹ. 2020년 생산액 대비 2022년 생산액 전망치의 증감폭은 '재배업'이 '축산업'보다 크다.

① ㄱ, ㄴ
② ㄱ, ㄷ
③ ㄴ, ㄹ
④ ㄱ, ㄷ, ㄹ
⑤ ㄴ, ㄷ, ㄹ

문 53. 다음 〈표〉는 도입과 출산을 통한 반달가슴곰 복원 현황에 관한 자료이다. 이에 대한 〈보기〉의 설명 중 옳은 것만을 모두 고르면? 20 민간(가) 10번

〈표〉 도입과 출산을 통한 반달가슴곰 복원 현황

(단위 : 개체)

구분		생존	자연적응	학습장	폐사	전체	폐사원인
도입처	러시아	13	5	8	9	22	자연사: 8 올무: 3 농약: 1 기타: 3
	북한	3	2	1	4	7	
	중국	3	0	3	1	4	
	서울대공원	6	5	1	1	7	
	청주동물원	1	0	1	0	1	
	소계	26	12	14	15	41	
출산방식	자연출산	41	39	2	5	46	자연사: 4 올무: 2
	증식장출산	7	4	3	1	8	
	소계	48	43	5	6	54	
계		74	55	19	21	95	–

※ 1) 도입처(출산방식)별 자연적응률(%)

$= \frac{\text{도입처(출산방식)별 자연적응 반달가슴곰 수}}{\text{도입처(출산방식)별 전체 반달가슴곰 수}} \times 100$

2) 도입처(출산방식)별 생존율(%)

$= \frac{\text{도입처(출산방식)별 생존 반달가슴곰 수}}{\text{도입처(출산방식)별 전체 반달가슴곰 수}} \times 100$

3) 도입처(출산방식)별 폐사율(%)

$= \frac{\text{도입처(출산방식)별 폐사 반달가슴곰 수}}{\text{도입처(출산방식)별 전체 반달가슴곰 수}} \times 100$

〈보 기〉

ㄱ. 도입처가 서울대공원인 반달가슴곰의 자연적응률은 자연출산 반달가슴곰의 자연적응률보다 낮다.
ㄴ. 자연출산 반달가슴곰의 생존율은 90%를 넘는다.
ㄷ. 반달가슴곰의 폐사율은 자연출산이 증식장출산보다 낮다.
ㄹ. 도입처가 러시아인 반달가슴곰 중 적어도 두 개체의 폐사원인은 '자연사'이다.

① ㄱ, ㄴ
② ㄱ, ㄷ
③ ㄴ, ㄹ
④ ㄱ, ㄷ, ㄹ
⑤ ㄴ, ㄷ, ㄹ

문 54. 다음 〈표〉는 2016~2019년 '갑'국의 방송통신 매체별 광고매출액에 관한 자료이다. 이에 대한 〈보기〉의 설명 중 옳은 것만을 고르면? 20 민간(가) 14번

〈표〉 2016~2019년 방송통신 매체별 광고매출액

(단위 : 억 원)

매체	세부 매체 \ 연도	2016	2017	2018	2019
방송	지상파TV	15,517	14,219	12,352	12,310
	라디오	2,530	2,073	1,943	1,816
	지상파DMB	53	44	36	35
	케이블PP	18,537	17,130	16,646	( )
	케이블SO	1,391	1,408	1,275	1,369
	위성방송	480	511	504	503
	소계	38,508	35,385	32,756	31,041
온라인	인터넷(PC)	19,092	20,554	19,614	19,109
	모바일	28,659	36,618	45,678	54,781
	소계	47,751	57,172	65,292	73,890

〈보 기〉

ㄱ. 2017~2019년 동안 모바일 광고매출액의 전년 대비 증가율은 매년 30% 이상이다.
ㄴ. 2017년의 경우, 방송 매체 중 지상파TV 광고매출액이 차지하는 비중은 온라인 매체 중 인터넷(PC) 광고매출액이 차지하는 비중보다 작다.
ㄷ. 케이블PP의 광고매출액은 매년 감소한다.
ㄹ. 2016년 대비 2019년 광고매출액 증감률이 가장 큰 세부 매체는 모바일이다.

① ㄱ, ㄴ
② ㄱ, ㄷ
③ ㄴ, ㄷ
④ ㄴ, ㄹ
⑤ ㄷ, ㄹ

문 55. 다음 〈표〉는 '갑'국의 멸종위기종 지정 현황에 관한 자료이다. 이에 대한 설명으로 옳지 않은 것은? 20 민간(가) 21번

〈표〉 멸종위기종 지정 현황

(단위 : 종)

지정 분류	멸종위기종	멸종위기 I 급	멸종위기 II 급
포유류	20	12	8
조류	63	14	49
양서 · 파충류	8	2	6
어류	27	11	16
곤충류	26	6	20
무척추동물	32	4	28
식물	88	11	77
전체	264	60	204

※ 멸종위기종은 멸종위기 I 급과 멸종위기 II 급으로 구분함

① 멸종위기종으로 '포유류'만 10종을 추가로 지정한다면, 전체 멸종위기종 중 '포유류'의 비율은 10% 이상이다.

② 각 분류에서 멸종위기종 중 멸종위기 I 급의 비율은 '무척추동물'과 '식물'이 동일하다.

③ 각 분류의 멸종위기종에서 5종씩 지정을 취소한다면, 전체 멸종위기종 중 '조류'의 비율은 감소한다.

④ 각 분류에서 멸종위기종 중 멸종위기 II 급의 비율은 '조류'가 '양서 · 파충류'보다 높다.

⑤ '포유류'를 제외한 모든 분류에서 각 분류의 멸종위기종 중 멸종위기 II 급의 비율은 각 분류의 멸종위기종 중 멸종위기 I 급의 비율보다 높다.

문 56. 다음 〈그림〉은 1970년과 1980년의 한국과 주요국 간 공업제품의 수출입에 관한 것이다. 이 〈그림〉에 대한 설명으로 적절한 것을 〈보기〉에서 모두 고르면? 11 민간실험(재) 16번

〈그림〉 한국과 주요국 사이의 수출입액

(단위 : 백만 달러)

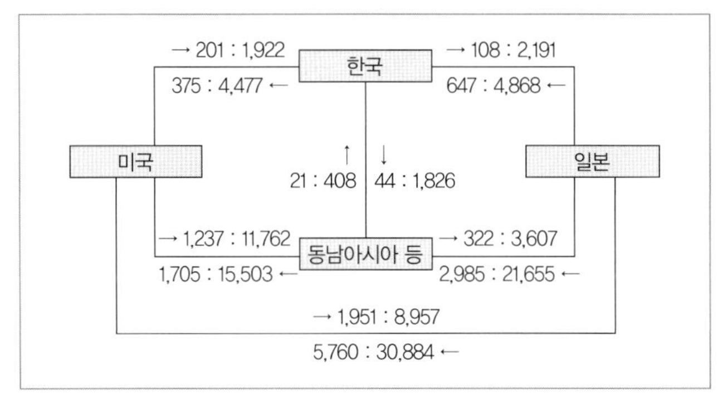

※ 1) 'A → B'는 A국의 B국에 대한 수출을 의미하고 수치는 수출액이며, ':' 앞의 수치는 1970년, ':' 뒤의 수치는 1980년의 수출액임

2) 그림에 나타나지 않은 국가와의 무역은 없는 것으로 봄

3) '무역수지=수출액−수입액'이며, '수출액>수입액'이면 무역수지 흑자, '수출액<수입액'이면 무역수지 적자라고 함

4) $수입의존도(\%)=\frac{특정\ 국가로부터의\ 수입액}{총\ 수입액}\times 100$

〈보 기〉

ㄱ. 1970년의 한국의 대일 수입의존도는 50%를 넘는다.

ㄴ. 1980년의 한국의 대일 수출액은 1970년에 비해 10배 이상이 되었다.

ㄷ. 한국의 대미 무역수지는 1970년과 1980년 모두 적자이다.

ㄹ. 1980년의 한국의 대일 무역수지 적자는 30억 달러를 넘는다.

① ㄱ, ㄴ

② ㄱ, ㄷ

③ ㄴ, ㄷ

④ ㄴ, ㄹ

⑤ ㄷ, ㄹ

문 57. 다음 〈그림〉은 국내 7개 시중은행의 경영통계(총자산, 당기순이익, 직원 수)를 나타낸 그림이다. 이에 대한 〈보기〉의 설명으로 옳은 것을 모두 고르면? 11 민간(경) 09번

〈그림〉 국내 7개 시중은행의 경영통계

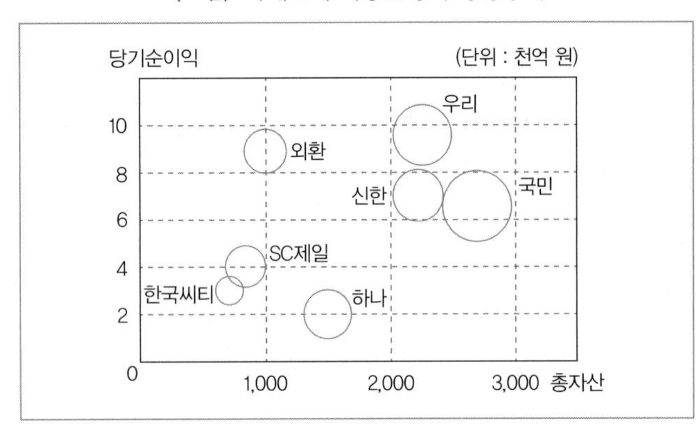

※ 1) 원의 면적은 직원 수와 정비례함
2) 직원 수는 한국씨티은행(3,000명)이 가장 적고, 국민은행(18,000명)이 가장 많음
3) 각 원의 중심 좌표는 총자산(X축)과 당기순이익(Y축)을 각각 나타냄

〈보 기〉

ㄱ. 직원 1인당 총자산은 한국씨티은행이 국민은행보다 많다.
ㄴ. 총자산순이익률$\left(=\frac{\text{당기순이익}}{\text{총자산}}\right)$이 가장 낮은 은행은 하나은행이고, 가장 높은 은행은 외환은행이다.
ㄷ. 직원 1인당 당기순이익은 신한은행이 외환은행보다 많다.
ㄹ. 당기순이익이 가장 많은 은행은 우리은행이고, 가장 적은 은행은 한국씨티은행이다.

① ㄱ, ㄴ
② ㄱ, ㄹ
③ ㄴ, ㄷ
④ ㄷ, ㄹ
⑤ ㄱ, ㄴ, ㄹ

문 58. 다음 〈표〉는 2004~2011년 우리나라 연령대별 여성취업자에 관한 자료 중 일부이다. 이에 대한 설명 중 옳지 않은 것은? 12 민간(인) 05번

〈표〉 연령대별 여성취업자

(단위 : 천 명)

연도	전체 여성취업자	연령대		
		20대	50대	60대 이상
2004	9,364	2,233	1,283	993
2005	9,526	2,208	1,407	1,034
2006	9,706	2,128	1,510	1,073
2007	9,826	2,096	1,612	1,118
2008	9,874	2,051	1,714	1,123
2009	9,772	1,978	1,794	1,132
2010	9,914	1,946	1,921	1,135
2011	10,091	1,918	2,051	1,191

① 20대 여성취업자는 매년 감소하였다.
② 2011년 20대 여성취업자는 전년 대비 3% 이상 감소하였다.
③ 50대 여성취업자가 20대 여성취업자보다 많은 연도는 2011년 한 해이다.
④ 2007~2010년 동안 전체 여성취업자의 전년 대비 증감폭은 2010년이 가장 크다.
⑤ 전체 여성취업자 중 50대 여성취업자가 차지하는 비율은 2011년이 2005년보다 높다.

문 59. 다음 〈표〉는 2006~2011년 어느 나라 5개 프로 스포츠 종목의 연간 경기장 수용규모 및 관중수용률을 나타낸 것이다. 이에 대한 설명 중 옳은 것은? 12 민간(인) 18번

〈표〉 프로 스포츠 종목의 연간 경기장 수용규모 및 관중수용률

(단위 : 천 명, %)

종목	구분 \ 연도	2006	2007	2008	2009	2010	2011
야구	수용규모	20,429	20,429	20,429	20,429	19,675	19,450
	관중수용률	30.6	41.7	53.3	56.6	58.0	65.7
축구	수용규모	40,255	40,574	40,574	37,865	36,952	33,314
	관중수용률	21.9	26.7	28.7	29.0	29.4	34.9
농구	수용규모	5,899	6,347	6,354	6,354	6,354	6,653
	관중수용률	65.0	62.8	66.2	65.2	60.9	59.5
핸드볼	수용규모	3,230	2,756	2,756	2,756	2,066	2,732
	관중수용률	26.9	23.5	48.2	43.8	34.1	52.9
배구	수용규모	5,129	5,129	5,089	4,843	4,409	4,598
	관중수용률	16.3	27.3	24.6	30.4	33.4	38.6

※ 관중수용률(%) = $\frac{\text{연간 관중 수}}{\text{연간 경기장 수용규모}} \times 100$

① 축구의 연간 관중 수는 매년 증가한다.
② 관중수용률은 농구가 야구보다 매년 높다.
③ 관중수용률이 매년 증가한 종목은 3개이다.
④ 2009년 연간 관중 수는 배구가 핸드볼보다 많다.
⑤ 2007~2011년 동안 연간 경기장 수용규모의 전년 대비 증감 방향은 농구와 핸드볼이 동일하다.

문 60. 다음 〈표〉는 시설유형별 에너지 효율화 시장규모의 현황 및 전망에 대한 자료이다. 이에 대한 설명으로 옳은 것은? 13 민간(인) 10번

〈표〉 시설유형별 에너지 효율화 시장규모의 현황 및 전망

(단위 : 억 달러)

시설유형 \ 연도	2010	2011	2012	2015(예상)	2020(예상)
사무시설	11.3	12.8	14.6	21.7	41.0
산업시설	20.8	23.9	27.4	41.7	82.4
주거시설	5.7	6.4	7.2	10.1	18.0
공공시설	2.5	2.9	3.4	5.0	10.0
전체	40.3	46.0	52.6	78.5	151.4

① 2010~2012년 동안 '주거시설' 유형의 에너지 효율화 시장규모는 매년 15% 이상 증가하였다.
② 2015년 전체 에너지 효율화 시장규모에서 '사무시설' 유형이 차지하는 비중은 30% 이하일 것으로 전망된다.
③ 2015~2020년 동안 '공공시설' 유형의 에너지 효율화 시장규모는 매년 30% 이상 증가할 것으로 전망된다.
④ 2011년 '산업시설' 유형의 에너지 효율화 시장규모는 전체 에너지 효율화 시장규모의 50% 이하이다.
⑤ 2010년 대비 2020년 에너지 효율화 시장규모의 증가율이 가장 높을 것으로 전망되는 시설유형은 '산업시설'이다.

문 61. 다음 〈그림〉은 2012년 1~4월 동안 월별 학교폭력 신고에 대한 자료이다. 이에 대한 설명으로 옳은 것은? 13 민간(인) 13번

〈그림 1〉 월별 학교폭력 신고 건수

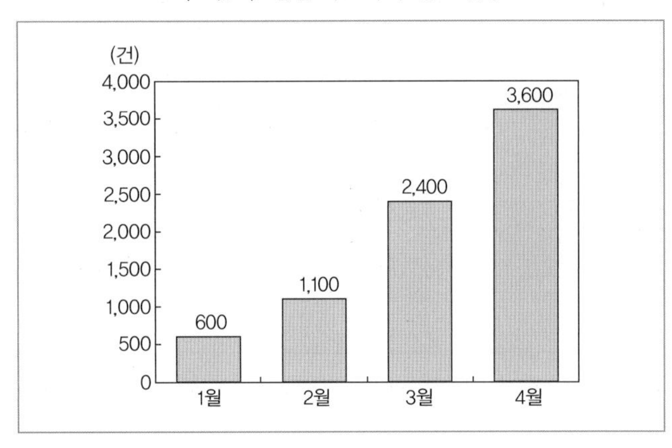

〈그림 2〉 월별 학교폭력 주요 신고자 유형별 비율

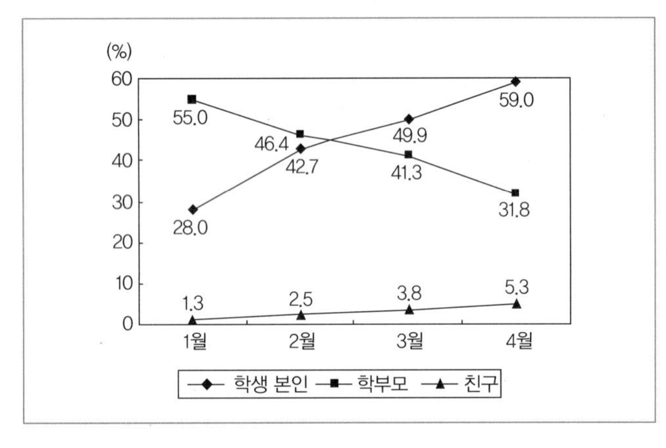

① 1월에 학부모의 학교폭력 신고 건수는 학생 본인의 학교폭력 신고 건수의 2배 이상이다.

② 학부모의 학교폭력 신고 건수는 매월 감소하였다.

③ 2~4월 중에서 전월 대비 학교폭력 신고 건수 증가율이 가장 높은 달은 3월이다.

④ 학생 본인의 학교폭력 신고 건수는 1월이 4월의 10% 이상이다.

⑤ 학교폭력 발생 건수는 매월 증가하였다.

문 62. 다음 〈그림〉과 〈표〉는 '갑'국의 주요 농작물 재배면적에 관한 자료이다. 이에 대한 설명 중 옳지 않은 것은? 13 외교원(인) 37번

〈그림〉 '갑'국의 주요 농작물 재배면적 변화추이

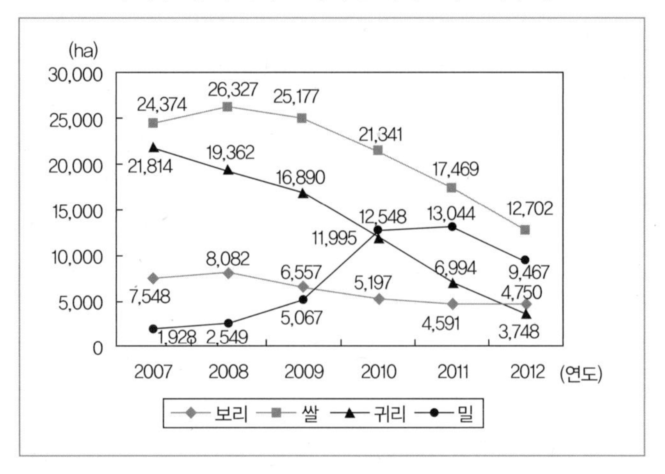

〈표〉 2011년과 2012년 '갑'국의 지역별 보리와 밀의 재배면적

(단위 : ha)

구분 연도 지역	보리		밀	
	2011	2012	2011	2012
A	76	123	1	1
B	104	83	17	21
C	35	61	41	20
D	64	50	15	4
E	1,038	2,009	3,837	2,286
F	96	187	6,066	5,669
G	753	675	185	114
H	2,425	1,562	2,807	1,352
I	0	0	75	0
전체	4,591	4,750	13,044	9,467

① 2012년 재배면적의 전년 대비 감소율이 가장 큰 농작물은 귀리이다.

② 2008년 재배면적의 전년 대비 증가율이 가장 큰 농작물은 쌀이다.

③ 재배면적이 큰 농작물부터 나열할 때, 쌀, 밀, 귀리, 보리 순서인 해는 2010년과 2011년이다.

④ 보리와 밀의 재배면적 차이가 가장 큰 해는 2011년이고, 가장 작은 해는 2009년이다.

⑤ 2011년과 2012년을 비교할 때, 보리의 재배면적은 증가하고 밀의 재배면적이 감소한 지역은 모두 3개이다.

문 63. 다음 〈표〉는 2001~2012년 '갑'국 식품산업 매출액 및 생산액 추이에 대한 자료이다. 이에 대한 〈보기〉의 설명 중 옳은 것만을 모두 고르면? 14 민간(A) 09번

〈표〉 '갑'국 식품산업 매출액 및 생산액 추이

(단위 : 십억 원, %)

구분 / 연도	식품산업 매출액	식품산업 생산액	제조업 생산액 대비 식품산업 생산액 비중	GDP 대비 식품산업 생산액 비중
2001	30,781	27,685	17.98	4.25
2002	36,388	35,388	21.17	4.91
2003	23,909	21,046	11.96	2.74
2004	33,181	30,045	14.60	3.63
2005	33,335	29,579	13.84	3.42
2006	35,699	32,695	14.80	3.60
2007	37,366	33,148	13.89	3.40
2008	39,299	36,650	14.30	3.57
2009	44,441	40,408	15.16	3.79
2010	38,791	34,548	10.82	2.94
2011	44,448	40,318	11.58	3.26
2012	47,328	43,478	12.22	3.42

〈보 기〉

ㄱ. 2012년 제조업 생산액은 2001년 제조업 생산액의 4배 이상이다.
ㄴ. 2005년 이후 식품산업 매출액의 전년 대비 증가율이 가장 큰 해는 2009년이다.
ㄷ. GDP 대비 제조업 생산액 비중은 2012년이 2007년보다 크다.
ㄹ. 2008년 '갑'국 GDP는 1,000조 원 이상이다.

① ㄱ, ㄴ
② ㄱ, ㄷ
③ ㄱ, ㄹ
④ ㄴ, ㄹ
⑤ ㄷ, ㄹ

문 64. 다음 〈표〉와 〈그림〉은 묘목(A~E)의 건강성을 평가하기 위한 자료이다. 아래의 〈평가방법〉에 따라 묘목의 건강성 평가점수를 계산할 때, 평가점수가 두 번째로 높은 묘목과 가장 낮은 묘목을 바르게 나열한 것은? 14 민간(A) 21번

〈표〉 묘목의 활착률과 병해충 감염여부

구분 \ 묘목	A	B	C	D	E
활착률	0.7	0.7	0.7	0.9	0.8
병해충 감염여부	감염	비감염	비감염	감염	비감염

〈그림〉 묘목의 줄기길이와 뿌리길이

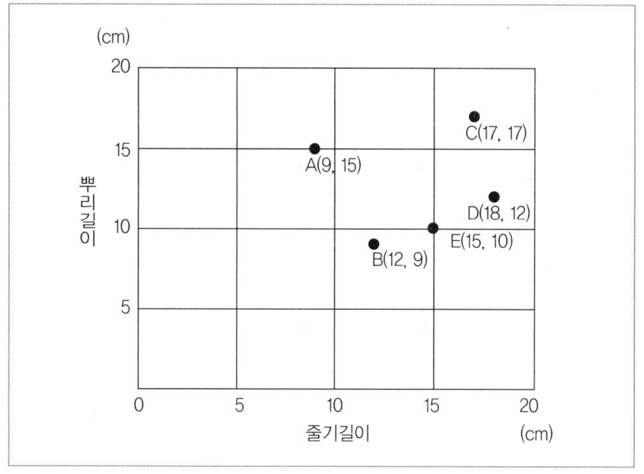

※ (,) 안의 수치는 각각 해당 묘목의 줄기길이, 뿌리길이를 의미함

〈평가방법〉

• 묘목의 건강성 평가점수

$$=\text{활착률}\times 30+\frac{\text{뿌리길이}}{\text{줄기길이}}\times 30+\text{병해충 감염여부}\times 40$$

• '병해충 감염여부'는 '감염'이면 0, '비감염'이면 1을 부여함

	두 번째로 높은 묘목	가장 낮은 묘목
①	B	A
②	C	A
③	C	D
④	E	A
⑤	E	D

문 65. 다음 〈그림〉은 2012~2013년 16개 기업(A~P)의 평균연봉 순위와 평균연봉비에 관한 자료이다. 이에 대한 〈보기〉의 설명 중 옳은 것만을 모두 고르면? 14 민간(A) 25번

〈그림〉 16개 기업 평균연봉 순위와 평균연봉비

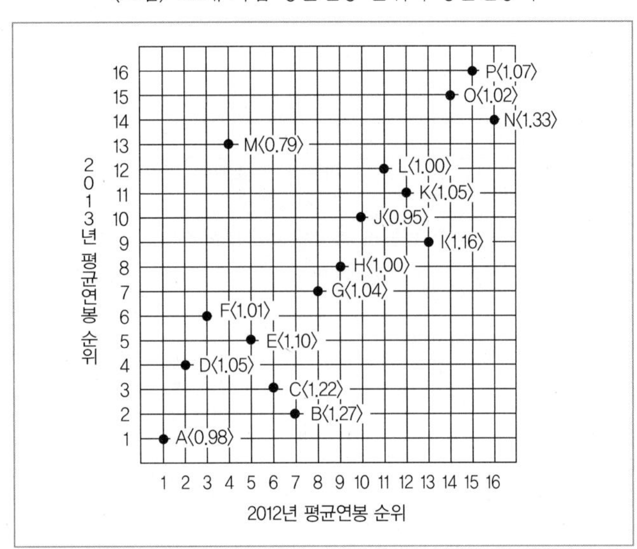

※ 1) 〈 〉 안의 수치는 해당기업의 평균연봉비를 나타냄

$$\text{평균연봉비} = \frac{\text{2013년 평균연봉}}{\text{2012년 평균연봉}}$$

2) 점의 좌표는 해당기업의 2012년과 2013년 평균연봉 순위를 의미함

〈보 기〉

ㄱ. 2012년에 비해 2013년 평균연봉 순위가 상승한 기업은 7개이다.

ㄴ. 2012년 대비 2013년 평균연봉 순위 하락폭이 가장 큰 기업은 평균연봉 감소율도 가장 크다.

ㄷ. 2012년 대비 2013년 평균연봉 순위 상승폭이 가장 큰 기업은 평균연봉 증가율도 가장 크다.

ㄹ. 2012년에 비해 2013년 평균연봉이 감소한 기업은 모두 평균연봉 순위도 하락하였다.

ㅁ. 2012년 평균연봉 순위 10위 이내 기업은 모두 2013년에도 10위 이내에 있다.

① ㄱ, ㄴ

② ㄱ, ㄷ

③ ㄱ, ㄴ, ㅁ

④ ㄴ, ㄷ, ㄹ

⑤ ㄷ, ㄹ, ㅁ

문 66. 다음 〈표〉는 A발전회사의 연도별 발전량 및 신재생에너지 공급 현황에 관한 자료이다. 이에 대한 〈보기〉의 설명 중 옳은 것만을 모두 고르면? 15 민간(인) 10번

〈표〉 A발전회사의 연도별 발전량 및 신재생에너지 공급 현황

구분 \ 연도		2012	2013	2014
발전량(GWh)		55,000	51,000	52,000
신재생에너지	공급의무율(%)	1.4	2.0	3.0
	자체공급량(GWh)	75	380	690
	인증서구입량(GWh)	15	70	160

※ 1) $\text{공급의무율(\%)} = \frac{\text{공급의무량}}{\text{발전량}} \times 100$

2) 이행량(GWh) = 자체공급량 + 인증서구입량

〈보 기〉

ㄱ. 공급의무량은 매년 증가한다.

ㄴ. 2012년 대비 2014년 자체공급량의 증가율은 2012년 대비 2014년 인증서구입량의 증가율보다 작다.

ㄷ. 공급의무량과 이행량의 차이는 매년 증가한다.

ㄹ. 이행량에서 자체공급량이 차지하는 비중은 매년 감소한다.

① ㄱ, ㄴ

② ㄱ, ㄷ

③ ㄷ, ㄹ

④ ㄱ, ㄴ, ㄹ

⑤ ㄴ, ㄷ, ㄹ

문 67. 다음 〈표〉는 2014년 '갑'국 지방법원(A~E)의 배심원 출석 현황에 관한 자료이다. 이에 대한 〈보기〉의 설명 중 옳은 것만을 모두 고르면? 15 민간(인) 20번

〈표〉 2014년 '갑'국 지방법원(A~E)의 배심원 출석 현황

(단위 : 명)

구분 / 지방법원	소환인원	송달불능자	출석취소통지자	출석의무자	
					출석자
A	1,880	533	573	( )	411
B	1,740	495	508	( )	453
C	716	160	213	343	189
D	191	38	65	88	57
E	420	126	120	174	115

※ 1) 출석의무자 수 = 소환인원 − 송달불능자 수 − 출석취소통지자 수

2) 출석률(%) $= \frac{\text{출석자 수}}{\text{소환인원}} \times 100$

3) 실질출석률(%) $= \frac{\text{출석자 수}}{\text{출석의무자 수}} \times 100$

〈보 기〉

ㄱ. 출석의무자 수는 B지방법원이 A지방법원보다 많다.
ㄴ. 실질출석률은 E지방법원이 C지방법원보다 낮다.
ㄷ. D지방법원의 출석률은 25% 이상이다.
ㄹ. A~E지방법원 전체 소환인원에서 A지방법원의 소환인원이 차지하는 비율은 35% 이상이다.

① ㄱ, ㄴ
② ㄱ, ㄷ
③ ㄴ, ㄷ
④ ㄴ, ㄹ
⑤ ㄷ, ㄹ

문 68. 다음 〈표〉는 2000~2013년 동안 세대문제 키워드별 검색 건수에 대한 자료이다. 이에 대한 〈보기〉의 설명 중 옳은 것만을 모두 고르면? 16 민간(5) 18번

〈표〉 세대문제 키워드별 검색 건수

(단위 : 건)

연도	부정적 키워드		긍정적 키워드		전체
	세대갈등	세대격차	세대소통	세대통합	
2000	575	260	164	638	1,637
2001	520	209	109	648	1,486
2002	912	469	218	1,448	3,047
2003	1,419	431	264	1,363	3,477
2004	1,539	505	262	1,105	3,411
2005	1,196	549	413	1,247	3,405
2006	940	494	423	990	2,847
2007	1,094	631	628	1,964	4,317
2008	1,726	803	1,637	2,542	6,708
2009	2,036	866	1,854	2,843	7,599
2010	2,668	1,150	3,573	4,140	11,531
2011	2,816	1,279	3,772	4,008	11,875
2012	3,603	1,903	4,263	8,468	18,237
2013	3,542	1,173	3,809	4,424	12,948

〈보 기〉

ㄱ. 부정적 키워드 검색 건수에 비해 긍정적 키워드 검색 건수가 많았던 연도의 횟수는 8번 이상이다.
ㄴ. '세대소통' 키워드의 검색 건수는 2005년 이후 매년 증가하였다.
ㄷ. 2001~2013년 동안 전년 대비 전체 검색 건수 증가율이 가장 높은 해는 2002년이다.
ㄹ. 2002년에 전년 대비 검색 건수 증가율이 가장 낮은 키워드는 '세대소통'이다.

① ㄱ, ㄴ
② ㄱ, ㄷ
③ ㄴ, ㄹ
④ ㄱ, ㄷ, ㄹ
⑤ ㄴ, ㄷ, ㄹ

문 69. 다음 〈표〉는 A지역의 저수지 현황에 대한 자료이다. 이에 대한 〈보기〉의 설명 중 옳은 것만을 모두 고르면?

16 민간(5) 23번

〈표 1〉 관리기관별 저수지 현황

(단위 : 개소, 천m^3, ha)

구분 관리기관	저수지 수	총 저수용량	총 수혜면적
농어촌공사	996	598,954	69,912
자치단체	2,230	108,658	29,371
전체	3,226	707,612	99,283

〈표 2〉 저수용량별 저수지 수

(단위 : 개소)

저수용량 (m^3)	10만 미만	10만 이상 50만 미만	50만 이상 100만 미만	100만 이상 500만 미만	500만 이상 1,000만 미만	1,000만 이상	합
저수지 수	2,668	360	100	88	3	7	3,226

〈표 3〉 제방높이별 저수지 수

(단위 : 개소)

제방높이 (m)	10 미만	10 이상 20 미만	20 이상 30 미만	30 이상 40 미만	40 이상	합
저수지 수	2,566	533	99	20	8	3,226

〈보 기〉

ㄱ. 관리기관이 자치단체이고 제방높이가 '10 미만'인 저수지 수는 1,600개소 이상이다.

ㄴ. 저수용량이 '10만 미만'인 저수지 수는 전체 저수지 수의 80% 이상이다.

ㄷ. 관리기관이 농어촌공사인 저수지의 개소당 수혜면적은 관리기관이 자치단체인 저수지의 개소당 수혜면적의 5배 이상이다.

ㄹ. 저수용량이 '50만 이상 100만 미만'인 저수지의 저수용량 합은 전체 저수지 총 저수용량의 5% 이상이다.

① ㄴ, ㄷ

② ㄷ, ㄹ

③ ㄱ, ㄴ, ㄷ

④ ㄱ, ㄴ, ㄹ

⑤ ㄴ, ㄷ, ㄹ

문 70. 다음 〈표〉는 1930~1934년 동안 A지역의 곡물 재배면적 및 생산량을 정리한 자료이다. 이에 대한 설명으로 옳은 것은?

18 민간(가) 14번

〈표〉 A지역의 곡물 재배면적 및 생산량

(단위 : 천 정보, 천 석)

곡물	구분 \ 연도	1930	1931	1932	1933	1934
미곡	재배면적	1,148	1,100	998	1,118	1,164
	생산량	15,276	14,145	13,057	15,553	18,585
맥류	재배면적	1,146	773	829	963	1,034
	생산량	7,347	4,407	4,407	6,339	7,795
두류	재배면적	450	283	301	317	339
	생산량	1,940	1,140	1,143	1,215	1,362
잡곡	재배면적	334	224	264	215	208
	생산량	1,136	600	750	633	772
서류	재배면적	59	88	87	101	138
	생산량	821	1,093	1,228	1,436	2,612
전체	재배면적	3,137	2,468	2,479	2,714	2,883
	생산량	26,520	21,385	20,585	25,176	31,126

① 1931~1934년 동안 재배면적의 전년 대비 증감방향은 미곡과 두류가 동일하다.

② 생산량은 매년 두류가 서류보다 많다.

③ 재배면적은 매년 잡곡이 서류의 2배 이상이다.

④ 1934년 재배면적당 생산량이 가장 큰 곡물은 미곡이다.

⑤ 1933년 미곡과 맥류 재배면적의 합은 1933년 곡물 재배면적 전체의 70% 이상이다.

문 71. 다음 〈표〉는 대학생 700명을 대상으로 실시한 설문조사 결과이다. 이에 대한 〈보고서〉의 설명 중 옳지 않은 것을 모두 고르면?

11 행시(인) 19번

〈표 1〉 학년별 여름방학 계획

(단위 : 명, %)

구분 \ 학년	자격증 취득	배낭 여행	아르바이트	봉사활동	기타	합
4학년	85(56.7)	23(15.3)	29(19.3)	6(4.0)	7(4.7)	150(100.0)
3학년	67(51.5)	17(13.1)	25(19.2)	6(4.6)	15(11.5)	130(100.0)
2학년	72(42.4)	54(31.8)	36(21.2)	5(2.9)	3(1.8)	170(100.0)
1학년	79(31.6)	82(33.2)	54(21.6)	22(8.8)	12(4.8)	250(100.0)
계	303(43.3)	177(25.3)	144(20.6)	39(5.6)	37(5.3)	700(100.0)

〈표 2〉 학년별 관심 있는 동아리

(단위 : 명, %)

구분 \ 학년	주식 투자	외국어 학습	봉사	음악 · 미술	기타	합
4학년	18(12.0)	100(66.7)	12(8.0)	16(10.7)	4(2.7)	150(100.0)
3학년	12(9.2)	71(54.6)	22(16.9)	16(12.3)	9(6.9)	130(100.0)
2학년	8(4.7)	58(34.1)	60(35.3)	34(20.0)	10(5.9)	170(100.0)
1학년	12(4.8)	72(28.8)	86(34.4)	55(22.0)	25(10.0)	250(100.0)
계	50(7.1)	301(43.0)	180(25.7)	121(17.3)	48(6.9)	700(100.0)

※ 괄호 안의 값은 소수점 아래 둘째 자리에서 반올림한 값임

〈보고서〉

대학생들을 대상으로 실시한 설문조사 결과이다. ㉠ 여름방학에 자격증 취득을 계획하고 있는 학생 수가 각 학년의 학생 수에서 차지하는 비율은 학년이 높을수록 증가하였다. 기타를 제외할 경우, 여름방학에 봉사활동을 계획하고 있는 학생 수가 각 학년의 학생 수에서 차지하는 비율은 모든 학년에서 가장 낮았다. ㉡ 또한 여름방학 때 아르바이트를 하고자 하는 학생의 40% 이상, 봉사활동을 하고자 하는 학생의 50% 이상이 1학년이었다. 최근의 청년 실업난을 반영하듯 3학년과 4학년에서는 자격증 취득에 여름방학을 투자하겠다고 응답한 학생이 절반 이상으로 나타났다. ㉢ 학년별로 관심 있는 동아리를 조사한 결과, 1학년과 2학년은 각각 봉사－외국어 학습－음악 · 미술－기타－주식투자의 순서로 관심을 보였고, 3학년과 4학년은 각각 외국어 학습－주식투자－음악 · 미술－기타－봉사의 순서로 관심을 보였다. ㉣ 그리고 주식투자 동아리에 관심 있는 학생 중 3학년이 차지하는 비중과 외국어 학습 동아리에 관심 있는 학생 중 1학년이 차지하는 비중의 차이는 1%p 내로 나타났다.

① ㉠, ㉡

② ㉠, ㉣

③ ㉡, ㉢

④ ㉡, ㉣

⑤ ㉢, ㉣

문 72. 다음 〈그림〉과 〈표〉는 2007년 국내 암 발생률에 대한 자료이다. 이에 대한 〈보기〉의 설명 중 옳은 것을 모두 고르면?

11 행시(인) 35번

〈그림〉 2007년 성별 10대 암 발생률

(단위 : 명)

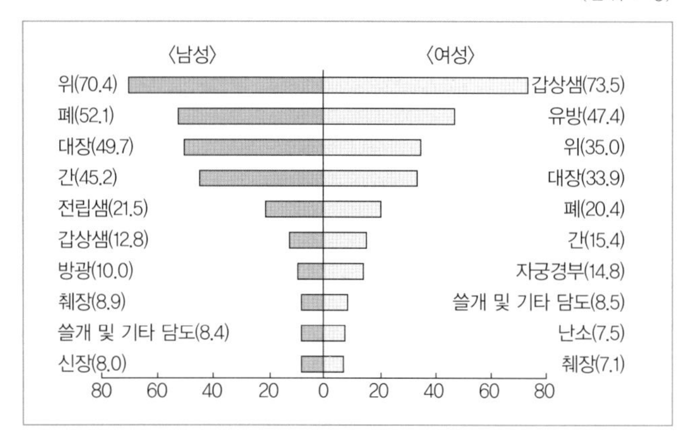

〈표〉 2007년 성별 암 발생률

(단위 : 명)

구분	남성	여성
암 발생률	346.2	312.8

※ 1) 암 발생률 : 특정 기간 동안 해당 집단의 인구 10만 명당 새롭게 발생한 암 환자 수
2) 10대 암은 암 발생률이 높은 상위 10개를 의미함

〈보 기〉

ㄱ. 2007년 남성에게서 발생률이 가장 높은 암은 위암이고, 그 다음으로 폐암, 대장암, 간암의 순이며, 이들 네 개 암 발생률의 합은 그 해 남성 암 발생률의 50% 이상이다.

ㄴ. 2007년 남성의 위암, 폐암, 대장암, 간암의 발생률은 각각 여성의 해당 암 발생률의 두 배 이상이다.

ㄷ. 2007년 여성의 갑상샘암 발생률은 남성의 5배 이상이다.

ㄹ. 2007년 여성 암 환자 중 갑상샘암 환자의 비율은 20% 이상이다.

① ㄱ, ㄷ

② ㄴ, ㄷ

③ ㄴ, ㄹ

④ ㄱ, ㄴ, ㄹ

⑤ ㄱ, ㄷ, ㄹ

문 73. 다음 <표>는 A국 제조업체의 이익수준과 적자보고율에 대한 자료이다. 이에 대한 <보기>의 설명 중 옳은 것을 모두 고르면?

11 행시(인) 22번

<표> 연도별 이익수준과 적자보고율

연도	조사대상 기업 수(개)	이익수준					적자 보고율
		전체		구간			
		평균	표준편차	하위 평균	중위 평균	상위 평균	
2002	520	0.0373	0.0907	0.0101	0.0411	0.0769	0.17
2003	540	0.0374	0.0923	0.0107	0.0364	0.0754	0.15
2004	580	0.0395	0.0986	0.0107	0.0445	0.0818	0.17
2005	620	0.0420	0.0975	0.0140	0.0473	0.0788	0.15
2006	530	0.0329	0.1056	0.0119	0.0407	0.0792	0.18
2007	570	0.0387	0.0929	0.0123	0.0414	0.0787	0.17

※ 1) 적자보고율 = $\frac{\text{적자로 보고한 기업 수}}{\text{조사대상 기업 수}}$

2) 이익수준 = $\frac{\text{이익}}{\text{총자산}}$

<보 기>

ㄱ. 조사대상 기업 중에서 적자로 보고한 기업 수는 2005년에 최대, 2003년에 최소이다.

ㄴ. 이익수준의 전체 평균 대비 하위 평균의 비율이 가장 큰 해와 이익수준의 전체 표준편차가 가장 큰 해는 동일하다.

ㄷ. 이익수준의 상위 평균이 가장 높은 해는 전체 평균이 가장 높은 2004년이다.

ㄹ. 2003년부터 2007년까지 적자보고율과 이익수준 상위 평균의 전년 대비 증감 방향은 매년 일치한다.

① ㄱ, ㄷ

② ㄴ, ㄹ

③ ㄱ, ㄴ, ㄷ

④ ㄱ, ㄷ, ㄹ

⑤ ㄴ, ㄷ, ㄹ

문 74. 다음 <표>와 <그림>은 2010년 성별 · 장애등급별 등록 장애인 현황을 나타낸 것이다. 이에 대한 <보기>의 설명 중 옳은 것을 모두 고르면?

13 행시(인) 06번

<표> 2010년 성별 등록 장애인 수

(단위 : 명, %)

구분 \ 성별	여성	남성	전체
등록 장애인 수	1,048,979	1,468,333	2,517,312
전년 대비 증가율	0.50	5.50	( )

<그림> 2010년 성별 · 장애등급별 등록 장애인 수

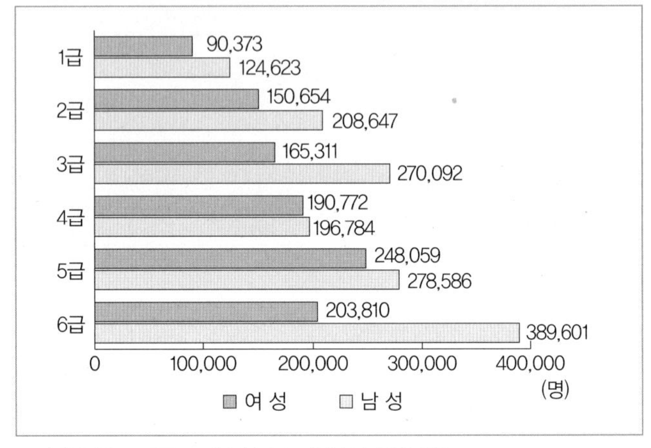

※ 장애등급은 1~6급으로만 구분되며, 미등록 장애인은 없음

<보 기>

ㄱ. 2010년 전체 등록 장애인 수의 전년 대비 증가율은 4% 미만이다.

ㄴ. 전년 대비 2010년 등록 장애인 수가 가장 많이 증가한 장애등급은 6급이다.

ㄷ. 장애등급 5급과 6급의 등록 장애인 수의 합은 전체 등록 장애인 수의 50% 이상이다.

ㄹ. 등록 장애인 수가 가장 많은 장애등급의 남성 장애인 수는 등록 장애인 수가 가장 적은 장애등급의 남성 장애인 수의 3배 이상이다.

ㅁ. 성별 등록 장애인 수 차이가 가장 작은 장애등급과 가장 큰 장애등급의 여성 장애인 수의 합은 여성 전체 등록 장애인 수의 40% 미만이다.

① ㄱ, ㄴ

② ㄱ, ㄹ

③ ㄱ, ㄹ, ㅁ

④ ㄴ, ㄷ, ㅁ

⑤ ㄷ, ㄹ, ㅁ

문 75. 다음 〈표〉는 5개 행상에 대한 8개 부서의 참여여부 및 비용에 관한 자료이다. 〈조건〉을 적용할 때, 다음 중 옳지 않은 것은?

11 행시(인) 16번

〈표〉 부서별 행사 참여여부와 비용 현황

(단위 : 만 원)

부서 \ 행사	가	나	다	라	마	사전 지출비용
진행비용	6,000	14,000	35,000	117,000	59,000	
A	○	○	○	○	○	10,000
B	○	○	○	○	○	26,000
C	○	○	○	○	○	10,000
D	○	○	○	○	○	10,000
E	×	×	○	○	○	175,000
F	×	×	×	○	○	0
G	×	×	×	○	○	0
H	×	×	×	○	○	0

※ 1) 'ㅇ'는 참여를 의미하고 '×'는 불참을 의미함
2) 위에 제시된 8개 부서 이외에 다른 부서는 없음
3) 위에 제시된 5개 행사 이외에 다른 행사는 없음

〈조 건〉

- 행사에 참여한 각 부서는 해당 행사의 진행비용을 균등하게 나누어 부담한다.
- 각 부서는 행사별로 부담해야 할 진행비용의 합보다 사전지출비용이 많은 경우에는 차액을 환급받고, 반대의 경우에는 차액을 지급한다.

① G부서는 22,000만 원을 지급한다.
② B부서는 8,000만 원을 환급받는다.
③ E부서는 146,000만 원을 환급받는다.
④ A부서, C부서, D부서는 각각 사전지출비용 외에 24,000만 원씩 추가로 지급한다.
⑤ '다'행사에 참여한 각 부서는 '다'행사에 대하여 7,000만 원씩 진행비용을 부담한다.

문 76. 다음 〈표〉는 6개 부서로 이루어진 어느 연구소의 부서별 항목별 예산과 인원 현황을 나타낸 자료이다. 이에 대한 설명 중 옳은 것은?

12 행시(인) 05번

〈표 1〉 부서별 항목별 예산 내역

(단위 : 만 원)

부서	항목	2010년 예산	2011년 예산
A	인건비	49,560	32,760
	기본경비	309,617	301,853
	사업비	23,014,430	41,936,330
	소계	23,373,607	42,270,943
B	인건비	7,720	7,600
	기본경비	34,930	33,692
	사업비	7,667,570	9,835,676
	소계	7,710,220	9,876,968
C	인건비	7,420	7,420
	기본경비	31,804	31,578
	사업비	2,850,390	3,684,267
	소계	2,889,614	3,723,265
D	인건비	7,420	7,600
	기본경비	24,050	25,672
	사업비	8,419,937	17,278,382
	소계	8,451,407	17,311,654
E	인건비	6,220	6,220
	기본경비	22,992	24,284
	사업비	2,042,687	4,214,300
	소계	2,071,899	4,244,804
F	인건비	4,237,532	3,869,526
	기본경비	865,957	866,791
	사업비	9,287,987	15,042,762
	소계	14,391,476	19,779,079
전체		58,888,223	97,206,713

〈표 2〉 2010년 부서별 직종별 인원

(단위 : 명)

부서	정·현원		직종별 현원				
	정원	현원	일반직	별정직	개방형	계약직	기능직
A	49	47	35	3	1	4	4
B	32	34	25	0	1	6	2
C	18	18	14	0	0	2	2
D	31	29	23	0	0	0	6
E	15	16	14	0	0	1	1
F	75	72	38	1	0	8	25
계	220	216	149	4	2	21	40

※ 2010년 이후 부서별 직종별 인원수의 변동은 없음

① 모든 부서 중 정원이 가장 많은 부서와 가장 적은 부서의 2011년 예산을 합하면 2011년 전체 예산의 30% 이상이다.

② 2011년 부서별 인건비 예산 합은 2011년 전체 예산의 3% 미만이다.

③ 2010년 현원 1인당 기본경비 예산이 가장 적은 부서는 B이다.

④ 2011년 각 부서의 현원과 일반직을 비교할 때, 현원 대비 일반직 비중이 가장 큰 부서는 2011년 모든 부서 중 기본경비 예산이 가장 적다.

⑤ 2011년 사업비는 모든 부서에서 전년에 비해 증가하였으며, 그중 A부서의 전년 대비 사업비 증가율이 가장 높았다.

문 77. 다음 〈표〉는 수자원 현황에 대한 자료이다. 이를 바탕으로 작성한 〈보고서〉의 내용 중 옳은 것만을 모두 고르면?

15 행시(인) 23번

〈표 1〉 지구상 존재하는 물의 구성

구분		부피(백만 km^3)	비율(%)
총량		1,386.1	100.000
해수(바닷물)		1,351.0	97.468
담수	빙설(빙하, 만년설 등)	24.0	1.731
	지하수	11.0	0.794
	지표수(호수, 하천 등)	0.1	0.007

〈표 2〉 세계 각국의 강수량

구분	한국	일본	미국	영국	중국	캐나다	세계 평균
연평균 강수량 (mm)	1,245	1,718	736	1,220	627	537	880
1인당 강수량 (m^3/년)	2,591	5,107	25,022	4,969	4,693	174,016	19,635

〈표 3〉 주요 국가별 1인당 물 사용량

국가	독일	덴마크	프랑스	영국	일본	이탈리아	한국	호주
1인당 물 사용량 (ℓ/일)	132	246	281	323	357	383	395	480

〈보고서〉

급격한 인구증가와 지구온난화로 인하여 인류가 사용할 수 있는 물의 양이 줄어들면서 물 부족 문제가 심화되고 있다. ㉠ 지구상에 존재하는 물의 97% 이상이 해수이고, 나머지는 담수의 형태로 존재한다. ㉡ 담수의 3분의 2 이상은 빙하, 만년설 등의 빙설이고, 나머지도 대부분 땅속에 있어 손쉽게 이용 가능한 지표수는 매우 적다.

최근 들어 강수량 및 확보 가능한 수자원이 감소되고 있는 실정이다. UN 조사에 따르면 이러한 상황이 지속될 경우 20년 후 세계 인구의 3분의 2는 물 스트레스 속에서 살게 될 것으로 전망된다. ㉢ 한국의 경우, 연평균 강수량은 세계평균의 1.4배 이상이지만, 1인당 강수량은 세계평균의 12% 미만이다. 또한 연강수량의 3분의 2가 여름철에 집중되어 수자원의 계절별, 지역별 편중이 심하다.

이와 같이 수자원 확보의 어려움에 직면하고 있으나 ㉣ 한국의 1인당 물 사용량은 독일의 2.5배 이상이며, 프랑스의 1.4배 이상으로 오히려 다른 나라에 비해 높은 편이다.

① ㉠, ㉡

② ㉠, ㉢

③ ㉢, ㉣

④ ㉠, ㉡, ㉣

⑤ ㉡, ㉢, ㉣

문 78. 다음 〈표〉는 2010년 말에 조사한 A시의 초고층 건축물 '가'~'차'에 대한 자료이다. 이에 대한 〈보기〉의 설명 중 옳지 않은 것을 모두 고르면? 11 행시(인) 27번

〈표〉 A시 초고층 건축물 현황 (2010.12.31.기준)

구분	건축물	지상 층수(층)	연면적(m^2)	공사기간
사용 중	가	60	166,429	1980.2.12.~ 1986.9.2.
	나	54	107,933	1983.1.1.~ 1989.11.3.
	다	51	101,421	1996.2.16.~ 2004.11.15.
	라	69	385,944	1997.5.29.~ 2003.7.21.
	마	66	195,058	1999.5.17.~ 2002.10.13.
	바	58	419,027	2003.10.30.~ 2007.1.22.
	사	50	158,655	2004.10.25.~ 2009.3.31.
공사 중	아	54	507,524	2006.12.5.~
	자	72	627,674	2007.4.16.~
	차	69	204,559	2007.11.22.~

※ 1) 연면적 : 건축물의 모든 지상층 바닥면적의 합
2) 용적률(%) : 대지면적 대비 연면적 비율
3) A시 모든 건축물의 용적률은 최대 1,000%임
4) 공사기간은 착공시점부터 준공시점까지를 의미함

〈보 기〉

ㄱ. '다'의 대지면적은 10,000m^2 이하이다.
ㄴ. 1990년대에 착공한 초고층 건축물은 지상 층수가 높을수록 연면적이 넓다.
ㄷ. 1980년대에 착공한 초고층 건축물은 지상 층수가 낮을수록 공사기간이 길다.
ㄹ. 2010년 말 현재 사용 중인 초고층 건축물 중 지상층의 평균 바닥면적이 가장 넓은 것은 '라'이다.
ㅁ. 2000년 이후 착공한 초고층 건축물의 평균 지상 층수는 그 전에 착공한 초고층 건축물의 평균 지상 층수보다 높다.

① ㄱ, ㄹ
② ㄴ, ㄹ
③ ㄷ, ㅁ
④ ㄱ, ㄹ, ㅁ
⑤ ㄴ, ㄷ, ㅁ

문 79. 다음 〈그림〉은 1998~2007년 동안 어느 시의 폐기물 처리 유형별 처리량 추이에 대한 자료이다. 이에 대한 〈보기〉의 설명 중 옳은 것을 모두 고르면? 12 행시(인) 02번

〈그림 1〉 생활폐기물 처리 유형별 처리량 추이

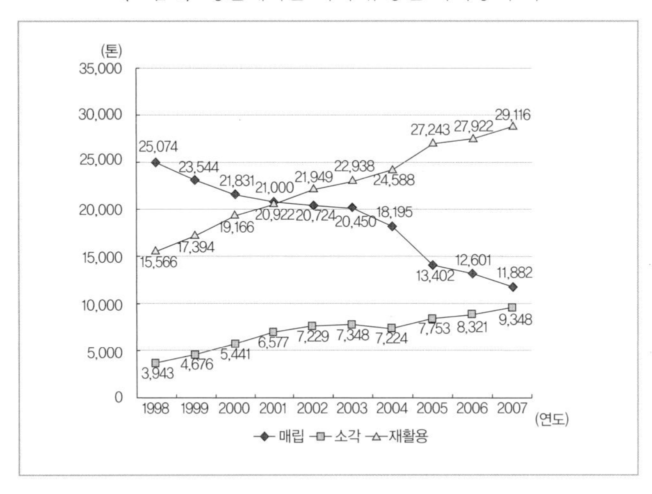

〈그림 2〉 사업장폐기물 처리 유형별 처리량 추이

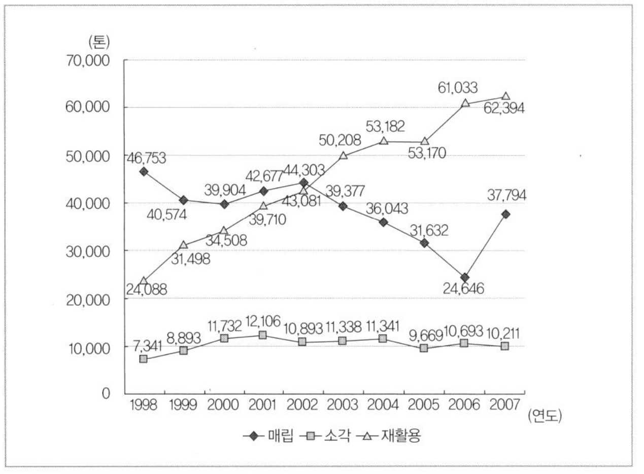

※ 1) 폐기물 처리 유형은 매립, 소각, 재활용으로만 구분됨
2) 매립률(%) $= \frac{\text{매립량}}{\text{매립량} + \text{소각량} + \text{재활용량}} \times 100$
3) 재활용률(%) $= \frac{\text{재활용량}}{\text{매립량} + \text{소각량} + \text{재활용량}} \times 100$

〈보 기〉

ㄱ. 생활폐기물과 사업장폐기물 각각의 재활용량은 매년 증가하고 매립량은 매년 감소하고 있다.
ㄴ. 생활폐기물 전체 처리량은 매년 증가하고 있다.
ㄷ. 2006년 생활폐기물과 사업장폐기물 각각 매립률이 25% 이상이다.
ㄹ. 사업장폐기물의 재활용률은 1998년에 40% 미만이나 2007년에는 60% 이상이다.
ㅁ. 2007년 생활폐기물과 사업장폐기물의 전체 처리량은 각각 전년 대비 증가하였다.

① ㄱ, ㄷ
② ㄴ, ㄹ
③ ㄷ, ㅁ
④ ㄱ, ㄴ, ㄹ
⑤ ㄷ, ㄹ, ㅁ

문 80. 다음 〈그림〉은 2010년 세계 인구의 국가별 구성비와 OECD 국가별 인구를 나타낸 자료이다. 2010년 OECD 국가의 총인구 중 미국 인구가 차지하는 비율이 25%일 때, 이에 대한 〈보기〉의 설명 중 옳은 것을 모두 고르면? 13 행시(인) 02번

〈그림 1〉 2010년 세계 인구의 국가별 구성비

(단위 : %)

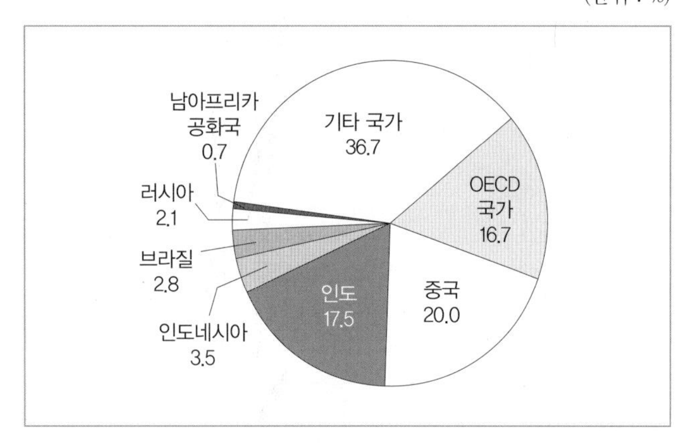

〈그림 2〉 2010년 OECD 국가별 인구

(단위 : 백만 명)

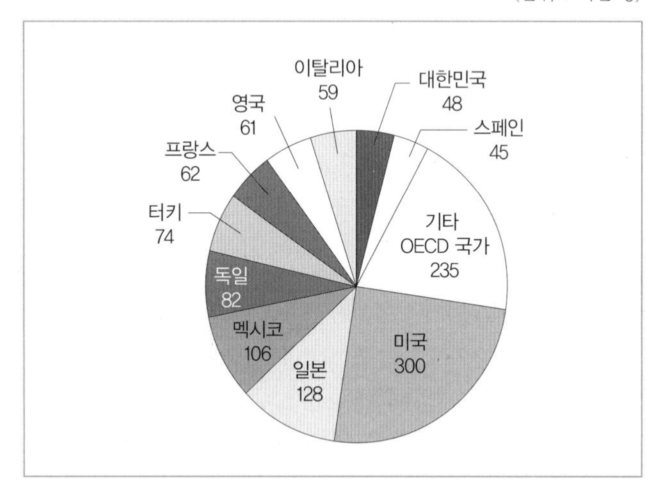

〈보 기〉

ㄱ. 2010년 세계 인구는 70억 명 이상이다.

ㄴ. 2010년 기준 독일 인구가 매년 전년 대비 10% 증가한다면, 독일 인구가 최초로 1억 명 이상이 되는 해는 2014년이다.

ㄷ. 2010년 OECD 국가의 총 인구 중 터키 인구가 차지하는 비율은 5% 이상이다.

ㄹ. 2010년 남아프리카공화국 인구는 스페인 인구보다 적다.

① ㄱ, ㄴ

② ㄱ, ㄷ

③ ㄱ, ㄹ

④ ㄴ, ㄷ

⑤ ㄷ, ㄹ

06 빈칸 채우기

문 81. 다음 〈표〉는 A지역 산불피해 복구에 대한 국비 및 지방비 지원금액에 관한 자료이다. 이에 대한 〈보기〉의 설명 중 옳은 것만을 모두 고르면? 23 7급(인) 17번

〈표 1〉 A지역 산불피해 복구에 대한 지원항목별, 재원별 지원금액

(단위 : 천만 원)

지원항목 \ 재원	국비	지방비	합
산림시설 복구	32,594	9,000	41,594
주택 복구	5,200	1,800	7,000
이재민 구호	2,954	532	3,486
상·하수도 복구	10,930	260	11,190
농경지 복구	1,540	340	1,880
생계안정 지원	1,320	660	1,980
기타	520	0	520
전체	55,058	( )	( )

〈표 2〉 A지역 산불피해 복구에 대한 부처별 국비 지원금액

(단위 : 천만 원)

부처	행정안전부	산림청	국토교통부	환경부	보건복지부	그 외	전체
지원금액	2,930	33,008	( )	9,520	350	240	55,058

〈보 기〉

ㄱ. 기타를 제외하고, 국비 지원금액 대비 지방비 지원금액 비율이 가장 높은 지원항목은 '주택 복구'이다.

ㄴ. 산림청의 '산림시설 복구' 지원금액은 1,000억 원 이상이다.

ㄷ. 국토교통부의 지원금액은 전체 국비 지원금액의 20% 이상이다.

ㄹ. 전체 지방비 지원금액은 '상·하수도 복구' 국비 지원금액보다 크다.

① ㄱ, ㄴ

② ㄱ, ㄷ

③ ㄴ, ㄷ

④ ㄴ, ㄹ

⑤ ㄷ, ㄹ

문 82. 다음 〈표〉는 2021년 A시에서 개최된 철인3종경기 기록이다. 이에 대한 〈보기〉의 설명 중 옳은 것만을 모두 고르면?

22 7급(가) 20번

〈표〉 A시 개최 철인3종경기 기록

(단위 : 시간)

종합기록 순위	국적	종합	수영	T1	자전거	T2	달리기
1	러시아	9:22:28	0:48:18	0:02:43	5:04:50	0:02:47	3:23:50
2	브라질	9:34:36	0:57:44	0:02:27	5:02:30	0:01:48	3:30:07
3	대한민국	9:37:41	1:04:14	0:04:08	5:04:21	0:03:05	3:21:53
4	대한민국	9:42:03	1:06:34	0:03:33	5:11:01	0:03:33	3:17:22
5	대한민국	9:43:50	( )	0:03:20	5:00:33	0:02:14	3:17:24
6	일본	9:44:34	0:52:01	0:03:28	5:25:59	0:02:56	3:20:10
7	러시아	9:45:06	1:08:32	0:03:55	5:07:46	0:03:02	3:21:51
8	독일	9:46:48	1:03:49	0:03:53	4:59:20	0:03:00	( )
9	영국	( )	1:07:01	0:03:37	5:07:07	0:03:55	3:26:27
10	중국	9:48:18	1:02:28	0:03:29	5:16:09	0:03:47	3:22:25

※ 1) 기록 '1:01:01'은 1시간 1분 1초를 의미함
2) 'T1', 'T2'는 각각 '수영'에서 '자전거', '자전거'에서 '달리기'로 전환하는 데 걸리는 시간임
3) 경기 참가 선수는 10명뿐이고, 기록이 짧을수록 순위가 높음

〈보 기〉

ㄱ. '수영'기록이 한 시간 이하인 선수는 'T2'기록이 모두 3분 미만이다.
ㄴ. 종합기록 순위 2~10위인 선수 중, 종합기록 순위가 한 단계 더 높은 선수와의 '종합'기록 차이가 1분 미만인 선수는 3명뿐이다.
ㄷ. '달리기'기록 상위 3명의 국적은 모두 대한민국이다.
ㄹ. 종합기록 순위 10위인 선수의 '수영'기록 순위는 '수영'기록과 'T1'기록의 합산 기록 순위와 다르다.

① ㄱ, ㄴ
② ㄱ, ㄷ
③ ㄷ, ㄹ
④ ㄱ, ㄴ, ㄹ
⑤ ㄴ, ㄷ, ㄹ

문 83. 다음 〈표〉는 2021~2027년 시스템반도체 중 인공지능반도체의 세계 시장규모 전망이다. 이에 대한 〈보기〉의 설명 중 옳은 것만을 모두 고르면?

21 민간(나) 18번

〈표〉 시스템반도체 중 인공지능반도체의 세계 시장규모 전망

(단위 : 억 달러, %)

구분 \ 연도	2021	2022	2023	2024	2025	2026	2027
시스템반도체	2,500	2,310	2,686	2,832	( )	3,525	( )
인공지능반도체	70	185	325	439	657	927	1,179
비중	2.8	8.0	( )	15.5	19.9	26.3	31.3

〈보 기〉

ㄱ. 인공지능반도체 비중은 매년 증가한다.
ㄴ. 2027년 시스템반도체 시장규모는 2021년보다 1,000억 달러 이상 증가한다.
ㄷ. 2022년 대비 2025년의 시장규모 증가율은 인공지능반도체가 시스템반도체의 5배 이상이다.

① ㄷ
② ㄱ, ㄴ
③ ㄱ, ㄷ
④ ㄴ, ㄷ
⑤ ㄱ, ㄴ, ㄷ

문 84. 다음 〈표〉는 A~C가 참가한 사격게임 결과에 대한 자료이다. 〈표〉와 〈조건〉을 근거로 1~5라운드 후 A의 총 적중횟수의 최솟값과 C의 총 적중횟수의 최댓값의 차이를 구하면?

20 민간(가) 05번

〈표〉 참가자의 라운드별 적중률 현황

(단위 : %)

참가자 \ 라운드	1	2	3	4	5
A	20.0	( )	60.0	37.5	( )
B	40.0	62.5	100.0	12.5	12.5
C	( )	62.5	80.0	( )	62.5

※ 사격게임 결과는 적중과 미적중으로만 구분함

〈조 건〉

• 1, 3라운드에는 각각 5발을 발사하고, 2, 4, 5라운드에는 각각 8발을 발사한다.
• 각 참가자의 라운드별 적중횟수는 최소 1발부터 최대 5발까지이다.
• 참가자별로 1발만 적중시킨 라운드 횟수는 2회 이하이다.

① 10
② 11
③ 12
④ 13
⑤ 14

문 85. 다음 〈표〉는 고려시대 왕의 혼인종류별 후비(后妃) 수를 조사한 것이다. 이에 대한 설명으로 옳지 않은 것은?

19 민간(나) 16번

〈표〉 고려시대 왕의 혼인종류별 후비 수

(단위 : 명)

왕 \ 혼인종류		족외혼	족내혼	몽골출신	왕 \ 혼인종류		족외혼	족내혼	몽골출신
1대	태조	29	0	–	19대	명종	0	1	–
2대	혜종	4	0	–	20대	신종	0	1	–
3대	정종	3	0	–	21대	희종	0	1	–
4대	광종	0	2	–	22대	강종	1	1	–
5대	경종	1	( )	–	23대	고종	0	1	–
6대	성종	2	1	–	24대	원종	1	1	–
7대	목종	1	1	–	25대	충렬왕	1	1	1
8대	현종	10	3	–	26대	충선왕	3	1	2
9대	덕종	3	2	–	27대	충숙왕	2	0	( )
10대	정종	5	0	–	28대	충혜왕	3	1	1
11대	문종	4	1	–	29대	충목왕	0	0	0
12대	순종	2	1	–	30대	충정왕	0	0	0
13대	선종	3	0	–	31대	공민왕	3	1	1
14대	헌종	0	0	–	32대	우왕	2	0	0
15대	숙종	1	0	–	33대	창왕	0	0	0
16대	예종	2	2	–	34대	공양왕	1	0	0
17대	인종	4	0	–	전체		( )	28	8
18대	의종	1	1	–					

※ 혼인종류는 족외혼, 족내혼, 몽골출신만으로 구성되며, 몽골출신과의 혼인은 충렬왕부터임

① 전체 족외혼 후비 수는 전체 족내혼 후비 수의 3배 이상이다.

② 몽골출신 후비 수가 가장 많은 왕은 충숙왕이다.

③ 태조부터 경종까지의 족내혼 후비 수의 합은 문종부터 희종까지의 족내혼 후비 수의 합과 같다.

④ 태조의 후비 수는 광종과 경종의 모든 후비 수의 합의 4배 이상이다.

⑤ 경종의 족내혼 후비 수가 충숙왕의 몽골출신 후비 수보다 많다.

07 상황판단형

문 86. 다음 〈그림〉은 '갑'지역의 리조트 개발 후보지 A~E의 지리정보 조사 결과이다. 이를 근거로 A~E 중 〈입지조건〉을 모두 만족하는 리조트 개발 후보지를 고르면?

23 7급(인) 01번

〈그림〉 리조트 개발 후보지 A~E의 지리정보 조사 결과

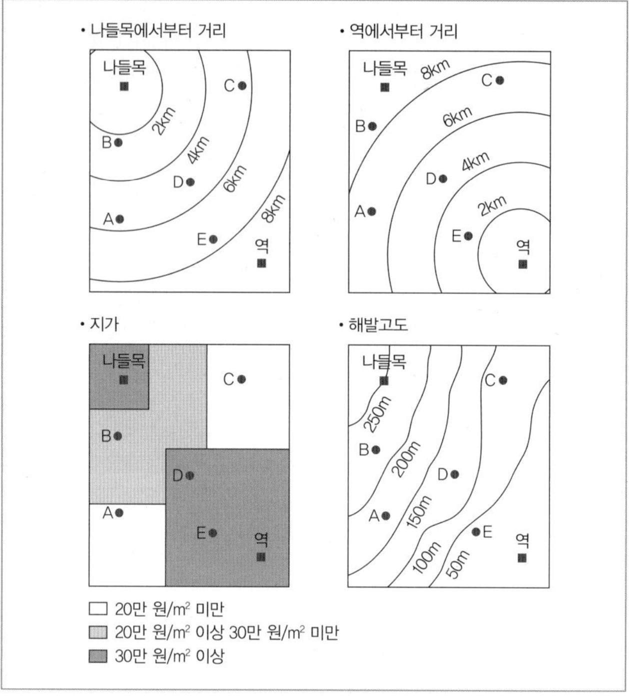

〈입지조건〉

- 나들목에서부터 거리가 6km 이내인 장소
- 역에서부터 거리가 8km 이내인 장소
- 지가가 30만 원/m^2 미만인 장소
- 해발고도가 100m 이상인 장소

① A

② B

③ C

④ D

⑤ E

문 87. 다음 〈표〉는 재해위험지구 '갑', '을', '병'지역을 대상으로 정비사업 투자의 우선순위를 결정하기 위한 자료이다. '편익', '피해액', '재해발생위험도' 3개 평가 항목 점수의 합이 큰 지역일수록 우선순위가 높다. 이에 대한 〈보기〉의 설명 중 옳은 것만을 모두 고르면? 22 7급(가) 07번

〈표 1〉 '갑'~'병'지역의 평가 항목별 등급

평가 항목 / 지역	편익	피해액	재해발생위험도
갑	C	A	B
을	B	D	A
병	A	B	C

〈표 2〉 평가 항목의 등급별 배점

(단위 : 점)

평가 항목 / 등급	편익	피해액	재해발생위험도
A	10	15	25
B	8	12	17
C	6	9	10
D	4	6	0

〈보 기〉

ㄱ. '재해발생위험도' 점수가 높은 지역일수록 우선순위가 높다.
ㄴ. 우선순위가 가장 높은 지역과 가장 낮은 지역의 '피해액' 점수 차이는 '재해발생위험도' 점수 차이보다 크다.
ㄷ. '피해액' 점수와 '재해발생위험도' 점수의 합이 가장 큰 지역은 '갑'이다.
ㄹ. '갑'지역의 '편익' 등급이 B로 변경되면, 우선순위가 가장 높은 지역은 '갑'이다.

① ㄱ, ㄴ
② ㄱ, ㄷ
③ ㄴ, ㄹ
④ ㄱ, ㄷ, ㄹ
⑤ ㄴ, ㄷ, ㄹ

문 88. 다음 〈표〉와 〈조건〉은 공유킥보드 운영사 A~D의 2022년 1월 기준 대여요금제와 대여방식이고 〈보고서〉는 공유킥보드 대여요금제 변경 이력에 관한 자료이다. 〈보고서〉에서 (다)에 해당하는 값은? 22 7급(가) 13번

〈표〉 공유킥보드 운영사 A~D의 2022년 1월 기준 대여요금제

(단위 : 원)

운영사 / 구분	A	B	C	D
잠금해제료	0	250	750	1,600
분당대여료	200	150	120	60

〈조 건〉

- 대여요금=잠금해제료+분당대여료×대여시간
- 공유킥보드 이용자는 공유킥보드 대여시간을 분단위로 미리 결정하고 운영사 A~D의 대여요금을 산정한다.
- 공유킥보드 이용자는 산정된 대여요금이 가장 낮은 운영사의 공유킥보드를 대여한다.

〈보고서〉

2022년 1월 기준 대여요금제에 따르면 운영사 (가) 는 이용자의 대여시간이 몇 분이더라도 해당 대여시간에 대해 운영사 A~D 중 가장 낮은 대여요금을 제공하지 못하는 것으로 나타났다. 자사 공유킥보드가 1대도 대여되지 않고 있음을 확인한 운영사 (가) 는 2월부터 잠금해제 이후 처음 5분간 분당대여료를 면제하는 것으로 대여요금제를 변경하였다.

운영사 (나) 가 2월 기준 대여요금제로 운영사 A~D의 대여요금을 재산정한 결과, 이용자의 대여시간이 몇 분이더라도 해당 대여시간에 대해 운영사 A~D 중 가장 낮은 대여요금을 제공하지 못하는 것을 파악하였다. 이에 운영사 (나) 는 3월부터 분당대여료를 50원 인하하는 것으로 대여요금제를 변경하였다.

그 결과 대여시간이 20분일 때, 3월 기준 대여요금제로 산정된 운영사 (가) 와 (나) 의 공유킥보드 대여요금 차이는 (다) 원이다.

① 200
② 250
③ 300
④ 350
⑤ 400

문 89. 다음 〈그림〉은 A사 플라스틱 제품의 제조공정도이다. 1,000kg의 재료가 '혼합' 공정에 투입되는 경우, '폐기처리' 공정에 전달되어 투입되는 재료의 총량은 몇 kg인가? 21 민간(나) 15번

〈그림〉 A사 플라스틱 제품의 제조공정도

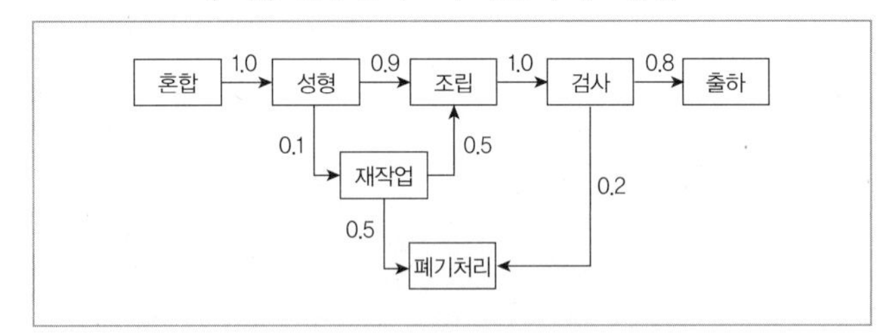

※ 제조공정도 내 수치는 직진율$\left(=\frac{\text{다음 공정에 전달되는 재료의 양}}{\text{해당 공정에 투입되는 재료의 양}}\right)$을 의미함

예를 들어, [가] $\xrightarrow{0.2}$ [나] 는 해당 공정 '가'에 100kg의 재료가 투입되면 이 중 20kg(=100kg×0.2)의 재료가 다음 공정 '나'에 전달되어 투입됨을 의미함

① 50
② 190
③ 230
④ 240
⑤ 280

문 90. 다음 〈표〉는 '갑'공기업의 신규 사업 선정을 위한 2개 사업(A, B) 평가에 관한 자료이다. 〈표〉와 〈조건〉에 근거한 〈보기〉의 설명 중 옳은 것만을 고르면? 20 민간(가) 18번

〈표 1〉 A와 B사업의 평가 항목별 원점수

(단위 : 점)

구분	평가 항목	A사업	B사업
사업적 가치	경영전략 달성 기여도	80	90
	수익창출 기여도	80	90
공적 가치	정부정책 지원 기여도	90	80
	사회적 편익 기여도	90	80
참여 여건	전문인력 확보 정도	70	70
	사내 공감대 형성 정도	70	70

※ 평가 항목별 원점수는 100점 만점임

〈표 2〉 평가 항목별 가중치

구분	평가 항목	가중치
사업적 가치	경영전략 달성 기여도	0.2
	수익창출 기여도	0.1
공적 가치	정부정책 지원 기여도	0.3
	사회적 편익 기여도	0.2
참여 여건	전문인력 확보 정도	0.1
	사내 공감대 형성 정도	0.1
계		1.0

〈조 건〉

- 신규 사업 선정을 위한 각 사업의 최종 점수는 평가 항목별 원점수에 해당 평가 항목의 가중치를 곱한 값을 모두 합하여 산정한다.
- A와 B사업 중 최종 점수가 더 높은 사업을 신규 사업으로 최종 선정한다.

〈보 기〉

ㄱ. 각 사업의 6개 평가 항목 원점수의 합은 A사업과 B사업이 같다.
ㄴ. '공적 가치'에 할당된 가중치의 합은 '참여 여건'에 할당된 가중치의 합보다 작고, '사업적 가치'에 할당된 가중치의 합보다 크다.
ㄷ. '갑'공기업은 A사업을 신규 사업으로 최종 선정한다.
ㄹ. '정부정책 지원 기여도' 가중치와 '수익창출 기여도' 가중치를 서로 바꾸더라도 최종 선정되는 신규 사업은 동일하다.

① ㄱ, ㄴ
② ㄱ, ㄷ
③ ㄱ, ㄹ
④ ㄴ, ㄹ
⑤ ㄷ, ㄹ

문 91. 다음 〈그림〉과 같이 3개의 항아리가 있다. 이를 이용하여 아래 〈조건〉을 만족시키면서 〈수행순서〉의 모든 단계를 완료한 후, '10L 항아리'에 남아 있는 물의 양을 구하면? 14 민간(A) 06번

〈그 림〉

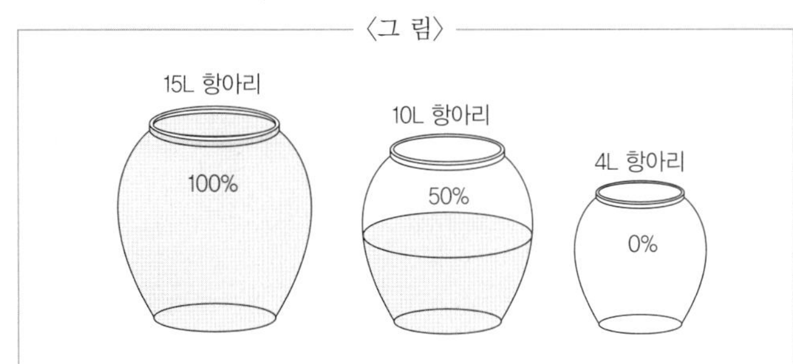

- '15L 항아리'에는 물이 100% 차 있다.
- '10L 항아리'에는 물이 50% 차 있다.
- '4L 항아리'는 비어 있다.

〈조 건〉

- 한 항아리에서 다른 항아리로 물을 부을 때, 주는 항아리가 완전히 비거나 받는 항아리가 가득 찰 때까지 물을 붓는다.
- 〈수행순서〉 각 단계에서 물의 손실은 없다.

〈수행순서〉

1단계 : '15L 항아리'의 물을 '4L 항아리'에 붓는다.
2단계 : '15L 항아리'의 물을 '10L 항아리'에 붓는다.
3단계 : '4L 항아리'의 물을 '15L 항아리'에 붓는다.
4단계 : '10L 항아리'의 물을 '4L 항아리'에 붓는다.
5단계 : '4L 항아리'의 물을 '15L 항아리'에 붓는다.
6단계 : '10L 항아리'의 물을 '15L 항아리'에 붓는다.

① 4L
② 5L
③ 6L
④ 7L
⑤ 8L

문 92. 다음 〈표〉는 2013~2016년 '갑'기업 사원 A~D의 연봉 및 성과평가등급별 연봉인상률에 대한 자료이다. 이에 대한 〈보기〉의 설명으로 옳은 것만을 모두 고르면? 16 민간(5) 06번

〈표 1〉 '갑'기업 사원 A~D의 연봉

(단위 : 천 원)

사원 \ 연도	2013	2014	2015	2016
A	24,000	28,800	34,560	38,016
B	25,000	25,000	26,250	28,875
C	24,000	25,200	27,720	33,264
D	25,000	27,500	27,500	30,250

〈표 2〉 '갑'기업의 성과평가등급별 연봉인상률

(단위 : %)

성과평가등급	Ⅰ	Ⅱ	Ⅲ	Ⅳ
연봉인상률	20	10	5	0

※ 1) 성과평가는 해당연도 연말에 1회만 실시하며, 각 사원은 Ⅰ, Ⅱ, Ⅲ, Ⅳ 중 하나의 성과평가등급을 받음
2) 성과평가등급을 높은 것부터 순서대로 나열하면 Ⅰ, Ⅱ, Ⅲ, Ⅳ의 순임
3) 당해연도 연봉 = 전년도 연봉 × (1 + 전년도 성과평가등급에 따른 연봉인상률)

〈보 기〉

ㄱ. 2013년 성과평가등급이 높은 사원부터 순서대로 나열하면 D, A, C, B이다.
ㄴ. 2015년에 A와 B는 동일한 성과평가등급을 받았다.
ㄷ. 2013~2015년 동안 C는 성과평가에서 Ⅰ등급을 받은 적이 있다.
ㄹ. 2013~2015년 동안 D는 성과평가에서 Ⅲ등급을 받은 적이 있다.

① ㄱ, ㄴ
② ㄱ, ㄷ
③ ㄱ, ㄹ
④ ㄴ, ㄷ
⑤ ㄴ, ㄹ

문 93. 다음 〈표〉는 근무지 이동 전 '갑'회사의 근무 현황에 대한 자료이다. 〈표〉와 〈근무지 이동 지침〉에 따라 이동한 후 근무지별 인원 수로 가능한 것은? 18 민간(가) 23번

〈표〉 근무지 이동 전 '갑'회사의 근무 현황

(단위 : 명)

근무지	팀명	인원수
본관 1층	인사팀	10
	지원팀	16
	기획1팀	16
본관 2층	기획2팀	21
	영업1팀	27
본관 3층	영업2팀	30
	영업3팀	23
별관	–	0
전체		143

※ 1) '갑'회사의 근무지는 본관 1, 2, 3층과 별관만 있음
  2) 팀별 인원수의 변동은 없음

〈근무지 이동 지침〉

- 본관 내 이동은 없고, 인사팀은 이동하지 않음.
- 팀별로 전원 이동하며, 본관에서 별관으로 2개 팀만 이동함.
- 1개 층에서는 최대 1개 팀만 별관으로 이동할 수 있음.
- 이동한 후 별관 인원수는 40명을 넘지 않도록 함.

①

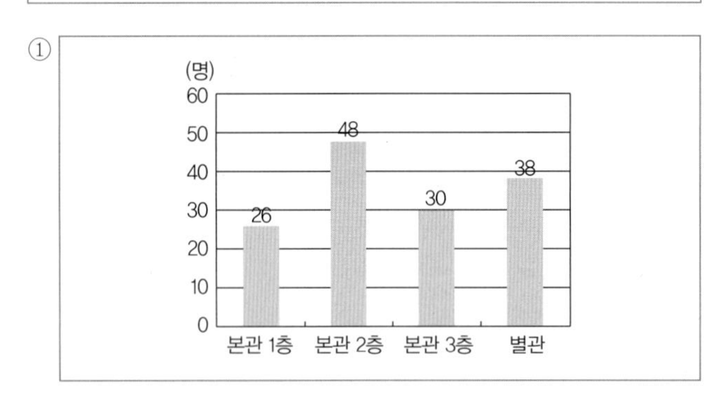

②

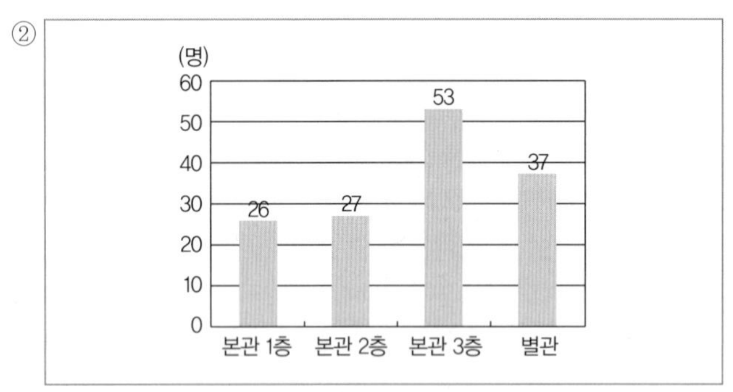

③

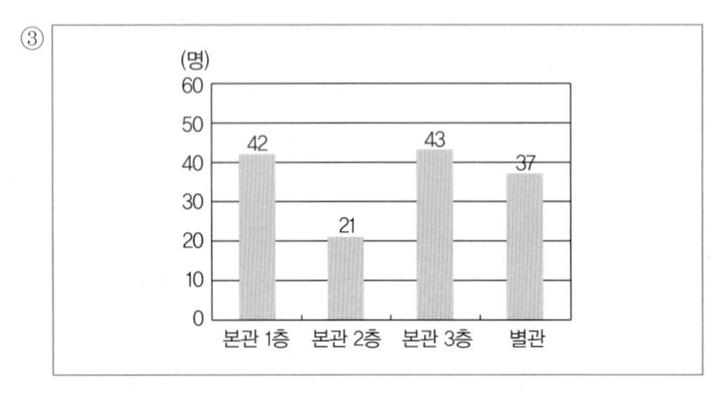

④

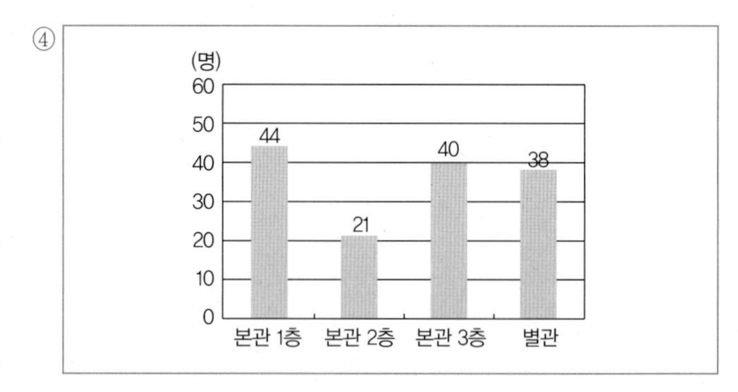

⑤

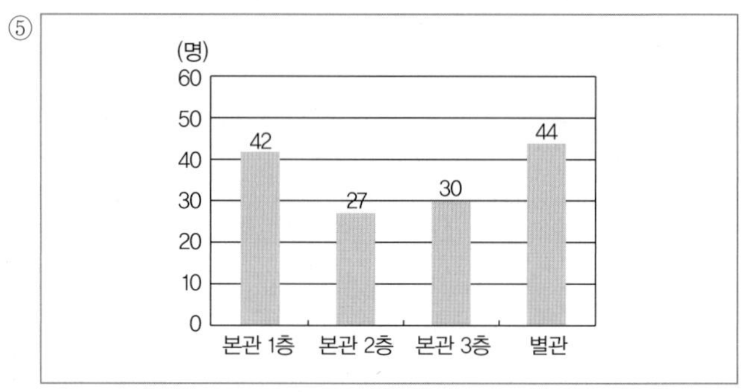

문 94. 다음 〈표〉는 2017~2018년 '갑'학교 학생식당의 메뉴별 제공 횟수 및 만족도에 대한 자료이다. 〈표〉와 〈조건〉에 근거한 설명으로 옳지 않은 것은? 19 민간(나) 21번

〈표〉 메뉴별 제공 횟수 및 만족도

(단위 : 회, 점)

구분 / 연도 / 메뉴	제공 횟수	만족도	
	2017	2017	2018
A	40	87	75
B	34	71	72
C	45	53	35
D	31	79	79
E	40	62	77
F	60	74	68
G	−	−	73
전체	250	−	−

〈조 건〉

- 전체 메뉴 제공 횟수는 매년 250회로 일정하며, 2018년에는 메뉴 G만 추가되었고, 2019년에는 메뉴 H만 추가되었다.
- 각 메뉴의 다음 연도 제공 횟수는 당해 연도 만족도에 따라 아래와 같이 결정된다.

만족도	다음 연도 제공 횟수
0점 이상 50점 미만	당해 연도 제공 횟수 대비 100% 감소
50점 이상 60점 미만	당해 연도 제공 횟수 대비 20% 감소
60점 이상 70점 미만	당해 연도 제공 횟수 대비 10% 감소
70점 이상 80점 미만	당해 연도 제공 횟수와 동일
80점 이상 90점 미만	당해 연도 제공 횟수 대비 10% 증가
90점 이상 100점 이하	당해 연도 제공 횟수 대비 20% 증가

① 메뉴 A~F 중 2017년 대비 2019년 제공 횟수가 증가한 메뉴는 1개이다.
② 2018년 메뉴 G의 제공 횟수는 9회이다.
③ 2019년 메뉴 H의 제공 횟수는 42회이다.
④ 2019년 메뉴 E의 제공 횟수는 메뉴 A의 제공 횟수보다 많다.
⑤ 메뉴 A~G 중 2018년과 2019년 제공 횟수의 차이가 두 번째로 큰 메뉴는 F이다.

문 95. 다음 〈표〉는 8개 회원사로 이루어진 어떤 단체에서 각 회원사가 내야 할 납입자금에 관한 자료이다. 이에 대한 〈보기〉의 설명 중 옳은 것을 모두 고르면? 11 행시(인) 01번

〈표 1〉 회원사 납입자금 산정 기준

(단위 : 억 원)

전년도 매출액	당해 연도 납입자금
2천억 원 미만	1.0
2천억 원 이상 5천억 원 미만	2.0
5천억 원 이상 1조 원 미만	3.0
1조 원 이상 2조 원 미만	4.0
2조 원 이상	5.0

※ 1) 납입자금 산정 기준은 연도에 따라 변하지 않음
2) 납입자금은 전년도 매출액을 기준으로 당해 연도 초에 납입함

〈표 2〉 2009년 회원사별 매출액

(단위 : 천억 원)

회원사	매출액
A	3.5
B	19.0
C	30.0
D	6.0
E	15.5
F	8.0
G	9.5
H	4.6

〈보 기〉

ㄱ. 2010년에 3억 원의 납입자금을 내는 회원사는 3개이다.
ㄴ. 2010년 총 납입자금은 26억 원이다.
ㄷ. 모든 회원사의 2010년 매출액이 전년 대비 10% 증가한다면 2011년에 납입자금이 늘어나는 회원사는 3개이다.
ㄹ. 2010년에 3억 원의 납입자금을 내는 회원사들의 전년도 매출액 합은 4억 원 납입자금을 내는 회원사들의 전년도 매출액 합보다 크다.

① ㄱ, ㄴ
② ㄷ, ㄹ
③ ㄱ, ㄴ, ㄷ
④ ㄱ, ㄷ, ㄹ
⑤ ㄴ, ㄷ, ㄹ

문 96. 다음 〈표〉는 A지역 전체 가구를 대상으로 원자력발전소 사고 전·후 식수 조달원 변경에 대해 사고 후 설문조사한 결과이다. 이에 대한 설명 중 옳은 것은? 12 행시(인) 22번

〈표〉 원자력발전소 사고 전·후 A지역 조달원별 가구 수

(단위 : 가구)

사고 전 조달원 \ 사고 후 조달원	수돗물	정수	약수	생수
수돗물	40	30	20	30
정수	10	50	10	30
약수	20	10	10	40
생수	10	10	10	40

※ A지역 가구의 식수 조달원은 수돗물, 정수, 약수, 생수로 구성되며, 각 가구는 한 종류의 식수 조달원만 이용함

① 사고 전에 식수 조달원으로 정수를 이용하는 가구 수가 가장 많다.

② 사고 전에 비해 사고 후에 이용 가구 수가 감소한 식수 조달원의 수는 3개이다.

③ 사고 전·후 식수 조달원을 변경한 가구 수는 전체 가구 수의 60% 이하이다.

④ 사고 전에 식수 조달원으로 정수를 이용하던 가구는 사고 후에도 정수를 이용한다.

⑤ 각 식수 조달원 중에서 사고 전·후에 이용 가구 수의 차이가 가장 큰 것은 생수이다.

문 97. 다음 〈그림〉과 〈표〉는 2010년과 2011년 8개 기업 간의 직접거래관계와 직접거래액을 표시한 것이다. 이에 대한 〈보기〉의 설명 중 옳은 것을 모두 고르면? 13 행시(인) 33번

〈그림 1〉 2010년 직접거래관계

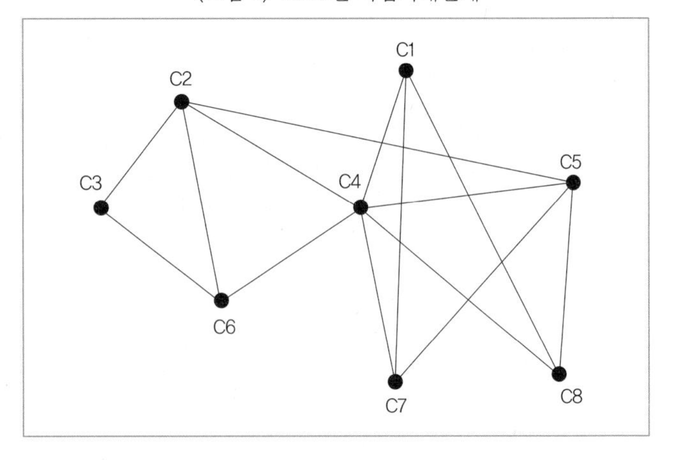

〈그림 2〉 2011년 직접거래관계

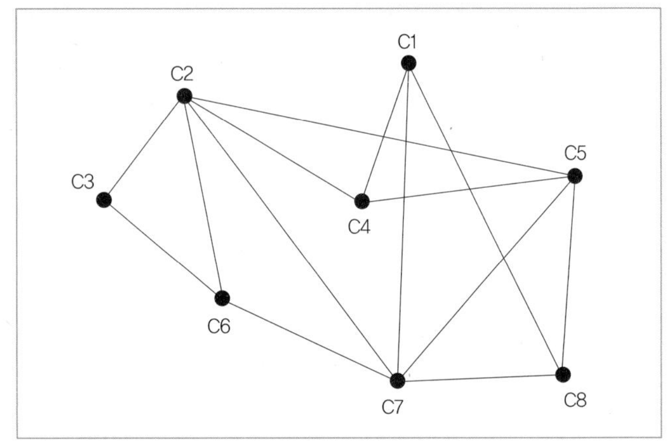

※ 1) 점 C1, C2, …, C8은 8개 기업을 의미함
2) 두 점 사이의 직선은 두 기업이 직접거래관계에 있음을 나타냄

〈표 1〉 2010년 직접거래액

(단위 : 억 원)

구분	C1	C2	C3	C4	C5	C6	C7	C8	합
C1		0	0	10	0	0	6	4	20
C2	0		6	5	6	5	0	0	22
C3	0	6		0	0	4	0	0	10
C4	10	5	0		3	5	7	2	32
C5	0	6	0	3		0	5	6	20
C6	0	5	4	5	0		0	0	14
C7	6	0	0	7	5	0		0	18
C8	4	0	0	2	6	0	0		12

〈표 2〉 2011년 직접거래액

(단위 : 억 원)

구분	C1	C2	C3	C4	C5	C6	C7	C8	합
C1		0	0	10	0	0	7	3	20
C2	0		6	7	7	6	2	0	28
C3	0	6		0	0	4	0	0	10
C4	10	7	0		3	0	0	0	20
C5	0	7	0	3		0	5	10	25
C6	0	6	4	0	0		4	0	14
C7	7	2	0	0	5	4		3	21
C8	3	0	0	0	10	0	3		16

〈보 기〉

ㄱ. 2010년에 비해 2011년 직접거래관계의 수가 가장 많이 증가한 기업은 C7이고, 가장 많이 감소한 기업은 C4이다.

ㄴ. 2010년에 비해 2011년 직접거래액의 합이 가장 많이 증가한 기업은 C2이고, 가장 많이 감소한 기업은 C4이다.

ㄷ. 2010년과 2011년 직접거래관계의 수가 동일한 기업은 총 4개이다.

ㄹ. 2010년에 비해 2011년 총 직접거래관계의 수와 총 직접거래액은 모두 증가하였다.

① ㄱ, ㄴ

② ㄱ, ㄷ

③ ㄴ, ㄷ

④ ㄱ, ㄴ, ㄹ

⑤ ㄴ, ㄷ, ㄹ

문 98. 다음 〈표〉는 미국이 환율조작국을 지정하기 위해 만든 요건별 판단기준과 '가'~'카'국의 2015년 자료이다. 이에 대한 〈보기〉의 설명 중 옳은 것만을 모두 고르면? 17 행시(가) 02번

〈표 1〉 요건별 판단기준

	A	B	C
요건	현저한 대미 무역수지 흑자	상당한 경상수지 흑자	지속적 환율시장 개입
판단기준	대미무역수지 200억 달러 초과	GDP 대비 경상수지 비중 3% 초과	GDP 대비 외화자산 순매수액 비중 2% 초과

※ 1) 요건 중 세 가지를 모두 충족하면 환율조작국으로 지정됨
2) 요건 중 두 가지만을 충족하면 관찰대상국으로 지정됨

〈표 2〉 환율조작국 지정 관련 자료(2015년)

(단위 : 10억 달러, %)

국가 \ 항목	대미무역수지	GDP 대비 경상수지 비중	GDP 대비 외화자산 순매수액 비중
가	365.7	3.1	−3.9
나	74.2	8.5	0.0
다	68.6	3.3	2.1
라	58.4	−2.8	−1.8
마	28.3	7.7	0.2
바	27.8	2.2	1.1
사	23.2	−1.1	1.8
아	17.6	−0.2	0.2
자	14.9	−3.3	0.0
차	14.9	14.6	2.4
카	−4.3	−3.3	0.1

〈보 기〉

ㄱ. 환율조작국으로 지정되는 국가는 없다.

ㄴ. '나'국은 A요건과 B요건을 충족한다.

ㄷ. 관찰대상국으로 지정되는 국가는 모두 4개이다.

ㄹ. A요건의 판단기준을 '대미무역수지 200억 달러 초과'에서 '대미무역수지 150억 달러 초과'로 변경하여도 관찰 대상국 및 환율조작국으로 지정되는 국가들은 동일하다.

① ㄱ, ㄴ

② ㄱ, ㄷ

③ ㄴ, ㄹ

④ ㄷ, ㄹ

⑤ ㄴ, ㄷ, ㄹ

문 99. 다음 〈표〉는 질병진단키트 A～D의 임상실험 결과 자료이다. 〈표〉와 〈정의〉에 근거하여 〈보기〉의 설명 중 옳은 것만을 모두 고르면? 17 행시(가) 23번

〈표〉 질병진단키트 A～D의 임상실험 결과

(단위 : 명)

A

판정＼질병	있음	없음
양성	100	20
음성	20	100

B

판정＼질병	있음	없음
양성	80	40
음성	40	80

C

판정＼질병	있음	없음
양성	80	30
음성	30	100

D

판정＼질병	있음	없음
양성	80	20
음성	20	120

※ 질병진단키트당 피실험자 240명을 대상으로 임상실험한 결과임

〈정 의〉

- 민감도 : 질병이 있는 피실험자 중 임상실험 결과에서 양성 판정된 피실험자의 비율
- 특이도 : 질병이 없는 피실험자 중 임상실험 결과에서 음성 판정된 피실험자의 비율
- 양성 예측도 : 임상실험 결과 양성 판정된 피실험자 중 질병이 있는 피실험자의 비율
- 음성 예측도 : 임상실험 결과 음성 판정된 피실험자 중 질병이 없는 피실험자의 비율

〈보 기〉

ㄱ. 민감도가 가장 높은 질병진단키트는 A이다.
ㄴ. 특이도가 가장 높은 질병진단키트는 B이다.
ㄷ. 질병진단키트 C의 민감도와 양성 예측도는 동일하다.
ㄹ. 질병진단키트 D의 양성 예측도와 음성 예측도는 동일하다.

① ㄱ, ㄴ
② ㄱ, ㄷ
③ ㄴ, ㄷ
④ ㄱ, ㄷ, ㄹ
⑤ ㄴ, ㄷ, ㄹ

문 100. 다음 〈표〉는 K국 '갑'～'무' 공무원의 국외 출장 현황과 출장 국가별 여비 기준을 나타낸 자료이다. 〈표〉와 〈조건〉을 근거로 출장 여비를 지급받을 때, 출장 여비를 가장 많이 지급받는 출장자부터 순서대로 바르게 나열한 것은? 16 행시(4) 16번

〈표 1〉 K국 '갑'～'무' 공무원 국외 출장 현황

출장자	출장 국가	출장 기간	숙박비 지급 유형	1박 실지출 비용 ($/박)	출장 시 개인 마일리지 사용 여부
갑	A	3박 4일	실비지급	145	미사용
을	A	3박 4일	정액지급	130	사용
병	B	3박 5일	실비지급	110	사용
정	C	4박 6일	정액지급	75	미사용
무	D	5박 6일	실비지급	75	사용

※ 각 출장자의 출장 기간 중 매박 실지출 비용은 변동 없음

〈표 2〉 출장 국가별 1인당 여비 지급 기준액

출장국가＼구분	1일 숙박비 상한액($/박)	1일 식비($/일)
A	170	72
B	140	60
C	100	45
D	85	35

〈조 건〉

- 출장 여비($)=숙박비+식비
- 숙박비는 숙박 실지출 비용을 지급하는 실비지급 유형과 출장국가 숙박비 상한액의 80%를 지급하는 정액지급 유형으로 구분
  - 실비지급 숙박비($)=(1박 실지출 비용)×('박' 수)
  - 정액지급 숙박비($)
    =(출장국가 1일 숙박비 상한액)×('박' 수)×0.8
- 식비는 출장시 개인 마일리지 사용여부에 따라 출장 중 식비의 20% 추가지급
  - 개인 마일리지 미사용시 지급 식비($)
    =(출장국가 1일 식비)×('일' 수)
  - 개인 마일리지 사용시 지급 식비($)
    =(출장국가 1일 식비)×('일' 수)×1.2

① 갑, 을, 병, 정, 무
② 갑, 을, 병, 무, 정
③ 을, 갑, 정, 병, 무
④ 을, 갑, 병, 무, 정
⑤ 을, 갑, 무, 병, 정

Public Service Aptitude Test

CHAPTER 03 상황판단 필수기출 100제

01 법조문 제시형

문 1. 다음 글을 근거로 판단할 때 옳은 것은? 23 7급(인) 02번

> 제00조(법 적용의 기준) ① 새로운 법령등은 법령등에 특별한 규정이 있는 경우를 제외하고는 그 법령등의 효력 발생 전에 완성되거나 종결된 사실관계 또는 법률관계에 대해서는 적용되지 아니한다.
> ② 당사자의 신청에 따른 처분은 법령등에 특별한 규정이 있거나 처분 당시의 법령등을 적용하기 곤란한 특별한 사정이 있는 경우를 제외하고는 처분 당시의 법령등에 따른다.
> 제00조(처분의 효력) 처분은 권한이 있는 기관이 취소 또는 철회하거나 기간의 경과 등으로 소멸되기 전까지는 유효한 것으로 통용된다. 다만, 무효인 처분은 처음부터 그 효력이 발생하지 아니한다.
> 제00조(위법 또는 부당한 처분의 취소) ① 행정청은 위법 또는 부당한 처분의 전부나 일부를 소급하여 취소할 수 있다. 다만, 당사자의 신뢰를 보호할 가치가 있는 등 정당한 사유가 있는 경우에는 장래를 향하여 취소할 수 있다.
> ② 행정청은 제1항에 따라 당사자에게 권리나 이익을 부여하는 처분을 취소하려는 경우에는 취소로 인하여 당사자가 입게 될 불이익을 취소로 달성되는 공익과 비교·형량(衡量)하여야 한다. 다만, 다음 각 호의 어느 하나에 해당하는 경우에는 그러하지 아니하다.
> 1. 거짓이나 그 밖의 부정한 방법으로 처분을 받은 경우
> 2. 당사자가 처분의 위법성을 알고 있었거나 중대한 과실로 알지 못한 경우

① 새로운 법령등은 법령등에 특별한 규정이 있는 경우에는 그 법령등의 효력 발생 전에 종결된 법률관계에 대해 적용될 수 있다.
② 무효인 처분의 경우 그 처분의 효력이 소멸되기 전까지는 유효한 것으로 통용된다.
③ 행정청은 부당한 처분의 일부는 소급하여 취소할 수 있으나 전부를 소급하여 취소할 수는 없다.
④ 당사자의 신청에 따른 처분은 처분 당시의 법령등을 적용하기 곤란한 특별한 사정이 있는 경우에도 처분 당시의 법령등에 따른다.
⑤ 당사자가 부정한 방법으로 자신에게 이익이 부여되는 처분을 받아 행정청이 그 처분을 취소하고자 하는 경우, 취소로 인해 당사자가 입게 될 불이익과 취소로 달성되는 공익을 비교·형량하여야 한다.

문 2. 다음 글을 근거로 판단할 때 옳은 것은? 22 7급(가) 04번

> 제00조 ① 선박이란 수상 또는 수중에서 항행용으로 사용하거나 사용할 수 있는 배 종류를 말하며 그 구분은 다음 각 호와 같다.
> 1. 기선 : 기관(機關)을 사용하여 추진하는 선박과 수면비행선박(표면효과 작용을 이용하여 수면에 근접하여 비행하는 선박)
> 2. 범선 : 돛을 사용하여 추진하는 선박
> 3. 부선 : 자력(自力) 항행능력이 없어 다른 선박에 의하여 끌리거나 밀려서 항행되는 선박
> ② 소형선박이란 다음 각 호의 어느 하나에 해당하는 선박을 말한다.
> 1. 총톤수 20톤 미만인 기선 및 범선
> 2. 총톤수 100톤 미만인 부선
> 제00조 ① 매매계약에 의한 선박 소유권의 이전은 계약당사자 사이의 양도합의만으로 효력이 생긴다. 다만 소형선박 소유권의 이전은 계약당사자 사이의 양도합의와 선박의 등록으로 효력이 생긴다.
> ② 선박의 소유자(제1항 단서의 경우에는 선박의 매수인)는 선박을 취득(제1항 단서의 경우에는 매수)한 날부터 60일 이내에 선적항을 관할하는 지방해양수산청장에게 선박의 등록을 신청하여야 한다. 이 경우 총톤수 20톤 이상인 기선과 범선 및 총톤수 100톤 이상인 부선은 선박의 등기를 한 후에 선박의 등록을 신청하여야 한다.
> ③ 지방해양수산청장은 제2항의 등록신청을 받으면 이를 선박원부(船舶原簿)에 등록하고 신청인에게 선박국적증서를 발급하여야 한다.
> 제00조 선박의 등기는 등기할 선박의 선적항을 관할하는 지방법원, 그 지원 또는 등기소를 관할 등기소로 한다.

① 총톤수 80톤인 부선의 매수인 甲이 선박의 소유권을 취득하기 위해서는 매도인과 양도합의를 하고 선박을 등록해야 한다.
② 총톤수 100톤인 기선의 소유자 乙이 선박의 등기를 하기 위해서는 먼저 관할 지방해양수산청장에게 선박의 등록을 신청해야 한다.
③ 총톤수 60톤인 기선의 소유자 丙은 선박을 매수한 날부터 60일 이내에 해양수산부장관에게 선박의 등록을 신청해야 한다.
④ 총톤수 200톤인 부선의 소유자 丁이 선적항을 관할하는 등기소에 선박의 등기를 신청하면, 등기소는 丁에게 선박국적증서를 발급해야 한다.
⑤ 총톤수 20톤 미만인 범선의 매수인 戊가 선박의 등록을 신청하면, 관할 법원은 이를 선박원부에 등록하고 戊에게 선박국적증서를 발급해야 한다.

문 3. 다음 글과 <상황>을 근거로 판단할 때 옳은 것은?

22 7급(가) 25번

제00조 ① 재외공관에 근무하는 공무원(이하 '재외공무원'이라 한다)이 공무로 일시귀국하고자 하는 경우에는 장관의 허가를 받아야 한다.
② 공관장이 아닌 재외공무원이 공무 외의 목적으로 일시귀국하려는 경우에는 공관장의 허가를, 공관장이 공무 외의 목적으로 일시귀국하려는 경우에는 장관의 허가를 받아야 한다. 다만 재외공무원 또는 그 배우자의 직계존·비속이 사망하거나 위독한 경우에는 공관장이 아닌 재외공무원은 공관장에게, 공관장은 장관에게 각각 신고하고 일시귀국할 수 있다.
③ 재외공무원이 공무 외의 목적으로 일시귀국할 수 있는 기간은 연 1회 20일 이내로 한다. 다만 다음 각 호의 어느 하나에 해당하는 경우에는 이를 일시귀국의 횟수 및 기간에 산입하지 아니한다.
1. 재외공무원의 직계존·비속이 사망하거나 위독하여 일시귀국하는 경우
2. 재외공무원 또는 그 동반가족의 치료를 위하여 일시귀국하는 경우
④ 제2항에도 불구하고 다음 각 호의 어느 하나에 해당하는 경우에는 장관의 허가를 받아야 한다.
1. 재외공무원이 연 1회 또는 20일을 초과하여 공무 외의 목적으로 일시귀국하려는 경우
2. 재외공무원이 일시귀국 후 국내 체류기간을 연장하는 경우

〈상 황〉

A국 소재 대사관에는 공관장 甲을 포함하여 총 3명의 재외공무원(甲~丙)이 근무하고 있다. 아래는 올해 1월부터 7월 현재까지 甲~丙의 일시귀국 현황이다.
• 甲 : 공무상 회의 참석을 위해 총 2회(총 25일)
• 乙 : 동반자녀의 관절 치료를 위해 총 1회(치료가 더 필요하여 국내 체류기간 1회 연장, 총 17일)
• 丙 : 직계존속의 회갑으로 총 1회(총 3일)

① 甲은 일시귀국 시 장관에게 신고하였을 것이다.
② 甲은 배우자의 직계존속이 위독하여 올해 추가로 일시귀국하기 위해서는 장관의 허가를 받아야 한다.
③ 乙이 직계존속의 회갑으로 인해 올해 3일간 추가로 일시귀국하기 위해서는 장관의 허가를 받아야 한다.
④ 乙이 공관장의 허가를 받아 일시귀국하였더라도 국내 체류기간을 연장하였을 때에는 장관의 허가를 받았을 것이다.
⑤ 丙이 자신의 혼인으로 인해 올해 추가로 일시귀국하기 위해서는 공관장의 허가를 받아야 한다.

문 4. 다음 글을 근거로 판단할 때 옳은 것은? 21 민간(나) 01번

제00조 ① 사업주는 근로자가 조부모, 부모, 배우자, 배우자의 부모, 자녀 또는 손자녀(이하 '가족'이라 한다)의 질병, 사고, 노령으로 인하여 그 가족을 돌보기 위한 휴직(이하 '가족돌봄휴직'이라 한다)을 신청하는 경우 이를 허용하여야 한다. 다만 대체인력 채용이 불가능한 경우, 정상적인 사업 운영에 중대한 지장을 초래하는 경우, 근로자 본인 외에도 조부모의 직계비속 또는 손자녀의 직계존속이 있는 경우에는 그러하지 아니하다.
② 사업주는 근로자가 가족(조부모 또는 손자녀의 경우 근로자 본인 외에도 직계비속 또는 직계존속이 있는 경우는 제외한다)의 질병, 사고, 노령 또는 자녀의 양육으로 인하여 긴급하게 그 가족을 돌보기 위한 휴가(이하 '가족돌봄휴가'라 한다)를 신청하는 경우 이를 허용하여야 한다. 다만 근로자가 청구한 시기에 가족돌봄휴가를 주는 것이 정상적인 사업 운영에 중대한 지장을 초래하는 경우에는 근로자와 협의하여 그 시기를 변경할 수 있다.
③ 제1항 단서에 따라 사업주가 가족돌봄휴직을 허용하지 아니하는 경우에는 해당 근로자에게 그 사유를 서면으로 통보하여야 한다.
④ 가족돌봄휴직 및 가족돌봄휴가의 사용기간은 다음 각 호에 따른다.
1. 가족돌봄휴직 기간은 연간 최장 90일로 하며, 이를 나누어 사용할 수 있을 것
2. 가족돌봄휴가 기간은 연간 최장 10일로 하며, 일 단위로 사용할 수 있을 것. 다만 가족돌봄휴가 기간은 가족돌봄휴직 기간에 포함된다.
3. ㅇㅇ부 장관은 감염병의 확산 등을 원인으로 심각단계의 위기경보가 발령되는 경우, 가족돌봄휴가 기간을 연간 10일의 범위에서 연장할 수 있다.

① 조부모와 부모를 함께 모시고 사는 근로자가 조부모의 질병을 이유로 가족돌봄휴직을 신청한 경우, 사업주는 가족돌봄휴직을 허용하지 않을 수 있다.
② 사업주는 근로자가 신청한 가족돌봄휴직을 허용하지 않는 경우, 해당 근로자에게 그 사유를 구술 또는 서면으로 통보해야 한다.
③ 정상적인 사업 운영에 중대한 지장을 초래하는 경우, 사업주는 근로자의 가족돌봄휴가 시기를 근로자와 협의 없이 변경할 수 있다.
④ 근로자가 가족돌봄휴가를 8일 사용한 경우, 사업주는 이와 별도로 그에게 가족돌봄휴직을 연간 90일까지 허용해야 한다.
⑤ 감염병의 확산으로 심각단계의 위기경보가 발령되고 가족돌봄휴가 기간이 5일 연장된 경우, 사업주는 근로자에게 연간 20일의 가족돌봄휴가를 허용해야 한다.

문 5. **다음 글과 〈상황〉을 근거로 판단할 때 옳은 것은?** 21 민간(나) 11번

제00조 ① 다음 각 호의 어느 하나에 해당하는 사람은 주민등록지의 시장(특별시장 · 광역시장은 제외하고 특별자치도지사는 포함한다. 이하 같다) · 군수 또는 구청장에게 주민등록번호(이하 '번호'라 한다)의 변경을 신청할 수 있다.

1. 유출된 번호로 인하여 생명 · 신체에 위해를 입거나 입을 우려가 있다고 인정되는 사람
2. 유출된 번호로 인하여 재산에 피해를 입거나 입을 우려가 있다고 인정되는 사람
3. 성폭력피해자, 성매매피해자, 가정폭력피해자로서 유출된 번호로 인하여 피해를 입거나 입을 우려가 있다고 인정되는 사람

② 제1항의 신청 또는 제5항의 이의신청을 받은 주민등록지의 시장 · 군수 · 구청장(이하 '시장 등'이라 한다)은 ㅇㅇ부의 주민등록번호변경위원회(이하 '변경위원회'라 한다)에 번호변경 여부에 관한 결정을 청구해야 한다.

③ 주민등록지의 시장 등은 변경위원회로부터 번호변경 인용결정을 통보받은 경우에는 신청인의 번호를 다음 각 호의 기준에 따라 지체 없이 변경하고 이를 신청인에게 통지해야 한다.

1. 번호의 앞 6자리(생년월일) 및 뒤 7자리 중 첫째 자리는 변경할 수 없음
2. 제1호 이외의 나머지 6자리는 임의의 숫자로 변경함

④ 제3항의 번호변경 통지를 받은 신청인은 주민등록증, 운전면허증, 여권, 장애인등록증 등에 기재된 번호의 변경을 위해서는 그 번호의 변경을 신청해야 한다.

⑤ 주민등록지의 시장 등은 변경위원회로부터 번호변경 기각결정을 통보받은 경우에는 그 사실을 신청인에게 통지해야 하며, 신청인은 통지를 받은 날부터 30일 이내에 그 시장 등에게 이의신청을 할 수 있다.

〈상 황〉

甲은 주민등록번호 유출로 인해 재산상 피해를 입게 되자 주민등록번호 변경신청을 하였다. 甲의 주민등록지는 A광역시 B구이고, 주민등록번호는 980101-23456ㅁㅁ이다.

① A광역시장이 주민등록번호변경위원회에 甲의 주민등록번호 변경 여부에 관한 결정을 청구해야 한다.
② 주민등록번호변경위원회는 번호변경 인용결정을 하면서 甲의 주민등록번호를 다른 번호로 변경할 수 있다.
③ 주민등록번호변경위원회의 번호변경 인용결정이 있는 경우, 甲의 주민등록번호는 980101-45678ㅁㅁ으로 변경될 수 있다.
④ 甲의 주민등록번호가 변경된 경우, 甲이 운전면허증에 기재된 주민등록번호를 변경하기 위해서는 변경신청을 해야 한다.
⑤ 甲은 번호변경 기각결정을 통지받은 날부터 30일 이내에 주민등록번호변경위원회에 이의신청을 할 수 있다.

문 6. **다음 글을 근거로 판단할 때 옳은 것은?** 20 민간(가) 03번

제00조 ① 수입신고를 하려는 자(업소를 포함한다)는 해당 수입식품의 안전성 확보 등을 위하여 식품의약품안전처장이 정하는 기준에 따라 해외제조업소에 대하여 위생관리 상태를 점검할 수 있다.

② 제1항에 따라 위생관리 상태를 점검한 자는 식품의약품안전처장에게 우수수입업소 등록을 신청할 수 있다.

③ 식품의약품안전처장은 제2항에 따라 신청된 내용이 식품의약품안전처장이 정하는 기준에 적합한 경우에는 우수수입업소 등록증을 신청인에게 발급하여야 한다.

④ 우수수입업소 등록의 유효기간은 등록된 날부터 3년으로 한다.

⑤ 식품의약품안전처장은 우수수입업소가 다음 각 호의 어느 하나에 해당하는 경우에는 그 등록을 취소하거나 시정을 명할 수 있다. 다만 우수수입업소가 제1호에 해당하는 경우에는 등록을 취소하여야 한다.

1. 거짓이나 그 밖의 부정한 방법으로 등록된 경우
2. 수입식품 수입 · 판매업의 시설기준을 위배하여 영업정지 2개월 이상의 행정처분을 받은 경우
3. 수입식품에 대한 부당한 표시를 하여 영업정지 2개월 이상의 행정처분을 받은 경우

⑥ 제5항에 따라 등록이 취소된 업소는 그 취소가 있은 날부터 3년 동안 우수수입업소 등록을 신청할 수 없다.

제00조 ① 식품의약품안전처장은 수입신고된 수입식품에 대하여 관계공무원으로 하여금 필요한 검사를 하게 하여야 한다.

② 식품의약품안전처장은 수입신고된 수입식품이 다음 각 호의 어느 하나에 해당하는 경우에는 제1항에도 불구하고 수입식품의 검사 전부 또는 일부를 생략할 수 있다.

1. 우수수입업소로 등록된 자가 수입하는 수입식품
2. 해외우수제조업소로 등록된 자가 수출하는 수입식품

① 업소 甲이 우수수입업소 등록을 신청하기 위해서는 식품의약품안전처장이 정하는 기준에 따라 국내 자기업소에 대한 위생관리 상태를 점검하여야 한다.
② 업소 乙이 2020년 2월 20일에 우수수입업소로 등록되었다면, 그 등록은 2024년 2월 20일까지 유효하다.
③ 업소 丙이 부정한 방법으로 우수수입업소로 등록된 경우 식품의약품안전처장은 등록을 취소하지 않고 시정을 명할 수 있다.
④ 우수수입업소 丁이 수입식품 수입 · 판매업의 시설기준을 위배하여 영업정지 1개월의 행정처분을 받았다면, 그 때로부터 3년 동안 丁은 우수수입업소 등록을 신청할 수 없다.
⑤ 식품의약품안전처장은 우수수입업소 戊가 수입신고한 수입식품에 대한 검사를 전부 생략할 수 있다.

문 7. **다음 글을 근거로 판단할 때 옳은 것은?** 20 민간(가) 12번

제○○조 ① 국유재산은 다음 각 호의 어느 하나에 해당하지 않는 경우에는 매각할 수 있다.
1. 제△△조에 의한 매각제한의 대상에 해당하는 경우
2. 제□□조에 의한 총괄청의 매각승인을 받지 않은 경우
② 국유재산의 매각은 일반경쟁입찰을 원칙으로 한다. 다만 필요한 경우에는 제한경쟁, 지명경쟁 또는 수의계약의 방법으로 매각할 수 있다.
제△△조 다음 각 호의 어느 하나에 해당하는 경우에는 매각할 수 없다.
1. 중앙관서의 장이 행정목적으로 사용하기 위하여 그 국유재산을 행정재산으로 사용 승인한 경우
2. 소유자 없는 부동산에 대하여 공고를 거쳐 국유재산으로 취득한 후 10년이 지나지 아니한 경우. 다만 해당 국유재산에 대하여 중앙관서의 장이 공익사업에 필요하다고 인정한 경우와 행정재산의 용도로 사용하던 소유자 없는 부동산을 행정재산으로 취득하였으나 그 행정재산을 당해 용도로 사용하지 아니하게 된 경우에는 그러하지 아니하다.
제□□조 ① 국유일반재산인 토지의 면적이 특별시 · 광역시 지역에서는 1,000제곱미터를, 그 밖의 시 지역에서는 2,000제곱미터를 초과하는 재산을 매각하고자 하는 경우에는 총괄청의 승인을 받아야 한다.
② 제1항에도 불구하고 다음 각 호의 어느 하나에 해당하는 경우에는 총괄청의 승인을 요하지 아니한다.
1. 수의계약의 방법으로 매각하는 경우
2. 다른 법률에 따른 무상귀속
3. 법원의 확정판결 · 결정 등에 따른 소유권의 변경

① 중앙관서의 장이 행정목적으로 사용하기 위하여 행정재산으로 사용 승인한 국유재산인 건물은 총괄청의 매각승인을 받아야 매각될 수 있다.
② 총괄청의 매각승인 대상인 국유일반재산이더라도 그 매각방법이 지명경쟁인 경우에는 총괄청의 승인없이 매각할 수 있다.
③ 법원의 확정판결로 국유일반재산의 소유권을 변경하려는 경우 총괄청의 승인을 받아야 한다.
④ 광역시에 소재하는 국유일반재산인 1,500제곱미터 면적의 토지를 수의계약의 방법으로 매각하려는 경우에는 총괄청의 승인을 받아야 한다.
⑤ 행정재산의 용도로 사용하던 소유자 없는 500제곱미터 면적의 토지를 공고를 거쳐 행정재산으로 취득한 후 이를 당해 용도로 사용하지 않게 된 경우, 취득한 때로부터 10년이 경과하지 않았더라도 매각할 수 있다.

문 8. **다음 글을 근거로 판단할 때 옳은 것은?** 13 민간(인) 05번

법 제00조(정의) 이 법에서 "재외동포"란 다음 각 호의 어느 하나에 해당하는 자를 말한다.
1. 대한민국의 국민으로서 외국의 영주권(永住權)을 취득한 자 또는 영주할 목적으로 외국에 거주하고 있는 자(이하 "재외국민"이라 한다)
2. 대한민국의 국적을 보유하였던 자(대한민국정부 수립 전에 국외로 이주한 동포를 포함한다) 또는 그 직계비속(直系卑屬)으로서 외국국적을 취득한 자 중 대통령령으로 정하는 자(이하 "외국국적동포"라 한다)
시행령 제00조(재외국민의 정의) ① 법 제00조 제1호에서 "외국의 영주권을 취득한 자"라 함은 거주국으로부터 영주권 또는 이에 준하는 거주목적의 장기체류자격을 취득한 자를 말한다.
② 법 제00조 제1호에서 "영주할 목적으로 외국에 거주하고 있는 자"라 함은 해외이주자로서 거주국으로부터 영주권을 취득하지 아니한 자를 말한다.
제00조(외국국적동포의 정의) 법 제00조 제2호에서 "대한민국의 국적을 보유하였던 자(대한민국정부 수립 이전에 국외로 이주한 동포를 포함한다) 또는 그 직계비속으로서 외국국적을 취득한 자 중 대통령령이 정하는 자"란 다음 각 호의 어느 하나에 해당하는 자를 말한다.
1. 대한민국의 국적을 보유하였던 자(대한민국정부 수립 이전에 국외로 이주한 동포를 포함한다. 이하 이 조에서 같다)로서 외국국적을 취득한 자
2. 부모의 일방 또는 조부모의 일방이 대한민국의 국적을 보유하였던 자로서 외국국적을 취득한 자

① 대한민국 국민은 재외동포가 될 수 없다.
② 재외국민이 되기 위한 필수 요건은 거주국의 영주권 취득이다.
③ 할아버지가 대한민국 국적을 보유하였던 미국 국적자는 재외국민이다.
④ 대한민국 국민으로서 회사업무를 위해 중국출장 중인 사람은 외국국적동포이다.
⑤ 과거에 대한민국 국적을 보유하였던 자로서 현재 브라질 국적을 취득한 자는 외국국적동포이다.

문 9.　다음 글을 근거로 판단할 때, 〈보기〉에서 인공임신중절수술이 허용되는 경우만을 모두 고르면? 13 민간(인) 15번

법 제00조(인공임신중절수술의 허용한계) ① 의사는 다음 각 호의 어느 하나에 해당되는 경우에만 본인과 배우자(사실상의 혼인관계에 있는 사람을 포함한다. 이하 같다)의 동의를 받아 인공임신중절수술을 할 수 있다.

1. 본인이나 배우자가 대통령령으로 정하는 우생학적(優生學的) 또는 유전학적 정신장애나 신체질환이 있는 경우
2. 본인이나 배우자가 대통령령으로 정하는 전염성 질환이 있는 경우
3. 강간 또는 준강간(準强姦)에 의하여 임신된 경우
4. 법률상 혼인할 수 없는 혈족 또는 인척 간에 임신된 경우
5. 임신의 지속이 보건의학적 이유로 모체의 건강을 심각하게 해치고 있거나 해칠 우려가 있는 경우

② 제1항의 경우에 배우자의 사망·실종·행방불명, 그 밖에 부득이한 사유로 동의를 받을 수 없으면 본인의 동의만으로 그 수술을 할 수 있다.
③ 제1항의 경우 본인이나 배우자가 심신장애로 의사표시를 할 수 없을 때에는 그 친권자나 후견인의 동의로, 친권자나 후견인이 없을 때에는 부양의무자의 동의로 각각 그 동의를 갈음할 수 있다.
시행령 제00조(인공임신중절수술의 허용한계) ① 법 제00조에 따른 인공임신중절수술은 임신 24주일 이내인 사람만 할 수 있다.
② 법 제00조 제1항 제1호에 따라 인공임신중절수술을 할 수 있는 우생학적 또는 유전학적 정신장애나 신체질환은 연골무형성증, 낭성섬유증 및 그 밖의 유전성 질환으로서 그 질환이 태아에 미치는 위험성이 높은 질환으로 한다.
③ 법 제00조 제1항 제2호에 따라 인공임신중절수술을 할 수 있는 전염성 질환은 풍진, 톡소플라즈마증 및 그 밖에 의학적으로 태아에 미치는 위험성이 높은 전염성 질환으로 한다.

〈보 기〉

ㄱ. 태아에 미치는 위험성이 높은 연골무형성증의 질환이 있는 임신 20주일 임산부와 그 남편이 동의한 경우
ㄴ. 풍진을 앓고 있는 임신 28주일 임산부가 동의한 경우
ㄷ. 남편이 실종 중인 상황에서 임신중독증으로 생명이 위험한 임신 20주일 임산부가 동의한 경우
ㄹ. 남편이 실업자가 되어 도저히 아이를 키울 수 없다고 판단한 임신 16주일 임산부와 그 남편이 동의한 경우

① ㄱ, ㄴ
② ㄱ, ㄷ
③ ㄴ, ㄹ
④ ㄱ, ㄷ, ㄹ
⑤ ㄴ, ㄷ, ㄹ

문 10.　다음 글을 근거로 판단할 때, 〈표〉의 ㉠~㉣에 들어갈 기호로 모두 옳은 것은? 15 민간(인) 16번

법 제○○조(학교환경위생 정화구역) 시·도의 교육감은 학교환경위생 정화구역(이하 '정화구역'이라 한다)을 절대정화구역과 상대정화구역으로 구분하여 설정하되, 절대정화구역은 학교출입문으로부터 직선거리로 50미터까지인 지역으로 하고, 상대정화구역은 학교경계선으로부터 직선거리로 200미터까지인 지역 중 절대정화구역을 제외한 지역으로 한다.
법 제△△조(정화구역에서의 금지시설) ① 누구든지 정화구역에서는 다음 각 호의 어느 하나에 해당하는 시설을 하여서는 아니된다.

1. 도축장, 화장장 또는 납골시설
2. 고압가스·천연가스·액화석유가스 제조소 및 저장소
3. 폐기물수집장소
4. 폐기물처리시설, 폐수종말처리시설, 축산폐수배출시설
5. 만화가게(유치원 및 대학교의 정화구역은 제외한다)
6. 노래연습장(유치원 및 대학교의 정화구역은 제외한다)
7. 당구장(유치원 및 대학교의 정화구역은 제외한다)
8. 호텔, 여관, 여인숙

② 제1항에도 불구하고 대통령령으로 정하는 구역에서는 제1항의 제2호, 제3호, 제5호부터 제8호까지에 규정된 시설 중 교육감이 학교환경위생정화위원회의 심의를 거쳐 학습과 학교보건위생에 나쁜 영향을 주지 아니한다고 인정하는 시설은 허용될 수 있다.
대통령령 제□□조(제한이 완화되는 구역) 법 제△△조 제2항에서 '대통령령으로 정하는 구역'이란 법 제○○조에 따른 상대정화구역(법 제△△조 제1항 제7호에 따른 당구장 시설을 하는 경우에는 정화구역 전체)을 말한다.

구역 / 시설	초·중·고등학교		유치원·대학교	
	절대정화구역	상대정화구역	절대정화구역	상대정화구역
폐기물 처리시설	×	×	×	×
폐기물 수집장소	×	△	×	△
당구장	㉠		㉢	
만화가게		㉡		
호텔				㉣

• × : 금지되는 시설
• △ : 학교환경위생정화위원회의 심의를 거쳐 허용될 수 있는 시설
• ○ : 허용되는 시설

	㉠	㉡	㉢	㉣
①	△	○	○	△
②	△	△	○	△
③	×	△	○	△
④	×	△	△	×
⑤	×	×	△	×

문 11. **다음 글과 〈상황〉을 근거로 판단할 때, 〈보기〉에서 옳은 것만을 모두 고르면?** 17 민간(나) 07번

> 제00조(우수현상광고) ① 광고에 정한 행위를 완료한 자가 수인(數人)인 경우에 그 우수한 자에 한하여 보수(報酬)를 지급할 것을 정하는 때에는 그 광고에 응모기간을 정한 때에 한하여 그 효력이 생긴다.
> ② 전항의 경우에 우수의 판정은 광고에서 정한 자가 한다. 광고에서 판정자를 정하지 아니한 때에는 광고자가 판정한다.
> ③ 우수한 자가 없다는 판정은 할 수 없다. 그러나 광고에서 다른 의사표시가 있거나 광고의 성질상 판정의 표준이 정하여져 있는 때에는 그러하지 아니하다.
> ④ 응모자는 제2항 및 제3항의 판정에 대하여 이의를 제기하지 못한다.
> ⑤ 수인의 행위가 동등으로 판정된 때에는 각각 균등한 비율로 보수를 받을 권리가 있다. 그러나 보수가 그 성질상 분할할 수 없거나 광고에 1인만이 보수를 받을 것으로 정한 때에는 추첨에 의하여 결정한다.

※ 현상광고 : 어떤 목적으로 조건을 붙여 보수(상금, 상품 등)를 지급할 것을 약속한 광고

〈상 황〉

A청은 아래와 같은 내용으로 우수논문공모를 위한 우수 현상광고를 하였고, 대학생 甲, 乙, 丙 등이 응모하였다.

<u>우수논문공모</u>

- 논문주제 : 청렴한 공직사회 구현을 위한 정책방안
- 참여대상 : 대학생
- 응모기간 : 2017년 4월 3일~4월 28일
- 제 출 처 : A청
- 수 상 자 : 1명(아래 상금 전액 지급)
- 상 금 : 금 1,000만 원정
- 특이사항
  - 논문의 작성 및 응모는 단독으로 하여야 한다.
  - 기준을 충족한 논문이 없다고 판정된 경우, 우수논문을 선정하지 않을 수 있다.

〈보 기〉

ㄱ. 우수논문의 판정은 A청이 한다.
ㄴ. 우수논문이 없다는 판정이 이루어질 수 있다.
ㄷ. 甲, 乙, 丙 등은 우수의 판정에 대해 이의를 제기할 수 있다.
ㄹ. 심사 결과 甲과 乙의 논문이 동등한 최고점수로 판정되었다면, 甲과 乙은 500만 원씩 상금을 나누어 받는다.

① ㄱ, ㄴ
② ㄱ, ㄷ
③ ㄷ, ㄹ
④ ㄱ, ㄴ, ㄹ
⑤ ㄴ, ㄷ, ㄹ

문 12. **다음 글을 근거로 판단할 때 옳은 것은?** 18 민간(가) 02번

> 제○○조 ① 지방자치단체의 장은 하수도정비기본계획에 따라 공공하수도를 설치하여야 한다.
> ② 시 · 도지사는 공공하수도를 설치하고자 하는 때에는 사업시행지의 위치 및 면적, 설치하고자 하는 시설의 종류, 사업시행기간 등을 고시하여야 한다. 고시한 사항을 변경 또는 폐지하고자 하는 때에도 또한 같다.
> ③ 시장 · 군수 · 구청장(자치구의 구청장을 말한다. 이하 같다)은 공공하수도를 설치하려면 시 · 도지사의 인가를 받아야 한다.
> ④ 시장 · 군수 · 구청장은 제3항에 따라 인가받은 사항을 변경하거나 폐지하려면 시 · 도지사의 인가를 받아야 한다.
> ⑤ 시 · 도지사는 국가의 보조를 받아 설치하고자 하는 공공하수도에 대하여 제2항에 따른 고시 또는 제3항의 규정에 따른 인가를 하고자 할 때에는 그 설치에 필요한 재원의 조달 및 사용에 관하여 환경부장관과 미리 협의하여야 한다.
> 제□□조 ① 공공하수도관리청(이하 '관리청'이라 한다)은 관할 지방자치단체의 장이 된다.
> ② 공공하수도가 둘 이상의 지방자치단체의 장의 관할구역에 걸치는 경우, 관리청이 되는 자는 제○○조 제2항에 따른 공공하수도 설치의 고시를 한 시 · 도지사 또는 같은 조 제3항에 따른 인가를 받은 시장 · 군수 · 구청장으로 한다.

※ 공공하수도 : 지방자치단체가 설치 또는 관리하는 하수도

① A자치구의 구청장이 관할구역 내에 공공하수도를 설치하려고 인가를 받았는데, 그 공공하수도가 B자치구에 걸치는 경우, 설치하려는 공공하수도의 관리청은 B자치구의 구청장이다.
② 시 · 도지사가 국가의 보조를 받아 공공하수도를 설치하려면, 그 설치에 필요한 재원의 조달 등에 관하여 환경부장관의 인가를 받아야 한다.
③ 시장 · 군수 · 구청장이 공공하수도 설치에 관하여 인가받은 사항을 폐지할 경우에는 시 · 도지사의 인가를 필요로 하지 않는다.
④ 시 · 도지사가 공공하수도 설치를 위해 고시한 사항은 변경할 수 없다.
⑤ 시장 · 군수 · 구청장이 공공하수도를 설치하려면 시 · 도지사의 인가를 받아야 한다.

문 13. **다음 규정과 〈상황〉에 근거할 때, 옳은 것은?**

12 행시(인) 05번

> 제00조(환경오염 및 예방 대책의 추진) 환경부장관 및 시장·군수·구청장 등은 국가산업단지의 주변지역에 대한 환경기초조사를 정기적으로 실시하여야 하며 이를 기초로 하여 환경오염 및 예방 대책을 수립·시행하여야 한다.
> 제00조(환경기초조사의 방법·시기 등) 전조(前條)에 따른 환경기초조사의 방법과 시기 등은 다음 각 호와 같다.
> 1. 환경기초조사의 범위는 지하수 및 지표수의 수질, 대기, 토양 등에 대한 계획·조사 및 치유대책을 포함한다.
> 2. 환경기초조사는 당해 기초지방자치단체장이 1단계 조사를 실시하고 환경부장관이 2단계 조사를 실시한다. 다만 1단계 조사결과에 의하여 정상지역으로 판정된 때는 2단계 조사를 실시하지 아니한다.
> 3. 제2호에 따른 1단계 조사는 그 조사 실시일 기준으로 매 3년마다 실시하고, 2단계 조사는 1단계 조사 판정일 이후 1월 내에 실시하여야 한다.

〈상 황〉

甲시에는 A, B, C 세 개의 국가산업단지가 위치해 있다. 甲시 시장은 아래와 같이 세 개 단지의 주변지역에 대한 1단계 환경기초조사를 실시하였다. 2012년 1월 1일 현재, 기록되어 있는 실시일, 판정일 및 판정결과는 다음과 같다.

구분	1단계 조사 실시일	1단계 조사 판정일	판정 결과
A단지 주변지역	2011. 7. 1.	2011. 11. 30.	오염지역
B단지 주변지역	2009. 3. 1.	2009. 9. 1.	오염지역
C단지 주변지역	2010. 10. 1.	2011. 7. 1.	정상지역

① A단지 주변지역에 대하여 2012년에 환경부장관은 2단계 조사를 실시해야 한다.
② B단지 주변지역에 대하여 2012년에 甲시 시장은 1단계 조사를 실시해야 한다.
③ B단지 주변지역에 대하여 甲시 시장은 2단계 조사를 실시하였다.
④ C단지 주변지역에 대하여 환경부장관은 2011년 7월 중에 2단계 조사를 실시하였다.
⑤ C단지 주변지역에 대하여 甲시 시장은 2012년에 1단계 조사를 실시해야 한다.

문 14. **다음 글과 〈상황〉을 근거로 판단할 때, A지방자치단체 지방의회의 의결에 관한 설명으로 옳은 것은?**

15 행시(인) 28번

> 제00조(의사정족수) ① 지방의회는 재적의원 3분의 1 이상의 출석으로 개의(開議)한다.
> ② 회의 중 제1항의 정족수에 미치지 못할 때에는 의장은 회의를 중지하거나 산회(散會)를 선포한다.
> 제00조(의결정족수) ① 의결사항은 재적의원 과반수의 출석과 출석의원 과반수의 찬성으로 의결한다.
> ② 의장은 의결에서 표결권을 가지며, 찬성과 반대가 같으면 부결된 것으로 본다.
> ③ 의장은 제1항에 따라 의결하지 못한 때에는 다시 그 일정을 정한다.
> 제00조(지방의회의 의결사항) 지방의회는 다음 사항을 의결한다.
> 1. 조례의 제정·개정 및 폐지
> 2. 예산의 심의·확정

※ 지방의회의원 중 사망한 자, 제명된 자, 확정판결로 의원직을 상실한 자는 재적의원에 포함되지 않음

〈상 황〉

- A지방자치단체의 지방의회 최초 재적의원은 111명이다. 그 중 2명은 사망하였고, 3명은 선거법 위반으로 구속되어 재판이 진행 중이며, 2명은 의회에서 제명되어 현재 총 104명이 의정활동을 하고 있다.
- A지방자치단체 ○○조례 제정안이 상정되었다.
- A지방자치단체의 지방의회는 의장을 포함한 53명이 출석하여 개의하였다.

① 의결할 수 없다.
② 부결된 것으로 본다.
③ 26명 찬성만으로 의결할 수 있다.
④ 27명 찬성만으로 의결할 수 있다.
⑤ 28명 찬성만으로 의결할 수 있다.

문 15. 다음 글을 근거로 판단할 때 옳은 것은? 16 행시(4) 05번

제00조(선거공보) ① 후보자는 선거운동을 위하여 책자형 선거공보 1종을 작성할 수 있다.
② 제1항의 규정에 따른 책자형 선거공보는 대통령선거에 있어서는 16면 이내로, 국회의원선거 및 지방자치단체의 장 선거에 있어서는 12면 이내로, 지방의회의원선거에 있어서는 8면 이내로 작성한다.
③ 후보자는 제1항의 규정에 따른 책자형 선거공보 외에 별도의 점자형 선거공보(시각장애선거인을 위한 선거공보) 1종을 책자형 선거공보와 동일한 면수 제약 하에서 작성할 수 있다. 다만, 대통령선거 · 지역구국회의원선거 및 지방자치단체의 장 선거의 후보자는 책자형 선거공보 제작 시 점자형 선거공보를 함께 작성 · 제출하여야 한다.
④ 대통령선거, 지역구국회의원선거, 지역구지방의회의원선거 및 지방자치단체의 장 선거에서 책자형 선거공보(점자형 선거공보를 포함한다)를 제출하는 경우에는 다음 각 호에 따른 내용(이하 이 조에서 '후보자정보공개자료'라 한다)을 게재하여야 하며, 후보자정보공개자료에 대하여 소명이 필요한 사항은 그 소명자료를 함께 게재할 수 있다. 점자형 선거공보에 게재하는 후보자정보공개자료의 내용은 책자형 선거공보에 게재하는 내용과 똑같아야 한다.

1. 재산상황
   후보자, 후보자의 배우자 및 직계존 · 비속(혼인한 딸과 외조부모 및 외손자녀를 제외한다)의 각 재산총액
2. 병역사항
   후보자 및 후보자의 직계비속의 군별 · 계급 · 복무기간 · 복무분야 · 병역처분사항 및 병역처분사유
3. 전과기록
   죄명과 그 형 및 확정일자

① 지역구지방의회의원선거에 출마한 A는 책자형 선거공보를 12면까지 가득 채워서 작성할 수 있다.
② 지역구국회의원선거에 출마한 B는 자신의 선거운동전략에 따라 책자형 선거공보 제작 시 점자형 선거공보는 제작하지 않을 수 있다.
③ 지역구지방의회의원선거에 출마한 C는 책자형 선거공보를 제출할 경우, 자신의 가족 중 15세인 친손녀의 재산총액을 표시할 필요가 없다.
④ 지역구국회의원선거에 출마한 D가 제작한 책자형 선거공보에는 D 본인과 자신의 가족 중 아버지, 아들, 손자의 병역사항을 표시해야 한다.
⑤ 지역구국회의원선거에 출마한 E는 자신에게 전과기록이 있다는 사실을 공개하면 선거운동에 악영향을 미칠 것이라고 판단할 경우, 책자형 선거공보를 제작하지 않고 선거운동을 할 수 있다.

02 법학교과서 지문형

※ 다음 글을 읽고 물음에 답하시오. [16~17]

'국민참여예산제도'는 국가 예산사업의 제안, 심사, 우선순위 결정과정에 국민을 참여케 함으로써 예산에 대한 국민의 관심도를 높이고 정부 재정운영의 투명성을 제고하기 위한 제도이다. 이 제도는 정부의 예산편성권과 국회의 예산심의 · 의결권 틀 내에서 운영된다.

국민참여예산제도는 기존 제도인 국민제안제도나 주민참여예산제도와 차이점을 지닌다. 먼저 '국민제안제도'가 국민들이 제안한 사항에 대해 관계부처가 채택 여부를 결정하는 방식이라면, 국민참여예산제도는 국민의 제안 이후 사업심사와 우선순위 결정과정에도 국민의 참여를 가능하게 함으로써 국민의 역할을 확대하는 방식이다. 또한 '주민참여예산제도'가 지방자치단체의 사무를 대상으로 하는 반면, 국민참여예산제도는 중앙정부가 재정을 지원하는 예산사업을 대상으로 한다.

국민참여예산제도에서는 3~4월에 국민사업제안과 제안사업 적격성 검사를 실시하고, 이후 5월까지 각 부처에 예산안을 요구한다. 6월에는 예산국민참여단을 발족하여 참여예산 후보사업을 압축한다. 7월에는 일반국민 설문조사와 더불어 예산국민참여단 투표를 통해 사업선호도 조사를 한다. 이러한 과정을 통해 선호순위가 높은 후보사업은 국민참여예산사업으로 결정되며, 8월에 재정정책자문회의의 논의를 거쳐 국무회의에서 정부예산안에 반영된다. 정부예산안은 국회에 제출되며, 국회는 심의 · 의결을 거쳐 12월까지 예산안을 확정한다.

예산국민참여단은 일반국민을 대상으로 전화를 통해 참여의사를 타진하여 구성한다. 무작위로 표본을 추출하되 성 · 연령 · 지역별 대표성을 확보하는 통계적 구성방법이 사용된다. 예산국민참여단원은 예산학교를 통해 국가재정에 대한 교육을 이수한 후, 참여예산 후보사업을 압축하는 역할을 맡는다. 예산국민참여단이 압축한 후보사업에 대한 일반국민의 선호도는 통계적 대표성이 확보된 표본을 대상으로 한 설문을 통해, 예산국민참여단의 사업선호도는 오프라인 투표를 통해 조사한다.

정부는 2017년에 2018년도 예산을 편성하면서 국민참여예산제도를 시범 도입하였는데, 그 결과 6개의 국민참여예산사업이 선정되었다. 2019년도 예산에는 총 39개 국민참여예산사업에 대해 800억 원이 반영되었다.

문 16. 윗글을 근거로 판단할 때 옳은 것은? 22 7급(가) 09번

① 국민제안제도에서는 중앙정부가 재정을 지원하는 예산사업의 우선순위를 국민이 정할 수 있다.
② 국민참여예산사업은 국회 심의·의결 전에 국무회의에서 정부 예산안에 반영된다.
③ 국민참여예산제도는 정부의 예산편성권 범위 밖에서 운영된다.
④ 참여예산 후보사업은 재정정책자문회의의 논의를 거쳐 제안된다.
⑤ 예산국민참여단의 사업선호도 조사는 전화설문을 통해 이루어진다.

문 17. 윗글과 〈상황〉을 근거로 판단할 때, 甲이 보고할 수치를 옳게 짝지은 것은? 22 7급(가) 10번

〈상 황〉

2019년도 국민참여예산사업 예산 가운데 688억 원이 생활밀착형사업 예산이고 나머지는 취약계층지원사업 예산이었다. 2020년도 국민참여예산사업 예산 규모는 2019년도에 비해 25% 증가했는데, 이 중 870억 원이 생활밀착형사업 예산이고 나머지는 취약계층지원사업 예산이었다. 국민참여예산제도에 관한 정부부처 담당자 甲은 2019년도와 2020년도 각각에 대해 국민참여예산사업 예산에서 취약계층지원사업 예산이 차지한 비율을 보고하려고 한다.

	2019년도	2020년도
①	13%	12%
②	13%	13%
③	14%	13%
④	14%	14%
⑤	15%	14%

문 18. 다음 글을 근거로 판단할 때 옳은 것은? 20 민간(가) 13번

A국은 다음 5가지 사항을 반영하여 특허법을 제정하였다.

(1) 새로운 기술에 의한 발명을 한 사람에게 특허권이라는 독점권을 주는 제도와 정부가 금전적 보상을 해주는 보상제도 중, A국은 전자를 선택하였다.
(2) 특허권을 별도의 특허심사절차 없이 부여하는 방식과 신청에 의한 특허심사절차를 통해 부여하는 방식 중, A국은 후자를 선택하였다.
(3) 새로운 기술에 의한 발명인지를 판단하는 데 있어서 전세계에서의 새로운 기술을 기준으로 하는 것과 국내에서의 새로운 기술을 기준으로 하는 것 중, A국은 후자를 선택하였다.
(4) 특허권의 효력발생범위를 A국 영토 내로 한정하는 것과 A국 영토 밖으로 확대하는 것 중, A국은 전자를 선택하였다. 따라서 특허권이 부여된 발명을 A국 영토 내에서 특허권자의 허락없이 무단으로 제조·판매하는 행위를 금지하며, 이를 위반한 자에게는 손해배상의무를 부과한다.
(5) 특허권의 보호기간을 한정하는 방법과 한정하지 않는 방법 중, A국은 전자를 선택하였다. 그리고 그 보호기간은 특허권을 부여받은 날로부터 10년으로 한정하였다.

① A국에서 알려지지 않은 새로운 기술로 알코올램프를 발명한 자는 그 기술이 이미 다른 나라에서 널리 알려진 것이라도 A국에서 특허권을 부여받을 수 있다.
② A국에서 특허권을 부여받은 날로부터 11년이 지난 손전등을 제조·판매하기 위해서는 발명자로부터 허락을 받아야 한다.
③ A국에서 새로운 기술로 석유램프를 발명한 자는 A국 정부로부터 그 발명에 대해 금전적 보상을 받을 수 있다.
④ A국에서 새로운 기술로 필기구를 발명한 자는 특허심사절차를 밟지 않더라도 A국 내에서 다른 사람이 그 필기구를 무단으로 제조·판매하는 것을 금지시킬 수 있다.
⑤ A국에서 망원경에 대해 특허권을 부여받은 자는 다른 나라에서 그 망원경을 무단으로 제조 및 판매한 자로부터 A국 특허법에 따라 손해배상을 받을 수 있다.

문 19. 다음 글을 근거로 판단할 때 옳은 것은? 13 민간(인) 04번

첨단산업 · 지적소유권 · 건축공사 · 국제금융 · 파생상품 등 전문적 지식이 요구되는 민사소송사건에서는 전문심리위원제도를 활용할 수 있다. 이는 증거조사 · 화해 등 소송절차의 원활한 진행을 위한 것으로, 법원이 당해 사건의 관계전문가를 전문심리위원으로 재판절차에 참여시키고 그로부터 전문적 지식에 관해 조언을 받을 수 있도록 한 제도이다. 전문심리위원이 재판에 참여하면 당사자의 허위진술을 방지할 수 있으며, 그의 전문지식을 통해 사안을 밝힐 수 있기 때문에 감정을 할 때 소요되는 값비싼 감정료를 절감할 수 있는 등의 장점이 있다.

법원은 직권 또는 당사자의 신청에 따른 결정으로 1인 이상의 전문심리위원을 지정한다. 전문심리위원은 당해 소송절차에서 설명 또는 의견을 기재한 서면을 제출하거나, 변론기일 또는 변론준비기일에 출석하여 설명을 하거나 의견을 제시하는 등으로 재판절차에 참여한다. 그러나 전문심리위원은 증인이나 감정인이 아니기 때문에 그의 설명이나 의견은 증거자료가 아니다. 한편 전문심리위원이 당사자, 증인 또는 감정인 등 소송관계인에게 질문하기 위해서는 재판장의 허가를 얻어야 한다. 또한 전문심리위원은 재판부의 구성원이 아니므로 판결 내용을 정하기 위한 판결의 합의나 판결문 작성에는 참여할 수 없다.

법원은 상당한 이유가 있는 때에는 직권 또는 당사자의 신청에 의해 전문심리위원의 지정결정을 취소할 수 있다. 다만 당사자의 합의로 그 지정결정을 취소할 것을 신청한 때에는 법원은 그 결정을 취소하여야 한다. 한편 전문심리위원의 공정성을 확보하기 위해서, 전문심리위원이 당사자의 배우자가 되거나 친족이 된 경우 또는 그가 당해 사건에 관하여 증언이나 감정을 한 경우 등에는 법원이 그에 대한 별도의 조치를 하지 않더라도 그는 당연히 이후의 재판절차에 참여할 수 없게 된다.

① 소송당사자의 동의가 있으면 전문심리위원은 당사자에게 직접 질문할 수 있다.
② 전문심리위원은 판결 내용을 결정하기 위해 진행되는 판결의 합의에 참여할 수 있다.
③ 전문심리위원이 변론에서 행한 설명 또는 의견은 증거자료에 해당하기 때문에 법원은 그의 설명 또는 의견에 의거하여 재판하여야 한다.
④ 소송당사자가 합의하여 전문심리위원 지정결정의 취소를 신청한 경우일지라도 법원은 상당한 이유가 있으면 그 지정결정을 취소하지 않아도 된다.
⑤ 전문심리위원이 당해 사건에서 증언을 하였다면, 법원의 전문심리위원 지정결정 취소가 없더라도 그는 전문심리위원으로서 이후의 재판절차에 참여할 수 없게 된다.

문 20. 다음 글을 근거로 판단할 때, 〈보기〉에서 옳지 않은 것을 모두 고르면? 13 외교원(인) 06번

정부는 미술품 및 문화재를 소장한 자가 이를 판매해 발생한 이익에 대해 소정세율의 기타소득세를 부과하는 법률을 시행하고 있다. 이 법률에서는 '대통령령으로 정하는 서화(書畵) · 골동품'으로 개당 · 점당 또는 조(2개 이상이 함께 사용되는 물품으로서 통상 짝을 이루어 거래되는 것을 말한다)당 양도가액이 6,000만 원 이상인 것을 과세 대상으로 규정하고 있다. 다만 양도일 현재 생존하고 있는 국내 원작자의 작품은 과세 대상에서 제외한다. 또한 국보와 보물 등 국가지정문화재의 거래 및 양도도 제외한다.

대통령령으로 정하는 서화 · 골동품이란 (i) 회화, 데생, 파스텔(손으로 그린 것에 한정하며, 도안과 장식한 가공품은 제외한다) 및 콜라주와 이와 유사한 장식판, (ii) 판화 · 인쇄화 및 석판화의 원본, (iii) 골동품(제작 후 100년을 넘은 것에 한정한다)을 말한다.

법률에 따르면 대통령령으로 정하는 서화 · 골동품을 6,000만 원 이상으로 판매하는 경우, 양도차액의 80~90%를 필요경비로 인정하고, 나머지 금액인 20~10%를 기타소득으로 간주하여 이에 대해 기타소득세를 징수하게 된다. 작품의 보유 기간이 10년 미만일 때는 양도차액의 80%가, 10년 이상일 때는 양도차액의 90%가 필요경비로 인정된다. 기타소득세의 세율은 작품 보유기간에 관계없이 20%이다. 예를 들어 1,000만 원에 그림을 구입하여 10년 후 6,000만 원에 파는 사람은 양도차액 5,000만 원 가운데 90%(4,500만 원)를 필요경비로 공제받고, 나머지 금액 500만 원에 대해 기타소득세가 부과된다. 따라서 결정 세액은 100만 원이다.

※ 양도가액이란 판매가격을 의미하며, 양도차액은 구매가격과 판매가격과의 차이를 말함

〈보 기〉

ㄱ. A가 석판화의 복제품을 12년 전 1,000만 원에 구입하여 올해 5,000만 원에 판매한 경우, 이에 대한 기타소득세 100만 원을 납부하여야 한다.
ㄴ. B가 보물로 지정된 고려 시대의 골동품 1점을 5년 전 1억 원에 구입하여 올해 1억 5,000만 원에 판매한 경우, 이에 대한 기타소득세 200만 원을 납부하여야 한다.
ㄷ. C가 현재 생존하고 있는 국내 화가의 회화 1점을 15년 전 100만 원에 구입하여 올해 1억 원에 판매한 경우, 이에 대한 기타소득세를 납부하지 않아도 된다.
ㄹ. D가 작년에 세상을 떠난 국내 화가의 회화 1점을 15년 전 1,000만 원에 구입하여 올해 3,000만 원에 판매한 경우, 이에 대한 기타소득세 40만 원을 납부하여야 한다.

① ㄱ, ㄴ
② ㄱ, ㄷ
③ ㄷ, ㄹ
④ ㄱ, ㄴ, ㄹ
⑤ ㄴ, ㄷ, ㄹ

문 21. **다음 글을 근거로 판단할 때 옳은 것은?** 15 민간(인) 17번

「헌법」 제29조 제1항은 "공무원의 직무상 불법행위로 손해를 받은 국민은 법률이 정하는 바에 의하여 국가 또는 공공단체에 정당한 배상을 청구할 수 있다. 이 경우 공무원 자신의 책임은 면제되지 아니한다."라고 규정하고 있다. 대법원은 이 「헌법」 조항의 의미에 대하여 다음과 같이 판단하였다.

[다수의견] 「헌법」 제29조 제1항은 공무원의 직무상 불법행위로 인하여 국가 등이 배상책임을 진다고 할지라도 그 때문에 공무원 자신의 민·형사책임이나 징계책임이 면제되지 아니한다는 원칙을 규정한 것이나, 그 조항 자체로 피해자에 대한 공무원 개인의 구체적인 손해배상책임의 범위까지 규정한 것으로 보기는 어렵다. 따라서 공무원이 직무수행 중 불법행위로 국민에게 손해를 입힌 경우에 국가 또는 공공단체가 국가배상책임을 부담하는 외에 공무원 개인도 고의 또는 중과실이 있는 경우에는 피해자에게 불법행위로 인한 손해배상책임을 진다고 할 것이다. 그러나 공무원에게 경과실만 있는 경우에는 공무원 개인은 피해자에게 손해배상책임을 부담하지 아니한다고 해석하여야 한다.

[별개의견] 「헌법」 제29조 제1항의 공무원의 책임은 직무상 불법행위를 한 그 공무원 개인의 불법행위책임임이 분명하다. 여기에서 말하는 불법행위의 개념은 법적인 일반개념으로서, 그것은 고의 또는 과실로 인한 위법행위로 타인에게 손해를 가한 것을 의미하고, 이때의 과실은 중과실과 경과실을 구별하지 않는다. 따라서 공무원의 경과실로 인한 직무상 불법행위의 경우에도, 국가 또는 공공단체의 책임은 물론, 공무원 개인의 피해자에 대한 손해배상책임도 면제되지 아니한다고 해석하는 것이, 우리 「헌법」의 관계 규정의 연혁에 비추어 그 명문에 충실한 것일 뿐만 아니라 헌법의 기본권 보장 정신과 법치주의의 이념에도 부응한다.

[반대의견] 「헌법」 제29조 제1항의 규정은 직무상 불법행위를 한 공무원 개인의 피해자에 대한 손해배상책임이 면제되지 아니한다는 것을 규정한 것으로 볼 수는 없고, 이는 다만 직무상 불법행위를 한 공무원의 국가 또는 공공단체에 대한 내부적 책임 등이 면제되지 아니한다는 취지를 규정한 것으로 보아야 한다. 따라서 공무원이 직무상 불법행위를 한 경우에 국가 또는 공공단체만이 피해자에 대하여 「국가배상법」에 의한 손해배상책임을 부담할 뿐, 공무원 개인은 고의 또는 중과실이 있는 경우에도 피해자에 대하여 손해배상책임을 부담하지 않는 것으로 보아야 한다.

① 공무원의 경과실로 인한 직무상 불법행위로 국민에게 손해가 발생한 경우, 공무원 개인이 피해자에게 배상책임을 지지 않는다는 것이 [다수의견]과 [별개의견]의 일치된 입장이다.

② 공무원의 경과실로 인한 직무상 불법행위로 국민에게 손해가 발생한 경우, 국가 또는 공공단체가 피해자에게 배상책임을 진다는 점에서는 [다수의견], [별개의견], [반대의견]의 입장이 모두 일치한다.

③ 공무원이 직무상 불법행위로 국민에게 손해배상책임을 지는 데 있어서, [다수의견]과 [반대의견]은 모두 경과실과 중과실을 구분하지 않는다.

④ 공무원의 중과실로 인한 직무상 불법행위로 국민에게 손해가 발생한 경우, 피해자에 대해서 뿐만 아니라 국가 또는 공공단체에 대한 공무원의 책임도 면제된다는 것이 [반대의견]의 입장이다.

⑤ 공무원의 고의 또는 중과실로 인한 직무상 불법행위로 국민에게 손해가 발생한 경우, 공무원 개인이 피해자에게 배상책임을 진다는 점에서는 [다수의견], [별개의견], [반대의견]의 입장이 모두 일치한다.

문 22. 다음 글과 〈상황〉을 근거로 판단할 때, A와 B의 값으로 옳게 짝지은 것은?

16 행시(4) 07번

ㅇㅇ국 법원은 손해배상책임의 여부 또는 손해배상액을 정할 때에 피해자에게 과실이 있으면 그 과실의 정도를 반드시 참작하여야 하는데 이를 '과실상계(過失相計)'라고 한다. 예컨대 택시의 과속운행으로 승객이 부상당하여 승객에게 치료비 등 총 손해가 100만 원이 발생하였지만, 사실은 승객이 빨리 달리라고 요구하여 사고가 난 것이라고 하자. 이 경우 승객의 과실이 40%이면 손해액에서 40만 원을 빼고 60만 원만 배상액으로 정하는 것이다. 이는 자기 과실로 인한 손해를 타인에게 전가하는 것이 부당하므로 손해의 공평한 부담이라는 취지에서 인정되는 제도이다.

한편 손해가 발생하였어도 손해배상 청구권자가 손해를 본 것과 같은 원인에 의하여 이익도 보았을 때, 손해에서 그 이익을 공제하는 것을 '손익상계(損益相計)'라고 한다. 예컨대 타인에 의해 자동차가 완전 파손되어 자동차 가격에 대한 손해배상을 청구할 경우, 만약 해당 자동차를 고철로 팔아 이익을 얻었다면 그 이익을 공제하는 것이다. 주의할 것은, 국가배상에 의한 손해배상금에서 유족보상금을 공제하는 것과 같이 손해를 일으킨 원인으로 인해 피해자가 이익을 얻은 경우이어야 손익상계가 인정된다는 점이다. 따라서 손해배상의 책임 원인과 무관한 이익, 예컨대 사망했을 경우 별도로 가입한 보험계약에 의해 받은 생명보험금이나 조문객들의 부의금 등은 공제되지 않는다.

과실상계를 할 사유와 손익상계를 할 사유가 모두 있으면 과실상계를 먼저 한 후에 손익상계를 하여야 한다.

〈상 황〉

ㅇㅇ국 공무원 甲은 공무수행 중 사망하였다. 법원이 인정한 바에 따르면 국가와 甲 모두에게 과실이 있고, 손익상계와 과실상계를 하기 전 甲의 사망에 의한 손해액은 6억 원이었다. 甲의 유일한 상속인 乙은 甲의 사망으로 유족보상금 3억 원과 甲이 개인적으로 가입했던 보험계약에 의해 생명보험금 6천만 원을 수령하였다. 그 밖에 다른 사정은 없었다. 법원은 甲의 과실을 [A]%, 국가의 과실을 [B]%로 판단하여 국가가 甲의 상속인 乙에게 배상할 손해배상금을 1억 8천만 원으로 정하였다.

	A	B
①	20	80
②	25	75
③	30	70
④	40	60
⑤	70	30

문 23. 다음 글과 〈상황〉을 근거로 판단할 때 옳은 것은?

17 행시(가) 05번

저작자는 미술저작물, 건축저작물, 사진저작물(이하 "미술저작물 등"이라 한다)의 원본이나 그 복제물을 전시할 권리를 가진다. 전시권은 저작자인 화가, 건축물설계자, 사진작가에게 인정되므로, 타인이 미술저작물 등을 전시하기 위해서는 저작자의 허락을 얻어야 한다. 다만 전시는 일반인에 대한 공개를 전제로 하는 것이므로, 예컨대 가정 내에서 진열하는 때에는 저작자의 허락이 필요 없다. 또한 저작자는 복제권도 가지기 때문에 타인이 미술저작물 등을 복제하기 위해서는 저작자의 허락을 얻어야 한다. 그런데 저작자가 미술저작물 등을 타인에게 판매하여 소유권을 넘긴 경우에는 저작자의 전시권·복제권과 소유자의 소유권이 충돌하는 문제가 발생한다. 「저작권법」은 미술저작물 등의 전시·복제와 관련된 문제들을 다음과 같이 해결하고 있다.

첫째, 미술저작물 등의 원본의 소유자나 그의 허락을 얻은 자는 자유로이 미술저작물 등의 원본을 전시할 수 있다. 다만 가로·공원·건축물의 외벽 등 공중에게 개방된 장소에 항시 전시하는 경우에는 저작자의 허락을 얻어야 한다.

둘째, 개방된 장소에 항시 전시되어 있는 미술저작물 등은 제3자가 어떠한 방법으로든지 이를 복제하여 이용할 수 있다. 다만 건축물을 건축물로 복제하는 경우, 조각 또는 회화를 조각 또는 회화로 복제하는 경우, 미술저작물 등을 판매목적으로 복제하는 경우에는 저작자의 허락을 얻어야 한다.

셋째, 화가 또는 사진작가가 고객으로부터 위탁을 받아 완성한 초상화 또는 사진저작물의 경우, 화가 또는 사진작가는 위탁자의 허락이 있어야 이를 전시·복제할 수 있다.

〈상 황〉

- 화가 甲은 자신이 그린 「군마」라는 이름의 회화를 乙에게 판매하였다.
- 화가 丙은 丁의 위탁을 받아 丁을 모델로 한 초상화를 그려 이를 丁에게 인도하였다.

① 乙이 「군마」를 건축물의 외벽에 잠시 전시하고자 할 때라도 甲의 허락을 얻어야만 한다.

② 乙이 감상하기 위해서 「군마」를 자신의 거실 벽에 걸어 놓을 때는 甲의 허락을 얻어야 한다.

③ A가 공원에 항시 전시되어 있는 「군마」를 회화로 복제하고자 할 때는 乙의 허락을 얻어야 한다.

④ 丙이 丁의 초상화를 복제하여 전시하고자 할 때는 丁의 허락을 얻어야 한다.

⑤ B가 공원에 항시 전시되어 있는 丁의 초상화를 판매목적으로 복제하고자 할 때는 丙의 허락을 얻을 필요가 없다.

문 24. 다음 글을 근거로 판단할 때 옳은 것은? 18 행시(나) 21번

「상훈법」은 훈장과 포장을 함께 규정하고 있다. 훈장은 대한민국 국민이나 외국인으로서 대한민국에 뚜렷한 공로가 있는 자에게 수여한다. 훈장의 종류는 무궁화대훈장 · 건국훈장 · 국민훈장 · 무공훈장 · 근정훈장 · 보국훈장 · 수교훈장 · 산업훈장 · 새마을훈장 · 문화훈장 · 체육훈장 · 과학기술훈장 등 12종이 있다. 무궁화대훈장(무등급)을 제외하고는 각 훈장은 모두 5개 등급으로 나누어져 있고, 각 등급에 따라 다른 명칭이 붙여져 있다. 포장은 건국포장 · 국민포장 · 무공포장 · 근정포장 · 보국포장 · 예비군포장 · 수교포장 · 산업포장 · 새마을포장 · 문화포장 · 체육포장 · 과학기술포장 등 12종이 있고, 훈장과는 달리 등급이 없다.

훈장의 수여 여부는 서훈대상자의 공적 내용, 그 공적이 국가 · 사회에 미친 효과의 정도, 지위 및 그 밖의 사항을 참작하여 결정하며, 동일한 공적에 대하여는 훈장을 거듭 수여하지 않는다. 서훈의 추천은 원 · 부 · 처 · 청의 장, 국회사무총장, 법원행정처장, 헌법재판소사무처장, 감사원장, 중앙선거관리위원회 위원장 등이 행하되, 청의 장은 소속장관을 거쳐야 한다. 이상의 추천권자의 소관에 속하지 않는 서훈의 추천은 행정안전부장관이 행하고, 서훈의 추천을 하고자 할 때에는 공적 심사를 거쳐야 한다. 서훈대상자는 국무회의의 심의를 거쳐 대통령이 결정한다.

훈장은 대통령이 직접 수여함을 원칙으로 하나 예외적으로 제3자를 통해 수여할 수 있고, 훈장과 부상(금품)을 함께 줄 수 있다. 훈장은 본인에 한하여 종신 패용할 수 있고, 사후에는 그 유족이 보존하되 패용하지는 못한다. 훈장을 받은 자가 훈장을 분실하거나 파손한 때에는 유상으로 재교부 받을 수 있다.

훈장을 받은 자의 공적이 허위임이 판명된 경우, 훈장을 받은 자가 국가안전에 관한 죄를 범하고 형을 받았거나 적대지역으로 도피한 경우, 사형 · 무기 또는 3년 이상의 징역이나 금고의 형을 받은 경우에는 국무회의의 심의를 거쳐 서훈을 취소하고 훈장과 이에 관련하여 수여한 금품을 환수한다.

① 훈장의 명칭은 60개로 구분된다.
② 훈장과 포장은 등급별로 구분되어 있다.
③ 훈장을 받은 자가 사망하였다면 그 훈장은 패용될 수 없다.
④ 서훈대상자는 국회의 의결을 거쳐 대통령이 결정한다.
⑤ 훈장을 받은 자의 공적이 허위임이 판명되어 서훈이 취소된 경우, 훈장과 함께 수여한 금품은 그의 소유로 남는다.

문 25. 다음 글과 〈상황〉을 근거로 판단할 때 옳은 것은? 17 행시(가) 24번

민사소송에서 판결은 다음의 어느 하나에 해당하면 확정되며, 확정된 판결에 대해서 당사자는 더 이상 상급심 법원에 상소를 제기할 수 없게 된다.

첫째, 판결은 선고와 동시에 확정되는 경우가 있다. 예컨대 대법원 판결에 대해서는 더 이상 상소할 수 없기 때문에 그 판결은 선고 시에 확정된다. 그리고 하급심 판결이라도 선고 전에 당사자들이 상소하지 않기로 합의하고 이 합의서를 법원에 제출할 경우, 판결은 선고 시에 확정된다.

둘째, 상소기간이 만료된 때에 판결이 확정되는 경우가 있다. 상소는 패소한 당사자가 제기하는 것으로, 상소를 하고자 하는 자는 판결문을 송달받은 날부터 2주 이내에 상소를 제기해야 한다. 이 기간 내에 상소를 제기하지 않으면 더 이상 상소할 수 없게 되므로, 판결은 상소기간 만료 시에 확정된다. 또한 상소기간 내에 상소를 제기하였더라도 그 후 상소를 취하하면 상소기간 만료 시에 판결은 확정된다.

셋째, 상소기간이 경과되기 전에 패소한 당사자가 법원에 상소포기서를 제출하면, 제출 시에 판결은 확정된다.

〈상 황〉

원고 甲은 피고 乙을 상대로 ○○지방법원에 매매대금지급청구소송을 제기하였다. ○○지방법원은 甲에게 매매대금지급청구권이 없다고 판단하여 2016년 11월 1일 원고 패소판결을 선고하였다. 이 판결문은 甲에게는 2016년 11월 10일 송달되었고, 乙에게는 2016년 11월 14일 송달되었다.

① 乙은 2016년 11월 28일까지 상소할 수 있다.
② 甲이 2016년 11월 28일까지 상소하지 않으면, 같은 날 판결은 확정된다.
③ 甲이 2016년 11월 11일 상소한 후 2016년 12월 1일 상소를 취하하였다면, 취하한 때 판결은 확정된다.
④ 甲과 乙이 상소하지 않기로 하는 내용의 합의서를 2016년 10월 25일 법원에 제출하였다면, 판결은 2016년 11월 1일 확정된다.
⑤ 甲이 2016년 11월 21일 법원에 상소포기서를 제출하면, 판결은 2016년 11월 1일 확정된 것으로 본다.

03 일치 · 부합형

문 26. 다음 글을 근거로 판단할 때 옳은 것은? 23 7급(인) 05번

> 두부의 주재료는 대두(大豆)라는 콩이다. 50여 년 전만 해도, 모내기가 끝나는 5월쯤 대두의 씨앗을 심어 벼 베기가 끝나는 10월쯤 수확했다. 두부를 만들기 위해서 먼저 콩을 물에 불리는데, 겨울이면 하루 종일, 여름이면 반나절 정도 물에 담가둬야 한다. 콩을 적당히 불린 후 맷돌로 콩을 간다. 물을 조금씩 부어가며 콩을 갈면 맷돌 가운데에서 하얀색의 콩비지가 거품처럼 새어 나온다. 이 콩비지를 솥에 넣고 약한 불로 끓인다. 맷돌에서 막 갈려 나온 콩비지에서는 식물성 단백질에서 나는 묘한 비린내가 나는데, 익히면 이 비린내는 없어진다. 함지박 안에 삼베나 무명으로 만든 주머니를 펼쳐 놓고, 끓인 콩비지를 주머니에 담는다. 콩비지가 다 식기 전에 주머니의 입을 양쪽으로 묶고 그 사이에 나무 막대를 꽂아 돌리면서 마치 탕약 짜듯이 콩물을 빼낸다. 이 콩물을 두유라고 한다. 콩에 함유된 단백질은 두유에 녹아 있다.
>
> 두부는 두유를 응고시킨 음식이다. 두유의 응고를 위해 응고제가 필요한데, 예전에는 응고제로 간수를 사용했다. 간수의 주성분은 염화마그네슘이다. 두유에 함유된 식물성 단백질은 염화마그네슘을 만나면 응고된다. 두유에 간수를 넣고 잠시 기다리면 응고된 하얀 덩어리와 물로 분리된다. 하얀 덩어리는 주머니에 옮겨 담는다. 응고가 아직 다 되지 않았기 때문에 덩어리를 싼 주머니에서는 물이 흘러나온다. 함지박 위에 널빤지를 올리고 그 위에 입을 단단히 묶은 주머니를 올려놓는다. 또 다른 널빤지를 주머니 위에 얹고 무거운 돌을 올려놓는다. 이렇게 한참을 누르고 있으면 주머니에서 물이 빠져나오고 덩어리는 굳어져 두부의 모양을 갖추게 된다.

① 50여 년 전에는 5월쯤 그해 수확한 대두로 두부를 만들 수 있었다.
② 콩비지를 염화마그네슘으로 응고시키면 두부와 두유가 나온다.
③ 익힌 콩비지에서는 식물성 단백질로 인해서 비린내가 난다.
④ 간수는 두유에 함유된 식물성 단백질을 응고시키는 성질이 있다.
⑤ 여름에 두부를 만들기 위해서는 콩을 하루 종일 물에 담가둬야 한다.

문 27. 다음 글을 근거로 판단할 때 옳은 것은? 22 7급(가) 05번

> 조선 시대 쌀의 종류에는 가을철 논에서 수확한 벼를 가공한 흰색 쌀 외에 밭에서 자란 곡식을 가공함으로써 얻게 되는 회색 쌀과 노란색 쌀이 있었다. 회색 쌀은 보리의 껍질을 벗긴 보리쌀이었고, 노란색 쌀은 조의 껍질을 벗긴 좁쌀이었다.
>
> 남부 지역에서는 보리가 특히 중요시되었다. 가을 곡식이 바닥을 보이기 시작하는 봄철, 농민들의 희망은 들판에 넘실거리는 보리뿐이었다. 보리가 익을 때까지는 주린 배를 움켜쥐고 생활할 수밖에 없었고, 이를 보릿고개라 하였다. 그것은 보리를 수확하는 하지, 즉 낮이 가장 길고 밤이 가장 짧은 시기까지 지속되다가 사라지는 고개였다. 보리 수확기는 여름이었지만 파종 시기는 보리 종류에 따라 달랐다. 가을철에 파종하여 이듬해 수확하는 보리는 가을보리, 봄에 파종하여 그해 수확하는 보리는 봄보리라고 불렀다.
>
> 적지 않은 농부들은 보리를 수확하고 그 자리에 다시 콩을 심기도 했다. 이처럼 같은 밭에서 1년 동안 보리와 콩을 교대로 경작하는 방식을 그루갈이라고 한다. 그렇지만 모든 콩이 그루갈이로 재배된 것은 아니었다. 콩 수확기는 가을이었으나, 어떤 콩은 봄철에 파종해야만 제대로 자랄 수 있었고 어떤 콩은 여름에 심을 수도 있었다. 한편 조는 보리, 콩과 달리 모두 봄에 심었다. 그래서 봄철 밭에서는 보리, 콩, 조가 함께 자라는 것을 볼 수 있었다.

① 흰색 쌀과 여름에 심는 콩은 서로 다른 계절에 수확했다.
② 봄보리의 재배 기간은 가을보리의 재배 기간보다 짧았다.
③ 흰색 쌀과 회색 쌀은 논에서 수확된 곡식을 가공한 것이었다.
④ 남부 지역의 보릿고개는 가을 곡식이 바닥을 보이는 하지가 지나면서 더 심해졌다.
⑤ 보리와 콩이 함께 자라는 것은 볼 수 있었지만, 조가 이들과 함께 자라는 것은 볼 수 없었다.

문 28. 다음 글을 근거로 판단할 때, 〈보기〉에서 옳은 것만을 모두 고르면?

21 민간(나) 07번

A지역에는 독특한 결혼 풍습이 있다. 남자는 4개의 부족인 '잇파이 · 굼보 · 물으리 · 굿피'로 나뉘어 있고, 여자도 4개의 부족인 '잇파타 · 뿌타 · 마타 · 카포타'로 나뉘어 있다. 아래 〈표〉는 결혼을 할 수 있는 부족과 그 사이에서 출생하는 자녀가 어떤 부족이 되는지를 나타낸다. 예컨대 '잇파이' 남자는 '카포타' 여자와만 결혼할 수 있고, 그 사이에 낳은 아이가 남아면 '물으리', 여아면 '마타'로 분류된다. 모든 부족에게는 결혼할 수 있는 서로 다른 부족이 1 : 1로 대응하여 존재한다.

〈표〉

결혼할 수 있는 부족		자녀의 부족	
남자	여자	남아	여아
잇파이	카포타	물으리	마타
굼보	마타	굿피	카포타
물으리	뿌타	잇파이	잇파타
굿피	잇파타	굼보	뿌타

〈보 기〉

ㄱ. 물으리와 뿌타의 친손자는 뿌타와 결혼할 수 있다.
ㄴ. 잇파이와 카포타의 친손자는 굿피이다.
ㄷ. 굼보와 마타의 외손녀는 카포타이다.
ㄹ. 굿피와 잇파타의 친손녀는 물으리와 결혼할 수 있다.

① ㄱ
② ㄱ, ㄹ
③ ㄷ, ㄹ
④ ㄱ, ㄴ, ㄷ
⑤ ㄴ, ㄷ, ㄹ

문 29. 다음 글을 근거로 판단할 때 옳지 않은 것은?

20 민간(가) 05번

이해충돌은 공직자들에게 부여된 공적 의무와 사적 이익이 충돌하는 갈등상황을 지칭한다. 공적 의무와 사적 이익이 충돌한다는 점에서 이해충돌은 공직부패와 공통점이 있다. 하지만 공직부패가 사적 이익을 위해 공적 의무를 저버리고 권력을 남용하는 것이라면, 이해충돌은 공적 의무와 사적 이익이 대립하는 객관적 상황 자체를 의미한다. 이해충돌 하에서 공직자는 공적 의무가 아닌 사적 이익을 추구하는 결정을 내릴 위험성이 있지만 항상 그런 결정을 내리는 것은 아니다.

공직자의 이해충돌은 공직부패 발생의 상황요인이며 공직부패의 사전 단계가 될 수 있기 때문에 이에 대한 적절한 규제가 필요하다. 공직부패가 의도적 행위의 결과인 반면, 이해충돌은 의도하지 않은 상태에서 발생하는 상황이다. 또한 공직부패는 드문 현상이지만 이해충돌은 일상적으로 발생하기 때문에 직무수행 과정에서 빈번하게 나타날 수 있다. 그런 이유로 이해충돌에 대한 전통적인 규제는 공직부패의 사전예방에 초점이 맞추어져 있었다.

최근에는 이해충돌에 대한 규제의 초점이 정부의 의사결정 과정과 결과에 대한 신뢰성 확보로 변화되고 있다. 이는 정부의 의사결정 과정의 정당성과 공정성 자체에 대한 불신이 커지고, 그 결과가 시민의 요구와 선호를 충족하지 못하고 있다는 의구심이 제기되고 있는 상황을 반영하고 있다. 신뢰성 확보로 규제의 초점이 변화되면서 이해충돌의 개념이 확대되어, 외관상 발생 가능성이 있는 것만으로도 이해충돌에 대해 규제하는 것이 정당화되고 있다.

① 공직부패는 권력 남용과 관계없이 공적 의무와 사적 이익이 대립하는 객관적 상황 자체를 의미한다.
② 이해충돌 발생 가능성이 외관상으로만 존재해도 이해충돌에 대해 규제하는 것이 정당화되고 있다.
③ 공직자의 이해충돌과 공직부패는 공적 의무와 사적 이익의 충돌이라는 점에서 공통점이 있다.
④ 공직자의 이해충돌은 직무수행 과정에서 빈번하게 발생할 가능성이 있다.
⑤ 이해충돌에 대한 규제의 초점은 공직부패의 사전예방에서 정부의 의사결정 과정과 결과에 대한 신뢰성 확보로 변화되고 있다.

문 30. 다음 글을 근거로 판단할 때, 〈보기〉에서 옳은 것만을 모두 고르면? 20 민간(가) 15번

> 일반적인 내연기관에서는 휘발유와 공기가 엔진 내부의 실린더 속에서 압축된 후 점화 장치에 의하여 점화되어 연소된다. 이 때의 연소는 휘발유의 주성분인 탄화수소가 공기 중의 산소와 반응하여 이산화탄소와 물을 생성하는 것이다. 여러 개의 실린더에서 규칙적이고 연속적으로 일어나는 '공기 · 휘발유' 혼합물의 연소에서 발생하는 힘으로 자동차는 달리게 된다. 그런데 간혹 실린더 내의 과도한 열이나 압력, 혹은 질 낮은 연료의 사용 등으로 인해 '노킹(knocking)' 현상이 발생하기도 한다. 노킹 현상이란 공기 · 휘발유 혼합물의 조기 연소 현상을 지칭한다. 공기 · 휘발유 혼합물이 점화되기도 전에 연소되는 노킹 현상이 지속되면 엔진의 성능은 급격히 저하된다.
>
> 자동차 연료로 사용되는 휘발유에는 '옥탄가(octane number)'라는 값에 따른 등급이 부여된다. 옥탄가는 휘발유의 특성을 나타내는 수치 중 하나로, 이 값이 높을수록 노킹 현상이 발생할 가능성은 줄어든다. 甲국에서는 보통, 중급, 고급으로 분류되는 세 가지 등급의 휘발유가 판매되고 있는데, 이 등급을 구분하는 최소 옥탄가의 기준은 각각 87, 89, 93이다. 하지만 甲국의 고산지대에 위치한 A시에서 판매되는 휘발유는 다른 지역의 휘발유보다 등급을 구분하는 최소 옥탄가의 기준이 등급별로 2씩 낮다. 이는 산소의 밀도가 낮아 노킹 현상이 발생할 가능성이 더 낮은 고산지대의 특징을 반영한 것이다.

〈보 기〉

ㄱ. A시에서 고급 휘발유로 판매되는 휘발유의 옥탄가는 91 이상이다.
ㄴ. 실린더 내에 과도한 열이 발생하면 노킹 현상이 발생할 수 있다.
ㄷ. 노킹 현상이 일어나지 않는다면, 일반적인 내연기관 내부의 실린더 속에서 공기 · 휘발유 혼합물은 점화가 된 후에 연소된다.
ㄹ. 내연기관 내에서의 연소는 이산화탄소와 산소가 반응하여 물을 생성하는 것이다.

① ㄱ, ㄴ
② ㄱ, ㄹ
③ ㄷ, ㄹ
④ ㄱ, ㄴ, ㄷ
⑤ ㄴ, ㄷ, ㄹ

문 31. 올해는 1564년이고, 가장 최근에 치러진 소과(小科)는 1563년이었으며 대과(大科)는 1562년이었다. 다음 글을 읽고 판단할 때, 옳은 것은? 11 민간실험(발) 23번

> 시험제도, 즉 고시(考試)는 생원진사과, 문과와 무과 그리고 잡과 등이 있었다. 경학에 뛰어난 인재를 선발하는 생원과(生員科)와 문학적 재능이 뛰어난 인재를 뽑는 진사과(進士科)는 3년마다 각각 100명씩 선발했다. 이를 소과(小科) 혹은 사마시(司馬試)라고도 불렀다. 생원과 진사가 되면 바로 하급관원이 되기도 했지만, 그보다는 문과에 다시 응시하거나 성균관에 진학하는 경우가 더 많았다. 사마시는 1차 시험인 초시(初試)에서 7배수를 뽑았는데, 이는 도별 인구 비율로 강제 배분되었다. 그러나 2차 시험인 복시(覆試)에서는 도별 안배를 없애고 성적순으로 뽑았다.
>
> 고시 중에서 고급 문관을 선발하는 가장 경쟁률이 높고 비중이 큰 것을 문과(文科) 혹은 대과(大科)라고 불렀다. 문과는 3년마다 선발하는 정기 시험인 식년시(式年試)와 수시로 시험하는 별시(別試), 증광시(增廣試) 그리고 국가에 경사가 있을 때 시행하는 경과(慶科) 등이 있었다. 정기시험에는 1만 명 이상의 지원자들이 경쟁을 벌여 최종적으로 33명을 뽑는데 초시에서는 7배수인 240명을 각 도의 인구 비율로 뽑았다. 그러나 2차 시험인 복시(覆試)에서는 도별 안배를 없애고 성적순으로 33명을 뽑았으며 궁궐에서 치르는 3차 시험인 전시(殿試)에서는 갑과 3인, 을과 7인 병과 23인의 등급을 정하여 그 등급에 따라 최고 6품에서 최하 9품의 품계를 받았다. 현직 관원인 경우는 현재의 직급에서 1~4계(階)를 올려주었다.

① 성균관에 입학할 수 있는 최대의 인원은 해마다 200명이다.
② 1560년에 한성부에 살던 정3품 관료의 아들 甲은 사마시 복시에 700등으로 합격하였다.
③ 정9품인 현직 관원 乙은 1559년에 문과 정기 시험에 응시하여 2차 시험에서 30등으로 합격하였다.
④ 진사(進士) 丙은 1547년에 사마시 초시를 합격하고 이후 6번이나 문과 정기 시험을 치렀다.
⑤ 현직관원인 丁은 왕세자의 탄생으로 경과(慶科)를 보아 33명을 뽑는 2차 시험에서 수석의 영광을 차지하였다.

문 32. 다음 글을 근거로 판단할 때 옳은 것은? 13 민간(인) 01번

승정원은 조선 시대 왕명 출납을 관장하던 관청으로 오늘날 대통령 비서실에 해당한다. 조선 시대 대부분의 관청이 왕－의정부－육조－일반 관청이라는 계통 속에 포함된 것과는 달리 승정원은 국왕 직속 관청이었다.

승정원에는 대통령 비서실장 격인 도승지를 비롯하여 좌승지, 우승지, 좌부승지, 우부승지, 동부승지를 각각 1인씩 두었는데, 이를 통칭 6승지라 부른다. 이들은 모두 같은 품계인 정3품 당상관이었으며, 6승지 아래에는 각각 정7품 주서 2인이 있었다. 통상 6승지는 분방(分房)이라 하여 부서를 나누어 업무를 담당하였는데, 도승지가 이방, 좌승지가 호방, 우승지가 예방, 좌부승지가 병방, 우부승지가 형방, 동부승지가 공방 업무를 맡았다. 이는 당시 중앙부처 업무 분담이 크게 육조(이조, 호조, 예조, 병조, 형조, 공조)로 나누어져 있었고, 경국대전 구성이 6전 체제로 되어 있던 것과도 맥을 같이 한다.

한편 6명의 승지가 동등하게 대우받는 것은 아니었다. 같은 승지라 하더라도 도승지는 다른 나머지 승지들과 대우가 달랐고, 좌승지 · 우승지와 좌부승지 · 우부승지 · 동부승지의 관청 내 위계질서 역시 현격한 차이가 있었다. 관청 청사에 출입할 때도 위계를 준수하여야 했고, 도승지가 4일에 한 번 숙직하는 반면 하위인 동부승지는 연속 3일을 숙직해야만 하였다.

주서는 고려 이래의 당후관(堂後官)을 개칭한 것으로 승정원을 통과한 모든 공사(公事)와 문서를 기록하는 것이 그 임무였다. 주서를 역임한 직후에는 성균관 전적이나 예문관 한림 등을 거쳐, 뒤에는 조선 시대 청직(淸職)으로 불리는 홍문관 · 사간원 · 사헌부 등의 언관으로 진출하였다가 승지를 거쳐 정승의 자리에 이르는 사람이 많았다. 따라서 주서의 자격 요건은 엄격하였다. 반드시 문과 출신자여야 하였고, 인물이 용렬하거나 여론이 좋지 않은 등 개인적인 문제가 있거나 출신이 분명하지 않은 경우에는 주서에 임명될 수 없었다.

① 승정원 내에는 총 2명의 주서가 있었다.
② 승정원 도승지와 동부승지의 품계는 달랐다.
③ 양반자제로서 무과 출신자는 주서로 임명될 수 없었다.
④ 좌부승지는 병조에 소속되어 병방 업무를 담당하였다.
⑤ 홍문원 · 사간원 등의 언관이 승진한 후 승정원 주서를 역임하는 사례가 많았다.

문 33. 다음 글을 근거로 판단할 때, 〈보기〉에서 옳은 것을 모두 고르면? 13 외교원(인) 23번

피부색은 멜라닌, 카로틴 및 헤모글로빈이라는 세 가지 색소에 의해 나타난다. 흑색 또는 흑갈색의 색소인 멜라닌은 멜라노사이트라 하는 세포에서 만들어지며, 계속적으로 표피세포에 멜라닌 과립을 공급한다. 멜라닌의 양이 많을수록 피부색이 황갈색에서 흑갈색을 띠고, 적을수록 피부색이 엷어진다. 멜라닌은 피부가 햇빛에 노출될수록 더 많이 생성된다. 카로틴은 주로 각질층과 하피의 지방조직에 존재하며, 특히 동양인의 피부에 풍부하여 그들의 피부가 황색을 띠게 한다. 서양인의 혈색이 분홍빛을 띠는 것은 적혈구 세포 내에 존재하는 산화된 헤모글로빈의 진홍색에 기인한다. 골수에서 생성된 적혈구는 산소를 운반하는 역할을 하는데, 1개의 적혈구는 3억 개의 헤모글로빈을 가지고 있으며, 1개의 헤모글로빈에는 4개의 헴이 있다. 헴 1개가 산소 분자 1개를 운반한다.

한편 태양이 방출하는 여러 파장의 빛, 즉 적외선, 자외선 그리고 가시광선 중 피부에 주된 영향을 미치는 것이 자외선이다. 자외선은 파장이 가장 길고 피부 노화를 가져오는 자외선 A, 기미와 주근깨 등의 색소성 질환과 피부암을 일으키는 자외선 B, 그리고 화상과 피부암 유발 위험을 지니며 파장이 가장 짧은 자외선 C로 구분된다. 자외선으로부터 피부를 보호하기 위해서는 자외선 차단제를 발라주는 것이 좋다. 자외선 차단제에 표시되어 있는 자외선 차단지수(sun protection factor : SPF)는 자외선 B를 차단해주는 시간을 나타낼 뿐 자외선 B의 차단 정도와는 관계가 없다. SPF 수치는 1부터 시작하며, SPF 1은 자외선 차단 시간이 15분임을 의미한다. SPF 수치가 1단위 올라갈 때마다 자외선 차단 시간은 15분씩 증가한다. 따라서 SPF 4는 자외선을 1시간 동안 차단시켜 준다는 것을 의미한다.

〈보 기〉

ㄱ. 멜라닌의 종류에 따라 피부색이 결정된다.
ㄴ. 1개의 적혈구는 산소 분자 12억 개를 운반할 수 있다.
ㄷ. SPF 50은 SPF 30보다 1시간 동안 차단하는 자외선 B의 양이 많다.
ㄹ. SPF 40을 얼굴에 한 번 바르면 10시간 동안 자외선 B의 차단 효과가 있다.

① ㄱ, ㄴ
② ㄱ, ㄷ
③ ㄴ, ㄹ
④ ㄱ, ㄷ, ㄹ
⑤ ㄴ, ㄷ, ㄹ

문 34. 다음 글을 근거로 판단할 때 옳지 않은 것은?

14 민간(A) 14번

우리는 영국의 빅토리아 시대에 보도된 불량식품에 관한 기사들을 읽을 때 경악하게 된다. 대도시의 빈곤층이 주식으로 삼았던 빵이나 그들이 마셨던 홍차도 불량식품 목록에서 예외가 아니었기 때문이다. 이는 유럽대륙이나 북아메리카에서도 흔히 볼 수 있었던 일로, 식품과 의약품의 성분에 관한 법률이 각국 의회에서 통과되어 이에 대한 제재가 이루어질 때까지 계속되었다. 예컨대 초콜릿의 경우 그 수요가 늘어나자 악덕 생산업자나 상인들의 좋은 표적이 되었다. 1815년 왕정복고 후 프랑스에서는 흙, 완두콩 분말, 감자 전분 등을 섞어 만든 초콜릿이 판매될 정도였다.

마침내 각국 정부는 대책을 세우게 되었다. 1850년 발간된 의학 잡지 『란세트』는 식품 분석을 위한 영국 위생위원회가 창설된다고 발표하였다. 이 위생위원회의 활동으로 그때까지 의심스러웠던 초콜릿의 첨가물이 명확히 밝혀지게 되었다. 그 결과 초콜릿 견본 70개 가운데 벽돌가루를 이용해 적갈색을 낸 초콜릿이 39개에 달한다는 사실이 밝혀졌다. 또한 대부분의 견본은 감자나 칡에서 뽑은 전분 등을 함유하고 있었다. 이후 영국에서는 1860년 식품의약품법이, 1872년 식품첨가물법이 제정되었다.

① 북아메리카에서도 불량식품 문제는 있었다.
② 영국 위생위원회는 1850년 이후 창설되었다.
③ 영국의 빅토리아 시대에 기사로 보도된 불량식품 중에는 홍차도 있었다.
④ 영국에서는 식품의약품법이 제정된 지 채 10년도 되지 않아 식품첨가물법이 제정되었다.
⑤ 영국 위생위원회의 분석 대상에 오른 초콜릿 견본 중 벽돌가루가 들어간 것의 비율이 50%를 넘었다.

문 35. 다음 글을 근거로 판단할 때 옳은 것은?

16 민간(5) 03번

종래의 철도는 일정한 간격으로 된 2개의 강철레일 위를 강철바퀴 차량이 주행하는 것이다. 반면 모노레일은 높은 지주 위에 설치된 콘크리트 빔(beam) 위를 복렬(複列)의 고무타이어 바퀴 차량이 주행하는 것이다. 빔 위에 다시 레일을 고정하고, 그 위를 강철바퀴 차량이 주행하는 모노레일도 있다.

처음으로 실용화된 모노레일은 1880년경 아일랜드의 밸리뷰니온사(社)에서 건설한 것이었다. 1901년에는 현수장치를 사용하는 모노레일이 등장하였는데, 이 모노레일은 독일 부퍼탈시(市)의 전철교식 복선으로 건설되어 본격적인 운송수단으로서의 역할을 하였다. 그 후 여러 나라에서 각종 모노레일 개발 노력이 이어졌다.

제2차 세계대전이 끝난 뒤 독일의 알베그사(社)를 창설한 베너그렌은 1952년 1/2.5 크기의 시제품을 만들고, 실험과 연구를 거듭하여 1957년 알베그식(式) 모노레일을 완성하였다. 그리고 1958년에는 기존의 강철레일·강철바퀴 방식에서 콘크리트 빔·고무타이어 방식으로 개량하여 최고 속력이 80km/h에 달하는 모노레일이 등장하기에 이르렀다.

프랑스에서도 1950년 말엽 사페즈사(社)가 독자적으로 사페즈식(式) 모노레일을 개발하였다. 이것은 쌍레일 방식과 공기식 타이어차량 운용 경험을 살려 개발한 현수식 모노레일로, 1960년 오를레앙 교외에 시험선(線)이 건설되었다.

① 콘크리트 빔·고무타이어 방식은 1960년대까지 개발되지 않았다.
② 독일에서 모노레일이 본격적인 운송수단 역할을 수행한 것은 1950년대부터이다.
③ 주행에 강철바퀴가 이용되느냐의 여부에 따라 종래의 철도와 모노레일이 구분된다.
④ 아일랜드의 밸리뷰니온사는 오를레앙 교외에 전철교식 복선 모노레일을 건설하였다.
⑤ 베너그렌이 개발한 알베그식 모노레일은 오를레앙 교외에 건설된 사페즈식 모노레일 시험선보다 먼저 완성되었다.

문 36. 다음 글을 근거로 판단할 때 옳은 것은? 18 민간(가) 01번

정책의 쟁점 관리는 정책 쟁점에 대한 부정적 인식을 최소화하여 정책의 결정 및 집행에 우호적인 환경을 조성하기 위한 행위를 말한다. 이는 정책 쟁점이 미디어 의제로 전환된 후부터 진행된다.

정책의 쟁점 관리에서는 쟁점에 대한 지식수준과 관여도에 따라 공중(公衆)의 유형을 구분하여 공중의 특성에 맞는 전략적 대응방안을 제시한다. 어떤 쟁점에 대해 지식수준과 관여도가 모두 낮은 공중은 '비활동 공중'이라고 한다. 그러나 쟁점에 대한 지식수준이 낮더라도 쟁점에 노출되어 쟁점에 대한 관여도가 높아지게 되면 이들은 '환기 공중'으로 변화한다. 이러한 환기 공중이 쟁점에 대한 지식수준까지 높아지면 지식수준과 관여도가 모두 높은 '활동 공중'으로 변하게 된다. 쟁점에 대한 지식수준이 높지만 관여도가 높지 않은 공중은 '인지 공중'이라고 한다.

인지 공중은 사회의 다양한 쟁점에 관한 지식을 가지고 있지만 적극적으로 활동하지 않아 이른바 행동하지 않는 지식인이라고도 불리는데, 이들의 관여도를 높여 활동 공중으로 이끄는 것은 매우 어렵다. 이 때문에 이들이 정책 쟁점에 긍정적 태도를 가지게 하는 것만으로도 전략적 성공이라고 볼 수 있다. 반면 환기 공중은 지식수준은 낮지만 쟁점 관여도가 높은 편이어서 문제해결에 필요한 지식을 얻게 된다면 활동 공중으로 변화한다. 따라서 이들에게는 쟁점에 대한 미디어 노출을 증가시키거나 다른 사람과 쟁점에 대해 토론하게 함으로써 지식수준을 높이는 전략을 취할 필요가 있다. 한편 활동 공중은 쟁점에 대한 지식수준과 관여도가 모두 높기 때문에 조직화될 개연성이 크고, 자신의 목적을 이루기 위해 시간과 노력을 아낌없이 투자할 자세가 되어 있다. 정책의 쟁점 관리를 제대로 하려면 이들이 정책을 우호적으로 판단할 수 있도록 하는 다양한 전략을 마련하여야 한다.

① 정책의 쟁점 관리는 정책 쟁점이 미디어 의제로 전환되기 전에 이루어진다.
② 어떤 쟁점에 대한 지식수준이 높지만 관여도가 낮은 공중을 비활동 공중이라고 한다.
③ 비활동 공중이 어떤 쟁점에 노출되면서 관여도가 높아지면 환기 공중으로 변한다.
④ 공중은 한 유형에서 다른 유형으로 변화할 수 없기 때문에 정책의 쟁점 관리를 할 필요가 없다.
⑤ 인지 공중의 경우, 쟁점에 대한 미디어 노출을 증가시키고 다른 사람과 쟁점에 대해 토론하게 만든다면 활동 공중으로 쉽게 변한다.

문 37. 다음 글에 근거할 때, 옳게 추론한 것을 〈보기〉에서 모두 고르면? 12 행시(인) 01번

수원 화성(華城)은 조선의 22대 임금 정조가 강력한 왕도정치를 실현하고 수도 남쪽의 국방요새로 활용하기 위하여 축성한 것이었다. 규장각 문신 정약용은 동서양의 기술서를 참고하여 『성화주략』(1793년)을 만들었고, 이것은 화성 축성의 지침서가 되었다. 화성은 재상을 지낸 영중추부사 채제공의 총괄 하에 조심태의 지휘로 1794년 1월에 착공에 들어가 1796년 9월에 완공되었다. 축성과정에서 거중기, 녹로 등 새로운 장비를 특수하게 고안하여 장대한 석재 등을 옮기며 쌓는 데 이용하였다. 축성 후 1801년에 발간된 『화성성역의궤』에는 축성계획, 제도, 법식뿐 아니라 동원된 인력의 인적사항, 재료의 출처 및 용도, 예산 및 임금계산, 시공기계, 재료가공법, 공사일지 등이 상세히 기록되어 있어 건축 기록으로서 역사적 가치가 큰 것으로 평가되고 있다.

화성은 서쪽으로는 팔달산을 끼고 동쪽으로는 낮은 구릉의 평지를 따라 쌓은 평산성인데, 종래의 중화문명권에서는 찾아볼 수 없는 형태였다. 성벽은 서쪽의 팔달산 정상에서 길게 이어져 내려와 산세를 살려가며 쌓았는데 크게 타원을 그리면서 도시 중심부를 감싸는 형태를 띠고 있다. 화성의 둘레는 5,744m, 면적은 130ha로 동쪽 지형은 평지를 이루고 서쪽은 팔달산에 걸쳐 있다. 화성의 성곽은 문루 4개, 수문 2개, 공심돈 3개, 장대 2개, 노대 2개, 포(鋪)루 5개, 포(砲)루 5개, 각루 4개, 암문 5개, 봉돈 1개, 적대 4개, 치성 9개, 은구 2개의 시설물로 이루어져 있었으나, 이 중 수해와 전쟁으로 7개 시설물(수문 1개, 공심돈 1개, 암문 1개, 적대 2개, 은구 2개)이 소멸되었다. 화성은 축성 당시의 성곽이 거의 원형대로 보존되어 있다. 북수문을 통해 흐르던 수원천이 현재에도 그대로 흐르고 있고, 팔달문과 장안문, 화성행궁과 창룡문을 잇는 가로망이 현재에도 성안 도시의 주요 골격을 유지하고 있다. 창룡문 · 장안문 · 화서문 · 팔달문 등 4대문을 비롯한 각종 방어시설들을 돌과 벽돌을 섞어서 쌓은 점은 화성만의 특징이라 하겠다.

〈보 기〉

ㄱ. 화성은 축성 당시 중국에서 찾아보기 힘든 평산성의 형태로서 군사적 방어기능을 보유하고 있다.
ㄴ. 화성의 성곽 시설물 중 은구는 모두 소멸되었다.
ㄷ. 조선의 다른 성곽들의 방어시설은 돌과 벽돌을 섞어서 쌓지 않았을 것이다.
ㄹ. 화성의 축조와 관련된 기술적인 세부사항들은 『성화주략』보다는 화성 축성의 지침이 된 『화성성역의궤』에 보다 잘 기술되어 있을 것이다.

① ㄱ, ㄴ
② ㄴ, ㄹ
③ ㄷ, ㄹ
④ ㄱ, ㄴ, ㄷ
⑤ ㄱ, ㄷ, ㄹ

문 38. 다음 글에 근거할 때, 옳지 않은 것을 〈보기〉에서 모두 고르면? 12 행시(인) 21번

조선 시대 사족(士族)은 그들의 위세를 과시하고 이익을 지켜 나가기 위한 조직을 만들어 나가는 데에 관심을 기울였다. 그들은 스스로 유향소(留鄕所)를 만들어 중앙정부가 군현에 파견한 수령을 견제하는 한편, 향리세력에 대한 우위를 확보하고 향촌민을 원활히 통제하고자 하였다. 이 때문에 조선 초기에 유향소의 사족이 과도하게 권익을 추구하다가 수령과 마찰을 빚는 경우가 많았다. 그래서 태종이 유향소를 혁파하자 수령과 향리의 비리와 탐학이 늘어나는 부작용이 발생했다. 이에 중앙정부는 서울에 경재소(京在所)란 통제기구를 마련한 뒤 유향소를 부활시키고, 유향소의 폐단을 막고자 노력하였다. 그런데 이번에는 유향소의 사족과 수령이 결탁하여 백성들을 괴롭히자 세조는 이를 구실로 다시 유향소를 혁파하였다.

유향소는 사림파가 중앙정계에 진출하는 성종 대에 다시 설치되었는데, 사족이 유향소를 통해 불효 등으로 향촌질서를 깨트리는 자들을 규율하는 데 중점을 두었다. 이는 사림파가 유향소를 통해 성리학적 질서를 확고히 하여 백성들을 다스리고, 이를 바탕으로 당시 집권세력인 훈구파에 대항하려는 것이었다. 하지만 사림파의 의도가 관철된 곳은 사림파의 세력이 강한 영남 일부 지역뿐이었고, 그 밖의 대부분 지역은 훈구파에 의해 좌지우지되었다. 훈구파가 유향소의 임원에 대한 인사권을 가진 경재소를 대부분 장악했기 때문이었다. 이로써 향촌자치는 중앙의 정치논리에 의해 쉽게 제약당할 수 있었다. 이렇게 되자 사림들은 그들이 세력기반으로 삼으려 했던 유향소를 혁파하자고 주장하였다. 그 대신 향약보급을 통해 향촌질서를 바로잡고자 하였다. 임진왜란 이후에는 수령권이 강화되면서 유향소의 지위가 격하되고, 그에 따라 이를 통할하던 경재소도 1603년 영구히 폐지되었다.

〈보 기〉

ㄱ. 사족은 유향소를 통해 향촌민을 통제하고자 하였다.
ㄴ. 유향소는 지방 사족 자치기구였기 때문에 중앙 정치권력과 무관하였다.
ㄷ. 경재소는 유향소를 혁파하기 위해 만들어졌다.
ㄹ. 유향소는 양반 중심의 신분질서에 기반하였기 때문에 조선 후기까지 안정적으로 유지되었다.

① ㄱ
② ㄴ, ㄷ
③ ㄷ, ㄹ
④ ㄱ, ㄴ, ㄹ
⑤ ㄴ, ㄷ, ㄹ

문 39. 다음 글을 근거로 판단할 때 옳은 것은? 13 행시(인) 01번

꿀벌은 나무 둥지나 벌통에서 군집생활을 한다. 암컷인 일벌과 여왕벌은 침이 있으나 수컷인 수벌은 침이 없다. 여왕벌과 일벌은 모두 산란하지만 여왕벌의 알만이 수벌의 정자와 수정되어 암벌인 일벌과 여왕벌로 발달하고, 일벌이 낳은 알은 미수정란이므로 수벌이 된다. 여왕벌의 수정란은 3일 만에 부화하여 유충이 되는데 로열젤리를 먹는 기간의 정도에 따라서 일벌과 여왕벌로 성장한다.

꿀벌 집단에서 일어나는 모든 생태 활동은 매우 복잡하기 때문에 이를 이해하는 관점도 다르게 형성되었다. 꿀벌 집단을 하나로 모으는 힘이 일벌을 지배하는 전지적인 여왕벌에서 비롯된다는 믿음은 아리스토텔레스 시대부터 시작되어 오늘에 이르고 있다. 이러한 믿음은 여왕벌이 다수의 수벌을 거느리고 결혼비행을 하며 공중에서 교미를 한 후에 산란을 하는 모습에 연원을 두고 있다. 꿀벌 집단의 노동력을 유지하기 위하여 매일 수천여 개의 알을 낳거나, 다른 여왕벌을 키우지 못하도록 억제하는 것도 이러한 믿음을 강화시켰다. 또한 새로운 여왕벌의 출현으로 여왕벌들의 싸움이 일어나서 여왕벌을 중심으로 한 곳에 있던 벌떼가 다른 곳으로 옮겨가서 새로운 사회를 이루는 과정도 이러한 믿음을 갖게 하였다.

그러나 꿀벌의 모든 생태 활동이 이러한 견해를 뒷받침하는 것은 아니다. 요컨대 벌집의 실질적인 운영은 일벌에 의하여 집단적으로 이루어진다. 일벌은 꽃가루와 꿀 그리고 입에서 나오는 로열젤리를 유충에게 먹여서 키운다. 일벌은 꽃가루를 모으고, 파수병의 역할을 하며, 벌집을 새로 만들거나 청소하는 등 다양한 역할을 수행한다. 일벌은 또한 새로운 여왕벌의 출현을 최대한 억제하는 역할도 수행한다. 여왕벌에서 '여왕 물질'이라는 선분비물이 나오고 여왕벌과 접촉하는 일벌은 이 물질을 더듬이에 묻혀 벌집 곳곳에 퍼뜨린다. 이 물질의 전달을 통해서 여왕벌의 건재함이 알려져서 새로운 여왕벌을 키울 필요가 없다는 사실이 집단에게 알려지는 것이다.

① 사람이 꿀벌에 쏘였다면 그는 일벌이나 수벌에 쏘였을 것이다.
② 일벌은 암컷과 수컷으로 나누어지고 성별에 따라 역할이 나누어진다.
③ 수벌은 꿀벌 집단을 다른 집단으로부터 보호하는 파수병 역할을 한다.
④ 일벌이 낳은 알에서 부화된 유충이 로열젤리를 계속해서 먹으면 여왕벌이 된다.
⑤ 여왕 물질이라는 선분비물을 통하여 새로운 여왕벌의 출현이 억제된다.

문 40. 다음 글을 근거로 판단할 때 옳은 것은? 13 행시(인) 21번

『규합총서(1809)』에는 생선을 조리하는 방법으로 고는 방법, 굽는 방법, 완자탕으로 만드는 방법 등이 소개되어 있다. 그런데 통째로 모양을 유지시키면서 접시에 올리려면 굽거나 찌는 방법밖에 없다. 보통 생선을 구우려면 긴 꼬챙이를 생선의 입부터 꼬리까지 빗겨 질러서 화로에 얹고 간접적으로 불을 쬐게 한다. 그러나 이런 방법을 쓰면 생선의 입이 원래 상태에서 크게 벗어나 뒤틀리고 만다.

당시에는 굽기보다는 찌기가 더욱 일반적이었다. 먼저 생선의 비늘을 벗겨내고 내장을 제거한 후 흐르는 물에 깨끗하게 씻는다. 여기에 소금으로 간을 하여 하루쯤 채반에 받쳐 그늘진 곳에서 말린다. 이것을 솥 위에 올린 시루 속에 넣고 약한 불로 찌면 식어도 그 맛이 일품이다. 보통 제사에 올리는 생선은 이와 같이 찌는 조리법을 이용했다. 이 시대에는 신분에 관계없이 유교식 제사가 집집마다 퍼졌기 때문에 생선을 찌는 조리법이 널리 받아들여졌다.

한편 1830년대 중반 이후 밀입국한 신부 샤를 달레가 집필한 책에 생선을 생으로 먹는 조선 시대의 풍습이 소개되어 있다. 샤를 달레는 "조선에서는 하천만 있으면 낚시하는 남자들을 많이 볼 수 있다. 그들은 생선 중 작은 것은 비늘과 내장을 정리하지 않고 통째로 먹는다."고 했다. 아마도 하천에 인접한 고을에서는 생으로 민물고기를 먹고 간디스토마에 걸려서 죽은 사람이 많았을 것이다. 하지만 간디스토마라는 질병의 실체를 알게 된 것은 일제 시대에 들어오고 나서다. 결국 간디스토마에 걸리지 않도록 하기 위해 행정적으로 낚시금지령이 내려지기도 했다. 생선을 생으로 먹는 풍습은 일제 시대에 사시미가 소개되면서 지속되었다. 그런데 실제로 일본에서는 잡은 생선을 일정 기간 숙성시켜서도 먹었다.

① 조선의 생선 조리법과 유교식 제사는 밀접한 관련이 있다.
② 일제 시대에 일본을 통해서 생선을 생으로 먹는 풍습이 처음 도입되었다.
③ 샤를 달레의 『규합총서』에 생선을 생으로 먹는 조선의 풍습이 소개되었다.
④ 조선 시대에는 생선을 통째로 접시에 올릴 수 없었기 때문에 굽기보다는 찌기를 선호하였다.
⑤ 1800년대 조선인은 간디스토마의 위험을 알면서도 민물고기를 먹었기 때문에 낚시금지령이 내려지기도 했다.

문 41. 다음 글에 근거할 때, 〈보기〉에서 옳게 추론한 것을 모두 고르면? 13 행시(인) 25번

과거에는 질병의 '치료'를 중시하였으나 점차 질병의 '진단'을 중시하는 추세로 변화하고 있다. 조기진단을 통해 질병을 최대한 빠른 시점에 발견하고 이에 따른 명확한 치료책을 제시함으로써 뒤늦은 진단 및 오진으로 발생하는 사회적 비용을 최소화하고 질병 관리능력을 증대시키고 있다. 조기진단의 경제적 효과는 실로 엄청난데, 관련 기관의 보고서에 의하면 유방암 치료비는 말기진단 시 60,000~145,000달러인데 비해 조기진단 시 10,000~15,000달러로 현저한 차이를 보인다. 또한 조기진단과 치료로 인한 생존율 역시 말기진단의 경우에 비해 4배 이상 증가한 것으로 밝혀졌다.

현재 조기진단을 가능케 하는 진단영상기기로는 X-ray, CT, MRI 등이 널리 쓰이고 있으며, 이 중 1985년에 개발된 MRI가 가장 최신장비로 손꼽힌다. MRI는 다른 기기에 비해 연골과 근육, 척수, 혈관 속 물질, 뇌조직 등 체내 부드러운 조직의 미세한 차이를 구분하고 신체의 이상 유무를 밝히는 데 탁월하여 현존하는 진단기기 중에 가장 성능이 좋은 것으로 평가받고 있다. 이러한 특징으로 인해 MRI는 세포 조직 내 유방암, 위암, 파킨슨병, 알츠하이머병, 다발성경화증 등의 뇌신경계 질환 진단에 많이 활용되고 있다.

전 세계적으로 MRI 관련 산업의 시장규모는 매년 약 42억~45억 달러씩 늘어나고 있다. 한국의 시장규모는 연간 8,000만~1억 달러씩 증가하고 있다. 현재 한국에는 약 800대의 MRI 기기가 도입돼 있다. 이는 인구 백만 명 당 16대꼴로 일본이나 미국에는 미치지 못하지만 유럽이나 기타 OECD 국가들에 뒤지지 않는 보급률이다.

〈보 기〉

ㄱ. 질병의 조기진단은 경제적 측면뿐만 아니라, 치료 효과 측면에서도 유리하다.
ㄴ. CT는 조기진단을 가능케 하는 진단영상기기로서, 체내 부드러운 조직의 미세한 차이를 구분하는 데 있어 다른 기기에 비해 더 탁월한 효과를 보여준다.
ㄷ. 한국의 MRI기기 보급률은 대부분의 OECD 국가들과 견줄 수 있는 정도이다.
ㄹ. 한국의 MRI 관련 산업 시장규모는 전 세계 시장규모의 3%를 상회하고 있다.

① ㄱ, ㄷ
② ㄱ, ㄹ
③ ㄴ, ㄷ
④ ㄴ, ㄹ
⑤ ㄱ, ㄷ, ㄹ

문 42. 다음 글을 근거로 판단할 때 옳은 것은? 14 행시(A) 01번

북독일과 남독일의 맥주는 맛의 차이가 분명하다. 북독일 맥주는 한마디로 '강한 맛이 생명'이라고 표현할 수 있다. 맥주를 최대한 발효시켜 진액을 거의 남기지 않고 당분을 낮춘다. 반면 홉(hop) 첨가량은 비교적 많기 때문에 '담백하고 씁쓸한', 즉 강렬한 맛의 맥주가 탄생한다. 이른바 쌉쌀한 맛의 맥주라고 할 수 있다. 이에 반해 19세기 말까지 남독일의 고전적인 뮌헨 맥주는 원래 색이 짙고 순하며 단맛이 감도는 특징이 있었다. 이 전통을 계승하여 만들어진 뮌헨 맥주는 홉의 쓴맛보다 맥아 본래의 순한 맛에 역점을 둔 '강하지 않고 진한' 맥주다.

옥토버페스트(Oktoberfest)는 맥주 축제의 대명사이다. 옥토버페스트의 기원은 1810년에 바이에른의 시골에서 열린 축제이다. 바이에른 황태자와 작센에서 온 공주의 결혼을 축하하기 위해 개최한 경마대회가 시초이다. 축제는 뮌헨 중앙역에서 서남서로 2km 떨어진 곳에 있는 테레지아 초원에서 열린다. 처음 이 곳은 맥주와 무관했지만, 4년 후 놋쇠 뚜껑이 달린 도기제 맥주잔에 맥주를 담아 판매하는 노점상이 들어섰고, 다시 몇 년이 지나자 테레지아 왕비의 기념 경마대회는 완전히 맥주 축제로 변신했다.

축제가 열리는 동안 세계 각국의 관광객이 독일을 찾는다. 그래서 이 기간에 뮌헨에 숙박하려면 보통 어려운 게 아니다. 저렴하고 좋은 호텔은 봄에 이미 예약이 끝난다. 축제는 2주간 열리고 10월 첫째 주 일요일이 마지막 날로 정해져 있다.

뮌헨에 있는 오래된 6대 맥주 회사만이 옥토버페스트 축제장에 텐트를 설치할 수 있다. 각 회사는 축제장에 대형 텐트로 비어홀을 내는데, 두 곳을 내는 곳도 있어 텐트의 개수는 총 9~10개 정도이다. 텐트 하나에 5천 명 정도 들어갈 수 있고, 텐트 전체로는 5만 명을 수용할 수 있다. 이 축제의 통계를 살펴보면, 기간 14일, 전체 입장객 수 650만 명, 맥주 소비량 510만 리터 등이다.

① ○○년 10월 11일이 일요일이라면 ○○년의 옥토버페스트는 9월 28일에 시작되었을 것이다.
② 봄에 호텔 예약을 하지 않으면 옥토버페스트 기간에 뮌헨에서 호텔에 숙박할 수 없다.
③ 옥토버페스트는 처음부터 맥주 축제로 시작하여 약 200년의 역사를 지니게 되었다.
④ 북독일 맥주를 좋아하는 사람이 뮌헨 맥주를 '강한 맛이 없다'고 비판한다면, 뮌헨 맥주를 좋아하는 사람은 맥아가 가진 본래의 맛이야말로 뮌헨 맥주의 장점이라고 말할 것이다.
⑤ 옥토버페스트에서 총 10개의 텐트가 설치되고 각 텐트에서의 맥주 소비량이 비슷하다면, 2개의 텐트를 설치한 맥주 회사에서 만든 맥주는 하루에 평균적으로 약 7천 리터가 소비되었을 것이다.

문 43. 다음 글에 부합하는 설명을 〈보기〉에서 모두 고르면?

11 행시(발) 22번

통제영 귀선(龜船)은 뱃머리에 거북머리를 설치하였는데, 길이는 4자 3치, 너비는 3자이고 그 속에서 유황 · 염초를 태워 벌어진 입으로 연기를 안개같이 토하여 적을 혼미케 하였다. 좌우의 노는 각각 10개씩이고 좌우 방패판에는 각각 22개씩의 포구멍을 뚫었으며 12개의 문을 설치하였다. 거북머리 위에도 2개의 포구멍을 뚫었고 아래에 2개의 문을 설치했으며 그 옆에는 각각 포구멍을 1개씩 내었다. 좌우 복판(覆板)에도 또한 각각 12개의 포구멍을 뚫었으며 귀(龜)자가 쓰여진 기를 꽂았다. 좌우 포판(鋪板) 아래 방이 각각 12간인데, 2간은 철물을 차곡차곡 쌓았고 3간은 화포 · 궁시 · 창검을 갈라두며 19간은 군사들이 쉬는 곳으로 사용했다. 왼쪽 포판 위의 방 한 간은 선장이 쓰고 오른쪽 포판 위의 방 한 간은 장령들이 거처하였다. 군사들이 쉴 때에는 포판 아래에 있고 싸울 때에는 포판 위로 올라와 모든 포구멍에 포를 걸어 놓고 쉴 새 없이 쏘아댔다.

전라좌수영 귀선의 치수, 길이, 너비 등은 통제영 귀선과 거의 같다. 다만 거북머리 아래에 또 귀두(鬼頭)를 붙였고 복판 위에 거북무늬를 그렸으며 좌우에 각각 2개씩의 문을 두었다. 거북머리 아래에 2개의 포구멍을 내었고 현판 좌우에 각각 10개씩의 포구멍을 내었다. 복판 좌우에 각각 6개씩의 포구멍을 내었고 좌우에 노는 각각 8개씩을 두었다.

〈보 기〉

ㄱ. 통제영 귀선의 포구멍은 총 72개이며 전라좌수영 귀선의 포구멍은 총 34개이다.
ㄴ. 통제영 귀선은 포판 아래 총 24간의 방을 두어 그 중 한 간을 선장이 사용하였다.
ㄷ. 두 귀선 모두 포판 위에는 쇠못을 박아두어 적군의 귀선 접근을 막았다.
ㄹ. 포를 쏘는 용머리는 두 귀선의 공통점으로 귀선만의 자랑이다.
ㅁ. 1인당 하나의 노를 담당할 경우 통제영 귀선은 20명, 전라좌수영 귀선은 16명의 노 담당 군사를 필요로 한다.

① ㄱ, ㄷ
② ㄱ, ㅁ
③ ㄷ, ㅁ
④ ㄱ, ㄴ, ㅁ
⑤ ㄴ, ㄷ, ㄹ

문 44. **다음 글에 근거할 때, 옳은 것을 〈보기〉에서 모두 고르면?**

12 행시(인) 23번

> 종묘(宗廟)는 조선 시대 역대 왕과 왕비, 그리고 추존(追尊)된 왕과 왕비의 신주(神主)를 봉안하고 제사를 지내는 왕실의 사당이다. 신주는 사람이 죽은 후 하늘로 돌아간 신혼(神魂)이 의지하는 것으로, 왕과 왕비의 사후에도 그 신혼이 의지할 수 있도록 신주를 제작하여 종묘에 봉안했다.
>
> 조선 왕실의 신주는 우주(虞主)와 연주(練主) 두 종류가 있는데, 이 두 신주는 모양은 같지만 쓰는 방식이 달랐다. 먼저 우주는 묘호(廟號), 상시(上諡), 대왕(大王)의 순서로 붙여서 썼다. 여기에서 묘호와 상시는 임금이 승하한 후에 신위(神位)를 종묘에 봉안할 때 올리는 것으로서, 묘호는 '태종', '세종', '문종' 등과 같은 추존 칭호이고 상시는 8글자의 시호로 조선의 신하들이 정해 올렸다.
>
> 한편 연주는 유명증시(有明贈諡), 사시(賜諡), 묘호, 상시, 대왕의 순서로 붙여서 썼다. 사시란 중국이 조선의 승하한 국왕에게 내려준 시호였고, 유명증시는 '명나라 왕실이 시호를 내린다'는 의미로 사시 앞에 붙여 썼던 것이었다. 하지만 중국 왕조가 명나라에서 청나라로 바뀐 이후에는 연주의 표기 방식이 바뀌었는데, 종래의 표기 순서 중에서 유명증시와 사시를 빼고 표기하게 되었다. 유명증시를 뺀 것은 더 이상 시호를 내려줄 명나라가 존재하지 않았기 때문이었고, 사시를 뺀 것은 청나라가 시호를 보냈음에도 불구하고 조선이 청나라를 오랑캐의 나라로 치부하여 그것을 신주에 반영하지 않았기 때문이었다.
>
> 〈조선 왕조와 중국의 명 · 청 시대 구분표〉
>
> | 조선 | 태조(太祖) | 정종(定宗) | 태종(太宗) | … | 인조(仁祖) | … | 숙종(肅宗) | … |
> |---|---|---|---|---|---|---|---|---|
> | 중국 | | | 명(明) | | | | 청(淸) | |

〈보 기〉

ㄱ. 중국이 태종에게 내린 시호가 '공정(恭定)'이고 태종의 상시가 '성덕신공문무광효(聖德神功文武光孝)'라면, 태종의 연주에는 '유명증시공정태종성덕신공문무광효대왕(有明贈諡恭定太宗聖德神功文武光孝大王)'이라고 쓰여 있을 것이다.

ㄴ. 중국이 태종에게 내린 시호가 '공정(恭定)'이고 태종의 상시가 '성덕신공문무광효(聖德神功文武光孝)'라면, 태종의 우주에는 '태종성덕신공문무광효대왕(太宗聖德神功文武光孝大王)'이라고 쓰여 있을 것이다.

ㄷ. 중국이 인조에게 내린 시호가 '송창(松窓)'이고 인조의 상시가 '헌문열무명숙순효(憲文烈武明肅純孝)'라면, 인조의 연주에는 '송창인조헌문열무명숙순효대왕(松窓仁祖憲文烈武明肅純孝大王)'이라고 쓰여 있을 것이다.

ㄹ. 숙종의 우주와 연주는 다르게 표기되어 있을 것이다.

① ㄱ, ㄴ
② ㄴ, ㄹ
③ ㄷ, ㄹ
④ ㄱ, ㄴ, ㄷ
⑤ ㄱ, ㄷ, ㄹ

문 45. **다음 글을 근거로 판단할 때, 〈보기〉에서 옳은 것만을 모두 고르면?**

15 행시(인) 22번

> 조선 시대 궁녀가 받는 보수에는 의전, 선반, 삭료 세 가지가 있었다. 『실록』에서 "봄, 가을에 궁녀에게 포화(布貨)를 내려주니, 이를 의전이라고 한다."라고 한 것처럼 '의전'은 1년에 두 차례 지급하는 옷값이다. '선반'은 궁중에서 근무하는 사람들에게 제공하는 식사를 의미한다. '삭료'는 매달 주는 봉급으로 곡식과 반찬거리 등의 현물이 지급되었다. 궁녀들에게 삭료 이외에 의전과 선반도 주었다는 것은 월급 이외에도 옷값과 함께 근무 중의 식사까지 제공했다는 것으로, 지금의 개념으로 본다면 일종의 복리후생비까지 지급한 셈이다.
>
> 삭료는 쌀, 콩, 북어 세 가지 모두 지급되었는데 그 항목은 공상과 방자로 나뉘어 있었다. 공상은 궁녀들에게 지급되는 월급 가운데 기본급에 해당하는 것이다. 공상은 모든 궁녀에게 지급되었으나 직급과 근무연수에 따라 온공상, 반공상, 반반공상 세 가지로 나뉘어 차등 지급되었다. 공상 중 온공상은 쌀 7두 5승, 콩 6두 5승, 북어 2태 10미였다. 반공상은 쌀 5두 5승, 콩 3두 3승, 북어 1태 5미였고, 반반공상은 쌀 4두, 콩 1두 5승, 북어 13미였다.
>
> 방자는 궁녀들의 하녀격인 무수리를 쓸 수 있는 비용이었으며, 기본급 이외에 별도로 지급되었다. 방자는 모두에게 지급된 것이 아니라 직급이나 직무에 따라 일부에게만 지급되었으므로, 일종의 직급수당 또는 직무수당인 셈이다. 방자는 온방자와 반방자 두 가지만 있었는데, 온방자는 매달 쌀 6두와 북어 1태였고 반방자는 온방자의 절반인 쌀 3두와 북어 10미였다.

〈보 기〉

ㄱ. 조선 시대 궁녀에게는 현물과 포화가 지급되었다.

ㄴ. 삭료로 지급되는 현물의 양은 온공상이 반공상의 2배, 반공상이 반반공상의 2배였다.

ㄷ. 반공상과 온방자를 삭료로 받는 궁녀가 매달 받는 북어는 45미였다.

ㄹ. 매달 궁녀가 받을 수 있는 가장 적은 삭료는 쌀 4두, 콩 1두 5승, 북어 13미였다.

① ㄱ, ㄴ
② ㄱ, ㄹ
③ ㄴ, ㄷ
④ ㄱ, ㄷ, ㄹ
⑤ ㄴ, ㄷ, ㄹ

04 규칙의 적용 및 변경

문 46. 다음 글과 〈상황〉을 근거로 판단할 때, 甲~戊 중 사업자로 선정되는 업체는? 23 7급(인) 18번

△△부처는 □□사업에 대하여 용역 입찰공고를 하고, 각 입찰업체의 제안서를 평가하여 사업자를 선정하려 한다.

- 제안서 평가점수는 입찰가격 평가점수(20점 만점)와 기술능력 평가점수(80점 만점)로 이루어진다.
- 입찰가격 평가점수는 각 입찰업체가 제시한 가격에 따라 산정한다.
- 기술능력 평가점수는 다음과 같은 방식으로 산정한다.
  - 5명의 평가위원이 평가한다.
  - 각 평가위원의 평가결과에서 최고점수와 최저점수를 제외한 나머지 3명의 점수를 산술평균하여 산정한다. 이때 최고점수가 복수인 경우 하나를 제외하며, 최저점수가 복수인 경우도 마찬가지이다.
- 기술능력 평가점수에서 만점의 85% 미만의 점수를 받은 업체는 선정에서 제외한다.
- 입찰가격 평가점수와 기술능력 평가점수를 합산한 점수가 가장 높은 업체를 선정한다. 이때 동점이 발생할 경우, 기술능력 평가점수가 가장 높은 업체를 선정한다.

〈상 황〉

- □□사업의 입찰에 참여한 업체는 甲~戊이다.
- 각 업체의 입찰가격 평가점수는 다음과 같다.

(단위 : 점)

구분	甲	乙	丙	丁	戊
평가점수	13	20	15	14	17

- 각 업체의 기술능력에 대한 평가위원 5명의 평가결과는 다음과 같다.

(단위 : 점)

구분	甲	乙	丙	丁	戊
A위원	68	65	73	75	65
B위원	68	73	69	70	60
C위원	68	62	69	65	60
D위원	68	65	65	65	70
E위원	72	65	69	75	75

① 甲
② 乙
③ 丙
④ 丁
⑤ 戊

문 47. 다음 글과 〈상황〉을 근거로 판단할 때, 甲~戊 중 휴가지원사업에 참여할 수 있는 사람만을 모두 고르면? 22 7급(가) 08번

〈2023년 휴가지원사업 모집 공고〉

□ 사업 목적
- 직장 내 자유로운 휴가문화 조성 및 국내 여행 활성화

□ 참여 대상
- 중소기업 · 비영리민간단체 · 사회복지법인 · 의료법인 근로자. 단, 아래 근로자는 참여 제외
  - 병 · 의원 소속 의사
  - 회계법인 및 세무법인 소속 회계사 · 세무사 · 노무사
  - 법무법인 소속 변호사 · 변리사
- 대표 및 임원은 참여 대상에서 제외하나, 아래의 경우는 참여 가능
  - 중소기업 및 비영리민간단체의 임원
  - 사회복지법인의 대표 및 임원

〈상 황〉

甲~戊의 재직정보는 아래와 같다.

구분	직장명	직장 유형	비고
간호사 甲	A병원	의료법인	근로자
노무사 乙	B회계법인	중소기업	근로자
사회복지사 丙	C복지센터	사회복지법인	대표
회사원 丁	D물산	대기업	근로자
의사 戊	E재단	비영리민간단체	임원

① 甲, 丙
② 甲, 戊
③ 乙, 丁
④ 甲, 丙, 戊
⑤ 乙, 丙, 丁

문 48. **다음 글과 〈상황〉을 근거로 판단할 때 옳지 않은 것은?**

22 7급(가) 16번

ㅁㅁ시는 부서 성과 및 개인 성과에 따라 등급을 매겨 직원들에게 성과급을 지급하고 있다.

- 부서 등급과 개인 등급은 각각 S, A, B, C로 나뉘고, 등급별 성과급 산정비율은 다음과 같다.

성과 등급	S	A	B	C
성과급 산정비율(%)	40	20	10	0

- 작년까지 부서 등급과 개인 등급에 따른 성과급 산정비율의 산술평균을 연봉에 곱해 직원의 성과급을 산정해왔다.
  성과급 = 연봉 × {(부서 산정비율 + 개인 산정비율)/2}
- 올해부터 부서 등급과 개인 등급에 따른 성과급 산정비율 중 더 큰 값을 연봉에 곱해 성과급을 산정하도록 개편하였다.
  성과급 = 연봉 × max{부서 산정비율, 개인 산정비율}

※ max{a, b} = a와 b 중 더 큰 값

〈상 황〉

작년과 올해 ㅁㅁ시 소속 직원 甲~丙의 연봉과 성과 등급은 다음과 같다.

구분	작년			올해		
	연봉 (만 원)	성과 등급		연봉 (만 원)	성과 등급	
		부서	개인		부서	개인
甲	3,500	S	A	4,000	A	S
乙	4,000	B	S	4,000	S	A
丙	3,000	B	A	3,500	C	B

① 甲의 작년 성과급은 1,050만 원이다.
② 甲과 乙의 올해 성과급은 동일하다.
③ 甲~丙 모두 작년 대비 올해 성과급이 증가한다.
④ 올해 연봉과 성과급의 합이 가장 작은 사람은 丙이다.
⑤ 작년 대비 올해 성과급 상승률이 가장 큰 사람은 乙이다.

문 49. **다음 글과 〈상황〉을 근거로 판단할 때, 甲의 계약 의뢰 날짜와 공고 종료 후 결과통지 날짜를 옳게 짝지은 것은?**

21 민간(나) 04번

- A국의 정책연구용역 계약 체결을 위한 절차는 다음과 같다.

순서	단계	소요기간
1	계약 의뢰	1일
2	서류 검토	2일
3	입찰 공고	40일 (긴급계약의 경우 10일)
4	공고 종료 후 결과통지	1일
5	입찰서류 평가	10일
6	우선순위 대상자와 협상	7일

※ 소요기간은 해당 절차의 시작부터 종료까지 걸리는 기간이며, 모든 절차는 하루 단위로 주말(토, 일) 및 공휴일에도 중단이나 중복 없이 진행됨

〈상 황〉

A국 공무원인 甲은 정책연구용역 계약을 4월 30일에 체결하는 것을 목표로 계약부서에 긴급계약으로 의뢰하려 한다. 계약은 우선순위 대상자와 협상이 끝난 날의 다음 날에 체결된다.

	계약 의뢰 날짜	공고 종료 후 결과통지 날짜
①	3월 30일	4월 11일
②	3월 30일	4월 12일
③	3월 30일	4월 13일
④	3월 31일	4월 12일
⑤	3월 31일	4월 13일

문 50. 다음 글과 〈상황〉을 근거로 판단할 때, 〈보기〉에서 옳은 것만을 모두 고르면? 21 민간(나) 24번

ㅁㅁ부서는 매년 △△사업에 대해 사업자 자격 요건 재허가 심사를 실시한다.

- 기본심사 점수에서 감점 점수를 뺀 최종심사 점수가 70점 이상이면 '재허가', 60점 이상 70점 미만이면 '허가 정지', 60점 미만이면 '허가 취소'로 판정한다.
  - 기본심사 점수: 100점 만점으로, ㉮~㉱의 4가지 항목(각 25점 만점) 점수의 합으로 한다. 단, 점수는 자연수이다.
  - 감점 점수 : 과태료 부과의 경우 1회당 2점, 제재 조치의 경우 경고 1회당 3점, 주의 1회당 1.5점, 권고 1회당 0.5점으로 한다.

〈상 황〉

2020년 사업자 A~C의 기본심사 점수 및 감점 사항은 아래와 같다.

사업자	기본심사 항목별 점수			
	㉮	㉯	㉰	㉱
A	20	23	17	?
B	18	21	18	?
C	23	18	21	16

사업자	과태료 부과횟수	제재 조치 횟수		
		경고	주의	권고
A	3	−	−	6
B	5	−	3	2
C	4	1	2	−

〈보 기〉

ㄱ. A의 ㉱ 항목 점수가 15점이라면 A는 재허가를 받을 수 있다.
ㄴ. B의 허가가 취소되지 않으려면 B의 ㉱ 항목 점수가 19점 이상이어야 한다.
ㄷ. C가 2020년에 과태료를 부과받은 적이 없다면 판정 결과가 달라진다.
ㄹ. 기본심사 점수와 최종심사 점수 간의 차이가 가장 큰 사업자는 C이다.

① ㄱ
② ㄴ
③ ㄱ, ㄴ
④ ㄴ, ㄷ
⑤ ㄷ, ㄹ

문 51. 다음 〈지정 기준〉과 〈신청 현황〉을 근거로 판단할 때, 신청병원(甲~戊) 중 산재보험 의료기관으로 지정되는 것은? 20 민간(가) 10번

〈지정 기준〉

- 신청병원 중 인력 점수, 경력 점수, 행정처분 점수, 지역별 분포 점수의 총합이 가장 높은 병원을 산재보험 의료기관으로 지정한다.
- 전문의 수가 2명 이하이거나, 가장 가까이 있는 기존 산재보험 의료기관까지의 거리가 1km 미만인 병원은 지정 대상에서 제외한다.
- 각각의 점수는 아래의 항목별 배점 기준에 따라 부여한다.

항목	배점 기준
인력 점수	전문의 수 7명 이상은 10점
	전문의 수 4명 이상 6명 이하는 8점
	전문의 수 3명 이하는 3점
경력 점수	전문의 평균 임상경력 1년당 2점(단, 평균 임상경력이 10년 이상이면 20점)
행정처분 점수	2명 이하의 의사가 행정처분을 받은 적이 있는 경우 10점
	3명 이상의 의사가 행정처분을 받은 적이 있는 경우 2점
지역별 분포 점수	가장 가까이 있는 기존 산재보험 의료기관이 8km 이상 떨어져 있을 경우, 인력 점수와 경력 점수 합의 20%에 해당하는 점수
	가장 가까이 있는 기존 산재보험 의료기관이 3km 이상 8km 미만 떨어져 있을 경우, 인력 점수와 경력 점수 합의 10%에 해당하는 점수
	가장 가까이 있는 기존 산재보험 의료기관이 3km 미만 떨어져 있을 경우, 인력 점수와 경력 점수 합의 20%에 해당하는 점수 감점

〈신청 현황〉

신청 병원	전문의 수	전문의 평균 임상경력	행정처분을 받은 적이 있는 의사 수	가장 가까이 있는 기존 산재보험 의료기관까지의 거리
甲	6명	7년	4명	10km
乙	2명	17년	1명	8km
丙	8명	5년	0명	1km
丁	4명	11년	3명	2km
戊	3명	12년	2명	500m

① 甲
② 乙
③ 丙
④ 丁
⑤ 戊

문 52. **다음 글을 근거로 판단할 때, 〈보기〉에서 옳은 것만을 모두 고르면?** 20 민간(가) 20번

• 다음과 같이 9개의 도시(A~I)가 위치하고 있다.

A	B	C
D	E	F
G	H	I

• A~I시가 미세먼지 저감을 위해 5월부터 차량 운행 제한 정책을 시행함에 따라 제한 차량의 도시 진입 및 도시 내 운행이 금지된다.

• 모든 차량은 4개의 숫자로 된 차량번호를 부여받으며 각 도시의 제한 요건은 아래와 같다.

도시	제한 차량	
A, E, F, I	홀수일	차량번호가 홀수로 끝나는 차량
	짝수일	차량번호가 짝수로 끝나는 차량
B, G, H	홀수일	차량번호가 짝수로 끝나는 차량
	짝수일	차량번호가 홀수로 끝나는 차량
C, D	월요일	차량번호가 1 또는 6으로 끝나는 차량
	화요일	차량번호가 2 또는 7로 끝나는 차량
	수요일	차량번호가 3 또는 8로 끝나는 차량
	목요일	차량번호가 4 또는 9로 끝나는 차량
	금요일	차량번호가 0 또는 5로 끝나는 차량
	토 · 일요일	없음

※ 단, 0은 짝수로 간주함

• 도시 간 이동 시에는 도시 경계선이 서로 맞닿아 있지 않은 도시로 바로 이동할 수 없다. 예컨대 A시에서 E시로 이동하기 위해서는 반드시 B시나 D시를 거쳐야 한다.

〈보 기〉

ㄱ. 甲은 5월 1일(토)에 E시에서 차량번호가 1234인 차량을 운행할 수 있다.
ㄴ. 乙은 5월 6일(목)에 차량번호가 5639인 차량으로 A시에서 D시로 이동할 수 있다.
ㄷ. 丙은 5월 중 어느 하루에 동일한 차량으로 A시에서 H시로 이동할 수 있다.
ㄹ. 丁은 5월 15일(토)에 차량번호가 9790인 차량으로 D시에서 F시로 이동할 수 있다.

① ㄱ, ㄴ
② ㄱ, ㄷ
③ ㄱ, ㄹ
④ ㄴ, ㄷ
⑤ ㄴ, ㄹ

문 53. **다음 글을 근거로 판단할 때, 〈보기〉의 빈칸에 들어가는 것을 옳게 짝지은 것은?** 13 민간(인) 21번

A국에서는 1~49까지 숫자를 셀 때 다음과 같은 명칭과 규칙을 사용한다. 1~5는 아래와 같이 표현한다.

1 → tai
2 → lua
3 → tolu
4 → vari
5 → luna

6에서 9까지의 수는 위 명칭에 '새로운'이라는 뜻을 가진 'o'를 앞에 붙여 쓰는데, 6은 otai(새로운 하나), 7은 olua(새로운 둘), 8은 otolu(새로운 셋), …(으)로 표현한다.

10은 5가 두 개 더해진 것이므로 '두 개의 다섯'이란 뜻에서 lualuna(2×5), 15는 '세 개의 다섯'이란 뜻에서 toluluna(3×5), 20은 variluna(4×5), …(으)로 표현한다. 즉, 5를 포함하는 두 개 숫자의 곱이다.

11부터는 '더하기'라는 뜻을 가진 'i'를 중간에 넣고, 그 다음에 1~4 사이의 숫자 하나를 순서대로 넣어서 표현한다. 따라서 11은 lualuna i tai(2×5+1), 12는 lualuna i lua(2×5+2), …, 16은 toluluna i tai(3×5+1), 17은 toluluna i lua(3×5+2), …(으)로 표현한다.

〈보 기〉

ㄱ. 30은 (　)로 표현한다.
ㄴ. ovariluna i tolu는 숫자 (　)이다.

	ㄱ	ㄴ
①	otailuna	48
②	otailuna	23
③	lualualuna	48
④	tolulualuna	17
⑤	tolulualuna	23

문 54. 다음 글을 근거로 판단할 때, 〈사례〉의 甲과 乙사업이 각각 받아야 하는 평가의 수는? 14 민간(A) 16번

- A평가
  평가의 대상은 총 사업비가 500억 원 이상인 사업 중 중앙정부의 재정지원(국비) 규모가 300억 원 이상인 신규사업으로 건설공사가 포함된 사업, 정보화 · 국가연구개발 사업, 사회복지 · 보건 · 교육 · 노동 · 문화 · 관광 · 환경보호 · 농림 · 해양수산 · 산업 · 중소기업 분야의 사업이다.
  단, 법령에 따라 설치하거나 추진하여야 하는 사업, 공공청사 신 · 증축사업, 도로 · 상수도 등 기존 시설의 단순개량 및 유지보수사업, 재해예방 및 복구지원 등으로 시급한 추진이 필요한 사업은 평가 대상에서 제외된다.
  ※ 법령 : 국회에서 제정한 법률과 행정부에서 제정한 명령(대통령령 · 총리령 · 부령)을 의미함
- B평가
  신규사업의 시행이 환경에 미치는 영향을 미리 조사 · 예측 · 평가하는 것이다. 평가 대상은 도시개발사업, 도로건설사업, 철도건설사업(도시철도 포함), 공항건설사업이다.
- C평가
  대량의 교통수요를 유발할 우려가 있는 신규사업을 시행할 경우, 미리 주변지역의 교통체계에 미치는 제반 영향을 분석 · 평가하여 이에 따른 대책을 강구하는 평가이다. 평가의 대상은 다음과 같다.

종류	기준
도시개발사업	부지면적 10만m^2 이상
철도건설사업	정거장 1개소 이상, 총길이 5km 이상

〈사 례〉

甲사업 : ㅇㅇ광역시가 시행주체가 되어 추진하는 부지면적 12만 5천m^2에 보금자리주택을 건설하는 신규 도시개발사업으로, 총사업비 520억 원 중 100억 원을 국비로, 420억 원을 시비로 조달함

乙사업 : 최근 국회에서 제정한 '△△광역시 철도건설특별법률'에 따라 △△광역시에 정거장 7개소, 총길이 18km의 철도를 건설하는 신규사업으로, 총사업비 4,300억 원을 전액 국비로 지원받음

	甲사업	乙사업
①	2	2
②	2	3
③	3	1
④	3	2
⑤	3	3

문 55. ㅇㅇ시의 〈버스정류소 명칭 관리 및 운영계획〉을 근거로 판단할 때 옳은 것은?(단, 모든 정류소는 ㅇㅇ시 내에 있다) 15 민간(인) 10번

〈버스정류소 명칭 관리 및 운영계획〉

ㅁ 정류소 명칭 부여기준
- 글자 수 : 15자 이내로 제한
- 명칭 수 : 2개 이내로 제한
  - 정류소 명칭은 지역대표성 명칭을 우선으로 부여
  - 2개를 병기할 경우 우선순위대로 하되, · 으로 구분

우선순위	지역대표성 명칭			특정법인(개인) 명칭	
	1	2	3	4	5
명칭	고유지명	공공기관, 공공시설	관광지	시장, 아파트, 상가, 빌딩	기타 (회사, 상점 등)

ㅁ 정류소 명칭 변경 절차
- 자치구에서 명칭 부여기준에 맞게 홀수달 1일에 신청
  - 홀수달 1일에 하지 않은 신청은 그 다음 홀수달 1일 신청으로 간주
- 부여기준에 적합한지를 판단하여 시장이 승인 여부를 결정
- 관련기관은 정류소 명칭 변경에 따른 정비를 수행
- 관련기관은 정비결과를 시장에게 보고

명칭 변경 신청 (자치구)	▶	명칭 변경 승인 (시장)	▶	명칭 변경에 따른 정비 (관련기관)	▶	정비결과 보고 (관련기관)
홀수달 1일 신청		신청일로부터 5일 이내		승인일로부터 7일 이내		정비완료일로부터 3일 이내

※ 단, 주말 및 공휴일도 일수(日數)에 산입하며, 당일(신청일, 승인일, 정비완료일)은 일수에 산입하지 않음

① 자치구가 7월 2일에 정류소 명칭 변경을 신청한 경우, ㅇㅇ시의 시장은 늦어도 7월 7일까지는 승인 여부를 결정해야 한다.
② 자치구가 8월 16일에 신청한 정류소 명칭 변경이 승인될 경우, 늦어도 9월 16일까지는 정비결과가 시장에게 보고된다.
③ '가나시영3단지'라는 정류소 명칭을 '가나서점 · 가나3단지아파트'로 변경하는 것은 명칭 부여기준에 적합하다.
④ '다라중학교 · 다라동1차아파트'라는 정류소 명칭은 글자 수가 많아 명칭 부여기준에 적합하지 않다.
⑤ 명칭을 변경하는 정류소에 '마바구도서관 · 마바시장 · 마바물산'이라는 명칭이 부여될 수 있다.

문 56. 다음 글을 근거로 판단할 때, 〈보기〉에서 옳은 것만을 모두 고르면? 18 민간(가) 08번

소아기 예방접종 프로그램에 포함된 백신(A~C)은 지속적인 항체 반응을 위해서 2회 이상 접종이 필요하다.

최소 접종연령(첫 접종의 최소연령) 및 최소 접종간격을 지켰을 때 적절한 예방력이 생기며, 이러한 예방접종을 유효하다고 한다. 다만 최소 접종연령 및 최소 접종간격에서 4일 이내로 앞당겨서 일찍 접종을 한 경우에도 유효한 것으로 본다. 그러나 만약 5일 이상 앞당겨서 일찍 접종했다면 무효로 간주하고 최소 접종연령 및 최소 접종간격에 맞춰 다시 접종하여야 한다.

다음은 각 백신의 최소 접종연령 및 최소 접종간격을 나타낸 표이다.

종류	최소 접종연령	최소 접종간격			
		1, 2차 사이	2, 3차 사이	3, 4차 사이	4, 5차 사이
백신 A	12개월	12개월	–	–	–
백신 B	6주	4주	4주	6개월	–
백신 C	6주	4주	4주	6개월	6개월

다만 백신 B의 경우 만 4세 이후에 3차 접종을 유효하게 했다면, 4차 접종은 생략한다.

〈보 기〉

ㄱ. 만 2세가 되기 전에 백신 A의 예방접종을 2회 모두 유효하게 실시할 수 있다.
ㄴ. 생후 45개월에 백신 B를 1차 접종했다면, 4차 접종은 반드시 생략한다.
ㄷ. 생후 40일에 백신 C를 1차 접종했다면, 생후 60일에 한 2차 접종은 유효하다.

① ㄱ
② ㄴ
③ ㄷ
④ ㄱ, ㄴ
⑤ ㄱ, ㄷ

문 57. 김갑돌 2등서기관은 다음과 같이 기안문을 작성하였다. 담당과장 이을순이 이 기안문에 대해 언급한 내용 중 〈공문서 작성 및 처리지침〉에 어긋나는 것을 〈보기〉에서 모두 고르면? 12 행시(인) 08번

외교통상부

수신주 ㅇㅇ국 대사
경유
제목 초청장 발송 협조

기획재정부가 「경제개발 경험공유 사업」의 일환으로 2012년 2월 1일 –2012년 2월 4일 개발도상국 공무원을 초청하여 특별 연수프로그램을 실시할 예정이라고 알려오면서 협조를 요청한 바, 첨부된 초청서한 및 참가신청서(원본 외교행낭편 송부)를 ㅇㅇ국 재무부에 전달 바랍니다.

첨부 : 상기 초청서한 및 참가신청서 각 1부.

기안 전결
2등서기관 김갑돌

〈공문서 작성 및 처리지침〉

- 숫자는 아라비아 숫자로 쓴다.
- 날짜는 숫자로 표기하되 연·월·일의 글자는 생략하고 그 자리에 온점을 찍어 표시한다.
- 본문이 끝나면 1자(2타) 띄우고 '끝.' 표시를 한다. 단, 첨부물이 있는 경우, 첨부 표시문 끝에 1자(2타) 띄우고 '끝.' 표시를 한다.
- 기안문 및 시행문에는 행정기관의 로고·상징·마크 또는 홍보문구 등을 표시하여 행정기관의 이미지를 높일 수 있도록 하여야 한다.
- 행정기관의 장은 문서의 기안·검토·협조·결재·등록·시행·분류·편철·보관·이관·접수·배부·공람·검색·활용 등 문서의 모든 처리절차가 전자문서시스템 또는 업무관리시스템상에서 전자적으로 처리되도록 하여야 한다.

※ 온점 : 가로쓰기에 쓰는 마침표

〈보 기〉

ㄱ. '끝.' 표시도 중요합니다. 본문 뒤에 '끝.'을 붙이세요.
ㄴ. 공문서에서 날짜 표기는 이렇게 하지 않아요. '2012년 2월 1일–2012년 2월 4일'을 '2012.2.1.–2012.2.4.'로 고치세요.
ㄷ. 오류를 수정하여 기안문을 출력해 오면 그 문서에 서명하여 결재하겠습니다.
ㄹ. 어! 로고가 빠졌네. 우리 부의 로고를 넣어주세요.

① ㄱ, ㄷ
② ㄱ, ㄹ
③ ㄴ, ㄹ
④ ㄱ, ㄴ, ㄷ
⑤ ㄴ, ㄷ, ㄹ

문 58. 다음 글과 〈○○시의 도로명 현황〉을 근거로 판단할 때, ○○시에서 발견될 수 있는 도로명은? 13 행시(인) 03번

> 도로명의 구조는 일반적으로 두 개의 부분으로 나누어지는데 앞부분을 전부요소, 뒷부분을 후부요소라고 한다.
>
> 전부요소는 대상물의 특성을 반영하여 이름붙인 것이며 다른 곳과 구분하기 위해 명명된 부분이다. 즉, 명명의 배경이 반영되어 성립된 요소로 다양한 어휘가 사용된다. 후부요소로는 '로, 길, 골목'이 많이 쓰인다.
>
> 그런데 도로명은 전부요소와 후부요소만 결합한 기본형이 있고, 후부요소에 다른 요소가 첨가된 확장형이 있다. 확장형은 후부요소에 '1, 2, 3, 4, …' 등이 첨가된 일련번호형과 '동, 서, 남, 북, 좌, 우, 윗, 아래, 앞, 뒷, 사이, 안, 중앙' 등의 어휘들이 첨가된 방위형이 있다.

〈○○시의 도로명 현황〉

> ○○시의 도로명을 모두 분류한 결과, 도로명의 전부요소로는 한글고유어보다 한자어가 더 많이 발견되었고, 기본형보다 확장형이 많이 발견되었다. 확장형의 후부요소로는 일련번호형이 많이 발견되었고, 일련번호는 '로'와만 결합되었다. 그리고 방위형은 '골목'과만 결합되었으며 사용된 어휘는 '동, 서, 남, 북'으로만 한정되었다.

① 행복1가
② 대학2로
③ 국민3길
④ 덕수궁뒷길
⑤ 꽃동네중앙골목

문 59. 다음 〈연주 규칙〉에 근거할 때 옳지 않은 것은? 13 행시(인) 19번

〈연주 규칙〉

> 1～2구간의 흰 건반 10개만을 사용하여 '비행기'와 '학교종' 두 곡을 연주한다. 왼손과 오른손을 나란히 놓고, 엄지, 검지, 중지, 약지, 새끼 다섯 종류의 손가락을 사용한다. 손가락 번호와 일치하는 건반 한 개만 칠 수 있으며, 각 노래에 사용되는 음은 아래와 같다.
>
> • 비행기 : 한 구간 내의 '도, 레, 미' 음만 사용
> • 학교종 : 한 구간 내의 '도, 레, 미, 솔, 라' 음만 사용

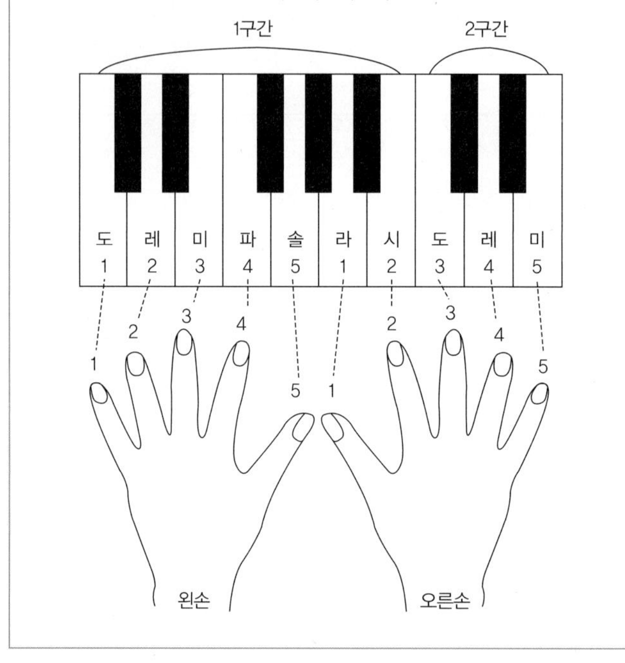

① '비행기'는 어느 구간에서 연주하든 같은 종류의 손가락을 사용한다.
② '비행기'는 어느 구간에서 연주하든 같은 번호의 손가락을 사용한다.
③ '학교종'을 연주할 때는 검지 손가락을 사용하지 않는다.
④ '비행기'는 한 손만으로도 연주할 수 있다.
⑤ '학교종'은 한 손만으로 연주할 수 없다.

문 60. 우주센터는 화성 탐사 로봇(JK3)으로부터 다음의 〈수신 신호〉를 왼쪽부터 순서대로 받았다. 〈조건〉을 근거로 판단할 때, JK3의 이동경로로 옳은 것은? 15 행시(인) 15번

〈수신 신호〉

010111, 000001, 111001, 100000

〈조 건〉

JK3은 출발 위치를 중심으로 주변을 격자 모양 평면으로 파악하고 있으며, 격자 모양의 경계를 넘어 한 칸 이동할 때마다 이동 방향을 나타내는 6자리 신호를 우주센터에 전송한다. 그 신호의 각 자리는 0 또는 1로 이루어진다. 전송 신호는 4개뿐이며, 각 전송 신호가 의미하는 이동 방향은 아래와 같다.

전송 신호	이동 방향
000000	북
000111	동
111000	서
111111	남

JK3이 보낸 6자리의 신호 중 한 자리는 우주잡음에 의해 오염된다. 이 경우 오염된 자리의 숫자 0은 1로, 1은 0으로 바뀐다.

※ JK3은 동서남북을 인식하고, 이 네 방향으로만 이동함

①
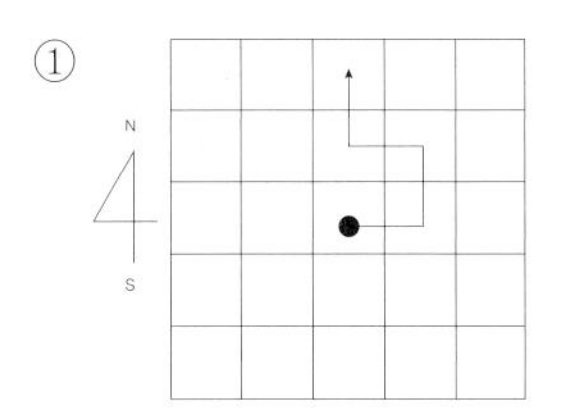

②
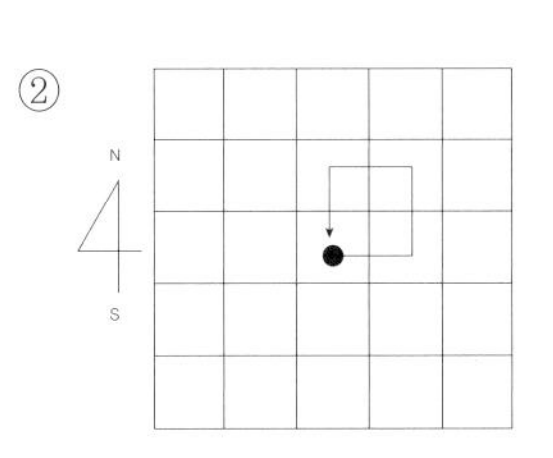

③
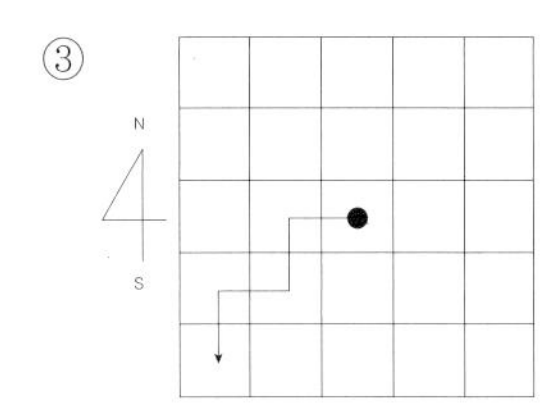

④
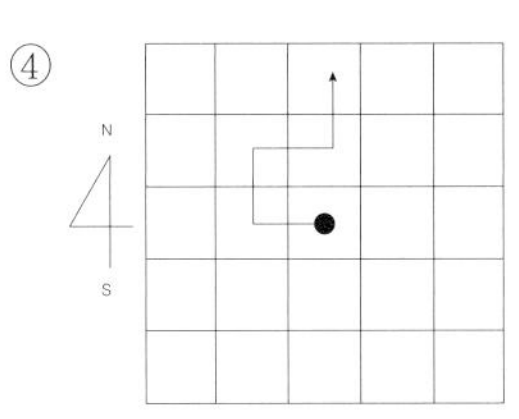

⑤
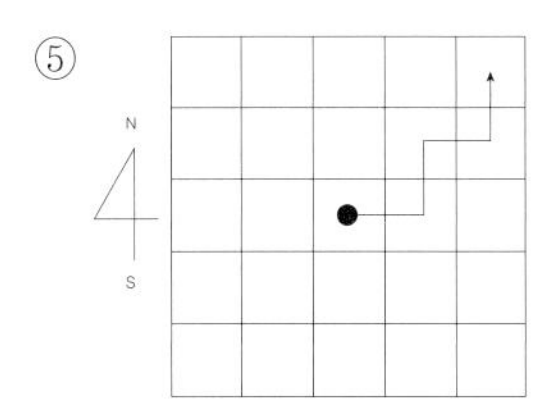

문 61. 甲위원회는 개방형직위 충원을 위해 인사담당부서에 후보자 명부를 요청하여 아래의 〈현황표〉를 작성하였다. 이 〈현황표〉를 보면, 홍보, 감사, 인사 등 모든 분야에서 다음 〈구성기준〉을 만족시키지 못하고 있다. 각 분야에 후보자를 추가하여 해당 분야의 〈구성기준〉을 충족시키는 것은? 10 행시(발) 09번

〈현황표〉

(단위 : 명)

구분		홍보	감사	인사
분야별 인원		17	14	34
연령	40대	7	4	12
	50대	10	10	22
성별	남자	12	10	24
	여자	5	4	10
직업(직위)	공무원	10	8	14
	민간기업임원	7	6	20

〈구성기준〉

ㄱ. 분야별로 40대 후보자 수는 50대 후보자 수의 50% 이상이 되도록 한다.
ㄴ. 분야별로 여성비율은 분야별 인원의 30% 이상이 되도록 한다.
ㄷ. 분야별로 공무원과 민간기업임원 중 어느 한 직업(직위)도 분야별 인원의 60%를 넘지 않아야 한다.

① 감사분야에 40대 여성 민간기업임원 1명을 추가한다.
② 인사분야에 50대 여성 민간기업임원 2명을 추가한다.
③ 홍보분야에 40대 여성 공무원 2명과 50대 남성 공무원 1명을 추가한다.
④ 인사분야에 50대 여성 공무원 2명과 50대 남성 공무원 2명을 추가한다.
⑤ 감사분야에 40대 여성 민간기업임원 1명과 50대 남성 공무원 2명을 추가한다.

문 62. 다음 글에 근거할 때, 최우선 순위의 당첨 대상자는?

10 행시(발) 14번

보금자리주택 특별공급 사전예약이 진행된다. 신청자격은 사전예약 입주자 모집 공고일 현재 미성년(만 20세 미만)인 자녀를 3명 이상 둔 서울, 인천, 경기도 등 수도권 지역에 거주하는 무주택 가구주에게 있다. 청약저축통장이 필요 없고, 당첨자는 배점기준표에 의한 점수 순에 따라 선정된다. 특히 자녀가 만 6세 미만 영유아일 경우, 2명 이상은 10점, 1명은 5점을 추가로 받게 된다.

총점은 가산점을 포함하여 90점 만점이며 배점기준은 다음 〈표〉와 같다.

〈표〉 배점기준표

배점요소	배점기준	점수
미성년 자녀수	4명 이상	40
	3명	35
가구주 연령 · 무주택 기간	가구주 연령이 만 40세 이상이고, 무주택 기간 5년 이상	20
	가구주 연령이 만 40세 미만이고, 무주택 기간 5년 이상	15
	무주택 기간 5년 미만	10
당해 시 · 도 거주기간	10년 이상	20
	5년 이상 10년 미만	15
	1년 이상 5년 미만	10
	1년 미만	5

※ 다만 동점자인 경우 ① 미성년 자녀 수가 많은 자, ② 미성년 자녀 수가 같을 경우, 가구주의 연령이 많은 자 순으로 선정함

① 만 7세 이상 만 17세 미만인 자녀 4명을 두고, 인천에서 8년 거주하고 있으며, 14년 동안 무주택자인 만 45세의 가구주
② 만 19세와 만 15세의 자녀를 두고, 대전광역시에서 10년 이상 거주하고 있으며, 7년 동안 무주택자인 만 40세의 가구주
③ 각각 만 1세, 만 3세, 만 7세, 만 10세인 자녀를 두고, 서울에서 4년 거주하고 있으며, 15년 동안 무주택자인 만 37세의 가구주
④ 각각 만 6세, 만 8세, 만 12세, 만 21세인 자녀를 두고, 서울에서 9년 거주하고 있으며, 20년 동안 무주택자인 만 47세의 가구주
⑤ 만 7세 이상 만 11세 미만인 자녀 3명을 두고, 경기도 하남시에서 15년 거주하고 있으며, 10년 동안 무주택자인 만 45세의 가구주

문 63. 다음은 한미 자유무역협정(FTA)의 자동차 분야 내용이다. 다음을 근거로 할 때 〈보기〉에서 옳은 것을 모두 고르면?

10 행시(발) 29번

특별소비세(구매 시 부과)

차종 (cc)	경차	소형차	중형차	대형차
	800 이하	800 초과 1,600 이하	1,600 초과 2,000 이하	2,000 초과
현행 (가격기준)	면제	5%		10%
FTA (가격기준)	면제			단계적 인하※

※ 2,000cc 초과차량은 발효 시 8%로 인하, 3년 후 5%로 인하함

자동차세(보유 시 부과)

차종 (cc)	경차	소형차		중형차	대형차
	800 이하	800 초과 1,000 이하	1,000 초과 1,600 이하	1,600 초과 2,000 이하	2,000 초과
현행 (cc당)	80원	100원	140원	200원	220원
FTA (cc당)	80원		140원	200원	

※ 1) 세금은 특별소비세와 자동차세만 있다고 가정함
2) 자동차세는 배기량(cc)에 의해서만 결정됨

〈보 기〉

ㄱ. 갑이 보유한 1천만 원 상당의 800cc 국산 경차에 대한 납세액은 한미 FTA 발효 후에도 변화가 없다.
ㄴ. 을이 1천 2백만 원 상당의 1,600cc 국산 신차를 구매한다면 한미 FTA 발효 전보다 발효 후에 구매하는 것이 세금부담이 작다.
ㄷ. 미국 F사의 3,000cc 신차를 구매하려던 병이 한미 FTA 발효 후로 구매를 늦추면, 현행보다 낮아진 특별소비세율을 적용받을 수 있다.
ㄹ. 정이 보유한 미국 G사의 3,500cc 차량에는 한미 FTA 발효 후에 세금 감면의 혜택이 없다.

① ㄱ, ㄴ
② ㄴ, ㄷ
③ ㄱ, ㄴ, ㄷ
④ ㄱ, ㄷ, ㄹ
⑤ ㄴ, ㄷ, ㄹ

문 64. 다음 글을 근거로 판단할 때 옳지 않은 것은?

13 행시(인) 27번

• 납부번호 구성

납부번호는 4자리의 분류기호, 3자리의 기관코드, 4자리의 납부연월(납부기한 포함), 1자리의 결정구분코드, 2자리의 세목으로 구성된다. 납부연월은 납세의무자가 실제 납부하는 연도와 달을, 납부기한은 납세의무자가 납부하여야 할 연도와 달을 의미한다.

예시) 0000 - 000 - 0000 - 0 - 00
분류기호 / 기관코드 / 납부연월 / 결정구분코드 / 세목

• 결정구분코드

항목	코드	내용
확정분 자진납부	1	확정신고, 전기신고 등 정기기간(예정, 중간예납기간 제외)이 있는 모든 세목으로서 정상적인 자진신고납부분(수정신고분 제외)의 본세 및 그 부가가치세(코드 4의 원천분 자진납부 제외)
수시분 자진납부	2	코드 1의 확정분 자진납부, 코드 3의 예정신고 자진납부 및 코드 4의 원천분 자진납부 이외 모든 자진납부
중간예납 및 예정신고	3	예정신고 또는 중간예납 기간이 있는 모든 세목으로서 정상적인 자진신고납부분(수정신고분 제외)의 본세 및 그 부가가치세
원천분 자진납부	4	모든 원천세 자진납부분
정기분 고지	5	양도소득세 정기결정고지, 코드 1의 확정분 자진납부에 대한 무(과소)납부고지
수시분 고지	6	코드 5의 정기분 고지, 코드 7의 중간예납 및 예정고지를 제외한 모든 고지
중간예납 및 예정고지	7	법인세 및 종합소득세 중간예납고지, 부가가치세 예정고지, 코드 3의 중간예납 및 예정신고 자진납부에 대한 무(과소)납부고지

※ 1) 신고는 납세의무자가 법에서 정한 기한 내에 과세표준과 세액을 세무서에 알리는 것임
2) 고지는 세무서장이 세액, 세목, 납부기한과 납부장소 등을 납세의무자에게 알리는 것임

• 세목코드

세목	코드	세목	코드
종합소득세	10	양도소득세	22
사업소득세	13	법인세	31
근로소득세(갑종)	14	부가가치세	41
근로소득세(을종)	15	특별소비세	42
퇴직소득세	21	개별소비세	47

① 수정신고 자진납부분은 결정구분코드 2에 해당한다.
② 2011년 3월확정분 개별소비세를 4월에 자진신고 납부한 경우, 납부번호는 ××××-×××-1104-1-47이다.
③ 2010년 제1기 확정신고분 부가가치세를 당해 9월에 무납부 고지한 경우, 납부번호는 ××××-×××-1009-6-41이다.
④ 2012년 10월에 양도소득세를 예정신고 자진납부하는 경우, 납부번호의 마지막 7자리는 1210-3-22이다.
⑤ 2010년 2월에 2009년 갑종근로소득세를 연말정산하여 원천징수한 부분을 자진납부한 경우, 납부번호의 마지막 7자리는 1002-4-14이다.

문 65. 다음 글과 〈자료〉를 근거로 판단할 때, 甲이 여행을 다녀온 시기로 가능한 것은?

16 행시(4) 31번

• 甲은 선박으로 '포항 → 울릉도 → 독도 → 울릉도 → 포항' 순으로 여행을 다녀왔다.
• '포항 → 울릉도' 선박은 매일 오전 10시, '울릉도 → 포항' 선박은 매일 오후 3시에 출발하며, 편도 운항에 3시간이 소요된다.
• 울릉도에서 출발해 독도를 돌아보는 선박은 매주 화요일과 목요일 오전 8시에 출발하여 당일 오전 11시에 돌아온다.
• 최대 파고가 3m 이상인 날은 모든 노선의 선박이 운항되지 않는다.
• 甲은 매주 금요일에 술을 마시는데, 술을 마신 다음날은 멀미가 심해 선박을 탈 수 없다.
• 이번 여행 중 甲은 울릉도에서 호박엿 만들기 체험을 했는데, 호박엿 만들기 체험은 매주 월·금요일 오후 6시에만 할 수 있다.

〈자 료〉

㉺ : 최대 파고(단위 : m)

일	월	화	수	목	금	토
16	17	18	19	20	21	22
㉺ 1.0	㉺ 1.4	㉺ 3.2	㉺ 2.7	㉺ 2.8	㉺ 3.7	㉺ 2.0
23	24	25	26	27	28	29
㉺ 0.7	㉺ 3.3	㉺ 2.8	㉺ 2.7	㉺ 0.5	㉺ 3.7	㉺ 3.3

① 16일(일)~19일(수)
② 19일(수)~22일(토)
③ 20일(목)~23일(일)
④ 23일(일)~26일(수)
⑤ 25일(화)~28일(금)

05 논리퍼즐

문 66. 다음 글을 근거로 판단할 때, 〈보기〉에서 옳은 것만을 모두 고르면? 23 7급(인) 22번

- 엘리베이터 안에는 각 층을 나타내는 버튼만 하나씩 있다.
- 버튼을 한 번 누르면 해당 층에 가게 되고, 다시 누르면 취소된다. 취소된 버튼을 다시 누를 수 있다.
- 1층에 계속해서 정지해 있던 빈 엘리베이터에 처음으로 승객 7명이 탔다.
- 승객들이 버튼을 누른 횟수의 합은 10이며, 1층에서만 눌렀다.
- 승객 3명은 4층에서, 2명은 5층에서 내렸다. 나머지 2명은 6층 이상의 서로 다른 층에서 내렸다.
- 1층 외의 층에서 엘리베이터를 탄 승객은 없으며, 엘리베이터는 승객이 타거나 내린 층에서만 정지했다.

〈보 기〉

ㄱ. 각 승객은 1개 이상의 버튼을 눌렀다.
ㄴ. 5번 누른 버튼이 있다면, 2번 이상 누른 다른 버튼이 있다.
ㄷ. 4층 버튼을 가장 많이 눌렀다.
ㄹ. 승객이 내리지 않은 층의 버튼을 누른 사람은 없다.

① ㄱ
② ㄴ
③ ㄱ, ㄷ
④ ㄴ, ㄹ
⑤ ㄷ, ㄹ

문 67. 다음 글을 근거로 판단할 때, 〈보기〉에서 옳은 것만을 모두 고르면? 22 7급(가) 22번

- 甲, 乙, 丙 세 사람은 25개 문제(1~25번)로 구성된 문제집을 푼다.
- 1회차에는 세 사람 모두 1번 문제를 풀고, 2회차부터는 직전 회차 풀이 결과에 따라 풀 문제가 다음과 같이 정해진다.
  - 직전 회차가 정답인 경우 : 직전 회차의 문제 번호에 2를 곱한 후 1을 더한 번호의 문제
  - 직전 회차가 오답인 경우 : 직전 회차의 문제 번호를 2로 나누어 소수점 이하를 버린 후 1을 더한 번호의 문제
- 풀 문제의 번호가 25번을 넘어갈 경우, 25번 문제를 풀고 더 이상 문제를 풀지 않는다.
- 7회차까지 문제를 푼 결과, 세 사람이 맞힌 정답의 개수는 같았고 한 사람이 같은 번호의 문제를 두 번 이상 푼 경우는 없었다.
- 4, 5회차를 제외한 회차별 풀이 결과는 아래와 같다.

(정답 : ○, 오답 : ×)

구분	1	2	3	4	5	6	7
甲	○	○	×			○	×
乙	○	○	○			×	○
丙	○	×	○			○	×

〈보 기〉

ㄱ. 甲과 丙이 4회차에 푼 문제 번호는 같다.
ㄴ. 4회차에 정답을 맞힌 사람은 2명이다.
ㄷ. 5회차에 정답을 맞힌 사람은 없다.
ㄹ. 乙은 7회차에 9번 문제를 풀었다.

① ㄱ, ㄴ
② ㄱ, ㄷ
③ ㄴ, ㄷ
④ ㄴ, ㄹ
⑤ ㄷ, ㄹ

문 68. 다음 글을 근거로 판단할 때 옳지 않은 것은?

22 7급(가) 23번

△△팀원 7명(A~G)은 새로 부임한 팀장 甲과 함께 하는 환영 식사를 계획하고 있다. 모든 팀원은 아래 조건을 전부 만족시키며 甲과 한 번씩만 식사하려 한다.

- 함께 식사하는 총 인원은 4명 이하여야 한다.
- 단둘이 식사하지 않는다.
- 부팀장은 A, B뿐이며, 이 둘은 함께 식사하지 않는다.
- 같은 학교 출신인 C, D는 함께 식사하지 않는다.
- 입사 동기인 E, F는 함께 식사한다.
- 신입사원 G는 부팀장과 함께 식사한다.

① A는 E와 함께 환영식사에 참석할 수 있다.
② B는 C와 함께 환영식사에 참석할 수 있다.
③ C는 G와 함께 환영식사에 참석할 수 있다.
④ D가 E와 함께 환영식사에 참석하는 경우, C는 부팀장과 함께 환영식사에 참석하게 된다.
⑤ G를 포함하여 총 4명이 함께 환영식사에 참석하는 경우, F가 참석하는 환영식사의 인원은 총 3명이다.

문 69. 다음 글을 근거로 판단할 때, A에게 전달할 책의 제목과 A의 연구실 번호를 옳게 짝지은 것은?

21 민간(나) 05번

- 5명의 연구원(A~E)에게 책 1권씩을 전달해야 하고, 책 제목은 모두 다르다.
- 5명은 모두 각자의 연구실에 있고, 연구실 번호는 311호부터 315호까지이다.
- C는 315호, D는 312호, E는 311호에 있다.
- B에게 「연구개발」, D에게 「공공정책」을 전달해야 한다.
- 「전환이론」은 311호에, 「사회혁신」은 314호에, 「복지실천」은 315호에 전달해야 한다.

	책 제목	연구실 번호
①	「전환이론」	311호
②	「공공정책」	312호
③	「연구개발」	313호
④	「사회혁신」	314호
⑤	「복지실천」	315호

문 70. 다음 글을 근거로 판단할 때, 현재 시점에서 두 번째로 많은 양의 일을 한 사람은?

21 민간(나) 20번

A부서 주무관 5명(甲~戊)은 오늘 해야 하는 일의 양이 같다. 오늘 업무 개시 후 현재까지 한 일을 비교해 보면 다음과 같다.

甲은 丙이 아직 하지 못한 일의 절반에 해당하는 양의 일을 했다. 乙은 丁이 남겨 놓고 있는 일의 2배에 해당하는 양의 일을 했다. 丙은 자신이 현재까지 했던 일의 절반에 해당하는 일을 남겨 놓고 있다. 丁은 甲이 남겨 놓고 있는 일과 동일한 양의 일을 했다. 戊는 乙이 남겨 놓은 일의 절반에 해당하는 양의 일을 했다.

① 甲
② 乙
③ 丙
④ 丁
⑤ 戊

문 71. 다음 글과 〈상황〉을 근거로 판단할 때, 〈보기〉에서 옳은 것만을 모두 고르면?

20 민간(가) 22번

A팀과 B팀은 다음과 같이 게임을 한다. A팀과 B팀은 각각 3명으로 구성되며, 왼손잡이, 오른손잡이, 양손잡이가 각 1명씩이다. 총 5라운드에 걸쳐 가위바위보를 하며 규칙은 아래와 같다.

- 모든 선수는 1개 라운드 이상 출전하여야 한다.
- 왼손잡이는 '가위'만 내고 오른손잡이는 '보'만 내며, 양손잡이는 '바위'만 낸다.
- 각 라운드마다 가위바위보를 이긴 선수의 팀이 획득하는 점수는 다음과 같다.
  - 이긴 선수가 왼손잡이인 경우 : 2점
  - 이긴 선수가 오른손잡이인 경우 : 0점
  - 이긴 선수가 양손잡이인 경우 : 3점
- 두 팀은 1라운드를 시작하기 전에 각 라운드에 출전할 선수를 결정하여 명단을 제출한다.
- 5라운드를 마쳤을 때 획득한 총 점수가 더 높은 팀이 게임에서 승리한다.

〈상 황〉

다음은 3라운드를 마친 현재까지의 결과이다.

구분	1라운드	2라운드	3라운드	4라운드	5라운드
A팀	왼손잡이	왼손잡이	양손잡이		
B팀	오른손잡이	오른손잡이	오른손잡이		

※ 각 라운드에서 가위바위보가 비긴 경우는 없음

〈보 기〉

ㄱ. 3라운드까지 A팀이 획득한 점수와 B팀이 획득한 점수의 합은 4점이다.
ㄴ. A팀이 잔여 라운드에서 모두 오른손잡이를 출전시킨다면 B팀이 게임에서 승리한다.
ㄷ. B팀이 게임에서 승리하는 경우가 있다.

① ㄴ
② ㄷ
③ ㄱ, ㄴ
④ ㄱ, ㄷ
⑤ ㄱ, ㄴ, ㄷ

문 72. 다음 글을 근거로 판단할 때, B구역 청소를 하는 요일은?

19 민간(나) 07번

甲레스토랑은 매주 1회 휴업일(수요일)을 제외하고 매일 영업한다. 甲레스토랑의 청소시간은 영업일 저녁 9시부터 10시까지이다. 이 시간에 A구역, B구역, C구역 중 하나를 청소한다. 청소의 효율성을 위하여 청소를 한 구역은 바로 다음 영업일에는 하지 않는다. 각 구역은 매주 다음과 같이 청소한다.

- A구역 청소는 일주일에 1회 한다.
- B구역 청소는 일주일에 2회 하되, B구역 청소를 한 후 영업일과 휴업일을 가리지 않고 이틀간은 B구역 청소를 하지 않는다.
- C구역 청소는 일주일에 3회 하되, 그중 1회는 일요일에 한다.

① 월요일과 목요일
② 월요일과 금요일
③ 월요일과 토요일
④ 화요일과 금요일
⑤ 화요일과 토요일

문 73. 다음 글과 〈상황〉을 근거로 판단할 때, 출장을 함께 갈 수 있는 직원들의 조합으로 가능한 것은?

19 행시(가) 31번

A은행 B지점에서는 3월 11일 회계감사 관련 서류 제출을 위해 본점으로 출장을 가야 한다. 08시 정각 출발이 확정되어 있으며, 출발 후 B지점에 복귀하기까지 총 8시간이 소요된다. 단, 비가 오는 경우 1시간이 추가로 소요된다.

- 출장인원 중 한 명이 직접 운전하여야 하며, '운전면허 1종 보통' 소지자만 운전할 수 있다.
- 출장시간에 사내 업무가 겹치는 경우에는 출장을 갈 수 없다.
- 출장인원 중 부상자가 포함되어 있는 경우, 서류 박스 운반 지연으로 인해 30분이 추가로 소요된다.
- 차장은 책임자로서 출장인원에 적어도 한 명 포함되어야 한다.
- 주어진 조건 외에는 고려하지 않는다.

〈상 황〉

- 3월 11일은 하루 종일 비가 온다.
- 3월 11일 당직 근무는 17시 10분에 시작한다.

직원	직급	운전면허	건강상태	출장 당일 사내 업무
甲	차장	1종 보통	부상	없음
乙	차장	2종 보통	건강	17시 15분 계약업체 면담
丙	과장	없음	건강	17시 35분 고객 상담
丁	과장	1종 보통	건강	당직 근무
戊	대리	2종 보통	건강	없음

① 甲, 乙, 丙
② 甲, 丙, 丁
③ 乙, 丙, 戊
④ 乙, 丁, 戊
⑤ 丙, 丁, 戊

문 74. 다음 글을 근거로 판단할 때, 2017년 3월 인사 파견에서 선발될 직원만을 모두 고르면? 17 행시(가) 36번

• △△도청에서는 소속 공무원들의 역량 강화를 위해 정례적으로 인사 파견을 실시하고 있다.
• 인사 파견은 지원자 중 3명을 선발하여 1년간 이루어지고 파견 기간은 변경되지 않는다.
• 선발 조건은 다음과 같다.
  – 과장을 선발하는 경우 동일 부서에 근무하는 직원을 1명 이상 함께 선발한다.
  – 동일 부서에 근무하는 2명 이상의 팀장을 선발할 수 없다.
  – 과학기술과 직원을 1명 이상 선발한다.
  – 근무 평정이 70점 이상인 직원만을 선발한다.
  – 어학 능력이 '하'인 직원을 선발한다면 어학 능력이 '상'인 직원도 선발한다.
  – 직전 인사 파견 기간이 종료된 이후 2년 이상 경과하지 않은 직원을 선발할 수 없다.
• 2017년 3월 인사 파견의 지원자 현황은 다음과 같다.

직원	직위	근무 부서	근무 평정	어학 능력	직전 인사 파견 시작 시점
A	과장	과학기술과	65	중	2013년 1월
B	과장	자치행정과	75	하	2014년 1월
C	팀장	과학기술과	90	중	2014년 7월
D	팀장	문화정책과	70	상	2013년 7월
E	팀장	문화정책과	75	중	2014년 1월
F	–	과학기술과	75	중	2014년 1월
G	–	자치행정과	80	하	2013년 7월

① A, D, F
② B, D, G
③ B, E, F
④ C, D, G
⑤ D, F, G

문 75. 다음 글을 근거로 판단할 때, <보기>에서 옳은 것만을 모두 고르면? 17 행시(가) 14번

• 甲과 乙은 다음 그림과 같이 번호가 매겨진 9개의 구역을 점령하는 게임을 한다.

1	2	3
4	5	6
7	8	9

• 게임 시작 전 제비뽑기를 통해 甲은 1구역, 乙은 8구역으로 최초 점령 구역이 정해졌다.
• 甲과 乙은 가위바위보를 해서 이길 때마다, 자신이 이미 점령한 구역에 상하좌우로 변이 접한 구역 중 점령되지 않은 구역 1개를 추가로 점령하여 자신의 구역으로 만든다.
• 만약 가위바위보에서 이겨도 더 이상 자신이 점령할 수 있는 구역이 없으면 이후의 가위바위보는 모두 진 것으로 한다.
• 게임은 모든 구역이 점령될 때까지 계속되며, 더 많은 구역을 점령한 사람이 게임에서 승리한다.
• 甲과 乙은 게임에서 승리하기 위하여 최선의 선택을 한다.

<보 기>

ㄱ. 乙이 첫 번째, 두 번째 가위바위보에서 모두 이기면 게임에서 승리한다.
ㄴ. 甲이 첫 번째, 두 번째 가위바위보를 이겨서 2구역과 5구역을 점령하고, 乙이 세 번째 가위바위보를 이겨서 9구역을 점령하면, 네 번째 가위바위보를 이긴 사람이 게임에서 승리한다.
ㄷ. 甲이 첫 번째, 세 번째 가위바위보를 이겨서 2구역과 4구역을 점령하고, 乙이 두 번째 가위바위보를 이겨서 5구역을 점령하면, 게임의 승자를 결정하기 위해서는 최소 2번 이상의 가위바위보를 해야 한다.

① ㄴ
② ㄷ
③ ㄱ, ㄴ
④ ㄱ, ㄷ
⑤ ㄴ, ㄷ

06 수리퍼즐

문 76. 다음 글을 근거로 판단할 때, ㉠에 들어갈 내용으로 옳은 것은?

23 7급(인) 24번

시계수리공 甲은 고장 난 시계 A를 수리하면서 실수로 시침과 분침을 서로 바꾸어 조립하였다. 잘못 조립한 것을 모르고 있던 甲은 A에 전지를 넣어 작동시킨 후, A를 실제 시각인 정오로 맞추고 작업을 마무리하였다. 그랬더니 A의 시침은 정상일 때의 분침처럼, 분침은 정상일 때의 시침처럼 움직였다. 그 후 A가 처음으로 실제 시각을 가리킨 때는 [㉠] 사이였다.

① 오후 12시 55분 0초부터 오후 1시 정각
② 오후 1시 정각부터 오후 1시 5분 0초
③ 오후 1시 5분 0초부터 오후 1시 10분 0초
④ 오후 1시 10분 0초부터 오후 1시 15분 0초
⑤ 오후 1시 15분 0초부터 오후 1시 20분 0초

문 77. 다음 글을 근거로 판단할 때, 〈보기〉에서 옳은 것만을 모두 고르면?

22 7급(가) 18번

- 甲과 乙이 아래와 같은 방식으로 농구공 던지기 놀이를 하였다.
  - 甲과 乙은 각 5회씩 도전하고, 합계 점수가 더 높은 사람이 승리한다.
  - 2점 슛과 3점 슛을 자유롭게 선택하여 도전할 수 있으며, 성공하면 해당 점수를 획득한다.
  - 5회의 도전 중 4점 슛 도전이 1번 가능한데, '4점 도전'이라고 외친 후 뒤돌아서서 슛을 하여 성공하면 4점을 획득하고, 실패하면 1점을 잃는다.
- 甲과 乙의 던지기 결과는 다음과 같았다.

(성공 : ○, 실패 : ×)

구분	1회	2회	3회	4회	5회
甲	○	×	○	○	○
乙	○	○	×	×	○

〈보 기〉

ㄱ. 甲의 합계 점수는 8점 이상이었다.
ㄴ. 甲이 3점 슛에 2번 도전하였고 乙이 승리하였다면, 乙은 4점 슛에 도전하였을 것이다.
ㄷ. 4점 슛뿐만 아니라 2점 슛, 3점 슛에 대해서도 실패 시 1점을 차감하였다면, 甲이 승리하였을 것이다.

① ㄱ
② ㄴ
③ ㄱ, ㄴ
④ ㄱ, ㄷ
⑤ ㄴ, ㄷ

문 78. 다음 글을 근거로 판단할 때, ㉠에 해당하는 수는?

22 7급(가) 20번

甲 : 그저께 나는 만 21살이었는데, 올해 안에 만 23살이 될 거야.
乙 : 올해가 몇 년이지?
甲 : 올해는 2022년이야.
乙 : 그러면 네 주민등록번호 앞 6자리의 각 숫자를 모두 곱하면 [㉠]이구나.
甲 : 그래, 맞아!

① 0
② 81
③ 486
④ 648
⑤ 2,916

문 79. 다음 글을 근거로 판단할 때, ㉠에 해당하는 수는?

21 민간(나) 06번

> ○○부처의 주무관은 모두 20명이며, 성과등급은 4단계(S, A, B, C)로 구성된다. 아래는 ○○부처 소속 직원들의 대화 내용이다.
>
> 甲주무관 : 乙주무관 축하해! 작년에 비해 올해 성과등급이 비약적으로 올랐던데? 우리 부처에서 성과등급이 세 단계나 변한 주무관은 乙주무관 외에 없잖아.
>
> 乙주무관 : 고마워. 올해는 평가방식을 많이 바꿨다며? 작년이랑 똑같은 성과등급을 받은 주무관은 우리 부처에서 한 명밖에 없어.
>
> 甲주무관 : 그렇구나. 우리 부처에서 작년에 비해 성과등급이 한 단계 변한 주무관 수는 두 단계 변한 주무관 수의 2배라고 해.
>
> 乙주무관 : 그러면 우리 부처에서 성과등급이 한 단계 변한 주무관은 [㉠]명이네.

① 4
② 6
③ 8
④ 10
⑤ 12

문 80. 다음 글의 ㉠과 ㉡에 해당하는 수를 옳게 짝지은 것은?

21 민간(나) 15번

> 甲담당관 : 우리 부서 전 직원 57명으로 구성되는 혁신조직을 출범시켰으면 합니다.
>
> 乙주무관 : 조직은 어떻게 구성할까요?
>
> 甲담당관 : 5~7명으로 구성된 10개의 소조직을 만들되, 5명, 6명, 7명 소조직이 각각 하나 이상 있었으면 합니다. 단, 각 직원은 하나의 소조직에만 소속되어야 합니다.
>
> 乙주무관 : 그렇게 할 경우 5명으로 구성되는 소조직은 최소 [㉠]개, 최대 [㉡]개가 가능합니다.

	㉠	㉡
①	1	5
②	3	5
③	3	6
④	4	6
⑤	4	7

문 81. 다음 글을 근거로 판단할 때, 비밀번호의 둘째 자리 숫자와 넷째 자리 숫자의 합은?

20 민간(가) 19번

> 甲은 친구의 자전거를 빌려 타기로 했다. 친구의 자전거는 다이얼을 돌려 다섯 자리의 비밀번호를 맞춰야 열리는 자물쇠로 잠겨 있다. 각 다이얼은 0~9 중 하나가 표시된다. 자물쇠에 현재 표시된 숫자는 첫째 자리부터 순서대로 3-6-4-4-9이다. 친구는 비밀번호에 대해 다음과 같은 힌트를 주었다.
>
> • 비밀번호는 모두 다른 숫자로 구성되어 있다.
> • 자물쇠에 현재 표시된 모든 숫자는 비밀번호에 쓰이지 않는다.
> • 현재 짝수가 표시된 자리에는 홀수가, 현재 홀수가 표시된 자리에는 짝수가 온다. 단, 0은 짝수로 간주한다.
> • 비밀번호를 구성하는 숫자 중 가장 큰 숫자가 첫째 자리에 오고, 가장 작은 숫자가 다섯째 자리에 온다.
> • 비밀번호 둘째 자리 숫자는 현재 둘째 자리에 표시된 숫자보다 크다.
> • 서로 인접한 두 숫자의 차이는 5보다 작다.

① 7
② 8
③ 10
④ 12
⑤ 13

문 82. 다음 〈규칙〉과 〈결과〉에 근거하여 판단할 때, 甲과 乙 중 승리한 사람과 甲이 사냥한 동물의 종류 및 수량으로 가능한 조합은? 13 민간(인) 09번

〈규 칙〉

- 이동한 거리, 채집한 과일, 사냥한 동물 각각에 점수를 부여하여 합계 점수가 높은 사람이 승리하는 게임이다.
- 게임시간은 1시간이며, 주어진 시간 동안 이동을 하면서 과일을 채집하거나 사냥을 한다.
- 이동거리 1미터당 1점을 부여한다.
- 사과는 1개당 5점, 복숭아는 1개당 10점을 부여한다.
- 토끼는 1마리당 30점, 여우는 1마리당 50점, 사슴은 1마리당 100점을 부여한다.

〈결 과〉

- 甲의 합계점수는 1,590점이다. 甲은 과일을 채집하지 않고 사냥에만 집중하였으며, 총 1,400미터를 이동하는 동안 모두 4마리의 동물을 잡았다.
- 乙은 총 1,250미터를 이동했으며, 사과 2개와 복숭아 5개를 채집하였다. 또한 여우를 1마리 잡고 사슴을 2마리 잡았다.

	승리한 사람	甲이 사냥한 동물의 종류 및 수량
①	甲	토끼 3마리와 사슴 1마리
②	甲	토끼 2마리와 여우 2마리
③	乙	토끼 3마리와 여우 1마리
④	乙	토끼 2마리와 여우 2마리
⑤	乙	토끼 1마리와 사슴 3마리

문 83. 다음 〈그림〉처럼 Ⓟ가 1회 이동할 때는 선을 따라 한 칸 움직인 지점에서 우측으로 45도 꺾어서 한 칸 더 나아가는 방식으로 움직인다. 하지만 Ⓟ가 이동하려는 경로상에 장애물(☒)이 있으면 움직이지 못한다. 〈보기〉 A~E에서 Ⓟ가 3회 이하로 이동해서 위치할 수 있는 곳만을 옳게 묶은 것은? 13 민간(인) 22번

〈그 림〉

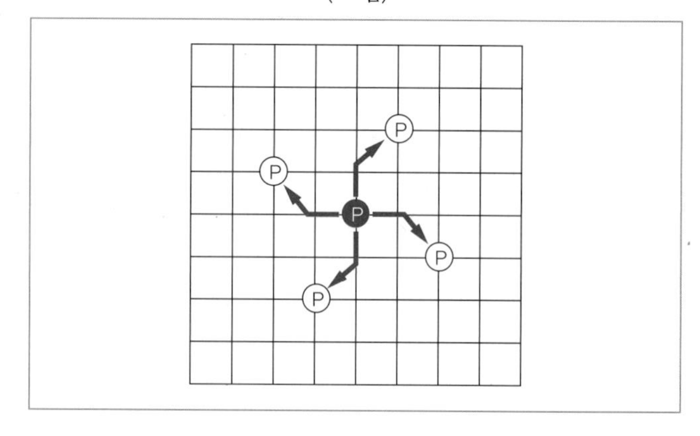

〈보 기〉

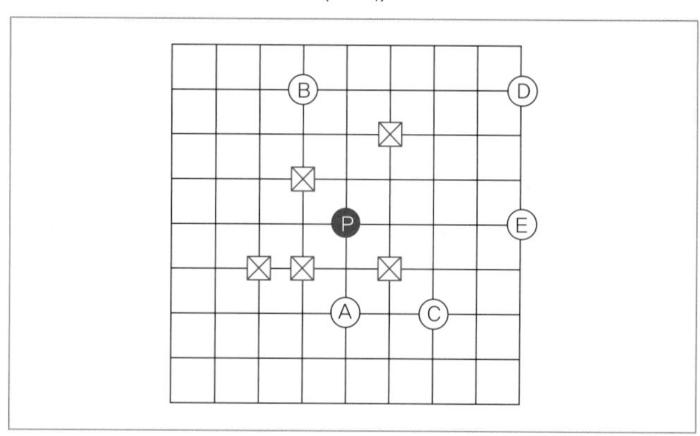

① A, B
② B, D
③ A, C, E
④ B, D, E
⑤ C, D, E

문 84. 다음 글을 근거로 판단할 때, 사자바둑기사단이 선발할 수 있는 출전선수 조합의 총 가짓수는? 16 민간(5) 10번

- 사자바둑기사단과 호랑이바둑기사단이 바둑시합을 한다.
- 시합은 일대일 대결로 총 3라운드로 진행되며, 한 명의 선수는 하나의 라운드에만 출전할 수 있다.
- 호랑이바둑기사단은 1라운드에는 甲을, 2라운드에는 乙을, 3라운드에는 丙을 출전시킨다.
- 사자바둑기사단은 라운드별로 이길 수 있는 확률이 0.6 이상이 되도록 7명의 선수(A~G) 중 3명을 선발한다.
- A~G가 甲, 乙, 丙에 대하여 이길 수 있는 확률은 다음 〈표〉와 같다.

〈표〉

선수	甲	乙	丙
A	0.42	0.67	0.31
B	0.35	0.82	0.49
C	0.81	0.72	0.15
D	0.13	0.19	0.76
E	0.66	0.51	0.59
F	0.54	0.28	0.99
G	0.59	0.11	0.64

① 18가지
② 17가지
③ 16가지
④ 15가지
⑤ 14가지

문 85. 다음 글을 근거로 판단할 때, [㉠]에 해당하는 값은?(단, 소수점 이하는 반올림한다) 14 행시(A) 04번

한 남자가 도심 거리에서 강도를 당했다. 그는 그 강도가 흑인이라고 주장했다. 그러나 사건을 담당한 재판부가 당시와 유사한 조건을 갖추고 현장을 재연했을 때, 피해자가 강도의 인종을 정확하게 인식한 비율이 80% 정도밖에 되지 않았다. 강도가 정말로 흑인일 확률은 얼마일까?

물론 많은 사람들이 그 확률은 80%라고 말할 것이다. 그러나 실제 확률은 이보다 상당히 낮을 수 있다. 인구가 1,000명인 도시를 예로 들어 생각해보자. 이 도시 인구의 90%는 백인이고 10%만이 흑인이다. 또한 강도짓을 할 가능성은 두 인종 모두 10%로 동일하며, 피해자가 백인을 흑인으로 잘못 보거나 흑인을 백인으로 잘못 볼 가능성은 20%로 똑같다고 가정한다. 이 같은 전제가 주어졌을 때, 실제 흑인강도 10명 가운데 (　)명만 정확히 흑인으로 인식될 수 있으며, 실제 백인강도 90명 중 (　)명은 흑인으로 오인된다. 따라서 흑인으로 인식된 (　)명 가운데 (　)명만이 흑인이므로, 피해자가 범인이 흑인이라는 진술을 했을 때 그가 실제로 흑인에게 강도를 당했을 확률은 겨우 (　)분의 (　), 즉 약 [㉠]%에 불과하다.

① 18
② 21
③ 26
④ 31
⑤ 36

문 86. 다음 글을 근거로 판단할 때, 〈보기〉에서 옳은 것만을 모두 고르면? 15 행시(인) 35번

甲은 정육면체의 각 면에 점을 새겨 게임 도구를 만들려고 한다. 게임 도구는 다음의 규칙에 따라 만든다.
• 정육면체의 모든 면에는 반드시 점을 1개 이상 새겨야 한다.
• 한 면에 새기는 점의 수가 6개를 넘어서는 안 된다.
• 각 면에 새기는 점의 수가 반드시 달라야 할 필요는 없다.

〈보 기〉

ㄱ. 정육면체에 새긴 점의 총 수가 10개라면 점 6개를 새긴 면은 없다.
ㄴ. 정육면체에 새긴 점의 총 수가 21개인 방법은 1가지밖에 없다.
ㄷ. 정육면체에 새긴 점의 총 수가 24개라면 각 면에 새긴 점의 수는 모두 다르다.
ㄹ. 정육면체에 새긴 점의 총 수가 20개라면 3개 이하의 점을 새긴 면이 4개 이상이어야 한다.

① ㄱ
② ㄱ, ㄴ
③ ㄴ, ㄷ
④ ㄷ, ㄹ
⑤ ㄱ, ㄷ, ㄹ

문 87. 甲, 乙, 丙, 丁이 공을 막대기로 쳐서 구멍에 넣는 경기를 하였다. 다음 〈규칙〉과 〈경기결과〉에 근거하여 판단할 때, 〈보기〉에서 옳은 것을 모두 고르면? 13 행시(인) 13번

〈규 칙〉

• 경기 참가자는 시작점에 있는 공을 막대기로 쳐서 구멍 안에 넣어야 한다. 참가자에게는 최대 3회의 기회가 주어지며, 공을 넣거나 3회의 기회를 다 사용하면 한 라운드가 종료된다.
• 첫 번째 시도에서 공을 넣으면 5점, 두 번째 시도에서 공을 넣으면 2점, 세 번째 시도에서 공을 넣으면 0점을 얻게 되며, 세 번째 시도에서도 공을 넣지 못하면 −3점을 얻게 된다.
• 총 2라운드를 진행하여 각 라운드에서 획득한 점수를 합산하여 높은 점수를 획득한 참가자 순서대로 우승, 준우승, 3등, 4등으로 결정한다.
• 만일 경기결과 동점이 나올 경우, 1라운드 고득점 순으로 동점자의 순위를 결정한다.

〈경기결과〉

아래는 네 명이 각 라운드에서 공을 넣기 위해 시도한 횟수를 표시하고 있다.

구분	1라운드	2라운드
甲	3회	3회
乙	2회	3회
丙	2회	2회
丁	1회	3회

〈보 기〉

ㄱ. 甲은 다른 선수의 경기결과에 따라 3등을 할 수 있다.
ㄴ. 乙은 다른 선수의 경기결과에 따라 준우승을 할 수 있다.
ㄷ. 丙이 우승했다면 1라운드와 2라운드 합쳐서 네 명이 구멍 안에 넣은 공은 최소 5개 이상이다.
ㄹ. 丁이 우승했다면 획득한 점수는 5점이다.

① ㄱ, ㄷ
② ㄴ, ㄷ
③ ㄱ, ㄹ
④ ㄱ, ㄴ, ㄹ
⑤ ㄴ, ㄷ, ㄹ

문 88. 다음 글을 근거로 판단할 때, 〈보기〉에서 옳은 것만을 모두 고르면? 18 행시(나) 31번

甲, 乙, 丙이 바둑돌을 손가락으로 튕겨서 목표지점에 넣는 게임을 한다. 게임은 총 5라운드까지 진행하며, 라운드마다 바둑돌을 목표지점에 넣을 때까지 손가락으로 튕긴 횟수를 해당 라운드의 점수로 한다. 각 라운드의 점수가 가장 낮은 사람이 해당 라운드의 1위가 되며, 모든 라운드의 점수를 합산하여 그 값이 가장 작은 사람이 게임에서 우승한다.

아래의 표는 라운드별로 甲, 乙, 丙의 점수를 기록한 것이다. 4라운드와 5라운드의 결과는 실수로 지워졌는데, 그 중 한 라운드에서는 甲, 乙, 丙 모두 점수가 같았고, 다른 한 라운드에서는 바둑돌을 한 번 튕겨서 목표지점에 넣은 사람이 있었다.

구분	1라운드	2라운드	3라운드	4라운드	5라운드	점수 합
甲	2	4	3			16
乙	5	4	2			17
丙	5	2	6			18

〈보 기〉

ㄱ. 4라운드와 5라운드만을 합하여 바둑돌을 튕긴 횟수가 가장 많은 사람은 甲이다.
ㄴ. 바둑돌을 한 번 튕겨서 목표지점에 넣은 사람은 乙이다.
ㄷ. 丙의 점수는 라운드마다 달랐다.
ㄹ. 만약 각 라운드에서 단독으로 1위를 한 횟수가 가장 많은 사람이 우승하는 것으로 규칙을 변경한다면, 丙이 우승한다.

① ㄱ, ㄴ
② ㄱ, ㄷ
③ ㄴ, ㄹ
④ ㄱ, ㄷ, ㄹ
⑤ ㄴ, ㄷ, ㄹ

문 89. 다음 글을 근거로 판단할 때, 〈보기〉에서 옳은 것만을 모두 고르면? 18 행시(나) 33번

- 甲과 乙은 책의 쪽 번호를 이용한 점수 게임을 한다.
- 책을 임의로 펼쳐서 왼쪽 면 쪽 번호의 각 자리 숫자를 모두 더하거나 모두 곱해서 나오는 결과와 오른쪽 면 쪽 번호의 각 자리 숫자를 모두 더하거나 모두 곱해서 나오는 결과 중에 가장 큰 수를 본인의 점수로 한다.
- 점수가 더 높은 사람이 승리하고, 같은 점수가 나올 경우 무승부가 된다.
- 甲과 乙이 가진 책의 시작 면은 1쪽이고, 마지막 면은 378쪽이다. 책을 펼쳤을 때 왼쪽 면이 짝수, 오른쪽 면이 홀수 번호이다.
- 시작 면이나 마지막 면이 나오게 책을 펼치지는 않는다.

※ 1) 쪽 번호가 없는 면은 존재하지 않음
2) 두 사람은 항상 서로 다른 면을 펼침

〈보 기〉

ㄱ. 甲이 98쪽과 99쪽을 펼치고, 乙은 198쪽과 199쪽을 펼치면 乙이 승리한다.
ㄴ. 甲이 120쪽과 121쪽을 펼치고, 乙은 210쪽과 211쪽을 펼치면 무승부이다.
ㄷ. 甲이 369쪽을 펼치면 반드시 승리한다.
ㄹ. 乙이 100쪽을 펼치면 승리할 수 없다.

① ㄱ, ㄴ
② ㄱ, ㄷ
③ ㄱ, ㄹ
④ ㄴ, ㄷ
⑤ ㄴ, ㄹ

문 90. 다음 글을 근거로 판단할 때, 〈보기〉에서 철수가 구매한 과일바구니를 확실히 맞힐 수 있는 사람만을 모두 고르면?

19 행시(가) 13번

- 철수는 아래 과일바구니(A~E) 중 하나를 구매하였다.
- 甲, 乙, 丙, 丁은 각자 철수에게 두 가지 질문을 하여 대답을 듣고 철수가 구매한 과일바구니를 맞히려 한다.
- 모든 사람은 〈과일바구니 종류〉와 〈과일의 무게 및 색깔〉을 정확히 알고 있으며, 철수는 거짓말을 하지 않는다.

〈과일바구니 종류〉

종류	바구니 색깔	바구니 구성
A	빨강	사과 1개, 참외 2개, 메론 1개
B	노랑	사과 1개, 참외 1개, 귤 2개, 오렌지 1개
C	초록	사과 2개, 참외 2개, 귤 1개
D	주황	참외 1개, 귤 2개
E	보라	사과 1개, 참외 1개, 귤 1개, 오렌지 1개

〈과일의 무게 및 색깔〉

구분	사과	참외	메론	귤	오렌지
무게	200g	300g	1,000g	100g	150g
색깔	빨강	노랑	초록	주황	주황

〈보 기〉

甲 : 바구니에 들어 있는 과일이 모두 몇 개니? 바구니에 들어 있는 과일의 무게를 모두 합치면 1kg 이상이니?

乙 : 바구니의 색깔과 같은 색깔의 과일이 포함되어 있니? 바구니에 들어 있는 과일이 모두 몇 개니?

丙 : 바구니에 들어 있는 과일이 모두 몇 개니? 바구니에 들어 있는 과일의 종류가 모두 다르니?

丁 : 바구니에 들어 있는 과일의 종류가 모두 다르니? 바구니에 들어 있는 과일의 무게를 모두 합치면 1kg 이상이니?

① 甲, 乙
② 甲, 丁
③ 乙, 丙
④ 甲, 乙, 丁
⑤ 乙, 丙, 丁

07 계산형

문 91. 다음 글과 〈상황〉을 근거로 판단할 때, 甲에게 배정되는 금액은?

23 7급(인) 17번

A부서는 소속 직원에게 원격지 전보에 따른 이전여비를 지원한다. A부서는 다음과 같은 지침에 따라 지원액을 배정하고자 한다.

- 지원액 배정 지침
  - 이전여비 지원 예산 총액 : 160만 원
  - 심사를 통해 원격지 전보에 해당하는 신청자만 배정대상자로 함
  - 예산 한도 내에서 지원 가능한 최대의 금액 배정
  - 배정대상자 신청액의 합이 지원 예산 총액을 초과할 경우에는 각 배정대상자의 '신청액 대비 배정액 비율'이 모두 같도록 삭감하여 배정

〈상 황〉

다음은 이전여비 지원을 신청한 A부서 직원 甲~戊의 신청액과 원격지 전보 해당 여부이다.

구분	이전여비 신청액(원)	원격지 전보 해당 여부
甲	700,000	해당
乙	400,000	해당하지 않음
丙	500,000	해당
丁	300,000	해당
戊	500,000	해당

① 525,000원
② 560,000원
③ 600,000원
④ 620,000원
⑤ 630,000원

문 92. 다음 글과 〈상황〉을 근거로 판단할 때, 올해 말 A검사국이 인사부서에 증원을 요청할 인원은? 22 7급(가) 21번

농식품 품질 검사를 수행하는 A검사국은 매년 말 다음과 같은 기준에 따라 인사부서에 인력 증원을 요청한다.

- 다음 해 A검사국의 예상 검사 건수를 모두 검사하는 데 필요한 최소 직원 수에서 올해 직원 수를 뺀 인원을 증원 요청한다.
- 직원별로 한 해 동안 수행할 수 있는 최대 검사 건수는 매년 정해지는 '기준 검사 건수'에서 아래와 같이 차감하여 정해진다.
  - 국장은 '기준 검사 건수'의 100%를 차감한다.
  - 사무 처리 직원은 '기준 검사 건수'의 100%를 차감한다.
  - 국장 및 사무 처리 직원을 제외한 모든 직원은 매년 근무시간 중에 품질 검사 교육을 이수해야 하므로, '기준 검사 건수'의 10%를 차감한다.
  - 과장은 '기준 검사 건수'의 50%를 추가 차감한다.

〈상 황〉

- 올해 A검사국에는 국장 1명, 과장 9명, 사무 처리 직원 10명을 포함하여 총 100명의 직원이 있다.
- 내년에도 국장, 과장, 사무 처리 직원의 수는 올해와 동일하다.
- 올해 '기준 검사 건수'는 100건이나, 내년부터는 검사 품질 향상을 위해 90건으로 하향 조정한다.
- A검사국의 올해 검사 건수는 현 직원 모두가 한 해 동안 수행할 수 있는 최대 검사 건수와 같다.
- 내년 A검사국의 예상 검사 건수는 올해 검사 건수의 120%이다.

① 10명
② 14명
③ 18명
④ 21명
⑤ 28명

문 93. 다음 글을 근거로 판단할 때, 〈보기〉에서 옳은 것만을 모두 고르면? 21 민간(나) 9번

A부처는 CO_2 배출량 감소를 위해 전기와 도시가스 사용을 줄이는 가구를 대상으로 CO_2 배출 감소량에 비례하여 현금처럼 사용할 수 있는 포인트를 지급하는 제도를 시행하고 있다. 전기는 5kWh, 도시가스는 $1m^3$를 사용할 때 각각 2kg의 CO_2가 배출되며, 전기 1kWh당 사용 요금은 20원, 도시가스 $1m^3$당 사용 요금은 60원이다.

〈보 기〉

ㄱ. 매월 전기 요금과 도시가스 요금을 각각 1만 2천 원씩 부담하는 가구는 전기 사용으로 인한 월 CO_2 배출량이 도시가스 사용으로 인한 월 CO_2 배출량보다 적다.
ㄴ. 매월 전기 요금을 5만 원, 도시가스 요금을 3만 원 부담하는 가구는 전기와 도시가스 사용에 따른 월 CO_2 배출량이 동일하다.
ㄷ. 전기 1kWh를 절약한 가구는 도시가스 $1m^3$를 절약한 가구보다 많은 포인트를 지급받는다.

① ㄱ
② ㄷ
③ ㄱ, ㄴ
④ ㄴ, ㄷ
⑤ ㄱ, ㄴ, ㄷ

문 94. 다음 〈상황〉과 〈기준〉을 근거로 판단할 때, A기관이 원천징수 후 甲에게 지급하는 금액은? 20 민간(가) 18번

〈상 황〉

○○국 A기관은 甲을 '지역경제 활성화 위원회'의 외부위원으로 위촉하였다. 甲은 2020년 2월 24일 오후 2시부터 5시까지 위원회에 참석해서 지역경제 활성화와 관련한 내용을 슬라이드 20면으로 발표하였다. A기관은 아래 〈기준〉에 따라 甲에게 해당 위원회 참석수당과 원고료를 지급한다.

〈기 준〉

• 참석수당 지급기준액

구분	단가
참석수당	• 기본료(2시간) : 100,000원 • 2시간 초과 후 1시간마다 50,000원

• 원고료 지급기준액

구분	단가
원고료	10,000원 / A4 1면

※ 슬라이드 2면을 A4 1면으로 함

• 위원회 참석수당 및 원고료는 기타소득이다.
• 위원회 참석수당 및 원고료는 지급기준액에서 다음과 같은 기타소득세와 주민세를 원천징수하고 지급한다.
  – 기타소득세 : (지급기준액 – 필요경비) × 소득세율(20%)
  – 주민세 : 기타소득세 × 주민세율(10%)

※ 필요경비는 지급기준액의 60%로 함

① 220,000원
② 228,000원
③ 256,000원
④ 263,000원
⑤ 270,000원

문 95. 甲, 乙, 丙, 丁이 다음과 같은 경기를 하였을 때, 평균속력이 가장 빠른 사람부터 순서대로 나열한 것은? 12 민간(인) 19번

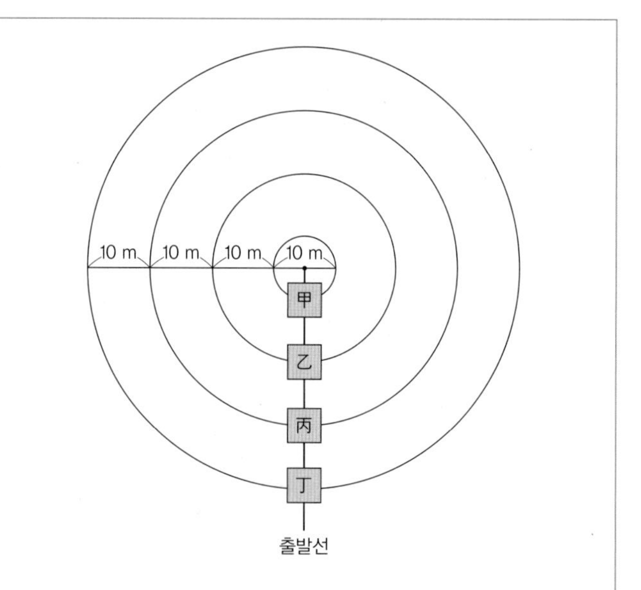

• 甲, 乙, 丙, 丁은 동심원인 위의 그림과 같이 일직선상의 출발선에서 경기를 시작한다.
• 甲, 乙, 丙, 丁은 위의 경기장에서 각자 자신에게 정해진 원 위를 10분 동안 걷는다.
• 甲, 乙, 丙, 丁은 정해진 원 이외의 다른 원으로 넘어갈 수 없다.
• 甲, 乙, 丙, 丁이 10분 동안에 각자 걸었던 거리는 다음과 같다.

甲	乙	丙	丁
7바퀴	5바퀴	3바퀴	1바퀴

① 乙, 丙, 甲, 丁
② 丙, 乙, 丁, 甲
③ 乙=丙, 甲=丁
④ 甲, 丁=乙, 丙
⑤ 甲, 丁, 乙, 丙

문 96. 다음 글을 근거로 판단할 때, 〈보기〉에서 옳은 것만을 모두 고르면? 19 민간(나) 08번

甲은 결혼 준비를 위해 스튜디오 업체(A, B), 드레스 업체(C, D), 메이크업 업체(E, F)의 견적서를 각각 받았는데, 최근 생긴 B업체만 정가에서 10% 할인한 가격을 제시하였다. 아래 〈표〉는 각 업체가 제시한 가격의 총액을 계산한 결과이다(단, A~F 각 업체의 가격은 모두 상이하다).

〈표〉

스튜디오	드레스	메이크업	총액
A	C	E	76만 원
이용 안 함	C	F	58만 원
A	D	E	100만 원
이용 안 함	D	F	82만 원
B	D	F	127만 원

〈보 기〉

ㄱ. A업체 가격이 26만 원이라면, E업체 가격이 F업체 가격보다 8만 원 비싸다.
ㄴ. B업체의 할인 전 가격은 50만 원이다.
ㄷ. C업체 가격이 30만 원이라면, E업체 가격은 28만 원이다.
ㄹ. D업체 가격이 C업체 가격보다 26만 원 비싸다.

① ㄱ
② ㄴ
③ ㄷ
④ ㄴ, ㄷ
⑤ ㄷ, ㄹ

문 97. 다음 글을 근거로 판단할 때, 甲이 지불할 관광비용은? 19 행시(가) 28번

• 甲은 경복궁에서 시작하여 서울시립미술관, 서울타워 전망대, 국립중앙박물관까지 관광하려 한다. '경복궁 → 서울시립미술관'은 도보로, '서울시립미술관 → 서울타워 전망대' 및 '서울타워 전망대 → 국립중앙박물관'은 각각 지하철로 이동해야 한다.
• 입장료 및 지하철 요금

경복궁	서울시립 미술관	서울타워 전망대	국립중앙 박물관	지하철
1,000원	5,000원	10,000원	1,000원	1,000원

※ 지하철 요금은 거리에 관계없이 탑승할 때마다 일정하게 지불하며, 도보 이동 시에는 별도 비용 없음

• 관광비용은 입장료, 지하철 요금, 상품가격의 합산액이다.
• 甲은 관광비용을 최소화하고자 하며, 甲이 선택할 수 있는 상품은 다음 세 가지 중 하나이다.

상품	가격	혜택				
		경복궁	서울 시립 미술관	서울 타워 전망대	국립 중앙 박물관	지하철
스마트 교통 카드	1,000원	–	–	50% 할인	–	당일 무료
시티 투어A	3,000원	30% 할인	30% 할인	30% 할인	30% 할인	당일 무료
시티 투어B	5,000원	무료	–	무료	무료	–

① 11,000원
② 12,000원
③ 13,000원
④ 14,900원
⑤ 19,000원

문 98. 다음 글과 〈2014년 아동안전지도 제작 사업 현황〉을 근거로 판단할 때, 〈보기〉에서 옳은 것만을 모두 고르면?

15 행시(인) 32번

가. 아동안전지도 제작은 학교 주변의 위험 · 안전환경 요인을 초등학생들이 직접 조사하여 지도화하는 체험교육과정이다. 관할행정청은 각 시 · 도 관내 초등학교의 30% 이상이 아동안전지도를 제작하도록 권장하는 사업을 실시하고 있다.

나. 각 초등학교는 1개의 아동안전지도를 제작하며, 이 지도를 활용하여 학교 주변의 위험환경을 개선한 경우 '환경개선학교'로 등록된다.

다. 1년 동안의 아동안전지도 제작 사업을 평가하기 위한 평가점수 산식은 다음과 같다.

평가점수=학교참가도×0.6+환경개선도×0.4

- 학교참가도 $=\frac{\text{제작학교 수}}{\text{관내 초등학교 수}\times 0.3}\times 100$

※ 단, 학교참가도가 100을 초과하는 경우 100으로 간주함

- 환경개선도 $=\frac{\text{환경개선학교 수}}{\text{제작학교 수}}\times 100$

〈2014년 아동안전지도 제작 사업 현황〉

(단위 : 개)

시	관내 초등학교 수	제작학교 수	환경개선학교 수
A	50	12	9
B	70	21	21
C	60	20	15

〈보 기〉

ㄱ. A시와 C시의 환경개선도는 같다.
ㄴ. 아동안전지도 제작 사업 평가점수가 가장 높은 시는 C시이다.
ㄷ. 2014년에 A시 관내 3개 초등학교가 추가로 아동안전지도를 제작했다면, A시와 C시의 학교참가도는 동일했을 것이다.

① ㄱ
② ㄴ
③ ㄷ
④ ㄱ, ㄴ
⑤ ㄱ, ㄷ

문 99. 다음 글을 근거로 판단할 때, 〈보기〉에서 옳은 것만을 모두 고르면?

18 행시(나) 17번

- 甲회사는 A기차역에 도착한 전체 관객을 B공연장까지 버스로 수송해야 한다.
- 이때 甲회사는 아래 표와 같이 콘서트 시작 4시간 전부터 1시간 단위로 전체 관객 대비 A기차역에 도착하는 관객의 비율을 예측하여 버스를 운행하고자 한다. 단, 콘서트 시작 시간까지 관객을 모두 수송해야 한다.

시각	전체 관객 대비 비율(%)
콘서트 시작 4시간 전	a
콘서트 시작 3시간 전	b
콘서트 시작 2시간 전	c
콘서트 시작 1시간 전	d
계	100

- 전체 관객 수는 40,000명임
- 버스는 한 번에 대당 최대 40명의 관객을 수송함
- 버스가 A기차역과 B공연장 사이를 왕복하는 데 걸리는 시간은 6분임

※ 관객의 버스 승 · 하차 및 공연장 입 · 퇴장에 소요되는 시간은 고려하지 않음

〈보 기〉

ㄱ. a=b=c=d=25라면, 甲회사가 전체 관객을 A기차역에서 B공연장으로 수송하는 데 필요한 버스는 최소 20대이다.
ㄴ. a=10, b=20, c=30, d=40이라면, 甲회사가 전체 관객을 A기차역에서 B공연장으로 수송하는 데 필요한 버스는 최소 40대이다.
ㄷ. 만일 콘서트가 끝난 후 2시간 이내에 전체 관객을 B공연장에서 A기차역까지 버스로 수송해야 한다면, 이때 甲회사에게 필요한 버스는 최소 50대이다.

① ㄱ
② ㄴ
③ ㄱ, ㄴ
④ ㄱ, ㄷ
⑤ ㄴ, ㄷ

문 100. 다음 글을 근거로 판단할 때, 甲이 구매하게 될 차량은?

18 행시(나) 29번

甲은 아내 그리고 자녀 둘과 함께 총 4명이 장거리 이동이 가능하도록 배터리 완전충전 시 주행거리가 200km 이상인 전기자동차 1대를 구매하려고 한다. 구매와 동시에 집 주차장에 배터리 충전기를 설치하려고 하는데, 배터리 충전시간(완속 기준)이 6시간을 초과하지 않으면 완속 충전기를, 6시간을 초과하면 급속 충전기를 설치하려고 한다.

한편 정부는 전기자동차 활성화를 위하여 전기자동차 구매 보조금을 구매와 동시에 지원하고 있는데, 승용차는 2,000만 원, 승합차는 1,000만 원을 지원하고 있다. 승용차 중 경차는 1,000만 원을 추가로 지원한다. 배터리 충전기에 대해서는 완속 충전기에 한하여 구매 및 설치 비용을 구매와 동시에 전액 지원하며, 2,000만 원이 소요되는 급속 충전기의 구매 및 설치 비용은 지원하지 않는다.

이러한 상황을 감안하여 甲은 차량 A~E 중에서 실구매 비용(충전기 구매 및 설치 비용 포함)이 가장 저렴한 차량을 선택하려고 한다. 단, 실구매 비용이 동일할 경우에는 아래의 '점수 계산 방식'에 따라 점수가 가장 높은 차량을 구매하려고 한다.

차량	A	B	C	D	E
최고속도 (km/h)	130	100	120	140	120
완전충전 시 주행거리 (km)	250	200	250	300	300
충전시간 (완속 기준)	7시간	5시간	8시간	4시간	5시간
승차 정원	6명	8명	2명	4명	5명
차종	승용	승합	승용 (경차)	승용	승용
가격(만 원)	5,000	6,000	4,000	8,000	8,000

• 점수 계산 방식
- 최고속도가 120km/h 미만일 경우에는 120km/h를 기준으로 10km/h가 줄어들 때마다 2점씩 감점
- 승차 정원이 4명을 초과할 경우에는 초과인원 1명당 1점씩 가점

① A
② B
③ C
④ D
⑤ E

훌륭한 가정만한 학교가 없고,

덕이 있는 부모만한 스승은 없다.

– 마하트마 간디 –

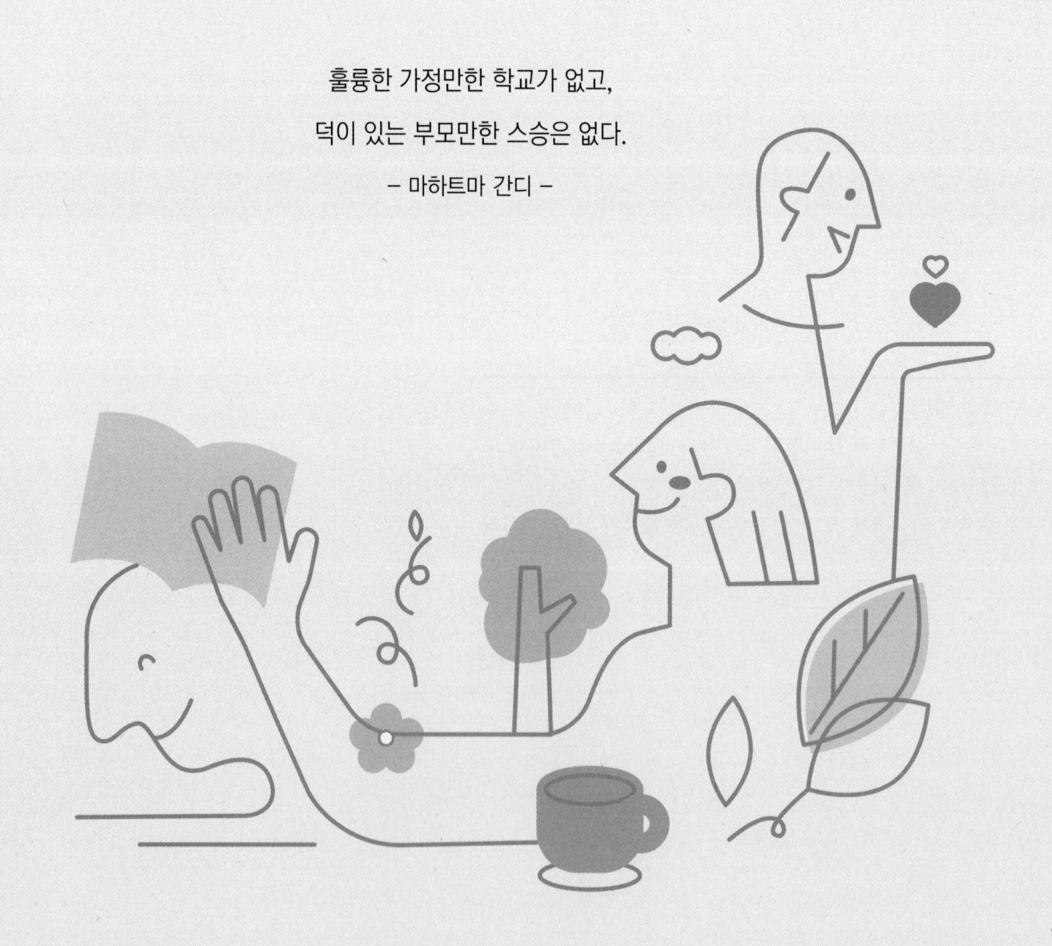

PSAT

PART 3

기출심화 모의고사

기출심화 모의고사

제1과목 언어논리

문 1. **다음 글의 내용과 부합하지 않는 것은?**

정부는 공공사업 수립 · 추진 과정에서 사회적 갈등이 예상되는 경우 갈등영향분석을 통해 해결책을 마련하여야 한다. 갈등은 다양한 요인 및 양태 그리고 복잡한 이해관계를 갖고 있다. 따라서 갈등영향분석의 실시 여부는 공공사업의 규모, 유형, 사업 관련 이해집단의 분포 등 다양한 지표들을 고려하여 판단하여야 한다.

갈등영향분석 실시 여부의 대표적인 판단 지표 중 하나는 실시 대상 사업의 경제적 규모이다. 해당 사업을 수행하는 기관장은 예비타당성 조사 실시 기준인 총사업비를 판단 지표로 활용하여 갈등영향분석의 실시 여부를 판단하되, 그 경제적 규모가 실시 기준 이상이라도 갈등 발생 여지가 없거나 미미한 경우에는 갈등관리심의위원회 심의를 거쳐 갈등영향분석을 실시하지 않을 수 있다.

실시 대상 사업의 유형도 갈등영향분석 실시 여부의 판단 지표가 된다. 쓰레기 매립지, 핵폐기물처리장 등 기피 시설의 입지 선정은 지역사회 갈등을 유발하는 대표적 유형이다. 이러한 사업 유형은 경제적 규모와 관계없이 반드시 갈등영향분석이 이루어져야 한다. 해당 사업을 수행하는 기관장은 대상 시설이 기피 시설인지 여부를 판단할 때, 단독으로 판단하지 말고 지역 주민 관점에서 검토할 수 있도록 민간 갈등관리전문가 등의 자문을 거쳐야 한다.

갈등영향분석을 시행하기로 결정했다면, 해당 사업을 수행하는 기관장 주관으로, 갈등관리심의위원회의 자문을 거쳐 해당 사업과 관련된 주요 이해당사자들이 중립적이라고 인정하는 전문가가 갈등영향분석서를 작성하여야 한다. 이렇게 작성된 갈등영향분석서는 반드시 모든 이해당사자들의 회람 후에 해당 기관장에게 보고되고 갈등관리심의위원회에서 심의되어야 한다.

① 정부가 갈등영향분석 실시 여부를 판단할 때 예비타당성 조사 실시 기준인 총사업비를 판단 지표로 활용한다.
② 기피 시설 여부를 판단할 때 해당 사업을 수행하는 기관장이 별도 절차 없이 단독으로 판단해서는 안 된다.
③ 갈등영향분석서는 정부가 주관하여 중립적 전문가의 자문하에 해당 기관장이 작성하여야 한다.
④ 갈등영향분석서를 작성한 후에는 이해당사자가 회람하는 절차가 있어야 한다.
⑤ 갈등관리심의위원회는 갈등영향분석 실시 여부의 판단에 관여할 수 있다.

문 2. **다음 글에서 알 수 있는 것은?**

'인간'이란 말의 의미는 '호모 속(屬)에 속하는 동물'이고, 호모 속에는 사피엔스 외에도 여타의 종(種)이 존재했다. 불을 가졌던 사피엔스는 선조들에 비해 치아와 턱이 작았고 뇌의 크기는 우리와 비슷한 수준이었다. 사피엔스는 7만 년 전 아라비아 반도로 퍼져나갔고, 이후 다른 지역으로 급속히 퍼져나가 번성했다. 기술과 사회성이 뛰어난 사피엔스는 이미 그 지역에 정착해 있었던 다른 종의 인간들을 멸종시키기 시작하였다.

사피엔스의 확산은 인지혁명 덕분이었다. 이 혁명은 약 7만 년 전부터 3만 년 전 사이에 출현한 사고방식의 변화와 의사소통 방식의 변화를 가리킨다. 이와 같은 변화의 중심에는 그들의 언어가 있었다. 그렇다면, 사피엔스의 언어에 어떤 특별한 점이 있었기에 그들이 세계를 정복할 수 있었을까?

사피엔스는 제한된 개수의 소리와 기호를 연결해 각기 다른 의미를 지닌 무한한 개수의 문장을 만들 수 있었다. 곧 그들의 언어는 유연성을 지녔다. 이로써 그들은 자기 주변 환경에 대한 막대한 양의 정보를 공유할 수 있었다. 사피엔스가 다른 종의 인간들을 내몰 수 있었던 까닭이 공유된 정보의 양 때문이었다는 이론이 널리 알려져 있기는 하다. 그러나 공유된 정보의 양이 성공의 직접적 원인은 아니라는 이론 또한 존재한다. 이에 따르면 사피엔스가 세계를 정복할 수 있었던 원인은 오히려 그들의 언어가 사회적 협력을 다른 언어보다 더 원활하게 해주었다는 데 있다. 사피엔스는 주변 환경에 대한 담화를 할 수 있었을 뿐 아니라 다른 사회 구성원에 대한 담화도 할 수 있었다. 그런 담화는 상호간의 관계를 더욱 긴밀하게 했고 협력을 증진시켰다. 작은 무리의 사피엔스는 이렇게 더욱 긴밀한 협력 관계를 유지할 수 있었다.

위의 두 이론, 곧 유연성 이론과 담화 이론은 사피엔스의 정복을 부분적으로는 설명해 줄 수 있을 것이다. 하지만 그 직접적 원인은 그들이 사용한 언어만이 존재하지도 않는 것에 대한 정보를 공유할 수 있게끔 해주었다는 데 있다. 직접 보거나 만지거나 냄새 맡지 못한 것에 대해 이야기할 수 있었던 존재는 사피엔스뿐이었다. 그들이 지닌 언어의 이와 같은 특성 때문에 사피엔스는 개인적인 상상을 집단적으로 공유할 수 있게 되었으며 공통의 신화들을 짜낼 수 있었다. 그 덕분에 그들의 사회는 서로 모르는 구성원들 사이에서도 협력 관계를 유지하고 복잡한 거대 사회로 발전될 수 있었다.

① 사피엔스의 뇌 크기는 인지혁명 이후에야 현재 인류의 그것과 비슷해졌다.
② 유연성 이론과 담화 이론에 따르면 공유한 정보의 양이 사피엔스 성공의 직접적 원인이었다.
③ 사피엔스가 다른 인간 종을 몰아내기 시작한 것은 그들이 이주를 시도한 때부터 약 4만 년 후였다.
④ 담화 이론에 따르면, 자기 주변 환경에 대한 정보가 사회 구성원들에 대한 정보보다 사피엔스에게 더 중요하였다.
⑤ 사피엔스가 다른 인간 종을 멸종시킬 수 있었던 원인은 상상이나 신화와 같은 허구를 사회적으로 공유할 수 있는 능력에 있었다.

문 3. 다음 글에서 추론할 수 있는 것만을 〈보기〉에서 모두 고르면?

> 갑 : 조(粗)출생률은 인구 1천 명당 출생아 수를 의미합니다. 조출생률은 인구 규모가 상이한 지역이나 시점 간의 출산 수준을 간편하게 비교할 때 유용한 지표입니다. 예를 들어, 2016년에 세종시보다 인구 규모가 훨씬 큰 경기도의 출생아 수는 10만 5천 명으로 세종시의 3천 명보다 많지만, 조출생률은 경기도가 8.4명이고 세종시는 14.6명입니다. 출산 수준은 세종시가 더 높다는 의미입니다.
> 을 : 그렇군요. 그럼 합계 출산율은 무엇인가요?
> 갑 : 합계 출산율은 여성 한 명이 평생 동안 낳을 것으로 예상되는 출생아 수를 의미합니다. 여성이 실제 평생 동안 낳은 아이 수를 측정하는 것은 가임 기간 35년이 지나야 산출할 수 있다는 문제가 있습니다. 이에 비해 합계 출산율은 여성 1명이 출산 가능한 시기를 15세부터 49세까지로 가정하고 그 사이의 각 연령대 출산율을 모두 합해서 얻습니다. 15~19세 연령대 출산율은 한 해 동안 15~19세 여성에게서 태어난 출생아 수를 15~19세 여성의 수로 나눈 수치인데, 15~19세부터 45~49세까지 7개 구간 각각의 연령대 출산율을 모두 합한 것이 합계 출산율입니다. 합계 출산율은 한 여성이 가임 기간 내내 특정 시기의 연령대 출산율 패턴을 그대로 따른다는 가정을 전제로 산출하므로 실제 출산 현실과 차이가 있을 수 있습니다.
> 을 : 그렇다면 조출생률과 합계 출산율을 구별하는 이유가 뭐죠?
> 갑 : 조출생률과 달리 합계 출산율은 성비 및 연령 구조에 따른 출산 수준의 차이를 표준화할 수 있는 장점이 있습니다. 예를 들어, 이스라엘의 합계 출산율은 3.0인 반면 남아프리카공화국은 2.5 가량입니다. 하지만 조출생률은 거의 비슷하지요. 이것은 남아프리카공화국의 경우 전체 인구 대비 젊은 여성의 비율이 이스라엘보다 높기 때문입니다.

〈보 기〉

ㄱ. 조출생률을 계산할 때는 전체 인구 대비 여성의 비율은 고려하지 않는다.
ㄴ. 두 나라가 인구수와 조출생률에 차이가 없다면 각 나라의 합계 출산율에는 차이가 없다.
ㄷ. 합계 출산율은 한 명의 여성이 일생 동안 출산한 출생아의 수를 집계한 자료를 바탕으로 산출한다.

① ㄱ
② ㄴ
③ ㄱ, ㄷ
④ ㄴ, ㄷ
⑤ ㄱ, ㄴ, ㄷ

문 4. 다음 글의 ㉠에 근거한 추론으로 옳은 것만을 〈보기〉에서 모두 고르면?

우리는 믿음과 관련하여 여러 종류의 태도를 가질 수 있다. 예를 들어, 우리는 내일 비가 온다는 명제가 참이라고 믿을 수도 있고, 거짓이라고 믿을 수도 있다. 또한 그 명제가 참이라고 믿지도 않고 거짓이라고 믿지도 않을 수 있다. 이렇게 거칠게 세 가지 종류로만 구분된 믿음 태도는 '거친 믿음 태도'라고 불린다.

한편, 우리의 믿음 태도는 아주 섬세하게 구분될 수도 있다. 우리는 내일 비가 온다는 명제가 참이라는 것을 0.2의 확률로 믿을 수도 있고 0.5의 확률로 믿을 수도 있고 0.8의 확률로 믿을 수도 있다. 말하자면, 그 명제가 참일 확률에 따라 우리의 믿음 태도는 섬세하게 구분될 수도 있다는 것이다. 이렇게 확률에 따라 구분된 믿음 태도는 '섬세한 믿음 태도'라고 불린다.

이 두 종류의 믿음 태도는 ㉠ '믿음의 문턱'이라는 개념을 이용한 규정을 통해 서로 연결될 수 있다. 그 규정은 이렇다. '어떤 명제를 참이라고 믿기 위한 필요충분조건은 그 명제가 참이라는 것을 특정 확률 값 k보다 크게 믿는 것이다. 그리고 어떤 명제를 거짓이라고 믿기 위한 필요충분조건은 그 명제가 거짓이라는 것을 그 확률 값 k보다 크게 믿는 것이다. 단, k의 값은 0.5보다 작지 않다.' 이때 확률 값 k를 믿음의 문턱이라고 부른다.

이제 이러한 규정을 적용해 보기 위해 일단 당신의 믿음의 문턱이 0.8이라고 해보자. 그리고 당신은 내일 비가 온다는 명제가 참이라는 것을 0.9의 확률로 믿고 있다고 하자. 이 경우 우리는 '당신은 내일 비가 온다는 명제를 참이라고 믿고 있다.'고 말할 수 있다. 이번에는 당신이 내일 비가 온다는 명제가 거짓이라는 것을 0.9의 확률로 믿고 있다고 해 보자. 그럼 우리는 당신의 믿음의 문턱이 0.8이라는 점을 고려하여 '당신은 내일 비가 온다는 명제가 거짓이라고 믿고 있다.'고 말할 수 있다.

그럼, 당신이 내일 비가 온다는 명제가 참이라는 것도 0.5의 확률로 믿고 있고, 그 명제가 거짓이라는 것도 0.5의 확률로 믿고 있는 경우는 어떨까? 이 경우 우리는 당신의 믿음의 문턱이 0.8이라는 점을 고려하여 '당신은 내일 비가 온다는 명제를 참이라고 믿지도 않고 거짓이라고 믿지도 않는다.'고 말할 수 있다.

〈보 기〉

ㄱ. 철수의 믿음의 문턱이 0.5인 경우, 철수는 모든 명제를 참이라고 믿지도 않고 거짓이라고 믿지도 않는다.
ㄴ. 영희의 믿음의 문턱이 고정되어 있을 경우, 내일 비가 온다는 명제에 대한 영희의 섬세한 믿음 태도가 변한다고 하더라도 그 명제에 대한 영희의 거친 믿음 태도는 변하지 않는 경우도 있다.
ㄷ. 철수와 영희가 동일한 수치의 믿음의 문턱을 가지고 있을 경우, 두 사람 모두 내일 비가 온다는 명제를 참이라고 믿고 있지 않다면 두 사람 모두 내일 비가 온다는 명제를 거짓이라고 믿고 있다.

① ㄱ ② ㄴ ③ ㄱ, ㄷ ④ ㄴ, ㄷ ⑤ ㄱ, ㄴ, ㄷ

문 5. 다음 글의 ㉠~㉧에 들어갈 내용에 대한 설명으로 가장 적절한 것은?

○○도는 2022년부터 '공공 기관 통합 채용' 시스템을 운영하여 공공 기관의 채용에 대한 체계적 관리와 비리 발생 예방을 도모할 계획이다. 기존에는 ○○도 산하 공공 기관들이 채용 전(全) 과정을 각기 주관하여 시행하였으나, 2022년부터는 ○○도가 채용 과정에 참여하기로 하였다. ○○도와 산하 공공 기관들이 '따로, 또 같이'하는 통합 채용을 통해 채용 과정의 투명성을 확보하고 기관별 특성에 맞는 인재 선발을 용이하게 하려는 것이다.

○○도는 채용 공고와 원서 접수를 하고 필기시험을 주관한다. 나머지 절차는 ○○도 산하 공공 기관이 주관하여 서류 심사 후 면접시험을 거쳐 합격자를 발표한다. 기존 채용 절차에서 서류 심사에 이어 필기시험을 치던 순서를 맞바꾸었는데, 이는 지원자에게 응시 기회를 확대 제공하기 위해서이다. 절차 변화에 대한 지원자의 혼란을 줄이기 위해 기존의 나머지 채용 절차는 그대로 유지하였다. 또 ○○도는 기존의 필기시험 과목인 영어·한국사·일반상식을 국가직무능력표준 기반 평가로 바꾸어 기존과 달리 실무 능력을 평가해서 인재를 선발할 수 있도록 제도를 보완하였다. ○○도는 이런 통합 채용 절차를 알기 쉽게 기존 채용 절차와 개선 채용 절차를 비교해서 도표로 나타내었다.

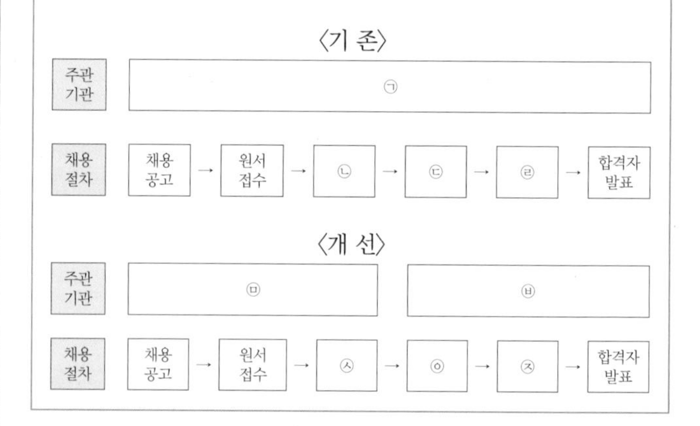

① 개선 이후 ㉠에 해당하는 기관이 주관하는 채용 업무의 양은 이전과 동일할 것이다.
② ㉠과 같은 주관 기관이 들어가는 것은 ㉥이 아니라 ㉤이다.
③ ㉡과 ㉧에는 같은 채용 절차가 들어간다.
④ ㉢과 ㉦에서 지원자들이 평가받는 능력은 같다.
⑤ ㉣을 주관하는 기관과 ㉨을 주관하는 기관은 다르다.

문 6. 다음 글의 ㉠에 해당하는 내용으로 가장 적절한 것은?

A시에 거주하면서 1세, 2세, 4세의 세 자녀를 기르는 갑은 육아를 위해 집에서 15km 떨어진 키즈 카페인 B카페에 자주 방문한다. B카페는 지역 유일의 키즈 카페라서 언제나 50여 구획의 주차장이 꽉 찰 정도로 성업 중이다. 최근 자동차를 교체하게 된 갑은 친환경 추세에 부응하여 전기차로 구매하였는데, B카페는 전기차 충전 시설이 없었다. 세 자녀를 돌보느라 거주지에서의 자동차 충전 시기를 놓치는 때가 많은 갑은 이러한 불편함을 호소하며 B카페에 전기차 충전 시설 설치를 요청하였다. 하지만 B카페는, 충전 시설을 설치하고 싶지만 비용이 문제라서 A시의 「환경 친화적 자동차의 보급 및 이용 활성화를 위한 조례」(이하 '조례')에 따른 지원금이라도 받아야 간신히 설치할 수 있는 상황인데, 아래의 조문에서 보듯이 B카페는 그에 해당하지 않는다고 설명하였다.

> 「환경 친화적 자동차의 보급 및 이용 활성화를 위한 조례」
> 제9조(충전시설 설치대상) ① 주차단위구획 100개 이상을 갖춘 다음 각 호의 시설은 전기자동차 충전시설을 설치하여야 한다.
> 1. 판매 · 운수 · 숙박 · 운동 · 위락 · 관광 · 휴게 · 문화시설
> 2. 500세대 이상의 아파트, 근린생활시설, 기숙사
>
> ② 시장은 제1항의 설치대상에 대하여는 설치비용의 반액을 지원하여야 한다.
> ③ 시장은 제1항의 설치대상에 해당하지 않는 사업장에 대하여도 전기자동차 충전시설의 설치를 권고할 수 있다.

갑은 영유아와 같이 보호가 필요한 이들이 많이 이용하는 키즈 카페 등과 같은 사업장에도 전기차 충전 시설의 설치를 지원해 줄 수 있는 근거를 조례에 마련해 달라는 민원을 제기하였다. 갑의 민원을 검토한 A시 의회는 관련 규정의 보완이 필요하다고 인정하여, ㉠ 조례 제9조를 개정하였고, B카페는 이에 근거한 지원금을 받아 전기차 충전 시설을 설치하게 되었다.

① 제1항 제3호로 "다중이용시설(극장, 음식점, 카페, 주점 등 불특정다수인이 이용하는 시설을 말한다)"을 신설
② 제1항 제3호로 "교통약자(장애인 · 고령자 · 임산부 · 영유아를 동반한 사람, 어린이 등 일상생활에서 이동에 불편을 느끼는 사람을 말한다)를 위한 시설"을 신설
③ 제4항으로 "시장은 제2항에 따른 지원을 할 때 교통약자(장애인 · 고령자 · 임산부 · 영유아를 동반한 사람, 어린이 등 일상생활에서 이동에 불편을 느끼는 사람을 말한다)를 위한 시설을 우선적으로 지원하여야 한다."를 신설
④ 제4항으로 "시장은 제3항의 권고를 받아들이는 사업장에 대하여는 설치비용의 60퍼센트를 지원하여야 한다."를 신설
⑤ 제4항으로 "시장은 전기자동차 충전시설의 의무 설치대상으로서 조기 설치를 희망하는 사업장에는 설치 비용의 전액을 지원할 수 있다."를 신설

문 7. 다음 글에 나타난 견해들 간의 관계를 바르게 서술한 것은?

고대 그리스의 원자론자 데모크리토스는 자연의 모든 변화를 원자들의 운동으로 설명했다. 모든 자연현상의 근거는, 원자들, 빈 공간 속에서의 원자들의 움직임, 그리고 그에 따른 원자들의 배열과 조합의 변화라는 것이다.

한편 데카르트에 따르면 연장, 즉 퍼져있음이 공간의 본성을 구성한다. 그런데 연장은 물질만이 가지는 속성이기 때문에 물질 없는 연장은 불가능하다. 다시 말해 아무 물질도 없는 빈 공간이란 원리적으로 불가능하다. 데카르트에게 운동은 물속에서 헤엄치는 물고기의 움직임과 같다. 꽉 찬 물질 속에서 물질이 자리바꿈을 하는 것이다.

뉴턴에게 3차원 공간은 해체할 수 없는 튼튼한 집 같은 것이었다. 이 집은 사물들이 들어올 자리를 마련해주기 위해 비어 있다. 사물이 존재한다는 것은 어딘가에 존재한다는 것인데 그 '어딘가'가 바로 뉴턴의 절대공간이다. 비어 있으면서 튼튼한 구조물인 절대공간은 그 자체로 하나의 실체는 아니지만 '실체 비슷한 것'으로서, 객관적인 것, 영원히 변하지 않는 것이었다.

라이프니츠는 빈 공간을 부정한다는 점에서 데카르트와 의견을 같이했다. 그러나 데카르트가 뉴턴과 마찬가지로 공간을 정신과 독립된 객관적 실재로 보았던 반면, 라이프니츠는 공간을 정신과 독립된 실재라고 보지 않았다. 그가 보기에는 '동일한 장소'라는 관념으로부터 '하나의 장소'라는 관념을 거쳐 모든 장소들의 집합체로서의 '공간'이라는 관념이 나오는데, '동일한 장소'라는 관념은 정신의 창안물이다. 결국 '공간'은 하나의 거대한 관념적 상황을 표현하고 있을 뿐이다.

① 만일 공간의 본성에 관한 뉴턴의 견해가 옳다면, 라이프니츠의 견해도 옳다.
② 만일 공간의 본성에 관한 데카르트의 견해가 옳다면, 데모크리토스의 견해도 옳다.
③ 만일 공간의 본성에 관한 라이프니츠의 견해가 옳다면, 데카르트의 견해는 옳지 않다.
④ 만일 빈 공간의 존재에 관한 데카르트의 견해가 옳다면, 뉴턴의 견해도 옳다.
⑤ 만일 빈 공간의 존재에 관한 데모크리토스의 견해가 옳다면, 뉴턴의 견해는 옳지 않다.

문 8. 다음 글의 ㉠에 대한 두 비판을 평가한 것으로 적절한 것만을 〈보기〉에서 모두 고르면?

경제 불평등은 어떻게 해결할 수 있을까? '㉠ 로빈후드 각본'이라고 불리는 방법은 막대한 부를 소유한 사람에게 세금을 통해 돈을 걷어 가난한 사람에게 나눠주는 것을 말한다. 가령 수조 원대의 자산가에게 10억 원을 받아 형편이 어려운 100명에게 천만 원씩 나눠준다고 가정해보자. 그 자산가에게 10억 원이라는 돈은 크게 아쉽지 않지만, 형편이 어려운 사람들에게 천만 원이라는 돈은 무척 소중하다. 따라서 이런 재분배 방식을 통해 사회 전체의 공리는 상승하여 최대화될 것이다.

이런 로빈후드 각본은 두 가지 방식으로 비판받을 수 있다. 첫 번째는 자산가들에게 많은 세금을 부과해 재분배하는 방식이 자산가의 일과 투자에 대한 의욕을 꺾어 생산성의 감소로 이어질 수 있다는 것이다. 이렇게 생산성이 감소한다면, 사회 전체의 경제 이익이 줄어 전체 공리도 감소할 것이다. 따라서 로빈후드 각본은 사회 전체의 공리를 최대화하는 데 적합하지 않다. 두 번째는 부자에게 세금을 부과해 가난한 사람들을 돕는 행위가 기본권을 침해할 수 있다는 것이다. 자산가가 동의하지 않은 상태에서 그의 돈을 가져가는 행위는 자산가의 자유를 침해하는 강압 행위이다. 자유는 조금도 침해될 수 없는 절대적 가치이며 다수를 위해 소수의 희생을 강요하는 것은 절대 불가하다. 따라서 로빈후드 각본에 의한 부의 재분배는 인간의 기본권을 훼손하는 것이다.

〈보 기〉

ㄱ. 세금을 통한 재분배 방식이 생산성을 감소시킬 뿐만 아니라 빈부격차를 심화시킨다면, 첫 번째 비판은 강화된다.
ㄴ. 부의 재분배가 기본권의 침해보다 투자 의욕 감소에 더 큰 영향을 준다면, 두 번째 비판은 약화된다.
ㄷ. 행복한 삶을 추구할 수 있는 권리를 보호하기 위한 부의 재분배가 사회 갈등을 해소시켜 생산성이 증가한다면, 첫 번째 비판은 약화되지만 두 번째 비판은 약화되지 않는다.

① ㄱ
② ㄴ
③ ㄱ, ㄷ
④ ㄴ, ㄷ
⑤ ㄱ, ㄴ, ㄷ

문 9. (가)와 (나)가 공통으로 받아들이고 있는 전제로 가장 적절한 것은?

(가) 한갓 오랑캐의 풍속으로써 중국의 아름다운 문화를 변화시키고, 사람을 금수로 타락시키면서도 이를 잘하는 일이라고 여기며 개화(開化)라는 이름을 붙입니다. 그러니 이 개화라는 말은 너무도 쉽게 나라를 망치고 집안을 뒤엎는 글자입니다. 간혹 자주(自主)라는 이름을 붙이기도 하는데 실상은 나라를 왜놈에게 주고서 모든 정사와 법령에 대해 반드시 자문을 구합니다. 또 예의를 무너뜨리고 오랑캐로 타락하면서 억지로 문명이라고 부릅니다. 지금 비록 하나하나 따질 수는 없지만 특히 의복 제도를 변경하는 일은 도리를 매우 심하게 해치고 있으므로 시급하게 먼저 복구하지 않을 수 없습니다. 물론 우리나라 의복 제도가 옛 법에 완전히 부합하지는 않지만 여기에는 중국의 문물(文物)이 내재되어 있습니다. 중국이 비록 외국이라도 중국의 문물은 선왕들께서 일찍이 강론하여 밝혀 준수해 온 것이며, 천하의 모든 나라들이 일찍이 우러러 사모하며 찬탄한 것입니다. 이러한데도 버린다면 요·순·문·무(堯舜文武)를 통해 전승해 온 문화의 한줄기를 찾을 수가 없게 되고, 기자(箕子) 및 선대의 우리 임금들이 중국의 아름다운 문화를 가져오신 훌륭한 덕과 큰 공로를 후세에 밝힐 수 없게 될 것입니다. 어찌 차마 이렇게 할 수 있겠습니까.

(나) 지금 조선이 이렇게 약하고 가난하며 백성은 어리석고 관원이 변변치 못한 이유는, 다름이 아니라 다 학문이 없기 때문이다. 조선이 강하고 부유해지며 관민이 외국 사람들에게 대접을 받기 위해서는 배워서 구습을 버리고 개화한 자주독립국 백성과 같이 되어야 한다. 그렇게 하면 나라의 문화는 활짝 꽃 필 것이다. 사람들이 정부에서 정치도 의논하게 되며, 각종의 물화(物貨)를 제조하게 되며, 외국 물건을 수입하거나 내국 물건을 수출하게 되며, 세계 각국에 조선 국기를 단 상선과 군함을 바다마다 띄우게 될 것이다. 또 백성들은 무명옷을 입지 않고 모직과 비단을 입게 되며, 김치와 밥을 버리고 우육(牛肉)과 브레드를 먹게 되며, 남에게 붙잡히기 쉬운 상투를 없애어 세계 각국의 인민들처럼 우선 머리가 자유롭게 될 것이다. 또 나라 안에 법률과 규칙이 바로 서서 애매한 사람이 형벌당하는 일이 없어지고, 약하고 무식한 백성들이 강하고 유식한 사람들에게 무리하게 욕보일 일도 없어지며, 정부 관원들이 법률을 두렵게 여김으로써 협잡이 없어지며, 인민이 정부를 사랑하여 국내에서 동학(東學)과 의병이 다시 일어나지 않을 것이다.

① 개화의 목적은 백성들의 물질적 풍요에 있다.
② 민족의 독립은 자주적인 정부를 통해 실현된다.
③ 외래문명의 추구와 민족의 자존(自尊)은 상충한다.
④ 자주독립국이 되기 위해서는 제도가 개선되어야 한다.
⑤ 외국문물의 수용과 자국문화의 발전은 별개의 문제가 아니다.

문 10. 다음 글의 〈표〉에 대한 판단으로 적절한 것만을 〈보기〉에서 모두 고르면?

법제처 주무관 갑은 지방자치단체를 대상으로 조례 입안을 지원하고 있다. 갑은 지방자치단체가 조례 입안 지원 신청을 하는 경우, 두 가지 기준에 따라 나누어 신청 안들을 정리하고 있다. 해당 조례안의 입법 예고를 완료하였는지 여부를 기준으로 '완료'와 '미완료'로 나누고, 과거에 입안을 지원하였던 조례안 중에 최근에 접수된 조례안과 내용이 유사한 사례가 있는지를 판단하여 유사 사례 '있음'과 '없음'으로 나눈다. 유사 사례가 존재하지 않는 경우에만 갑은 팀장인 을에게 그 접수된 조례안의 주요 내용을 보고해야 한다.

최근 접수된 조례안 (가)는 지난 분기에 지원하였던 조례안과 많은 부분 유사한 내용을 담고 있다. 입법 예고는 현재 진행 중이다. 조례안 (나)의 경우는 입법 예고가 완료된 후에 접수되었고, 그 주요 내용이 지난해에 지원한 조례안의 주요 내용과 유사하다. 조례안 (다)는 주요 내용이 기존에 지원하였던 조례안과 유사성이 전혀 없는 새로운 내용을 규정하고 있으며, 입법 예고가 진행되지 않았다.

이상의 내용을 다음과 같은 형식으로 나타낼 수 있다.

〈표〉 입안 지원 신청 조례안별 분류

기준 \ 조례안	(가)	(나)	(다)
A	㉠	㉡	㉢
B	㉣	㉤	㉥

〈보 기〉

ㄱ. A에 유사 사례의 유무를 따지는 기준이 들어가면, ㉣과 ㉥이 같다.

ㄴ. B에 따라 을에 대한 갑의 보고 여부가 결정된다면, ㉠과 ㉢은 같다.

ㄷ. ㉣과 ㉤이 같으면, ㉠과 ㉡이 같다.

① ㄱ
② ㄷ
③ ㄱ, ㄴ
④ ㄴ, ㄷ
⑤ ㄱ, ㄴ, ㄷ

문 11. 다음 ㉠의 사례로 가장 적절한 것은?

보통 '관용'은 도덕적으로 바람직한 것으로 간주된다. 관용은 특정 믿음이나 행동, 관습 등을 잘못된 것이라고 여김에도 불구하고 용인하거나 불간섭하는 태도를 의미한다. 여기서 관용이란 개념의 본질적인 두 요소를 발견할 수 있다. 첫째 요소는 관용을 실천하는 사람이 관용의 대상이 되는 믿음이나 관습을 거짓이거나 잘못된 것으로 여긴다는 점이다. 이런 요소가 없다면, 우리는 '관용'을 말하고 있는 것이 아니라 '무관심'이나 '승인'을 말하는 셈이다. 둘째 요소는 관용을 실천하는 사람이 관용의 대상을 용인하거나 최소한 불간섭해야 한다는 점이다. 하지만 관용을 이렇게 이해하면 역설이 발생할 수 있다.

자국 문화를 제외한 다른 문화는 모두 미개하다고 생각하는 사람을 고려해보자. 그는 모든 문화가 우열 없이 동등하다는 생각이 틀렸다고 확신하고 있다. 하지만 그는 그런 자신의 믿음에도 불구하고 전략적인 이유로, 예를 들어 동료들의 비난을 피하기 위해 자신이 열등하다고 판단하는 문화를 폄하하려는 욕구를 억누르고 있다고 하자. 다른 문화를 폄하하고 싶은 그의 욕구가 크면 클수록, 그리고 그가 자신의 이런 욕구를 성공적으로 자제하면 할수록, 우리는 그가 더 관용적이라고 말해야 할 것 같다. 하지만 이는 받아들이기 어려운 역설적 결론이다.

이번에는 자신이 잘못이라고 믿는 수많은 믿음을 모두 용인하는 사람을 생각해 보자. 이 경우 이 사람이 용인하는 믿음이 많으면 많을수록 우리는 그가 더 관용적이라고 말해야 할 것 같다. 그런데 그럴 경우 우리는 인종차별주의처럼 우리가 일반적으로 잘못인 것으로 판단하는 믿음까지 용인하는 경우에도 그 사람이 더 관용적이라고 말해야 한다. 하지만 도덕적으로 잘못된 것을 용인하는 것은 그 자체가 도덕적으로 잘못이라고 보는 것이 마땅하다. 결국 우리는 관용적일수록 도덕적으로 잘못을 저지르게 될 가능성이 높아지게 되는데 이는 역설적이다.

이상의 논의를 고려하면 종교에 대한 관용처럼 비교적 단순해 보이는 사안에 대해서조차 ㉠ 역설이 발생한다. 이로부터 우리는 관용의 맥락에서, 용인하는 믿음이나 관습의 내용에 일정한 한계가 있어야 함을 알 수 있다.

① 종교적 문제에 대해 별다른 의견이 없는 사람을 관용적이라고 평가하게 된다.
② 모든 종교적 믿음은 거짓이라고 생각하고 배척하는 사람을 관용적이라고 평가하게 된다.
③ 자신의 종교가 주는 가르침만이 유일한 진리라고 믿는 사람일수록 덜 관용적이라고 평가하게 된다.
④ 보편적 도덕 원칙에 어긋나는 가르침을 주장하는 종교까지 용인하는 사람을 더 관용적이라고 평가하게 된다.
⑤ 자신이 유일하게 참으로 믿는 종교 이외의 다른 종교적 믿음에 대해서도 용인하는 사람일수록 더 관용적이라고 평가하게 된다.

※ 다음 글을 읽고 물음에 답하시오. [12~13]

미국의 일부 주에서 판사는 형량을 결정하거나 가석방을 허가하는 판단의 보조 자료로 양형 보조 프로그램 X를 활용한다. X는 유죄가 선고된 범죄자를 대상으로 그 사람의 재범 확률을 추정하여 그 결과를 최저 위험군을 뜻하는 1에서 최고 위험군을 뜻하는 10까지의 위험 지수로 평가한다.

2016년 A는 X를 활용하는 플로리다 주 법정에서 선고받았던 7천여 명의 초범들을 대상으로 X의 예측 결과와 석방 후 2년간의 실제 재범 여부를 조사했다. 이 조사 결과를 토대로 한 ㉠ A의 주장은 X가 흑인과 백인을 차별한다는 것이다. 첫째 근거는 백인의 경우 위험 지수 1로 평가된 사람이 가장 많고 10까지 그 비율이 차츰 감소한 데 비하여 흑인의 위험 지수는 1부터 10까지 고르게 분포되었다는 관찰 결과이다. 즉, 고위험군으로 분류된 사람의 비율이 백인보다 흑인이 더 크다는 것이었다. 둘째 근거는 예측의 오류와 관련된 것이다. 2년 이내 재범을 (가) 사람 중에서 (나)으로 잘못 분류되었던 사람의 비율은 흑인의 경우 45%인 반면 백인은 23%에 불과했고, 2년 이내 재범을 (다) 사람 중에서 (라)으로 잘못 분류되었던 사람의 비율은 흑인의 경우 28%인 반면 백인은 48%로 훨씬 컸다. 종합하자면, 재범을 저지른 사람이든 그렇지 않은 사람이든, 흑인은 편파적으로 고위험군으로 분류된 반면 백인은 편파적으로 저위험군으로 분류된 것이다.

X를 개발한 B는 A의 주장을 반박하는 논문을 발표하였다. B는 X의 목적이 재범 가능성에 대한 예측의 정확성을 높이는 것이며, 그 정확성에는 인종 간에 차이가 나타나지 않는다고 주장했다. B에 따르면, 예측의 정확성을 판단하는 데 있어 중요한 것은 고위험군으로 분류된 사람 중 2년 이내 재범을 저지른 사람의 비율과 저위험군으로 분류된 사람 중 2년 이내 재범을 저지르지 않은 사람의 비율이다. B는 전자의 비율이 백인 59%, 흑인 63%, 후자의 비율이 백인 71%, 흑인 65%라고 분석하고, 이 비율들은 인종 간에 유의미한 차이를 드러내지 않는다고 주장했다. 또 B는 X에 의해서 고위험군 혹은 저위험군으로 분류되기 이전의 흑인과 백인의 재범률, 즉 흑인의 기저재범률과 백인의 기저재범률 간에는 이미 상당한 차이가 있었으며, 이런 애초의 차이가 A가 언급한 예측의 오류 차이를 만들어 냈다고 설명한다. 결국 ㉡ B의 주장은 X가 편파적으로 흑인과 백인의 위험 지수를 평가하지 않는다는 것이다.

하지만 기저재범률의 차이로 인종 간 위험 지수의 차이를 설명하여, X가 인종차별적이라는 주장을 반박하는 것은 잘못이다. 기저재범률에는 미국 사회의 오래된 인종차별적 특징, 즉 흑인이 백인보다 범죄자가 되기 쉬운 사회 환경이 반영되어 있기 때문이다. 처음 범죄를 저질러서 재판을 받아야 하는 흑인을 생각해 보자. 그의 위험 지수를 판정할 때 사용되는 기저재범률은 그와 전혀 상관없는 다른 흑인들이 만들어 낸 것이다. 그런 기저재범률이 전혀 상관없는 사람의 형량이나 가석방 여부에 영향을 주는 것은 잘못이다. 더 나아가 이런 식으로 위험 지수를 평가받아 형량이 정해진 흑인들은 더 오랜 기간 교도소에 있게 될 것이며, 향후 재판받을 흑인들의 위험 지수를 더욱 높이는 결과를 가져오게 될 것이다. 따라서 ㉢ X의 지속적인 사용은 미국 사회의 인종차별을 고착화한다.

문 12. 윗글의 (가)~(라)에 들어갈 말을 적절하게 나열한 것은?

	(가)	(나)	(다)	(라)
①	저지르지 않은	고위험군	저지른	저위험군
②	저지르지 않은	고위험군	저지른	고위험군
③	저지르지 않은	저위험군	저지른	저위험군
④	저지른	고위험군	저지르지 않은	저위험군
⑤	저지른	저위험군	저지르지 않은	고위험군

문 13. 윗글의 ㉠~㉢에 대한 평가로 적절한 것만을 〈보기〉에서 모두 고르면?

〈보 기〉

ㄱ. 강력 범죄자 중 위험지수가 10으로 평가된 사람의 비율이 흑인과 백인 사이에 차이가 없다면, ㉠은 강화된다.

ㄴ. 흑인의 기저재범률이 높을수록 흑인에 대한 X의 재범 가능성 예측이 더 정확해진다면, ㉡은 약화된다.

ㄷ. X가 특정 범죄자의 재범률을 평가할 때 사용하는 기저재범률이 동종 범죄를 저지른 사람들로부터 얻은 것이라면, ㉢은 강화되지 않는다.

① ㄱ

② ㄷ

③ ㄱ, ㄴ

④ ㄴ, ㄷ

⑤ ㄱ, ㄴ, ㄷ

문 14. 다음 글의 (가)와 (나)에 들어갈 진술을 〈보기〉에서 골라 알맞게 짝지은 것은?

사실 진술로부터 당위 진술을 도출할 수 없다는 것을 명시적으로 주장한 최초의 인물은 영국의 철학자 데이비드 흄이었다. 그의 주장은 논리적으로 타당하다고 할 수 있다. 그 이유를 이해하기 위해 일단 명제 P와 Q가 있는데 Q는 P로부터 도출될 수 있는 것이라 가정해 보자. 즉, P가 Q를 논리적으로 함축하는 경우를 생각해보자. 가령, "비가 오고 구름이 끼어 있다."는 "비가 온다."를 논리적으로 함축한다. 이제 이 두 문장이 다음과 같이 결합되는 경우를 생각해 보자.

"비가 오고 구름이 끼어 있지만, 비가 오지 않는다."

이 명제는 분명히 자기모순적인 명제이다. 왜냐하면 "비가 오고 비가 오지 않는다."라는 자기모순적인 명제를 포함하고 있기 때문이다. 이러한 결과를 바탕으로, 우리는 이제 다음과 같이 결론지을 수 있다.

(가)

우리는 이러한 결론을 이용하여, 사실 진술로부터 당위 진술을 도출할 수 없다고 하는 흄의 주장을 이해해 볼 수 있다. 예를 들어, 명제 A를 "타인을 돕는 행동은 행복을 최대화한다."라고 해보자. 이것은 사실 진술로 이루어진 명제이다. 명제 B를 "우리는 타인을 도와야 한다."라고 해보자. 이것은 당위 진술로 이루어진 명제이다. 물론 "B가 아니다."는 "우리는 타인을 돕지 않아도 된다."가 될 것이다. 이제 우리는 이러한 명제들에 대해 앞의 논리를 그대로 적용시켜 볼 수 있다. 즉, "A이지만 B가 아니다."는 자기모순적인 명제가 아니라는 것이다. 따라서 B는 A로부터 도출되지 않는다. 이 점을 일반화시켜 말하자면 다음과 같다.

(나)

〈보 기〉

ㄱ. Q가 P로부터 도출될 수 있다면, "P이지만 Q는 아니다."라는 명제는 자기모순적인 명제이다.

ㄴ. Q가 P로부터 도출될 수 없다면, "P이지만 Q는 아니다."라는 명제는 자기모순적인 명제가 아니다.

ㄷ. 어떤 행동이 행복을 최대화한다는 것으로부터 그 행동을 행하여야만 한다는 것을 도출할 수 없다.

ㄹ. 어떤 행동을 행하여야만 한다는 것으로부터 그 행동이 행복을 최대화한다는 것을 도출할 수 없다.

ㅁ. "어떤 행동이 행복을 최대화한다."라는 명제와 "그 행동을 행하여야만 한다."라는 명제는 둘 다 참일 수 있다.

	(가)	(나)
①	ㄱ	ㄷ
②	ㄱ	ㅁ
③	ㄴ	ㄷ
④	ㄴ	ㄹ
⑤	ㄴ	ㅁ

문 15. 다음 글에서 추론할 수 있는 것만을 〈보기〉에서 모두 고르면?

진수는 병원에서 급성 중이염을 진단받고, 항생제 투여 결과 이틀 만에 크게 호전되었다. 진수의 중이염 증상이 빠르게 호전된 것을 '항생제 투여 때문'이라고 답하는 것은 자연스러운 설명이다. 그런데 이것이 좋은 설명이 되려면, 그러한 증상의 치유에 항생제의 투여가 관련되어 있음을 보여 줄 필요가 있다.

확률의 차이는 이러한 관련성을 보여 주는 한 가지 방식이다. 예컨대 급성 중이염 증상에 대해 항생제 투여 없이 그대로 자연 치유에 맡기는 경우, 그 증상이 치유될 확률이 20%라고 하자. 이를 기준으로 삼아서 항생제 투여가 급성 중이염의 치유에 대해 갖는 긍정적 효과와 부정적 효과를 구분할 수 있다. 가령 항생제 투여를 할 경우에 그 확률이 80%라면, 이는 항생제 투여가 급성 중이염의 치유에 긍정적 효과가 있음을 보여 주는 것이다. 거꾸로, 급성 중이염의 치유를 위해 개발 과정에 있는 신약을 투여했더니 그 확률이 10%라는 조사 결과가 있다면, 이는 신약 투여가 급성 중이염의 치유에 부정적 효과가 있음을 보여 주는 것이다. 물론 두 경우 모두, 급성 중이염의 치유에 투여된 약 이외의 다른 요인이 개입하지 않았다는 점이 보장되어야 한다.

〈보 기〉

ㄱ. 투여된 약이 증상의 치유에 어떠한 효과도 없다는 것을 보이기 위해서는, 약을 투여하더라도 증상이 치유될 확률에 변화가 없을 뿐 아니라 약의 투여 이외의 다른 요인이 개입되지 않았다는 것이 밝혀져야 한다.

ㄴ. 투여된 약이 증상의 치유에 긍정적인 효과가 있다는 것을 보이기 위해서는 증상이 치유될 확률이 약의 투여 이전보다 이후에 더 높아지는 것을 보이는 것으로 충분하다.

ㄷ. 약 투여 이외의 다른 요인이 개입되지 않았다고 전제할 경우에, 투여된 약이 증상의 치유에 긍정적인 효과가 없다는 것을 보이기 위해서는 증상이 치유될 확률이 약의 투여 이전보다 이후에 더 낮아지는 것을 보이는 것이 필요하다.

① ㄱ
② ㄴ
③ ㄱ, ㄷ
④ ㄴ, ㄷ
⑤ ㄱ, ㄴ, ㄷ

문 16. 다음 글의 핵심 주장을 논리적으로 반박하는 글을 쓸 때 선택할 수 있는 알맞은 전략을 〈보기〉에서 모두 고르면?

우리는 자유주의 사상의 자기중심성과 "닫혀 있음"을 극복하기 위하여 "환대"라는 개념을 활용할 수 있다. 여기서 말하는 환대는 칸트가 주장한 환대가 아니라 데리다와 레비나스가 주장한 환대를 가리킨다. 칸트의 환대 개념은 원래 "이방인을 자기 땅에 맞아들이는 자의 의무인 동시에 누구든 낯선 땅에서 적대적으로 대우받지 않을 권리"를 의미하는데, 이것은 근본적으로 "내가 손님이 될 때를 염두에 둔 대칭적 상호성 원리"에 기반을 두고 있다. 따라서 이러한 환대는 "충돌과 갈등을 자기 관점에서 조정하고자 하는 하나의 허울"에 불과하다. 왜냐하면, 그것은 "타자와 공동체 내부의 차별성"을 전제하면서 단지 "배척되지 않을 소극적 권리"만을 부여하기 때문이다. 이러한 이유로 칸트의 환대 개념은 자유주의 사상의 자기중심성과 "닫혀 있음"을 벗어날 수 없다.

자유주의의 그러한 한계를 극복하기 위해서 우리는 칸트의 환대 개념으로부터 데리다와 레비나스의 환대 개념으로 나아가야 한다. 데리다와 레비나스가 제시하는 환대 개념은 상호적 권리로서의 환대가 아니라 "무조건적이고 유보 없는 환대"를 의미한다. 그것은 "어떠한 상호적 방식의 제약도 부과하지 않는 비대칭성"에 기반을 두고 있다. 따라서 그 개념은 나와 공통된 것만을 받아들이고 타자를 자기화하려는 동일화의 지배 논리를 넘어서며, 이 점에서 자유주의의 문제를 극복할 수 있다. 결국 우리는 권리 체계 이전에 타자가 있음을 보여주는 레비나스의 타자성의 철학에 기반을 둘 때, 권리를 출발점으로 삼는 자유주의에서 벗어날 수 있다. 이렇게 자기 자리를 내어주는 타자에 대한 비대칭적 수용으로서의 환대야말로 자본주의적 교환 관계와 자유주의적 이념의 문제를 해결할 수 있거나 그게 아니라면 최소한 비판할 수 있는 새로운 유토피아의 원리의 토대를 제공할 수 있다.

"나는 약자인 타자에게 나의 자리를 내주며 타자를 대접한다. 그럼으로써 나는 타자를 돕는 것이지만, 그 타자는 내가 그러한 행위를 통해 나의 경계를 넘어설 수 있도록 해줌으로써 나를 나의 경계 밖으로 이끌어 준다. 나보다 더 부족한 존재인 타자가 오히려 나를 돕는 것이다." 이러한 환대 개념은 봉사자가 도움이 필요한 사람을 일방적으로 돕기만 하는 것이 아니라 봉사를 통해 봉사자 스스로가 행복을 얻고 변화할 수 있다는 점에서 진정한 사회봉사의 이념이 될 수 있다. 헤겔의 "주인과 종의 변증법"이라는 개념을 빌어 말하면, 우리는 그것을 "주인과 이방인의 변증법", 또는 "봉사자와 도움 수요자의 변증법"이라고 표현할 수 있다.

〈보 기〉

ㄱ. 데리다와 레비나스의 환대 개념 역시 자기중심성을 가질 수 있다는 점에서 칸트의 개념과 큰 차이가 없음을 밝힌다.
ㄴ. 상호적 방식의 제약이 완전히 제거된 비대칭성에 근거한 환대는 현실적으로 실현 불가능한 개념임을 밝힌다.
ㄷ. 헤겔이 주장한 "주인과 종의 변증법" 개념은 레비나스와 데리다의 환대 개념과 직접적 관계가 없음을 밝힌다.
ㄹ. 진정한 사회봉사 이념에 반드시 비대칭성이 요구되는 것은 아님을 밝힌다.
ㅁ. 대칭적 상호성 원리에 기반을 둔 환대 개념은 자유주의의 적극적 자유를 보장할 수 없음을 밝힌다.

① ㄱ, ㄴ
② ㄴ, ㄹ
③ ㄷ, ㅁ
④ ㄱ, ㄴ, ㄹ
⑤ ㄷ, ㄹ, ㅁ

문 17. 다음 글의 논지로 가장 적절한 것은?

> 아! 이 책은 붕당의 분쟁에 관한 논설을 실었다. 어째서 '황극(皇極)'으로 이름을 삼았는가? 오직 황극만이 붕당에 대한 옛설을 혁파할 수 있기에 이로써 이름 붙인 것이다.
>
> 내가 생각하기에 옛날에는 붕당을 혁파하는 것이 불가능했다. 왜 그러한가? 그때는 군자는 군자와 더불어 진붕(眞朋)을 이루고 소인은 소인끼리 무리지어 위붕(僞朋)을 이루었다. 만약 현부(賢否), 충사(忠邪)를 살피지 않고 오직 붕당을 제거하기에 힘쓴다면 교활한 소인의 당이 뜻을 펴기 쉽고 정도(正道)로 처신하는 군자의 당은 오히려 해를 입기 마련이었다. 이에 구양수는 『붕당론』을 지어 신하들이 붕당을 이루는 것을 싫어하는 임금의 마음을 경계하였고, 주자는 사류(士類)를 고르게 보합하자는 범순인의 주장을 비판하였다. 이들은 붕당이란 것은 어느 시대에나 있는 것이니, 붕당이 있는 것을 염려할 것이 아니라 임금이 군자당과 소인당을 가려내는 안목을 지니는 것이 관건이라고 하였다. 군자당의 성세를 유지시킨다면 정치는 저절로 바르게 되기 때문이다. 이것이 옛날에는 붕당을 없앨 수 없었던 이유이다.
>
> 그러나 지금 붕당을 만드는 것은 군자나 소인이 아니다. 의논이 갈리고 의견을 달리하여 저편이 저쪽의 시비를 드러내면 이편 또한 이쪽의 시비로 대응한다. 저편에 군자와 소인이 있으면 이편에도 군자와 소인이 있다. 따라서 붕당을 그대로 둔다면 군자를 모을 수 없고 소인을 교화시킬 수 없다. 이제는 붕당이 아닌 재능에 따라 인재를 등용하는 정책을 널리 펴야 한다. 그런 까닭에 영조대왕은 황극을 세워 탕평정책을 편 것을 50년 재위 기간의 가장 큰 치적으로 삼았다.

① 군자들만으로 이루어진 붕당을 만들어야 한다.
② 붕당을 혁파하고 유능한 인재를 등용하여야 한다.
③ 옛날의 붕당과 현재의 붕당 사이의 조화를 도모해야 한다.
④ 강력한 왕권을 확립하여 붕당 간의 대립을 조정해야 한다.
⑤ 붕당마다 군자와 소인이 존재하므로 한쪽 붕당만을 등용하거나 배격하는 것은 옳지 않다.

문 18. 다음 대화의 ㉠으로 적절한 것만을 〈보기〉에서 모두 고르면?

> 갑 : 우리 지역 장애인의 체육 활동을 지원하기 위한 '장애인 스포츠강좌 지원사업'의 집행 실적이 저조하다고 합니다. 지원 바우처를 제대로 사용하지 못하고 있다는 의미인데요. 비장애인을 대상으로 하는 '일반 스포츠강좌 지원사업'은 인기가 많아 예산이 금방 소진된다고 합니다. 과연 어디에 문제점이 있는 것일까요?
>
> 을 : 바우처를 수월하게 사용하려면 사용 가능한 가맹 시설이 많이 있어야 합니다. 우리 지역의 '장애인 스포츠강좌 지원사업' 가맹 시설은 10개소이며 '일반 스포츠강좌 지원사업' 가맹 시설은 300개소입니다. 그런데 장애인들은 비장애인들에 비해 바우처를 사용하기 훨씬 어렵습니다. 혹시 장애인의 수에 비해 장애인 대상 가맹 시설의 수가 비장애인의 경우보다 턱없이 적어서 그런 것 아닐까요?
>
> 병 : 글쎄요, 제 생각은 조금 다릅니다. 바우처 지원액이 너무 적은 것은 아닐까요? 장애인을 대상으로 하는 스포츠강좌는 보조인력 비용 등 추가 비용으로 인해, 비장애인 대상 강좌보다 수강료가 높을 수 있습니다. 바우처를 사용한다 해도 자기 부담금이 여전히 크다면 장애인들은 스포츠강좌를 이용하기 어려울 것입니다.
>
> 정 : 하지만 제가 보기엔 장애인들의 주요 연령대가 사업에서 제외된 것 같습니다. 현재 본 사업의 대상 연령은 만 12세에서 만 49세까지인데, 장애인 인구의 고령자 인구 비율이 비장애인 인구에 비해 높다는 사실을 고려하면, 대상 연령의 상한을 적어도 만 64세까지 높여야 한다고 생각합니다.
>
> 갑 : 모두들 좋은 의견 감사합니다. 오늘 회의에서 논의된 내용을 확인하기 위해 ㉠ 필요한 자료를 조사해 주세요.

〈보 기〉

ㄱ. 장애인 및 비장애인 각각의 인구 대비 '스포츠강좌 지원사업' 가맹 시설 수
ㄴ. 장애인과 비장애인 각각 '스포츠강좌 지원사업'에 참여하기 위해 본인이 부담해야 하는 금액
ㄷ. 만 50세에서 만 64세까지의 장애인 중 스포츠강좌 수강을 희망하는 인구와 만 50세에서 만 64세까지의 비장애인 중 스포츠강좌 수강을 희망하는 인구

① ㄴ
② ㄷ
③ ㄱ, ㄴ
④ ㄱ, ㄷ
⑤ ㄱ, ㄴ, ㄷ

문 19. 다음 글의 〈논쟁〉에 대한 분석으로 적절한 것만을 〈보기〉에서 모두 고르면?

갑과 을은 「위원회의 운영에 관한 규정」 제8조에 대한 해석을 놓고 논쟁하고 있다. 그 조문은 다음과 같다.

> 제8조(위원장 및 위원) ① 위원장은 위촉된 위원들 중에서 투표로 선출한다.
> ② 위원장과 위원은 한 차례만 연임할 수 있다.
> ③ 위원장의 사임 등으로 보선된 위원장의 임기는 전임 위원장 임기의 남은 기간으로 한다.

〈논 쟁〉

쟁점 1 : A는 위원을 한 차례 연임하던 중 그 임기의 마지막 해에 위원장으로 선출되어, 2년에 걸쳐 위원장으로 활동하고 있다. 이에 대해, 갑은 A가 규정을 어기고 있다고 주장하지만, 을은 그렇지 않다고 주장한다.

쟁점 2 : B가 위원장을 한 차례 연임하여 활동하던 중에 연임될 때의 투표 절차가 적법하지 않다는 이유로 위원장의 직위가 해제되었는데, 이후의 보선에 B가 출마하였다. 이에 대해, 갑은 B가 선출되면 규정을 어기게 된다고 주장하지만, 을은 그렇지 않다고 주장한다.

쟁점 3 : C는 위원장을 한 차례 연임하였고, 다음 위원장으로 선출된 D는 임기 만료 직전에 사퇴하였는데, 이후의 보선에 C가 출마하였다. 이에 대해, 갑은 C가 선출되면 규정을 어기게 된다고 주장하지만, 을은 그렇지 않다고 주장한다.

〈보 기〉

ㄱ. 쟁점 1과 관련하여, 갑은 위원으로서의 임기가 종료되면 위원장으로서의 자격도 없는 것으로 생각하지만, 을은 위원장이 되는 경우에는 그 임기나 연임 제한이 새롭게 산정된다고 생각하기 때문이라고 하면, 갑과 을 사이의 주장 불일치를 설명할 수 있다.
ㄴ. 쟁점 2와 관련하여, 갑은 위원장이 부적법한 절차로 당선되었더라도 그것이 연임 횟수에 포함된다고 생각하지만, 을은 그렇지 않다고 생각하기 때문이라고 하면, 갑과 을 사이의 주장 불일치를 설명할 수 있다.
ㄷ. 쟁점 3과 관련하여, 위원장 연임 제한의 의미가 '단절되는 일 없이 세 차례 연속하여 위원장이 되는 것만을 막는다'는 것으로 확정된다면, 갑의 주장은 옳고, 을의 주장은 그르다.

① ㄱ
② ㄷ
③ ㄱ, ㄴ
④ ㄴ, ㄷ
⑤ ㄱ, ㄴ, ㄷ

문 20. 다음 글의 내용이 참일 때, 갑이 반드시 수강해야 할 과목은?

갑은 A~E 과목에 대해 수강신청을 준비하고 있다. 갑이 수강하기 위해 충족해야 하는 조건은 다음과 같다.
- A를 수강하면 B를 수강하지 않고, B를 수강하지 않으면 C를 수강하지 않는다.
- D를 수강하지 않으면 C를 수강하고, A를 수강하지 않으면 E를 수강하지 않는다.
- E를 수강하지 않으면 C를 수강하지 않는다.

① A
② B
③ C
④ D
⑤ E

문 21. 수덕, 원태, 광수는 임의의 순서로 빨간색 · 파란색 · 노란색 지붕을 가진 집에 나란히 이웃하여 살고, 개 · 고양이 · 원숭이라는 서로 다른 애완동물을 기르며, 광부 · 농부 · 의사라는 서로 다른 직업을 갖는다. 알려진 정보가 아래와 같을 때 반드시 참이라고 할 수 없는 것을 〈보기〉에서 모두 고르면?

가. 광수는 광부이다.
나. 가운데 집에 사는 사람은 개를 키우지 않는다.
다. 농부와 의사의 집은 서로 이웃해 있지 않다.
라. 노란 지붕 집은 의사의 집과 이웃해 있다.
마. 파란 지붕 집에 사는 사람은 고양이를 키운다.
바. 원태는 빨간 지붕 집에 산다.

〈보 기〉

ㄱ. 수덕은 빨간 지붕 집에 살지 않고, 원태는 개를 키우지 않는다.
ㄴ. 노란 지붕 집에 사는 사람은 원숭이를 키우지 않는다.
ㄷ. 수덕은 파란 지붕 집에 살거나, 원태는 고양이를 키운다.
ㄹ. 수덕은 개를 키우지 않는다.
ㅁ. 원태는 농부다.

① ㄱ, ㄴ
② ㄴ, ㄷ
③ ㄷ, ㄹ
④ ㄱ, ㄴ, ㅁ
⑤ ㄱ, ㄷ, ㅁ

문 22. 다음 글의 내용이 모두 참일 때 반드시 참인 것만을 〈보기〉에서 모두 고르면?

> 대한민국의 모든 사무관은 세종, 과천, 서울 청사 중 하나의 청사에서만 근무하며, 세 청사의 사무관 수는 다르다. 단, 세종 청사의 사무관 수가 서울 청사의 사무관 수보다 많다. 세 청사 중 사무관 수가 두 번째로 많은 청사의 사무관은 모두 일자리 창출 업무를 겸임한다. 세 청사의 사무관들 중 갑~정에 관하여 다음과 같은 사실이 알려져 있다.
>
> - 갑과 병 중 적어도 한 명은 세종 청사에서 근무하고, 정은 서울 청사에서 근무한다.
> - 일자리 창출 업무를 겸임하지 않는 사람은 이들 중 을뿐이다.
> - 과천 청사에서 근무하는 사무관은 이들 중 2명이다.
> - 을이 근무하는 청사는 사무관 수가 가장 적은 청사가 아니다.

〈보 기〉

ㄱ. 갑, 을, 병, 정 중 사무관 수가 가장 적은 청사에서 일하는 사무관은 일자리 창출 업무를 겸임하지 않는다.
ㄴ. 을이 세종 청사에서 근무하거나 병이 서울 청사에서 근무한다.
ㄷ. 정이 근무하는 청사의 사무관 수가 가장 적다.

① ㄱ
② ㄷ
③ ㄱ, ㄴ
④ ㄴ, ㄷ
⑤ ㄱ, ㄴ, ㄷ

문 23. 다음 글을 읽고 반드시 참인 것을 〈보기〉에서 모두 고르면?

> 시험관 X에 어떤 물질이 들어 있는지 검사하기 위해 아래와 같은 네 가지 검사방법을 사용하고자 한다. 이 시험관에 물질 D가 들어 있지 않다는 것은 이미 알려져 있다. 검사 방법의 사용 순서에 따라 양성과 음성이 뒤바뀔 가능성도 있다.
>
> - 알파 방법 : 시험관에 물질 A와 C가 둘 다 들어있을 때 양성이 나온다. 그렇지 않을 때 음성이 나온다.
> - 베타 방법 : 시험관에 물질 C는 들어 있지만 B는 들어있지 않을 때 양성이 나온다. 그렇지 않을 때 음성이 나온다.
> - 감마 방법 : 베타 방법을 아직 쓰지 않았으며 시험관에 물질 B도 D도 들어 있지 않을 때 음성이 나온다. 그렇지 않을 때 양성이 나온다.
> - 델타 방법 : 감마 방법을 이미 썼으며 시험관에 물질 D와 E 둘 가운데 적어도 하나가 들어 있을 때 양성이 나온다. 그렇지 않을 때 음성이 나온다.
>
> 이 시험관 X에 알파, 베타, 감마, 델타 방법을 한 번씩 사용한 결과 모두 양성이 나왔다. 하지만 어떤 순서로 이 방법들을 사용했는지는 기록해두지 않았다.

〈보 기〉

ㄱ. 시험관 X에 물질 E가 들어 있다.
ㄴ. 시험관 X에 적어도 3가지 물질이 들어 있다.
ㄷ. 시험관 X에 가장 마지막으로 사용한 방법은 베타 방법이 아니다.

① ㄱ
② ㄷ
③ ㄱ, ㄴ
④ ㄴ, ㄷ
⑤ ㄱ, ㄴ, ㄷ

문 24. 다음 대화의 ㉠에 따라 〈계획안〉을 수정한 것으로 적절하지 않은 것은?

갑 : 나눠드린 'A시 공공 건축 교육 과정' 계획안을 다 보셨죠? 이제 계획안을 어떻게 수정하면 좋을지 각자의 의견을 자유롭게 말씀해 주십시오.
을 : 코로나19 상황을 고려해 대면 교육보다 온라인 교육이 좋겠습니다. 그리고 방역 활동에 모범을 보이는 차원에서 온라인 강의로 진행한다는 점을 강조하는 것이 좋겠습니다. 온라인 강의는 편안한 시간에 접속하여 수강하게 하고, 수강 가능한 기간을 명시해야 합니다. 게다가 온라인으로 진행하면 교육 대상을 A시 시민만이 아닌 모든 희망자로 확대하는 장점이 있습니다.
병 : 좋은 의견입니다. 여기에 덧붙여 교육 대상을 공공 건축 업무 관련 공무원과 일반 시민으로 구분하는 것이 좋겠습니다. 관련 공무원과 일반 시민은 기반 지식에서 차이가 커 같은 내용으로 교육하기에 적합하지 않습니다. 업무와 관련된 직무 교육 과정과 일반 시민 수준의 교양 교육 과정으로 따로 운영하는 것이 좋겠습니다.
을 : 교육 과정 분리는 좋습니다만, 공무원의 직무 교육은 참고할 자료가 많아 온라인 교육이 비효율적입니다. 직무 교육 과정은 다음에 논의하고, 이번에는 시민 대상 교양 과정으로만 진행하는 것이 좋겠습니다. 그리고 A시의 유명 공공 건축물을 활용해서 A시를 홍보하고 관심을 끌 수 있는 주제의 강의가 있으면 좋겠습니다.
병 : 그게 좋겠네요. 마지막으로 덧붙이면 신청 방법이 너무 예전 방식입니다. 시 홈페이지에서 신청 게시판을 찾아가는 방법을 안내할 필요는 있지만, 요즘 같은 모바일 시대에 이것만으로는 부족합니다. A시 공식 어플리케이션에서 바로 신청서를 작성하고 제출할 수 있도록 하면 좋겠습니다.
갑 : ㉠ 오늘 회의에서 나온 의견을 반영하여 계획안을 수정하도록 하겠습니다. 감사합니다.

〈계획안〉

A시 공공 건축 교육 과정
- 강의 주제 : 공공 건축의 미래 / A시의 조경
- 일시 : 7. 12.(월) 19:00~21:00 / 7. 14.(수) 19:00~21:00
- 장소 : A시 청사 본관 5층 대회의실
- 대상 : A시 공공 건축에 관심 있는 A시 시민 누구나
- 신청 방법 : A시 홈페이지 → '시민참여' → '교육' → '공공 건축 교육 신청 게시판'에 신청서 작성

① 강의 주제에 "건축가협회 선정 A시의 유명 공공 건축물 TOP3"를 추가한다.
② 일시 항목을 "• 기간 : 7. 12.(월) 06:00~7. 16.(금) 24:00"으로 바꾼다.
③ 장소 항목을 "• 교육방식 : 코로나19 확산 방지를 위해 온라인 교육으로 진행"으로 바꾼다.
④ 대상을 "A시 공공 건축에 관심 있는 사람 누구나"로 바꾼다.
⑤ 신청 방법을 "A시 공식 어플리케이션을 통한 A시 공공 건축 교육 과정 간편 신청"으로 바꾼다.

문 25. 다음 글의 빈칸에 들어갈 내용으로 가장 적절한 것은?

갑 : 안녕하십니까. 저는 시청 토목정책과에 근무합니다. 부정 청탁을 받은 때는 신고해야 한다고 들었습니다.

을 : 예, 「부정청탁 및 금품등 수수의 금지에 관한 법률」(이하 '청탁금지법')에서는, 공직자가 부정 청탁을 받았을 때는 명확히 거절 의사를 표현해야 하고, 그랬는데도 상대방이 이후에 다시 동일한 부정 청탁을 해 온다면 소속 기관의 장에게 신고해야 한다고 규정합니다.

갑 : '금품등'에는 접대와 같은 향응도 포함되지요?

을 : 물론이지요. 청탁금지법에 따르면, 공직자는 동일인으로부터 명목에 상관없이 1회 100만 원 혹은 매 회계연도에 300만 원을 초과하는 금품이나 접대를 받을 수 없습니다. 직무 관련성이 있는 경우에는 100만 원 이하라도 대가성 여부와 관계없이 처벌을 받습니다.

갑 : '동일인'이라 하셨는데, 여러 사람이 청탁을 하는 경우는 어떻게 되나요?

을 : 받는 사람을 기준으로 하여 따지게 됩니다. 한 공직자에게 여러 사람이 동일한 부정 청탁을 하며 금품을 제공하려 하였을 때에도 이들의 출처가 같다고 볼 수 있다면 '동일인'으로 해석됩니다. 또한 여러 행위가 계속성 또는 시간적 · 공간적 근접성이 있다고 판단되면, 합쳐서 1회로 간주될 수 있습니다.

갑 : 실은, 연초에 있었던 지역 축제 때 저를 포함한 우리 시청 직원 90명은 행사에 참여한다는 차원으로 장터에 들러 1인당 8천 원씩을 지불하고 식사를 했는데, 이후에 그 식사는 X회사 사장인 A의 축제 후원금이 1인당 1만 2천 원씩 들어간 것이라는 사실을 알게 되었습니다. 이에 대하여는 결국 대가성 있는 접대도 아니고 직무 관련성도 없는 것으로 확정되었으며, 추가된 식사비도 축제 주최 측에 돌려주었습니다. 그리고 이달 초에는 Y회사의 임원인 B가 관급 공사 입찰을 도와달라고 청탁하면서 100만 원을 건네려 하길래 거절한 적이 있습니다. 그런데 어제는 고교 동창인 C가 찾아와 X회사 공장 부지의 용도 변경에 힘써 달라며 200만 원을 주려고 해서 단호히 거절하였습니다.

을 : 그러셨군요. 말씀하신 것을 바탕으로 설명드리겠습니다.

[   ]

① X회사로부터 받은 접대는 시간적 · 공간적 근접성으로 보아 청탁금지법을 위반한 향응을 받은 것이 됩니다.

② Y회사로부터 받은 제안의 내용은 청탁금지법상의 금품이라고는 할 수 없지만 향응에는 포함될 수 있습니다.

③ 청탁금지법상 A와 C는 동일인으로서 부정 청탁을 한 것이 됩니다.

④ 직무 관련성이 없다면 B와 C가 제시한 금액은 청탁금지법상의 허용 한도를 벗어나지 않습니다.

⑤ 현재는 청탁금지법상 C의 청탁을 신고할 의무가 생기지 않지만, C가 같은 청탁을 다시 한다면 신고해야 합니다.

문 1. 다음 〈표〉는 4월 5일부터 4월 11일까지 종합병원 A의 날짜별 진료 실적에 관한 자료이다. 4월 7일의 진료의사 1인당 진료환자 수는?

〈표〉 종합병원 A의 날짜별 진료 실적

(단위 : 명)

날짜 \ 구분	진료의사 수	진료환자 수	진료의사 1인당 진료환자 수
4월 5일	23	782	34
4월 6일	26	988	38
4월 7일	( )	580	( )
4월 8일	25	700	28
4월 9일	30	1,050	35
4월 10일	15	285	19
4월 11일	4	48	12
계	143	4,433	–

① 20명
② 26명
③ 29명
④ 32명
⑤ 38명

문 2. 다음 〈그림〉은 2020년 '갑'시의 교통사고에 관한 자료이다. 이에 대한 〈보기〉의 설명 중 옳은 것만을 모두 고르면?

〈그림 1〉 2020년 월별 교통사고 사상자

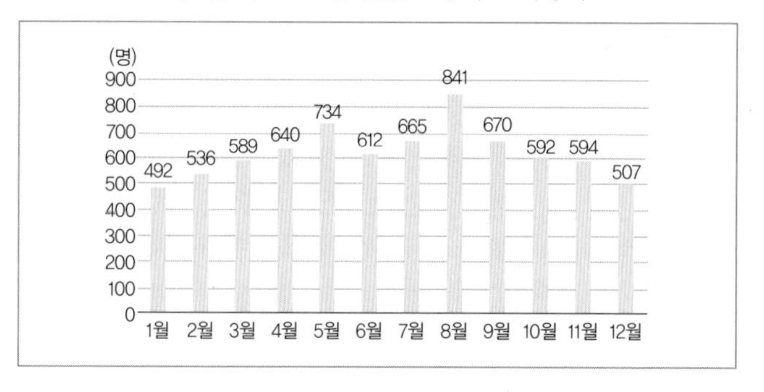

〈그림 2〉 2020년 월별 교통사고 건수

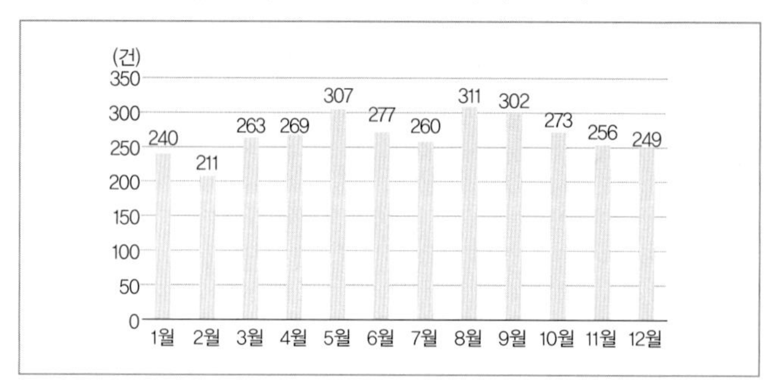

〈그림 3〉 2020년 교통사고 건수의 사고원인별 구성비

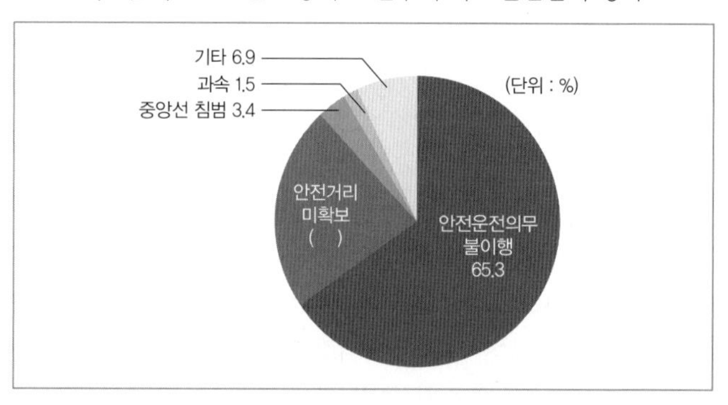

〈보 기〉

ㄱ. 월별 교통사고 사상자는 가장 적은 달이 가장 많은 달의 60% 이하이다.
ㄴ. 2020년 교통사고 건당 사상자는 1.9명 이상이다.
ㄷ. '안전거리 미확보'가 사고원인인 교통사고 건수는 '중앙선 침범'이 사고원인인 교통사고 건수의 7배 이상이다.
ㄹ. 사고원인이 '안전운전의무 불이행'인 교통사고 건수는 2,000건 이하이다.

① ㄱ, ㄴ
② ㄱ, ㄷ
③ ㄴ, ㄷ
④ ㄷ, ㄹ
⑤ ㄱ, ㄴ, ㄹ

문 3. 다음 〈표〉는 2013~2015년 A국의 13대 수출 주력 품목에 관한 자료이다. 이에 대한 〈보기〉의 설명 중 옳은 것만을 모두 고르면?

〈표 1〉 전체 수출액 대비 13대 수출 주력 품목의 수출액 비중

(단위 : %)

품목 \ 연도	2013	2014	2015
가전	1.83	2.35	2.12
무선통신기기	6.49	6.42	7.28
반도체	8.31	10.04	11.01
석유제품	9.31	8.88	6.09
석유화학	8.15	8.35	7.11
선박류	10.29	7.09	7.75
섬유류	2.86	2.81	2.74
일반기계	8.31	8.49	8.89
자동차	8.16	8.54	8.69
자동차부품	4.09	4.50	4.68
철강제품	6.94	6.22	5.74
컴퓨터	2.25	2.12	2.28
평판디스플레이	5.22	4.59	4.24
계	82.21	80.40	78.62

〈표 2〉 13대 수출 주력 품목별 세계수출시장 점유율

(단위 : %)

품목 \ 연도	2013	2014	2015
가전	2.95	3.63	2.94
무선통신기기	6.77	5.68	5.82
반도체	8.33	9.39	8.84
석유제품	5.60	5.20	5.18
석유화학	8.63	9.12	8.42
선박류	24.55	22.45	21.21
섬유류	2.12	1.96	1.89
일반기계	3.19	3.25	3.27
자동차	5.34	5.21	4.82
자동차부품	5.55	5.75	5.50
철강제품	5.47	5.44	5.33
컴퓨터	2.23	2.11	2.25
평판디스플레이	23.23	21.49	18.50

〈보 기〉

ㄱ. 13대 수출 주력 품목 중 2014년 수출액이 큰 품목부터 차례대로 나열하면 반도체, 석유제품, 자동차, 일반기계, 석유화학, 선박류 등의 순이다.

ㄴ. 13대 수출 주력 품목 중 2013년에 비해 2015년에 전체 수출액 대비 수출액 비중이 상승한 품목은 총 7개이다.

ㄷ. 13대 수출 주력 품목 중 세계수출시장 점유율 상위 5개 품목의 순위는 2013년과 2014년이 동일하다.

① ㄱ　　② ㄴ
③ ㄱ, ㄴ　　④ ㄴ, ㄷ
⑤ ㄱ, ㄴ, ㄷ

문 4. 다음 〈표〉와 〈그림〉은 조선시대 A군의 조사시기별 가구 수 및 인구 수와 가구 구성비에 대한 자료이다. 이에 대한 〈보기〉의 설명 중 옳은 것만을 모두 고르면?

〈표〉 A군의 조사시기별 가구 수 및 인구 수

(단위 : 호, 명)

조사시기	가구 수	인구 수
1729년	1,480	11,790
1765년	7,210	57,330
1804년	8,670	68,930
1867년	27,360	144,140

〈그림〉 A군의 조사시기별 가구 구성비

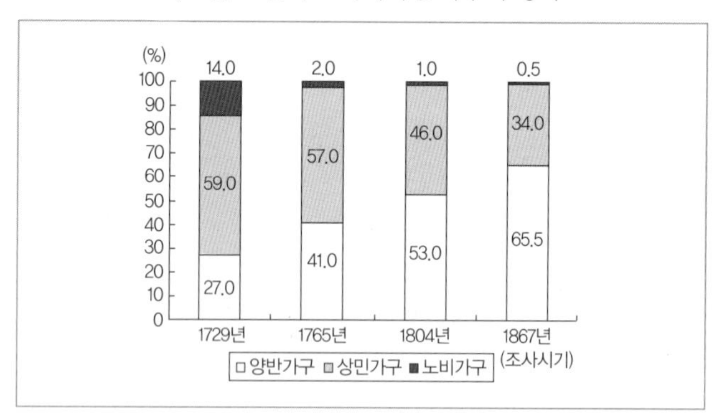

〈보 기〉

ㄱ. 1804년 대비 1867년의 가구당 인구 수는 증가하였다.
ㄴ. 1765년 상민가구 수는 1804년 양반가구 수보다 적다.
ㄷ. 노비가구 수는 1804년이 1765년보다는 적고 1867년보다는 많다.
ㄹ. 1729년 대비 1765년에 상민가구 구성비는 감소하였고 상민가구 수는 증가하였다.

① ㄱ, ㄴ
② ㄱ, ㄷ
③ ㄴ, ㄹ
④ ㄱ, ㄷ, ㄹ
⑤ ㄴ, ㄷ, ㄹ

문 5. 다음 〈그림〉은 음주운전 관련 자료이다. 이에 대한 〈보기〉의 설명 중 옳지 않은 것을 모두 고르면?

〈그림 1〉 연령대별 음주운전 교통사고 현황

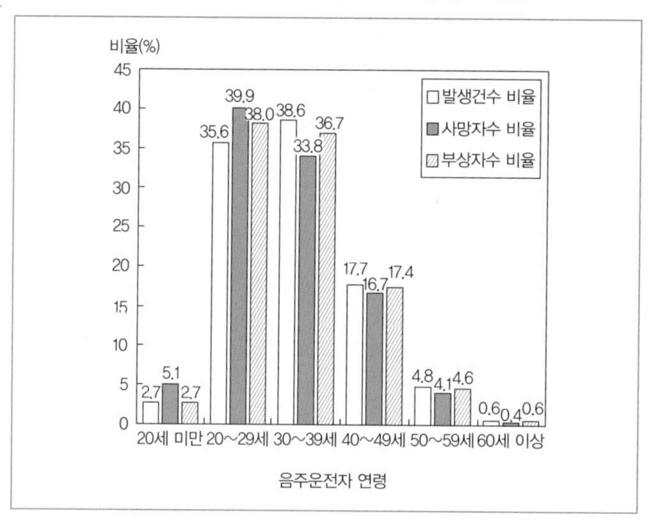

〈그림 2〉 혈중 알코올 농도별 음주운전 교통사고 현황

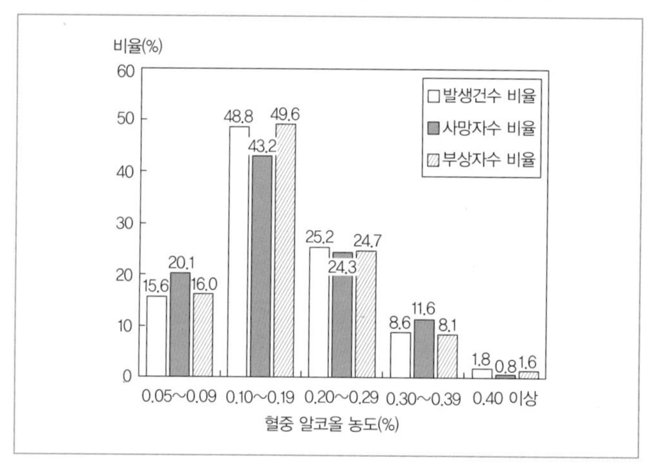

〈보 기〉

ㄱ. 전체 음주운전 교통사고의 2/3 이상은 20대와 30대 운전자에 의해 발생한다.
ㄴ. 60세 이상의 운전자들은 음주운전을 하여도 사고를 유발할 확률이 1% 미만이다.
ㄷ. 전체 음주운전 교통사고 발생건수 중에서 운전자의 혈중 알코올 농도가 0.30% 이상인 경우는 11% 미만이다.
ㄹ. 20대나 30대의 운전자가 혈중 알코올 농도 0.10~0.19%에서 운전할 경우에 음주운전 교통사고의 발생가능성이 가장 높다.
ㅁ. 각 연령대의 음주운전 교통사고 발생건수 대비 사망자수 비율이 가장 높은 연령대는 20세 미만이다.
ㅂ. 음주운전자 중에는 혈중 알코올 농도 0.10~0.19%에서 운전을 한 경우가 가장 많다.

① ㄱ, ㄴ, ㄷ
② ㄴ, ㄷ, ㄹ
③ ㄴ, ㄹ, ㅂ
④ ㄷ, ㄹ, ㅁ
⑤ ㄹ, ㅁ, ㅂ

문 6. 다음 〈표〉는 2017년과 2018년 '갑'국에 운항하는 항공사의 운송실적 및 피해구제 현황에 관한 자료이다. 〈표〉를 이용하여 작성한 그래프로 옳지 않은 것은?

〈표 1〉 2017년과 2018년 국적항공사의 노선별 운송실적

(단위 : 천 명)

국적항공사 \ 노선 · 연도		국내선 2017	국내선 2018	국제선 2017	국제선 2018
대형항공사	태양항공	7,989	6,957	18,925	20,052
	무지개항공	5,991	6,129	13,344	13,727
저비용항공사	알파항공	4,106	4,457	3,004	3,610
	에어세종	0	0	821	1,717
	청렴항공	3,006	3,033	2,515	2,871
	독도항공	4,642	4,676	5,825	7,266
	참에어	3,738	3,475	4,859	5,415
	동해항공	2,935	2,873	3,278	4,128
합계		32,407	31,600	52,571	58,786

〈표 2〉 2017년 피해유형별 항공사의 피해구제 접수 건수 비율

(단위 : %)

항공사 \ 피해유형	취소환불위약금	지연결항	정보제공미흡	수하물지연파손	초과판매	기타	합계
국적항공사	57.14	22.76	5.32	6.81	0.33	7.64	100.00
외국적항공사	49.06	27.77	6.89	6.68	1.88	7.72	100.00

〈표 3〉 2018년 피해유형별 항공사의 피해구제 접수 건수

(단위 : 건)

항공사 \ 피해유형		취소환불위약금	지연결항	정보제공미흡	수하물지연파손	초과판매	기타	합계	전년대비증가
대형항공사	태양항공	31	96	0	7	0	19	153	13
	무지개항공	20	66	0	5	0	15	106	−2
저비용항공사	알파항공	9	9	0	1	0	4	23	−6
	에어세종	19	10	2	1	0	12	44	7
	청렴항공	12	33	3	4	0	5	57	16
	독도항공	34	25	3	9	0	27	98	−35
	참에어	33	38	0	6	0	8	85	34
	동해항공	19	32	1	10	0	10	72	9
국적항공사		177	309	9	43	0	100	638	36
외국적항공사		161	201	11	35	0	78	486	7

① 2017년 피해유형별 외국적항공사의 피해구제 접수 건수 대비 국적항공사의 피해구제 접수 건수 비

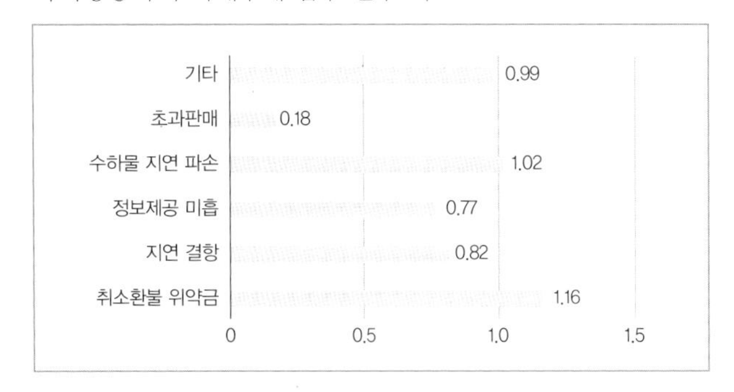

② 2017년 국적항공사별 피해구제 접수 건수 비중

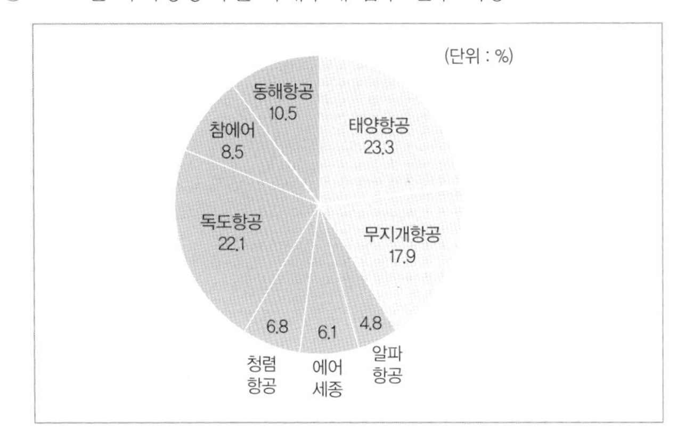

③ 2017년 피해유형별 국적항공사의 피해구제 접수 건수

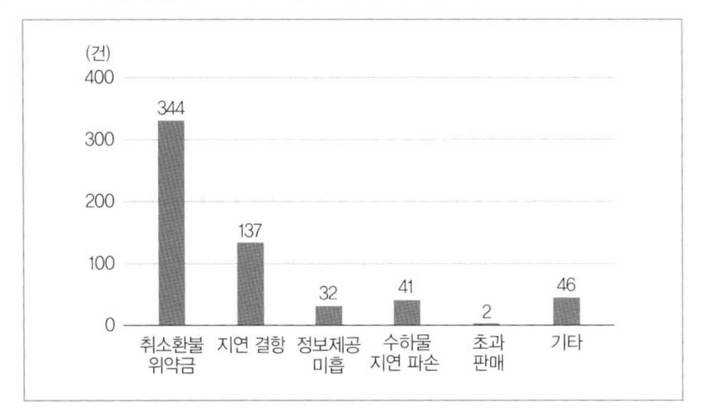

④ 2017년 대비 2018년 저비용 국적항공사의 전체 노선 운송실적 증가율

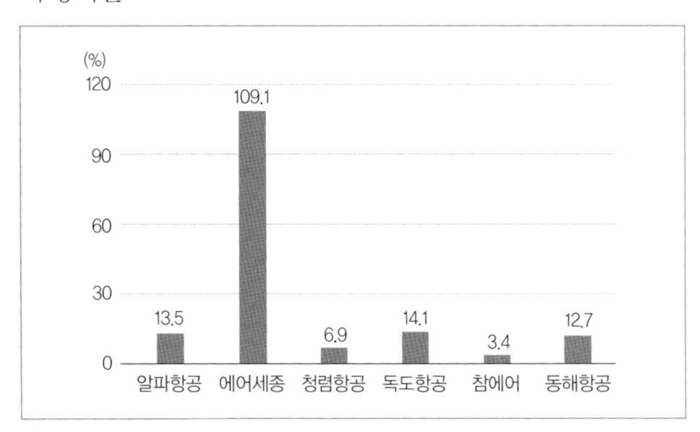

⑤ 대형 국적항공사의 전체 노선 운송실적 대비 피해구제 접수 건수 비

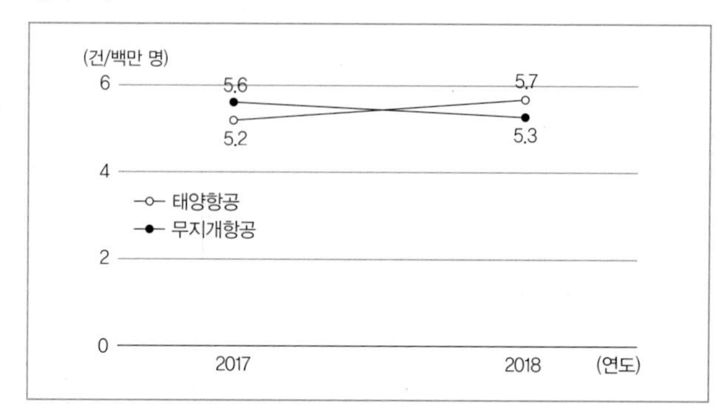

문 7. 다음 〈표〉는 블로그 이용자와 트위터 이용자를 대상으로 설문조사한 결과이다. 이를 정리한 〈보기〉의 그림 중 옳은 것을 모두 고르면?

〈표〉 블로그 이용자와 트위터 이용자 대상 설문조사 결과

(단위 : %)

구분		블로그 이용자	트위터 이용자
성	남자	53.4	53.2
	여자	46.6	46.8
연령	15~19세	11.6	13.1
	20~29세	23.3	47.9
	30~39세	27.4	29.5
	40~49세	25.0	8.4
	50~59세	12.7	1.1
교육수준	중졸 이하	2.0	1.6
	고졸	23.4	14.7
	대졸	66.1	74.4
	대학원 이상	8.5	9.3
소득수준	상	5.5	3.6
	중	74.2	75.0
	하	20.3	21.4

※ 15세 이상 60세 미만의 1,000명의 블로그 이용자와 2,000명의 트위터 이용자를 대상으로 하여 동일시점에 각각 독립적으로 조사하였으며 무응답과 응답자의 중복은 없음

〈보 기〉

ㄱ. 트위터와 블로그의 성별 이용자 수

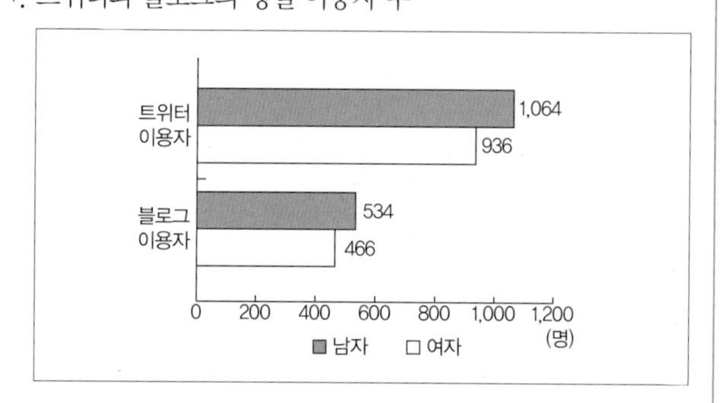

ㄴ. 교육수준별 트위터 이용자 수 대비 블로그 이용자 수

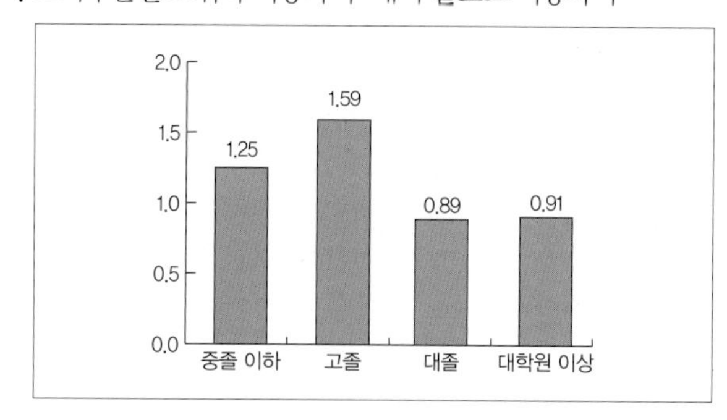

ㄷ. 블로그 이용자와 트위터 이용자의 소득수준별 구성비

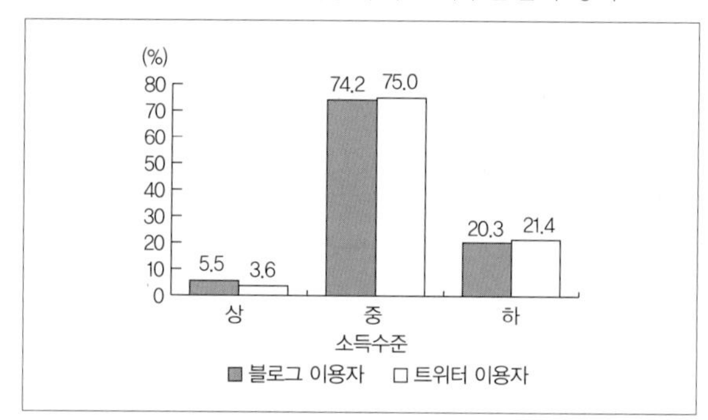

ㄹ. 연령별 블로그 이용자와 트위터 이용자의 구성비

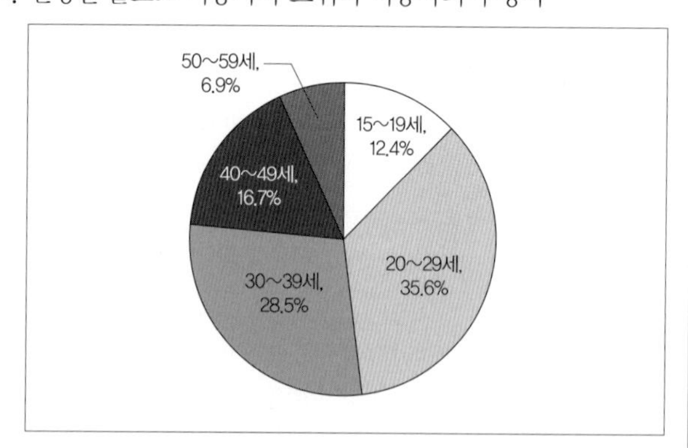

① ㄱ, ㄴ

② ㄱ, ㄷ

③ ㄴ, ㄷ

④ ㄴ, ㄹ

⑤ ㄷ, ㄹ

문 8. 다음 〈보고서〉는 2015년 A국의 노인학대 현황에 관한 것이다. 〈보고서〉의 내용과 부합하는 자료만을 〈보기〉에서 모두 고르면?

〈보고서〉

2015년 1월 1일부터 12월 31일까지 한 해 동안 전국 29개 지역의 노인보호전문기관에 신고된 전체 11,905건의 노인학대 의심사례 중에 학대 인정사례는 3,818건으로 나타났다. 이는 전년 대비 학대 인정사례 건수가 8% 이상 증가한 것이다.

학대 인정사례 3,818건을 신고자 유형별로 살펴보면 신고의무자에 의해 신고된 학대 인정사례는 707건, 비신고의무자에 의해 신고된 학대 인정사례는 3,111건이었다. 신고의무자에 의해 신고된 학대 인정사례 중 사회복지전담 공무원의 신고에 의한 학대 인정사례가 40% 이상으로 나타났다. 비신고의무자에 의해 신고된 학대 인정사례 중에서는 관련기관 종사자의 신고에 의한 학대 인정사례가 48% 이상으로 가장 높았고, 학대 행위자 본인의 신고에 의한 학대 인정사례의 비율이 가장 낮았다.

또한 3,818건의 학대 인정사례를 발생장소별로 살펴보면 기타를 제외하고 가정 내 학대가 85.8%로 가장 높게 나타났으며, 다음으로 생활시설 5.4%, 병원 2.3%, 공공장소 2.1%의 순으로 나타났다. 학대 인정사례 중 병원에서의 학대 인정사례 비율은 2012~2015년 동안 매년 감소한 것으로 나타났다.

한편, 학대 인정사례를 가구형태별로 살펴보면 2012~2015년 동안 매년 학대 인정사례 건수가 가장 많은 가구형태는 노인단독 가구였다.

〈보 기〉

ㄱ. 2015년 신고자 유형별 노인학대 인정사례 건수

(단위 : 건)

신고자 유형	건수
신고의무자	707
의료인	44
노인복지시설 종사자	178
장애노인시설 종사자	16
가정폭력 관련 종사자	101
사회복지전담 공무원	290
노숙인 보호시설 종사자	31
구급대원	9
재가장기요양기관 종사자	38
비신고의무자	3,111
학대피해노인 본인	722
학대행위자 본인	8
친족	567
타인	320
관련기관 종사자	1,494

ㄴ. 2014년과 2015년 노인보호전문기관에 신고된 노인 학대 의심사례 신고 건수와 구성비

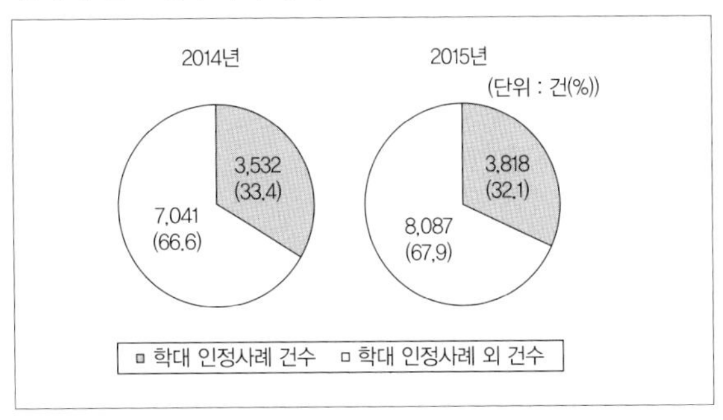

※ 구성비는 소수점 아래 둘째 자리에서 반올림한 값임

ㄷ. 발생장소별 노인학대 인정사례 건수와 구성비

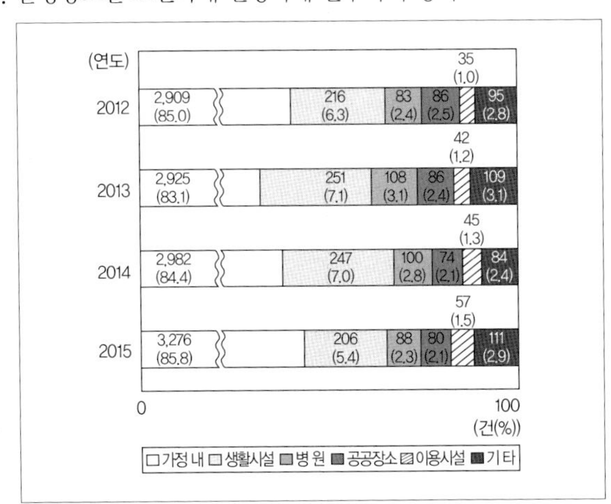

※ 구성비는 소수점 아래 둘째 자리에서 반올림한 값임

ㄹ. 가구형태별 노인학대 인정사례 건수

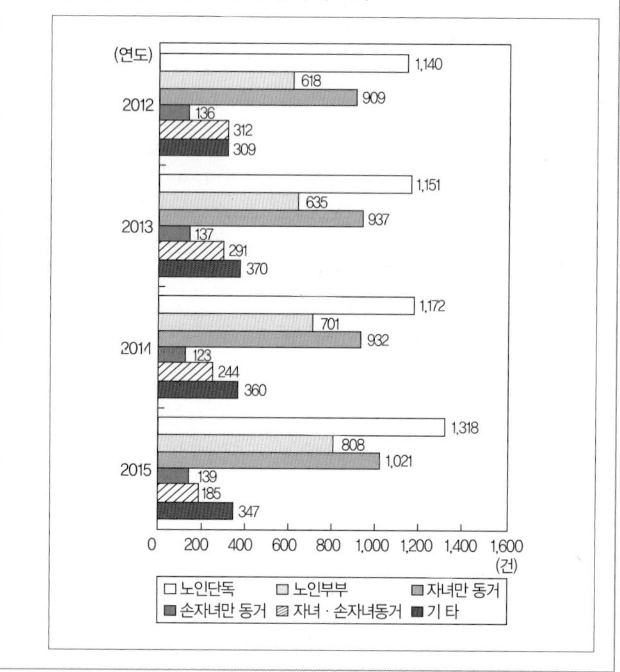

① ㄱ, ㄹ

② ㄴ, ㄷ

③ ㄱ, ㄴ, ㄷ

④ ㄱ, ㄴ, ㄹ

⑤ ㄴ, ㄷ, ㄹ

문 9. 다음 〈표〉는 '갑'국 대학 기숙사 수용 및 기숙사비 납부 방식에 관한 자료이다. 이에 대한 〈보고서〉의 설명 중 옳은 것만을 모두 고르면?

〈표 1〉 2019년과 2020년 대학 기숙사 수용 현황

(단위 : 명, %)

대학유형 \ 연도·구분		2020 수용가능 인원	2020 재학생 수	2020 수용률	2019 수용가능 인원	2019 재학생 수	2019 수용률
전체(196개교)		354,749	1,583,677	22.4	354,167	1,595,436	22.2
설립주체	국공립(40개교)	102,025	381,309	26.8	102,906	385,245	26.7
	사립(156개교)	( )	1,202,368	21.0	251,261	1,210,191	20.8
소재지	수도권(73개교)	122,099	672,055	18.2	119,940	676,479	( )
	비수도권(123개교)	232,650	911,622	25.5	234,227	918,957	25.5

※ 수용률(%) = $\frac{\text{수용가능 인원}}{\text{재학생 수}} \times 100$

〈표 2〉 2020년 대학 기숙사비 납부 방식 현황

(단위 : 개교)

대학유형 \ 납부 방식·기숙사 유형		카드납부 가능 직영	카드납부 가능 민자	카드납부 가능 공공	카드납부 가능 합계	현금분할납부 가능 직영	현금분할납부 가능 민자	현금분할납부 가능 공공	현금분할납부 가능 합계
전체(196개교)		27	20	0	47	43	25	9	77
설립주체	국공립(40개교)	20	17	0	37	18	16	0	34
	사립(156개교)	7	3	0	10	25	9	9	43
소재지	수도권(73개교)	3	2	0	5	16	8	4	28
	비수도권(123개교)	24	18	0	42	27	17	5	49

※ 각 대학은 한 가지 유형의 기숙사만 운영함

<보고서>

2020년 대학 기숙사 수용률은 22.4%로, 2019년의 22.2%에 비해 증가하였지만 여전히 20%대 초반에 그쳤다. 대학유형별 기숙사 수용률은 사립대학보다는 국공립대학이 높고, 수도권 대학보다는 비수도권 대학이 높았다. 한편, ㉠ 2019년 대비 2020년 대학유형별 기숙사 수용률은 국공립대학보다 사립대학이, 비수도권대학보다 수도권대학이 더 큰 폭으로 증가하였다.

2020년 대학 기숙사 수용가능 인원의 변화를 설립주체별로 살펴보면, ㉡ 국공립대학은 전년 대비 800명 이상 증가하였으나, 사립대학은 전년 대비 1,400명 이상 감소하였다. 소재지별로 살펴보면 수도권 대학의 기숙사 수용가능 인원은 2019년 119,940명에서 2020년 122,099명으로 2,100명 이상 증가하였으나, 비수도권 대학은 2019년 234,227명에서 2020년 232,650명으로 1,500명 이상 감소하였다.

2020년 대학 기숙사비 납부 방식을 살펴보면, ㉢ 전체 대학 중 기숙사비 카드납부가 가능한 대학은 37.9%에 불과하였다. 이를 기숙사 유형별로 자세히 보면, ㉣ 카드납부가 가능한 공공기숙사는 없었고, 현금분할납부가 가능한 공공기숙사도 사립대학 9개교뿐이었다.

① ㄱ
② ㄱ, ㄴ
③ ㄱ, ㄹ
④ ㄷ, ㄹ
⑤ ㄴ, ㄷ, ㄹ

문 10. 다음 <표>는 스마트폰 기종별 출고가 및 공시지원금에 대한 자료이다. <조건>과 <정보>를 근거로 A~D에 해당하는 스마트폰 기종 '갑'~'정'을 바르게 나열한 것은?

<표> 스마트폰 기종별 출고가 및 공시지원금

(단위 : 원)

기종 \ 구분	출고가	공시지원금
A	858,000	210,000
B	900,000	230,000
C	780,000	150,000
D	990,000	190,000

<조 건>

- 모든 소비자는 스마트폰을 구입할 때 '요금할인' 또는 '공시지원금' 중 하나를 선택한다.
- 사용요금은 월정액 51,000원이다.
- '요금할인'을 선택하는 경우의 월 납부액은 사용요금의 80%에 출고가를 24(개월)로 나눈 월 기기값을 합한 금액이다.
- '공시지원금'을 선택하는 경우의 월 납부액은 출고가에서 공시지원금과 대리점보조금(공시지원금의 10%)을 뺀 금액을 24(개월)로 나눈 월 기기값에 사용요금을 합한 금액이다.
- 월 기기값, 사용요금 이외의 비용은 없고, 10원 단위 이하 금액은 절사한다.
- 구입한 스마트폰의 사용기간은 24개월이고, 사용기간 연장이나 중도해지는 없다.

<정 보>

- 출고가 대비 공시지원금의 비율이 20% 이하인 스마트폰 기종은 '병'과 '정'이다.
- '공시지원금'을 선택하는 경우의 월 납부액보다 '요금할인'을 선택하는 경우의 월 납부액이 더 큰 스마트폰 기종은 '갑' 뿐이다.
- '공시지원금'을 선택하는 경우 월 기기값이 가장 작은 스마트폰 기종은 '정'이다.

	A	B	C	D
①	갑	을	정	병
②	을	갑	병	정
③	을	갑	정	병
④	병	을	정	갑
⑤	정	병	갑	을

문 11. 다음 〈표〉와 〈정보〉는 A~J지역의 지역발전 지표에 관한 자료이다. 이를 근거로 (가)~(라)에 들어갈 수 있는 값으로만 나열한 것은?

〈표〉 A~J지역의 지역발전 지표

(단위 : %, 개)

지표 / 지역	재정 자립도	시가화 면적 비율	10만 명당 문화 시설수	10만 명당 체육 시설수	주택 노후화율	주택 보급률	도로 포장률
A	83.8	61.2	4.1	111.1	17.6	105.9	92.0
B	58.5	24.8	3.1	(다)	22.8	93.6	98.3
C	65.7	35.7	3.5	103.4	13.5	91.2	97.4
D	48.3	25.3	4.3	128.0	15.8	96.6	100.0
E	(가)	20.7	3.7	133.8	12.2	100.3	99.0
F	69.5	22.6	4.1	114.0	8.5	91.0	98.1
G	37.1	22.9	7.7	110.2	20.5	103.8	91.7
H	38.7	28.8	7.8	102.5	19.9	(라)	92.5
I	26.1	(나)	6.9	119.2	33.7	102.5	89.6
J	32.6	21.3	7.5	113.0	26.9	106.1	87.9

〈정 보〉

- 재정자립도가 E보다 높은 지역은 A, C, F이다.
- 시가화 면적 비율이 가장 낮은 지역은 주택노후화율이 가장 높은 지역이다.
- 10만 명당 문화시설수가 가장 적은 지역은 10만 명당 체육시설수가 네 번째로 많은 지역이다.
- 주택보급률이 도로포장률보다 낮은 지역은 B, C, D, F이다.

	(가)	(나)	(다)	(라)
①	58.6	20.9	100.9	92.9
②	60.8	19.8	102.4	92.5
③	63.5	20.1	115.7	92.0
④	65.2	20.3	117.1	92.6
⑤	65.8	20.6	118.7	93.7

문 12. 다음 〈표〉는 18세기 부여 지역의 토지 소유 및 벼 추수 기록을 나타낸 자료이다. 이에 대한 〈보기〉의 설명 중 옳은 것만을 모두 고르면?

〈표〉 18세기 부여 지역의 토지 소유 및 벼 추수 기록

위치	소유주	작인	면적(두락)	계약량	수취량
도장동	송득매	주서방	8	4석	4석
도장동	자근노음	검금	7	4석	4석
불근보	이풍덕	막산	5	2석 5두	1석 3두
소삼	이풍덕	동이	12	7석 10두	6석
율포	송치선	주적	7	4석	1석 10두
부야	홍서방	주적	6	3석 5두	2석 10두
잠방평	쾌득	명이	7	4석	2석 1두
석을고지	양서방	수양	10	7석	4석 10두
계			62	36석 5두	26석 4두

※ 작인 : 실제로 토지를 경작한 사람

〈보 기〉

ㄱ. '석'을 '두'로 환산하면 1석은 15두이다.

ㄴ. 계약량 대비 수취량의 비율이 가장 높은 토지의 위치는 '도장동', 가장 낮은 토지의 위치는 '불근보'이다.

ㄷ. 작인이 '동이', '명이', '수양'인 토지 중 두락당 계약량이 가장 큰 토지의 작인은 '수양'이고, 가장 작은 토지의 작인은 '동이'이다.

① ㄱ
② ㄴ
③ ㄱ, ㄷ
④ ㄴ, ㄷ
⑤ ㄱ, ㄴ, ㄷ

문 13. 다음 <표>는 '갑'국 하수처리장의 1일 하수처리용량 및 지역등급별 방류수 기준이고, <그림>은 지역등급 및 36개 하수처리장 분포이다. 이에 근거한 <보기>의 설명 중 옳은 것만을 모두 고르면?

<표> 하수처리장 1일 하수처리용량 및 지역등급별 방류수 기준

(단위 : mg/L)

1일 하수처리용량	항목 / 지역등급	생물학적 산소 요구량	화학적 산소 요구량	총질소	총인
$500m^3$ 이상	Ⅰ	5 이하	20 이하	20 이하	0.2 이하
	Ⅱ	5 이하	20 이하	20 이하	0.3 이하
	Ⅲ	10 이하	40 이하	20 이하	0.5 이하
	Ⅳ	10 이하	40 이하	20 이하	2.0 이하
$50m^3$ 이상 $500m^3$ 미만	Ⅰ~Ⅳ	10 이하	40 이하	20 이하	2.0 이하
$50m^3$ 미만	Ⅰ~Ⅳ	10 이하	40 이하	40 이하	4.0 이하

<그림> 지역등급 및 하수처리장 분포

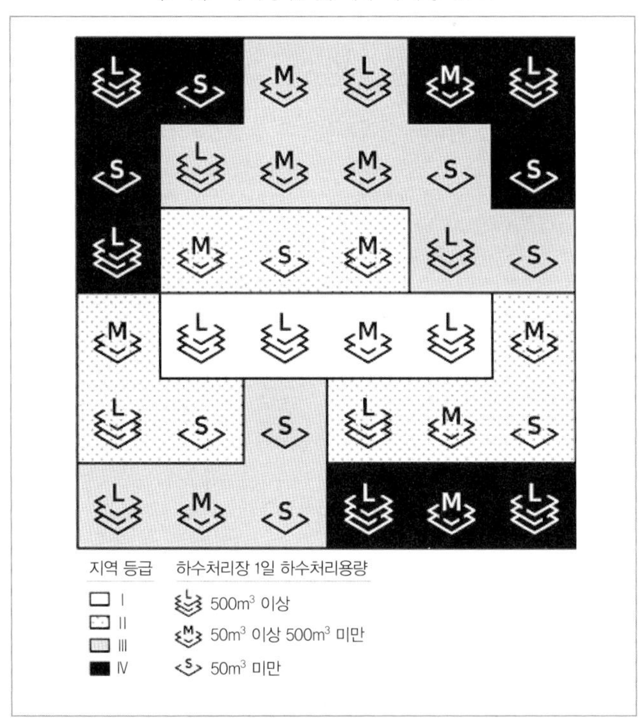

<보 기>

ㄱ. 방류수의 생물학적 산소요구량 기준이 '5mg/L 이하'인 하수처리장 수는 5개이다.

ㄴ. 1일 하수처리용량 $500m^3$ 이상인 하수처리장 수는 1일 하수처리용량 $50m^3$ 미만인 하수처리장 수의 1.5배 이상이다.

ㄷ. Ⅱ등급 지역에서 방류수의 총인 기준이 '0.3mg/L 이하'인 하수처리장의 1일 하수처리용량 합은 최소 $1,000m^3$이다.

ㄹ. 방류수의 총질소 기준이 '20mg/L 이하'인 하수처리장 수는 방류수의 화학적 산소요구량 기준이 '20mg/L 이하'인 하수처리장 수의 5배 이상이다.

① ㄱ, ㄴ
② ㄱ, ㄷ
③ ㄴ, ㄹ
④ ㄱ, ㄷ, ㄹ
⑤ ㄴ, ㄷ, ㄹ

문 14. 다음 <표>는 조선시대 부산항의 1881~1890년 무역현황에 대한 자료이다. 이에 대한 설명으로 옳지 않은 것은?

<표 1> 부산항의 연도별 무역규모

(단위 : 천 원)

연도	수출액(A)	수입액(B)	무역규모(A+B)
1881	1,158	1,100	2,258
1882	1,151	784	1,935
1883	784	731	1,515
1884	253	338	591
1885	184	333	517
1886	205	433	638
1887	394	659	1,053
1888	412	650	1,062
1889	627	797	1,424
1890	1,908	1,433	3,341

<표 2> 부산항의 연도별 수출액 비중 상위(1~3위) 상품 변화 추이

(단위 : %)

연도	1위	2위	3위
1881	쌀(32.8)	우피(15.1)	대두(14.3)
1882	대두(25.1)	우피(16.4)	면포(9.0)
1883	대두(24.6)	우피(21.2)	금(7.7)
1884	우피(31.9)	금(23.7)	대두(17.9)
1885	우피(54.0)	대두(12.4)	해조(8.5)
1886	우피(52.9)	대두(23.4)	쌀(5.8)
1887	대두(44.2)	우피(28.5)	쌀(15.5)
1888	대두(44.2)	우피(23.3)	생선(7.3)
1889	대두(45.3)	우피(14.4)	쌀(8.1)
1890	쌀(61.7)	대두(20.8)	생선(3.0)

※ ( ) 안의 수치는 해당연도의 부산항 전체 수출액에서 상품별 수출액이 차지하는 비중을 나타냄

<표 3> 부산항의 연도별 수입액 비중 상위(1~3위) 상품 변화 추이

(단위 : %)

연도	1위	2위	3위
1881	금건(44.7)	한냉사(30.3)	구리(6.9)
1882	금건(65.6)	한냉사(26.8)	염료(5.7)
1883	금건(33.3)	한냉사(24.3)	구리(12.2)
1884	금건(34.0)	한냉사(9.9)	쌀(7.5)
1885	금건(58.6)	한냉사(8.1)	염료(3.2)
1886	금건(53.4)	쌀(15.0)	한냉사(5.3)
1887	금건(55.4)	면려(10.1)	소금(5.0)
1888	금건(36.1)	면려(24.1)	쌀(5.1)
1889	금건(43.3)	면려(9.5)	쌀(6.7)
1890	금건(38.0)	면려(16.5)	가마니(3.7)

※ ( ) 안의 수치는 해당연도의 부산항 전체 수입액에서 상품별 수입액이 차지하는 비중을 나타냄

① 각 연도의 무역규모에서 수입액이 차지하는 비중이 50% 이상인 연도의 횟수는 총 6번이다.

② 1884년의 우피 수출액은 1887년 쌀의 수출액보다 적다.

③ 수출액 비중 상위(1~3위) 내에 포함된 횟수가 가장 많은 상품은 대두이다.

④ 1882년 이후 수출액의 전년대비 증감방향과 무역규모의 전년대비 증감방향은 매년 동일하다.

⑤ 무역규모 중 한냉사 수입액이 차지하는 비중은 1887년에 1884년보다 감소하였다.

문 15. 다음 〈표〉와 〈그림〉은 주요 국가의 특허등록현황에 관한 자료이다. 이에 대한 설명으로 옳지 않은 것은?

〈표〉 주요 국가의 특허등록현황

해외특허등록				국내특허 등록건(B)	해외특허등록 비율(A/B)
순위	국가	건(A)	점유율(%)		
1	미국	106,353	26.7	85,071	1.3
2	일본	79,563	20.0	111,269	0.7
3	독일	59,858	15.0	16,901	3.5
4	프랑스	25,467	6.4	10,303	2.5
5	영국	20,269	5.1	4,170	4.9
6	스위스	13,929	3.5	1,345	10.4
7	이탈리아	11,415	2.9	4,726	2.4
8	네덜란드	11,100	2.8	2,820	3.9
9	스웨덴	8,847	2.2	2,082	4.2
10	캐나다	7,753	1.9	1,117	6.9
…	…	…	…	…	…
14	한국	7,117	1.8	22,943	0.3
…	…	…	…	…	…
	전체	398,220	100.0	316,685	1.3

〈그림〉 한국과 해외특허등록 상위 5개국의 관계

(단위 : 건)

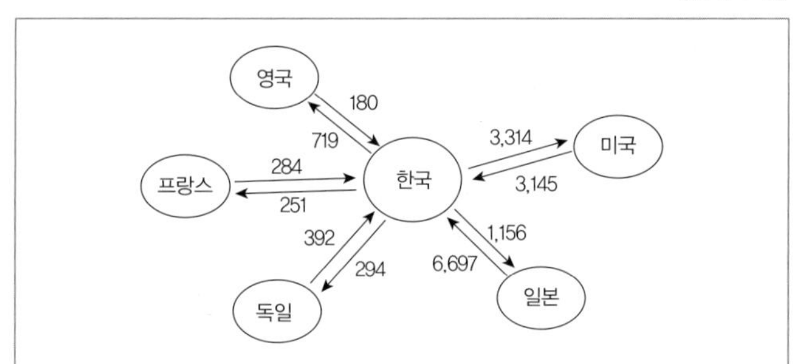

※ Ⓐ → Ⓑ : A국에서 B국으로의 해외특허등록을 의미함

① 해외특허등록 상위 5개국의 해외특허등록건수의 합은 전체 해외특허등록건수의 70% 이상이다.

② 해외특허등록 상위 10개국 중 국내특허등록건수와 해외특허등록건수의 차이가 가장 큰 나라는 독일이다.

③ 한국과 해외특허등록 상위 5개국의 관계에서 한국과 각 국가 간 해외특허등록건수의 차이가 가장 큰 나라는 일본이다.

④ 한국의 해외특허등록건수의 80% 이상이 미국, 일본, 영국, 독일, 프랑스에 집중되어 있다.

⑤ 각국의 국내특허등록건수는 일본이 1위이고, 미국이 2위, 독일이 3위를 차지하고 있다.

문 16. 다음 〈표〉와 〈그림〉은 '가'국의 수출입액 현황에 관한 자료이다. 이에 대한 〈보기〉의 설명 중 옳지 않은 것을 모두 고르면?

〈표〉 '가'국의 대상 지역별 수출입액 현황(2010~2011년)

(단위 : 억 원, %)

구분	2010년			2011년			2011년 수출입액의 전년 대비 증감률
	수출액	수입액	수출입액	수출액	수입액	수출입액	
아시아	939,383	2,320,247	3,259,630 (88.4)	900,206	2,096,471	2,996,677 (89.8)	−8.1
유럽	67,648	89,629	157,277 (4.3)	60,911	92,966	153,877 (4.6)	−2.2
미주	83,969	153,112	237,081 (6.4)	60,531	103,832	164,363 (4.9)	−30.7
아프리카	12,533	19,131	31,664 (0.9)	13,266	7,269	20,535 (0.7)	−35.1
전체	1,103,533	2,582,119	3,685,652 (100.0)	1,034,914	2,300,538	3,335,452 (100.0)	−9.5

※ 수출입액 = 수출액 + 수입액

〈그림 1〉 '가'국의 대 유럽 수출입액 상위 6개(2010년)

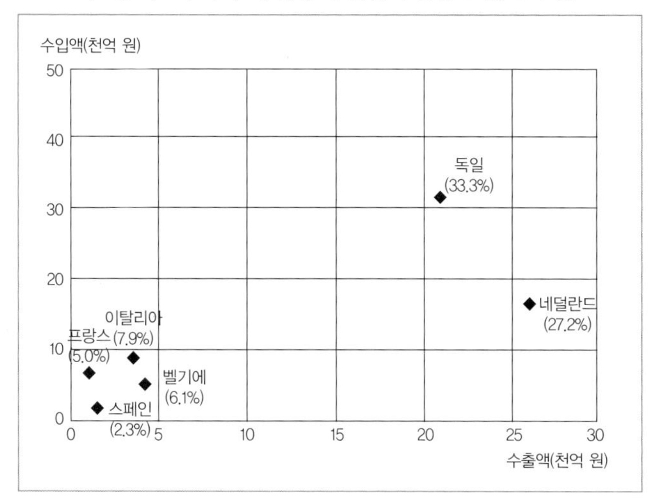

〈그림 2〉 '가'국의 대 유럽 수출입액 상위 6개국(2011년)

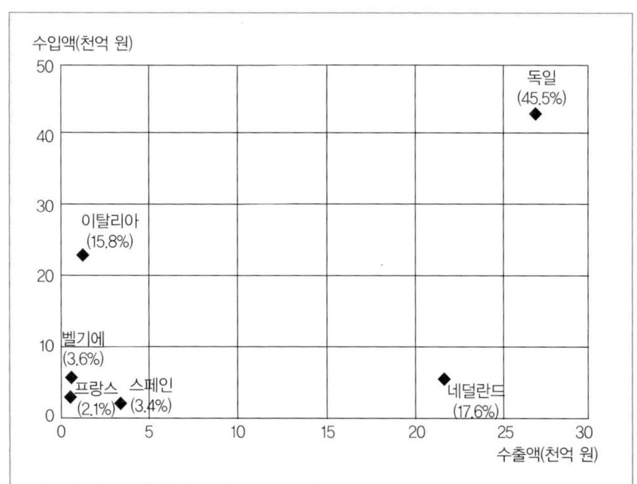

※ 1) '가'국의 유럽에 대한 전체 수출입액 중 해당국이 차지하는 수출입액의 비중이 큰 순서에 따라 상위 6개국을 선정함
2) ( ) 안의 수치는 '가'국의 유럽에 대한 전체 수출입액 중 해당국이 차지하는 수출입액의 비중을 나타냄

〈보 기〉

ㄱ. 2011년 '가'국의 아시아에 대한 수출입액은 전년 대비 1.4%p 증가하여 2011년 전체 수출입액의 89.8%를 차지하였다.

ㄴ. 2011년 '가'국의 아시아, 유럽, 미주, 아프리카에 대한 수출입액은 각각 전년 대비 감소하였다.

ㄷ. 2011년 '가'국의 유럽에 대한 수출입액은 전년 대비 2.2% 감소하였고, 수출액은 전년 대비 5.9% 감소하였으나, 수입액은 전년 대비 3.7% 증가하였다.

ㄹ. 2011년 '가'국의 유럽에 대한 전체 수출입액 중 수출입액 상위 5개국이 차지하는 수출입액은 85.0% 이상이었다.

ㅁ. 2011년 '가'국의 네덜란드에 대한 수입액 대비 수출액 비율은 전년에 비해 감소하였고, 네덜란드에 대한 수출입액은 유럽에 대한 전체 수출입액의 17.6%를 차지하였다.

① ㄱ, ㄴ, ㄹ
② ㄱ, ㄷ, ㄹ
③ ㄱ, ㄷ, ㅁ
④ ㄴ, ㄷ, ㅁ
⑤ ㄴ, ㄹ, ㅁ

문 17. 다음 〈표〉는 2011~2020년 산불 건수 및 산불 가해자 검거 현황과 2020년 산불 원인별 가해자 검거 현황에 관한 자료이다. 이에 대한 〈보기〉의 설명 중 옳은 것만을 모두 고르면?

〈표 1〉 2011~2020년 산불 건수 및 산불 가해자 검거 현황

(단위 : 건, %)

구분 연도	산불 건수	가해자 검거 건수	검거율
2011	277	131	47.3
2012	197	73	( )
2013	296	137	46.3
2014	492	167	33.9
2015	623	240	38.5
2016	391	( )	( )
2017	692	305	( )
2018	496	231	46.6
2019	653	239	36.6
2020	620	246	39.7
계	( )	1,973	( )

〈표 2〉 2020년 산불 원인별 산불 건수 및 가해자 검거 현황

(단위 : 건, %)

구분 산불 원인	산불 건수	가해자 검거 건수	검거율
입산자 실화	( )	32	( )
논밭두렁 소각	49	45	( )
쓰레기 소각	65	( )	( )
담뱃불 실화	75	17	22.7
성묘객 실화	9	6	( )
어린이 불장난	1	1	100.0
건축물 실화	54	33	61.1
기타	150	52	34.7
전체	( )	246	39.7

※ 1) 산불 1건은 1개의 산불 원인으로만 분류함

2) 가해자 검거 건수는 해당 산불 발생 연도를 기준으로 집계함

3) 검거율(%) = $\frac{\text{가해자 검거 건수}}{\text{산불 건수}} \times 100$

〈보 기〉

ㄱ. 2011~2020년 연평균 산불 건수는 500건 이하이다.

ㄴ. 산불 건수가 가장 많은 연도의 검거율은 산불 건수가 가장 적은 연도의 검거율보다 높다.

ㄷ. 2020년에는 기타를 제외하고 산불 건수가 적은 산불 원인일수록 검거율이 높다.

ㄹ. 2020년 전체 산불 건수 중 입산자 실화가 원인인 산불 건수의 비율은 35%이다.

① ㄱ, ㄴ

② ㄴ, ㄹ

③ ㄷ, ㄹ

④ ㄱ, ㄴ, ㄷ

⑤ ㄱ, ㄴ, ㄹ

문 18. 다음 〈표〉는 조선왕조실록에 수록된 1401~1418년의 이상 기상 및 자연재해 발생 건수에 관한 자료이다. 이에 대한 〈보기〉의 설명 중 옳은 것만을 모두 고르면?

〈표〉 1401~1418년 이상 기상 및 자연재해 발생 건수

(단위 : 건)

유형 연도	천둥번개	큰 비	벼락	폭설	큰바람	우박	한파 및 이상고온	서리	짙은 안개	황충피해	가뭄 및 홍수	지진 및 해일	전체
1401	2	1	6	0	2	8	3	7	5	1	3	1	39
1402	3	0	5	3	1	3	5	0	( )	2	2	2	41
1403	7	13	12	3	1	3	2	3	9	0	4	0	57
1404	1	18	0	0	1	4	2	0	3	0	0	0	29
1405	8	27	0	6	7	9	5	4	0	5	1	2	74
1406	4	( )	11	3	1	3	3	10	1	0	2	0	59
1407	4	14	8	4	1	3	4	2	2	3	4	0	49
1408	0	4	3	1	1	3	1	0	( )	3	0	0	23
1409	4	7	6	5	2	8	3	2	4	0	2	0	43
1410	14	14	5	1	2	6	1	1	5	2	6	1	58
1411	3	11	6	1	2	6	1	3	1	0	9	1	44
1412	4	8	4	2	5	6	2	0	3	2	2	0	38
1413	5	20	4	3	6	1	0	2	1	5	5	0	52
1414	5	21	7	3	3	3	5	5	0	0	6	0	58
1415	9	18	9	1	3	2	3	2	3	3	2	2	57
1416	5	11	5	1	5	2	0	3	4	1	3	0	40
1417	0	9	5	1	7	4	3	6	1	7	3	0	46
1418	5	17	0	0	6	2	0	2	0	3	3	1	39
합	83	( )	96	38	56	76	43	52	64	37	57	10	846

〈보 기〉

ㄱ. 연도별 전체 발생 건수 상위 2개 연도의 발생 건수 합은 하위 2개 연도의 발생 건수 합의 3배 이상이다.

ㄴ. '큰 비'가 가장 많이 발생한 해에는 '우박'도 가장 많이 발생했다.

ㄷ. 1401~1418년 동안의 발생 건수 합 상위 5개 유형은 '천둥번개', '큰 비', '벼락', '우박', '짙은 안개'이다.

ㄹ. 1402년에 가장 많이 발생한 유형은 1408년에도 가장 많이 발생했다.

① ㄱ, ㄴ

② ㄱ, ㄷ

③ ㄴ, ㄹ

④ ㄷ, ㄹ

⑤ ㄴ, ㄷ, ㄹ

문 19. 다음 〈표〉는 2010~2012년 농림수산식품 수출액 순위 상위 10개 품목에 대한 자료이다. 다음 〈조건〉을 근거로 하여 A~E에 들어갈 5개 품목(궐련, 김, 라면, 면화, 사과)을 바르게 나열한 것은?

〈표〉 농림수산식품 수출액 순위 상위 10개 품목

(단위 : 천 톤, 백만 불)

순위	2010년			2011년			2012년		
	품목	수출물량	수출액	품목	수출물량	수출액	품목	수출물량	수출액
1	배	10.5	24.3	인삼	0.7	37.8	인삼	0.5	22.3
2	인삼	0.4	23.6	배	7.7	19.2	배	6.5	20.5
3	A	7.3	15.2	유자차	5.7	12.6	C	1.6	18.4
4	김치	37.5	15.0	C	0.6	8.1	유자차	7.0	14.6
5	유자차	4.8	9.7	비스킷	1.8	7.9	비스킷	2.4	8.8
6	비스킷	1.8	7.2	B	3.5	7.4	E	0.5	8.7
7	B	5.4	6.9	A	2.1	6.2	고등어	4.7	7.0
8	C	0.4	5.7	D	2.0	6.0	B	4.9	6.7
9	D	1.8	5.2	E	0.4	5.9	D	1.8	5.3
10	E	0.4	4.8	펄프	8.4	5.4	A	1.0	3.7

〈조 건〉

- 궐련과 김은 매년 수출액이 증가하였다.
- 2011년 면화의 수출물량은 전년보다 감소하였으나 수출액은 전년보다 증가하였다.
- 사과의 수출액은 매년 감소하였다.
- 2010년에는 김이 라면보다 수출액이 적었으나, 2012년에는 김이 라면보다 수출액이 많았다.

	A	B	C	D	E
①	라면	궐련	면화	사과	김
②	라면	사과	면화	김	궐련
③	사과	라면	궐련	면화	김
④	사과	면화	김	라면	궐련
⑤	사과	면화	궐련	라면	김

문 20. 다음 〈조건〉과 〈표〉는 2018~2020년 '가'부서 전체 직원 성과급에 관한 자료이다. 이를 근거로 판단할 때, '가'부서 전체 직원의 2020년 기본 연봉의 합은?

〈조 건〉

- 매년 각 직원의 기본 연봉은 변동 없음.
- 성과급은 전체 직원에게 각 직원의 성과등급에 따라 매년 1회 지급함.
- 성과급=기본 연봉×지급비율
- 성과등급별 지급비율 및 인원 수

구분 \ 성과등급	S	A	B
지급비율	20%	10%	5%
인원 수	1명	2명	3명

〈표〉 2018~2020년 '가'부서 전체 직원 성과급

(단위 : 백만 원)

직원 \ 연도	2018	2019	2020
갑	12.0	6.0	3.0
을	5.0	20.0	5.0
병	6.0	3.0	6.0
정	6.0	6.0	12.0
무	4.5	4.5	4.5
기	6.0	6.0	12.0

① 430백만 원
② 460백만 원
③ 490백만 원
④ 520백만 원
⑤ 550백만 원

문 21. 다음은 '갑'국의 건설공사 안전관리비에 관한 자료이다. 이에 대한 〈보기〉의 설명 중 옳은 것만을 모두 고르면?

〈표〉 '갑'국의 건설공사 종류 및 대상액별 안전관리비 산정 기준

공사 종류 \ 구분 \ 대상액	5억 원 미만	5억 원 이상 50억 원 미만		50억 원 이상
	요율(%)	요율(%)	기초액(천 원)	요율(%)
일반건설공사(갑)	2.93	1.86	5,350	1.97
일반건설공사(을)	3.09	1.99	5,500	2.10
중건설공사	3.43	2.35	5,400	2.46
철도 · 궤도신설 공사	2.45	1.57	4,400	1.66
특수 및 기타 건설공사	1.85	1.20	3,250	1.27

〈안전관리비 산정 방식〉

- 대상액이 5억 원 미만 또는 50억 원 이상인 경우
  안전관리비=대상액×요율
- 대상액이 5억 원 이상 50억 원 미만인 경우
  안전관리비=대상액×요율+기초액

〈보 기〉

ㄱ. 대상액이 10억 원인 경우, 안전관리비는 '일반건설공사(을)'가 '중건설공사'보다 적다.
ㄴ. 대상액이 4억 원인 경우, '일반건설공사(갑)'와 '철도 · 궤도신설공사'의 안전관리비 차이는 200만 원 이상이다.
ㄷ. '특수 및 기타 건설공사' 안전관리비는 대상액이 100억 원인 경우가 대상액이 10억 원인 경우의 10배 이상이다.

① ㄱ
② ㄴ
③ ㄱ, ㄷ
④ ㄴ, ㄷ
⑤ ㄱ, ㄴ, ㄷ

문 22. 다음 〈표〉는 중학생의 주당 운동시간 현황을 조사한 자료이다. 이에 대한 〈보기〉의 설명 중 옳은 것만을 모두 고르면?

〈표〉 중학생의 주당 운동시간 현황

(단위 : %, 명)

구분		남학생			여학생		
		1학년	2학년	3학년	1학년	2학년	3학년
1시간 미만	비율	10.0	5.7	7.6	18.8	19.2	25.1
	인원수	118	66	87	221	217	281
1시간 이상 2시간 미만	비율	22.2	20.4	19.7	26.6	31.3	29.3
	인원수	261	235	224	312	353	328
2시간 이상 3시간 미만	비율	21.8	20.9	24.1	20.7	18.0	21.6
	인원수	256	241	274	243	203	242
3시간 이상 4시간 미만	비율	34.8	34.0	23.4	30.0	27.3	14.0
	인원수	409	392	266	353	308	157
4시간 이상	비율	11.2	19.0	25.2	3.9	4.2	10.0
	인원수	132	219	287	46	47	112
합계	비율	100.0	100.0	100.0	100.0	100.0	100.0
	인원수	1,176	1,153	1,138	1,175	1,128	1,120

〈보 기〉

ㄱ. '1시간 미만' 운동하는 3학년 남학생 수는 '4시간 이상' 운동하는 1학년 여학생 수보다 많다.
ㄴ. 동일 학년의 남학생과 여학생을 비교하면, 남학생 중 '1시간 미만' 운동하는 남학생의 비율이 여학생 중 '1시간 미만' 운동하는 여학생의 비율보다 각 학년에서 모두 낮다.
ㄷ. 남학생과 여학생 각각, 학년이 높아질수록 3시간 이상 운동하는 학생의 비율이 낮아진다.
ㄹ. 모든 학년별 남학생과 여학생 각각에서, '3시간 이상 4시간 미만' 운동하는 학생의 비율이 '4시간 이상' 운동하는 학생의 비율보다 높다.

① ㄱ, ㄴ
② ㄱ, ㄹ
③ ㄴ, ㄷ
④ ㄷ, ㄹ
⑤ ㄱ, ㄴ, ㄷ

문 23. 다음 〈표〉는 직원 '갑'~'무'에 대한 평가자 A~E의 직무평가 점수이다. 이에 대한 〈보기〉의 설명 중 옳은 것만을 모두 고르면?

〈표〉 직원 '갑'~'무'에 대한 평가자 A~E의 직무평가 점수

(단위 : 점)

평가자 / 직원	A	B	C	D	E	종합점수
갑	91	87	( )	89	95	89.0
을	89	86	90	88	( )	89.0
병	68	76	( )	74	78	( )
정	71	72	85	74	( )	77.0
무	71	72	79	85	( )	78.0

※ 1) 직원별 종합점수는 해당 직원이 평가자 A~E로부터 부여받은 점수 중 최댓값과 최솟값을 제외한 점수의 평균임
2) 각 직원은 평가자 A~E로부터 각각 다른 점수를 부여받았음
3) 모든 평가자는 1~100점 중 1점 단위로 점수를 부여하였음

〈보 기〉

ㄱ. '을'에 대한 직무평가 점수는 평가자 E가 가장 높다.
ㄴ. '병'의 종합점수로 가능한 최댓값과 최솟값의 차이는 5점 이상이다.
ㄷ. 평가자 C의 '갑'에 대한 직무평가 점수는 '갑'의 종합점수보다 높다.
ㄹ. '갑'~'무'의 종합점수 산출 시, 부여한 직무평가 점수가 한 번도 제외되지 않은 평가자는 없다.

① ㄱ
② ㄱ, ㄹ
③ ㄴ, ㄷ
④ ㄱ, ㄴ, ㄹ
⑤ ㄴ, ㄷ, ㄹ

※ 다음 〈표 1〉과 〈표 2〉는 '갑'국 A~E 5개 도시의 지난 30년 월평균 지상 10m 기온과 월평균 지표면 온도이고, 〈표 3〉과 〈표 4〉는 도시별 설계적설하중과 설계기본풍속이다. 다음 물음에 답하시오. [24~25]

〈표 1〉 도시별 월평균 지상 10m 기온

(단위 : ℃)

도시 / 월	A	B	C	D	E
1	−2.5	1.6	−2.4	−4.5	−2.3
2	−0.3	3.2	−0.5	−1.8	−0.1
3	5.2	7.4	4.5	4.2	5.1
4	12.1	13.1	10.7	11.4	12.2
5	17.4	17.6	15.9	16.8	17.2
6	21.9	21.1	20.4	21.5	21.3
7	25.9	25.0	24.0	24.5	24.4
8	25.4	25.7	24.9	24.3	25.0
9	20.8	21.2	20.7	18.9	19.7
10	14.4	15.9	14.5	12.1	13.0
11	6.9	9.6	7.2	4.8	6.1
12	−0.2	4.0	0.6	−1.7	−0.1

〈표 2〉 도시별 월평균 지표면 온도

(단위 : ℃)

도시 / 월	A	B	C	D	E
1	−2.4	2.7	−1.2	−2.7	0.3
2	−0.3	4.8	0.8	−0.7	2.8
3	5.6	9.3	6.3	4.8	8.7
4	13.4	15.7	13.4	12.6	16.3
5	19.7	20.8	19.4	19.1	22.0
6	24.8	24.2	24.5	24.4	25.9
7	26.8	27.7	26.8	26.9	28.4
8	27.4	28.5	27.5	27.0	29.0
9	22.5	19.6	22.8	21.4	23.5
10	14.8	17.9	15.8	13.5	16.9
11	6.2	10.8	7.5	5.3	8.6
12	−0.1	4.7	1.1	−0.7	2.1

〈표 3〉 도시별 설계적설하중

(단위 : kN/m^2)

도시	A	B	C	D	E
설계적설하중	0.5	0.5	0.7	0.8	2.0

〈표 4〉 도시별 설계기본풍속

(단위 : m/s)

도시	A	B	C	D	E
설계기본풍속	30	45	35	30	40

문 24. 위 〈표〉를 근거로 〈보기〉의 설명 중 옳은 것만을 모두 고르면?

〈보 기〉

ㄱ. '월평균 지상 10m 기온'이 가장 높은 달과 '월평균 지표면 온도'가 가장 높은 달이 다른 도시는 A뿐이다.
ㄴ. 2월의 '월평균 지상 10m 기온'은 영하이지만 '월평균 지표면 온도'가 영상인 도시는 C와 E이다.
ㄷ. 1월의 '월평균 지표면 온도'가 A~E도시 중 가장 낮은 도시의 설계적설하중은 5개 도시 평균 설계적설하중보다 작다.
ㄹ. 설계기본풍속이 두 번째로 큰 도시는 8월의 '월평균 지상 10m 기온'도 A~E도시 중 두 번째로 높다.

① ㄱ, ㄴ
② ㄴ, ㄷ
③ ㄴ, ㄹ
④ ㄷ, ㄹ
⑤ ㄱ, ㄷ, ㄹ

문 25. 폭설피해 예방대책으로 위 〈표 3〉에 제시된 도시별 설계적설하중을 수정하고자 한다. 〈규칙〉에 따라 수정하였을 때, A~E도시 중 설계적설하중 증가폭이 두 번째로 큰 도시와 가장 작은 도시를 바르게 연결한 것은?

〈규 칙〉

단계 1 : 각 도시의 설계적설하중을 50% 증가시킨다.
단계 2 : '월평균 지상 10m 기온'이 영하인 달이 3개 이상인 도시만 단계 1에 의해 산출된 값을 40% 증가시킨다.
단계 3 : 설계기본풍속이 40m/s 이상인 도시만 단계 1~2를 거쳐 산출된 값을 20% 감소시킨다.
단계 4 : 단계 1~3을 거쳐 산출된 값을 수정된 설계적설하중으로 한다. 단, 1.0kN/m^2 미만인 경우 1.0kN/m^2으로 한다.

	두 번째로 큰 도시	가장 작은 도시
①	A	B
②	A	C
③	B	D
④	D	B
⑤	D	C

문 1. 다음 글을 근거로 판단할 때 옳은 것은?

제00조(조직 등) ① 자율방범대에는 대장, 부대장, 총무 및 대원을 둔다.
② 경찰서장은 자율방범대장이 추천한 사람을 자율방범대원으로 위촉할 수 있다.
③ 경찰서장은 자율방범대원이 이 법을 위반하여 파출소장이 해촉을 요청한 경우에는 해당 자율방범대원을 해촉해야 한다.
제00조(자율방범활동 등) ① 자율방범대는 다음 각 호의 활동(이하 '자율방범활동'이라 한다)을 한다.
1. 범죄예방을 위한 순찰 및 범죄의 신고, 청소년 선도 및 보호
2. 시·도경찰청장, 경찰서장, 파출소장이 지역사회의 안전을 위해 요청하는 활동
② 자율방범대원은 자율방범활동을 하는 때에는 자율방범활동 중임을 표시하는 복장을 착용하고 자율방범대원의 신분을 증명하는 신분증을 소지해야 한다.
③ 자율방범대원은 경찰과 유사한 복장을 착용해서는 안 되며, 경찰과 유사한 도장이나 표지 등을 한 차량을 운전해서는 안 된다.
제00조(금지의무) ① 자율방범대원은 자율방범대의 명칭을 사용하여 다음 각 호의 어느 하나에 해당하는 행위를 해서는 안 된다.
1. 기부금품을 모집하는 행위
2. 영리목적으로 자율방범대의 명의를 사용하는 행위
3. 특정 정당 또는 특정인의 선거운동을 하는 행위
② 제1항 제3호를 위반한 자에 대해서는 3년 이하의 징역 또는 600만 원 이하의 벌금에 처한다.

① 파출소장은 자율방범대장이 추천한 사람을 자율방범대원으로 위촉할 수 있다.
② 자율방범대원이 범죄예방을 위한 순찰을 하는 경우, 경찰과 유사한 복장을 착용할 수 있다.
③ 자율방범대원이 영리목적으로 자율방범대의 명의를 사용한 경우, 3년 이하의 징역에 처한다.
④ 자율방범대원이 청소년 선도활동을 하는 경우, 자율방범활동 중임을 표시하는 복장을 착용하면 자율방범대원의 신분을 증명하는 신분증을 소지하지 않아도 된다.
⑤ 자율방범대원이 자율방범대의 명칭을 사용하여 기부금품을 모집했고 이를 이유로 파출소장이 그의 해촉을 요청한 경우, 경찰서장은 해당 자율방범대원을 해촉해야 한다.

문 2. 다음 글과 〈상황〉을 근거로 판단할 때 옳은 것은?

• 민원의 종류
법정민원(인가·허가 등을 신청하거나 사실·법률관계에 관한 확인 또는 증명을 신청하는 민원), 질의민원(법령·제도 등에 관하여 행정기관의 설명·해석을 요구하는 민원), 건의민원(행정제도의 개선을 요구하는 민원), 기타민원(그 외 상담·설명 요구, 불편 해결을 요구하는 민원)으로 구분함
• 민원의 신청
문서(전자문서를 포함, 이하 같음)로 해야 하나, 기타민원은 구술 또는 전화로 가능함
• 민원의 접수
민원실에서 접수하고, 접수증을 교부하여야 함(단, 기타민원, 우편 및 전자문서로 신청한 민원은 접수증 교부를 생략할 수 있음)
• 민원의 이송
접수한 민원이 다른 행정기관의 소관인 경우, 접수된 민원문서를 지체 없이 소관 기관에 이송하여야 함
• 처리결과의 통지
접수된 민원에 대한 처리결과를 민원인에게 문서로 통지하여야 함(단, 기타민원의 경우와 통지에 신속을 요하거나 민원인이 요청하는 경우, 구술 또는 전화로 통지할 수 있음)
• 반복 및 중복 민원의 처리
민원인이 동일한 내용의 민원(법정민원 제외)을 정당한 사유 없이 3회 이상 반복하여 제출한 경우, 2회 이상 그 처리결과를 통지하였다면 그 후 접수되는 민원에 대하여는 바로 종결 처리할 수 있음

〈상 황〉

• 甲은 인근 공사장 소음으로 인한 불편 해결을 요구하는 민원을 A시에 제기하려고 한다.
• 乙은 자신의 영업허가를 신청하는 민원을 A시에 제기하려고 한다.

① 甲은 구술 또는 전화로 민원을 신청할 수 없다.
② 乙은 전자문서로 민원을 신청할 수 없다.
③ 甲이 신청한 민원이 다른 행정기관 소관 사항인 경우라도, A시는 해당 민원을 이송 없이 처리할 수 있다.
④ A시는 甲이 신청한 민원에 대한 처리결과를 전화로 통지할 수 있다.
⑤ 乙이 동일한 내용의 민원을 이미 2번 제출하여 처리결과를 통지받았으나 정당한 사유 없이 다시 신청한 경우, A시는 해당 민원을 바로 종결 처리할 수 있다.

문 3. 다음 〈A국 사업타당성조사 규정〉을 근거로 판단할 때, 〈보기〉에서 옳은 것만을 모두 고르면?

〈A국 사업타당성조사 규정〉

제○○조(예비타당성조사 대상사업) 신규 사업 중 총사업비가 500억 원 이상이면서 국가의 재정지원 규모가 300억 원 이상인 건설사업, 정보화사업, 국가연구개발사업에 대해 예비타당성조사를 실시한다.

제△△조(타당성조사의 대상사업과 실시) ① 제○○조에 해당하지 않는 사업으로서, 국가 예산의 지원을 받아 지자체·공기업·준정부기관·기타 공공기관 또는 민간이 시행하는 사업 중 완성에 2년 이상이 소요되는 다음 각 호의 사업을 타당성조사 대상사업으로 한다.

1. 총사업비가 500억 원 이상인 토목사업 및 정보화사업
2. 총사업비가 200억 원 이상인 건설사업

② 제1항의 대상사업 중 다음 각 호의 어느 하나에 해당하는 경우에는 타당성조사를 실시하여야 한다.

1. 사업추진 과정에서 총사업비가 예비타당성조사의 대상 규모로 증가한 사업
2. 사업물량 또는 토지 등의 규모 증가로 인하여 총사업비가 100분의 20 이상 증가한 사업

〈보 기〉

ㄱ. 국가의 재정지원 비율이 50%인 총사업비 550억 원 규모의 신규 건설사업은 예비타당성조사 대상이 된다.

ㄴ. 민간이 시행하는 사업도 타당성조사 대상사업이 될 수 있다.

ㄷ. 지자체가 시행하는 건설사업으로서 사업완성에 2년 이상 소요되며 전액 국가의 재정지원을 받는 총사업비 460억 원 규모의 사업추진 과정에서, 총사업비가 10% 증가한 경우 타당성조사를 실시하여야 한다.

ㄹ. 총사업비가 500억 원 미만인 모든 사업은 예비타당성조사 및 타당성조사 대상사업에서 제외된다.

① ㄱ, ㄴ

② ㄱ, ㄷ

③ ㄴ, ㄷ

④ ㄴ, ㄹ

⑤ ㄷ, ㄹ

문 4. 다음 글과 〈상황〉을 근거로 판단할 때 옳지 않은 것은?

제00조 ① 건축물을 건축하거나 대수선하려는 자는 특별자치시장·특별자치도지사 또는 시장·군수·구청장의 허가를 받아야 한다. 다만 21층 이상의 건축물이나 연면적 합계 10만 제곱미터 이상인 건축물을 특별시나 광역시에 건축하려면 특별시장이나 광역시장의 허가를 받아야 한다.

② 허가권자는 제1항에 따른 허가를 받은 자가 다음 각 호의 어느 하나에 해당하면 허가를 취소하여야 한다. 다만 제1호에 해당하는 경우로서 정당한 사유가 있다고 인정되면 1년의 범위에서 공사의 착수기간을 연장할 수 있다.

1. 허가를 받은 날부터 2년 이내에 공사에 착수하지 아니한 경우
2. 제1호의 기간 이내에 공사에 착수하였으나 공사의 완료가 불가능하다고 인정되는 경우

제00조 ① ○○부 장관은 국토관리를 위하여 특히 필요하다고 인정하거나 주무부장관이 국방, 문화재보존, 환경보전 또는 국민경제를 위하여 특히 필요하다고 인정하여 요청하면 허가권자의 건축허가나 허가를 받은 건축물의 착공을 제한할 수 있다.

② 특별시장·광역시장·도지사(이하 '시·도지사'라 한다)는 지역계획이나 도시·군계획에 특히 필요하다고 인정하면 시장·군수·구청장의 건축허가나 허가를 받은 건축물의 착공을 제한할 수 있다.

③ ○○부 장관이나 시·도지사는 제1항이나 제2항에 따라 건축허가나 건축허가를 받은 건축물의 착공을 제한하려는 경우에는 주민의견을 청취한 후 건축위원회의 심의를 거쳐야 한다.

④ 제1항이나 제2항에 따라 건축허가나 건축물의 착공을 제한하는 경우 제한기간은 2년 이내로 한다. 다만 1회에 한하여 1년 이내의 범위에서 제한기간을 연장할 수 있다.

〈상 황〉

甲은 20층의 연면적 합계 5만 제곱미터인 건축물을, 乙은 연면적 합계 15만 제곱미터인 건축물을 각각 A광역시 B구에 신축하려고 한다.

① 甲은 B구청장에게 건축허가를 받아야 한다.

② 甲이 건축허가를 받은 경우에도 A광역시장은 지역계획에 특히 필요하다고 인정하면 일정한 절차를 거쳐 甲의 건축물 착공을 제한할 수 있다.

③ B구청장은 주민의견을 청취한 후 건축위원회의 심의를 거쳐 건축허가를 받은 乙의 건축물 착공을 제한할 수 있다.

④ 乙이 건축허가를 받은 날로부터 2년 이내에 정당한 사유 없이 공사에 착수하지 않은 경우, A광역시장은 건축허가를 취소하여야 한다.

⑤ 주무부장관이 문화재보존을 위하여 특히 필요하다고 인정하여 요청하는 경우, ○○부 장관은 건축허가를 받은 乙의 건축물에 대해 최대 3년간 착공을 제한할 수 있다.

문 5. 다음 글을 근거로 판단할 때, 〈보기〉에서 인증이 가능한 경우만을 모두 고르면?

○○국 친환경농산물의 종류는 3가지로, 인증기준에 부합하는 재배방법은 각각 다음과 같다.

1) 유기농산물의 경우 일정 기간(다년생 작물 3년, 그 외 작물 2년) 이상을 농약과 화학비료를 사용하지 않고 재배한다.
2) 무농약농산물의 경우 농약을 사용하지 않고, 화학비료는 권장량의 2분의 1 이하로 사용하여 재배한다.
3) 저농약농산물의 경우 화학 비료는 권장량의 2분의 1 이하로 사용하고, 농약은 살포 시기를 지켜 살포 최대횟수의 2분의 1 이하로 사용하여 재배한다.

〈농산물별 관련 기준〉

종류	재배기간 내 화학비료 권장량 (kg/ha)	재배기간 내 농약살포 최대횟수	농약 살포시기
사과	100	4	수확 30일 전까지
감귤	80	3	수확 30일 전까지
감	120	4	수확 14일 전까지
복숭아	50	5	수확 14일 전까지

※ 1ha = 10,000m², 1t = 1,000kg

〈보 기〉

ㄱ. 甲은 5km²의 면적에서 재배기간 동안 농약을 전혀 사용하지 않고 20t의 화학비료를 사용하여 사과를 재배하였으며, 이 사과를 수확하여 무농약농산물 인증신청을 하였다.
ㄴ. 乙은 3ha의 면적에서 재배기간 동안 농약을 1회 살포하고 50kg의 화학비료를 사용하여 복숭아를 재배하였다. 하지만 수확시기가 다가오면서 병충해 피해가 나타나자 농약을 추가로 1회 살포하였고, 열흘 뒤 수확하여 저농약농산물 인증신청을 하였다.
ㄷ. 丙은 지름이 1km인 원 모양의 농장에서 작년부터 농약을 전혀 사용하지 않고 감귤을 재배하였다. 작년에는 5t의 화학비료를 사용하였으나, 올해는 전혀 사용하지 않고 감귤을 수확하여 유기농산물 인증신청을 하였다.
ㄹ. 丁은 가로와 세로가 각각 100m, 500m인 과수원에서 감을 재배하였다. 재배기간 동안 총 2회(올해 4월 말과 8월 초) 화학비료 100kg씩을 뿌리면서 병충해 방지를 위해 농약도 함께 살포하였다. 丁은 추석을 맞아 9월 말에 감을 수확하여 저농약농산물 인증신청을 하였다.

① ㄱ, ㄹ
② ㄴ, ㄷ
③ ㄱ, ㄴ, ㄹ
④ ㄱ, ㄷ, ㄹ
⑤ ㄴ, ㄷ, ㄹ

문 6. 다음 글을 근거로 판단할 때 옳은 것은?

제○○조(119구조견교육대의 설치·운영 등) ① 소방청장은 체계적인 구조견 양성·교육훈련 및 보급 등을 위하여 119구조견교육대를 설치·운영하여야 한다.
② 119구조견교육대는 중앙119구조본부의 단위조직으로 한다.
③ 119구조견교육대가 관리하는 견(犬)은 다음 각 호와 같다.
1. 훈련견 : 구조견 양성을 목적으로 도입되어 훈련 중인 개
2. 종모견 : 훈련견 번식을 목적으로 보유 중인 개

제□□조(훈련견 교육 및 평가 등) ① 119구조견교육대는 관리하는 견에 대하여 입문 교육, 정기 교육, 훈련견 교육 등을 실시한다.
② 훈련견 평가는 다음 각 호의 평가로 구분하여 실시하고 각 평가에서 정한 요건을 모두 충족한 경우 합격한 것으로 본다.
1. 기초평가 : 훈련견에 대한 기본평가
가. 생후 12개월 이상 24개월 이하일 것
나. 기초평가 기준에 따라 총점 70점 이상을 득점하고, 수의검진 결과 적합판정을 받을 것
2. 중간평가 : 양성 중인 훈련견의 건강, 성품 변화, 발전 가능성 및 임무 분석 등의 판정을 위해 실시하는 평가
가. 훈련 시작 12개월 이상일 것
나. 중간평가 기준에 따라 총점 70점 이상을 득점하고, 수의진료소견 결과 적합판정을 받을 것
다. 공격성 보유, 능력 상실 등의 결격사유가 없을 것
③ 훈련견 평가 중 어느 하나라도 불합격한 훈련견은 유관기관 등 외부기관으로 관리전환할 수 있다.

제△△조(종모견 도입) 훈련견이 종모견으로 도입되기 위해서는 제□□조 제2항에 따른 훈련견 평가에 모두 합격하여야 하며, 다음 각 호의 요건을 갖추어야 한다.
1. 순수한 혈통일 것
2. 생후 20개월 이상일 것
3. 원친(遠親) 번식에 의한 견일 것

① 중앙119구조본부의 장은 구조견 양성 및 교육훈련 등을 위하여 119구조견교육대를 설치하여야 한다.
② 원친 번식에 의한 생후 20개월인 순수한 혈통의 훈련견은 훈련견 평가결과에 관계없이 종모견으로 도입될 수 있다.
③ 기초평가 기준에 따라 총점 80점을 득점하고, 수의검진 결과 적합판정을 받은 훈련견은 생후 15개월에 종모견으로 도입될 수 있다.
④ 생후 12개월에 훈련을 시작해 반년이 지난 훈련견이 결격사유 없이 중간평가 기준에 따라 총점 75점을 득점하고, 수의진료소견 결과 적합판정을 받는다면 중간평가에 합격한 것으로 본다.
⑤ 기초평가에서 합격했더라도 결격사유가 있어 중간평가에 불합격한 훈련견은 유관기관으로 관리전환할 수 있다.

문 7. **다음 글을 근거로 판단할 때, 〈보기〉에서 옳은 것만을 모두 고르면?**

보다 많은 고객을 끌어들일 수 있는 이상적인 점포 입지를 결정하기 위한 상권분석이론에는 'X가설'과 'Y가설'이 있다. X가설에 의하면, 소비자는 유사한 제품을 판매하는 점포들 중 한 점포를 선택할 때 가장 가까운 점포를 선택한다. 그러나 이동거리가 점포 선택에 큰 영향을 미치기는 하지만, 소비자가 항상 가장 가까운 점포를 찾는다는 X가설이 적용되기 어려운 상황들이 있다. 가령, 소비자들은 먼 거리에 위치한 점포가 보다 나은 구매기회를 제공함으로써 이동에 따른 추가 노력을 보상한다면 기꺼이 먼 곳까지 찾아간다.

한편 Y가설은 다른 조건이 동일하다면 두 도시 사이에 위치하는 어떤 지역에 대한 각 도시의 상거래 흡인력은 각 도시의 인구에 비례하고, 각 도시로부터의 거리 제곱에 반비례한다고 본다. 즉, 인구가 많은 도시일수록 더 많은 구매기회를 제공할 가능성이 높으므로 소비자를 끌어당기는 힘이 크다고 본 것이다.

예를 들어, 일직선상에 A, B, C 세 도시가 있고, C시는 A시와 B시 사이에 위치하며, C시는 A시로부터 5km, B시로부터 10km 떨어져 있다. 그리고 A시 인구는 50만 명, B시의 인구는 400만 명, C시의 인구는 9만 명이다. 만약 A시와 B시가 서로 영향을 주지 않고, C시의 모든 인구가 A시와 B시에서만 구매한다고 가정하면, Y가설에 따라 A시와 B시로 구매활동에 유인되는 C시의 인구 규모를 계산할 수 있다. A시의 흡인력은 20,000(=50만÷25), B시의 흡인력은 40,000(=400만÷100)이다. 따라서 9만 명인 C시의 인구 중 1/3인 3만 명은 A시로, 2/3인 6만 명은 B시로 흡인된다.

〈보 기〉

ㄱ. X가설에 따르면, 소비자가 유사한 제품을 판매하는 점포들 중 한 점포를 선택할 때 소비자는 더 싼 가격의 상품을 구매하기 위해 더 먼 거리에 있는 점포에 간다.

ㄴ. Y가설에 따르면, 인구 및 다른 조건이 동일할 때 거리가 가까운 도시일수록 이상적인 점포 입지가 된다.

ㄷ. Y가설에 따르면, C시로부터 A시와 B시가 떨어진 거리가 5km로 같다고 가정할 때 C시의 인구 중 8만 명이 B시로 흡인된다.

① ㄱ

② ㄴ

③ ㄱ, ㄷ

④ ㄴ, ㄷ

⑤ ㄱ, ㄴ, ㄷ

문 8. **다음 글을 근거로 판단할 때, 甲~戊 중 금요일과 토요일의 초과근무 인정시간의 합이 가장 많은 근무자는?**

- A기업에서는 근무자가 출근시각과 퇴근시각을 입력하면 초과근무 '실적시간'과 '인정시간'이 분 단위로 자동 계산된다.
  - 실적시간은 근무자의 일과시간(월~금, 09 : 00~18 : 00)을 제외한 근무시간을 말한다.
  - 인정시간은 실적시간에서 개인용무시간을 제외한 근무시간을 말한다. 하루 최대 인정시간은 월~금요일은 4시간이며, 토요일은 2시간이다.
  - 재택근무를 하는 경우 실적시간을 인정하지 않는다.
- A기업 근무자 甲~戊의 근무현황은 다음과 같다.

구분	금요일			토요일	
	출근시각	퇴근시각	비고	출근시각	퇴근시각
甲	08 : 55	20 : 00	–	10 : 30	13 : 30
乙	08 : 00	19 : 55	–	–	–
丙	09 : 00	21 : 30	개인용무시간 (19 : 00~19 : 30)	13 : 00	14 : 30
丁	08 : 30	23 : 30	재택근무	–	–
戊	07 : 00	21 : 30	–	–	–

① 甲

② 乙

③ 丙

④ 丁

⑤ 戊

문 9. **다음 글을 근거로 판단할 때, 〈보기〉에서 옳은 것만을 모두 고르면?**

A4(210mm×297mm)를 비롯한 국제표준 용지 규격은 독일 물리학자 게오르크 리히텐베르크에 의해 1786년에 처음으로 언급되었다. 이른바 A시리즈 용지들의 면적은 한 등급 올라갈 때마다 두 배로 커진다. 한 등급의 가로는 그 위 등급의 세로의 절반이고, 세로는 그 위 등급의 가로와 같으며, 모든 등급들의 가로 대 세로 비율은 동일하기 때문이다. 용지들의 가로를 W, 세로를 L이라고 하면, 한 등급의 가로 대 세로 비율과 그 위 등급의 가로 대 세로의 비율이 같아야 한다는 것은 등식 W/L=L/2W이 성립해야 한다는 것과 같다. 다시 말해 $L^2=2W^2$이 성립해야 하므로 가로 대 세로 비율은 1대 $\sqrt{2}$가 되어야 한다. 요컨대 세로가 가로의 $\sqrt{2}$배여야 한다. $\sqrt{2}$는 대략 1.4이다.

이 비율 덕분에 우리는 A3 한 장을 축소복사하여 A4 한 장에 꼭 맞게 출력할 수 있다. A3를 A4로 축소할 때의 비율은 복사기의 제어판에 70%로 표시된다. 왜냐하면 그 비율은 길이를 축소하는 비율을 의미하고, $1/\sqrt{2}$은 대략 0.7이기 때문이다. 이 비율로 가로와 세로를 축소하면 면적은 1/2로 줄어든다.

반면 미국과 캐나다에서 쓰이는 미국표준협회 규격용지들은 가로와 세로가 인치 단위로 정해져 있으며, 레터용지(8.5인치×11.0인치), 리걸용지(11인치×17인치), 이그제큐티브용지(17인치×22인치), D레저용지(22인치×34인치), E레저용지(34인치×44인치)가 있다. 미국표준협회 규격 용지의 경우, 한 용지와 그보다 두 등급 위의 용지는 가로 대 세로 비율이 같다.

〈보 기〉

ㄱ. 국제표준 용지 중 A2 용지의 크기는 420mm×594mm이다.
ㄴ. A시리즈 용지의 경우, 가장 높은 등급의 용지를 잘라서 바로 아래 등급의 용지 두 장을 만들 수 있다.
ㄷ. A시리즈 용지의 경우, 한 등급 위의 용지로 확대복사할 때 복사기의 제어판에 표시되는 비율은 130%이다.
ㄹ. 미국표준협회 규격 용지의 경우, 세로를 가로로 나눈 값은 $\sqrt{2}$이다.

① ㄱ
② ㄱ, ㄴ
③ ㄴ, ㄹ
④ ㄱ, ㄴ, ㄷ
⑤ ㄱ, ㄷ, ㄹ

문 10. **다음 글을 근거로 판단할 때, 식목일의 요일은?**

다음은 가원이의 어느 해 일기장에서 서로 다른 요일의 일기를 일부 발췌하여 날짜순으로 나열한 것이다.

(1) 4월 5일 ○요일
오늘은 식목일이다. 동생과 한 그루의 사과나무를 심었다.
(2) 4월 11일 ○요일
오늘은 아빠와 뒷산에 가서 벚꽃을 봤다.
(3) 4월 ㅁㅁ일 수요일
나는 매주 같은 요일에만 데이트를 한다. 오늘 데이트도 즐거웠다.
(4) 4월 15일 ○요일
오늘은 친구와 미술관에 갔다. 작품들이 멋있었다.
(5) 4월 ㅁㅁ일 ○요일
내일은 대청소를 하는 날이어서 오늘은 휴식을 취했다.
(6) 4월 ㅁㅁ일 ○요일
나는 매달 마지막 일요일에만 대청소를 한다. 그래서 오늘 대청소를 했다.

① 월요일
② 화요일
③ 목요일
④ 금요일
⑤ 토요일

문 11. 다음 글을 근거로 판단할 때, 〈보기〉에서 옳은 것만을 모두 고르면?

2021년에 적용되는 ○○인재개발원의 분반 허용 기준은 아래와 같다.

• 분반 허용 기준
  – 일반강의 : 직전 2년 수강인원의 평균이 100명 이상이거나, 그 2년 중 1년의 수강인원이 120명 이상
  – 토론강의 : 직전 2년 수강인원의 평균이 60명 이상이거나, 그 2년 중 1년의 수강인원이 80명 이상
  – 영어강의 : 직전 2년 수강인원의 평균이 30명 이상이거나, 그 2년 중 1년의 수강인원이 50명 이상
  – 실습강의 : 직전 2년 수강인원의 평균이 20명 이상
• 이상의 기준에도 불구하고 직전년도 강의만족도 평가점수가 90점 이상이었던 강의는 위에서 기준으로 제시한 수강인원의 90% 이상이면 분반을 허용한다.

〈보 기〉

ㄱ. 2019년과 2020년의 수강인원이 각각 100명과 80명이고 2020년 강의만족도 평가점수가 85점인 일반강의 A는 분반이 허용된다.
ㄴ. 2019년과 2020년의 수강인원이 각각 10명과 45명인 영어강의 B의 분반이 허용되지 않는다면, 2020년 강의만족도 평가점수는 90점 미만이었을 것이다.
ㄷ. 2019년 수강인원이 20명이고 2020년 강의만족도 평가점수가 92점인 실습강의 C의 분반이 허용되지 않는다면, 2020년 강의의 수강인원은 15명을 넘지 않았을 것이다.

① ㄴ
② ㄷ
③ ㄱ, ㄴ
④ ㄱ, ㄷ
⑤ ㄴ, ㄷ

문 12. 다음 글과 〈설립위치 선정 기준〉을 근거로 판단할 때, A사가 서비스센터를 설립하는 방식과 위치로 옳은 것은?

• 휴대폰 제조사 A는 B국에 고객서비스를 제공하기 위해 1개의 서비스센터 설립을 추진하려고 한다.
• 설립방식에는 (가)방식과 (나)방식이 있다.
• A사는 {(고객만족도 효과의 현재가치) − (비용의 현재가치)}의 값이 큰 방식을 선택한다.
• 비용에는 규제비용과 로열티비용이 있다.

구분		(가)방식	(나)방식
고객만족도 효과의 현재가치		5억 원	4.5억 원
비용의 현재가치	규제 비용	3억 원(설립 당해연도만 발생)	없음
	로열티 비용	없음	– 3년간 로열티비용을 지불함 – 로열티비용의 현재가치 환산액 : 설립 당해연도는 2억 원, 그 다음 해부터는 직전년도 로열티비용의 1/2씩 감액한 금액

※ 고객만족도 효과의 현재가치는 설립 당해연도를 기준으로 산정된 결과임

〈설립위치 선정 기준〉

• 설립위치로 B국의 甲, 乙, 丙 3곳을 검토 중이며, 각 위치의 특성은 다음과 같다.

위치	유동인구(만 명)	20~30대 비율(%)	교통혼잡성
甲	80	75	3
乙	100	50	1
丙	75	60	2

• A사는 {(유동인구) × (20~30대 비율) ÷ (교통혼잡성)} 값이 큰 곳을 선정한다. 다만 A사는 제품의 특성을 고려하여 20~30대 비율이 50% 이하인 지역은 선정대상에서 제외한다.

	설립방식	설립위치
①	(가)	甲
②	(가)	丙
③	(나)	甲
④	(나)	乙
⑤	(나)	丙

문 13. 다음 글을 근거로 판단할 때, 평가대상기관(A~D) 중 최종순위 최상위기관과 최하위기관을 고르면?

〈공공시설물 내진보강대책 추진실적 평가기준〉

• 평가요소 및 점수부여

– 내진성능평가지수$=\frac{\text{내진보강공사실적건수}}{\text{내진보강대상건수}}\times 100$

– 내진보강공사지수$=\frac{\text{내진성능평가실적건수}}{\text{내진보강대상건수}}\times 100$

– 산출된 지수 값에 따른 점수는 아래 표와 같이 부여한다.

구분	지수 값 최상위 1개 기관	지수 값 중위 2개 기관	지수 값 최하위 1개 기관
내진성능 평가점수	5점	3점	1점
내진보강 공사점수	5점	3점	1점

• 최종순위 결정

– 내진성능평가점수와 내진보강공사점수의 합이 큰 기관에 높은 순위를 부여한다.

– 합산 점수가 동점인 경우에는 내진보강대상건수가 많은 기관을 높은 순위로 한다.

〈평가대상기관의 실적〉

(단위 : 건)

구분	A	B	C	D
내진성능 평가실적	82	72	72	83
내진보강 공사실적	91	76	81	96
내진보강 대상	100	80	90	100

	최상위기관	최하위기관
①	A	B
②	B	C
③	B	D
④	C	D
⑤	D	C

문 14. A회사는 甲, 乙, 丙 중 총점이 가장 높은 업체를 협력업체로 선정하고자 한다. 〈업체 평가기준〉과 〈지원업체 정보〉를 근거로 판단할 때, 〈보기〉에서 옳은 것만을 모두 고르면?

〈업체 평가기준〉

〈평가항목과 배점비율〉

평가항목	품질	가격	직원규모	계
배점비율	50%	40%	10%	100%

〈가격 점수〉

가격 (만 원)	500 미만	500~549	550~599	600~649	650~699	700 이상
점수	100	98	96	94	92	90

〈직원규모 점수〉

직원 규모 (명)	100 초과	100~91	90~81	80~71	70~61	60 이하
점수	100	97	94	91	88	85

〈지원업체 정보〉

업체	품질 점수	가격(만 원)	직원규모(명)
甲	88	575	93
乙	85	450	95
丙	87	580	85

※ 품질 점수의 만점은 100점으로 함

〈보 기〉

ㄱ. 총점이 가장 높은 업체는 乙이며 가장 낮은 업체는 丙이다.

ㄴ. 甲이 현재보다 가격을 30만 원 더 낮게 제시한다면, 乙보다 더 높은 총점을 얻을 수 있을 것이다.

ㄷ. 丙이 현재보다 직원규모를 10명 더 늘린다면, 甲보다 더 높은 총점을 얻을 수 있을 것이다.

ㄹ. 丙이 현재보다 가격을 100만 원 더 낮춘다면, A회사는 丙을 협력업체로 선정할 것이다.

① ㄱ, ㄴ

② ㄱ, ㄹ

③ ㄴ, ㄷ

④ ㄷ, ㄹ

⑤ ㄱ, ㄴ, ㄹ

문 15. 다음 글과 〈상황〉을 근거로 판단할 때, 〈사업 공모 지침 수정안〉의 밑줄 친 ㉮~㉲ 중 '관계부처 협의 결과'에 부합한 것만을 모두 고르면?

- '대학 캠퍼스 혁신파크 사업'을 담당하는 A주무관은 신청 조건과 평가지표 및 배점을 포함한 〈사업 공모 지침 수정안〉을 작성하였다. 평가지표는 Ⅰ~Ⅳ의 지표와 그 하위 지표로 구성되어 있다.

〈사업 공모 지침 수정안〉

㉮ ㅁ 신청 조건

최소 1만 m^2 이상의 사업부지 확보. 단, 사업부지에는 건축물이 없어야 함

ㅁ 평가지표 및 배점

평가지표	배점	
	현행	수정
㉯ Ⅰ. 개발 타당성	20	25
– 개발계획의 합리성	10	10
– 관련 정부사업과의 연계가능성	5	10
– 학습여건 보호 가능성	5	5
㉰ Ⅱ. 대학의 사업 추진 역량과 의지	10	15
– 혁신파크 입주기업 지원 방안	5	5
– 사업 전담조직 및 지원체계	5	5
– 대학 내 주체 간 합의 정도	–	5
㉱ Ⅲ. 기업 유치 가능성	10	10
– 기업의 참여 가능성	7	3
– 참여 기업의 재무건전성	3	7
㉲ Ⅳ. 시범사업 조기 활성화 가능성	10	삭제
– 대학 내 주체 간 합의 정도	5	이동
– 부지 조기 확보 가능성	5	삭제
합계	50	50

〈상 황〉

A주무관은 〈사업 공모 지침 수정안〉을 작성한 후 뒤늦게 '관계부처 협의 결과'를 전달받았다. 그 내용은 다음과 같다.

- 대학이 부지를 확보하는 것이 쉽지 않으므로 신청 사업부지 안에 건축물이 포함되어 있어도 신청 허용
- 도시재생뉴딜사업, 창업선도대학 등 '관련 정부사업과의 연계가능성' 평가비중 확대
- 시범사업 기간이 종료되었으므로 시범사업 조기 활성화와 관련된 평가지표를 삭제하되 '대학 내 주체 간 합의 정도'는 타 지표로 이동하여 계속 평가
- 논의된 내용 이외의 하위 지표의 항목과 배점은 사업의 안정성을 위해 현행 유지

① ㉮, ㉯
② ㉮, ㉱
③ ㉯, ㉱
④ ㉰, ㉲
⑤ ㉯, ㉰, ㉲

문 16. 다음 글과 〈상황〉을 근거로 판단할 때, 괄호 안의 ㉠과 ㉡에 해당하는 것을 옳게 짝지은 것은?

- 행정구역분류코드는 다섯 자리 숫자로 구성되어 있다.
- 행정구역분류코드의 '처음 두 자리'는 광역자치단체인 시 · 도를 의미하는 고유한 값이다.
- '그 다음 두 자리'는 광역자치단체인 시 · 도에 속하는 기초자치단체인 시 · 군 · 구를 의미하는 고유한 값이다. 단, 광역자치단체인 시에 속하는 기초자치단체는 군 · 구이다.
- '마지막 자리'에는 해당 시 · 군 · 구가 기초자치단체인 경우 0, 자치단체가 아닌 경우 0이 아닌 임의의 숫자를 부여한다.
- 광역자치단체인 시에 속하는 구는 기초자치단체이며, 기초자치단체인 시에 속하는 구는 자치단체가 아니다.

〈상 황〉

○○시의 A구와 B구 중 B구의 행정구역분류코드의 첫 네 자리는 1003이며, 다섯 번째 자리는 알 수 없다.

甲은 ○○시가 광역자치단체인지 기초자치단체인지 모르는 상황에서, A구의 행정구역분류코드는 ○○시가 광역자치단체라면 (㉠), 기초자치단체라면 (㉡)이/가 가능하다고 판단하였다.

	㉠	㉡
①	10020	10021
②	10020	10033
③	10033	10034
④	10050	10027
⑤	20030	10035

문 17. 다음 〈감독의 말〉과 〈상황〉을 근거로 판단할 때, 甲~戊 중 드라마에 캐스팅되는 배우는?

〈감독의 말〉

안녕하세요 여러분. '열혈 군의관, 조선시대로 가다!' 드라마 오디션에 지원해 주셔서 감사합니다. 잠시 후 오디션을 시작할 텐데요. 이번 오디션에서 캐스팅하려는 역은 20대 후반의 군의관입니다. 오디션 실시 후 오디션 점수를 기본 점수로 하고, 다음 채점 기준의 해당 점수를 기본 점수에 가감하여 최종 점수를 산출하며, 이 최종 점수가 가장 높은 사람을 캐스팅합니다.

첫째, 28세를 기준으로 나이가 많거나 적은 사람은 1세 차이당 2점씩 감점하겠습니다. 둘째, 이전에 군의관 역할을 연기해 본 경험이 있는 사람은 5점을 감점하겠습니다. 시청자들이 식상해 할 수 있을 것 같아서요. 셋째, 저희 드라마가 퓨전 사극이기 때문에, 사극에 출연해 본 경험이 있는 사람에게는 10점의 가점을 드리겠습니다. 넷째, 최종 점수가 가장 높은 사람이 여럿인 경우, 그중 기본 점수가 가장 높은 한 사람을 캐스팅하도록 하겠습니다.

〈상 황〉

- 오디션 지원자는 총 5명이다.
- 오디션 점수는 甲이 76점, 乙이 78점, 丙이 80점, 丁이 82점, 戊가 85점이다.
- 각 배우의 오디션 점수에 각자의 나이를 더한 값은 모두 같다.
- 오디션 점수가 세 번째로 높은 사람만 군의관 역할을 연기해 본 경험이 있다.
- 나이가 가장 많은 배우만 사극에 출연한 경험이 있다.
- 나이가 가장 적은 배우는 23세이다.

① 甲
② 乙
③ 丙
④ 丁
⑤ 戊

문 18. 다음 글과 〈대화〉를 근거로 판단할 때, ㉠에 들어갈 丙의 대화내용으로 옳은 것은?

주무관 丁은 다음과 같은 사실을 알고 있다.
- 이번 주 개업한 A식당은 평일 '점심(12시)'과 '저녁(18시)'으로만 구분해 운영되며, 해당 시각 이전에 예약할 수 있다.
- 주무관 甲~丙은 A식당에 이번 주 월요일부터 수요일까지 서로 겹치지 않게 예약하고 각자 한 번씩 다녀왔다.

〈대 화〉

甲 : 나는 이번 주 乙의 방문후기를 보고 예약했어. 음식이 정말 훌륭하더라!
乙 : 그렇지? 나도 나중에 들었는데 丙은 점심 할인도 받았대. 나도 다음에는 점심에 가야겠어.
丙 : 월요일은 개업일이라 사람이 많을 것 같아서 피했어.
㉠
丁 : 너희 모두의 말을 다 들어보니, 각자 식당에 언제 갔는지를 정확하게 알겠다!

① 乙이 다녀온 바로 다음날 점심을 먹었지.
② 甲이 먼저 점심 할인을 받고 나에게 알려준 거야.
③ 甲이 우리 중 가장 늦게 갔었구나.
④ 월요일에 갔던 사람은 아무도 없구나.
⑤ 같이 가려고 했더니 이미 다들 먼저 다녀왔더군.

문 19. **다음 글을 근거로 판단할 때, 〈보기〉에서 甲의 시험과목별 점수로 옳은 것만을 모두 고르면?**

ㅇㅇ국제교육과정 중에 있는 사람은 수료시험에서 5개 과목(A~E) 평균 60점 이상을 받고 한 과목도 과락(50점 미만)이 아니어야 수료할 수 있다.

甲은 수료시험에서 5개 과목 평균 60점을 받았으나 2개 과목이 과락이어서 ㅇㅇ국제교육과정을 수료하지 못했다. 甲이 돌려받은 답안지에 점수는 기재되어 있지 않았고, 각 문항에 아래와 같은 표시만 되어 있었다. 이는 국적이 서로 다른 각 과목 강사가 자신의 국가에서 사용하는 방식으로 정답 · 오답 표시만 해놓은 결과였다.

과목	문항									
	1	2	3	4	5	6	7	8	9	10
A	○	○	×	○	×	○	×	○	○	○
B	V	×	V	V	V	×	V	×	V	V
C	/	○	○	○	○	/	/	○	/	○
D	○	○	V	V	V	○	○	V	V	V
E	/	/	/	/	×	×	/	/	/	/

※ 모든 과목은 각 10문항이며, 문항별 배점은 10점임

〈보 기〉

	시험과목	점수
ㄱ.	A	70
ㄴ.	B	30
ㄷ.	C	60
ㄹ.	D	40
ㅁ.	E	80

① ㄱ, ㄴ

② ㄱ, ㄷ

③ ㄱ, ㄹ, ㅁ

④ ㄴ, ㄷ, ㄹ

⑤ ㄴ, ㄷ, ㅁ

문 20. **다음 글과 〈상황〉을 근거로 판단할 때, 날씨 예보 앱을 설치한 잠재 사용자의 총수는?**

내일 비가 오는지를 예측하는 날씨 예보시스템을 개발한 A청은 다음과 같은 날씨 예보 앱의 '사전테스트전략'을 수립하였다.

- 같은 날씨 변화를 경험하는 잠재 사용자의 전화번호를 개인의 동의를 얻어 확보한다.
- 첫째 날에는 잠재 사용자를 같은 수의 두 그룹으로 나누어, 한쪽은 "비가 온다"로 다른 한쪽에는 "비가 오지 않는다"로 메시지를 보낸다.
- 둘째 날에는 직전일에 보낸 메시지와 날씨가 일치한 그룹을 다시 같은 수의 두 그룹으로 나누어, 한쪽은 "비가 온다"로 다른 한쪽에는 "비가 오지 않는다"로 메시지를 보낸다.
- 이후 날에도 같은 작업을 계속 반복한다.
- 보낸 메시지와 날씨가 일치하지 않은 잠재 사용자를 대상으로도 같은 작업을 반복한다. 즉, 직전일에 보낸 메시지와 날씨가 일치하지 않은 잠재 사용자를 같은 수의 두 그룹으로 나누어, 한쪽은 "비가 온다"로 다른 한쪽에는 "비가 오지 않는다"로 메시지를 보낸다.

〈상 황〉

A청은 사전테스트전략대로 200,000명의 잠재 사용자에게 월요일부터 금요일까지 5일간 메시지를 보냈다. 받은 메시지와 날씨가 3일 연속 일치한 경우, 해당 잠재 사용자는 날씨 예보 앱을 그날 설치한 후 제거하지 않았다.

① 12,500명

② 25,000명

③ 37,500명

④ 43,750명

⑤ 50,000명

문 21. **다음 글을 근거로 판단할 때, ㉠에 해당하는 수는?**

- 산타클로스는 연간 '착한 일 횟수'와 '울음 횟수'에 따라 어린이 甲~戊에게 선물 A, B 중 하나를 주거나 아무것도 주지 않는다.
- 산타클로스가 선물을 나눠주는 방식은 다음과 같다. 어린이별로 ('착한 일 횟수'×5)−('울음 횟수'×[㉠])의 값을 계산한다. 그 값이 10 이상이면 선물 A를 주고, 0 이상 10 미만이면 선물 B를 주며, 그 값이 음수면 선물을 주지 않는다. 이때, ㉠은 자연수이다.
- 이 방식을 적용한 결과, 甲~戊 중 1명이 선물 A를 받았고, 3명이 선물 B를 받았으며, 1명은 선물을 받지 못했다.
- 甲~戊의 연간 '착한 일 횟수'와 '울음 횟수'는 아래와 같다.

구분	착한 일 횟수	울음 횟수
甲	3	3
乙	3	2
丙	2	3
丁	1	0
戊	1	3

① 1
② 2
③ 3
④ 4
⑤ 5

문 22. **다음 글과 〈조건〉을 근거로 판단할 때, A매립지에서 8월에 쓰레기를 매립할 셀은?**

A매립지는 셀 방식으로 쓰레기를 매립하고 있다. 셀 방식은 전체 매립부지를 일정한 넓이의 셀로 나누어서 각 셀마다 쓰레기를 매립한다. 이 방식에 따르면 쓰레기를 매립할 셀을 지정해서 개방한 후, 해당 셀이 포화되면 순차적으로 다른 셀을 개방한다. 이는 쓰레기를 무차별적으로 매립하는 것을 방지하고 매립과정을 쉽게 감시하기 위한 것이다.

〈조 건〉

- A매립지는 4×4 셀로 구성되어 있다.
- 각 행에는 1, 2, 3, 4 중 서로 다른 숫자 1개가 각 셀에 지정된다.
- A매립지는 효율적인 관리를 위해 한 개 이상의 셀로 이루어진 구획을 설정하고, 조감도에 두꺼운 테두리로 표현한다.
- 두 개 이상의 셀로 구성되는 구획에는 각 구획을 구성하는 셀에 지정된 숫자들을 모두 곱한 값이 다음 예와 같이 표현되어 있다.

예

(24*)		

'(24*)'는 구획을 구성하는 셀에 지정된 숫자를 모두 곱하면 24가 된다는 의미이다. 1, 2, 3, 4 중 서로 다른 숫자를 곱하여 24가 되는 3개의 숫자는 2, 3, 4밖에 없으므로 위의 셀 안에는 2, 3, 4가 각각 하나씩 들어가야 한다.

- A매립지는 하나의 셀이 한 달마다 포화되고, 개방되는 셀은 행의 순서와 셀에 지정된 숫자에 의해 결정된다. 즉 1월에는 1행의 1이 쓰인 셀, 2월에는 2행의 1이 쓰인 셀, 3월에는 3행의 1이 쓰인 셀, 4월에는 4행의 1이 쓰인 셀에 매립이 이루어진다. 5월에는 1행의 2가 쓰인 셀, 6월에는 2행의 2가 쓰인 셀에 쓰레기가 매립되며, 이와 같은 방식으로 12월까지 매립이 이루어지게 된다.

〈A매립지 조감도〉

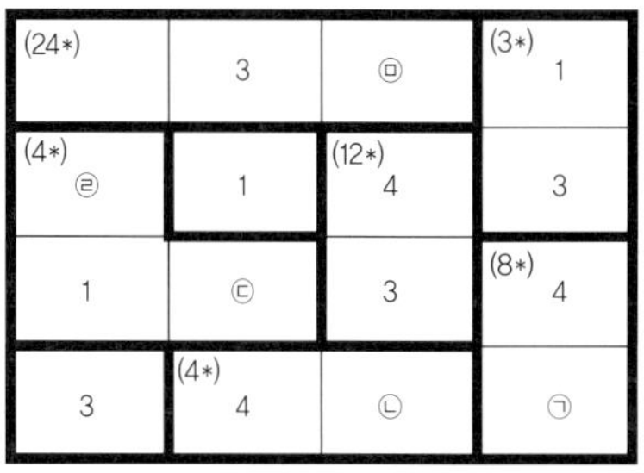

(24*)	3	㉤	(3*) 1
(4*) ㉣	1	(12*) 4	3
1	㉢	3	(8*) 4
3	(4*) 4	㉡	㉠

① ㉠
② ㉡
③ ㉢
④ ㉣
⑤ ㉤

문 23. 다음 글을 근거로 판단할 때 옳은 것은?

제○○조(정의) 이 법에서 사용하는 용어의 뜻은 다음과 같다.
1. "한부모가족"이란 모자가족 또는 부자가족을 말한다.
2. "모(母)" 또는 "부(父)"란 다음 각 목의 어느 하나에 해당하는 자로서 아동인 자녀를 양육하는 자를 말한다.
가. 배우자와 사별 또는 이혼하거나 배우자로부터 유기된 자
나. 정신이나 신체의 장애로 장기간 노동능력을 상실한 배우자를 가진 자
다. 교정시설 · 치료감호시설에 입소한 배우자 또는 병역복무 중인 배우자를 가진 자
라. 미혼자
3. "아동"이란 18세 미만(취학 중인 경우에는 22세 미만을 말하되, 병역의무를 이행하고 취학 중인 경우에는 병역의무를 이행한 기간을 가산한 연령 미만을 말한다)의 자를 말한다.

제□□조(지원대상자의 범위) ① 이 법에 따른 지원대상자는 제○○조 제1호부터 제3호까지의 규정에 해당하는 자로 한다.
② 제1항에도 불구하고 부모가 사망하거나 그 생사가 분명하지 아니한 아동을 양육하는 조부 또는 조모는 이 법에 따른 지원대상자가 된다.

제△△조(복지 급여 등) ① 국가나 지방자치단체는 지원대상자의 복지 급여 신청이 있으면 다음 각 호의 복지 급여를 실시하여야 한다.
1. 생계비
2. 아동교육지원비
3. 아동양육비
② 이 법에 따른 지원대상자가 다른 법령에 따라 지원을 받고 있는 경우에는 그 범위에서 이 법에 따른 급여를 실시하지 아니한다. 다만, 제1항 제3호의 아동양육비는 지급할 수 있다.
③ 제1항 제3호의 아동양육비를 지급할 때에 다음 각 호의 어느 하나에 해당하는 경우에는 예산의 범위에서 추가적인 복지 급여를 실시하여야 한다.
1. 미혼모나 미혼부가 5세 이하의 아동을 양육하는 경우
2. 34세 이하의 모 또는 부가 아동을 양육하는 경우

① 5세인 자녀를 홀로 양육하는 자가 지원대상자가 되기 위해서는 미혼자여야 한다.
② 배우자와 사별한 자가 18개월간 병역의무를 이행한 22세의 대학생 자녀를 양육하는 경우, 지원대상자가 될 수 없다.
③ 부모의 생사가 불분명한 6세인 손자를 양육하는 조모에게는 복지 급여 신청이 없어도 생계비를 지급하여야 한다.
④ 30세인 미혼모가 5세인 자녀를 양육하는 경우, 아동양육비를 지급할 때 추가적인 복지 급여를 실시할 수 없다.
⑤ 지원대상자가 다른 법령에 따른 지원을 받고 있는 경우에도 국가나 지방자치단체는 아동양육비를 지급할 수 있다.

※ 다음 글을 읽고 물음에 답하시오. [24~25]

• 국가는 지방자치단체인 시 · 군 · 구의 인구, 지리적 여건, 생활권 · 경제권, 발전가능성 등을 고려하여 통합이 필요한 지역에 대하여는 지방자치단체 간 통합을 지원해야 한다.
• △△위원회(이하 '위원회')는 통합대상 지방자치단체를 발굴하고 통합방안을 마련한다. 지방자치단체의 장, 지방의회 또는 주민은 인근 지방자치단체와의 통합을 위원회에 건의할 수 있다. 단, 주민이 건의하는 경우에는 해당 지방자치단체의 주민투표권자 총수의 50분의 1 이상의 연서(連書)가 있어야 한다. 지방자치단체의 장, 지방의회 또는 주민은 위원회에 통합을 건의할 때 통합대상 지방자치단체를 관할하는 특별시장 · 광역시장 또는 도지사(이하 '시 · 도지사')를 경유해야 한다. 이 경우 시 · 도지사는 접수받은 통합건의서에 의견을 첨부하여 지체 없이 위원회에 제출해야 한다. 위원회는 위의 건의를 참고하여 시 · 군 · 구 통합방안을 마련해야 한다.
• □□부 장관은 위원회가 마련한 시 · 군 · 구 통합방안에 따라 지방자치단체 간 통합을 해당 지방자치단체의 장에게 권고할 수 있다. □□부 장관은 지방자치단체 간 통합권고안에 관하여 해당 지방의회의 의견을 들어야 한다. 그러나 □□부 장관이 필요하다고 인정하여 해당 지방자치단체의 장에게 주민투표를 요구하여 실시한 경우에는 그렇지 않다. 지방자치단체의 장은 시 · 군 · 구 통합과 관련하여 주민투표의 실시 요구를 받은 때에는 지체 없이 이를 공표하고 주민투표를 실시해야 한다.
• 지방의회 의견청취 또는 주민투표를 통하여 지방자치단체의 통합의사가 확인되면 '관계지방자치단체(통합대상 지방자치단체 및 이를 관할하는 특별시 · 광역시 또는 도)'의 장은 명칭, 청사 소재지, 지방자치단체의 사무 등 통합에 관한 세부사항을 심의하기 위하여 공동으로 '통합추진공동위원회'를 설치해야 한다.
• 통합추진공동위원회의 위원은 관계지방자치단체의 장 및 그 지방의회가 추천하는 자로 한다. 통합추진공동위원회를 구성하는 각각의 관계지방자치단체 위원 수는 다음에 따라 산정한다. 단, 그 결괏값이 자연수가 아닌 경우에는 소수점 이하의 수를 올림한 값을 관계지방자치단체 위원 수로 한다.

> 관계지방자치단체 위원 수=[(통합대상 지방자치단체 수)×6+(통합대상 지방자치단체를 관할하는 특별시 · 광역시 또는 도의 수)×2+1]÷(관계지방자치단체 수)

• 통합추진공동위원회의 전체 위원 수는 위에 따라 산출된 관계지방자치단체 위원 수에 관계지방자치단체 수를 곱한 값이다.

문 24. 윗글을 근거로 판단할 때 옳은 것은?

① ㅁㅁ부 장관이 요구하여 지방자치단체의 통합과 관련한 주민투표가 실시된 경우에는 통합권고안에 대해 지방의회의 의견을 청취하지 않아도 된다.

② 지방의회가 의결을 통해 다른 지방자치단체와의 통합을 추진하고자 한다면 통합건의서는 시·도지사를 경유하지 않고 △△위원회에 직접 제출해야 한다.

③ 주민투표권자 총수가 10만 명인 지방자치단체의 주민들이 다른 인근 지방자치단체와의 통합을 △△위원회에 건의하고자 할 때, 주민 200명의 연서가 있으면 가능하다.

④ 통합추진공동위원회의 위원은 ㅁㅁ부 장관과 관계지방자치단체의 장이 추천하는 자로 한다.

⑤ 지방자치단체의 장은 해당 지방자치단체의 통합을 △△위원회에 건의할 때, 지방의회의 의결을 거쳐야 한다.

문 25. 윗글과 〈상황〉을 근거로 판단할 때, '통합추진공동위원회'의 전체 위원 수는?

〈상 황〉

甲도가 관할하는 지방자치단체인 A군과 B군, 乙도가 관할하는 지방자치단체인 C군, 그리고 丙도가 관할하는 지방자치단체인 D군은 관련 절차를 거쳐 하나의 지방자치단체로 통합을 추진하고 있다. 현재 관계지방자치단체장은 공동으로 '통합추진공동위원회'를 설치하고자 한다.

① 42명
② 35명
③ 32명
④ 31명
⑤ 28명

2025

7급 공채 | 민간경력자 5·7급 | NCS 공기업 | 경호공무원 7급 공채

7급 민간경력자 PSAT

언어논리 · 자료해석 · 상황판단

전과목 단기완성 + 필수기출 300제

정답 및 해설

편저 | 시대PSAT연구소

시대에듀

PART 2

7급 / 민간경력자 PSAT 필수기출 300제 정답 및 해설

CHAPTER 01 언어논리 필수기출 100제 정답 및 해설

01	02	03	04	05	06	07	08	09	10
③	①	③	③	④	③	②	③	①	②
11	12	13	14	15	16	17	18	19	20
①	③	②	④	③	⑤	③	④	①	⑤
21	22	23	24	25	26	27	28	29	30
④	②	③	⑤	①	⑤	③	⑤	②	②
31	32	33	34	35	36	37	38	39	40
⑤	①	②	⑤	③	④	③	④	⑤	④
41	42	43	44	45	46	47	48	49	50
⑤	⑤	②	②	⑤	①	④	①	①	②
51	52	53	54	55	56	57	58	59	60
④	⑤	①	④	②	②	⑤	①	⑤	②
61	62	63	64	65	66	67	68	69	70
②	⑤	④	④	⑤	③	③	①	①	⑤
71	72	73	74	75	76	77	78	79	80
④	②	④	③	④	④	①	③	④	⑤
81	82	83	84	85	86	87	88	89	90
③	③	④	③	②	④	④	④	④	③
91	92	93	94	95	96	97	98	99	100
⑤	②	⑤	②	⑤	⑤	⑤	③	④	①

01 세부내용 파악 및 추론

01 정답 ③

정답해설

복합요인 기초학력 부진학생이 주의력결핍 과잉행동장애 또는 난독증 등의 문제로 학습에 어려움을 겪는 경우에 해당한다면 의료지원단의 도움을 받을 수 있다.

오답해설

① 권역학습센터가 권역별 1곳씩 총 5곳에 설치되어 있으나, 학습종합클리닉센터는 몇 곳이 설치되어 있는지 알 수 없다.

② 기초학력 부진 판정을 받은 학생 중 복합요인 기초학력 부진학생으로 판정된 경우 학습멘토 프로그램에 참여할 수 있다.

④ 학습멘토 프로그램에 참여하는 지원 인력은 ㅇㅇ시의 인증을 받은 학습상담사여야 한다.

⑤ 학습종합클리닉센터에서 운영하는 프로그램 참여대상자는 복합요인 기초학력 부진학생 중 주의력결핍 과잉행동장애 등의 문제가 있는 학생이다. 그런데 복합요인 기초학력 부진학생은 기초학력 부진 판정을 받은 학생 중에서 선별되므로 기초학력 부진 판정을 받아야 프로그램에 참여할 수 있다.

02 정답 ①

정답해설

해주 앞바다에 나타난 왜구가 조선군과 교전을 벌인 후 요동반도 방향으로 북상하자 태종의 명령으로 이종무가 대마도 정벌에 나섰다고 하였다.

오답해설

② 명의 군대가 대마도 정벌에 나섰다는 내용은 찾을 수 없다.

③ 세종은 이종무에게 내린 출진 명령을 취소하고, 측근 중 적임자를 골라 대마도주에게 귀순을 요구하는 사신으로 보냈다.

④ 태종은 이종무를 통해 실제 대마도 정벌을 실행하였으며, 더 나아가 세종이 이를 반대하였다는 내용은 제시문에서 찾을 수 없다.

⑤ 대마도주를 사로잡아 항복을 받아내기로 했던 곳은 니로이며, 여기서 패배한 군사들이 돌아온 곳이 견내량이다.

03 정답 ③

정답해설

ㄱ. 일반적인 햇빛이 있는 낮이라면 청색광이 양성자 펌프를 작동시켜 밖에 있는 칼륨이온이 공변세포 안으로 들어오게 되지만 청색광을 차단할 경우에는 그렇지 않아 밖에 있는 칼륨이온이 들어오지 않는다.

ㄷ. 호르몬 A를 분비할 경우 햇빛 여부와 무관하게 기공이 열리지 않으며, 병원균 α는 독소 B를 통해 기공을 열리게 한다.

오답해설

ㄴ. 식물이 수분스트레스를 겪을 경우 기공이 열리지 않으며, 양성자 펌프의 작동을 못하게 하는 경우에도 기공이 열리지 않는다. 따라서 햇빛 여부와 무관하게 기공은 늘 닫혀있게 된다.

04 정답 ③

정답해설

조선통어장정에 따르면 어업준단을 발급받고자 하는 일본인은 소정의 어업세를 먼저 내야 했으며 이 장정 체결 직후에 조선해통어조합연합회가 만들어졌다.

오답해설

① '어업에 관한 협정'에 따라 일본인의 어업 면허 신청을 대행하는 일을 한 곳은 조선해수산조합이다.

② 조일통어장정에 일본인의 어업 활동에 대한 어업준단 발급 내용이 담겨있음을 알 수 있지만 조선인의 어업 활동 금지에 대해 규정하고 있는지는 알 수 없다.

④ 조선해통어조합연합회가 조일통상장정에 근거하여 조직되었거나 이를 근거로 일본인의 한반도 연해 조업을 지원했는지는 알 수 없다.

⑤ 한반도 해역에서 조업하는 일본인은 조일통어장정에 따라 어업준단을 발급받거나 어업에 관한 협정에 따라 어업법에 따른 어업 면허를 발급받아야 했다.

05

정답 ④

정답해설

제시문에 따르면 4괘가 상징하는 바는 그것이 처음 만들어질 때부터 오늘날까지 변함이 없다. 오늘날 태극기의 우측 하단에 있는 괘와 고종이 조선 국기로 채택한 기의 우측 하단에 있는 괘는 모두 곤괘로써 땅을 상징한다.

오답해설

① 미국 해군부가 『해상 국가들의 깃발들』이라는 책을 만든 것은 1882년 6월이고 통리교섭사무아문이 각국 공사관에 국기를 배포한 것은 1883년 이후이다.
② 태극 문양을 그린 기는 개항 이전에도 조선 수군이 사용한 깃발 등 여러 개가 있다.
③ 통리교섭사무아문이 배포한 기의 우측 상단의 있는 괘와 조선의 기 좌측 상단에 있는 괘가 상징하는 것이 같다.
⑤ 박영효가 그린 기의 좌측 상단의 있는 괘는 건괘로써 하늘을 상징하고 이응준이 그린 기는 감괘로써 물을 상징한다.

합격 가이드

흔히들 제시문의 첫 부분에 나오는 구체적인 내용들은 중요하지 않은 정보라고 판단하여 넘기곤 한다. 하지만 첫 부분에 등장하는 내용이 선택지의 문장으로 구성되는 경우가 상당히 많은 편이다. 첫 문단은 글 전체의 흐름을 알게 해주는 길잡이와 같은 역할도 하므로 그것이 지엽적인 정보일지라도 꼼꼼하게 챙기도록 하자.

06

정답 ③

정답해설

요세는 무신인 최충헌이 집권하고 있을 때 지눌로부터 독립하여 백련사라는 결사를 만들어 활동하였다.

오답해설

① 화엄종은 통일신라 초기에 왕실이 후원한 종파이며, 돈오점수 사상을 전파하는 데 주력한 것은 고려시대 지눌의 수선사이다.
② 조계선은 지눌의 정혜사에서 강조한 수행 방법이며, 정혜사는 이후 수선사로 이름이 바뀌었다는 것만 언급되어 있을 뿐 그 이상의 정보는 주어져 있지 않다. 또한 요세의 백련사와 조계선이 어떠한 관계를 가지고 있는지는 제시문을 통해서는 알 수 없다.
④ 정혜사가 어디에서 조직되었는지는 알 수 없으며, 백련사가 만들어진 곳은 강진이다.
⑤ 정혜사는 지눌이 명종 때 거조사라는 절에서 만든 신앙결사이며, 순천으로 근거지를 옮기는 중에 요세가 독립하여 백련사라는 신앙결사를 만들었다. 또한 요세는 천태종을 중시했다고 하였지만 이것이 지눌의 영향 때문인지는 알 수 없다.

07

정답 ②

정답해설

제시문은 유전자 A, B, C가 단독 혹은 다른 유전자와 결합하여 애기장대의 특정 부분의 발현에 어떻게 영향을 주는가를 설명한 내용이다. 이를 도식화한 것이 제시문 아래의 그림이며, 이를 통해 선택지의 조건을 판단하면 되는 문제이다. 특히 유전자 A와 C는 어느 하나의 유전자가 결여되었을 때 상대방 유전자가 대신 발현한다는 점이 핵심이 된다.

ㄱ. 유전자 A가 결여되었다면 유전자 A가 정상적으로 발현하게 될 꽃의 위치에 유전자 C가 발현하므로 그림에서 유전자 A를 유전자 C로 대체하여 판단하면 된다. 먼저 가장 바깥쪽 부분은 유전자 C가 단독으로 작용하는 부분이므로 암술이 발생하게 되며, 두 번째 부분은 유전자 C와 B가 함께 작용하므로 수술이, 세 번째 부분은 유전자 B와 C가 함께 작용하므로 역시 수술이, 마지막으로 네 번째 부분은 유전자 C가 단독으로 작용하므로 암술이 발생하게 된다.
ㄷ. 위와 같은 논리로 가장 바깥쪽 부분은 꽃받침이, 두 번째 부분은 꽃잎이 발생하게 되며, 세 번째 부분 역시 유전자 B와 A가 함께 작용하여 꽃잎이, 마지막 부분은 유전자 A가 단독으로 작용하여 꽃받침이 발생하게 된다.

오답해설

ㄴ. 제시문에서 유전자 B가 결여되었다고 해서 다른 유전자가 발현하지는 않는다고 하였으므로 그림에서 유전자 B를 제거한 후 판단하면 된다. 먼저, 가장 바깥쪽 부분은 유전자 A가 단독으로 작용하는 부분이므로 꽃받침이 발생하게 되며, 두 번째 부분 역시 유전자 A가 단독으로 작용하므로 꽃받침이, 세 번째 부분은 유전자 C가 단독으로 작용하므로 암술이, 마지막 부분 역시 유전자 C가 단독으로 작용하므로 암술이 발생하게 된다.
ㄹ. 유전자 A와 B가 모두 결여되어 유전자 C만 존재하는 상황이므로 구체적인 순서를 따질 필요 없이 암술로만 존재하는 구조가 될 것이라고 추론할 수 있다.

08

정답 ③

정답해설

이앙법은 제초를 할 때 드는 노동력이 크게 절약되었다고 하였으며, 견종법도 곡식과 잡초가 구획되어 잡초를 쉽게 제거할 수 있었으므로 잡초 제거에 드는 노동력을 줄일 수 있었다고 하였으므로 옳은 내용이다.

오답해설

① 국가에서는 수원이 근처에 있어 물을 댈 수 있는 곳은 이앙을 하게 했으나, 높고 건조한 곳은 물을 충분히 댈 수 있는 곳인지 아닌지를 구별하여 이앙하도록 지도했다고 하였다.
② 견종법은 종자를 심는 고랑에만 거름을 주면 되므로 거름을 절약할 수 있다고 하였다.
④ 농종법은 밭두둑 위에 종자를 심는 것이고, 견종법은 밭두둑에 일정하게 고랑을 내고 여기에 종자를 심는 것이므로 두 방법 모두 밭두둑이 필요함을 알 수 있다.
⑤ 견종법은 고랑에만 씨를 심었으므로 농종법에 비해 종자를 절약할 수 있다는 장점이 있다고 하였다.

09

정답 ①

정답해설

아기가 당분을 섭취하면 흥분한다는 어떤 연구 결과도 보고된 바 없다는 부분을 통해 추론할 수 있는 내용이다.

오답해설

ㄱ. 제시문에 언급된 것은 엄마의 모유에 대해 아기가 알레르기 반응을 일으키지 않는다는 내용뿐이다. 엄마가 특정 알레르기를 갖지 않고 있다고 해서 아기도 갖지 않는다는 근거는 찾을 수 없다.

ㄷ. A박사의 저서는 육아에 관한 속설 중 200여 개를 뽑아내어 그것이 비과학적 속설이라는 내용을 다루고 있을 뿐이며, 주변 사람들의 훈수가 모두 비과학적 속성을 근거를 함을 말하는 것은 아니다.

10

정답 ②

정답해설

18세기 이후 영국에서 타르를 함유한 그을음 속에서 일하는 굴뚝 청소부들이 피부암에 더 잘 걸린다는 것이 정설이라고 하였으므로 19세기에는 이와 같은 내용이 이미 보고된 상태였다고 할 수 있다.

오답해설

ㄱ. 담배 두 갑에 들어있는 니코틴을 화학적으로 정제하여 혈류 속으로 주입한다면 치사량이 된다고는 하였지만 그것과 폐암과의 관계에 대해서는 언급하고 있지 않다.

ㄷ. 제시문을 통해 니코틴과 타르가 암을 유발한다는 것까지는 알 수 있으나 이 둘이 동시에 작용할 경우 폐암의 발생률이 높아지는지에 대해서는 알 수 없다.

합격 가이드

언어논리 과목에서 가장 위험한 것이 제시문의 내용에 자신의 지식을 결부시키는 것이다. 자신이 알고 있는 지식에 관한 제시문이라고 하더라도 시험지에 없거나 추론하기 어려운 내용이라면 절대로 정답으로 선택해서는 안 된다.

11

정답 ①

정답해설

A가 산업 민주주의를 옹호한 이유는 노동자들의 소득을 증진시키기 때문이 아니라 자치에 적합한 시민역량을 증진시키기 때문이라고 하였으므로 부합하지 않는 내용이다.

오답해설

② B는 민주주의가 성공하기 위해서는 거대 기업에 대응할 만한 전국 단위의 정치권력과 시민 정신이 필요하다고 하였고 이를 위해 연방 정부의 역량을 증가시켜 독점자본을 통제하는 노선을 택했으므로 옳은 내용이다.

③ A와 B의 정책에는 차이가 있지만 둘 다 경제 정책이 자치에 적합한 시민 도덕을 장려하는 것을 중시했다고 하였다.

④ 1930년대 대공황 이후 미국의 경제 회복은 A나 B가 주장한 것과 같은 시민의 자치 역량과 시민 도덕을 육성하는 경제 구조 개혁보다는 케인스 경제학에 입각한 중앙정부의 지출 증가에서 시작되었고, 이에 따라 미국은 자치에 적합한 시민 도덕을 강조할 필요가 없는 경제 정책을 펼쳐나갔다고 하였다.

⑤ 케인스 경제학에 기초한 정책은 시민들을 자치하는 자, 즉 스스로 통치하는 자가 되기보다 공정한 분배를 받는 수혜자로 전락시켰다고 하였다.

12

정답 ③

정답해설

오른손의 단순한 움직임을 관장하는 두뇌 영역을 알고 싶다면 양상 C에서 양상 A를 차감하면 되므로 옳은 내용이다.

오답해설

① 지각, 운동, 언어 등을 하지 않는 상태, 즉 '알파' 상태라고 하더라도 두뇌는 활동을 하는 상태이다. 단지 지각 등을 하였을 때 특정 부위가 그 이외의 부위에 비해 높은 자기 신호 강도를 갖는 것뿐이다(주변에 비해 '높은', 활동이 '증가'와 같은 표현에서 이 같은 내용을 추론할 수 있다).

② 왼손의 단순한 움직임을 관장하는 두뇌 영역을 알고 싶다면 양상 B에서 양상 A를 차감해야 하므로 옳지 않은 내용이다.

④ 왼손으로 도구를 사용하는 과제를 관장하는 두뇌 영역을 알고 싶다면 양상 D에서 양상 A를 차감해야 하므로 옳지 않은 내용이다.

⑤ 도구를 사용하는 과제를 관장하는 두뇌 영역을 알고 싶다면 양상 D에서 양상 B를 차감해야 하므로 옳지 않은 내용이다.

13

정답 ②

정답해설

제시문에서 언급한 Q의 사례를 정리하면, 기아의 위험에서 자유롭기 위해서는 경작할 밭을 분산시켜야 하며, 전체 면적을 7군데 이상으로 분산했을 때부터 효과가 있었다는 것이다. 또한 Q가 아닌 다른 가구를 대상으로 한 실험에서도 단지 몇 군데인지가 차이났을 뿐 전체적인 패턴은 유사했다고 하였다. 따라서 선택지 ②와 같이 '기아의 위험을 피하기 위해서는 일정 정도 이상으로 전체 경작 면적을 분산시켜야 한다.'는 것이 골란드의 가설이라는 것을 추론해 낼 수 있다. 반면, 선택지 ④는 분산의 정도와 수확량의 평균이 비례관계를 보여야 한다는 의미이다. 하지만 Q에 대해서 언급된 것은 7군데 이상으로 분산시켰을 경우 최소 수확량 이상이 보장된다는 것일 뿐이므로 이들이 어떤 관계를 가지고 있는지는 알 수 없다.

14

정답 ④

정답해설

피타고라스주의자들은 수를 실재라고 여겼고, 여기서 수는 실재와 무관한 수가 아니라 실재를 구성하는 수를 가리켰다는 점에서 부합하지 않는 내용이다.

오답해설

① 제시문에서 피타고라스가 음정 간격과 수치 비율이 대응하는 원리를 발견하였다는 부분을 통해 알 수 있는 내용이다.

② 제시문의 마지막 문단에서 피타고라스주의자들이 자연을 이해하는 데 수학이 중요하다는 점을 알아차린 최초의 사상가들이라고 한 부분을 통해 알 수 있는 내용이다.

③ 피타고라스주의자들은 '기회', '정의', '결혼'과 같은 추상적인 개념을 특정한 수와 연결시켰으므로 옳은 내용이다.

⑤ 피타고라스주의자들은 수와 기하학의 규칙이 자연에 질서를 부여하고 변화를 조화로운 규칙으로 환원할 수 있다고 생각하였으므로 옳은 내용이다.

15

정답 ③

정답해설

왕비의 아버지를 부르는 호칭인 '부원군'은 경우에 따라 책봉된 공신에게도 붙여졌다고 하였으므로 옳은 내용이다.

오답해설

① 세자가 왕이 되면 왕의 적실 소생은 '공주'라 칭해진다. '옹주'는 후궁의 딸을 의미한다.

② 왕의 사후에 생전의 업적을 평가하여 붙이는 것을 '시호'라 하는데 이 '시호'에는 중국 천자가 내린 시호와 조선의 신하들이 올리는 시호 두 가지가 있었다고 하였다. 묘호는 왕이 사망하여 삼년상을 마친 뒤 그 신주를 종묘에 모실 때 사용하는 칭호인데 이를 중국의 천자가 내린 것인지는 알 수 없다.

④ 우리가 조선의 왕을 부를 때 흔히 이야기하는 태종, 세조 등의 호칭은 묘호라고 하며, 존호는 왕의 공덕을 찬양하기 위해 올리는 칭호이다.

⑤ 대원군이라는 칭호는 생존 여부와는 무관하게 왕을 낳아준 아버지를 모두 지칭하는 말이므로 옳지 않은 내용이다.

16

정답 ⑤

정답해설

제시문에서는 어떤 사건이 극단적일 때에 같은 종류의 다음 번 사건은 그만큼 극단적이지 않기 마련이라고 하였다. 즉, 별다른 조치를 취하지 않더라도 평균적인 수준으로 돌아가기 마련이므로, 유난히 뛰어난 비행에 대해 칭찬을 하거나 저조한 비행에 대해 비판하는 것이 다음 번의 비행에 영향을 준다는 것 자체가 오류라는 것이다. 따라서 이를 근거로 저조한 비행 성과는 비판하되, 뛰어난 성과에 대해서는 칭찬하지 않는 것이 바람직하다는 추론은 잘못된 것이며, 이와 같은 내용을 가장 잘 설명하는 것은 ⑤이다.

17

정답 ③

정답해설

ㄱ. 윤리적으로 허용되는 행위의 예를 들면서 응급환자를 태우고 병원 응급실로 달려가던 중 신호를 위반하고 질주하는 행위는 맥락에 따라 윤리적으로 정당화 가능한 행위라고 판단된다고 언급하고 있다.

ㄷ. 윤리적으로 권장되는 행위나 윤리적으로 허용되는 행위에 대해 옳음이나 그름이라는 윤리적 가치 속성을 부여한다면, 이 행위들에는 윤리적으로 옳음이라는 속성이 부여될 것이라고 하였다.

오답해설

ㄴ. '윤리적으로 옳은 행위가 무엇인가?'라는 질문에 답할 때, 윤리적으로 해야 하는 행위, 즉 적극적인 윤리적 의무에 대해서만 주목하는 경향이 있는데, 해야 하는 행위, 권장되는 행위, 허용되는 행위인지를 모두 따져볼 필요가 있다고 하였다.

18

정답 ④

정답해설

ㄴ. ㄱ과 달리 ㄴ에서는 영희가 초보운전자라는 사실을 철수가 알고 있는 상황이므로 '영희'를 '초보운전자'로 대치할 수 있는 상황이다. 따라서 철수는 '어떤 초보운전자가 교통사고를 일으켰다.'는 것을 믿는다고 할 수 있다.

ㄷ. 도출된 문장에서 철수가 믿고 있는 것은 누군가 '교통사고를 일으켰다'는 것에 한정되고 그 이후의 진술은 철수의 믿음과는 무관한 객관적인 진술일 뿐이다. 따라서 도출 가능한 내용이다.

오답해설

ㄱ. '영희가 민호의 아내가 아니라는 것'은 어디까지나 객관적인 진술일 뿐 이를 철수가 알고 있는지는 확정지을 수 없다. 따라서 여전히 철수는 '영희가 교통사고를 일으켰다.'고 믿을 뿐이며 영희가 누구인지는 이 믿음에 영향을 주지 않는다.

19

정답 ①

정답해설

최초진입기업이 후발진입기업의 시장 진입을 어렵게 하기 위해 마케팅 활동을 한다고는 하였지만 이를 위한 마케팅 비용이 후발진입기업보다 많아야 하는지는 언급되어 있지 않다.

오답해설

② 후발진입기업의 모방 비용은 최초진입기업이 신제품 개발에 투자한 비용 대비 65% 수준이라고 하였으므로 옳은 내용이다.

③ 기업이 시장에 최초로 진입하여 무형 및 유형의 이익을 얻는 것을 A효과라 하는데 시장에 최초로 진입하여 후발기업에 비해 소비자에게 우선적으로 인지되는 것은 무형의 이익 중 하나라고 볼 수 있다.

④ 후발진입기업의 경우, 절감된 비용을 마케팅 등에 효과적으로 투자하여 최초진입기업의 시장 점유율을 단기간에 빼앗아 와야 한다고 하였다.

⑤ B효과는 후발진입기업이 최초진입기업과 동등한 수준의 기술 및 제품을 보다 낮은 비용으로 개발할 수 있을 때만 가능하다고 하였다.

합격 가이드

전형적인 A, B형 문제이다. 난이도가 낮다면 A, B라는 단어가 제시문 전체에 걸쳐 등장하므로 이른바 '찾아가며 풀기' 전략이 통할 수 있으나 이 문제와 같이 다른 단어로 치환하여 등장할 경우는 그것이 사실상 불가능하다. 따라서 A, B가 존재한다는 것에 그치지 말고 각각의 주요한 키워드를 하나씩 잡고 제시문을 읽는 것이 올바른 독해법이다.

20

정답 ⑤

정답해설

심리증상의 정도는 총격 사건 중 자신의 총기 사용이 얼마나 정당했는가와 반비례한다고 하였는데 범죄자가 경찰관보다 강력한 무기로 무장한 경우라면 그 정당성이 높은 경우에 해당한다. 따라서 심리증상의 정도가 약할 것이라고 추론할 수 있다.

오답해설

① 총격이 오가는 동안 83%의 경찰관이 시간왜곡을 경험했고, 63%가 청각왜곡을 겪었다고 하였으므로 옳지 않다.

② 대부분의 미국 경찰관은 총격 사건을 경험하지 않고 은퇴한다고 하였다.

③ 특히 총격 피해자가 사망했을 경우 사건 후 높은 위험 지각, 분노 등의 심리증상이 잘 나타난다고 하였다. 청각왜곡과 같은 지각왜곡 현상은 총격 사건이 일어나는 동안에 발생하는 현상이라고 하였고, 피해자가 사망한 경우와의 연관성은 언급되어 있지 않다.

④ 총격 사건 후에 높은 위험 지각, 분노 등의 심리증상이 나타나는 것은 알 수 있으나 이것이 총격 사건 중의 지각왜곡과 상관관계가 있는지의 여부는 알 수 없다.

02 복수 견해 간의 관계 분석

21

정답 ④

정답해설

ㄴ. '병'은 의식의 보유 여부가 도적적 지위의 부여 여부의 근거가 될 수 없다고 명시적으로 언급하였고, '정'은 의식의 보유 여부가 아니라 우리와 어떤 관계를 맺고 있는지에 따라 결정된다고 하였다.

ㄷ. '을'은 명시적으로 로봇이 의식을 갖지 않는다고 하였으므로, 실제로 로봇에게 의식이 있다고 밝혀진다면 입장을 바꿔야 한다.

오답해설

ㄱ. '을'은 로봇에게 의식이 없다고 하였지만 '정'은 로봇에게 의식이 있다고 보았다.

22

정답 ②

정답해설

을의 입장에서는 어떤 증거가 주어진 가설을 입증하는 정도가 작더라도, 증거 발견 후 가설이 참일 확률이 1/2보다 크기만 하면 그 증거가 해당 가설을 입증할 수 있다.

오답해설

ㄱ. 갑은 증거 발견 후 가설의 확률 증가분이 있다면, 증거가 가설을 입증한다고 하였고, 선택지의 진술은 이명제에 해당한다. 그런데 원명제와 이명제는 서로 동치가 아니므로 ㄱ은 적절하지 않다.

ㄴ. 'A인 경우에만 B이다'는 B → A로 나타낼 수 있다. '을'에 따르면 증거가 가설을 입증한다 → 증거 발견 이후 가설이 참일 확률이 1/2보다 크다'가 되므로 ㄴ은 적절하지 않다.

23

정답 ③

정답해설

ㄱ. (가)에 따르면 가능한 모든 결과의 목록을 완전하게 작성한다면, 그 결과들 중 하나는 반드시 나타난다고 할 수 있다. 그러므로 로또 복권 구매시 모든 가능한 숫자의 조합을 모조리 산다면 무조건 당첨된다는 사례는 (가)로 설명할 수 있다.

ㄴ. (나)에 따르면 개인의 확률이 매우 낮더라도 집단의 확률은 매우 높을 수 있다. 따라서 어떤 사람이 교통사고를 당할 확률은 매우 낮지만 대한민국이라는 집단에서 교통사고가 거의 매일 발생한다는 사례는 (나)로 설명할 수 있다.

오답해설

ㄷ. 주사위를 수십 번 던졌을 때 1이 연속으로 여섯 번 나올 확률과 수십만 번 던졌을 때 1이 연속으로 여섯 번 나올 확률을 비교하는 것은 (가)가 아닌 (나)와 관련 있는 사례이다.

24

정답 ⑤

정답해설

ㄱ. 갑은 알게 된 과학 지식의 수를 기준으로, 병은 해결된 문제의 수를 기준으로 과학의 성장 여부를 평가하고 있다.

ㄴ. 갑은 알게 된 과학 지식의 수가 누적적으로 증가하고 있으므로 과학이 성장한다고 하였다. 하지만 을은 과거에 과학 지식이었던 것이 후대에 들어 과학 지식이 아닌 것으로 판정된 사례를 들어 과학 지식의 수가 누적적으로 증가하고 있지 않다고 하였다.

ㄷ. 병은 해결된 문제의 수가 증가하고 있으므로 과학이 성장한다고 하였다. 하지만 정은 어떤 과학 이론을 받아들이냐에 따라 해결해야 할 문제가 달라지므로 해결된 문제의 수가 증가했는지 판단할 수 없다고 하였다.

25

정답 ①

정답해설

갑 : (가)는 도덕성의 기초는 이성이지 동정심이 아니라고 한 반면, (다)는 도덕성의 기초가 이성이 아니라 동정심이라고 하여 서로 반대되는 주장을 하고 있으므로 양립할 수 없다.

을 : (가)는 동정심이 일관적이지 않으며 변덕스럽고 편협하다고 하였는데 (나)는 가족과 모르는 사람의 사례를 들면서 동정심이 신뢰할 만하지 않다고 하여 (가)의 주장을 지지하고 있다.

오답해설

병 : (가)는 도덕성의 기초는 이성이지 동정심이 아니라고 하였으나 (라)는 동정심이 전적으로 신뢰할 만한 것은 아니지만 그렇다고 해서 도덕성의 기반에서 완전히 제거하는 것은 옳지 않다고 하였다. 즉, (라)의 경우는 동정심의 도덕적 역할을 전적으로 부정하지는 않았다.

정 : (나)는 동정심이 신뢰할 만하지 않다고 하였으며 (라) 역시 같은 입장이다. 다만 (라)는 그렇다고 해서 동정심의 역할을 완전히 부정하는 것은 아니라는 점에서 차이가 있을 뿐이다.

26

정답 ⑤

정답해설

ㄱ. '을'은 난자와 같은 신체의 일부를 상업적인 대상으로 삼는 것에 반대하고 있으며, '갑' 역시 상업적인 이유로 난자 등을 거래하는 것에 반대하고 있다. 따라서 '을'은 '갑'의 주장을 지지한다고 볼 수 있다.

ㄴ. '정'의 주장은 양면적인 의미를 지닌다고 볼 수 있다. 즉, 난자의 채취가 매우 어렵고 위험하기 때문에 상업적인 목적을 가지는 거래를 반대하는 것으로 볼 수도 있는 반면, 한편으로는 그렇기 때문에 그에 대한 보상으로 금전적인 대가가 있어야 한다고 주장하는 것으로 볼 수도 있다. '병'의 주장은 후자의 경우와 내용상 유사한 측면이 있다. 따라서 '정'의 주장을 '병'의 주장을 지지하는 근거로 사용할 수 있다.

ㄷ. '을'은 난자와 같은 신체의 일부를 금전적인 대가를 지불하는 대상으로 하는 것 자체에 반대하는 반면, '병'은 현실적인 문제로 인해 상업화를 지지하는 입장이다. 따라서 이 둘은 서로 상반되는 주장이며 서로 양립불가능하다고 볼 수 있다.

27

정답 ③

정답해설

제시문의 가설 A와 B를 정리하면, 가설 A는 인간이 털이 없어진 원인이 수상생활이라는 것이며, 가설 B는 의복 등으로 보호가 가능하다면 굳이 기생충과 같은 문제를 야기하는 털이 없어도 되기 때문이라는 것이다. 이를 토대로 선택지를 판단해보자.

인간의 피부에 수인성 바이러스에 대한 면역력이 없다면 인류가 수상생활을 했다고 할지라도 털이 사라지지 않았을 것이다. 진화는 환경과 인간과의 관계에서 인간에 이로운 방향으로 진행되므로 털이 사라짐으로 인해 인간에 질병이 야기된다면 그와 같은 방향으로 진행되지는 않을 것이기 때문이다. 따라서 가설 A를 약화한다고 볼 수 있다.

오답해설

① 고대 인류가 호수 근처에 주로 살았다는 것은 수상생활을 했다는 것과 밀접한 관련이 있으므로 가설 A를 강화한다고 볼 수 있다.

② 수생 포유류 등의 해부학적 특징이 진화가 진행된 현대 인류와 유사하다는 것은 결국 인류가 수상생활을 했다는 것과 연결되는 내용이다. 따라서 가설 A를 강화한다고 볼 수 있다.

④ 가설 B에 의한다면 인류는 옷 등으로 자신을 보호하게 되면서 털이 사라지게 되었다. 하지만 옷을 입지 않았음에도 털이 사라졌다는 것은 가설 B와 배치되는 것이므로 이를 약화한다고 볼 수 있다.

⑤ 가설 B가 옳다면 인류가 옷 등을 사용하게 된 것과 털이 사라지는 진화의 과정이 같이 진행되어야 한다. 하지만 진화의 마지막 과정에서 옷 등을 사용했다면 옷의 착용과 털이 사라지는 것과는 직접적인 관련이 없는 것이 된다. 따라서 가설 B를 약화한다고 볼 수 있다.

28

정답 ⑤

정답해설

ㄴ. B의 주장은 개인의 능력 등을 기준으로 한 공개경쟁 시험을 통해 공직자를 임용해야 한다는 것으로, 정실 개입의 여지를 줄여 공정성을 높일 수 있다.

ㄷ. C의 주장은 한 사회의 인구 비례에 따라 공직자를 선발해야 한다는 것이므로 지역 편향성을 완화하기 위한 대책이 될 수 있다.

오답해설

ㄱ. A의 주장은 정당에 대한 충성도와 공헌도를 기준으로 삼아 공직자를 임용해야 한다는 것이므로 정치적 중립성과는 거리가 멀다.

29

정답 ②

정답해설

(나)의 평론가는 상품화된 인문학이 말랑말랑한 수준으로 전락하여 인문학의 본질적 과제를 제대로 수행하고 있지 못한다는 입장이고, (라)의 교수 역시 "진정한 인문학적 성찰을 바탕으로 다양한 학문 분야에 몰두해야 할 대학이 오히려 인문학의 대중화를 내세워 인문학을 상품화한다."고 하여 부정적인 입장을 보이고 있다.

오답해설

ㄱ. (가)의 PD는 인문학 열풍을 교양 있는 삶에 대한 열망을 지닌 직장인들이 자발적으로 참여하는 것에 기인한다고 보고있는데 반해, (나)는 그것이 아닌 시장 논리에 따라 상품화된 인문학을 수용하는, 즉 어느 정도는 수동적인 위치에서 받아들이고 있다는 뉘앙스를 풍기고 있다.

ㄴ. (가)의 PD는 인문학 열풍의 원인을 교양 있는 삶에 대한 자발적인 열망에서 찾고 있지만 공동체의 개선을 위한 것이라고는 언급하지 않았다. 반면 (다)의 공무원은 자기성찰의 기회를 통해 동네, 즉 공동체를 살기 좋은 곳으로 만드는 과정이라고 하여 개인차원 이상의 영향을 가진다고 보았다.

30

정답 ②

정답해설

사그레도와 살비아티 모두 지동설을 인정하는 것은 동일하지만 항성의 시차에 대한 관점은 다르다고 볼 수 있다. 살비아티는 이를 기하학적으로 예측하여 받아들이지만, 사그레도는 실제로 그것이 관측된 바 없다는 심플리치오의 반박으로 인해 이를 지동설의 근거로 명시적으로는 받아들이고 있지 않기 때문이다(물론 이것이 사그레도가 항성의 시차를 부정한 것으로 보기는 어렵지만 적어도 명시적으로 긍정하고 있지는 않다는 의미임).

오답해설

① 심플리치오는 아리스토텔레스의 자연철학을 대변하는 인물이며, 세 번째 날의 대화에서 아리스토텔레스의 이론을 옹호하면서 지동설에 대해 반박했다고 하였다.

③ 사그레도가 지동설을 지지하는 세 가지 근거 중 행성의 겉보기 운동이 포함되어 있으며, 살비아티 역시 지동설을 입증하기 위한 첫 번째 단계로 행성의 겉보기 운동을 언급하고 있으므로 옳다.

④ 세 번째 날의 대화에서 심플리치오가 아리스토텔레스의 이론을 옹호하면서 지동설에 대한 반박 근거로 공전에 의한 항성의 시차가 관측되지 않음을 지적하였다고 하였다.

⑤ 살비아티의 입장에서는 지구의 공전을 전제로 해야만 공전 궤도의 두 맞은편 지점에서 관측자에게 보이는 항성의 위치가 달라지는 현상, 곧 항성의 시차를 기하학적으로 설명할 수 있다고 하였다.

03 논증의 분석 및 추가 전제 찾기

31 정답 ⑤

정답해설

ㄱ. 나를 있게 하는 것의 핵심은 '특정한 정자와 난자의 결합'이다. ㉠과 같이 주장하는 이유는 그 결합 시점을 인위적으로 조절할 수 없기 때문인데, 그 특정한 정자와 난자가 냉동되어 수정 시험이 조절 가능하다면 내가 더 일찍 태어나는 것도 가능하게 된다.

ㄴ. ㉠ : A는 상상할 수 없다.
선택지의 대우명제 : A를 상상할 수 없다면 A가 불가능하다.
결론 : 따라서 A는 불가능하다.
A에 '내가 더 일찍 태어나는 것'을 대입하면 ㉡을 이끌어 낼 수 있다.

ㄷ. ㉢ : 태어나기 이전의 비존재는 나쁘다.
선택지의 명제 : 태어나기 이전의 비존재가 나쁘다면, 내가 더 일찍 태어나는 것이 가능하다.
결론 : 내가 더 일찍 태어나는 것이 가능하다.
결론의 명제는 ㉡의 부정과 같다.

합격 가이드

삼단논법을 활용한 문제는 매우 자주 출제된다. 이 문제와 같이 명제별로 A의 표현이 조금씩 다른 경우에는 표현 그 자체보다는 의미가 일치하는지의 여부로 판단해야 한다. 물론 그것도 애매한 경우에는 위 해설과 같이 A로 치환하여 분석하는 것도 도움이 된다.

32 정답 ①

정답해설

A가 공연 예술단에 참가하는 것이 분명하므로 빈칸에는 갑이나 을이 수석대표를 맡는다는 것을 뒷받침할 내용이 들어가야 한다. 국제 예술 공연이 민간 문화 교류 증진을 목적으로 열리기 때문에 공연 예술단의 수석대표는 정부 관료가 맡아서는 안 되므로 수석대표는 지휘자나 제작자가 맡아야 하고 전체 세대를 아우를 수 있는 사람이어야 한다.

33 정답 ②

정답해설

두 번째 문단에 모여있는 논증들을 정리하면 다음과 같다.

ⅰ) 주관적 판단에 의존 → 우연적 요소에 좌우
ⅱ) 우연적 요소에 좌우 → 보편적 적용되지 않음
ⅲ) 보편적 적용되지 않음 → 객관성 보장되지 않음

이 논증들에서 '주관적 판단에 의존 → 객관성 보장되지 않음'이라는 새로운 명제를 끌어낼 수 있는데 이 명제에서 '주관적 판단에 의존 → 도덕 규범이 아님'이라는 명제를 도출하기 위해서는 ②의 '객관성 보장되지 않음 → 도덕 규범이 아님'이라는 논증이 추가되어야 한다.

34 정답 ⑤

정답해설

선택지 ⑤를 이해하기 위해서는 먼저 선택지 ③을 먼저 이해하는 것이 좋다. ⑤는 ③이 보완된 것으로, '㉠이고 ㉡이라면 ㉣이다, ㉠은 참이다. ㉡도 참이다. 따라서 ㉣이다'로 정리할 수 있다. 따라서 논리적으로 반드시 참이다.

오답해설

① ㉡은 유전자가 자연발생했다는 사실이고 ㉤은 유전자가 자연발생하는 장소가 어디인지에 대한 내용이므로 두 진술 사이에는 특별한 상관관계를 찾기 어렵다.
② 만약 ㉤에서 '작다'라고 언급했다면 ㉠은 참이 되겠지만 '훨씬 작다'라는 개념은 상대적인 개념이므로 참 거짓을 판단하기 어렵다.
③ 선택지의 내용은 '㉠은 참이다. ㉡은 참이다. 따라서 ㉠이고 ㉡이라면 ㉢이다'로 정리할 수 있는데 ㉠, ㉡과 ㉢은 서로 별개의 사건으로, 둘 사이의 인과관계를 따질 수 없다.
④ 전제가 되는 ㉡과 ㉣을 결합하면 '우주에서 자연발생한 유전자가 우주에서 지구로 유입되었을 가능성이 크다'로 정리할 수 있는데, 이것만으로는 장소에 따른 유전자의 자연발생 확률을 알 수 없다.

합격 가이드

상당수 수험생들이 ③도 가능하다고 판단하였다. 이는 논리의 영역에 일반적인 상식을 결부시켰기에 발생하는 현상이다. 위의 해설에서 보듯 이 선택지에서 참인 것은 ㉠과 ㉡일 뿐인데 ㉣이라는 제3의 명제를 상식으로 연결지어 옳다고 판단한 것이다. 이와 ⑤를 비교해 본다면 보다 명확하게 알 수 있을 것이다. 논리는 논리로 풀어야 함을 잊지 말자.

35 정답 ③

정답해설

제시된 논증을 정리하면 다음과 같다.

ⅰ) 갑순○∨정순○
ⅱ) ~갑순 → 병순○
∴ 병순○

'병순'이 급식 지원을 받게 된다는 결론이 도출되기 위해서는 ⅱ)에 따라 '갑순'이 지원을 받지 못한다는 중간 결론이 필요하며, 이것이 성립한다면 결과적으로 ⅰ)에 의해 '정순'도 급식 지원을 받게 된다는 것을 알 수 있다. 이 같은 내용과 선택지를 결합하여 '갑순'이 지원을 받지 못한다는 중간 결론을 도출하기 위해서 선택지들을 살펴보면 아래와 같다.

ㄴ · ㄷ. 두 전제가 결합될 경우 '갑순'이 급식 지원을 받지 못한다는 중간 결론이 도출되므로 옳다.

오답해설

ㄱ. '갑순'이 급식 지원을 받지 못한다는 내용이 필요하므로 옳지 않다.
ㄹ. 이미 '갑순'이 지원을 받지 못할 경우 '병순'은 지원을 받게 된다고 하였으므로 이에 모순되는 전제이다.

합격 가이드

통상 추가해야 하는 전제를 찾는 문제는 주어진 조건들과 결론을 통해 생략된 하나의 전제를 찾는 형태로 출제되지만 이 문제는 두 가지의 전제를 요구하고 있다. 일부 수험생의 경우 이러한 문제를 풀 때 백지상태, 즉 선택지를 참고하지 않고 생략된 전제를 찾으려고 하는 경향이 있는데 매우 바람직하지 못하다. 이 문제의 경우는 어찌 되었든 '갑순이가 급식 지원을 받지 않는다'는 결론을 끌어내야 하는 것이 종착역이니만큼 선택지를 통해 이 전제를 끌어낼 수 있게 만들면 그만이다. 숨겨진 전제 찾기는 시작도 끝도 선택지이다.

36 정답 ④

정답해설

제시문의 문장들을 조건식으로 정리하면 다음과 같다.

㉠ 윤리적 → 보편적
㉡ 이성적 → 보편적
㉢ 합리적 → 보편적
㉣ 합리적 → 이성적
㉤ 합리적 → 윤리적

ㄴ. 위 조건식에서 ㉡과 ㉣을 결합하면 '합리적 → 보편적', 즉 선택지 ㉢을 이끌어 낼 수 있다.
ㄷ. 조건식 ㉠과 ㉢이 둘다 참이라고 하더라도 윤리적인 것과 합리적인 것 사이에는 어떠한 관계도 성립하지 않는다.

오답해설

ㄱ. ㉠을 반박하기 위해서는 논리식의 구조에 따라 윤리적이면서 보편적이지 않은 사례를 들어야 한다. 하지만 선택지는 윤리적이지 않으면서 보편적인 사례를 들었으므로 옳지 않다.

합격 가이드

논리문제를 풀다보면 'A만이 B이다'는 조건을 자주 접하게 된다. 이는 논리식 'B → A'로 전환가능하며 이의 부정은 'B and ~A'라는 것을 함께 기억해두도록 하자. 여러모로 쓰임새가 많은 논리식이다.

37 정답 ③

정답해설

선택지의 논증을 정리하면 다음과 같다.

ⅰ) ㉥ '행동주의가 옳다' → '인간은 철학적 좀비와 동일한 존재'
ⅱ) ㉡ '철학적 좀비는 인간과 동일한 행동 성향을 보인다'
: '행동 성향으로는 인간과 철학적 좀비는 동일한 존재이다'
ⅲ) ㉤ '마음은 자극에 따라 행동하려는 성향이다'
: <u>행동주의에 대한 부연설명이므로 '행동주의가 옳다'는 의미로 대체할 수 있다.</u>

즉, 선택지의 논증은 'A이면 B이다. B이다. 따라서 A이다'로 단순화시킬 수 있으며 이는 후건긍정의 오류로, 논리적으로 반드시 참이 되지 않는다.

오답해설

① ㉠은 고통을 인식하는지에 대한 논의인 반면 ㉡은 외부로 드러나는 행동에 대한 논의이다. 제시문에서는 의식과 행동을 별개의 개념으로 보고 있으므로 ㉠과 ㉡은 동시에 참이 될 수 있다.
② 선택지의 논증을 정리하면 다음과 같다.

ⅰ) ㉣ '인간은 철학적 좀비와 동일한 존재' → '인간은 고통을 느끼지 못하는 존재'
ⅱ) ㉣의 대우 '인간은 고통을 느끼는 존재' → '인간은 철학적 좀비와 동일한 존재가 아님'
ⅲ) ㉠ '인간은 고통을 느끼는 존재'
ⅳ) ㉢ '인간은 철학적 좀비는 동일한 존재가 아님'

㉣과 ㉣의 대우는 논리적으로 동치이므로 ㉣과 ㉠이 참이라면 삼단논법에 의해 ㉢은 반드시 참이 된다.

④ 선택지의 논증을 정리하면 다음과 같다.

ⅰ) ㉥ '행동주의가 옳다' → '인간은 철학적 좀비와 동일한 존재'
ⅱ) ㉥의 대우 '인간은 철학적 좀비와 동일한 존재가 아님' → '행동주의는 옳지 않다'
ⅲ) ㉢ '인간은 철학적 좀비와 동일한 존재가 아님'
ⅳ) ㉦ '행동주의는 옳지 않다'

㉥과 ㉥의 대우는 논리적으로 동치이므로 ㉥과 ㉢이 참이라면 삼단논법에 의해 ㉦은 반드시 참이 된다.

⑤ ㉤은 행동주의에 대한 부연설명인데 ㉤이 거짓이라는 것은 행동주의가 거짓이라는 것과 같은 의미가 된다. 그런데 동시에 ㉦이 거짓이라면 행동주의가 참이라는 의미가 되어 ㉤과 ㉦이 서로 모순되는 결과가 발생한다. 따라서 둘은 동시에 거짓일 수 없다.

38 정답 ④

정답해설

B는 과학자가 윤리적 문제에 집중하다 보면 신약 개발과 같은 엄청난 혜택을 놓치게 될 위험이 있다고 주장하였고, D는 과학자가 윤리적 문제를 도외시해서는 안 된다고 주장함에 그치므로, 둘 다 과학자의 전문성이 사회적 문제 해결에 긍정적으로 기여할 것이라고 보는 것은 아니다.

오답해설

① A와 B는 과학자들이 윤리 문제에 집중하는 것에 부정적인 입장이므로 옳다.
② B는 전문가 사회라는 것을 근거로 하여 과학자가 윤리에 집중할 필요가 없다고 주장하고, C는 과학윤리에 대해 과학자가 전문성이 없음을 인정하고 있다.
③ B는 미래의 윤리적 문제를 예측하기 어렵다고 하였고, C는 미래의 사회적 영향을 알기 어렵다고 하였다.
⑤ C는 과학자들이 윤리학자들과 접촉을 할 것을 요구하고 있으며, D는 다양한 분야의 전문가들과 함께 소통해야 한다고 주장하였다.

39 정답 ⑤

정답해설

가영은 개연성이 높은 판단이라고 하더라도 결국에는 거짓으로 밝혀지는 경우가 드물지 않다고는 하였지만 참인 전제들로부터 논리적 추론을 이용해서 도출된 결론이 거짓일 수 있다고는 하지 않았다.

오답해설

① 가영은 '확보된 증거에 비추어볼 때 갑과 을 두 사람 중 적어도 한 사람에게 사고의 책임이 있을 개연성이 무척 높다.'고 하였고, 나정은 '둘 중 한 사람에게 사고의 책임이 있다는 것을 꽤 지지하는 증거가 확보된 경우에는 그렇게 말할 수 없다.'라고 하여 증거의 역할을 인정하고 있다.
② 가영은 나중에 을에게 책임이 없음을 확실히 입증하는 증거가 나타나는 상황을 배제할 수 없는 경우, 둘 중 적어도 한 사람에게 책임이 있다고 보았던 최초의 전제의 개연성이 흔들리고 그 전제를 참이라고 수용할 수 없게 된다고 하였다.
③ 나정은 판단을 계속 미룰 수 없는 상황에서 확보된 증거를 충분히 고려해 을에게 사고의 책임을 묻는 것이 가능하다고 하였다.
④ 나정은 '나타나지도 않은 증거를 기다릴 일이 아니라, 확보된 증거를 충분히 고려해 을에게 사고의 책임을 물어야 한다는 것이다.'라고 하며 가영과 같이 확실히 참인 증거가 나타날 때까지 기다리기만 하면 책임 소재를 따질 수 없게 되는 상황이 계속 된다고 하였다.

40

정답 ④

정답해설

ㄴ. 암석에서 발견된 산소가 지구의 암석에 있는 것과 동위원소 조성이 다르다는 것을 통해 이 암석이 다른 행성에서 유래한 것이라는 것을 추론해내기 위해서는 산소의 동위원소 조성이 행성마다 모두 다르게 나타난다는 것이 전제되어야 하므로 옳은 내용이다.
ㄷ. A종류의 박테리아가 생성하는 자철석의 결정형과 순도가 유지되는 것을 통해 이 암석이 있었던 화성에도 생명체가 있었음을 추론하고 있으므로, A종류의 박테리아가 아니면 해당 자철석이 나타나지 않음이 전제되어야 다른 원인이 아닌 A종류의 박테리아의 영향임을 알 수 있다.

오답해설

ㄱ. 크기가 100나노미터 이하의 구조는 생명체로 볼 수 없다는 것이 전제가 되면, 암석에서 발견된 구조를 통해 생명체의 존재 여부를 논할 수 없다.

04 강화·약화/사례의 연결

41

정답 ⑤

정답해설

ㄱ. 제시문에서는 침팬지 이와 사람 머릿니 사이의 염기서열 차이는 550만 년 동안 누적된 변화로 볼 수 있으며, 이로부터 1만 년당 염기서열이 얼마나 변화하는지 계산할 수 있다고 하였다. 이는 염기서열의 변화가 일정한 속도로 축적된다는 가정하에서 성립한다.
ㄴ. 제시된 논증은 ㄱ에서 언급한 것처럼 두 그룹의 염기서열의 차이가 동일해야 성립한다.
ㄷ. 선택지의 진술이 옳다면 침팬지 이와 사람 머릿니가 공통 조상에서 분기되었다는 전제가 무너지게 된다.

42

정답 ⑤

정답해설

ㄱ. 경로 1(물)을 통과한 빛이 경로 2(공기)를 통과한 빛보다 오른쪽에 맺힌다면 경로 1을 통과한 빛의 속도가 빠르게 되어 입자이론이 타당하게 되므로 ㉠을 강화하고 ㉡을 약화한다.
ㄴ. 경로 1(물)을 통과한 빛이 경로 2(공기)를 통과한 빛보다 왼쪽에 맺힌다면 경로 1을 통과한 빛의 속도가 느리다는 것이므로 파동이론이 타당하게 되므로 ㉠을 약화하고 ㉡을 강화한다. 색깔에 따른 파장의 차이는 같은 경로를 통과했을 때에 의미가 있으므로 여기서는 판단의 대상이 되지 않는다.
ㄷ. 같은 경로를 통과했을 때에 색깔(파장)이 다른 두 빛이 스크린에 맺힌 위치가 다르다면 파동이론이 타당하게 되므로 ㉠은 약화되고 ㉡은 강화된다.

43

정답 ②

정답해설

A의 발언에 따르면 연구 성과를 원칙으로 한 공공 자원의 배분은 비주류 연구의 약화로 이어져 해당 분야 전체의 발전이 저하되며 문제 파악을 어렵게 하는 등 부작용을 가져올 우려가 있다. 반면 B의 발언에 따르면 연구 성과를 원칙으로 한 공공 자원의 배분은 공정하고 효율적이며 연구 성과 측면에서도 일관적인 배분 방식이라고 할 수 있다. 따라서 성과만을 기준으로 연구자들을 차등 대우하면 연구자들의 사기가 저하되어 해당 분야 전체의 발전이 저해된다는 사실은 A의 주장을 강화하지만 B의 주장은 강화하지 않는다.

오답해설

ㄱ. A의 주장은 연구 성과에 따라서만 공공 자원을 배분하는 것은 적절하지 않다는 것이다. 따라서 공공 자원을 연구 성과에 따라 배분하지 않으면 도덕적 해이가 발생할 가능성이 커진다는 사실은 A의 주장을 강화하지 않는다.
ㄴ. B의 주장은 연구 성과가 공공 자원 분배에 대한 일관성 있는 기준이 될 수 있다는 것이다. 따라서 연구 성과에 대한 평가가 시간이 지나 뒤집히는 경우가 자주 있다는 사실은 B의 주장을 강화하지 않는다.

44

정답 ②

정답해설

을에 의하면 공정한 법에 대해서만 선별적으로 준수의 의무를 부과해야 한다고 하였는데, 이를 위해서는 어느 법이 공정한 것인지에 대한 기준이 존재해야 한다. 따라서 이와 같은 별도의 기준이 없다면 을의 주장은 약화된다.

오답해설

ㄱ. 갑에 의하면 그 나라에서 시민으로 일정 기간 이상 살았다면 법이 공정한 지의 여부와는 무관하게 마땅히 지켜야만 한다고 하여 예외를 인정하고 있지 않다. 따라서 예외적인 경우에 약속을 지키지 않아도 된다면 갑의 주장은 약화된다.

ㄷ. 병에 의하면 법의 선별적 준수는 허용되지 않으므로 결국 그 법이 공정하든 공정하지 않든 모두 준수해야 한다. 하지만 단순히 이민자를 차별하는 법이 존재한다는 것 자체만으로는 이 법을 준수해야 하는지를 판단할 수 없으므로 병의 주장을 약화시킨다고 볼 수 없다.

45

정답 ⑤

정답해설

ㄱ. 트랜스 지방이 심혈관계에 해롭다는 것이 밑줄 친 부분의 주장이다. 따라서 쥐의 먹이에 함유된 트랜스 지방 함량이 증가함에 따라 심장병 발병률이 높아졌다는 실험결과는 이 주장을 강화하는 것이라고 볼 수 있다.

ㄴ. 마가린이나 쇼트닝은 트랜스 지방의 함량이 높은 식품이다. 그런데, 마가린의 트랜스 지방 함량을 낮추자 심혈관계질환인 동맥경화의 발병률이 감소했다는 실험결과가 있었다면 이는 밑줄 친 주장을 강화하는 것이라고 볼 수 있다.

ㄷ. 패스트푸드나 튀긴 음식에 많은 트랜스 지방은 혈관에 좋은 고밀도지방단백질(HDL)의 혈중 농도를 감소시켜 심장병이나 동맥경화를 유발한다고 하였다. 따라서 선택지의 실험결과가 있었다면 이는 밑줄 친 주장을 강화하는 것이라고 볼 수 있다.

46

정답 ①

정답해설

ⓒ에 의한다면 뉴욕시의 인구가 900만 명이므로 뉴욕시의 쥐가 900만 마리이어야 한다. 그런데 실제 조사 결과 30만 마리의 쥐가 있는 것으로 추정되었다면 ⓒ을 약화시키는 것이 된다.

오답해설

② ㉠은 약 4천 제곱미터에 쥐가 한 마리 정도 있어야 한다는 것인데 (나)에 언급된 가구당 평균 세 마리라는 내용은 그 가구의 면적이 어느 정도인지에 대한 자료가 없는 상황이기에 논증에 영향을 주지 못한다고 볼 수 있다. 물론 주거 밀집 지역이라는 것이 이에 대한 단서를 제공한다고도 할 수 있으나 그러한 추론은 논리적으로 엄밀하지 못하다.

③ ⓒ의 최종 결론은 어떤 실험 내지는 조사 결과를 토대로 도출된 것이 아니라 단지 볼터의 추측에서 나온 것일 뿐이다. 따라서 (다)와 같이 자기 집에 있다고 생각하는 쥐의 수가 실제 조사를 통한 쥐의 수보다 20% 정도 많다는 것이 제시된 논증에 어떤 영향을 미치는 것은 아니다.

④ ⓒ의 중간 결론은 쥐의 개체수를 어떻게 조사하였는지와 무관하게 단지 볼터가 자신의 추측에 영국의 국토면적을 고려하여 도출된 것이다. 따라서 다른 방법으로 조사한 결과가 높은 수준의 일치를 보인다고 하여 제시된 논증에 어떤 영향을 미치는 것이 아니다.

⑤ (나)와 (다)의 내용이 참이라고 할지라도 그것은 런던에 대한 것일 뿐 영국 전체의 쥐가 4천만 마리인 것과 직접적인 논리관계는 없으므로 참, 거짓을 확정지을 수 없다.

합격 가이드

강화 · 약화를 따지는 문제를 지나치게 어렵게 접근하려는 수험생들이 있다. 사실 강화 · 약화 문제는 논리적으로 엄밀하게 분석한다면 밑도 끝도 없이 어려워지는 유형이다. 하지만 PSAT에서는 그러한 풀이를 요구하는 것이 아니라 전체 논증과 방향성이 일치하는지의 여부를 판정하는 수준으로 출제된다. 크게 보아 강화 · 약화 유형은 추론형과 일치 · 부합형 문제를 섞어 놓은 것이다. 딱 그만큼의 수준으로 풀이하면 된다. 또한 답이 아닌 선택지를 놓고 이것이 약화인지 무관인지를 따지는 일은 정말 무의미한 행동이다. 선택지 5개가 모두 논리적으로 딱딱 맞아떨어지는 경우는 없다. 대부분의 오답 선택지는 그야말로 무의미한 말의 향연일 수도 있기 때문이다.

47

정답 ④

정답해설

ㄴ. 과학에서 이론을 정립하는 과정은 예술가의 창작 작업과 흡사하다고 하였으므로 과학과 예술이 서로 연관된 것이라는 제시문의 내용을 지지한다.

ㄷ. 입체파 화가들이 기하학 연구를 자신들의 그림에 적용하고, 피카소 역시 자신의 그림이 모두 연구와 실험의 산물이라고 하였으므로 과학과 예술이 서로 연관된 것이라는 제시문의 내용을 지지한다.

오답해설

ㄱ. 제시문의 내용은 과학과 예술이 전혀 동떨어진 분야가 아닌 서로 연관된 것이라는 것이다. 하지만 선택지는 예술은 특정인만의 독특한 속성에 의해서 창조되는 것이지만, 과학은 그렇지 않다고 하여 서로 연관성이 없는 분야라고 서술하고 있다. 따라서 선택지의 내용은 논지를 지지하지 않거나 아니면 논지와는 전혀 무관한 진술이라고 할 수 있다.

48

정답 ①

정답해설

A의 가설은 말 모형에 대한 실험결과를 토대로 얼룩말의 얼룩무늬가 말의 피를 빠는 말파리를 피하는 방향으로 진행된 진화의 결과라는 가설을 제시했다. 따라서 전제가 되는 말 모형에 대한 실험결과가 실제 말에 대한 반응과 다르다면 이 가설은 약화될 수밖에 없다.

오답해설

ㄴ. A의 가설을 도출하기 위해 시행된 실험에서 대부분의 말파리가 검은색 또는 갈색 모형에 붙어있었는데 실제 흡혈한 피의 결과도 이와 유사한 결과를 보였다면 이는 A의 가설을 강화한다고 볼 수 있다.

ㄷ. A의 가설은 말파리와의 관계를 통해 얼룩무늬의 생성원인을 밝히려고 하는 것인데, 이는 사자와 같은 포식자와의 관계와는 무관하므로 선택지의 연구결과는 A의 가설을 강화하지도 약화하지도 않는다.

49

정답 ①

정답해설

제시문에 따르면 물체까지의 거리가 먼 경우에는 주변의 물체들에 대한 과거의 경험에 기초하여 거리를 추론한다고 하였다. 그런데 해당 물체에 대한 경험도 없고 다른 사물들을 보이지 않도록 한 상태라면 이 추론과정이 작동하지 않아 거리를 판단할 수 없다. 선택지의 진술은 이와 같은 입장을 반영하고 있으므로 제시문의 주장을 강화한다.

오답해설

ㄴ. 제시문의 주장에 의한다면 선택지와 같이 경험적 판단기준이 없는 상황에서는 거리를 짐작할 수 없어야 한다. 그러나 선택지의 진술은 이와 상반된 내용을 담고 있으므로 제시문의 주장을 약화한다고 볼 수 있다.

ㄷ. 한쪽 눈이 실명이라면 두 직선이 이루는 각의 크기를 감지할 수 없으므로 거리를 파악할 수 없어야 하지만 선택지의 진술은 그 반대로 나타나고 있다.

50

정답 ②

정답해설

'이중기준론'에 의하면 음란한 표현은 수정헌법 제1조의 보호 대상이 아니다. 따라서 음란물 유포를 금하는 법령은 '이중기준론'의 입장과 상충하지 않는다.

오답해설

① '이중기준론'에서는 추잡하고 음란한 말 등은 수정헌법 제1조의 보호 대상이 아니라고 하였는데 이를 위해서는 추잡하고 음란한 말 등에 대한 기준이 정해져야 할 것이다. 따라서 시민을 보호하기 위해 제한해야 할 만큼 저속한 표현의 기준을 정부가 정하는 것은 '이중기준론'의 입장과 상충되지 않는다.

③ · ④ '내용중립성 원칙'에 의하면 정부가 어떤 경우에도 표현되는 내용에 대한 평가에 근거하여 표현을 제한해서는 안 된다. 따라서 어떤 영화의 주제가 나치즘을 찬미한다는 이유, 경쟁 기업을 비방하는 내용의 광고라는 이유로 상영 내지는 방영을 금하게 하는 법령이 존재한다면 이는 '내용중립성 원칙'의 입장과 대치된다.

⑤ TV 방송의 내용이 특정 정치인을 인신공격하는 내용인 경우 '이중기준론'의 입장에서는 그것이 수정헌법이 보호하지 않는 표현이라는 이유로 해당 방송을 제재할 것을 주장할 것이고, '내용중립성 원칙'의 입장에서는 어떤 경우에도 표현되는 내용에 대한 평가에 근거하여 표현을 제한해서는 안 된다는 이유로 해당 방송을 제재하는 것은 잘못이라고 주장할 것이다.

05 빈칸 채우기

51

정답 ④

정답해설

선택지의 구성상 (가)에는 쉼표 뒤의 내용과 반대의 내용이 들어가야 하는데, 쉼표 뒤의 내용을 정리하면 $A_1, \cdots, A_n > B_1, \cdots, B_n$으로 나타낼 수 있다. 이 관계와 반대되면서 '갑'의 주장에 부합하는 것은 'B국의 행복 정도가 A국의 행복 정도보다 더 크지만'이다.

이 사례와 '갑'의 주장을 결합하면 (나)에는 '갑'은 'B국이 A국보다 더 행복한 국가라고 말해야 할 것이다'가 들어가야 한다.

합격 가이드

빈칸 채우기 문제는 반드시 선택지의 구성을 보고 거기에 맞춰 판단해야 한다. 평소 문제풀이 연습을 할 때에도 마찬가지이다. 평소에는 선택지를 보지 않고 풀다가 시험장에서는 선택지에 맞춰서 판단하려는 것 자체가 넌센스다.

52

정답 ⑤

정답해설

갑은 법령과 조례가 서로 다른 것이므로 법령에 위배되지 않는다면 문제가 없다는 생각이지만 을은 조례가 법령의 범위 내에 있으므로 서로 충돌되는 것이 아니라는 입장이다. 이에 따르면 조례에 반하는 학칙은 교육법에 저촉되는 것이 된다.

오답해설

① · ③ 조례와 학칙 간의 충돌이 있을 경우에 대한 법적 판단을 묻고 있는데 선택지는 이와는 무관한 내용이다.

② 을은 '제8조 제1항에서의 법령에는 조례가 포함된다고 해석하고 있으며'라고 말하고 있으므로 선택지는 이와 반대된다.

④ 을은 전체적으로 법령과 조례가 서로 충돌되는 것이 아니라 하나의 체계 속에서 교육에 관한 내용을 규율하고 있다고 보고 있다.

53

정답 ①

정답해설

현재까지 법률에서 조례로 제정하도록 위임한 10건 중에서 7건은 이미 조례로 제정하였고 입법 예고 중인 것은 2건이다. 따라서 A시가 조례 제정을 위해 입법 예고가 필요한 것은 1건이다.

54

정답 ④

정답해설

빈칸의 다음 문장에서 법원이 본연의 임무인 재판을 통해 당사자의 응어리를 풀어주어야 한다고 하였고, 앞 문단에서 사법형 ADR 활성화 정책이 민간형 ADR이 활성화되는 것을 저해한다고 하였다. 따라서 이를 종합하면 빈칸에 들어갈 문장으로 ④가 가장 적절하다.

55

정답 ②

정답해설

㉠ 제시문에 의하면 목초지의 수용 한계를 넘어 양을 키울 경우, 목초가 줄어들어 그 목초지에서 양을 키워 얻을 수 있는 전체 생산량이 줄어든다고 하였다. 따라서 손실을 만회하기 위해 다른 농부들도 모두 사육 두수를 늘리는 상황이 장기화될 경우 전체 생산량 혹은 농부들의 총이익은 기존보다 감소하게 될 것이다.

㉡ 첫 번째 문단에서는 애덤 스미스의 '보이지 않는 손'의 가정을 통해 개인의 이익추구 활동을 제한하지 않은 것이 이윤 극대화에 도움이 된다고 하였고, 세 번째 문단에서는 이른바 '목초지의 비극' 사례를 통해 '보이지 않는 손'의 역효과를 지적하고 있다. 따라서 '보이지 않는 손'에 시장을 맡겨 둘 경우 농부를 넘어선 사회 전체적인 이윤은 감소하게 될 것이다.

56

정답 ②

정답해설

(가) 제시된 논증을 구조화하면 다음과 같다.

> i) (가)
> ii) B이다.
> ∴ 결론 : A이다.

따라서 가장 단순한 삼단논법의 구조를 이용한다면 (가)에는 'B이면 A이다'가 들어가야 한다. 이를 제시문의 표현으로 바꾸면, '달은 지구를 항상 따라다닌다'면 '지구는 공전하지 않는다'로 나타낼 수 있는데 ㄱ은 이의 대우명제이므로 논리적으로 타당하다.

(라) · (마) ⓑ에는 '밤에 금성을 관찰할 때 망원경을 사용하면 빛 번짐 현상을 없앨 수 있다는 것'과 관련된 내용이 들어가야 한다. 이와 함께 당시 학자들은 육안을 통한 관찰을 신뢰하며, 밤보다 낮에 관찰한 것이 더 정확하다는 것을 결합한 ㅁ이 논리적으로 타당하다.

57

정답 ⑤

정답해설

충청도 특유의 언어 요소만을 가리키는 것이 아니라 충청도 토박이들이 전래적으로 써 온 한국어 전부를 뜻한다고 하였으므로 한국어란 표준어와 지역 방언이 모두 하나로 모여진 개념이라고 할 수 있다.

오답해설

① 방언을 비표준어로서 낮잡아 보는 인식이 담겨 있다고 하였으므로 선택지의 내용과 의미가 통한다고 할 수 있다.

② 방언이 표준어보다 열등하다는 오해와 편견이 포함되어 있다고 하였으므로 방언을 낮추어 부른다는 의미가 들어가야 한다. 따라서 선택지의 내용과 의미가 통한다고 할 수 있다.

③ 그 지역의 말 가운데 표준어에는 없는, 그 지역 특유의 언어 요소만을 지칭한다고 하였으므로 다른 지역과의 이질성을 강조하는 내용이 들어가야 한다. 따라서 선택지의 내용은 적절하다고 할 수 있다.

④ 한국어를 이루고 있는 각 지역의 말 하나하나, 즉 그 지역의 언어 체계를 방언이라 하였으므로 각 지역의 방언들은 한국어라는 언어의 하위 구성요소라고 볼 수 있다.

합격 가이드

> 빈칸을 채우는 유형에서 가장 중요한 것은 부연설명하는 부분과 예시를 드는 부분이다. 물론 일반론적인 설명이 그 전에 제시되기는 하지만 많은 경우에 그 문장만을 읽어서는 잘 와닿지 않는 편이다. 때문에 대부분의 지문에서는 그 이후에 이를 이해하기 쉬운 단어를 사용하여 다시 설명하거나 아니면 직접적인 사례를 들어 설명한다. 앞서 언급된 일반론적인 설명보다 오히려 이런 부분이 더 중요하다.

58

정답 ①

정답해설

S는 자신의 연구 결과를 토대로 가족 구성원이 많은 집에 사는 아이들은 가족 구성원들이 집안으로 끌고 들어오는 병균들에 의한 잦은 감염 덕분에 장기적으로 알레르기 예방에 유리하다고 주장하고 있다. 결국 이는 알레르기에 걸릴 확률은 병균들에 얼마나 많이 노출되었는지에 달려 있다는 것이므로 이와 의미가 가장 유사한 ①이 가장 적절하다.

59

정답 ⑤

정답해설

먼저 빈칸의 뒤 문장인 '세셸리아초파리의 Ir75a 유전자도 후각수용체 단백질을 만든다는 것인데'라는 부분을 살펴보자. 첫 번째 문단과 이 문장의 내용을 종합하면 결국 빈칸에는 노랑초파리의 어떠한 성질이 들어가야 하고 그 성질에서 ' ' 안의 결론을 유추할 수 있어야 한다.

그런데 그 성질이라는 것은 결국 바로 앞 문장에서 알 수 있듯이 프로피온산 냄새를 맡을 수 있다는 것이며 이것이 빈칸 뒤 문장의 Ir75a 유전자와 연관이 있어야 한다. 따라서 이와 같은 내용이 적절하게 포함된 것은 ⑤이다.

합격 가이드

> 표현능력을 측정하는 이른바 '빈칸 채우기' 유형이다. 초창기의 PSAT에서는 이 문제와 같이 앞뒤 문장만으로도 빈칸을 채울 수 있었으나 최근에는 제시문 전체의 흐름을 이해해야 정답을 찾을 수 있게끔 출제되고 있으며 난도 역시 그만큼 높아져 있는 상태이다. 이 문제의 경우는 2단락과 3단락은 사실상 정답을 찾는 데 큰 영향을 주지 못했다. 사실 이 제시문은 빈칸 채우기 유형보다는 일치 · 부합형 문제에 적합한 것으로 판단되는데 무리하게 빈칸 채우기 형태로 출제하지 않았나 하는 의구심이 든다.

60

정답 ②

정답해설

㉠ '수도관이 터진 이유는 그 전에 닥쳐온 추위로 설명할 수 있으며, 공룡이 멸종한 이유는 그 전에 지구와 운석이 충돌했을 가능성으로 설명하면 된다.'고 하여 ㉠ 뒤에 언급된 설명할 수 없는 대상이 어떤 사건이 발생한 원인이라는 것을 알 수 있다. 이를 빅뱅과 우주의 관계에 적용하면 왜 빅뱅이 발생했는지, 즉 '왜 우주가 탄생하게 되었는지'가 들어가야 한다.

㉡ '시간의 시작은 빅뱅의 시작으로 정의되기 때문에 빅뱅은 0년을 나타낸다.'고 하여 빅뱅 이전에는 시간이라는 개념이 존재하지 않았다는 내용이므로, '빅뱅 이전에는 시간도 없었다'가 들어가야 한다.

06 논지 찾기

61
정답 ②

정답해설

제시문에서는 먹는 행위가 단지 개인적 차원에서 일어나는 일이 아니라, 다른 존재들과의 관계를 맺는 행위라고 하였으며, 이 관계들은 먹는 행위를 윤리적 반성의 대상으로 끌어 올린다고 하였다.

62
정답 ⑤

정답해설

제시문은 독일의 통일이 단순히 서독에 의한 흡수 통일이 아닌 동독 주민들의 주체적인 참여를 통해 이뤄진 것임을 설명하고 있다. 나머지 선택지는 이 논지를 이끌어내기 위한 근거들이다.

63
정답 ④

정답해설

제시문은 서구사회의 기독교적 전통이 이에 속하는 이들은 정상적인 존재, 그렇지 않은 이들은 비정상적인 존재로 구분한다고 하며 특히, 후자에 해당하는 대표적인 것으로 적그리스도, 이교도들, 나병과 흑사병에 걸린 환자들을 예로 들었다. 빈칸 앞의 내용은 기독교인들이 적그리스도의 모습을 외설스럽고 추악하게 표현하고, 이교도들을 추악한 얼굴의 악마로, 그들이 즐기는 의복이나 음식을 끔찍이 묘사하여 자신들과 구분되는 존재로 만들었으며 나병과 흑사병에 걸린 환자들은 실제 여부와 무관하게 뒤틀어지고 흉측한 모습으로 형상화시켰다는 것이다. 따라서 빈칸에 들어갈 내용은 이를 요약한 ④가 가장 적절하다.

64
정답 ④

정답해설

빈칸의 앞에서 민주주의에 대한 주장과 처칠의 말을 인용하면서 알고리즘에 대해서도 마찬가지의 결론을 내릴 수 있다고 하였다. 즉, 민주주의가 결점이 많다고 해서 그것을 채택하지 않아야 한다는 주장은 옳지 않다는 것이 앞문장의 논지이므로 빈칸에는 '알고리즘이 결점을 가지고 있지만 그렇다고 해서 이를 배제해서는 안되며, 이보다 더 나은 대안은 찾기 어렵다'는 의미를 가진 문장이 들어가야 한다.

65
정답 ⑤

정답해설

흄이 가장 중요하게 생각하는 것은 '당사자 간의 합의 여부'이다. 즉, 아무리 그러한 작업이 필요했더라도 합의가 있지 않았다면 그에 대한 대가를 지불할 필요가 없다는 것이다. ⑤는 제시문에 등장하는 수리업자의 논리이며, 흄은 그의 논리를 반대하고 있다.

66
정답 ③

정답해설

제시문의 첫 번째 문단에서는 다도해 지역이 개방성의 측면과 고립성의 측면에서 모두 조명될 수 있다는 점을 언급하였고, 두 번째 문단에서는 그중 고립성의 측면이 강조되는 사례들을 서술하였다. 그러나 마지막 문단에서는 고립성을 나타내는 것으로 여겨지는 사례들도 육지와의 연결 속에서 발전한 것이라는 주장을 하면서 다도해의 문화적 특징을 일방적인 관점에서 접근해서는 안 된다고 하였다. 따라서 제시문의 논지는 개방성의 측면을 간과해서는 안 된다는 내용을 담은 ③이 가장 적절하다.

67
정답 ③

정답해설

ㄱ · ㄴ. 제시문의 내용은 결국 보에티우스가 모르는 것 내지는 잘못 알고 있는 것을 제대로 알게 해주면 건강을 회복할 수 있다는 것이다. 운명의 본모습, 즉 만물의 궁극적인 목적이 선을 지향한다는 것 그리고 정의에 의해 세상이 다스려진다는 것을 알지 못하고 있기에 이를 알게 되면 건강이 회복된다고 말하고 있다.

오답해설

ㄷ. 자신이 모든 것을 박탈당했다고 생각하는 것은 그 자체가 잘못된 전제에서 출발한 것이므로 이를 되찾아야 한다는 것 역시 올바른 방법이 될 수 없다.

68
정답 ①

정답해설

제시문의 논지는 자신의 인지 능력이 다른 도구로 인해 보완되는 경우, 그 보강된 인지 능력도 자신의 것이라는 입장이다. 그런데 선택지는 메모라는 다른 도구로 기억력을 보완했다고 하더라도 그것은 자신의 인지 능력이 향상된 것으로 볼 수 없다는 의미이므로 제시문의 논지를 반박한다고 볼 수 있다.

오답해설

② 종이와 연필은 인지 능력을 보완하는 것이 아니라 두뇌에서 일어나는 판단을 시각적으로 드러내보이는 것에 불과하므로 인지 능력 자체에 어떤 영향을 미친다고 보기 어렵다.
③ 원격으로 접속하여 스마트폰의 정보를 알아낼 수 있다는 것은 단순히 원격접속의 도움을 받았다는 것일 뿐 이것과 인지 능력의 변화 여부는 무관하다.
④ 제시문의 내용은 스마트폰의 기능으로 인한 인지 능력의 향상을 사용자의 능력 향상으로 볼 수 있느냐에 대한 것이다. 따라서 스마트폰의 기능이 두뇌의 밖에 있는지 안에 있는지의 여부와는 무관하다.
⑤ ①과는 반대의 논리이다. 선택지의 논리는 스마트폰이라는 도구의 사용이 인지 능력을 향상시킨다고 보는 견해로, 이는 제시문의 논지를 지지하는 것이다.

69
정답 ①

정답해설

동물실험을 옹호하는 사람들은 ⅰ) 동물이 자극에 대해 반응하고 행동하는 양상이 인간과 유사하다고 하면서 ⅱ) 인간과 동물이 다르기 때문에 실험에서 동물을 이용해도 된다고 하는 모순적인 근거를 제시하고 있다.

오답해설

ㄴ · ㄷ. 영장류를 대상으로 한 실험은 인간과 동물이 심리적으로도 유사하다는 것이 기본 전제로 깔려 있기 때문에 심리적 유사성이 불확실하다는 표현은 옳지 않으며, 그럼에도 '사람에게는 차마 하지 못할 잔인한 행동을 동물에게 하고 있다'고 하여 윤리적으로 비판적인 입장을 취하고 있다.

70

정답 ⑤

정답해설

제시문에서는 의무적으로 해야 하는 일을 하지 않았다면 도덕적으로 비난 받아야 할 행위라고 하였다. 따라서 이 조건명제의 대우를 생각해본다면, 김희생 일병의 행동과 동일한 행동을 하지 않았지만 하지 않았던 동료들이 도덕적으로 비난받지 않았다면 그 행동은 의무적으로 해야 하는 것이 아닌 의무 이상의 행위라는 결론을 도출할 수 있게 된다. 따라서 편지의 주장을 논박하는 진술로 적절하다.

오답해설

① · ② 편지의 주장은 김희생 일병의 행동은 의무 이상의 행동이 아니라는 것이므로 이를 논박하기 위해서는 김희생 일병의 행동이 의무 이상의 행동이라는 것과 같이 그 행동의 성격에 대해 언급해야 한다. 하지만 선택지의 내용은 이와 무관하므로 적절하지 않다.

③ 김희생 일병의 행동이 의무 이상의 행동이므로 보상받을 권리가 있다고 논박해야 하는데, 오히려 선택지는 김희생 일병의 행동이 적절하지 않다는 의미를 내포하고 있다.

④ 선택지의 내용은 어떠한 행동이 의무 이상의 것이라고 할지라도 부대 전체의 이익을 위해 모든 것을 헌신해야 한다는 것이므로 오히려 편지의 내용을 지지하고 있다.

07 과학지문

71

정답 ④

정답해설

첫 번째로 큰 것을 ①, 두 번째로 큰 것을 ②로 표기하면 다음과 같다.

구분	굴절률	외부 양자효율	광자개수
A	②		①
B	②		②
C	①		②

이때 굴절률과 외부 양자효율은 반비례 관계이므로 이를 정리하면 다음과 같다.

구분	굴절률	외부 양자효율	광자개수
A	②	①	①
B	②	①	②
C	①	②	②

이제 A와 B를 비교해보자. 둘은 외부 양자효율이 같지만 여기에 내부 양자효율을 곱한 값과 비례하는 광자개수는 A가 더 크다. 따라서 A의 내부 양자효율이 B보다 더 크다. 다음으로 B와 C를 비교해보자. C의 외부 양자효율이 B보다 작음에도 여기에 내부 양자효율을 곱한 값과 비례하는 광자개수는 동일하다. 이는 C의 내부 양자효율이 B보다 크다는 것을 의미한다. 하지만 A와 C는 서로 공통된 수치가 없으므로 대소관계를 판단할 수 없다.

오답해설

② · ③ · ⑤ A의 내부 양자효율이 B보다 크므로 A의 불순물 함유율은 B보다 작고, 같은 논리로 C의 불순물 함유율도 B보다 작다. 하지만 A와 C의 대소관계는 판단할 수 없다.

72

정답 ②

정답해설

제시된 실험은 크게 두 가지의 차이를 두고 진행되었다. 하나는 다리의 길이를 다르게 하여 걸음 수를 다르게 한 것이고, 다른 하나는 다리 길이를 다르게 한 시점을 다르게 하여 걸음 수 이외의 변수를 찾아보려고 하였다. 결과적으로 출발하기 전에 다리 길이를 다르게 한 경우는 결과에 차이를 가져오지 못했으며, 먹이통에 도착한 후 다리 길이를 다르게 한 경우에만 결과에 차이를 가져왔다. 이는 개미가 둥지에서 먹이통까지 이동할 때의 걸음 수를 기억했다가 다시 되돌아올 때에 그 걸음 수만큼 걸어오는 것으로 출발지를 찾아간다는 것을 의미하므로 ②가 가장 적절한 가설이라고 할 수 있다.

73

정답 ④

정답해설

실험의 조건에 따라 선호도를 정리하면 다음과 같다.

톤 : C > A > B

빈도 : A > B > C

ㄴ. B, C 중 B를 선택했다면 암컷이 빈도를 기준으로 삼고 있는 것이며, A, B, C 중 A를 선택했다는 것 역시 빈도를 기준으로 삼고 있다는 것이다. 따라서 이 실험결과는 ㉠을 강화하고, ㉡은 강화하지 않는다.

ㄷ. A, C 중 C를 선택했다면 암컷이 톤을 기준으로 삼고 있는 것이며, A, B, C 중 A를 선택했다는 것은 기준을 빈도로 변경했다는 것이다. 따라서 이 실험결과는 ㉠을 강화하지 않고, ㉡을 강화한다.

오답해설

ㄱ. A, B 중 A를 선택했다면 이를 통해서는 암컷이 톤과 빈도 중 어느 기준을 가지고 있는지 알 수 없다. 그런데 A, B, C 중 C를 선택했다면 암컷은 톤을 기준으로 삼고 있음을 알 수 있다. 따라서 이 실험 결과가 ㉠과 ㉡을 강화, 약화하는지 여부는 판단할 수 없다.

74

정답 ③

정답해설

ㄱ. 방 1은 음탐지 방해가 없고 방2는 같은 소리 음탐지 방해가 있는 환경이다. 실험 결과에 따르면 음탐지 방해가 없는 방 1에서는 A와 B 공격 시간에 유의미한 차이가 없었지만 음탐지 방해가 있는 방 2에서는 A만을 공격했다. 따라서 실험 결과는 음탐지 방해가 있는 환경에서 X가 초음파탐지 방법을 사용한다는 가설을 강화한다.

ㄴ. 방 2와 방 3은 둘 다 음탐지 방해가 있는 환경이지만 방 2는 같은 소리 음탐지 방해, 방 3은 다른 소리 음탐지 방해가 존재한다. 실험 결과에 따르면 같은 소리 음탐지 방해가 존재한 방2에서는 A만 공격했지만, 다른 소리 음탐지 방해가 존재하는 방 3은 그 결과에 있어 방해가 없었던 방 1과 차이가 없었다. 즉, 다른 소리 음탐지 방해는 음탐지 방법에 큰 영향을 미치지 않음을 알 수 있다. 따라서 X가 소리의 종류를 구별할 수 있다는 가설을 강화한다.

오답해설

ㄷ. 음탐지 방해가 없는 방 1과 다른 소리 음탐지 방해가 있는 방 3의 실험 결과는 같고 둘 다 로봇의 종류에 따른 유의미한 차이를 보이지 않는다. 따라서 다른 소리가 들리는 환경에서 X가 초음파탐지 방법을 사용한다는 가설을 강화한다고 할 수 없다.

75

정답 ④

정답해설

제시문은 두 이론에서 다루는 변수들이 명칭은 같을지라도 그 대상은 다르다는 것에 근거한 주장을 제기하고 있다. 선택지의 내용은 두 이론에서 모두 사용하는 '질량'이라는 대상이 이름은 동일하지만 '속도'라는 또 다른 변수를 고려하면 실상은 다른 대상이라는 것으로 정리할 수 있다. 따라서 선택지는 제시문의 핵심 주장을 강화한다고 볼 수 있다.

오답해설

① 상대성 이론이 뉴턴 역학보다 정확하다는 것과 두 이론이 다루는 대상이 서로 다르다는 것은 논리적인 연관관계가 없다. 따라서 이는 전체 논증을 강화하지 않는다.

②·③ 제시문은 두 이론에서 사용되는 변수들이 서로 다르기 때문에 설사 제약조건을 붙여 상대성 이론으로부터 뉴턴의 역학을 도출할 수 있다고 하더라도 그것은 상대성 이론의 특수 사례에 불과할 뿐이라고 하였다. 이는 극단적으로 말해 두 이론은 서로 별개의 이론이라고 단순화시킬 수 있으며 이에 따르면 두 이론에 따른 결과가 서로 동일하거나 양립 가능하다고 하더라도 이는 유의미하지 않다는 결론에 도달하게 된다. 따라서 이와 같은 진술이 주어지더라도 전체 논증을 강화하지는 않는다.

⑤ 제시문의 내용은 어느 하나의 이론이 설명력이 뛰어나다는 것과는 논리적으로 연관관계가 없다. 따라서 이는 전체 논증을 강화하지 않는다.

합격

많은 수험생들이 '강화 · 약화' 유형의 문제를 매우 어려워한다. 이는 정답이 아닌 선택지를 놓고 이것이 약화인지, 무관한 것인지를 따지기 때문이다. 문제의 특성상 '강화 · 약화' 문제의 경우 정답 선택지를 제외한 나머지는 어느 하나로 딱 떨어지지 않는 경우가 대부분이며 보는 시각에 따라 다른 평가를 내릴 가능성이 매우 높다(사실 그 평가들 모두가 다 맞을 수 있다). 따라서 '강화 · 약화' 문제의 경우는 만약 '강화'를 찾는 것이라면 '강화인 것'과 '강화가 아닌 것'의 범주로 나누는 것으로 충분하다. 즉, 명확하게 확인이 되는 것이면 모르겠지만 그렇지 않은 '강화가 아닌 것'을 굳이 '약화'와 '무관'으로 나누려고 하지 말라는 것이다.

76

정답 ④

정답해설

'당시까지는 학습이란 뇌와 같은 중추신경계에서만 일어날 수 있을 뿐 면역계에서는 일어날 수 없다고 생각했다.'고 한 부분을 통해 애더의 실험 이전에도 이 같은 사실이 이미 알려져 있었다는 것을 추론해 볼 수 있다.

오답해설

① 애더는 시클로포스파미드가 면역세포인 T세포의 수를 감소시켜 쥐의 면역계 기능을 억제한다는 사실을 알고 있었다고 하였다.

② 사카린 용액이라는 조건자극이 T세포 수의 감소라는 반응을 일으킨 것을 의미한다고 하였다.

③ 면역계에서도 학습이 이루어진다는 것은 중추신경계와 면역계가 독립적이지 않으며 어떤 방식으로든 상호작용한다는 것을 말해준다고 하였다.

⑤ 애더의 실험은 이전까지는 중추신경계에서만 이루어진다고 여겨졌던 학습이 사카린 용액을 이용한 실험(사카린 용액에 대한 학습효과로 면역세포인 T세포가 감소함)을 통해 면역계에서도 일어난다는 결론을 얻게 해준 것이다.

77

정답 ①

정답해설

연금술사들은 유럽에 창궐한 매독을 치료하기 위해 연금술에서 가장 강력한 금속으로 간주된 수은을 사용하였지만 모든 치료행위에 수은을 사용하였는지는 알 수 없다.

오답해설

② 연금술사들은 거리낌 없이 의학에 금속을 도입했으며 그중 대표적인 것이 수은이라고 하였다.

③ 연금술사들은 모든 금속들은 수은과 황이 합성되어 자라난다고 하였다.

④ 연금술사들은 연금술을 의학에도 도입하였다고 하였다.

⑤ 연금술사들은 우주 안의 모든 물체들이 수은과 황으로 만들어졌다고 하였다.

78

정답 ③

정답해설

'갑'의 논리를 정리하면 '자극' → '특정한 심리 상태' → '특정한 행동'의 과정을 통해 '특정한 행동'을 하는 것이 관찰되면 '특정한 심리 상태'에 있는 것을 추론할 수 있다는 것이다. 그런데 '을'은 '특정한 심리 상태'가 없더라도 '자극' → '특정한 행동'이 가능한 경우를 로봇의 예를 들어 설명하고 있다. 따라서 이와 같은 문제를 해결하기 위해서는 '자극' → '특정한 행동' → '특정한 심리 상태'의 관계가 성립해야 하므로 ③이 가장 적절하다.

79

정답 ④

정답해설

로켓을 가속하는 경우 폭탄의 무게는 증가하지만, 반대로 중력이 감소하게 될 경우 폭탄의 무게는 감소하게 된다. 그런데 이 경우 중력이 감소하는 만큼 로켓을 가속하게 된다면 중력 감소로 인해 감소하는 폭탄의 무게만큼 가속으로 인해 폭탄의 무게가 증가하므로 결과적으로 폭탄의 무게는 안정적으로 유지되게 된다.

오답해설

① 지구의 중력이 0이 되는 높이까지 올라간다면 폭탄의 무게는 감소하게 되지만, 반대로 그를 위해 로켓을 가속할 경우 폭탄의 무게는 증가하게 된다. 만약 둘의 증감폭이 동일하여 상쇄된다면 무게의 변화가 없겠지만, 제시문을 통해서는 증감폭이 어떠한지를 알 수 없으므로 무게가 30% 이상 변화하는지의 여부도 알 수 없다.

②·③·⑤ 빈칸의 앞 문장에서 로켓의 속도를 조절한다는 내용이 나오므로, 로켓에 미치는 중력을 변화시키는 것은 빈칸에 들어갈 말로 적절하지 않다.

80

정답 ⑤

정답해설

특정한 단어와 대응되는 뉴런의 활성화 유형이 다를 수 있다고만 언급되어 있을 뿐 이들이 뇌의 동일한 부위를 사용하여 상호 간의 의사소통이 가능하다는 것은 제시문을 통해 확인할 수 없는 내용이다.

오답해설

① 실제로 뉴런들의 활성화 유형을 그림이나 수식으로 나타낸다는 것은 현실적으로 불가능하다고 하였다.

② 각 단어마다 상응하는 뉴런들의 활성화 유형이 서로 다르므로 이 단어의 의미와 저 단어의 의미가 뇌에서 구별된다고 하였다.

③ 어떤 단어에 상응하여 활성화되는 뉴런은 사람마다 물리적으로 다를 수 있다고 하였다.

④ 최근에는 의미가 뇌에서 일어나는 물리적 현상과 관련이 있다는 가설을 받아들이게 되었다고 하였다.

08 논리퀴즈

81

정답 ③

정답해설

해설의 편의를 위해 각 교육과정을 '공', '리', '글', '직', '전'으로 표기한다.

ⅰ) 공○ → 리○ (대우 : 리× → 공×)

ⅱ) 글○ → (직○∧전○) [대우 : (직×∨전×) → 글×]

ⅲ) 리×∨전×

이제 ⅲ)을 통해 두 가지 경우로 나누어 판단해보자.

ⅳ) 리×, 전○인 경우

ⅰ)에 의해 공×이며, 나머지는 확정할 수 없다(리×, 전○, 공×).

ⅴ) 리○, 전×인 경우

ⅱ)에 의해 글×이며, 나머지는 확정할 수 없다(리○, 전×, 글×).

ㄱ. ⅳ)와 ⅴ)에 따르면 공×이거나 글×이다.

ㄴ. ⅱ)의 대우명제에서 알 수 있는 내용이다.

오답해설

ㄷ. ⅴ)의 경우에 해당한다면 공×를 확정할 수 없다.

82

정답 ③

정답해설

ㄱ. 만약 세 종류의 자격증을 가진 후보자가 존재한다면 그 후보자는 A와 D를 모두 가지고 있어야 한다. 그런데 두 번째 조건에 의해 이 후보자는 B를 가지고 있지 않으므로 만약 이 후보자가 세 종류의 자격증을 가지기 위해서는 C도 가지고 있어야 한다. 그런데 세 번째 조건에 의해 이는 참이 될 수 없으므로 세 종류의 자격증을 가진 후보자는 존재할 수 없다.

ㄴ. 확정된 조건이 없으므로 가능한 경우를 따져보면 다음과 같다(갑은 ㄱ을 통해 확정할 수 있음).

구분	A	B	C	D
갑	○	×	×	○
을	○	○	×	×

네 번째 조건을 통해서 A와 B를 모두 가지고 있는 후보자가 존재한다는 것을 확인할 수 있으며, 두 번째 조건을 통해서 이 후보자가 D를 가지고 있지 않음을, 세 번째 조건을 통해서 C를 가지고 있지 않음을 확정할 수 있다.

이에 따르면 갑은 B를 가지고 있지 않으며, 을은 D를 가지고 있지 않다.

오답해설

ㄷ. 선택지에 제시된 조건을 정리하면 ~D → ~C로 나타낼 수 있으며, 이의 대우명제는 C → D이다. 따라서 C를 가지고 있다면 D 역시 가지고 있어야 하므로 C만 가지고 있는 후보자는 존재하지 않는다. 그런데 이는 어디까지나 조건에 불과할 뿐이어서 여전히 우리가 알 수 있는 것은 ㄴ의 갑과 을이 존재한다는 것 뿐이다.

합격 가이드

이 문제와 같이 확정된 조건이 없는 경우에는 제시된 조건에서 끌어낼 수 있는 사례들을 따져보아야 한다. 중요한 점은 여기서 끌어낸 사례들 말고도 다른 것들이 존재할 수 있다는 것이다. 단지 주어진 조건만으로는 더 이상 추론할 수 없을 뿐이다. 최근에는 이런 유형의 문제들이 자주 출제되고 있으니 주의가 필요하다.

83

정답 ④

정답해설

먼저 갑은 기획 업무를 선호하는데, 만약 민원 업무를 선호한다면 홍보 업무도 선호하게 되어 최소 세 개 이상의 업무를 선호하게 된다. 따라서 갑은 기획 업무만을 선호해야 한다. 다음으로 을은 민원 업무를 선호하므로 홍보 업무도 같이 선호함을 알 수 있는데, 세 개 이상의 업무를 선호하는 사원이 없다고 하였으므로 을은 민원 업무와 홍보 업무만을 선호해야 한다.

또한 인사 업무만을 선호하는 사원이 있다고 하였으며(편의상 병), 홍보 업무를 선호하는 사원 모두가 민원 업무를 선호하는 것은 아니라고 하였으므로 이를 통해 홍보 업무를 선호하지만 민원 업무는 선호하지 않는 사원이 존재함을 알 수 있다(편의상 정). 이제 이를 정리하면 다음과 같다.

구분	민원	홍보	인사	기획
갑	×	×		○
을	○	○	×	×
병	×	×	○	×
정	×	○		

ㄴ. 을과 정을 통해 최소 2명은 홍보 업무를 선호함을 알 수 있다.

ㄷ. 위 표에서 알 수 있듯이 모든 업무에 최소 1명 이상의 신입사원이 할당되어 있음을 알 수 있다.

오답해설

ㄱ. 민원, 홍보, 기획 업무는 갑과 을이 한 명씩은 선호하고 있으며, 인사 업무에 대한 갑의 선호 여부는 알 수 없다.

84

정답 ③

정답해설

A와 D는 상태 오그라듦 가설을 받아들이기 때문에 세 번째와 네 번째 정보에 따라 코펜하겐 해석이나 보른 해석을 받아들인다. 이미 B가 코펜하겐 해석을 받아들이므로 만약 A와 D가 받아들이는 해석이 다르다면 둘 중 한 명은 코펜하겐 해석을, 다른 한 명은 보른 해석을 받아들인다는 것이므로 코펜하겐 해석을 받아들이는 사람은 적어도 두 명임을 알 수 있다.

오답해설

① 주어진 정보에 따르면 학회에 참가한 8명 중 코펜하겐 해석, 보른 해석, 아인슈타인 해석을 받아들이는 이가 있음은 알 수 있지만 많은 세계 해석을 받아들이는 사람이 있는지는 알 수 없다.

② 주어진 정보에 따라 상태 오그라듦 가설과 코펜하겐 해석 또는 보른 해석은 필요충분관계에 있다는 것을 알 수 있다. 상태 오그라듦 가설을 받아들이는 이는 5명이고 알려진 A, B, C, D 이외에도 한 명이 더 존재한다. B는 코펜하겐 해석을, C는 보른 해석을 받아들이므로 만약 A, D가 같이 코펜하겐 해석을 받아들인다고 해도 남은 한 명이 보른 해석을 받아들인다면 보른 해석을 받아들이는 이는 두 명이 되므로 반드시 참이 되지 않는다.

④ 학회에 참석한 8명 중 5명이 상태 오그라듦 가설을 받아들이고 이들은 코펜하겐 해석 또는 보른 해석을 받아들인다. 따라서 남은 3명 중에 아인슈타인 해석을 받아들이는 이가 존재한다. 만약 오직 한 명만이 많은 세계 해석을 받아들인다고 해도 첫 번째 정보에 따라 아인슈타인 해석, 많은 세계 해석, 코펜하겐 해석, 보른 해석 말고도 다른 해석들이 존재하므로 아인슈타인 해석을 받아들이는 이는 한 명일 수 있다.

⑤ 상태 오그라듦 가설을 받아들이는 5명 중에서 B는 코펜하겐 해석을, C는 보른 해석을 받아들이므로 남은 3명은 코펜하겐 해석 또는 보른 해석을 받아들인다. 만약 코펜하겐 해석을 받아들이는 이가 세 명이라면 B와 C를 제외한 3명 중에 2명이 존재해야 하고 이 경우 A와 D가 함께 코펜하겐 해석을 받아들일 수도 있으므로 반드시 참이 되지는 않는다.

85

정답 ②

정답해설

제시된 정보들을 조건식으로 나타내면 다음과 같다.

- $(A \land B \land C) \rightarrow (D \lor E)$
- $(C \land D) \rightarrow F$
- E
- $(F \lor G) \rightarrow (C \land E)$
- $H \rightarrow (\sim F \lor \sim G)$

먼저, 확정된 조건(E는 참석하지 않는다)을 시작으로 이 조건식들을 풀이해보자. 이를 위해 네 번째 조건식을 대우로 변환하면 $(\sim C \lor \sim E) \rightarrow (\sim F \land \sim G)$가 되는데, 이 대우명제와 ~E를 결합하면 F와 G가 참석하지 않는다는 중간 결론을 얻게 된다. 또한, 두 번째 조건식을 대우로 변환하면 $\sim F \rightarrow (\sim C \lor \sim D)$가 되는데 앞에서 F가 참석하지 않는다고 하였으므로 C 또는 D가 불참한다는 또 하나의 결론을 얻게 된다. 따라서 최종적으로 E와 F, G는 불참이 확정되었고 C와 D 중에서는 최소 1명, 최대 2명이 불참한다는 것을 알 수 있으므로, 대책회의에 최대로 많은 전문가가 참석하기 위해서는 C와 D 중 한 명만이 불참해야 한다. 결론적으로 참석하는 전문가는 A, B, (C 혹은 D), H로 최대 4명이 된다.

86

정답 ④

정답해설

이 문제를 풀이하기 위해서는 다음의 두 가지를 먼저 알아두어야 한다.

> i) $P \rightarrow Q$와 $\sim P \lor Q$는 논리적으로 동치이다.
> ii) 어떠한 논리집합이 공집합이라는 것은 결국 진리값이 거짓(F)이라는 것과 같다.

여기서 i)을 역으로 생각하면 $P \rightarrow Q$가 거짓(F)이라면 이는 $P \land \sim Q$와 논리적으로 동치라는 결론을 얻을 수 있다. 따라서 어떠한 논리집합 $P \land Q$가 공집합[진리값이 거짓(F)]이라면 이는 $P \rightarrow \sim Q$로 변환할 수 있다.

이 논리를 근거로 제시문을 논리식으로 변환하면 다음과 같다.

> a) 스마트폰 소지∧국어 60 미만 : 20명
> b) 스마트폰 소지∧영어 60 미만 : 20명
> c) 스마트폰 소지∧~스마트폰 사용∧영어 60 미만 : 0명
> d) 보충수업∧~영어 60 미만 : 0명

명제 c)는 '(스마트폰 소지∧~스마트폰 사용)∧영어 60 미만'으로 변형할 수 있는데, 이는 위의 논리에 따라 '(스마트폰 소지∧~스마트폰 사용) → ~영어 60 미만'과 동치가 된다. 또한 선택지 ②의 해설에서 언급한 명제를 대우명제로 전환하면 '~영어 60 미만 → ~보충수업'으로 나타낼 수 있다. 따라서 이 둘을 결합하면 '(스마트폰 소지∧~스마트폰 사용) → ~보충수업'이 되어 선택지의 내용과 같게 된다.

오답해설

① 제시문에서 추론할 수 있는 것은 조사 대상을 크게 스마트폰을 가지고 등교하는 학생과 가지고 등교하지 않는 학생으로 나누어 볼 수 있다는 것이다. 그리고 스마트폰을 가지고 등교하는 학생 중 국어와 영어 성적이 60점 미만인 학생이 각각 20명이라고 언급하였다. 만약 국어 60점 미만 그룹과 영어 60점 미만 그룹이 전혀 겹치지 않는다면 조사 대상은 최소 40명 이상이 되겠지만 그렇다는 보장이 없으므로 최소인원은 40명에 미달할 수 있다.

② 명제 d)는 위의 논리에 따라 '보충수업 → 영어 60 미만'으로 변환할 수 있는데 선택지는 단순한 역명제에 불과하여 반드시 참이 된다고 볼 수 없다.

③ 주어진 명제들에서는 영어 성적과 보충수업과의 관계만 알 수 있다. 따라서 반드시 참이 된다고 볼 수 없다.

⑤ 주어진 명제들에서는 스마트폰을 가지고 등교하면서 스마트폰을 사용하는 학생에 대한 정보만 파악할 수 있다. 따라서 반드시 참이 된다고 볼 수 없다.

합격 가이드

해설은 매우 복잡하지만 실제 풀어보면 보기보다 복잡하지 않은 문제이다. 이러한 문제가 나오면 벤다이어그램으로 해결해 보려는 수험생이 있다. 하지만 이 문제는 스마트폰, 국어, 영어, 사용 여부, 보충수업 등 무려 5개나 되는 집합이 존재하여 벤다이어그램으로는 풀이가 어렵다. 이러한 경우는 벤다이어그램이 아닌 논리식으로 풀이해야 한다.

87

정답 ④

정답해설

주어진 대화내용을 기호화하여 정리하면 다음과 같다.

ⅰ) (A○∧B○) → C○
ⅱ) ~C

여기서 ⅰ)의 대우명제와 ⅱ)를 결합하면 ~A∨~B를 도출할 수 있다(갑의 대화내용).

ⅲ) A○∨D○
ⅳ) (을의 대화내용) : ㉠
ⅴ) A○

그리고 ⅲ)과 ⅳ)를 통해 ⅴ)를 도출하기 위해서는 ⅳ)에 들어갈 내용이 ~D이어야 한다(㉠).

ⅵ) (을의 대화내용) : ㉡
ⅶ) E○∧F○

마지막으로 위에서 ~A∨~B이고 A○라고 하였으므로 ~B임을 알 수 있으며, 갑의 대화에서 '우리 생각이 모두 참이면, E와 F 모두 참석해.'라는 부분을 통해 ~B → (E○∧F○)를 도출할 수 있다(㉡).

합격 가이드

거의 대부분의 논리문제는 대우명제를 결합하여 숨겨진 논리식을 찾는 수준을 벗어나지 않는다. 따라서 '~라면'이 포함된 조건식이 등장한다면 일단 대우명제로 바꾼 것을 같이 적어주는 것이 좋다. 조금 더 과감하게 정리한다면 제시된 조건식은 그 자체로는 사용되지 않고 대우명제로만 사용되는 경우가 대부분이다.

88

정답 ④

정답해설

기본적으로 선택지의 구성이 '~방법이 있다'라고 되어 있으므로 절차별로 최소의 시간을 대입하여 가능한지의 여부를 따져 보면 된다. 또한, 각 발표마다 토론시간이 10분으로 동일하게 주어지므로 발표시간을 50분 혹은 60분으로 놓고 계산하는 것이 좋다. 마지막으로 오전 9시부터 늦어도 정오까지 마쳐야 한다고 하였으므로 가용 시간은 총 180분이다.
발표를 3회 가지고 각 발표를 50분으로 한다면, 발표에 부가되는 토론 10분씩을 더해 총 180분이 소요되어 전체 가용 시간을 채우게 된다. 그러나 개회사를 최소 10분간 진행해야 하므로 결국 주어진 시간 내에 포럼을 마칠 수 없게 된다.

오답해설

① 발표를 2회 계획한다면 최소 50분씩(이하에서는 선택지에서 별다른 조건이 주어지지 않으면 최소시간인 발표에 소요되는 시간 40분, 토론 10분을 더한 50분으로 상정한다) 도합 100분이 소요되며 휴식 2회에 소요되는 시간이 40분이므로 140분이 소요된다. 여기에 개회사의 최소시간인 10분을 더하면 가능한 최소시간은 총 150분이기 때문에 180분에 미치지 못한다. 따라서 가능한 조합이다.
② 발표를 2회 계획한다면 위에서 살펴본 바와 같이 100분이 소요되며 개회사를 10분간 진행한다고 하면 총 110분이 소요된다. 여기에 휴식은 생략 가능하므로 10시 50분에 포럼을 마칠 수 있다.
③ 발표를 3회 계획한다면 총 150분이 소요되며 개회사를 10분 진행하면 총 160분이 소요된다. 여기에 휴식을 1회 가진다면 포럼 전체에 소요되는 시간은 총 180분이므로 정확히 정오에 마칠 수 있다.
⑤ 휴식을 2회 가지면서 소요시간을 최소화하려면 '개회사-휴식1-발표1-토론1-휴식2-발표2-토론2'의 과정을 거쳐야 한다(단, 휴식은 발표와 토론 사이에 위치해도 무방하다). 여기서 발표와 토론을 두 번 진행한다면 100분이 소요되며, 휴식 2회를 포함하면 총 140분이 소요된다. 선택지에서 개회사를 20분으로 한다고 하였으므로 총 소요되는 시간은 160분으로 가용 시간 내에 종료 가능하다.

합격 가이드

이러한 유형의 문제는 가능한 경우를 모두 판단하는 것은 시간적으로 불가능하며 설사 가능하다고 하더라도 매우 비효율적이다. 따라서 선택지를 직접 보면서 가능한 경우를 찾아야 한다.

89

정답 ④

정답해설

주어진 조건을 정리하면 다음과 같다.

ⅰ) 먼저, 신임 사무관은 '을' 한 명이고 '을'은 '갑'과 단둘이 가는 한 번의 출장에만 참석한다고 하였으므로 '갑'이 모든 출장에 참가하는 총괄 사무관임을 알 수 있다(편의상 A팀으로 칭한다).
ⅱ) 다음으로 '병'과 '정'이 함께 출장을 가는 경우가 있다고 하였으므로 '갑', '병', '정' 3명이 가는 출장(B팀)이 존재함을 알 수 있다. 출장 인원은 최대 3인으로 제한되어 있으므로 '갑', '병', '정', '무' 4인이 가는 출장은 존재할 수 없다.
ⅲ) 신임 사무관 '을'을 제외한 나머지 사무관들은 최소 2회의 출장에 참여해야 하고 '병'과 '정'이 함께 참여하는 한 번의 출장은 ⅱ)에 언급되어 있으므로 남은 2팀에는 '병'과 '정'이 각각 따로 포함되어야 한다. 그리고 아직 언급되지 않은 '무' 역시 신임 사무관이 아니어서 최소 2회의 출장을 가야 하므로 남은 2팀은 '갑, 병, 무'(C팀), '갑, 정, 무'(D팀)가 됨을 알 수 있다.
ⅳ) 만약 A팀이 참여하는 지역이 광역시라면 나머지 3개 지역 중 한 곳만이 광역시가 된다. 그런데 '을'은 한 번의 출장에만 참여한다고 하였으므로 이렇게 될 경우 병~무 중 누가 되었든 광역시 출장에 한 번만 참여하게 되어 조건에 위배된다. 따라서 광역시는 A팀이 참여하는 지역을 제외한 나머지 지역 중 2곳이 되어야 한다.

이를 표로 정리하면 다음과 같다.

구분	갑	을	병	정	무
A팀	○	○			
B팀	○		○	○	
C팀	○		○		○
D팀	○			○	○

ⅱ)와 ⅲ)에 의하면 '정'은 두 번의 출장을 가게 된다.

90

정답 ③

정답해설

제시문의 논증을 기호화하면 다음과 같다.

ⅰ) A○ → B○
ⅱ) B와 C가 모두 선정되는 것은 아님
ⅲ) B○∨D○
ⅳ) ~C → ~B : B○ → C○

먼저 ⅱ)와 ⅳ)를 살펴보면 B가 선정된다면 ⅳ)에 의해 C가 선정되어야 하는데 ⅱ)에서 B와 C는 동시에 선정되는 것은 아니라고 하였으므로 B는 선정되지 않는 것을 알 수 있다. 따라서 ⅰ)의 대우명제를 이용하면 A 역시 선정되지 않는다. 마지막으로 ⅲ)에서 B와 D 중 적어도 한 도시는 선정된다고 하였는데 위에서 B가 선정되지 않는다고 하였으므로 D는 반드시 선정되어야 함을 알 수 있다.
따라서 이를 정리하면 A와 B는 선정되지 않으며, C는 알 수 없고, D는 선정된다.
ㄱ. A와 B 모두 선정되지 않는다고 하였으므로 옳은 내용이다.
ㄷ. D는 선정된다고 하였으므로 옳은 내용이다.

오답해설

ㄴ. B가 선정되지 않는 것은 알 수 있으나 C가 선정되는지의 여부는 알 수 없다.

91

정답 ⑤

정답해설

갑의 '을이 공금을 횡령했다.'는 진술과 을의 '내가 공금을 횡령했다.'는 진술은 같은 의미이므로 동시에 참이 되거나 동시에 거짓이 되어야 한다. 그런데 소환된 사람 중 한 명만 진실을 말했다고 하였으므로 갑과 을은 반드시 거짓을 말한 것이 되어야 한다. 따라서 결과적으로 진실을 말한 것은 병이 되며, 공금을 횡령한 것은 정임을 알 수 있다. 그런데 공금을 횡령한 사람은 네 명 가운데 한 명이므로 갑, 을, 병 모두 귀가 조치되었다.

92

정답 ②

정답해설

먼저 A의 진술이 참인 경우를 생각해보자. 이때 가능한 경우는 A가 1위이고 C가 2위인 경우이다. 그렇다면 B의 진술도 참이 되며 이에 따라 각각을 순위가 높은 순서대로 나열하면 A, C, B, D가 된다. 그런데 이에 따르면 C의 진술은 거짓이 되는데, C는 D보다 높은 등수이므로 문제의 전제에 어긋난다. 따라서 A의 진술은 거짓임이 확정된다.
이제 A의 진술이 거짓인 경우를 생각해보자. 이때 C는 3위 혹은 4위가 되며, A는 C보다 등수가 낮으므로 C는 3위, A는 4위가 된다. 한편 D는 1위 또는 2위가 되고, B는 거짓이 되어 D보다 등수가 낮아야 하므로, 이를 토대로 네 사람을 순위가 높은 순서대로 나열하면 D, B, C, A가 된다. 그렇다면 C는 거짓이 되는데 C는 D보다 순위가 낮으므로 문제의 전제에 부합한다. 따라서 선택지 중 이를 만족하는 것은 ②이다.

93

정답 ⑤

정답해설

먼저, 총 5명의 위원을 선정한다고 하였고, 신진 학자는 4명 이상 선정될 수 없다는 조건과 중견 학자 3명이 함께 선정될 수 없다는 조건을 고려하면 가능한 조합은 신진 학자 3명, 중견 학자 2명뿐임을 알 수 있다. 그리고 네 번째 조건을 반영하여 경우의 수를 나누어보면 다음의 두 가지만 가능하게 된다.

ⅰ) 신진 윤리학자가 선정되는 경우 : 신진 윤리학자 1명, 신진 경영학자 2명, 중견 경영학자 2명으로 구성하는 경우가 가능하다.
ⅱ) 신진 윤리학자가 선정되지 않는 경우 : 중견 윤리학자 1명, 신진 경영학자 3명, 중견 경영학자 1명으로 구성하는 경우가 가능하다.

중견 윤리학자가 선정되지 않는 경우는 위의 ⅰ)에 해당하는데 이 경우는 신진 경영학자가 2명 선정되므로 옳은 내용이다.

오답해설

① 어느 경우이든 윤리학자는 1명만 선정된다.
② ⅰ)의 경우는 신진 경영학자가 2명만 선정된다.
③ 중견 경영학자 2명이 선정되는 경우는 ⅰ)인데 이 경우는 윤리학자가 1명만 선정된다.
④ 신진 경영학자 2명이 선정되는 경우는 ⅰ)인데 이 경우는 신진 윤리학자가 1명만 선정된다.

94

정답 ②

정답해설

주어진 정보들을 순서대로 1, 2, 3, 4, 5번 조건이라고 하자. 2, 4번 조건에 의해 대한민국은 B국과 상호방위조약을 갱신하고, A국과는 갱신하지 않는 것을 알 수 있다. 또한 1, 3번 조건으로부터 A국과 상호방위조약을 갱신하지 않고, 주변국과 합동 군사훈련을 실시한다는 사실이 확정되었으므로 동북아 안보 관련 안건을 상정할 수 없다는 사실을 알 수 있다. 이에 더해 5번 조건으로부터 대한민국이 동북아 안보 관련 안건을 상정할 수 없는 경우 6자 회담을 올해 내로 성사시켜야 한다는 사실을 알 수 있으므로, 대한민국은 6자 회담을 올해 내로 성사시켜야 한다.
즉, 정리하면 대한민국이 반드시 선택해야 하는 정책은 B국과의 상호방위조약 갱신, 주변국과 합동 군사훈련 실시, 올해 내 6자회담 성사이다. 따라서 대한민국은 반드시 6자 회담을 올해 내로 성사시켜야 한다.

합격 가이드

주어진 조건이 여러 가지인 경우, 조건 2, 3, 5와 같이 '만약 ~라면, ~이다' 형태의 불확정적 조건보다는, 조건 4 혹은 조건 1과 같이 이미 확정되어 있는 정보로부터 문제 풀이를 시작해야 한다. 확정되어 있는 정보를 다른 조건에 대입하여, 논리적으로 도출해 낼 수 있는 정보들을 찾아내는 방식으로 풀이하면 쉽게 풀 수 있는 유형의 문제이다.

95

정답 ⑤

정답해설

세 명의 사무관 모두가 한 명씩의 성명을 올바르게 기억하고 있는 것이므로 옳은 내용이다.

오답해설

① 이 경우는 혜민과 서현이 모든 사람의 성명을 올바르게 기억하지 못한 것이 되므로 옳지 않다.
② 이 경우는 혜민과 민준이 모든 사람의 성명을 올바르게 기억하지 못한 것이 되므로 옳지 않다.
③ 이 경우는 민준이 두 명의 성명을 올바르게 기억하고 있는 것이 되므로 옳지 않다.
④ 이 경우는 민준이 모든 사람의 성명을 올바르게 기억하지 못한 것이 되므로 옳지 않다.

09 문단의 배열/표현의 수정

96

정답 ⑤

정답해설

IMF의 자금 지원 전후로 결핵 발생률이 다르게 나타난다는 결과가 나와야 하므로 '실시 이전'부터를 '실시 이후'로 수정해야 한다.

97

정답 ⑤

정답해설

㉤의 앞 문장은 타이핑 속도가 빠른 사람들은 대체로 타이핑 실력이 뛰어난 편이며 오타 수는 적을 수밖에 없다고 이야기하고 있다. 또한 ㉤ 뒤에 연결되는 문장은 이를 통해 도출되는 평균치를 근거로 내려진 처방은 적절하지 않을 가능성이 높다는 내용이다. 따라서 ㉤은 '타이핑 실력이라는 요인이 통제되지 않은 상태에서'로 수정되는 것이 적절하다.

98

정답 ③

정답해설

세 번째 문단의 후반부에서 "자신의 처지가 주술적 힘, 신이나 우주의 섭리와 같은 것에 종속되어 있다는 견해에는 부정적이었다."고 하였다. 따라서 프롤레타리아트는 종교에 대해 부정적인 입장을 취했을 것이다.

99

정답 ④

정답해설

㉣의 바로 다음 문장의 저임금 구조의 고착화로 농장주와 농장 노동자 간의 소득 격차가 갈수록 벌어졌다는 내용을 통해 '중간 계급으로의 수렴'이 아닌 '계급의 양극화'가 들어가야 함을 알 수 있다. 따라서 선택지의 내용처럼 수정하는 것이 적절하다.

오답해설

① 전통적인 자급자족 형태의 농업과 대비되는 상업적 농업의 특징을 설명하고 있으므로 수정할 필요가 없다.
② 앞의 문장에서 언급한 지주와 소작인 간의 인간적이었던 관계와 의미상 통하는 내용이 들어가야 하므로 수정할 필요가 없다.
③ 대량 판매 시장을 위해 변화되는 양상을 설명하고 있으므로 수정할 필요가 없다.
⑤ 수익을 얻기 위해 토지 매매가 본격화되었다는 것을 통해 재산이 공유화되지 않고 개별화되었다는 의미의 문장이 필요하다는 것을 알 수 있으므로 수정할 필요가 없다.

합격 가이드

이 문제와 같은 유형은 제시문을 읽을 때 다른 지문들보다는 약한 강도로 읽어나가는 것이 효율적이다. 즉, 세부적인 내용에 집착하지 말고 큰 줄기 위주로 읽어나가되 글 전체의 주제가 무엇인지를 파악하는 수준으로 읽어야 한다는 것이다. 밑줄은 전혀 엉뚱한 곳이 아니라 전체 주제와 긴밀하게 연관되는 곳에 그어져 있으며 결국 주제에 어긋나는 문장을 찾는 문제와 다를 바 없다.

100

정답 ①

정답해설

제시된 논증을 조건문의 형태로 정리하면 다음과 같다.

i) ⓐ '만약 어떤 사람에게 다가온 신비적 경험이 그가 살아갈 수 있는 힘으로 밝혀진다.' → '그가 다른 방식으로 살아야 한다고 다수인 우리가 주장할 근거는 어디에도 없다.'
ⓔ 신비적 경험은 신비주의자(ⓐ에서의 '그'에 해당)들에게는 살아갈 힘이 되는 것이다.
∴ ⓕ 신비주의자들의 삶의 방식이 수정되어야 할 '불합리한' 것(불합리하므로 ⓐ에서의 '다른 방식으로 살아야 한다'에 해당)이라고 주장할 수는 없다.

ii) ⓑ [우리 자신의 더 '합리적인' 신념]은 [신비주의자가 자신의 신념을 위해서 제시하는 증거]와 그 본성에 있어서 유사한 증거에 기초해 있다.
ⓓ 우리가 지닌 합리적 신념의 증거와 유사한 증거에 해당하는 경험(ⓐ에서의 '신비주의자가 자신의 신념을 위해서 제시하는 증거'에 해당)은, 그러한 경험을 한 사람에게 살아갈 힘을 제공해 줄 것이 분명하다.
∴ ⓔ 신비적 경험은 신비주의자들에게는 살아갈 힘이 되는 것이다.

iii) ⓒ [우리의 감각]이 우리의 신념에 강력한 증거가 되는 것과 마찬가지로, [신비적 경험]도 그것을 겪은 사람의 신념에 강력한 증거가 된다(ⓑ를 일반화한 것이므로 대전제에 해당).
∴ ⓑ [우리 자신의 더 '합리적인' 신념(ⓒ에서의 '감각'에 해당)]은 [신비주의자가 자신의 신념을 위해서 제시하는 증거(ⓒ에서의 '신비적 경험'에 해당)]와 그 본성에 있어서 유사한 증거에 기초해 있다.

따라서 ①과 같은 구조가 나타난다.

CHAPTER 02 자료해석 필수기출 100제 정답 및 해설

01	02	03	04	05	06	07	08	09	10
②	①	③	⑤	③	⑤	①	④	④	②
11	12	13	14	15	16	17	18	19	20
③	②	①	①	⑤	④	⑤	②	①	②
21	22	23	24	25	26	27	28	29	30
①	④	③	②	⑤	①	②	③	③	⑤
31	32	33	34	35	36	37	38	39	40
⑤	④	③	②	②	①	③	②	④	④
41	42	43	44	45	46	47	48	49	50
①	②	①	④	①	③	②	④	②	④
51	52	53	54	55	56	57	58	59	60
①	④	④	⑤	③	①	①	②	④	②
61	62	63	64	65	66	67	68	69	70
③	②	⑤	⑤	①	①	⑤	②	⑤	⑤
71	72	73	74	75	76	77	78	79	80
③	①	②	③	②	④	④	①	③	②
81	82	83	84	85	86	87	88	89	90
④	①	⑤	⑤	③	①	④	③	④	②
91	92	93	94	95	96	97	98	99	100
②	④	②	④	③	⑤	①	⑤	②	④

01 자료의 읽기

01

정답 ②

정답해설

ㄱ. 국방비가 가장 많은 A국의 국방비가 전체의 80% 이상이라는 것의 의미는 나머지의 합이 A국의 $\frac{1}{4}$에 미치지 못한다는 것과 같다. A국의 $\frac{1}{4}$은 2,000을 약간 넘는데 나머지의 합은 그에 미치지 못한다.

ㄹ. A국의 군병력 1인당 국방비는 $\frac{8,010}{133}$이며, D국은 $\frac{320}{17}$이다. 따라서 $\frac{8,010}{133}$과 D국의 3배인 $\frac{960}{17}$을 비교하면 되는데, 편의를 위해 전자를 $\frac{801}{13}$로 수정하여 $\frac{960}{17}$과 비교해보자. 분모는 약 30% 정도 후자가 더 큰 반면, 분자의 증가율은 그에 미치지 못하므로 $\frac{801}{13} > \frac{960}{17}$임을 알 수 있다.

오답해설

ㄴ. B국의 인구 1인당 GDP는 대략 $\frac{139}{47}$이고 C국은 $\frac{167}{52}$인데, 분모는 후자가 약 10% 더 큰 반면, 분자의 증가율은 그보다 크다. 따라서 전자가 후자보다 작다.

ㄷ. 계산의 편의를 위해 선택지를 '국방비가 많은 국가일수록 국방비 대비 GDP 비율이 낮다.'로 수정하여 판단해보자. E국의 국방비가 C국보다 크기 때문에, 국방비 대비 GDP 비율은 E국이 C국보다 낮아야 하는데, 어림해서 판단해보면 그 반대임을 알 수 있다.

02

정답 ①

정답해설

기획재정부장관, 보건복지부장관, 여성가족부장관, 국토교통부장관, 해양수산부장관, 문화재청장 총 6명이 모두 동의하였다.

오답해설

ㄴ. 25차에서는 6명이 부동의하였으나 26차에서는 4명이 부동의하였다.

ㄷ. 전체 위원의 $\frac{2}{3}$ 이상이 동의하기 위해서는 11명 이상이 동의해야 하는데 25차에서는 10명이 동의하였다.

합격 가이드

선택지를 판단할 때 전체 위원 수를 직접 헤아려본 수험생이 있을 것이다. 이는 각주를 꼼꼼하게 읽지 않았기 때문에 생기는 일이다. 각주 1)에서 전체 위원의 수가 16명으로 명시되어 있다.

03

정답 ③

정답해설

ㄱ. 2020년 어획량이 가장 많은 어종은 고등어인데, 이것은 전년에 비해 감소한 수치이므로 2019년에는 더 많았을 것이다. 반면, 그림에서 오징어를 제외한 고등어의 오른쪽에 위치한 어종들은 전년에 비해 어획량이 증가하였음에도 여전히 고등어에 비해 작은 상태이므로 2019년에도 고등어의 어획량에 미치지 못했을 것이다. 마지막으로 광어는 전년에 비해 어획량이 감소하기는 했으나 2020년의 어획량 자체가 고등어에 비해 턱없이 작다. 따라서 광어의 2019년 어획량도 고등어에 미치지 못한다.

ㄷ. 갈치의 평년비가 100%를 넘는다는 것은 갈치의 2011~2020년 연도별 어획량의 평균(A)보다 2020년의 어획량(B)이 더 많다는 것을 의미한다. 그런데 여전히 A보다 큰 2021년의 어획량이 더해진다면 이것이 포함된 2011~2021년 연도별 어획량의 평균은 당연히 A보다 커질 것이다.

오답해설

ㄴ. 선택지의 문장이 옳다면 $\frac{전년비(\%)}{평년비(\%)}$의 값이 1보다 커야 한다. 이는 그림의 원점에서 해당 어종에 해당하는 점을 연결한 직선의 기울기가 1보다 작아야 함을 의미하는데 조기는 이에 해당하지 않는다.

04
정답 ⑤

정답해설

ㄱ. 사업비가 부산의 사업비 240억 원을 초과하는 지역은 경기, 강원, 충북, 충남, 전북, 전남, 경북, 경남으로 총 8개이다.

ㄴ. 사업비 상위 2개 지역은 경남과 강원이고 사업비 합은 440+420=860억 원이다. 하위 4개 지역은 세종, 인천, 울산, 제주이며 사업비 합은 0+80+120+120=320억 원이다. 따라서 상위 2개 지역의 사업비 합이 하위 4개 지역의 사업비 합의 2배 이상이다.

ㄷ. 전체 사업비는 4,000억 원이므로 400억 원 이상인 지역을 찾으면 강원, 경남 2개이다.

05
정답 ③

정답해설

i) 첫 번째 조건에 따라 연강수량이 세계평균의 2배 이상인 국가는 B와 G이므로 일본과 뉴질랜드가 B 또는 G이다.

ii) 두 번째 조건에 따라 연강수량이 세계평균보다 많은 국가 중 1인당 이용가능한 연수자원총량이 가장 적은 국가는 대한민국이므로 A가 대한민국이다.

iii) 세 번째 조건에 따라 1인당 연강수총량이 세계평균의 5배 이상인 국가를 연강수량이 많은 국가부터 나열하면 G, E, F이다. 따라서 뉴질랜드가 G, 캐나다가 E, 호주가 F가 되고 B가 일본이 된다.

iv) 네 번째 조건에 따라 1인당 이용가능한 연수자원총량이 영국보다 적은 국가 중 1인당 연강수총량이 세계평균의 25% 이상인 국가는 중국이므로 C가 중국이다.

v) 마지막 조건에 따라 1인당 이용가능한 연수자원총량이 6번째로 많은 국가는 프랑스이므로 H가 프랑스이다.

따라서 국가명을 알 수 없는 것은 D이다.

06
정답 ⑤

정답해설

ㄷ. 초미세먼지 농도가 가장 낮은 지역은 강원도인데, 이 지역의 초미세먼지로 인한 조기사망자수는 443명이며 충청북도는 403명이다.

ㄹ. 그림에서 대구의 좌표는 부산에 비해 상단에 위치하므로 연령표준화사망률이 더 높음을 알 수 있지만, 초미세먼지로 인한 조기사망자수는 대구가 672명으로 부산의 947명보다 적다.

오답해설

ㄱ. 경기도의 초미세먼지로 인한 조기사망자수가 2,352명이므로 서울의 1,763명보다 많다.

ㄴ. 대구는 강원도에 비해 연령표준화사망률도 높고, 초미세먼지로 인한 조기사망자수도 많다.

07
정답 ①

정답해설

경기의 2018년 어선 수는 1,703척인데 여기서 10%만큼 감소한 수치는 약 1,530척이다. 그런데 2019년의 어선 수를 계산해보면 1,583척으로 이보다는 크다는 것을 알 수 있으므로 증감률은 10%에 미치지 못한다.

오답해설

② 세종의 경우 2018년 7척에서 2019년 8척으로 증가하였다.

③ 인천의 경우 2톤 이상 3톤 미만 어선 수가 184척에서 3톤 이상 4톤 미만 어선 수가 191척으로 증가하였다.

④ 2018년의 경우는 충남이 세 번째로 크지만 2019년의 경우 세 번째로 큰 지역은 부산이다.

⑤ 2018년과 2019년 모두 인천의 비율은 2배에 미치지 못하지만, 제주의 비율은 2배를 훨씬 뛰어넘는다.

08
정답 ④

정답해설

ㄴ. A사가 조사한 시청률과 B사가 조사한 시청률이 동일한 점을 선으로 이으면 원점을 통과하는 45°선을 그릴 수 있다. 만약 어떠한 항목이 선 위에 위치한다면 A사와 B사가 조사한 시청률이 동일하다는 것이며 멀리 떨어져 있다면 두 회사 간의 시청률의 차이가 크다는 것을 의미한다. 이에 따르면 예능프로그램이 가장 멀리 떨어져 있으므로 시청률 차이가 가장 크다는 것을 알 수 있다.

ㅁ. A사의 조사에서는 오디션프로그램(20% 이상)이 뉴스(20%)보다 시청률이 높으나, B사의 조사에서는 뉴스(20% 이상)가 오디션프로그램(20% 미만)보다 시청률이 높다.

오답해설

ㄱ. 그림에 따르면 B사가 조사한 일일연속극의 시청률은 40%를 약간 넘고 있으므로 옳지 않다.

ㄷ. 오디션프로그램의 시청률은 A사의 조사에서는 20%를 조금 넘고 있으나 B사의 조사에서는 20%에 미치지 못하고 있다. 따라서 A사의 조사결과가 B사의 조사결과보다 더 높다.

ㄹ. 주말연속극 항목은 45°선에 위치하고 있으므로 두 회사의 조사결과가 동일하다.

합격 가이드

이와 같이 그래프를 읽고 선택지를 판단하는 문제는 난이도의 차이가 있을지언정 매년 등장하는 유형이다. 특히 이와 같은 격자형 그래프에서는 45°선과 기울기, 더 나아가 기울기의 역수를 이용한 문제들이 단골로 출제되고 있으니 개념을 확실히 익혀두기 바란다.

09
정답 ④

정답해설

A부처(201명)가 B부처(182명)에 비해 충원 직위 수가 많으며, A부처의 충원 직위 수 대비 내부 임용 비율은 58.2%이고, B부처는 84.1%이므로 옳은 내용이다.

오답해설

① 표 2의 연도를 모두 계산할 필요 없이 2005년의 미충원 직위 수가 10명(=156−146)이고 표 1에서 2006년의 미충원 직위 수가 22명이라고 하였으므로 옳지 않다.

② 2001년도 이후 타 부처로부터의 충원 수는 5명, 5명, 4명, 8명, 7명의 순으로 2004년에만 증가하였다.

③ 2006년도 개방형 총 직위 수는 165명으로 이의 50%는 82.5명인데 내부 임용된 인원은 81명이므로 50%에 미치지 못한다.

⑤ 2001년의 경우 전년도에 비해 개방형 총 직위 수가 증가하였으나 민간인 외부 임용 및 충원 직위 수 대비 민간인 외부 임용 비율은 12.2%로 감소하였다.

10

정답 ②

정답해설

ⓛ 그림 1에서 1사분면에 속한 5개의 유형 중 그림 2에서는 1사분면에 속하지 않는 것은 도매시장이다. 따라서 민간업체, 영농법인, 대형공급업체, 농협의 4개 유형이 모든 속성에서 3점 이상을 얻고 있다.

ⓔ 그림 2에 따르면 할인점의 공급력 속성의 선호도가 가장 낮았으므로 옳은 내용이다.

오답해설

ⓖ 가격적정성 속성의 경우 민간업체가 농협보다 높은 점수를 받았으나, 품질 속성에서는 농협이 민간업체보다 높은 점수를 받았으므로 옳지 않은 내용이다.

ⓒ 농협은 품질과 공급력 속성에서는 선호도가 가장 높았으나 가격적정성의 경우는 민간업체의 선호도가 가장 높으므로 옳지 않은 내용이다.

ⓜ 개인 납품업자의 경우 품질 속성에서는 가장 낮은 선호도를 보이고 있으나 나머지 속성에서는 그렇지 않으므로 옳지 않은 내용이다.

11

정답 ③

정답해설

스위스의 경우 남성이 1위, 여성이 3위이며, 일본의 경우 남성이 4위, 여성이 1위이다. 반면 나머지 국가들 중에는 남성과 여성 모두 5위 이내에 포함된 국가가 없으므로 옳은 내용이다.

오답해설

① 2003년 한국 남성의 기대수명은 73.9세이고 2009년은 76.8세이므로 증가폭은 2.9세이다. 그런데 73.9의 절반(50%)이 30을 훨씬 넘는 상황이므로 5% 역시 3보다 크게 되어 증가율은 5%에 미치지 못한다는 것을 알 수 있다.

② 2009년 일본 여성의 기대수명이 86.4세이기 때문에 이의 90%는 86.4−(86.4×0.1)=77.76으로 계산할 수 있다. 그런데 일본 남성의 기대수명은 79.6세로 이보다 크다.

④ 2006년과 2009년 한국 남성의 기대수명 차이는 1.1세인 반면 여성은 1.4세로 더 크다.

⑤ 스위스 여성과 스웨덴 여성의 기대수명 차이는 1.2세인 반면, 남성은 0.5세에 불과하다.

12

정답 ②

정답해설

'용기디자인'의 점수는 A음료가 약 4.5점으로 가장 높고, C음료가 약 1.5점으로 가장 낮으므로 옳은 내용이다.

오답해설

① C음료는 8개 항목 중 '단맛'의 점수가 가장 높으므로 옳지 않다.

③ A음료가 B음료보다 높은 점수를 얻은 항목은 '단맛'과 '쓴맛'을 제외한 6개 항목이므로 옳지 않다.

④ 항목별 점수의 합이 크다는 것은 이를 연결한 다각형의 면적이 가장 크다는 것을 의미한다. 따라서 D음료가 B음료보다 크다.

⑤ A~D음료 간 '색'의 점수를 비교할 때 점수가 가장 높은 음료는 A음료이고, '단맛'의 점수가 가장 높은 것은 B, C음료이므로 옳지 않다.

13

정답 ①

정답해설

소년 수감자의 성격유형 구성비 순위와 전국 인구의 성격유형 구성비 순위는 나−가−다−라로 동일하므로 옳은 내용이다.

오답해설

ㄴ. 표 2에서 제시된 비율은 각 성격유형에서 차지하는 비율이 아닌 범죄유형에서 차지하는 비율이다. 구체적으로 수감자 수에 해당 비율을 곱하여 구해보면 '가', '다'형 모두에서 장물취득이 가장 많으므로 옳지 않다.

ㄷ. 전국 인구와 갑 지역 인구의 성격유형 구성비 차이가 가장 큰 성격유형은 '가'(0.9%p)이고 기타범죄의 성격유형 구성비가 가장 큰 유형은 '나'(35.6%)이므로 옳지 않다.

ㄹ. '라'형 소년 수감자 중 강력범죄로 수감된 수감자 수는 약 6명(=72×0.084)이고, 기타범죄로 수감된 수감자 수는 약 21명(=177×0.119)이므로 옳지 않다.

14

정답 ①

정답해설

표 2에서 2013년 10월 스마트폰 기반 웹 브라우저 중 상위 5종 전체의 이용률 합이 94.39%이므로 6위 이하의 이용률 합은 5.61%임을 알 수 있다. 그런데 10월 현재 5위인 인터넷 익스플로러의 이용률이 1.30%이므로 6위 이하의 이용률은 1.30%를 넘을 수 없다. 따라서 6위 이하 나머지 웹 브라우저의 이용률이 모두 1.30%이라고 하더라도 최소 5개 이상이 존재해야 함을 알 수 있다. 왜냐하면 4개만 존재한다면 이용률의 합이 최대 5.2%에 그쳐 5.61%에 모자라기 때문이다. 따라서 자료에서 주어진 5개 이외에 추가로 최소 5개의 브라우저가 존재하여야 하므로 전체 대상 웹 브라우저는 10종 이상이 됨을 알 수 있다.

오답해설

② 표 1에서 2014년 1월 이용률 상위 5종 웹 브라우저 중 PC 기반 이용률 3위와 스마트폰 기반 이용률 3위가 모두 크롬으로 동일하므로 옳지 않다.

③ 표 1에서 2013년 12월 PC 기반 웹 브라우저 이용률 3위는 파이어폭스이고 2위는 크롬인 반면, 2014년 1월의 3위는 크롬, 2위는 파이어폭스로 둘의 순위가 바뀌었다.

④ 표 2에서 스마트폰 기반 이용률 상위 5종 웹 브라우저 중 2013년 10월과 2014년 1월 이용률의 차이가 2%p 이상인 것은 크롬(4.02%p), 오페라(2.40%p)이므로 옳지 않다.

⑤ 표 2에서 상위 3종 웹 브라우저 이용률의 합을 직접 구하기보다는 주어진 상위 5종 전체 이용률 합에서 4위와 5위를 차감하여 판단하는 것이 더 수월하다. 이에 따르면 주어진 모든 월에서 상위 3종 웹 브라우저 이용률의 합이 90%에 미치지 못하므로 옳지 않다.

15

정답 ⑤

정답해설

2002년에 10위를 차지한 캐나다인 방문객 수가 67,000명이므로 인도네시아인 방문객 수는 이를 넘을 수 없다. 그런데 2012년 인도네시아인 방문객 수는 124,000명이므로 2002년에 비해 최소 57,000명은 증가하였다는 것을 알 수 있다.

오답해설

① 어림해서 계산하면 2002년의 미국인, 중국인, 일본인 방문객 수의 합은 약 3,300천 명이고, 2012년은 약 6,200천 명이므로 2012년이 2002년의 2배에 미치지 못한다.

② 2002년 대비 2012년 말레이시아인 방문객은 거의 2배에 육박하는 증가율을 보였으나 미국인 방문객은 2배에는 훨씬 미치지 못하는 증가율을 보이고 있다.
③ 전체 외국인 방문객 중 중국인 방문객 비중을 어림하면, 2012년은 약 10%이고, 2002년은 약 22%이므로 후자는 전자의 3배에 미치지 못한다.
④ 2002년 외국인 방문객 수 상위 10개국 중 2012년 외국인 방문객 수 상위 10개국에 포함되지 않은 국가는 캐나다뿐이므로 옳지 않다.

16

정답 ④

정답해설

ㄴ. 예측 날씨와 실제 날씨가 일치한 일수는 도시 A가 6일, 도시 B가 7일, 도시 C가 5일, 도시 D가 4일, 도시 E가 3일이다. 따라서 이 둘이 일치한 일수가 가장 많은 도시는 B이다.
ㄷ. 7월 2일의 경우는 어느 도시도 예측 날씨와 실제 날씨가 일치하지 않았으나 나머지 날은 적어도 도시 한 곳 이상은 일치하고 있다.

오답해설

ㄱ. 7월 8일에 도시 A의 예측 날씨는 '비'였으나 실제 날씨는 '맑음'이었으므로 옳지 않다.

17

정답 ⑤

정답해설

ㄱ. 그림에 의하면 OECD 주요 국가들 모두 2005년 어린이 사고 사망률이 1995년보다 감소하였으므로 옳은 내용이다.
ㄴ. Y국의 2005년 어린이 사고 사망률이 1995년의 3분의 1 이하라면 1995년의 사망률이 24.9명을 넘어서야 한다. 그런데 그림에서 Y국의 1995년 사망률이 25명을 넘은 것을 확인할 수 있으므로 옳은 내용이다.
ㄹ. 어린이 사고 사망률이 당해 연도 OECD 평균보다 높은 국가의 수는 1995년(8개)보다 2005년(10개)에 더 많으므로 옳은 내용이다.

오답해설

ㄷ. 1995년 대비 2005년 어린이 사고 사망률의 감소율이 P국(50%)보다 더 큰 국가는 E, J, K, M, R, S, W, Y의 8개국이므로 옳지 않다.

18

정답 ②

정답해설

'갑'팀 구성원 중 A작업을 수행할 수 있는 사람은 수리활용, 대인관계, 변화관리 역량을 모두 보유하고 있는 '라'이며, '라'는 F작업을 수행하기 위해 추가로 필요한 역량인 의사소통 역량을 이미 보유하고 있으므로 옳지 않다.

오답해설

① '갑'팀 구성원 중 D작업을 수행할 수 있는 사람은 의사소통, 정보활용, 자원관리, 변화관리 역량을 모두 보유하고 있는 '가'이며 '가'는 기술활용 역량도 보유하고 있으므로 G작업도 수행할 수 있다.
③ '갑'팀 구성원 중 E작업을 수행할 수 있는 사람은 자기개발, 문제해결, 변화관리 역량을 모두 보유하고 있는 '나'인데, '나'의 보유역량을 표 2와 연결 지어 보면 E작업 이외의 다른 작업을 수행할 수 없음을 알 수 있다.
④ '갑'팀 구성원 중 B작업을 수행할 수 있는 사람은 문제해결, 대인관계, 문화이해 역량을 모두 보유하고 있는 '다'인데, '다'가 기술활용 역량을 추가로 보유하면 G작업을 수행할 수 있으므로 옳은 내용이다.
⑤ C작업을 수행하기 위해서는 문제해결, 자원관리 역량을 모두 보유하고 있어야 하는데 '갑'팀 구성원 중 이 둘을 모두 보유하고 있는 구성원이 없으므로 옳은 내용이다.

19

정답 ①

정답해설

ㄱ. A(A+, A0)를 받은 학생 수가 가장 많은 강좌는 이민부 교수의 유비쿼터스 컴퓨팅이며, 이는 전공심화 분야에 해당하므로 옳은 내용이다.
ㄴ. 전공기초 분야의 강좌당 수강인원은 51명$\left(=\frac{204}{4}\right)$이고, 전공심화 분야의 강좌당 수강인원은 약 36명$\left(=\frac{321}{9}\right)$이므로 옳은 내용이다.

오답해설

ㄷ. 강좌별 수강인원 중 A+를 받은 학생의 비율을 어림해보면 이성재 교수의 '경영정보론', 정상훈 교수의 '경영정보론', 황욱태 교수의 'IT거버넌스'의 비율이 낮은 편이다. 따라서 이를 계산해보면, 이성재 교수의 '경영정보론'은 약 11%$\left(=\frac{3}{27}\right)$, 정상훈 교수의 '경영정보론'은 약 14%$\left(=\frac{9}{66}\right)$, 황욱태 교수의 'IT거버넌스'는 약 14%$\left(=\frac{4}{29}\right)$이다. 따라서 이성재 교수의 '경영정보론'의 비율이 가장 낮으므로 옳지 않다.
ㄹ. 정상훈 교수의 '경영정보론'은 A를 받은 학생 수와 C를 받은 학생 수가 18명으로 동일하며, 황욱태 교수의 '회계학원론'은 A를 받은 학생 수는 14명인데 반해, C를 받은 학생 수는 15명으로 오히려 더 많으므로 옳지 않다.

20

정답 ②

정답해설

2007년 이후 연도별 전시 건수 중 미국 전시 건수 비중이 가장 작은 해는 2010년 약 20.8%$\left(=\frac{5}{24}\right)$인데 이 해에 프랑스에서 1건의 전시회가 있었으므로 옳은 내용이다.

오답해설

① 2011년의 국외반출 허가 문화재 수량 중 지정문화재 수량의 비중은 약 2.1%$\left(=\frac{16}{749}\right)$인데 반해, 2008년의 비중은 약 4.5%$\left(=\frac{15}{330}\right)$이므로 2011년이 가장 큰 것은 아니다.
③ 국가별 전시 건수의 합은 일본이 46건, 미국이 30건인데 반해, 영국은 8건에 그치고 있어 옳지 않다.
④ 보물인 국외반출 허가 지정문화재의 수량이 가장 많은 해는 2009년(13개)인데, 전시 건당 국외반출 허가 문화재 수량이 가장 많은 해는 2011년 약 83개$\left(=\frac{749}{9}\right)$이므로 둘은 서로 같지 않다.
⑤ 2009년 이후 연도별 전시 건수가 많은 순서대로 나열하면 2009년, 2010년, 2012년, 2011년인데 반해, 국외반출 허가 문화재 수량이 많은 순서대로 나열하면 2012년, 2009년, 2010년, 2011년으로 둘은 순서가 다르다.

02 다른 유형으로의 변환

21

정답 ①

정답해설

농촌체험마을의 매출액이 75% 이하로 감소한 ②와 ④가 제외되며, 농촌민박의 매출액이 30% 이하로 감소한 ⑤가 제외된다. 이제 남은 ①과 ③을 비교해보면 두 선택지의 방문객 수가 동일하므로 매출액만 판단해보자. 농촌체험마을의 매출액 감소비율이 75%보다 크다는 것은 처음에 판단하였으므로 농촌융복합사업장의 매출액 감소비율을 판단해보면 된다. 그런데 방송뉴스의 내용으로 판단해 볼 때 ①과 ③ 중 하나는 75%보다 큰(구체적인 값은 아직 계산하지 않은) 감소율을 보이고, 다른 하나는 그보다 작다는 것을 알 수 있으며, 작은 것이 답이 된다. 이때 ①의 경우 ③보다 더 작은 값에서 더 적게 감소하였으므로 ①의 감소율이 더 작은 것을 알 수 있다.

합격 가이드

75% 감소를 판단할 때, 이를 직접 구하는 것은 매우 비효율적이다. A에 비해 B가 75% 이상 감소했다는 것은 B가 A의 1/4에 미치지 못한다는 것을 의미하므로 이를 활용하여 간단하게 판단하도록 하자.

22

정답 ④

정답해설

보고서에 따르면 예식장의 사업자 수는 2018년 이후 감소하지만 자료에서는 예식장의 2019년 사업자 수가 2018년에 비해 증가하였다.

23

정답 ③

정답해설

보도자료 마지막 문장에 의하면 간접광고(PPL) 취급액 중 지상파TV와 케이블TV 간 비중의 격차는 5%p 이하이다. 하지만 2018년 기준 매체별 PPL 취급액 현황에서 지상파TV와 케이블TV 취급액 차이는 573－498＝75억 원이고 전체 간접광고 취급액에서 그 비중은 $\frac{75}{1,270}\times100≒5.9\%$로 5% 이상이다.

24

정답 ②

정답해설

2011년의 유상거래 최저 가격은 10원/kg이므로 바르게 작성되지 않았다.

25

정답 ⑤

정답해설

단위수를 무시하고 어림하더라도 5개의 구 모두 절반 정도의 비율을 가지는 경우는 존재하지 않는다. 실전에서는 직접 계산할 필요가 없지만 정확한 수치를 구해보면, 동구(3.33), 중구(3.3), 서구(3.26), 유성구(2.85), 대덕구(2.94)이므로 옳지 않다.

합격 가이드

표-그래프 변환 문제의 경우 대부분 별도의 계산이 필요한 것에서 정답이 결정되는 경우가 많다. 따라서 이 문제의 경우는 선택지 ⑤를 먼저 확인하는 것도 요령이다. 특정 항목 하나만 틀린 경우도 출제되기도 하지만 대부분은 이 문제와 같이 전체 수치가 모두 틀리게 옮겨진 것이 대부분인 만큼 전략과 운이 잘 따라준다면 아주 빠른 시간에 풀이가 가능한 유형이다.

26

정답 ①

정답해설

주어진 자료에서 1995년과 2007년 도시근로자가구당 월평균 교통비지출액 비중의 차이는 소득 10분위가 4.3%p, 1분위가 1.7%p로 10분위가 더 크므로 보고서의 내용과 부합하지 않는다.

오답해설

②·③·④·⑤ 모두 보고서의 내용과 부합하는 자료이다.

27

정답 ②

정답해설

2011년 4분기 '국내기업관련 기업결합' 심사 건수가 전 분기 대비 증가하였으므로 보고서의 내용과 부합하지 않는다.

오답해설

① 2011년 '전체 기업결합' 심사 건수는 전년 대비 약 8.8% 증가하였으나, '전체 기업결합' 금액은 전년 대비 약 35% 감소하였으므로 보고서의 내용과 부합한다.
③ 2011년 '국내기업에 의한 기업결합' 건수의 경우, 제조업 분야는 전년 대비 약 28.6% 증가한 반면, 서비스업 분야는 전년 대비 약 13.3% 감소하였으므로 보고서의 내용과 부합한다.
④ 2011년 '국내기업에 의한 기업결합' 총 431건 중 유형별 구성비는 혼합결합 약 56.6%, 수평결합 약 29.9%, 수직결합 약 13.5%이므로 보고서의 내용과 부합한다.
⑤ 2011년 '국내기업에 의한 기업결합'의 수단별 건수는 주식취득이 142건으로 가장 많았고, 영업양수가 41건으로 가장 적었으므로 보고서의 내용과 부합한다.

28

정답 ③

정답해설

그래프에 표시된 수치는 조사단위를 10kg로 했을 때의 수치이다. 무를 제외한 다른 항목들의 조사단위가 모두 10kg이기 때문에 혼동하게끔 만들어놓은 선택지이다.

오답해설

①·②·④·⑤ 모두 주어진 표의 자료를 바르게 표시한 그래프이다.

합격 가이드

그래프 변환 유형의 문제에서 늘 고민되는 것이 선택지 ⑤와 같이 복잡한 계산을 요하는 것이다. 가장 기본적인 원칙은 이러한 유형은 해당 선택지를 제외한 나머지를 모두 판단하여 정오가 판별이 되면 굳이 계산을 하지 않는 것이며, 나머지가 모두 맞다면 이 선택지를 곧바로 답으로 체크하는 것이다. 하지만 어느 경우에도 해당하지 않는다면 직접 계산하기보다는 포인트를 잡아 판단하는 것이 필요하다. 즉, 이 선택지 같은 경우는 150%를 기준으로 이를 넘었는지 아닌지를 먼저 판단해보는 것이다(150%는 원래의 숫자의 절반을 더한 것이기 때문에 눈어림으로도 판별 가능하다).

29

정답 ③

정답해설

범례가 반대로 작성되었다. 즉, 막대그래프의 상단 색으로 처리된 부분이 토목공사를 나타내는 것이고 하단의 백색 부분이 건축공사를 나타내고 있다.

오답해설

①·②·④·⑤ 주어진 표를 바르게 나타낸 것을 확인할 수 있다.

30

정답 ⑤

정답해설

연도별 기업 및 정부 R&D 과제 건수가 전체 건수에서 차지하는 비율을 나타낸 그래프이므로 옳지 않다.

오답해설

①·②·③·④ 제시된 표를 이용하여 바르게 작성한 그래프이다.

합격 가이드

이러한 유형의 문제를 만나면 곧바로 수치를 확인하지 말고 제목부터 확인하는 습관을 들이도록 하자. 이 문제의 선택지 ⑤와 같이 제목과 그래프 자체가 엉뚱하게 매칭되어 있는 경우가 상당히 많은 비중을 차지하기 때문이다. 또한 선택지 ④와 같이 복잡한 계산을 요구하는 것은 일단 뒤로 넘기고 다른 선택지부터 파악하기 바란다. 설사 그런 선택지가 답이 될지라도 단순한 나머지 선택지들을 소거하는 방식으로도 정답을 찾을 수 있기 때문이다.

03 추가로 필요한 자료

31

정답 ⑤

정답해설

ㄴ. 2013~2022년 국외 출원 특허 건수를 대상 국가별로 살펴보면, 미국에 출원한 특허가 매년 가장 많았다는 부분을 위해 필요한 자료이다.
ㄷ. 2013~2022년 '갑'국 국방연구소는 2015년에만 상표권을 출원하였다는 부분을 위해 필요한 자료이다.
ㄹ. 2016년부터 2년마다 1건씩 총 4건의 실용신안을 국내 출원하였다는 부분을 위해 필요한 자료이다.

오답해설

ㄱ. 제시된 표에서 곧바로 계산할 수 있는 내용이므로 추가로 필요한 자료가 아니다.

32

정답 ④

정답해설

ㄱ. 첫 번째 문단의 두 번째 문장을 작성하기 위해 필요한 자료이다.
ㄴ. 세 번째 문단의 첫 번째 문장을 작성하기 위해 필요한 자료이다.
ㄹ. 마지막 문단을 작성하기 위해 필요한 자료이다.

오답해설

ㄷ. 표 1을 통해 알 수 있으므로 추가로 필요한 자료가 아니다.

합격 가이드

추가로 필요한 자료를 묻는 문제의 경우 선택지의 자료들이 바르게 작성되었는지를 따져볼 필요는 없다. 자료의 항목이 제대로 반영되어 있다면 수치들을 꼼꼼하게 살펴볼 필요 없이 곧바로 다음 문제로 넘어가도록 하자. 자료의 정오를 따져야 하는 경우는 문제에서 '바르게 작성된 것은'과 같이 명확하게 표현해준다.

33

정답 ③

정답해설

보고서 첫 번째 문단은 전공계열별 희망직업 취업률에 대한 정보이며 이는 표를 이용해 작성할 수 있다. 두 번째 문단의 첫 번째 문장은 전공계열별 희망직업 선택 동기에 관한 정보이며 이는 ㄷ을 통해 작성할 수 있다. 두 번째 문단의 두 번째 문장은 전공계열별 희망직업의 선호도 분포에 대한 정보이며 이는 ㄴ을 통해 작성할 수 있다. 마지막 문단은 희망직업 취업여부에 따른 직장 만족도에 대한 정보이지만 ㄹ과 달리 계열에 따른 차이를 설명하고 있으므로 ㄹ은 활용할 수 없다. 따라서 보고서를 작성하기 위해 추가로 이용한 자료는 ㄴ, ㄷ이다.

34

정답 ②

정답해설

ㄱ. '2002년부터 2017년까지 국세 대비 국세청세수의 비율은 매년 증가 추세를 보인다.'는 부분을 작성하기 위해 추가로 필요한 자료이다.

ㄷ. '세목별로는 소득세, 부가가치세, 법인세 순으로 높다. 세무서별로 살펴보면 세수 1위는 남대문세무서, 2위는 수영세무서이다.'라는 부분을 작성하기 위해 추가로 필요한 자료이다.

35

정답 ②

정답해설

ㄱ. 보고서의 첫 번째와 세 번째 항목을 작성하기 위해 2002년부터 2011년까지의 미국의 전체 예산 및 환경 R&D 예산이 추가로 필요하다.

ㄷ. 보고서의 다섯 번째 항목을 작성하기 위해서는 2011년 대한민국 모든 정부 부처의 부처별 환경 R&D 자료가 추가로 필요하다.

합격 가이드

이 유형의 문제는 보고서를 읽고 각각의 내용이 표나 그림에 있는지 확인하는 것이 일반적으로 문제를 해결하는 순서이다. 그러나 해당 문제의 경우 보기의 단서를 통해 매우 빨리 찾을 수 있다. 예를 들어 보고서에서는 ㄴ의 뉴질랜드, ㄹ의 정부 부처 산하기관에 관한 언급이 전혀 없다. 따라서 이것들이 속해 있는 ㄴ과 ㄹ을 소거하여 답을 구할 수 있었다.

04 매칭형

36

정답 ①

정답해설

먼저, 첫 번째 조건을 통해 C, D, E 중 하나가 '안전사고'임을 알 수 있다. 다음으로 계산의 편의를 위해 두 번째 조건을 "2020년 해양사고 인명피해 인원 대비 발생 건수의 비율이 두 번째로 낮은 유형은 '전복'이다."로 변경해서 판단해보면, A는 약 34.6, B는 약 4.3, C는 34.5, D는 16, E는 2와 3 사이이므로 두 번째로 낮은 유형은 B이다. 따라서 B는 '전복'이므로 ③과 ⑤가 제외된다.
다음으로, 세 번째 조건을 통해 E는 '충돌'이 될 수 없으므로 ④를 제외한다. 이제 계산이 번거로운 네 번째 조건을 보류하고 마지막 조건을 살펴보면 차이가 5인 D가 '화재폭발'이 되어 정답을 ①로 확정할 수 있다.

합격 가이드

네 번째 조건은 판단하지 않았다. 난도가 많이 높아질 경우에는 주어진 조건을 모두 활용해야 판단이 가능하지만, 일반적인 경우에는 선택지의 구성을 잘 이용하면 조건 한 개 정도는 판단하지 않고도 정답을 이끌어낼 수 있다.

37

정답 ③

정답해설

멸종우려종 중 고래류가 80% 이상이라고 하였는데 이는 표에서 D에 해당함을 쉽게 알 수 있다. 다음으로 9개의 지표 중 멸종우려종 또는 관심필요종으로만 분류된 것은 B이므로 해달류 및 북극곰이 이에 해당한다. 마지막으로 A와 C 중 자료부족종으로 분류된 종이 없는 것은 C이므로 해우류가 이에 해당하게 되며 남은 A는 기각류임을 알 수 있다.

38

정답 ②

정답해설

ⅰ) 을의 첫 번째 대답에 따르면 세종을 제외한 3개 지자체에서 전일보다 자가격리자가 늘어났는데 그러기 위해서는 신규 인원이 해제 인원보다 많아야 한다. 표에서 B를 제외한 A, C, D는 신규 인원이 해제 인원보다 많으므로 B가 세종이다.

ⅱ) 을의 두 번째 대답에 따르면 대전, 세종, 충북의 모니터링 요원 대비 자가격리자 비율이 1.8 이상이다. B인 세종을 제외한 A, C, D의 모니터링 요원 대비 자가격리자 비율은 다음과 같다.

A : $(9,778+7,796)\div 10,142 \fallingdotseq 1.73$

B : $(1,147+141)\div 196 \fallingdotseq 6.57$

C : $(9,263+7,626)\div 8,898 \fallingdotseq 1.90$

따라서 A는 충남, C 또는 D가 대전 또는 충북이다.

ⅲ) 갑의 마지막 말에 따르면 대전이 4개 지자체 가운데 자가격리자 중 외국인이 차지하는 비중이 가장 높다. C와 D의 자가격리자 중 외국인이 차지하는 비중을 구하면 다음과 같다.

C : $141\div(1,147+141)\times 100 \fallingdotseq 10.95\%$

D : $7,626\div(9,263+7,626)\times 100 \fallingdotseq 45.15\%$

따라서 D가 대전, C가 충북이다.

39

정답 ④

정답해설

마지막 조건을 먼저 살펴보기 위해 그림 1과 그림 2를 통해 압류건수가 큰 값부터 나열해보면, 부동산 압류건수는 C–A–B–서–D–동이며, 자동차 압류건수는 C–B–서–A–D–동임을 확인할 수 있다. 따라서 이를 통해 C와 D가 각각 중부청 혹은 남부청임을 알 수 있으며 이를 두 번째 조건과 결합하면 C가 중부청, D가 남부청임을 알 수 있다. 일단, 여기까지 풀이하면 정답은 찾을 수 있으나 계속 진행해보자. 첫 번째 조건을 살펴보면 자동차 압류건수의 경우 중부청(C)이 남동청보다 2배 이상 많다고 하였으므로 남은 A와 B 중 A가 남동청임을 알 수 있으며 남은 B는 북부청으로 확정된다.

40

정답 ④

정답해설

먼저, '대부분의 토지를 소수집단인 지주가 차지하였으며'라는 부분을 통해 구성비가 가장 낮은 B가 '지주'임을 알 수 있으며, '기한부계약의 소작농으로 전락하는 사례가 증가하였다.'는 부분을 통해 비율이 지속적으로 증가하고 있는 D가 '소작농'임을 알 수 있다.

다음으로, '자작 농업만으로는 생계유지가 곤란하여 자 · 소작을 겸하는 경우가 더 많았다.'는 부분을 통해 A가 '자작농', C가 '자 · 소작 겸작농'이라는 것을 알 수 있다.

41

정답 ①

정답해설

i) 첫 번째 조건에서 전체 석유증가 규모가 동일한 국가는 B와 C이므로 이들이 인도와 중동임을 알 수 있다. 따라서 선택지 ③, ④, ⑤가 제외되며, 나머지 조건을 통해서는 인도 혹은 중동을 확정지을 수 있는 것만 찾아보면 된다.

ii) 마지막 조건에서 교통부문의 증가규모가 전체 증가규모의 50%인 지역이 중동이라고 하였으며 이를 통해 C가 중동이라는 것을 알 수 있다. 따라서 답은 여기서 확정지을 수 있다.

iii) 그래프상에서 양의 방향으로 가장 긴 길이를 가지고 있는 것이 A이므로 두 번째 조건을 통해 A가 중국임을 알 수 있다.

iv) 세 번째 조건을 통해 전력생산부문의 석유수요 규모가 감소하는 지역은 D뿐이므로 D가 남미임을 확인할 수 있다.

42

정답 ②

정답해설

i) 그림 1에서 2006년 대비 2010년 특허출원 건수 증가율이 가장 높은 것은 210천 건에서 391천 건으로 증가한 C임을 알 수 있으며, 따라서 C는 중국이다.

ii) 선택지에서 C가 중국인 것은 ①과 ②뿐이므로 A와 D가 어느 나라인지를 판단하도록 하자.

iii) 세 번째 조건에서 2007년 이후 한국의 상표출원 건수가 매년 감소하였다고 하였는데, 그림 2에서 이에 해당하는 것은 D 하나뿐이므로 정답은 ②로 확정할 수 있다.

iv) 이제 나머지 조건들을 확인해보면 먼저 두 번째 조건에서 2007년 대비 2010년 특허출원 건수가 가장 큰 폭으로 감소한 국가는 일본이라고 하였는데 그림 1에서 B는 2007년 396천 건에서 2010년 344천 건으로 약 50천 건 감소하였으며 이는 감소한 다른 국가(D국)의 감소폭에 비해 훨씬 크다. 따라서 B가 일본임을 확인할 수 있다.

v) 마지막으로 2010년 상표출원 건수는 미국이 일본보다 10만 건 이상 많다고 하였는데, 이는 그림 2에서 A와 B의 차이가 255천 건임을 통해 확인할 수 있다.

합격 가이드

세 번째 조건은 그래프를 꼼꼼하게 확인하지 않았다면 틀리기 쉬우며 심지어 답이 없는 것으로 나타나 불필요한 시간낭비를 초래할 수 있었다. 해당 국가의 출원 건수는 그래프 전체의 높이가 아닌 해당 부분에 쓰여져 있는 숫자로 확인해야 한다. 특히나 D가 최상단에 위치하고 있어 마치 2008년부터의 수치가 증가하는 듯한 느낌을 주고 있지만 실제 D의 수치는 감소하고 있음을 확인할 수 있다.

43

정답 ①

정답해설

i) 2014년 독일 대상 해외직구 반입 전체 금액의 2배 이상인 나라는 미국과 A이므로 A가 중국임을 알 수 있다.

ii) 2014년 영국과 호주 대상 EDI 수입 건수의 합이 뉴질랜드 대상 EDI 수입 건수(108,282건)의 2배보다 작은 나라는 C와 D뿐이다. 따라서 C와 D가 영국과 호주가 됨을 알 수 있다.

iii) 두 번째 조건에서 C와 D가 영국과 호주라고 하였으므로 이를 이용하면, C와 D 중 2014년 해외직구 반입 전체 금액이 2013년 해외직구 반입 전체 금액의 10배 미만인 것은 D이다. 따라서 D는 호주이며 C는 영국으로 결정된다.

iv) 남은 것은 B뿐이므로 B가 일본임을 알 수 있으나, 마지막 조건을 통해 이를 확인해보면 일본의 2013년 목록통관 금액은 2,755천 달러이고 B는 7,874천 달러이어서 B가 2배 이상이다. 따라서 B가 일본임을 확정할 수 있다.

44

정답 ④

정답해설

그림 1과 그림 2, 주어진 공식을 이용하여 각국의 청년층 정부신뢰율을 구하면 A : 7.6%, B : 49.1%, C : 57.1%, D : 80%이다. 여기서 먼저 첫 번째 조건을 검토해보면 두 국가 간의 수치가 10배 이상이 될 수 있는 경우는 그리스와 스위스이므로 A는 그리스, D는 스위스임을 알 수 있다. 다음으로 마지막 조건을 확인해보면 D보다 30%p 이상 낮은 것은 B밖에 없으므로 B가 미국이 되며, 남은 C는 자동적으로 영국임을 알 수 있다. 이때 두 번째 조건은 문제 풀이과정에서 직접 적용되지 않았지만 영국이 C에 해당하는지를 검토할 수는 있다.

합격 가이드

매칭형 문제는 주어진 조건을 순서대로 살펴보는 것보다 위 해설처럼 순서를 바꿔가며 풀이하는 것이 효율적인 경우가 대부분이다. 특히 하나의 조건만을 언급하고 있다거나 이 문제와 같이 특정 수치가 주어지는 조건은 대개 후반부에 주어지는 편이다.

45

정답 ①

정답해설

i) 첫 번째 조건과 표를 통해 2015년 독신 가구와 다자녀 가구의 실질세부담률 차이가 덴마크보다 큰 국가는 A, C, D이므로 이들이 캐나다, 벨기에, 포르투갈임을 알 수 있다.

ii) 두 번째 조건과 표를 통해 2015년 독신 가구 실질세부담률이 전년 대비 감소한 국가는 A, B, E이므로 이들이 벨기에, 그리스, 스페인임을 알 수 있다. 따라서 위의 i)과 연결하면 A가 벨기에임을 확정할 수 있다.

iii) 위 ii)에서 B와 E가 그리스와 스페인이라고 하였고 이를 세 번째 조건과 결합하면 B가 그리스이고, E가 스페인임을 확정할 수 있다.

iv) 위 i)과 ii)를 통해 C와 D가 캐나다와 포르투갈임을 알 수 있는데, 이를 네 번째 조건과 결합하면 C가 포르투갈이 되며, 따라서 남은 D는 캐나다가 됨을 알 수 있다.

합격 가이드

매칭형 문제를 해결하기 위해서 가장 먼저 할 일은 주어진 조건을 적절히 조합하여 최대한 빨리 확정되는 변수를 찾아야 한다는 것이다. 평이한 수준이라면 조건 한 개 혹은 두 개를 결합하면 확정되는 변수가 나오기 마련이지만, 난도가 올라간다면 조건들로는 변수가 확정되지 않고 경우의 수를 나누어야 하는 경우를 출제하게 된다. 후자의 경우라면 시간 내에 풀이하기에 버거운 수준이 될 것이므로 일단 패스하는 것이 옳다.

05 자료의 계산

46

정답 ③

정답해설

2020년의 전체 단속건수 정도는 직접 계산하는 것이 빠르므로 구해보면 약 6,000건으로 가장 많다.

오답해설

① 2017년의 '승차거부' 건수는 약 1,500건이고, 2018년의 '방범등 소등위반' 건수는 약 900건이다. 따라서 2017년의 단속건수 상위 2개 유형은 '승차거부'와 '정류소 정차 질서문란'이고, 2018년은 '승차거부'와 '방범등 소등위반'이므로 둘은 다르다.

② 2017년의 비율은 $\frac{1,500}{125}$이고, 2020년은 $\frac{717}{51}$인데, 분자는 전자가 2배에서 약간 더 큰 반면, 분모는 2.5배 정도 크다. 따라서 2020년의 '승차거부' 단속건수 비율이 가장 크다.

④ 2021년의 전체 단속건수는 약 3,200건이고, 2022년의 '방범등 소등위반' 건수는 약 1,200건이다. 따라서 2021년의 비중은 $\frac{1,214}{3,200}$이고, 2022년은 $\frac{1,200}{2,067}$이므로 직접 계산하지 않더라도 2022년의 값이 더 크다.

⑤ 2017년의 '승차거부' 단속건수는 약 1,500건이고, 2022년 '방범등 소등위반' 단속건수는 약 1,200건이므로 전자가 더 크다.

47

정답 ②

정답해설

ㄱ. 2016년의 비중은 $\frac{96}{322}$, 2018년은 $\frac{90}{258}$인데 분자의 경우 2016년이 2018년에 비해 10%에 미치지 못하게 크지만, 분모는 10%를 훨씬 넘게 크다. 따라서 2018년의 비중이 더 높다.

ㄷ. 2017년과 2018년은 전년에 비해 접수 건수가 감소하였으니 제외하고 2019년과 2020년을 비교해보자. 2019년의 전년 대비 증가율은 $\frac{36}{168}$이고, 2020년은 $\frac{48}{204}$인데, 2020년의 분자는 $\frac{1}{3}$만큼 2019년에 비해 크지만 2020년의 분모는 $\frac{1}{3}$보다 작게 크다. 따라서 증가율은 2020년이 더 크다.

오답해설

ㄴ. 2018년의 전년 이월 건수가 90건이고 2019년이 71건이므로 2018년이 답이 될 것으로 착각하기 쉬우나 마지막 2020년의 차년도 이월 건수가 131건임을 놓쳐서는 안된다.

ㄹ. 재결 건수가 가장 적은 연도는 2019년인데 해당 연도 접수 건수가 가장 적은 것은 2018년이다.

48

정답 ④

정답해설

각급 학교의 수는 교장의 수와 같으므로 $\frac{\text{여성 교장 수}}{\text{비율}}$를 구하면 전체 학교의 수를 구할 수 있다. 그런데 중학교의 비율을 2로 나누면 나머지 학교들과 같은 3.8이 되므로 모두 분모가 같게 만들 수 있다. 분모가 같다면 굳이 분수식을 계산할 필요 없이 분자의 수치만으로 판단하면 되는데, 이에 따르면 초등학교는 222, 중학교는 90.5, 고등학교는 66이 되어 중학교와 고등학교의 합보다 초등학교가 더 크게 된다.

오답해설

① 제시된 표는 5년마다 조사한 자료이므로 매년 증가했는지 여부는 알 수 없다.
② 각 학교의 교장은 1명이므로 교장 수를 구하면 곧바로 학교의 수를 알 수 있다. 2020년의 여성 교장 수 비율이 40.3%이므로 전체 교장 수는 대략 6,000명으로 판단할 수 있는데, 6,000명의 1.8%는 108명에 불과하므로 1980년의 여성 교장 수에 미치지 못한다. 따라서 1980년의 전체 교장 수는 6,000명보다는 클 것이다.
③ 두 해 모두 여성 교장의 비율이 같은 반면 여성 교장 수는 1990년이 더 많으므로 전체 교장 수도 1990년이 더 많다. 그런데 여성 교장의 비율이 같다면 남성 교장의 비율도 같을 것이므로 이 비율에 더 많은 전체 교장의 수가 곱해진 1990년의 남성 교장 수가 더 많을 것이다.
⑤ 2000년의 초등학교 여성 교장 수는 490명이고 이의 5배는 2,450인데 이는 2020년에 비해 크다. 따라서 5배에 미치지 못한다.

49

정답 ②

정답해설

ㄱ. 각주의 식에 의하면 업종별 업체 수는 도입률에 업종별 스마트시스템 도입 업체 수를 곱해서 구할 수 있다. 그런데 그림 1에서 자동차부품보다 업체 수가 많은 업종들의 업체 수는 자동차부품에 비해 2배를 넘지 않는 반면, 이들의 도입률은 모두 절반에 미치지 못한다. 또한 자동차부품보다 업체 수가 적은 업종들은 모두 업체 수도 적고 도입률도 작다. 따라서 이 둘을 곱한 수치가 가장 큰 것은 자동차부품이다.
ㄷ. 도입률과 고도화율을 곱한 값을 비교하면 되는데, 외견상 확연히 1, 2위가 될 것으로 보이는 항공기부품과 자동차부품을 비교해보면 항공기부품은 28.4×37.0, 자동차부품은 27.1×35.1이므로 곱해지는 모든 값이 더 큰 항공기부품이 더 크다.

오답해설

ㄴ. 고도화율이 가장 높은 업종이 항공기부품인 것은 그래프에서 바로 확인 가능하다. 다음으로 스마트시스템 고도화 업체 수는 각주의 산식을 통해 '도입률×고도화율×업종별 업체 수'임을 알 수 있는데, 자동차부품의 경우 '도입률×고도화율'은 항공기부품과 비슷한 데 반해 업종별 업체 수는 7배 이상 크다. 따라서 항공기부품의 스마트시스템 고도화 업체 수가 가장 많은 것은 아니다.
ㄹ. 도입률이 가장 낮은 업종은 식품바이오인데, 고도화율이 가장 낮은 업종은 금형주조도금이므로 서로 다르다.

50

정답 ④

정답해설

ㄱ. 여성 건국훈장 포상 인원은 매년 증가하고 있다.
ㄷ. 2015년 남성 애국장 포상 인원은 130명, 남성 애족장 포상 인원은 191명이므로 둘의 차이는 61명이다. 다음으로 차이가 많이 나는 해인 2017년 남성 애국장과 애족장 포상 인원의 차이는 100−43=57명으로 제시된 연도 중에서 2015년이 가장 차이가 크다.
ㄹ. 건국포장 포상 인원 중 여성 비율이 가장 낮은 해는 $\frac{1}{43}\times100\fallingdotseq2.3\%$인 2017년이다. 대통령표창 포상 인원 중 여성 비율이 가장 낮은 해도 마찬가지로 $\frac{2}{74}\times100\fallingdotseq2.7\%$로 2017년이다.

오답해설

ㄴ. 2018년 건국훈장 포상 인원은 150명으로 전체 포상 인원인 355명의 절반 미만이다.

51

정답 ①

정답해설

발전원은 원자력, 화력, 수력, 신재생 에너지로만 구성되므로 2015년 프랑스의 전체 발전량 중 원자력 발전량의 비중은 전체에서 각 발전원의 비중을 뺀 100−2.1−3.5−0.4−10.4−6.6=77%이다.

52

정답 ④

정답해설

ㄱ. 2021년 오리 생산액 전망치는 1,327×(1−0.0558)≒1,253십억 원이다. 따라서 1.2조 원 이상이다.
ㄷ. 축산업 중 전년 대비 생산액 변화율 전망치가 2022년보다 2023년이 낮은 세부항목은 우유와 오리로 2개이다.
ㄹ. 재배업과 축산업의 2020년 생산액 대비 2022년 생산액 전망치의 증감폭을 구하는 식은 다음과 같다.
  ⅰ) 재배업 : {30,270×(1+0.015)×(1−0.0042)}−30,270
  ⅱ) 축산업 : {19,782×(1−0.0034)×(1+0.0070)}−19,782
  정확한 값을 도출하지 않아도 재배업의 증감폭은 천억 단위, 축산업의 증감폭은 백억 단위임을 알 수 있으므로 재배업의 증감폭이 더 크다.

오답해설

ㄴ. 2021년 돼지와 농업 생산액 전망치는 다음과 같다.
  ⅰ) 돼지 : 7,119×(1−0.0391)≒6,841십억 원
  ⅱ) 농업 : 50,052×(1+0.0077)≒50,437십억 원
  농업 생산액 전망치의 15%는 약 7,566십억 원이므로 돼지 생산액 전망치는 그 이하이다.

53

정답 ④

정답해설

ㄱ. 도입처가 서울대공원인 경우의 자연적응률은 $\frac{5}{7}\left(=\frac{30}{42}\right)$이며 자연출산인 경우는 $\frac{39}{46}$인데, 이를 분수비교하기 위해 전자의 분자와 분모에 6을 곱해보자. 이 경우 분자는 30에서 39로 30% 증가한 반면, 분모는 42에서 46으로 10%에도 미치지 못하게 증가하고 있다. 따라서 분자의 증가율이 더 크므로 자연출산인 경우의 자연적응률$\left(\frac{39}{46}\right)$이 더 크다.
ㄷ. 반달가슴곰의 폐사율은 자연출산이 $\frac{5}{46}$이고, 증식장출산이 $\frac{1}{8}$이므로 이 둘을 분수비교하면 된다. 먼저 증식장출산의 폐사율의 분모와 분자에 5를 곱하면 $\frac{5}{40}$가 되는데 이를 $\frac{5}{46}$와 비교하면 분자는 같고 분모는 작으므로 자연출산의 폐사율이 증식장출산보다 낮다.
ㄹ. 도입처가 러시아인 반달가슴곰 중 폐사한 것은 9개체인데, 폐사원인이 자연사가 아닌 것은 총 7개체이므로 적어도 2개체는 자연사로 인해 폐사했다.

오답해설

ㄴ. 자연출산 반달가슴곰의 생존율을 구하면 $\frac{41}{46}$인데, 분모인 46의 10%는 4.6이어서 이 분수값이 90% 이상이 되기 위해서는 생존율이 $\frac{41.4}{46}$보다 커야 한다.

54

정답 ⑤

정답해설

ㄷ. 결국 2019년 케이블PP의 광고매출액을 구해야 하는 문제이다. 케이블PP를 제외한 나머지 매체들의 광고매출액을 더하면 16,033억 원이며 이를 이용해 케이블PP의 광고매출액을 구하면 15,008억 원이다. 따라서 케이블PP의 광고매출액은 매년 감소하고 있다.

ㄹ. 매체별 증감률을 직접 계산할 필요 없이 모바일은 거의 2배 가까이 증가한 반면, 나머지는 이에 한참 미치지 못하고 있다.

오답해설

ㄱ. 바로 증가율을 계산하기보다 일단 눈어림으로 판단이 가능한지부터 확인해보자. 2017년의 경우는 전년에 비해 약 8,000억 원 증가하였고, 2018년부터 2019년은 약 9,000억 원 증가하였는데, 2017년은 좀 헷갈릴 수 있겠지만 2018년과 2019년은 계산해보지 않아도 30%를 곱한 수치가 9,000억 원보다 크다.

ㄴ. 전형적인 분수비교형 선택지이다. 계산의 편의를 위해 앞의 2자리만 떼어내어 판단해보면, 2017년 방송 매체 중 지상파TV 광고매출액이 차지하는 비중은 $\frac{14}{35}$이며, 온라인 매체 중 인터넷(PC) 광고매출액이 차지하는 비중은 $\frac{20}{57}$이다. 이를 비교해보면, 방송 매체 중 지상파TV 광고매출액의 비중이 더 크다.

55

정답 ③

정답해설

지정 취소 전 전체 멸종위기종 중 '조류'의 비율은 $\frac{63}{264}$인데, 각 분류에서 5종씩 지정을 취소한다면 분모는 35만큼, 분자는 5만큼 감소하게 된다. 이에 따르면, 분모는 10% 이상의 감소율을 보이게 되지만 분자는 10%에 미치지 못하게 감소하므로 전체 분수값은 커지게 된다.

오답해설

① 멸종위기종으로 '포유류'만 10종을 추가로 지정한다면, 전체 멸종위기종은 274종, 포유류는 30종으로 증가한다. 그런데 274의 10%는 27.4여서 30보다 작으므로 멸종위기종 중 '포유류'의 비율은 10% 이상이다.

② 멸종위기종 중 멸종위기 Ⅰ급의 비율을 구하면 '무척추동물'과 '식물' 모두 $\frac{1}{8}$로 동일하다.

④ 먼저 '조류' 중에서 멸종위기 Ⅱ급의 비율은 $\frac{49}{63}$이고, '양서 · 파충류'의 비율은 $\frac{6}{8}\left(=\frac{3}{4}\right)$인데, '조류'와 비교하기 위해 이의 분모와 분자에 15를 곱한 $\frac{45}{60}$와 비교해보자. 분모의 경우는 60에서 63로 3만큼 증가한 상태이며, 분자는 45에서 49로 4만큼 증가한 상태이다. 그런데 분자의 경우 분모보다 더 적은 수에서 더 많이 증가하였으므로 증가율은 분모보다 크며, 이는 결국 $\frac{49}{63}$가 $\frac{45}{60}$보다 더 크다는 것을 의미한다.

⑤ 이 선택지는 각각의 비율을 직접 계산하는 것이 아니라, 분류별로 멸종위기 Ⅰ급의 수와 Ⅱ급의 수 중 어느 것이 더 큰가를 판단하는 것이다. 표에 따르면 포유류를 제외한 모든 분류에서 멸종위기 Ⅱ급의 수가 더 크다.

56

정답 ①

정답해설

ㄱ. 1970년 한국의 총수입액은 869백만 달러이고 일본으로부터의 수입액은 647백만 달러이므로 한국의 대일 수입의존도는 50%를 넘는 것을 확인할 수 있다.

ㄴ. 1970년 한국의 대일 수출액은 108백만 달러이고, 1980년은 2,191백만 달러이므로 후자는 전자의 10배를 넘는다.

오답해설

ㄷ. 한국의 대미 무역수지는 1970년이 '375백만 − 201백만', 1980년이 '4,477백만 − 1,922백만'으로 계산할 수 있으므로 모두 흑자이다.

ㄹ. 1980년의 한국의 대일 무역수지 적자는 2,677백만 달러(= 2,191백만 − 4,868백만)이므로 약 26.8억 달러임을 알 수 있다.

57

정답 ①

정답해설

ㄱ. 분모가 되는 직원 수는 국민은행이 한국씨티은행보다 6배 많으나 분자가 되는 총자산은 약 3배 많다. 따라서 직원 1인당 총자산은 한국씨티은행이 국민은행보다 더 많다.

ㄴ. 총자산순이익률은 그림에서 원점과 해당 은행의 중심좌표를 연결한 직선의 기울기와 같다. 따라서 총자산순이익률이 가장 낮은 은행은 하나은행이고, 가장 높은 은행은 외환은행이다.

오답해설

ㄷ. 분모가 되는 직원 수는 신한은행이 외환은행보다 조금 더 많고 분자가 되는 당기순이익은 외환은행이 신한은행보다 더 많다. 따라서 직원 1인당 당기순이익은 외환은행이 신한은행보다 더 많다.

ㄹ. 원의 중심 좌표가 가장 위쪽에 위치한 것이 우리은행이고, 가장 아래에 위치한 것이 하나은행이므로 옳지 않다.

합격 가이드

쉽게 접근 가능하면서도 그만큼 출제의 소재거리가 많은 유형이 이와 같은 물방울형 그래프이다. 단순히 원점과 연결한 직선의 기울기를 응용하는 데에 그치지 않고 원의 크기와 결합시켜 사고의 과정을 얼마든지 복잡하게 만들 수 있다. 하지만 기본은 결국 분수식이다. '분모가 크고 분자가 작은 분수의 분수값이 더 작다.'라는 기본원리에 충실하자.

58

정답 ②

정답해설

2010년의 20대 여성취업자는 1,946천 명이며 2011년은 1,918천 명이므로 28천 명 감소했음을 알 수 있다. 그런데 2010년의 수치인 1,946천 명의 1%가 19.46천 명이고, 3%는 거의 60천 명에 육박하여 28천 명을 뛰어넘는다.

오답해설

① 표에 의하면 20대 여성취업자는 2004~2011년의 기간 동안 매년 감소하고 있음을 알 수 있다.
③ 2011년의 경우 50대 여성취업자는 2,051천 명으로 20대 1,918천 명보다 더 많은 반면 다른 해의 경우는 모두 20대가 더 많다. 따라서 옳은 내용이다.
④ 2010년 전체 여성취업자의 전년 대비 증가폭은 100천 명을 넉넉하게 넘고 있으나 나머지 연도는 그렇지 않으므로 옳은 내용이다.
⑤ 분모가 되는 전체 여성취업자의 경우 2011년이 2005년에 비해 10%도 못 되게 증가하였으나 분자가 되는 50대 여성취업자의 수는 40% 이상 증가하였으므로 전체 비율은 증가하였다는 것을 알 수 있다.

합격 가이드

선택지 ②와 같이 1%, 10%로 떨어지지 않는 수치는 일단 넘기는 것이 관례이지만 막상 풀이해보면 거의 시간소모가 없었음을 알 수 있다. 여기서 알아두어야 할 것은 계산을 해야 하는 선택지라고 해서 무조건 스킵할 것이 아니라 계산문제 중에서 스킵할 것과 바로 공략해야 할 것을 골라내는 눈이 필요하다는 것이다. 시간이 허락한다면 기출문제에서 계산으로만 해결 가능한 선택지를 한 곳에 모은 후에 일종의 관상을 한번 살펴보기 바란다. 자기 나름대로의 선별기준을 세울 수 있을 것이다.

59

정답 ④

정답해설

양자를 구체적으로 계산해보지 않더라도 배구의 관중 수는 1,400천 명을(구체적으로 계산하면 1,472천 명) 넘는 데 반해 핸드볼은 그에는 한참 미치지 못하며 1,100천 명을(구체적으로 계산하면 1,207천 명) 넘는 수준이다. 따라서 2009년 연간 관중 수는 배구가 핸드볼보다 많다.

오답해설

① 직접 계산해보면 축구의 연간 관중 수는 2008년에는 11,644천 명, 2009년에는 10,980천 명, 2010년에는 10,864천 명으로 감소하고 있음을 알 수 있다.
② 2011년의 경우 야구(65.7%)의 관중수용률이 농구(59.5%)보다 높으므로 옳지 않다.
③ 관중수용률이 매년 증가한 종목은 야구와 축구 2개이므로 옳지 않다.
⑤ 2007년을 보더라도 농구의 수용규모는 전년보다 증가하고 있는 반면, 핸드볼의 수용규모는 전년보다 감소하고 있음을 알 수 있으므로 옳지 않다.

합격 가이드

①은 수험생 입장에서는 가장 만나고 싶지 않은 선택지이다. 어림산을 하더라도 차이가 크지 않은 상황이기 때문에 이런 경우는 단순하게 계산하는 것이 오히려 더 시간소모가 적다. 따라서 이렇게 비슷한 크기의 숫자들이 등장하면 어설픈 어림산을 하기보다는 직접 계산하기 바란다. 이 정도의 차이라면 어림산을 하는 데 필요한 시간이 직접 계산하는 데 걸리는 시간보다 더 많을 수 있다.

60

정답 ②

정답해설

2015년 전체 에너지 효율화 시장규모의 30%는 23.55억 달러인데 '사무시설'의 2015년 시설규모는 21.7억 달러로 예상되므로 옳다.

오답해설

① 2011년 대비 2012년의 '주거시설' 유형의 에너지 효율화 시장규모의 증가폭은 0.8억 달러인데, 2011년 시장규모의 15%는 0.96억 달러이어서 전자보다 크다. 따라서 매년 15% 이상 증가한 것은 아니므로 옳지 않다.
③ 표에서 나타난 것은 2015년과 2020년의 효율화 시장규모의 예상치일 뿐이므로 이 사이의 연도에 대한 자료는 알 수 없다. 따라서 매년 30% 증가할지의 여부는 알 수 없다.
④ 2011년 전체 에너지 효율화 시장규모는 46억 달러이며 이의 50%는 23억 달러인데 반해, '산업시설' 유형의 에너지 효율화 시장규모는 23.9억 달러이므로 이보다 크다.
⑤ '공공시설'의 2010년 시장규모가 2.5억 달러이고 2020년 시장규모가 10억 달러로 예상되고 있으므로 '공공시설' 시장규모의 증가율은 300%, 즉 4배이다. 그러나 나머지 3개의 시설은 4배에 미치지 못하는 시장규모를 보이고 있다. 따라서 증가율이 가장 높을 것으로 전망되는 시설유형은 '공공시설'이다.

합격 가이드

선택지 ①의 경우와 같이 15%값을 판단해야 하는 경우에는 직접 15%를 곱해서 계산하기보다는 자릿수를 한 자리 줄인 10%값에 그의 절반인 5%를 더해서 계산하는 것이 효율적이다. 또한 대부분의 경우 정확한 수치를 요구하는 것이 아니라 어떤 수치와 비교한 대소관계를 묻는 경우가 대부분이므로 5%값은 대략적인 어림값으로만 계산해도 충분하다.

61

정답 ③

정답해설

월별 증가율을 직접 계산할 필요 없이 배수를 어림해보면 3월의 경우 2월에 비해 2배 이상 증가한 상태이지만 다른 월은 모두 2배 이하로 증가한 상태이다.

오답해설

① 1월의 학교폭력 신고 건수를 직접 계산할 필요 없이 그림 2의 비율 자체를 비교하면 학부모의 비율은 55%인데 반해 학생 본인은 28%로, 학부모의 절반을 넘는다. 따라서 학부모의 신고 건수는 학생 본인의 신고 건수의 2배 미만이다.
② 그림 2에 의하면 학부모의 신고 비율은 매월 감소하고 있으나, 그림 1의 전체 건수는 매월 증가하고 있다. 그런데 3월의 경우 전체 신고 건수는 2배 이상 증가한 반면, 동월 학부모의 신고 비율은 약 10% 정도의 감소율만을 보였다. 따라서 이 둘을 서로 곱한 학부모의 신고 건수는 증가하였음을 알 수 있다.
④ 1월의 학생 본인의 학교폭력 신고 건수는 600건×28%, 4월은 3,600건×59%인데, 1월이 4월의 10% 이상이라고 하였으므로 (600건×28%)>(360건×59%)가 성립하는지를 파악하면 된다. 이를 곱셈비교의 원리를 이용해 살펴보면, 59는 28의 2배를 넘는 데 반해 600은 360의 2배에 미치지 못하고 있다. 따라서 우변이 더 크므로 옳지 않다.
⑤ 그림 1의 자료는 신고된 학교폭력 건수를 보여주고 있을 뿐이지 학교폭력 건수 자체를 나타내는 것이 아니므로 옳지 않다.

합격 가이드

과거에는 선택지 ②와 같은 유형은 무조건 틀린 선택지로 처리하곤 했으나, 최근에는 옳은 선택지로 출제되는 경우도 종종 있다. 시간이 매우 부족한 상황이라면 어쩔 수 없겠지만 그렇지 않은 상황이라면 간단한 어림산을 통해서라도 대소비교를 하는 것이 안전하다.

62

정답 ②

정답해설

어림해보면, 쌀의 증가율은 약 8%, 보리의 증가율은 약 7%인데 반해, 밀의 증가율은 30%를 넘는 상황이므로 옳지 않다.

오답해설

① 구체적인 수치를 계산할 필요 없이 쌀, 밀, 귀리를 비교해보면 감소폭은 비슷하지만 2011년 귀리의 재배면적이 가장 작은 상태이므로 감소율도 가장 클 것이라는 것을 알 수 있다.

③ 재배면적이 큰 농작물부터 나열할 때, 쌀, 밀, 귀리, 보리 순서인 해는 2010년과 2011년의 두 번뿐이므로 옳은 내용이다.

④ 구체적인 수치를 계산할 필요 없이 시각적으로 판단이 가능하다. 그림에 의하면 보리와 밀의 재배면적의 차이는 2011년에 가장 크고, 2009년에 가장 작으므로 옳은 내용이다.

⑤ 2011년과 2012년을 비교할 때, 보리의 재배면적은 증가하고 밀의 재배면적이 감소한 지역은 C, E, F의 3개이므로 옳은 내용이다.

63

정답 ⑤

정답해설

ㄷ. 제조업 생산액 대비 식품산업 생산액 비중을 a라 하고 GDP 대비 식품산업 생산액 비중을 b라 하면, GDP 대비 제조업 생산액 비중은 $\frac{b}{a}$로 나타낼 수 있다. 따라서 2007년의 비중은 $\frac{3.4}{13.89}$로, 2012년의 비중은 $\frac{3.42}{12.22}$로 표현할 수 있는데, 분자는 변화가 거의 없는 반면 분모는 2012년이 작으므로 2012년의 비중이 더 크다는 것을 알 수 있다.

ㄹ. 단위수가 중요한 역할을 하므로 ㄱ과 같이 백분율을 무시한 계산이 아닌 제대로 된 수치를 계산해야 한다. 즉, GDP는 $\frac{\text{식품산업 생산액}}{\text{비중}}\times100$으로 구할 수 있으므로 수치를 대입하면 $\frac{36,650}{3.57}\times100=1,000,000$ 이상이 된다. 그런데 주어진 생산액의 단위가 십억 원이므로 최종적인 수치는 1,000조 원 이상임을 알 수 있다.

오답해설

ㄱ. 백분율을 무시하고 제조업 생산액을 구하면 2001년은 $\frac{27,685}{17.98}$로, 2012년은 $\frac{43,478}{12.22}$로 나타낼 수 있다. 이는 직접 구하는 것보다 어림산으로 계산하는 것이 훨씬 효율적이다. 즉, 2001년의 생산액을 $\frac{28}{20}$(=1.4)로 2012년의 생산액을 $\frac{43}{12}$(≒3.6)으로 자릿수를 줄여 판단하면 후자는 전자의 4배에 미치지 못함을 알 수 있다.

ㄴ. 2009년과 2011년을 비교해보면, 2009년의 식품산업 매출액은 39,299십억 원에서 44,441억 원으로 증가하였고, 2011년은 38,791십억 원에서 44,448십억 원으로 증가하였다. 즉, 2011년이 2009년보다 더 적은 매출액에서 거의 비슷한 매출액으로 증가한 것이므로 매출액의 증가율은 2011년이 더 클 것이라는 것을 알 수 있다.

합격 가이드

선택지 ㄹ은 수치를 구하는 것이 중요한 것이 아니라 단위를 정확하게 판단할 수 있느냐를 묻는 것이다. 이런 선택지를 만나면 당황하는 수험생들이 있는데 전혀 그럴 필요가 없다. 분수식을 변환하여 계산하면 '생산액÷비중'이 대략 10,000 이상으로 계산되고 여기에 100을 곱하면 100만보다 약간 더 큰 숫자가 계산된다. 이 수치를 십억부터 시작하여 단위를 판별하면 된다. 단위는 계산을 모두 끝내놓고 판단하는 것이다.

64

정답 ⑤

정답해설

평가방법에 따라 각각의 묘목의 건강성 평가점수를 구하면 다음과 같다.

A	$(0.7\times30)+\left(\frac{15}{9}\times30\right)+(0\times40)=71$
B	$(0.7\times30)+\left(\frac{9}{12}\times30\right)+(1\times40)=83.5$
C	$(0.7\times30)+\left(\frac{17}{17}\times30\right)+(1\times40)=91$
D	$(0.9\times30)+\left(\frac{12}{18}\times30\right)+(0\times40)=47$
E	$(0.8\times30)+\left(\frac{10}{15}\times30\right)+(1\times40)=84$

따라서 평가점수가 두 번째로 높은 묘목은 E이고, 가장 낮은 묘목은 D이다.

합격 가이드

항목별로 직접 계산을 해야만 하는 유형이다. 이러한 문제는 다른 문제에 비해 시간소모가 많을 수밖에 없기에 후순위로 미루는 것이 좋고, 풀이를 하더라도 자료의 분석을 빠른 시간 내에 할 수 있어야 한다. 항목별 계산 시에는 공통된 수치가 있는 것들끼리 그룹을 지어 계산하는 것이 좋다. 이 문제의 경우는 A~C까지의 활착률이 0.7이며, A와 D가 감염, 나머지가 비감염이므로 A, D를 먼저 계산하고 나머지를 이후에 계산하면 좋을 것이다.

65

정답 ①

정답해설

ㄱ. 2012년에 비해 2013년 평균연봉 순위가 상승했다는 것은 그림에서 45°선의 아래에 위치한 기업임을 의미한다. 따라서 이를 세어보면 총 7개(B, C, G, H, I, K, N)이므로 옳은 내용이다.

ㄴ. 2012년 대비 2013년 평균연봉 순위 하락폭이 가장 큰 기업은 M기업(4위 → 13위)이며, 평균연봉 감소율(1－평균연봉비)가 가장 큰 기업도 M기업(0.21)이다.

오답해설

ㄷ. 2012년 대비 2013년 평균연봉 순위 상승폭이 가장 큰 기업은 45°선의 아래에 위치한 기업 중 45°선과의 수직거리가 가장 먼 기업을 의미한다. 따라서 이에 해당하는 기업을 찾으면 B기업임을 알 수 있다. 그런데 평균연봉 증가율이 가장 큰 기업은 N기업(1.33)이므로 둘은 일치하지 않는다.

ㄹ. 2012년에 비해 2013년 평균연봉이 감소했다는 것은 〈 〉 안의 평균연봉비의 수치가 1미만임을 의미하는데 이에 해당하는 기업은 A, J, M기업임을 확인할 수 있다. 그런데 A기업과 J기업은 2012년과 2013년의 평균연봉 순위가 동일하므로 옳지 않다.
ㅁ. 2012년 평균연봉 순위가 10위 이내인 기업 중 M기업은 2013년에 13위로 하락했다.

합격 가이드

격자형 그래프가 등장하면 45°선이 의미하는 것이 무엇인지를 먼저 파악해 보는 것이 필요하다. 거의 대부분 45°선을 기준으로 무언가를 판별하게끔 선택지가 구성됨을 유념하자.

66

정답 ①

정답해설

ㄱ. 대소비교만 하면 되므로 백분율값을 무시하고 각주에서 주어진 산식을 변형하면 '공급의무량=공급의무율(%)×발전량'으로 나타낼 수 있다. 그런데 2014년은 2013년에 비해 발전량과 공급의무율이 모두 증가하였으므로 계산하지 않고도 공급의무량 또한 증가하였음을 알 수 있다. 그리고 2013년은 2012년에 비해 공급의무율의 증가율이 50%에 육박하고 있어 발전량의 감소분을 상쇄하고도 남는다. 따라서 2013년 역시 2012년에 비해 공급의무량이 증가하였음을 알 수 있다.
ㄴ. 2014년의 인증서구입량은 2012년의 10배가 넘는데 반해, 자체공급량은 10배에는 미치지 못한다. 따라서 자체공급량의 증가율이 더 작다.

오답해설

ㄷ. 직접 계산해보면 둘의 차이는 2012년에 680(GWh), 2013년에 570(GWh), 2014년에 710(GWh)으로 2013년에 감소한다. 다만, 이 선택지는 실전에서 직접 계산하게끔 출제된 것이 아니라 시간소모를 유도하기 위해서 출제된 것이다. 과도한 계산이 요구되는 선택지는 일단 뒤로 미뤄놓고 정오판별을 하는 습관을 들이도록 하자.
ㄹ. 먼저 연도별 이행량은 2012년에 90(GWh), 2013년에 450(GWh), 2014년에 850(GWh)임을 구할 수 있다. 이를 통해 이행량에서 자체공급량이 차지하는 비중을 구하면 2012년에 $\frac{75}{90}\times100 \fallingdotseq 83\%$, 2013년에 $\frac{380}{450}\times100 \fallingdotseq 84\%$, 2014년에 $\frac{690}{850}\times100 \fallingdotseq 81\%$이므로 이행량에서 자체공급량이 차지하는 비중이 매년 감소하는 것은 아님을 알 수 있다.

합격 가이드

선택지 ㄹ의 경우 해설과 같이 직접 구하는 방법도 있지만 자체공급량을 A, 인증서구입량을 B로 놓고 문제에서 제시된 구조인 A/(A+B)를 변형하여 풀이하는 방법도 있다. A/(A+B)의 비중이 감소한다는 것은 이것의 역수인 (A+B)/A의 비중이 증가한다는 것을 의미한다. 여기서 (A+B)/A는 (1+B)/A로 약분 가능하고 1은 대소비교 시 영향이 없으므로 결국 선택지의 내용은 B/A가 증가하고 있느냐로 변환할 수 있다. 다만 주어진 표에서는 A가 위쪽에 B가 아래쪽에 있어 직관적인 판단이 어려우므로 이를 다시 'A/B가 감소하고 있는가'로 뒤집어서 판단할 수 있다. 결론적으로 A/(A+B)의 증가(감소)는 A/B의 증가(감소)와 방향이 동일하다. 이 결론은 매우 유용하게 사용되므로 확실하게 기억해두도록 하자.

67

정답 ⑤

정답해설

ㄷ. D지방법원의 출석률이 25% 이상이라면 소환인원인 191명의 $\frac{1}{4}$ 이상인 약 47명 이상이 출석했어야 하는데 실제는 그보다 더 많은 57명이 출석하였으므로 옳다.
ㄹ. 이 선택지는 약식으로 판단이 어려우므로 전체 소환인원을 직접 구하면 4,947명으로 계산된다. 따라서 $\frac{1,880}{4,947}$과 $\frac{35}{100}$를 비교하면 되는데 분수비교를 위해 $\frac{35}{100}$의 분모와 분자에 50을 곱하면 $\frac{1,750}{5,000}$이므로, $\frac{1,880}{4,947}$은 35% 이상임을 알 수 있다.

오답해설

ㄱ. 출석의무자의 수를 계산해보면 B지방법원(737명)이 A지방법원(774명)보다 적다.
ㄴ. E지방법원의 실질출석률을 계산하면 $\frac{115}{174}$이고, C지방법원의 실질출석률은 $\frac{189}{343}$이다. 그런데 분모는 C지방법원이 거의 2배가량 큰 반면, 분자의 증가율은 그에는 미치지 못한다. 따라서 C지방법원의 실질출석률이 더 낮다.

합격 가이드

시험에서는 선택지 ㄷ, ㄹ과 같이 특정한 %가 주어지고 ~이상(이하)을 묻는 경우가 상당히 많다. 가장 기본적인 방법으로는 위의 해설처럼 직접 계산하여 비율을 구하는 것이지만 시간을 조금이라도 더 절약하는 방법을 활용하는 것이 좋다. 예를 들어 선택지 ㄷ의 경우 25%를 묻는 것이라면 직접 계산을 해서 비율을 구할 것이 아니라 곧바로 4로 나누어 대소를 비교하는 것이 몇 초라도 시간을 절약하는 방법이다. 또 선택지 ㄹ과 같이 35%를 묻는 경우도 직접 계산하기보다는 주어진 수치와 $\frac{35}{100}$와의 대소비교를 이용하면 보다 간단히 정오를 판별할 수 있다.

68

정답 ②

정답해설

ㄱ. 부정적 키워드와 긍정적 키워드를 직접 비교하는 것보다는 긍정적 키워드의 건수가 전체 건수의 절반이 넘는지를 대략적으로 어림해보는 것이 효율적이다. 이에 따라 판단해보면 2001년, 2002년, 2007~2013년의 9개의 연도에서 긍정적 키워드의 건수가 부정적 키워드의 건수보다 더 많으므로 옳다.
ㄷ. 모든 연도를 계산해 볼 필요 없이 전체적으로 살펴보면 2002년의 경우 2001년에 비해 검색 건수가 2배 이상 증가했다는 것을 확인할 수 있는데 다른 연도의 경우 이처럼 큰 증가율을 보이고 있지 않다.

오답해설

ㄴ. '세대소통' 키워드의 검색 건수는 2013년에 전년에 비해 감소하였다. 따라서 2005년 이후 매년 증가하였다는 것은 옳지 않다.
ㄹ. 2002년 '세대소통'의 2001년 대비 검색 건수는 정확히 2배 증가하였는데, '세대갈등'의 경우는 2배에 미치지 못하고 있다. 따라서 전년 대비 검색 건수 증가율이 가장 낮은 것은 '세대소통'이 아니다.

합격 가이드

선택지 ㄱ은 절대로 처음 풀이 시에 건드려서는 안 된다. 물론 문제의 구성이 ㄱ과 같이 전체를 모두 판단해야 하는 선택지를 풀어야 하는 경우도 있지만 그렇다고 하더라도 이와 같은 과다한 시간이 소요되는 선택지는 일단 뒤로 미루는 것이 요령이다. 사후적으로 판단해보면 선택지 ㄴ의 정오만 판별하더라도 선택지 ①, ③, ⑤가 제외되며 결국 ㄹ의 정오 여부로 정답이 결정됨을 알 수 있다.

69

정답 ⑤

정답해설

ㄴ. 전체 저수지 수인 3,226개소의 80%는 2,580.8인데 저수 용량이 10만m^3 미만인 저수지 수는 2,668개소로 이보다 크다.

ㄷ. 관리기관이 농어촌공사인 저수지의 개소당 수혜면적은 $\frac{69,912}{996}$이며, 관리기관이 자치단체인 저수지의 개소당 수혜면적은 $\frac{29,371}{2,230}$로 나타낼 수 있는데, 이를 어림해서 구하면 전자는 약 70이고 후자는 약 13이다. 따라서 전자는 후자의 5배 이상이므로 옳다.

ㄹ. 전체 저수지 총 저수용량의 5%는 약 3,500만m^3인데 저수용량이 50만 이상 100만 미만인 저수지가 100개소라고 하였다. 따라서 이들의 저수용량은 최소 5,000만m^3이므로 전체 저수용량의 5%보다는 클 수밖에 없다.

오답해설

ㄱ. 관리기관이 자치단체인 저수지는 2,230개소이고 제방높이가 10m 미만인 저수지는 2,566개소이다. 만약 이 둘이 서로 겹치지 않는다면 이 둘의 합이 전체 저수지 수보다 작아야 한다. 하지만 둘의 합은 4,796개소로 전체 저수지 수인 3,226개소보다 크다. 따라서 적어도 1,570개소 이상은 관리기관이 자치단체이면서 제방높이가 10m 미만인 저수지이다.

합격 가이드

표 1은 저수용량이 천 단위로 주어진 반면 표 2는 일 단위로 주어져있는데 이럴 경우에는 일반적으로 천 단위로 주어진 부분을 일 단위로 표시해서 풀이하는 것이 헷갈림을 방지하는 길이다. 특히 대부분의 경우 천 단위로 주어진 부분에 일정한 비율을 곱하게끔 출제되는데 단위수 변환에 자신이 없는 경우에 이를 그대로 곱하면 그 과정에서 단위가 꼬일 가능성이 높다.

70

정답 ⑤

정답해설

1993년 미곡과 맥류 재배면적의 합은 2,000천 정보가 넘는 반면, 곡물 재배면적 전체의 70%는 약 1,900천 정보이므로 옳다.

오답해설

① 1932년의 경우 미곡 재배면적은 전년 대비 감소하였으나, 두류는 증가하였으므로 1931~1934년의 기간 동안 미곡과 두류의 전년 대비 증감방향이 일치하는 것은 아니다.

② 1932년부터는 서류의 생산량이 두류보다 더 많으므로 옳지 않다.

③ 1934년의 경우 잡곡의 재배면적이 서류의 2배에 미치지 못하므로 옳지 않다.

④ 재배면적당 생산량이 가장 크다는 것은 생산량당 재배면적이 가장 작다는 것을 의미한다. 직관적으로 보아도 서류의 분모가 분자의 대략 20배의 값을 지니므로 가장 작은 것을 알 수 있다.

합격 가이드

선택지 ④와 같이 '~당'을 판단해야 하는 선택지는 자료해석 문제의 단골메뉴이다. 여기서 한 가지 참고할 부분은 최대한 주어진 자료를 그대로 사용하는 것이 시간을 절약하는 방법이라는 것이다. 즉, 선택지에서는 '재배면적당 생산량'을 구하라고 되어 있더라도 이를 '생산량당 재배면적'으로 바꾸어 판단해도 무방하다는 것이다. 주어진 자료가 분수의 형태일 때 이를 굳이 분모와 분자를 뒤집어 판단할 경우 불필요한 시간이 소모되기 마련이다.

71

정답 ③

정답해설

㉡ 여름방학 때 봉사활동을 하고자 하는 학생의 50% 이상이 1학년인 것은 맞으나, 아르바이트를 하고자 하는 학생의 37.5%만이 1학년이다.

㉢ 1학년과 2학년은 각각 봉사-외국어 학습-음악 · 미술-기타-주식투자의 순서로 관심을 보였으나, 3학년은 외국어학습-봉사-음악 · 미술-주식투자-기타, 4학년은 외국어 학습-주식투자-음악 · 미술-봉사-기타의 순이므로 옳지 않다.

오답해설

㉠ 표 1에서 여름방학에 자격증 취득을 계획하고 있는 학생 수가 각 학년의 학생 수에서 차지하는 비율은 1학년(31.6%), 2학년(42.4%), 3학년(51.5%), 4학년(56.7%)으로 학년이 높을수록 증가하였다. 그리고 기타를 제외할 경우, 여름방학에 봉사활동을 계획하고 있는 학생 수가 각 학년의 학생 수에서 차지하는 비율은 1학년 8.8%, 2학년 2.9%, 3학년 4.6%, 4학년 4.0%로 모든 학년에서 가장 낮으므로 옳은 내용이다.

㉣ 주식투자 동아리에 관심 있는 학생 중 3학년이 차지하는 비중은 24%$\left(=\frac{12}{50}\right)$, 외국어학습 동아리에 관심 있는 학생 중 1학년이 차지하는 비중은 약 23.9%$\left(=\frac{72}{301}\right)$이므로 옳은 내용이다.

72

정답 ①

정답해설

ㄱ. 그림에 의하면 2007년 남성에게서 발생률이 가장 높은 암은 위암(70.4명)이고, 그 다음으로 폐암, 대장암, 간암의 순이며, 이들 네 개 암 발생률의 합은 217.4명이다. 이는 2007년 남성 암 발생률(346.2명)의 50% 이상이므로 옳다.

ㄷ. 2007년 여성의 갑상샘암 발생률은 73.5명으로 남성의 발생률 12.8명의 5배 이상이므로 옳다.

오답해설

ㄴ. 각각을 비교해보면 2007년 남성의 위암 70.4명, 폐암 52.1명, 간암 45.2명의 발생률은 여성의 위암 35.0명, 폐암 20.4명, 간암 15.4명의 두 배 이상이지만, 대장암은 남성 49.7명, 여성 33.9명으로 옳지 않다.

ㄹ. 제시된 자료는 2007년 새롭게 발생한 암 환자 수를 나타내는 것이다. 따라서 전체 여성 암 환자 중 갑상샘암 환자의 비율은 알 수 없다.

73

정답 ②

정답해설

ㄴ. 2006년의 이익수준의 전체 평균 대비 하위 평균의 비율은 약 36%$\left(=\frac{119}{329}\right)$인데, 이보다 분모가 크고 분자가 작은 2002~2004년을 제외하고 2005년은 약 33%$\left(=\frac{140}{420}\right)$, 2007년은 약 32%$\left(=\frac{123}{387}\right)$이므로 2006년이 가장 크다. 그리고 2006년은 전체 표준편차도 0.1056으로 가장 크므로 옳다.

ㄹ. 2003년부터 2007년까지 적자보고율과 이익수준 상위 평균의 전년 대비 증감 방향은 감소-증가-감소-증가-감소로 동일하므로 옳다.

오답해설

ㄱ. 각주에 의하면 적자로 보고한 기업 수는 '조사대상 기업 수×적자보고율'로 계산할 수 있다. 따라서 연도별로 이를 계산하면 2002년 88.4개, 2003년 81개, 2004년 98.6개, 2005년 93개, 2006년 95.4개, 2007년 96.9개이므로 최대는 2004년이고, 최소는 2003년이다.

ㄷ. 이익수준의 상위 평균이 가장 높은 해는 2004년(0.0818)이고, 전체 평균이 가장 높은 해는 2005년(0.0420)이므로 옳지 않다.

74

정답 ③

정답해설

ㄱ. 표의 성별 등록 장애인 수를 가중치(여성 1, 남성 1.4)로 삼아 가중평균을 구하면 약 3.4%$\left[=\frac{(0.5\times1)+(5.5\times1.4)}{2.4}\right]$이므로 옳다.

ㄹ. 등록 장애인 수가 가장 많은 장애등급은 6급이며 6급의 남성 장애인 수는 389,601명이고, 등록 장애인 수가 가장 적은 장애등급은 1급이며 1급의 남성 장애인 수는 124,623명이므로 전자는 후자의 3배 이상이다.

ㅁ. 성별 등록 장애인 수 차이가 가장 작은 장애등급은 4급이며, 가장 큰 장애등급은 6급이므로 4급과 6급의 여성 장애인 수의 합은 394,582명(=190,772+203,810)이다. 이는 여성 전체 등록 장애인 수의 40%(약 419,592명)보다 적으므로 옳다.

오답해설

ㄴ. 2009년 장애등급별 등록 장애인 수는 알 수 없으므로 옳지 않은 내용이다.

ㄷ. 장애등급 5급과 6급의 등록 장애인 수의 합은 1,120,056명이므로 전체 등록 장애인 수(2,517,312명)의 절반에 미치지 못한다.

75

정답 ②

정답해설

주어진 자료를 정리하면 다음과 같다.

(단위 : 만 원)

구분	가 (6,000)	나 (14,000)	다 (35,000)	라 (117,000)	마 (59,000)	총 지출	사전 지출	환급(-) /지급(+)
A	○	○	○	○	○	34,000	10,000	24,000
B	○	○	○	○	○	34,000	26,000	8,000
C	○	○	○	○	○	34,000	10,000	24,000
D	○	○	○	○	○	34,000	10,000	24,000
E	×	×	○	○	○	29,000	175,000	-146,000
F	×	×	×	○	○	22,000	0	22,000
G	×	×	×	○	○	22,000	0	22,000
H	×	×	×	○	○	22,000	0	22,000
부담 비용	1,500	3,500	7,000	14,625	7,375	-	-	-

따라서 B부서는 8,000만 원을 지급해야 하므로 옳지 않다.

오답해설

① G부서는 22,000만 원을 지급해야 하므로 옳다.

③ E부서는 146,000만 원을 환급받으므로 옳다.

④ A, C, D 부서는 24,000만 원씩 지급해야 하므로 옳다.

⑤ '다'행사의 총비용은 35,000만 원이고 참여하는 부서는 총 5개로, 이들은 7,000만 원씩 부담하므로 옳다.

76

정답 ④

정답해설

2010년 이후 부서별 직종별 인원수의 변동이 없다고 하였으므로, 2010년의 직종별 현원과 2011년의 직종별 현원은 같다. 따라서 2011년 현원 대비 일반직 비중을 계산해보면 A는 약 75%$\left(=\frac{35}{47}\right)$, B는 약 74%$\left(=\frac{25}{34}\right)$, C는 약 78%$\left(=\frac{14}{18}\right)$, D는 약 79%$\left(=\frac{23}{29}\right)$, E는 87.5%$\left(=\frac{14}{16}\right)$, F는 약 53%$\left(=\frac{38}{72}\right)$이므로 E의 비중이 가장 크다. E의 기본경비 예산은 24,284만 원으로 2011년 모든 부서 중 가장 적다.

오답해설

① 2011년 정원이 가장 많은 부서는 F(75명), 가장 적은 부서는 E(15명)인데 두 부서의 2011년 예산을 합하면 24,023,883만 원(=4,244,804만+19,779,079만)이므로 2011년 전체 예산의 약 24.7%이다.

② 2011년 부서별 인건비 예산을 모두 더하면 3,931,126만 원인데, 이는 전체 예산의 약 4%를 차지하므로 옳지 않다.

③ 2010년 현원 1인당 기본경비 예산을 계산하면, A는 약 6,588만 원$\left(=\frac{309,617}{47}\right)$, B는 약 1,027만 원$\left(=\frac{34,930}{34}\right)$, C는 약 1,767만 원$\left(=\frac{31,804}{18}\right)$, D는 약 829만 원$\left(=\frac{24,050}{29}\right)$, E는 약 1,437만 원$\left(=\frac{22,992}{16}\right)$, F는 12,027만 원$\left(=\frac{865,957}{72}\right)$이므로 가장 적은 부서는 D이다.

⑤ 2011년 사업비는 모든 부서에서 전년에 비해 증가하였고, D와 E가 2배 이상 증가하였고 A는 2배에 미치지 못하고 있다.

77

정답 ④

정답해설

㉠ 표 1에서 해수의 비율이 97% 이상이라는 것과 나머지가 모두 담수라는 것을 확인할 수 있으므로 옳다.

㉡ 표 1에서 담수가 차지하는 비율 2.532%의 3분의 2는 1.688%이므로 빙설(빙하, 만년설 등)이 차지하는 비율(1.731%)은 그 이상이다.

㉣ 표 3에서 독일의 1인당 물 사용량의 2.5배는 132ℓ×2.5=330ℓ이므로 한국이 독일의 2.5배 이상임을 알 수 있고, 프랑스의 1인당 물 사용량의 1.4배는 281ℓ×1.4=393.4ℓ이므로 한국이 프랑스의 1.4배 이상임을 알 수 있다.

오답해설

㉢ 표 2에서 세계 연평균 강수량의 1.4배는 1,232mm(=880mm×1.4)이므로 한국의 연평균 강수량(1,245mm)보다 작고, 세계 1인당 강수량 평균의 12%는 2,356m^3/년(=19,635m^3/년×12%)이므로 한국의 1인당 강수량(2,591m^3/년)보다 작다. 따라서 한국의 경우, 연평균 강수량은 세계평균의 1.4배 이상이지만, 1인당 강수량은 세계평균의 12% 미만이 아니므로 옳지 않다.

78

정답 ①

정답해설

ㄱ. 각주에 의하면 용적률은 대지면적 대비 연면적의 비율이고 A시 모든 건축물의 용적률은 최대 1,000%이다. 따라서 '다'의 대지면적을 Am^2라고 하면, $\frac{101,421}{A}\times100\leq1,000(\%)$로 나타낼 수 있으므로 $A\geq\frac{101,421}{10}$로 변환할 수 있다. 따라서 A는 10,142.1m^2보다 작기만 하면 되므로 10,000m^2보다 클 수도 있다.

ㄹ. 2010년 말 현재 사용중인 초고층 건축물은 '가'~'사'이며, 지상층의 평균 바닥면적은 연면적을 지상층수로 나눈 값이므로 건축물별로 이를 비교하면 된다. 그런데 '라'의 평균 바닥면적은 $\frac{385,944}{69}$인데 반해 '바'는 $\frac{419,027}{58}$이므로 후자가 더 크다.

오답해설

ㄴ. 1990년대에 착공한 초고층 건축물은 '다', '라', '마'인데 이들을 지상층수가 높은 순서와 연면적이 넓은 순서로 나열하면 모두 '라'-'마'-'다'의 순이므로 옳다.

ㄷ. 1980년대에 착공한 초고층 건축물은 '가'와 '나'인데 지상 층수가 낮은 '나'(54층)가 공사기간(6년 10개월)이 더 길다는 것을 확인할 수 있으므로 옳다.

ㅁ. 2000년 이후 착공한 초고층 건축물의 평균 지상 층수는 60.6층인데 반해, 그 전에 착공한 초고층 건축물의 평균 지상 층수는 60층이므로 전자가 더 크다.

79

정답 ③

정답해설

ㄷ. 2006년 생활폐기물의 매립률은 약 25.8%$\left(=\frac{12,601}{48,844}\right)$이고, 사업장폐기물의 매립률 역시 약 25.6%$\left(=\frac{24,646}{96,372}\right)$이므로 모두 25% 이상이다.

ㅁ. 2006년 생활폐기물과 사업장폐기물의 양은 각각 48,844톤, 96,372톤이며, 2007년은 각각 50,346톤, 110,399톤이므로 모두 전년 대비 증가하였다.

오답해설

ㄱ. 생활폐기물의 재활용량은 매년 증가하고 있으나, 사업장폐기물의 재활용량은 2005년에 감소하였다. 또 사업장폐기물의 매립량은 2001년, 2002년, 2007년에 증가하였으므로 옳지 않다.

ㄴ. 전체 처리량을 모두 더할 필요 없이 2005년의 경우 매립량의 감소분이 소각량과 재활용량의 증가분을 상쇄하고도 남는 상황이므로 전체 처리량은 감소했음을 알 수 있다.

ㄹ. 1998년 사업장폐기물의 재활용률은 약 30.8%$\left(=\frac{24,088}{78,182}\right)$이므로 40% 미만이나, 2007년 사업장폐기물의 재활용률은 약 56.5%$\left(=\frac{62,394}{110,399}\right)$이므로 60%에 미치지 못한다.

80

정답 ②

정답해설

ㄱ. 세계 인구 중 OECD 국가의 인구가 차지하는 비율은 16.7%이고, OECD 국가의 총 인구 중 미국 인구가 차지하는 비율이 25%라고 하였으므로 세계 인구에서 미국 인구가 차지하는 비율은 약 4%이다. 이를 이용하여 2010년 세계 인구를 구하면 약 7,500백만 명$\left(=\frac{300\text{백만 명}}{0.04}\right)$이므로 옳다.

ㄷ. 2010년 OECD 인구가 1,200백만 명이고, 터키의 인구는 74백만 명이라고 하였으므로 OECD 국가의 총 인구 중 터키 인구가 차지하는 비율은 약 6%이다.

오답해설

ㄴ. 2010년 기준 독일 인구가 매년 전년 대비 10% 증가한다면, 2011년 90.2백만 명, 2012년 99.22백만 명, 2013년 109.14백만 명이 되어 독일 인구가 최초로 1억 명 이상이 되는 해는 2013년이므로 옳지 않다.

ㄹ. 2010년 남아프리카공화국 인구를 x로 두면 16.7：12=0.7：x의 관계가 성립하므로 2010년 남아프리카공화국 인구는 약 50.3백만 명으로 계산된다. 그런데 이는 스페인 인구 45백만 명보다 많으므로 옳지 않다.

06 빈칸 채우기

81

정답 ④

정답해설

ㄴ. 산림청의 지원금액이 모두 '산림시설 복구'를 제외한 나머지에 쓰였다면 33,008+32,594의 값이 전체 국비 지원금액인 55,058보다 같거나 작아야 한다. 하지만 둘을 합한 값이 65,602이므로 이 값과 55,058과의 차이인 10,544만큼은 '산림시설 복구'에 쓰였음을 알 수 있다. 단위를 고려하면 10,544천만 원이므로 이는 1,000억 원을 넘는다.

ㄹ. '상 · 하수도 복구' 국비 지원금액은 10,930천만 원인데, 지방비 지원금액의 합은 눈으로 어림해도 이보다 크다.

오답해설

ㄱ. 계산의 편의를 위해 선택지를 "지방비 지원금액 대비 국비 지원금액 비율이 가장 낮은 지원항목은 '주택 복구'이다."로 변형해 판단해보자. 이에 따르면 '주택 복구'의 값은 3에 조금 미치지 못하는데, '생계안정 지원'의 값은 2에 불과하다.

ㄷ. 전체 국비 지원금액의 20%라면 대략 11,000천만 원이 되는데 이를 표 2의 빈칸에 넣으면 전체 합이 57,000을 넘게 되므로 옳지 않다.

82

정답 ①

정답해설

해설의 편의를 위해 선수명은 종합기록 순위로 나타낸다.

ㄱ. 5위의 수영기록을 계산해보면 약 1시간 20분 정도로 계산되므로 수영기록이 한 시간 이하인 선수는 1위, 2위, 6위이며, 이들의 T2기록은 모두 3분 미만이다.

ㄴ. 먼저 9위의 종합기록을 계산해보면 9:48:07이며, 이 선수까지 포함해서 판단해보면 6위, 7위, 10위 선수가 이에 해당한다.

오답해설

ㄷ. 6위 선수의 달리기기록이 3위 선수보다 빠르므로 대한민국 선수 3명이 1~3위를 모두 차지할 수는 없다. 8위 선수의 달리기 기록은 문제의 정오를 판단하는 데 영향을 주지 않으므로 계산하지 않는다.

ㄹ. 5위 선수를 제외하고 순위를 매겨보면 수영, T1 모두 4위를 기록하고 있다. 그런데 ㄱ에서 5위의 수영기록은 1시간 20분 정도라는 것을 이미 구해놓았으며, 이 선수의 수영과 T1의 합산 기록은 10위 선수에 한참 뒤쳐진다. 따라서 10위 선수의 수영과 합산기록 모두 4위로 동일하다.

83

정답 ⑤

정답해설

ㄱ. 2023년 인공지능반도체의 비중은 $\frac{325}{2,686}\times100 \fallingdotseq 12.1\%$이므로 매년 증가한다.

ㄴ. 2027년 시스템반도체 시장규모가 2021년보다 1,000억 달러 증가한 3,500억 달러라면 2027년 인공지능반도체의 비중은 33%를 초과해야 한다. 하지만 2027년 인공지능반도체의 비중은 31.3%에 불과하므로 시스템반도체 시장규모는 1,000억 달러 이상 증가했다.

ㄷ. 2025년 시스템반도체 시장규모는 $\frac{657}{0.199} \fallingdotseq 3,301.5$억 달러이다. 이를 바탕으로 2022년 대비 2025년 시스템반도체, 인공지능반도체 증가율을 구하면 다음과 같다.

i) 시스템반도체 증가율 : $\frac{(3,301.5-2,310)}{2,310}\times100 \fallingdotseq 42.92\%$

ii) 인공지능반도체 증가율 : $\frac{(657-185)}{185}\times100 \fallingdotseq 255.1\%$

따라서 인공지능반도체 증가율이 시스템반도체 증가율의 5배 이상이다.

84

정답 ⑤

정답해설

먼저 적중률로 제시된 표의 수치를 적중횟수로 변환하여 나타내면 다음과 같다(문제 풀이에 사용되지 않는 참가자 B에 대한 자료는 생략한다).

구분	1	2	3	4	5
A	1	( )	3	3	( )
C	( )	5	4	( )	5

먼저 A의 총 적중횟수를 살펴보면, 이미 1라운드에서 1발을 적중시킨 상황이므로 나머지 라운드들에서는 1발만 적중시킨 경우는 추가로 1회까지만 가능하다. 그러므로 비어있는 두 번의 라운드에서 1회는 1발만 적중시키고, 남은 하나의 라운드에서는 2발을 적중시켜 총 적중횟수가 10회가 되는 것이 A의 총 적중횟수가 최소로 되는 경우이다.

다음으로 C의 총 적중횟수를 살펴보면, 비어있는 두 번의 라운드에서 모두 5발을 적중시켜 총 적중횟수가 24회가 되는 것이 B의 총 적중횟수가 최대로 되는 경우이다.

따라서 둘의 차이는 14이다.

85

정답 ③

정답해설

제시된 표에는 괄호가 3개가 주어져 있다. 그중 간단한 계산만으로 채울 수 있는 '경종의 족내혼 후비 수'와 '충숙왕의 몽골출신 후비 수'를 먼저 채워 넣으면 각각 4명과 3명임을 알 수 있다.

태조부터 경종까지의 족내혼 후비 수의 합은 6명이며, 문종부터 희종까지의 족내혼 후비 수의 합은 8명이므로 옳지 않다.

오답해설

① 실제로 계산해보는 방법 이외에는 뾰족한 수가 없는 선택지이다. 계산해보면 전체 족외혼 후비 수는 92명이며 족내혼 후비 수는 28명이므로 전자가 후자의 3배 이상임을 알 수 있다.

② 위에서 계산한 것과 같이 몽골출신 후비 수가 가장 많은 왕은 충숙왕(3명)이다.

④ 태조의 후비 수(29명)는 광종과 경종의 모든 후비 수의 합(7명)의 4배 이상이므로 옳다.

⑤ 경종의 족내혼 후비 수(4명)가 충숙왕의 몽골출신 후비 수(3명)보다 많으므로 옳다.

합격 가이드

괄호가 주어지는 자료는 모든 수험생들을 시험에 들게한다. 괄호들을 모두 채울 것인지 아니면 일단 선택지를 통해 판단할 것인지를 미리 결정하기가 어렵기 때문이다. 한 가지 확실한 것은 단순한 덧셈이나 뺄셈으로 빠르게 채울 수 있는 것이라면 일단 채워놓고 시작하는 것이 편하다는 것이다. 그런 것들은 결국 선택지를 판단하는 과정에서 채워야 하기 때문이기도 하다. 다만 괄호의 개수가 5개 이상인 경우는 선택지를 통해 채워야 하는 경우가 많은 만큼 미리 채우지 않는 것이 효율적이다. 대부분 선택지에서 특정한 조건을 주고 채우게끔 하는 경우가 많다.

07 상황판단형

86

정답 ①

정답해설

첫 번째 조건에서 E가 제외되며, 두 번째 조건에서는 B가, 세 번째 조건에서는 D가, 네 번째 조건에서는 C가 제외되므로 남은 A가 입지조건을 모두 만족하는 지역이다.

87

정답 ④

정답해설

주어진 자료를 정리하면 다음과 같다

구분	편익	피해액	재해발생위험도	합계(우선순위)
갑	6	15	17	38(2)
을	8	6	25	39(1)
병	10	12	10	32(3)

ㄱ. 재해발생위험도는 을, 갑, 병의 순으로 높은데, 우선순위도 이와 순서가 같다.
ㄷ. 피해액 점수와 재해발생위험도 점수의 합은 갑이 32, 을이 31, 병이 22이므로 갑이 가장 크다.
ㄹ. 갑지역의 합계점수가 40으로 변경되므로 갑지역의 우선순위가 가장 높아진다.

오답해설

ㄴ. 우선순위가 가장 높은 지역(을)과 가장 낮은 지역(병)의 피해액 점수 차이는 6점인데, 재해발생위험도 점수 차이는 15점이므로 후자가 전자보다 크다.

88

정답 ③

정답해설

먼저, 주어진 자료에서 잠금해제료는 일종의 기본요금 성격을 가진다고 볼 수 있다. 따라서 잠금해제료가 없는 A의 대여요금이 대여직후부터 일정 시점까지는 4곳 중 가장 낮지만 어느 시점부터는 분당대여료가 A보다 낮은 나머지 3곳의 요금이 작아질 것이다. 그럼 어느 시점에서 이런 일이 일어날까? 이를 알기 위해서 4곳의 요금식을 구해보자(x : 대여시간).

A : 200x
B : 250+150x
C : 750+120x
D : 1,600+60x

먼저 A와 B가 교차하는 시점을 알기 위해 둘을 같다고 놓고 풀어보면 5가 나오게 되는데, 이것은 5시간 이전까지는 A가 B보다 요금이 작지만 5시간을 기점으로 순서가 뒤바뀌게 된다는 것을 의미한다(이는 그래프를 그려보면 더 직관적으로 이해 가능한데, A는 원점을 지나는 직선인 반면 나머지는 모두 Y절편이 양수이면서 기울기가 A보다 작은 직선이기 때문이다).
같은 방식으로 계산해보면 C는 10, D는 12가 되므로 B가 가장 먼저 A보다 낮은 요금이 된다는 것을 확인할 수 있다(이때, 실제 C의 값은 9.x가 되는데 요금은 분 단위로 부과되므로 10분부터 실제 요금이 달라지게 될 것이고 D도 같음).
이제 세 번째로 낮은 요금이 되는 것을 찾기 위해 B와 C, B와 D의 요금식을 풀어보면 C는 17, D는 15가 된다. 따라서 15분부터는 D의 요금이 가장 작게 된다.
그럼 남은 C가 마지막으로 낮은 요금이 되는 것일까? 만약 C가 마지막으로 낮은 요금이 된다면 어느 시점부터는 계속 C가 가장 낮은 요금이 되어야 하는데,

이는 기하학적으로 불가능하다. 왜냐하면, D는 C보다 기울기가 작기 때문에 이 둘이 교차한 이후부터는 D가 C의 아래쪽에 위치하기 때문이다. 따라서 C는 마지막으로 낮은 요금이 될 수 없다. 그렇다면 C는 어떤 경우에도 가장 낮은 요금이 되지 못하므로 (가)에는 C가 들어가게 된다.

다음으로 (나)를 판단해보자. (나)는 C가 요금을 바꾼 이후에 가장 낮은 요금이 되지 못한다고 하였는데 잠금해제료 자체가 없는 A는 대여직후부터 일정 시점까지는 가장 낮은 요금이 될 수 밖에 없으므로 (나)는 A가 될 수 없다. 또한 C도 될 수 없다. 왜냐하면 C가 요금을 바꾼 이유가 자신들의 요금이 최저요금이 되지 못하기 때문이었는데, 바꾼 다음에도 여전히 최저요금이 되지 못한다는 것은 말이 되지 않기 때문이다(만약 그렇다면 처음부터 분당대여료를 50원 인하했으면 될 것이다). 그렇다면 남은 것은 B와 D인데 D도 (나)가 될 수 없다. D는 4곳 중에서 기울기가 가장 작기 때문에 그래프상에서 어느 순간부터는 가장 아래에 위치할 수밖에 없기 때문이다. 그렇다면 남은 B가 (나)에 해당한다.

마지막으로 (다)를 구하기 위해 C와 B의 요금을 계산해보면 C는 2,550원=[750+(120×15)], B는 2,250원[=250+(100×20)]이 된다. 따라서 둘의 차이인 300이 (다)에 들어가게 된다.

합격 가이드

(나)를 판단할 때 C가 최저 요금이 될 수 없는 과정을 따로 계산하지 않았다. 물론, (가)를 구할 때와 마찬가지로 각각의 요금식을 구해서 판단할 수도 있지만 그러기에는 불필요하게 아까운 시간이 소모된다. 때로는 이와 같이 풀이 이외의 센스가 필요한 경우가 있다는 것을 알아두자.

89

정답 ④

정답해설

폐기처리 공정으로 투입되는 경로는 재작업을 통한 경로, 검사를 통한 경로 총 두 가지이다. 각각 경로를 통해 투입되는 재료의 총량은 다음과 같다.

i) 재작업을 통한 경로 : 1,000×0.1×0.5=50kg

ii) 검사를 통한 경로 : [(1,000×1.0×0.9)+(1,000×0.1×0.5)]×1.0×0.2=190kg

따라서 폐기처리 공정에 투입되는 재료의 총량은 50+190=240kg이다.

90

정답 ②

정답해설

ㄱ. 표 1에서 직접 합계를 계산할 필요 없이 항목별 점수의 차이를 이용해 계산하면 간단하다. 먼저 '사업적 가치'에 속한 두 가지 항목은 모두 B사업이 10점씩 크며, '공적 가치'에 속한 두 가지 항목은 모두 A사업이 10점씩 크다. 그리고 '참여 여건'에 속한 두 가지 항목은 두 사업의 점수가 동일하므로 결과적으로 6개 항목 원점수의 합은 같다.

ㄷ. '참여 여건'에 속한 두 가지 항목은 원점수가 동일하므로 이를 제외한 나머지 4가지 항목을 차이값을 이용해 판단해보자.

평가 항목	A사업	B사업
경영전략 달성	–	+2
수익창출	–	+1
정부정책 지원	+3	–
사회적 편익	+2	–
합계	+5	+3

따라서 A사업이 신규 사업으로 최종 선정된다.

오답해설

ㄴ. 표 2에서 '공적 가치'에 할당된 가중치의 합은 0.5이므로 '참여 여건'에 할당된 가중치의 합(0.2)과 '사업적 가치'에 할당된 가중치의 합(0.3)보다 크다.

ㄹ. '정부정책 지원 기여도' 가중치와 '수익창출 기여도' 가중치를 서로 바꿀 경우 차이값을 정리하면 다음과 같다.

평가 항목	A사업	B사업
경영전략 달성	–	+2
수익창출	–	+3
정부정책 지원	+1	–
사회적 편익	+2	–
합계	+3	+5

따라서 B사업이 신규 사업으로 최종 선정된다.

91

정답 ②

정답해설

주어진 조건에 맞추어 단계별로 진행한 결과를 표시하면 다음과 같다.

구분	15L 항아리	10L 항아리	4L 항아리
1	11	5	4
2	6	10	4
3	10	10	0
4	10	6	4
5	14	6	0
6	15	5	0

따라서 모든 단계를 완료한 후 10L 항아리에 남아 있는 물의 양은 5L이다.

92

정답 ④

정답해설

ㄴ. 표 1에 따라 A와 B의 2015년 대비 2016년의 연봉인상률을 구하면 둘 모두 10%로 계산되므로 2015년 A와 B의 성과평가등급은 모두 Ⅱ등급으로 동일하다.

ㄷ. 성과평가에서 Ⅰ등급을 받았다면 연봉인상률이 20%가 되는 해가 있어야 하는데 C의 경우 2015년 대비 2016년의 연봉인상률이 20%이다. 따라서 옳은 내용이다.

오답해설

ㄱ. 표 1에 따라 2013년 대비 2014년의 연봉인상률을 구하면 A는 20%, B는 0%, C는 5%, D는 10%이다. 따라서 이들의 2013년 성과평가등급을 살펴보면 A는 Ⅰ등급, B는 Ⅳ등급, C는 Ⅲ등급, D는 Ⅱ등급임을 알 수 있다. 이를 성과평가등급이 높은 사원부터 순서대로 나열하면 A-D-C-B이므로 옳지 않은 내용이다.

ㄹ. 성과평가에서 Ⅲ등급을 받았다면 연봉인상률이 5%가 되는 해가 있어야 하는데 D의 경우 제시된 연도에서는 5%의 인상률을 기록한 적이 없다. 따라서 옳지 않은 내용이다.

93

정답 ②

정답해설

주어진 지침을 통해 별관으로 40명이 넘는 인원이 이동할 수 없으므로 영업1팀(27명), 영업2팀(30명)은 이동할 수 없다는 사실을 알 수 있다. 이들이 이동하기 위해서는 13명 혹은 10명 이하인 팀이 있어야 하는데 인사팀은 이동할 수 없다고 하였기 때문이다. 따라서 이동 가능한 팀은 ⅰ) 지원팀(16명), 기획1팀(16명), ⅱ) 기획2팀(21명), ⅲ) 영업3팀(23명)인데 이 중 ⅱ)와 ⅲ)에 해당하는 기획2팀과 영업3팀은 두 팀 인원의 합이 40명을 초과하므로 동시에 이동할 수 없다. 즉, 이동 후 별관의 인원수는 37명 혹은 39명이 되어야 하며(②, ③), 본관 1층의 인원수는 26명이 되어야 한다. 따라서 가능한 경우는 ②뿐이다.

합격 가이드

'가능한 경우'를 찾는 문제는 매년 한 문제씩은 출제되는 유형이다. 물론, 조건을 통해 가능한 경우를 찾아내고 이에 부합하는 선택지를 고르는 것이 가장 정확한 방법이다. 하지만 이러한 유형은 선택지들을 직접 조건에 대입하는 것이 오히려 더 시간소모가 적은 경우가 많다. 만약 정답이 ① 혹은 ②라면 절약되는 시간은 엄청날 것이다.

94

정답 ④

정답해설

선택지를 분석하다 보면 결국은 2018년과 2019년의 제공 횟수를 모두 구할 수밖에 없는 문제이다. 수험생의 입장에서는 가장 피하고 싶은 문제이며, 실제로도 이런 문제는 일단 넘기는 것이 상책이다.

구분	제공 횟수			만족도	
메뉴	2017	2018	2019	2017	2018
A	40	44	44	87	75
B	34	34	34	71	72
C	45	36	0	53	35
D	31	31	31	79	79
E	40	36	36	62	77
F	60	60	54	74	68
G	–	9	9	–	73
H	–	–	42	–	–
전체	250	250	250	–	–

위 표에 의하면 2019년 메뉴 E의 제공 횟수는 36회인데, A는 44회이므로 옳지 않다.

오답해설

① 메뉴 중 2017년 대비 2019년 제공 횟수가 증가한 메뉴는 A 한 개뿐이므로 옳다.

②·③ 2018년 G와 2019년 H는 모두 전체 제공 횟수인 250회에서 나머지 메뉴들의 제공 횟수를 차감하여 구할 수 있다. 이에 따르면 2018년 G의 제공 횟수는 9회이며, 2019년 H의 제공 횟수는 42회이다.

⑤ A~G 중 2018년과 2019년 제공 횟수의 차이가 가장 큰 것은 C이고 그 다음이 F이므로 옳다.

합격 가이드

깜빡하고 어이없는 실수를 하기 좋은 것이 선택지 ⑤이다. 분명히 선택지에서는 판단의 범위를 A~G로 주었는데 급하게 풀다보면 이것을 무시하고 전체 범위(A~H)에서 판단하기 쉽다. 평소에는 절대 하지 않을 것 같은 실수 한두 개쯤은 실전에서는 하기 마련이다. 그것을 최소화시키기 위해서는 부단히 많은 연습이 필요하다.

95

정답 ③

정답해설

ㄱ. 3억 원의 납입자금을 내는 경우는 2009년 매출액이 5천억 원 이상 1조 원 미만인 경우이므로, D, F, G의 3개가 이에 해당한다.

ㄴ. 2010년의 회원사별 납입자금은 A(2억 원), B(4억 원), C(5억 원), D(3억 원), E(4억 원), F(3억 원), G(3억 원), H(2억 원)이므로 총 납입자금은 26억 원이다.

ㄷ. 2010년 매출액이 전년 대비 10% 증가하는 경우 표 1에서의 단계가 상승해 2011년에 납입자금이 늘어나는 회원사는 B, G, H의 3개이므로 옳다.

오답해설

ㄹ. 2010년에 3억 원의 납입자금을 내는 회원사들(D, F, G)의 전년도 매출액 합은 23.5억 원이고, 4억 원의 납입자금을 내는 회원사들(B, E)의 전년도 매출액 합은 34.5억 원이므로 옳지 않다.

96

정답 ⑤

정답해설

사고 전·후의 이용 가구 수의 차이를 구하면 수돗물(40가구), 정수(0가구), 약수(30가구), 생수(70가구)이므로 차이가 가장 큰 것은 생수이다.

오답해설

① 사고 전에 각 가구가 이용하는 식수 조달원을 정리하면 수돗물(120명), 정수(100명), 약수(80명), 생수(70명)이므로 수돗물을 이용하는 가구 수가 가장 많다.

② 사고 전에 비해 사고 후에 이용 가구 수가 감소한 식수 조달원은 수돗물(40가구 감소), 약수(30가구 감소)의 2개이므로 옳지 않다.

③ 전체 가구 수가 370가구이고 사고 전과 사고 후의 조달원이 동일한 가구 수는 140가구이므로 사고 전·후 식수 조달원이 변경된 가구 수는 230가구(=370가구−140가구)이다. 따라서 전체 가구 수 중 변경된 가구 수의 비율은 약 62%이므로 옳지 않다.

④ 사고 전에 식수 조달원으로 정수를 이용하던 가구 중 사고 후에도 정수를 이용하는 가구 수는 50가구뿐이므로 옳지 않다.

97

정답 ①

정답해설

ㄱ. 그림 1과 그림 2에서 2010년에 비해 2011년에 직접거래관계의 수가 가장 많이 증가한 기업은 C7(3개 → 5개)이고, 가장 많이 감소한 기업은 C4(6개 → 3개)이므로 옳다.

ㄴ. 표 1과 표 2에서 2010년에 비해 2011년 직접거래액의 합이 가장 많이 증가한 기업은 C2(22억 원 → 28억 원)이고, 가장 많이 감소한 기업은 C4(32억 원 → 20억 원)이므로 옳다.

오답해설

ㄷ. 그림 1과 그림 2에서 직접거래관계의 수가 동일한 기업은 C1(3개), C3(2개), C5(4개), C6(3개), C8(3개)의 5개이므로 옳지 않다.

ㄹ. 2010년에 비해 2011년 총 직접거래관계의 수는 28개로 동일하나, 총 직접거래액은 148억 원에서 154억 원으로 증가하였으므로 옳지 않다.

98

정답 ⑤

정답해설

ㄴ. '나'국은 A요건(742억 달러), B요건(8.5%)을 모두 충족하므로 옳다.

ㄷ. 관찰대상국으로 지정되는 국가는 '가', '나', '마', '차'국 4개국이므로 옳다.

ㄹ. A요건이 변동되면 영향을 받는 것은 '아'국뿐인데, '아'국은 나머지 요건을 충족하지 못하기 때문에 관찰대상국 및 환율조작국으로 지정되는 국가들은 동일하다.

오답해설

ㄱ. '다'국의 경우 요건 A(686억 달러), B(3.3%), C(2.1%)를 모두 충족하여 환율조작국으로 지정되므로 옳지 않다.

99

정답 ②

정답해설

주어진 실험결과를 정리하면 다음과 같다.

구분	A	B	C	D
민감도	$\frac{100}{120}$	$\frac{80}{120}$	$\frac{80}{110}$	$\frac{80}{100}$
특이도	$\frac{100}{120}$	$\frac{80}{120}$	$\frac{100}{130}$	$\frac{120}{140}$
양성 예측도	$\frac{100}{120}$	$\frac{80}{120}$	$\frac{80}{110}$	$\frac{80}{100}$
음성 예측도	$\frac{100}{120}$	$\frac{80}{120}$	$\frac{100}{130}$	$\frac{120}{140}$

ㄱ. 위 표에 의하면 민감도가 가장 높은 질병진단키트는 A이므로 옳다.

ㄷ. 위 표에 의하면 질병진단키트 C의 민감도와 양성 예측도가 모두 $\frac{80}{110}$으로 동일하므로 옳다.

오답해설

ㄴ. 위 표에 의하면 특이도가 가장 높은 질병진단키트는 D이므로 옳지 않다.

ㄹ. 위 표에 의하면 질병진단키트 D의 양성 예측도는 $\frac{80}{100}$이고, 음성 예측도는 $\frac{120}{140}$이므로 옳지 않다.

100

정답 ④

정답해설

주어진 조건에 의해 갑~무의 출장 여비를 계산하면 다음과 같다(단위 생략).

- 갑 : (145×3)+(72×4)=723
- 을 : (170×3×0.8)+(72×4×1.2)=753.6
- 병 : (110×3)+(60×5×1.2)=690
- 정 : (100×4×0.8)+(45×6)=590
- 무 : (75×5)+(35×6×1.2)=627

따라서 출장 여비를 가장 많이 지급받는 출장자부터 순서대로 나열하면 을, 갑, 병, 무, 정이다.

CHAPTER 03 상황판단 필수기출 100제 정답 및 해설

01	02	03	04	05	06	07	08	09	10
①	①	④	①	④	⑤	⑤	⑤	②	②
11	12	13	14	15	16	17	18	19	20
①	⑤	②	①	⑤	②	③	①	⑤	④
21	22	23	24	25	26	27	28	29	30
②	①	④	③	④	④	②	①	①	④
31	32	33	34	35	36	37	38	39	40
③	③	③	④	⑤	③	④	⑤	⑤	①
41	42	43	44	45	46	47	48	49	50
①	④	②	①	④	④	④	③	②	④
51	52	53	54	55	56	57	58	59	60
①	③	①	①	②	①	①	②	②	①
61	62	63	64	65	66	67	68	69	70
①	①	③	③	④	②	④	①	④	③
71	72	73	74	75	76	77	78	79	80
④	①	④	⑤	④	③	②	③	⑤	④
81	82	83	84	85	86	87	88	89	90
②	①	②	④	④	①	③	④	⑤	①
91	92	93	94	95	96	97	98	99	100
②	⑤	③	②	③	②	②	⑤	⑤	①

01 법조문 제시형

01

정답 ①

정답해설

첫 번째 조 제1항의 의미는 효력 발생 전에 종결된 법률관계에 대해서 특별한 규정이 있지 않는 한 새로운 법령이 적용되지 않는다는 것이다. 따라서 특별한 규정이 있다면 효력 발생 전에 종결된 법률관계일지라도 새로운 법령이 적용될 수 있다.

오답해설

② 두 번째 조에서 무효인 처분은 처음부터 효력이 발생하지 않는다고 하였다.
③ 세 번째 조 제1항에서 행정청은 부당한 처분의 전부나 일부를 소급하여 취소할 수 있다고 하였다.
④ 첫 번째 조 제2항의 의미는 처분 당시의 법령 등을 적용하기 곤란한 특별한 사정이 없는 한 처분 당시의 법령에 따라야 한다는 것이다. 따라서 특별한 사정이 있다면 처분 당시가 아닌 시점의 법령을 따를 수 있다.
⑤ 세 번째 조 제2항에서 부정한 방법으로 처분을 받은 경우에는 비교 · 형량하지 않는다고 하였다.

02

정답 ①

정답해설

총톤수 100톤 미만인 부선은 소형선박에 해당하며, 소형선박 소유권의 이전은 계약당사자 사이의 양도합의와 선박의 등록으로 효력이 생긴다.

오답해설

② 총톤수 20톤 이상인 기선은 선박의 등기를 한 후에 선박의 등록을 신청하여야 한다.
③ 선박의 신청은 선적항을 관할하는 지방해양수산청장에게 한다.
④ 선박국적증서는 등기가 아니라 등록신청을 한 후에 지방해양수산청장이 발급하는 것이다.
⑤ 등록신청을 받은 후 이를 선박원부에 등록하는 것은 지방해양수산청장이다.

03

정답 ④

정답해설

재외공무원이 일시귀국 후 국내 체류기간을 연장하는 경우에는 장관의 허가를 받아야 한다.

오답해설

① 재외공무원이 공무로 일시귀국하고자 하는 경우에는 장관의 허가를 받아야 한다.
② 공관장이 공무 외의 목적으로 일시귀국하려는 경우에는 장관의 허가를 받아야 하나, 배우자의 직계존속이 위독한 경우에는 장관에게 신고하고 일시귀국할 수 있다.
③ 재외공무원이 연 1회를 초과하여 공무 외의 목적으로 일시귀국하려는 경우에는 장관의 허가를 받아야 하나, 동반가족의 치료를 위하여 일시귀국하는 경우에는 일시귀국의 횟수에 산입하지 않는다.
⑤ 재외공무원이 연 1회를 초과하여 공무 외의 목적으로 일시귀국하기 위해서는 장관의 허가를 받아야 한다.

04

정답 ①

정답해설

제1항 단서에서 근로자 본인 외에도 조부모의 직계비속이 있는 경우에는 가족돌봄휴직을 허용하지 않을 수 있다고 규정하고 있다. 조부모와 부모를 함께 모시고 사는 근로자는 본인 외에도 조부모의 직계비속인 부모가 있으므로 사업주는 가족돌봄휴직을 허용하지 않을 수 있다.

오답해설

② 제3항에 따르면 사업주가 가족돌봄휴직을 허용하지 아니하는 경우에는 해당 근로자에게 그 사유를 서면으로 통보하여야 한다.
③ 제2항 단서에 따르면 근로자가 청구한 시기에 가족돌봄휴가를 주는 것이 정상적인 사업 운영에 중대한 지장을 초래하는 경우에는 근로자와 협의하여 그 시기를 변경할 수 있다.

④ 제4항 제2호 단서에 따르면 가족돌봄휴가 기간은 가족돌봄휴직 기간에 포함된다.
⑤ 제4항 제2호에 따르면 가족돌봄휴가 기간은 연간 최장 10일이며 같은 항 제3호에서 감염병의 확산 등을 원인으로 심각단계의 위기경보가 발령되는 경우, 가족돌봄휴가 기간을 연간 10일의 범위에서 연장할 수 있다. 연간 10일에서 감염병 확산을 원인으로 5일 연장되었으므로 사업주는 최장 15일의 가족돌봄휴가를 허용할 수 있다.

05

정답 ④

정답해설

제4항에 따라 甲의 주민등록번호가 변경된 경우 운전면허증에 기재된 주민등록번호를 변경하기 위해서는 변경신청을 해야 한다.

오답해설

① 제2항에 의하면 주민등록번호변경 여부에 관한 결정 청구의 주체는 B구청장이다.
② 제3항에 의하면 주민등록번호변경 주체는 변경위원회가 아닌 주민등록지의 시장 등이다.
③ 제3항 제1호에 따라 주민등록번호를 변경하는 경우에도 번호의 앞 6자리 및 뒤 7자리 중 첫째 자리는 변경할 수 없으므로 甲의 주민등록번호 중 980101 – 2는 변경될 수 없다.
⑤ 제5항에 따라 주민등록번호변경 기각결정에 대한 이의신청은 위원회가 아닌 B구청장에게 해야 한다.

06

정답 ⑤

※ 이하에서는 해설의 편의를 위해 첫 번째 제00조를 제1조, 두 번째 제00조를 제2조 등으로 표기하였다.

정답해설

제2조 제2항 제1호에 따르면 우수수입업소로 등록된 자가 수입하는 수입식품의 경우는 수입식품의 검사 전부 또는 일부를 생략할 수 있다.

오답해설

① 제1조 제1항과 제2항에 따르면 우수수입업소 등록을 신청하기 위해서는 식품의약품안전처장이 정하는 기준에 따라 '해외제조업소'에 대하여 위생관리 상태를 점검해야 한다.
② 제1조 제4항에 따르면 우수수입업소 등록의 유효기간은 등록된 날부터 3년이라고 하였으므로, 업소 乙의 등록은 2023년 2월 20일까지 유효하다.
③ 제1조 제5항 제1호에 따르면 부정한 방법으로 우수수입업소로 등록된 경우에는 등록을 취소하여야 한다.
④ 제1조 제6항에 따르면 3년 동안 우수수입업소 등록을 신청할 수 없는 경우는 제5항에 따라 등록이 취소된 업소인 경우에만 해당한다. 따라서 영업정지 1개월의 행정처분을 받은 丁은 이 조항에 따른 규제를 받지 않는다.

07

정답 ⑤

정답해설

제2조 제2호에서 '행정재산의 용도로 사용하던 소유자 없는 부동산을 행정재산으로 취득하였으나 그 행정재산을 당해 용도로 사용하지 아니하게 된 경우에는 그러하지 아니하다.'고 하였다.

오답해설

① 제2조 제1호에서 '중앙관서의 장이 행정목적으로 사용하기 위하여 국유재산을 행정재산으로 사용 승인한 경우'에는 매각할 수 없다고 하였다.
②·④ 제3조 제2항 제1호에 의하면 '수의계약의 방법으로 매각하는 경우'에 총괄청의 승인없이 매각이 가능한 것이며 지명경쟁인 경우에는 그렇지 않다.
③ 제3조 제2항 제3호에 의하면 '법원의 확정판결에 따른 소유권의 변경'의 경우에는 총괄청의 승인없이 매각이 가능하다.

08

정답 ⑤

정답해설

시행령 제2조 제1호에서 대한민국의 국적을 보유하였던 자로서 외국국적을 취득한 자를 외국국적동포라고 규정하고 있다. 따라서 선택지의 사례는 외국국적동포에 해당한다.

오답해설

① 법 제1조 제1호에서 '대한민국의 국민으로서' 외국의 영주권을 취득한 자 또는 영주할 목적으로 외국에 거주하고 있는 자를 재외동포로 보고 있다. 따라서 옳지 않은 내용이다.
② 법 제1조 제1호에서 재외국민이 되기 위해서는 외국의 영주권을 취득했거나 영주할 목적으로 외국에 거주하고 있어야 한다고 하였으므로 반드시 영주권을 가지고 있어야 하는 것은 아니다.
③ 시행령 제2조 제2호에서 조부모의 일방이 대한민국의 국적을 보유하였던 자로서 외국국적을 취득한 자를 외국국적동포라고 하였다. 따라서 선택지의 사례는 재외국민이 아닌 외국국적동포에 해당한다.
④ 법 제1조 제2호에서 외국국적동포는 대한민국의 국적을 보유하였던 자 중 일정한 조건을 충족시키는 경우에 해당한다고 규정하고 있다. 하지만 선택지의 사례는 현재 대한민국의 국적을 보유하고 있는 상황이므로 이에 해당하지 않는다.

합격 가이드

법률과 시행령이 같이 제시되는 경우는 법률의 특정 용어를 시행령에서 세부적으로 규정하는 것이 일반적이다. 그런데 주의할 점은 시행령의 내용에는 선택지에서 다뤄지지 않는 부분까지 규정하고 있는 경우가 많다는 점이다. 따라서 시행령을 체크할 때에는 전체 내용을 정리하려고 하지 말고 법률의 어느 용어가 시행령에서 구체화되었는지만 체크하고 넘어가는 것이 효과적이다.

09

정답 ②

정답해설

시행령 제1항에 따라 임신기간이 24주를 넘는 ㄴ을 제외하고 나머지 선택지를 판단해보자.

ㄱ. 태아에 미치는 위험성이 높은 연골무형성증은 시행령 제2항에 따라 인공임신중절수술이 가능한 질환이며 임산부 본인과 배우자가 모두 동의하였으므로 허용된다.
ㄷ. 임신중독증으로 인해 임신의 지속이 임산부의 건강을 심각하게 해치고 있는 상황은 법 제1항 제5호에 해당한다. 또한 남편이 실종된 경우에는 법 제2항에 의하여 임산부 본인의 동의만으로 중절수술이 가능하므로 선택지의 사례는 수술이 허용된다.

오답해설

ㄹ. 경제적인 사유는 중절수술이 가능한 경우에 해당하지 않으므로 남편의 동의 여부와 무관하게 허용되지 않는다.

10

정답 ②

정답해설

㉠ 당구장은 유치원 및 대학교의 정화구역에 설치하는 것이 아닌 한 설치가 금지되나 심의를 거치는 경우에 한하여 가능하다. 여기서 주의할 것은 다른 시설과 달리 당구장의 경우는 심의만 통과한다면 대통령령에 의해 상대 · 절대 정화구역을 따지지 않고 모든 정화구역에서 설치가 가능하다는 사실이다.

㉡ 만화가게는 상대정화구역에 설치하는 경우에 한하여 심의를 거쳐 설치할 수 있는 시설이다.

㉢ 유치원 및 대학교의 정화구역에 설치하는 당구장은 금지시설이 아니므로 절대정화구역이라 하더라도 설치 가능하다.

㉣ 호텔은 상대정화구역에 설치하는 경우에 한하여 심의를 거쳐 설치할 수 있는 시설이다.

11

정답 ①

정답해설

ㄱ. 우수의 판정은 광고에서 정한 자가 하지만 광고에서 판정자를 정하지 아니한 때에는 광고자가 판정한다고 하였다. 제시된 공모전에서는 별도의 판정자를 정하고 있지 않으므로 광고자인 A청이 우수논문의 판정을 한다.

ㄴ. 광고에서 다른 의사표시가 있다면 우수한 자가 없다는 판정도 가능하다. 제시된 공모전은 '기준을 충족한 논문이 없다고 판정된 경우, 우수논문을 선정하지 않을 수 있다.'고 명시하고 있으므로 우수논문이 없다는 판정이 가능하다.

오답해설

ㄷ. 응모자는 우수의 판정 혹은 우수한 자가 없다는 판정에 대해 이의를 제기하지 못한다고 하였으므로 옳지 않다.

ㄹ. 광고에서 1인만이 보수를 받을 것으로 정한 때에는 추첨에 의해서 결정한다. 제시된 공모전은 수상자를 1명으로 명시하고 있으므로 균등한 비율로 나누어 받는 것이 아니라 추첨을 통해 한 사람에게 모든 상금을 지급해야 한다.

12

정답 ⑤

정답해설

제ㅇㅇ조 제3항에 의하면 시장 · 군수 · 구청장이 공공하수도를 설치하려면 시 · 도지사의 인가를 받아야 한다고 하였으므로 옳다.

오답해설

① 제ㅁㅁ조 제2항에 의하면 공공하수도가 둘 이상의 지방자치단체의 장의 관할구역에 걸치는 경우, 관리청이 되는 자는 공공하수도 설치의 고시를 한 시 · 도지사 또는 인가를 받은 시장 · 군수 · 구청장으로 한다고 하였다. 따라서 해당 공공하수도의 관리청은 B자치구의 구청장이 아닌 A자치구의 구청장이다.

② 제ㅇㅇ조 제5항에 의하면 시 · 도지사가 국가의 보조를 받아 설치하고자 하는 공공하수도에 대하여 고시 또는 인가를 하고자 할 때에는 환경부장관의 승인이 아닌 협의가 필요하다고 하였다.

③ 제ㅇㅇ조 제4항에 의하면 시장 · 군수 · 구청장이 인가받은 사항을 폐지하려면 시 · 도지사의 인가를 받아야 한다고 하였으므로 옳지 않다.

④ 제ㅇㅇ조 제2항에 의하면 고시한 사항을 변경하고자 하는 때에도 해당 내용을 고시하여야 한다고 하였으므로 변경이 가능함을 전제하고 있다.

합격 가이드

이와 같이 별다른 특성이 없는 법조문은 수험생의 입장에서 참 곤혹스러운 유형이라고 할 수 있다. 차근차근 읽어가기도 그렇고 선택지부터 보기에도 그런 애매한 유형인데, 이런 유형을 만나면 각 조문의 '주체'가 무엇인가와 익숙한 법률용어들(이 문제의 경우는 고시, 인가 등)에만 체크해두고 선택지로 넘어가는 것이 좋다. 특성이 없는 조문이라는 것은 결국 출제의 포인트가 한정적이라는 얘기인데, 결국 그것은 주체와 법률용어를 섞어놓는 것 이외에는 별다른 포인트가 없다는 의미가 된다. 이런 유형을 풀 때 가장 위험한 것은 처음부터 차근차근 숙지하며 읽어가는 것이다. 하나하나의 조문이 별개의 내용으로 구성되어 있는 편이 대부분이며 따라서 흐름을 잡기가 쉽지 않아 괜한 시간낭비가 될 가능성이 높기 때문이다.

13

정답 ②

정답해설

1단계 조사는 조사 실시일 기준으로 매 3년마다 실시한다고 하였으므로 2012. 3. 1.에 실시해야 한다.

오답해설

① 2단계 조사는 1단계 조사 판정일 이후 1월 내에 실시하여야 한다고 하였으므로 2011. 12. 31. 전에 실시하여야 한다.

③ 2단계 조사는 환경부장관이 실시하는 것이므로 옳지 않다.

④ 1단계 조사결과에 의하여 정상지역으로 판정된 때는 2단계 조사를 실시하지 아니한다고 하였으므로 옳지 않다.

⑤ 1단계 조사는 조사 실시일 기준으로 매 3년마다 실시한다고 하였으므로 2013. 10. 1.에 실시해야 한다.

14

정답 ①

정답해설

최초 재적의원이 111명이지만 사망한 사람(2명)과 제명된 사람(2명)을 제외한 107명이 현재의 재적의원이며, 의장을 포함한 53명이 출석한 상태이다. 먼저, 제1조 제1항에서 '지방의회는 재적의원 3분의 1 이상의 출석으로 개의한다.'고 하였으므로 36명 이상이 출석하면 개의할 수 있다. 따라서 의사정족수는 충족하였다. 다음으로, 제2조 제1항에서 '의결사항은 재적의원 과반수의 출석과 출석의원 과반수의 찬성으로 의결한다.'고 하였으므로 54명의 출석이 필요하다. 그런데 현재 출석한 의원은 의장을 포함한 53명이므로 의결정족수를 충족하지 못한다. 따라서 의결할 수 없다.

15

정답 ⑤

정답해설

제1항에서 '후보자는 선거운동을 위하여 책자형 선거공보 1종을 작성할 수 있다.'고 하였으므로 반드시 작성해야 하는 것은 아니다.

오답해설

① 제2항에서 '책자형 선거공보는 지방의회의원선거에 있어서는 8면 이내로 작성한다.'고 하였으므로 옳지 않다.

② 제3항에서 '지역구국회의원선거의 후보자는 책자형 선거공보 제작 시 점자형 선거공보를 함께 작성 · 제출하여야 한다.'고 하였으므로 옳지 않다.

③ 제4항 제1호에서 지역구국회의원선거의 후보자는 '후보자의 직계비속(혼인한 딸과 외손자녀를 제외한다)의 재산총액'을 게재해야 한다고 하였으므로 옳지 않다.
④ 제4항 제2호에서 지역구국회의원선거의 후보자는 '후보자와 직계비속의 병역사항'을 게재해야 한다고 하였으므로 직계존속의 병역사항은 해당되지 않는다.

02 법학교과서 지문형

16

정답 ②

정답해설

국민참여예산사업은 국무회의에서 정부예산안에 반영된 후 국회에 제출된다.

오답해설

① 국민제안제도에서는 국민들이 제안을 할 수 있을 뿐이며 우선순위 결정과정에는 참여하지 못한다.
③ 국민참여예산제도는 정부의 예산편성권 내에서 운영된다.
④ 결정된 참여예산 후보사업이 재정정책자문회의의 논의를 거쳐 국무회의에서 정부예산안에 반영되므로 순서가 반대로 되었다.
⑤ 예산국민참여단의 사업선호도는 오프라인 투표를 통해 조사한다.

17

정답 ③

정답해설

제시된 자료를 토대로 자료를 정리하면 다음과 같다.

2019년도			2020년도		
생활밀착형 사업	취약계층 지원사업	계	생활밀착형 사업	취약계층 지원사업	계
688억 원	112억 원	800억 원	870억 원	130억 원	1,000억 원

따라서 2019년도와 2020년도 각각에서 국민참여예산사업에서 취약계층지원사업이 차지한 비율은 14%$\left(=\frac{112}{800}\times 100\right)$, 13%$\left(=\frac{130}{1,000}\times 100\right)$이다.

18

정답 ①

정답해설

A국은 새로운 기술에 의한 발명인지를 판단하는 데 있어서 국내에서의 새로운 기술을 기준으로 한다.

오답해설

② A국은 특허권의 보호기간을 특허권을 부여받은 날로부터 10년으로 한정한다.
③ A국은 새로운 기술에 대한 발명을 한 사람에게 금전적 보상을 해주는 대신 특허권이라는 독점권을 주는 제도를 채택하였다.
④ A국은 특허권을 신청에 의한 특허심사절차를 통해 부여하고 있다.
⑤ A국은 특허권의 효력발생범위를 A국 영토 내로 한정하고 있다.

19

정답 ⑤

정답해설

전문심리위원이 당해 사건에서 증언이나 감정을 한 경우에는 법원이 별도의 조치를 하지 않더라도 이후의 재판절차에 참여할 수 없다.

오답해설

① 당사자, 증인 또는 감정인 등 소송관계인에게 질문하기 위해서는 재판장의 허가를 얻어야 한다고 하였으므로 소송당사자의 동의가 있었는지의 여부는 영향을 주지 않는다.

② 전문심리위원은 재판부의 구성원이 아니어서 판결 내용을 정하기 위한 판결의 합의에 참여할 수 없다고 하였으므로 옳지 않다.
③ 전문심리위원은 증인이나 감정인이 아니기 때문에 그의 설명이나 의견은 증거자료가 아니다. 따라서 법원은 그의 설명 또는 의견에 구속받지 않는다.
④ 당사자의 합의로 전문심리위원의 지정결정을 취소할 것을 신청한 경우라면 법원은 그 결정에 따라야 하므로 옳지 않다.

20

정답 ④

정답해설

ㄱ. 대통령령으로 정하는 서화 · 골동품에는 석판화의 원본이 포함되고 복제품은 해당사항이 없으므로 옳지 않다.
ㄴ. 국보와 보물 등 국가지정문화재의 거래 및 양도는 과세 대상이 아니라고 하였으므로 옳지 않다.
ㄹ. 점당 양도가액이 6,000만 원 이상인 것을 과세 대상으로 규정하고 있으므로 옳지 않다.

오답해설

ㄷ. 양도일 현재 생존하고 있는 국내 원작자의 작품은 과세 대상에서 제외한다고 하였으므로 옳다.

21

정답 ②

정답해설

다수의견, 별개의견, 반대의견 모두 국가 또는 공공단체가 피해자에게 배상을 진다는 점은 인정하고 있으므로 옳다.

오답해설

① 다수의견은 공무원 개인에게 '고의 또는 중과실이 있는 경우' 피해자에게 불법행위로 인한 손해배상책임을 진다는 것이며, 별개의견은 '중과실과 경과실을 구분하지 않고' 손해배상책임을 진다는 것이다. 따라서 공무원의 경과실로 인한 직무상 불법행위에 대해 배상책임이 면제된다는 것은 별개의견에만 해당되고 다수의견에는 해당하지 않는다.
③ 다수의견은 경과실과 중과실을 구분하나 반대의견은 공무원이 손해배상책임을 지지 않는다는 입장이므로 옳지 않다.
④ 반대의견은 피해자에 대해서는 손해배상 책임을 부담하지 않지만, 국가 또는 공공단체에 대한 공무원의 내부적 책임은 면제되지 아니한다는 입장이므로 옳지 않다.
⑤ 다수의견과 별개의견은 공무원 개인이 피해자에게 배상책임을 지는 입장이지만, 반대의견은 피해자에게 직접 배상책임을 지지 않는다는 입장이므로 옳지 않다.

22

정답 ①

정답해설

과실상계를 할 사유와 손익상계를 할 사유가 모두 있으면 과실상계를 먼저 한 후에 손익상계를 하여야 한다고 하였다. 따라서 최종적으로 乙이 받게 될 1억 8천만 원에 손익상계액인 3억 원을 더한 4억 8천만 원이 과실상계 후의 금액임을 알 수 있다. 이에 의한다면 전체 6억 원 중 1억 2천만 원이 甲의 과실로 인한 상계액이므로 甲의 과실을 20%, 국가의 과실을 80%로 계산할 수 있다.

23

정답 ④

정답해설

'화가가 고객으로부터 위탁을 받아 완성한 초상화의 경우 화가는 위탁자(丁)의 허락이 있어야 이를 전시 · 복제할 수 있다.'고 하였으므로 옳다.

오답해설

① '미술저작물의 원본의 소유자가 가로 · 공원 · 건축물의 외벽 등 공중에게 개방된 장소에 항시 전시하는 경우에는 저작자(甲)의 허락을 얻어야 한다.'고 하였으므로 '잠시' 전시하는 경우는 해당하지 않는다.
② '전시는 일반인에 대한 공개를 전제로 하는 것이므로 예컨대 가정 내에서 진열하는 때에는 저작자(甲)의 허락이 필요 없다.'고 하였으므로 옳지 않다.
③ · ⑤ '개방된 장소에 항시 전시되어 있는 미술저작물 등은 제3자가 어떠한 방법으로든지 이를 복제하여 이용할 수 있으나 회화를 회화로 복제하는 경우, 미술저작물 등을 판매목적으로 복제하는 경우에는 저작자(甲, 丙)의 허락을 얻어야 한다.'고 하였으므로 옳지 않다.

24

정답 ③

정답해설

'훈장은 본인에 한하여 종신 패용할 수 있고, 사후에는 그 유족이 보존하되 패용하지는 못한다.'고 하였으므로 옳다.

오답해설

① '무궁화대훈장을 제외하고는 11종의 각 훈장은 모두 5개 등급으로 나누어져 있고, 각 등급에 따라 다른 명칭이 붙여져 있다.'고 하였으므로 훈장의 명칭은 56개로 구분된다.
② '포장은 총 12종이 있고, 훈장과는 달리 등급이 없다.'고 하였으므로 옳지 않다.
④ '서훈대상자는 국무회의의 심의를 거쳐 대통령이 결정한다.'고 하였으므로 옳지 않다.
⑤ '훈장을 받은 자의 공적이 허위임이 판명된 경우 국무회의의 심의를 거쳐 서훈을 취소하고 훈장과 이에 관련하여 수여한 금품을 환수한다.'고 하였으므로 옳지 않다.

25

정답 ④

정답해설

'당사자들이 상소하지 않기로 합의하고 합의서를 법원에 제출할 경우, 판결은 선고 시에 확정된다.'고 하였으므로 옳다.

오답해설

① '상소는 패소한 당사자가 제기하는 것'이라고 하였으므로 甲이 제기할 수 있다.
② 甲에게 판결문이 11월 10일에 송달되었으므로 상소를 하려면 2주 내에 상소를 제기해야 한다. 즉, 11월 24일까지 상소를 제기하지 않으면 같은 날 판결이 확정되므로 옳지 않다.
③ 상소를 취하하면 상소기간 만료 시에 판결이 확정된다. 따라서 11월 11일에 상소하고 12월 1일에 상소를 취하하면, 상소기간 만료일인 11월 24일에 판결이 확정되므로 옳지 않다.
⑤ 상소기간 만료 전인 11월 21일에 상소포기서를 제출하면 제출 시에 판결이 확정되어 상소포기서 제출일인 11월 21일에 판결이 확정되므로 옳지 않다.

03 일치 · 부합형

26 정답 ④

정답해설

두유에 함유된 식물성 단백질은 염화마그네슘을 만나면 응고되는데, 간수의 주성분이 염화마그네슘이다.

오답해설

① 50여 년 전 대두의 수확시기는 10월쯤이었으므로 5월쯤에는 그 전해에 수확한 대두로 두부를 만들 수 있었다.
② 콩비지에서 콩물을 빼낸 것이 두유이며, 두유를 염화마그네슘이 주성분인 간수로 응고시킨 후 여러 절차를 거쳐 만들어진 것이 두부이다.
③ 막 갈려 나온 콩비지에서는 식물성 단백질에서 나는 비린내가 나는데, 이 비린내는 익히면 없어진다.
⑤ 여름에는 콩을 반나절 정도 물에 담가둬야 한다고 하였다.

27 정답 ②

정답해설

봄보리는 봄에 파종하여 그해 여름에 수확하며, 가을보리는 가을에 파종하여 이듬해 여름에 수확하므로 봄보리의 재배 기간이 더 짧다.

오답해설

① 흰색 쌀과 여름에 심는 콩은 모두 가을에 수확한다.
③ 흰색 쌀은 논에서 수확한 벼를 가공한 것이며, 회색 쌀은 밭에서 자란 보리를 가공한 것이다.
④ 보릿고개는 하지까지이므로 그 이후에는 보릿고개가 완화된다.
⑤ 봄철 밭에서는 보리, 콩, 조가 함께 자라는 것을 볼 수 있었다고 하였다.

28 정답 ①

정답해설

친손자는 아들의 아들이므로 물오리와 뿌타의 친손자는 잇파이의 아들인 물오리이다. 물오리는 뿌타와 결혼할 수 있다.

오답해설

ㄴ. 잇파이와 카포타의 친손자는 물오리의 아들인 잇파이이다.
ㄷ. 외손녀는 딸의 딸이므로 굼보와 마타의 외손녀는 카포타의 딸인 마타이다.
ㄹ. 굿피와 잇파타의 친손녀는 굼보의 딸인 카포타이다. 카포타는 잇파이와 결혼할 수 있다.

29 정답 ①

정답해설

공직부패는 사적 이익을 위해 권력을 남용하는 것이고, 이해충돌은 공적 의무와 사적 이익이 대립하는 객관적 상황 자체를 의미한다.

오답해설

② 이해충돌의 개념이 확대되어 외관상 발생 가능성이 있는 것만으로도 이해충돌에 대해 규제하는 것이 정당화되고 있다.
③ 공적 의무와 사적 이익이 충돌한다는 점에서 이해충돌은 공직부패와 공통점이 있다.
④ 공직부패는 드문 현상이지만 이해충돌은 일상적으로 발생하는 것이다.
⑤ 이해충돌에 대한 전통적인 규제는 공직부패의 사전예방에 초점이 맞추어져 있었던 반면, 최근에는 정부의 의사결정과정과 결과에 대한 신뢰성 확보로 초점이 변화하고 있다.

30 정답 ④

정답해설

ㄱ. 甲국에서 고급 휘발유로 판매되는 휘발유의 옥탄가가 93이므로 A시에서 판매되는 고급휘발유의 옥탄가는 이보다 2가 낮은 91이다.
ㄴ. 실린더 내의 과도한 열이나 압력, 혹은 질 낮은 연료의 사용 등으로 인해 노킹 현상이 발생한다.
ㄷ. 노킹 현상이란 공기 · 휘발유 혼합물이 점화되기 전에 연소되는 현상을 말하므로 노킹 현상이 일어나지 않는다면 공기 · 휘발유 혼합물은 점화가 된 이후에 연소된다.

오답해설

ㄹ. 연소란 탄화수소가 공기 중의 산소와 반응하여 이산화탄소와 물을 생성하는 것이다.

31 정답 ③

정답해설

가장 최근에 실시된 문과는 1562년이었으므로 1559년에도 문과 정기시험이 있었을 것이며, 2차 시험인 복시에서는 33명을 뽑았다고 하였으므로 옳다.

오답해설

① 생원과 진사 중에서 성균관에 진학하는 경우가 더 많았다는 것 이외에는 성균관의 입학에 대한 언급을 찾을 수 없으므로 옳지 않다.
② 사마시 초시에서 7배수인 700명을 뽑았으며 복시에서는 성적순으로 100명을 뽑았으므로 옳지 않다.
④ 가장 최근에 실시된 소과는 1563년이었는데, 소과는 3년마다 열리므로 16년 전인 1547년에는 소과가 열리지 않았다.
⑤ 33명을 뽑는 것은 정기시험인 식년시에 해당하는 것이며, 경과에 대해서는 언급되지 않았으므로 옳지 않다.

32 정답 ③

정답해설

주서의 자격 요건은 엄격하였는데 그중 하나가 반드시 문과 출신자여야 한다는 것이었으므로 옳다.

오답해설

① 승지 아래에는 정7품 주서 2인이 있었다고 하였고 승지는 총 6명(6승지)이므로 승정원 내에는 총 12명의 주서가 있었으므로 옳지 않다.
② 승정원에는 도승지를 필두로 좌승지, 우승지, 좌부승지, 우부승지, 동부승지 이렇게 6승지가 있었는데 이들은 모두 같은 품계인 정3품 당상관이었으므로 옳지 않다.
④ 좌부승지가 병방의 업무를 담당했다는 것이지 소속이 병조라는 것은 아니다. 좌부승지를 포함한 6승지는 모두 승정원에 속해있는 관리들이다.

⑤ 주서를 역임한 직후에는 성균관 전적이나 예문관 한림 등을 거쳐, 뒤에는 홍문관 · 사간원 · 사헌부 등의 언관으로 진출하였다고 하였다. 선택지의 내용은 이를 반대로 제시하고 있으므로 옳지 않다.

33 정답 ③

정답해설

ㄴ. 1개의 적혈구는 3억 개의 헤모글로빈을 가지고 있으며 1개의 헤모글로빈에는 4개의 헴이 있다. 그리고 헴 1개가 산소 분자 1개를 운반한다고 하였다. 따라서 1개의 적혈구에는 12억 개의 헴이 있으며 이 12억 개의 헴은 산소 분자 12억 개를 운반하므로 옳다.

ㄹ. SPF 40은 자외선 차단 시간이 15분×40=600분(10시간)이므로 옳다.

오답해설

ㄱ. 피부색은 멜라닌, 카로틴 및 헤모글로빈이라는 세 가지 색소에 의해 나타나는 것이지 멜라닌의 종류에 의해 결정되는 것이 아니다. 또한 제시문에서는 멜라닌의 종류에 대한 내용은 언급되고 있지도 않다.

ㄷ. SPF는 자외선 B를 차단해주는 시간을 나타낼 뿐 차단 정도(양)와는 관계가 없다고 하였으므로 옳지 않다.

34 정답 ④

정답해설

영국에서 식품의약품법이 제정된 것은 1860년이고, 식품첨가물법이 제정된 것은 1872년이므로 둘 사이의 간격은 10년이 넘는다.

오답해설

① 불량식품 문제는 유럽대륙이나 북아메리카에서도 흔히 볼 수 있었던 일이라고 하였으므로 옳다.

② 1850년 발간된 의학잡지 『란세트』에서 식품 분석을 위한 영국 위생위원회가 창설된다고 발표하였으므로 옳다.

③ 빅토리아 시대에 보도된 불량식품 기사들에는 빵이나 홍차가 등장하였다.

⑤ 초콜릿 견본 70개 가운데 벽돌가루가 들어간 것의 비율이 50%를 넘기 위해서는 35개 이상이어야 하는데 실제 조사결과 벽돌가루를 이용해 적갈색을 낸 초콜릿이 39개에 달하였다.

35 정답 ⑤

정답해설

베너그렌이 개발한 알베그식 모노레일은 1957년에 완성되었고, 사페즈식 모노레일 시험선은 1960년에 오를레앙 교외에 건설되었으므로 옳다.

오답해설

① 세 번째 문단에서 기존의 강철레일 · 강철바퀴 방식에서 콘크리트 빔 · 고무타이어 방식으로 개량된 것이 1958년이라고 하였으므로 옳지 않다.

② 두 번째 문단의 독일 부퍼탈시의 사례에서 1901년에 본격적인 운송수단으로서의 역할을 하였다고 언급하고 있기 때문에 옳지 않다.

③ 첫 번째 문단에서 빔 위에 다시 레일을 고정하고, 그 위를 강철바퀴 차량이 주행하는 형식도 있다고 하였으므로 옳지 않다.

④ 밸리뷰니온사가 건설한 모노레일은 1880년경 설치된 것이며, 오를레앙 교외에 설치된 모노레일은 사페즈사가 개발하여 1960년 건설된 것이다.

36 정답 ③

정답해설

지식수준과 관여도가 모두 낮은 공중을 '비활동 공중'이라고 하는데 이들이 쟁점에 노출되어 쟁점에 대한 관여도가 높아지게 되면 '환기 공중'으로 변화한다고 하였으므로 옳다.

오답해설

① 정책의 쟁점 관리는 정책 쟁점이 미디어 의제로 전환된 후부터 진행되므로 옳지 않다.

② '비활동 공중'은 어떤 쟁점에 대해 지식수준과 관여도가 모두 낮은 공중을 말하며, 쟁점에 대한 지식수준이 높지만 관여도가 낮은 공중은 '인지 공중'이다.

④ 공중은 정책의 쟁점관리 전략에 따라 다른 유형으로 변화할 수 있다.

⑤ 인지 공중의 관여도를 높여 활동 공중으로 이끄는 것이 매우 어렵기 때문에 이들이 정책 쟁점에 긍정적 태도를 가지게 하는 것만으로도 전략적 성공이라고 하였다.

37 정답 ④

정답해설

ㄱ. '화성은 서쪽으로는 팔달산을 끼고 동쪽으로는 낮은 구릉의 평지를 따라 쌓은 평산성인데, 종래의 중화문명권에서는 찾아볼 수 없는 형태였다.'고 하였고, '창룡문 등 4대문을 비롯한 각종 방어시설들이 있었다.'고 하였으므로 옳다.

ㄴ. '화성의 성곽은 문루 4개~은구 2개의 시설물로 이루어져 있었으나, 이 중 수해와 전쟁으로 7개 시설물(수문 1개~은구 2개)이 소멸되었다.'고 하였으므로 옳다.

ㄷ. '창룡문 · 장안문 · 화서문 · 팔달문 등 4대문을 비롯한 각종 방어시설들을 돌과 벽돌을 섞어서 쌓은 점은 화성만의 특징이라 하겠다.'고 하였으므로 옳다.

오답해설

ㄹ. '정약용은 동서양의 기술서를 참고하여 『성화주략』(1793년)을 만들었고, 이것은 화성 축성의 지침서가 되었다.'고 하였으므로 옳지 않다.

38 정답 ⑤

정답해설

ㄴ. '사족은 유향소를 만들어 중앙정부가 군현에 파견한 수령을 견제하였다.'고 하였으므로 옳지 않다.

ㄷ. '중앙정부는 서울에 경재소란 통제기구를 마련한 뒤 유향소를 부활시키고, 유향소의 폐단을 막고자 노력하였다.'고 하였으므로 옳지 않다.

ㄹ. '임진왜란 이후에는 수령권이 강화되면서 유향소의 지위가 격하되었다.'고 하였으므로 옳지 않다.

오답해설

ㄱ. '조선 시대 사족은 스스로 유향소를 만들어 향촌민을 원활히 통제하고자 하였다.'고 하였으므로 옳다.

39

정답 ⑤

정답해설

'여왕벌에서 여왕 물질이라는 선분비물이 나오고 여왕벌과 접촉하는 일벌은 이 물질을 더듬이에 묻혀 벌집 곳곳에 퍼뜨린다. 이 물질의 전달을 통해서 여왕벌의 건재함이 알려져서 새로운 여왕벌을 키울 필요가 없다는 사실이 집단에게 알려지는 것이다.'라고 하였으므로 옳다.

오답해설

① '암컷인 일벌과 여왕벌은 침이 있으나 수컷인 수벌은 침이 없다.'고 하였으므로 옳지 않다.
② '암컷인 일벌'이라고 하였으므로 옳지 않다.
③ '일벌은 꽃가루를 모으고, 파수병의 역할을 하며'라고 하였으므로 옳지 않다.
④ '일벌이 낳은 알은 미수정란이므로 수벌이 된다.'고 하였으므로 옳지 않다.

40

정답 ①

정답해설

'신분에 관계없이 유교식 제사가 집집마다 퍼졌기 때문에 생선을 찌는 조리법이 널리 받아들여졌다.'고 하였으므로 옳다.

오답해설

② '1830년대 중반 이후 밀입국한 신부 샤를 달레가 집필한 책에 생선을 생으로 먹는 조선시대의 풍습이 소개되어 있다.'고 하였으므로 옳지 않다.
③ 『규합총서』는 1809년에 쓰여진 책이고, 샤를 달레가 입국한 것은 1830년대 중반 이후이므로 샤를 달레가 『규합총서』를 집필했을 가능성은 없다고 보아야 한다.
④ '통째로 모양을 유지시키면서 접시에 올리려면 굽거나 찌는 방법 밖에 없다.' 고 하였으므로 두 방법 모두 생선을 통째로 올릴 수 있다. 단지, 굽는 방법을 사용할 경우 생선의 입이 뒤틀리는 문제가 있을 뿐이므로 옳지 않다.
⑤ '간디스토마라는 질병의 실체를 알게 된 것은 일제 시대에 들어오고 나서다.' 라고 하였으므로 옳지 않다.

41

정답 ①

정답해설

ㄱ. 질병의 조기진단을 통해 뒤늦은 진단 및 오진으로 발생하는 사회적 비용을 최소화할 수 있고, 생존율 역시 말기진단의 경우에 비해 4배 이상 증가하였다고 하였으므로 옳다.
ㄷ. 현재 한국에는 약 800대의 MRI기기가 도입되어 있으며 이는 인구 백만 명당 16대꼴이다. 이는 유럽이나 기타 OECD 국가들에 뒤지지 않는 보급률이라고 하였으므로 옳다.

오답해설

ㄴ. CT가 조기진단을 가능케 하는 진단영상기기인 것은 맞으나 다른 기기에 비해 부드러운 조직의 미세한 차이를 구분하고 신체의 이상 유무를 밝히는 데 탁월한 것은 MRI이므로 옳지 않다.
ㄹ. 제시문을 통해서는 전 세계와 한국의 MRI 산업 시장규모가 매년 얼마나 늘어나고 있는지만 알 수 있을 뿐, 현재의 시장규모가 어느 정도인지는 알 수 없으므로 옳지 않다.

42

정답 ④

정답해설

'남독일의 뮌헨 맥주는 홉의 쓴맛보다 맥아 본래의 순한 맛에 역점을 둔 강하지 않고 진한 맥주다.'라고 하였으므로 옳다.

오답해설

① '축제는 2주간 열리고 10월 첫째 주 일요일이 마지막 날로 정해져 있다'고 하였다. 이때 10월 11일이 일요일이라면 그 전주인 10월 첫째주 일요일은 10월 4일이 되므로 2주간의 축제기간을 만족시키려면 9월 21일에 축제가 시작되어야 한다.
② '축제 기간에 뮌헨에 숙박하려면 보통 어려운 게 아니며, 저렴하고 좋은 호텔은 봄에 이미 예약이 끝난다.'고 하였다. 즉, 저렴하고 좋은 호텔이 아니라면 호텔에 숙박할 수도 있으므로 옳지 않다.
③ '옥토버페스트는 1810년 바이에른 황태자와 작센에서 온 공주의 결혼을 축하하기 위해 개최한 경마대회가 시초이다.'라고 하였으므로 옳지 않다.
⑤ 14일 동안 총 10개의 텐트에서 510만 리터의 맥주가 소비되었으므로 2개의 텐트를 설치한 맥주 회사에서 만든 맥주는 하루에 평균적으로 약 7만 3천 리터{(=510만 리터÷14)×(2÷10)}가 소비되었을 것이므로 옳지 않다.

43

정답 ②

정답해설

ㄱ. 통제영 귀선의 포구멍은 좌우 방패판 각각 22개(총 44개), 거북머리 위의 2개, 2개의 문 옆에 1개씩(총 2개), 좌우 복판에 각각 12개(총 24개)이므로 72개이다. 그리고 전라좌수영 귀선의 포구멍은 거북머리 아래의 2개, 현판 좌우 각각 10개(총 20개), 복판 좌우 각각 6개(총 12개)이므로 34개이다.
ㅁ. 통제영 귀선은 좌우에 노를 각각 10개씩 설치했다고 하였으므로 총 20명이 필요하고, 전라좌수영 귀선은 좌우에 각각 8개씩 설치했다고 하였으므로 총 16명이 필요하다.

오답해설

ㄴ. 선장이 쓰는 방은 왼쪽 포판 위에 있으므로 옳지 않다.
ㄷ. 포판 위에 쇠못을 박아두었다는 내용은 제시문을 통해서는 알 수 없으므로 옳지 않다.
ㄹ. 용머리를 제시문의 거북머리로 이해할 경우, 통제영 귀선의 거북머리 위에 2개의 포구멍이 있었고, 전라좌수영 귀선 거북머리 아래에 2개의 포구멍이 있었다는 점에서 포를 쏘는 곳이었음은 추론할 수 있다. 하지만 그것이 귀선만의 특징인지는 알 수 없으므로 옳지 않다.

44

정답 ①

정답해설

ㄱ. 태종 대는 중국이 명나라 때였으므로 '유명증시'를 맨 앞에 붙였으며, 그 다음으로 중국이 내려준 시호인 사시인 '공정', 묘호 '태종', 상시 '성덕신공문무광효'를 붙여서 쓴 후 마지막에 '대왕'을 붙였다.
ㄴ. 우주는 묘호, 상시, 대왕의 순서로 붙여서 썼으므로 묘호 '태종', 상시 '성덕신공문무광효'를 붙여서 쓴 후 마지막에 '대왕'을 붙였다.

오답해설

ㄷ. 인조 사후는 청나라로 바뀐 이후이므로 중국이 인조에게 내린 시호는 사용하지 않았다. 따라서 인조의 연주는 '인조헌문열무명숙순효대왕'이 될 것이므로 옳지 않다.

ㄹ. 우주는 묘호, 상시, 대왕의 순서로 붙여서 썼으며, 청나라 이후의 연주는 명나라 시절의 유명증시와 사시를 뺀 묘호, 상시, 대왕의 순서로 붙여서 썼으므로 둘은 동일하게 표시되어 있을 것이다.

45

정답 ④

정답해설

ㄱ. 조선 시대 궁녀가 받는 보수에는 의전, 선반, 삭료의 세 가지가 있다고 하였는데, 이 중 봄, 가을에 궁녀에게 포화를 내려주는 것을 의전이라고 하고, 곡식과 반찬거리 등의 현물로 지급되는 매달 주는 봉급을 삭료라고 하였으므로 옳다.

ㄷ. 반공상으로 지급되는 북어는 1태 5미이고, 온방자로 지급되는 북어는 1태인데, 반방자는 온방자의 절반이라고 하면서 북어 10미를 지급하였으므로 1태는 20미임을 알 수 있다. 따라서 반공상과 온방자를 통해 받는 2태 5미는 45미를 의미하므로 옳다.

ㄹ. 궁녀는 공상과 방자를 받게 되는데, 공상 중 가장 적은 것은 반반공상(쌀 4두, 콩 1두 5승, 북어 13미)이고, 방자는 지급되지 않는 경우도 있기 때문에 공상 중 반반공상에 해당하는 삭료가 궁녀가 받을 수 있는 가장 적은 삭료임을 알 수 있다.

오답해설

ㄴ. 온공상과 반공상, 반반공상을 비교하면 온공상은 반공상의 2배가 아니고, 반공상도 반반공상의 2배가 아니므로 옳지 않다.

04 규칙의 적용 및 변경

46

정답 ④

정답해설

먼저 주어진 조건에 따라 각각의 기술능력 평가점수를 구하면 甲(68점), 乙(65점), 丙(69점), 丁(70점), 戊(65점)인데, 만점의 85%인 68점 미만의 점수를 받으면 선정에서 제외된다고 하였으므로 乙과 戊가 제외된다.

이제 남은 세 업체의 합산 점수를 구하면 甲(81점), 丙(84점), 丁(84점)이므로 丙과 丁이 동점이다. 따라서 기술능력 평가점수가 더 높은 丁이 사업자로 선정된다.

47

정답 ④

정답해설

• 甲 : 의료법인 근로자에 해당하므로 참여 가능하다.
• 丙 : 대표는 참여 대상에서 제외되지만 사회복지법인의 대표이므로 참여 가능하다.
• 戊 : 임원은 참여 대상에서 제외되지만 비영리민간단체의 임원이므로 참여 가능하다.

오답해설

• 乙 : 회계법인 소속 노무사에 해당하므로 참여 불가능하다.
• 丁 : 대기업 근로자에 해당하므로 참여 불가능하다.

48

정답 ③

정답해설

甲~丙의 작년과 올해 성과급을 구하면 다음과 같다.

구분	작년	올해
甲	1,050만 원(=3,500만 원×30%)	1,600만 원(=4,000만 원×40%)
乙	1,000만 원(=4,000만 원×25%)	1,600만 원(=4,000만 원×40%)
丙	450만 원(=3,000만 원×15%)	350만 원(=3,500만 원×10%)

丙은 작년에 비해 올해 성과급이 감소한다.

오답해설

① 甲의 작년 성과급은 1,050만 원이다.
② 甲과 乙의 올해 성과급은 1,600만 원으로 같다.
④ 丙의 올해 연봉과 성과급의 합은 800만 원으로 셋 중 가장 작다.
⑤ 丙은 성과급이 감소하였으므로 제외하고 甲과 乙을 비교해보면 올해의 성과급은 같은 반면 작년의 성과급은 乙이 작다. 따라서 상승률은 乙이 더 크다.

49

정답 ②

정답해설

甲은 정책연구용역 계약을 긴급계약으로 의뢰하려고 하므로 총소요기간은 1+2+10+1+10+7=31일이다. 4월 30일은 계약 체결 마지막 절차인 우선순위 대상자와의 협상이 끝난 다음 날이어야 한다. 따라서 계약 의뢰는 3월 30일에, 공고 종료 후 결과통지는 4월 12일에 이루어져야 한다.

50

정답 ④

정답해설

ㄴ. B의 허가가 취소되지 않으려면 최종심사 점수가 60점 이상이어야 한다. B의 감점 점수는 15.5점, ㉣를 제외한 기본심사 점수는 57점이므로 다음과 같은 식이 성립해야 한다.

57+㉣−15.5≥60

∴ ㉣≥18.5 (단, ㉣는 자연수)

그러므로 ㉣는 19점 이상이어야 한다.

ㄷ. C의 최종점수는 64점으로 허가정지이다. 만약 C가 2020년에 과태료를 부과 받은 적이 없다면 C의 최종점수는 8점 상승하여 72점이 되고 재허가로 판정 결과가 달라진다.

오답해설

ㄱ. A의 ㉣ 항목 점수가 15점이라면 A의 최종심사 점수는 75−9=66점이 되고 A는 이에 따라 허가 정지를 받는다.

ㄹ. 기본심사 점수와 최종심사 점수 간의 차이는 감점 점수의 크기와 같으므로 각 사업자의 감점 점수를 비교해야 한다. 각 사업자의 감점 점수를 구하면 A는 9점, B는 15.5점, C는 14점이므로 점수 간의 차이가 가장 큰 사업자는 B이다.

51

정답 ①

정답해설

먼저, 전문의 수가 2명 이하이거나, 기존 의료기관까지의 거리가 1km 미만인 乙과 戊를 제외한 나머지 세 곳의 점수를 계산하면 다음과 같다.

구분	인력	경력	인력+경력	행정처분	지역별 분포	총합
甲	8	14	22	2	4.4	28.4
乙	10	10	20	10	−4	26
丙	8	20	28	2	−5.6	24.4

따라서 산재보험 의료기관으로 지정되는 것은 甲이다.

52

정답 ③

정답해설

ㄱ. E시에서 홀수일에는 차량번호가 홀수로 끝나는 차량의 운행이 제한되므로 1234인 차량은 운행 가능하다.

ㄹ. D시에서 토요일에는 차량 운행에 제한이 없으며, E, F시에서는 홀수일에 차량번호가 홀수로 끝나는 차량의 운행이 제한되므로 9790인 차량이 운행 가능하다. 따라서 D시에서 F시로 이동할 수 있다.

오답해설

ㄴ. A시에서 짝수일에는 차량번호가 짝수로 끝나는 차량의 운행이 제한되므로 5639인 차량은 운행 가능하다. 하지만, D시의 경우 목요일에는 차량번호가 4 또는 9로 끝나는 차량의 운행이 제한되므로 5639인 차량은 운행이 불가능하다.

ㄷ. A시와 H시는 제한 대상에 있어서 서로 역의 관계에 있으므로 동일한 날에 두 도시를 동시에 방문하는 것은 불가능하다.

53

정답 ①

정답해설

ㄱ. 5의 배수는 A×5로 표현되므로 30은 6×5, 즉 여섯 개의 다섯으로 바꿔서 나타낼 수 있다. 이에 따라 30은 otailuna(6×5)로 표현된다.

ㄴ. 중간에 i가 들어있다는 것은 i의 앞과 뒤를 더한 숫자라는 것을 의미하므로 ovariluna i tolu는 ovari+tolu로 나타낼 수 있다. 여기서 ovari는 다시 o+vari로 분해되어 9임을 알 수 있고, ovari+luna는 ㄱ에서 살펴본 것과 같은 논리로 아홉 개의 다섯으로 해석할 수 있으므로 45임을 알 수 있다. 여기에 i 뒤의 tolu(3)을 더하면 결과적으로 해당되는 숫자는 48이 된다.

54

정답 ①

정답해설

사업별로 평가대상 여부를 판단해보면 다음과 같다.

• 甲사업

– A평가 : 총사업비가 520억 원이지만 국비지원 규모가 100억 원에 불과하여 기준에 미달된다. 따라서 A평가의 대상이 아니다.

– B평가 : 도시개발사업은 B평가의 대상에 포함된다.

– C평가 : 부지면적이 12만 5천m^2으로 기준에 포함되므로 C평가의 대상에 해당한다.

• 乙사업

– A평가 : 법령에 따라 추진되는 사업이므로 A평가의 대상이 아니다.

– B평가 : 철도건설사업은 B평가의 대상에 포함된다.

– C평가 : 정거장이 7개소이고, 총길이가 18km으로 기준에 포함되므로 C평가의 대상에 해당한다.

따라서 甲, 乙사업 모두 B, C 두 개의 평가를 받아야 한다.

55

정답 ②

정답해설

8월 16일에 신청한 경우 9월 1일에 신청한 것으로 보므로 6일까지 시장의 승인이 있어야 하며, 관련기관의 정비는 13일에 완료되어야 하고, 정비결과는 16일까지 시장에게 보고되어야 한다.

오답해설

① 홀수달 1일에 하지 않은 신청은 그 다음 홀수달 1일 신청한 것으로 간주하므로 7월 2일에 정류소 명칭 변경을 신청한 경우 9월 6일까지는 승인 여부를 결정해야 한다.

③ 아파트 명칭은 4순위에 해당하며, 서점 등 기타의 명칭은 5순위이므로 '가나3단지아파트 · 가나서점'으로 변경해야 한다.

④ 전체 글자 수는 15자 이내로 제한하므로 '다라중학교 · 다라동1차아파트'(13자)는 명칭 부여기준에 적합하다.

⑤ 글자 수는 15자 이내이지만 명칭 수를 2개 이내로 제한한다는 규정이 있으므로 올바르지 않은 명칭이다.

합격 가이드

각주에서 당일은 일수에 산입하지 않는다는 조건이 주어져 있다. 이를 '초일불산입'이라고 하는데, 이런 조건이 주어질 경우에는 복잡하게 생각하지 말고 그냥 기간을 더해주면 된다.

56

정답 ①

정답해설

백신 A의 최소 접종연령이 12개월이므로 만 1세가 되는 12개월이 되는 날 1차 백신을 맞고, 2차 백신은 최소 접종간격인 12개월이 지난날인 만 2세가 되는 날보다 4일 이내로 앞당겨서 맞는다면 만 2세가 되기 전에 백신 A의 예방접종을 2회 모두 실시할 수 있다.

오답해설

ㄴ. 생후 45개월에 백신 B를 1차 접종하고 2차와 3차 접종을 최소 접종간격(각 4주, 합 8주)에 맞춰 마쳤다면 3차 접종을 생후 48개월이 되기 전에 마칠 수 있게 된다. 따라서 이 경우에는 만 4세 이후에 3차 접종을 유효하게 하지 않은 것이 되므로 4차 접종을 생략할 수 없다.

ㄷ. 백신 C의 최소 접종연령이 6주, 즉 42일이므로 40일에 1차 접종을 한 경우는 4일 이내로 앞당겨서 일찍 접종을 한 경우에 해당하여 유효하다. 그러나 2차 접종은 1차 접종 후 4주, 즉 28일 이후에 해야 하므로 최소한 생후 68일 이후에 맞아야 하나 선택지의 생후 60일은 5일 이상 앞당겨서 접종한 경우에 해당하여 무효처리된다.

57

정답 ①

정답해설

ㄱ. '첨부물이 있는 경우, 첨부 표시문 끝에 1자(2타)를 띄우고 '끝.' 표시를 한다.'고 하였으므로 옳지 않다.

ㄷ. '문서의 모든 처리절차가 전자문서시스템 또는 업무관리시스템상에서 전자적으로 처리되도록 하여야 한다.'고 하였으므로 출력한 문서에 서명한다는 것은 옳지 않다.

오답해설

ㄴ. '날짜는 숫자로 표기하되 연 · 월 · 일의 글자는 생략하고 그 자리에 온점을 찍어 표시한다.'고 하였으므로 옳다.

ㄹ. '기안문에는 행정기관의 로고 · 상징 · 마크 또는 홍보문구 등을 표시하여 행정기관의 이미지를 높일 수 있도록 하여야 한다.'고 하였으므로 옳다.

58

정답 ②

정답해설

확장형에 해당하며 일련번호가 '로'와만 결합되었으므로 옳은 도로명이다.

오답해설

① · ③ 확장형에서 일련번호는 '로'와만 결합된다고 했으므로 옳지 않은 도로명이다.

④ · ⑤ 방위형에서 어휘는 '동, 서, 남, 북'으로만 한정되고 '골목'과만 결합되었다고 하였으므로 옳지 않은 도로명이다.

59

정답 ②

정답해설

'비행기'를 연주할 때 1구간에서는 1, 2, 3번 손가락을 사용하고, 2구간에서는 3, 4, 5번 손가락을 사용하므로 옳지 않다.

오답해설

① 1구간에서 '비행기'를 연주할 경우 새끼(1), 약지(2), 중지(3) 손가락을 사용하고, 2구간에서 연주할 경우 중지(3), 약지(4), 새끼(5) 손가락을 사용하므로 옳다.

③ · ⑤ '학교종'은 '솔'로 인해 1구간에서만 연주가 가능한데, 이 경우 새끼(1), 약지(2), 중지(3), 왼쪽 엄지(5), 오른쪽 엄지(1)을 사용하므로 검지는 사용하지 않는다.

④ '비행기'는 왼손 1, 2, 3번 손가락만으로도 연주가 가능하고, 오른손 3, 4, 5번 손가락만으로도 연주가 가능하므로 옳다.

60

정답 ①

정답해설

JK3이 보낸 6자리의 신호 중 한 자리는 우주잡음에 의해 오염된다고 하였다. 이에 따라 우주센터가 받았어야 할 정확한 신호를 정리하면 000111, 000000, 111000, 000000임을 알 수 있다. 따라서 JK3는 동-북-서-북의 순으로 이동했으므로 이를 만족하는 ①이 옳다는 것을 알 수 있다.

61

정답 ①

정답해설

세 기준을 모두 충족한다.

감사	총원	연령		성별		직업(직위)	
		40대	50대	남자	여자	공무원	민간기업
현재	14	4	10	10	4	8	6
추가	15	5	10	10	5	8	7

오답해설

② ㄱ, ㄴ기준은 충족하나 ㄷ기준을 충족하지 않는다.

인사	총원	연령		성별		직업(직위)	
		40대	50대	남자	여자	공무원	민간기업
현재	34	12	22	24	10	14	20
추가	36	12	24	24	12	14	22

③ ㄱ, ㄴ기준은 충족하나, ㄷ기준을 충족하지 않는다.

홍보	총원	연령		성별		직업(직위)	
		40대	50대	남자	여자	공무원	민간기업
현재	17	7	10	12	5	10	7
추가	20	9	11	13	7	13	7

④ ㄴ, ㄷ기준은 충족하나, ㄱ기준을 충족하지 않는다.

인사	총원	연령		성별		직업(직위)	
		40대	50대	남자	여자	공무원	민간기업
현재	34	12	22	24	10	14	20
추가	38	12	26	26	12	18	20

⑤ ㄴ, ㄷ기준은 충족하나, ㄱ기준을 충족하지 않는다.

감사	총원	연령		성별		직업(직위)	
		40대	50대	남자	여자	공무원	민간기업
현재	14	4	10	10	4	8	6
추가	17	5	12	12	5	10	7

62

정답 ①

정답해설

40점(미성년 자녀 4명 이상)+15점(5년 이상 10년 미만 거주)+20점(만 45세, 무주택 기간 14년)=75점. ①, ③, ⑤ 모두 75점을 얻은 경우이므로 동점자 처리 기준을 적용해야 한다. 먼저 이 중 미성년 자녀 수가 많은 자는 ①과 ③이며, 이 둘 중 연령이 많은 가구주는 ①이므로 최우선 순위로 당첨된다.

오답해설

② 수도권 지역에 거주하는 무주택 가구주가 아니므로 신청자격이 없다.
③ 40점(미성년 자녀 4명 이상)+10점(1년 이상 5년 미만 거주)+15점(만 37세, 무주택 기간 15년)+10점(6세 미만 영유아 2명)=75점
④ 35점(미성년 자녀 3명)+15점(1년 이상 5년 미만 거주)+20점(만 47세, 무주택 기간 20년)=70점
⑤ 35점(미성년 자녀 3명)+20점(10년 이상 거주)+20점(만 45세, 무주택 기간 10년)=75점

63

정답 ③

정답해설

ㄱ. 800cc인 경차의 경우 FTA가 발효되어도 특별소비세와 자동차세 세율에 변화가 없으므로 옳다.
ㄴ. 1,600cc인 국산 신차의 경우 자동차세의 세율은 FTA 발효 전과 후가 동일하지만 특별소비세의 경우 FTA 발효 후에는 면제되므로 옳다.
ㄷ. 2,000cc 초과차량의 특별소비세율은 FTA 발효 시 8%로, 3년 후 5%로 인하한다고 하였으므로 옳다.

오답해설

ㄹ. 보유 시 부과되는 자동차세의 경우 FTA 발효 후 대형차는 세율이 cc당 200원으로 인하되므로 옳지 않다.

64

정답 ③

정답해설

확정신고분(코드 1)의 자진납부에 대한 무납부고지의 결정구분코드는 '5'이므로 옳지 않다.

오답해설

① 코드 1~4가 납부에 대한 것인데, 코드 1과 코드 3에서는 수정신고분을 명시적으로 제외하고 있으며 코드 4는 원천세에 해당하는 것이므로 남은 코드 2가 수정신고 자진납부분에 해당한다.
② 납세의무자가 실제 납부하는 연도와 달이 2011년 4월이므로 납부연월은 '1104'이고, 확정분 자진납부에 해당하므로 결정구분코드는 '1', 세목은 개별소비세이므로 '47'이다.
④ 납부연월은 '1210'이고, 예정신고 자진신고납부분의 결정구분코드는 '3', 세목은 양도소득세이므로 '22'이다.
⑤ 납부연월은 '1002'이고 원천세 자진납부분의 결정구분코드는 '4', 세목은 갑종근로소득세이므로 '14'이다.

65

정답 ④

정답해설

23일(일) 오전 10시에 포항에서 출발하여 오후 1시에 울릉도에 도착한 후, 24일(월) 오후 6시에 호박엿 만들기 체험에 참여한다. 그리고 25일(화) 오전 8시부터 오전 11시까지 독도 여행을 진행한 후 26일(수) 오후 3시에 울릉도에서 출발하여 오후 6시에 포항에 도착하는 일정의 여행이 가능하다.

오답해설

① 이 기간 중 독도 여행이 가능한 날은 18일(화)뿐인데 이 날은 파고가 3.2m이므로 모든 노선의 선박이 운행되지 않는다. 따라서 불가능한 일정이다.
② 21일(금)에 술을 마신 관계로 22일(토)에 선박을 탈 수 없어 포항으로 귀환이 불가능하다.
③ 20일(목) 오전 10시에 포항에서 출발하여 오후 1시에 울릉도에 도착한 후, 21일(금) 오후 6시에 호박엿 만들기 체험에 참여할 수 있다. 그러나 일정상 매주 화요일과 목요일에 운행하는 독도를 돌아보는 선박을 탈 수 없다. 따라서 불가능한 일정이다.
⑤ 25일(화) 오전 10시에 포항에서 출발할 경우 이후 요일별 가능한 일정을 고려할 때 호박엿 만들기 체험과 독도 여행에 참여할 수 없으므로 불가능한 일정이다.

05 논리퍼즐

66

정답 ②

정답해설

5번(홀수)을 눌렀다면 그 층에서 멈출 것이므로 5번 누른 버튼은 4층, 5층, 6층 이상(A), 6층 이상(B) 중 하나(편의를 위해 4층을 5번 눌렀다고 가정함)일 것이다. 그런데 다른 버튼들을 1번 이하로만 눌렀다면 5층, 6층 이상(A), 6층 이상(B)을 1번씩 누르고 나머지 버튼에서 1번씩 2개층을 눌러야 한다. 이렇게 될 경우는 4층~6층 이상(B)이 아닌 다른 층들에도 정지하게 되므로 모순된다.

오답해설

ㄱ · ㄹ. 어떤 사람이 4층~6층 이상(B)이 아닌 다른 층을 6회 누르고 다른 사람이 4층~6층 이상(B)을 누른 경우를 생각해 볼 수 있다.

ㄷ. 6층 이상(B)을 5번 누르고 6층 이상(A)을 3번, 5층과 4층을 각각 1번씩 누른 경우를 생각해 볼 수 있다.

합격 가이드

이 문제와 같이 임의로 특정 변수를 지정하는 것(예를 들어 4층을 누른 것으로 가정하는 경우)이 편한 문제들이 많이 등장하고 있다. 다른 조건들에서 명확하게 제한을 하고 있지 않다면 보다 직관적으로 풀이가 가능하다.

67

정답 ④

정답해설

주어진 조건을 토대로 4, 5회차를 제외한 세 사람의 문제 풀이 결과를 정리하면 다음과 같다.

구분	1	2	3	4	5	6	7
甲	1 ○	3 ○	7 ×	4		○	×
乙	1 ○	3 ○	7 ○	15		×	○
丙	1 ○	3 ×	2 ○	5		○	×

- 甲이 4회차에 4번 문제를 틀렸다면 5회차에 3번을 풀어야 하는데, 이는 같은 문제를 두 번 풀지 않는다는 조건에 위배된다. 따라서 甲은 4번을 맞추었다.
- 乙이 4회차에 15번 문제를 맞추었다면 5회차에 25번을 풀고 그 이후로는 문제를 풀지 않아야 한다는 조건에 위배된다. 따라서 乙은 15번을 틀렸다.
- 丙이 4회차에 5번 문제를 틀렸다면 5회차에 3번을 풀어야 하는데, 이는 같은 문제를 두 번 풀지 않는다는 조건에 위배된다. 따라서 丙은 5번을 맞추었다.

여기까지의 결과를 정리하면 다음과 같다.

구분	1	2	3	4	5	6	7
甲	1 ○	3 ○	7 ×	4 ○	9	○	×
乙	1 ○	3 ○	7 ○	15 ×	8	×	○
丙	1 ○	3 ×	2 ○	5 ○	11	○	×

乙이 5회차에 8번 문제를 틀렸다면 6회차에 5번, 7회차에 3번을 풀어야 하는데, 이는 같은 문제를 두 번 풀지 않는다는 조건에 위배된다. 따라서 乙은 8번을 맞추었다. 그런데 7회차까지 세 사람이 맞힌 정답의 개수가 같다고 하였으므로 甲과 丙 역시 해당되는 문제를 맞추었음을 알 수 있다.

이제 위의 결과를 최종적으로 정리하면 다음과 같다.

구분	1	2	3	4	5	6	7
甲	1 ○	3 ○	7 ×	4 ○	9 ○	○	×
乙	1 ○	3 ○	7 ○	15 ×	8 ○	×	○
丙	1 ○	3 ×	2 ○	5 ○	11 ○	○	×

ㄴ. 4회차에는 甲과 丙 두 명이 정답을 맞췄다.

ㄹ. 위 표를 토대로 판단해보면 乙은 6회차에 17번, 7회차에 9번을 풀었다.

오답해설

ㄱ. 4회차에 甲은 4번, 丙은 5번을 풀었다.

ㄷ. 5회차에는 세 명 모두 정답을 맞췄다.

68

정답 ①

정답해설

A가 E와 함께 참석한다면, F도 같이 참석해야 한다. 그런데 식사인원은 최대 4명이므로 (갑, A, E, F)를 한 조로 묶을 수 있다. 다음으로 C와 D는 함께 식사하지 않는다고 하였으므로 C가 들어간 조와 D가 들어간 조로 나누어 생각해보자. 남은 사람은 B와 G인데 G는 부팀장과 함께 식사한다고 하였으므로 B와 G는 하나의 세트로 묶을 수 있다. 그렇다면 갑, B, G가 고정된 상태에서 C 혹은 D를 추가로 묶어 한 조가 됨을 알 수 있다. 그런데 이렇게 될 경우 C 혹은 D 중 한 명은 갑과 단 둘이 식사를 해야 하는 상황이 되고 만다. 이를 표시하면 아래와 같다.

갑	A	B	C	D	E	F	G
○	○	×	×	×	○	○	×
○	×	○	○/×	×/○	×	×	○
○	×	×	×/○	○/×	×	×	×

따라서 A와 E는 함께 환영식사에 참석할 수 없다.

오답해설

② 가능한 경우를 판단해보면 (갑, B, C), (갑, E, F), (갑, A, D, G)가 가능하다.

③ 가능한 경우를 판단해보면 (갑, A, C, G), (갑, B, D), (갑, E, F)가 가능하다.

④ D와 E가 함께 참석한다면 F도 함께 참석해야 하므로 (갑, D, E, F)를 한 조로 묶을 수 있다. 그런데 부팀장 A와 B는 함께 식사할 수 없으므로 A와 B는 각각 다른 조에 편성이 되어야 한다. 전체 인원으로 인해 남은 조는 2개 뿐이므로 C는 부팀장인 A 또는 B와 같은 조에 편성될 수 밖에 없다.

⑤ G는 부팀장 A 또는 B와 함께 식사해야 하므로 갑, 부팀장1, G의 3명을 일단 묶을 수 있는데 E와 F는 같이 식사해야 하므로 이들은 이 조에 편성될 수 없다. 그렇다면 남은 것은 부팀장2, C, D인데 부팀장2는 같이 식사를 할 수 없으므로 이 조가 4명이 되기 위해서는 C 혹은 D 중 한 명이 이 조에 편성되어야 한다. 다음으로 갑과 E, F가 묶여진 조를 생각해볼 수 있는데 이 조에는 더 이상 다른 인원이 들어갈 수 없다. 왜냐하면 남은 사람은 B와 D뿐인데 이들이 나뉘게 될 경우 (갑, E, F)조에 들어가지 않은 사람인 갑과 단둘이 식사를 해야 하기 때문이다. 따라서 (갑, E, F)가 하나의 조로 묶이게 되며, 이를 표시하면 아래와 같다.

갑	A	B	C	D	E	F	G
○	○	×	○	×	×	×	○
○	×	×	×	×	○	○	×
○	×	○	×	○	×	×	×

69

정답 ④

정답해설

주어진 조건에 따라 연구실 번호와 연구원, 책 제목을 연결하면 다음과 같다.

연구실 번호	311	312	313	314	315
연구원	E	D	B	A	C
책 제목	「전환이론」	「공공정책」	「연구개발」	「사회혁신」	「복지실천」

따라서 옳게 짝지어진 것은 ④이다.

70

정답 ③

정답해설

A부서 주무관 5명이 오늘 해야 하는 일의 양은 모두 같으므로 이를 1로 두고 현재까지 한 일과 남겨 놓고 있는 일의 양을 구하면 다음과 같다.

丙만 현재까지 한 일과 남겨 놓고 있는 일을 자신을 기준으로 제시했기 때문에 丙의 일의 양을 제일 먼저 판단한다.

구분	현재까지 한일	남겨 놓고 있는 일
甲	$\frac{1}{6}$	$\frac{5}{6}$
乙	$\frac{1}{3}$	$\frac{2}{3}$
丙	$\frac{2}{3}$	$\frac{1}{3}$
丁	$\frac{5}{6}$	$\frac{1}{6}$
戊	$\frac{1}{3}$	$\frac{2}{3}$

따라서 현재 시점에서 두 번째로 많은 양의 일을 한 사람은 丙이다.

71

정답 ④

정답해설

ㄱ. 3라운드까지의 결과를 정리하면 다음과 같다.

구분	1라운드	2라운드	3라운드	합계
A팀	가위(승:2점)	가위(승:2점)	바위	4점
B팀	보	보	보(승:0점)	0점

따라서 두 팀의 점수의 합은 4점이다.

ㄷ. 4라운드와 5라운드의 선수배치가 다음과 같다면 최종점수 4 : 5로 B팀이 승리할 수 있다.

	4라운드	5라운드
A팀	가위	보
B팀	바위(승:3점)	가위(승:2점)

오답해설

ㄴ. A팀이 잔여 라운드에서 모두 오른손잡이(보)를 출전시키는 경우 가능한 경우를 정리하면 다음과 같다.

구분	4라운드		5라운드	
	경우 1	경우 2	경우 1	경우 2
A팀	보(승:0점)	보	보	보(승:0점)
B팀	바위	가위(승:2점)	가위(승:3점)	바위

경우 1에서는 A팀이 추가점을 얻지 못한 반면, B팀은 3점을 얻어 최종점수 4 : 3으로 A팀이 승리한다. 그리고 경우 2에서도 A팀이 추가점을 얻지 못한 반면, B팀은 2점을 얻는 데 그쳐 최종점수 4 : 2로 A팀이 승리한다.

72

정답 ①

정답해설

먼저 청소 횟수가 가장 많은 C구역을 살펴보면, 이틀을 연달아 같은 구역을 청소하지 않는다고 하였으므로 다음의 경우만 가능함을 알 수 있다.

일	월	화	수	목	금	토
C		C	×		C	

다음으로 B구역을 살펴보면, B구역은 청소를 한 후 이틀간은 청소를 할 수 없다고 하였으므로 토요일은 불가능함을 알 수 있다. 만약 토요일에 B구역을 청소하면 남은 1회는 월요일 혹은 목요일에 진행해야 하는데 어떤 경우이든 다음 청소일과의 사이에 이틀을 비우는 것이 불가능하기 때문이다.

일	월	화	수	목	금	토
C	B	C	×	B	C	

그렇다면 남은 A구역은 토요일에 청소하는 것으로 확정되어 다음과 같은 일정표가 만들어지게 된다.

일	월	화	수	목	금	토
C	B	C	×	B	C	A

따라서 B구역 청소를 하는 요일은 월요일과 목요일이다.

73

정답 ④

정답해설

• 乙, 丁, 戊 : 丁이 운전을 하고, 乙이 차장이며, 부상 중인 사람이 없기 때문에 17:00에 도착하므로 丁의 당직 근무에도 문제가 없다. 따라서 가능한 조합이다.

오답해설

① 甲, 乙, 丙 : 甲이 부상인 상태이므로 B지점에 17시 30분에 도착하는데 乙이 17시 15분에 계약업체 면담을 진행할 예정이므로 가능하지 않은 조합이다.

② 甲, 丙, 丁 : 甲이 부상인 상태이므로 B지점에 17시 30분에 도착하는데 丁이 17시 10분부터 당직 근무가 예정되어 있으므로 가능하지 않은 조합이다.

③ 乙, 丙, 戊 : 1종 보통 운전면허를 소지하고 있는 사람이 없으므로 가능하지 않은 조합이다.

⑤ 丙, 丁, 戊 : 책임자로서 차장직급이 한 명은 포함되어야 하므로 가능하지 않은 조합이다.

74

정답 ⑤

정답해설

주어진 조건을 정리하면 다음과 같다.

- $A \rightarrow (C \vee F)$, $B \rightarrow G$
- $\sim(D \wedge E)$
- $A \vee C \vee F$
- $\sim A$
- $(B \vee G) \rightarrow D$
- $\sim C$

주어진 조건을 모두 만족하는 직원은 D, F, G이다.

오답해설

① A는 근무 평정이 70점 이하이므로 선발될 수 없다.
② 과학기술과 직원인 C 또는 F 중 최소한 1명은 선발되어야 하므로 옳지 않다.
③ B가 선발될 경우 G도 같이 선발되어야 하므로 옳지 않다.
④ C는 직전 인사 파견 기간이 종료된 후 2년 이상 경과하지 않아 선발될 수 없으므로 옳지 않다.

75

정답 ④

정답해설

ㄱ. 乙이 첫 번째와 두 번째 가위바위보에서 모두 이겨 각각 5번과 2번을 점령하는 경우 이후 甲이 세 번째와 네 번째에서 모두 이겨 4번과 7번을 점령한다 하더라도 세 개의 구역을 점령하는 것이 최대이므로 乙이 승리하게 된다.
ㄷ. 이 상황에서는 甲이 (3번, 7번) 혹은 (3번, 6번)을 점령하거나 乙이 (6번, 7번) 혹은 (6번, 3번)을 점령하여야 승자가 결정되므로 최소 2번 이상의 가위바위보를 해야 한다.

오답해설

ㄴ. 만약 甲이 네 번째 가위바위보를 승리하여 6번을 점령하면 乙이 최대로 점령할 수 있는 것은 총 4개의 구역이므로 甲이 승리하게 된다. 하지만 乙이 네 번째 가위바위보를 승리하였다고 하더라도 여전히 甲이 승리하는 길(예를 들어, 乙이 6번을 점령하고 이후에 甲이 3번, 4번을 점령하는 경우)이 열려있으므로 옳지 않다.

06 수리퍼즐

76

정답 ③

정답해설

분침과 시침이 바뀐 상태에서 실제 시각과 동일한 시각을 나타내는 경우는 분침과 시침이 겹치는 순간뿐이다. 이 순간은 12시에 한 번, 이후에는 매 시간마다 한 번씩 돌아오는데 구체적으로 이 시간을 구해보자. 먼저 분침은 분당 6도씩 이동하므로 이동한 분침의 각도는 6x로 나타낼 수 있으며, 시침은 분당 0.5도씩 이동하는데, 정오 이후 처음으로 겹치는 순간은 1시 이후일 것이므로 시침의 각도는 30+0.5x로 나타낼 수 있다.
이 둘이 같아지는 순간이 분침과 시침이 겹치는 순간이므로 $6x=30+0.5x$를 구하면 $x=5.45$이다. 따라서 오후 1시 5분 ○○초에 시계가 실제 시각을 가리킬 것이다.

77

정답 ②

정답해설

만약 乙이 4점 슛에 도전하지 않은 상태라면 이때 얻을 수 있는 최대 득점은 1, 2, 5회차에 모두 3점 슛을 성공시킨 9점이다. 甲이 3점 슛에 2번 도전하였을 경우의 최소 득점은 3점 슛을 1번 성공하고 2점 슛을 3번 성공시킨 9점이다. 따라서 乙이 4점 슛에 도전하지 않은 상태라면 甲에게 승리할 수 없으므로 만약 乙이 甲에게 승리하였다면 반드시 4점 슛에 도전했을 것이다.

오답해설

ㄱ. 甲이 2회차에 4점 슛을 실패하고 나머지 회차에 2점 슛을 성공시키는 경우가 합계 점수가 최소가 되는 경우인데 이때의 득점은 7점이다.
ㄷ. 선택지의 조건을 적용했을 때 乙의 최댓값보다 甲의 최솟값이 더 크다면 甲은 항상 승리하게 된다. ㄱ에서 甲의 최솟값은 7점임을 알 수 있었으며, 乙의 최댓값은 4점 슛 1번, 3점 슛 2번을 성공한 8점이다. 따라서 항상 甲이 승리하는 것은 아니다.

78

정답 ③

정답해설

만약 대화 중인 날이 7월 3일이라고 해보자. 그렇다면 어제는 7월 2일이고 그저께는 7월 1일이 되는데, 7월 1일의 만 나이가 21살이고, 같은 해의 어느 날의 만 나이가 23살이 되는 것은 불가능하다. 이는 대화 중인 날이 7월 3일 이후 어느 날이 되었든 마찬가지이므로 이번에는 앞으로 날짜를 당겨보자.
대화 중인 날이 1월 2일이라고 해보자(1월 3일은 7월 3일과 같은 현상이 발생하므로 제외한다). 그렇다면 어제는 1월 1일이고, 그저께는 12월 31일이 되는데, 1월 1일과 1월 2일, 그리고 같은 해의 어느 날의 만나이가 모두 다르게 되는 것은 불가능하다.
이번에는 대화 중인 날이 1월 1일이라고 해보자. 그렇다면 어제는 12월 31일이고 그저께는 12월 30일이 되는데 만약 12월 31일이 생일이라면 대화의 조건을 모두 충족한다.
따라서 甲의 생일은 12월 31일이며, 만 나이를 고려한 출생연도는 1999년이다. 甲의 주민등록번호 앞 6자리는 991231이 되어 각 숫자를 모두 곱하면 486이 된다.

합격

이와 같이 두뇌 테스트 같은 문제들이 종종 출제되곤 한다. 이런 문제를 만나게 되면 논리적으로 풀기보다는 이 문제의 해설과 같이 직관적인 수치를 직접 대입해서 판단하는 것이 훨씬 빠르고 정확하다. 실전에서 사용할 수도 없는 논리적인 틀을 굳이 찾아내려고 하지 말자.

79 정답 ⑤

정답해설

ㅇㅇ부처의 주무관은 총 20명이다.

i) 甲주무관의 첫 번째 발언에 의하면 성과등급이 세 단계 오른 주무관은 乙주무관 1명이다.

ii) 乙주무관의 첫 번째 발언에 의하면 작년과 동일한 성과등급을 받은 주무관은 1명이다.

iii) 甲주무관의 두 번째 발언에 의하면 작년에 비해 성과등급이 두 단계 변한 주무관 수를 n이라고 할 때 성과등급이 한 단계 변한 주무관 수는 2n이다.

따라서 이를 식으로 정리하면 20=1+1+n+2n이며, n=6이다.

그러므로 성과등급이 한 단계 변한 주무관은 2n=12명이다.

80 정답 ④

정답해설

5명으로 구성된 소조직이 a개, 6명으로 구성된 소조직이 b개 있다고 할 때 7명으로 구성된 소조직은 10 – a – b개이다.

$5a+6b+7(10-a-b)=57$

$2a+b=13$

$\therefore (a, b)=(4, 5), (5, 3), (6, 1)$ (단, $a+b < 10$)

따라서 5명으로 구성되는 소조직은 최소 4개, 최대 6개가 가능하다.

81 정답 ②

정답해설

- 현재 표시된 모든 숫자는 비밀번호에 쓰이지 않는다고 하였으므로 3, 6, 4, 9를 제외한 1, 2, 5, 7, 8, 0의 6개 숫자 중 5개가 사용된다.
- 현재의 숫자에 따라 들어갈 숫자가 짝수인지 홀수인지가 정해지는데 이에 따르면 비밀번호는 '짝–홀–홀–홀–짝'으로 구성되었다.
- 둘째 자리 숫자는 현재 둘째 자리에 표시된 '6'보다 크다고 하였으므로 가능한 것은 '7'과 '8'이다.
- 그런데 가장 큰 숫자가 첫째 자리에 온다고 하였으므로 둘째 자리에는 '7', 첫째 자리에는 '8'이 들어가야 한다. 이는 짝수–홀수의 조건에도 부합한다.
- 비밀번호는 모두 다른 숫자로 구성되어 있다고 하였으므로 셋째~다섯째에 들어갈 숫자는 1, 2, 5, 0 중 3개이다.
- 그런데 이 숫자들은 홀수–홀수–짝수로 배열되어야 하므로 셋째와 넷째에 들어갈 숫자는 1과 5이다.
- 먼저 1–5–2로 구성된 경우라면, 이는 가장 작은 숫자가 다섯째 자리에 온다는 조건에 위배되며, 1–5–0으로 구성된 경우는 인접한 두 숫자의 차이가 5보다 작아야 한다는 조건에 위배되므로 두 경우 모두 가능하지 않다.
- 다음으로 5–1–2로 구성된 경우 역시 위와 같은 이유로 조건에 위배되므로 5–1–0으로 구성된 경우만 가능하다.

따라서 비밀번호는 8–7–5–1–0이며, 둘째 자리 숫자와 넷째 자리 숫자의 합은 8이 된다.

82 정답 ①

정답해설

甲과 乙의 합계점수를 구체적으로 살펴보자.

甲의 합계점수는 1,590점인 반면, 乙의 합계점수는 1,560점(=1,250+10+50+50+200)이므로 승리자는 甲이다.

여기서 甲의 합계점수를 세부적으로 살펴보면, 이동거리에 따른 점수 1,400점과 사냥으로 인한 점수 190점으로 이루어졌음을 확인할 수 있다. 따라서 선택지에서 이를 충족하는 것은 토끼 3마리와 사슴 1마리로 구성된 ①이다. ②는 사냥으로 인한 점수가 160점에 불과하여 가능하지 않다.

합격

'가능한' 경우를 묻는 문제의 경우 굳이 백지에서 문제를 풀어내려 하지 말고 선택지를 직접 적용해 풀이하는 것이 더 효율적이다. 수험생들 중에는 평소에 선택지 없이 백지상태에서 풀어보고 실전에서는 선택지를 이용하려는 경우가 종종 있는데 이는 바람직하지 못하다.

83 정답 ②

정답해설

A~E 중 Ⓟ를 3회 이하로 이동해서 위치할 수 있는 곳은 B와 D뿐이며 그 경로를 그림에 표시하면 다음과 같다. A, C, E는 주어진 조건을 따를 경우 3회 이하로 이동하여 위치할 수 없다.

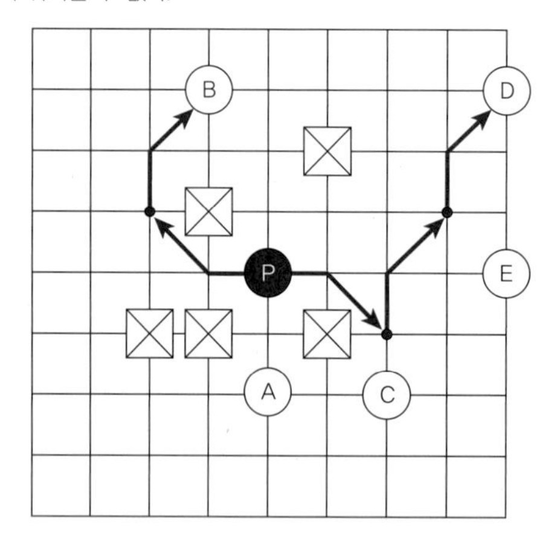

84 정답 ④

정답해설

사자바둑기사단은 라운드별로 이길 수 있는 확률이 0.6 이상이 되도록 3명을 선발한다고 하였으므로 이를 기준으로 판단해보도록 하자.

i) 1라운드

甲을 상대로 승률이 0.6 이상인 선수는 C와 E뿐이므로 2가지의 경우가 존재한다. 따라서 이후의 라운드는 이 2가지의 경우의 수로 나누어 판단한다.

ii) 1라운드에 C가 출전하는 경우

2라운드에서 가능한 경우는 A와 B가 출전하는 것이며, 이 경우 각각에 대해 3라운드에서 D, F, G가 출전할 수 있으므로 6가지 경우의 수가 존재한다.

ⅲ) 1라운드에 E가 출전하는 경우

2라운드에서 가능한 경우는 A, B, C가 출전하는 것이며, 이 경우 각각에 대해 3라운드에서 D, F, G가 출전할 수 있으므로 9가지의 경우의 수가 존재한다.

따라서 ⅱ)와 ⅲ)의 경우의 수를 합하면 총 15가지의 경우의 수가 존재함을 알 수 있다.

85 정답 ④

정답해설

흑인을 백인으로 잘못 볼 가능성이 20%이므로, 실제 흑인강도 10명 가운데 (8)명만 정확히 흑인으로 인식될 수 있으며, 실제 백인강도 90명 중 (18)명은 흑인으로 오인된다. 따라서 흑인으로 인식된 (26)명 가운데 (8)명만이 흑인이므로, 피해자가 범인이 흑인이라는 진술을 했을 때 그가 실제로 흑인에게 강도를 당했을 확률은 겨우 (26)분의 (8), 약 (31)%에 불과하다.

86 정답 ①

정답해설

만약 점 6개를 새긴 면이 존재한다면 나머지 5개의 면에 점 4개가 새겨져야 하는데, 이는 모든 면에 반드시 점을 1개 이상 새겨야 한다는 조건에 위배된다.

오답해설

ㄴ. (3, 3, 3, 3, 4, 5), (4, 4, 4, 4, 4, 1) 등의 경우가 존재하므로 옳지 않다.

ㄷ. (4, 4, 4, 4, 4, 4) 등의 경우가 존재하므로 옳지 않다.

ㄹ. (6, 6, 5, 1, 1, 1) 등의 경우가 존재하므로 옳지 않다.

87 정답 ③

정답해설

1라운드와 2라운드의 결과를 토대로 각 참가자가 얻을 수 있는 점수를 정리하면 다음과 같다.

구분	1라운드	2라운드	총점
甲	−3, 0	−3, 0	−6, −3, 0
乙	2	−3, 0	−1, 2
丙	2	2	4
丁	5	−3, 0	2, 5

ㄱ. 丁(5점), 丙(4점), 甲(0점), 乙(−1점)의 경우가 가능하므로 옳다.

ㄹ. 丙이 4점을 얻은 것이 확정되어 있으므로 丁이 우승할 수 있는 경우는 5점을 얻는 경우뿐이다.

오답해설

ㄴ. 丁이 5점을 얻었다면 丙(4점)이 2위로 확정되므로 乙과 丁이 모두 2점을 얻은 경우를 살펴보자. 이 경우에는 丙이 4점으로 1위가 되고 乙과 丁이 2점으로 동점이 되지만, 동점인 경우는 1라운드 고득점 순으로 순위를 결정한다고 하였으므로 丁(1라운드 5점)이 乙(1라운드 2점)에 앞서게 된다. 따라서 乙이 준우승을 할 수 있는 경우는 없으므로 옳지 않다.

ㄷ. 丙은 4점을 얻은 것이 확정되어 있으므로 丙이 우승을 하기 위해서는 다른 참가자들의 점수가 4점보다 낮아야 한다. 이때, 각 참가자가 얻을 수 있는 점수를 토대로 하면 甲과 乙의 점수는 항상 丙의 점수보다 낮기 때문에 계산하지 않아도 된다. 丁의 경우 모든 라운드에서 공을 넣었다면 총점이 5점이 되어 丙보다 높은 점수를 얻게 되므로 1라운드에서 공을 넣고 2라운드에서는 공을 넣지 않아야 한다. 따라서 丙이 우승했을 때 확정지을 수 있는 구멍 안에 들어간 공의 개수는 丙이 넣은 2개와 丁이 넣은 1개 총 3개이다. 이때, 우승 결과에 영향을 주지 않는 甲과 乙의 경우 모든 라운드에서 공이 구멍 안에 들어가지 않았을 수도 있으므로 네 명이 구멍 안에 넣은 공은 5개 이하도 가능하다.

88 정답 ④

정답해설

주어진 자료를 정리하면 다음과 같다.

구분	1~3라운드의 합	4~5라운드의 합	점수 합
甲	9	7	16
乙	11	6	17
丙	13	5	18

4~5라운드의 경우 한 라운드에서는 3명의 점수가 같았고, 다른 한 라운드에서는 1점을 얻은 사람이 있었다고 하였다. 따라서 4~5라운드의 합이 가장 작은 丙이 1점을 얻은 사람이라는 것을 추론할 수 있다. 따라서 이를 근거로 자료를 다시 정리하면 다음과 같다.

구분	1라운드	2라운드	3라운드	4라운드	5라운드	점수 합
甲	2	4	3	4	3	16
乙	5	4	2	4	2	17
丙	5	2	6	4	1	18

단, 4라운드와 5라운드의 점수의 순서는 바뀌어도 무방하다.

ㄱ. 4라운드와 5라운드의 합이 가장 많은 것은 甲(7회)이므로 옳다.

ㄷ. 丙의 점수는 5점−2점−6점−4점−1점이므로 옳다.

ㄹ. 각각 단독으로 1위를 한 횟수는 甲이 1회(1라운드), 乙이 1회(3라운드), 丙이 2회(2라운드, 5라운드)이므로 옳다.

오답해설

ㄴ. 바둑돌을 한 번 튕겨서 목표지점에 넣은 사람은 1점을 얻은 丙이므로 옳지 않다.

89 정답 ⑤

정답해설

ㄴ. 甲과 乙이 펼치는 쪽 번호는 (1,2,0)과 (1,2,1)으로 동일하여 무승부가 되므로 옳다.

ㄹ. 乙이 100쪽을 펼쳤다면 나오는 쪽은 100쪽과 101쪽이 되므로 乙의 점수는 2점(1+1)이 된다. 만약 이 상황에서 乙이 승리하기 위해서는 甲이 1점을 얻어야 하는데 각 자리의 숫자를 더하거나 곱한 것이 1점이 되는 경우는 1쪽뿐이다. 그런데 시작 면이 나오게 책을 펼치지는 않는다고 하였으므로 옳다.

오답해설

ㄱ. 甲의 경우 98쪽은 각 자리 숫자의 합이 17이고, 곱이 72인 반면, 99쪽은 합이 18이고, 곱이 81이므로 81을 본인의 점수로 할 것이다. 乙의 경우 198쪽은 각 자리의 숫자의 합이 18이고, 곱이 72인 반면, 199쪽은 합이 19, 곱이 81이므로 역시 81을 본인의 점수로 할 것이다. 따라서 무승부가 되어 옳지 않다.

ㄷ. 甲이 369쪽을 펼치면 나오는 쪽은 368쪽과 369쪽인데, 이 경우 甲의 점수는 369의 각 자리 숫자의 곱인 162가 된다. 그런데 예를 들어 乙이 378쪽과 379쪽을 펼친다면 乙의 점수는 189점이 되어 甲보다 크다. 따라서 옳지 않다.

90

정답 ①

정답해설

먼저, 제시된 자료를 정리하면 다음과 같다.

구분	바구니 색깔	과일의 개수	무게	바구니와 같은 색 과일	같은 종류의 과일
A	빨강	4	1.8kg	사과	참외(2)
B	노랑	5	0.85kg	참외	귤(2)
C	초록	5	1.1kg	없음	사과(2), 참외(2)
D	주황	3	0.5kg	귤	귤(2)
E	보라	4	0.75kg	없음	없음

- 甲 : 첫 번째 질문에서 과일이 3개라면 D이고, 4개라면 (A, E), 5개라면 (B, C)로 판별할 수 있다. 그리고 두 번째 질문을 통해 (A, E), (B, C)를 판별할 수 있다.
- 乙 : 첫 번째 질문에서 (A, B, D)와 (C, E)를 판별할 수 있으며, 두 번째 질문을 통해 (A, B, D)는 (4개, 5개, 3개)로, (C, E)는 (5개, 4개)로 판별할 수 있다.

오답해설

- 丙 : 첫 번째 질문에서 과일이 3개라면 D이고, 4개라면 (A, E), 5개라면 (B, C)로 판별할 수 있다. 그러나 두 번째 질문을 통해서는 (A, E)와 (B, C)가 각각 판별되지 않는다.
- 丁 : 첫 번째 질문에서 (A, B, C, D)와 E를 판별할 수 있으며 두 번째 질문을 통해 (A, C)와 (B, D)로 분류할 수는 있으나 이들 각각을 판별할 수 없다.

07 계산형

91

정답 ②

정답해설

먼저 乙은 원격지 전보에 해당하지 않으므로 제외하고, 나머지 배정대상자 신청액의 합을 구하면 200만 원이므로 예산 총액인 160만 원을 초과한다. 따라서 '신청액 대비 배정액 비율'이 모두 같도록 배정해야 한다. 그런데 '신청액 대비 배정액 비율'이 모두 같다는 것은 신청액의 총액 대비 배정액 총액의 비율이 같다는 것을 의미하고, 이 비율을 구하면 200만×비율=160만이므로 비율은 80%가 된다. 따라서 이 비율을 甲의 신청액에 곱하면 70만×80%=56만 원이 된다.

합격 가이드

이 문제는 甲에게 배정되는 금액을 구하라고 하였지만 甲의 신청액에서 삭감되는 금액을 구하라고 출제될 수도 있다. 선택지에 56만과 14만을 같이 배치하여 실수를 유도하게끔 출제할 수 있으니 주의하기 바란다.

92

정답 ⑤

정답해설

주어진 상황을 토대로 자료를 정리하면 다음과 같다.

1) 올해 최대 검사 건수 : (9×100×40%)+(80×100×90%)=360+7,200=7,560건
2) 내년 예상 검사 건수 : 7,560×120%=9,072건
3) 내년 최대 검사 건수(현재 인원으로 검사 가정) : (9×90×40%)+(80×90×90%)=324+6,480=6,804건
4) 내년 부족 건수 : 9,070−6,804=2,268건
5) 증원 요청 인원 : 2,268÷81=28명

여기서 81로 나누는 이유는 '필요한 최소 직원 수'에서 올해 직원 수를 뺀 인원을 증원 요청한다고 했기 때문이다. 즉, 최대 검사 건수가 가장 많은 직원들로 충원한다고 가정해야 이것이 가능한데, 이에 해당하는 직원 그룹은 국장, 사무처리 직원, 과장을 제외한 나머지 직원들이다. 이들의 내년도 기준 검사 건수는 90건이지만 품질 검사 교육 이수로 인해 10%를 차감한 81건으로 나누게 되는 것이다. 따라서 증원을 요청한 인원은 28명이다.

93

정답 ③

정답해설

ㄱ. 전기와 도시가스 요금이 각각 1만 2천 원으로 같을 때 월 CO_2 배출량은 다음과 같다.
전기 : {(12,000÷20)÷5}÷2=240kg
도시가스 : (12,000÷60)÷2=400kg
따라서 전기 사용으로 인한 월 CO_2 배출량이 도시가스 사용으로 인한 CO_2 배출량보다 적다.

ㄴ. 주어진 전기요금과 도시가스 요금에 따른 CO_2 배출량은 다음과 같다.
전기 : {(50,000÷20)÷5}×2=1,000kg
도시가스 : (30,000÷60)×2=1,000kg
따라서 전기 요금 5만 원, 도시가스 요금 3만 원인 경우 월 CO_2 배출량은 동일하다.

오답해설

ㄷ. 포인트는 배출 감소량에 비례하여 지급된다. 전기는 5kWh 사용할 때마다 2kg의 CO_2가 배출되므로 1kWh당 0.4kg이 배출됨을 알 수 있다. 따라서 전기 1kWh보다 도시가스 1m^{3}를 절약했을 때 더 많은 포인트를 지급받는다.

94

정답 ②

정답해설

- 참석수당 지급기준액(3시간) : 100,000+50,000=150,000원
- 원고료 지급기준액(슬라이드 20면=A4 10면) : 10,000×10=100,000원
- 총 지급기준액 : 150,000+100,000=250,000원
- 기타소득세 : (250,000×40%)×소득세율(20%)=20,000원
- 주민세 : 20,000×주민세율(10%)=2,000원
- 원천징수 후 지급액 : 250,000－20,000－2,000=228,000원

95

정답 ③

정답해설

걸었던 시간이 10분으로 모두 동일하고, 평균속력의 구체적인 수치를 구하는 것이 아니라 4명의 대소비교만 하면 되는 것이므로 걸었던 거리만 구한 후 비교하면 된다. 또한 원주의 길이는 (지름×ϖ)이나, ϖ 역시 모든 항목에 곱해지는 것이므로 결국 이 문제는 (지름)×(바퀴수)의 대소비교로 정리할 수 있다.

이에 따르면 甲은 10×7=70, 乙은 30×5=150, 丙은 50×3=150, 丁은 70×1=70이므로 이들을 대소관계에 따라 순서대로 나열하면 乙=丙, 甲=丁이 된다.

96

정답 ②

정답해설

네 번째와 다섯 번째의 조합에서, D+F=82만 원, B+D+F=127만 원임을 알 수 있으며 두 식을 차감하면 B=45만 원임을 알 수 있다. B업체는 정가에서 10% 할인한 가격이므로 원래의 가격은 50만 원이었음을 알 수 있다.

오답해설

ㄱ. 첫 번째와 두 번째의 조합에서, A업체의 가격이 26만 원이라면 C+E=76만 원, C+F=58만 원임을 알 수 있으며 두 식을 차감하면 E－F=18만 원임을 알 수 있다. 즉, E업체의 가격이 F업체의 가격보다 18만 원 비싸므로 옳지 않다.

ㄷ. 두 번째의 조합에서, C업체의 가격이 30만 원이라면 F업체의 가격은 28만 원임을 알 수 있다. 그런데 문제에서 각 업체의 가격이 모두 상이하다고 하였으므로 E업체의 가격은 28만 원이 될 수 없다는 것을 알 수 있다.

ㄹ. 첫 번째와 세 번째의 조합에서, A+C+E=76만 원, A+D+E=100만 원임을 알 수 있으며 두 식을 차감하면 C－D=－24만 원임을 알 수 있다. 즉, D업체의 가격이 C업체의 가격보다 24만 원이 비싸므로 옳지 않다.

합격 가이드

연립방정식을 응용한 문제로, 두 식을 서로 차감하여 변수의 값을 찾아내는 유형이다. 최근에는 연립방정식 자체를 풀이하게 하는 경우보다 이와 같이 식과 식의 관계를 통해 문제를 풀어야 하는 경우가 종종 출제된다. 가장 중요한 것은 변수의 수를 최소화시키는 것이며 이 문제가 가장 전형적인 형태라고 할 수 있다. 유형 자체를 익혀두도록 하자.

97

정답 ②

정답해설

상품별로 지출해야 하는 관광비용을 정리하면 다음과 같다.

- 스마트 교통카드를 구입한 경우 : 1,000원(카드가격)+1,000원(경복궁)+5,000원(미술관)+5,000원(전망대)+1,000원(박물관)=13,000원
- 시티투어 A를 구입한 경우 : 3,000원(시티투어A)+700원(경복궁)+3,500원(미술관)+7,000원(전망대)+700원(박물관)=14,900원
- 시티투어 B를 구입한 경우 : 5,000원(시티투어B)+0원(경복궁)+5,000원(미술관)+0원(전망대)+0원(박물관)+2,000원(지하철)=12,000원

따라서 甲이 관광비용을 최소화하기 위해서는 시티투어 B를 구입해야 하며 그 때의 관광비용은 12,000원이다.

98

정답 ⑤

정답해설

ㄱ. A시의 환경개선도는 75(=9÷12×100)이고, C시의 환경개선도도 75(=15÷20×100)이므로 옳다.

ㄷ. A의 제작학교 수가 12개에서 15로 늘어나면 학교참가도는 100{=15/(50×0.3)×100}이 되고, C의 학교참가도도 100(산식을 그대로 적용한 수치는 100을 넘지만{=20÷(60×0.3)×100}, 100을 초과하는 경우 100으로 간주한다는 조건에 의해 100으로 간주)이므로 옳다.

오답해설

ㄴ. 시별 아동안전지도 제작 사업 평가점수를 계산하면 다음과 같다.

구분	학교참가도	환경개선도	평가점수
A	80{=12÷(50×0.3)×100}	75(=9÷12×100)	78{=(80×0.6)+(75×0.4)}
B	100{=21÷(70×0.3)×100}	100(=21÷21×100)	100
C	111{≒20÷(60×0.3)×100} • 조건에 의해 100으로 간주	75(=15÷20×100)	90{=(100×0.6)+(75×0.4)}

따라서 평가점수가 가장 높은 도시는 B이므로 옳지 않다.

99

정답 ⑤

정답해설

ㄴ. 이 상황에서는 가장 많은 인원을 수송해야 하는 시간대에 필요한 버스의 수를 구해야 한다. 그런데 d=40이라고 하였으므로 콘서트 시작 1시간 전에 가장 많은 인원을 수송해야 함을 알 수 있으며 구체적으로는 이 시간대에 16,000명(=40,000×40%)을 수송해야 한다. 따라서 이 시간대에 필요한 버스의 수는 최소 40대(=16,000÷400)이므로 옳다.

ㄷ. 2시간 이내에 40,000명을 수송하기 위해서는 시간당 20,000명을 수송해야 함을 알 수 있으며 이를 위해서는 최소 50대(=20,000÷400)의 버스가 필요하므로 옳다.

오답해설

ㄱ. a=b=c=d=25인 경우, 1시간마다 10,000명(=40,000×25%)의 관객을 수송해야 하는데 버스 한 대가 한 시간에 수송할 수 있는 인원은 400명(=40명×10번)이므로 1시간 동안 10,000명의 관객을 수송하려면 최소 25대(=10,000÷400)가 필요하므로 옳지 않다.

100

정답 ①

정답해설

먼저, 승차 정원이 2명인 C를 제외하고 차량별 실구매 비용을 정리하면 다음과 같다.

구분	차량 가격	구매 보조금	충전기 순비용	실구매 비용
A	5,000만 원	2,000만 원	2,000만 원	5,000만 원
B	6,000만 원	1,000만 원	0원	5,000만 원
D	8,000만 원	2,000만 원	0원	6,000만 원
E	8,000만 원	2,000만 원	0원	6,000만 원

실구매 비용이 가장 저렴한 차량이 A와 B이므로 이들의 점수를 '점수 계산 방식'에 의해 계산해보면 다음과 같다.

구분	최고속도 기준	승차 정원 기준	총점
A	0	+2	+2
B	−4	+4	0

따라서 총점이 높은 A자동차를 구매하게 된다.

PART 3

기출심화 모의고사 정답 및 해설

기출심화 모의고사 정답 및 해설

제1과목 언어논리

01	02	03	04	05	06	07	08	09	10
③	⑤	①	②	③	④	③	③	⑤	③
11	12	13	14	15	16	17	18	19	20
④	①	②	①	①	④	②	③	③	④
21	22	23	24	25					
④	②	⑤	⑤	⑤					

01 정답 ③

정답해설

갈등영향분석서는 정부가 아니라 기관장이 주관하여 갈등관리심의위원회의 자문을 거쳐 중립적 전문가가 작성하여야 한다.

오답해설

① 기관장은 예비타당성 조사 실시 기준인 총사업비를 판단 지표로 활용하여 갈등영향분석의 실시 여부를 판단한다.
② 기관장은 대상 시설이 기피 시설인지 여부를 판단할 때, 단독으로 판단하지 말고 민간 갈등관리전문가 등의 자문을 거쳐야 한다.
④ 갈등영향분석서는 반드시 모든 이해당사자들의 회람 후에 해당 기관장에게 보고되어야 한다.
⑤ 갈등 발생 여지가 없거나 미미한 경우에는 갈등관리심의위원회 심의를 거쳐 갈등영향분석을 실시하지 않을 수 있다.

02 정답 ⑤

정답해설

마지막 문단에서 확인 가능한 내용이다.

오답해설

① 제시문을 통해 알 수 없는 내용이다.
② 공유한 정보의 양이 아니라, 정보 공유 기능과 사회적으로 긴밀한 협력 기능이 사피엔스 성공의 직접적 원인이었다.
③ 사피엔스가 다른 인간 종을 몰아내기 시작한 정확한 시기는 제시문으로부터 알 수 없다.
④ 주변 환경에 대한 정보와 사회 구성원에 대한 정보 중 어떤 것이 더 중요했는지는 알 수 없다.

합격 가이드

제시문에서 주어진 정보와 그렇지 않은 정보가 무엇인지 정확히 구별할 수 있어야 한다. 시간을 절약하기 위해 선택지의 키워드만 대강 보고 제시문에서 제시되지 않은 정보를 알 수 있는 정보로 착각하지 않도록 한다.

03 정답 ①

정답해설

조출생률은 '인구 1천 명당 출생아 수'를 의미하므로 이를 계산하는 과정에서 전체 인구 대비 여성의 비율은 고려하지 않는다.

오답해설

ㄴ. 인구수와 조출생률이 같다고 하더라도 마지막 갑의 의견에서 언급한 것처럼 '전체 인구 대비 젊은 여성의 비율'이 다르면 합계 출산율 또한 다르게 나타날 수 있다.
ㄷ. 합계 출산율은 한 명의 여성을 기준으로 한 것이 아니라 연령대별로 출산율을 계산해 이를 합해서 얻는 것이다.

04 정답 ②

정답해설

예를 들어 영희의 믿음의 문턱이 0.5라고 하자. 내일 비가 온다는 명제가 참이라고 영희가 기존에 0.6의 확률로 믿고 있었다면 영희는 내일 비가 온다는 명제가 참이라고 믿는 것이다. 이때 영희의 섬세한 믿음의 태도가 0.7로 변화하더라도 영희는 여전히 내일 비가 온다는 명제를 참이라고 믿는 것이므로, 영희의 거친 믿음 태도는 변하지 않았다.

오답해설

ㄱ. 철수의 믿음의 문턱이 0.5인 경우, 철수가 특정 명제를 0.5보다 큰 확률로 참 혹은 거짓이라고 믿기만 한다면 철수가 참 혹은 거짓이라고 믿는 명제가 존재할 수 있다.
ㄷ. 철수와 영희가 동일한 수치의 믿음의 문턱을 가지고 있고, 두 사람 모두 내일 비가 온다는 명제를 참이라고 믿고 있지 않다고 해도, 두 사람 모두 내일 비가 온다는 명제를 거짓이라고 믿는지는 알 수 없다. 제시문의 내용에 따라 특정 명제를 참이라고 믿지도 않고 거짓이라고 믿지도 않는 경우도 가능하기 때문이다.

05 정답 ③

정답해설

제시문의 내용에 따라 빈칸을 채우면 다음과 같다.

〈기 존〉

주관 기관	공공 기관					
채용 절차	채용 공고	→ 원서 접수	→ 서류 심사	→ 필기 시험	→ 면접 시험	→ 합격자 발표

〈개 선〉

주관 기관	○○도			공공 기관		
채용 절차	채용 공고 →	원서 접수 →	필기 시험 →	서류 심사 →	면접 시험 →	합격자 발표

따라서 ⓒ과 ⓔ에는 서류 심사가 들어간다.

06 정답 ④

정답해설

해당 키즈 카페에 대해 A시의 시장이 충전시설의 설치를 권고하고, 이 권고에 따를 경우 지원금을 받을 수 있다.

오답해설

①·②·③·⑤ 해당 규정들이 신설되더라도 키즈 카페의 주차단위구획이 50여 구획에 불과하므로 지원금을 받을 수 없다.

07 정답 ③

정답해설

데카르트와 라이프니츠는 모두 빈 공간을 부정했다. 그러나 데카르트는 공간을 정신과 독립된 객관적 실재로 보았고, 라이프니츠는 공간을 정신과 독립된 실재라고 보지 않았다. 따라서 공간의 본성에 관한 라이프니츠의 견해가 옳다면, 데카르트의 견해는 옳지 않은 것이 된다.

오답해설

① 뉴턴은 사물들이 들어올 자리를 마련해 주기 위한 빈 공간이 있다고 보았다. 또한 객관적이고 영원히 변하지 않는 절대공간 개념을 제시했다. 반면 라이프니츠는 빈 공간을 부정하고, 공간을 정신과 독립된 실재라고 보지도 않았다. 따라서 공간의 본성에 관한 뉴턴의 견해가 옳다면, 라이프니츠의 견해는 옳지 않은 것이 된다.

② 데카르트는 빈 공간을 부정하고, 운동을 물질이 자리바꿈하는 것이라고 보았다. 반면 데모크리토스는 빈 공간을 인정하고 운동을 원자들이 빈 공간에서 움직이는 것이라고 보았다. 따라서 데카르트의 견해가 옳다면, 데모크리토스의 견해는 옳지 않은 것이 된다.

④ 데카르트는 빈 공간이 존재하지 않는다고 보았다. 반면 뉴턴은 빈 공간을 인정했다. 따라서 빈 공간의 존재에 관한 데카르트의 견해가 옳다면 뉴턴의 견해는 옳지 않은 것이 된다.

⑤ 데모크리토스는 빈 공간이 존재한다고 보았다. 뉴턴 또한 빈 공간을 인정했다. 따라서 빈 공간의 존재에 관한 데모크리토스의 견해가 옳다면, 뉴턴의 견해는 옳다.

합격 가이드

공간의 본성은 빈 공간의 존재를 포함한다. 너무 어렵게 둘을 구별해서 생각할 필요가 없다. 빈 공간의 존재에 대한 견해가 다르다면, 당연히 공간의 본성에 대한 견해가 다른 것이다.

08 정답 ③

정답해설

로빈후드 각본에 대한 두 가지 비판을 정리하면 다음과 같다.

- 첫 번째 비판 : 재분배는 생산성을 감소시켜 사회전체 공리도 감소한다.
- 두 번째 비판 : 재분배는 절대적 가치인 자유라는 기본권을 훼손한다.

ㄱ. 재분배가 생산성을 감소시키고 동시에 빈부격차를 심화시킨다면, 이는 '재분배가 생산성을 감소시킨다'는 첫 번째 비판을 포함하게 되어 첫 번째 비판은 강화된다.

ㄷ. 행복추구권을 위한 재분배가 생산성 증대를 초래한다면, 이는 재분배로 인해 생산성이 감소될 것이라는 첫 번째 비판과 상충한다. 따라서 첫 번째 비판은 약화된다. 하지만 이로부터 재분배가 기본권을 훼손한다는 것을 이끌어낼 수는 없으므로, 두 번째 비판과는 상충하지 않아 두 번째 비판은 약화되지 않는다.

오답해설

ㄴ. 부의 재분배가 기본권 침해보다 투자 의욕 감소에 더 큰 영향을 준다는 사실로부터 부의 재분배가 기본권을 침해하지 않는다는 것을 이끌어낼 수 없으므로 두 번째 비판과 충돌하지 않는다. 따라서 두 번째 비판을 약화하지 않는다.

합격 가이드

어떠한 주장과 무관하거나 양립가능한 진술이 그 주장을 강화하는 진술과 혼합되어 있는 경우에는 전체 진술이 해당 주장을 결과적으로 강화하게 된다. 약화의 경우에도 마찬가지이다.

09 정답 ⑤

정답해설

(가)는 개화에 부정적이며, 기존의 아름다운 문화를 지켜야 한다고 본다. 반면 (나)는 개화를 통해 문화가 발전할 것이라고 본다. 또한 (가)는 외국문물 수용이 자국문화에 부정적인 영향을 줄 것으로 본다. 한편 (나)는 외국문물을 수용함으로써 자국문화가 더욱 발전할 것이라고 본다. 따라서 (가)와 (나) 모두 ⑤를 전제로 받아들이고 있음을 알 수 있다.

오답해설

① (가)는 개화가 나라를 망칠 것이라고 주장한다. 또한 개화와 백성의 물질적 풍요에 대해서 언급하고 있지 않다.

② (가)는 민족의 독립을 이야기하고 있지 않으며, 기존 중국 문화를 지켜야 한다는 것을 볼 때 자주적인 정부를 지향하는 것도 아니다.

③ (나)는 외래문명을 받아들임으로써 민족이 융성해질 수 있다고 주장하고 있다.

④ (가)는 기존 체제와 문화를 지키고자 한다. 자주독립국을 지향하거나, 이를 위해 제도를 개선해야 한다고 말하고 있지 않다.

10 정답 ③

정답해설

ㄱ. A에 유사 사례의 유무를 따지는 기준이 들어가는 경우를 정리하면 다음과 같다.

구분	(가)	(나)	(다)
유사 사례 유무	○	○	×
입법 예고 여부	×	○	×

따라서 ⓔ과 ⓗ은 같다.

ㄴ. B에 따라 보고 여부가 결정된다는 것은 B가 '유사 사례 유무'임을 의미하므로 이를 정리하면 다음과 같다.

구분	(가)	(나)	(다)
입법 예고 여부	×	○	×
유사 사례 유무	○	○	×

따라서 ㉠과 ㉢은 같다.

오답해설

ㄷ. ㉣과 ㉤이 같은 경우는 위 ㄴ의 경우에 해당하므로 ㉠과 ㉡은 다르다.

11

정답 ④

정답해설

제시문에 따르면 관용의 본질적인 두 요소는 첫째, 관용을 실천하는 사람이 관용의 대상이 되는 믿음이나 관습을 거짓이거나 잘못된 것으로 여겨야 한다는 것이고, 둘째, 관용의 대상을 용인하거나 최소한 불간섭해야 한다는 것이다. 이로부터 발생하는 역설은 어떤 사람이 특정 의견을 폄하하고자 하는 욕구가 클수록, 그리고 비난을 피해 이런 욕구를 성공적으로 자제할수록 관용적이라고 평가하게 된다는 것이다. 또 다른 역설은 어떤 사람이 용인하는 믿음의 수가 많을수록 더 관용적이라고 평가할 수 있다면, 도덕적으로 잘못된 것까지 용인하는 사람을 우리는 더 관용적이라고 평가해야 하므로 관용적일수록 도덕적으로 잘못을 저지르게 될 가능성이 높아진다는 것이다.

따라서 그 내용과 관계없이 단순히 더 많은 믿음들을 용인하는 경우 관용적으로 평가된다면, 도덕적으로 잘못된 가르침을 주장하는 종교까지도 용인하는 사람을 더 관용적이라고 평가하게 될 우려가 있다는 것이 제시문에서 나타난 '역설'의 내용이다.

오답해설

① 특정 문제에 대해 별다른 의견이 없는 사람에 대한 평가는 제시문의 내용과 관계가 없다.

② 제시문의 내용에 따르더라도, 모든 종교적 믿음을 배척하는 사람을 관용적이라고 평가하게 된다는 결론은 도출되지 않는다.

③ 다른 믿음을 용인하지 않고 자신의 종교가 주는 가르침만이 유일한 진리라고 믿는 사람은 제시문의 내용에 따라 관용적이라고 평가되지 않을 것이다.

⑤ 다른 종교의 믿음까지도 용인하는 사람일수록 더 관용적이라고 평가될 수 있으나, '역설'의 핵심 내용이 포함되어 있지 않다.

합격 가이드

단순히 제시문의 내용에 부합하는 것을 찾는 것이 아니라, 제시된 '역설'의 사례에 해당하는 것을 찾는 문제임에 주의해야 한다. 제시문의 '역설'의 핵심 내용은 단순히 더 많은 믿음을 포용하는 것을 더 관용적이라고 평가한다면, 도덕적으로 옳지 않은 믿음까지도 포용하는 사람을 더 관용적이라고 평가하게 될 위험이 있다는 것이다. 이러한 역설의 핵심 내용을 적절히 포함하고 있는 선택지를 찾을 수 있어야 한다.

12

정답 ①

정답해설

(가) · (나) 바로 다음의 내용이 흑인이 과대평가되었고, 반대로 백인은 과소평가되었다는 것이므로 재범을 저지르지 않은 사람을 고위험군으로 잘못 분류했다는 내용이 들어가야 한다.

(다) · (라) 위와 반대로 바로 다음의 내용이 흑인은 과소평가되었고, 반대로 백인은 과대평가되었다는 것이므로 재범을 저지른 사람을 저위험군으로 잘못 분류했다는 내용이 들어가야 한다.

13

정답 ②

정답해설

기저재범률이 동종 범죄에 기반한 것이든 이종 범죄에 기반한 것이든 간에 문제가 되는 것은 자신과 상관없는 흑인들의 재범률이라는 것이다. 따라서 동종 범죄를 저지른 사람들로부터 얻은 기저재범률이라고 할지라도 이 한계를 벗어나지 못하므로 ㉢을 강화하지 못한다.

오답해설

ㄱ. 흑인의 위험 지수는 1부터 10까지 고르게 분포된 반면, 백인은 1부터 10까지 그 비율이 감소했다는 것이 문제이므로 10으로 평가된 사람의 비율이 같다고 해도 ㉠을 강화하지 못한다.

ㄴ. 예측의 오류 차이가 발생하는 것은 흑인과 백인의 기저재범률 간의 차이로 인한 것이지 어느 하나의 기저재범률의 높고 낮음으로 판단하는 것이 아니므로 ㉡을 약화하지 못한다.

14

정답 ①

정답해설

제시문의 예시 문장을 다음과 같이 정리할 수 있다.

P : 비가 오고 구름이 끼어 있다.

Q : 비가 온다.

P이지만 Q는 아니다 : 비가 오고 구름이 끼어 있지만, 비가 오지 않는다.

또한 (가) 이전에 '이는 자기모순적인 명제이다.'라는 내용으로부터, (가)에는 ㄱ이 들어가야 함을 알 수 있다.

(나) 이전에 '명제 A이지만 명제 B가 아니다.'가 자기모순적인 명제가 아니라는 것으로부터, '명제 B는 명제 A로부터 도출되지 않는다.'는 것을 알 수 있다. 이때 명제 A는 '타인을 돕는 행동은 행복을 최대화한다.'이고, 명제 B는 '우리는 타인을 도와야 한다.'이므로, '명제 B는 명제 A로부터 도출되지 않는다.'는 내용을 명제 B와 명제 A의 내용으로 치환한 ㄷ이 (나)에 들어가야 한다.

합격 가이드

주어진 예시 문장을 제시문에 제시된 P, Q 등의 기호를 써서 치환하면 빈칸에 들어갈 내용을 쉽게 유추할 수 있는 문제이다.

15

정답 ①

정답해설

투여된 약이 치유에 긍정적 효과가 있다면 자연 치유될 확률보다 높아야 하고, 부정적 효과가 있다면 낮아야 한다. 따라서 어떠한 효과도 없다면 치유될 확률에 변화가 없어야 한다. 또한 투여된 약 이외의 다른 요인이 개입하지 않았다는 점이 보장되어야 한다.

오답해설

ㄴ. 투여된 약 이외의 다른 요인이 개입하지 않았다는 점까지 보장되어야 한다.

ㄷ. 긍정적인 효과가 없다는 것을 보이기 위해서는 치유될 확률이 더 낮아지거나 최소한 변화가 없어야 한다.

16

정답 ④

정답해설

ㄱ. 제시문에서는 칸트의 환대 개념은 자기중심성을 가진다고 비판하면서 그 대안으로 데리다와 레비나스의 환대 개념을 제시하고 있다. 따라서 데리다와 레비나스의 환대 개념 역시 자기중심성을 가진다면 제시문의 논지는 약화된다.

ㄴ. 제시문에서는 상호적 권리로서의 환대를 비판하고 비대칭적 수용으로서의 환대를 옹호하고 있다. 하지만 비대칭성에 근거한 환대가 현실적으로 실현 불가능한 개념이라면 제시문의 논지는 약화된다.

ㄹ. 제시문에서는 비대칭적인 환대 개념이 있어야 봉사자 스스로가 행복을 얻고 변화할 수 있다는 점에서 진정한 사회봉사의 이념이 될 수 있다고 주장하고 있다. 따라서 진정한 사회봉사 이념에 비대칭성이 반드시 요구되는 것이 아니라면 제시문의 논지는 약화된다.

오답해설

ㄷ. 제시문에서는 헤겔의 주장과 레비나스와 데리다의 환대 개념이 직접적인 관계가 있다고 주장하지 않는다. 단지 헤겔의 표현을 빌려 말할 뿐이다.

ㅁ. 제시문에서는 대칭적 상호성 원리에 기반을 둔 칸트의 환대 개념은 자유주의 사상을 벗어날 수 없다고 언급하며, 칸트의 환대 개념을 비판하고 있다. 따라서 다른 근거를 들어 칸트의 환대 개념을 비판한다고 하더라도 제시문의 주장이 약화되는 것은 아니다.

17

정답 ②

정답해설

제시문의 논지는 붕당이 아닌 재능에 따라 인재를 등용해야 한다는 것이다. 과거와 달리 붕당을 만드는 것이 군자나 소인이 아니므로, 붕당을 없애야 한다고 말하고 있다.

오답해설

①·③·④ 제시문에서 붕당을 없애야 한다고 주장하고 있다.

⑤ 제시문에 따르면 과거에는 군자당(진붕)과 소인당(위붕)이 있었다. 따라서 임금은 붕당을 모두 없애서는 안 되고, 군자당과 소인당을 잘 가려야 했다. 반면 오늘날에는 진붕도 위붕도 없이 의견 대립만 있을 뿐이다. 따라서 여러 붕당을 고루 등용하는 것이 아니라, 붕당 자체를 혁파하고 유능한 인재를 등용해야 한다는 것이 제시문의 주장이다.

합격 가이드

단순히 글의 논지를 물어보는 문제는 매우 쉽다. 글을 전부 읽을 필요도 없고, 훑으면서 글의 인상만 확인하면 보통 답을 고를 수 있다. 너무 어렵게 생각하지 말자.

18

정답 ③

정답해설

ㄱ. '을'의 의견을 확인하기 위해 필요한 자료이다.

ㄴ. '병'의 의견을 확인하기 위해 필요한 자료이다.

오답해설

ㄷ. '정'의 의견을 확인하기 위해서는 장애인 인구의 고령자 인구 비율이 비장애인 인구에 비해 높다는 내용의 자료가 필요하다.

19

정답 ③

정답해설

ㄱ. '갑'은 A가 이미 위원직을 한 차례 연임하였으므로 이의 임기가 종료됨과 동시에 위원과 위원장의 지위가 모두 사라졌다고 생각한다. 반면 '을'은 위원과 위원장의 임기나 연임 제한이 서로 별개이므로 A의 위원장직은 문제가 없다는 입장이다.

ㄴ. '갑'은 B가 위원장직을 한 차례 연임한 상태이므로 더 이상 위원장의 직위에 오를 수 없다고 생각하는 반면, '을'은 직위가 해제된 두 번째의 임기는 연임에 해당하지 않으므로 문제가 없다는 입장이다.

오답해설

ㄷ. 세 차례 연속하여 위원장이 되는 것만을 막는 것이라면 C의 출마는 규정에 위반되는 것이 아니므로 '갑'의 주장은 그르고, '을'의 주장은 옳다.

20

정답 ④

정답해설

주어진 조건을 정리하면 다음과 같다.

i) A → ~B → ~C

ii) ~D → C

iii) ~A → ~E → ~C

iv) ~A → ~E → ~C → D[ii)의 대우와 iii)의 결합]

i)과 iv)에 의하면 A를 수강하든 안 하든 D는 무조건 수강하게 되어있다.

21

정답 ④

정답해설

주어진 정보들을 바탕으로 세 사람의 지붕 색, 애완동물, 직업을 추론하면 다음과 같다. 광수는 광부이고, 농부와 의사의 집은 서로 이웃해 있지 않으므로 광부인 광수가 가운데 집에 살아야 한다. 가운데 집에 사는 사람은 개를 키우지 않으므로, 광수는 개를 키우지 않는다. 의사의 집과 이웃한 집은 가운데 집밖에 없으므로, 광수는 노란 지붕 집에 산다. 원태는 빨간 지붕 집에 살기 때문에, 수덕은 파란 지붕 집에 살면서 고양이를 키운다. 따라서 원태는 개를 키우고, 광수는 원숭이를 키우게 되며, 수덕과 원태의 직업은 확정되지 않는다. 이를 표로 정리하면 다음과 같다.

구분	수덕	원태	광수
지붕색	파랑	빨강	노랑
동물	고양이	개	원숭이
직업	농부 or 의사	농부 or 의사	광부

따라서 반드시 참이라고 할 수 없는 것은 ㄱ, ㄴ, ㅁ이다.

22

정답 ②

정답해설

알려진 네 가지 사실과 다른 조건을 토대로 할 때, 정은 서울 청사에서 근무하고, 갑과 병 중 한 명이 세종 청사에서 근무하며, 과천 청사에서 근무하는 사무관이 이들 중 2명이므로, 을은 과천 청사에서 근무하는 것을 알 수 있다. 또한 을이 근무하는 청사는 사무관 수가 가장 적은 청사가 아니고, 을이 일자리 창출 업무를 겸임하지 않는다는 것으로부터 과천 청사는 사무관 수가 두 번째로 많은 청사가 아님을 알 수 있다. 따라서 사무관 수가 많은 순서대로 청사를 나열하면, 과천, 세종, 서울 순이다.

그러므로 정은 서울 청사에 근무하고, 서울 청사의 사무관 수가 가장 적다.

오답해설

ㄱ. 을 외에 모든 사무관이 일자리 창출 업무를 겸임하고 있으므로, 서울 청사에서 근무하는 정 역시 일자리 창출 업무를 겸임한다.

ㄴ. 을은 과천 청사에서 근무하고, 병은 세종 혹은 과천 청사에서 근무한다.

합격

조건을 차근차근 적용해 나가면 답은 어렵지 않게 도출되므로 난이도 자체는 높지 않으나, 문제 해결을 위해 고려해야 하는 조건이 많아 시간을 많이 소요할 수 있는 문제 유형이다. 지문의 조건이 많기 때문에 실전에서 당황하면 주어진 조건을 놓쳐서 답이 확정되지 않는 것으로 착각할 수 있으므로, 시간적 여유가 없다면 일단 넘어갔다가 다른 문제를 풀고 돌아와서 차분히 여유를 두고 풀 필요가 있다.

23

정답 ⑤

정답해설

제시문을 통해 알아낼 수 있는 정보들을 정리하면 다음과 같다.

– 시험관 X에 D는 포함되어 있지 않음

네 가지 방법에 의한 결과가 모두 양성이라는 사실로부터 다음의 내용을 도출할 수 있다.

– 시험관 X에 A와 C가 포함되어 있음
– 시험관 X에 B는 포함되어 있지 않음
– 감마 방법보다 베타 방법을 먼저 사용했음(베타 방법이 마지막으로 사용한 방법이 아님)
– 감마 방법을 델타 방법보다 먼저 사용했고, 시험관 X에 D가 포함되지 않았으므로 E가 포함되어 있음

따라서 ㄱ, ㄴ, ㄷ 모두 옳다.

합격

네 가지 검사 방법의 내용을 논리적 기호로 치환하여 풀이하면 간단히 풀 수 있는 문제이다. 감마 방법의 경우, 다른 방법과 달리 '~한 조건하에서 음성이다'라는 형식으로 문장을 제시하여 사소한 변칙적 함정을 만든 듯하다. 실전에서는 이러한 디테일을 놓치기 쉬우므로, 평소 사소한 함정에 빠지지 않기 위해 지문을 꼼꼼하고 정확하게 읽는 연습을 해야 한다.

24

정답 ⑤

정답해설

병에 따르면 A시 공식 어플리케이션을 통한 신청만으로 변경하자는 것이 아니라 기존의 신청 게시판을 통한 신청 방법에 더해 어플리케이션을 이용하는 방법도 가능하게 하자는 것이다.

오답해설

① 을은 A시의 유명 공공 건축물을 활용하여 A시를 홍보하고 관심을 끌 수 있는 주제의 강의가 있었으면 좋겠다고 하였다.
② 을은 편안한 시간에 접속하여 수강하게 하고, 수강 가능한 기간을 명시해야 한다고 하였다.
③ 을은 코로나19 상황을 고려해 대면 교육보다 온라인 교육이 좋겠다고 하였다.
④ 을은 온라인으로 진행하되 교육 대상을 A시 시민만이 아니라 모든 희망자로 확대하자고 하였다.

25

정답 ⑤

정답해설

최초에 부정 청탁을 받았을 때는 명확히 거절 의사를 표현하는 것으로 족하고, 이를 신고할 의무가 생기는 경우는 다시 동일한 부정 청탁을 하는 경우이다.

오답해설

① 대가성이 있는 접대도 아니고 직무 관련성도 없으며, 금액 기준을 초과하지도 않는다.
② 직무 관련성이 있는 청탁이므로 청탁금지법상의 금품에 해당한다.
③ A와 C는 X회사라는 공통분모는 있으나 A로부터의 접대는 직무 관련성이 없다고 하였다.
④ 직무 관련성이 없는 경우에도 1회 100만 원 혹은 매 회계연도에 300만 원을 초과하는 경우라면 허용 한도를 벗어나게 된다.

제2과목 자료해석

01	02	03	04	05	06	07	08	09	10
③	①	③	③	③	①	②	④	③	③
11	12	13	14	15	16	17	18	19	20
④	①	④	②	⑤	③	⑤	⑤	⑤	③
21	22	23	24	25					
①	①	②	②	⑤					

01 정답 ③

정답해설

4월 7일의 진료의사 수가 20명이므로 이날의 진료의사 1인당 진료환자 수는 $\frac{580}{20}=29$명이다.

02 정답 ①

정답해설

ㄱ. 월별 교통사고 사상자가 가장 많은 달은 8월(841건)이고, 이의 60%는 500을 약간 넘는 수준인 반면, 가장 적은 달인 1월은 492건으로 이에 미치지 못한다.

ㄴ. 그림 1과 그림 2를 살펴보면, 모든 월에서 교통사고 건당 사상자가 2명 이상이므로 연평균 값 역시 2명 이상이다.

오답해설

ㄷ. '안전거리 미확보'가 원인인 사고는 전체의 22.9%인데 '중앙선 침범'이 원인인 사고는 3.4%이므로 이의 7배인 23.8에 미치지 못한다.

ㄹ. '안전운전의무 불이행'인 교통사고 건수가 2,000건 이하가 되기 위해서는 전체 교통사고 건수가 3,000건에 미치지 못해야 하므로 월평균 건수가 250건 이하여야 한다. 그런데 1월, 2월, 12월을 제외하고는 모두 이를 크게 상회하고 있으므로 '안전운전의무 불이행'인 교통사고 건수는 2,000건을 웃돌게 된다.

03 정답 ③

정답해설

ㄱ. 주어진 선택지의 순서가 맞다고 가정하고 내려가며 더 큰 값이 있는지 확인한다. 반도체가 1등이고 그보다 큰 것이 없다면 다음 순서인 석유제품으로 내려가는 순서로 파악한다. 이에 따르면 순서대로 반도체, 석유제품, 자동차, 일반기계, 석유화학, 선박류가 나열된다.

ㄴ. 2013년 대비 2015년 수출액 비중이 증가한 품목은 가전, 무선통신기기, 반도체, 일반기계, 자동차, 자동차부품, 컴퓨터 7개이다.

오답해설

ㄷ. 2013년 세계수출시장 점유율은 선박류, 평판디스플레이, 석유화학, 반도체, 무선통신기기 순서이다. 반면 2014년은 선박류, 평판디스플레이, 반도체, 석유화학, 자동차부품이다. 3위와 4위 순서가 역전되었고 5위가 바뀌었다.

합격 가이드

선택지에서 순서를 줄 경우, 일일이 순서를 매기기보다 그것이 맞다고 가정하고 실제로 맞는지 확인하는 것이 더 효율적이다. 즉, 1등으로 제시된 것보다 큰 것이 없다면 실제로 그것이 1등이고, 다음에 2등을 검증하는 식으로 진행한다. ㄷ과 같은 순서 찾기 및 변동 찾기의 경우 맨 앞자리 단위, 숫자를 비교하면 빨리 찾을 수 있으며 3위와 4위가 변동된 것을 알았음으로 실전에서는 5위를 찾을 필요가 없다.

04 정답 ③

정답해설

ㄴ. 1765년 상민가구 수는 7,210×57.0%, 1804년 양반가구 수는 8,670×53.0%이다. 따라서 1765년 상민가구 수가 1804년 양반가구 수보다 적다.

ㄹ. 1729년 대비 1765년에 상민가구 구성비는 59.0%에서 57.0%로 소폭 감소하였다. 한편 전체 가구 수는 1,480호에서 7,210호로 5배가량 증가하였다. 따라서 상민가구 수는 증가하였음을 알 수 있다.

오답해설

ㄱ. 1804년 대비 1867년의 가구 수는 3배 이상 증가했다. 그러나 인구 수는 2배 정도 증가했다. 따라서 가구당 인구수는 감소하였음을 알 수 있다.

ㄷ. 노비가구 수는 1765년 7,210×2.0%, 1804년 8,670×1.0%, 1867년 27,360×0.5%이다. 따라서 1804년이 세 조사시기 중 가장 적다.

합격 가이드

ㄷ에서는 가구 구성비가 0.5, 1.0, 2.0으로 2배씩 차이가 난다. 따라서 가구 구성비를 동일하게 맞추기 위해 양변에 2씩 곱해주면 비교가 훨씬 쉽다. 가령 1804년 8,670×1.0%, 1867년 27,360×0.5%를 비교하는 것보다 8,670×2와 27,360를 비교하는 것이 빠르다.

05 정답 ③

정답해설

ㄴ. 60세 이상 운전자의 음주운전 교통사고 비율이 1% 미만이라는 것이며, 음주운전을 해도 사고를 유발할 확률이 1%라는 것과는 아예 다른 말이다.

ㄹ. 음주운전자 연령과 혈중 알코올 농도 사이의 상관관계가 주어지지 않았을 뿐 아니라, 음주운전 발생건수 비율이 음주운전 교통사고의 발생가능성을 의미하지는 않는다.

ㅂ. 혈중 알코올 농도 0.10～0.19%에서 교통사고 발생건수 비율이 가장 높다고 해서 '음주운전자'가 가장 많다고 볼 수는 없다. 음주운전을 해도 음주운전 사고가 나지 않았다면 주어진 자료에는 포함되지 않기 때문이다.

오답해설

ㄱ. 20대와 30대의 발생건수 비율의 합은 74.2%로 전체의 2/3 이상을 차지한다.

ㄷ. 전체 음주운전 교통사고 발생건수 중에서 운전자의 혈중 알코올 농도가 0.30% 이상인 경우는 8.6+1.8=10.4%로 11% 미만이다.

ㅁ. 발생건수 대비 사망자수 비율이 가장 높은 연령대는 20세 미만이다.

합격 가이드

그림 1은 연령에 따른 교통사고 현황이고 그림 2는 혈중 알코올 농도에 따른 교통사고 현황이다. 보기가 묻는 내용에 따라 어느 그림에서 찾아야 할지 빠르게 파악할 수 있도록 하자.

06

정답 ①

정답해설

선택지의 수치가 맞기 위해서는 2017년 국적항공사와 외국적항공사의 피해구제 접수 건수가 거의 같은 수치여야 한다. 하지만 표 3을 통해서 국적항공사는 602건, 외국적항공사는 479건으로 차이가 크게 나는 상황이므로 구체적으로 계산할 필요 없이 옳지 않은 것으로 판단할 수 있다.

07

정답 ②

정답해설

ㄱ. 블로그 이용자가 총 1,000명이고 블로그 이용자 중 남자는 53.4%이다. 한편, 트위터 이용자는 총 2,000명이고 트위터 이용자 중 남자는 53.2%이다.

ㄷ. 표에서 그대로 확인할 수 있다.

오답해설

ㄴ. 트위터 이용자 수가 블로그 이용자 수의 2배이다. 따라서 교육수준별 트위터 이용자 수 대비 블로그 이용자 수는 제시된 수준의 절반이 되어야 한다.

ㄹ. 제시된 구성비는 트위터와 블로그의 연령별 이용자 구성비를 평균한 것이다. 그러나 트위터 이용자 수가 블로그 이용자 수의 2배이므로, 평균이 아닌 가중평균을 해야 한다.

합격 가이드

종종 발문이나 각주에 문제를 푸는 데 핵심적인 정보가 제시되는 경우가 있다. 이 문제의 경우 각주에 조사 대상자 수가 제시되어 있다. 급하게 문제를 푸느라 발문, 각주를 놓치는 경우 자칫 오답을 고르거나, 문제 풀이시간이 길어질 수 있으니 주의하자.

08

정답 ④

정답해설

ㄱ. 신고의무자에 의해 신고된 학대 인정사례는 707건이고, 그중 사회복지전담 공무원의 신고에 의한 학대 인정사례는 290건으로 40%(282.8건) 이상이다. 비신고의무자에 의해 신고된 학대 인정사례는 3,111건이고, 그중 기관 종사자의 신고에 의한 학대 인정사례는 1,494건으로 50%에 약간 미치지 못한다. 학대행위자 본인의 신고에 의한 학대 인정사례는 8건으로 가장 적다.

ㄴ. 학대 인정사례는 2014년 3,532건에서 2015년 3,818건으로 약 8.1% 증가했다.

ㄹ. 노인단독가구는 2012~2015년 학대 인정사례 건수가 각각 1,140, 1,151, 1,172, 1,318건으로 가장 많다.

오답해설

ㄷ. 학대 인정사례 중 병원에서의 학대 인정사례 비율이 2012년 2.4%에서 2013년 3.1%로 증가했다.

합격 가이드

선택지 구성상 ㄴ이 옳은지 무조건 확인해야 한다. 3,532의 8%를 구해야 하는데, 이렇게 계산하기 어려운 구체적인 수치를 제시하면 대개 옳은 선택지이다. 시간이 정말 부족할 때, 선택지에서 요구하는 계산이 지나치다고 생각되면 옳다고 고르고 넘기자.

09

정답 ③

정답해설

ㄱ. 국공립대학의 수용률 증가폭은 0.1이고 사립대학은 0.2이며, 비수도권대학의 수용률은 두 해 모두 동일한 반면, 수도권대학의 수용률은 증가하고 있다. 수도권대학의 경우 분자는 커진 반면, 분모는 작아졌으므로 별도의 계산 없이 판단이 가능하다.

ㄹ. 표 2를 통해 확인할 수 있는 내용이다.

오답해설

ㄴ. 국공립대학의 수용가능인원은 전년 대비 증가하였다. 왼쪽이 2020년, 오른쪽이 2019년이라는 것을 놓치면 함정에 빠질 수 있는 선택지이다.

ㄷ. 전체대학 수가 196개이고 카드납부가 가능한 대학 수가 47개이므로 계산을 하지 않더라도 이 비율이 37.9%보다 훨씬 작을 것이라는 것을 알 수 있다.

10

정답 ③

정답해설

첫 번째 정보에 따르면, A와 B는 병과 정이 될 수 없다. (선택지 ④, ⑤ 소거)
두 번째 정보에 따르면, B가 갑이 된다. 요금할인은 기종과 상관없이 동일하게 적용되며, 공시지원금 혜택이 요금할인보다 크려면 공시지원금이 커야 하기 때문이다. (선택지 ①, ④, ⑤ 소거)
세 번째 정보에 따르면, C가 정이다. (선택지 ② 소거)
따라서 답은 ③이 된다.

합격 가이드

두 번째 정보를 확인하기 위해 각각의 월별 요금을 구할 필요가 없다. 해설에서 설명했듯이 요금할인은 기종과 상관없이 동일하게 적용되기 때문에 월별요금이 공시지원금일 때 더 적게 나오기 위해선 공시지원금이 커야 하기 때문이다.
세 번째 정보의 경우에도 ②, ③만 비교하면 되는 상황이기 때문에, C와 D에 한정지어서 보면 되며, 공시지원금이 4만 원밖에 차이가 나지 않음에도 불구하고 기종별 가격차이가 월등히 많이 나기 때문에 쉽게 답을 찾을 수 있다.

11

정답 ④

정답해설

i) E의 재정자립도는 58.5와 65.7 사이에 위치해야 하므로 ⑤를 소거한다.
ii) 주택노후화율이 가장 높은 지역이 I이므로 I의 시가화 면적 비율이 가장 낮아야 한다. 그러기 위해서는 (나)에 20.7보다 적은 수치가 들어가야 하므로 ①을 소거한다.
iii) 10만 명당 문화시설수가 가장 적은 지역이 B이다. 따라서 (다)에는 114.0과 119.2 사이의 숫자가 들어가야 하므로 ②를 소거한다.
iv) H의 주택보급률은 도로포장률보다 높아야 한다. 따라서 (라)에는 92.5보다 큰 수치가 들어가야 하므로 ③을 소거한다.
따라서 적절한 수치로 나열한 것은 ④이다.

12 정답 ①

정답해설

수취량을 모두 더하면 24석 34두인데, 이는 26석 4두와 같다. 즉, 34두=2석 4두이므로 1석은 15두이다.

오답해설

ㄴ. 계약량 대비 수취량의 비율은 '율포'에서 약 0.42로 가장 낮다.

ㄷ. 작인이 '동이', '명이', '수양'인 토지들의 두락당 계약량을 계산해보면, 순서대로 각각 9.58두/두락, 8.57두/두락, 10.5두/두락이다. 따라서 두락당 계약량이 가장 큰 토지의 작인은 '수양'이고, 가장 작은 토지의 작인은 '명이'이다.

합격 가이드

'석', '두'의 단위가 15진법이기 때문에 단위를 통일해 주지 않고는 계산하기가 어렵다. 이때, 보다 편리한 계산을 위해서는 작은 단위인 '두'로 통일하는 것이 깔끔하다.

13 정답 ④

정답해설

ㄱ. 1일 하수처리용량이 500㎥ 이상인 곳 중 지역등급이 Ⅰ, Ⅱ인 곳을 찾으면 총 5개이다.

ㄷ. 해당 되는 곳은 2곳이므로 이들의 1일 하수처리용량의 합은 최소 1,000㎥이다.

ㄹ. 전자는 26곳이고 후자는 5곳이므로 5배 이상이다.

오답해설

ㄴ. 1일 하루처리용량이 500㎥ 이상인 하수처리장 수는 14곳이며, 50㎥ 미만인 하수처리장 수는 10곳이므로 1.5배에 미치지 못한다.

14 정답 ②

정답해설

1884년 수출액 중 우피의 비중과 1887년 수출액 중 쌀의 비중은 2배 이상 차이난다. 반면 1884년 수출액과 1887년 수출액은 2배 차이가 나지 않는다. 따라서 1884년 우피 수출액이 1887년 쌀 수출액보다 크다.

오답해설

① 무역규모에서 수입액이 수출액보다 크거나 같은 연도를 찾으면 된다. 1884, 1885, 1886, 1887, 1888, 1889년으로 총 6번이다.

③ 대두는 모든 연도에 포함되어 있다. 따라서 가장 많이 포함되었을 수밖에 없다.

④ 실제로 비교해 보면 증감방향이 같다.

⑤ 1884년 한냉사 수입 비중은 9.9%이고 1887년에는 나와 있지 않은 바(3위 이하) 최대 5%이다. 이는 약 두 배 차이인데, 1884년과 1887년의 수입액은 2배 차이가 나지 않는다. 따라서 1884년에 비해 1887년에 한냉사 수입액 비중이 감소하였다.

합격 가이드

두 값을 곱해서 답이 나오는 경우 계산이 어렵다면 증가율을 비교하는 것도 좋은 방법이다. 증감 방향의 경우 각각 표기하는 것보다 하나의 연도를 볼 때 수출액의 증감을 보고 바로 무역규모를 비교한다면 시간을 단축시킬 수 있다.

15 정답 ⑤

정답해설

표는 해외특허등록건수 순위에 따라 배열되어 있다. 국내특허등록건수는 독일보다 한국이 더 많으므로, 독일이 3위라고 단언할 수 없다. 마찬가지로, 순위 밖에 제시된 국가 중 일본이나 미국보다 국내특허등록건수가 많은 국가가 존재할 수 있다.

오답해설

① 미국, 일본, 독일, 프랑스, 영국의 해외특허등록 점유율을 모두 더하면 73.2%이다.

② 독일의 국내특허등록건수와 해외특허등록건수의 차이는 4만 건 이상이다. 미국과 일본은 양자의 차이가 4만 건보다 작으므로 독일에서 그 차이가 가장 크다. 4위 이하 국가들은 해외특허등록건수가 4만 건 이하이므로 고려할 필요가 없다.

③ 한국과 일본의 해외특허등록건수 차이는 5,500건 이상이다. 다른 국가들은 특허등록건수가 5,500건 미만이므로 일본에서 차이가 가장 크다.

④ 한국의 해외특허등록건수는 7,117건이다. 미국, 일본, 영국, 독일, 프랑스에 대한 해외특허등록건수는 5,734건이므로, 한국의 해외특허등록건수의 80%를 넘는다.

16 정답 ③

정답해설

ㄱ. '가'국의 아시아에 비해 1.4%p 증가한 것은 전체 수출입액에 대한 아시아 수출입액 비중으로 수출입액 자체는 2011년이 2010년에 비해 감소하였다.

ㄷ. '가'국의 유럽에 대한 수출입액이 전년 대비 2.2% 감소한 것은 맞다. 그러나 수출액이 전년 대비 10% 감소하고 수입액이 전년 대비 3.7% 증가하였다.

ㅁ. 네덜란드에 대한 수출입액은 유럽 전체 수출입액의 17.6%를 차지한 것은 맞다. 그러나 네덜란드에 대한 수입액 대비 수출액 비율은 2011년이 2010년에 비해 증가하였다.

오답해설

ㄴ. 표에서 2011년 수출입액의 전년 대비 증감률이 모든 지역에서 음수인 것으로 확인할 수 있다.

ㄹ. 그림 2에서 '가'국의 대 유럽 수출입액 상위 5개국은 독일, 네덜란드, 이탈리아, 벨기에, 스페인이다. 이들의 수출입액 비중 합은 85.9%이다.

합격 가이드

자료해석에서 고득점을 얻기 위해서는 계산해야 할 선택지와 계산하지 않고 풀어야 할 선택지를 잘 구분해야 한다. ㄷ의 경우 수출입액이 전년 대비 2.2% 감소하였다는 내용과, 수출액이 5.9% 감소하고 수입액이 전년 대비 3.7% 증가했다는 내용이 모순된다. 이는 증가율과 감소율의 차이가 2.2%p라는 것에서 착안한 함정이다. 따라서 계산할 필요도 없이 옳지 않은 선택지이다. ㅁ에서도 비율을 계산할 필요 없이 원점에서 직선을 그어 기울기를 비교하면 된다.

17 정답 ⑤

정답해설

ㄱ. 500건 근처에 있는 2014년과 2018년을 제외한 나머지 연도를 살펴보자. 2011~2013, 2016년의 산불 건수가 500건에 미치지 못하고 있으며 500건과의 차이도 큰 반면, 나머지 4개 연도의 산불건수는 500건을 넘고는 있으나 대략 150건 정도의 차이만을 보이고 있으므로 전체 연평균 산불 건수는 500건에 미치지 못한다.

ㄴ. 산불 건수가 가장 많은 2017년의 검거율은 $\frac{305}{692}\times100$인 반면, 가장 적은 2012년은 $\frac{73}{197}\times100$이다. 이를 분수비교하면 전자의 분자는 후자의 4배 이상인 반면, 분모는 전자가 후자의 4배에 미치지 못한다. 따라서 전자 즉, 2017년의 검거율이 더 높다.

ㄹ. 2020년 전체 산불 건수는 620건인데 이의 35%는 217건으로 빈칸에 들어갈 숫자와 일치한다.

오답해설

ㄷ. '논밭두렁 소각'(49건)의 검거율은 90%를 넘고, '성묘객 실화'(9건)는 66.7%이므로 후자의 건수와 검거율이 모두 작다.

18 정답 ⑤

정답해설

ㄴ. 1406년의 '큰 비' 건수를 구하면 21건이므로 '큰 비'가 가장 많이 발생한 해는 1405년이고 이 해에 '우박'도 가장 많이 발생했다.

ㄷ. '큰 비'를 제외하고 나머지 유형을 판단해보면, 상위 4개가 '천둥번개', '벼락', '우박', '짙은 안개'이며, 그 다음이 '가뭄 및 홍수(57건)'이다. 그런데 '큰 비'의 전체 합은 직접 구하지 않더라도 57건보다 큰 것이 확실하므로 '큰 비'는 상위 5개 안에 들어감을 알 수 있다.

ㄹ. 1402년의 '짙은 안개' 건수를 구하면 15건이므로 이 해에 가장 많이 발생한 유형에 해당하며, 1408년의 '짙은 안개' 건수를 구하면 7건으로 역시 그 해에 가장 많이 발생한 유형에 해당한다.

오답해설

ㄱ. 상위 2개 연도는 1405년과 1406년이므로 발생 건수의 합은 74+59=133건이며, 하위 2개 연도는 1408년과 1404년이므로 발생 건수의 합은 23+29=52건이다. 따라서 전자는 후자의 3배에 미치지 못한다.

19 정답 ⑤

정답해설

첫 번째 조건에 따르면, A, B, D는 궐련 또는 김이 될 수 없다. (선택지 ①, ② 소거)
두 번째 조건에 따르면, B가 면화이다. (선택지 ③ 소거)
세 번째 조건에 따르면, A가 사과이다. (선택지 ①, ② 소거)
네 번째 조건에 따르면 김은 E다. (선택지 ④ 소거)
따라서 답은 ⑤가 된다.

합격 가이드

세 번째 조건은 이미 두 번째 조건 적용 이후 선택지에서 사과가 A로 확정되므로 적용할 필요가 없다.
네 번째 조건은 C와 D 혹은 E와 D만을 비교하여 소거하면 된다.

20 정답 ③

정답해설

i) 매년 기본 연봉이 동일하므로 지급된 성과급의 차이가 4배인 것을 찾으면 그것이 각각 S와 B등급이 된다. 이에 따르면 갑의 경우 2018년에 S등급, 2020년에 B등급이 되므로 2020년의 2배인 2019년은 A등급으로 확정할 수 있다. 같은 논리로 을의 경우는 2019년에 S등급, 2018년과 2020년은 B등급임을 알 수 있다.

ii) 2018년은 이미 갑이 S등급을 받은 상태이므로 병~기는 S등급이 될 수 없다. 그렇다면 병은 A-B-A순서가 됨을 알 수 있다.

iii) 2020년은 이미 갑과 을이 B등급을 받은 상태이므로 정~기 중 한 명이 B등급을 받아야 한다. 그런데 정과 기는 2020년에 2018~2020년 중 가장 많은 성과급을 받았으므로 B등급을 받을 수 없다. 따라서 남은 무가 B등급을 받은 것이되며 2018년과 2019년 역시 모두 B등급으로 확정된다.

iv) 2020년은 아직 S등급이 없는 상태이다. 따라서 편의상 정이 S등급이라고 두면 정은 2018년과 2019년에 A등급을 받은 것이 되며, 마지막으로 남은 기는 B-B-A 순서가 됨을 알 수 있다(2020년의 S등급을 기에게 할당해도 결과는 같다).

이를 정리한 후 실제 기본 연봉을 구하면 다음과 같다.

구분	2018	2019	2020	기본 연봉
갑	S	A	B	60
을	B	S	B	100
병	A	B	A	60
정	A	A	S	60
무	B	B	B	90
기	B	B	A	120

따라서 2020년 기본 연봉의 합은 490백만 원이다.

21 정답 ①

정답해설

• 일반건설공사(을) : (10억×1.99%)+5,500천
• 중건설공사 : (10억×2.35%)+5,400천
따라서 안전관리비는 일반건설공사가 더 적다.

오답해설

ㄴ. • 일반건설공사(갑) : 4억×2.93%
  • 철도 · 궤도신설공사 : 4억×2.45%
  따라서 둘의 차이는 4억×0.48%이다. 그런데 4억×0.5%가 200만이므로 4억×0.48%는 200만보다 작다.

ㄷ. • 대상액이 100억 : 100억×1.27%=1억 2천 7백
  • 대상액이 10억 : 10억×1.2%+3,250천=1,200만+325만=1,525만
  따라서 10배 미만이다.

22

정답 ①

정답해설

ㄱ. '1시간 미만' 운동하는 3학년 남학생 수는 87명으로, '4시간 이상' 운동하는 1학년 여학생 수인 46명보다 많다.

ㄴ. 표에서 '1시간 미만' 행만 확인하면 알 수 있다. '1시간 미만' 운동하는 남학생의 비율은 1~3학년 각각 10.0%, 5.7%, 7.6%로 여학생 중 '1시간 미만' 운동하는 여학생의 비율인 18.8%, 19.2%, 25.1%보다 각 학년에서 모두 낮다.

오답해설

ㄷ. 남학생의 경우 3시간 이상 운동하는 학생의 비율은 1학년 46.0%, 2학년 53.0%, 3학년 48.6%이므로 학년이 높아질수록 비율이 낮아지지 않는다.

ㄹ. 3학년 남학생의 경우, '3시간 이상 4시간 미만' 운동하는 학생의 비율은 23.4%로 '4시간 이상' 운동하는 학생의 비율인 25.2%보다 낮다.

합격 가이드

비율과 인원수 모두를 제공했기 때문에 어려운 계산 없이 풀 수 있는 문항이다. 이때, 선택지에서 묻는 것이 '비율'인지 '인원수'인지 정확하게 파악해야 하며, 3시간 이상은 '3시간 이상 4시간 미만'과 '4시간 이상'을 합해야 하는 것을 잊지 말도록 하자.

23

정답 ②

정답해설

ㄱ. 평가자 A, C, D의 평균점수가 89점이므로 평가자 E의 점수가 최댓값이 되어야 한다.

ㄹ. ㄱ에서 B가, ㄷ에서 C와 E가 제외된 상태이다. 하지만 ㄴ의 병은 경우의 수를 따지는 상황이어서 명확하게 제외되는 평가자를 찾기 어렵다. 이제 정을 살펴보면 평가자 B, C, D의 평균점수가 77점이므로 A를 제외할 수 있다. 마지막으로 남은 무를 살펴보면 D의 평가점수인 85점은 최댓값이 되어서 제외되거나 아니면 2번째로 큰 점수가 되어 E의 점수가 제외되고 D의 점수는 종합점수 계산에 반영되어야 한다. 그런데 85점을 포함하여 계산해보면 어떤 경우에도 78점이라는 평균을 얻을 수 없다. 따라서 D의 평가점수는 최댓값이 되어 제외된다. 결과적으로 모든 평가자의 점수는 한 번씩은 모두 제외된다.

오답해설

ㄴ. 3가지 경우가 가능하다.

ⅰ) 68<C<78 : 최댓값과 최솟값을 제외하면 74, C, 76점이 남는다.

ⅱ) C<68 : 68, 74, 76점이 남는다.

ⅲ) C>78 : 74, 76, 78점이 남는다.

그런데 3가지 경우 모두 74점과 76점은 공통적으로 들어있으므로 이를 제외한 68, C, 78점을 통해 판단할 수 있다. 이에 따르면 최솟값과 최댓값의 총점 차이는 10점이므로 평균으로 계산된 종합점수의 차이는 3.33...점이어서 5점에 미치지 못한다.

ㄷ. 평가자 A, B, D의 평균이 89점이므로 C의 평가점수는 87점보다 작은 값이 되어야 한다.

24

정답 ②

정답해설

ㄴ. 2월의 '월평균 지상 10m 기온'이 영하인 도시는 A, C, D, E인데 이 중 '월평균 지표면 온도'가 영상인 도시는 C와 E이다.

ㄷ. 1월의 '월평균 지표면 온도'가 가장 낮은 도시는 D인데 D의 설계적설하중은 0.8kN/㎡이고 5개 도시 평균 설계적설하중은 0.9kN/㎡이므로 전자가 더 작다.

오답해설

ㄱ. D의 경우도 이에 해당한다.

ㄹ. 설계기본풍속이 두 번째로 큰 도시는 E인데, E는 8월의 '월평균 지상 10m 기온'이 세 번째로 높다.

25

정답 ⑤

정답해설

규칙을 표로 나타내면 다음과 같다.

구분	A	B	C	D	E
최초값	0.5	0.5	0.7	0.8	2.0
단계 1	0.75	0.75	1.05	1.2	3.0
단계 2	1.05			1.68	4.2
단계 3		0.6			3.36
수정값	1.05	1.0	1.05	1.68	3.36
증가폭	0.55	0.5	0.35	0.88	1.36
증가폭 순위	3	4	5	2	1

따라서 설계적설하중 증가폭이 두 번째로 큰 도시는 D이고, 가장 작은 도시는 C이다.

제3과목 상황판단

01	02	03	04	05	06	07	08	09	10
⑤	④	③	③	①	⑤	④	③	②	②
11	12	13	14	15	16	17	18	19	20
⑤	②	⑤	⑤	⑤	②	④	②	③	⑤
21	22	23	24	25					
②	①	⑤	①	②					

01

정답 ⑤

정답해설

세 번째 조 제1항에서 자율방범대의 명칭을 사용하여 기부금품을 모집하는 행위를 금지하고 있으며, 첫 번째 조 제3항에서 이를 위반하여 파출소장이 해촉을 요청한 경우, 경찰서장은 해당 자율방범대원을 해촉해야 한다고 하였다.

오답해설

① 첫 번째 조 제2항에서 자율방범대장이 추천한 사람을 자율방범대원으로 위촉하는 것은 경찰서장이라고 하였다.
② 두 번째 조 제3항에서 자율방범대원은 경찰과 유사한 복장을 착용해서는 안 된다고 하였다.
③ 세 번째 조 제2항이 적용되는 것은 선거운동과 관련된 것이다.
④ 두 번째 조 제2항에서 자율방범활동 중임을 표시하는 복장을 착용하고, 자율방범대원의 신분을 증명하는 신분증을 소지해야 한다고 하였다.

02

정답 ④

정답해설

甲의 민원은 기타민원이므로 처리결과를 전화로 통지할 수 있다.

오답해설

① 甲의 민원은 기타민원이므로 구술 또는 전화로 신청가능하다.
② 민원의 신청은 문서와 전자문서를 통한 방법 모두 가능하다.
③ 접수한 민원이 다른 행정기관의 소관인 경우, 접수된 민원 문서를 지체 없이 소관 기관에 이송하여야 한다.
⑤ 乙의 민원은 법정민원이므로 동일한 내용의 민원이라고 하더라도 종결 처리할 수 없다.

03

정답 ③

정답해설

ㄴ. 민간이 시행하는 사업이라고 할지라도 제△△조에 의하여 국가 예산의 지원을 받으며 완성에 2년 이상이 소요되고 동조 제1항의 각 호에 해당하는 사업이라면 타당성조사의 대상 사업이 될 수 있다.
ㄷ. 해당 사업의 총사업비가 10% 증가한 경우, 총사업 및 국가의 재정 지원 규모가 500억 원 이상이 된다. 따라서 제△△조 제2항 제1호의 사업에 해당하여 타당성조사를 실시하여야 한다.

오답해설

ㄱ. 국가의 재정지원 비율이 50%인 총사업비 550억 원 규모의 신규 건설사업은 국가의 재정지원 규모가 300억 원 미만인 건설사업으로 제○○조의 예비타당성조사 대상 사업에 해당하지 않는다.
ㄹ. 500억 미만이라고 하더라도 제△△조 제1항 제2호의 사업이 동조 제2항에 해당하는 경우에는 타당성조사를 실시하여야 한다.

04

정답 ③

정답해설

주민의견 청취와 건축위원회의 심의는 ○○부 장관이나 시 · 도지사가 착공을 제한하는 경우에 해당한다.

오답해설

① 甲의 신축건축물은 21층 이상이나 연면적 합계 10만 제곱미터 이상에 해당하지 않으므로 B구청장에게 건축허가를 받아야 한다.
② 광역시장은 지역계획에 특히 필요하다고 인정하면 허가를 받은 건축물의 착공을 제한할 수 있다.
④ 정당한 사유가 있는 경우에 1년의 범위에서 공사의 착수기간을 연장할 수 있는데, 이 경우는 그에 해당하지 않으므로 허가를 취소해야 한다.
⑤ 착공제한기간은 2년 이내이나 1회에 한하여 1년 이내의 범위에서 연장할 수 있으므로 최대 3년간 착공을 제한할 수 있다.

05

정답 ①

정답해설

ㄱ. 무농약농산물 인증을 받기 위해서는 농약을 사용하지 않고 화학비료는 권장량의 2분의 1 이하로 사용하여야 한다. $5km^2$은 500ha이므로 사과 재배기간 내 화학비료 권장량은 50t이다. 따라서 25t 이하로 사용한 甲은 무농약농산물 인증을 받을 수 있다.
ㄹ. 저농약농산물 인증을 받기 위해서는 화학비료는 권장량의 2분의 1 이하로 사용하여야 하고, 농약은 살포시기를 지켜 최대횟수의 2분의 1 이하로 사용하여야한다. 丁의 재배면적은 5ha로 감 재배기간 내 화학비료의 권장량은 600kg이다. 따라서 총 300kg 이하로 뿌려야 한다. 또한, 농약은 수확 14일 전까지 2회 이하로 뿌려야 한다. 丁은 8월 초에 마지막으로 농약을 살포하여 9월 말에 수확하였으므로 모든 요건을 충족하여 저농약농산물 인증을 받을 수 있다.

오답해설

ㄴ. 저농약농산물 인증을 받기 위해서 농약은 살포 시기를 지켜 살포 최대횟수의 2분의 1 이하로 사용하여야 한다. 복숭아는 수확 14일 전까지만 농약 살포가 허용되므로 수확 10일 전에 농약을 살포한 乙은 저농약농산물 인증을 받을 수 없다.
ㄷ. 유기농산물 인증을 받기 위해서는 일정 기간 이상을 농약과 화학비료를 사용하지 않아야 한다. 丙은 작년에 화학비료를 사용하였으므로 유기농산물 인증을 받을 수 없다.

06

정답 ⑤

정답해설

두 번째 조 제3항에서 평가 중 어느 하나라도 불합격한 훈련견은 유관기관으로 관리전환할 수 있다고 하였다.

오답해설

① 첫 번째 조 제1항에서 119구조견교육대의 설치 주체는 소방청장이라고 하였다.
② 세 번째 조에서 종모견이 되기 위해서는 훈련견 평가에 모두 합격하여야 한다고 하였다.
③ 세 번째 조에서 종모견이 되기 위해서는 생후 20개월 이상이어야 한다고 하였다.
④ 두 번째 조 제2항 제2호에서 중간평가에 합격하기 위해서는 훈련 시작 12개월 이상이어야 한다고 하였다.

07

정답 ④

정답해설

ㄴ. Y가설에 따르면 흡인력은 각 도시로부터의 거리 제곱에 반비례하므로, 다른 모든 조건이 동일하다면 거리가 가까운 도시일수록 흡인력이 커진다. 흡인력은 소비자를 끌어당기는 힘이므로 흡인력이 클수록 이상적인 점포 입지가 된다.
ㄷ. Y가설에 따를 때, C시로부터 B시가 떨어진 거리가 10km에서 5km로 변한다면 B시의 흡인력은 기존 40,000의 4배인 160,000이 된다. 이때 A시의 흡인력은 20,000이므로 C시 인구의 8/9인 8만 명이 B시로 흡인된다.

오답해설

ㄱ. X가설에 따르면 소비자는 유사한 제품을 판매하는 점포들 중 한 점포를 선택할 때 항상 가장 가까운 점포를 선택한다. 즉, 선택에 영향을 미치는 유일한 요인은 거리이고 가격은 점포 선택에 영향을 미치지 않는다.

합격 가이드

보기에서 X가설과 Y가설을 완전히 분리해서 묻고 있으므로 제시문에서 X가설을 읽은 뒤 바로 ㄱ을 판단하고, Y가설을 읽은 뒤 바로 ㄴ과 ㄷ을 판단하는 것이 시간 절약에 도움이 된다. 이때 제시문의 예 부분을 최대한 활용하여 계산을 최소화하는 것이 중요하다. 즉, ㄷ을 판단하는 데 있어 C시로부터 B시가 떨어진 거리가 1/2이 되면 흡인력은 4배가 된다는 것을 활용하여 시간을 절약할 수 있다.

08

정답 ③

정답해설

먼저 재택근무 중인 丁을 제외하고 나머지 사람들을 판단해보자.

구분	금요일	토요일	합
甲	2:05	2:00(최대시간 초과)	4:05
乙	2:55	–	2:55
丙	3:00(용무시간 차감)	1:30	4:30
戊	4:00(최대시간 초과)	–	4:00

따라서 초과근무 인정시간의 합이 가장 큰 근무자는 丙이다.

09

정답 ②

정답해설

ㄱ. A2 용지의 가로는 A4 용지 가로의 2배가 되고, 세로는 A4 용지 세로의 2배가 된다.
ㄴ. A시리즈 용지의 경우, W/L=L/2W의 관계가 성립한다. 다시 말해 바로 아래 등급 용지 면적은 그 위 등급 면적의 1/2이 된다는 것을 의미한다.

오답해설

ㄷ. 확대복사의 경우 복사기의 제어판에 표시되는 비율은 길이를 확대하는 비율을 의미하므로 $\sqrt{2}/1 \fallingdotseq 1.4$ 즉, 140%가 될 것이다.
ㄹ. 미국표준협회 규격 용지의 경우, 한 용지와 그보다 두 등급 위의 용지의 가로 대 세로 비율이 같으므로, 한 용지와 바로 위 등급 용지의 세로를 가로로 나눈 값이 $\sqrt{2}$로 일정할 수 없다.

합격 가이드

ㄴ을 제외한 모든 보기가 계산을 요한다. 따라서 시간을 절약하기 위해서는 선택지 구성을 보고 먼저 판단할 보기를 선택해야 한다. 우선 ㄱ은 선택지 4개에 포함되므로 우선 옳다고 가정한 뒤, 최종적으로 정오를 판별해야 문제해결이 가능한 경우에만 푼다. 우선 ㄴ은 계산이 없으므로 간단하게 옳은 설명임을 확인할 수 있다. 이후 ㄷ이 옳지 않은 것을 확인하고 나면 정답은 ②로 도출된다. 여기서 풀이를 마쳐도 되지만, ㄱ이 옳지 않다면 ③ 역시 답이 될 수 있으므로 확실하게 하기 위해서는 ㄱ이나 ㄹ 중 하나의 정오만을 판정한다. 만일 ㄹ을 판정한다면 미국표준협회 규격 용지 중 아무 것이나 골라 나누어 보면 된다. 예를 들어 22÷17은 약 1.29이므로 ㄹ이 옳지 않음을 알 수 있다.

10

정답 ②

정답해설

먼저 (6)이 일요일이므로 (5)는 토요일임을 알 수 있다. 따라서 (1)~(4)는 토요일과 일요일이 되어서는 안되며, (3)을 통해 4월 5일이 수요일이 되어서도 안된다는 것을 알 수 있다.

4월 5일	월	화	목	금(불가능)
4월 11일	일(불가능)	월	수(불가능)	목
4월 ㅁㅁ일	수			
4월 15일	–	금	–	월

위 표에서 4월 5일이 금요일이라면 11일인 목요일과 15일인 월요일 사이에 수요일이 들어가는 모순된 상황이 발생하므로 식목일은 금요일이 될 수 없다. 또한 요일이 겹치지 않아야 하므로 식목일은 화요일이 된다.

11

정답 ⑤

정답해설

ㄴ. 2년 평균 인원이 27.× 명이므로 원래의 기준에 의하면 분반이 허용되지 않지만, 강의만족도 평가점수가 90점 이상이었다면 2년 평균 기준이 27명 이상으로 완화되어 분반이 허용되었을 것이다. 하지만 분반이 허용되지 않았으므로 2020년의 평가점수는 90점 미만이다.

ㄷ. 강의만족도 평가점수가 92점이므로 수강인원 기준이 18명 이상으로 완화된다. 만약 2020년 수강인원이 16명이었다면 평균 수강인원이 18명이 되어 분반이 허용되었어야 하는데 그렇지 않았으므로 수강인원은 15명을 넘지 않는다.

오답해설

ㄱ. 2년 평균 기준과 1년 기준 모두에 해당하지 않으며 강의만족도 평가 점수도 90점에 못미치므로 분반이 허용되지 않는다.

12

정답 ②

정답해설

(가)방식은 5−3=2억 원, (나)방식은 4.5−(2+1+0.5)=1억 원의 가치가 발생하므로 (가)방식을 선택한다. 한편, 설립위치는 우선 20~30대 비율이 50%인 乙을 제외한다. 甲은 80×0.75÷3=20, 丙은 75×0.6÷2=22.5의 값을 가지므로 丙을 선택한다.

합격 가이드

숫자의 특성을 고려하면 빠른 풀이가 가능하다. 설립 위치의 경우, 甲은 80×0.25, 丙은 75×0.3으로 나타낼 수 있다. 그런데 80과 25, 75와 30은 합이 같으므로 두 숫자의 간격이 더 가까운 75와 30의 곱이 더 큼을 쉽게 판단할 수 있다. 따라서 丙의 값이 더 클 것임을 계산 없이도 도출해 낼 수 있다(합이 같은 두 숫자의 곱셈은 두 숫자 간 차이가 작을수록 더 큼에 주목한다).

13

정답 ⑤

정답해설

각 평가대상기관이 받는 점수는 다음과 같다.

- A : 3+3=6점
- B : 5+3=8점
- C : 1+1=2점
- D : 3+5=8점

B, D는 동점이지만 내진보강대상건수가 더 많은 기관은 D이다.
따라서 최상위기관은 D, 최하위기관은 C이다.

합격 가이드

내진성능평가지수와 내진보강공사지수를 일일이 계산하지 않는다. 분수 비교를 통해 가장 높은 기관과 가장 낮은 기관만 판단하여 5점과 1점을 부여한 후, 나머지 기관에는 3점을 부여하면 된다. 최고점이나 최하점이 동점으로 나오지 않는다면 주어진 조건을 사용하지 못한 것이므로 실수가 없는지 의심해봐야 한다.

14

정답 ⑤

정답해설

ㄱ. 甲, 乙, 丙의 총점은 각각 92.1, 92.2, 91.3점이다.

ㄴ. 甲이 현재보다 가격을 30만 원 더 낮게 제시한다면 가격 점수가 96점에서 98점으로 변경되고, 총점은 2×0.4=0.8점 상승하여 92.9점이 된다.

ㄹ. 丙이 현재보다 가격을 100만 원 낮춘다면 丙의 가격 점수가 96점에서 100점으로 변경되고, 총점은 4×0.4=1.6점 상승하여 92.9점이 된다.

오답해설

ㄷ. 丙이 현재보다 직원규모를 10명 더 늘린다면 직원규모 점수가 94점에서 97점으로 변경되고, 총점은 3×0.1=0.3점 상승하여 91.6점이 된다.

합격 가이드

총점을 계산하기보다는 100점을 기준으로 점수를 얼마나 잃었는지 계산하면 보다 편하게 비교가 가능하다.

15

정답 ⑤

정답해설

㉯ 관련 정부사업과의 연계가능성 지표가 5점에서 10점으로 확대되었다.

㉰ 논의된 내용 이외의 하위 지표는 현행대로 유지하였으며 '대학 내 주체 간 합의 정도'는 Ⅲ에서 이동하였다.

㉲ 시범사업 조기 활성화 가능성 지표가 삭제되었으며 세부항목인 '대학 내 주체 간 합의 정도'는 Ⅱ로 이동하였다.

오답해설

㉮ 신청 부지 안에 건축물이 포함되어 있어도 신청을 허용하기로 하였으나 수정안은 그렇지 않다.

㉱ 논의된 내용 이외의 것들은 현행 유지해야 하나 배점이 바뀌었다.

16

정답 ②

정답해설

ㅇㅇ시가 광역자치단체이든 기초자치단체이든 '처음 두 자리'는 10으로 고정되므로 나머지 세 자리를 판단한다. 이때 처음 두 자리가 20인 ⑤는 소거한다.

i) ㅇㅇ시가 광역자치단체인 경우
A구와 B구는 기초자치단체에 해당하므로 마지막 자리는 0이어야 한다. 여기서 ③을 소거한다. 다음으로 기초자치단체들은 '그 다음 두 자리'에 각각의 고유한 값을 가져야 한다. B구가 03이므로 A구는 03이 아닌 숫자가 들어가야 한다.

ii) ㅇㅇ시가 기초자치단체인 경우
A구와 B구는 같은 기초자치단체에 속해 있으므로 '그 다음 두 자리'가 03으로 같아야 하는데 남은 선택지에서 이를 만족하는 것은 ②뿐이다.

17

정답 ④

정답해설

오디션 점수에 나이를 더한 값이 모두 같으므로 점수가 가장 높은 사람의 나이가 가장 어리다. 즉, 戊의 나이가 23세이므로 甲, 乙, 丙, 丁의 나이는 각각 32세, 30세, 28세, 26세이다. 오디션 점수가 세 번째로 높은 丙만이 군의관 역할을 연기해 본 경험이 있고, 가장 나이가 많은 甲만 사극에 출연한 경험이 있다.

甲은 76－8＋10＝78점, 乙은 78－4＝74점, 丙은 80－5＝75점, 丁은 82－4＝78점, 戊는 85－10＝75점이다.

따라서 甲과 丁 중 기본 점수가 가장 높은 丁이 캐스팅된다.

합격 가이드

나이와 오디션 점수의 합이 모두 동일하다는 점이 핵심이다. 甲에서 戊로 갈수록 오디션 점수가 높아지기 때문에 甲에서 戊로 갈수록 나이는 줄어든다. 이때 사극 경험으로 가점을 10점이나 받는 甲이 78점이므로 이미 기본점수가 78점인 乙은 캐스팅될 수 없다는 점 등 숫자의 특성을 활용하면 좋다.

18

정답 ②

정답해설

주어진 대화를 통해 알 수 있는 사실을 정리하면 다음과 같다.

i) '乙' 이후에 '甲'

ii)

구분	월	화	수
점심	乙 × 丙 ×	乙 ×	乙 ×
저녁	丙 ×	丙 ×	丙 ×

乙–甲(점심)–丙의 순서로 방문하였으며 乙이 월요일 저녁, 甲이 화요일 점심, 丙이 수요일 점심에 방문하였다.

오답해설

① 甲–乙–丙의 순서로 방문했으나, 甲이 월요일 점심, 저녁, 화요일 점심에 방문하는 3가지의 경우가 가능하여 방문시점을 확정할 수 없다.

③ (乙, 丙)–甲의 순서로 방문했으나, 乙과 丙의 순서를 확정할 수 없다.

④ 丙이 맨 처음에 방문했는지, 중간에 방문했는지를 확정할 수 없다.

⑤ 乙–甲–丙의 순서로 방문했으나, 甲이 화요일 점심에 방문했는지 저녁에 방문했는지를 확정할 수 없다.

19

정답 ③

정답해설

먼저 甲은 5개 과목 평균이 60점이므로 총점은 300점이 되어야 하고, 2개 과목이 50점 미만이어야 한다. 채점표를 토대로 과목별로 가능한 점수를 판단해보면 다음과 같다.

구분	점수1	점수2
A	70	30
B	70	30
C	60	40
D	60	40
E	80	20

i) A, B가 과락인 경우(둘 다 30점) : 총점이 260점이어서 불가능

ii) C, D가 과락인 경우(둘 다 40점) : 총점이 300점이어서 가능

iii) A, C(혹은 B, D)가 과락인 경우(순서대로 30점, 40점) : 총점이 280점이어서 불가능

iv) A, E(혹은 B, E)가 과락인 경우(순서대로 30점, 20점) : 총점이 240점이어서 불가능

v) C, E(혹은 D, E)가 과락인 경우(순서대로 40점, 20점) : 총점이 260점이어서 불가능

따라서 A와 B가 모두 70점, C와 D가 모두 40점, E가 80점인 경우가 가능하다.

20

정답 ⑤

정답해설

주어진 상황을 정리하면 다음과 같으며, 천 단위 이하는 생략한다. –표시는 3회 연속 일치하여 더 이상 판단할 필요가 없는 경우이며, ×표시는 3회 연속 일치할 가능성이 없어 더 이상 판단하지 않는 경우이다.

구분	200									
월	100(○)					100(×)				
화	50(○)		50(×)			50(○)		50(×)		
수	25(○)	25(×)	25(○)		25(×)	25(○)	25(×)	25(○)		25(×)
목	–	×	12.5(○)		×	12.5(○)	×	12.5(○)		×
금	–	×	6.25(○)	×	×	–	×	6.25(○)	×	×

총 4가지 경우에 앱을 제거하지 않으며, 이들을 모두 합하면 50,000명이다.

21

정답 ②

정답해설

주어진 상황을 정리하면 다음과 같다.

구분	착한×5	울음×1			울음×2		
		값	차이	선물	값	차이	선물
갑	15	3	12	A	6	9	B
을	15	2	13	A	4	11	A
병	10	3	7	B	6	4	B
정	5	0	5	B	0	5	B
무	5	3	2	B	6	–1	×

따라서 ㉠에 들어갈 숫자는 2이다(3 이후는 판단하지 않는다).

22

정답 ①

정답해설

각 셀을 값을 구하면 다음과 같다.

㉠ : 4×㉠=80이므로 2로 확정된다.

㉡ : 4×㉡=40이므로 1로 확정된다.

㉢ : 3행에는 2가 없으므로 ㉢은 2로 확정된다.

㉣ : 2행에는 2가 없으므로 ㉣은 2로 확정된다.

㉤ : 2와 4 중에서 확정되지 않은 채 남아 있다.

이후에 셀을 채우는 조건을 적용할 경우, 8월에는 4행의 2가 쓰인 셀에 쓰레기 매립이 이뤄짐을 알 수 있다. 따라서 8월에는 ㉠에 쓰레기가 매립된다.

23

정답 ⑤

정답해설

세 번째 조 제2항에서 아동양육비는 지원대상자가 다른 법령에 따라 지원을 받고 있어도 지급할 수 있다고 하였다.

오답해설

① 첫 번째 조 제2호에서 미혼자가 아니어도 가~다목에 해당하면 지원대상자가 될 수 있다고 하였다.
② 첫 번째 조 제3호에서 자녀가 취학 중인 경우는 22세 미만이어야 가능하지만 병역의무를 이행하고 취학 중인 경우라면 그 기간을 가산한다고 하였으므로 지원대상자가 될 수 있다.
③ 세 번째 조 제1항에서 복지 급여는 지원대상자의 복지 급여 신청이 있는 경우에 실시한다고 하였다.
④ 세 번째 조 제3항에 의하면 미혼모가 5세 이하의 아동을 양육하는 경우는 추가적인 복지 급여를 실시하여야 한다고 하였다.

24

정답 ①

정답해설

장관이 필요하다고 인정하여 해당 지방자치단체의 장에게 주민투표를 요구하여 실시한 경우에는 지방의회의 의견을 듣지 않아도 된다.

오답해설

② 지방의회가 위원회에 통합을 건의할 때에는 통합대상 지방자치단체를 관할하는 특별시장 · 광역시장 또는 도지사(시 · 도지사)를 경유해야 한다.
③ 주민투표권자 총수의 50분의 1이므로 2,000명의 연서가 있어야 가능하다.
④ 통합추진공동위원회의 위원은 관계지방자치단체의 장 및 그 지방의회가 추천하는 자로 한다.
⑤ 지방자치단체의 장이 건의하는 경우 지방의회의 의결이 필요하다는 규정은 없다.

25

정답 ②

정답해설

ⅰ) 통합대상 지방자치단체 수 : 4(A군, B군, C군, D군)
ⅱ) 통합대상 지방자치단체를 관할하는 특별시 · 광역시 또는 도의 수 : 3(甲도, 乙도, 丙도)
ⅲ) 관계지방자치단체 수 : 7(ⅰ)과 ⅱ)의 합)
ⅳ) 각 관계지방자치단체 위원 수 : $[(4\times6)+(3\times2)+1]\div7=4.\times$ → 5명(소수점 이하 올림)

따라서 전체 위원 수는 $5\times7=35$명이다.

국가공무원 7급 / 민간경력자 제1차시험 답안지

컴퓨터용 흑색사인펜만 사용

책 형
㉮ ㉯ ㉰ ㉱ ㉲

[필적감정용 기재] * 아래 예시문을 옮겨 적으시오
본인은 ○○○(응시자성명)임을 확인함
기 재 란

성 명	
자필성명	본인 성명 기재
시험장소	

응시번호

	⓪	⓪	⓪	⓪	⓪	⓪	⓪
	①	①	①	①	①	①	①
	②	②	②	②	②	②	②
	③	③	③	③	③	③	③
	④	④	④	④	④	④	④
⑤	⑤	⑤	⑤	⑤	⑤	⑤	⑤
⑥	⑥	⑥	⑥	⑥	⑥	⑥	⑥
⑦	⑦	⑦	⑦	⑦	⑦	⑦	⑦
	⑧	⑧	⑧	⑧	⑧	⑧	⑧
	⑨	⑨	⑨	⑨	⑨	⑨	⑨

생년월일

⓪	⓪	⓪	⓪	⓪	⓪
①	①	①	①	①	①
②	②			②	②
③	③			③	③
④	④			④	④
⑤	⑤			⑤	⑤
⑥	⑥			⑥	⑥
⑦	⑦			⑦	⑦
⑧	⑧			⑧	⑧
⑨	⑨			⑨	⑨

※ 시험감독관 서명 (성명을 정자로 기재할 것)
적색 볼펜만 사용

○○영역(1~10번)

1	①	②	③	④	⑤
2	①	②	③	④	⑤
3	①	②	③	④	⑤
4	①	②	③	④	⑤
5	①	②	③	④	⑤
6	①	②	③	④	⑤
7	①	②	③	④	⑤
8	①	②	③	④	⑤
9	①	②	③	④	⑤
10	①	②	③	④	⑤

○○영역(11~20번)

11	①	②	③	④	⑤
12	①	②	③	④	⑤
13	①	②	③	④	⑤
14	①	②	③	④	⑤
15	①	②	③	④	⑤
16	①	②	③	④	⑤
17	①	②	③	④	⑤
18	①	②	③	④	⑤
19	①	②	③	④	⑤
20	①	②	③	④	⑤

○○영역(21~25번)

21	①	②	③	④	⑤
22	①	②	③	④	⑤
23	①	②	③	④	⑤
24	①	②	③	④	⑤
25	①	②	③	④	⑤

국가공무원 7급 / 민간경력자 제1차시험 답안지

컴퓨터용 흑색사인펜만 사용

책 형
㉮ ㉯ ㉰ ㉱ ㉲

[필적감정용 기재] * 아래 예시문을 옮겨 적으시오
본인은 ○○○(응시자성명)임을 확인함
기 재 란

성 명	
자필성명	본인 성명 기재
시험장소	

응시번호							
	⓪	⓪	⓪	⓪	⓪	⓪	⓪
	①	①	①	①	①	①	①
	②	②	②	②	②	②	②
	③	③	③	③	③	③	③
	④	④	④	④	④	④	④
⑤	⑤	⑤	⑤	⑤	⑤	⑤	⑤
⑥	⑥	⑥	⑥	⑥	⑥	⑥	⑥
⑦	⑦	⑦	⑦	⑦	⑦	⑦	⑦
	⑧	⑧	⑧	⑧	⑧	⑧	⑧
	⑨	⑨	⑨	⑨	⑨	⑨	⑨

생년월일					
⓪	⓪	⓪	⓪	⓪	⓪
①	①	①	①	①	①
②	②			②	②
③	③			③	③
④	④			④	④
⑤	⑤			⑤	⑤
⑥	⑥			⑥	⑥
⑦	⑦			⑦	⑦
⑧	⑧			⑧	⑧
⑨	⑨			⑨	⑨

※ 시험감독관 서명 (성명을 정자로 기재할 것)	적색 볼펜만 사용

○○영역(1~10번)					
1	①	②	③	④	⑤
2	①	②	③	④	⑤
3	①	②	③	④	⑤
4	①	②	③	④	⑤
5	①	②	③	④	⑤
6	①	②	③	④	⑤
7	①	②	③	④	⑤
8	①	②	③	④	⑤
9	①	②	③	④	⑤
10	①	②	③	④	⑤

○○영역(11~20번)					
11	①	②	③	④	⑤
12	①	②	③	④	⑤
13	①	②	③	④	⑤
14	①	②	③	④	⑤
15	①	②	③	④	⑤
16	①	②	③	④	⑤
17	①	②	③	④	⑤
18	①	②	③	④	⑤
19	①	②	③	④	⑤
20	①	②	③	④	⑤

○○영역(21~25번)					
21	①	②	③	④	⑤
22	①	②	③	④	⑤
23	①	②	③	④	⑤
24	①	②	③	④	⑤
25	①	②	③	④	⑤

국가공무원 7급 / 민간경력자 제1차시험 답안지

컴퓨터용 흑색사인펜만 사용

책 형
㉮ ㉯ ㉰ ㉱ ㉲

[필적감정용 기재] * 아래 예시문을 옮겨 적으시오
본인은 ○○○(응시자성명)임을 확인함
기 재 란

성 명	
자필성명	본인 성명 기재
시험장소	

응시번호							
	⓪	⓪	⓪	⓪	⓪	⓪	⓪
	①	①	①	①	①	①	①
	②	②	②	②	②	②	②
	③	③	③	③	③	③	③
	④	④	④	④	④	④	④
⑤	⑤	⑤	⑤	⑤	⑤	⑤	⑤
⑥	⑥	⑥	⑥	⑥	⑥	⑥	⑥
⑦	⑦	⑦	⑦	⑦	⑦	⑦	⑦
	⑧	⑧	⑧	⑧	⑧	⑧	⑧
	⑨	⑨	⑨	⑨	⑨	⑨	⑨

생년월일					
⓪	⓪	⓪	⓪	⓪	⓪
①	①	①	①	①	①
②	②			②	②
③	③			③	③
④	④			④	④
⑤	⑤			⑤	⑤
⑥	⑥			⑥	⑥
⑦	⑦			⑦	⑦
⑧	⑧			⑧	⑧
⑨	⑨			⑨	⑨

※ 시험감독관 서명 (성명을 정자로 기재할 것)
적색 볼펜만 사용

○○영역(1~10번)					
1	①	②	③	④	⑤
2	①	②	③	④	⑤
3	①	②	③	④	⑤
4	①	②	③	④	⑤
5	①	②	③	④	⑤
6	①	②	③	④	⑤
7	①	②	③	④	⑤
8	①	②	③	④	⑤
9	①	②	③	④	⑤
10	①	②	③	④	⑤

○○영역(11~20번)					
11	①	②	③	④	⑤
12	①	②	③	④	⑤
13	①	②	③	④	⑤
14	①	②	③	④	⑤
15	①	②	③	④	⑤
16	①	②	③	④	⑤
17	①	②	③	④	⑤
18	①	②	③	④	⑤
19	①	②	③	④	⑤
20	①	②	③	④	⑤

○○영역(21~25번)					
21	①	②	③	④	⑤
22	①	②	③	④	⑤
23	①	②	③	④	⑤
24	①	②	③	④	⑤
25	①	②	③	④	⑤

국가공무원 7급 / 민간경력자 제1차시험 답안지

컴퓨터용 흑색사인펜만 사용

책 형
㉮ ㉯ ㉰ ㉱ ㉲

[필적감정용 기재] * 아래 예시문을 옮겨 적으시오
본인은 ○○○(응시자성명)임을 확인함
기 재 란

성 명	
자필성명	본인 성명 기재
시험장소	

응시번호							
	⓪	⓪	⓪	⓪	⓪	⓪	⓪
	①	①	①	①	①	①	①
	②	②	②	②	②	②	②
	③	③	③	③	③	③	③
	④	④	④	④	④	④	④
⑤	⑤	⑤	⑤	⑤	⑤	⑤	⑤
⑥	⑥	⑥	⑥	⑥	⑥	⑥	⑥
⑦	⑦	⑦	⑦	⑦	⑦	⑦	⑦
	⑧	⑧	⑧	⑧	⑧	⑧	⑧
	⑨	⑨	⑨	⑨	⑨	⑨	⑨

생년월일					
⓪	⓪	⓪	⓪	⓪	⓪
①	①	①	①	①	①
②	②			②	②
③	③			③	③
④	④			④	④
⑤	⑤			⑤	⑤
⑥	⑥			⑥	⑥
⑦	⑦			⑦	⑦
⑧	⑧			⑧	⑧
⑨	⑨			⑨	⑨

※ 시험감독관 서명 (성명을 정자로 기재할 것)	적색 볼펜만 사용

○○영역(1~10번)					
1	①	②	③	④	⑤
2	①	②	③	④	⑤
3	①	②	③	④	⑤
4	①	②	③	④	⑤
5	①	②	③	④	⑤
6	①	②	③	④	⑤
7	①	②	③	④	⑤
8	①	②	③	④	⑤
9	①	②	③	④	⑤
10	①	②	③	④	⑤

○○영역(11~20번)					
11	①	②	③	④	⑤
12	①	②	③	④	⑤
13	①	②	③	④	⑤
14	①	②	③	④	⑤
15	①	②	③	④	⑤
16	①	②	③	④	⑤
17	①	②	③	④	⑤
18	①	②	③	④	⑤
19	①	②	③	④	⑤
20	①	②	③	④	⑤

○○영역(21~25번)					
21	①	②	③	④	⑤
22	①	②	③	④	⑤
23	①	②	③	④	⑤
24	①	②	③	④	⑤
25	①	②	③	④	⑤

국가공무원 7급 / 민간경력자 제1차시험 답안지

컴퓨터용 흑색사인펜만 사용

책 형
㉮ ㉯ ㉰ ㉱ ㉲

[필적감정용 기재] * 아래 예시문을 옮겨 적으시오
본인은 ○○○(응시자성명)임을 확인함
기 재 란

성 명	
자필성명	본인 성명 기재
시험장소	

응시번호							
	⓪	⓪	⓪	⓪	⓪	⓪	⓪
	①	①	①	①	①	①	①
	②	②	②	②	②	②	②
	③	③	③	③	③	③	③
	④	④	④	④	④	④	④
⑤	⑤	⑤	⑤	⑤	⑤	⑤	⑤
⑥	⑥	⑥	⑥	⑥	⑥	⑥	⑥
⑦	⑦	⑦	⑦	⑦	⑦	⑦	⑦
	⑧	⑧	⑧	⑧	⑧	⑧	⑧
	⑨	⑨	⑨	⑨	⑨	⑨	⑨

생년월일					
⓪	⓪	⓪	⓪	⓪	⓪
①	①	①	①	①	①
②	②			②	②
③	③			③	③
④	④			④	④
⑤	⑤			⑤	⑤
⑥	⑥			⑥	⑥
⑦	⑦			⑦	⑦
⑧	⑧			⑧	⑧
⑨	⑨			⑨	⑨

※ 시험감독관 서명 (성명을 정자로 기재할 것)
적색 볼펜만 사용

○○영역(1~10번)					
1	①	②	③	④	⑤
2	①	②	③	④	⑤
3	①	②	③	④	⑤
4	①	②	③	④	⑤
5	①	②	③	④	⑤
6	①	②	③	④	⑤
7	①	②	③	④	⑤
8	①	②	③	④	⑤
9	①	②	③	④	⑤
10	①	②	③	④	⑤

○○영역(11~20번)					
11	①	②	③	④	⑤
12	①	②	③	④	⑤
13	①	②	③	④	⑤
14	①	②	③	④	⑤
15	①	②	③	④	⑤
16	①	②	③	④	⑤
17	①	②	③	④	⑤
18	①	②	③	④	⑤
19	①	②	③	④	⑤
20	①	②	③	④	⑤

○○영역(21~25번)					
21	①	②	③	④	⑤
22	①	②	③	④	⑤
23	①	②	③	④	⑤
24	①	②	③	④	⑤
25	①	②	③	④	⑤

국가공무원 7급 / 민간경력자 제1차시험 답안지

컴퓨터용 흑색사인펜만 사용

책 형
㉮ ㉯ ㉰ ㉱ ㉲

[필적감정용 기재]
* 아래 예시문을 옮겨 적으시오

본인은 ○○○(응시자성명)임을 확인함

기 재 란

성 명	
자필성명	본인 성명 기재
시험장소	

응시번호

생년월일

※ 시험감독관 서명 (성명을 정자로 기재할 것)

적색 볼펜만 사용

○○영역(1~10번)					
1	①	②	③	④	⑤
2	①	②	③	④	⑤
3	①	②	③	④	⑤
4	①	②	③	④	⑤
5	①	②	③	④	⑤
6	①	②	③	④	⑤
7	①	②	③	④	⑤
8	①	②	③	④	⑤
9	①	②	③	④	⑤
10	①	②	③	④	⑤

○○영역(11~20번)					
11	①	②	③	④	⑤
12	①	②	③	④	⑤
13	①	②	③	④	⑤
14	①	②	③	④	⑤
15	①	②	③	④	⑤
16	①	②	③	④	⑤
17	①	②	③	④	⑤
18	①	②	③	④	⑤
19	①	②	③	④	⑤
20	①	②	③	④	⑤

○○영역(21~25번)					
21	①	②	③	④	⑤
22	①	②	③	④	⑤
23	①	②	③	④	⑤
24	①	②	③	④	⑤
25	①	②	③	④	⑤

좋은 책을 만드는 길, 독자님과 함께하겠습니다.

2025 최신판 시대에듀 7급/민간경력자 PSAT 전과목 단기완성+필수기출 300제
(언어논리·자료해석·상황판단)

개정3판1쇄 발행	2025년 02월 20일 (인쇄 2024년 10월 30일)
초 판 발 행	2022년 04월 04일 (인쇄 2022년 02월 09일)
발 행 인	박영일
책 임 편 집	이해욱
편 저	시대PSAT연구소
편 집 진 행	김재희 · 김미진
표지디자인	김도연
편집디자인	김예슬 · 임창규
발 행 처	(주)시대고시기획
출 판 등 록	제10-1521호
주 소	서울시 마포구 큰우물로 75 [도화동 538 성지 B/D] 9F
전 화	1600-3600
팩 스	02-701-8823
홈 페 이 지	www.sdedu.co.kr

I S B N 979-11-383-8107-9 (13350)

정 가 25,000원

7급 민간경력자 PSAT

전과목 단기완성 + 필수기출 300제

정답 및 해설